m Acanthocyrtis Acanthocystis Acanthocystis Acantholithium Acantholonche
urus Acanthostephanus Achradocystis Acontasparium Acontaspidium Acontaspis
rocubus Acromelissa Acropyramis Acrosphaera Acrospyris Actidiscus Actilarcus
nma Actinommantha Actinommetta Actinommilla Actinommura Actinopyramis
Aeginura Aegospyris Aequoranna Aequoraria Aequorella Aequorissa Aequoroma
lynthus Ammosolenia Amphactura Amphibelithium Amphibe-lone Amphibelonium
nphicodon Amphicraspedina Amphicraspedon Amphicraspedula Amphicraspedum
hinema Amphiplecta Amphipyle Amphipylissa Amphipylonium Amphipylura
irrhopoma Amphisphaera Amphisphaerantha Amphisphaerella Amphisphaeridium
istylus Amphitholissa Amphitholonium Amphitholura A... ...cystis
scetta Amphoriscortis Amphoriscus Amphoriscyssa A... ...laltis
ocorys Anthocyrtarium Anthocyrtella Anthocyrtidium A... ...rtium
nthospyris Anthropithecus Aphroceraltis Aphrocerandra Aphroceretta Aphrocerortis
ys Arachnocorythium Arachnopegma Arachnopila Arachnopilium Arachnosphaera
ursa Archicapsa Archicircus Archicorys Archididelphys Archidiscus Archilacerta
a Archiphatna Archiphormis Archipilium Archipithecus Archiprimas Archirhiza
ngulatum Archydra Arethusa Armenista Artidium Artiscium Artiscus Artocapsa
obium Artostrobulus Artostrobus Artynaltus Artynandrium Artynandrus Artyna
m Ascalaris Ascaltaga Ascaltis Ascaltometra Ascaltopa Ascandra Ascandraga
Ascillaga Ascillopa Ascometra Ascortaga Ascortis Ascortopa Ascortusa Asculmi
stroblastus Astrocapsa Astrocyclia Astrolithium Astroloncharium Astrolonche
Astrophacus Astrophormis Astrosestantha Astrosestilla Astrosestomma Astrosestrum
eleocystis Atelocystis Athoralia Athoria Atolla Aulacantha Aulactinium Aulancora
ndron Aulodictyum Aulographantha Aulographella Aulographidium Aulographis
gmatis Auloplegmetta Auloplegmilla Auloplegmortis Aulorhiza Aulorrhiza Auloscena
losphaerantha Aulosphaerella Aulosphaerissa Aulosphaeromma Auralia Aurelissa
nena Balanocystis Bathropyramis Bathycodon Belonaspis Belonostaurus Belonozoum
Botryopyle Botryostrobus Brachiolophus Brachiospyris Bryoclonia Buccinosphaera
Calocycletta Calocyclissa Calocycloma Calocyclura Calpocapsa Caminosphaera
artus Cannobelos Cannobotrys Cannocapsa Cannophysa Cannopilus Cannorhaphis
rina Carmaris Carpocanarium Carpocanidium Carpocanistrum Carpocanobium
haera Caryostaurus Caryostylos Caryostylus Caryoxiphus Castanarium Castanella

WELTRÄTSEL UND LEBENSWUNDER

Ernst Haeckel —
Werk, Wirkung und Folgen

Stapfia 56, zugleich Kataloge des OÖ. Landesmuseums
Neue Folge 131
ISSN 0252-192X
ISBN 3-85474-029-8
12. Oktober 1998

Impressum

Katalog

Redaktion:	Dr. Erna Aescht
	Dr. Gerhard Aubrecht
	Dr. Erika Krauße
	Univ.-Doz. Dr. Franz Speta
Druckorganisation und Gestaltung:	Mag. Christoph Luckeneder
Medieninhaber:	Land Oberösterreich, OÖ. Landesmuseum, Museumstraße 14, 4010 Linz
Lithoherstellung::	A 3 Werbeservice, Linz
Druck:	Druckerei Gutenberg, Linz

Ausstellung

Die Ausstellung wurde in Zusammenarbeit mit dem Ernst-Haeckel-Haus der Universität Jena gestaltet.

Ausstellung im Schloßmuseum Linz, Tummelplatz 10, 4010 Linz, vom 13. Oktober 1998 bis 6. April 1999

Konzeption und Organisation:	Dr. Erna Aescht
	Dr. Erika Krauße
	Mag. Hans-Peter Reinthaler
	Univ.-Doz. Dr. Franz Speta
	Mag. Stephan Weigl
Gestaltung:	Johannes Rauch
	Mag. Hans-Peter Reinthaler
	Mag. Stephan Weigl
Werkstätten:	Roland Rupp
	Josef Linner
	Erwin Kapl
	Otto Brunner
	Helmuth Penn
	Josef Schöbinger
	Franz Meindl
	Martin Dumfart
	Bruno Thumfart
	Stefan Wegleitner
Mitarbeit:	Mag. Werner Weißmair
	J. Helmut Schmidt
	Claudia Reitstätter
Museumspädagogik:	Mag. Veronika Winkler
Leihgeber:	Ernst-Haeckel-Haus, Jena
	Universität Wien, Institut für Zoologie
	Universität Wien, Institut f. Molekularbiologie u. Genetik
	Sternwarte Kremsmünster
	Haus der Natur, Salzburg
	Ethno-Expo, Zürich
	Wildlife Art Team, W. Schnaubelt, Breitenau
	Dieter Schön, Pfarrkirchen/Mühlkreis
	Naturhistorisches Museum, Wien, Anthropolog. Abt.
	Mag. Dr. Sylvia Kirchengast, Wien
	Univ.-Prof. Dr. Heinz Tunner, Wien
	Universität Salzburg
	Univ.-Doz. Peter Simonsberger, Salzburg
	Aquarium Atlantis, Linz

Der Umschlag zeigt auf der Vorderseite die Kompaßqualle Chrysaora hysoscella (aus Haeckel 1879; Schirmdurchmesser bis 30 cm), die in der Ausstellung als Riesenmodell (Schirmdurchmesser 1,5 m, Tentakel bis 4 m) zu sehen ist. Auf der Rückseite sind Radiolarien (Strahlentierchen) im Rasterelektronenmikroskop abgebildet (Fotos: Wilhelm Foissner). Den Hintergrund (Mischtechnik) und den Umschlag gestaltete Mag. Christoph Luckeneder. Auf den Zwischenblättern sind die etwa 2000 von Haeckel geschaffenen Gattungsnamen aufgelistet (Idee: Dr. Erna Aescht & Mag. Christoph Luckeneder).

Zoologische Aspekte

Philosophische Aspekte

Beziehungen Haeckels zu Österreich

Ernst Haeckel
1834–1919

Vorwort

F. Speta

Auch ohne runden Geburts- oder Sterbetag kommt gelegentlich eine Gedenk-Ausstellung zustande:

Ende Februar, Anfang März 1995 standen Studien im Archiv und im Herbarium des HAUSSKNECHT-Herbariums in Jena am Programm. Wer in Jena ist, besucht auch das Ernst-Haeckel-Haus. Bei dieser Gelegenheit wurde ich mit der damaligen Leiterin dieses Institutes, Frau Dr. E. KRAUßE bekannt. Inspiriert von der Fülle der HAECKEL-Erinnerungen entstand spontan die Idee, eine HAECKEL-Ausstellung in Linz zu machen. Und Frau Dr. KRAUßE versprach begeistert ihre Mitarbeit. Über Details bestanden vorerst nur vage Vorstellungen, doch sollten auf jeden Fall die Beziehungen HAECKELS zum alten Österreich besonders berücksichtigt werden.

Eine ausschließlich historische Ausstellung sollte es aber auch nicht werden, sie wäre möglicherweise auf kein breites Publikumsinteresse gestoßen. Wir nahmen uns deshalb vor, uns den biologischen Fragen zu widmen. Und da bot sich nun tatsächlich ein Jubiläum an: Im Jahre 1899 ist nämlich Ernst HAECKELS populäres Hauptwerk „Die Welträtsel" erschienen, 1904 der Ergänzungsband „Die Lebenswunder". Beide Bücher erzielten eine große Breitenwirkung und waren maßgeblich an der Etablierung unseres neuen naturwissenschaftlichen Weltbildes beteiligt. Natürlich gab es damals von den Kreationisten großen Widerstand gegen die Evolutionstheorie. Ein monophyletischer Stammbaum in dem der Mensch, das Ebenbild Gottes, von „Affen" abstammen sollte, war für viele unannehmbar, schlicht ein Frevel! Der Wiener Feuilletonist Daniel SPITZER hat dazu 1882 einige Überlegungen mit spitzer Feder zu Papier gebracht, die Ihnen nicht vorenthalten werden sollen, zumal sie von seltener feiner österreichischen Art sind:

„Unser Ahn war ein Pavian!

Dem genialen Naturforscher DARWIN, der vor kurzem, am 19. April, gestorben ist, verdanken wir die beglückende Erkenntnis, daß wir nicht von dem seines sensationellen Obstdiebstahls wegen berüchtigten Ehepaar Adam und Eva, sondern von den Affen unseren Ursprung herleiten.

Demzufolge hätte also der liebe Gott am sechsten Tag nicht den Menschen geschaffen, sondern den Affen, und erst diesem fiele das Verdienst zu, nach seinem Ebenbild den Menschen geschaffen zu haben. Glücklicherweise sind, wie wir aus der kaiserlichen Menagerie von Schönbrunn und anderen, zwar nicht offiziellen, doch ebenfalls ziemlich glaubwürdigen Menagerien wissen, nicht alle Affen zu Menschen degeneriert, so daß es neben den Menschen auch noch Affen unverfälschter Rasse gibt. Es ist wahrscheinlich, daß hier dieselben Verhältnisse obgewaltet haben wie bei den Bauern, von welchen ein konservatives Mitglied des Abgeordnetenhauses einmal behauptet hat, daß sie die Söhne, welche Verstand hätten, Bauern werden, die dummen dagegen studieren ließen. In derselben Weise haben zweifellos auch die ersten Affen ihre fähigen Sprößlinge Affen, und nur die verkommenen Deszendenten Menschen werden lassen.

In der Tat schreiben auch die Wilden den Affen eine mehr als menschliche Klugheit zu, indem sie behaupten, daß diese wohl sprechen könnten, sich jedoch stumm stellten, weil sie fürchteten, sonst arbeiten zu müssen. Wenn also die nach den Wendekreisen zuständigen Affen bloß aus Rücksicht auf die damit verbundenen Vorteile schweigen, sollte es uns nicht wundern, wenn die unter uns weilenden Vierhänder, ermuntert durch das Beispiel jener unserer lieben Landsleute, welche der öffentlichen Beredsamkeit Pfründen, Orden und Bestechungen verdanken, das Schweigen, welches sie in der Palmenzone aus Nützlichkeitsgründen beobachten, in der gemäßigten Zone des Wienerwaldes brächen und plötzlich zu sprechen begännen. Vielleicht würde auch diese neue Affen-Nationalität, falls sie ebenfalls anerkannt und der bunte Nationalitäten-Bazar Österreichs noch mit ihr bereichert würde, eine eigene Nationaltracht erfinden …

Ich bin überzeugt, daß DARWIN weit weniger Widersacher gefunden hätte, wenn er die Ahnengalerie des Menschen nicht mit dem Affen, sondern mit dem Löwen hätte beginnen lassen. Denn während die Abstammung vom Affen, bei der subalternen bestialen Stellung desselben, die menschliche Eitelkeit verletzt, würde die Abstammung von einem Potentaten, wenn auch nur von einem Viehpotentaten, jene in hohem Grad befriedigen.

Bei alledem haben wir noch von Glück zu sagen, daß die neuere Naturforschung nicht die noch weit empfindlichere Entdeckung gemacht hat, daß wir vom Rind abstammen. Wir könnten ja in einem solchen Fall kein Filet de boeuf mehr verzehren, ohne von jener Kategorie von Gewissensbissen verfolgt zu werden, welche sich nach einem Brudermord einzustellen pflegt.

Während wir also dem Ochsen unser kräftigstes Nahrungsmittel, dem Tiger die Paletots der ungarischen Leibgarde, und der Katze so häufig den Hasenbraten verdanken, können wir den Affen zum Glück für die ohnehin so hart bedrängten Feinschmecker zu nichts Besserem gebrauchten, als aus ihm unsern Stammvater zu machen."

Unbemerkt von der breiten Öffentlichkeit ist die Forschung im 20. Jahrhundert in den biologischen Disziplinen rapid weitergegangen. Die Evolution, der monophyletische Stammbaum und die nahe Verwandtschaft des Menschen mit den Schimpansen sind von den verschiedensten Seiten bestätigt worden. Daran stoßen sich heute nur mehr wenige!

Alle Lebewesen, so verschieden sie auch zu sein scheinen, sind auf ihrer molekularen Grundlage erstaunlich einheitlich. Wir haben gelernt, den genetischen Code zu entschlüsseln. Die Molekularbiologie eröffnet uns ungeahnte Möglichkeiten. Sie erlaubt z. B. verwandtschaftliche Zusammenhänge beinahe mit Gewißheit zu ermitteln. Damit ist die Klassifikation der Lebewesen auf eine andere Ebene gehoben worden. Ihr unverdienter Ruf, langweilig zu sein, ist durch euphorische weltweite Beschäftigung mit der Taxonomie ad absurdum geführt worden. Alle, die diese spannendste aller Disziplinen mit staubigen Museen assoziieren, haben hoffnungslos den Anschluß verloren!

Während die Entschlüsselung des Erbgutes von Bakterien etc. i. a. mit Gleichgültigkeit hingenommen wird, hat in letzter Zeit die intensive Beschäftigung mit dem menschlichen Genom in der Öffentlichkeit doch ein gewisses Unbehagen ausgelöst. Craig VENTER hat angekündigt, daß in 3 Jahren das Erbgut des Menschen entziffert sein wird. Der aus ungefähr 70.000 Genen bestehende Bauplan des Menschen ist dann im Internet einzusehen. Erkenntnisdrang alleine könnte die für diese Forschung notwendigen Gelder nicht mobilisieren. Nur in Verbindung mit einer Produktidee sind die Mittel aufzutreiben. Die Erforschung des Erbgutes haben daher internationale Life-Science-Firmen in die Hände genommen, diese Branche boomt! Durch ausgeklügelte Techniken sind die Gene manipulierbar geworden. Gentransplantationen versprechen schier Unglaubliches! Ein Jahrhundert nach den „Welträtseln" von HAECKEL ist offensichtlich unser „Weltbild" wieder reif für eine Korrektur. VENTER meint, es würde zwar noch weitere 100 Jahre vom Buchstabieren des genetischen Textes bis zum Erkennen und Verstehen der Zusammenhänge notwendig sein. Ist dann das Rätsel des Lebens geklärt? Diese nächsten 100 Jahre sind aber mit düsteren Wolken verhangen: Die Überbevölkerung der Erde und die rasante Vernichtung der Natur könnten dem Forschen ein frühzeitiges Ende bereiten!

Der Vergleich des Wissensstandes in der Biologie zu Zeiten HAECKELS und heute hat der Ausstellung eine gewisse Dynamik verliehen, die Aspekte der Biologie sind in den Vordergrund gerückt. Vom Katalog, der verständlicherweise nur einen Teil der vielen von HAECKEL aufgegriffenen Probleme, in Einzelbeiträgen behandelt, ist keine Vollständigkeit zu erwarten. Dank der Mitarbeit mehrerer Zoologen der Universität in Wien und der Beiträge deutscher Wissenschafter, die Frau Dr. KRAUßE zu motivieren verstand, ist ein eindrucksvoller, lesenswerter Band entstanden, der meineserachtens sogar nach Fortsetzung verlangt.

Alle die mit der Gestaltung von Katalog und Ausstellung beschäftigt waren, haben jedenfalls ihr Bestes gegeben!

Wir wünschen uns, daß es gelingen möge, die Faszination der Forschung an den Welträtseln und Lebenswundern spürbar zu machen. DARWIN und HAECKEL haben einen Weg zum Verständnis der Lebensrätsel auf der Erde aufgezeigt. Viel neues Wissen ist seither dazu gekommen. Die Kenntnis der großartigen, in Jahrmillionen entstandenen Artenvielfalt bis in den molekularen Bereich hinein, soll zu größerer Ehrfucht vor dem Leben führen, was sich schließlich im Erhalten der Natur auf unserer Erde äußern müßte!

stanidium Castanissa Castanopsis Castanura Catablema Catablemium Catinulu
ryphalium Cenellipsis Cenellipsium Cenellipsula Cenocapsa Cenodiscus Cenolarcu
ntrocubus Centrospira Cephalopyramis Cephalospyris Cerasophaera Ceratastrum
relasma Ceriasparium Ceriaspidium Ceriaspis Ceriosphaera Chaenicosphaer
aenicosphaerium Chaenicosphaerula Challengeranium Challengeranth
allengerebium Challengeretta Challengeridium Challengerilla Challengeromm
allengeron Challengerosium Charybdella Charybdusa Chiastolus Chirodropu
itonastrella Chitonastromma Chitonastrum Chordotus Chromyomma Cinclopyrami
nclopyramis Circalia Circella Circetta Circogonia Circolia Circoniscus Circoporu
rcoporus Circorrhegma Circospathis Circospathis Circosphaera Circospyr
rcostephanus Circostephanus

ZOOLOGISCHE ASPEKTE

Circotympanur
adarachnium Cladocalpis Cladocanna Cladococcalis Cladococcinus Cladococcode
adococcurus Cladocorona Cladophatna Cladopyramis Cladoscenium Cladospyr
athrobursa Clathrocanidium Clathrocircus Clathrocorona Clathrocorys Clathrocycl
athrocyclia Clathrocycloma Clathrodictyum Clathrolychnus Clathromitr
athropilium Clathropyrgus Clathrosphaera Clathrosphaerium Clathrosphaeru
athrospyris Clathrospyris Clistolynthus Clistophaena Clistophatna Clylampteriu
occocyclia Coccodiscus Coccolarcus Coccosphaera Coccostaurus Codoniu
odonorchis Coelagalma Coelodasea Coelodecas Coelodendridium Coelodendroniu
oelodendrum Coelodoras Coelodrymus Coelographis Coeloplegma Coelospath
oelostylus Coelothamnus Coelothamnus Coelothauma Coelothauma Coelothol
oenostomella Coleaspidium Coleaspis Collaspis Collodastrum Collodinium Collodisc
ollophidium Colloprunum Collozoum Conarachnium Concharium Conchasm
onchellium Conchidium Conchoceras Conchonia Conchopsis Conosphae
onostrobus Cornustrobus Cornutanna Cornutellium Cornutissa Cornuto
ornutura Corocalyptra Coronidium Coronophatna Coronosphaera Cortina Cortinet
ortiniscus Corythospyris Coscinasparium Coscinaspidium Coscinaspis Coscinomm
oscinommarium Coscinommidium Coscinommium Crambessa Cramborhi
raniaspis Craspedilium Craspedomma Craspedonites Cromyatractium Cromyatract
romyechinus Cromyocarpus Cromyodruppa Cromyodruppium Cromyodrym
romyomma Cromyommetta Cromyommura Cromyosphaera Cromyosphaeri

ryptopera Crystallodes Ctenaria Cubaxonium Cubosphaera Cubothol
ubotholonium Cubotholura Cubotholus Cunantha Cunarcha Cunissa Cunoctar
unoctona Cyanomma Cyathiscus Cyathosphaera Cybogaster Cycladoph
yclamptidium Cymbonectes Cypassis Cyphanta Cyphantella Cyphant
yphinidium Cyphinidoma Cyphinidura Cyphinoma Cyphinura Cyphinus Cyphocol
yphonium Cyrtidosphaera Cyrtocalpis Cyrtocapsa Cyrtocapsella Cyrtocapso
yrtocoris Cyrtocorys Cyrtolagena Cyrtopera Cyrtophormis Cyrtophormis
yrtophormium Cyrtostrobus Cystalia Cystophormis Cytaeandra Dendrocir
endronema Dendrospyris Depastrella Desmalia Desmartus Desmocampe Desmoph
esmospyris Dicodonium Dicolocapsa Dicranaster Dicranastrum Dicranocar
ictocephalus Dictyaspis Dictyastrella Dictyastromma Dictyatractus Dictycoryn
ictyoceras Dictyocodella Dictyocodoma Dictyocodon Dictyocorynium Dictyocrypha
ictyomitrella Dictyomitrissa Dictyomitroma Dictyophimium Dictyopleg
ictyopodium Dictyoprona Dictyoprora Dictyospyrantha Dictyospyrella Dictyospyri
ictyospyromma Dicymba Didymocyrtis Didymophormis Dioniscus Dipetas
iphyopsis Diplactinium Diplactura Diplacturium Diplocolpium Diplocolpu
iplocolpus Diploconium Diploconulus Diploconus Diplocyclas Diplosphae
iplosphaerella Diplosphaeromma Dipocoronis Dipocubus Dipodospyris Dipora
iporasparium Diporaspidium Diporaspis Dipospyris Discalia Disconalia Discop
iscosphaera Discospira Discozonium Dissonema Distriactis Dizonaris Dizoni
izonium Dodecaspis Doratacantha Doratasparium Dorataspidium Dorata
orcadospyris Dorypelma Dorypelta Dorypeltarium Dorypeltidium Dorypeltoniu
ruppatractara Druppatractium Druppatractona Druppatractus Druppatracty
ruppocarpetta Druppocarpissa Druppocarpus Druppula Druppuletta Druppulis
rymonema Drymosphaera Drymosphaerella Drymosphaeromma Drymospi
yospyris Dyostephaniscus Dyostephanus Dyostephus Dyscannota Dyscollosphae
yssyconella Dyssycum Dystympanium Echinactura Echinaspis Echinobotr
hinocalpis Echinocapsa Echinomma Echinommetta Echinommura Elaphococcin
aphococculus Elaphococcus Elaphospyris Elatomma Elatommella Elatommu
lipsidium Ellipsis Ellipsostyletta Ellipsostylissa Ellipsostylus Ellipsoxiphet
lipsoxiphilla Ellipsoxiphium Ennealacorys Enneaphormis Enneaplagia Enneaplegm
neapleuris Enneplagidium Entocannula

Der Zoologe Ernst HAECKEL als Sprachschöpfer und Ideenproduzent

F. SCHALLER

Abstract

The Zoologist Ernst HAECKEL as Creator of a Scientific Language and Producer of Inspirations.

In this contribution emphasis has not been laid on the descriptive, classifying and interpreting zoologist Ernst HAECKEL, but on the creative inventor of a highly differentiated scientific language and the engaged propagator of an ideology, which he had defined as "monism". Numerous of his word- and term-coinings are customary in biology even today. His pugnacious activities to promote DARWIN'S theory of descendence are unforgotten.

Zu den wenigen Zoologen, die es zu bleibendem Nachruhm gebracht haben, zählt auch Ernst HAECKEL. Nach wie vor gibt er Anlaß zu rhetorischen und literarischen Kommentaren, Würdigungen und Streitschriften und zu attraktiven Schaustellungen wie dieser hier in Linz knapp 80 Jahre nach seinem Tod. Der Nachruhm von Naturforschern wurzelt ja selten in ihren fachspezifischen Leistungen allein, wie etwa der des KOPERNIKUS, dem wir das endgültige Verständnis für die Raumordnung an unserem Himmel verdanken, sondern gründet fast immer auch in ihren „fachübergreifenden" Aussagen und Nachwirkungen. Am deutlichsten zeigt sich dies bei Forschern, deren Befunde und Thesen den Menschen tangieren. Ein schlichtes Beispiel dafür bietet uns Gregor MENDEL mit seinen an Erbsen erkannten universalen Erbregeln.

Nun wäre es billig und überflüssig, dem flackernden Ruhmesfeuer des Ernst HAECKEL ein weiteres Scheit zuzulegen. Das tun seine Gegner und Verteidiger weiterhin wirkungsvoll genug. Ich möchte versuchen, ihm über seine Sprache nahezukommen. HAECKEL war nämlich nicht nur ein begabter und phantasievoller Interpret, sondern vor allem ein großartiger Sprach- und Wortschöpfer. Er hinterließ uns hunderte von Namen, Bezeichnungen und Begriffen, deren Genese, Zahl und Nachwirkung nur ein sorgfältig recherchierender Diplomand dokumentieren könnte (was hier auch als Anregung gesagt sei!). Wo immer man sich in HAECKEL hineinliest, erliegt man der Faszination seiner fast manischen Wortgewalt. Er war eben mehr als „nur" der blick- und schaubegabte Naturforscher, er war dazu der missionarisch eifernde Apostel seiner gewonnenen Einsichten und Erkenntnisse, ein Aufklärer, der im Feuereifer seines Apostolats die Gedanken-„Sünde" der endgültigen Welt-„Erklärung" beging. Mit seinem Monismus hat er freilich nichts Schlimmeres verbrochen als die Atomisten und Ur-Teilchen- und Ur-Kräfte-Sucher vor und nach ihm. Hätte er nur den Menschen weniger

Stapfia 56,
zugleich Kataloge des OÖ. Landesmuseums, Neue Folge Nr. 131 (1998), 3-18

Anatomie.

Gesammtwissenschaft von der vollendeten Form der Organismen.

I. Tectologie oder Baulehre. Structurlehre.	II. Promorphologie oder Grundformenlehre.

1) Histologie oder Plastidenlehre.
Formenlehre der Plastiden (Cytoden und Zellen) oder
Anatomie der Form-Individuen erster Ordnung.

I. 1) Tectologie der Plastiden. Lehre von der formellen inneren Zusammensetzung der Plastiden, von den Formbestandtheilen, welche im Inneren der Cytoden und Zellen vorkommen.	II. 1) Promorphologie der Plastiden. Lehre von der äusseren Form der Plastiden und der ihr zu Grunde liegenden stereometrischen Grundform.

2) Organologie oder Organlehre.
Formenlehre der Organe, (Zellenstöcke, einfache Organe, zusammengesetzte Organe, Organ-Systeme, Organ-Apparate) oder
Anatomie der Form-Individuen zweiter Ordnung.

I. 2) Tectologie der Organe. Lehre von der formellen inneren Zusammensetzung der Organe aus Plastiden (Cytoden und Zellen) oder Form-Individuen erster Ordnung.	II. 2) Promorphologie der Organe. Lehre von der äusseren Form der Organe und der ihr zu Grunde liegenden stereometrischen Grundform.

3) Antimerologie oder Homotypenlehre.
Formenlehre der Antimeren (Gegenstücke oder homotypischen Theile) oder
Anatomie der Form-Individuen dritter Ordnung.

I. 3) Tectologie der Antimeren. Lehre von der formellen inneren Zusammensetzung der Antimeren aus Organen (Organen verschiedener Ordnung) oder Form-Individuen zweiter Ordnung.	II. 3) Promorphologie der Antimeren. Lehre von der äusseren Form der Antimeren und der ihr zu Grunde liegenden stereometrischen Grundform.

4) Metamerologie oder Homodynamenlehre.
Formenlehre der Metameren (Folgestücke oder homodynamen Theile) oder
Anatomie der Form-Individuen vierter Ordnung.

I. 4) Tectologie der Metameren. Lehre von der formellen inneren Zusammensetzung der Metameren aus Antimeren (Gegenstücken) oder Form-Individuen dritter Ordnung.	II. 4) Promorphologie der Metameren. Lehre von der äusseren Form der Metameren und der ihr zu Grunde liegenden stereometrischen Grundform.

5) Prosopologie oder Personenlehre.
Formenlehre der Personen oder Prosopen (Individuen im gewöhnlichen Sinne) oder
Anatomie der Form-Individuen fünfter Ordnung.

I. 5) Tectologie der Personen. Lehre von der formellen inneren Zusammensetzung der Personen aus Metameren (Folgestücken) oder Form-Individuen vierter Ordnung.	II. 5) Promorphologie der Personen. Lehre von der äusseren Form der Personen und der ihr zu Grunde liegenden stereometrischen Grundform.

6) Cormologie oder Stocklehre.
Formenlehre der Stöcke oder Cormen (Colonieen) oder
Anatomie der Form-Individuen sechster Ordnung.

I. 6) Tectologie der Stöcke. Lehre von der formellen inneren Zusammensetzung der Stöcke aus Personen (Prosopen) oder Form-Individuen fünfter Ordnung.	II. 6) Promorphologie der Stöcke. Lehre von der äusseren Form der Stöcke und der ihr zu Grunde liegenden stereometrischen Grundform.

Haeckel, Generelle Morphologie.

Abb. 1: Gliederung des Begriffs und Arbeitsfeldes der Anatomie (Bd. I: 49).

deutlich in sein Weltbild einbezogen, wäre er gewiß weniger ins Gerede gekommen und im Gerede geblieben. Hätte er aber WATSON und CRICK erlebt (ein halbes Menschenleben nur nach seinem Tod!), er wäre noch eifernder fortgefahren in seinem Aufklärungswerk; denn die Erkenntnis, daß die Genome aller Organismen völlig „monistisch" strukturiert sind, d. h. aus molekular identischem Baumaterial bestehen und prinzipiell gleich serial-informativ funktionieren, hätte er als Triumph erlebt. Er hätte freilich auch als jetziger Zeitgenosse erleben müssen, daß die überwältigende Masse seiner (jetzt mehr als 5 Milliarden) Artgenossen an diesem Aufklärungsschritt ebensowenig interessiert bleibt, wie ihre Großvätermasse seinerzeit am Aufklärungsschritt des DARWINschen Evolutionsgedankens.

Übersehen sei aber nicht, daß wir heute doch weltweit rational von dieser Evolutionsidee reden und reden können wie von anderen „magischen" Phänomenen (wie etwa dem Klima oder der Schwerkraft), ohne daß wir – wie HAECKEL – in heillose Glaubenskämpfe geraten. Das Schöpfungstabu ist also – zumindest in der heutigen geistigen Führungsschicht der sogenannten Menschheit – gebrochen; und dieser Fortschritt ist und bleibt auch Ernst HAECKELS „unsterbliches" Mitverdienst!

Nun aber zurück zu meinem eigentlichen Vorhaben hier, zum Sprachphänomen des Ernst HAECKEL. In die Geschichte unserer Wissenschaft (der Zoologie) tritt er ja bekanntlich gleich mit einem Paukenschlag ein: Es ist dies eine Monographie, die der 28jährige 1862 über die Radiolarien publizierte und die noch heute, fast eineinhalb Jahrhunderte danach, basale Gültigkeit in der Protozoen-Systematik hat.

Der junge Mann (der heute in seinem Lebensalter wohl noch Student wäre) beruft sich eingangs auf Johannes MÜLLER und Christian EHRENBERG, Lehrer von klassischer Autorität, wie sie bis heute als Magneten originellen Geistesnachwuchses nötig sind und auch fungieren. Er ordnet das mikroskopische Fundmaterial seiner Strahlentierchen in 15 Familien, denen er zum größten Teil neue Namen gibt, wobei er sichtlich souverain aus einem ihm geläufigen griechisch-lateinischen Wortschatz schöpft. Er revidiert aber auch gleich das ganze schon bestehende Radiolariensystem mit insgesamt 32 Gattungen, wobei er Skelette und „Weichkörper" in seine Merkmalsbetrachtungen und Wertungen einbezieht. Und dabei kommt bereits der typische „Abstammungs"-denker HAECKEL voll zum Vorschein, indem er die spezifischen Struktur-

Achtes Capitel.

Begriff und Aufgabe der Tectologie.

> Freuet euch des wahren Scheins,
> Euch des ernsten Spieles,
> Kein Lebendiges ist Eins,
> Immer ist's ein Vieles.
>
> Goethe.

I. Die Tectologie als Lehre von der organischen Individualität.

Die Tectologie oder Structurlehre der Organismen ist die gesammte Wissenschaft von der Individualität der belebten Naturkörper, welche meistens ein Aggregat von Individuen verschiedener Ordnung darstellt. Die Aufgabe der organischen Tectologie ist mithin die Erkenntniss und die Erklärung der organischen Individualität, d. h. die Erkenntniss der bestimmten Naturgesetze, nach denen sich die organische Materie individualisirt, und nach denen die meisten Organismen einen einheitlichen, aus Individuen verschiedener Ordnung zusammengesetzten Formen-Complex bilden.

Begriff und Aufgabe der Tectologie, wie wir sie hier feststellen und bereits oben (p. 30, 46, 49) im Allgemeinen erörtert haben, sind bisher von den meisten Morphologen nicht scharf ins Auge gefasst worden, da man in der Anatomie die Tectologie und Promorphologie stets vermischt zu behandeln pflegt.

Abb. 2: Einleitung des 8. Kapitels mit einer Textprobe zum Begriff Tectologie (Bd. I: 241).

differenzen der Gattungen und Familien wo immer es geht voneinander ableitet. Alle seine systematischen Gedankengänge und Argumentationen lesen sich wie genealogische Berichte, zum Beispiel: „*Diplosphaera* **entsteht** aus *Heliosphaera*, indem die 20 symmetrisch verteilten Stacheln in einer gewissen Höhe Ausläufer treiben, welche sich verästeln und untereinander verbinden, so daß noch eine zweite, der ersteren konzentrische Gitterkugel entsteht. Bei *Arachnosphaera* wiederholt sich derselbe **Prozeß** mehrmals. *Haliommatidium* endlich, die merkwürdige Mittelgattung, welche die Ommatiden und Acanthometriden in so ausgezeichneter Weise verbindet, **liefert** zugleich die interessanteste **Zwischenstufe**, welche von den Heliosphaeriden einerseits zu den Acanthometriden, andererseits zu den Ommatiden **hinüberführt**, aus welchen sich dann wieder ebenso natürlich die wichtigen Familien der Sponguriden, Disciden und Litheliden ableiten lassen“. Und weiter: „Aus *Heliosphaera* **entsteht** *Haliommatidium* einfach dadurch, daß die radialen Stacheln der Gitterkugel sich zentripetal verlängern, bis sie in der Mitte der Zentralkapsel zusammentreffen, ohne jedoch hier zu verschmelzen. Hieraus **geht** nun *Dorataspis* auf ähnliche Weise **hervor**, indem...“.

Worte wie „*Diplosphaera* **entsteht** aus *Heliosphaera*“ oder „*Haliommatidium*, die Mittelgattung, **liefert** die **Zwischenstufe**“, oder „Hieraus **geht** nun *Dorataspis* **hervor**“ sind klare Indizien dafür, daß schon der junge HAECKEL deszendentiell gedacht hat, und daß das literarische Damaskus-Erlebnis seiner ersten Begegnung mit DARWINS Gedankenwelt in Wahrheit kein Er- sondern nur ein Beleuchtungseffekt war.

Bemerkenswert ist auch die Diktion des jungen Naturforschers zu einem animalischen Lebensphänomen, dem er sich nur in erkenntnistheoretischer Grenzüberschreitung nähern konnte, was er aber sichtlich schon damals unbekümmert tat, indem er schreibt (Radiolarienmonographie von 1862, Seite 128; Kapitel Lebenserscheinungen der Radiolarien): „Empfindung oder eine mit Bewußtsein verbundene Reaktion gegen äußere Reize ist bisher bei keinem Radiolar und überhaupt bei keinem Rhizopoden mit Sicherheit wahrgenommen worden. Das Bewußtsein der Rhizopoden erscheint ebenso problematisch wie der Wille in ihren Bewegungen...“.

Schon in diesen zwei Sätzen leuchtet der spätere „Monist“ Ernst HAECKEL auf, der unbekümmert die ganze Materie „beseelt“ sein ließ.

Somit nimmt es nicht wunder, daß schon vier Jahre später (1866) der nunmehr 32jährige das gewaltige Fundament zu seinem weiteren Lebenswerk gelegt hat, den ersten Band der „Generellen Morphologie der Organismen“, der deren „Allgemeine Anatomie“ darstellt und ordnet. Darin geht es nun nicht mehr nur um die stoffliche Bewältigung der damals schon bekannten Formenfülle der Organismen, sondern um das adäquate sprachliche und begriffliche Ordnungssystem dazu. Diese Denkarbeit hat HAECKEL geleistet, indem er wie ein Generator fremdes und eigenes Beobachtungs- und Gedankengut in einen kohärenten Strom von Ordnungsbegriffen verwandelte. Jahrelange Archiv- und Bibliotheksarbeit wäre nötig, um zu klären, welche der zahllosen HAECKELschen Wortschöpfun-

II. Uebersicht der wichtigsten stereometrischen Grundformen nach ihrem verschiedenen Verhalten zur Körpermitte.

I. Organische Grundformen ohne geometrische Mitte. Acentra.

1. Anaxonia. ***Spongilla-Form.*** Klumpen (Absolut irreguläre Form).

II. Organische Grundformen mit einem Mittelpunct. Centrostigma.

1. Homaxonia. ***Sphaerozoum-Form.*** Kugel.
2. Allopolygona. ***Rizosphaera-Form.*** Endosphärisches Polyeder mit ungleichvieleckigen Seiten.
3. Isopolygona. ***Ethmosphaera-Form.*** Endosphärisches Polyeder mit gleichvieleckigen Seiten.
4. Icosaedra. ***Aulosphaera-icosoaedra-Form.*** Reguläres Icosaeder.
5. Dodecaedra. ***Bucholzia-Pollen-Form*** (Bucholzia maritima etc.). Reguläres Dodecaeder.
6. Octaedra. ***Chara-Antheridien-Form.*** Reguläres Octaeder.
7. Hexaedra. ***Hexacdromma-Form*** (Actinomma drymodes). Reguläres Hexaeder.
8. Tetraedra. ***Corydalis-Pollen-Form*** (Corydalis sempervirens etc.) Reguläres Taetraeder.

III. Organische Grundformen mit einer Mittellinie (Axe). Centraxonia.

1. Haplopola anepipeda. ***Coccodiscus-Form.*** Sphäroid.
2. Haplopola amphepipeda. ***Pyrosoma-Form.*** Cylinder.
3. Diplopola anepipeda. ***Oculina-Form.*** Ei.
4. Diplopola monepipeda. ***Conulina-Form.*** Kegel.
5. Diplopola amphepipeda. ***Nodosaria-Form.*** Kegelstumpf.
6. Isostaura polypleura. ***Heliodiscus-Form.*** Reguläre Doppelpyramide.
7. Isostaura octopleura. ***Acanthostaurus-Form.*** Quadrat-Octaeder.
8. Allostaura polypleura. ***Amphilonche-Form.*** Amphithecte Doppel-Pramide.
9. Allostaura octopleura. ***Stephanastrum-Form.*** Rhomben-Octaeder.
10. Homostaura. ***Aequorea-Form.*** Reguläre Pyramide.
11. Tetractinota. ***Aurelia-Form.*** Quadrat-Pyramide.
12. Oxystaura. ***Eucharis-Form.*** Amphithecte Pyramide.
13. Orthostaura. ***Saphenia-Form.*** Rhomben-Pyramide.

IV. Organische Grundformen mit einer Mittelebene. Centrepipeda.

1. Amphipleura. ***Spatangus-Form.*** Halbe amphithecte Pyramide.
2. Eutetrapleura radialia. ***Praya-Form.*** Doppeltgleichschenkelige Pyramide.
3. Eutetrapleura interradialia. ***Nereis-Form.*** Antiparallelogramm-Pyramide.
4. Dystetrapleura. ***Abyla-Form.*** Ungleichvierseitige Pyramide.
5. Eudipleura. ***Homo-Form.*** Gleichschenkelige Pyramide.
6. Dysdipleura. ***Pleuronectes-Form.*** Ungleichdreiseitige Pyramide.

Abb. 3: Die wichtigsten Grundformen der Tierkörper aus geometrischer Sicht; wobei unter IV. 5. auch *Homo* als eudipleure Form aufscheint. (Bd. I: 555).

gen und Begriffe seine ureigenen, aus fremdem Gedankengut angeeignete, weiterentwickelte oder nur übernommene Idiome sind. Zusammen mit den ebenfalls bisher ungezählt gebliebenen systematischen Namen (für „neue" Arten, Gattungen, Familien, Ordnungen, Stämme etc.) darf man die Gesamtzahl seiner Neuwortbildungen wohl auf gut 5000 schätzen. In der „Generellen Morphologie" jedenfalls bricht diese Potenz erstmals eindrucksvoll durch: Er teilt die Morphologie (die er nach und im Sinne von GOETHE versteht) in Anatomie und Morphogenie, und bestimmt sie sogleich als eine „beschreibende" und „erklärende" Formenlehre zugleich. Die Anatomie gliedert er in Histologie, Organologie, Antimerologie, Metamerologie, Prosopologie und Cormologie. Diese, uns teilweise abhanden gekommene Systematik der strukturellen Ordnungsbegriffe zeigt, welch ein universeller Formenkenner schon der junge Zoologe Ernst HAECKEL gewesen sein muß; denn sie offenbart sein hoch differenziertes, morphologisches Problembewußtsein.

In diesem wird beispielsweise mit dem Begriff „Antimerologie" (Homotypenlehre) deutlich gemacht, daß „strahlige", „reguläre", „bilaterale" oder „symmetrische" Formen einen eigenen morphoanalytischen Aufgabenkomplex bilden, der sich nicht deckt mit dem Problemkomplex „Metamerologie" (Homodynamenlehre). Selbstredend muß der bereits erfahrene Jung-„Meeresbiologe" (ein Begriff, den es damals noch nicht gab) HAECKEL (der natürlich viele stockbildende Tiere kennt) auch eine Prosopologie (Anatomie von Personen = Individuen) von einer Cormologie (Anatomie der Stöcke und Kolonien) unterscheiden.

Indem er dann noch der gesamten Anatomie zwei verschiedene Betrachtungsweisen unterlegt, die er a) Tectologie oder Baulehre = Strukturlehre und b) Promorphologie oder Grundformenlehre nennt, kommt er zu je 2 mal 6 anatomischen Ordnungsbegriffen, für die wir heute im euphorischen Zeitalter der letztlich alles „erklärenden" Molekularbiologie weitgehend betriebsblind geworden sind.

HAECKELS biomorphologisches Gedankengebäude ist damit aber erst in einem Flügel fertig. Den anderen, die von ihm so genannte Morphogenie unterteilt er in Embryologie und Paläontologie, um so zum Ausdruck zu bringen, daß die Entwicklungsgeschichte der Organismen zwangsläufig ein doppeldeutiger Begriff ist, wenn diese wirklich geschichtliche Wesen sind.

In Kapitel 4 der Generellen Morphologie durchbricht HAECKEL dann den Gedankenspielraum der Naturwissenschaft zur Philosophie hin, indem er schreibt: „Alle wahre Naturwissenschaft ist Philosophie und alle wahre Philosophie ist Naturwissenschaft. Alle wahre Wissenschaft ist in diesem Sinn Naturphilosophie".

Und er endet dort bei seiner „Monismus"-Ideologie, die den Geist einfach in der Materie findet. Folgerichtig entwickelt er in den Schlußkapiteln eine initiale Selbstzeugungsthese („Autogonie"), in der er unbekümmert Kristallisationsprozesse und „organische" Stoff-Vermehrungsvorgänge (bei „vollkommen homogenen" Plasmaklümpchen) homologisiert. Dazu macht HAECKEL geltend, daß er selber solche „äußerst einfachen und strukturlosen" Gebilde entdeckt habe: den *Protogenes primordialis* im Meer bei Villefranche und die *Protamoeba primitiva* in einem Tümpel bei Jena. Und als Wortschöpfer sagt er schließlich: „... weil wir bei diesen einfachsten und unvollkommensten Organismen ... weder mit dem Mikroskop noch mit den chemischen Reagentien irgend eine Differenzierung nachweisen können, wollen wir sie ein für allemal mit dem Namen der Einfachen oder Moneren belegen" (sic!).

Aufschlußreich dafür, wie wohlüberlegt HAECKEL als Begriffsgenerator gearbeitet hat,

VII. System der verschiedenen Arten der Zeugungskreise.

Monogenesis. Entwickelung ohne geschlechtliche Zeugung. Alle Bionten der Species entstehen durch ungeschlechtliche Zeugung. Generations-Cyclus ist ein Spaltungskreis (Cyclus monogenes).	Schizogenesis. Spaltungskreis oder Spaltproduct (Cyclus monogenes) durch Theilung oder Knospenbildung erzeugt.	Reifes, spaltungsfähiges Bion eine einfache Plastide.	Schizogenesis monoplastidis. Die einfachsten monoplastiden Protisten (Moneren, Protoplasten, Flagellaten, Diatomeen) und die einfachsten „einzelligen" Algen.
		Reifes, spaltungsfähiges Bion eine Plastiden-Colonie.	Schizogenesis polyplastidis. Viele polyplastide Protisten (Flagellaten, Diatomeen etc.) und einige „mehrzellige", nicht sporenbildende niedere Pflanzen.
	Sporogenesis. Spaltungskreis oder Spaltproduct (Cyclus monogenes) durch Sporenbildung erzeugt.	Reifes, sporenbildendes Bion eine einzige Plastide.	Sporogenesis monoplastidis. Viele monoplastide Protisten (Protoplasten, Acyttarien, Flagellaten) und „einzellige Pflanzen", z. B. Codiolum, Hydrocytium.
		Reifes, sporenbildendes Bion eine Plastiden-Colonie.	Sporogenesis polyplastidis. Viele polyplastide Protisten (Flagellaten, Radiolarien (?), Myxocystoden, Myxomyceten) und viele niedere Pflanzen (Desmidiaceen und andere Algen).
Amphigenesis. Entwickelung mit geschlechtlicher Zeugung. Entweder ein Theil der Bionten oder alle Bionten der Species entstehen durch geschlechtliche Zeugung. Generations-Cyclus ist ein Eikreis (Cyclus amphigenes).	Metagenesis. Eikreis oder Eiproduct (Cyclus amphigenes) aus zwei oder mehr Bionten zusammengesetzt.	Eikreis aus mehr als zwei Bionten zusammengesetzt.	Metagenesis productiva. Aphis, Daphniden, viele Würmer (Platyelminthen etc.), viele Mollusken (Tunicaten, Bryozoen), die meisten Hydromedusen, viele Cryptogamen, Phanerogamen mit Brutknospen.
		Eikreis aus zwei Bionten zusammengesetzt.	Metagenesis successiva. Die Mehrzahl der Echinodermen und einige Würmer (Pilidium-Nemertine, Actinotrocha-Sipunculide).
	Hypogenesis. Eikreis oder Eiproduct (Cyclus amphigenes) aus einem einzigen Bionten bestehend.	Postembryonale Entwickelung mit echter Metamorphose.	Hypogenesis metamorpha. Amphibien und einige Fische. Die Mehrzahl der Articulaten und Mollusken (Cochleen und Lamellibranchien).
		Postembryonale Entwickelung ohne echte Metamorphose.	Hypogenesis epimorpha. Alle allantoiden und die meisten anallantoiden Wirbelthiere. Cephalopoden. Ametabole Insecten. Wenige andere Wirbellose. Die meisten Phanerogamen. Einige Cryptogamen (Fucaceen etc.).

6 *

Abb. 4:
System der verschiedenen Zeugungskreise (Bd. II: 83).

ist noch der Hinweis auf eine Fußnote Seite 276. Dort reflektiert er nochmals das im Text zuvor benutzte Wort **to plasma** und sagt, daß es eigentlich das Gebildete, Geformte bedeuten würde, und folglich der richtigere Ausdruck „für unsere bildende Materie“ **to plasson**, das Bildende, das Formende sei.

Die 2. Hälfte des ersten Bandes der Generellen Morphologie liefert dann einen Strom von Struktur- und Formbegriffen, wie ihn wohl nie ein zweiter Denker hervorgebracht hat. Die Organe beispielsweise werden als „morphologische Individuen zweiter Ordnung“ (Werkstücke) aufgefaßt, aus denen wiederum „Organ-Apparate“ werden, wie beispielsweise die Bewegungsapparate, Fortpflanzungs- und Seelenapparate.

Auf Seite 333 befaßt er sich anschließend mit seiner Unterscheidung von „morphologischer und physiologischer Individualität“ und faßt seine Überlegungen wie folgt zusammen: „Das physiologische Individuum (Bion) ist eine einzelne organische Raumgröße, welche als centralisierte Lebenseinheit der Selbsterhaltung fähig und zugleich theilbar ist, und welche wegen der mit diesen Functionen verbundenen Bewegungen nur als eine in verschiedenen Zeitmomenten veränderliche erkannt werden kann. Das morphologische Individuum (erster bis sechster Ordnung) dagegen ist eine einzelne organische Raumgröße, welche als vollkommen abgeschlossene Formeinheit untheilbar ist, und welche in diesem ihren Wesen nur als eine in einem bestimmten Zeitmomente unveränderliche erkannt werden kann“.

Im folgenden kommt er eingehender zu seiner Begriffsschöpfung „Promorphologie“, die er als „organische Stereometrie“ definiert, und bei der es ihm um die „idealen Grundformen der Organismen“ geht, die er „durch Abstraktion aus ihrer realen organischen Form“ gewinnen will. In letzter Abstraktion kommt er dabei zum „System der organischen Grundformen“ mit den Klassen („promorphologischen Kategorien“) I. Anaxonia = Achsenlose = absolut irreguläre Formen und II. Axonia = Achsenfeste mit den beiden Unter-

X. Parallele Strophogènesis der dicotyledonen Phanerogamen und der Vertebraten.

I. Dicotyledonen.

Erster Zeugungs-Akt: Das Bion entsteht als Pflanzen-Ei (Embryobläschen) im Embryosack durch Emplasmogonie.

Erste Generation: Das Bion ist ein Form-Individuum erster Ordnung, eine einfache Plastide: Pflanzen-Ei (Embryobläschen, Keimbläschen).

Zweiter Zeugungs-Akt: Das Bion wird durch fortgesetzte Theilung zum einfachen Organ: Proembryo.

Zweite Generation: Das Bion ist ein Körper vom morphologischen Werthe eines einfachen Organs (aus einer Zellenart zusammengesetzt) oder ein Form-Individuum zweiter Ordnung: Vorkeim oder Proembryo.

Dritter Zeugungs-Akt: Das Bion (jetzt Proembryo) erzeugt durch Spaltung (laterale Knospenbildung) ein neues Individuum zweiter Ordnung: eigentlicher Keim oder Embryo. Da Embryo und Proembryo aus differenten Plastiden bestehen, erscheint das ganze Bion jetzt als „zusammengesetztes Organ“.

Dritte Generation: Das Bion ist ein morphologisches Individuum zweiter Ordnung (ein zusammengesetztes Organ), welches sich auf Kosten des elterlichen Proembryo entwickelt: Keim oder eigentlicher Embryo.

Vierter Zeugungs-Akt: Das Bion (jetzt Embryo) erzeugt durch Wachsthum, Differenzirung und unvollständige laterale Knospenbildung zwei neue Individuen zweiter Ordnung (Organe), die beiden Cotyledonen (rechtes und linkes Keimblatt). Durch die gegenständige Stellung derselben und die zwischen beiden sich erhebende Axenspitze (Terminalknospe) zerfällt der Embryo in zwei Form-Individuen dritter Ordnung (Antimeren) und wird dadurch selbst zu einem Individuum vierter Ordnung: Metamer.

II. Vertebraten.

Erster Zeugungs-Akt: Das Bion entsteht als Thier-Ei durch Zellentheilung (?) im Eierstock.

Erste Generation: Das Bion ist ein Form-Individuum erster Ordnung, eine einfache Plastide: Thier-Ei (Ovum, Ovulum).

Zweiter Zeugungs-Akt: Das Bion wird durch fortgesetzte Theilung zum einfachen Organ: Blastoderma.

Zweite Generation: Das Bion ist ein Körper vom morphologischen Werthe eines einfachen Organs (aus einer Zellenart zusammengesetzt) oder ein Form-Individuum zweiter Ordnung: Keimhaut oder Blastoderma.

Dritter Zeugungs-Akt: Das Bion (jetzt Blastoderma) erzeugt durch Spaltung (Theilung) drei neue Individuen zweiter Ordnung: die drei Keimblätter, welche in der Mitte sich verdicken und zur Embryonal-Anlage (Doppelschild) verwachsen. Da die drei Keimblätter aus differenten Plastiden bestehen, erscheint das Ganze jetzt als „zusammengesetztes Organ“.

Dritte Generation: Das Bion ist ein morphologisches Individuum zweiter Ordnung (ein zusammengesetztes Organ), welches sich auf Kosten des elterlichen Blastoderma entwickelt: Doppelschild oder Embryonalanlage, eigentlicher Embryo.

Vierter Zeugungs-Akt: Das Bion (jetzt Embryo) erzeugt durch Wachsthum, Differenzirung und unvollständige Längstheilung zwei neue Individuen zweiter Ordnung (Organe), die beiden Medullarplatten oder Rückenwülste (rechte und linke Rückenplatte). Durch die gegenseitige Stellung derselben und die zwischen Beiden sich vertiefende Axenrinne (Primitivrinne) zerfällt der Embryo in zwei Form-Individuen dritter Ordnung (Antimeren) und wird dadurch selbst zu einem Individuum vierter Ordnung: Metamer.

Vierte Generation: Das Bion ist ein morphologisches Individuum vierter Ordnung (Metamer), welches aus zwei Form-Individuen dritter Ordnung (Antimeren) zusammengesetzt ist: der eudipleure Embryo mit den beiden Cotyledonen, welche denselben in linke und rechte Seitenhälfte theilen und die drei Richtaxen bestimmen.

Fünfter Zeugungs-Akt: Das Bion (jetzt eudipleurer Embryo mit Cotyledonen) erzeugt durch wiederholte Terminalknospenbildung eine Kette von unvollständig getrennten Metameren, den Stengelgliedern (Internodien), welche als „Plumula“ die Grundlage eines Form-Individuums fünfter Ordnung bilden, des Sprosses (Blastos).

Fünfte Generation: Das Bion als eudipleurer Embryo mit Cotyledonen und Plumula ist ein morphologisches Individuum fünfter Ordnung (Spross) und verlässt als solcher die Eihüllen, um sich ausserhalb derselben weiter zu entwickeln. Die junge einfache Pflanze besteht als Spross aus einem einzigen, aus Stengelgliedern zusammengesetzten Axorgan und aus seitlichen Blattorganen (Cotyledonen und Blattanlagen der Plumula), welche durch ihre Stellung die Grundform bestimmen.

Sechster Zeugungs-Akt: Das Bion (jetzt vollständiger Spross [Blastos] oder einfache Pflanze) erzeugt durch laterale Knospenbildung neue Sprosse (Blasten), welche mit ihm in Verbindung bleiben und so ein Form-Individuum sechster und letzter Ordnung herstellen, einen Stock (Cormus).

Sechste Generation: Das Bion als „zusammengesetzte Pflanze“ oder Stock (Cormus) ist ein morphologisches Individuum sechster Ordnung und hat als solches den höchsten Grad der morphologischen Individualität erreicht, welcher überhaupt vorkommt. Er entwickelt sich durch einfache Hypogenese (durch zusammengesetztes Wachsthum und Differenzirung) weiter bis zum geschlechtsreifen Bion.

Vierte Generation: Das Bion ist ein morphologisches Individuum vierter Ordnung (Metamer), welches aus zwei Form-Individuen dritter Ordnung (Antimeren) zusammengesetzt ist: der eudipleure Embryo mit der Primitivrinne und den beiden Medullarwülsten, welche denselben in linke und rechte Seitenhälfte theilen und die drei Richtaxen bestimmen.

Fünfter Zeugungs-Akt: Das Bion (jetzt eudipleurer Embryo mit Primitivrinne und Medullarwülsten) erzeugt durch wiederholte Terminalknospenbildung eine Kette von unvollständig getrennten Metameren, den Urwirbeln, welche als „Urwirbelsäule“ die Grundlage eines Form-Individuums fünfter Ordnung bilden, der Person (Prosopon).

Fünfte Generation: Das Bion als eudipleurer Embryo mit Medullarrohr und Urwirbelsäule ist ein morphologisches Individuum fünfter Ordnung (Person) und hat als solcher den höchsten Grad der morphologischen Individualität erreicht, welcher im Wirbelthier-Phylon vorkommt. Er verlässt als solcher die Eihüllen und entwickelt sich durch einfache Hypogenese weiter bis zum geschlechtsreifen Bion.

Abb. 5a, b (rechts): Entwicklungsgeschichte der physiologischen Individuen (Bd. II: 108-109).

kategorien der Homaxonia = Kugeln (alle Achsen gleich) und der Heteraxonia (mit einer oder mehreren verschiedenen konstanten Achsen). In der weiteren Durchführung seines Ordnungsprinzips erreicht HAECKEL schließlich eine fast schon wunderliche Perfektion der begrifflichen Differenzierung. Uns inzwischen vielfach formenblind gewordenen Vereinfachern tut es gut, wenn wir uns da von ihm an unsere Struktur- und Gestaltprobleme erinnern lassen. Sie beginnen ja bekanntlich schon ganz „unten" in der Formenskala im tertiären Raumordnungsbereich der spezifisch geknäulten Nuklein- und Aminosäurefäden (von denen HAECKEL freilich noch nichts wissen konnte).

VI.

Synoptische Tabelle über die fünf ersten Keimungsstufen der Metazoen, verglichen mit ihren fünf ältesten Ahnenstufen.

Formwerth der fünf ersten Entwickelungsstufen der Metazoen.	**Ontogenesis:** Die fünf ersten Stufen der Keimes-Entwickelung.	**Phylogenesis:** Die fünf ersten Stufen der Stammes-Entwickelung.
I. Erste Formstufe: **Cytoda.** Eine einfachste Cytode (kernlose Plastide).	I. Erste Keimungsstufe: **Monerula.** Das befruchtete Ei nach Verlust des Keimbläschens.	I. Erste Ahnenstufe: **Moneres.** Aelteste, durch Urzeugung entstandene Stammform der Metazoen.
II. Zweite Formstufe: **Cellula.** Eine einfachste, indifferente, amoeboide Zelle (kernhaltige Plastide).	II. Zweite Keimungsstufe: **Cytula.** „Die erste Furchungskugel" (das befruchtete Ei mit neugebildetem Zellenkern).	II. Zweite Ahnenstufe: **Amoeba.** Einfachste, älteste, indifferente Stammzelle.
III. Dritte Formstufe: **Polycytium.** Ein einfachstes Aggregat von einfachen, gleichartigen, indifferenten Zellen.	III. Dritte Keimungsstufe: **Morula.** „Maulbeerdotter", kugeliger Haufen von einfachen gleichartigen Furchungskugeln.	III. Dritte Ahnenstufe: **Synamoebium.** Einfachste älteste Gemeinde von gleichartigen indifferenten Zellen.
IV. Vierte Formstufe: **Blastosphaera.** Eine einfache, mit Flüssigkeit gefüllte Hohlkugel, deren Wand aus einer einzigen Schicht gleichartiger Zellen besteht.	IV. Vierte Keimungsstufe: **Blastula.** „Keimhautblase" oder „Keimblase" (Vesicula blastodermica oder Blastosphaera) oft auch „Planula" genannt.	IV. Vierte Ahnenstufe: **Planaea.** Hohlkugel, deren Wand aus einer Schicht von Flimmerzellen besteht (ähnlich der heutigen Magosphaera).
V. Fünfte Formstufe: **Metazoarchus.** Ein einfacher, einaxiger Hohlkörper mit einer Oeffnung, dessen Wand aus zwei verschiedenen Zellenschichten besteht.	V. Fünfte Keimungsstufe: **Gastrula.** Einfacher einaxiger Darmschlauch (Urdarm) mit Urmund; Wand aus den beiden primären Keimblättern gebildet.	V. Fünfte Ahnenstufe: **Gastraea.** Gemeinsame Stammform aller Metazoen, gleich der Archigastrula des Amphioxus, der Ascidie u. s. w.

Abb. 7: Synoptische Tabellen.

Den zweiten Band seiner Generellen Morphologie von 1866 (Allgemeine Entwicklungsgeschichte der Organismen) beginnt Ernst HAECKEL mit dem programmatischen Satz: „Das natürliche System der Organismen ist ihr Stammbaum oder Genealogema".

Ihre „Generelle Ontogenie" unterteilt er in Embryologie und Metamorphologie. Die Tatsache, daß Organismen eine individuelle Entwicklung durchmachen, mit oft dramatischem Formen- und Funktionswechsel, bringt den Begriffslogiker sofort ins Grübeln über das Phänomen der Individualität (sind Raupe und Schmetterling, Pluteus und Seeigel jeweils dieselbe „Person"?). Somit muß er erst seinen Begriffen von der morphologischen und physiologischen Individualität noch den der „genealogischen" hinzufügen, ehe er zu der weiteren Feststellung kommt, daß es dabei zusätzlich noch darauf ankommt, wie sich fortgepflanzt bzw. vermehrt wird: Bei vegetativer (asexueller) Individuenbildung (wir würden heute auch Klonierung sagen) entstehen offensichtlich Personen, die den sexuell erzeugten nicht individual-gleichwertig sind. Vielmehr – meint HAECKEL zu Recht – haben alle jeweils vegetativ abgezweigten zusammengenommen „nur" den morphologischen „Wert" eines sexuell erzeugten Individuums. So kommt er zum Begriffskonzept „Genealogisches Individuum 1. und 2. Ordnung", die Spezies. Und dem fügt er logisch folgerichtig an das „Genealogische Individuum 3. Ordnung", den Stamm (das Phylum) = „die Summe aller organischen Species, welche aus einer und derselben autogonen Moneren-Form hervorgegangen ist". Offensichtlich sind in diesem Zeitpunkt seiner Weltbildentwicklung für HAECKEL Moneren, Spezies und Phylen schon reale Entitäten, und er bezeichnet sie in typisch originaler Diktion als „die dreifache Parallele der drei genealogischen Individualitäten". Diesem verbalen Schöpfungsakt läßt er schließlich das eindrucksvolle Begriffssystem der Fortpflanzungsarten folgen: Von der Urzeugung (Archigonia) zur Elternzeugung (Tokogonia), die ungeschlechtlich (Monogonia) oder sexuell (Amphigonia) erfolgen kann. Dann unterscheidet er die Zeugungskreise (Schizogenesis, Sporogenesis, Metagenesis, Hypogenesis), und für die Generationsfolge der Pflanzen schlägt er aus begrifflichen Ordnungsgründen noch den Terminus Strophogenesis vor. Der Anschaulichkeit wegen füge ich hier einige Originalseiten aus HAECKELS „Genereller Morphologie" (Bd. I und II) ein (Abb. 1-5).

Im Wintersemester 1867/68 begann HAECKEL seine DARWIN-Vorlesungen in Jena und 1868 bereits legte er das Konzept der Evolutionstheorie in populärer Form dar, mit seinem fast missionarisch wirkenden Aufklärungswerk „Natürliche Schöpfungsgeschichte". Von nun an hat HAECKEL seine Sprachpotenz fast monoman für ein Ziel eingesetzt: für die Begründung und Verbreitung des Evolutionsgedankens.

Dieses sein Lebensprogramm hat er bereits 1863 in einem Vortrag über die „Entwicklungstheorie DARWINS" in Stettin angekündigt; aber erst mit seinem eigenen fundamentalen Beitrag zu dieser Theorie ist er als der deutsche Apologet des Entwicklungsgedankens richtig in Fahrt gekommen. Dieser Beitrag gipfelt in der Formulierung eines „Biogenetischen Grundgesetzes", dessen Wortlaut und Schöpfer jeder Biologiestudent kennt. Die erste Fassung findet sich schon in der „Generellen Morphologie" (1866), und die allgemein bekannte Kurzfassung fand HAECKEL dann 1874 in seiner „Anthropogenie": „Die Ontogenie ist eine kurze Rekapitulation der Phylogenie" (Version 1) oder „Die Keimesentwicklung ist ein Auszug der Stammesgeschichte" (Version 2). Dazu war im gleichen Jahr aus HAECKELS morphologischer Werkstatt und Denkstube das basale Konzept der „Gastraeatheorie" gekommen, die monistische These also, nach der alle mehrzelligen Tiere die gleichen ontogenetischen Frühstadien durchlaufen, von denen wiederum die zweischichtige „Gastrula" das universal gültigste sei. Seitdem ist zusammen mit der (von C. F. WOLFF (1733-1794) stammenden, von CH. PANDER, J. F. MECKEL und K. E. v. BAER (1792-1876) weiterentwickelten Keimblätterlehre HAECKELS Gastraeathese das bis heute geltende (wenn auch nicht unangefochtene) Grundkonzept unserer animalischen Entwicklungslehre geblieben, in dem wir nach wie vor genealogische (phylogenetische) Gründe für ontogenetische (embryologische) Bildungsprozesse suchen (siehe G. OSCHES Rede in Jena von 1984 in „Leben und Evolution", Friedrich-Schiller-Universität Jena 1985). Dazu sei nicht vergessen, daß schon 1811 J. F. MECKEL eine Parallele von Embryonalzuständen „höherer" und Endzuständen „niederer" Tiere gesehen und formuliert hatte. Aber Ernst HAECKEL bleibt unbestritten der erste, der „sein" Gesetz derart klar und griffig definiert hat, wobei ihm übrigens „nebenhin" noch solche basale und zukunftsträchtige Begriffsbildungen wie Onto- und Phylogenese gelungen sind.

Der 40jährige HAECKEL legte 1875 eine weitere beachtliche Materialstudie vor, in der er sich anhand eingehender mikroskopischer Entwicklungsstudien an niederen Meerestieren (übrigens auf einer Forschungsreise mit den Gebrüdern Oscar und Richard HERTWIG nach Korsika) mit den morphogenetischen Phänomenen „Gastrula" und „Eifurchung" befaßt. In dieser über 100 Seiten starken Arbeit zeigt er sich wiederum nicht nur als Könner am Mikroskop, sondern auch als Meister im Finden passender Sprachformen. Der Einfachheit halber seien hier seine drei synoptischen Tabellen aus diesem Werk vorgestellt (Abb. 6-8). Sie zeigen seine schier unerschöpfliche Wortphantasie am besten.

In diesem Werk gelingt ihm übrigens noch eine begriffliche Differenzierung von Bestand, die Unterscheidung von palingenetischen und cänogenetischen Ontogeneseprozessen. Erstere sind demnach das, was sein Rekapitulationsgesetz meint, letztere hingegen bezeichnen Abläufe und Eigenschaften an Entwicklungsstadien, die als „sekundäre" Anpassungen an „umwelt"-bedingte Erfordernisse des Embryonal- oder Larvenlebens zu verstehen sind. HAECKEL nennt sie bezeichnenderweise auch „Störungen" oder gar „Fälschungen", welche das erbliche Bild der Entwicklung „trüben" – so heilig gewissermaßen ist ihm sein als fundamental erkanntes Grundgesetz.

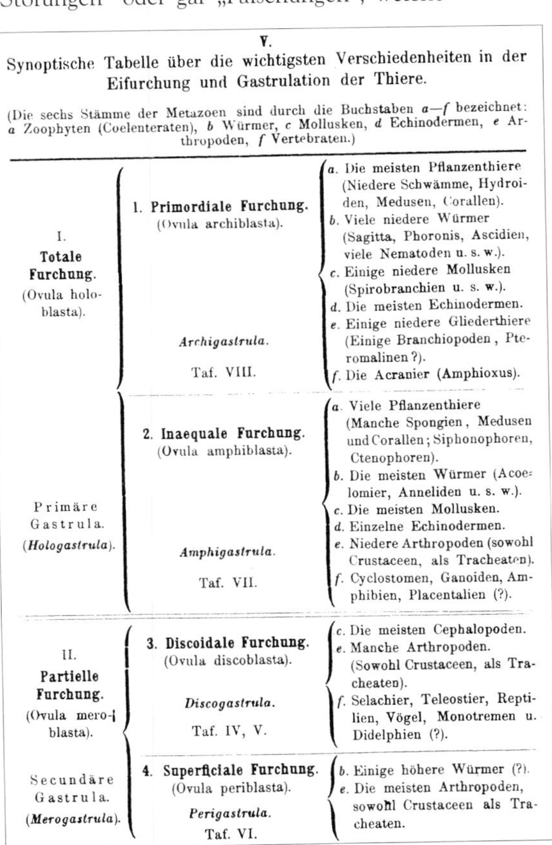

V.

Synoptische Tabelle über die wichtigsten Verschiedenheiten in der Eifurchung und Gastrulation der Thiere.

(Die sechs Stämme der Metazoen sind durch die Buchstaben *a*—*f* bezeichnet: *a* Zoophyten (Coelenteraten), *b* Würmer, *c* Mollusken, *d* Echinodermen, *e* Arthropoden, *f* Vertebraten.)

I. **Totale Furchung.** (Ovula holoblasta).	1. **Primordiale Furchung.** (Ovula archiblasta). *Archigastrula.* Taf. VIII.	*a.* Die meisten Pflanzenthiere (Niedere Schwämme, Hydroiden, Medusen, Corallen). *b.* Viele niedere Würmer (Sagitta, Phoronis, Ascidien, viele Nematoden u. s. w.). *c.* Einige niedere Mollusken (Spirobranchien u. s. w.). *d.* Die meisten Echinodermen. *e.* Einige niedere Gliederthiere (Einige Branchiopoden, Pteromalinen ?). *f.* Die Acranier (Amphioxus).
Primäre Gastrula. (*Hologastrula*).	2. **Inaequale Furchung.** (Ovula amphiblasta). *Amphigastrula.* Taf. VII.	*a.* Viele Pflanzenthiere (Manche Spongien, Medusen und Corallen; Siphonophoren, Ctenophoren). *b.* Die meisten Würmer (Acoelomier, Anneliden u. s. w.). *c.* Die meisten Mollusken. *d.* Einzelne Echinodermen. *e.* Niedere Arthropoden (sowohl Crustaceen, als Tracheaten). *f.* Cyclostomen, Ganoiden, Amphibien, Placentalien (?).
II. **Partielle Furchung.** (Ovula meroblasta).	3. **Discoidale Furchung.** (Ovula discoblasta). *Discogastrula.* Taf. IV, V.	*c.* Die meisten Cephalopoden. *e.* Manche Arthropoden. (Sowohl Crustaceen, als Tracheaten). *f.* Selachier, Teleostier, Reptilien, Vögel, Monotremen u. Didelphien (?).
Secundäre Gastrula. (*Merogastrula*).	4. **Superficiale Furchung.** (Ovula periblasta). *Perigastrula.* Taf. VI.	*b.* Einige höhere Würmer (?). *e.* Die meisten Arthropoden, sowohl Crustaceen als Tracheaten.

Abb. 6: Synoptische Tabellen.

Die caenogenetischen Abwandlungen unterteilt er übrigens wiederum in Heterochronien und Heterotopien und liefert uns damit zwei weitere griffige Sammelbegriffe. Und natürlich läßt er auch in diesem Zusammenhang nicht von seiner monistischen Grundidee. Bei der Diskussion um die zellulären Grundeinheiten „Amoebe" und „Cytula" kommt er auch hier zu seinem Monerula-Konzept und schreibt (Seite 483): „Je zweifelhafter und dunkler augenblicklich die mechanischen Standpunkt des Monismus aus alle Materie als beseelt, jedes Massen-Atom mit einer konstanten und ewigen Atom-Seele ausgerüstet uns vorstellen, fürchten wir nicht den Vorwurf des Materialismus auf uns zu laden“ (Seite 39).

Schließlich kommen noch die Sätze: „Vererbung ist Übertragung der Plastidul-Bewegung. Anpassung ist Abänderung der Plastidul-Bewegung, in deren Folge die Plastide neue Eigenschaften erwirbt“.

VII.
Synoptische Tabelle über die fünf ersten Keimungsstufen der Metazoen, mit Rücksicht auf die vier verschiedenen Hauptformen der Eifurchung.

A. Totale Furchung. (Ovula holoblasta)		B. Partielle Furchung. (Ovula meroblasta)	
a. Primordiale Furchung. (*O. archiblasta*).	**b. Inaequale Furchung.** (*O. amphiblasta*).	**c. Discoidale Furchung.** (*O. discoblasta*).	**d. Superficiale Furchung.** (*O. periblasta*).
I. Archimonerula. Das befruchtete Ei ist eine Cytode, in der Bildungsdotter und Nahrungsdotter nicht zu unterscheiden sind.	**I. Amphimonerula.** Eine Cytode, die am animalen Pole Bildungsdotter, am vegetativen Pole Nahrungsdotter besitzt, beide nicht scharf getrennt.	**I. Discomonerula.** Eine Cytode, die am animalen Pole Bildungsdotter, am vegetativen Pole Nahrungsdotter besitzt, beide scharf von einander getrennt.	**I. Perimonerula.** Das befruchtete Ei ist eine Cytode, die an der Peripherie Bildungsdotter, im Centrum Nahrungsdotter enthält.
II. Archicytula. Eine Zelle, aus der Archimonerula durch Neubildung eines Kernes entstanden.	**II. Amphicytula.** Eine Zelle, aus der Amphimonerula durch Neubildung eines Kernes entstanden.	**II. Discocytula.** Eine Zelle, aus der Discomonerula durch Neubildung eines Kernes entstanden.	**II. Pericytula.** Eine Zelle, aus der Perimonerula durch Neubildung eines Kernes entstanden.
III. Archimorula. Eine solide (meist kugelige) Masse, aus lauter gleichartigen Zellen gebildet.	**III. Amphimorula.** Eine rundliche Masse aus zweierlei Zellen zusammengesetzt: Bildungszellen an animalen, Nahrungszellen am veget. Pole.	**III. Discomorula.** Eine flache Scheibe, aus gleichartigen Zellen zusammengesetzt, dem animalen Pole des Nahrungsdotters aufliegend.	**III. Perimorula.** Eine geschlossene Blase, aus einer Zellenschicht bestehend, die den ganzen Nahrungsdotter umschliesst.
IV. Archiblastula. Eine (meist kugelige) hohle Blase, deren Wand aus einer einzigen Schicht gleichartiger Zellen besteht.	**IV. Amphiblastula.** Eine rundliche Blase, deren Wand am animalen Pole aus kleinen Exoderm-Zellen, am vegetativen Pole aus grossen Entodermzellen besteht.	**IV. Discoblastula.** Eine rundliche Blase deren kleinere Hemisphäre aus den Furchungszellen besteht; grössere Hemisphäre aus dem ungefurchten Nahrungsdotter.	**IV. Periblastula.** Eine geschlossene Blase, aus einer Zellenschicht bestehend, die den ganzen Nahrungsdotter umschliesst (= Perimorula).
V. Archigastrula. Die ursprüngliche reine Gastrula-Form mit leerem Urdarm, ohne Nahrungsdotter; primäre Keimblätter **einschichtig.**	**V. Amphigastrula.** Glockenförmige Gastrula, deren Urdarm zum Theil von gefurchtem Nahrungsdotter erfüllt ist.	**V. Discogastrula.** Scheibenförmige ausgebreitete Gastrula, deren Urdarm ganz von ungefurchtem Nahrungsdotter erfüllt ist.	**V. Perigastrula.** Blasenförmige Gastrula, deren Urdarm klein, deren grosse Furchungshöhle von Nahrungsdotter erfüllt ist.

5*

Abb. 8: Synoptische Tabellen.

Deutlich zeigt sich übrigens hier, daß HAECKEL (wie DARWIN) eigentlich „Lamarckist“ ist. Er spricht vom „Kampf ums Dasein unter den Molekülen“ (nach PFANDLER 1870). Ob er damit gemeint hat, was unsere Soziobiologen heute den „Egoismus der Gene“ nennen?

Auf jeden Fall zeigt dieses frühe Buch schon den ganzen „späten“ HAECKEL an, der als sprachgewaltiger Biotheoretiker und Philosoph (Monist) immer mehr hinter dem Fortschritt seiner zunehmend funktionsanalytischen = physiologischen Wissenschaft zurückbleibt.

Noch freilich steht er vor einem weiteren Leistungsschub seiner staunenswerten schöpferischen Schaffenskraft. Dieser wurzelt in seinem zeichnerischen Talent und kündigt sich schon 1862 mit dem Atlas zu seiner Radiolarienmonographie und 1879 mit dem Erscheinen des ersten Teils der Monographie der Medusen an. Zunächst ist dieses „System der Medusen“ auch wieder eine Fundgrube für HAECKELsche Wortschöpfungen. So unterscheidet er einleitend Meta- und Hypogenese im Entwicklungsgang der Quallen, also deren Entwicklung mit oder ohne Generationswechsel über einen Polypen (der auch Amme genannt wird), wobei HAECKEL auch zu einer tiefschürfenden Diskussion des Artbegriffs kommt, zumal in Medusenentwicklungsgängen nicht selten noch Pädogenese (larvale Geschlechtsreife und Fortpflanzung) eingeschaltet ist. Großartig ist dann das Feuerwerk seiner Namensschöpfungen, mit denen er die von ihm neu kreierten Medusen-Kategorien belegt. Als Muster seien hier einige aufgelistet: 5. Ordnung Stauromedusae; 7. Ordnung Cubomedusae; 8. Ordnung Discomedusae; Namen, die bis heute fester Bestand unserer Systematik geblieben sind!

Oder die Familien-Neuschöpfungen Linergidae, Umbrosidae, Lichnorhizidae, Toreumidae u. s. f. Für den Außenstehenden aber sind natürlich das Faszinierendste HAECKELS unglaublich perfekte Quallenbilder. Sie verraten, daß er eben nicht nur der große Wortschöpfer seiner Wissenschaft war, sondern auch der genaue und geduldige Lebendbeobacher und graphische Darsteller seiner oft schmerzlich hinfälligen Untersuchungsobjekte.

Den einmaligen Höhepunkt seines systematisch-darstellerischen Schaffens hat HAECKEL dann mit den heute noch weltbekannten „Kunstformen der Natur“ (Leipzig 1899-1904) erreicht: 100 farbige Illustrationstafeln mit beschreibendem Text, in denen nicht nur Radiolarien, Foraminiferen, Quallen, sondern viele Tiergestalten mehr auch künstlerisch großartig dargeboten werden. Das wird ja hier und in der Ausstellung von berufenener Seite gewürdigt werden. Ich will nur noch ein wenig HAECKELS literarische Gedankengänge zu seinem großen Bilderwerk analysieren: Im Supplementheft Seite 7 kann er es nicht lassen, wieder über den Begriff Plasma zu reflektieren und dessen Genese aus vier Wurzeln abzuleiten: aus der Zellentheorie von 1838, aus der Plasmatheorie von 1858, aus der Deszendenztheorie von 1859, aus der Protistentheorie von 1860. Unter letzterer versteht er die These, daß alle organismischen „Urformen“ (also alle Urvorfahren der Pflanzen und Tiere) Einzeller gewesen sein müssen, und daß diese wiederum letztlich aus „Unbelebtem“ hervorgegangen sein müssen (Archigonie). Dann befaßt er sich mit der „Natur“ des Urstoffs „Plasma“, das als lebendige Substanz auch eine „Seele“ haben müsse, was er als unerschrockener Monist einfach „Plasmaseele“ oder „Plasmapsyche“ nennt. Daß dem so sei, wäre schlicht ja schon daraus zu ersehen, „daß alle lebendige Substanz Gedächtnis besitzt“. Damit fühlt man sich als „moderner“

Monerula-Frage steht, desto sicherer können wir für den monophyletischen Stammbaum der Metazoen die Cytula verwerten, mit welchem Ausdrucke wir ein für alle Mal kurz die sogenannte „erste Furchungskugel“ oder richtiger „die erste Furchungszelle“ bezeichnen.“

Schließlich endet er hoffnungsfroh mit den Sätzen (Seite 494 unten und Seite 496/497): „So dürfen wir nach dem biogenetischen Grundgesetz auf eine gemeinsame Ahnenform aller Metazoen schließen, welche der Archigastrula im wesentlichen gleich gebildet war; und das ist die Gastraea“. „Die ganze hypothetische Gruppe von ausgestorbenen ältesten Metazoen, welche durch die nächsten Deszendenten der Gastraea gebildet wurde, habe ich als Gastraeaden bezeichnet“.

1876 folgt dann die Abhandlung (in Buchform) über die „Perigenesis der Plastidule oder die Wellenzeugung der Lebensteilchen. Ein Versuch zur mechanischen Erklärung der elementaren Entwicklungs-Vorgänge“ (wobei gleich hinzugefügt sei, daß „mechanisch“ seinerzeit soviel wie heute „kausalanalytisch“ bedeutete).

Hier wird HAECKEL zum klar ideologisch motivierten Theoretiker; denn sowohl DARWINS „Pangenesis“-These (von 1868), auf die er sich eingangs beruft, wie seine eigene „bessere“, die er nun dagegen setzt, und die er „provisorisch“ die „Perigenesis der Plastidule“ nennen wolle, beruhen auf reiner Spekulation. Auch wenn er umständlich und umfänglich vom Lebensbaustoff Protoplasma ausgeht, von der SCHLEIDENschen Zelltheorie, von seinem eigenen Moneren-Konzept (das er immerhin mit der persönlichen Entdeckung eines noch kernlosen Zellgebildes namens „*Protogenes primordialis*“, 1864 bei Villefranche, stützen kann), von seiner hypothetischen Moneren-Stammform „*Monerula*“, die noch keine Zelle gewesen sei, sondern eine (kernlose) „Cytode“ (Seite 29), so gewinnt der Leser bei aller sprachlichen Eindringlichkeit doch den Eindruck, daß auch der eifernde Autor selber um seine „Bodenlosigkeit“ Bescheid weiß, etwa wenn er schreibt: „Alle organischen Formen verdanken allein der bildenden Tätigkeit der mikroskopischen Plastiden ihre Existenz“ (Seite 31).

Und weiter: „Somit wird das ganze geheimnisvolle Problem des „Lebens“ auf die elementare chemische Tätigkeit des Plasson zurückgeführt“.

Sogar diese völlig hypothetischen Plasson-Körper ordnet er noch geistig und sprachlich, indem er expressis verbis folgende Sorten unterscheidet:

1. Archiplasson als älteste Lebenssubstanz
2. Monoplasson (Körpersubstanz der Cytoden)
3. Protoplasma = eigentliche Zellsubstanz

System der zwölf Menschen-Arten, vertheilt auf vier Gattungen.

Vier Genera.	Kopf-Haar.	Schädel-Form.	Hautfarbe.	Zwölf Species.
I. Lophocomus Buschhaar-Mensch (**Homo papuoides**)	wollig-büschelig, mit länglich elliptischem Querschnitt, schwarz	Schiefzähnige Langköpfe (dolichocephal und prognath)	Grundton gelbbraun	1. **Lophocomus hottentottus** Süd-Africa
			Grundton braunschwarz	2. **Lophocomus papua** Neu-Guinea Melanesien
II. Eriocomus Vliesshaar-Mensch (**Homo negroides**)	wolligfilzig, mit elliptischem Querschnitt, schwarz	Schiefzähnige Langköpfe (dolichocephal und prognath)	Grundton schwarz oder schwarzbraun	3. **Eriocomus cafer** Süd-Africa
				4. **Eriocomus niger** Sudan-Neger Central-Africa
III. Euthycomus Straffhaar-Mensch (**Homo mongoloides**)	straff, gerade, mit kreisrundem Querschnitt, schwarz	meistens Kurzköpfe (brachycephal), viele Mittelköpfe (mesocephal)	Grundton braun	5. **Euthycomus malayus** Sundanesien Polynesien
			Grundton gelb	6. **Euthycomus mongolus** Asien
		meistens Mittelköpfe (mesocephal), viele Kurzköpfe (brachycephal)	Grundton gelb	7. **Euthycomus arcticus** Hyperboraea
			Grundton kupferroth bis rothbraun	8. **Euthycomus americanus** America
IV. Euplocamus Lockenhaar-Mensch (**Homo eranoides**)	lockig oder wellig, mit rundlichem Querschnitt, von sehr verschiedener Farbe	Schiefzähnige Langköpfe (dolichocephal und prognath)	Grundton schwarz oder schwarzbraun	9. **Euplocamus australis** Australien
				10. **Euplocamus dravida** Vorder-Indien
		meistens Mittelköpfe (mesocephal), viele Langköpfe, andere Kurzköpfe	Grundton rothbraun	11. **Euplocamus nuba** Nordost-Africa
			Grundton hell (röthlich weiss oder bräunlich)	12. **Euplocamus mediterraneus** West-Asien Nord-Africa Europa

Abb. 9: Systematische Übersicht der 12 Menschenspecies (Seite 749).

4. Coccoplasma (Kernsubstanz) oder Nuclein

Seine Plassonkörper setzen sich aus wenigstens 5 Elementen zusammen wie folgt: 52-55 % Kohlenstoff; 6-7 % Wasserstoff; 15-17 % Stickstoff; 21-23 % Sauerstoff; 1-2 % Schwefel.

Und weiter schreibt er: „Mit demselben Rechte betrachte ich die chemische und physikalische Natur des Kohlenstoffs als die letzte Ursache der Eigentümlichkeiten, durch welche sich Organismen von den Anorganen unterscheiden“. (Das Wort Plastidule hat er offenbar von ELSBERG übernommen.)

Später heißt es noch: „Indem wir von dem

Leser zwar an das analoge Theorem der heutigen Informationstheorie erinnert, kann aber doch nicht einfach HAECKELS Allseelenthese folgen.

Des weiteren kommt HAECKEL im Text zu seinen „Kunstformen der Natur" (Seite 8) zum Phänomen des Bewußtseins, indem er meint, die Plasmaseele der niederen Organismen wirke unbewußt „an sich zwecklos", die kunsttätige Seele der höheren Tiere und des Menschen hingegen „bewußt zweckmäßig". So enthält also auch das prachtvolle Kunstformenwerk HAECKELS nahezu sein gesamtes Theseninventar, und man merkt, daß dem nunmehr 70jährigen sein Weltkonstrukt zum Weltfaktum geworden ist. So läßt er auch da im Kapitel „Promorphologie" die organischen Grundformen mit seinen „Moneren" beginnen, nachdem er zuvor die „Anorgane" von den „Organismen" getrennt hat, also die „leblosen" von den „belebten" Naturkörpern, wobei er wiederum auch bei den leblosen schon „Individualität" findet in Gestalt von Kristallen. Die seinerzeit weit über seine fachliche Position hinausgehende Wirkung HAECKELS auf das europäische Geistesleben zeigt sich übrigens auch daran, daß Motive der brillanten Radiolarien-Figuren aus seinen „Kunstformen der Natur" durch den architektonischen Gestalter der Pariser Weltausstellung 1900 (René BINET) am Eingangstor der Ausstellung zu weithin sichtbarem und wirkungsvollem plastischen Ausdruck gebracht worden sind. Auch das zeigt, daß der „Evolutionist" und „Monist" HAECKEL nicht wie ein esoterischer Welterklärer gewirkt hat, sondern mitten im damaligen „Kulturkampf" gestanden ist, von dessen freimachenden Nachwirkungen wir noch heute zehren – oder besser gesagt – parasitieren; denn unsere Jetztzeit-„Liberalen" halten ihn ja in beschämender Unkenntnis seiner biologischen Einsichten und Thesen inzwischen für einen schlichten „Sozialdarwinisten", ja sogar für einen der Großväter HITLERS.

An dieser Stelle, wo es um HAECKEL als einen hochbegabten darstellenden Künstler geht, sei auch daran erinnert, daß wir rund 800 Zeichnungen und Gemälde (Aquarelle) von ihm besitzen, darunter dokumentarisch einmalige Reisebilder (z. B. aus Ceylon mit dem Adams Peak). Die allein schon würden ihm die „Museumsreife" garantieren.

Schon vor den „Kunstformen" waren zwei Werke des alten HAECKEL erschienen, in denen er auch allgemein verständlich Hand anlegt an den Schöpfungsglauben seiner gottgläubigen Mitmenschen: „Die Welträtsel" (1899 und 1903) und „Die Stammesgeschichte des Menschen" (1903). Beide Bücher hatten schon einen frühen Vorläufer in HAECKELS „Natürliche Schöpfungsgeschichte" von 1868 (mit vielen neuen Auflagen). Diese Thesensammlung schließlich war zwar „nur" eine Zusammenstellung von 30 Vorträgen, machte aber gerade damit deutlich, welch ungeheurer Aufklärungstrieb in dem bärtigen Mann steckte. Nahezu ununterbrochen war er unterwegs, um den Mitmenschen sein monistisches Weltbild zu predigen. Bekanntlich hat er ja sogar einen Monisten-

XI. Oecologie und Chorologie.

In den vorhergehenden Abschnitten haben wir wiederholt darauf hingewiesen, dass alle grossen und allgemeinen Erscheinungsreihen der organischen Natur ohne die Descendenz-Theorie vollkommen unverständliche und unerklärliche Räthsel bleiben, während sie durch dieselbe eine eben so einfache als harmonische Erklärung erhalten[1]). Dies gilt in ganz vorzüglichem Maasse von zwei biologischen Phaenomen-Complexen, welche wir schliesslich noch mit einigen Worten besonders hervorheben wollen, und welche das Object von zwei besonderen, bisher meist in hohem Grade vernachlässigten physiologischen Disciplinen bilden, von der Oecologie und Chorologie der Organismen[2]).

Unter Oecologie verstehen wir die gesammte Wissenschaft von den Beziehungen des Organismus zur umgebenden Aussenwelt, wohin wir im weiteren Sinne alle „Existenz-Bedingungen" rechnen können. Diese sind theils organischer, theils anorganischer Natur; sowohl diese als jene sind, wie wir vorher gezeigt haben, von der grössten Bedeutung für die Form der Organismen, weil sie dieselbe zwingen, sich ihnen anzupassen. Zu den anorganischen Existenz-Bedingungen, welchen sich jeder Organismus anpassen muss, gehören zunächst die physikalischen und chemischen Eigenschaften seines Wohnortes, das Klima (Licht, Wärme, Feuchtigkeits- und Electricitäts-Verhältnisse der Atmosphäre), die anorganischen Nahrungsmittel, Beschaffenheit des Wassers und des Bodens etc.

Als organische Existenz-Bedingungen betrachten wir die sämmtlichen Verhältnisse des Organismus zu allen übrigen Organismen, mit denen er in Berührung kommt, und von denen die meisten entweder zu seinem Nutzen oder zu seinem Schaden beitragen. Jeder Organismus hat unter den übrigen Freunde und Feinde, solche, welche seine Existenz begünstigen und solche, welche sie beeinträchtigen. Die Organismen, welche als organische Nahrungsmittel für Andere dienen, oder welche als Parasiten auf ihnen leben, gehören ebenfalls in diese Kategorie der organischen Existenz-Bedingungen. Von welcher ungeheueren Wichtigkeit alle diese Anpassungs-Verhältnisse für die gesammte Formbildung der Organismen sind, wie insbesondere die organischen Existenz-Bedingungen im Kampfe um das Dasein noch viel tiefer umbildend auf die Organismen einwirken, als die anorganischen, haben wir in unserer Erörterung der Selections-Theorie gezeigt. Der ausserordentlichen Bedeutung dieser Verhältnisse entspricht aber ihre wissenschaftliche Behandlung nicht im Mindesten. Die Physiologie, welcher dieselbe gebührt, hat bisher in höchst einseitiger Weise fast bloss die Conservations-Leistungen der Organismen untersucht (Erhaltung der Individuen und der Arten, Ernährung und Fortpflanzung), und von den Relations-Functionen bloss diejenigen, welche die Beziehungen der einzelnen Theile des Organismus zu einander und zum Ganzen herstellen. Dagegen hat sie die Beziehungen desselben zur Aussenwelt, die Stellung, welche jeder Organismus im Naturhaushalte, in der Oeconomie des Natur-Ganzen einnimmt, in hohem Grade vernachlässigt, und die Sammlung der hierauf bezüglichen Thatsachen der kritiklosen „Naturgeschichte" überlassen, ohne einen Versuch zu ihrer mechanischen Erklärung zu machen. (Vergl. oben S. 236 Anm. und Bd. I, S. 238.)

Diese grosse Lücke der Physiologie wird nun von der Selections-Theorie und der daraus unmittelbar folgenden Descendenz-Theorie vollständig ausgefüllt. Sie zeigt uns, wie alle die unendlich complicirten Beziehungen, in denen sich jeder Organismus zur Aussenwelt befindet, wie die beständige Wechselwirkung desselben mit allen organischen und anorganischen Existenz-Bedingungen nicht die vorbedachten Einrichtungen eines planmässig die Natur bearbeitenden Schöpfers, sondern die nothwendigen Wirkungen der existirenden Materie mit ihren unveräusserlichen Eigenschaften, und deren continuirlicher Bewegung in Zeit und Raum sind. Die Descendenz-Theorie erklärt uns also die Haushalts-Verhältnisse der Organismen mechanisch, als die nothwendigen Folgen wirkender Ursachen, und bildet somit die monistische Grundlage der Oecologie. Ganz dasselbe gilt nun auch von der Chorologie der Organismen.

Unter Chorologie verstehen wir die gesammte Wissenschaft von der räumlichen Verbreitung der Organismen, von ihrer geographischen und topographischen Ausdehnung über die Erdoberfläche. Diese Disciplin hat nicht bloss die Ausdehnung der Standorte und die Grenzen der Verbreitungs-Bezirke in horizontaler Richtung zu projiciren, sondern auch die Ausdehnung der Organismen oberhalb und unterhalb des Meeresspiegels, ihr Herabsteigen in die Tiefen des Oceans, ihr Heraufsteigen auf die Höhen der Gebirge in verticaler Richtung zu verfolgen. Im weitesten Sinne gehört mithin die gesammte „Geographie und Topographie der Thiere und Pflanzen" hierher, sowie die Statistik der Organismen, welche diese Verbreitungs-Verhältnisse mathematisch darstellt. Nun ist zwar dieser

1) Diese ungeheure mechanisch-causale Bedeutung der Descendenz-Theorie für die gesammte Biologie, und insbesondere für die Morphologie der Organismen, können wir nicht oft genug und nicht dringend genug den gedankenlosen oder dualistisch verblendeten Gegnern derselben entgegen halten, deren teleologische Dogmatik nur darin ihre Stärke besitzt, dass sie alle diese grossen und allgemeinen Erscheinungsreihen der organischen Natur gar nicht zu erklären vermögen.

2) οἶκος, ὁ, der Haushalt, die Lebensbeziehungen; χώρα, ἡ, der Wohnort, der Verbreitungsbezirk.

Abb. 10
Ökologie und Chorologie
(Bd. I: 286-287).

bund gegründet (1906), um das Aufklärungswerk auf gesellschaftlich breiterer Basis zu organisieren; und auch dazu hat er eigene Schriften veröffentlicht (1904: „Der Monistenbund. Thesen zur Organisation des Monismus"; oder 1911: „Die Fundamente des Monismus"). Der nun bald 80jährige war ganz zum Apostel seiner Weltsicht geworden und zum Philosophen, der ja bereits in seiner „Natürlichen Schöpfungsgeschichte" (8. Auflage 1889) an seinen verehrten GOETHE als Naturforscher, an KANT und LAMARCK als Entwicklungsdenker, an seine geistigen Väter Erasmus DARWIN, Herbert SPENCER, Charles DARWIN, LYELL und MALTHUS, anknüpfte und auch seine kongenialen Zeitgenossen NÄGELI (Idioplasma-Begriff) oder WEISMANN (Keimplasma-Begriff) nicht vergaß.

Aus dieser natürlichen Schöpfungsgeschichte sei übrigens hier seine „Systematische Übersicht der 12 Menschenspecies" (sic!) eingefügt (Abb. 9), nicht zuletzt auch deswegen, weil sie wiederum den alles gliedernden und benennenden HAECKEL sichtbar macht; aber auch weil sie zeigt, wie stark damals (1889) das Bedürfnis nach Typologisierung auch in der Anthropologie gewesen ist:

So will ich an den Schluß meines intellektuellen Charakterbildes die Betrachtung eines späten Werkes von Ernst HAECKEL stellen, wie er es 40 Jahre zuvor wohl kaum geschrieben hätte. Schon der Titel „Kristallseelen" verrät, wie tief er in seinem Lebenskonzept von der „beseelten Materie" steckte und wie weit er sich inzwischen von den konkret forschenden Lebenswissenschaften entfernt hatte. Es sei ja nicht vergessen, daß er eher zornig das Aufkommen der sogenannten Physiologie erlebt hat, sogar in dem biologischen Wissenschaftsektor von den Umweltbeziehungen der Lebewesen, dem er doch selber erst mit seiner genial definitorischen Sprachkunst den bleibenden Namen Ökologie gegeben hatte. Ich erinnere nur an seine heftigen Abwehrreaktionen gegen die quantitativ-statistischen Plankton-Studien des Kieler Meeresökologen Victor HENSEN (1890). Immer mehr beklagte er die zunehmende Dominanz der Methodiker in der Biologie (z. B. der Histologen mit ihren immer raffinierteren Schnitt- und Färbetechniken oder gar die der physiologischen Experimentierer).

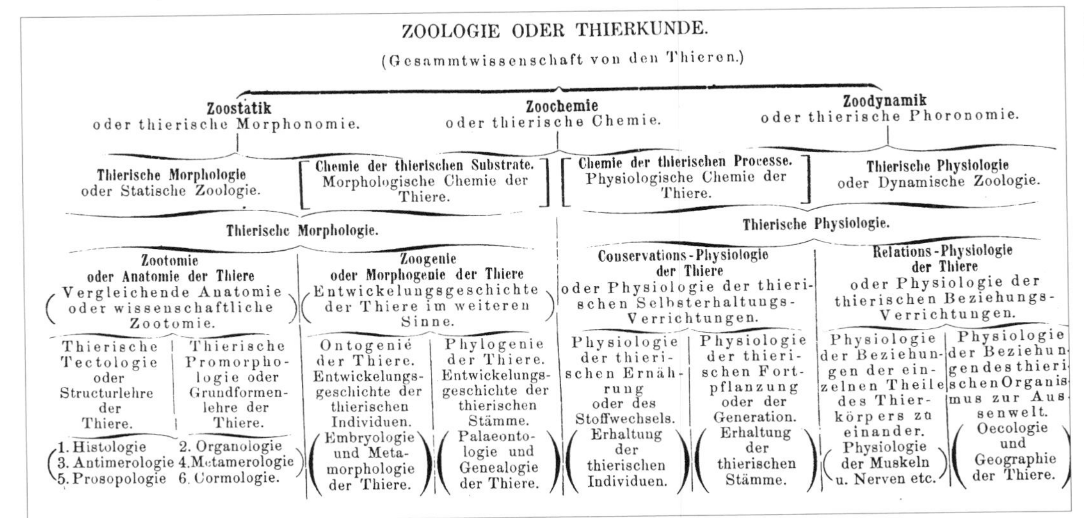

Abb. 11: System der zoologischen Disziplinen (Bd. I: 238).

Hier sei in Parenthese aber nicht vergessen, daß sein verbales Ordnungsbedürfnis auch vor der „ungeliebten" Physiologie nicht Halt gemacht hat. In der Tierphysiologie unterschied er die „Conservations-Physiologie" (die a) der Ernährung = Nutrition = Erhaltung der Individuen und b) der Fortpflanzung = Generation = Erhaltung der Spezies als solcher diene) von der „Relations-Physiologie" = Physiologie der Beziehungs-Verrichtungen, die sich ihrerseits wiederum in eine Physiologie der Tierkörper als solcher (d. h. in die Funktionsphysiologien ihrer einzelnen Elemente wie Muskeln, Drüsen, Nerven, Sinnesorgane etc.) und in die Beziehungsphysiologien der Organismen zueinander und zur Umwelt, also in die Ökologie und Geographie (Chorologie) der Tiere zerlegen lasse. Unter „Ökologie" hat HAECKEL übrigens 1866 noch „die Wissenschaft von den Wechselbeziehungen der Organismen untereinander" verstanden und unter „Chorologie" = „die Wissenschaft von der geographischen und topographischen Verbreitung der Organismen". 1868, 1869, 1894, 1904 hat er dann den Begriff „Ökologie" mehrfach neu definiert als „Ökonomie der Natur" = „Wissenschaft von den gesamten Beziehungen des (jeweiligen) Organismus zur umgebenden Außenwelt, also zu den organischen und anorganischen Existenzbedingungen" (so schon 1868).

Auch hier füge ich noch zwei Seiten aus der „Generellen Morpholgie" im Originalton Ernst HAECKELS ein (Abb. 10), um zu zeigen, wie umfassend und umsichtig er seine Überlegungen zu den komplexen Phänomenen der organismischen Natur angestellt und formuliert hat. Mit den Begriffen Ökologie und Chorologie ist er ja seinem Zeitgeist um Generationen voraus!

Übrigens zeigt die folgende Graphik aus der „Generellen Morphologie" (Abb. 11) noch einen Ordnungsversuch des unermüdlichen Systematikers HAECKEL, in dem die Zoophysiologie auch als „Dynamische Zoologie" bezeichnet wird.

Vierte Tabelle.

Vier Hauptformen der Hemitomie

bedingt durch die Wirkung der Molethynen in den drei **Richtungen des Raumes** (entsprechend den drei Koordinaten-Achsen der Kristalle).

Hemitomie der Zytoden	**Chromaceen**	**Bakterien**	**Kristalle**
I. Polythyne Hemitomie Teilung der kernlosen Plastide frei und unbestimmt, nach allen Raumrichtungen — **Coenobien amorph oder kugelig**	**Chroococcus, Aphanocapsa** (Ebenso auch viele Protisten und Gewebzellen von Histonen)	**Archicoccus Micrococcus** Viele Molethynen (Kugel-Bakterien)	Grundform der Sphaerokristalle: Kugel
II. Cubothyne Hemitomie Teilung der kernlosen Plastide abwechselnd nach drei Richtungen des Raumes, die aufeinander senkrecht stehen — **Coenobien würfelförmig oder kugelig**	**Gloeocapsa, Gloeocystis** (Ebenso auch viele Protisten. Furchungszellen bei regulärer Eifurchung)	**Sarcina Plakosarcina** Drei Molethynen (Würfel-Bakterien)	Grundform des tesseralen Kristallsystems, Würfel (oder Oktaeder)
III. Plakothyne Hemitomie Teilung der kernlosen Plastide in einer ebenen Fläche, nach zwei aufeinander senkrechten Richtungen des Raumes — **Coenobien tafelförmig, flach** (oft quadratische oder polygonale Platten)	**Merismopedia Tetrapedia Coelosphaerium Tetraspora** (Ebenso auch Pediastrum und viele Protisten. Diskoidale Eifurchung, Wachstum vieler Epitelien)	**Micrococcus Tetracoccus** Zwei Molethynen (Tafel-Bakterien)	Grundform d. tetragonalen Kristallsystems (quadratische Tafel)
IV. Hormothyne Hemitomie Teilung der kernlosen Plastide nach einer einzigen Richtung des Raumes — **Coenobien catenal** (kettenförmig, fadenförmig)	**Oscillatoria, Nostocaceae** (Ebenso auch fadenförmiger Thallus vieler Protophyten. Haare und Fasern vieler Gewebe von Histonen)	**Streptococcus Bacillus** Eine Molethyne (Faden-Bakterien)	Grundform der einachsigen Kristalle: Spindel — Margaritenkette (Catenal-Cylinder)

Abb. 12: Hauptformen der von ihm so genannten Hemitomie (Seite 148).

Aber trotz dieser intensiven Denkarbeit zur begrifflichen Ordnung der physiologischen und ökologischen Disziplinen der Biologie hat der alternde HAECKEL keine intimere Beziehung mehr zu diesen kausalanalytisch-reduktionistischen „modernen" Forschungssektoren entwickelt, und so mußte es kommen, daß der 83jährige mit seinen „Kristallseelen. Studien über das anorganische Leben" (Kröner, Leipzig 1917) ungewollt zu einer fast esoterischen Sprache fand. Der fanatische Wille, am Ende doch das lebenslang erstrebte, absolut einheitliche Weltbild erreicht und verstanden zu haben, führte den Glaubensstarken zu „Allsätzen" heterogenster Art, die aber alle einem Zweck dienten: Die Welt als beseelte Stoffeinheit begreifen und „erklären" zu können, als leblose, belebte und fühlend-denkende Materie in einem zugleich.

Er beginnt mit der „Kristallotik" (Kristallkunde) und findet schon auf dieser ersten Stufe materieller Ordnung nichts dabei, gemäß seinem monistischen Denkauftrag die Grenzen zwischen Totem und Lebendem zu öffnen. Dementsprechend betitelt er die Unterkapitel wie folgt: Sterrokristalle, Kristallisation, Leben der Sterrokristalle, Kollokristalle, Biokristalle, Rheokristalle, Lebenserscheinungen.

Im Kapitel „Leben der Sterrokristalle" kommen vor die Begriffe „Entwicklung", „Regeneration", „Tod" und „Scheintod", sowie der kuriose Begriff „Arbeiten der Schneeseele". Letzterer bezieht sich auf das Faktum, daß es tausende verschiedene Schneekristalle gibt, die von HAECKEL als Anpassungsformen verstanden werden.

Das 2. Kapitel „Probiontik" (Cytodenkunde) enthält die Unterkapitel Probionten, Problematische Moneren, Schizophyten, Chromaceen, Bakterien, Metasitismus und beginnt schlicht mit dem Satz: „Die tiefe Kluft, welche nach der älteren Naturanschauung die lebendigen Körper von den leblosen, die Organismen von den Anorganen, trennt, ist durch die wichtigen Entdeckungen des Jahres 1904 tatsächlich ausgefüllt".

Dazu beruft er sich auf Otto LEHMANNS Entdeckung der „flüssigen, scheinbar lebenden Kristalle". Dann beruft er sich auf Richard SEMON, der die „Mneme" als „unbewußtes Gedächtnis der lebenden Substanz" zur „Erklärung von Vererbungsprozessen" wie zur „Stütze des biogenetischen Grundgesetzes" „verwertet". Gleichzeitig sei die „Lehre vom Seelenleben der Pflanzen" (er meint ihre Sinnesleistungen) durch HABERLANDT, NEMEC, FRANCÉ u. a. fester begründet worden. Dazu sei nun die Existenz von Cytoden und Moneren „festgestellt" worden. Hinzu käme die aktuelle Reform der Zellentheorie und ihr Ersatz durch die Plastidentheorie, wie er (HAECKEL) sie „schon 1866 vergeblich angestrebt hatte". Schließlich verweist HAECKEL auf sein Buch über die „Lebenswunder" von

1904, in dem er „das Programm einer neuen 'Biologischen Philosophie' entworfen habe". Damit sei im Jahr 1904 „die fundamentale Einheit aller Naturerscheinungen" erreicht worden, die im Begriff des „Monismus" ihren einfachsten und klarsten Ausdruck findet. „Es fielen jetzt mit einem Schlage die künstlichen Grenzen, die man bisher zwischen anorganischer und organischer Natur, zwischen Tod und Leben, zwischen Naturwissenschaft und Geisteswissenschaft errichtet hatte (sic!). Alle Substanz besitzt Leben...; alle Dinge sind beseelt, Kristalle so gut wie Organismen".

Im 3. Kapitel „Radiotik" (Strahlingskunde) kommt er zur „Psychomatik" der Radiolarien. Im Zusammenhang mit ihren Reiz-Reaktionen spricht er schlicht von ihrer „Zellseele". Er bespricht das „Psychom" der Acantharien und Diatomeen und deren „psychomatische Vererbung" und ist beeindruckt vom „Wunder der Zellseele" (Seite 81).

Das 4. Kapitel „Psychomatik" (Fühlungskunde) mit den merkwürdigen Untertiteln Trinität der Substanz, komparante Psychomatik, Zellseele, Symmetrismus, Archigonie führt den alten Sprachmeister schließlich in heillose Begriffswirrnisse, (mit denen er übrigens – sicher ungewollt – manche schizophrene Wortagglomeration unserer heutigen „postmodernen" Sprachkunst um acht Jahrzehnte vorausnimmt). Beispiele: „Hysteresis" = Anorganisches Gedächtnis; „Ätherseele" = Psychom des Weltäthers; „Elektronseele", „Atomseele", „Zellseelen", „Pflanzen- und Tierseelen", „Psychom der Stammzelle" etc.

HAECKEL endet schließlich mit dem Kapitel „Zweck und Zufall" (Seite 143). Dort sagt er: „Jedes einzelne Geschehen im Weltall ist naturgesetzlich bedingt, also kein Zufall".

Wohl aber träfen endlos viele solche kausal bedingten Ereignisse akausal zusammen (mit welcher Feststellung er sich nebenbei auch zum Propheten unserer derzeit modischen „Chaostheorie" gemacht hat). Und er schließt mit den Sätzen: „Die Vergleichung der Kristallseelen mit den Zellseelen und die Ausdehnung der Psychomatik auf das ganze Universum haben mich überzeugt, daß in der anorganischen Natur dieselben unbewußten Kräfte, Fühlungen und Bewegungen walten wie in der organischen Natur. Das Substanzgesetz gilt ebenso für die Organismen wie für die Kristalle".

Als letzte Original-Beispiele für HAECKELS bis ins hohe Alter unversiegt gebliebene verbale Zeugungskraft seien hier noch vier Tabellen aus den Kristallseelen eingefügt (Abb. 12-15).

Mit dem spekulativen Spätwerk der Kristallseelen hat HAECKEL sich als Naturforscher und Philosoph soweit selbst ideologisiert, daß er zum Schluß weder als jener noch als dieser vor uns steht, sondern zum Religionsgründer mutiert erscheint. Der universalmonistische Auf- und Erklärungseifer hat ihn alle Grenzen, die unserer äußeren und inneren Erfahrung gesetzt sind, niederreißen lassen. Und dazu hat ihn gerade jene Begabung und Potenz verführt, für die wir ihn so bewundern: Seine einmalige Sprachbegabung. Im „schöpferischen" Umgang mit den „Welträtseln" (sein Buch mit diesem Titel von 1899 erregt ja noch heute den Unmut gottgläubiger Mitmenschen; und auch dieses Wort wird noch heute mit seinem Namen assoziiert) hat er diese in seinem (monistischen) Sinn gelöst, indem er einfach Sprachklammern für materielle und

Fünfte Tabelle.

Stufenleiter des Seelenlebens (Psychomatische Skala).

12 Hauptstufen der Psychomatik	Äußerungen der Seelentätigkeit (Psychomatische Funktionen)	Materielle Grundlagen der beseelten Substanz
12. Stufe **Geist des Kulturmenschen**	Entwicklung der Vernunft und d. Weltbewußtseins, Wissenschaft (Philosophie) und Kunst	Denkorgan (Phronema) in der Großhirnrinde. Phronetal-Zellen
11. Stufe **Seele des Naturmenschen u. der höheren Tiere**	Entwicklung des Verstandes und des Selbstbewußtseins, sowie der höheren Sinnestätigkeit	Gehirn und Rückenmark der Wirbeltiere. Bauchmark der Gliedertiere
10. Stufe **Seele der niederen Gewebtiere**	Entwicklung der Sinnes- und Nerventätigkeit auf vielen Abstufungen. Höhere Instinkte	Nervensystem zentralisiert; Sinnesorgane meist auf niederer Stufe
9. Stufe **Seele der Spongien u. Polypen**	Unbewußtes Seelenleben (stumpf) wie bei den niederen Pflanzen. Instinkte niederer Art	Nervensystem noch nicht zentralisiert; höhere Sinnesorgane fehlen noch
8. Stufe **Seele der höheren Pflanzen (Kormophyten)**	Hochentwickelte Empfindung bei den Sinnpflanzen und höheren Kormophyten, mit Sinnesorganen. Viele Stufen der Instinkte	Psychoplasma der sozialen Pflanzenzellen, sehr empfindlich, mit besonderen Sinnesorganen
7. Stufe **Seele der niederen Pflanzen (Thallophyten)**	Wenig entwickelte Empfindung bei den niederen Kormophyten, ohne Sinnesorgane, und bei den Thallophyten	Psychoplasma der sozialen Pflanzenzellen, wenig empfindlich, ohne besondere Sinnesorgane
6. Stufe **Seele d. Zellvereine (Coenobien)**	Entwicklung d. sozialen Instinkte durch dauernde Vereinigung vieler gleichartiger Zellen	Plasma-Netze d. sozial verbundenen Zellen in d. „Zellkolonien" (Plasmodesmen)
5. Stufe **Seele d. einzelligen Protisten**	Solitäre Zellseele der Protozoen (Radiolarien, Infusorien) u. d. Protophyten (Diatomeen, Algarien)	Beginn der sexuellen Differenzierung m. Kopulation der Zellkerne (Ei u. Sperma)
4. Stufe **Seele der Probionten**	Zytoden-Seele der kernlosen Plastiden (Moneren, Bakterien, Chromaceen); ohne Erotik, völlig geschlechtslos	Archiplasma der kernlosen Zytode, ohne Sexualismus (Fortpflanzung nur durch Hemitomie)
3. Stufe **Krystallseele**	Kristallisation. Dreidimensionale periodische Parallel-Ordnung der sozialverbundenen Moleküle	Substanz der Kristalle, aus homogenen Molekülen zusammengesetzt
2. Stufe **Molekülseele**	Physikalische Energie der Kohäsion, Adhäsion, Moletropie usw.	Substanz der Moleküle, aus Atomen zusammengesetzt
1. Stufe **Atomseele**	Chemische Energie, Wahlverwandtschaft, Katalyse, Kontaktwirkung usw.	Substanz der chemischen Elemente, aus Elektronen zusammengesetzt

Stufe 1-3 **Elementarseele** (Leptopsyche) | Stufe 4-6 **Plastidenseele** (Plasmopsyche)
Stufe 7—8 **Pflanzenseele** (Phytopsyche) | Stufe 9—12 **Tierseele** (Zoopsyche)

Abb. 13: Psychomatische Skala (Seite 149).

immaterielle Entitäten und Phänomene erfand und entwickelte, die seinen Monismus plausibel machten. Wir dürfen dabei aber nicht vergessen, wie schwach noch bis in die 20er Jahre unseres Jahrhunderts hinein die Biologie als analytische Wissenschaft entwickelt war. Und wie wenig von ihren Fortschritten, etwa in der Genetik, in der Zellforschung, in der Molekularbiologie und Physiologie der alternde HAECKEL wahr- und aufgenommen hat. Er konnte so unbekümmert von Monaden, Plastiden und „Zellseelen" sprechen, weil er viel zu einfache Vorstellungen vom Cytoplasma oder gar von Zellkernen hatte. Da war er auf den höheren Komplexitätsebenen der Vielzeller als klassischer Typologe schon viel besser gerüstet, und da hat er ja auch mit seinen Systemen und „Stammbäumen" bleibende Konzepte hinterlassen. Tragisch ist es freilich, daß er selber seine Monismuslehre und ihre Apologetik höher eingeschätzt hat als seine historisch einmaligen wissenschaftlichen Leistungen in der Zoologie. Daß dies nicht nur die „freche" Behauptung eines kritischen Nachgeborenen ist, sondern HAECKELS tatsächlichen späten Geisteszustand wiedergibt, zeigt ein Blick ins letzte Viertel seines immensen Schriftenverzeichnisses, wo sich „weltanschauliche" Titel häufen, und sogar das Thema Religion aufscheint: „Gottnatur (Theophysis). Studien über Monistische Religion" (Leipzig 1914, A. Kröner Verlag).

Siobente Tabelle.

Biotische Geogenie.

Hauptperioden des Seelenlebens in der Erdgeschichte.

Vier Perioden der Lebens-Entwicklung auf der Erde	**Morphologische Prozesse** im ältesten Lebensalter unseres Planeten	**Psychomatische Progresse** im ältesten Seelenleben der Gaea
I. Periode: **Anorganisches Erdenleben** Physikalische und chemische Prozesse ohne Plasma	**Singulation des Planeten Gaea** Der Erdkörper löst sich als individueller Weltkörper von seiner Mutter Sonne ab. Bildung der erstarrten festen Erdrinde, später des tropfbar flüssigen Wassers	**Mineral-Seele** Die physikalischen und chemischen Prozesse im glutflüssigen Mineralkörper des Planeten erlauben noch keine Bildung von Plasma
II. Periode: **Probiontisches Erdenleben** Chromaceen, Bakterien, Moneren	**Archigonie von Zytoden** Bildung des ersten Plasma (der ältesten „lebendigen Substanz") durch Katalyse von kolloidalen Kohlenstoff-Verbindungen. Singulation der Zytoden. Monogonie. Noch keine sexuelle Differenzierung	**Carbon-Seele** Beginn des organischen Lebens. Kohlenstoff verbindet sich mit den anderen organogenen Elementen zu riesigen Plasma-Molekülen von zunehmender Zusammensetzung
III. Periode: **Protistisches Erdenleben** Einzellige kernhaltige Organismen **A. Protophyten** (Plasmodom) **B. Protozoen** (Plasmophag) (B aus A durch Metasitismus entstanden). Sexuelle Differenzierung	**Karyogonie von Zellen** Bildung der ersten echten Zellen aus kernlosen Zytoden. (Durch Differenzierung des inneren Karyoplasma und des äußeren Cytoplasma sondert sich der Zellkern [Nucleus] vom Zellenleib [Cytosoma].) Der Zellkern wird Organell der Vererbung; der Zellenleib vermittelt die Anpassung	**Zellseele** Beginn wirklicher Organisation; durch die Arbeitsteilung von innerer Kernsubstanz und äußerer Zellsubstanz entsteht die „Kernzelle", als „Elementar-Organismus", damit zugleich entwickelt sich der Sexualismus (Eros)
IV. Periode: **Histonisches Erdenleben** Vielzellige Organismen **A. Metaphyten** (Gewebepflanzen) **B. Metazoen** (Gewebetiere)	**Histogonie von Geweben** Bildung der ersten Gewebe: Zellvereine mit physiologischer Arbeitsteilung und morphologischer Differenzierung (Aus lockeren Zellvereinen, Coenobien, entwickeln sich festere Zellschichten mit zunehmendem Polymorphismus)	**Histonseele** Die engere Verbindung der zahlreichen Zellen in den Geweben und ihre fortschreitende Ergonomie führt zur Bildung mannigfaltiger Organe u. Organsysteme

Abb. 14:
Hauptperioden des erdgeschichtlichen Seelenlebens (Seite 151).

Zu seinen historischen wissenschaftlichen Leistungen ist übrigens nicht zuletzt auch sein unabschätzbarer nachwirkender Einfluß auf seine vielen Schüler zu rechnen. Hier seien stellvertretend für Hunderte nur Richard und Oskar HERTWIG, Hans DRIESCH und Anton DOHRN genannt. Jeder Gebildete (und nicht nur Biologe) kennt diese Namen und ihre bleibenden wissenschaftlichen Erkenntnisleistungen für unsere Kultur. Erinnert sei nur daran, daß die „Menschheit" erst seit Oskar HERTWIG 1875 wirklich weiß, was eine „Befruchtung" ist; oder an eine der fruchtbarsten transnationalen Ideenrealisationen des vorigen Jahrhunderts: an die Gründung einer preußischen meeresbiologischen Station in Italien, also an den Bau der weltberühmten Forschungsstation in Neapel durch Anton DOHRN, die übrigens auch Ernst HAECKEL öfter mit Gewinn und Genuß besucht hat (dazu siehe auch die feinsinnige A. DOHRN-Biographie von Theodor HEUß).

Mit der in unseren Augen schiefen Altersoptik bezüglich der Eigenbewertung seiner Leistungen steht HAECKEL aber durchaus nicht allein in unserer Wissenschaftsgeschichte da. Ich erinnere nur an Sigmund FREUD mit seiner ähnlich apologetisch ausgebauten Trieblehre oder an John ECCLES (1903-1997), unseren genialen zeitgenössischen Neurophysiologen, der im höheren Alter auch seine 1963 nobelpreisgekrönten Pionierleistungen auf dem Gebiet der Neurobiologie und Hirnforschung weniger hoch wertete als seine späteren philosophischen Gedanken zu Gehirn, Seele und Geist. Der Vergleich mit dem alternden HAECKEL ist gerade deswegen interessant, weil ECCLES genau die dualistische Gegenposition zu der monistischen HAECKELS eingenommen und zunehmend so missionarisch wie jener gepredigt hat. Auch ECCLES löst bei rationaler Betrachtung seines späteren Wirkens Be- und Verwunderung aus. Der große Experimentator und Analysator unserer Nerven- und Hirnfunktionen fordert, sucht und findet als alter Mann tatsächlich die erdachten „Kanäle" zwischen materieller und geistig-psychischer „Welt". Im Gegensatz zu HAECKELS beseelter Einheitswelt besteht ja ECCLES Welt aus zweien, zwischen denen er sich aber als „anständiger" Naturforscher (der er ja war!) konkrete submikroskopisch kanalisierte Wechselwirkungen vorstellte wenn nicht gar (geistig) sah. Dazu siehe u. a. sein mit Karl POPPER verfaßtes Spätwerk „The self and its brain"

(1977) und den sehr aufschlußreich illustrierten Artikel von John ECCLES in der Naturwissenschaftlichen Rundschau 34 (1981, Seite 227-237), in welchem er von Welt I, Welt II (= Ich-Bewußtsein) und Welt III (= Kultur) spricht und an einer Stelle wörtlich sagt: „daß es kleine 'Öffnungen' in der ansonsten dicht verschlossenen Welt I (= Materie-Energie-Welt) gibt" (also reale Verbindungen zwischen Materie und Geist!).

So wenig aber wie ECCLES seine unsterblichen Leistungen für die Neurobiologie durch diese dualistische Altersmanie verdüstern konnte, so wenig verdunkelt HAECKELS spleeniger Monismus seine unsterbliche Leistung für die zoologische Systematik und Morphologie und für das Evolutionskonzept. Vor allem aber wird er in unserer Wissenschaft für immer seinen Ehrenplatz als genialer Sprach- und Begriffsschöpfer behalten. Er kann uns darüber hinaus mit seinem monistischen Glaubenseifer noch eine Lehre fürs Alter mitgeben: Wir sollten an ihm erkennen, daß es doch keine (natur-) wissenschaftliche Möglichkeit für finale Sinnfindung gibt, weder für das Da- und Sosein des Kosmos, noch für unser eigenes. Andererseits kann uns Ernst HAECKEL auch als Beispiel dafür dienen, daß unser Bedürfnis nach einer letzten Sinngebung „des Ganzen" vor allem im Alter verständlich und verzeihlich ist. Eine monistische solche bleibt ja nach wie vor am „schönsten" und beruhigt ungemein. Somit dürfen wir glauben, daß auch der Monist HAECKEL einen ruhigen Tod im Glauben gestorben ist.

Nachwort

Meine Betrachtungen über Ernst HAECKEL könnten den Eindruck hinterlassen, daß sich der große Naturforscher, zoologische Morphologe und Systematiker als Ideologe selbst in Frage gestellt habe; denn nichts steht ja einem „anständigen" Wissenschaftler weniger gut als das Odium emotionaler Subjektivität. Eine für „wahr" gehaltene Erkenntnis entwickelt allerdings gerade in verantwortungsbewußten Menschen Triebkräfte, die bei „Glaubenswahrheiten" als Bekehrungseifer, bei „wissenschaftlichen" Einsichten als Aufklärungsbedürfnis zu Tage treten.

Die „Aufklärung" als Drang nach rationalem (objektiv durch Mitmenschen überprüfbarem) Wissen von allem ist nun das großartigste, abendländische (europäische) Dauerunternehmen seit ARISTOTELES. In diesem tausendjährigen Unternehmen, das von Zeitgeistern vernachlässigt, aber nicht aufgehalten werden konnte und kann, hat unser Ernst HAECKEL seine große Doppelrolle gespielt: Einmal als unermüdlicher Naturforscher und Aufklärer biologischer Gesetzmäßigkeiten, zum anderen als eifernder Verkündiger und

Achte Tabelle.

Monistische Substanzlehre

(Drei Attribute der Substanz oder des „Kraftstoffes".)

I. Materie (=Stoff=Hyle) **Weltstoff.**	**II. Energie** (=Kraft=Arbeit) **Weltkraft.**	**III. Psychom** (=Urseele=Fühlung) **Weltseele.**
Materialistisches Prinzip (Prakriti, Sankhya). **Materialismus** (=Hylismus) (Ausdehnung).	Dynamisches Prinzip (Karma, Buddhismus). **Energetik** (=Energielehre) (Wille).	Psychistisches Prinzip (Atman im Veda) **Psychomatik** (=Panpsychismus) (Empfindung).
Raumerfüllendes Substrat aller Substanz (Hypokeimenon) (Zurückführung alles Seins und Werdens auf Materie oder Stoff).	Wirkende Arbeit, Funktion aller Substanz (Energie) (Zurückführung alles Seins und Werdens auf Energie oder Kraft).	Unterscheidende Fühlung aller Substanz (Ästhesis) (Zurückführung alles Seins und Werdens auf Psyche oder Seele).
Zwei Urzustände. **I. A. Äther** (Weltäther=Lichtäther) „gespannte Materie" Struktur kontinuierlich (nicht atomistisch) Imponderable Substanz.	Zwei Urzustände. **II. A. Spannkraft** Potentielle Energie „Arbeitsfähigkeit" Ruhende Kraft Energie der Lage.	Zwei Urzustände. **III. A. Anziehung** Attraktion. Neigung, „Liebe der Elemente" Lust-Gefühl Positiver Tropismus.
I. B. Masse „Verdichtete Materie" Struktur atomistisch (Diskrete Teilchen) Ponderable Substanz.	**II. B. Triebkraft** Aktuelle Energie „Arbeitsleistung" Lebendige Kraft Wirkende Energie der Bewegung.	**III. B. Abstoßung** Repulsion, Widerstand, „Haß der Elemente" Unlust-Gefühl Negativer Tropismus.
Alle Substanz besitzt Ausdehnung (Extensio) und füllt Raum aus.	Alle Substanz besitzt Kraft oder Energie und wirkt auf ihre Umgebung.	Alle Substanz besitzt Fühlung oder Empfindung für ihre Umgebung.
Konstanz der Materie Universalgesetz von der „Erhaltung des Stoffes".	**Konstanz der Energie** Universalgesetz von der „Erhaltung der Kraft".	**Konstanz des Psychoms** Universalgesetz von der „Erhaltung der Fühlung".

Abb. 15: Monistische Substanzlehre (Seite 152).

Interpret seines „Weltbildes", das für seinen Geist unbedingt ein monistisches zu sein hatte. Der Mensch HAECKEL war halt auch nur ein „Kind seines Zeitalters", zutiefst bewegt von DARWINS Evolutionsidee (die doch bis heute von keiner rationaleren abgelöst werden konnte!). So hat er seinem „Zeitgeist" sein Aufklärungsopfer gebracht, dessen Rauch allerdings die schlichte Redlichkeit des Naturforschers trüben mußte. Aber schauen wir uns doch um: 100 Jahre nach ihm vernebelt der

Zeitgeist unseres „New Age“ wieder den nötigen offenen Blick in die Welt und auf uns selbst in magisch-esoterischen Rückblenden. Unsere neumodische „Sprachentwicklung“ hat uns doch (vorübergehend) weit hinter HAECKELS gekonnter Rhetorik zurückgeworfen. Ich erinnere nur an jetzige wortschöpferische Zeitgeistapostel wie SLOTTERDIJK, CAPRA und DREWERMANN (dem z. B. das herrliche Wort „Verunendlichung“ gelungen ist), vor denen der eifernde HAECKEL auch heute noch allemal bestehen könnte.

Dank

Ich danke Frau Dr. Erika KRAUßE, Ernst-Haeckel-Haus Jena, für bibliothekarische Hilfe und Beratung.

Zusammenfassung

Ernst HAECKEL wird hier nicht als beschreibender, ordnender und deutender Zoologe gewürdigt, sondern als schöpferischer Autor einer hoch differenzierten Wissenschaftssprache und als engagierter Propagandist einer aufklärerischen Ideologie, die er selbst als „Monismus“ definiert hat. Viele seiner Wort- und Begriffs-Schöpfungen sind heute noch in der Biologie üblich, und sein kulturkämpferisches Wirken für die Evolutionstheorie DARWINS unvergessen.

Anschrift des Verfassers:
Univ.-Prof. Dr. Friedrich SCHALLER
Rebenweg 1/14
A-1170 Wien
Austria

Ernst HAECKEL – Ein Plädoyer für die wirbellosen Tiere und die biologische Systematik

E. AESCHT

Stapfia 56,
zugleich Kataloge des OÖ. Landesmuseums, Neue Folge Nr. 131 (1998), 19-84

Abstract

Ernst HAECKEL – an Appeal for the Invertebrates and the Biological Systematics.

At the end of the 20th century it is – like in the middle of the 19th century – a frequent practice to regard biological systematics as outdated. Ernst HAECKEL (1834-1919) likewise had other priorities, namely the search for phylogenetic (genealogical) relationships, however he has created about 2000 genus names and has described more than 3500 species of mainly radiolarians, calcareans, scyphozoans, cubozoans, and siphonophorans. After DARWIN'S "Origin of species" of 1859 he has therefore been one of the first scientists applying the gradual transformation of species and the newly discovered criterion for biological classification, the common ancestry, to various taxa of animals on key positions of the evolution. The present paper gives some background information on HAECKEL'S (and others) attempts to dissolve systematics into phylogenetics and shortly describes the state of knowledge concerning his preferred groups of single-celled protists (Protozoa), sponges (Porifera) and cnidarians (Cnidaria) about 100 years later. It is shown that the re-interpretation of static morphological characters and overall similarity for descent is limited and requires methods of its own embracing e. g. ualitative novelties (apomorphies) instead of possible convergent resemblance or common ancestral (plesiomorphic) characters. The inventory and reconstruction of phylogeny, particularly those of invertebrates, are far from a preliminary end. Biological systematics thus represents an important research field otherwise evolution and protection of biological diversity (biodiversity for short) remains an unresolved enigma of natural science.

1 Einleitung

Ende des 20. Jahrhunderts „besteht über Ziele und Grundlagen der biologischen Systematik selbst bei vielen Biologen eine mitunter sehr gepflegte Unkenntnis, mit der Konsequenz, daß die Systematik (oder Taxonomie) weithin als überholt und überflüssig angesehen wird. In einer Zeit des zunehmenden Interesses an der Ökologie, ‚die ihrerseits auf taxonomische Grundlagenforschung zwingend angewiesen ist', wird der notwendigen Kenntnis der vielfältigen Organismenarten und den übrigen Belangen der Biologischen Systematik im Unterricht an den höheren Schulen und in der Lehre an den meisten Universitäten kaum ausreichend Beachtung geschenkt" (WEBERLING & STÜTZEL 1993: VII). Ob diese Situation zutrifft und eventuell sogar gerechtfertigt ist, soll anhand einer kurzen Geschichte des differenzierenden und ordnenden Denkens sowie am Beispiel von drei interessanten Tiergruppen an Schlüsselstellen der Evolution, den einzelligen Strahlentierchen (Radiolarien), den Schwämmen (Porifera) und den Nesseltieren (Cnidaria), beleuchtet werden.

Der Begriff Taxonomie mag fremd klingen, ist aber sehr alt und wurde von A. P. de CANDOLLE (1813) zum ersten Mal verwendet; v. a. im angelsächsischen Bereich wird er häufig deckungsgleich (synonym) mit dem Terminus Systematik gebraucht. Die **Taxonomie** ist die Theorie und Praxis der Klassifikation, während **Systematik** die Mannigfaltigkeit von Organismen sowie alle Beziehungen und Verwandtschaften zwischen ihnen erforscht (SIMPSON 1961; MAYR 1975; MAYR & ASHLOCK 1991; MINELLI 1993). Systematik ist der umfassende Begriff und schließt den Begriff der Taxonomie ein. Beide Begriffe fehlen in einem ersten umfassenden Versuch der Systematisierung der biologischen Wissenschaften, den Ernst HAECKEL 1866 unternahm; dies scheint paradox, so als würde er alle Bestrebungen älterer Naturforscher, vor allem jene von Carl LINNAEUS (1707-1778, seit 1762 von LINNÉ), unberücksichtigt lassen. Als Begründung nannte er, daß sich „nur dadurch... die Kunst der Formbeschreibung zur Wissenschaft der Formenkenntniss [erhebt], dass der gesetzmässige Zusammenhang in der Fülle der einzelnen Erscheinungen gefunden wird“[1] (HAECKEL 1866a: 5). Dies spricht wohl all jenen aus der Seele, für die im Vordergrund steht, daß in der Systematik scheinbar nur ein System das andere abgelöst hat, ohne daß ein einheitliches, allgemeingültiges Ergebnis erzielt worden wäre, geschweige denn absehbar ist. HAECKEL versuchte jedoch als einer der ersten Zoologen bewußt den Rahmen der klassischen (LINNÉschen) Systematik zu sprengen, indem er viele andere Aspekte, vor allem die Individualentwicklung (Ontogenese oder Ontogenie[2]) einbezog und die Zoologie einmal vom Sachgebiet her (Allgemeine Zoologie) und zum anderen von der Tiergruppe her (Spezielle Zoologie) betrachtete. Unter Spezieller Zoologie versteht man in bestimmten Fachkreisen auch heute die Wissenschaft von der Vielgestaltigkeit der Tiere oder die Wissenschaft von den Tieren unter systematischen Gesichtspunkten (z. B. GRUNER 1993; WESTHEIDE & RIEGER 1996). Spezielle Zoologie ist demnach Systematik im weiteren Sinn und Taxonomie die Systematik im engeren Sinne. Als **Klassifikation** bezeichnet man einmal das Ergebnis taxonomischer Arbeit, also das System oder eben die Klassifikation einer bestimmten Tiergruppe. Aber auch der Vorgang selbst, das Einordnen von Tieren in Gruppen oder Reihen, wird Klassifikation genannt.

Obwohl HAECKEL (1866a: 39, 40) „systematische Kleinigkeitskrämerei“ und „Speciesfabrikation“ polemisch bekämpfte und die Artunterscheidung als „ganz untergeordnete Aufgabe“ betrachtete, hat er in seiner Laufbahn mehr neue wissenschaftliche Namen geschaffen als die meisten Naturforscher vor und nach ihm, nämlich allein an die 2000 Gattungsnamen und hunderte Namen für höhere Kategorien, beschrieben hat er nach seinen eigenen Zählungen mehr als 3500 neue Arten. Die Motivation für seinen Forscherdrang und die Hauptziele dabei faßt HAECKEL (1916: 5f.) 82jährig treffend selber zusammen: „Während ich in diesen größeren und zahlreichen kleineren Schriften fünfzig Jahre hindurch den Neubau der Phylogenie[3] immer sicherer und brauchbarer auszugestalten bestrebt war, versuchte ich gleichzeitig, ihr durch spezielle systematische Bearbeitung einzelner größerer Tiergruppen ein festes dauerndes Fundament zu geben. Zu diesem Zwecke habe ich viele Jahre hindurch mehrere Tierklassen, die ein besonderes morphologisches Interesse besitzen, eingehend studiert und durch vollständige Benutzung der betreffenden Literatur, sowie durch umfassende Beobachtungen ein möglichst vollständiges Bild von ihrer Organisation und Entwicklung, ihrer systematischen Gliederung und Verwandtschaft zu gewinnen gesucht. So entstanden im Laufe von 33 Jahren (1856-1889) vier umfangreiche Monographien: I. die Radiolarien (1856-1887), II. die Calcispongien (1867-1872), III. die Medusen (1864-1882) und IV. die Siphonophoren (1866-1888). Der Wert einer solchen kompleten Monographie, wenn sie möglichst sorgfältig und gewissenhaft durchgeführt ist, beruht darauf, daß sie eine vollständige Darstellung aller gesammelten Kenntnisse zu einem bestimmten Zeitpunkte gibt und daher allen nachfolgenden Forschern als sichere Basis und als Ausgangspunkt weiterer Untersuchungen dienen kann. ... Eine solche phyletische Monographie, welche in der wahren Stammesverwandtschaft der zusammengehörigen Formen die natürlich Basis für ihre Klassifikation erblickt, hat einen viel höheren intellektuellen Wert als eine gewöhnliche rein deskriptive Monographie".

Von welchen praktischen und theoretischen Voraussetzungen HAECKEL bei seiner wissenschaftlichen Arbeit ausging und wie der Stand der Forschungen hundert Jahre später ist, speziell was die von ihm untersuchten Tiergruppen betrifft, versucht dieser Beitrag herauszuarbeiten.

2 Die statische Ordnung der Lebewesen

Benennen und Klassifizieren gehören zu den Hauptfunktionen der Sprache. Nachgewiesen sind Bemühungen um eine Ordnung der Lebewesen seit der Antike. ARISTOTELES (384-322 v. Chr.) kannte über 500 Tierarten und ordnete sie nach dem Grad ihrer „Perfektion" in einem Stufenleitersystem (scala natura), das von den „niederen Tieren" zu den „höheren" führte (vgl. AX 1985). Seit damals behielten die aristotelischen Kategorien oder 5 Grundbegriffe (Universalien) zum Ordnen der Dingwelt ihre Bedeutung für die Pflanzen- und Tiersystematik. Die Begriffe Genus und Species (Gattung und Art), differentia (Unterschied), proprium (Eigentümlichkeit) und accidens (Zufälligkeit) enthielten die Kriterien zur Gruppierung der Einzelwesen (species) unter allgemeine Begriffe (genus). Mit seinem empirischen Vorgehen, das die Erkenntnis der konkreten Welt als Ausgangspunkt nahm, stand ARISTOTELES im Gegensatz zu PLATON, der in seiner Ideenlehre, Wesen und Konkretes völlig voneinander getrennt hatte. Die platonische Anschauung der Idee, des Typus und die aristotelische Begriffspyramide von Ober- und Unterbegriff Gattung (genus) und Art (eidos) waren für die geschichtliche Entwicklung der Biologie zweifellos von großer Bedeutung. Beispielsweise suchte GOETHE nach dem „Urtyp" der Tiere und vor allem nach der „Urpflanze", die er zunächst als wirkliche Pflanze auf seiner Italienreise zu finden hoffte. Nachdem seine Suche erfolglos geblieben war, bedeutete die Urpflanze für ihn Symbol, Idee, Typ der Pflanze. Auch Richard OWEN (1804-1892) suchte, sich auf PLATON berufend, nach der „ursprünglichen Idee", die er „Archetypus" nannte (ZIMMERMANN 1953; SCHMITT 1986). Von PLATON stammt das Prinzip der Fülle mit dem Lehrsatz von der vollständigen Verwirklichung alles gedanklich Möglichen in dieser Welt, während auf ARISTOTELES das Prinzip der Kontinuität zurückgeht; seine Definition des Kontinuums lautet: „Man nennt etwas kontinuierlich, wenn die Grenze von zweien, wo sie sich berühren und sich aneinander schließen, völlig zusammenfällt" (zit. n. LOVEJOY 1993: 73f.). Die Natur verweigert sich jedoch unserem Wunsch nach klaren Grenzziehungen (vgl. Kap. 7.2).

Unterschiede zwischen alten und neuen Systemen sind lediglich durch die Wahl des Ordnungsprinzips bedingt. Oft wurde nach der Nützlichkeit für die menschliche Ernährung und die Heilmittelkunde klassifiziert; Conrad GESSNER (1516-1565) ordnete in seiner „Historiae Animalium" die Arten alphabetisch, wie es in vielen Kräuterbüchern üblich war. Später wurde vorwiegend nach äußerlichen Ähnlichkeiten gruppiert. Unter den zahllosen aufgestellten Systemen sind die sogenannten „Stufenleitern" (scala naturae) besonders wichtig, weil sie das Bild vom Stammbaum nachhaltig beeinflußt haben. In den „Stufenleitern" wurden alle unbelebten und belebten Naturkörper (Mineralien – Pflanzen – Tiere) in aufsteigender Folge lückenlos und linear angeordnet (USCHMANN 1967). Im Mittelalter errichtete man Stufenfolgen, die über den Menschen hinaus einschließlich der Engel und Gottes das ganze Universum umfaßten. Angeregt durch das „Kontinuitätsgesetz" des Philosophen LEIBNIZ („Die Natur macht keine Sprünge", „Kette der Wesen") wurden besonders im 18. Jahrhunderts zahlreiche neue Stufenleitern entworfen, wobei jedoch bereits Zweifel an der Berechtigung der linearen Anordnung auftauchten.

Die Erforschung und Kolonialisierung ferner Länder durch die europäischen Handelsnationen offenbarte eine immense Vielfalt neu entdeckter Pflanzen und Tiere. Mit der raschen Zunahme der Sammlungsbestände steigerte sich auch das Bedürfnis nach Beschreibung und Übersicht. Nach seinen Anfängen bei den Botanikern Andrea CESALPINO (1519-1603), Joseph Pitton de TOURNE-

FORT (1656-1708) und John RAY (1627-1705), erreichte das Zeitalter der Klassifizierung seinen Höhepunkt in Carl LINNAEUS (1707-1778) (vgl. MAYR 1984). Dem schwedischen Botaniker ging es in erster Linie um die Übersichtlichkeit des Systems der damals bekannten rund 8500 Pflanzen- und 4200 Tierarten. Um diese zu erreichen, vernachlässigte er die unbedeutenden Varietäten als unvollkommene Manifestation der jeder Art eingeschlossenen Idee, führte die Kennzeichnung der Organismen durch einen zweiteiligen lateinischen Namen (binäre Nomenklatur) ein, vollzog eine straffe, hierarchische Gliederung des Systems (Arten, Gattungen, Ordnungen, Klassen), wählte leicht erkennbare Merkmale zum Unterscheiden der Gruppen und setzte die Konstanz der Arten voraus (vgl. SCHMITT 1986). Die Anordnung in einem überwiegend künstlichen System, bei dem Großgruppen durch **ein** Merkmal gekennzeichnet wurden, erleichterte die Aufgabe der Identifizierung beträchtlich. LINNÉS System bildete eine enkaptische Hierarchie, in der die höheren Kategorien die zugehörigen niederen einschließen, ohne eine Rangfolge zu unterlegen; dadurch stand es im Gegensatz zu den Stufenleiter-Systemen, die den Organismen oder zumindest den höheren Kategorien eine Rangfolge zuwies. Trotz seiner Bedeutung für die Systematik war das LINNEsche Schema teilweise ein Rückschritt, da er die Bedeutung der relativ großen Wirbeltiere für die Systematik noch weiter überbewertete und die Fülle der wirbellosen Arten in den Insekten und Vermes (Würmer) vereinigte. LINNÉ sah das Ziel der Systematik darin, die göttliche Weltordnung, die weder Zufall noch Notwendigkeit kennt, wiederzugeben und ein „natürliches System“ als Spiegel dieses Schöpfungsplanes zu schaffen. Je nachdem, was als „natürlich“ interpretiert wurde, entstanden bis Mitte des 19. Jahrhunderts unzählige Systeme und brachte die Systematik als reine Ordnungswissenschaft in Mißkredit.

Neben dem Streben nach Inventarisierung und Katalogisierung der Lebewesen hat stets die Frage nach dem bestimmenden **Wesen der Art** eine wichtige Rolle gespielt, wenngleich mit wechselnder Intensität (vgl. Kap. 6.1). Bis in die Mitte des 19. Jahrhunderts wurde ein typologisches Artkonzept vertreten, wonach (1) Arten aus ähnlichen Individuen bestehen, die dieselbe Essenz (eidos bei PLATO) gemeinsam haben; (2) jede Art von allen anderen durch eine scharfe Diskontinuität getrennt ist; (3) jede Art in der Zeit konstant ist und (4) es strenge Grenzen für die mögliche Variation jeder einzelnen Art gibt (vgl. KRAUS & KUBITZKI 1982; MAYR 1984). Für das Entwicklungsproblem war dieser Artbegriff der abgegrenzten, diskreten, relativ stabilen und objektiv vorhandene Einheiten bedeutsam. Der gegenwärtig für viele biologische Richtungen (Pflanzen- und Tierzüchtung, Evolutionsforschung, Taxonomie, Biogeographie, Verhaltensbiologie) wichtige Begriff der Population, der Fortpflanzungsgemeinschaft, existiert eigentlich schon, seit die „Art“ als Gruppe von Individuen definiert wurde, die sich miteinander fruchtbar vermehren (z. B. RAY, BUFFON und CUVIER). Damals war diese Definition eines der Argumente für Artkonstanz, da mit der Fortpflanzung erfahrungsgemäß die konstante Vererbung artspezifischer Merkmale verbunden war, woran Systematiker interessiert waren. Viele sahen im Artbegriff aber eher eine nützliche, aber künstliche Methode der Einteilung, die in der Natur keine Entsprechung hatte.

Der Übergang von den künstlichen Systemen zum natürlichen (phylogenetischen) System im heutigen Sinn vollzog sich an einem unscheinbaren Punkt, nämlich dort wo „species“ (Art) nicht mehr als klassifikatorischer, sondern als biologischer Begriff verstanden wurde – als reale genealogische Verwandtschaft. Fungiert er als klassifikatorischer Begriff, so sind die unter ihm zusammengefaßten Individuen nach irgendwelchen, als wesentlich gesetzte, Merkmalen zu einer Art vereinigt, also nur subjektiv zusammengefaßt. Fungiert er dagegen als biologischer Begriff, so bilden die entsprechenden Individuen selbst aufgrund ihrer Lebensweise eine Art; der Begriff Art meint somit einen objektiven Zusammenhang unter Individuen. Die Zuordnung von Individuen zu Arten ist dann keine künstliche, aus diagnostischen Bedürfnissen eingeführte Etikettierung, sondern gedankliche Reproduktion ihrer Daseinsweise im Zusammenhang einer Art (LEFÈVRE 1984). Dieses völlig neue Artkonzept entwickelte sich ab 1750, die Sprengung des konstanten

Artbegriffs beruht im wesentlichen auf Jean-Baptiste de LAMARCK (1744-1829) und Charles DARWIN (1809-1882).

3 Die dynamische Ordnung der Lebewesen im 19. Jahrhundert

Im Sinne der schon aus der Antike überlieferten Auffassung, daß sich die Lebewesen in einer geradlinigen Folge (scala naturae) ordnen lassen, stellte LAMARCK (1809) ein lineares System der Arten auf, interpretierte es aber nicht statisch als bloßes Klassifikationsmittel, sondern dynamisch als eine geschichtliche Entwicklung. Und zwar nahm er einen inhärenten Drang der Organismen zur Vervollkommnung an: Durch Umweltveränderungen werden neue Bedürfnisse erzeugt, die die Lebewesen veranlassen, die bestimmten Organe stärker oder schwächer zu betätigen. Durch den Gebrauch oder Nicht-Gebrauch werden diese Organe mehr oder weniger stark ausgebildet. Diese erworbenen Eigenschaften werden auf die Nachkommen vererbt.

Neu an seiner Theorie der Arttransformation ist die Erkenntnis, daß die Verschiedenheit der Organismen nur erklärt werden kann, wenn man ein sehr hohes Alter der Erde voraussetzt, da er die Entwicklung der Arten als langsamen Vorgang begriff. Auch seine Annahme der Wandelbarkeit der Arten bedeutete eine Sprengung des ursprünglichen Artbegriffs. Die Schwächen lagen in der Begründung: LAMARCK hatte seine Theorie als Moment einer umfassenden Welterklärung konzipiert und zwar gemäß der deistischen Weltsysteme, die Natur als in sich geschlossenes und unveränderliches Ganzes begriffen, das sich als dynamisches Gleichgewichtssystem aus eigenen Kräften zu erhalten vermag. Sein Hauptprinzip ist eine den Lebewesen eigene Fähigkeit zur Höherentwicklung (ein zielgerichteter Willensakt, das Bedürfnis als Ursache der Organumbildung), die Artabwandlung aufgrund der Anpassung dagegen nur ein ergänzenden Nebenprinzip. Rezente Arten stammen deshalb nicht voneinander ab: Sie haben zwar alle „gleichartige" Vorfahren (die Entwicklung beginnt bei LAMARCK immer mit aus Urzeugung entstandenen Einzellern), aber keine „gemeinsamen" Vorfahren. Der Mensch gehört demnach zu den ältesten Arten, weil er am vollkommensten ist. Medusen würden zu den jüngsten gehören, weil sie erst wenig Zeit zur Umformung gehabt hätten.

DARWIN (1851-53) hatte sich eingehend mit den zeitgenössischen Tiersystemen befaßt und seine wenig bekannte Revision der Rankenfußkrebse (Cirripedia) war zweifellos eine wichtige praktische und theoretische Voraussetzung für sein epochales Werk „Origin of species..." (1859). Die Notwendigkeit und Mühen der taxonomischen Arbeit bringt er laut dem Biographen Irving STONE (1981: 431) sehr humorvoll zum Ausdruck: Dem Geologen Charles LYELL gegenüber erwähnt DARWIN, „ich habe mir nie vorgestellt, wie viele verschiedenen Cirripedia-Arten es auf Erden gibt. Ich nahm an, Hunderte. Aber Tausende? Sie alle zu sezieren und zu beschreiben wird mich Jahre meines Lebens kosten". Seiner Frau gestand er nach Fertigstellung der Revision: „Ich fühle mich unaussprechlich erleichtert, mit meinem letzten Rankenfüßer endlich fertig zu sein. Sollte ich noch zufällig auf einen stoßen, so werde ich mich einfach umdrehen und weggehen".

Mit DARWINS (1859) Evolutionstheorie entsteht die Biologie als potentiell theoretisch einheitliche, d. h. moderne Wissenschaft. Indem für DARWIN Formwandel und Anpassung untrennbar zusammenhingen, gelang es ihm, die gemeinsame Abstammung (Deszendenz) und die historische Veränderung der Arten aus den dem Prozeß innewohnenden Gesetzmäßigkeiten abzuleiten, ohne auf zielgerichtete oder jenseitige Triebkräfte Bezug zu nehmen. Seine Theorie war damit gleichzeitig ein Schlag gegen die aristotelische Kategorie der Zweckursachen und gegen die platonische Doktrin von den idealen Formen in der Natur. Somit hat DARWIN die Ablösung der statischen Welt des Schöpfungsglaubens durch die dynamische Welt der Evolution bewirkt. Bei HAECKEL fielen diese Gedankengänge auf fruchtbaren Boden, da er Schwierigkeiten bei der morphologischen Abgrenzung mancher Radiolarienformen aus eigener Erfahrung kannte (HAECKEL 1862). Nun war endlich ein schlüssiges Kriterium für die Gestaltähnlichkeit natürlicher Gruppen gefunden, die gemeinsame Abstammung, und er ging sofort auf die Suche nach der genealogischen Verwandtschaft der Lebewesen. Der bloßen Ähnlichkeit in den künstlichen Systemen folgte die Homologie, die entwicklungsgeschichtlich gleiche Herkunft, als Ausdruck von Abstammung.

4 Ernst HAECKEL als phylogenetischer Systematiker

HAECKEL hatte einige persönliche Eigenschaften, die ihn zu einem Systematiker prädestinierten, nämlich eine exzellente Beobachtungsgabe, eine artistische Hand beim Zeichnen, ein hoch differenziertes morphologisches Problembewußtsein (vgl. Beitrag SCHALLER in diesem Band), einen systematischen Geist, eine kreative Sprache sowie Selbstdisziplin, Konsequenz und Geduld (zu den naturgemäß auch vorhandenen negativen Eigenschaften vgl. Kap. 7 sowie die Biographien von KRAUßE [1984, 1988]; USCHMANN [1984, 1985, 1986]; ERBEN [1990]). Vor allem die konsequente Arbeitsweise wird in einem Brief aus Messina deutlich: „Mein regulärer Lebenslauf in diesem kleinen behaglichen Winterquartier hat sich vorläufig zu folgender Zeiteinteilung gestaltet: sobald die erste Morgendämmerung den Hafen erhellt, klopft es an die Tür, und der Zoologische Leibmarinar, Domenico NINA, holt mich an den Kai hinunter und fährt mich in die Mitte des Hafens, wo ich zum Entsetzen der gesitteten Messinesen (die wie die Neapolitaner nur im Juli und August Bäder für möglich halten, und nicht mehr als 20 im Jahr!) mein kühles, erfrischendes Morgenbad in der tiefblauen, klaren Salzflut nehme. (NB. Da ich von Ende März an beinahe täglich ein Seebad genommen habe, wird deren Zahl in diesem Jahr bald 200 überstiegen haben, und allen Prophezeiungen zum Trotz bin ich dabei immer nur stärker, kräftiger und gesünder geworden!) Ich denke es noch den ganzen Winter durch fortzusetzen. Nach dem Seebad besuche ich den Fischmarkt, der sehr bequem grade unter meinem Fenster liegt, und springe dann meine 118 Stufen rasch wieder herauf. Während ich dann die Arbeit des Tages vorbereite, erscheint gewöhnlich um 8 Uhr der Kellner, Domenico ALTHEIMER (ein verdorbener bayrischer Mediziner, übrigens ein sehr guter Kerl) und bringt mir mein Frühstück, aus Milchkaffee, Butterbrot und zwei Eiern bestehend. Nachher springe ich meist eben noch einmal zum Fischmarkt hinunter, um zu sehen, ob inzwischen nichts Merkwürdiges noch angekommen ist, und fange dann an zu mikro-

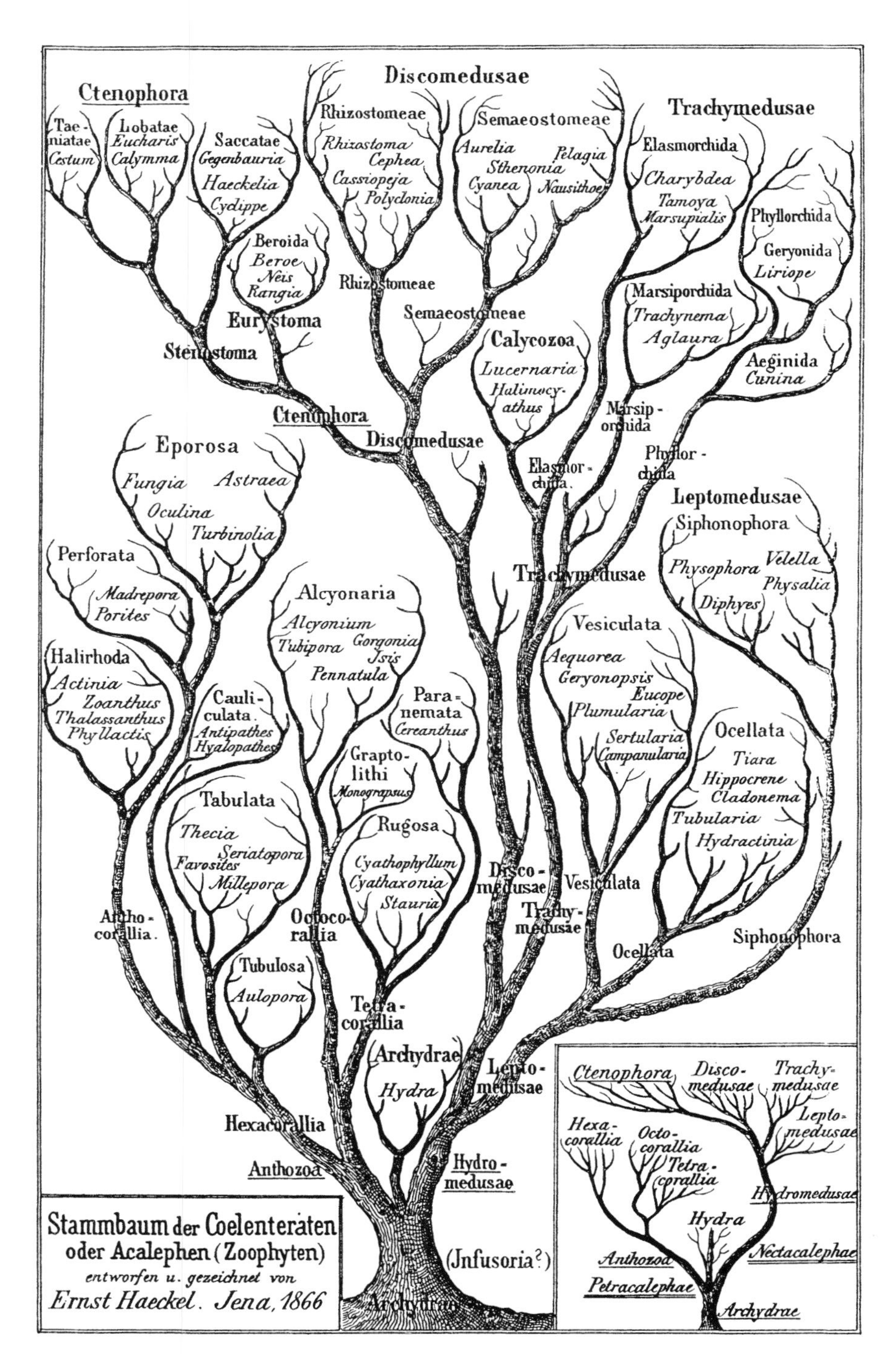

Abb. 1: Stammbaum der Coelenteraten oder Hohltiere (aus HAECKEL 1866b: Taf. 3). Die Rippen- oder Kammquallen (Ctenophora, s. links oben) werden heute als eigener Tierstamm betrachtet.

skopieren, ununterbrochen bis 41/2-5 Uhr fortgesetzt und nur von den ab und zu erscheinenden Fischerjungen unterbrochen, die mir meine köstlichen Schätze bringen. Gegen 5 Uhr Nachmittag werde ich, meist zu früh, zum Mittagessen abgerufen, packe rasch die Mikroskope zusammen und begebe mich in das Zimmer Nr. 1, wo meine beiden Stubennachbarn, Dr. Edmund von BARTELS und der französische Gesandtschaftssekretär CLAVIER, sehnsüchtig auf mich warten.

Unsere Tafel ist, wenigstens in Anbetracht sizilianischer Zustände, leidlich gut: Suppe, Fisch, sogenannter Braten (eigentlich nur getrocknete Sehnen, Bänder und im günstigsten Fall Bindegewebe und Knochen!) und etwas Früchte, dazu saurer Rotwein und zum Schluß eine sehr gute Tasse schwarzen Kaffees, der als treffliches Anti-Boa sogleich wieder denk- und arbeitsfähig macht. Meist plaudern wir aber noch ein wenig, was, da die Konversation nur in französischer Sprache geführt wird, meiner großen Ungeschicklichkeit in letzterer bedeutend aufhilft. Oft gehe ich auch noch ein halbes Stündchen an den Kai hinunter und ergötze mich an dem Seeleuchten und dem Wellenplätschern, das mir immer ganz besondere Freude macht. Spätestens um 71/2 Uhr sitze ich dann wieder an meinem Schreibpult, wo ich die Arbeit des Tages nochmals durchgehe, die Notizen vervollständige und über die einschlagenden Fragen nachlese oder (wie heute abend) mich mit meinen Lieben in der Heimat unterhalte. Vor 12 Uhr komme ich nicht zu Bett, schlafe dann aber auch ganz trefflich" (HAECKEL 1921: 124f.).

HAECKEL (1866b: 323-364) setzt sich in seinem theoretischen Hauptwerk „Generelle Morphologie" sehr ausführlich mit dem Artbegriff auseinander, den er in einen morphologischen, physiologischen und genealogischen differenziert. Hinsichtlich dem morphologischen kommt er zu den folgenden Schlüssen: „Befriedigende Definitionen von dem Begriffe der Subspecies und Varietät existieren eben so wenig, als von dem der Species, und sie können auch in der That eben so wenig gegeben werden" (HAECKEL 1866b: 338) und „Die Unterscheidung der unendlich vielen verschiedenen Formen, welche unsere Erde beleben, durch verschiedene Namen ist ein nothwendiges praktisches Bedürfniss, und diese Speciesbildung ist verständig und gerechtfertigt, so lange man sich nur vergegenwärtigt, dass sie eine künstliche ist, und nur auf unvollständigen Kenntnissen beruht" (HAECKEL 1866b: 340). Auch die „physiologischen Verhältnisse ihrer Fortpflanzungsfähigkeit [jener der Bastarde, Rassen oder Varietäten] sind quantitativ, nicht qualitativ verschieden" (HAECKEL 1866b: 346). Seine genealogische Begriffsbestimmung besagt: „Die Species oder organische Art ist die Gesammtheit aller Zeugungskreise, welche unter gleichen Existenzbedingungen gleiche Formen besitzen" (HAECKEL 1866b: 353).

„Alle Thier- und Pflanzenformen, die wir als Species unterscheiden, besitzen ... nur eine relative zeitweilige Beständigkeit und die Varietäten sind beginnende Arten. Daher ist die Formengruppe der Art oder Species ebenso ein künstliches Product unseres analytischen Verstandes, wie die Gattung, Ordnung, Classe und jede andere Kategorie des Systems. Die Veränderung der Lebensbedingungen einerseits, der Gebrauch und Nichtgebrauch der Organe andrerseits wirken beständig umbildend auf die Organismen ein; sie bewirken durch Anpassung eine allmähliche Umgestaltung der Formen, deren Grundzüge durch Vererbung von Generation zu Generation übertragen werden. Das ganze System der Thiere und Pflanzen ist also eigentlich ihr Stammbaum[4] und enthüllt uns die Verhältnisse ihrer natürlichen Blutsverwandtschaft" (HAECKEL 1882a: 40; Abb. 1). Gegen lineare Stufenleitern wendet er sich vehement (HAECKEL 1866b: 255f.): „Der gewöhnlichste Fehler, den man bei Untersuchung dieser systematischen Differenzirung begeht, liegt darin, dass man die verschiedenen coexistirenden Zweige des Stammbaums als subordinirte Glieder einer einzigen leiterförmigen Reihe betrachtet, während sie in der That coordinirte Zweige eines ramificirten Baues sind. Hierauf beruht z. B. der Irrthum der älteren Systematiker, welche die sämmtlichen Thiere oder Pflanzen in eine einzige Differenzirungs-Reihe zu ordnen trachteten. Statt also den Divergenz-Grad der verschiedenen Formen von der gemeinsamen Stammform zu messen, beschränkt man sich auf Messung des Unterschiedes, den sie voneinander haben".

„Als die einzige reale Kategorie des zoologischen und botanischen Systems können wir nur die grossen Hauptabteilungen des Thier- und Pflanzen-Reiches anerkennen, welche wir Stämme oder Phylen genannt und als genealogische Individuen dritter Ordnung erörtert haben. Jeder dieser Stämme ist nach unserer Ansicht in der That eine reale Einheit von vielen zusammengehörigen Formen, da es das materielle Band der Blutsverwandtschaft ist, welches sämmtliche Glieder eines jeden Stammes vereint umschlingt" (HAECKEL 1866b: 393). „Aus der kritischen Verknüpfung der drei großen, sich gegenseitig ergänzenden Schöpfungs-Urkunden (Paläontologie, Vergleichende Anatomie und Ontogenie) entspringt die neue Wissenschaft der Stammesgeschichte (Phylogenie, 1866). Sie sucht die Abstammungsverhältnisse der größeren und kleineren organischen Formengruppen hypothetisch zu erkennen und gründet auf deren Ordnung das natürliche System der Stämme, Klassen und Arten. Die hypothetischen Stammbäume (Phylema; Abb. 1), die deren einfachster Ausdruck darstellen, haben hohen heuristischen und praktischen Wert" (HAECKEL 1905: 6f.). „Die ganze Kunst der vergleichenden Morphologie (die man nur künstlich in vergleichende Anatomie und Systematik trennt) beruht also darauf, zu erkennen, ob die Aehnlichkeit, welche zwei ‚verwandte' Organismen verbindet, eine Homologie oder eine Analogie ist. Je mehr zwei verwandte Organismen gemeinsame Homologieen besitzen, desto enger sind sie verwandt..." (HAECKEL 1866b: 225). Noch 1906 betont HAECKEL, daß er von der „...kontinuierlichen Umbildung der organischen Formen (– nicht der ‚sprungweisen Mutation'! –) und von der ‚progressiven Vererbung' (– der erblichen Übertragung erworbender Eigenschaften –) ... fest überzeugt [ist]..." (HAECKEL 1906: 410).

HAECKEL hat – außer den im folgenden näher erläuterten Hauptgruppen – auch Ruderfußkrebse (HAECKEL 1864a), Amöben und Wimpertierchen unter den tierischen Einzellern (HAECKEL 1865a, 1868, 1870c, 1871a, b, 1873, 1894) und Stachelhäuter (HAECKEL 1896a, b) untersucht und viele auch heute noch gebräuchliche Namen für höhere Kategorien verschiedenster Tiergruppen geschaffen, z. B. Acrania (Schädellose), Heliozoa (Sonnentierchen), Hexacorallia (Sechsstrahlige Korallen), Nematoda (Fadenwürmer), Octocorallia (Achtstrahlige Korallen), Prosimiae (Halbaffen) und Metazoa (Vielzeller) (v. a. in HAECKEL 1862, 1866b, 1895, 1894, 1896c; s. auch die Beiträge CORLISS sowie SCHALLER in diesem Band). Einer seiner berühmtesten Gattungsnamen lautet *Pithecanthropus*, der Affenmensch (HAECKEL 1866b: CLX), der aber nach den Internationalen Nomenklaturregeln ungültig ist, weil er hypothetisch errichtet worden war (ICZN 1985).

5 Radiolarien-, Schwamm- und Medusenforschung bis Ende des 19. Jahrhunderts

5.1 Die Strahlentierchen (Radiolarien)

> ***„Die Classe der Radiolarien steht einzig in der organischen Welt da durch zwei morphologische Auszeichnungen: sie übertrifft alle anderen Organismen-Classen einerseits durch die Mannichfaltigkeit [sic!], anderseits durch die mathematische Regelmässigkeit aller denkbaren geometrischen Grundformen, welche in dem zierlichen Kieselskelet dieser wunderbaren Protisten ihre reale Verkörperung finden."***
>
> *(HAECKEL 1884b: 104f.)*

Mitte des 19. Jahrhunderts waren vor allem durch Johannes MÜLLER 50 rezente Arten in 20 Gattungen bekannt (MÜLLER 1855, 1858). Die Mannigfaltigkeit und Bedeutung der fossilen Formen für die Gesteinbildung hatte bereits Christian G. EHRENBERG (1838, 1839, 1847, 1854) erkannt. HAECKEL war durch seinen Lehrer MÜLLER für diese Tiergruppe, die „Orchideen des Meeres" (CACHON & CACHON 1978b), begeistert worden und versuchte nach dessen Tod (1858) die Kenntnisse darüber zu erweitern. Sein Forscherdrang und Enthusiasmus kommen bereits in wenigen Briefstellen zum Ausdruck (s. auch Beitrag LÖTSCH in diesem Band): „Denke Dir, heute habe ich bereits mein fünfzigstes neues

Tierchen entdeckt, ein reizendes Geschöpfchen mit zierlich gegittertem und mit 100 Strahlen besetzten Kieselpanzer, niedlich und fein wie alle die 49 anderen, die alle auch schon bereits getauft sind und den Namen Deines Schatzes, wenn auch nur auf der niedersten Stufe der Tierwelt, verewigen werden. Du kannst denken, daß das auch meiner Eitelkeit nicht wenig schmeichelt!" (Messina, 28. 1. 1860; HAECKEL 1921: 148).

Ein weiteres Briefzitat soll sein methodisches Vorgehen veranschaulichen: „Die Tierchen sind sämtlich fast (mit nur wenigen Ausnahmen) mikroskopisch klein, also dem unbewaffneten Auge unsichtbar oder höchstens als feinstes Pünktchen wahrnehmbar. An einen Fang derselben durch die Fischerknaben, die sonst die deutschen Zootomen immer mit dem reichsten Material versorgen, ist also nicht zu denken; will der Naturforscher die süße Beute erobern, so muß er selbst aufs Meer hinaus und sich von den holden Meergöttinnen die ersehnten Geschenke rauben. ...

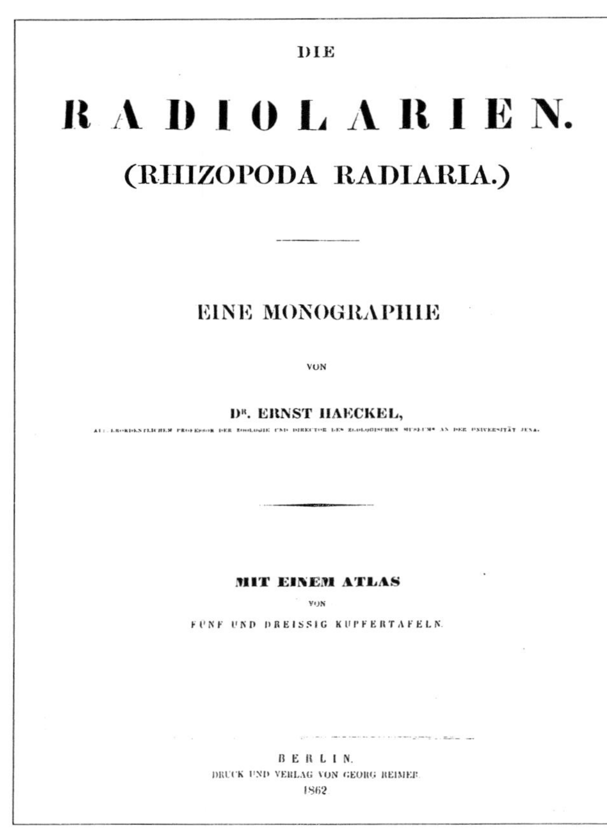

DIE

RADIOLARIEN.

(RHIZOPODA RADIARIA.)

EINE MONOGRAPHIE

VON

Dr. ERNST HAECKEL,

MIT EINEM ATLAS

VON

FÜNF UND DREISSIG KUPFERTAFELN.

BERLIN.

DRUCK UND VERLAG VON GEORG REIMER.

1862

Abb. 2:
Titelblatt der Radiolarien-Monographie (HAECKEL 1862).

Die Radiolarien sind sämtlich ausschließlich pelagische Tiere, d. h. sie leben nur schwimmend auf der Oberfläche des tiefen Meeres, von der sie nur auf kurze Zeit schwinden, wenn heftige Wellenbewegungen und Sturm sie nötigt, sich in einige Tiefe herabzulassen. Dieser Umstand erleichtert ihren Fang sehr, ja macht ihn eigentlich allein möglich. Man fischt sie nämlich von der Oberfläche, von der sie jeden Quadratfuß zu Hunderten bedeckten, mittels des feinen Mullnetzes weg, eine Methode, die zuerst von Johannes MÜLLER[5] mit dem größten Glück zum Fang aller pelagischen Tiere in weitestem Umfang angewandt wurde und welche die überraschendsten Blicke in eine ganz neue Welt reichsten tierischen Lebens eröffnet hat. Während die Barke durch schwachen Ruderschlag langsam fortbewegt wird, hält man das Netz beständig halb eingetaucht und filtert so gleichsam eine große Menge Seewasser durch. Von Zeit zu Zeit wird dann das Netz herausgenommen, umgekehrt und der nach außen gewendete Innenteil ausgespült in dem mit Seewasser gefüllten Glas und Eimer, wo dann die in den Maschen hängengebliebenen feinsten Geschöpfchen wieder frei werden und zu Boden fallen. Dieser Bodensatz in den Gefäßen, von dem das überstehende geklärte Wasser nachher zu Hause abgegossen wird, ist nun eine ganz unerschöpfliche Quelle der reichsten und merkwürdigsten Naturgenüsse...

Zum Zeichnen bediene ich mich durchgängig der Camera lucida[6], da die Formen alle genau mathematisch bestimmt sind und also auch mit mathematischer Treue wiedergegeben werden müssen, besonders was die Größe der Winkel und das relative Verhältnis der einzelnen Teile betrifft. Viele Strukturverhältnisse sind so fein, daß sie nur mit Hilfe der stärksten Vergrößerungen und des schief durchfallenden Lichts erkannt werden können" (Messina, 29. 2. 1860; HAECKEL 1921: 160ff.).

Methodisch bedeutsam war auch, daß HAECKEL ab 1859 ein Mikroskop des italienischen Physikers Giovani Battista AMICI verwendete, das mit einem Wasserimmersionsobjektiv ausgerüstet war und somit eine wesentlich bessere Auflösung (Unterscheidbarkeit) der feinen Strukturen erlaubte (HAECKEL 1921: 135ff.). Eine nachahmenswerte Neuerung betrifft in seinen Veröffentlichungen der „Phaulographischen Anhang", nach HAECKEL (1887c: 149) ein „Verzeichniss der völlig werthlosen Litteratur, welche entweder nur längst bekannte Thatsachen, oder falsche Angaben enthält, und welche daher am besten ganz zu eliminieren ist". Jeder Taxonom wünscht sich wohl zuweilen eine solche Einrichtung.

1861 gibt HAECKEL in den „Monatsberichten der Königlich Preussischen Akademie der Wissenschaften zu Berlin" erstmals Diagnosen von 188 Arten (HAECKEL 1861a, b), wobei die Beschreibungen jeweils sehr kurz ausfallen und die Unterschiede zwischen den Species nicht diskutiert werden. Abbildungen der Formen wurden von Herrn W. PETERS bei den zwei Sitzungen der Akademie vorgelegt, aber nicht abgedruckt. HAECKEL errichtet 45 neue Gattungen, wovon fast die Hälfte (22) monotypisch sind, also nur eine Species enthalten, was heute eine eher isolierte verwandtschaftliche Stellung ausdrücken würde. Übergangsformen werden als „Rotten“ kenntlich (HAECKEL 1861a: 798), das ist eine aus der Botanik entnommene ältere Rangstufe zwischen Gattung und Art unterhalb der Untergattung, später gebrauchte er diese nicht mehr. Am 4. März 1861 habilitierte er sich an der Medizinischen Fakultät der Universität Jena mit einer nur 16 Seiten umfassenden Arbeit „De Rhizopodum finibus et ordinibus“ (Über die Grenzen und Ordnungen der Rhizopoden), die im wesentlichen dem Abschnitt IV seiner späteren Radiolarien-Monographie (1862) entspricht. Aufgrund von Vorausexemplaren des „Allgemeinen Teils“ der Monographie erfolgte am 3. Juni 1862 die Ernennung zum außerordentlichen Professor für Zoologie (vgl. KRAUßE 1984: 42f.).

Bedeutung erlangte HAECKELS erste größere Arbeit „Die Radiolarien“, wohl weniger wegen der Beschreibung von 144 neuen Arten und 24 Gattungen, sondern der von dem Berliner Kupferstecher WAGENSCHIEBER meisterhaft ausgeführten 35 Bildtafeln sowie dem ersten schriftlichen Bekenntnis zu DARWIN und dessen 1859 erschienenem Werk „Origin of species...“ (HAECKEL 1862: 231f.; Abb. 2, 3). Darin weist HAECKEL (1862: 231) auf die „zahlreichen Übergangsformen“ hin, „welche die verschiedenen natürlichen Gruppen aufs Innigste verbinden und deren systematische Trennung zum Theil sehr erschweren“. Nach DI GREGORIO (1995) bediente sich HAECKEL in der Radiolarien-Monographie (HAECKEL 1862, Textband: 3, 13f., 69, 117) der Studien HUXLEYS über den Individuenbegriff im Tierreich und über den Generationswechsel, die HAECKEL in der Diskussion über Organ und Individuum

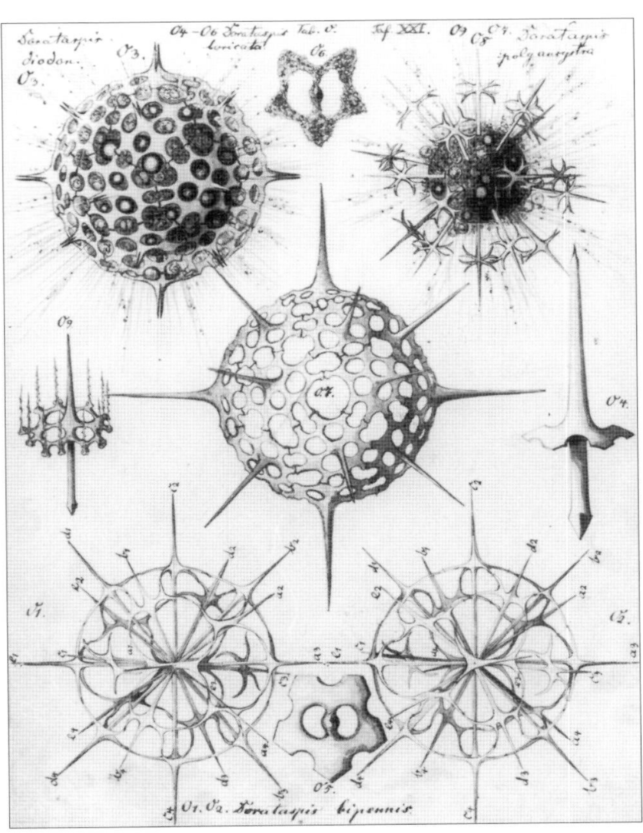

Abb. 3: Originalzeichnung von HAECKEL (Ernst-Haeckel-Haus; veröffentlicht 1862: Taf. 21).

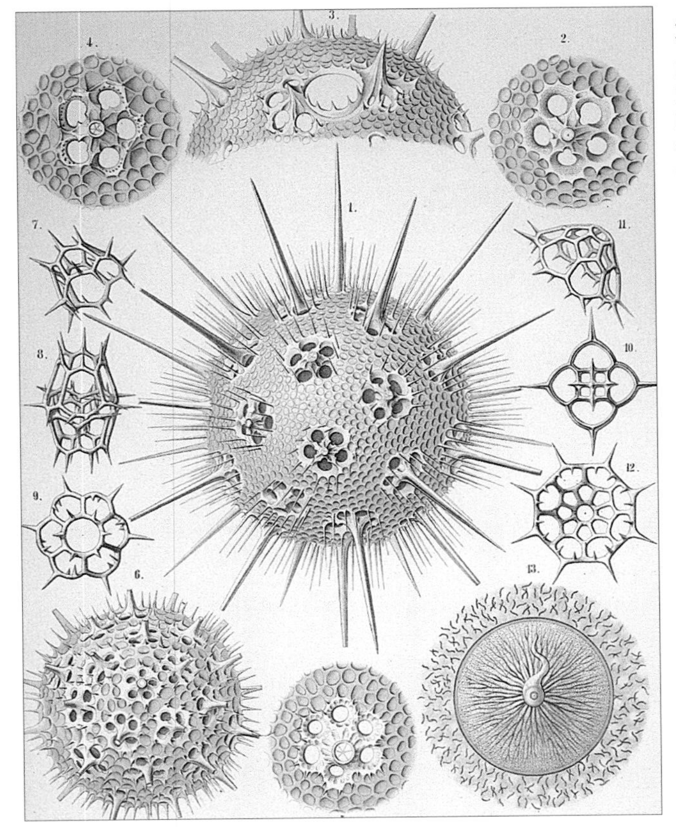

Abb. 4: Vertreter der Legion Phaeodaria, Ord. Phaeocystina und Phaeogromia, Fam. Cannorrhaphida und Circopordia. Bemerkenswert sind die Ehrungsnamen *Haeckeliana darwiniana* (1, 2) *H. goetheana* (3), *H. lamarckiana*. Die Gattung *Haeckeliana* hat John MURRAY 1879 errichtet, hier (HAECKEL 1887: Taf. 114) wurde der Name aber erstmals veröffentlicht.

Abb. 5:
Actissa princeps, die Stammform der Radiolarien (HAECKEL 1887: Taf. 1, Fig. 1).

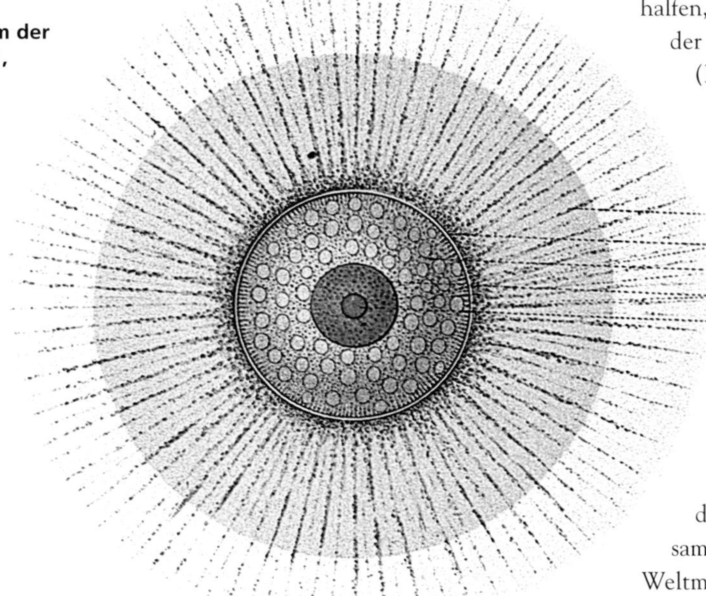

halfen, später eines der zentralen Themen der „Generellen Morphologie" (HAECKEL 1866a: 239-374; vgl. Kap. 7.1). Mit diesem Werk begründete er seinen wissenschaftlichen Ruhm und als Spezialist dieser Tiergruppe wird er mit der Bearbeitung des umfangreichen diesbezüglichen Materials der englischen Tiefsee-Expedition „Challenger" (1873-1876) betraut.

Mehr als zehn Jahre seines Lebens erforschte HAECKEL die Radiolarien der Challenger-Expedition, die in 168 Proben aus insgesamt 362 Beobachtungsstationen der Weltmeere zu finden waren; die mikroskopischen Präparate hatte Sir John MURRAY angefertigt. Der in Englisch verfaßte Text wurde 1887 als Teil I und II (CLXXXVII und 1803 Seiten Text sowie 140 Tafeln) gedruckt und enthält 3508 erstmalig beschriebene Arten (HAECKEL 1887a, b; Abb. 4). Zur selben Zeit erschienen in deutscher Sprache der zweite, dritte und vierte Teil der Radiolarien-Monographie (1887c, 1888a, b). Der zweite Teil enthält eine Zusammenfassung aller neuen Erkenntnisse zwischen 1862 und 1885 (heute würde man das als „Review" bezeichnen), Bestimmungsschlüssel bis zur Gattung und eine Liste aller bisher bekannten Radiolarientaxa, die sich auf 4 Legionen, 20 Ordnungen, 85 Familien, 739 Gattungen und 4318 Arten beliefen (HAECKEL 1887c). Beschreibungen von Arten sind in diesem Teil nicht enthalten, allerdings wurden die Species in den Tafellegenden als neu bezeichnet, was heute nicht mehr zulässig wäre (ICZN 1985), da durch die zweifache Veröffentlichung des Namens das Prinzip der Eindeutigkeit verletzt wird.

Neuerlich beschreibt er seine Arbeitsprinzipien (HAECKEL 1887c: XVIIf.): „Bei der Ausarbeitung des reich verzweigten Systems war ich bemüht, einerseits die besonderen Formen- und Größenverhältnisse der beobachteten Arten genau zu beschreiben, anderseits die Verwandtschafts-Verhältnisse der Gattungen und Familien übersichtlich darzulegen. Dabei suchte ich stets die phylogenetischen Ziele des natürlichen Systems mit den unentbehrlichen Eintheilungs-Formen der künstlichen Classifi-

Abb. 6:
Der letzte von HAECKEL (1894: 207) veröffentlichte Stammbaum der Radiolarien.

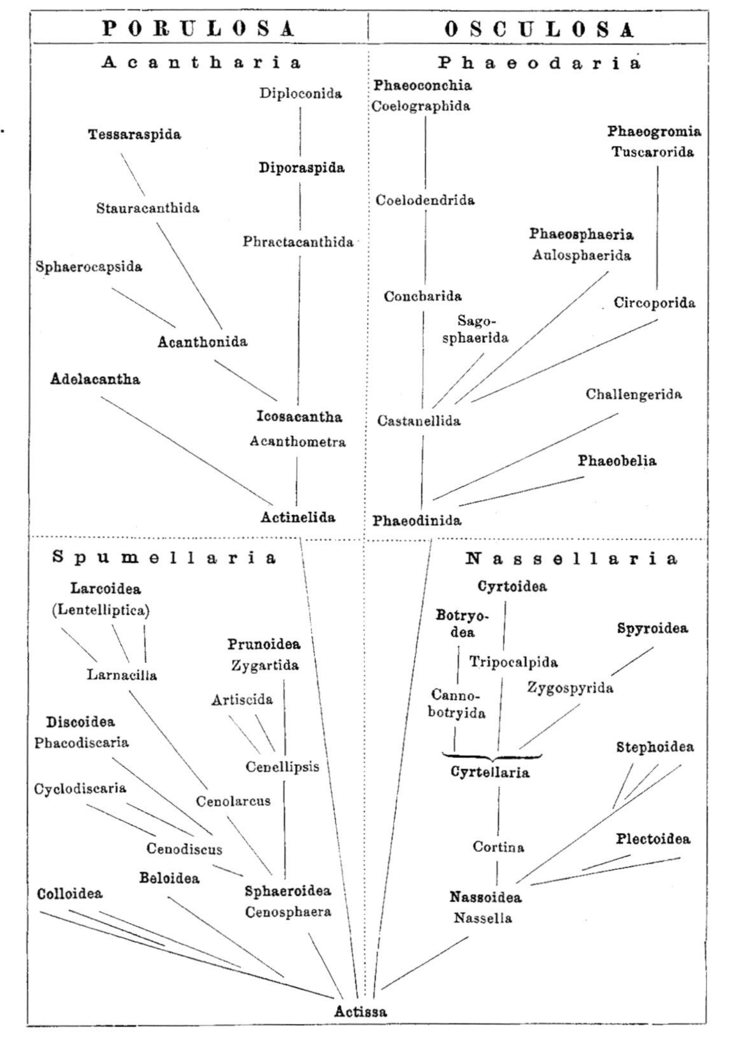

kation [sic!] möglichst in Einklang zu bringen. Indessen lege ich, als überzeugter Anhänger der Descendenz-Theorie, natürlich keinen Werth auf die absolute Geltung der Kategorien, welche ich als Legionen, Ordnungen, Familien, Gattungen u. s. w. unterschieden habe. Alle diese künstlichen Gruppenstufen des Systems haben für mich nur relative Bedeutung. Aus demselben Grunde lege ich auch kein Gewicht auf die Anerkennung aller einzelnen hier beschriebenen Arten; viele von ihnen sind vielleicht nur individuelle Entwickelungs-Stufen. Ihre Grenzen habe ich in ähnlichem Sinne, wie meine Vorgänger, bei einer mittleren Ausdehnung des Species-Begriffes subjectiv bemessen. Indessen wird man bei der systematischen Bearbeitung eines so ausgedehnten Stoffes immer Gefahr laufen, bei der Species-Bildung entweder zu Viel oder zu Wenig zu thun. Im Lichte der Descendenz-Theorie verliert diese Gefahr natürlich jede Bedeutung".

Parallel dazu erschienen kleinere Arbeiten, die, häufig im Text versteckt, ebenfalls neue Namen enthalten (HAECKEL 1865a, 1879a, b, 1882a, 1884a, 1886, 1891). Zum Teil werden Ergebnisse aus den Challenger-Untersuchungen vorweggenommen; so gibt HAECKEL bereits 1881 (gedruckt 1882a) lateinische Kurzdiagnosen von 630 Genera, die fehlerhaft (6 Namen tauchen als sog. Homonyme doppelt auf, aber mit verschiedenen Diagnosen) und voreilig sind, wie er später selber zugibt (HAECKEL 1887: 155). Neben den angeführten Gründen, spielte möglicherweise das Bestreben Prioritäten[7] zu sichern eine Rolle. Probleme mit der Eindeutigkeit und Stabilität der Tiernamen zeichneten sich in der zweiten Hälfte des 19. Jahrhunderts massiv ab, u. a. weil im Lauf der Zeit die Situation immer unübersichtlicher geworden war. Auch waren immer mehr Forscher erforderlich, um die Formenfülle zu bewältigen. Bedeutende Forschungen auf dem Gebiet der fossilen Radiolarien betrieben in der 2. Hälfte des 19. Jahrhunderts EHRENBERG (1872, 1875), ZITTEL (1876), RÜST (1885) und DUNIKOWKSI (1882) am Schafberg in Salzburg. An rezenten Radiolarien forschten CIENKOWSKY (1871), Richard HERTWIG (1879), BÜTSCHLI (1882a, b, 1889), BRANDT (1881) und MÖBIUS (1887). BÜTSCHLI (1889) beschwerte sich bitter, daß HAECKEL seine Arbeit von 1882 nicht berücksichtigte; so habe er beispielsweise festgestellt, daß HAECKEL für *Cenosphaera* EHRENBERG 1854 gleich drei Synonyme (*Helio-*, *Cyrtido-*, *Ceriosphaera*) errichtet hat. Im Gegensatz zu den Botanikern, die bereits 1867 weltweit einheitlich geregelte Vorschriften der Namensgebung (Nomenklatur) für Pflanzen festgelegt hatten, dauerte der Einigungsprozeß bei den Zoologen bis 1905.

§ 146. System der Radiolarien.

Legionen	Sublegionen	Character	Ordnungen
I. Spumellaria (Porulosa Peripylea) Zahllose Kapsel-Poren überall. Skelet kieselig, niemals centrogen.	I A. **Collodaria** Ohne Gitterschale	Kein Skelet Stückel-Skelet (viele einzelne Nadeln)	1. Colloidea 2. Beloidea
	I B. **Sphaerellaria** Mit Gitterschale	Schale kugelig Schale ellipsoid Schale discoidal Schale lentelliptisch	3. Sphaeroidea 4. Prunoidea 5. Discoidea 6. Larcoidea
II. Acantharia (Porulosa Actipylea) Zahlreiche Kapsel-Poren regelmässig vertheilt. Skelet acanthinig, centrogen.	II A. **Acanthometra** Ohne complete Gitterschale	Zahlreiche Stacheln 20 Stacheln, nach Icosacanth-Ordnung	7. Actinelida 8. Acanthonida
	II B. **Acanthophracta** Mit completer Gitterschale	20 Stacheln gleich (Schale kugelig) 2 Stacheln länger (Schale nicht kugelig, ellipsoid oder linsenförmig).	9. Sphaerophracta 10. Prunophracta
III. Nassellaria (Osculosa Monopylea) Osculum mit Porochora und Podoconus am Basal-Pol. Skelet kieselig, meist monaxon.	III A. **Plectellaria** Ohne complete Gitterschale	Kein Skelet Radiale Stacheln Ring-Skelet	11. Nassoidea 12. Plectoidea 13. Stephoidea
	III B. **Cyrtellaria** Mit geschlossener Gitterschale	Köpfchen mit einer Sagittal-Strictur Köpfchen mit mehreren Stricturen Köpfchen einfach, ohne Stricturen	14. Spyroidea 15. Botryodea 16. Cyrtoidea
IV. Phaeodaria (Osculosa Cannopylea) Osculum mit Astropyle und Rüssel am Basal-Pol. Skelet ein carbonisches Silicat, meist aus hohlen Röhren gebildet.	IV A. **Phaeocystina** Ohne Gitterschale	Kein Skelet Stückel-Skelet (einzelne Nadeln)	17. Phaeodinida 18. Phaeobelida
	IV B. **Phaeocoscina** Mit completer Gitterschale, oft aus hohlen Röhren zusammengesetzt	Gitterschale einfach (selten doppelt), meist kugelig, stets ohne Pylom Gitterschale monaxon, meist eiförmig, mit Pylom am Basal-Pol Gitterschale zweiklappig, muschelähnlich	19. Phaeosphaeria 20. Phaeogromia 21. Phaeoconchia

Abb. 7:
Das System der Radiolarien (HAECKEL 1894: 206).

Das wichtigste Bestimmungsmerkmal waren und sind häufig die Skelette. Zytologische und entwicklungsbiologische (ontogenetische) Merkmale konnten unter den Bedingungen der ozeanographischen Expeditionen des 19. Jahrhunderts (fixiertes Material) natürlich nicht berücksichtigt werden. Die Benennung der Formen beruht daher ausschließlich auf morphologischen Merkmalen, wie HAECKEL dabei vorgegangen ist, kann man an den tausenden Namen für die Challenger-Radiolarien gut erkennen:

HAECKEL betont zwar häufig die Variabilität der Merkmale, mit seinem differenzierenden, zugleich aber deszendenztheoretischen Ansatz, neigt er aber dazu, viele der Zwischenformen und Übergänge zu benennen. Die Ähnlichkeit bzw. Abstammung kommt dabei meist schon in den ähnlichen Namen von Gattungen und Untergattungen zum Ausdruck, z. B. *Hexacontium*, *Hexacontanna*, *Hexacontella*, *Hexacontosa*, *Hexacontura* oder *Actinomma*, *Actinommantha*, *Actinommetta*, *Actinommilla*, *Actinommura*. Die vollständige Schreibweise wird dementsprechend unübersichtlich und ist schwer einzuprägen: z. B. *Amphisphaera* (*Amphisphaerantha*) *neptunus*, *Amphisphaera* (*Amphisphaerantha*) *uranus*, *Amphisphaera* (*Amphisphaerantha*) *jupiter*, *Amphisphaera* (*Amphisphaerella*) *apollo*, *Amphisphaera* (*Amphisphaerella*) *mercurius*, *Amphisphaera* (*Amphisphaerissa*) *cronos*, *Amphisphaera* (*Amphisphaerissa*) *pluto*, *Amphisphaera* (*Amphisphaeromma*) *mars*. Die Zusammengehörigkeit der Gruppe wird noch, in diesem Beispiel durch Gestirne als Artnamen unterstrichen. Der Einfallsreichtum bei Artnamen geht dabei schon von kennzeichnenden Merkmalen (wie *gigantea*, *gracilis*) weg und weicht auf Vornamen (*christiana*, *johannis*, *pauli*, *petri*, *jacobi*, *simonis*, *philippi*, *andreae*, *thomae*, *bartholomaei*, *thaddaei*, *matthaei*), Philosophen (*epicurii*, *lucretti*, *spinozae*, *straussii*, *feuerbachii*, *moleschotti*, *holbachii*, *gassendii*) und verehrten Forschern (Abb. 4) aus. Einander ähnelnde solitäre bzw. kolonienbildende Arten bekommen dieselben Namen, z. B. *Lampoxanthium punctatum* / *Sphaerozoum punctatum* und L. *pandora* / *Rhaphidozoum pandora*. Je nachdem welche Merkmale im Vordergrund stehen, errichtet er verschiedene Familiennamen.[8] Bemerkenswert ist, daß HAECKEL alle Vorfahren und Nachkommen unter den rezenten Gattungen findet.

Analog zu CUVIERS vier Abteilungen oder Bauplantypen scheinen „... alle 4318 Radiolarienarten nur Modifikationen von 4 ursprünglichen Typen dar[zu]stellen und ... auch diese 4 Urformen sich phylogenetisch durch Divergenz von einer einfachen, nackten, kugeligen Zelle ab[zu]leiten (*Actissa*)" (HAECKEL 1911: 419; Abb. 5, 6). „Unter allen Radiolarien ist..., *Actissa*, nicht allein die einfachste, wirklich beobachtete Form, sondern zugleich der wahre Prototypus der ganzen Classe, die einfachste Form, in welcher die Radiolarien-Organisation überhaupt gedacht werden kann. Es ist daher in hohem Maasse wahrscheinlich, dass *Actissa* nicht nur im phylogenetischen Sinne die gemeinsame Stammform der ganzen Classe, sondern auch in ontogenetischem Sinne ihre gemeinsame Keimform darstellt" (HAECKEL 1887c: 80).

HAECKEL (z. B. 1887c: 85) selbst bezeichnete sein System als Kompromiß zwischen natürlicher und künstlicher Methode und verweist bei einzelnen Formen häufig direkt auf die Künstlichkeit der Klassifikation (Abb. 7; vgl. Kap. 6.2.2).

5.2 Die Schwämme (Porifera)

> **„Der Organismus der Spongien hat sich offenbar noch bis in unsere Zeit so flüssig, so beweglich, so biegsam erhalten, dass wir den Ursprung der verschiedenen Species aus einer gemeinsamen Stammform hier noch Schritt für Schritt auf das Klarste verfolgen können."**
>
> **(HAECKEL 1870a: 233)**

Infolge des uralten Gebrauchs der Badeschwämme (Abb. 26) durch die Griechen waren diese Organismen schon ARISTOTELES wohl bekannt, der sie zu den Tieren stellte. Ihre festsitzende Lebensweise und ihre Farbe, die oft grün ist (Abb. 27), führten dazu, daß man sie lange Zeit für Pflanzen hielt. LINNÉ, welcher alle ihm bekannten Schwämme als Arten einer einzigen Gattung *Spongia*, auffasste, stellte dieselben zuerst an das Ende des Pflanzenreichs, unter die Algen, Moos- und Farnpflanzen, indem er sie mit den Korallen und den korallenähnlichen Moostierchen

(Bryozoen) als Steinpflanzen (Lithophyta) zusammenfaßte. Später stellt er sie zu den Pflanzentieren (Zoophyten), die lange Zeit den Beleg für die Wahrheit des Kontinuitätsprinzips bildeten (RAGAN 1997).

Die meist unscheinbaren Kalkschwämme (Calcarea, früher auch Calcispongia) sind spät als eine selbständige, gut gekennzeichnete Gruppe erkannt worden (Abb. 8; LENDENFELD 1894; SCHULZE 1875, 1878; vgl. HENTSCHEL 1923/1925). In seiner ersten Arbeit über Schwämme (HAECKEL 1870a) ging er noch von einer Verwandtschaft zu den Korallen aus, er errichtete sogar den Cladus Buschthiere (Thamnoda), der Schwämme und Korallen umfaßte. Die Entwicklung stellte er sich so vor: „Aus diesem hypothetischen *Protascus* [Urschlauch] nahmen vielleicht als zwei divergente Zweige *Prosycum* (die Stammform der Kalkschwämme) und *Procorallum* (die Stammform der Corallen) ihren Ursprung" (HAECKEL 1870a: 221).[9] In dieser Arbeit richtet er „...an alle Leser dieser vorläufigen Mittheilung, welche im Besitz von getrockneten oder in Weingeist befindlichen Kalkschwämmen sind, die Bitte, mir dieselben zur Durchsicht und Vergleichung übersenden zu wollen. Die Kalkschwämme sind bisher in den zoologischen Sammlungen fast überall so spärlich vertreten und ihre Systematik liegt so im Argen, dass der nachstehende Prodromus[10] eines Systems der Kalkschwämme ganz von vorn anfangen muss. Ausserdem sind viele Calcispongien im inneren Bau so sehr verschieden, während ihr unscheinbares Aeussere fast gleich erscheint, dass die genaueste mikroskopische Untersuchung aller bisher gefundenen Formen zur Begründung ihrer Systematik ganz unerlässlich ist" (HAECKEL 1870a: 235). In einem Prodromus des Systems der Kalkschwämme listete HAECKEL (1870b) 132 Arten ohne Beschreibung auf und charakterisierte 42 Gattungen, 12 davon monotypisch, anhand der Persitomkrone und Nadeln. Für *Leucosolenia* BOWERBANK errichtete er nach der Strahligkeit der Nadeln allein sechs Untergattungen.

In einer weiteren kleineren Arbeit schildert HAECKEL (1871c) sein Programm, nämlich anhand der „Beobachtung von lebenden Schwämmen... die Lücken auszufüllen, welche in der Anatomie der früher vorzugsweise untersuchten Weingeistpräparate geblieben

Abb. 8: Original-Zeichnung von HAECKEL (veröffentlicht 1872: Taf. 6).

waren. Zugleich machten genealogische Untersuchungen ‚über die Entstehung der Arten'... es nothwendig, möglichst grosse Mengen dieser Tiere an ihrem natürlichen Standorte in Bezug auf ihre gesellschaftliche Ansiedelung und ihre topographische Verbreitung zu untersuchen, und Massen von Individuen von den verschiedenen Standorten zur Vergleichung zu sammeln (HAECKEL 1871c: 642). „In der That lässt sich bei diesen merkwürdigen Thieren die Genesis der Species Schritt für Schritt verfolgen, und die Species-Unterscheidung in dem gewöhnlichen (dogmatischen) Sinne hört hier vollständig auf..." (HAECKEL 1871c: 647). Denn es zeigte sich, die „Unmöglichkeit ‚gute Arten' zu unterscheiden aufgrund fünfjähriger genauester Beobachtungen an sehr vollständigem Material. [Da man] nach Belieben 3 Arten oder 21 oder 111 oder 289 oder 591 unterscheiden kann" (HAECKEL 1911: 267). Bereits ein Jahr später, in seiner Monographie der Kalkschwämme in zwei Bänden mit einem Atlas von 60 Tafeln, bezeichnet HAECKEL (1872a-c) seinen „Prodromus" als ganz künstlich.

Bei den Schwämmen war HAECKELS Versuch (1866a: 26), eine „mathematische Betrachtungsweise der organischen Formen" einzuführen besonders ausgeprägt: „Für die

Abb. 9:
Übersicht der 39 Gattungen des künstlichen Systems der Kalkschwämme (Haeckel 1872: 85).

C. Tabellarische Uebersicht der 39 Genera des künstlichen Systems der Kalkschwämme.

Ordines	Individualität und Beschaffenheit der Mundöffnung.	I. Ascones. Grantien mit Loch-Canälen	II. Leucones. Grantien mit Ast-Canälen	III. Sycones. Grantien mit Strahl-Canälen
Dorograntiae	Eine Person mit nackter Mundöffnung.	1. Olynthus	4. Dyssycus	7. Sycurus
	Eine Person mit rüsselförmiger Mundöffnung.	2. Olynthella	5. Dyssyconella	8. Syconella
	Eine Person mit bekränzter Mundöffnung	3. Olynthium	6. Dyssycarium	9. Sycarium
Cystograntiae	Eine Person ohne Mundöffnung.	10. Clistolynthus	11. Lipostomella	12. Sycocystis
Cormograntiae	Ein Stock mit lauter nacktmündigen Personen.	13. Soleniscus	16. Amphoriscus	19. Sycothamnus
	Ein Stock mit lauter rüsselmündigen Personen.	14. Solenula	17. Amphorula	20. Sycinula
	Ein Stock mit lauter kranzmündigen Personen.	15. Solenidium	18. Amphoridium	21. Sycodendrum
Coenograntiae	Ein Stock mit einer einzigen nackten Mundöffnung.	22. Nardorus	25. Coenostomus	—
	Ein Stock mit einer einzigen rüsselförmigen Mundöffnung.	23. Nardopsis	26. Coenostomella	—
	Ein Stock mit einer einzigen bekränzten Mundöffnung.	24. Nardoma	27. Coenostomium	—
Tarrograntiae	Ein aus mehreren Nardorus- oder Coenostomus-Stöcken zusammengesetzter Stock	28. Tarrus	31. Artynas	—
	Ein aus mehreren Nardopsis- oder Coenostomella-Stöcken zusammengesetzter Stock	29. Tarropsis	32. Artynella	—
	Ein aus mehreren Nardoma- oder Coenostomium-Stöcken zusammengesetzter Stock	30. Tarroma	33. Artynium	—
Cophograntiae	Ein Stock ohne Mundöffnung	34. Auloplegma	35. Aphroceras	36. Sycophyllum
Metrograntiae	Ein aus mehreren verschiedenen generischen Formen zusammengesetzter Stock.	37. Ascometra	38. Leucometra	39. Sycometra

Abb. 10:
Übersicht der 21 Gattungen des natürlichen Systems der Kalkschwämme (Haeckel 1872: 84).

A. Tabellarische Uebersicht der 21 Genera und drei Familien des natürlichen Systems der Kalkschwämme.

Skelet-Struktur.	I. Ascones. Grantien mit Loch-Canälen	II. Leucones. Grantien mit Ast-Canälen	III. Sycones. Grantien mit Strahl-Canälen
Spicula sämmtlich dreistrahlig	1. Ascetta	8. Leucetta.	15. Sycetta
Spicula sämmtlich vierstrahlig	2. Ascilla	9. Leucilla	16. Sycilla
Spicula sämmtlich einfach	3. Ascyssa	10. Leucyssa	17. Sycyssa
Spicula theils dreistrahlig, theils vierstrahlig	4. Ascaltis	11. Leucaltis	18. Sycaltis
Spicula theils dreistrahlig, theils einfach	5. Ascortis	12. Leucortis	19. Sycortis
Spicula theils vierstrahlig, theils einfach	6. Asculmis	13. Leuculmis	20. Syculmis
Spicula theils dreistrahlig, theils vierstrahlig, theils einfach.	7. Ascandra	14. Leucandra	21. Sycandra

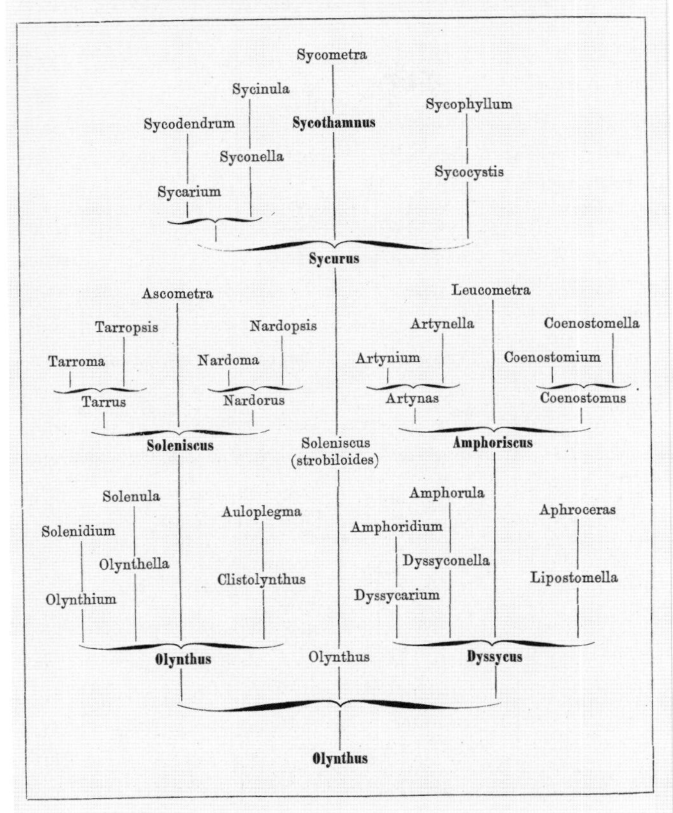

Abb. 11:
Stammbaum der Genus-Formen des künstlichen Systems der Kalkschwämme (Haeckel 1872: 360).

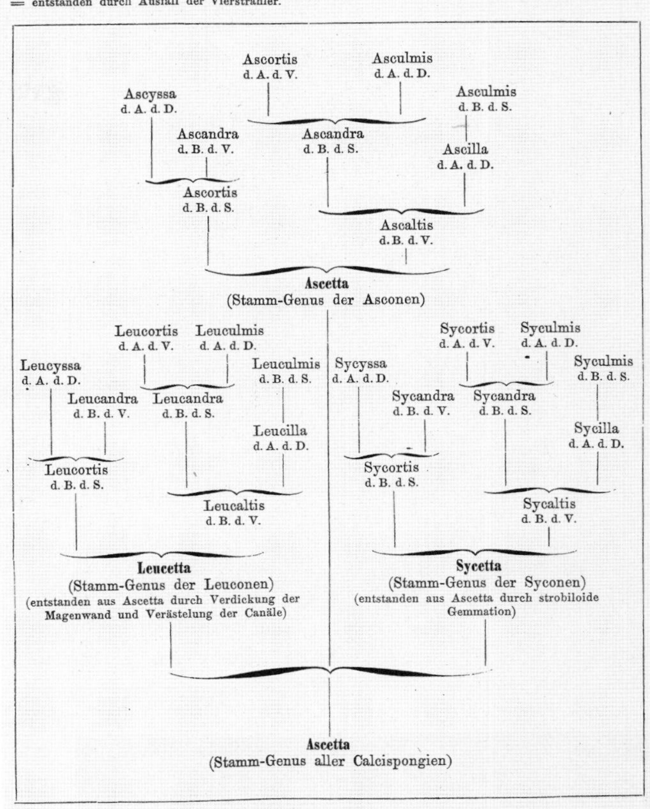

Abb. 12:
Stammbaum der Genus-Formen des natürlichen Systems der Kalkschwämme (Haeckel 1872: 359).

Eintheilung der Kalkschwämme in Genera und Species sind bisher von den verschiedenen Autoren in erster Linie theils die Individualitäts-Verhältnisse... theils die Beschaffenheit der Mundöffnung, theils die äussere Körperform benutzt worden. Alle diese Charaktere sind von untergeordneter und secundärer Bedeutung, weil sie in hohem Maasse der Abänderung durch Anpassung unterworfen sind... Als einzige natürliche Basis der generischen und specifischen Unterscheidung hat sich die Beschaffenheit der mikroskopischen Skelettheile herausgestellt. Die Form und Zusammensetzung dieser Nadeln oder Spicula vererbt sich innerhalb der Species so relativ constant, und bietet zugleich allein so feste, mathematisch bestimmbare Verhältnisse dar, dass sie für die natürliche Classification der Genera und Species von höchster, ja von allein maassgebender Bedeutung ist. Ganz naturgemäss unterscheiden sich die Genera nach den Hauptformen der Nadeln und ihrer Combinationsweise, während die Species durch untergeordnete Gestaltdifferenzen der einzelnen Hauptformen bestimmt werden. [Da] ...nur drei Hauptformen von Spicula [vorhanden und] ...sieben verschiedene Skeletformen mathematisch möglich [sind, die] ...in drei Familien vorkommen... [, sind 21 Gattungen denkbar]. Diese 21 Genera entsprechen in keinem einzigen Falle vollständig den früher unterschiedenen Kalkschwammgattungen, welche nach gänzlich verschiedenen Principien aufgestellt wurden. Da diese letzteren einen wesentlich verschiedenen Inhalt und Umfang bezeichnen, so war es unumgänglich nothwendig, für die neuen Gattungsbegriffe des natürlichen Systems neue Bezeichnungen aufzustellen. Ich habe diese Bezeichnungen, indem ich den drei Namenwurzeln der drei Familien correspondierende Gattungsendigungen anhängte, so gewählt, dass sie möglichst leicht im Gedächtnis zu behalten sind und übersichtlich die Analogien der drei Gruppen darstellen" (Haeckel 1871c: 649f.; Abb. 9, 10).

Das Problem der Variabilität führt HAECKEL (1872a: 474) soweit, daß er sich „gezwungen sah, abweichend von den bisherigen Regeln der Systematik, zwei gänzlich verschiedene Systeme neben einander zu stellen, ein natürliches und ein künstliches System. ... Das natürliche System ist ‚ausgeführt nach den phylogenetischen Principien der Descendenz-Theorie, bei mittlerer Ausdehnung des Species-Begriffs'. Dasselbe enthält 21 Genera mit 111 Species. Das künstliche System ist ‚ausgeführt nach den bisher in der Systematik der Spongien befolgten Principien, bei mittlerer Ausdehnung des Species-Begriffes. Dasselbe enthält 39 Genera mit 289 Species. ... Das erstere [künstliche] berücksichtigt vor Allem die Producte der Anpassung, das letztere [natürliche] die Constanz der Vererbung" (HAECKEL 1872a: 480f.; Abb. 9, 10). In einer Fußnote rechtfertigt er seinen Schritt (HAECKEL 1872a: 474): „Die Aufstellung des künstlichen neben dem natürlichen Systeme wird der Systematiker der Schule für eine unnütze Spielerei oder für einen paradoxen Einfall halten. Beide Auffassungen muss ich zurückweisen. Beide Systeme können neben einander bestehen und erfüllen verschiedene Aufgaben. Das natürliche System besitzt seine Bedeutung für die Phylogenie, weil es uns den genealogischen Zusammenhang der Species nachweist. ... Das künstliche System hat anderseits sein besondere Bedeutung für die vergleichende Anatomie. ... Wie man in der praktischen Systematik der Kalkschwämme mit den beiderlei Benennungen des natürlichen und künstlichen Systems verfahren will, ist mir gleichgültig. Am vorteilhaftesten wird sich die praktische Unterscheidung der einzelnen Formen eine ternäre Nomenclatur herausstellen. Statt also zu sagen: ‚die *Olynthus*-Form von *Ascetta primordialis*' wird man einfach *Ascetta* (*Olynthus*) *primordialis* oder auch umgekehrt *Olynthus* (*Ascetta*) *primordialis* sagen" (Abb. 11, 12).

Abb. 13:
Diese als Hornschwämme klassifizierten Formen (HAECKEL 1889: Taf. 1) bilden heute einen eigenen Stamm innerhalb der tierischen Einzeller.

Es ist verständlich, daß diese Fülle von Namen nur zu Verwirrung führen konnte (vgl. HENTSCHEL 1923/1925; s. Kap. 6.3.2), auch die nähere Erläuterung der Varietäten macht die Sache nicht leichter (HAECKEL 1872a: 479): „1) Die generischen Varietäten des natürlichen Systems sind die Genera des künstlichen Systems. ... 2) Die specifischen Varietäten des natürlichen Systems sind beginnende Species des natürlichen Systems. Bei weiterer Ausbildung und bei zunehmender Constanz der Merkmale, durch welche die specifischen Varietäten einer natürlichen Species sich unterscheiden, würden sich dieselben zum Range von ‚bona species' [guten Arten] erheben. ... 3) Die connexiven Varietäten des natürlichen Systems sind unmittelbare Uebergangsformen zwischen den Genera des natürlichen Systems. Durch ganz geringfügige Abänderungen in der Zusammensetzung des Skelets wird der Grund zu einer neuen natürlichen Gattung gelegt. ... 4) Die transitorischen Varietäten des natürlichen Systems sind unmittelbare Uebergangsformen zwischen den Species des natürlichen Systems".

Für die Beziehungen zwischen Ontogenie und Phylogenie prägte HAECKEL (1872a) in seiner Monographie der Kalkschwämme den Begriff „Biogenetisches Grundgesetz". Im Kapitel über „Die Philosophie der Kalkschwämme" legte er die Grundgedanken seiner „Gastraea-Theorie" nieder, nach der die Stammform der vielzelligen Tiere (Gastrea) dem Gastrulastadium (Becherkeim-) in der Embryonalentwicklung entsprechen soll und welche die stammesgeschichtliche Ableitung aller vielzelligen Tiere aus einfachen, kugeligen Flagellatenkolonien erklärt (KRAUßE 1984; s. Beitrag SALVINI-PLAWEN in diesem Band). In den 70er Jahren beschäftigte sich HAECKEL, z. T. referierend, in einigen kleineren Arbeiten mit Schwämmen (HAECKEL 1874a, 1876a, 1877).

Bei den als „Deep-Sea Keratosa" bezeichneten Hornschwämmen unterlag HAECKEL (1889) einem Irrtum (KNORRE 1985). Es handelte sich, wie der Berliner Zoologe Franz Eilhard SCHULZE im Rahmen seiner Arbeiten über die Materialien der Siboga- und der Valdivia-Expeditionen zeigen konnte (SCHULZE 1907, 1912), bei den faustgroßen Organismen aus der Tiefsee um Einzeller aus der Klasse der Rhizopoden, die den Kammerlingen (Foraminiferen) nahestehen (Abb. 13). Sie bilden heute einen eigenen Stamm, die Xenophyophora (TENDAL zit. n. MARGULIS et al. 1990; TENDAL 1996).

5.3 Die Nesseltiere (Cnidaria)

Korallen und „Polypen“ bildeten die klassischen Pflanzentiere (Zoophyten; zur Geschichte des Begriffs s. RAGAN [1997]), das eigentliche Verbindungsreich zwischen den Pflanzen und Tieren. Namen wie „Blumentiere“ für Korallen und „Wasserinsekt“ für *Hydra* spiegeln die Unsicherheit in der Einordung dieser sonderbaren Wesen. LINNÉ (1758) unterschied zehn Gattungen der heutigen Cnidaria, hundert Jahre später waren es vor allem durch die Arbeiten von BLAINVILLE, BRANDT, CLAUS (1882, 1886, 1892), ESCHSCHOLTZ (1829), GEGENBAUR (1854, 1856, 1859), HUXLEY, LAMARCK (1809), LEUCKART, MILNE-EDWARDS & HAIME, OKEN, PERON & LESUEUR und QUOY & GAIMARD schon über 200 Gattungen.

Zwischen 1865 und 1874 interessierte sich HAECKEL für fossile Medusen (HAECKEL 1865b, 1866d, 1869a, c, 1874b). Dabei geht er eigene Wege der Nomenklatur, wenn er feststellt (HAECKEL 1869: 540): „Was die Benennung der fossilen Medusen betrifft, so befolge ich hier den schon in meiner letzten Mitteilung [HAECKEL 1866d] darüber ausgesprochenen Grundsatz, alle nicht näher bestimmbaren Arten als Species des Collectivgenus *Medusites* anzuführen, wodurch nichts weiter als ihre Stellung in der Medusenclasse ausgesprochen sein soll. Dagegen werde ich die näher bestimmbaren Abdrücke mit Gattungsnamen belegen, welche denjenigen ihrer nächsten lebenden Verwandten nachgebildet sind“. Und (HAECKEL 1874b: 323) „Da jedoch dijenige Familie der Semaeostomeen, zu welcher das Thier gehörte, sich nicht näher bestimmen lässt, will ich des [sic!] Genus *Semaeostomites* nennen“.

Eine von der Utrechter Gesellschaft für Kunst und Wissenschaft gekrönte Preisschrift gelingt HAECKEL (1869b) mit der Studie „Zur Entwickelungsgeschichte der Siphonophoren. Beobachtungen über die Entwickelungsgeschichte der Genera *Physophora*, *Crystallodes*, *Athorybia*...“ (Abb. 14). Auch im eher populärwissenschaftlichen Werk „Arabische Korallen“ (HAECKEL 1876b) sind neue Namen versteckt (Abb. 17); dies gilt auch für zahlreiche kurze Veröffentlichungen (HAECKEL 1869d, 1875, 1879a-h, 1880a-c, 1884c).

Als Ergebnis langjähriger Untersuchungen und seiner meereszoologischen Exkursionen in die Bretagne (1878) und an die Riviera (1880) legte HAECKEL (1879i/1986, 1881a) eine dreiteilige Monographie der Medusen vor (Abb. 15). Die beiden ersten Teile (Text- und Tafelband) umfassen das „System der Medusen“; der zweite Band behandelt „Die Tiefsee-Medusen der Challenger Reise und der Organismus der Medusen“ (Abb. 16). Im „System der Medusen“ schildert HAECKEL (1879i/1986: XV) seinen Forschungsansatz: „So trat denn jetzt das dringende Bedürfniss einer umfassenden systematischen Bearbeitung der ganzen Medusen-Classe, unter vollständiger kritischer Berücksichtigung der weitschweifigen und sehr zerstreuten Literatur, nur um so dringlicher hervor, und ich beschloss, den Versuch einer solchen zu wagen. Diesem entfernten Ziele glaubte ich mich am sichersten dadurch nähern zu können, dass ich eine Medusen-Familie nach der anderen monographisch bearbeitete. Die erste

ZUR
ENTWICKELUNGSGESCHICHTE
DER
SIPHONOPHOREN,
VON
Dr. ERNST HAECKEL.

BEOBACHTUNGEN ÜBER DIE ENTWICKELUNGSGESCHICHTE DER GENERA
PHYSOPHORA, CRYSTALLODES, ATHORYBIA,
UND REFLEXIONEN ÜBER DIE
ENTWICKELUNGSGESCHICHTE DER SIPHONOPHOREN IM ALLGEMEINEN.

EINE VON DER
UTRECHTER GESELLSCHAFT
FÜR KUNST UND WISSENSCHAFT
GEKRÖNTE PREISSCHRIFT.

MIT VIERZEHN TAFELN.

UTRECHT,
VERLAG VON C. VAN DER POST JR.
1869.

Abb. 14: Titelblatt der in Utrecht preisgekrönten Arbeit über die Staatsquallen (HAECKEL 1869b).

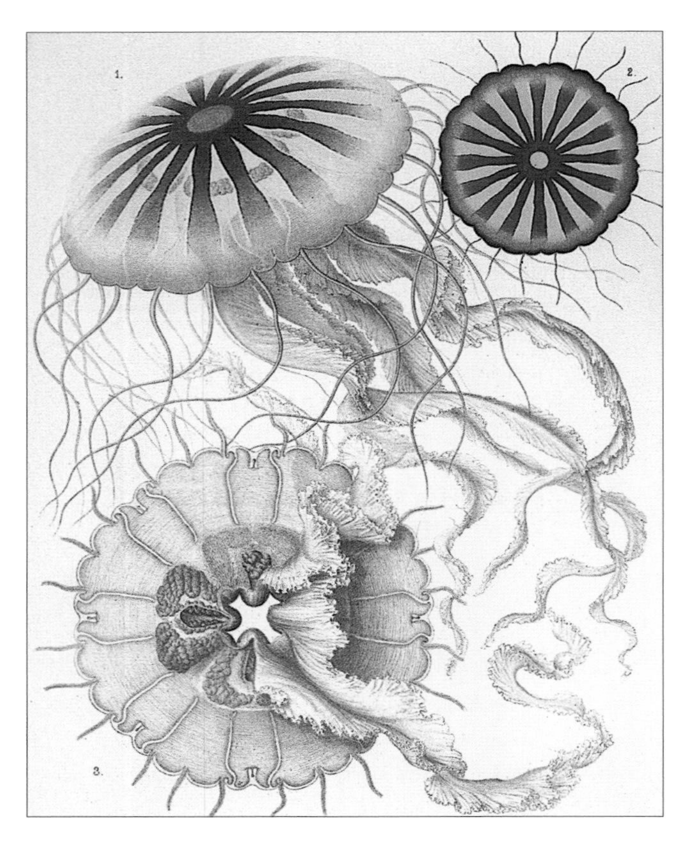

Abb. 15:
Die Kompaßqualle *Chrysaora hysoscella* (aus HAECKEL 1879: Taf. 31; dort wird diese Species als *C. mediterranea* bezeichnet, ein Synonym).

derartige Monographie erschien 1864 im ersten und zweiten Bande der ‚Jenaischen Zeitschrift für Naturwissenschaft' und behandelte ‚die Familie der Rüsselquallen' (Geryonida) [HAECKEL 1864b, c, 1865c, d, 1866c]. Eine zweite Monographie, 1869 im 19. Bande der ‚Zeitschrift für wissenschaftliche Zoologie' publicirt, betraf ‚die Crambessiden, eine neue Medusen-Familie aus der Rhizostomeen-Gruppe' [HAECKEL 1869c]. Dann folgten vier kleiner Abhandlungen über ‚fossile Medusen' [s. oben]. ... Ueberhaupt wurde mir, je tiefer ich in die systematische Untersuchung der verschiedenen Medusen-Gruppen eindrang, desto mehr der grosse Mangel an zuverlässigem und ausreichendem Beobachtungs-Material fühlbar und die Nothwendigkeit, vor Allem grössere Massen aus verschiedenen Gruppen vergleichend zu untersuchen".

Vorausschauend und angesichts der methodischen Probleme stellt HAECKEL (1879i/1986: XX) fest: „Alle bisherigen grösseren Arbeiten über Medusen sind reich an Irrthümern, und viele sind voll von starken Fehlern. Auch mein ‚System der Medusen' wird in dieser Beziehung allen seinen Vorgängern gleichen. Denn die Organisation dieser merkwürdigen Thiere selbst, die mannichfachen Schwierigkeiten ihrer Beobachtung und Conservation, die Unmöglichkeit, alle verwandten Formen lebend oder gut conservirt vergleichen zu können, sowie manche andere unvermeidliche Hindernisse bilden eine reiche Fehlerquelle, welche alle Medusologen, ohne Ausnahme, mehr oder weniger zum Opfer fallen. Wenn ich trotzdem hoffen darf, die wissenschaftliche Erkenntnis dieser interessanten und herrlichen Thiere um ein gutes Stück gefördert zu haben, so begründe ich diese Hoffnung einerseits auf die Thatsache, dass ich bei der empirischen Untersuchung ungleich reichere Materialien benutzen konnte, als alle meine Vorgänger zusammengenommen, und dass ich bei deren Bearbeitung durch die fortgeschrittenen Untersuchungs-Methoden der Gegenwart unterstützt wurde; anderseits auf den Umstand, dass ich bei der philosophischen Verwerthung jenes Materials auf dem phylogenetischen Boden der heutigen Entwicklungslehre stand und bei Beurtheilung aller einzelnen Erscheinungen stets den einheitlichen und genetischen Zusammenhang im Auge behielt. ... Am Schlusse dieser vieljährigen Arbeit, der ich einen ansehnlichen Theil meiner besten Kraft und Lebenszeit gewidmet habe, will es mir freilich fast scheinen, als ob ich statt des

Abb. 16:
Obwohl die Tafel mit *Alophota giltschiana* bezeichnet ist, betreffen nur die Ziffern 1-3 diese Art; Fig. 4-8 beziehen sich auf *Arethusa challengeri* (aus HAECKEL 1888: Taf. 26).

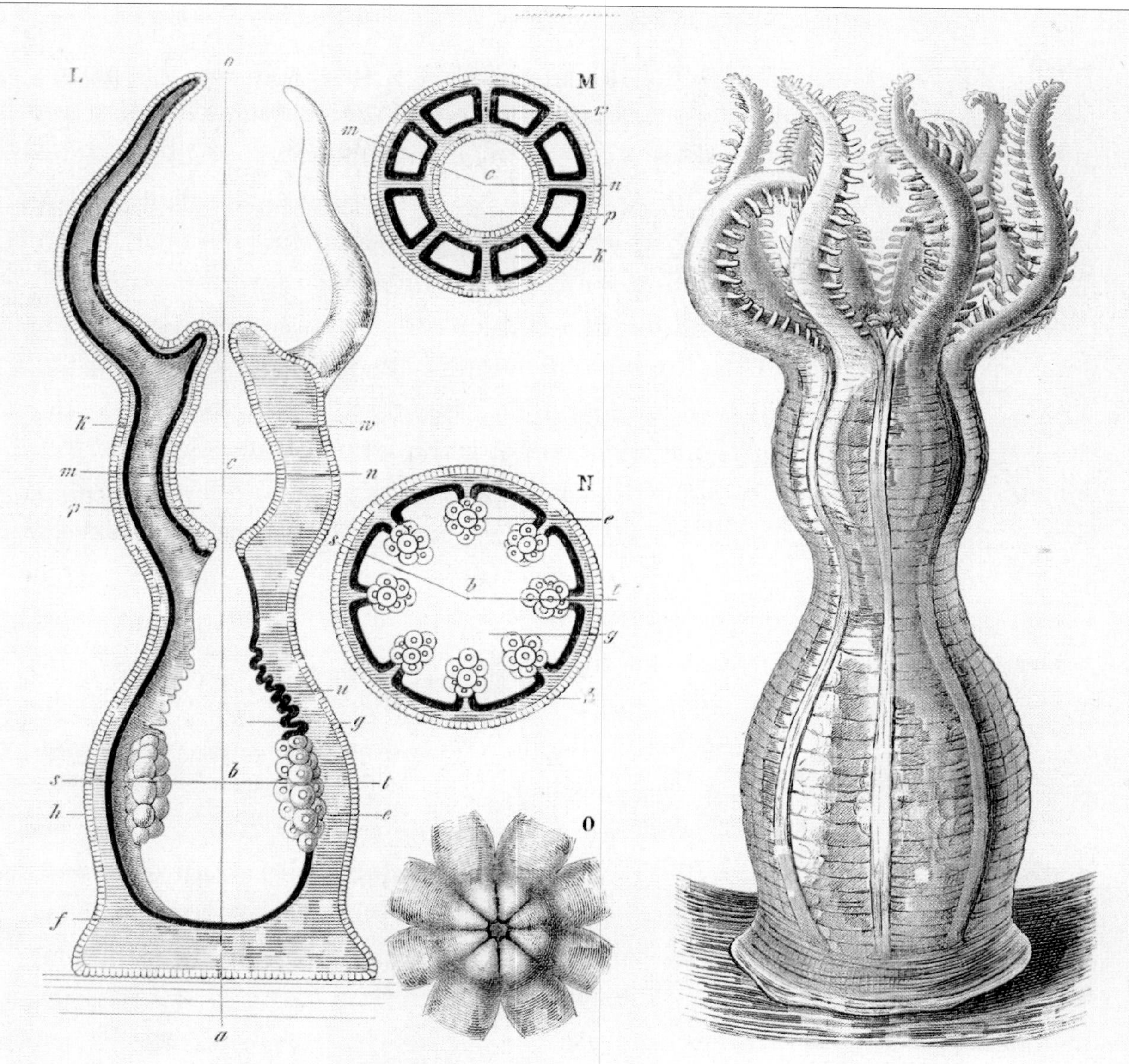

Fig. 4, 5. MONOXENIA DARWINII, *Haeckel* (nov. gen. et nov. spec.).

Eine neue Octokoralle des rothen Meeres, aus der Familie der Monoxeniden (Haimea, Hartea), zwanzigmal vergrössert. Der becherförmige, weiche Körper, der gar keine harten Theile einschliesst, trägt oben einen Kranz von acht gleichen, gefiederten Fangarmen. Diese neue Gattung entdeckte ich im Innern einer todten Seeigelschale (Cidaris), welche ich auf den Korallenbänken von Tur gesammelt hatte. An der Innenfläche dieser Schale sassen gegen zwanzig solche kleine Korallenthiere (von 3 Millimeter Länge) isolirt neben einander. Von den nächstverwandten Gattungen Haimea und Hartea unterscheidet sie sich durch den Mangel aller harten Theile und den achtstrahligen, nicht zweilippigen Mund. Fig. L, M, N, O stellen die Anatomie dieser solitären Fleischkoralle dar. Fig. L Längsschnitt mitten durch den Körper, links durch ein Magenfach, rechts durch eine Scheidewand. Fig. M Querschnitt durch den oberen Theil des Körpers, durch die Schlundhöhle (in der Schnittlinie *m c n*). Fig. N Querschnitt durch den unteren Theil des Körpers, durch die Magenhöhle (in der Schnittlinie *s b t*). Fig. O die achtlippige Mundöffnung, von oben gesehen, mit der Basis der acht Fangarme. *a b c o* Hauptaxe (Längsaxe). *p* Schlundhöhle. *g* Magenhöhle. *k* Magenfächer. *w* Radiale Septa oder Scheidewände der Magenfächer. *c* Mittelpunkt der Schlundhöhle. *b* Mittelpunkt der Magenhöhle. *e* Eierhaufen. *u* Magenschnüre. *f* Fleisch (oder Neuromuskelmasse), Product des mittleren Keimblattes (Mesoderm). *h* Aeussere Hautdecke (Epidermis), Product des äusseren Keimblattes (Exoderm). Die innere Haut der Magenhöhle, Product des inneren Keimblattes (Entoderm), ist durch eine breite schwarze Linie bezeichnet.

Abb. 17:
***Monoxenia darwinii*, eine der wenigen von HAECKEL (1876a: 8) neu beschriebenen Korallen.**

gehofften Abschlusses einer mühseligen und opfervollen Untersuchung erst den eigentlichen Anfang zu derselben gefunden hätte...".

Als letztes größeres Werk erscheinen Untersuchungen zu den Staatsquallen (Siphonophoren) (Abb. 16; HAECKEL 1888d), von dem er an seinen Freund GEGENBAUR schreibt (zit. n. SCHMIDT 1934: 24) „Ich glaube, diese Arbeit ist die inhaltsreichste unter meinen Mongraphien" (die Nachwelt sah dies allerdings anders; vgl. WINSOR 1972). Darin wird eine Morphologie der Siphonophoren mit Neubeschreibungen angekündigt (HAECKEL 1888d: 357), die aber nie erschienen ist.

Bei der Benennung der Medusen zeigt sich seine Faszination von den Formen deutlich, z. B. *Codonium* Glöckchen, *Lizusa* die Spielende, Tändelnde, *Margellium* Kleine Perle, *Aglantha* herrliche Blume, *Liriantha* Lilienblume, liebliche zarte Blume, *Cunantha* Wiegenblume, *Solmaris* Meeressonne, *Tesserantha* Würfelblume, Vierseitige Blume, *Linantha* Netzblume, *Floscula* Blümchen, *Auricoma* Die Goldhaarige. Auch die meisten Widmungsnamen (zu Ehren einer Person wurden sie damals häufig mit Großbuchstaben geschrieben, was laut ICZN [1985] nicht mehr erlaubt ist) finden sich in dieser Gruppe, beispielsweise *Microcoma annae*, *Desmonema annasetae*, *Alophota giltschiana* (Abb. 16), *Coccodiscus lamarcki* und *Pteronema darwini*. Seine Wertschätzung bringt HAECKEL (1904: Taf. 26) zuweilen in schwärmerischen Worten zum Ausdruck (s. auch Beitrag LÖTSCH in diesem Band), z. B. bei *Carmaris giltschi*: „Diese prächtige Meduse ist zu Ehren des ausgezeichneten Künstlers, Herrn Adolf GILTSCH, benannt, dessen seltenem Talent und vollkommenem Formverständnis die schöne und naturgetreue Wiedergabe der Gestalten in diesen ‚Kunstformen der Natur' zu danken ist". GILTSCH hatte im Lauf von 42 Jahren der Zusammenarbeit über 400 Tafeln für HAECKEL lithographiert.

Wie schon bei den anderen Tiergruppen vertritt HAECKEL einen nominalistischen Standpunkt bezüglich der systematischen Kategorie und betont, daß „...bei den Medusen die Unterscheidung der Species nur eine relative, keine absolute Bedeutung [hat]. Der Begriff der Species ist ebenso künstlich, aber unentbehrliches Werkzeug der Systematik, wie der Begriff des Genus, der Familie und der Classe" (HAECKEL 1879i/1986: XXV).

HAECKEL (1916: 30) sah den Ursprung aller „höheren" Metazoen in den Coelenteraten (Zoophyten), als noch heute lebende Urbilder der Gastrea betrachtete er neben *Olynthus* unter den Schwämmen auch *Hydra* unter den Nesseltieren. Etliche Untersuchungsergebnisse wurden z. T. heftig diskutiert, Details würden aber zu weit führen (vgl. CLAUS 1882, 1886, 1892; STIASNY 1922a, b, 1923; KRUMBACH 1923/1925; s. Kap. 6.4.2).

6 Entwicklungen im 20. Jahrhundert

6.1 Artbegriff, Biosystematik und Evolutionstheorie

Das Interesse der Systematiker verlagerte sich um 1900 unter dem Eindruck der dritten Artenbestandsaufnahme durch Erschließung neuer Lebensräume (Tiefsee, Hochgebirge) auf die beschreibende und klassifizierende Artsystematik (Mikrotaxonomie), die durch die Internationalen zoologischen Nomenklaturregeln ab 1905 (aktuelle Fassung ICZN 1985) vor neuen Anforderungen stand und durch die Populationsbiologie neue Antriebe erhalten hatte. So unterblieben über 50 Jahre lang theoretische Erörterungen und praktische Reformen der Makrotaxonomie, der Wissenschaft von der Klassifikation (MAYR 1984; MINELLI 1993).

Erst HUXLEY (1940) und MAYR (1942) griffen das Thema der Systematik theoretisch auf; weitere bekannte Namen sind STEBBINS (1950) und SIMPSON (1961) (REMANE 1956; MAYR 1975; KRAUS 1976; KRAUS & KUBITZKI 1982; MÖHN 1984; AX 1988, 1984, 1995; STEININGER 1997). Ein wichtiger Begriff in diesem Zusammenhang war „Species". Der Umfang des Artbegriffes kann sehr unterschiedlich definiert werden, wobei die verschiedenen Bestimmungen außerdem historisch veränderlich sind (vgl. Kap. 2; MAYR 1967, 1970, 1975; WILLMANN 1985). Die Grundlagen der Vererbung wurden erst nach der Jahrhundertwende entdeckt, es verwundert daher nicht, daß die meisten Biologen bis dahin vom morphologischen Artbegriff ausgingen. HAECKEL sah wie viele andere im Artbegriff eher eine nützliche, aber künstliche Methode der Einteilung, die in der Natur keine Entsprechung hatte (s. Kap. 4).

Der von Ernst MAYR ab 1940 mit Nachdruck und Erfolg vertretene „biologische Artbegriff" definiert die Art als durch Fortpflanzungsbarrieren isolierte Fortpflanzungsgemeinschaft. Weil die voll differenzierte biologische Art eine genetische, reproduktive und ökologische Einheit darstellt, gab MAYR später als weiteren Aspekt der Biospecies die Bildung einer spezifischen Nische in der Natur an. Der „biologische Artbegriff" hat sich in den letzten Jahrzehnten als tragfähiges wissenschaftliches Konzept durchgesetzt. Es steht aber außer Zweifel, daß seine Anwendung einer zweifachen Einschränkung unterliegt: Der biologische Artbegriff ist sinnvoll nur auf zweigeschlechtliche Organismen und in einer Zeitebene anwendbar, nicht dagegen auf eingeschlechtliche oder asexuelle Lebewesen sowie im Kontinuum entlang der Zeitachse (STEININGER 1997). HAECKEL (1871a: 32) hatte übrigens bei den „niedersten" Organismen (z. B. *Protamoeba primitiva*) Zweifel, ob „man bei diesen überhaupt noch von Genus und Species sprechen darf".

Zu den verschiedenen „Typen" von Artbegriffen, beispielsweise morphologische, genetische oder Chronospecies, die in GRANT (1981, 1994) oder WILLMANN (1985) diskutiert werden, kamen mittlerweile neue Konzepte: Die Art als Kategorie versus Taxon, Arten als natürliche Entitäten versus abstrakte Konstrukte des menschlichen Geistes (z. B. AX 1985, 1995), die Art als Ding versus „Natural kind" (MAHNER & BUNGE 1997); die Art als Klasse versus Individuum (HULL 1976; MAYR & ASHLOCK 1991). In diesem Zusammenhang ist HAECKELS Konzept der „Species als eine geschlossene Summe von Individuen, als ein genealogisches Individuum zweiter Ordnung" (HAECKEL 1866b: 392f.) interessant. Das genealogisches Individuum erster Ordnung („Zeugungskreis") würde heute einer Population entsprechen (vgl. MINELLI 1993; AX 1995). Derzeit gibt es unter den Zoologen somit keinen Konsens zum Artbegriff.

Hinsichtlich der Ordnung der Lebewesen gibt es im wesentlichen drei Konzepte (z. B. KRAUS 1976; MINELLI 1993; MAHNER & BUNGE 1997): (1) Die phänetische Taxonomie (SOKAL & SNEATH 1963) sammelt möglichst viele quantitativ beschreibbare Merkmale, die sie alle als gleichwertig betrachtet. Das daraus meist mit Computerhilfe berechnete System gibt nur die Ähnlichkeit der untersuchten Gruppen wieder und ist somit künstlich.

(2) Die evolutionäre Klassifikation (MAYR 1967, 1975, 1984) verwendet neben der Verwandtschaft auch „ursprüngliche Homologien" (Plesiomorphien), die von weiter zurückliegenden Vorfahren geerbt wurden, und bildet darauf basierende paraphyletische Taxa (s. unten). So werden von ihr z. B. die Krokodile wegen der äußerlichen Ähnlichkeit dem Paraphylum Kriechtiere (Reptilia) zugeordnet, obwohl die nächsten Verwandten die Vögel sind (mit denen sie in einem konsequent phylogenetischen System zu den Archosauria vereinigt werden).

(3) Die phylogenetische Systematik (Kladistik; HENNIG 1950, 1982; AX 1984, 1985, 1995; SUDHAUS & REHFELD 1992; WEBERLING & STÜTZEL 1993) läßt nur monophyletische Taxa zu, d. h. solche, deren Arten geschlossene Abstammungsgemeinschaften bilden (Abb. 42). Diese gehen auf eine einzige, nur ihnen gemeinsame Stammart zurück und werden an „abgeleiteten Homologien" (Apomorphien) erkannt, die sie von dieser Stammart geerbt haben. Unverändert beibehaltene Merkmale werden Plesiomorphien genannt bzw. bei mehreren Taxa Symplesiomorphien. Sie belegen nicht den Besitz exklusiv gemeinsamer Vorfahren ihrer Träger, dürfen also nicht als Argument für phylogenetische Hypothesen dienen. Wenn Taxa auf Symplesiomorphien gegründet werden, so entstehen Gruppen, die nicht unbedingt alle Nachkommen ihres letzten gemeinsamen Vorfahren enthalten. Solche Gruppen werden „paraphyletisch" genannt und sind im theoretischen Rahmen der phylogenetischen Systematik unzulässig (Abb. 42). Gruppierungen, die auf Konvergenzen gegründet sind, nennt man polyphyletisch (Abb. 42). Die sie charakterisierenden Merkmale sind mehrfach unabhängig entstanden, sie gehören also nicht zum Grundplan der letzten gemeinsamen Stam-

mart. Es gab sofort überzeugte Anhänger, wie z. B. REMANE (1956), der das Homologiekonzept erst gründlich ausgearbeitet hatte, aber auch heftige Gegner (MAYR 1984), die die herkömmliche evolutionäre Klassifikation verteidigen. Während die Gegner des von ihnen so bezeichneten kladistischen Systems die Realität der höheren Kategorien prinzipiell verneinen, fassen deren Vertreter die höheren taxonomischen Gruppen als realhistorische, raum-zeitlich definierte „Individualität" auf. Dies erinnert wiederum an HAECKELS (1866a: 167, 198ff.) „Stämme oder Phylen ... als genealogische Individuen dritter Ordnung". Ein theoretischer Unterbau für die taxonomische Kategorisierung der Lebewelt in ihrer Gesamtheit ist auch heute noch nicht einheitlich (STEININGER 1997; s. auch Kap. 6.4).

Im 20. Jahrhundert verlagerte sich das Interesse zunehmend auf die Bestimmung des Modus der Evolution, darauf wie und warum sich neue Formen bildeten, wann und wo sie entstanden. Ab etwa 1920 vereinigten insbesondere J. HUXLEY, B. RENSCH, T. DOBZHANSKY, G. S. SIMPSON, G. L. STEBBINS und E. MAYR vorliegende Ergebnisse zur „Synthetischen Theorie der Evolution" (von einigen auch als Neodarwinismus bezeichnet), der zufolge die Evolution das Ergebnis zufälliger Mutationen in den Genen ist, die durch die natürliche Auslese erhalten bleiben (s. Beitrag HOSSFELD in diesem Band; MAYR 1984; ERBEN 1990). Das Spektrum der Evolutionsfaktoren – von HAECKEL auf Vererbung und Anpassung reduziert – erweiterte sich von der klassischen Selektion (Auslese) auf Mutation (Veränderungen des Erbgutes), Genetische Drift (Zufallsprozesse in kleinen Populationen), Rekombination, Genfluß-Bastardierung und Gentransfer. Die neuere Literatur dazu ist beinahe unüberschaubar: Der „Zoological Record" listet allein für die Jahre 1993-1997 unter dem Stichwort „Evolution" 33029 Datensätze (= Zitate) auf, davon über 3000 Bücher; schränkt man die Suche auf den Titel ein, erhält man immer noch 3869 Zitate. Über Phylogenie kann man sich in 8982, über Adaptation in 4990, über natürliche Selektion in 1989 und über Speciation in 982 Arbeiten informieren.

6.2 Die Radiolarien

6.2.1 *Biologie und Bedeutung*

Zur Beobachtung der winzigen Organismen (0,03-2 mm), die zur großen, heterogenen Gruppe der tierischen Einzeller gehören, ist ein gutes Mikroskop erforderlich. Die meisten Abbildungen zeigen die filigranen Skelette, deren Architektur früher als ausschließliche Grundlage für die Systematik diente (Abb. 3, 4). Lebende Exemplare, bei denen diese Skelette durch das Zellplasma verdeckt sind, lassen dagegen nur wenig von der inneren Organisation erkennen (Abb. 18). Dies ist auch der Grund, warum über die einzellige Organisation der Radiolarien an die 50 Jahre Unklarheit bestand. So glaubte auch HAECKEL anfänglich den Radiolarien vor allem wegen der kernhaltigen gelben Zellen (Zooxanthellen), die erst BRANDT (1881) als Symbionten erkannte, Mehrzelligkeit zuschreiben zu müssen (vgl. Diskussion in HAECKEL 1887c: 150f.). Überdies gibt es neben solitär lebenden Formen auch Gattungen, die Kolonien bilden, indem viele Zentralkapseln in einer gemeinsamen Gallerte liegen (*Sphaerozoum*, *Collozoum*), wodurch Vielzelligkeit vorgetäuscht wird.

Die Bezeichnung Strahlentierchen (Radiolarien) vermittelt einen ungefähren Begriff von ihrer Gestalt, um einen kugeligen Zellkörper erstrecken sich nämlich zahlreiche, strahlenförmig angeordnete Scheinfüßchen (Abb. 18). Stabiler Mittelpunkt eines Radiolars ist die Zentralkapsel, deren Zellplasma (Endoplasma) einen oder mehrere Zellkerne (Nukleus) enthält. Diese Zentralkapsel wird unmittelbar von einer Zellhülle (Membran) umschlossen und ist dann von einem gallertartigen Weichkörper (Rindenschicht) umhüllt, den ein Maschenwerk dünner Protoplasmafäden (Mikrofilamenten) durchzieht und in dem oft die verschiedenartigsten Einschlüsse (Ölkugeln, Kristalle) liegen. Symbiontische Algen oder Dinoflagellaten (Zooxanthellen) können den Strahlenfüßern eine bräunliche Färbung verleihen. Von einer äußeren Schicht dieses Weichkörpers, der eine mehr schaumige Struktur aufweist (Ektoplasma), entspringen die strahlenförmigen, zumeist verästelten Scheinfüßchen (Axopodien), die die Zelloberfläche stark vergrößern und somit das Schweben im Wasser und die Nahrungsaufnahme erleichtern. Diese Scheinfüßchen können ganz oder teilweise zurückgezogen werden. Im Bereich der Kapselmembran und innerhalb der Weichkörperschicht liegt der Ansatz der Skelettbildung. Meist bestehen die Radiolarienskelette aus Kieselsäure; ihr einfachstes Bauelement hat die Form einer Nadel, und durch Zusammenschmelzen entstehen dann feste Gerüste und stabile Skelette. Diese bauen sich aus radiär verlaufenden Nadeln auf, zwischen denen Gitterkugeln angeordnet sind, wobei außerordentlich viele Kombinationsmöglichkeiten verwirklicht werden, z. B. ellipsoide, linsen-, scheiben-, walzen-, kegel- und keulenförmige Gitterschalen. Die äußersten Teile des Skeletts ragen oft aus dem Plasmakörper heraus und dienen als Schwebeeinrichtung (GRELL 1993).

Über die Ernährungsweise der Radiolarien liegen bis heute wenige Beobachtungen vor. Wahrscheinlich fangen sie mit Hilfe ihrer Scheinfüßchen andere planktische Kleinstlebewesen, wie Kieselalgen (Diatomeen), ein. Ob auch größere Objekte wie z. B. kleine Krebschen erbeutet werden, ist nicht bekannt. Die Vermehrung der Radiolarien erfolgt hauptsächlich durch ungeschlechtliche Zweiteilung, bei der sich zuerst der Kern teilt, dann die Zentralkapsel und der Weichkörper. Dabei werden die Strukturen des alten Skeletts auf beide neuen Individuen gleichmäßig aufgeteilt, so daß jedes von ihnen eine Skeletthälfte nachzubilden hat. Bei manchen Formen mit sehr festem Gehäuse verläßt eines der Tochterindividuen den vom Skelett umschlossenen Hohlraum durch eine Öffnung und bildet sein eigenes Skelett völlig neu aus. Bei manchen Arten wurde Vielfachteilung beobachtet, aus der zweigeißelige Schwärmer mit kristallinen Einschlüssen (Kristallschwärmer) hervorgehen. Über geschlechtliche Fortpflanzungsvorgänge ist von den Radiolarien kaum etwas bekannt (GÖKE 1963; GRELL 1993).

Neuere Untersuchungen zur Feinstruktur und Entwicklung sowie zur chemischen Zusammensetzung der Skelettelemente der Radiolarien haben eine Diversität gezeigt, die einen gemeinsamen Ahnen sehr unwahrscheinlich macht (FEBVRE-CHEVALIER 1990). Dementsprechend werden sie heute in drei Klassen, die Polycystinea EHRENBERG 1838, Acantharea HAECKEL 1862, und Phaeodarea HAECKEL 1879, gegliedert; „die Radiolarien" ist also kein wissenschaftlich anerkannter systematischer Name mehr, es gibt ihn nur mehr als Trivialnamen.

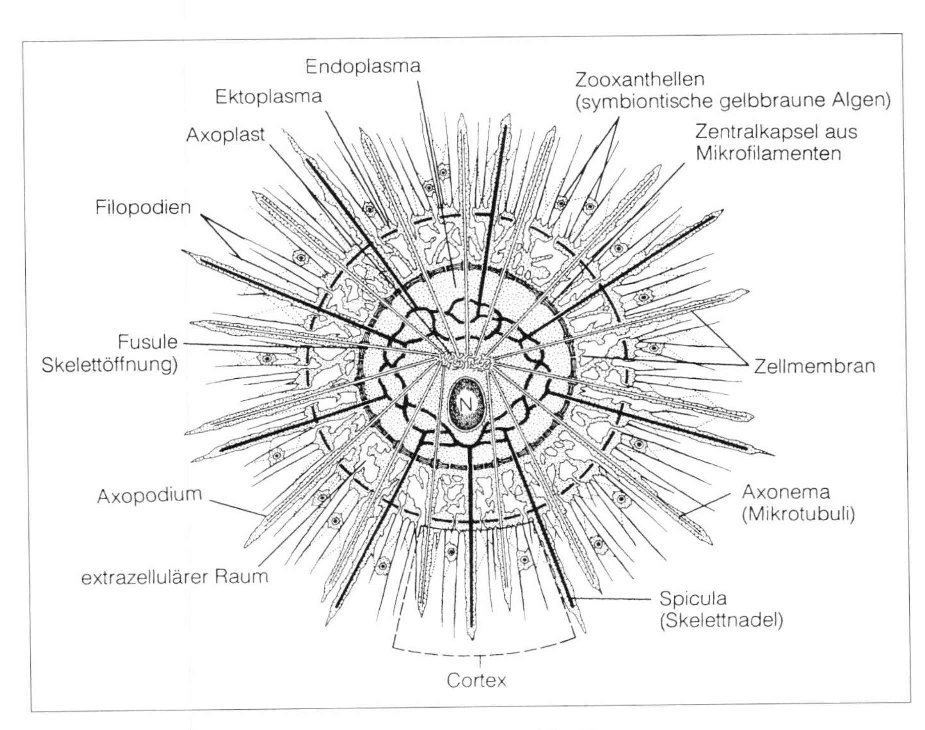

Abb. 18:
Schema einer Radiolarien-Zelle (aus MARGULIS & SCHWARTZ 1989: 115).

Die Polycystinea besitzen überaus komplizierte und oft sehr schön geformte Silikatskelette aus Nadeln und regelmäßig perforierte Schalen, die als Fossilien überdauern (Abb. 3, 5). Die Skelettelemente können mehrfach ineinander verschachtelt sein (HAUSMANN & HÜLSMANN 1996). Von den 9750 beschriebenen Arten, die zu 70 % nur fossil bekannt sind, werden derzeit 4800-5000 als gültig akkzeptiert (CORLISS 1984).

Die Acantharea oder Stern-Strahlinge, die SCHEWIAKOFF (1926) von den Radiolarien ausgrenzte, haben ein Skelett aus 10-20 radiär abstrahlenden Nadeln aus Strontiumsulfat, an denen kontraktile Myoneme (Myophrisken) ansetzen. Ihre Fähigkeit Strontium zu akkumulieren könnte zur Messung der Radioaktivität in den Ozeanen herangezogen werden (SCHREIBER 1962). Strontiumskelette bleiben, wegen ihrer leichten Löslichkeit, fossil nicht erhalten. Das Vorkommen der Myoneme repräsentiert eine einzigartige Form nichtmuskulärer Bewegung, die für Zellbiologen von großem Interesse ist. Die Acantharea sind die kleinste Gruppe der ehemaligen Radiolarien, von denen etwa 475 Arten beschrieben, aber derzeit nur 150 Arten aus 50 Gattungen und 20 Familien anerkannt werden (CORLISS 1984; FEBVRE-CHEVALIER 1990). Die Gliederung in Ordnungen basiert auf Besonderheiten der Anordnung der Stacheln und des Lebenszyklus.

Die Phaeodarea oder Rohr-Strahlinge haben eine Zentralkapsel mit einer Haupt- und zwei Nebenöffnungen, leben meist in größeren Tiefen und enthalten daher auch keine Zooxanthellen (Abb. 4). Ihr Name leitet sich von einer charakteristischen gelb-braunen Pigmentmasse, dem Phaeodium, ab. Die Skelettnadeln sind oft hohl; die Gehäuse bestehen aus amorphem Silicium mit Beimengungen von organischen Substanzen und Spuren von Magnesium, Calcium und Kupfer. Von den 1100 beschriebenen Arten, die selten fossil gefunden wurden, werden derzeit etwa 650 als gültig akkzeptiert (CORLISS 1984). Die Einteilung in Ordnungen basiert auf Unterschieden in der Skelettmorphologie.

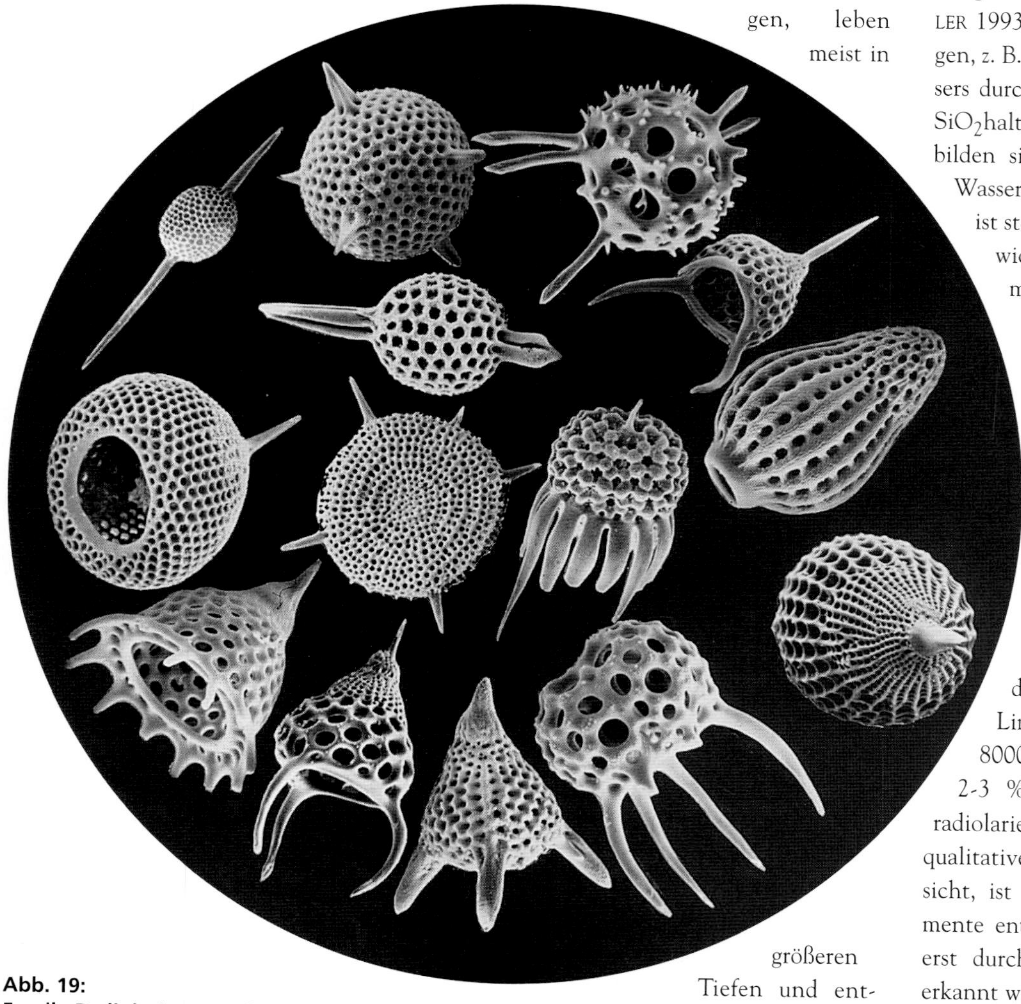

Abb. 19:
Fossile Radiolarien von der Insel Barbados (Kleine Antillen) im Rasterelektronenmikroskop. Fotos und Arrangement: FOISSNER.

Radiolarien leben ausschließlich marin und planktisch; sie bewohnen vor allem die oberflächennahen Schichten wärmerer (insbesondere tropischer) Meeresteile. Die Mehrzahl der Radiolarien findet sich in Tiefen bis zu 300 m; in diesem Bereich führen sie zum Teil eine tägliche Wanderung aus, die durch den zwischen Tag und Nacht wechselnden Gasgehalt des Plasmas verursacht wird (MÜLLER 1993). Unter günstigen Lebensbedingungen, z. B. wenn der Kieselsäuregehalt des Wassers durch Zufuhr vulkanischer Aschen oder SiO_2haltiger Exhaltationen vergrößert wird, bilden sie eine schleimige Schicht auf der Wasseroberfläche. Die Massenentwicklung ist stellenweise so bedeutend, daß sie eine wichtige Rolle beim Aufbau von Sedimenten spielt. Der sogenannte Radiolarienschlamm bildet sich nur dort, wo die Radiolarien beim Absinken in die Tiefe zusammen mit terrigenen Bestandteilen als Lösungsrückstand verbleiben, also zum Beispiel die ebenfalls als Plankton lebenden Kammerlingen (Foraminiferen) wegen der größeren Löslichkeit ihrer Gehäuse bereits zerstört worden sind. Der Radiolarienschlamm findet sich deshalb nur jenseits der 3750-Meter-Linie, wo er vor allem zwischen 4000-8000 m im Indischen und Stillen Ozean 2-3 % des Ozeanbodens bedeckt. Das radiolarienreichste Meeresbecken, sowohl in qualitativer als auch in quantitativer Hinsicht, ist der Pazifische Ozean. Diese Sedimente enthalten eine Fülle von Arten, was erst durch die Challenger-Expedition klar erkannt worden ist (GÖKE 1958).

Die Entwicklung der Radiolarien läßt sich bis zum Erdaltertum zurückverfolgen, sie haben bereits in kambrischen und silurischen Meeren gelebt. Von großer Wichtigkeit ist die Tatsache, daß heute viele Radiolarien leben, die in genau derselben Form auch in fossilen Radiolariten vorkommen. Lias, Dogger und Malm sind an gewissen Stellen sehr reich an fossilen Radiolarien. Zahlreiche jurassische Radiolarien lieferten die verkieselten Koprolithen aus dem Lias von Hannover sowie die Abtychusschiefer von Südbayern und Tirol. Die meisten Funde fossiler Radiolarien sind in tertiären Schichten gemacht worden. Besonders im Eozän bis zum Miozän bildeten sich sehr reine Radiolarite und radiolarienführende Diatomite. Hier seien nur die Radiolarite von Barbados (Obereozän, Oceanicformation; Abb. 19), die Tripel der Mittelmeerküsten (Miozän, Torton), die Diatomite der atlantischen und pazifischen Küste Nordamerikas (Miozän bis Pleistozän), die Diatomite an den Küsten Japans (Miozän bis Pliozän), die Mergel und Diatomite von Oamaru/Neuseeland (Unteroligozän) und die bunten Tone auf den Nikobaren (Miozän) genannt. Paläozoischer Radiolarit (= Kieselschiefer) wird wegen seiner dunklen Farbe (Einschluß kohliger Substanzen) als Lydit bezeichnet (vgl. MÜLLER 1993).

6.2.2 Forschungsschwerpunkte im 20. Jahrhundert

Das HAECKELsche „System" ist – wie jede Klassifikation – unvollkommen, weil es für die niederen taxonomischen Kategorien nur auf der Skelettform gründet, die von einem statisch-geometrischen Standpunkt aus beurteilt wurde. Die Veränderungen des Skeletts während des individuellen Wachstums wurden nur ungenügend in Betracht gezogen, dadurch sind die ontogenetischen Stadien ein und derselben Art oftmals zu verschiedenen Arten, Gattungen und sogar Familien gestellt worden. Das System berücksichtigt ebensowenig die Konvergenzerscheinungen und die ökologische und geographische Variabilität (GÖKE 1960; KOZUR & MOSTLER 1972).

Der Einsatz verbesserter Lichtmikroskope mit Ölimmersionsobjektiven, des Transmissionselektronenmikroskops und des Rasterelektronenmikroskops brachte ab den 60er Jahren neue Impulse für die Erkundung der Morphologie, Zellbiologie und Ökologie rezenter und fossiler Radiolarien. Die Untersuchungen mit Hilfe des Transmissionselektronenmikroskops richteten sich in erster Linie auf die Klärung des Feinbaus der Zelle, die Struktur der Membranen und die Beschaffenheit der Hartteile (HOLLANDE & ENJUMET 1960; HOLLANDE et al. 1965; CACHON & CACHON 1971a, b, 1972a, b, c, 1976a, b, 1977, 1978a, 1985; SCARLATO & LIPMAN 1979; WEVER & RIEDEL 1979; FEBVRE-CHEVALIER 1990). Das Rasterelektronenmikroskop revolutionierte die Erforschung der Oberflächen und der Feinstruktur der Gehäuse (z. B. HELMCKE & BACH 1990; Abb. 19). Die zusätzliche Berücksichtigung zellbiologischer und feinstruktureller Merkmale führte zu moderneren Systemvorschlägen (HOLLANDE & ENJUMET 1960; CACHON & CACHON 1968, 1971a, b, 1972a-c; PETRUSHEVSKAYA 1981), die jedoch in vielen Aspekten den HAECKELschen Befunden ähneln. Alle Autoren nach HAECKEL konnten letztendlich nur auf Lücken in seinem System hinweisen oder Teilverbesserungen bringen, denn keiner hat nach ihm so umfassendes Material bearbeitet (LEE et al. 1985).

Neben den methodischen Verbesserungen

Tab. 1:
Gattungsnahmen zu Ehren von HAECKEL.

Jahr	Genus	Autor	Tiergruppe
1863	*Haeckelia*	CARUS	Nesseltier
1875	*Haeckelina*	BESSELS	Protozoon
1879	*Haeckelina*	MERESCHKOWSKI	Protozoon
1887	*Haeckeliana*	MURRAY in HAECKEL	Protozoon
1901	*Ernestohaeckelia*	AMEGHINO	Säugetier
1904	*Haeckelia*	KIRKALDY	Insekt
1912	*Haeckeliania*	GIRAULT	Insekt
1937	*Haeckelella*	KHABAKOV	Protozoon
1960	*Haeckeliella*	HOLLANDE & ENJUMET	Protozoon
1980	*Haeckelicyrtium*	KOZUR & MOSTLER	Protozoon

Tab. 2:
Artnahmen zu Ehren von HAECKEL.

Jahr	Art	Autor	Gruppe
1868	*Bathybius haeckeli*	HUXELY	Anorganisch
1882	*Podocoryne haeckeii*	HAMANN	Nesseltier
1884	*Pseudorhiza haeckeli*	HAACKE	Nesseltier
1885	*Podocapsa haeckelii*	RÜST	Radiolarie
1886	*Glossonia haeckeli*	GOETTE	Nesseltier
1889	*Riedelipyle haeckeli*	(DREYER) KOZUR & MOSTLER 1980	Radiolarie
1891	*Hemidiptera haeckelii*	LÉON	Insekt
1892	*Lucernaria haeckeli*	ANTIPA	Nesseltier
1892	*Lucernosa haeckeli*	ANTIPA	Nesseltier
1893	*Pantachogon haeckeli*	MAAS	Nesseltier
1897	*Margelopsis haeckeli*	HARTLAUB	Nesseltier
1902	*Protiaria haeckeli*	HARGITT	Nesseltier
1904	*Kalligramma haeckeli*	WALTHER	Insekt
1910	*Liriope haeckeli*	MAYER	Nesseltier
1914	*Sarsia haeckeli*	BIGELOW	Nesseltier
1930	*Lithocampe haeckelii*	PANTANELLI	Radiolarie
1972	*Veghicyclia haeckeli*	KOZUR & MOSTLER	Radiolarie
1980	*Tetraporobrachia haeckeli*	KOZUR & MOSTLER	Radiolarie
1986	*Archaeopyramisa haeckeli*	CHENG	Radiolarie
1987	*Poulpus haeckeli*	YEH	Radiolarie
1989	*Supervallupus haeckeli*	YANG & PESSAGNO	Radiolarie
1990	*Palaeosaturnalis haeckeli*	KOZUR & MOSTLER	Radiolarie

Tab. 3:
In Österreich wurden seit 1978 57 neue Radiolarien-Gattungen entdeckt.

Angulocircus LAHM 1984
Archaeotritrabs STEIGER 1992
Astrocentrus KOZUR & MOSTLER 1980
Austrisaturnalis KOZUR & MOSTLER 1972
Baloghisphaera KOZUR & MOSTLER 1980
Carinacyclia KOZUR & MOSTLER 1972
Collicyrtidium STEIGER 1992
Complexapora KIESSLING & ZEISS 1992
Deflandrecyrtium KOZUR & MOSTLER 1980
Diactoma STEIGER 1992
Dreyericyrtium KOZUR & MOSTLER 1980
Dreyeropyle KOZUR & MOSTLER 1980
Dumitricasphaera KOZUR & MOSTLER 1980
Eonapora KOZUR & MOSTLER 1980
Favosyringium STEIGER 1992
Goestlingella KOZUR & MOSTLER 1980
Haeckelicyrtium KOZUR & MOSTLER 1980
Heliosaturnalis KOZUR & MOSTLER 1972
Helocingulum STEIGER 1992
Hexaporobrachia KOZUR & MOSTLER 1980
Hexapylomella KOZUR & MOSTLER 1980
Hexatortilisphaera KOZUR & MOSTLER 1996
Hindeosphaera KOZUR & MOSTLER 1980
Japonisaturnalis KOZUR & MOSTLER 1972
Kahlerosphaera KOZUR & MOSTLER 1980
Multiarcusella KOZUR & MOSTLER 1980
Nazarovella KOZUR & MOSTLER 1980
Nodotetraedra STEIGER 1992
Octosaturnalis KOZUR & MOSTLER 1990
Oertlisphaera KOZUR & MOSTLER 1980
Palaeosaturnalis DONOFRIO & MOSTLER 1978
Parapodocapsa STEIGER 1992
Parapoulpus KOZUR & MOSTLER 1980
Parasaturnalis KOZUR & MOSTLER 1972
Parentactinosphaera KOZUR & MOSTLER 1980
Pentaspongodiscus KOZUR & MOSTLER 1980
Pessagnollum KOZUR & MOSTLER 1996
Praeacanthocircus KOZUR & MOSTLER 1986
Praecitriduma KOZUR 1986
Praedruppatractylis KOZUR & MOSTLER 1980
Praeheliostaurus KOZUR & MOSTLER 1972
Praeorbiculiformella KOZUR & MOSTLER 1978
Praetrigonocyclia KOZUR & MOSTLER 1972
Pseudoheliodiscus KOZUR & MOSTLER 1972
Pseudosaturniforma KOZUR & MOSTLER 1980
Ruesticyrtium KOZUR & MOSTLER 1980
Sanfilippoella KOZUR & MOSTLER 1980
Spongosaturnaloides KOZUR & MOSTLER 1972
Tetrarectangulum STEIGER 1992
Tetraspongodiscus KOZUR & MOSTLER 1980
Triassoastrum KOZUR & MOSTLER 1978
Triassocyrtium KOZUR & MOSTLER 1980
Trimiduca KOZUR & MOSTLER 1980
Veghicyclia KOZUR & MOSTLER 1972
Vinassaspongus KOZUR & MOSTLER 1980
Weverella KOZUR & MOSTLER 1980
Zhamojdasphaera KOZUR & MOSTLER 1980

Tab. 4:
In Österreich wurden seit 1978 238 neue Radiolarien-Arten entdeckt.

Acaeniotyle tuberosa STEIGER 1992
Acanthocircus angustus DONOFRIO & MOSTLER 1978
Acanthocircus breviaculeatus DONOFRIO & MOSTLER 1978
Acanthocircus longispinosus DONOFRIO & MOSTLER 1978
Acanthocircus squinaboli DONOFRIO & MOSTLER 1978
Acanthocircus tuberosus DONOFRIO & MOSTLER 1978
Acanthosphaera austriaca KOZUR & MOSTLER 1980
Acanthosphaera carterae KOZUR & MOSTLER 1996
Acanthosphaera nicorae KOZUR & MOSTLER 1996
Acanthosphaera reiflingensis LAHM 1984
Acanthosphaera mocki KOZUR & MOSTLER 1980
Acanthosphaera multispinosa KOZUR & MOSTLER 1980
Angulobracchia heteroporata STEIGER 1992
Angulobracchia latifolia STEIGER 1992
Angulobracchia media STEIGER 1992
Angulobracchia mediopulvilla STEIGER 1992
Angulobracchia trifolia STEIGER 1992
Angulocircus laterospinosus LAHM 1984
Angulocircus longispinosus LAHM 1984
Angulocircus multispinosus LAHM 1984
Archaeospongoprunum tricostatum STEIGER 1992
Archaeotritrabs gracilis STEIGER 1992
Astrocentrus pulcher KOZUR & MOSTLER 1980
Austrisaturnalis koeveskalensis MOSTLER & KRAINER 1994
Austrisaturnalis quadriradiatus KOZUR & MOSTLER 1972
Austrisaturnalis spinosus KOZUR 1986
Austrisaturnalis spinosus KOZUR & MOSTLER 1986
Baloghisphaera kovacsi KOZUR & MOSTLER 1980
Capuchnosphaera deweveri KOZUR & MOSTLER 1980
Carinacyclia costata KOZUR & MOSTLER 1972
Cenosphaera parvispinosa KOZUR & MOSTLER 1996
Collicyrtidium rubetum STEIGER 1992
Complexapora tirolica KIESSLING & ZEISS 1992
Conosphaera transita KOZUR & MOSTLER 1980
Deflandrecyrtium popofskyi KOZUR & MOSTLER 1980
Diactoma curvata STEIGER 1992
Dictyocoryne zapfei KOZUR & MOSTLER 1978
Dictyocoryne mocki KOZUR & MOSTLER 1978
Dreyericyrtium curvatum KOZUR & MOSTLER 1980
Dumitricasphaera goestlingensis KOZUR & MOSTLER 1980
Dumitricasphaera latispinosa KOZUR & MOSTLER 1980
Dumitricasphaera planustyla LAHM 1984
Emiluvia pessagnoi multipora STEIGER 1992
Emiluvia tecta STEIGER 1992
Emiluvia tecta decussata STEIGER 1992
Emiluvia tecta diagonalis STEIGER 1992
Entactinosphaera triassica KOZUR & MOSTLER 1980
Entactinosphaera simoni KOZUR & MOSTLER 1980
Entactinosphaera zapfei KOZUR & MOSTLER 1980
Eonapora curvata KOZUR & MOSTLER 1980
Eonapora pulchra KOZUR & MOSTLER 1980
Favosyringium adversum STEIGER 1992
Favosyringium quadriaculeatum STEIGER 1992
Goestlingella cordevolica KOZUR & MOSTLER 1980
Gongylothorax marmoris KIESSLING & ZEISS 1992
Haeckelicyrtium austriacum KOZUR & MOSTLER 1980
Haeckelicyrtium spinosum KOZUR & MOSTLER 1980
Hagiastrum baloghi KOZUR & MOSTLER 1978
Hagiastrum goestlingense KOZUR & MOSTLER 1978
Hagiastrum karnicum KOZUR & MOSTLER 1978
Hagiastrum longispinosum KOZUR & MOSTLER 1978
Hagiastrum obesum KOZUR & MOSTLER 1978
Hagiastrum triassicum KOZUR & MOSTLER 1978

Halesium bipartitum Steiger 1992
Halesium irregularis Steiger 1992
Heliosaturnalis longispinosus Kozur & Mostler 1972
Heliosaturnalis magnus Kozur & Mostler 1972
Heliosaturnalis transitus Kozur & Mostler 1972
Heliosaturnalis imperfectus Kozur & Mostler 1972
Heliosoma carinata Kozur & Mostler 1980
Heliosoma ehrenbergi Kozur & Mostler 1980
Heliosoma minima Kozur & Mostler 1980
Heliosoma problematica Lahm 1984
Heptacladus anisicus Kozur & Mostler 1996
Hexalonche bragini Kozur & Mostler 1996
Hexaporobrachia riedeli Kozur & Mostler 1980
Hexapylomella carnica Kozur & Mostler 1980
Hexapyramis triassica Kozur & Mostler 1980
Hexastylus carnicus Kozur & Mostler 1980
Hexatortilisphaera aequisoinosa Kozur & Mostler 1996
Hindeosphaera austriaca Kozur & Mostler 1980
Hindeosphaera foremanae Kozur & Mostler 1980
Hindeosphaera goestlingensis Kozur & Mostler 1980
Hindeosphaera bispinosa Kozur & Mostler 1980
Homoeoparonaella asymmetrica Kozur & Mostler 1991
Hozmadia latispinosa Kozur & Mostler 1996
Hozmadia reticulospinosa Kozur & Mostler 1996
Hozmadia rotundispinosa Kozur & Mostler 1996
Hungarosaturnalis latimarginatus Mostler & Krainer 1994
Hungarosaturnalis praeheliosaturoides Mostler & Krainer 1994
Hungarosaturnalis tenuis Mostler & Krainer 1994
Kahlerosphaera longispinosa Kozur & Mostler 1980
Kahlerosphaera parvispinosa Kozur & Mostler 1980
Karnospongella trispinosa Lahm 1984
Livinallongella lahmi Kozur & Mostler 1996
Katroma tetrastyla Steiger 1992
Mirifusus mediodilatatus globosus Steiger 1992
Multiarcusella muelleri Kozur & Mostler 1980
Multiarcusella spinosa Kozur & Mostler 1980
Nazarovella tetrafurcata Kozur & Mostler 1980
Nodotetraedra barmsteinensis Steiger 1992
Obesacapsula bullata Steiger 1992
Octosaturnalis carinatus Kozur & Mostler 1990
Oertlisphaera magna Kozur & Mostler 1980
Ornatisaturnalis inflatus Mostler & Krainer 1994
Ornatisaturnalis ingridae Mostler & Krainer 1994
Ornatisaturnalis multilobatus Mostler & Krainer 1994
Ornatisaturnalis quadrispinosus Mostler & Krainer 1994
Ornatisaturnalis translatus Mostler & Krainer 1994
Palaeosaturnalis artus Donofrio & Mostler 1978
Palaeosaturnalis latimarginatus Donofrio & Mostler 1978
Palaeosaturnalis levis Donofrio & Mostler 1978
Palaeosaturnalis tenuispinosus Donofrio & Mostler 1978
Palaeosaturnalis validus Donofrio & Mostler 1978
Pantanellium globulosum Steiger 1992
Pantanellium nodaculeatum Steiger 1992
Parapodocapsa furcata Steiger 1992
Parapoulpus oertlii Kozur & Mostler 1980
Parapoulpus parviaperturus Kozur & Mostler 1980
Parasaturnalis (Japonisaturnalis) multiperforatus Kozur & Mostler 1972
Parentactinosphaera oertlii Kozur & Mostler 1980
Parentactinosphaera longispinosa Kozur & Mostler 1980
Paronaella tubulata Steiger 1992
Parvicingula sphaerica Steiger 1992
Pentactinocapsa multispinosa Kozur & Mostler 1996
Pentaspongodiscus spinosus Kozur & Mostler 1980
Pentaspongodiscus tortilis Kozur & Mostler 1980
Pessagnollum multispinosum Kozur & Mostler 1996
Podobursa triacantha hexaradiata Steiger 1992
Podobursa triacantha octaradiata Steiger 1992
Podobursa triacantha tetraradiata Steiger 1992
Podocyrtis concentrica Steiger 1992
Poulpus reschi Kozur & Mostler 1980
Praecanthocircus carnicus Kozur & Mostler 1986
Praecitriduma mostleri Kozur 1986
Praedruppatractylis pessagnoi Kozur & Mostler 1980
Praeflustrella ruesti Kozur & Mostler 1978
Praeheliostaurus goestlingensis Kozur & Mostler 1972
Praeheliostaurus levis Kozur & Mostler 1972
Praeheliostaurus multidentatus Lahm 1984
Praeorbiculiformella goestlingensis Kozur & Mostler 1978
Praeorbiculiformella karnica Kozur & Mostler 1978
Praeorbiculiformella latimarginata Kozur & Mostler 1978
Praeorbiculiformella plana Kozur & Mostler 1978
Praeorbiculiformella polyspinosa Kozur & Mostler 1978
Praeorbiculiformella vulgaris Kozur & Mostler 1978
Pseudoheliodiscus donofrioi Kozur & Mostler 1986
Pseudoheliodiscus riedeli Kozur & Mostler 1972
Pseudoheliodiscus interruptus Kozur & Mostler 1986
Pseudosaturniforma carnica Kozur & Mostler 1980
Pseudosaturniforma latimarginata Kozur & Mostler 1980
Rhopalodictyum claviformis Kozur & Mostler 1978
Rhopalodictyum fragilis Kozur & Mostler 1978
Rhopalodictyum glaber Kozur & Mostler 1978
Rhopalodictyum hirsutum Kozur & Mostler 1978
Rhopalodictyum nudum Kozur & Mostler 1978
Rhopalodictyum parvispinosum Kozur & Mostler 1978
Rhopalodictyum reiflingensis Kozur & Mostler 1978
Rhopalodictyum robustum Kozur & Mostler 1978
Rhopalodictyum suborbiformis Kozur & Mostler 1978
Rhopalodictyum trammeri Kozur & Mostler 1978
Ruesticyrtium rieberi Kozur & Mostler 1980
Sanfilippoella tortilis Kozur & Mostler 1980
Saturnalis subquadratus Donofrio & Mostler 1978
Sethocapsa accincta Steiger 1992
Sethocapsa polyedra Steiger 1992
Spongechinus triassicus Kozur & Mostler 1980
Spongechinus latispinosus Kozur & Mostler 1980
Spongosaturnalis (Spongosaturnaloides) quinquespinosa Kozur & Mostler 1972
Spongosaturnalis bifidus Kozur & Mostler 1972
Spongosaturnalis bipartitus Kozur & Mostler 1972
Spongosaturnalis brevispinosus Kozur & Mostler 1972
Spongosaturnalis convertus Kozur & Mostler 1972
Spongosaturnalis elegans Kozur & Mostler 1972
Spongosaturnalis fissa Kozur & Mostler 1972
Spongosaturnalis fluegeli Kozur & Mostler 1972
Spongosaturnalis gracilis Kozur & Mostler 1972
Spongosaturnalis heisseli Kozur & Mostler 1972
Spongosaturnalis kahleri Kozur & Mostler 1972
Spongosaturnalis karnicus Kozur & Mostler 1972
Spongosaturnalis latifolia Kozur & Mostler 1972
Spongosaturnalis latus Kozur & Mostler 1972
Spongosaturnalis multidentatus Kozur & Mostler 1972
Spongosaturnalis pannosus Kozur & Mostler 1972
Spongosaturnalis primitivus Kozur & Mostler 1972
Spongosaturnalis pseudosymmetricus Kozur & Mostler 1972
Spongosaturnalis quadriradiatus Kozur & Mostler 1972
Spongosaturnalis rotundus Kozur & Mostler 1972
Spongosaturnalis triassicus Kozur & Mostler 1972
Spongosaturnalis zapfei Kozur & Mostler 1972
Spongosaturnaloides multidentatus Kozur & Mostler 1986
Spongosaturnaloides trispinosus Kozur & Mostler 1986
Spongosilicarmiger transitus laevis Kozur & Mostler 1996
Spongosilicarmiger terebrus Kozur & Mostler 1996

Spongostephanidium austriacum Kozur & Mostler 1996
Spongostylus aequicurvistylus Lahm 1984
Spongostylus carnicus Kozur & Mostler 1980
Spongostylus nakasekoi Kozur & Mostler 1996
Spongostylus tortilis Kozur & Mostler 1980
Spongostylus tricostatus Kozur & Mostler 1996
Spongostylus trispinosus Kozur & Mostler 1980
Spongotripus triassicus Kozur & Mostler 1980
Squinabolella longispinosa Kozur & Mostler 1980
Stauracanthocircus poetschensis Kozur & Mostler 1990
Staurolonche praegranulosa Kozur & Mostler 1996
Staurosphaera trispinosa Kozur & Mostler 1980
Staurosphaera fluegeli Kozur & Mostler 1980
Stylosphaera goestlingensis Kozur & Mostler 1980
Stylosphaera nazarovi Kozur & Mostler 1980
Syringocapsa bulbosa Steiger 1992
Syringocapsa coronata Steiger 1992
Tetraporobrachia haeckeli Kozur & Mostler 1980
Tetrarectangulum poratum Steiger 1992
Tetrarectangulum spinosum Steiger 1992
Tetraspongodiscus longispinosus Kozur & Mostler 1980
Triactoma longispinosum Kozur & Mostler 1980
Triassistephanidium anisicum Kozur & Mostler 1996
Triassoastrum transitum Kozur & Mostler 1978
Triassocyrtium hamatum Kozur & Mostler 1980
Trimiduca hexabrachia Kozur & Mostler 1980
Tritrabs ewingi minima Steiger 1992
Veghicyclia austriaca Kozur & Mostler 1972
Veghicyclia globosa Kozur & Mostler 1972
Veghicyclia goestlingensis Kozur & Mostler 1972
Veghicyclia haeckeli Kozur & Mostler 1972
Veghicyclia multispinosa Kozur & Mostler 1972
Veghicyclia pauciperforata Kozur & Mostler 1972
Veghicyclia pulchra Kozur & Mostler 1972
Veghicyclia reiflingensis Kozur & Mostler 1972
Veghicyclia robusta Kozur & Mostler 1972
Veghicyclia tenuis Kozur & Mostler 1972
Vinassaspongus discoidalis Kozur & Mostler 1980
Vinassaspongus subsphaericus Kozur & Mostler 1980
Welirella mesotriassica Kozur & Mostler 1996
Weverella tetrabrachiata Kozur & Mostler 1980
Weverisphaera anisica Kozur & Mostler 1996
Zhamojdasphaera latispinosa Kozur & Mostler 1980
Zhamojdasphaera proceruspinosa Lahm 1984

sind auch neue Fragestellungen in der Ozeanographie für die wachsende Bedeutung der Radiolarien verantwortlich. Insbesondere die Rolle der Kieselsäure als Mangelstoff im Meerwasser ist insofern interessant, als die abgelagerten Mengen von Kieselorganismen wie Radiolarien, Schwammnadeln, Silicoflagellaten und Kieselalgen (Diatomeen) besonders empfindliche Anzeiger für Meeresströmungen, Stofftransport, Sedimentationsraten und wechselnde chemische Verbindungen in den Ozeanen darstellen (Schreiber 1962; Casey 1977; Kling 1979; Kling & Boltovskoy 1995). Das „Deep Sea Drilling Project/Ocean Drilling Programm" hat in den vergangenen Jahren gezeigt, wie gut die Erkenntnisse bei rezenten Radiolarien auf fossile Formen übertragen werden können, so z. B. die Aufstellung einer biochorologischen Gliederung vom rezenten bis in das Alttertiär (Goll 1978, 1980; Empson-Morin 1981). Bei den Bemühungen um die biostratographische Nutzbarkeit der Radiolarien werden zwei unterschiedliche Ansätze verfolgt (Deflandre 1953; Nigrini & Moore 1979; Diersche 1980; Nigrini & Lombart 1984; Kozur & Mostler 1994, 1996; Hollis 1997): 1. Die Auffindung einzelner Leitformen (Pessagno et al. 1984); 2. die Nutzung regionaler und überregionaler Faunenassoziationen (Baumgartner 1980, 1984; Braun 1990; Carter 1993; Jud 1994; Schwartzapfel & Holdsworth 1996). Das Wissen über die Verbreitung und Individuendichte sowie die Lebensweise, insbesondere im Zusammenhang mit Symbionten, und die Vermehrung von Radiolarien konnte ebenfalls stark vertieft werden (Riedel 1967a, b; Massera-Bottazzi et al. 1971; Anderson 1983; Massera-Bottazzi & Andreoli 1974, 1975, 1982; Febvre 1977; Febvre & Febvre-Chevallier 1979; Bjorklund et al. 1984; Takahashi 1991; Steiger 1992).

Hinsichtlich der Phylogenese der Radiolarien, die Haeckel (z. B. noch 1894) von den Sonnentierchen (Heliozoen) ableitete, wird heute die Ansicht von Chatton (1925) als die wahrscheinlichere angesehen. Er leitet die Gruppen von den Dinoflagellaten ab. Dies wird durch zytologische Untersuchungen gestützt, da die rezenten Flagellaten-Gattungen *Gymnaster* und *Gyrodinium* sowohl ein

Kieselskelett als auch eine Zentralkapsel aufweisen (MÜLLER 1993).

In den vergangenen 20 Jahren erschienen 12 Arbeiten mit Beschreibungen von mehr als 200 neuen Radiolarienarten, davon 57 neue Gattungen, die allein in Österreich entdeckt wurden (Tab. 3, 4; KOZUR & MOSTLER 1972, 1978, 1979, 1980, 1986, 1990, 1996; DONOFRIO & MOSTLER 1978; FLÜGEL & HUBAUER (1984); LAHM 1984; KOZUR 1979, 1984, 1986; KIESSLING & ZEISS 1992; STEIGER 1992; MOSTLER & KRAINER 1994; KOZUR et al. 1996). In sechs weiteren Veröffentlichungen finden sich Österreich-Nachweise bekannter Arten (MOSTLER 1978; FLÜGEL & MEIXNER 1972; HOLZER 1980; FAUPL & BERAN 1983; MANDL & ONDREJICKOVA 1993; OZVOLDOVA & FAUPL 1993). Weltweit wurden von 1985-1996 1281 Arbeiten veröffentlicht, wovon 239 (18,6 %) Artikel taxonomischen Inhalts sind; pro Jahr werden zuweilen bis zu 400 neue Arten beschrieben (Abb. 39-41). Lediglich 4 % befassen sich mit nicht-fossilem Material. Bis in jüngste Zeit werden Radiolarien-Arten und -Gattungen zu Ehren von HAECKEL benannt (Tab. 1, 2). Zahlreiche ergänzende Untersuchungen erlauben eine verbesserte Diagnose von Gattungen und/oder Arten, die HAECKEL entdeckt hat (KOZUR & MOSTLER 1972, 1978, 1980, 1981, 1983, 1990; GOLL 1978, 1979, 1980; RESHETNYAK & RUNEVA 1978; BJORKLUND & GOLL 1979; BAUMGARTNER 1980; GOLL & BJORKLUND 1980, 1985; SANFILIPPO & RIEDEL 1980; EMPSON-MORIN 1981; PETRUSHEVSKAJA 1981; BJORKLUND et al. 1984; PESSAGNO et al. 1984, 1989; WEVER 1984; KOZUR 1986; CAULET & NIGRINI 1988; CHENG 1986; YEH 1987; NIGRINI & CAULET 1988; DUMITRICA 1989; YANG & PESSAGNO 1989; CHEN-MUHONG 1990; NISHIMURA 1990; TAN-ZHIYAN & CHEN-MUHON 1990; TAKAHASHI 1991; HASLETT 1994; MORLEY & NIGRINI 1995; HULL 1996; HOLLIS 1997; O'CONNOR 1997). In anderen Fällen wird die Einziehung von Namen vorgeschlagen, weil sich die Arten als nicht unterscheidbar erwiesen haben (KOZUR & MOSTLER 1978; BOLTOVSKY & RIEDEL 1980; PESSAGNO & BLOME 1980; PETRUSHEVSKAYA 1981; DUMITRICA 1986; LOMBARI & LAZARUS 1988; WIDZ & WEYER 1993; O'DOGHERTY 1994). In Summe betrifft das an die 50 emendierte Gattungen in ca. 36 Arbeiten; insgesamt wenig in Anbetracht der beinahe 2000 Radiolarien-Gattungen, die HAECKEL geschaffen hat. Wieviele der insgesamt 11.000 Arten anerkannt werden können, ist derzeit noch Schätzungen überlassen (z. B. CORLISS 1984; s. oben); es bleibt also noch viel zu tun, um entscheidende bzw. ergänzende Daten zur Morphologie, Entwicklungsbiologie, Ökologie und Phylogenie dieser tierischen Einzeller zu bekommen.

6.3 Die Schwämme

6.3.1 *Biologie und Bedeutung*

Schwämme haben weder Sinnes- noch Nerven- noch Muskelzellen, sind ohne Symmetrie, besitzen keine Organe, haften fast unbeweglich am Grund und stellen mit ihrem lockeren Zellverband eine Stufe der Entwicklung dar, die zwischen den tierischen Einzellern (Protozoen) und Gewebetieren (Meta-

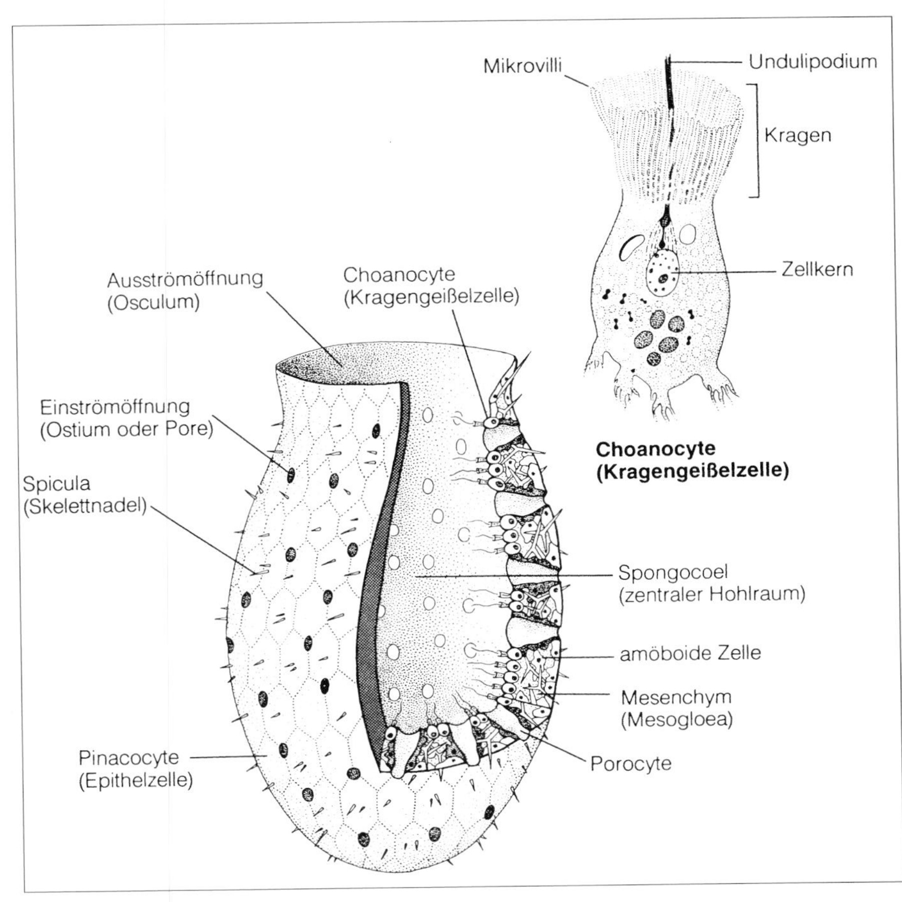

Abb. 20: Schnittbild eines Schwammes und einer Kragengeißelzelle (Choanocyte) (aus MARGULIS & SCHWARTZ 1989: 173).

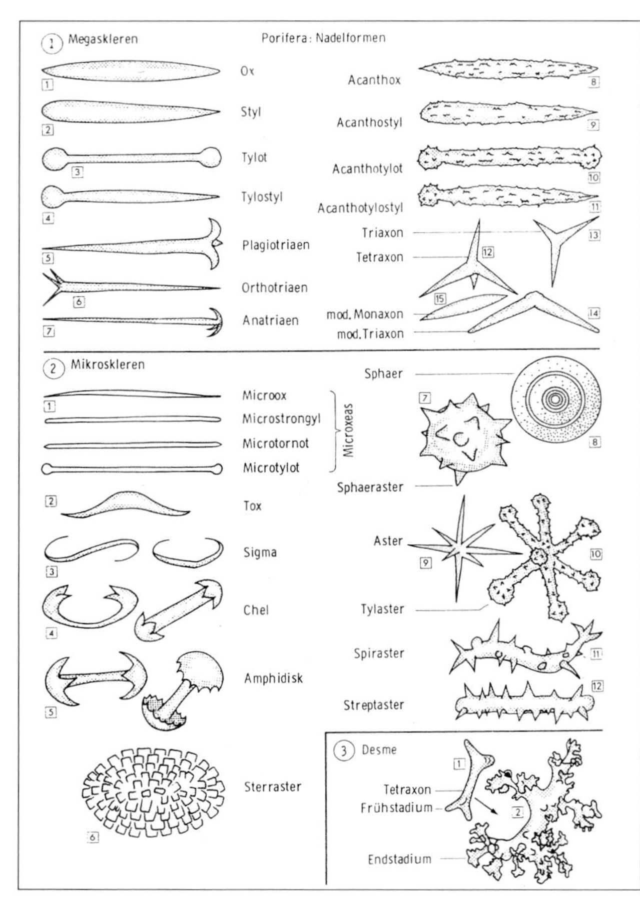

Abb. 21:
Nadelformen der Schwämme (aus Möhn 1984: 424).

zoen) zu vermitteln scheint (Abb. 20). Der Schwammkörper ist eine Aggregation meist undifferenzierter Zellen (Archaeocyten oder Wanderzellen), die sich in andere Zelltypen umwandeln können. Zudem sind die Schwammzellen zum Ortswechsel innerhalb des Körpers befähigt, d. h. neben einem Funktionswechsel der Zelle kann es auch zu einer Lageveränderung kommen (Brümmer et al. 1994). Einzigartig innerhalb der Metazoen ist das Wasserleitungssystem mit Kragengeißelzellen (Abb. 20) für Atmung und Ernährung.

Der weiche Körper der Schwämme wird fast immer durch ein Skelett gestützt. Es setzt sich aus Einzelelementen, den Skleriten, zusammen, die entweder aus kohlensaurem Kalk (Calcium-Karbonat $CaCO_3$) oder aus Kieselsäure (SiO_2) gebildet werden. Die mineralischen Skelett-Elemente zeigen sehr unterschiedliche Formen, sind häufig lang und spitz, bei Berührung stechend und werden deswegen Nadeln (Spicula) genannt (Abb. 21). Die organischen Skelett-Elemente bestehen aus Spongin, einem verhärteten, dem Kollagen nahe verwandten Stoff, das in Fasernetzen dem Körper seine Gestalt verleiht; das bekannteste ist das Spongin-Skelett der Badeschwämme (Graßhoff 1992b; Abb. 26).

Nach Vorhandensein oder Fehlen der mineralischen Substanzen werden drei Gruppen der Schwämme unterschieden: Die Kalkschwämme (Calcarea) haben nur Kalksklerite (Abb. 23), die Horn-Kiesel-Schwämme (Demospongea) besitzen Kieselsklerite und oft ausgedehnte Mengen von Sponginfasern (Abb. 24-27) und die Glasschwämme (Hexactinellidea) haben Kieselnadeln eines speziellen Typs und wenig Spongin (Graßhoff 1992b). Für die Taxonomie der Porifera sind die Sklerite von allergrößter Bedeutung, weil viele Arten durch ihr einförmiges Erscheinungsbild (Habitus) keine anderen Unterscheidungsmöglichkeiten bieten, andere aber individuell und je nach Standort ganz verschiedene Gestalt annehmen. Die Sklerite dagegen haben meist artspezifische und konstante Gestalt. Für den Paleontologen, dem ja keine Weichteile zur Verfügung stehen, sind es die einzigen brauchbaren taxonomischen Merkmale (Kilian 1993).

Wachstum und Alter der Schwämme sind sehr variabel. Manche Arten sind wenige Millimeter hoch, andere erreichen einen Durchmesser von 2 m (*Spheciospongia vesparia*). Zwischen dem Standort eines Schwammes und seinem Habitus bestehen direkte Beziehungen. So werden in strömungsexponierten Bereichen flache, krustenartige Polster und Überzüge ausgebildet. Im Gegensatz dazu kommt es in strömungsberuhigten Bereichen zu Röhren und Trichtern, die verzweigt sein und erhebliche Ausmaße erreichen können (Brümmer et al. 1994). Die Lebensdauer reicht von etwa 7 Monaten bei Süßwasserschwämmen (Abb. 27) und vielen Kaltwasser-Kalkschwämmen, bis zu 500 Jahren, z. B. bei tropischen Riffschwämmen oder Tiefseeschwämmen (van Soest 1996).

Die marinen Schwämme besiedeln vor allem die Küstenregionen bis zu Tiefen von etwa 50 m. Kalkschwämme bevorzugen feste Unterlagen, während Horn-, Kieselschwämme (95 % aller rezenten Schwammarten) sich an vielerlei Substraten, wie Fels, Steine, Sand, Schalen u. ä., festzuheften vermögen (Möhn 1984). Kalkschwämme besiedeln vorwiegend flache Küstenbereiche bis zu Tiefen von etwa 100 m; bevorzugt wird eine Region mit Wassertiefen von 10-15 m. Diese flachen Uferzonen dürften den primären Lebensraum der Schwämme darstellen. Demspongea haben ihre Hauptverbreitung in Wassertiefen von 30-200 m; darüber hinaus dringen nur noch wenige Schwamm-Arten vor. Eine Ausnahme bilden die Glasschwämme; sie sind ausgesprochene Tiefseebewohner und erreichen Tiefen bis zu 5900 m. Am häufigsten leben sie in dem Bereich von 500-1000 m. Hexactinelliden benötigen weichen Schlamm, um sich darin mit Hilfe von Nadelbündeln verankern zu

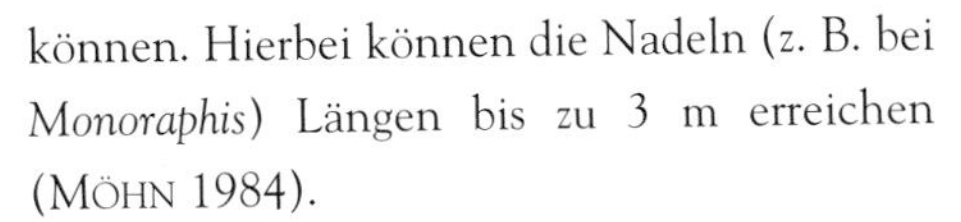

Abb. 22-25:
Schwämme aus dem Mittelmeer.

22: *Agelas babularis* (orange) und *Oscarella lobularis* (violett).

23: *Clathrina cerebrum* wurde von HAECKEL (1872a) entdeckt und als *Ascaltis cerebrum* beschrieben.

24: *Spongia nitens*.

25: *Ircinia oros*. Fotos: VACELET.

können. Hierbei können die Nadeln (z. B. bei *Monoraphis*) Längen bis zu 3 m erreichen (MÖHN 1984).

Riffbildung konnte bei rezenten Schwämme nur selten beobachtet werden, findet sich aber bei den fossilen Vertretern stellenweise häufig (MÜLLER 1993). Erhaltungsfähig sind die kalkigen (seit Devon) und kieseligen (seit Kambrium) Schwammnadeln von überaus großer Formfülle. Unter günstigen Erhaltungsumständen sind ganze Individuen fossil überliefert (verkalkt, eingekieselt oder als ausgefüllte Hohlformen). Gesteinsbildend traten sie mit den Schwammriffen im Jura Schwabens auf.

Von den 5000 Schwammarten, die weltweit vorkommen, leben nur 120 Arten im Süßwasser, in Mitteleuropa sind 8 bis 10 Arten der Familie Spongillidae (Süßwasserschwäm-

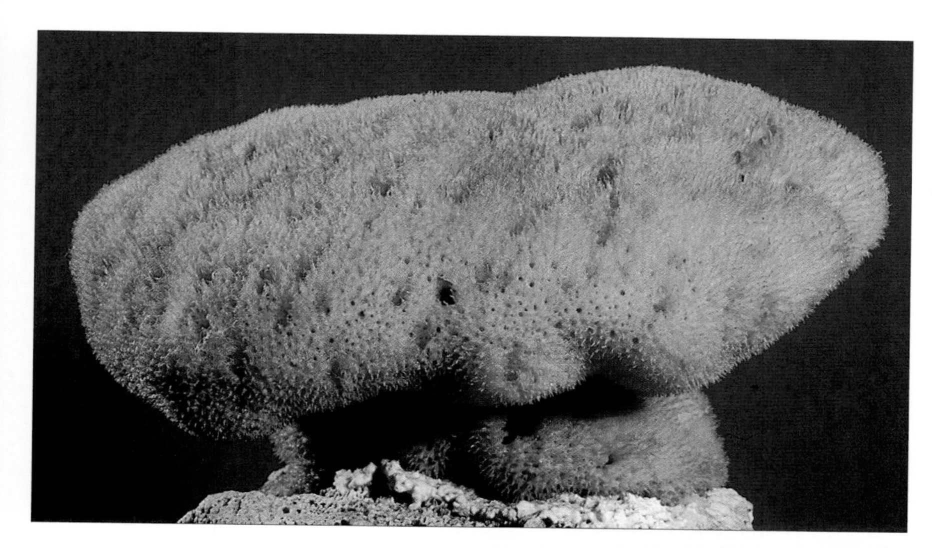

Abb. 26:
Der Badeschwamm *Spongia officinalis*.
Foto: PLASS.

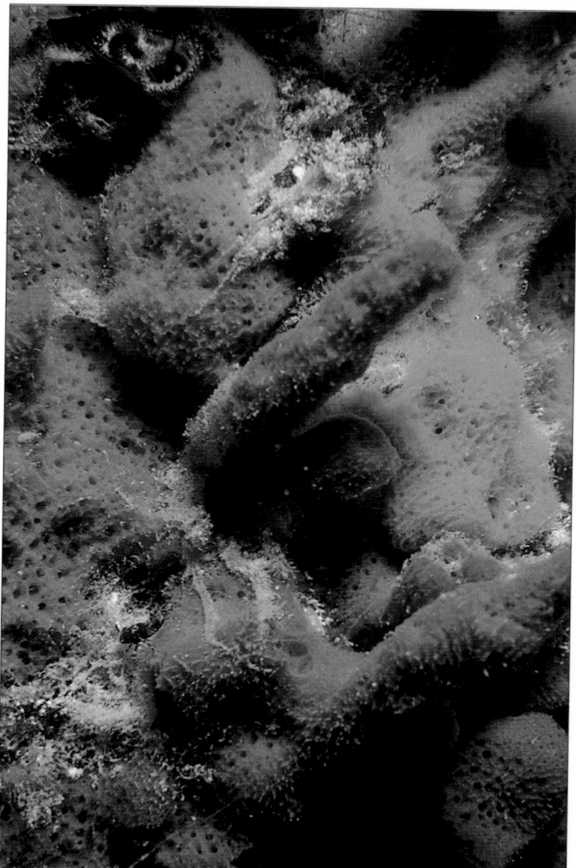

Abb. 27:
Süßwasserschwamm mit Endosymbionten aus dem Traun-Fluß in Oberösterreich. Foto: BLATTERER.

me) zu finden. Sie bilden meist bräunliche bis grünliche Überzüge auf Steinen und Holz (Abb. 27). Ihre Wuchsform kann krusten-, seltener geweihartig sein. Die Süßwasserschwämme stellen an ihre Umgebung keine großen Anforderungen. Sie sind gegenüber schwankenden Temperaturen widerstandsfähig und benötigen auch keine besondere Strömung, lediglich ein gewisses Nahrungsangebot muß vorhanden sein. Für die Bestimmung ist besonders die Benadelung der ungeschlechtlich gebildeten Brutknopsen (Gemmulae; s. unten) von Bedeutung. Man findet sie im Winter im Gewebe der Schwämme eingelagert. Zur Bestimmung wird ein Stück Gewebe zerzupft und im Lichtmikroskop betrachtet (SCHMEDTJE & KOHMANN 1992).

Als Nahrung dienen im Wasser schwebende Partikel, wie organischer Abfall (Detritus), Kleinalgen und Bakterien. In Flachwasser-Schwämmen können Endosymbionten leben (Zooxanthellen, Cyanobakterien; Abb. 27), die die Nahrungsbasis durch Abgabe ihrer Assimilationsprodukte erweitern (GRAßHOFF 1992a). Schwämme sind nichtselektive Filtrierer, d. h. sie strudeln sämtliches Umgebungswasser ein. Eine mechanische Größenselektion erfolgt durch die Öffnungsweite der Poren (Abb. 17), die bei etwa 50 µm liegt, sowie durch die Geißelkragen, die eine Filtriernetz mit ca. 0,2 µm Maschenweite aufbauen (BRÜMMER et al. 1994).

Schwämme haben nur wenige natürliche Feinde. Ihr starker Besatz mit Nadeln schützt sie gegen Angriffe anderer Tiere und macht sie auch schwer genießbar. Es sind nur einige wenige Fische, Seeigel und Strandschnecken, welche im marinen Bereich von Schwämme leben. Im Süßwasser sind es die Larven von Köcher- und Schwammfliegen sowie Süßwassermilben, welche sich von Schwämmen ernähren. Symbiosen bestehen zwischen *Suberites*-Arten und Einsiedlerkrebsen. Der Schwamm umwächst das als Wohnung dienende Schneckenhaus (Schnecke bietet eine Unterlage zum Festsetzen, außerdem Ortsveränderung) und schützt durch seinen Phosphorgeruch den Einsiedlerkrebs vor Angriffen durch Kraken (Tintenfische). Im Süßwasser bilden Schwämme und Moostierchen (Bryozoen) eine oft sehr verflochtene Lebensgemeinschaft (MÖHN 1984).

Schwämme können sich sowohl ungeschlechtlich als auch geschlechtlich über unterschiedliche Larvenformen fortpflanzen. Die ungeschlechtliche Fortpflanzung kann dabei z. B. durch Knospung und Fragmentation geschehen. Durch Knospung entstehen vielfach Kolonien. Im Spätherbst bilden manchen Schwämme in ihrer Mittelschicht aus Wanderzellen kugelige Zellhaufen, die als Brut- oder Keimknospen (Gemmulae) bezeichnet werden. Sie sind von einer Skelettschicht und häufig von einzelnen Skelettnadeln umhüllt. Zerfällt mit Beginn des Winters der alte Schwamm, sinken diese widerstandsfähigen Gebilde auf den Grund und werden im nächsten Frühjahr der Ursprung eines neuen Schwammes. Gemmulae können aber auch mehrere Jahre überdauern (BRÜMMER et al. 1994).

Die geschlechtliche Fortpflanzung bei Schwämmen geschieht über Eizellen und Samenzellen, die aus bestimmten Wanderzellen der Mittelschicht hervorgehen. Verschmilzt eine solche Eizelle mit der männliche Zelle eines Nachbarschwammes, entsteht eine bewimperte Larve. Sie verläßt den Schwammkörper, schwimmt selbständig im Wasser umher (oft nur für 10-24 Stunden) und formt sich verschiedentlich um. Schließlich setzt sie sich fest und wächst zu einem neuen Schwamm heran (KILIAN 1993). Das kurze Larvenstadium ist die einzige freischwimmende Phase im Leben eines Schwämme. Zu modernen Ansichten über die Entwicklungsbiologie der Schwämme s. Beitrag SALVINI-PLAWEN in diesem Band.

Bemerkenswert ist die große Regenerationsfähigkeit bei Schwämmen; diese Eigenschaft wurde schon früh bei der Badeschwamm-Kultur verwendet. Man schneidet kleine Stückchen vom Schwamm-Individuum, befestigt diese an einem Seil und hängt sie ins Wasser. Nach einigen Monaten bis anderthalb Jahren haben sich zahlreiche Exemplare gebildet. Diese große Regenerationskapazität beruht nicht nur auf dem modulartigen Bau des Schwammkörpers, sondern auch auf der Omnipotenz der Archaeocyten (s. oben): Wenn irgendwo im Schwammkörper Schaden entsteht, werden durch Umwandlung einer großen Ansammlung von Archaeocyten zu Pinacocyten und Choanocyten Pinacoderm und Choanoderm schnell repariert, was meist nicht länger als einige Tage dauert (VAN SOEST 1996). Andererseits zeigten Experimente, daß für eine erfolgreiche Regeneration nicht gerade wenige Zellen, nämlich an die 2000, erforderlich sind.

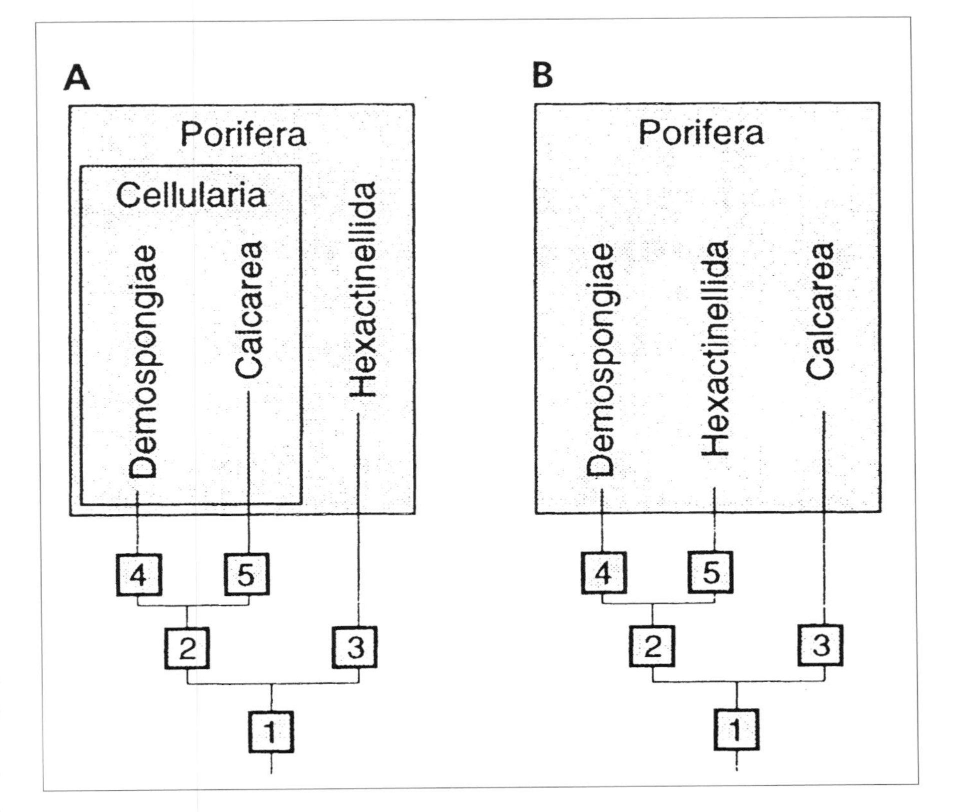

Abb. 28:
Alternative phylogenetische Systeme der Porifera (aus VAN SOEST 1996: 114). A System nach MEHR & REISWIG. □ Apomorphien: [1] Choanocyten; filtrierende Ernährung mit Flagellaten; Archaeocyten. [2] Pinacoderm mit Porocyten; kugelige Kragengeißel-Kammern. [3] Syncytiale Organisation; sekundäres Reticulum; intracellulär gebildete, triaxone Kieselspicula; Parenchymula-Larve der Hexactinelliden mit Stauractinen. [4] Parenchymula-Larve der Demospongia; intrazellulär gebildete, tetraxone Kieselspicula. [5] Kalkspicula; Verlust der Kieselspicula; Verlust der Parenchymula-Larve. B System nach BÖGER. [1] Choanocyten; filtrierende Ernährung mit Flagellaten; Archaeocyten; kugelige Kragengeißel-Kammern. [2] Parenchymula-Larve; intracellulär gebildete Kieselspicula. [3] Extracellulär gebildete Kieselspicula. [4] Parenchymula-Larve der Demospongia; tetraxone Kieselspicula. [5] Syncytiale Organisation; sekundäres Reticulum; triaxone Kieselspicula; Parenchymula-Larve der Hexactinelliden mit Stauractinen; Verlust der Porocyten; Verlust der kugeligen Kragengeißelkammern.

Seit Jahrtausenden sind Naturschwämme ein vielseitig genutzter Gebrauchsgegenstand. Ihre Saugfähigkeit konnte bisher von keinem synthetischen Produkt erreicht werden. Gute Badeschwämme können das 25-fache ihres Gewichts an Wasser aufnehmen. Schon im klassischen Alterum findet man auf Vasen und Wandmalereien Darstellungen über die Verwendung von Schwämmen. Im Mittelalter war ein Badeschwamm ein wichtiger liturgischer Gegenstand. Zwar haben Kunststoff-Produkte die Meeresschwämme weitgehend aus den Badezimmern verdrängt, doch Kunsthandwerker – Töpfer, Juweliere und andere, die Farben aufzutragen haben – schätzen nach wie vor das Naturprodukt. Die Gewinnung der Schwämme geschieht meist mit speziellen Schwammgabeln, Grundnetzen oder durch Schwammtaucher. Als Handelssorten werden dabei nur sechs Arten mit über einem Dutzend Varietäten verwendet (BRÜMMER et al. 1994). Die Badeschwammfischerei und -zucht ist heute auf einige Orte im Mittelmeer (Griechenland, Türkei, Tunesien) und in Fernost (Philippinen) beschränkt. Wiederholte Ausbrüche von Schwammkrankheiten (zuletzt

1988/89 im Mittelmeer) machen diese Unternehmen unsicher (VAN SOEST 1996).

Interessanterweise beruhte der Gebrauch, den man von den Schwämmen gelegentlich machte, gerade auf dem Vorhandensein der Kieselnadeln. In früheren Tagen spielte das sog. Badiagapulver, das aus getrockneten und gut gereinigten Süßwasserschwämmen hergestellt wurde, eine nicht unbedeutende Rolle; es wurde in die Haut eingerieben, erzeugte dabei Wärme und sollte dadurch bei rheumatischen Leiden Hilfe leisten. In Rußland wird das Mittel heute noch von Frauen verwendet, um sich „rote Wangen" zu machen. Bis vor dem Weltkrieg wurden Spongillen an homöopathische Apotheken geliefert, weil das Badiagapulver gegen Skrofulose und Neuralgien Verwendung fand. Im Baikalsee bildet ein eigenartiger Schwamm, *Lubomirska baicalensis*, in seichtem Wasser ausgedehnte Überzüge, von welchen sich meterlange, 2,5 cm dicke Zweige im Wasser erheben. Der Schwamm ist in getrocknetem Zustande ungewöhnlich hart; die Nadeln sind sehr rauh und werden durch das Spongin in dicken Bündeln zusammengehalten. Dieses Material, sog. „Morskaja Guba" (Seeschwamm), wird in Irkutsk von Silberschmieden zum Polieren von Kupfer, Messing und Silbergegenständen verwendet, überdies auch zum Polieren von Heiligenbildern. Die Spongiennadelschicht, die in einer Stärke von ungefähr 27 cm im unteren Miocän bei Bilin in Nordböhmen gefunden wird, soll im wesentlichen ebenfalls aus Nadeln von Süßwassers bestehen. Dieser Polierschiefer – Tripelerde – hat als Poliermittel eine bedeutende Rolle gespielt (WESENBERG-LUND 1939).

In neuerer Zeit sind die Schwämme wieder vermehrt ins Blickfeld von Wissenschaft und Industrie gerückt. Besonderes Interesse erwecken dabei eine Reihe von über 400 biologisch aktiven Substanzen (PROKSCH 1991; BRÜMMER et al. 1997; MÜLLER & SCHRÖDER 1997).

6.3.2 Forschungsschwerpunkte im 20. Jahrhundert

Die gesamt Poriferen-Literatur von 1551-1913 ist in der „Bibliographie of Sponges" (mehr als 3500 Titel!) von VOSMAER (1928) zusammengestellt. Es gibt derzeit keine zuverlässige Schätzung der Artenzahlen bei Schwämmen (VAN SOEST 1996); am häufigsten wird die Ziffer 5000 genannt. Die Anzahl der gültigen Arten der Kalkschwämme ist besonders ungewiß; von BURTON ist sie laut KILIAN (1993) auf 48 reduziert worden. Fossil sind mehr als 400 Arten bekannt, sie waren im Kambrium weit verbreitet und Riffe bildend. Das System der rezenten Kalkschwämme basiert weitgehend auf Weichteil-Merkmalen, Embryonalentwicklung und Larvenformen. Merkmale, welche Fossilfunde nicht liefern können. Das System der fossilen Gruppen basiert daher ausschließlich auf Nadelformen und Skelettbildungen. Eine Vereinigung beider Systeme ist erst bedingt möglich (MÖHN 1984).

Die Demospongea bestehen aus 700 gültige Gattungen mit einer recht ungewissen Anzahl von gültigen Arten. Bei der großen Variabilität der taxonomisch benutzten Skelettelemente ist eine befriedigende Lösung auch erst zu erwarten, wenn ökologische und physiologische Kriterien in die Diagnosen des lebenden Tieres mit eingehen können (KILIAN 1993).

Das System der rezenten Glasschwämme (Hexactinellidea) stützt sich auf den unterschiedlichen Bau der Geißelkammern sowie auf die unterschiedliche Ausbildung der Mikroskleren (MÖHN 1984).

Die stammesgeschichtliche Herkunft der Porifera ist bis heute unbekannt. Mehrfach ist der Versuch unternommen worden, sie von den Geisseltieren Craspedomonadida (syn. Choanoflagellata) abzuleiten. Insbesondere wurde dabei (die nur in wenigen Exemplaren bekannte) *Protospongia haeckeli* in Betracht gezogen (LACKEY 1959). Die äußere Ähnlichkeit dieser Flagellaten mit den Choanocyten ist zwar verblüffend, wenn man aber das Feinbaumuster der jeweiligen Geißeln vergleicht, dann ergeben sich keine Anhaltspunkte für eine direkte Verwandtschaft. Da die Schwämme sich als echte Vielzeller erweisen und da diese wiederum mit sehr großer Wahrscheinlichkeit monophyletisch entstanden sind, muß man die Wurzeln des Stammes Porifera bei denen der Metazoa suchen. Andererseits läßt sich aber auch keiner der rezenten Tier-

Tab. 5:
In Österreich wurden seit 1978 14 neue Schwamm-Gattungen entdeckt.

Actinospongia Mostler 1986
Annaecoelia Senowbari-Daryan 1978
Carinthiaspongus Krainer & Mostler 1992
Costamorpha Mostler 1986
Criccophorina Mostler 1986
Krainerella Krainer & Mostler 1992
Leinia Senowbari-Daryan 1990
Paelospongia Mostler 1986
Paradeningeria Senowbari-Daryan & Schäfer 1979
Radiocella Senowbari-Daryan & Wurm 1994
Salzburgia Senowbari-Daryan & Schäfer 1979
Scotospongia Krainer & Mostler 1992
Uvacoelia Kugel 1987
Zanklithalamia Senowbari-Daryan 1990

stämme direkt von den Schwämmen ableiten (Kilian 1993).

Neue paläontologische, cytologische und molekularbiologische Befunde sowie eine verstärkt phylogenetische Betrachtung der klassischen Merkmale haben zu größeren Veränderungen des traditionellen Systems der Porifera geführt (Bergquist 1978; Fry 1979; Hartmann et al. 1980; Weissenfels 1989; Borjevic et al. 1990; Senowbari-Daryan 1990; Reitner & Keupp 1991; Vos et al. 1991; Kilian 1993; Hooper & Wiedenmayer 1994; van Soest et al. 1994; Boury-Esnault & Rützler 1997). Drei Taxa werden heute allgemein als monophyletische Einheiten im System der Schwämme akzeptiert – Demospongea, Calcarea und Hexactinellidea. Ihre phylogenetische Stellung zueinander wird aber kontrovers gesehen (vgl. van Soest 1996). Eine Gruppe von Autoren betrachtet die Hexactinelliden und Demospongien als Schwestergruppen (Abb. 28). Die Stammart der beiden Taxa müßte danach die Ausbildung von SiO_2-Spicula, die sowohl Hexantinelliden als auch Demospongien auszeichnen, erworben haben. Als weiteres synapomorphes Merkmal werden Übereinstimmungen in der Larvenmorphologie (Parenchymula) beider Gruppen angesehen, deren Homologie allerdings noch weitgehend unklar ist. Die zweite Verwandtschaftshypothese sieht Demospongien und Calcareen als Schwestergruppen und stellt sie den Hexactinelliden gegenüber (Abb. 28). Hierfür sprechen die großen cytologisch-histologischen Unterschiede, die auch bei der Diskussion um ein einheitliches Taxon

Tab. 6:
In Österreich wurden seit 1978 36 neue Schwamm-Arten entdeckt.

Actinospongia hexagona Mostler 1986
Annaecoelia interiecta Senowbari-Daryan & Schäfer 1979
Annaecolia maxima Senowbari-Daryan 1978
Annaecoelia mirabilis Senowbari-Daryan & Schäfer 1979
Carinthiaspongus ramosus Krainer & Mostler 1992
Chaetetopsis favositiformis Reitner & Follmi 1991
Cinnabaria adnetensis Senowbari-Daryan 1990
Colospongia pramollensis Kugel 1987
Colospongia bimuralis Senowbari-Daryan 1978
Costamorpha tetraradiata Mostler 1986
Costamorpha zlambachensis Mostler 1986
Criccophorina praelonga Mostler 1986
Cryptocoelia wurmi Senowbari-Daryan & Dullo 1980
Dictyocoelia manon invesiculosa Senowbari-Daryan 1978
Enoplocoelia gosaukammensis Senowbari-Daryan 1994
Follicatena irregularis Senowbari-Daryan & Schäfer 1978
Krainerella ingridae Krainer & Mostler 1992
Leinia schneebergensis Senowbari-Daryan 1990
Menathalamia lehmanni Engeser & Neumann 1986
Paelospongia longiradiata Mostler 1986
Paelospongia turgida Mostler 1986
Paradeningeria alpina Senowbari-Daryan & Schäfer 1979
Paradeningeria gruberensis Senowbari-Daryan & Schäfer 1979
Paradeningeria weyli Senowbari-Daryan & Schäfer 1979
Radiocella prima Senowbari-Daryan & Wurm 1994
Salzburgia variabilis Senowbari-Daryan & Schäfer 1979
Scotospongia aculeata Krainer & Mostler 1992
Solenolmia magna Senowbari-Daryan & Riedel 1987
Solenolmia radiata Senowbari-Daryan & Riedel 1987
Uvacoelia schellwieni Kugel 1987
Verticillites gruberensis Senowbari-Daryan 1978
Vesicocaulis triadicus Flügel, Lein & Senowbari-Daryan 1978
Welteria rhaetica Senowbari-Daryan 1990
Zanklithalamia alpina Senowbari-Daryan 1990
Zanklithalamia gigantea Senowbari-Daryan 1990
Zanklithalamia multisiphonata Senowbari-Daryan 1990

Porifera die entscheidende Rolle spielen [z. B. diskrete Zellen/Symplasma; verschiedene Kragengeißelkammern].

In den vergangenen 20 Jahren erschienen 11 Arbeiten mit Beschreibungen von 36 neuen Schwammarten, darunter 14 neue Gattungen, die in Österreich entdeckt wurden (Tab. 5, 6; Flügel et al. 1978; Senowbari-Daryan 1978, 1990, 1994; Senowbari-Daryan & Schäfer 1978, 1979; Senowbari-Daryan & Dullo 1980; Engeser & Neumann 1986; Mostler 1986; Kugel 1987; Senowbari-Daryan & Riedel 1987; Reitner & Follmi 1991; Krainer & Mostler 1992; Senowbari-Daryan & Wurm 1994). Weltweit wurden von 1985-1996 3462 Arbeiten veröffentlicht, wovon lediglich 263 (7,6 %) Artikel taxonomischen Inhalts sind; pro Jahr werden zuweilen bis zu 200 neue Arten beschrieben (Abb. 39-41). Wichtige Übersichtsarbeiten sind PENNEY (1969), BERGQUIST (1978), PEJVE et al. (1981), BOROJEVIC et al. (1990), HARRISON & WESTFALL (1991), KILIAN (1993), OEKENTROP-KÜSTER (1993, 1994), BOURY-ESNAULT & RÜTZLER (1997) und WATANABE & FUSETANI (1998). Nur wenige Untersuchungen behandeln noch Gattungen und/oder Arten, die HAECKEL entdeckt hat (PULITZER-FINALI 1981; BOROJEVIC & BOURY-ESNAULT 1987; BOROJEVIC et al. 1990; KLAUTAU et al. 1994). In anderen Fällen wird die Einziehung von Namen vorgeschlagen, weil sich die Arten als nicht unterscheidbar erwiesen haben (HOOPER & WIEDENMAYR 1994).

6.4 Die Nesseltiere

6.4.1 Biologie und Bedeutung

Die Nesseltiere treten in zwei sehr verschiedenen Grundformen auf, dem festsitzenden Polypen und der frei schwimmenden Meduse oder Qualle (Abb. 29). Die meist schlauch- oder sackförmige Polypen besitzen am oberen Ende eine als Mund und After fungierende Körperöffnung, die von Tentakeln umgeben ist. Der Aufbau ist denkbar einfach: Der Schlauch besteht aus Außen- und Innenhaut (Ekto- und Entoderm), beide werden durch eine Zwischenschicht (Mesogloea) verbunden. Die Außen- wie Innenhaut sind für die Körperfunktionen, wie etwa Atmung und Exkretion, verantwortlich, zudem enthalten sie Muskel-, Nessel- und netzartig verknüpfte Nervenzellen. Das Körperinnere besteht aus einem durch Längsfalten (Septen) gegliederten Hohlraum, dem Gastralraum. Von diesem Aufbau abgeleitet ist die Organisation der Meduse: Sie ist im Grunde genommen ein auf den Kopf gestellter, freischwimmender Polyp (Abb. 29). Fußscheibe und Körper werden zur Oberseite (Exumbrella) des Schirms (Umbrella), das Mundfeld wird zur Unterseite (Subumbrella). Die Mesogloea ist hier viel mächtiger ausgebildet, da sie formgebende Funktionen übernimmt. Der Rand des Schirms trägt Tentakel und Sinnesorgane. Die Körperöffnung liegt auf dem Stiel (Manubrium), der in den Gastralraum führt. Die Meduse schwimmt durch rhythmisches Zusammenziehen des Schirmes (Rückstoß-Prinzip) (BRÜMMER et al. 1994).

Namengebend für den ganzen Tierstamm sind die Nesselzellen (Nematocyten, Abb. 30). Sie liegen vorwiegend in der Außenhaut, dort besonders zahlreich in den Hauptorganen des Beuteerwerbs, den Tentakeln. In den Nesselzellen werden Nesselkapseln (Cnidocysten) gebildet. Diese Kapseln sind Abkömmlinge des zu den Zellorganellen gehörenden Golgi-Apparates und zählen zu den kompliziertesten Absonderungsgebilden, die im Tierreich von Zellen erzeugt werden. Abhängig von der Funktion unterscheidet man drei Typen von Nesselkapseln: Durchschlagskapseln (Penetranten), Klebkapseln (Glutinanten) und Wickelkapseln (Volventen). Die Nesselkapsel ist je nach Kapseltyp von kugeliger bis zylindrischer Gestalt und zwischen 5-100 µm groß. Aufgrund der charakteristischen Struktur und Bedornung des entladenen Nesselschlauches werden heute mehr als 25 verschiedene Kapseltypen unterschieden (HOLSTEIN 1995a, b). Bei den meisten Nesseltieren finden sich mehrere Nesseltypen – ihre Gesamtheit (Cnidom) wird zur Artbestimmung mit herangezogen.

Die Nessel- oder Stilettkapsel enthält einen aufgerollten Faden und ist durch einen Deckel verschlossen (Abb. 30). Der schlauchartige hohle Faden ist handschuhfingerartig eingestülpt und enthält ein starkes Gift. Wird der kleine Entladungsstift der Nesselzelle berührt, explodiert das Gebilde. Der Deckel der Kapsel springt hoch, und der Faden wird, sich umkrempelnd, mit einer Beschleunigung von 400.000 m/s^2 herausgeschleudert (zum Vergleich: die Beschleunigung in der bemannten Raumfahrt beträgt 60-100 m/s^2 und 500.000 m/s^2 bei einem Geschoss im Gewehrlauf). **Dies ist eine der schnellsten Bewegungen im Tierreich!** Stilettartig zusammengelegte Stacheln am Grunde des Fadens durchschlagen zuerst die Haut der Beute, klappen auseinander, erweitern dadurch die Wunde und verankern den nun sich in die Wunde weiter ausstülpenden Schlauch. Durch feine Poren im Faden tritt jetzt das Gift in das Beutetier über, lähmt und tötet dieses.

Die Gifte der Nematocyten gehören zu den potentesten Giften, die im Tierreich bekannt sind und bestehen aus mehreren relativ niedermolekularen Polypeptiden, die insbesondere gegen Krebstiere (Crustaceen) toxisch wirken, also ganz eindeutig dem Beutefang dienen. Die Symptome der Vergiftung beim Menschen variieren je nach Species, Stelle des Stiches und der Empfindlichkeit der Person. Das Gift der meisten Schirmquallen (Scyphozoa) ist, wie z. B. der an der Nord- und Ostseeküste vorkommenden *Cyanea*, relativ harmlos; der von anderen *Cyanea*-, *Catostylus*-, *Chrysaora*- und *Physalis*-Arten ist ausgesprochen schmerzhaft und erzeugt auch allgemeine Symptome wie primären Schock, Kollaps, Kopfschmerzen, Schüttelfrost und Fieber, in schweren Fällen auch Muskelkräpfe, Atemnot, Lähmungen und schließlich Tod durch Herzstillstand (vgl. HABERMEHL 1994; WILLIAMSON et al. 1996). Todesfälle kommen vor allem in tropischen Meeren immer wieder vor. Stürme schwemmen hie und da große Mengen von Medusen an den Strand. Auch diese scheinbar toten Tiere vermögen oft noch empfindlich zu nesseln. Am besten läßt man die Hände weg von den „Gallertklumpen“; denn auf Anhieb ist nicht mit Sicherheit festzustellen, ob es sich um eine gefährliche oder um eine harmlose Art handelt. Will man die Tiere trotzdem beobachten, so dreht man sie mit irgendeinem Instrument um.

Als Erste Hilfe sind die Tentakel und der Nematocysten tragende Schleim zu inaktivieren; dies kann mit Alkohol, 10 %em Formalin, verdünnter Ammoniaklösung (Salmiakgeist) oder Natriumbicarbonat geschehen. Steht davon nichts zur Verfügung, so können auch Zucker, Salz, Olivenöl oder trockener (!) Sand auf die betroffene Körperfläche verteilt werden. Die Substanzen müssen antrocknen, bevor der Schleim bzw. die Tentakel mit einem Messerrücken, eine Stück Holz oder dergleichen abgeschabt werden. Frisches Wasser wie auch nasser Sand sind kontraindiziert. In schweren Fällen mit Kollaps muß der Patient auf den Rücken gelegt werden; künstliche Atmung und Herzmassage sollten folgen. Zur Verhinderung der Giftaufnahme im Körper kann das betroffene Glied abgebunden werden. Weitere Maßnahmen erstrecken sich auf Schmerzlinderung, Behandlung neurotoxi-

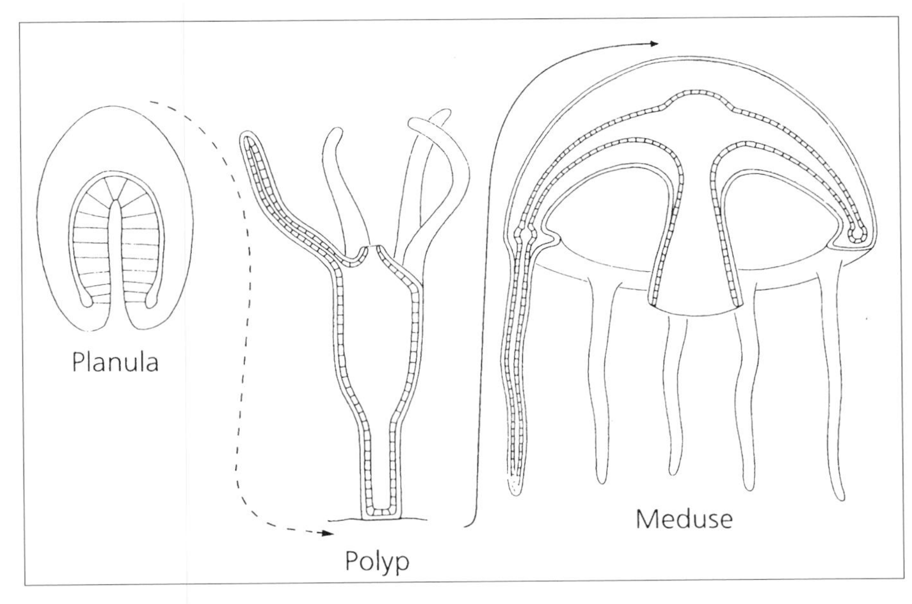

Abb. 29:
Schema der Entwicklung und der Organisation der drei wichtigsten Stadien im Lebenszyklus der Nesseltiere (aus SCHÄFER 1996: 145). Die gestrichelte Linie gibt die Orientierung bei der Festheftung an. Die durchgehende Linie bezeichnet die morphologische Entsprechung zwischen Polyp und Meduse. Ektodermale Epidermis hell, entodermale Gastrodermis zellulär, Mesogloea punktiert.

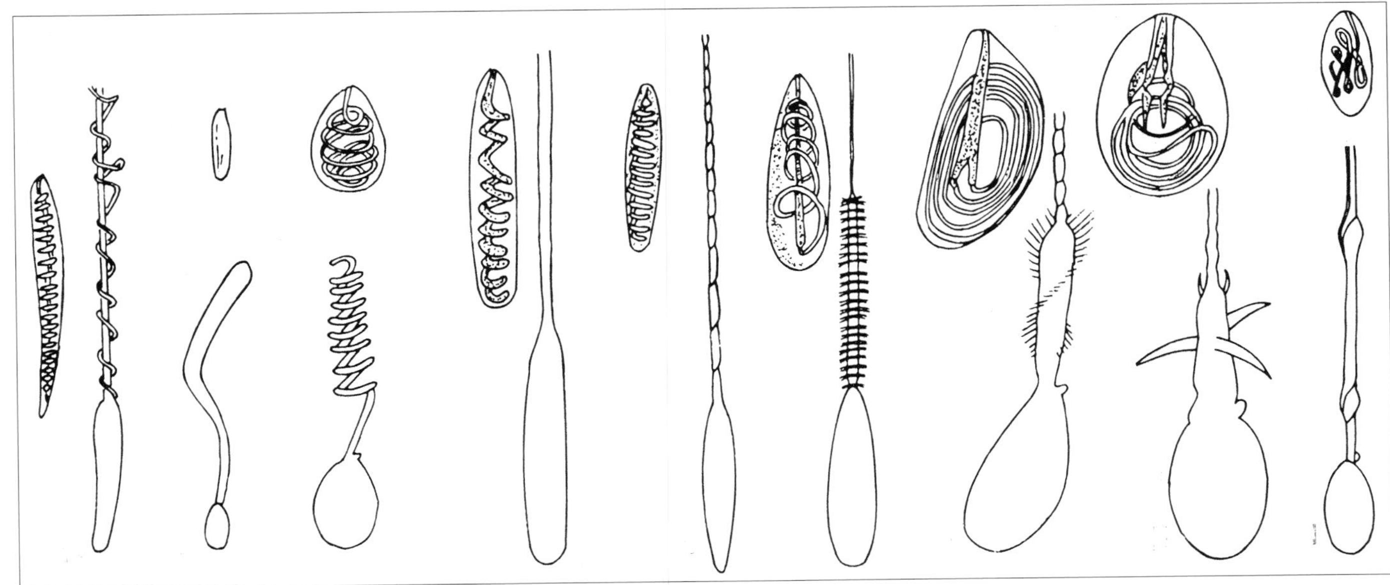

Abb. 30:
Nesselkapseltypen (aus SCHÄFER 1996: 150).

Abb. 31-34:
Glasmodelle von Leopold und Rudolph Blaschka aus Nordböhmen, gefertigt in der zweiten Hälfte des 19. Jahrhunderts. Die Aufnahmen stammen von der Sammlung des Institutes für Zoologie der Universität Wien.

31: *Cladonema radiatum* oder Aquarienmeduse.

32: *Forskalia edwardsi*.

33: Die Kompaßqualle *Chrysaora hysoscella* (Schirmdurchmesser bis 30 cm) tritt oft im Atlantik, in der Nordsee und im Mittelmeer in Scharen auf. Sie besitzt 16 gelb bis rotbraun gefärbte Radialbänder, die ihr den deutschen Namen eingetragen haben, da diese Verziehrung Ähnlichkeit mit der Windrose eines Kompasses hat.

34: *Cestus veneris* oder Venusgürtel. Normalerweise stehen diese Rippenquallen lange Zeit unbeweglich oder schwimmen langausgestreckt wie ein Lineal im Wasser, weswegen diese Tiere bei den Fischern auch als Meerschwert bezeichnet werden. Man kann ihre durchsichtigen Körper dann kaum erkennen und sieht eigentlich nur einen über die obere Kante huschenden, grüngoldenen Schimmer, der durch die Interferenzwirkung der Wimperplättchen erzeugt wird. Nachts bieten diese Tiere einen wunderbaren Anblick, der mit zu den schönsten Erscheinungen gehört, die im Meer auftreten. Fotos: Nemeschkal.

31

31

33

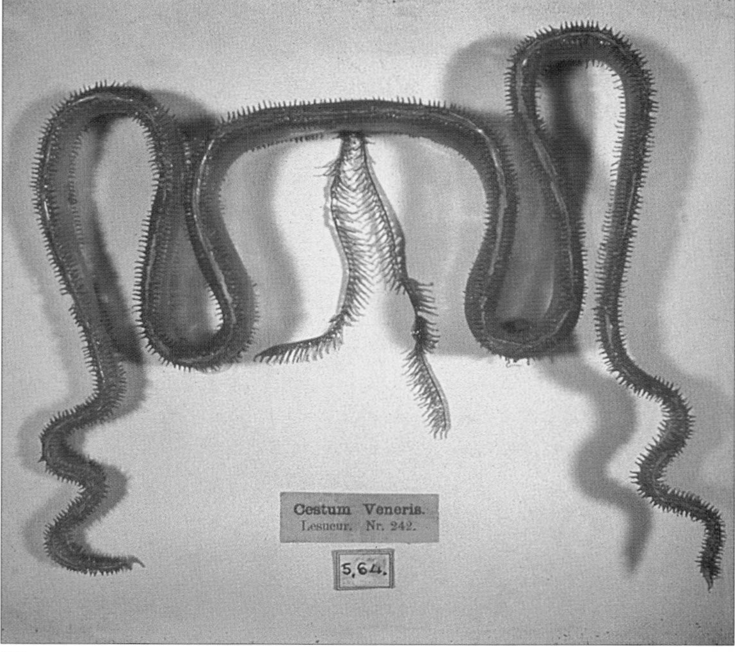

34

scher Effekte und die Kontrolle des primären Schocks. Morphinsulfat hat sich als schmerzlinderndes Mittel bewährt. Injektionen von Calciumgluconat heben Muskelkrämpfe rasch auf (Habermehl 1994; Williamson et al. 1996).

Vom Ernährungstyp her sind Nesseltiere Tentakelfänger und Schlinger. Zu den Beutetieren gehören v. a. kleine Krebse, aber auch winzige Würmer und sogar Fischbrut. In den letzten Jahren mehren sich die Anzeichen dafür, daß ihre Häufigkeit zunimmt, was entweder mit verstärkten Umweltbelastungen oder mit der Überfischung vieler Meeresgebiete erklärt wird. Da sich das Futterspektrum der Medusen mit dem vieler kommerziell genutzter Fischarten überschneidet, würde eine Dezimierung der Fischbestände mehr Futter für die Nesseltiere übrig lassen, die ja selbst nicht gefangen werden (Sommer 1996).

Trotz ihrer Nesselzellen haben auch Medusen Freßfeinde, z. B. Seeschildkröten, Schnecken und Fische (BRÜMMER et al. 1994).

Nesseltiere pflanzen sich geschlechtlich und ungeschlechtlich fort. Bei den Korallen oder Blumentieren (Anthozoa) übernimmt der Polyp beide Formen, hier gibt es keine Medusengeneration. Bei den übrigen drei Klassen (Hydrozoa, Cubozoa und Scyphozoa) gibt es einen sogenannten Generationswechsel (Metagenese): Der Polyp schnürt ungeschlechtlich Medusen ab, die hier Träger der Keimzellen und somit zuständig für die geschlechtliche Fortpflanzung sind. Es entsteht eine Larve (Planula), die zu einem neuen Polypen heranwächst. Während Larven und Medusen immer freibewegliche Einzelindividuen sind, bilden Polypen infolge der ungeschlechtlichen Vermehrung oft Kolonien, wobei sich die Tochterorganismen nicht vollständig trennen. Einige Seeanemonen sind lebendgebährend: Sie entlassen fertig ausgebildete Polypen ins Wasser. Schirmquallen sind fast alle getrenntgeschlechtlich. Die Spermatozoen werden ins freie Wasser abgegeben, die Befruchtung der Eizellen erfolgt im Inneren der weiblichen Meduse, dort erfolgt auch die Brutpflege, d. h. die befruchteten Eizellen verbleiben bis zur fertigen Planula-Larve in der erwachsenen Meduse. Die Larve wandelt sich nach einer kurzen pelagischen Phase zum kleinen, unscheinbaren Polypen um, der dann wiederum durch Querteilung (Strobilation) viele Medusen abschnürt oder sich durch Knospung ungeschlechtlich vermehrt (vgl. BRÜMMER et al. 1994).

Die Anthozoa, mit über 6100 Species die artenreichste Klasse der Nesseltiere, leben ausschließlich im Meer entweder als Einzelpolypen oder zu Kolonien vereinigt (Abb. 17, 35, 36). Die Skelettentwicklung reicht von einfachen Kalknadeln (Skleriten) bis zum kompakten Achsenskelett. Die Entstehung der herrlichen Korallenriffe wäre ohne die Symbiose der Korallen mit einzelligen Algen (Zooxanthellen) nicht möglich gewesen, denn erst die Algen bewirken eine erhöhte Kalkproduktion. Die Algen profitieren vom Schutz durch die Nesseltiere und werden dort besser mit dem für ihre Photosynthese notwendigen Kohlendioxyd versorgt. Die Korallen werden von den Algen mit Nährstoffen versorgt. Wenn die Polypen gestreßt werden, z. B. durch zu starke Erwärmung des Wassers oder zu hohe UV-Strahlung, dann trennen sie sich von ihren Algen und gehen kurze Zeit später ein. Übrig bleiben nur die weißen Kalkskelette (coral bleaching).

Abb. 35:
Die Pilzkoralle *Fungia patella*. Foto: PLASS.

Abb. 36: *Tubastraea sp.* ist eine in Riffen des Indopazifiks weit verbreitete Korallenart. Foto: BLATTERER.

Die Abhängigkeit der Korallen von den Algen schränkt – neben der Temperatur (mindestens 20° C) – die Verbreitung der Korallenriffe ein: Nur wo es genug Licht für die Algen gibt, d. h. in lichtdurchfluteten, tropischen Meeren bis in eine Tiefe von etwa 60 m, können Riffe wachsen. Zur Bildung ihrer umfänglichen Skelette brauchen sie ständig frisches Wasser, das ihnen neben Nahrung und Sauerstoff auch Kalk zuführt. Deshalb wachsen die Korallen an der Seeseite einer Brandungszone oft besser als nach dem Land zu. Nur 0,5-3 cm beträgt der jährliche Zuwachs der Skelettmasse, den eine kaum 1 cm dicke Polypenschicht erzeugt.

Daraus kann man das Alter der gewaltigen Korallenriffe berechnen. Ein 36 m starkes Riff z. B. muß demnach mindestens 1200 Jahre alt sein. Heute gibt es Korallenkalke in Gebirgen

Abb. 37:
Die Süßwassermeduse *Craspedacusta sowerbi* kann einen Schirmdurchmesser von über 2 cm erreichen. Der Schirm bleibt flach und ist im ausgewachsenen Zustand am Rand mit 614 Tentakeln bestanden. Diese Species wurde aus Südamerika eingeschleppt und tritt in Wassergräben, Teichen, Gewächshausbecken im Sommer oft massenhaft auf. Die Suche nach dem zugehörigen Polypen war eine langwierige Angelegenheit; schließlich entdeckte man das tentakellose unscheinbare Wesen von knapp 2 mm Länge. Dieses Exemplar stammt aus Teichen bei Alkoven in Oberösterreich. Foto: GANGL.

von über 3000 m Höhe und bis zu einer Tiefe von über 1000 m. Diese Gegenden müssen also einst tropisches Meer mit für Korallen günstigen Lebensbedingungen gewesen sein (BRÜMMER et al. 1994).

Die 200 Arten der Schirmquallen (Scyphozoa) gehören vor allem wegen der großen scheibenförmigen Medusen (Schirmdurchmesser 20-60 cm, selten 2 m) zu den bekanntesten Vertretern der Nesseltiere (Abb. 15, 31, 33). Die nur wenige Millimeter großen Scyphopolypen bleiben demgegenüber recht unscheinbar (SCHÄFER 1996a). Die Gallertmaße des Schirmes ist zellhaltig. Die Zellen stammen aus der Außenhaut und bilden gleichsam eine dritte Körperschicht (Mesogloea), die allerdings nicht mit dem mittleren Keimblatt (Mesoderm) verglichen werden darf. Dank der Zelleinlagerung erhält die Gallerte eine fast knorpelähnliche Beschaffenheit; dadurch widersteht der Körper eher den mechanischen Beanspruchungen. Trotzdem haben auch diese Nesseltiere einen Wassergehalt von rund 94 %. Sie besitzen am Schirmrand eine kräftige Ringmuskulatur, die für die Kontraktion beim Schwimmen sorgt. Der Schirmrand selbst ist durch Einkerbungen in Randlappen gegliedert. Durch asymmetrisches Schlagen der Randlappen sind Richtungsänderungen möglich, wirken aber unbeholfen. Sinnesorgane zwischen den Randlappen (Rhopalien) enthalten meist einfach Augen, Chemorezeptoren und Mineraleinlagerungen, die als Schweressinnesorgan (Statolith) dienen (BRÜMMER et al. 1994).

Die Würfelquallen (Cubozoa) sind mit nicht einmal 20 Arten die kleinste Klasse der Nesseltiere und wurden früher zu den Scyphozoa gerechnet, Polypen und Medusen weisen jedoch tiefgreifende Unterschiede auf (WERNER 1975). Der Schirm ist dem Namen entsprechend etwa würfelförmig, die Tentakel sitzen nur an den vier Ecken. Zudem besitzen sie Becher- und hochentwickelte Linsenaugen. Sie reagieren positiv auf Licht und meiden dunkle Schatten. Würfelquallen sind schnelle und gewandte Schwimmer, die durch den ausgestoßenen Wasserstrahl die Schwimmrichtung bestimmen können (BRÜMMER et al. 1994). Würfelquallen bewohnen tropische, inselreiche Meere mit ausgedehnten Schelfgebieten, z. B. die Ostküste Australiens und die Karibik. Besonders häufig sind diese gefürchteten, oft tödlich nesselnden Tiere in Häfen, Flußmündungen oder zwischen Mangrove-Inseln im flachen, bisweilen nährstoffreichen Wasser. Die Seewespen (*Chironex fleckeri* und *Chiropsalmus quadrigatus*) gehören tatsächlich zu den giftigsten Meerestieren der Welt. Es handelt sich bei ihrem Gift um Eiweißstoffe, die kardiotoxisch wirken (BRÜMMER et al. 1994).

Ein deutscher Name für die 4. Klasse der Nesseltiere, die Hydrozoa (Abb. 16, 32, 37), existiert nicht, die Übersetzung „Wassertiere" ist zu allgemein. Unter *Hydra* verstand die griechische Mythologie ein vielköpfiges Untier, das von Herakles mit dem Schwert besiegt wurde. Die Schwierigkeit bei diesem Kampf bestand darin, das Nachwachsen der abgeschlagenen Köpfe zu unterbinden. Stets entstanden nämlich in Windeseile zwei neue aus dem Stumpf. Die Polypen sind sehr klein und im Bau vereinfacht (ihnen fehlen z. B. die Gastralsepten), dafür aber sind sie durch Aufgabenteilung in den Kolonien ungeheuer vielgestaltig. Hydrozoenkolonien werden meist von einer schützenden chitinösen Hülle (Periderm) umgeben, die kalkbildenden Feuerkorallen sind an der Riffbildung beteiligt (BRÜMMER et al. 1994). Die Hydrozoa kommen mit ca. 10 Arten bei uns im Süßwasser vor (SCHMEDTJE & KOHMANN 1992; Abb. 37).

Die Staatsquallen (Siphonophora) sind Wesen von wunderbarer Zartheit und großer Farbenpracht, die oft zu Tausenden im Wasser der warmen Meere dahintreiben und zu phantasievollen Namen, wie „Portugiesische Galeere", „Segler bei dem Winde", anregten. Sie sind die am höchsten differenzierten Nesseltiere. Die Polypen einer Kolonie sind so stark spezialisiert, daß sie fast wie „Organe eines Körpers" wirken. Freß- und Wehrpolypen, Gonophoren, Schwimmglocke (Nectophore) und Gasblase (Pneumatophore), Fangfäden und noch einige Spezialisten mehr bilden einen Tierstock (BRÜMMER et al. 1994).

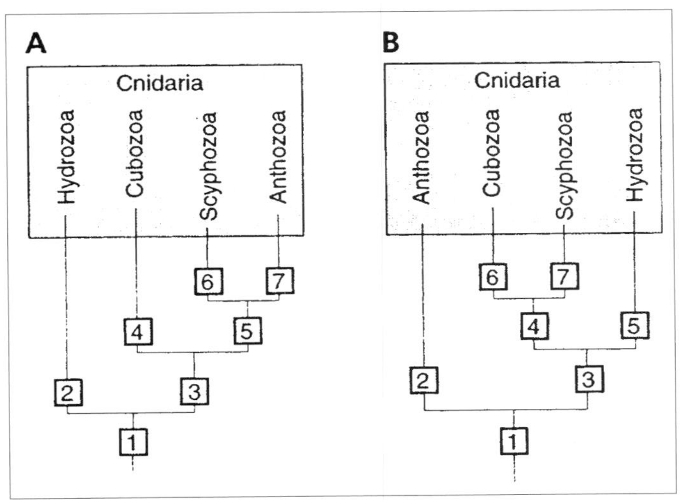

Abb. 38: Verwandtschaftsbeziehungen innerhalb der Nesseltiere (aus SCHÄFER 1996: 154). □ Apomorphien: A [1] Nesselkapseln, Polypen- und Medusengeneration (Metagenese); lineare mtDNA. [2] Ektodermale Gonaden. [3] Medusen mit Rhopalien. [4] Medusen mit Pedalia und Velarium; Medusenbildung durch Metamorphose des Polypen. [5] Polypen mit septiertem Gastralraum. [6] Bildung der Meduse durch terminale Knospung (Strobilation). [7] Verlust der Medusengeneration; Ausbildung von ringförmigem mtDNA; Anklänge an die Bilateralsymmetrie. B Verändert nach SCHUCHERT. [1] Nesselkapseln; Nesselzellen mit Flagellum; Planula-Larve; Polypenstadium. [2] Achtstrahliger Gastralraum; Anklänge an die Bilateralsymmetrie. [3] Nesselzellen mit modifiziertem Flagellum (Cnidocil); mikrobasische Eurytelen; Podocysten; lineare mtDNA. [4] Polypententakel ohne entodermalen Hohlraum; Meduse mit Rhopalien. [5] Höchstentwickeltes Cnidom; ektodermale Gonaden. [6] Medusenbildung durch Metamorphose des Polypen; Meduse mit Pedalia und Velarium. [7] Bildung der Medusen durch terminale Knospung (Strobilation).

Von den Nesseltieren sind die Hydrozoen, Scyphozoa und Anthozoa fossil belegt. Die stockbildenden Formen sind am Aufbau von Riffen beteiligt. Ein Riff ist ein Gesteinskörper, der aus Skeletten von Lebewesen besteht, die an Ort und Stelle übereinander gewachsen sind. Höhepunkte der Korallen-Entfaltung lagen im Silur (490 bis 410 Jahrmillionen vor heute), im Devon (40 bis 350 Jm. v. h.), im Karbon (350 bis 275 Jm. v. h.), in der Kreide (135 bis 70 Jm. v. h.) und im Tertiär (70 bis 1,5 Jm. v. h). In den Nördlichen Kalkalpen sind uns besonders aus der Trias-Zeit (220 bis 190 Jm. v. h.) zahlreiche, sogenannte „Dachsteinkalk-Riffe" fossil überliefert, die zwar aus vielen kleinen „Riff-Knospen" zusammengesetzt aber dennoch oft mehr als 1000 m mächtig wurden, wie zum Beispiel am Hohen Göll (2522 m) in den Berchtesgadener Kalkalpen. In der oberen Jura-Zeit (vor ca. 140 Jahrmillionen) gibt es in Österreich ebenfalls noch „Riffkalke", wie den Plassenkalk, der zum Beispiel die auffallenden Südwände des Schafberges am Wolfgangsee aufbaut; neuere Forschungen ergaben jedoch, daß diese Gesteine keine echten Riffe mehr sind, sondern nur mehr aus geringmächtigen Flachwasser-Bänken bestanden, wie sie heute etwa bei den Bahama-Inseln verbreitet sind. Auch in der Kreide-Zeit verlieren die Riffkorallen in unserem Raum immer mehr an geologischer Bedeutung, und im Tertiär gab es richtige Korallenriffe nur mehr in Südeuropa. Mit dem Rückzug des Meeres aus unserer Gegend und der Einengung des Tropengürtels der Erde zu Beginn der Eiszeit (vor 1,5 Jahrmillionen) zogen sich die Riffkorallen immer weiter in Richtung Äquator zurück und sind heute praktisch auf die Zone zwischen dem 30. Grad nördlicher und südlicher Breite beschränkt (MÜLLER 1993).

6.4.2 *Forschungsschwerpunkte im 20. Jahrhundert*

Weltweit wurden von 1985-1996 9018 Arbeiten veröffentlicht, wovon lediglich 578 (6,4 %) Artikel taxonomischen Inhalts sind; an die 500 neue Arten werden zuweilen pro Jahr beschrieben (Abb. 39-41); die meisten befassen sich mit fossilem Material; wichtige Übersichtsarbeiten sind BIGELOW (1911, 1919), BIGELOW & SEARS (1937), KRAMP (1961), REES (1966), WINSOR (1972), MUSCATINE & LENHOFF (1974), CORNELIUS (1975, 1990), MACKIE (1976), HEDWIG & SCHÄFER (1986), MACKIE et al. (1987), SCHUHMACHER (1988), CALDER (1990), PETERSEN (1990), FAUTIN & MARISCAL (1991), HARRISON & WESTFALL (1991), SVOBODA & CORNELIUS (1991), STEENE (1991), PUGH (1993), OEKENTROP (1993, 1994), SCHUCHERT (1993, 1996), DUMONT (1994), FLÜGEL & HUBMANN (1994), SEBENS (1994), HOLSTEIN (1995a), HUBMANN (1995), VERON (1995), VERVORRT (1995), PIRAINO et al. (1996), STANLEY (1996) und ARAI (1997). In den vergangenen etwa 20 Jahren erschienen vier Arbeiten mit Beschrei-

Tab. 7:
In Österreich wurden seit 1978 10 neue Korallen-Gattungen entdeckt.

Alpinophyllia Roniewicz 1989
Alpinoseris Roniewicz 1989
Coryphyllina Roniewicz 1995
Cyclophyllia Roniewicz 1989
Distichoflabellum Roniewicz 1989
Distichomorpha Roniewicz 1995
Distichopsis Roniewicz 1995
Parastraeomorpha Roniewicz 1989
Seriastraea Schäfer & Senowbari-Daryan 1978
Torusphyllum Flugel & Hubauer 1984

Tab. 8:
In Österreich wurden seit 1978 25 neue Korallen-Arten entdeckt.

Alpinophyllia flexuosa Roniewicz 1989
Alpinoseris dendroidea Roniewicz 1989
Coryphyllina rhaetica Roniewicz 1995
Cuifia columnaris Roniewicz 1995
Cyclophyllia major Roniewicz 1989
Distichoflabellum zapfei Roniewicz 1989
Distichomorpha robusta Roniewicz 1995
Distichophyllia maior Roniewicz 1995
Distichophyllia tabulata Roniewicz 1995
Distichopsis minor Roniewicz 1995
Distichopsis vesiculoseptata Roniewicz 1995
Parastraeomorpha minuscula Roniewicz 1989
Parastraeomorpha similis Roniewicz 1989
Platyaxum (Roseoporella) taenioforme gracile Hubmann 1991
Retiophyllia frechi Roniewicz 1989
Retiophyllia gephyrophora Roniewicz 1989
Retiophyllia gosaviensis Roniewicz 1989
Retiophyllia gracilis Roniewicz 1989
Retiophyllia multiramis Roniewicz 1989
Retiophyllia robusta Roniewicz 1989
Seriastraea crassa Roniewicz 1989
Seriastraea multiphylla Schäfer & Senowbari-Daryan 1978
Stylophyllopsis ramosa Roniewicz 1989
Stylophyllum vesiculatum Roniewicz 1989
Thecosmilia cyclica Schäfer & Senowbari-Daryan 1978

bungen von 25 neuen Korallenarten, darunter 10 neue Gattungen, die in Österreich entdeckt wurden (Tab. 7, 8; Schäfer & Senowbari-Daryan 1978; Roniewicz 1989, 1995; Hubmann 1991). Einige Nesseltiere wurden zu Ehren von Haeckel benannt (Tab. 1, 2). Nur wenige Untersuchungen behandeln noch Gattungen und/oder Arten, die Haeckel entdeckt hat (Stiasny 1922a, b, 1923; Larson 1986; Calder 1990; Petersen 1990; Schuchert 1996). In anderen Fällen wird die Einziehung von Namen vorgeschlagen, weil sich die Arten als nicht unterscheidbar erwiesen haben (Cornelius 1975; Pugh 1983; Pugh & Harbison 1986).

In seiner Synopsis der Medusen der Welt anerkennt Kramp (1961) 12 Ordnungen, 68 Familien, 272 Gattungen und 900 Arten, davon sind 114 Gattungen von Haeckel beschrieben, 46 werden für gültig gehalten, 68 für synonym. Von den Siphonophoren werden von Kirkpatrick & Pugh (1984) an die 150 Arten anerkannt. *Velella velella*, *Porpita porpita* und *Porpema prunella* wurden als selbständige Gruppe, Chondrophorea abgetrennt. Haeckel (1888d) hatte aus diesem Taxon 36 Arten in neun Gattungen anerkannt, von denen sich viele als Entwicklungsstadien von drei Arten erwiesen (Kirkpatrick & Pugh 1984).

Die Diskussion der Cnidaria-Phylogenese konzentriert sich vorwiegend auf die Suche nach dem ursprünglichsten Taxon der rezenten Nesseltiere, wobei sowohl Hydrozoa, Scyphozoa und Anthozoa genannt worden sind (Schäfer 1996a; Abb. 38). Nach einer repräsentativen Analyse von 48 Arten haben die Anthozoa ausnahmslos ein ringförmiges mtDNA-Molekül. Dagegen zeichnen sich die Hydrozoa, Cubozoa und Scyphozoa durch eine lineare Konformation der mtDNA aus (Bridge et al. 1992; Schierwater 1994). Über den Außengruppen-Vergleich ist das bei den Eukaryoten verbreitete ringförmige Molekül leicht als Plesiomorphie bewertbar, was die Interpretation der linearen Ausprägung bei den Hydrozoa, Cubozoa und Scyphozoa als Apomorphie zur Folge hat. Befund und Bewertung erweisen sich als kongruent mit Unterschieden in der Ultrastruktur des Mechanorezeptors von Nesselkapselzellen (Ax 1995).

6.5 Die Rippenquallen (Ctenophora)

Die Bezeichnung „Qualle“ ist irreführend – die Rippen- oder Kammquallen (Ctenophora) sehen den „Quallen“ (Medusen) der Nesseltiere (Cnidaria) nur oberflächlich ähnlich, wurden allerdings mit diesen zusammen lange (auch bei Haeckel und z. B. Krumbach 1923/1925; Muscatine L. & Lenhoff 1974; Mackie 1976) als Hohltiere (Coelenterata) geführt (Abb. 1). Wie diese sind sie nämlich meist durchscheinende, zarte Gebilde, die, je nach Stärke der Strömung, vom Wasser verdriftet werden oder mit eigenem Antrieb schwimmen (Abb. 34). Obwohl die Grundorganisation übereinstimmt, unterscheiden sie sich in Körperform und Lebensweise grundlegend von den Medusen der Nesseltiere, deshalb werden sie heute als eigener Tierstamm gewertet (Ortolani 1989; Harrison & Westfall 1991; Williams et al. 1991; Schäfer 1996b). Rippenquallen besitzen niemals Nesselzellen und haben keinen Generationswechsel zwischen Polyp und Meduse. Auch weisen sie nicht die für Medusen typische Radiärsymmetrie auf: Sie sind disymmetrisch gebaut, ein Spezialfall der Bilateralsymmetrie. An der der Mundöffnung gegenüberliegenden Seite befindet sich das Schweressinnesorgan (Statocyste). Von der Mundöffnung aus führt ein Schlundrohr in den Verdauungsraum (Gastrovaskularsystem). Es gibt, abgesehen von zwei Analporen, keine speziellen Ausscheidungs-, Kreislauf- oder Atmungsorgane.

Die namengebenden „Rippen“ bestehen aus einer Vielzahl miteinander verschmolzenen Cilien (Undulipodien oder Membranellen), die in acht Längsreihen angeordnet sind. Mit synchronisierten Ruderschlägen dieser Cilien schwimmen die Tiere mit der Mundöffnung voran durch das Wasser.

Für den Beutefang besitzen die Rippenquallen zwei vollständig einziehbare Tentakel, die mit Seitenzweigen und Klebzellen (Colloblasten) ausgestattet sind. Sie können bis um das Hundertfache gestreckt werden und treiben dann wie ein Netz im Wasser. Mit diesen klebrigen Wurfschlingen erbeuten sie Kleinkrebschen, kleine Fische, Pfeilwürmer (Chaetognathen) oder auch andere Rippenquallen. Die Tiere gehören allgemein zum Ernährungstypus des Tentakelfängers, lediglich eine Art (*Lampea pancerina*) lebt parasitisch in der Mantelhöhle von Salpen (Thaliacea, Tunicata) (BRÜMMER et al. 1994).

Mit ca. 80 Arten sind die Rippenquallen eine kleine, ausschließlich marine Gruppe. Sie weisen bei klar erkennbar einheitlicher Grundorganisation dennoch eine bemerkenswerte Formenmannigfaltigkeit auf. Die Tiere sind stets skelettlos und solitär. Einige Arten treten massenhaft auf (z. B. die Seestachelbeere *Pleurobrachia pileus*) und behindern als unerwünschter Beifang die Küstenfischerei durch Verstopfen der Netze (SCHÄFER 1996b).

Rippenquallen sind Zwitter und pflanzen sich meist geschlechtlich fort. Die Gonaden liegen neben den Verdauungskanälen, die Eier und Spermien werden durch Poren (Gonophoren) ins Wasser entlassen. Aus der befruchteten Eizelle entwickelt sich eine Larve (Cydippea), die allmählich zum adulten Tier heranwächst. Vegetative Vermehrung ist selten und kommt nur bei kriechenden Formen vor. Eine weitere Ausnahme findet sich bei der lebendgebärenden, sessilen Gattung *Tjalfiella*. Hier findet die Befruchtung im Tier statt, die Nachkommen entwickeln sich in einer besonderen Bruttasche und verlassen diese erst als schwimmfähige kleine Rippenquallen.

Da Rippenquallen kaum fossil erhalten sind, ist die Wissenschaft bei der Erforschung ihrer Evolution auf Vergleiche heute lebender Formen angewiesen. Vermutet wird ein gemeinsamer Vorfahre, aus dem sich Nesseltiere und Rippenquallen dann parallel entwickelt haben (BRÜMMER et al. 1994).

7 Schlußbemerkungen

Im wissenschaftlichen Wirken Ernst HAECKELS in der zweiten Hälfte des 19. Jahrhunderts zeigen sich exemplarisch einige Entwicklungen und Probleme der Biologie, speziell der biologischen Systematik, die auch heute noch unsere Aufmerksamkeit verdienen.

7.1 Von der „klassischen“ Naturgeschichte zur Geschichte der Natur?

Der Begriff „Biologie“ taucht zwar schon um 1800 auf, lange waren damit aber eher deskriptive ordnende Naturgeschichte und ursachensuchende Naturphilosophie gemeint. Die getrennten „biologischen“ Einzelwissenschaften (z. B. Botanik, Zoologie) wurden erst durch DARWINS Evolutionstheorie ab 1859 vereint (vgl. Kap. 3). OSTWALD (1910) teilte Forscher in die zwei Haupttypen, die er im wesentlichen nach ihrer Reaktionsgeschwindigkeit des Geistes unterschied: „Die Klassiker sind die Langsamen, die Romantiker die Geschwinden“. DARWIN gehört zur ersten Gruppe, HAECKEL zweifellos zur zweiten; auch die weitere Charakteristik OSTWALDS trifft auf diesen zu: „Der Romantiker produziert schnell und viel und bedarf daher einer Umgebung, welche die von ihm ausgehenden Anregungen aufnimmt. Diese zu schaffen, gelingt ihm sehr leicht. Denn er ist von Begeisterung erfüllt und vermag sie auf andere zu übertragen“. Dies

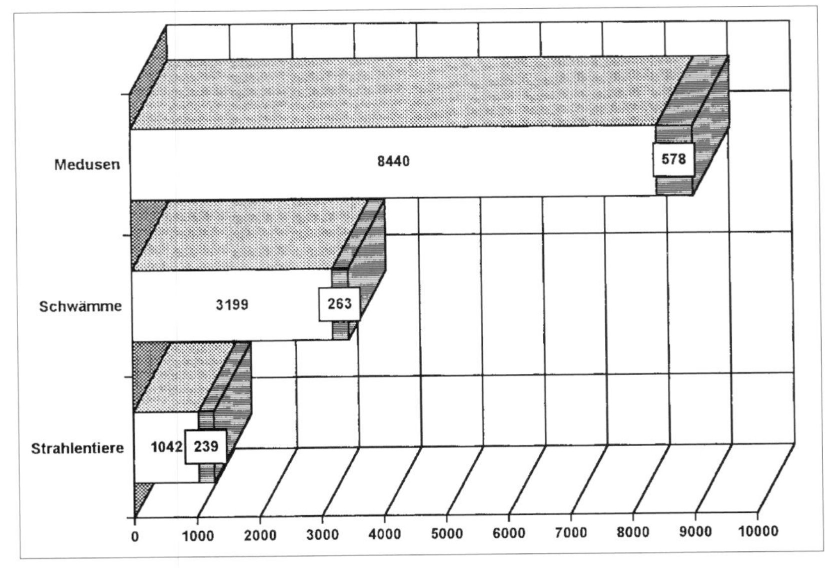

Abb. 39: Anzahl der zwischen 1985 und 1996 veröffentlichten Arbeiten zu ausgewählten Tiergruppen (Original; Quelle: Zoological Record).

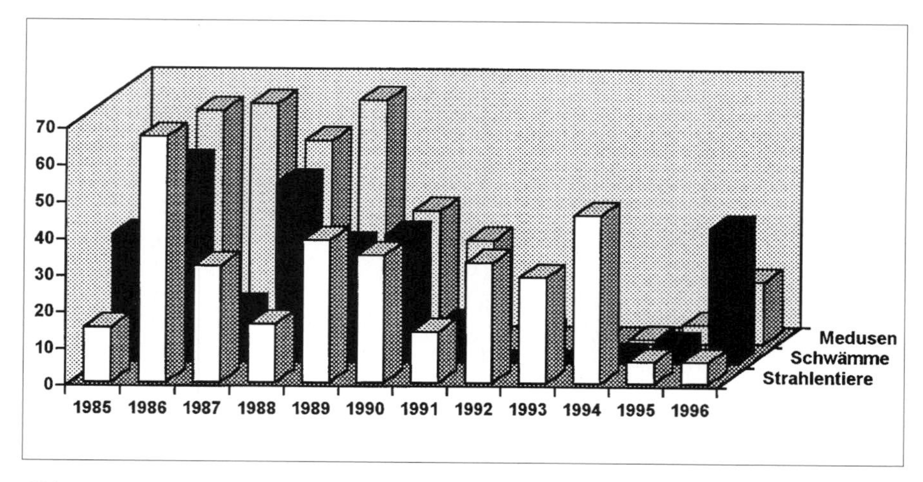

Abb. 40:
Anzahl der zwischen 1985 und 1996 pro Jahr neu beschriebenen Gattungen der ausgewählten Tiergruppen (Original; Quelle: Zoological Record).

hat HAECKEL in zahlreichen Briefen, Vorträgen und populären Schriften bewiesen (vgl. HEMLEBEN 1964; KELLY 1981; KRAUßE 1984; USCHMANN 1984; ERBEN 1990; DAUM 1995). Gleichzeitig verkörpert er den Fortschrittsglauben des 19. Jahrhunderts und das Bestreben, die Rätselhaftigkeit der Welt durch ihre Erklärbarkeit zu ersetzen.

Dementsprechend betrachtete HAECKEL (1866a: 5; s. Kap. 1) das Beschreiben von Arten und ihre Klassifikation als Kunst, da sie (nicht nur) seiner Ansicht nach, auf subjektiven Wertungen (Irrationalem) basiert und nicht der bewußten Nutzung von Gesetzen (Rationalem), wie es die Wissenschaft erfordert. Mit seinem geometrisch-mathematischen Ansatz versuchte er die Verwissenschaftlichung voranzutreiben (s. Kap. 5). In den vieldiskutierten Fälschungsvorwürfen der Theologen aber auch mancher Zoologenkollegen, versuchte man diesen Anspruch und seine akademische Autorität zu untergraben (GURSCH 1981; KEITEL-HOLZ 1984; BENDER 1998; vgl. Beitrag CORLISS in diesem Band).

Das von HAECKEL geleistete Arbeitspensum war erstaunlich und ist im Zeitalter der modernen Medien mit deren Bilderflut schwer nachvollziehbar; allein tausende von Arten zu beobachten, zu zeichnen und fallweise zu benennen, zeugt von „Sitzfleisch“, Konsequenz und Differenzierungssinn. Anfangs versuchte HAECKEL, neben den wissenschaftlichen Bezeichnungen auch leicht verständliche Trivialnamen für den allgemeinen Gebrauch einzuführen (s. Kap. 5), vielleicht aufgrund der Namensflut beschränkte er sich dann auf Übersetzungen für höhere Taxa. Zunehmend wurden deutsche Namen auch als unwissenschaftlich angesehen.

Eine exakte Zahl und Liste der von HAECKEL geschaffenen Namen (und Begriffe vgl. Beitrag SCHALLER in diesem Band) gibt es bis heute nicht; die meisten Gattungsnamen sind im Nomenklator Zoologicus verzeichnet (NEAVE 1939a, b, 1940a, b, 1950; EDWARS & HOPWOOD 1966; EDWARDS & VEVERS 1975; EDWARDS & TOBIAS 1993). Aber selbst hier ist die Aufzeichnung der Gattungs- und Familiennamen unvollständig, weil neue Benennungen auch in einigen eher populärwissenschaftlichen Werken versteckt sind. Zudem stehen in der gesamten Literatur zu HAECKEL fast ausschließlich seine Monographien im Vordergrund, infolgedessen gibt es bis heute leider keine vollständige Bibliographie der kleineren Arbeiten. Da HAECKEL oft die Variabilität der Organismen in verschiedenen Benennungen zum Ausdruck brachte, hatten und werden viele dieser Namen keinen Bestand haben und die in der Literatur angeführten Zahlen, die eigentlich alle auf HAECKELS eigenen Zählungen beruhen, veranschaulichen lediglich seine Produktivität. Die Überprüfung der Berechtigung der einzelnen wissenschaftlichen Namen bleibt natürlich den Spezialisten der jeweiligen Gruppen vorbehalten. Es trifft keineswegs den Kern, wie GOULD (1984: 99) festzustellen: „Ernst HAECKEL ... liebte es, Wörter zu prägen“. Sein Begriffsbildungspotential war zweifellos eine besondere Fähigkeit, aber nicht nur eine persönliche (zu belächelnde) Marotte, denn durch DARWINS Theorie des Artwandels (Transformation) und der gemeinsamen Abstammung (Deszendenz) war die Erfassung der Tier- und Pflanzenbestände in eine neues Stadium getreten, welches es geradezu erfor-

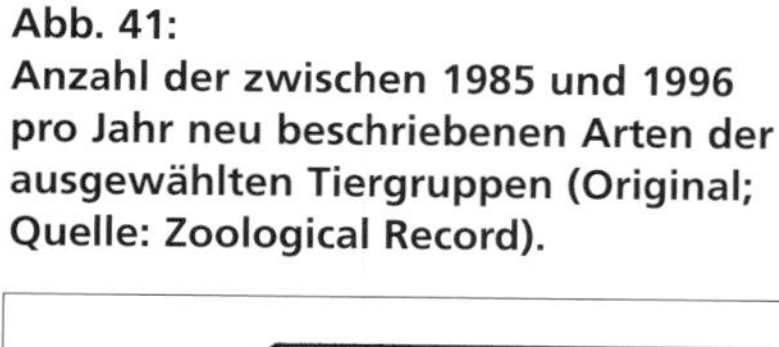
Abb. 41:
Anzahl der zwischen 1985 und 1996 pro Jahr neu beschriebenen Arten der ausgewählten Tiergruppen (Original; Quelle: Zoological Record).

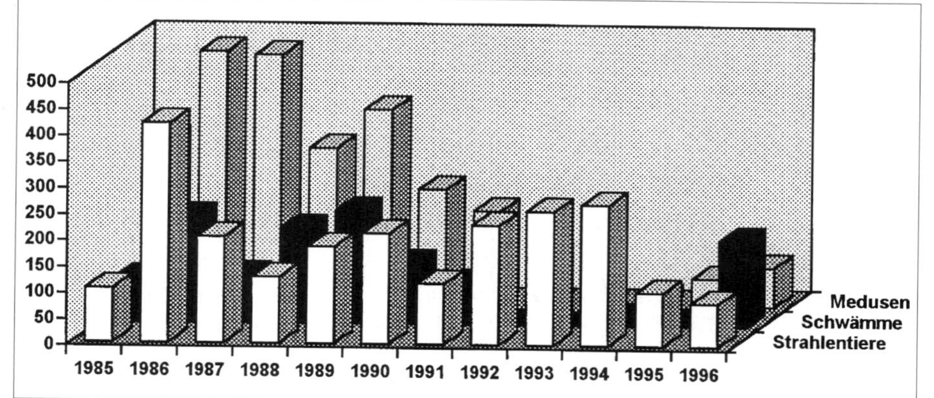

derte, die vielen Zwischenformen (früher als Spielarten der konstanten Art abgetan) zu berücksichtigen und (in einem ersten Überschwang) auch zu benennen. Viele heute als überflüssig betrachtete Namen entstanden auch in Ermangelung weltweit gültige Nomenklaturregeln – das sind gewissermaßen die „Verwaltungsvorschriften" der Systematik (STEININGER 1997) –, die erst 1905 in Kraft traten und die Einmaligkeit, Eindeutigkeit und Stabilität der wissenschaftlichen Namen zum Ziel haben (ICZN 1985; RIDE & YOUNÈS 1986). Die Internationalen Nomenklaturregeln gelten für die Familien- (Überfamilie, Familie, Unterfamilie, Tribus), Gattungs- (Gattung, Untergattung) und Artgruppe (Art, Unterart) (ICZN 1985). Namen oberhalb der Familiengruppe (Ordnung, Klasse, Stamm usw.) sowie unterhalb der Artgruppe (der infrasubspezifischen Formen) finden demnach keine Berücksichtigung; hier herrscht also Willkür vor. Ein weiteres Problem der biologischen Systematik sind die nach wie vor unterschiedlichen Vorschriften der Namengebung für Pflanzen, Tiere und Bakterien (vgl. RIDE & YOUNÈS 1986; MINELLI 1993).

HAECKELS Ablehnung der neuen Methoden[11] und Entdeckungen ist weniger persönliche Schwäche als Ausdruck des Übergangs zwischen zwei Stadien, nämlich der „klassischen" Naturgeschichte (vgl. Kap. 2) und der neuen Naturwissenschaft mit ihren sich schnell differenzierenden Disziplinen (s. unten). Sein monistischer Standpunkt, der die radikale Dichtomie von Subjekt (Geist) und Objekt (Materie) ablehnte, konnte und kann von vielen nicht akzeptiert werden (bezüglich der Schwächen dieses Ansatzes s. Beitrag BREIDBACH in diesem Band). Das Dogma der „objektivierbaren Natur" beruht auf der Annahme, daß es eine von uns getrennte, objektive Realität gibt, die von uns als Beobachtern völlig unabhängig ist. HAECKEL widerspricht diesem Leitbild des „objektiven", unbeeinflußten Wissenschafters, da er die Auswirkungen der affektiven Komponenten auf seinen Entwicklungsprozeß nie bestritt (s. Kap. 5), persönliche Wertungen offen äußerte und häufig die Bedeutung der Hypothesen und Philosophie[12] betonte (vgl. HEBERER 1968; KRAUẞE 1984; USCHMANN 1984; ERBEN 1990; SANDMANN 1995). Seine zuweilen schwärmerische bzw. streitbare Sprache und verstiegenen Gedanken werden heute im Gefolge einer die Forschung prägenden Abkoppelung von emotionalem Einsatz und intellektueller Arbeit fast durchwegs abgelehnt (vgl. Beitrag CORLISS in diesem Band; SANDMANN 1995).

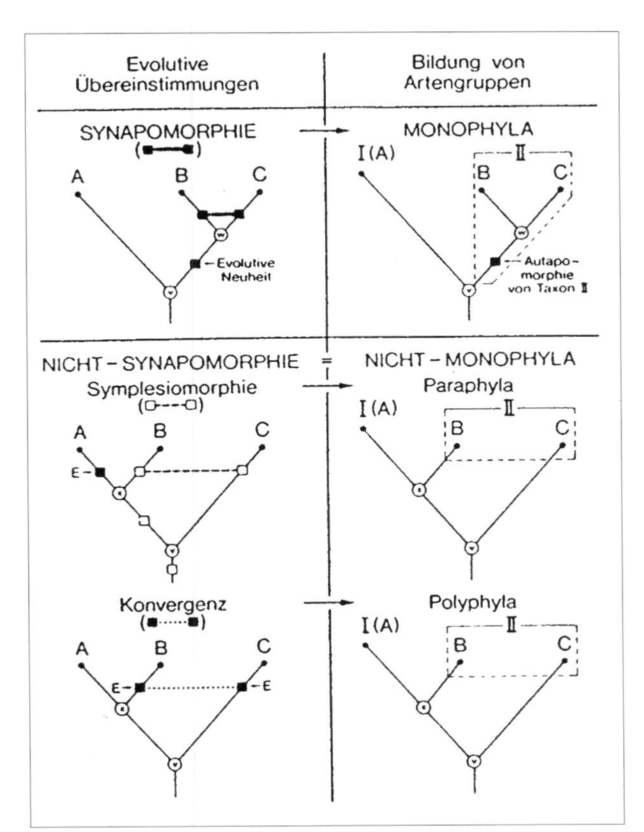

Abb. 42:
Die drei Möglichkeiten evolutiver Übereinstimmung zwischen den Schwesterarten (-gruppen) B und C sowie die an diese Übereinstimmungen gebundene Bildung von Artengruppen (aus AX 1985).

Zögernd wird jedoch erkannt, daß Beobachtung und Beschreibung nie voraussetzungslos geschehen, sondern daß immer (bewußt oder unbewußt) Hypothesen zugrunde liegen. Beobachten ist Auswahl und daher ein aktiver subjektiver Vorgang. Beschreibung, ob sie in Wort, Zahl oder Zeichnung erfolgt, zwingt zur Auseinandersetzung mit dem Objekt, ist selektiv, Abstraktion und damit erste Analyse. Als wissenschaftliche Tätigkeit erfordert sie eine Erfassung des Wesentlichen sowie Unterscheidung und Benennung (s. SUDHAUS & REHFELD 1992). Gleichermaßen wirkt gute taxonomische Arbeit, wie jede gute Wissenschaft, innovativ. Nachvollziehbar bessere Merkmalsauswahl und -bewertung sind Anzeichen hierfür, ebenso ein konziseres Einteilungsschema mit weniger Ausnahmen als zuvor (vgl. STEININGER 1997). In der Physik, der „härtesten" Naturwissenschaft, brachten die Entdeckung der Quantenphysik und der Relativitätstheorie die beiden Dogmen von der eindeutigen Erkennbarkeit und der Objektivierbarkeit ins Wanken. Angesichts der Entwicklungen in der Gentechnik wäre dieses Umdenken speziell in den biologischen Wissenschaften ebenfalls angebracht (vgl. z. B. BAYERTZ 1987).

7.2 Erkenntnistheoretische Fallstricke

HAECKEL (z. B. 1874c: 5) war weitgehend im mechanistischen Denken (z. B. „Phylogenese ist die mechanische Ursache der Ontogenese") gefangen und glaubte, die Lebenserscheinungen physikalischen Gesetzmäßigkeiten unterordnen zu können; so wiederholte er noch nach der Jahrhundertwende (HAECKEL 1906: 5): „Die Biologie (als die Wissenschaft vom Leben der Organismen) ist nur ein Teil der alles umfassenden Physik (mit Einschluß der Chemie, als ‚Physik der Atome')". DI GREGORIO (1985) bezeichnet HAECKEL als „Semidarwinisten", „weil ... die Selektion ‚notwendig' ist für sein generelles System, insofern sie den Aufbau einer mechanistischen Morphologie erlaubt, auch wenn HAECKEL ... sich nie mit der Untersuchung dieses Mechanismus beschäftigte, sondern statt dessen die Produkte des von der Selektion angetriebenen Evolutionsprozesses betrachtete, nämlich die Abstammung – Abstammung an sich, nicht die darwinistischere ‚Abstammung mit Veränderungen'. Dabei behielt er ein aristotelisches Typus-Konzept, das aus der Beobachtung realer Organismen abgeleitet... [war.] Es ist ein dynamisch gedachter Typus, wonach sich das Sein in ständiger Entwicklung befindet, während der platonische als rein geometrischer Typus statisch und zeitlich unveränderlich ist" (s. DI GREGORIO 1985). Vom heutigen Populationsdenken war diese Typologie verständlicherweise noch weit entfernt.

HAECKEL problematisierte die Erwartungen an die biologische Systematik und forderte als Hauptaufgabe die Rekonstruktion und Repräsentation der Entstehung von Organismen-Gruppen, also der Abstammungsgeschichte (Phylogenie). Er schuf dazu keine eigene Forschungsmethode, sondern ging von morphologischen und ontogenetischen Ähnlichkeiten aus und deutete diese deszendenztheoretisch um (vgl. REMANE 1956; WEBERLING & STÜTZEL 1993). HAECKEL begründete alle Taxa auf ursprünglichen (plesiomorphen) Merkmalen und schloß zwar ihren gemeinsamen Vorfahren, aber nicht alle Nachkommen in die Gruppen ein und schuf so häufig Paraphyla (vgl. Kap. 6.1). Ähnlichkeitsfeststellungen reichen aber nicht aus, weil konvergente, ursprüngliche (plesiomorphe) und abgeleitete homologe (apomorphe) Merkmale unterschieden werden müssen sowie begründete Ablauferklärungen erforderlich sind. Überdies ging HAECKEL immer nur von einer allmählichen, kontinuierlichen und graduellen Artumwandlung ohne Sprünge aus, aber „ein qualitatives Kontinuum [ist] ein Widerspruch in sich selbst. Denn immer da, wo in einer Reihe ein neues **quale**, eine neue Art von Seiendem und nicht nur eine neue Quantität oder ein bloßes Mehr einer allen Gliedern der Reihe gemeinsamen Eigenschaft auftaucht, da liegt eo ipso ein Bruch der Kontinuität vor" (LOVEJOY 1993: 397). Es ist sicher kein Zufall, daß der Neubeginn der Genetik und die Anfänge der Quantentheorie am Anfang des 20. Jahrhunderts zusammenfallen. In beiden Fällen – und hier deutet sich eine Parallelität Physik und Biologie an – wurden unstetige Elemente in der Natur entdeckt und akzeptiert. Bis dahin dachte man mehr an einen kontinuierlichen und allmählichen Charakter der Naturvorgänge (vgl. FISCHER 1987).

Die Einführung der Kategorien Art, Gattung, Ordnung und Klasse in die Gliederung der lebenden Natur ist oft als epochale Leistung und bleibender Verdienst von LINNÉ in der historischen Entwicklung der biologischen Systematik apostrophiert worden, aber schon HAECKEL betonte immer wieder die Künstlichkeit und Relativität der Kategorien (s. Kap. 4). Bis heute lassen sich keine objektiven Kriterien angeben (s. unten), was z. B. in einer Familie und was in einer Unterfamilie zu vereinigen ist. Die Abgrenzung der genannten Kategorien erfolgt daher konventionell, und jedes System fällt so durchaus verschieden aus, je nachdem wie der Bearbeiter die einzelnen Merkmale wertet. Allerdings unternahm es HAECKEL, die Kategorien voneinander abzuleiten (Abb. 1, 11), aber in der lebenden Natur geht keine Kategorie aus einer anderen Kategorie hervor, gibt auch keine einzige supraspezifische Einheit der nächsten ihren Ursprung. Geschlossene Abstammungsgemeinschaften enstehen als reale Naturkörper grundsätzlich nur aus der Spaltung einzelner Arten (s. AX 1984, 1985, 1995). Besonders Vertreter der phylogenetischen Systematik stehen den LINNÉschen Kategorien kritisch gegenüber, da „wir dadurch einmal mehr vor Klassen der Logik [stehen], für welche es noch nicht einmal gescheite Definitionen gibt" (AX 1985: 10). Die Verwendung von Kategorien mit konventionell vereinbarter Abfolge ist ein leerer Formalismus ohne wissenschaftlichen Wert. Dementsprechend gibt es keinerlei rationale Legitimation, eine konkrete Abstammungsgemeinschaft der Natur mit einer bestimmten Kategorie zu versehen. HAECKELS Simplifizierung beruht verständlicherweise auch auf der Vermischung von Kategorie und Taxon; denn diese Unterscheidung wurde nicht vor 1950 durchgeführt. **Taxa** sind Einheiten des Systems, ein unterscheidbares Objekt in der Natur, das erkannt und beschrieben werden kann; **Kategorien** sind Etiketten der Taxa, ein beliebig zugewiesener Status. Kategorien werden also Taxa beigefügt, um deren Rang in der Hierarchie der Klassifikation zu kennzeichnen. Die Kategorie Art ist besonders hervorzuheben, weil sie als einzige naturgegebene Kategorie (nicht wie bei HAECKEL der Stamm) das Grundelement des zoologischen Systems darstellt. Allerdings wird in der gegenwärtigen Literatur immer noch gelegentlich der Ausdruck „Kategorie" benutzt, wo Taxon richtig wäre (s. MAYR 1984).

Vielfach wurde und wird die Forderung nach leicht handhabbaren, praktischen, übersichtlichen und selbstverständlich stabilen Organismensystemen geäußert. Dahinter steckt oft das Ideal eines geräumigen Aktenschrankes, der alle Akten („Species") enthält mit allen erforderlichen Informationen. Das ist unmöglich, denn allein durch neue Entdeckungen und/oder Hypothesen ergeben sich ständig Änderungen, wie in jeder „lebendigen" Wissenschaft. Von einem natürlichen (phylogenetischen) System Stabilität zu verlangen, ist demnach widersinnig und absurd. „Das beste System" gibt es nicht (vgl. STEININGER 1997). Auch ob eine praktikable Klassifikation, beispielsweise eine Bestimmungstabelle, „gut" ist hängt davon ab, was man von ihr erwartet. Die jeweiligen Prinzipien, nach denen klassifiziert wurde, sollten jedoch deutlich gemacht werden, sonst tut es auch eine alphabetische Schubladisierung.

Obwohl HAECKEL versuchte, Systematik in Phylogenetik aufzulösen, sah er gleichzeitig die Berechtigung von verschiedenen „Ordnungen" (bei ihm parallel geführt als künstliches und natürliches System) und nahm so die Unterscheidung Klassifikation und phylogenetisches System vorweg (s. Kap. 5.2). Die Gleichsetzung von Klassifikation und Systematik ist eine versteinerte und veralterte Vorstellung, die z. T. HAECKEL und noch viele andere nach ihm (z. B. KNORRE 1985) aus der vor-evolutionären Periode übernommen haben (vgl. O'HARA 1992). Ende des 20. Jahrhunderts wird die zentrale und komplementäre Rolle mehrerer verschiedener künstlicher Klassifikationen und eines einzigen natürlichen genealogischen Systems immer deutlicher (vgl. KRAUS 1976; MINELLI 1993; MAYR 1995).

7.3 Was ist forschungs- und förderungswürdig?

HAECKEL war noch ein weitgehend universeller Naturforscher, d. h. von einigermaßen ausgewogener „Kompetenz" für alle wesentlichen Sektoren der damaligen Biologie. Er hatte Medizin studiert, vertrat jedoch ab 1861 als erster Hochschullehrer das selbständige Fach Zoologie an der medizinischen Fakultät in Jena. HAECKEL hat durch die Einführung eines eigenen Protisten-Reiches die Aufmerksamkeit auf die phylogenetischen Komponenten der Taxonomie gelenkt und auf die sonst vielfach ignorierten überaus diversen Gruppen der hauptsächlich mikroskopisch kleinen, eukaryotischen Einzeller (bestehend aus den konventionellen Algen, Urtieren [Protozoen] und „niederen" Pilzen), die den Ursprung der vielzelligen Pflanzen und Tiere gebildet haben (s. Beitrag CORLISS in diesem Band). Immerhin vier Fünftel der Geschichte des Lebens auf der Erde wurden von einzelligen Organismen bestimmt; erst während des letzten Fünftels traten vielzellige Lebewesen auf (s. MAYR 1984). Allerdings beharrte er wie erwähnt auf den traditionellen morphologischen Methoden und konnte sich mit den neuen Errungenschaften und experimentellen Arbeiten nicht mehr anfreunden (s. oben). HAECKEL entwickelte sich also zum **Spezialisten**[13] für Radiolarien, Kalkschwämme und Medusen und trug dadurch wesentlich dazu bei, die Vielfalt und Bedeutung dieser „wirbellosen“ Tiere für die Aufklärung der Phylogenie und entscheidende Abschnitte der Evolution, nämlich dem Übergang von der Ein- zur Mehrzelligkeit, zu erkennen. Seine Untersuchungen an umfangreichem Material verdeutlichen die Wichtigkeit von Sammlungen (und damit der Museen) für die Erforschung der Variabilität (MILLER 1985; SCHMINKE 1996). Vorträge und populäre Bücher gaben dieses „Spezialwissen“, aber vor allem den Entwicklungsgedanken, überdies an eine breite Öffentlichkeit weiter.

Mittlerweile ist der Kenntniszuwachs bei den meisten Tiergruppen derart groß, daß nur mehr einzelne Gattungen, Familien oder Ordnungen in aller Gründlichkeit überblickt werden können (s. Kap. 6; Abb. 39-41). Sehr rasch hat sich in diesem Jahrhundert nicht nur die Anzahl der bekannte Arten (Abb. 41), sondern auch die Anzahl der Forscher und der Publikationsorgane vergrößert[14]. Monographien, die einen detaillierten aktuellen Überblick gewährleisten sollen, sind mehr oder weniger schnell überholt und die in vielen verschiedenen Fachzeitschriften verstreuten kleineren Beiträge immer schwerer zu bekommen. Den zunehmenden Problemen mit der Datenfülle versucht man mit verschiedenen Regelwerken (z. B. ICZN 1985) und Referierorganen (z. B. Zoological Record) beizukommen. Heutzutage wachsen die Zahl wissenschaftlichen Publikationen, die Zahl von Fachzeitschriften und die Zahl neuer Fachgebiete exponentiell mit Verdoppelungsintervallen von 10-15 Jahren.

Infolge des rasanten Wissenszuwachses seit Ende des 19. Jahrhunderts war die vermeintliche Einheit der Biologie durch die Evolutionstheorie nicht von langer Dauer. Die Erfolge der Genetik und Molekularbiologie (s. Beitrag SCHLEGEL in diesem Band) beschleunigten den Zerfall der Biologie in stille, konservative und laute, progressive Sektoren. Dementsprechend gibt es derzeit „klassische“, d. h. überholte, und aktuelle, d. h. „eigentliche“ Fragestellungen, wovon die letzteren bevorzugt, wenn nicht gar exklusiv zu fördern seien (vgl. SCHALLER 1992). Die Entwicklung der modernen Biologie hat daher zu einer besorgniserregenden Asymmetrie des Forschungsinteresses geführt: „Im Glauben, ‚das Leben an sich‘ erforschen zu können, verlor sie die ‚Lebensträger‘, nämlich die Organismen, zu oft aus dem Blick“ (STEININGER 1997: 10).

Die Erforschung der Artenvielfalt hat in den letzten Jahrzehnten forschungspolitisch weltweit nur eine untergeordnete Rolle gespielt. Das zeigt sich z. B. darin, daß in dieser Zeit nur etwa 1 % der bekannten Arten Gegenstand intensiver wissenschaftlicher Forschung waren (HASKELL & MORGAN 1988). Eine Zusammenstellung der Veröffentlichungen über Staatsquallen (Siphonophoren) in den Jahren 1978 bis 1997 ergab, daß von 159 Beobachtungen 61 % auf nur zwei Gattungen, 24 % auf drei weitere Gattungen und 15 % auf 18 Gattungen entfallen (Quelle: Zoological Record). Diese Beispiele lassen ahnen, wie schmal die Basis für Verallgemeinerungen in der Biologie eigentlich ist (vgl. STEININGER 1997). Wirbeltiere erhalten zehnmal so viel Aufmerksamkeit wie Pflanzen; Wirbellose dagegen lediglich ein Zehntel (KÖNIG & LINSENMAYR 1996). Besonders sehr kleine und unscheinbare Organismen sind heute noch in unverhältnismäßig geringem Maße erfaßt (s. oben). Selbst die Pflanzen- und Tierbestände – Flora und Fauna – der bereits besser durchforschten gemäßigten Zonen sind noch keineswegs ausreichend bekannt; für die Tropen gilt dies in weit stärkerem Maße (s. WEBERLING & STÜTZEL 1993).

Trotz jahrhundertelanger Forschung ist dementsprechend das Ausmaß der biologischen Vielfalt – mit einem neuen Fachterminus auch „Biodiversität“ genannt – auf dieser Erde immer noch ungeklärt. Seit technologischer Fortschritt es ermöglicht, früher fast unzugängliche Lebensräume und geographische Regionen (Tiefsee, Polargebiete, Kronenregionen der Regenwälder, untermeerische Höhlen) immer besser zu erkunden, kommt es überdies zu revolutionären Veränderungen der Vorstellungen über das wahre Ausmaß der Biodiversität (WILSON 1992a, b). Heute sind rund 1,7 Millionen Arten beschrieben. Die Schätzungen der tatsächlichen Artenzahl streuen stark. Nach vorsichtigen Annahmen sind es 12,5 Millionen, andere gehen bis zu 100 Millionen (SAVAGE zit. n. STEININGER 1997). Noch überraschender ist die Anzahl der wichtigen neuen Grund„bau"pläne von Lebewesen, die in den letzten Jahrzehnten entdeckt oder zumindest anerkannt worden sind. Beispielsweise wurde der neue Stamm der Bartwürmer (Pogonophora) erst im Jahre 1937 beschrieben, der der Kiefermündchen (Gnathostomulida) sogar erst 1956. Der einzige überlebende Quastenflosser *Latimeria* wurde 1938 entdeckt, der „primitive" Mollusk *Neopilina* 1956 und die reliktäre Krebsgruppe Cephalocarida 1955. Daß *Trichoplax*, der am einfachsten gebaute vielzellige Organismus ist, erkannte man erst in den siebziger Jahren (MAYR 1984: 195). In den vergangenen 20 Jahren sind mindestens 6 Protozoen- und 20 Metazoenstämme errichtet worden (Quelle: Zoological Record). Morphologie und Systematik sind demnach keine abgeschlossenen Disziplinen der Zoologie, sondern höchst lebendige, forschungsbedürftige Arbeitsgebiete.

Nach wie vor aber werden an den Universitäten die Ausbildung in Morphologie und Systematik zugunsten der Ausbildung in zellbiologischen, genetischen, molekularbiologisch-biochemischen Teildisziplinen der Biologie zurückgedrängt. Die Folgen sind Mangel an qualifiziertem Nachwuchs und Übernahme z. B. faunistischer Gutachten bzw. ökologischer Projekte durch Personen, die aufgrund ihrer Ausbildung dafür nicht gerade prädestiniert sind (vgl. SCHMINKE 1990, 1994, 1997; SCHALLER 1992). Diesem Mißstand abzuhelfen in einer Zeit, in der Biodiversität zum Schlagwort wird, ist Anliegen einer derzeit kleinen Minderheit von „klassischen" Biologen (im deutschsprachigen Raum z. B. KRAUS & KUBITZKI 1982; SCHMINKE 1990, 1994, 1996, 1997; WESTHEIDE & SCHMINKE 1992; ZWÖLFER 1992; WEBERLING & STÜTZEL 1993; KÖNIG & LINSENMAIR 1996; AESCHT 1997; FOISSNER 1997; STEININGER 1997).

Das Studium der Naturgeschichte befand sich lange Zeit, besonders im 18. Jahrhundert, fast völlig in den Händen von „Laien", im Sinne von nicht berufsmäßig damit befaßten Personen (vgl. MAYR 1984). Die oben geschilderte Aufsplitterung der Disziplinen und fortschreitende Spezialisierung im akademischen Bereich haben dazu geführt, daß für zahlreiche Organismengruppen qualifizierte Amateure ein zusätzliches und unersetzliches Forschungspotential auf taxonomischem Gebiet bilden, daher sollten die Arbeiten dieses Personenkreises möglichst gestützt und gezielt gefördert werden (vgl. SCHMINKE 1990, 1994, 1997). Besonders bedenklich in diesem Zusammenhang ist auch die Rolle der naturkundlichen Museen, deren personeller und finanzieller Spielraum es immer weniger erlaubt, den zusätzlichen Aufgaben als Bewahrer der schwindende Vielfalt sowie als Umweltdokumentationszentren nachzukommen (MILLER 1985; SCHMINKE 1996).

8
Dank

Frau Dr. E. KRAUßE (Ernst-Haeckel-Haus, Jena) danke ich für manchen bibliographischen Hinweis und angeregte Diskussionen. Bilder wurden freundlicherweise von Univ.-Prof. Dr. W. FOISSNER (Universität Salzburg), Dr. J. VACELET (Centre d'Oceanographie de Marseille), Dr. H. NEMESCHKAL (Universität Wien), Mag. H. BLATTERER (Gewässerschutzabteilung, OÖ. Landesregierung) zur Verfügung gestellt. Für bibliographische und phototechnische Hilfen danke ich Frau W. FAIßNER, Frau K. WURZINGER, Herrn F. WALZER, Frau W. STANDHARTINGER und Herrn J. PLASS vom OÖ. Landesmuseum.

9 Zusammenfassung

Biologische Systematik als untergeordnete Aufgabe zu betrachten, war Mitte des 19. Jahrhunderts ebenso gang und gäbe wie es Ende des 20. Jahrhunderts ist. Auch Ernst HAECKEL (1834-1919) hatte andere Prioritäten und zwar die Suche nach der stammesgeschichtlichen (genealogischen) Verwandtschaft, dennoch hat er zwischen 1860 und 1890 an die 2000 Gattungsnamen errichtet und mehr als 3500 neue Arten von Strahlentierchen (Radiolarien), Kalkschwämmen (Calcarea), Medusen (v. a. Scyphozoa und Cubozoa) und Staatsquallen (Siphonophora) beschrieben. Nach DARWINS „Origin of species" von 1859 war HAECKEL somit einer der ersten, die den allmählichen Artwandel und das neu entdeckte Kriterium der biologischen Klassifikation, die gemeinsame Abstammung, an zahlreichen Vertretern aus Tiergruppen an Schlüsselstellen der Evolution anzuwenden versuchten. Von welchen Voraussetzungen er dabei ausging, ob die von ihm forcierte Auflösung von Systematik in Phylogenetik (Stammesgeschichtsforschung) möglich ist und wie der Stand der Forschungen bezüglich der von ihm untersuchten Gruppen aus den tierischen Einzellern (Protozoen), Schwämmen (Porifera) und Nesseltieren (Cnidaria) 100 Jahre später ist, soll in diesem Beitrag beleuchtet werden. Es zeigt sich, daß die deszendenztheoretische Umdeutung von statisch morphologischen Merkmalen und Ähnlichkeitsvorstellungen bald an Grenzen stieß und eigene Forschungsmethoden erforderlich sind, die u. a. von qualitativen Neuheiten (Apomorphien) und nicht der Summe von (möglicherweise konvergenten) Ähnlichkeiten bzw. ursprünglichen Merkmalen (Plesiomorphien) ausgehen. Die Bestandesaufnahme und die Rekonstruktion der Abstammungsgeschichte, vor allem der wirbellosen Tiere, ist von einem vorläufigen Abschluß noch weit entfernt. Die biologische Systematik stellt somit ein höchst bewegtes, forschungsbedürftiges Arbeitsgebiet dar, sonst bleibt die Entwicklung und Erhaltung der biologischen Vielfalt – mit einem neuen Fachterminus auch „Biodiversität" genannt – eines der größten unverstandenen Schlüsselprobleme der Naturwissenschaft.

10 Literatur

AESCHT E. (1997): Die artenlose Minimalökologie am Beispiel der Bodenprotozoen – eine Kritik. — Abh. Ber. Naturkundemus. Görlitz **69**: 19-29.

ANDERSON O.R. (1983): Radiolaria. — Springer Verl., New York, Berlin.

ARAI M.N. (1997): A funcional biology of Scyphozoa. — Chapman & Hall, London, Weinheim.

AX P. (1984): Das phylogenetische System. — G. Fischer Verl., Stuttgart, Jena, New York.

AX P. (1985): Die stammesgeschichtliche Ordnung in der Natur. — Abh. Akad. Wiss. Lit., math.-naturw. Kl. **1985/4**: 1-31.

AX P. (1995): Das System der Metazoa. I. Ein Lehrbuch der phylogenetischen Systematik. — G. Fischer Verl., Stuttgart, Jena, New York.

BAUMGARTNER P.O. (1980): Late jurassic Hagiastridae and Patulibracchiidae (Radiolaria) from the Argolis Peninsula (Peloponneses, Greece). — Micropaleontology (New York) **26**: 274-322.

BAUMGARTNER P.O. (1984): Middle Jurassic/Early cretaceous low latitude radiolarian zonation based on Unitary Associations and age of Tethyan radiolarites. — Eclogae Geol. Helvet. **77**: 729-841.

BAYERTZ K. (1987): GenEthik: Probleme der Technisierung menschlicher Fortpflanzung. — rowohlts enzyklopädie, Reinbeck bei Hamburg.

BENDER R. (1998): Der Streit um Ernst HAECKELS Embryonenbilder. — Biol. uns. Zeit **28**: 157-165.

BERGQUIST P.R. (1978): Sponges. — Hutchinson, London & Univ. Calif. Press, Berkeley, Los Angeles.

BIGELOW H.B. (1911): The Siphonophora. Reports of the scientific research expedition to the tropical Pacific. — Albatross XXIII. Mem. Mus. comp. Zool. Harv. **38**: 173-401.

BIGELOW H.B. (1919): Hydromedusae, siphonophores, and ctenophores of the „Albatross" Philippine expedition. — United States National Museum **100**: 279-362.

BIGELOW H.B. & M. SEARS (1937): Siphonophorae. — Rep. Dan. oceanogr. Exped. Mediterr. II (Biology) **2**: 1-144.

BJORKLUND K.R. & R.M. GOLL (1979): Internal skeletal structures of *Collosphaera* and *Trisolenia*: A case of repetitive evolution in the Collosphaeridae (Radiolaria). — J. Paleontol. **53**: 1293-1326.

BJORKLUND K., PETRUSHEVSKAYA M.G. & S.D. STEPYANYANTS (Eds.) (1984): Morphology, ecology and evolution of radiolarians. — Proc. 4th Symp. Europ. Radiol. Res., Eurorad 4, 15-19 Oct. 1984, Leningr.

BOLTOVSKOY D. & W.R. RIEDEL (1980): Polycystine Radiolaria from the southwestern Atlantic Ocean plankton. — Micropaleontologia **12**: 99-146.

BOROJEVIC R. & N. BOURY-ESNAULT (1987): Calcareous sponges collected by N. O. Thalassa on the continental margin of the Bay of Biscaye: 1. Calcinea. — NATO Adv. Sci. Inst. Ser. Ser. G Ecol. Ser. **13**: 1-27.

BOROJEVIC R., BOURY-ESNAULT N. & J. VACELET (1990): A revision of the supraspecific classification of the subclass Calcinea (Porifera, class Calcarea). — Bull. Mus. Nat. Hist. Nat. Sect. A Zool. Biol. Ecol. Animal. **12**: 243-276.

BOURY-ESNAULT N. & K. RÜTZLER (Eds.) (1997): Thesaurus of sponge morphology. — Smithsonian Contr. Zool. **596**: 1-55.

BRANDT K. (1881): Untersuchungen an Radiolarien. — Mon. ber. Brtl. Akad. **1881**: 388-404, Taf. 1.

BRAUN A. (1990): Radiolarien aus dem Unter-Karbon Deutschlands. — Cour. Forsch.-Inst. Senckenberg **133**: 1-177.

BRIDGE D., SCHIERWATER B., CUNNINGHAM C.W., SALLE R. de & L.W. BUSS (1992): Mitochondrial DNA structure and the phylogenetic relationships of recent Cnidaria classes. — Proc. Natl. Acad. USA **89**: 8750-8753.

BRÜMMER F., KOCH I. & H.-J. NIEDERHÖFER (1994): Wirbellose Meeresbewohner. — Stuttg. Beitr. Naturk., Ser. C **37**: 1-89.

BÜTSCHLI O. (1882a): Beiträge zur Kenntniss der Radiolarien-Skelette, insbesondere der der Cyrtida. — Z. wiss. Zool. **36**, 485-540, Taf. 31-33.

BÜTSCHLI O. (1882b): Radiolaria. Zusammenfassende Darstellung der Klasse. — In: BRONN H.G. (Hrsg.): Klassen und Ordnungen des Thier-Reichs, Vol. I, Winter'sche Verl.handl., Leipzig, Heidelberg, 332-478, Taf. 17-32.

BÜTSCHLI O. (1889): Protozoa. Abt. III. Infusoria und System der Radiolaria. — In: BRONN H.G. (Hrsg.): Klassen und Ordnungen des Thier-Reichs, Vol. I, Winter'sche Verl.handl., Leipzig, Heidelberg, 1098-2035 (1887-89).

CACHON J. & M. CACHON (1968): Les processus sporogénétiques du radiolaire *Sticholonche zanclea* HERTWIG. — Arch. Protistenk. **111**: 87-99.

CACHON J. & M. CACHON (1971a): Le système axopodial des nasselaires. Origine, organisation et rapports entre le péridinien et la méduse-hote. — Arch. Protistenk. **113**: 293-305.

CACHON J. & M. CACHON (1971b): Recherches sur le métabolisme de la silice chez les radiolaries. Absorption et excrétion. — C. R. Acad. Sci., Paris **272**: 1652-1654.

CACHON J. & M. CACHON (1972a): Le système axopodial des radiolaires sphaeroides. I. Les centroaxoplastidés. — Arch. Protistenk. **114**: 51-64.

CACHON J. & M. CACHON (1972b): Les modalités du dépot de la silice chez les radiolaires. — Arch. Protistenk. **114**: 1-13.

CACHON J. & M. CACHON (1972c): Ultrastructures comparées des systèmes axopodiaux des radiolaires. — 11ème Réunion G.P.L.F., Lille.

CACHON J. & M. CACHON (1976a): The axopodial system of Collodariae (polycystic Radiolariae). 1. The exo-axoplastidiata. — Arch. Protistenk. **118**: 227-234.

CACHON J. & M. CACHON (1976b): The axopods of radiolaria in their free and ectoplasmic part, structure and function. — Arch. Protistenk. **118**: 310-320.

CACHON J. & M. CACHON (1977): The axopodial system of Collodariae (polycystic Radiolariae). 2. *Thalossolampe margarodes* HAECKEL. — Arch. Protistenk. **119**: 401-406.

CACHON J. & M. CACHON (1978a): Infrastructural constitution of the microtubuli of the axopodial system of Radiolaria. — Arch. Protistenk. **120**: 229-232.

CACHON J. & M. CACHON (1978b): Radiolarien, Orchideen des Meeres. — Bild Wiss. **7**: 36-47.

CACHON J. & M. CACHON (1985): Acantharia, Polycystines, Phaeodaria. — In: LEE J., HUTNER S.H. & E. BOVEE (Eds.): An illustrated guide to the protozoa. Soc. Protozoologists, Lawrence, Kansas, 274-302.

CALDER D.R. (1990): Shallow-water hydroids of Bermuda: The Thecata, exclusive of Plumularioidea. — Roy. Ontar. Mus. Life Sci. Contr. **154**: 1-140.

CANDOLLE A.P. de (1813): Théorie élémentaire de la botanique. — Paris.

CARTER E.S. (1993): Biochronology and paleontology of uppermost Triassic (Rhaetian) radiolarians, Queen Charlotte Islands, British Columbia, Canada. — Mem. Geol. (Lausanne) **11**: 1-175.

CASEY R.E. (1977): The ecology and distribution of recent Radiolaria. — In: RAMSAY A.T.S. (Ed.): Oceanic micropalaeontology. Acad. Press, London, New York, San Francisco **1**: 809-845.

CAULET J.P. & C. NIGRINI (1988): The genus *Pterocorys* (Radiolaria) from the tropical Late Neogene of the Indian and Pacific Oceans. — Micropaleontology (New York) **34**: 217-235.

CHARGAFF E. (1980): Unbegreifliches Geheimnis: Wissenschaft als Kampf für und gegen die Natur. — Klett-Cotta, Stuttgart.

CHATTON E. (1925): L'origine péridienne des radiolaires et l'interprétation parasitaire de l'anisosporogenése. — C. R. Acad. Sci., Paris **98**: 309.

CHENG Y.N. (1986): Taxonomic studies on Upper Paleozoic Radiolaria. — Nat. Mus. Nat. Sci. Spec. Publ. (Taichung) **1**: i-viii, 1-311.

CIENKOWSKI L. (1871): Ueber Schwärmer-Bildung bei Radiolarien. — Arch. mikr. Anat. EntwMech. **7**: 372-381, Taf. 29.

CLAUS C. (1882): Zur Wahrung der Ergebnisse meiner Untersuchungen über *Charybdea* als Abwehr gegen den Haeckelismus. — Arb. Zool. Inst. Wien **4**: 1-14.

CLAUS C. (1886): Ueber die Classification der Medusen, mit Rücksicht auf die Stellung der sog. Peromedusen, der Periphylliden und Pericolpiden. — Arb. Zool. Inst. Wien **7**: 1-24.

CLAUS C. (1892): Über die Entwicklung des Scyphostoma von *Cotylorhiza*, *Aurelia* und *Chrysaora*, sowie über die systematische Stellung der Scyphomedusen. — Arb. Zool. Inst. Wien **10**: 1-70.

CORLISS J.O. (1984): The kingdom Protista and its 45 phyla. — BioSystems **17**: 87-126.

CORNELIUS P.F.S. (1975): A revision of the species of Lafoeidae and Haleciidae (Coelenterata: Hydroidea) recorded from Britain and nearby seas. — Bull. Br. Mus. (Nat. Hist.) Zool. **28**: 373-426.

CORNELIUS P.F.S. (1990): European *Obelia* (Cnidaria, Hydroida). Systematics and identification. — J. Nat. Hist. **24**: 535-578.

DARWIN C. (1851-1853): A monograph of the subclass Cirripedia. — Ray Soc., J. MURRAY, London.

DARWIN C. (1859): On the origin of species by means of natural selection, or the preservation of favoured races in the struggle for life. — J. MURRAY, London.

DAUM A. (1995): Naturwissenschaftlicher Journalismus im Dienste der darwinistischen Weltanschauung: Ernst KRAUSE alias Carus STERNE, Ernst HAECKEL und die Zeitschrift Kosmos. — Mauritiana (Altenburg) **15**: 227-245.

DEFLANDRE G. (1953): Radiolaries fossiles. — In: GRASSÉ P.P. (Ed.): Traité de Zoologie, Vol. I, fasc. 2. Masson et Cie, Paris, 389-436.

DIERSCHE V. (1980): Die Radiolarite des Oberjura im Mittelabschnitt der Nördlichen Kalkalpen. — Geotekt. Forsch. **58**: 1-217.

DONOFRIO D.A. & H. MOSTLER (1978): Zur Verbreitung der Saturnalidae (Radiolarien) im Mesozoikum der Nördlichen Kalkalpen und Südalpen. — Geol.-Paläontol. Mitt. Innsbruck **7**: 1-55.

DUMITRICA P. (1986): Internal morphology of the Saturnalidae (Radiolaria): Systematic and phylogenetic consequences. — Revue Micropaleontol. **28** (1985): 181-196.

DUMITRICA P. (1989): Internal skeletal structures of the superfamily Pyloniacea (Radiolaria), a basis of a new systematics. — Revista Esp. Micropaleontol. **21**: 207-264.

DUMONT H.J. (1994): The distribution and ecology of the freshwater- and brackish-water medusae of the world. — Hydrobiologia **272**/1-3: 1-12.

DUNIKOWSKI W. VON (1882): Die Spongien, Radiolarien und Foraminiferen der unterliassischen Schichten vom Schafberg bei Salzburg. — Denkschr. Akad. Wiss. Wien, math.-naturwiss. Klasse, 2. Abt. **45**: 163-194, Taf. 1-6.

EDWARDS M.A. & A.T. HOPWOOD (Eds.) (1966): Nomenclator Zoologicus. Vol. VI: 1946-1955. — Zool. Soc. London.

EDWARDS M.A. & M.A. TOBIAS (Eds.) (1993): Nomenclator Zoologicus. Vol. VIII 1966-1977. — Zool. Soc. London.

EDWARDS M.A. & H.G. VEVERS (Eds.) (1975): Nomenclator Zoologicus. Vol. VII: 1956-1965. — Zool. Soc. London.

EHRENBERG C.G. (1838): Die Infusionsthierchen als vollkommene Organismen. — Voss Verl., Leipzig.

EHRENBERG C.G. (1839): Über die Bildung der Kreidefelsen und des Kreidemergels durch unsichtbare Organismen. — Abh. Akad. Wiss. Berlin **1838**: 59-148, Taf. 1-4.

EHRENBERG C.G. (1847): Über die mikroskopischen kieselschaligen Polycystinen als mächtige Gebirgsmasse von Barabados und über das Verhältnis der aus mehr als 300 neuen Arten bestehenden ganz eigentümlichen Formengruppe jener Felsmasse zu den lebenden Thieren und zur Kreidebil. — Mon.ber. preuss. Akad. Wiss. Berlin **1847**: 40-60.

EHRENBERG C.G. (1854): Mikrogeologie. Das Erden und Felsen schaffende Wirken des unsichtbaren kleinen selbständigen Lebens auf der Erde. — Voss Verl., Leipzig.

EHRENBERG C.G. (1872): Mikrogeologische Studien als Zusammenfassung seiner Beobachtungen des kleinsten Lebens des Meeres-Tiefgründe aller Zonen und dessen geologischen Einfluss. — Mon.ber. preuss. Akad. Wiss. Berlin **1872**: 265-322.

EHRENBERG C.G. (1875): Fortsetzung der mikrogeologischen Studien als Gesammt-Uebersicht der mikroskopischen Paläontologie gleichartig analysierter Gebirgsarten der Erde, mit specieller Rücksicht auf den Polycystinen-Mergel von Barbados. — Abh. preuss. Akad. Wiss. Berlin **1875**: 1-226.

EMPSON-MORIN K.M. (1981): Campanian Radiolaria from DSDP site 313, mid-Pacific mountains. — Micropaleontology (New York) **27**: 249-292.

ENGESER T. & H.H. NEUMANN (1986): Ein neuer verticillitider 'Sphinctozoe' (Demospongiae, Porifera) aus dem Campan der Krappfeld-Gosau (Kärnten, Österreich). — Mitt. Geol.-Palaeont. Inst. Univ. Hamb. **61**: 149-159.

ERBEN H.K. (1990): Evolution. Eine Übersicht sieben Jahrzehnte nach Ernst HAECKEL. — F. Enke Verl. (Haeckel-Bücherei **1**), Stuttgart.

ESCHSCHOLTZ J.F. (1829): System der Acalephen, eine ausführliche Beschreibung aller medusenartigen Strahltiere. — F. Dümmler, Berlin.

FAUPL P. & A. BERAN (1983): Diagenetische Veränderungen an Radiolarien- und Schwammspiculaführenden Gesteinen der Strubbergschichten (Jura, Nördliche Kalkalpen, Österreich). — Neues Jb. Geol. Paläontol. Monatshefte **1983**: 129-140.

FAUTIN D.G. & R.N. MARISCAL (Eds.) (1991): Cnidaria: Anthozoa. — In: HARRISON F.W. (Ed.): Microscopic anatomy of invertebrates. Wiley-Liss, New York **2**, 267-358.

FEBVRE J. (1977): La division nucléaire chez les acanthaires. I. Étude ultrastructurale de la mitose. Comparaison avec la caryogenèse d'autres organismes. — J. Ultrastruct. Res. **60**: 279-295.

FEBVRE J. (1979): Ultrastructural study of zooxanthellae of three species of Acantharia (Protozoa: Actinopoda), with details of their taxonomic position in the Pyrmnesiales (Pyrmnesiophyceae HIBBERD, 1976). — J. Mar. Biol. Assoc. Unit. Kingd. **59**: 215-226.

FEBVRE-CHEVALIER C. (1990): Phylum Actinopoda, Class Heliozoa. — In: MARGULIS, CORLISS J.O., MELKONIAN M. & D.J. CHAPMAN (Eds.): Handbook of Protoctista. Jones & Bartlett Publ., Boston, 419-437.

FISCHER E.P. (1987): Sowohl als auch. Denkerfahrungen der Naturwissenschaften. — Rasch & Röhrning Verl., Hamburg, Zürich.

FLÜGEL E. & H. MEIXNER (1972): Pyritisierte Spongien-Nadeln und Radiolarien aus Oberalmer-Kalken (Malm) des Weißenbachtales SW Strobl/Wolfgangsee (Salzburg). — In: BACHMAYER F. & H. ZAPFE (Eds.): EHRENBERG-Festschrift. Öst. Paläontol. Ges., Wien, 187-194, Taf.1, 2.

FLÜGEL E., LEIN R. & B. SENOWBARI-DARYAN (1978): Kalkschwämme, Hydrozoen, Algen und Mikroproblematika aus den Cidarisschichten (Karn, Ober-Trias) der Mürztaler Alpen (Steiermark) und des Gosaukammes (Oberösterreich). — Mitt. Ges. Geol. Bergbaustud. Österr. **25**: 153-195.

FLÜGEL H.W. & N. HUBAUER (1984): *Torusphyllum* n. g., eine neue Rugosa aus dem Mitteldevon des Hochlantsch (Grazer Palaeozoicum, Stmk.). — Mitt. naturwiss. Ver. Steiermark **114**: 77-82.

FLÜGEL H.W. & B. HUBMANN (1994): Catalogus fossilium Austriae: ein systematisches Verzeichnis aller auf österreichischem Gebiet festgestellten Fossilien. Heft 4c/1a. Anthozoa palaeozoicea: Rugosa. — Catalogus Faunae Austriae.

FOISSNER W. (1997): Global soil ciliate (Protozoa, Ciliophora) diversity: A probability-based approach using large sample collections from Africa, Australia and Antarctica. — Biodiv. Conserv. **6**: 1627-1638.

FRY W.G. (1979): Taxonomy, the individual and the sponge. — Syst. Assoc. Spec. Vol. **11**: 49-80.

GEGENBAUR C. (1854): Beiträge zur näheren Kenntniss der Schwimmpolypen (Siphonophoren). — Z. wiss. Zool. **5**: 285-343, Taf. 16-18.

GEGENBAUR C. (1856): Versuch eines Systems der Medusen, mit Beschreibung neuer oder wenig bekannter Formen; zugleich ein Beitrag zur Kenntnis der Fauna des Mittelmeeres. — Z. wiss. Zool. **7**: 202-273, Taf. 7-10.

GEGENBAUR C. (1859): Neue Beiträge zur näheren Kenntniss der Siphonophoren. — Nova Acta Acad. Nat. Curios **27**: 332-424, Taf. 27-33.

GÖKE G. (1958): Formenzauber der Radiolarien. — Mikrokosmos **47**: 271-276.

GÖKE G. (1960): Einführung in das Studium der Radiolarien Teil III: Stammesgeschichte, Skelettbau und System. — Mikrokosmos **49**: 298-303.

GÖKE G. (1963): Meeresprotozoen (Foraminiferen, Radiolarien, Tintinninen). — Kosmos, Franckh'-sche Verl.handl., Stuttgart.

GOLL R.M. (1978): Five trissocyclid Radiolaria from site 338. — Initial Reports of the Deep Sea Drilling Project, Suppl. **38-41**: 177-191.

GOLL R.M. (1979): The neogene evolution of *Zygocircus*, *Neosemantis* and *Callimitra*: their bearing on nassellarian classification. A revision of the Plagiacanthoidea. — Micropaleontology (New York) **25**: 365-396.

GOLL R.M. (1980): Pliocene-pelistocene radiolarians from the East Pacifice rise and the Galapagos spreading center, Deep See Drilling Project Leg

54. — Initial Reports of the Deep Sea Drilling Project **54**: 425-453.

GOLL R.M. & K.R. BJORKLUND (1980): The evolution of *Eucoronis fridtjofnanseni* n. sp. and its application to the Neogene biostratigraphy of the Norwegian-Greenland Sea. — Micropaleontology (New York) **26**: 356-371.

GOLL R.M. & K.R. BJORKLUND (1985): *Nephrospyris knutheieri* sp. n., an extant trissocyclic radiolarian (Polycystinea: Nasselaria) from the Norwegian-Greenland Sea. — Sarsia **70**: 103-118.

GOULD S.J. (1984): DARWIN nach DARWIN. Naturgeschichtliche Reflexionen. — Ullstein Verl., Frankfurt.

GRANT V. (1981): Plant speciation, 2nd edn. — Columbia Univ. Press, New York.

GRANT V. (1994): Evolution of the species concept. — Biol. Zbl. **113**: 401-416.

GRAßHOFF M. (1992a): Die Evolution der Schwämme I. Die Entwicklung des Kanalfiltersystems. — Natur Museum **122**: 201-210.

GRAßHOFF M. (1992b): Die Evolution der Schwämme II. Bautypen und Vereinfachungen. — Natur Museum **122**: 237-247.

GRELL K.G. (1993): 1. Stamm Protoza. – In: KAESTNER A. (Begr.): Lehrbuch der speziellen Zoologie. G. Fischer Verl., Jena, Stuttgart, New York **1**: 158-246.

GRUNER H.-E. (1993): Einführung. — In: KAESTNER A. (Begr.): Lehrbuch der speziellen Zoologie. G. Fischer Verl., Jena, Stuttgart, New York **1**: 1-156.

GRUNER H.-E., HANNEMANN H.-J., HARTWICH G. & R. KILIAS (1993): Wirbellose 1 (Protozoa bis Echiurida). — Urania Tierreich in sechs Bänden. Urania-Verl., Leipzig, Berlin **1**: 1-666.

GURSCH R. (1981): Die Illustrationen Ernst HAECKELS zur Abstammungs- und Entwicklungsgeschichte. Diskussion im wissenschaftlichen und nichtwissenschaftlichen Schrifttum. — P.D. Lang Verl., Frankfurt.

HABERMEHL G.G. (1994): Gift-Tiere und ihre Waffen. Eine Einführung für Biologen, Chemiker und Mediziner. Ein Leitfaden für Touristen, 5., aktual. erw. Aufl. — Springer Verl., Berlin.

HAECKEL E. (1861a): Über neue, lebende Radiolarien des Mittelmeeres. — Monatsber. Akad. Wiss. Berlin **1860**: 794-817.

HAECKEL E. (1861b): Fernere Abbildungen und Diagnosen neuer Gattungen und Arten von lebenden Radiolarien des Mittelmeeres. — Monatsber. Akad. Wiss. Berlin **1860**: 835-845.

HAECKEL E. (1862): Die Radiolarien (Rhizopoda Radiaria). Eine Monographie. Ein Band in Folio von 572 Seiten mit einem Atlas von 35 Kupfertafeln. — G. Reimer Verl., Berlin.

HAECKEL E. (1864a): Beiträge zur Kenntnis der Coryaeidean. — Jen. Z. Med. Naturwiss. **1**: 60-112, Taf. 1-3.

HAECKEL E. (1864b): Beschreibung neuer craspedoter Medusen aus dem Golfe von Nizza. — Jen. Z. Med. Naturwiss. **1**: 325-342.

HAECKEL E. (1864c): Die Familie der Rüsselquallen (Medusae Geryonidae). — Jen. Z. Med. Naturwiss. **1**: 435-469, Taf. 11, 12.

HAECKEL E. (1865a): Ueber den Sarcodekörper der Rhizopoden. — Z. wiss. Zool. **15**: 342-370, Taf. 26.

HAECKEL E. (1865b): Über fossile Medusen. — Z. wiss. Zool. **15**: 504-514, Taf. 39.

HAECKEL E. (1865c): Beiträge zur Naturgeschichte der Hydromedusen. Erstes Heft: Die Familie der Rüsselquallen (Geryonida). — A. Engelmann, Leipzig [Abdruck von 1864a, c].

HAECKEL E. (1865d): Über eine neue Form des Generationswechsels bei den Medusen und über die Verwandtschaft der Geryoniden und Äginiden. — Monatsber. Akad. Wiss. Berlin **1865**: 85-94.

HAECKEL E. (1866a): Generelle Morphologie der Organismen. I. Allgemeine Anatomie der Organismen. — G. Reimer Verl., Berlin.

HAECKEL E. (1866b): Generelle Morphologie der Organismen. II. Allgemeine Entwickelungsgeschichte der Organismen. — G. Reimer Verl., Berlin.

HAECKEL E. (1866c): Die Familie der Rüsselquallen (Medusae Geryonidae) [Fortsetzung und Schluß]. — Jen. Z. Med. Naturwiss. **2** (1865/66): 93-322, Taf. 4-6, 9.

HAECKEL E. (1866d): Über zwei neue fossile Medusen aus der Familie der Rhizostomiden. — Neue Jb. Mineralogie **1866**: 257-292, Taf. 5, 6.

HAECKEL E. (1868): Monographie der Moneren. — Jen. Z. Med. Naturwiss. **4**: 64-137, Taf. 2, 3.

HAECKEL E. (1869a): Ueber die fossilen Medusen der Jurazeit. — Z. wiss. Zool. **19**: 538-562, Taf. 40-42.

HAECKEL E. (1869b): Zur Entwickelungsgeschichte der Siphonophoren. Beobachtungen über die Entwickelungsgeschichte der Genera *Physophora*, *Crystallodes*, *Athorybia*, und Reflexionen über die Entwickelungsgeschichte der Siphonophoren im allgemeinen. — C. van der Post, Utrecht.

HAECKEL E. (1869c): Über die Crambessiden, eine neue Medusenfamilie aus der Rhizostomen-Gruppe. — Z. wiss. Zool. **19**: 509-537, Taf. 38, 39.

HAECKEL E. (1869d): Über Arbeitsteilung in Natur und Menschenleben. — Lüderitz & Charisius, Berlin (Virchow-Holtzendorffs Sammlung IV. Ser. **78**: 194-323, 1 Taf.

HAECKEL E. (1870a): Ueber den Organismus der Schwämme und ihre Verwandtschaft mit den Corallen. — Jen. Z. Med. Naturwiss. **5** (1869/70): 207-235.

HAECKEL E. (1870b): Prodromus eines Systems der Kalkschwämme. — Jen. Z. Med. Naturwiss. **5** (1869/70): 236-254.

HAECKEL E. (1870c): Biologische Studien. Heft 1, Studien über Moneren und andere Protisten. — Leipzig.

HAECKEL E. (1871a): Nachträge zur Monographie der Moneren. — Jen. Z. Med. Naturwiss. **6** (1870/71): 23-44, Taf. 2.

HAECKEL E. (1871b): Die Catallacten, eine neue Protisten-Gruppe. — Jen. Z. Med. Naturwiss. **6** (1870/71): 1-22, Taf.1.

HAECKEL E. (1871c): Ueber die sexuelle Fortpflanzung und das natürliche System der Schwämme. — Jen. Z. Med. Naturwiss. **6** (1870/71): 641-651.

HAECKEL E. (1872a): Die Kalkschwämme. Eine Monographie in zwei Bänden und einem Atlas mit 60 Tafeln Abbildungen Erster Band (Genereller Theil). Biologie der Kalkschwämme (Calcispongien oder Grantien). — G. Reimer, Berlin **1**: 1-484.

HAECKEL E. (1872b): Die Kalkschwämme. Eine Monographie in zwei Bänden und einem Atlas mit 60 Tafeln Abbildungen Zweiter Band (Spezieller Theil). System der Kalkschwämme (Calcispongien oder Grantien). — G. Reimer, Berlin **2**: 1-418.

HAECKEL E. (1872c): Die Kalkschwämme. Eine Monographie in zwei Bänden und einem Atlas mit 60 Tafeln Abbildungen Dritter Band (Illustrativer Theil). Atlas der Kalkschwämme. — G. Reimer, Berlin **3**: 60 Taf.

HAECKEL E. (1873): Ueber einige neue pelagische Infusorien — Jen. Z. Med. Naturwiss. **7** (1871/73): 561-568, Taf. 27, 28.

HAECKEL E. (1874a): Kalk- und Gallertspongien. — Zweite dt. Nordpolarfahrt **2**: 434-436.

HAECKEL E. (1874b): Über eine sechszählige fossile Rhizostomee und eine vierzählige fossile Semaeostomee. Vierter Beitrag zur Kenntnis der fossilen Medusen. — Jen. Z. Naturwiss. (N. F. 1) **8**: 308-330, Taf. 10, 11.

HAECKEL E. (1875): Die Gastrula und die Eifurchung der Thiere. — Jen. Z. Med. Naturwiss. **9**: 402-508, Taf. 19-25.

HAECKEL E. (1876a): Bemerkungen über die Organisation und das System der lebenden Spongien. — Zschr. Geol. Ges. **28**: 632.

HAECKEL E. (1876b): Arabische Korallen. Ein Ausflug nach den Korallenbänken des Roten Meeres und ein Blick in das Leben der Korallentiere. — G. Reimer Verl., Berlin.

HAECKEL E. (1877): Die Physemarien (Haliphysema und Gastrophysema), Gastraeaden der Gegenwart. — Jen. Z. Naturwiss. (N. F. 4) **11**: 1-54, Taf. 1-6.

HAECKEL E. (1879a): Das System der Medusen. — Sber. Jen. Ges. Med. Naturwiss. **1878**, 78-80.

HAECKEL E. (1879b): Ueber die Organisation und Classifikation der Anthomedusen. — Sber. Jen. Ges. Med. Naturwiss. **1878**: 105-107.

HAECKEL E. (1879c): Über die Phaeodarien, eine neue Gruppe kieselschaliger mariner Rhizopoden. — Sber. Jen. Ges. Med. Naturwiss. **1879**: 151-157.

HAECKEL E. (1879d): Ueber die Organisation und Classifikation der Leptomedusen. — Sber. Jen. Ges. Med. Naturwiss. **1879**: 1-3.

HAECKEL E. (1879e): Ursprung und Stammverwandtschaft der Ctenophoren. — Sber. Jen. Ges. Med. Naturwiss. **1879**: 70-80.

HAECKEL E. (1879f): Ueber die Organisation und Classifikation der Tachymedusen. — Sber. Jen. Ges. Med. Naturwiss. **1879**: 108-109.

HAECKEL E. (1879g): Ueber die Organisation und Classifikation der Narcomedusen. — Sber. Jen. Ges. Med. Naturwiss. **1879**: 125-127.

HAECKEL E. (1879h): Ueber die Stammverwandtschaft zwischen Schirmquallen und Kammquallen, begründet durch eine neue Uebergangsform zwischen beiden. — Kosmos **3/5**: 348-356.

HAECKEL E. (1879i/1986): Das System der Medusen. Erster Teil einer Monographie der Medusen Mit einem Atlas von vierzig Tafeln [Reprint VCH, Weinheim, Deerfield Beach, Florida, 1986]. — Denkschr. med.-naturwiss. Ges. Jena **1** (1879/80): 1-672.

HAECKEL E. (1879j): Natürliche Schöpfungs-Geschichte. Gemeinverständliche wissenschaftliche Vorträge über die Entwicklungslehre im Allgemeinen und diejenige von DARWIN, GOETHE und LAMARCK im Besonderen, 7. Aufl. — G. Reimer Verl., Berlin.

HAECKEL E. (1880a): Ueber die Organisation und Classifikation der Acraspeden. — Sber. Jen. Ges. Med. Naturwiss. **1880**: 20-26.

HAECKEL E. (1880b): Ueber die Organisation und Classifikation der Discomedusen. — Sber. Jen. Ges. Med. Naturwiss. **1880**: 51-54.

HAECKEL E. (1880c): Ueber die Acraspeden-Arten des Mittelmeeres. — Sber. Jen. Ges. Med. Naturwiss. **1880**: 69-71.

HAECKEL E. (1881a): Monographie der Medusen. Zweiter Theil. Erste Hälfte: Die Tiefsee-Medusen der Challenger-Reise. Zweite Hälfte: Der Organismus der Medusen. — G. Fischer Verl., Jena.

HAECKEL E. (1881b): Metagenesis und Hypogenesis von *Aurelia aurita*. Ein Beitrag zur Entwicklungsgeschichte und Teratologie der Medusen. — G. Fischer Verl., Jena.

HAECKEL E. (1882a): Entwurf eines Radiolarien-Systems auf Grund von Studien des Challenger-Radiolarien. — Jen. Z. Naturwiss. (N. F. 8) **15** (1881/82): 418-472.

HAECKEL E. (1882b): Report on the deep-sea Medusae dregded by H.M.S. Challenger during the years 1873-1876. — Rep. Sci. Results Voyage H.M.S. Challenger 1873-76. Zoology **12** (1881): cv, 1-154, 32 Taf.

HAECKEL E. (1884a): Über die Ordnungen der Radiolarien. — Sber. Jen. Ges. Med. Naturwiss. **1883**: 18-36.

HAECKEL E. (1884b): Die Geometrie der Radiolarien. — Sber. Jen. Ges. Med. Naturwiss. **1883**: 104-108.

HAECKEL E. (1884c): Neue Gastraeaden der Tiefsee, mit Cement-Skelett. — Sber. Jen. Ges. Med. Naturwiss. **1883**: 84-89.

HAECKEL E. (1886): System der Acantharien (Acanthometren und Acanthophracten). — Sber. Jen. Ges. Med. Naturwiss. **1885**: 168-173.

HAECKEL E. (1887a): Report on the Radiolaria collected by HMS Challenger during the years 1873-76. First part. – Porulosa. (Spumellaria and Acantharia). — Rep. Sci. Results Voyage H.M.S. Challenger 1873-76. Zoology **18**: 1-888.

HAECKEL E. (1887b): Report on the Radiolaria collected by HMS Challenger during the years 1873-76. Second part. – Osculosa (Nasellaria and Phaeodaria). — Rep. Sci. Results Voyage H.M.S. Challenger 1873-76. Zoology **18**: 889-1893.

HAECKEL E. (1887c): Die Radiolarien (Rhizopoda Radiaria). Eine Monographie. 2: Grundriß einer allgemeinen Naturgeschichte der Radiolarien. — G. Reimer Verl., Berlin **2**: 1-248, 64 Taf.

HAECKEL E. (1888a): Die Radiolarien (Rhizopoda Radiaria). Eine Monographie. 3: Die Acantharien oder actipyleen Radiolarien. — G. Reimer Verl., Berlin **3**: 1-27, 12 Taf.

HAECKEL E. (1888b): Die Radiolarien (Rhizopoda Radiaria). Eine Monographie. 4: Die Phaeodarien oder cannopyleen Radiolarien. — G. Reimer Verl., Berlin **4**: 1-25, 30 Taf.

HAECKEL E. (1888c): System der Siphonophoren auf phylogenetischer Grundlage. — Jen. Z. Naturwiss. (N. F. 15) **22**: 1-46.

HAECKEL E. (1888d): Report on the Siphonophorae collected by H. M. S. Challenger during the years 1873-187. — Rep. Sci. Results Voyage H.M.S. Challenger 1873-76. Zoology **28**: 1-380, 50 pls.

HAECKEL E. (1889): Report on the Deep-Sea Keratosa collected by H. M. S. Challenger during the years 1873-1876. — Rep. Sci. Results Voyage H.M.S. Challenger 1873-76. Zoology **32**: 1-92, pls. 1-8.

HAECKEL E. (1891): Plankton-Studien. — Jen. Z. Naturwiss. (N. F. 18) **25**: 232-336.

HAECKEL E. (1894): Systematische Phylogenie. Entwurf eines natürlichen Systems der Organismen auf Grund ihrer Stammesgeschichte. I. Theil. Protisten und Pflanzen. — G. Reimer Verl., Berlin.

HAECKEL E. (1895): Systematische Phylogenie. Entwurf eines natürlichen Systems der Organismen auf Grund ihrer Stammesgeschichte. III. Theil. Systematische Phylogenie der Wirbelthiere (Vertebraten). — G. Reimer Verl., Berlin.

HAECKEL E. (1896a): Die Amphorideen und Cystoideen. Beiträge zur Morphologie und Phylogenie der Echinodermen. Festschrift für Karl GEGENBAUR. — Engelmann, Leipzig.

HAECKEL E. (1896b): Die cambrische Stammgruppe der Echinodermen. Vorläufige Mitteilung. — Jen. Z. Naturwiss. (N. F. 23) **30** (1895/96): 393-404.

HAECKEL E. (1896c): Systematische Phylogenie der Wirbellosen Thiere (Invertebrata). Zweiter Theil des Entwurfs einer systematischen Phylogenie. — G. Reimer Verl., Berlin.

HAECKEL E. (1904): Kunstformen der Natur. — Bibliogr. Inst., Leipzig, Wien. [Die ersten Tafeln sind 1899 erschienen, weitere zwischen 1899 und 1904; vollständig lag das Werk aber erst 1904 vor.]

HAECKEL E. (1905): Der Monistenbund. Thesen zur Organisation des Monismus, 4.-5. Tausend. — Neuer Frankfurter Verl., Frankfurt a. M.

HAECKEL E. (1906): Prinzipien der generellen Morphologie der Organismen. Wörtlicher Abdruck eines Teiles der 1866 erschienenen Generellen Morphologie (Allgemeine Grundzüge der organischen Formen-Wissenschaft mechanisch begründet durch die von Charles DARWIN reformierte... — G. Reimer Verl., Berlin.

HAECKEL E. (1911): Natürliche Schöpfungs-Geschichte. Gemeinverständliche wissenschaftliche Vorträge über die Entwicklungslehre im allgemeinen und diejenigen von DARWIN, GOETHE und LAMARCK im besonderen, 11. verb. Aufl. — G. Reimer Verl., Berlin.

HAECKEL E. (1916): Fünfzig Jahre Stammesgeschichte. Historisch-kritische Studien über die Resultate der Phylogenie. — G. Fischer Verl., Jena.

HAECKEL E. (1921): Italienfahrt. Briefe an die Braut 1859/1860. Eingeleitet und hrsg. von H. SCHMIDT. — Koehler Verl., Leipzig.

HARRISON F.W. & J.A. WESTFALL (Eds.) (1991): Placozoa, Porifera, Cnidaria, and Ctenophora. — Microscopic anatomy of invertebrates. Wiley-Liss, New York **2**: 1-436.

HARTMAN W.D., WENDT J.W. & F. WIEDENMAYER (1980): Living and fossil sponges. — Sedimenta **8**: 1-274.

HASLETT S.K. (1994): High-resolution radiolarian abundance data through the Late Pliocene Olduvai suchron of ODP Hole 677A (Panama Basin, eastern equatorial Pacific). — Revista Esp. Micropaleontol. **26**: 127-162.

HAUSMANN K. & N. HÜLSMANN (1996): „Einzellige Eukaryota", Einzeller. — In: WESTHEIDE W. & R. RIEGER (Hrsg.): Spezielle Zoologie. Teil 1: Einzeller und wirbellose Tiere. G. Fischer Verl., Stuttgart, Jena, New York, 1-72.

HEBERER G. (Hrsg.) (1968): Der gerechtfertigte HAECKEL. Einblicke in seine Schriften aus Anlaß des Erscheinens seines Hauptwerkes „Generelle Morphologie der Organismen" vor 100 Jahren. — G. Fischer Verl., Stuttgart.

HEDWIG M. & W. SCHÄFER (1986): Vergleichende Untersuchungen zur Ultrastruktur und zur phylogenetischen Bedeutung der Spermien der Scyphozoa. — Z. zool. Syst. Evolut.-forsch. **24**: 109-122.

HELMCKE J.-G. & K. BACH (1990): Radiolaria. — Inst. Leichte Flächentragwerke, Stuttgart.

HEMLEBEN J. (1964): Ernst HAECKEL [, der Idealist des Materialismus] in Selbstzeugnissen und Bilddokumenten [16.-20. Taus. 1967]. — Rowolt Taschenbuch Verl., Reinbek.

HENNIG W. (1950): Grundsätze einer Theorie der phylogenetischen Systematik. — Dt. Zentralverl., Berlin.

HENNIG W. (1982): Phylogenetische Systematik. — P. Parey Verl., Berlin, Hamburg.

HENTSCHEL E. (1923/1925): Erste Unterabteilung der Metazoa: Parazoa. — In: KRUMBACH T. (Hrsg.): Handbuch der Zoologie. Erster Band Protozoa Porifera Coelenterata Mesozoa. W. Gruyter & Co., Berlin, Leipzig, 307-418.

HERTWIG R. (1879): Der Organismus der Radiolarien. — Denkschr. med.-naturwiss. Ges. Jena **2**: 129-277, Taf. 6-16.

HOLLANDE A. & M. ENJUMET (1960): Cytologie; evolution et systématique des sphaeroides (Radiolaires). — Arch. Mus. Hist. Nat. Paris, 7th Ser. **7**: 1-134.

HOLLANDE A., CACHON J. & M. CACHON-ENJUMET (1965): L'infrastructure des axopodes chez les radiolaires sphaerellaires périaxoplastidies. — C. R. Acad. Sci., Paris **261**: 1388-1391.

HOLLIS C.-J. (1997): Cretaceous-Paleocene Radiolaria from eastern Marlborough, New Zealand. — Inst. Geol. Nucl. Sci. Monogr. **17**: i-v, 1-152.

HOLSTEIN T. (1995a): Cnidaria: Hydrozoa. — In: SCHWOERBEL J. & P. ZWICK (Hrsg.): Süßwasserfauna von Mitteleuropa. G. Fischer Verl., Stuttgart, Jena, New York **1/2**: 1-110.

HOLSTEIN T. (1995b): Nematocyten. — Biol. uns. Zeit **25**: 161-169.

HOLZER H.L. (1980): Radiolaria aus Ätzrückständen des Malms und der Unterkreide der nördlichen Kalkalpen, Österreich. — Ann. Naturhist. Mus. Wien **83**: 153-167.

HOOPER J.N.A. & F. WIEDENMAYER (1994): Porifera. — Zool. Catalogue of Australia **12**: i-xiii, 1-624.

HUBMANN B. (1991): Alveolitidae, Heliolitidae und Helicosalpinx aus den Barradeinkalken (Eifelium) des Grazer Devons. — Jb. Geol. Bundesanst. **134**: 37-51.

HUBMANN B. (1995): Catalogus fossilium Austriae: ein systematisches Verzeichnis aller auf österreichischem Gebiet festgestellten Fossilien. Heft 4c/1b. Anthozoa palaeozoicea: Tabulata (inklusive Chaetetida und Heliolitida). — Catalogus Fossilium Austriae.

HULL D.L. (1976): Are species really individuals? — Syst. Zool. **25**: 174-191.

HULL D.M. (1996): Paleoceanographic and biostratigraphy of Paleogene radiolarians from the Norwegian-Greenland Sea. — Proc. Ocean Drilling Progr. Sci. Res. **151**: 125-152.

HUXLEY J.S. (Ed.) (1940): The new systematics. — Claredon Press, Oxford.

INTERNATIONAL COMMISSION OF ZOOLOGICAL NOMENCLATURE (= ICZN) (1985): International code of zoological nomenclature. 3rd ed. February 1985. — Univ. California Press, Berkley, Los Angeles.

JUD R. (1994): Biochronology and systematics of early Cretaceous Radiolaria of the Western Tethys. — Mem. Geol. (Lausanne) **19**: 1-147.

KEITEL-HOLZ K. (1984): Ernst HAECKEL. Forscher – Künstler – Mensch. Eine Biographie. — R.G. Fischer Verl., Frankfurt a. M.

KELLY A. (1981): The descent of DARWIN. The popularization of darwinism in Germany. — Univ. North Carolina Press, Chapel Hill.

KIEßLING W. & A. ZEISS (1992): New palaeontological data from the Hochstegen Marble (Tauern Window, eastern Alps). — Geol.-Paläontol. Mitt. Innsbruck **18** (1991-92): 187-202.

KILIAN E.F. (1993): 3. Stamm Porifera. — In: KAESTNER A. (Begr.): Lehrbuch der speziellen Zoologie. G. Fischer Verl., Jena, Stuttgart, New York **1**: 251-297.

KIRKPATRICK P.A. & P.R. PUGH (1984): Siphonophores and velellids. Keys and notes for the identification of the species. — Synopses of the British Fauna (New Series) **29**: 1-154.

KLAUTAU M., SOLE-CAVA A.M. & R. BOROJEVIC (1994): Biological systematics of sibling sympatric species of *Clathrina* (Porifera: Calcarea). — Biochem. Syst. Ecol. **22**: 367-375.

KLING S.A. (1979): Vertical distribution of polycystine radiolarians in the central north Pacific. — Mar. Micropaleonotol. **4**: 295-318.

KLING S.A. & D. BOLTOVSKOY (1995): Radiolarian vertical distribution patterns across the southern California Current. — Deep-Sea Res. Part I Oceanogr. Res. Pap. **42**: 191-231.

KNORRE D. VON (1985): Ernst HAECKEL als Systematiker – seine zoologisch-systematischen Arbeiten. — In: WILHELMI B. (Hrsg.): Leben und Evolution. Veröff. Friedrich-Schiller-Univ. Jena & G. Fischer Verl., Jena, 44-55.

KOZUR H. (1979): *Pessagosaturnalis* n. gen., eine neue Gattung der Saturnalidae DEFLANDRE, 1953 (Radiolaria). — Zschr. Geol. Wiss. **7**: 669-672.

KOZUR H. (1984): The Triassic radiolarian genus, *Triassocrucella* gen. nov. and the Jurassic *Hagiastrum* HAECKEL, 1882. — J. Micropalaeontol. **3**: 33-35.

KOZUR H. (1986): New radiolarian taxa from the Triassic and Jurassic. — Geol.-Paläontol. Mitt. Innsbruck **13** (1983-1986): 49-88.

KOZUR H. & H. MOSTLER (1972): Beiträge zur Erforschung der mesozoischen Radiolarien. Teil I: Revision der Oberfamilie Coccodiscacea HAECKEL 1862 emend. und Beschreibung ihrer triassischen Vertreter. — Geol.-Paläontol. Mitt. Innsbruck **2**: 1-60.

KOZUR H. & H. MOSTLER (1978): Beiträge zur Erforschung der mesozoischen Radiolarien. Teil II: Revision der Oberfamilie Trematodiscacea HAECKEL 1862 emend. und Beschreibung ihrer triassischen Vertreter. — Geol.-Paläontol. Mitt. Innsbruck **8**: 123-182.

KOZUR H. & H. MOSTLER (1979): Eine neue Radiolariengattung aus dem höheren Cordevol (Unterkarn) von Göstling (Österreich). — Geol.-Paläontol. Mitt. Innsbruck **9**: 179-181.

KOZUR H. & H. MOSTLER (1980): Beiträge zur Erforschung der mesozoischen Radiolarien. Teil III: Die Oberfamilien Actinommacea HAECKEL 1862 emend., Artiscacea HAECKEL 1882, Multiarcusellacea nov. der Spumellaria und triassischen Nasselaria. — Geol.-Paläontol. Mitt. Innsbruck **9**: 1-132 (1979/80).

KOZUR H. & H. MOSTLER (1981): Beiträge zur Erforschung der mesozoischen Radiolarien. Teil IV:

Thalassosphaeracea HAECKEL, 1862, *Hexastylacea* HAECKEL, 1882 emend. PETRUSEVSKAJA, 1979, *Sponguracea* HAECKEL, 1862 emend. und weitere triassische Lithocycliacea, *Trematodiscacea*, Actinommacea und Nasselaria. — Geol.-Paläontol. Mitt. Innsbruck, Sonderbd. **1**: 1-208.

KOZUR H. & H. MOSTLER (1983): Entactinaria subordo nov., a new radiolarian suborder. — Geol.-Paläontol. Mitt. Innsbruck **11/12**: 399-414.

KOZUR H. & H. MOSTLER (1986): The polyphyletic origin and the classification of the Mesozoic saturnalids (Radiolaria). — Geol.-Paläontol. Mitt. Innsbruck **13**: 1-47 (1983-1986).

KOZUR H. & H. MOSTLER (1990): Saturnaliacea DEFLANDRE and some other stratigraphically important Radiolaria from the Hettangian of Lenggries/Isar (Bavaria, northern calcareous Alps). — Geol.-Paläontol. Mitt. Innsbruck **17**: 179-248.

KOZUR H. & H. MOSTLER (1994): Anisian to Middle Carnia radiolarian zonation and description of some stratigraphically important radiolarians. — Geol.-Paläontol. Mitt. Innsbruck, Sonderbd. **3**: 39-199.

KOZUR H. & H. MOSTLER (1996): Longobardian (Late Ladinian) Oertlispongidae (Radiolaria) from the Republic of Bosnia-Hercegowina and the stratigraphic value of advanced Oertlispongidae. — Geol.-Paläontol. Mitt. Innsbruck, Sonderbd. **4**: 105-193.

KOZUR H., KRAINER K. & H. MOSTLER (1996): Radiolarians and facies of the middle Triassic Loibl formation, South Alpine Karawanken moutains (Carinthia, Austria). — Geol.-Paläontol. Mitt. Innsbruck, Sonderbd. **4**: 195-269.

KRAINER K. & H. MOSTLER (1992): Neue hexactinellide Poriferen aus der südalpinen Mitteltrias der Karawanken (Kärnten, Österreich). — Geol.-Paläontol. Mitt. Innsbruck **18**: 131-150 (1991-1992).

KRAMP P.L. (1961): Synopsis of the medusae of the world. — J. mar. biol. Ass. UK **40**: 1-469.

KRAUS O. (1976): Phylogenetische Systematik und evolutionäre Klassifikation. — Verh. dt. zool. Ges. **69**: 84-99.

KRAUS O. & K. KUBITZKI (1982): Biologische Systematik. — Chemie, Weinheim.

KRAUßE E. (1984): Ernst HAECKEL. — Teubner Verl., Leipzig [Biogr. herv. Nat.wiss. Techn. Med.] **70**: 1-148.

KRAUßE E. (1988): Zum Verhältnis von Wissenschafts- und Persönlichkeitsentwicklung: Ernst HAECKEL. — Wiss. Zschr. F.-Schiller-Univ. Jena, Naturwiss. R. **37**: 279-287.

KRUMBACH T. (Hrsg.) (1923/1925): Handbuch der Zoologie. Erster Band Protozoa Porifera Coelenterata Mesozoa. — W. Gruyter & Co., Berlin, Leipzig.

KUGEL H.W. (1987): Sphinctozoen aus den Auernigschichten des Nassfeldes (Oberkarbon, Karnische Alpen, Österreich). — Facies **16**: 143-155.

KÖNIG B. & K.E. LINSENMAIR (Hrsg.) (1996): Biologische Vielfalt. — Spektrum Akad. Verl., Heidelberg, Berlin, Oxford.

LACKEY J.B. (1959): Morphologie und Biologie von *Protospongia haeckeli*. — Trans. Amer. microsc. Soc. **78**: 202-205.

LAHM B. (1984): Spumellarienfauna (Radiolaria) aus den mitteltriassischen Buchensteiner-Schichten von Recoaro (Norditalien) und den obertriassischen Reiflingerkalken von Grossreifling (Österreich) - Systematik - Stratigraphie. — Münchn. geowiss. Abh., Reihe A Geol. & Palaeontol. **1**: 1-161.

LAMARCK J.-B. de (1809): Philosophie zoologique. — Paris.

LARSON R.J. (1986): Seasonal changes in the standing stocks, growth rates, and production rates of gelatinous predators in Saanich Inlet, British Columbia. — Mar. Ecol. Progr. Ser. **33**: 89-98.

LEFÈVRE W. (1984): Die Entstehung der biologischen Evolutionstheorie. — Ullstein Verl., Berlin.

LENDENFELD R. von (1894): Die Spongien der Adria: Die Kalkschwämme. — Z. wiss. Zool. **53**: 185-321, 361-433, Taf. 8-15.

LOMBARI G. & D.B. LAZARUS (1988): Neogene cycladophorid radiolarians from north Atlantic, Antarctic and north Pacific deep-sea sediments. — Micropaleontology (New York) **34**: 97-135.

LOVEJOY A.O. (1993): Die große Kette der Wesen. Geschichte eines Gedankens. — Suhrkamp (Suhrkamp-Taschenbuch Wissenschaft 1104), Frankfurt a. M.

MACKIE G.O. (Ed.) (1976): Coelenterate ecology and behaviour. — Plenum Press, New York.

MACKIE G.O., PUGH P.R. & J.E. PURCELL (1987): Siphonophore biology. — Adv. mar. Biol. **24**: 97-262.

MAHNER M. & M. BUNGE (1997): Foundations of biophilosophy. — Springer Verl., Berlin.

MANDL G.W. & A. ONDREJICKOVA (1993): Radiolarien und Conodonten aus dem Meliatikum im Ostabschnitt der Nördlichen Kalkalpen, Österreich. — Jb. Geol. Bundesanst. **136**: 841-871.

MARGULIS L., CORLISS J.O., MELKONIAN M. & D.J. CHAPMAN (Eds.) (1990): The handbook of the Protoctista. — Jones & Bartlett Publ., Boston.

MARGULIS L. & K.V. SCHWARTZ (1989): Die fünf Reiche der Organismen. — Spektrum Verl., Heidelberg.

MASSERA-BOTTAZZI E. & M.G. ABDREOLI (1974): Distribution of Acantarea in the North Atlantic. — Arch. Oceanogr. Limnol. **18**: 115-145.

MASSERA-BOTTAZZI E. & M.G. ABDREOLI (1975): Acantharia in the Atlantic Ocean. Analysis of plankton samples collected in the Gulf Stream (Crawford cruise 115 and Atlantis II cruise 38) and in the slope water (Crawford cruise 100). — Ateno Parmense, Acta Naturalia **19975**: 93-105.

MASSERA-BOTTAZZI E. & M.G. ABDREOLI (1982): Distribution of Acantharia in the western Saragasso Sea in correspondence with „thermal forms“. — J. Protozool. **29**: 162-169.

MASSERA-BOTTAZZI E., SCHREIBER B. & V.T. BOWEN (1971): Acantharia in the Atlantic Ocean, their abundance and preservation. — Limnol. Oceanogr. **16**: 677-684.

MAYR E. (1942): Systematics and the origin of species from the viewpoint of a zoologist. — Columbia Univ. Press, New York.

MAYR E. (1967): Artbegriff und Evolution. — P. Parey Verl., Hamburg, Berlin.

MAYR E. (1970): Populations, species and evolution. — Harvard Univ. Press, Cambridge, Massachusetts.

MAYR E. (1975): Grundlagen der zoologischen Systematik. — P. Parey Verl., Hamburg, Berlin.

MAYR E. (1984): Die Entwicklung der biologischen Gedankenwelt: Vielfalt, Evolution und Vererbung. — Springer Verl., Berlin, Heidelberg, New York, Tokyo.

MAYR E. (1995): Systems of ordering data. — Biol. Philos. **10**: 419-434.

MAYR E. & P. ASHLOCK (1991): Principles of systematic zoology. — McGraw-Hill, New York.

MILLER E.H. (Ed.) (1985): Museum collections: their role and future in biological research. — Br. Columbia Provincial Mus. Occas. Pap. Ser. **25**: 1-219.

MINELLI A. (1993): Biological systematics: The state of the art. — Chapman & Hall, London etc.

MÖBIUS K. (1887): Systematische Darstellung der Thiere des Plankton gewonnen in der westlichen Ostsee und auf einer Fahrt von Kiel in den Atlantischen Ocean bis jenseits der Hebriden. — Ber. Komm. wiss. Unters. dt. Meere **5**: 110-124, 2 Taf.

MÖHN E. (1984): System und Phylogenie der Lebewesen. — Schweizerbart'sche Verlagsbuchh., Stuttgart.

MORLEY J.J. & C. NIGRINI (1995): Miocene to Pleistocene radiolarian biostratigraphy of North Pacific sites 881, 884, 885, 886, and 887. — Proc. Ocean Drilling Progr. Sci. Res. **145**: 55-91.

MOSTLER H. (1978): Ein Beitrag zur Microfauna der Pötschenkalke an der Typlokalität unter besonderer Berücksichtigung der Poriferenspiculae. — Geol.-Paläontol. Mitt. Innsbruck **7**: 1-28.

MOSTLER H. (1986): Neue Kieselschwämme aus den Zlambachschichten (Obertrias, nördliche Kalkalpen). — Geol.-Paläontol. Mitt. Innsbruck **13**: 331-361.

MOSTLER H. & K. KRAINER (1994): Saturnalide Radiolarien aus dem Langobard der südalpinen Karawanken (Kärnten, Österreich). — Geol.-Paläontol. Mitt. Innsbruck **19**: 93-131.

MÜLLER A.H. (1993): Lehrbuch der Paläozoologie. Band II Invertebraten. Teil 1 Protozoa – Mollusca 1, 4. neu bearb., erw. Aufl. — G. Fischer Verl., Jena, Stuttgart.

MÜLLER J. (1855): Ueber die im Hafen von Messina beobachteten Polycystinen. — Mon.ber. Berlin **1855**: 671.

MÜLLER J. (1858): Über die Thalassicolen, Polycystinen und Acanthametren des Mittelmeeres. — Abh. dt. Akad. Wiss. Berlin **1858**: 1-62.

MÜLLER W.E.G. & SCHRÖDER H.C. (1997): Bioaktive Substanzen aus Schwämmen: Gene weisen den Weg bei der Suche nach neuen Arzneimitteln. — Biol. uns. Zeit **27**: 389-398.

MUSCATINE L. & H.M. LENHOFF (Eds.) (1974): Coelenterate biology: Reviews and new perspectives. — Acad. Press, New York.

NEAVE S.A. (Ed.) (1939a): Nomenclator Zoologicus. A list of the names of genera and subgenera in zoology from the tenth edition of LINNAEUS 1758 to the end of 1935. — Zool. Soc. London **I (A-C)**: 1-957.

NEAVE S.A. (Ed.) (1939b): Nomenclator Zoologicus. A list of the names of genera and subgenera in zoology from the tenth edition of LINNAEUS 1758 to the end of 1935. — Zool. Soc. London **II (D-L)**: 1-1025.

NEAVE S.A. (Ed.) (1940a): Nomenclator Zoologicus. A list of the names of genera and subgenera in zoology from the tenth edition of LINNAEUS 1758 to the end of 1935. — Zool. Soc. London **III (M-P)**: 1-1063.

NEAVE S.A. (Ed.) (1940b): Nomenclator Zoologicus. A list of the names of genera and subgenera in zoology from the tenth edition of LINNAEUS 1758 to the end of 1935. — Zool. Soc. London **IV(Q-Z)**: 1-758.

NEAVE S.A. (Ed.) (1950): Nomenclator Zoologicus. Vol. **V** 1936-1945. — Zool. Soc. London: 1-308.

NIGRINI C. & J.P. CAULET (1988): The genus *Anthocyrtidium* (Radiolaria) from the tropical Late Neogene of the Indian and Pacific Oceans. — Micropaleontology (New York) **34**: 341-360.

NIGRINI C. & G. LOMBARI (1984): A guide to miocene Radiolaria. — Cushman Found. Foraminif. Res. Spec. Publ. **22**: s1-s102, N1-N206.

NIGRINI C. & T.C. MOORE (1979): A guide to modern Radiolaria. — Cushman Found. Foraminif. Res. Spec. Publ. **16**: s1-142, N1-106.

NISHIMURA H. (1990): Taxonomic study on Cenozoic Nassellaria (Radiolaria). — Sci. Rep. Inst. Geosci. Univ. Tsukuba Sect. B Geol. Sci. **11**: 69-172.

O'CONNOR B. (1997): New Radiolaria from the Oligocene and early Miocene of Northland, New Zealand. — Micropaleontology (New York) **43**: 63-100.

O'DOGHERTY L. (1994): Biochronology and paleontology of mid-Cretaceous radiolarians from northern Apennines (Italy) and Betic Cordillera (Spain). — Mem. Geol. (Lausanne) **21**: i-xv, 1-413.

O'HARA R.J. (1992): Telling the tree. Narrative representation and the study of evolutionary history. — Biol. Philos. **7**: 135-160.

OEKENTORP-KÜSTER P. (Ed.) (1993): Proceedings of the VI. International Symposium on fossil Cnidaria and Porifera held in Münster, Germany 9.-14. September 1991. — Cour. Forsch.-Inst. Senckenberg **164**: 1-372.

OEKENTORP-KÜSTER P. (Ed.) (1994): Proceedings of the VI. International Symposium on fossil Cnidaria and Porifera held in Münster, Germany 9.-14. September 1991. Volume 2. — Cour. Forsch.-Inst. Senckenberg **172**: 1-430.

ORTOLANI G. (1989): The ctenophores: A review. — Acta Embr. Morph. Exp. **10**: 13-31.

OSTWALD W. (1910) Grosse Männer, 3. & 4. Aufl. — Akad. Verl.ges., Leipzig.

OZVOLDOVA J. & P. FAUPL (1993): Radiolarien aus kieseligen Schichtgliedern des Juras der Grestener und Ybbsitzer Klippenzone (Ostalpen: Niederösterreich). — Jb. Geol. Bundesanst. **136/2**: 479-494.

PEJVE A.V., KRASHENINNIKOV V.A., GERBONA V.G. & P.P. TIMOFEEV (Eds.) (1981): Systematics of the evolution and stratigraphic significance of Radiolaria. — Nauka, Moscow.

PENNEY J.T. (1969): Comprehensive revision of a worldwide collection of freshwater sponges (Porifera: Spongillidae). — United States National Museum **272**: 1-98.

PESSAGNO E.A. & C.D. BLOME (1980): Upper Triassic and Jurassic Pantanellinae from California, Oregon and British Columbia. — Micropaleontology (New York) **26**: 225-273.

PESSAGNO E.A., BLOME C.D. & J.F. LONGORIA (1984): A revised radiolarian zonation for the Upper Jurassic of western North America. — Bull. Amer. Paleontol. **87**: 1-51.

PESSAGNO E.A., SIX W. & Q. YANG (1989): The Xiphostylidae HAECKEL and Parvivaccidae, n. fam. (Radiolaria) from the North American Jurassic. — Micropaleontology (New York) **35**: 193-255.

PETERSEN K.W. (1990): Evolution and taxonomy in capitata hydroids and medusae (Cnidaria: Hydrozoa). — Zool. J. Linn. Soc. **100**: 101-231.

PETRUSHEVSKAYA M.G. (1981): Radiolarians of the order Nassellaria of the world's oceans. — Opredeliteli po Faune SSSR **128**: 1-383.

PIRAINO S., BOERO F., BOUILLON J., CORNELIUS P.F.S. & J.M. GILI (Eds.) (1996): Advances in hydrozoan biology. — Scientia marina **60**: 1-243.

PROKSCH P. (1991): Biologisch aktive Naturstoffe in marinen Invertebraten. Chemoökologische Betrachtung am Beispiel von Schwämmen und marinen Nacktschnecken. — Biol. uns. Zeit **21**: 26-30.

PUGH P.R. (1983): Benthic siphonophores: A review of the family Rhodaliidae (Siphonophora, Physonectae). — Phil. Trans. Roy. Soc. London B Biol. Sci. **301**: 165-300.

PUGH P.R. & HARBISON G.R. (1986): New observations on a rare physonet siphonophore, *Lynchagalma utricularia* (CLAUS, 1879). — J. mar. biol. Ass. UK **66**: 695-710.

PULITZER-FINALI G. (1981): Some new of little-known sponges from the Great Barrier Reef of Australia. — Boll. Mus. Ist. Biol. Univ. Genova **48-49**: 87-141.

RAGAN M.A. (1997): A third kingdom of eukaryotic life: History of an idea. — Arch. Protistenk. **148**: 225-243.

REES W.J. (Ed.) (1966): The Cnidaria and their evolution. — Acad. Press, London.

REITNER J. & K.B. FOLLMI (1991): A new 'deep-water' *Chaetetopsis* species (*Chaetetopsis faovositiformis* n. sp., Demospongiae) from the Plattenwald Bed (Mid-Cretaceous Garschella Formation, Vorarlberg, Austria). — Eclogae Geol. Helvet. **84**: 837-849.

REITNER J. & H. KEUPP (Eds.) (1991): Fossil and recent sponges. — Springer Verl., Berlin.

REMANE A. (1956): Die Grundlagen des natürlichen Systems, der vergleichenden Anatomie und der Phylogenetik, 2. Aufl. — Geest & Portig Verl., Leipzig.

RESHETNYAK V.V. & N.P. RUNEVA (1978): Colonial Radiolaria of the family Collosphaeridae in Kamchatka Late Miocene deposits. — Trudy Zool. Inst. **78**: 96-100.

RIDE D.L. & T. YOUNÈS (Eds.) (1986): Biological nomenclature today. A review of the present state and current issues of biological nomenclature of animals, plants, bacteria and viruses. — IUBS Monogr. ser. **2**.

RIEDEL W.R. (1967a): An annotated and indexed bibliography of polycystine Radiolaria. — Scripps Institution of Oceanography: La Jolla, California, U.S.A.

RIEDEL W.R. (1967b): Systematic classification of polycystine Radiolaria. — Rep. SCOR Symposium Micropalaeontol. Cambridge.

RONIEWICZ E. (1989): Triassic scleractinian corals of the Zlambach Beds, northern Calcareous Alps, Austria. — Denkschr. Akad. Wiss. Wien, math.-naturwiss. Klasse **126**: 1-152.

RONIEWICZ E. (1995): Upper Triassic solitary corals from the Gosaukamm and other north Alpine regions. — Sber. Österr. Akad. Wiss., math.-naturwiss. Kl., Abt. I **202**: 3-41.

RÜST D. (1885): Beiträge zur Kenntniss der fossilen Radiolarien aus Gesteinen des Jura. — Palaeontographica **31**: 269-321, Taf. 26-45.

SANDMANN J. (1995): Ernst HAECKELS Entwicklungslehre als Teil seiner biologistischen Weltanschauung. — In: ENGELS E.-M. (Hrsg.): Die Rezeption von Evolutionstheorien im 19. Jahrhundert. Suhrkamp, Frankfurt a. M., 326-346.

SANFILIPPO A. & W. RIEDEL (1980): A revised generic and suprageneric classification of the artiscins (Radiolaria). — J. Paleontol. **54**: 1008-1011.

SCARLATO O.A. & R.K. LIPMAN (Eds.) (1979): Fossil and recent Radiolaria. — Akad. Nauk SSSR, Leningrad.

SCHÄFER P. (1996a): Cnidaria, Nesseltiere. — In: WESTHEIDE W. & R. RIEGER (Hrsg.): Spezielle Zoologie. Teil 1: Einzeller und wirbellose Tiere. G. Fischer Verl., Stuttgart, Jena, New York, 145-181.

SCHÄFER P. (1996b): Ctenophora, Rippenquallen. — In: WESTHEIDE W. & R. RIEGER (Hrsg.): Spezielle Zoologie. Teil 1: Einzeller und wirbellose Tiere.

G. Fischer Verl., Stuttgart, Jena, New York, 182-187.

SCHÄFER P. & B. SENOWBARI-DARYAN (1978): Neue Korallen (Scleractinia) aus Oberrhät-Riffkalken südlich von Salzburg (nördliche Kalkalpen, Österreich). — Senckenbergiana lethaea **59**: 117-135.

SCHALLER F. (1992): Ist die Wissenschaft noch ein Ganzes? Überlegungen zum Zerfall der Biologie. — Lexikon der Biologie **10**: 511-517.

SCHEWIAKOFF W. (1926): Die Acantharia des Golfes von Neapel. Fauna und Flora. — In: Fauna und Flora des Golfes von Neapel. G. Bardi & R. Friedländer & Sohn, Rom.

SCHIERWATER B. (1994): Die Bedeutung von DNA-Merkmalen für die Analyse phylogenetischer Beziehungen innerhalb der Cnidaria. — Senckenberg-Buch **70**: 435-442.

SCHMEDTJE U. & F. KOHMANN (1992): Bestimmungsschlüssel für die Saprobier-DIN-Arten (Makroorganismen). — Informationsberichte Bayer. Landesamt für Wasserwirtschaft, München **2/88**: 1-274.

SCHMIDT H. (1934): Ernst HAECKEL. Denkmal eines großen Lebens. — Frommannsche Buchhandl. (W. Biedermann), Jena.

SCHMINKE H.K. (1990): Bedeutung und Probleme praxisorientierter Taxonomie. — Verh. Ges. Ökol. **19/II**: 236-244.

SCHMINKE H.K. (1994): Systematik – die vernachlässigte Grundlagenwissenschaft des Naturschutzes. — Natur Museum **124**: 37-45.

SCHMINKE H.K. (1996): Naturkundliche Sammlungen – das vernachlässigte Erbe?. — Spektrum Wiss. **5/96**: 116-119.

SCHMINKE H.K. (1997): Naturschutzarbeit und Biodiversitätsforschung ohne systematische Zoologie. — Biol. uns. Zeit **27**: 340-345.

SCHMITT M. (1986): Fernstudium Naturwissenschaften Evolution der Pflanzen- und Tierwelt: 3 Theoretische Grundlagen der Evolutionsbiologie. — Dt. Inst. Fernstudien, Univ. Tübingen **3**: 1-229.

SCHREIBER B. (1962): Panel on coordination of research projects on radioactivity in the marine environments. — PL 65/5, IAEA, Vienna 21-23 November 1962.

SCHUCHERT P. (1993): Phylogenetic analysis of the Cnidaria. — Z. zool. Syst. Evol.-forsch. **31**: 161-173.

SCHUCHERT P. (1996): The marine fauna of New Zealand: athecate hydroids and their medusae (Cnidaria: Hydrozoa). — N. Zealand Oceanogr. Inst. Memoir **106**: 1-159.

SCHUHMACHER H. (1988): Korallenriffe: Verbreitung, Tierwelt, Ökologie, 3., überarb. Aufl. — BLV, München, Wien, Zürich.

SCHULZE F.E. (1875): Untersuchungen über den Bau und die Entwicklung der Spongien. 1. Über den Bau und die Entwicklung von *Sycandra raphanus* HAECKEL. — Z. wiss. Zool. **25**: 247-280, Taf. 18-21.

SCHULZE F.E. (1878): Untersuchungen über den Bau und die Entwicklung der Spongien. 5. Die Metamorphose von *Sycandra raphanus*. — Z. wiss. Zool. **31**: 261-295, Taf. 18, 19.

SCHULZE F.E. (1907): Die Xenophyophoren, eine besondere Gruppe der Rhizopoden. — Wiss. Ergeb. dt. Tiefsee-Exped. „Valdivia" 1898-1899 **11**: 1-55.

SCHULZE F.E. (1912): Xenophyophora. — Zool. Anz. **39**: 38-43.

SCHWARTZAPFEL J.A. & B.K. HOLDSWORTH (1996): Upper Devonian and Mississipian radiolarian zonation and biostratigraphy of the Woodford. — Cushman Found. Foraminif. Res. Spec. Publ. **33**: 1-275.

SEBENS K.P. (1994): Biodiversity of coral reefs: What are we losing and why? — Amer. Zool. **34**: 115-133.

SENOWBARI-DARYAN B. (1978): Neue Sphinctozoen (segmentierte Kalkschwämme) aus den 'oberrhätischen' Riffkalken der nördlichen Kalkalpen (Hintersee/Salzburg). — Senckenbergiana Lethaea **59**: 205-227.

SENOWBARI-DARYAN B. (1990): Die systematische Stellung der thalamiden Schwämme und ihre Bedeutung in der Erdgeschichte. — Münchn. geowiss. Abh., Reihe A Geol. & Palaeontol. **21**: 1-325.

SENOWBARI-DARYAN B. (1994): *Enoplocoelia? gosaukammensis* – ein neuer thalamider Schwamm aus den obertriadischen Riffkalken des Gosaukammes (Nördliche Kalkalpen, Österreich). — Jb. Geol. Bundesanst. **137**: 669-674.

SENOWBARI-DARYAN B. & W.C. DULLO (1980): *Cryptocoelia wurmi* n. sp., ein Kalkschwamm (Sphinctozoa) aus der Obertrias (Nor) der Gesäuseberge (Obersteiermark/Österrreich). — Mitt. Ges. Geol. Bergbaustud. Österr. **26**: 205-211.

SENOWBARI-DARYAN B. & P. RIEDEL (1987): Revision der triadischen Arten von *Solenolmia* POMEL 1872 (= *Dictyocoelia* OTT, 1967) ('Sphinctozoa', Porifera) aus dem alpin-mediterranen Raum. — Mitt. Bayer. Staatsslg. Paläontol. hist. Geol. **27**: 5-20.

SENOWBARI-DARYAN B. & P. SCHÄFER (1978): *Folicatena irregularis* n. sp., ein segmentierter Kalkschwamm aus den Oberrhät-Riffkalken der alpinen Trias. — N. Jb. Geol. Paläontol. Mh. **1978**: 314-320.

SENOWBARI-DARYAN B. & P. SCHÄFER (1979): Neue Kalkschwämme und ein Problematikum (*Radiomura cautica* n. g., n. sp.) aus Oberrhat-Riffen südlich von Salzburg (nördliche Kalkalpen). — Mitt. Österr. Geol. Ges. **70**: 17-42 (1977).

SENOWBARI-DARYAN B. & D. WURM (1994): *Radiocella prima* n. g., n. sp., der erste segmentierte Schwamm mit tetracladinem Skelett aus den Dachstein-Riffkalken (Nor) des Gosaukammes (Nördliche Kalkalpen, Österreich). — Abh. Geol. Bundesanst. (Wien) **50**: 447-452.

SIMPSON G.G. (1961): Principles of animal taxonomy. — Columbia Univ. Press, New York.

SOKAL R.R. & P.H.A. SNEATH (1963): Principles of numerical taxonomy. — Freeman Publ., San Francisco.

SOMMER U. (1996): Algen, Quallen, Wasserfloh: Die Welt des Planktons. — Springer Verl., Berlin, Heidelberg.

STANLEY G.D. (Ed.) (1996): Paleobiology and biology of corals. — Paleonotol. Soc. Pap. **1**: 1-291.

STEBBINS G.L. (1950): Variation and evolution in plants. — Columbia Univ. Press, New York.

STEENE R. (1991): Korallenriffe der Welt. Wunderreiche der Natur. — S. Nagelschmid Verl., Stuttgart.

STEIGER T. (1992): Systematik, Stratigraphie und Palökologie der Radiolarien des Oberjura-Unterkreide-Grenzbereiches im Osterhorn-Tirolikum (Nördliche Kalkalpen, Salzburg und Bayern). — Zitteliana **19**: 3-188.

STEININGER F.F. (Hrsg.) (1997): Biodiversitätsforschung. Ihre Bedeutung für Wissenschaft, Anwendung und Ausbildung. — Kl. Senckenberg-Reihe **26**: 1-67.

STIASNY G. (1922a): Ergebnisse der Nachuntersuchung einiger Rhizostomeen-Typen HAECKEL's und CHUN's aus den zoologischen Museum in Hamburg. — Zool. Mededeelingen **7**: 41-60.

STIASNY G. (1922b): Ergebnisse der Nachuntersuchung einiger Rhizostomeen-Typen HAECKEL's und SCHULTZE's aus der Sammlung des zoologischen Institutes der Universität Jena. — Zool. Mededeelingen **7**: 61-79.

STIASNY G. (1923): Ergebnisse der Nachuntersuchung einiger Rhizostomeen-Typen EHRENBERG's, HAECKEL's und VANHÖFFEN's aus den zoologischen Museen im [sic] Berlin und Königsberg. — Zool. Mededeelingen **7**: 225-252.

STONE I. (1981): Der Schöpfung wunderbare Wege. Das Leben des Charles DARWIN. — Dt. Bücherbund, Stuttgart, München.

SUDHAUS W. & K. REHFELD (1992): Einführung in die Phylogenetik und Systematik. — G. Fischer Verl., Stuttgart, Jena, New York.

SVOBODA A. & P.F.S. CORNELIUS (1991): The European and Mediterranean species of *Aglaophenia* (Cnidaria: Hydrozoa). — Zool. Verh. (Leiden) **274**: 1-72.

TAKAHASHI K. (1991): Radiolaria: Flux, ecology, and taxonomy in the Pacific and Atlantic. — Ocean Biocoenosis Series **3**: i-v, 1-303.

TAN-ZHIYUAN & CHEN-MUHONG (1990): Some revisions of Pylonidae. — Chin. J. Oceanol. Limnol. **8**: 109-127.

TENDAL O.S. (1996): Synoptic checklist and bibliography of the Xenophyophorea (Protista), with a zoogeographical survey of the group. — Galathea Report **17** (1995-1996): 79-101

USCHMANN G. (1967): Zur Geschichte der Stammbaum-Darstellungen. — In: GERSCH M. (Hrsg.): Gesammelte Vorträge über moderne Probleme der Abstammungslehre, Jena **2**: 9-30.

USCHMANN G. (1984): Ernst HAECKEL. Biographie in Briefen. — Prisma Verl., Gütersloh.

USCHMANN G. (1985): Das Werk Ernst HAECKELS: Voraussetzungen und Bedingtheiten. — In: WILHELMI B. (Hrsg.): Leben und Evolution. Veröff. Friedrich-Schiller-Univ. Jena & G. Fischer Verl., Jena, 32-39.

USCHMANN G. (1986): Nachwort. — In: HAECKEL E.: Das System der Medusen. Erster Teil einer Monographie der Medusen [Nachdruck d. Ausg. G. Fischer, Jena, 1879]. VCH, Weinheim; Deerfield Beach, Florida, unpag. (1-5).

VACELET E. (1985): Coralline sponges and the evolution of Porifera. — In: CONWAY MORRIS et al. (Eds.): The origins and relationships of lower invertebrates. Syst. Assoc. Spec. Vol. **28**: 1-13.

VAN SOEST R. (1996): Porifera, Schwämme. — In: WESTHEIDE W. & R. RIEGER (Hrsg.): Spezielle Zoologie. Teil 1: Einzeller und wirbellose Tiere. G. Fischer Verl., Stuttgart, Jena, New York, 98-119.

VAN SOEST R.W.M., KEMPEN T.M.G. VAN & J.C. BRAEKMAN (Eds.) (1994): Sponges in time and space. — Balkema, Rotterdam, Brookfield.

VERON J.E.N. (1995): Corals in space and time: The biogeography and evolution of the Scleractinia. — Cornell Univ. Press, Ithaca, London.

VERVOORT W. (1995): Bibliography of Leptolida (non-siphonophoran Hydrozoa, Cnidaria). — Zool. Verh. (Leiden) **301**: 1-436.

VOS L. de, RÜTZLER K., BOURY-ESNAULT N., DONADEY C. & J. VACELET (1991): Atlas of sponge morphology. — Smithsonian Inst. Press, Washington, London.

VOSMAER G.C.J. (1928): Bibliography of sponges 1551-1913. — Univ. Press Cambridge, Cambridge.

WAGENITZ G. (1996): Wörterbuch der Botanik: Morphologie, Anatomie, Taxonomie, Evolution; die Termini in ihrem historischen Zusammenhang. — G. Fischer, Jena, Stuttgart, Lübeck, Ulm.

WATANABE Y. & N. FUSETANI (Eds.) (1998): Sponge sciences: Multidisciplinary perspectives. — Springer Verl., Heidelberg.

WEBERLING F. & T. STÜTZEL (1993): Biologische Systematik. Grundlagen und Methoden. — Wiss. Buchges., Darmstadt.

WEISSENFELS N. (1989): Biologie und mikroskopische Anatomie der Süßwasserschwämme (Spongillidae). — G. Fischer Verl., Stuttgart, New York.

WERNER B. (1975): Bau und Lebensgeschichte des Polypen von *Tripedalia cytophora* (Cubozoa, class nov., Carybdeidae) und seine Bedeutung für die Evolution der Cnidaria. — Helgoländer wiss. Meeresunters. **27**: 461-504.

WESENBERG-LUND C. (1939): Biologie der Süsswassertiere. Wirbellose Tiere. — Springer Verl., Wien.

WESTHEIDE W. & R. RIEGER (Hrsg.) (1996): Spezielle Zoologie. Teil 1: Einzeller und wirbellose Tiere. — G. Fischer Verl., Stuttgart, Jena, New York.

WEVER P. de (1984): Revision des radiolaires mesozoiques de type Saturnalide, proposition d'une nouvelle classification. — Micropaleontologie **27**: 10-19.

WEVER P. de & W. RIEDEL (1978/79): Current radiolarian investigations in Europe. — Annals Soc. Geol. Nord **98/3**: 205-222.

WIDZ D. & P. de WEVER (1993): Nouveaux nassellaires (Radiolaria) des radiolarites jurassiques de la coupe de Szeligowy Potok (zones de Klippes de Pieniny, Carpathes occidentales, Pologne). — Revue Micropaleotnol. **36**: 77-91.

WILLIAMS R.B., CORNELIUS P.F.S., HUGHES R.G. & E.A. ROBSON (Eds.) (1991): Coelenterate biology. Recent research on Cnidaria and Ctenophora. — Developm. Hydrobiol. **66**: 1-742.

WILLIAMSON J.A., FENNER P.J., BURNETT J.W. & J.F. RIFKIN (Eds.) (1996): Venomous and poisonous marine animals: A medical and biological handbook. — Univ. New Youth Wales Press, Sydney.

WILLMANN R. (1985): Die Art in Raum und Zeit. Das Artkonzept in der Biologie und Paläontologie. — P. Parey Verl., Berlin, Hamburg.

WILSON E.O. (1992a): Der Wert der Vielfalt. Die Bedrohung des Artenreichtums und das Überleben des Menschen. — Piper Verl., München, Zürich.

WILSON E.O. (Hrsg.) (1992b): Ende der biologischen Vielfalt? Der Verlust an Arten, Genen und Lebensräumen und die Chancen für eine Umkehr. — Spektrum Akad. Verl., Heidelberg, Berlin, New York.

WINSOR M.P. (1972): A historical consideration of the siphonophores. — Proc. Roy. Soc. Edinb. **73**: 315-323.

YANG Q. & E.A. PESSAGNO (1989): Upper Tithonian Vallupinae (Radiolaria) from the Taman Formation, east central Mexico. — Micropaleontology (New York) **35**: 114-134.

YEH K.Y. (1987): Taxonomic studies of Lower Jurassic Radiolaria from east-central Oregon. — Nat. Mus. Nat. Sci. Spec. Publ. (Taichung) **2**: i-vi, 1-169.

ZIMMERMANN W. (1953): Evolution: Die Geschichte ihrer Probleme und Erkenntnisse. — K. Alber Verl., Freiburg, München.

ZITTEL K.A. (1876): Über einige fossile Radiolarien aus der norddeutschen Kreide. — Z. dt. Geol. Ges. **28**: 75-86.

ZWÖLFER H. (1992): Die Bedeutung von Forschungsmuseen und Hochschulforschung für die Faunistik und Systematik der Wirbellosen. — Spixiana Suppl. **17**: 227-233.

Anschrift der Verfasserin:
Dr. Erna AESCHT
OÖ. Landesmuseum
J.-W.-Klein-Str. 73
A-4040 Linz
Austria

Anmerkungen

1 In Zitaten wurde die z. T. altertümlich anmutende Schreibweise unverändert beibehalten; Anmerkungen der Autorin stehen in eckigen Klammern.

2 Der Begriff wurde von HAECKEL (1866a: 30) geschaffen und der Phylogenie (Stammesentwicklung) gegenübergestellt.

3 Der Begriff wurde von HAECKEL (1866a: 30) eingeführt und bedeutet Abstammungsgeschichte, Stammesentwicklung. Stamm (Phylon) definiert HAECKEL (1866a: 28-29) als „die Summe aller Species, welche aus einer und derselben gemeinschaftlichen Stammform allmählich sich entwickelt haben".

4 Der Begriff des Stammbaumes wurde von der Genealogie des Menschen übernommen. Das Grundprinzip von Stammbaum und System stellte DARWIN (1859: 117) in der einzigen Abbildung dar, die seinem Hauptwerk „On the origin of species" beigegeben ist (vgl. WAGENITZ 1996).

5 Die von MÜLLER entwickelten, heute noch gebräuchlichen, Hilfsmittel für Planktonuntersuchungen, wie Schöpfnetze aus äußerst feinmaschiger, sogenannter „MÜLLER-Gaze" gaben der meeresbiologischen Forschung neuen Aufschwung (vgl. KRAUßE 1984: 26).

6 Älterer Ausdruck für einen Zeichenapparat, der die Wiedergabe mikroskopischer Bilder wesentlich erleichtert.

7 Wonach der zuerst in gedruckter Form veröffentlichte Name Vorrang hat vor allen späteren Namen für dasselbe Taxon [= Systematische Einheit beliebigen Ranges; Mehrzahl „Taxa"], die dann zu Synonymen werden.

8 „...largest division of the Sphaerellaria, comprising not less than one hundred and seven genera and six hundred and fifty species. This enormous number ... requires a careful disposition in different families and subfamilies. ... Regarding the number of the concentric shells which compose the latticed carapace..., we can distinguish six families, viz.: ... On the other hand, regarding the number of the radial spines and their regular disposition on the shell-surface, we can distinguish five families, viz... All five latter groups contain representatives of all six former groups; therefore we get together not less than thirty different subfamilies... (HAECKEL 1887a: 51).

9 Interessanterweise wurden vor nicht so langer Zeit „korallen-ähnliche" Schwämme gefunden (VACELET 1985).

10 Bezeichnung älterer, vor allem botanischer Werke, die als Vorläufer einer ausführlichen Darstellung gedacht waren (WAGENITZ 1996).

11 Laut USCHMANN (1986) hielt HAECKEL nicht viel von den neuen Schnitt- und Färbemethoden und hatte schon 1872 an den Zoologen Oscar SCHMIDT (1823-1886) geschrieben, daß man „Leute, die noch mit Zielen und Gesichtspunkten arbeiten", suchen müsse, denn das „Urteil wird jetzt durch Goldchlorid und der Verstand durch Überosmiumsäure ersetzt!!" Ähnliche Urteile findet man auch an anderen Stellen, und über den eigenen Standpunkt heißt es in einem Brief an den Berliner Zoologen Wilhelm PETERS (1815-1883): „Ich bin entsetzlich reactionär geworden und betrachte eine einfache ältere systematische Arbeit als viel verdienstlichere Leistung, im Vergleich zu diesen ‚höheren' modernen Arbeiten".

12 „Der Grundirrthum der meisten Morphologen liegt noch heutigen Tages, ebenso bei anderen allgemeinen Fragen, wie bei der Species-Frage, darin, dass sie glauben, auf rein empirischem Wege und ohne philosophische Verstandes-Operationen, zu allgemeinen Resultaten und zu klaren Begriffsbestimmungen gelangen zu können. ... Wir wiederholen ausdrücklich, dass Empirie ohne Philosophie ebensowenig ‚Wissenschaft' ist, als Philosophie ohne Empirie. Ein Berg von empirischen Tatsachen ohne verbindende Gedanken ist ein wüster Steinhaufen. Ein künstliches System von philosophischen Gedanken ohne die reale Basis der thatsächlichen Erfahrung ist ein Luftschloss. Weder jener, noch dieses ist ein massives wissenschaftliches Lehrgebäude" (HAECKEL 1866b : 329).

13 Interessanterweise sind Wörter, wie „Fachmann", „Spezialist", „Experte" oder „Autorität", nicht zu reden von dem komischen Wort „Koryphäe" erst in der zweiten Hälfte des letzten Jahrhunderts aufgekommen (vgl. CHARGAFF 1980: 106).

14 Die zunehmende Differenzierung und Internationalisierung der Wissenschaften kommt bereits bei HAECKEL (1879g: 651) zum Ausdruck, wo er beklagt: „Obgleich ich mich bestrebt habe, die ganze umfangreiche und zerstreute Medusen-Literatur in meiner Monographie möglichst vollständig zu berücksichtigen, so habe ich doch die wenigen Arbeiten, welche nur in russischer und in chinesischer Sprache erschienen sind, davon ausgeschlossen. Ich befinde mich dabei in grundsätzlicher Uebereinstimmung mit fast allen europäischen Zoologen der Gegenwart. Denn bei den ungeheuren und täglich wachsenden Anforderungen, welche das Culturleben der Gegenwart an die Zeit und Arbeitskraft eines Jeden stellt, kann unmöglich neben der Kenntnis von 2 ausgestorbenen und 6 lebenden Sprachen auch noch die Erlernung von 2 anderen Sprachen gefordert werden, die so schwierig und fremdartig sind, wie das Russische und Chinesische".

HAECKEL's Kingdom Protista and Current Concepts in Systematic Protistology

J.O. CORLISS

Abstract

Ernst HAECKEL, one of the biological giants of the second half of the 19th century, boldly created a novel third kingdom of organisms, the Protista, to contain the largely microscopic and unicellular organisms that he believed should no longer be assigned to the long-dominating pair of kingdoms containing the macroscopic and multicellular plants and animals. This evolutionarily-based systematic concept, proposed in 1866 and refined in 1878 (and subsequent years), was controversial from its inception and, indeed, is still so today. Yet the idea was – and is – of much value, if only for focusing attention on the phylogenetic component of taxonomy and on the otherwise often ignored highly diverse groups of mostly microscopic eukaryotic organisms now widely known as "the protists" (consisting of the conventional algae, protozoa, and "lower" fungi). Discussed in this paper, beyond giving a historical background, are the attempts in the 20th century to improve the high-level systematic treatment of all protists. Current options, one of which may be considered particularly neoHaeckelian in nature, are presented in order to show that protistan megasystematics will remain in a state of flux until more data of relevance are available for detailed analyses. One of the major challenges facing workers in the field today is how to determine ways of including information from phylogenetic cladograms into ranked hierarchical schemes of classification (if retention of the latter into the future seems desirable), keeping in mind the varying uses or purposes to which such megasystems may ultimately be put. In a table, the author briefly presents his own skeletal arrangement of high-level protistan taxa that may be an improvement over those in the recent literature, with emphasis on the idea that the diversity of the protists is too great to be confined to a single kingdom and, thus, that their species require dispersal throughout all of the several kingdoms of the eukaryotic biotic world that are becoming widely recognized today.

Stapfia 56,
zugleich Kataloge des OÖ. Landesmuseums, Neue Folge Nr. 131 (1998),
85-104

1 Introductory Remarks

Ernst [Heinrich] HAECKEL (1834-1919) was one of the most prolific and influential producers of publications in broad areas of the biological sciences, including evolution and systematics, during the latter half of the 19th century. This fact is attested to by the many diverse papers comprising the present special issue of the journal "Stapfia", by numerous entries in the recently published 4862-page "Dictionnaire du Darwinisme et de l'Evolution" (edited by TORT 1996), and by the continued use and frequent citation still today of various of his works, controversial or otherwise, a full century after their initial appearance. A man of great enthusiasm, conviction, and self-confidence, his missionary zeal was well known. For example, as the "T. H. HUXLEY of the European continent," HAECKEL displayed such a vehemence in his uncompromising support and defense of Darwinism that it was said that some of his outbursts astounded – even worried – DARWIN himself!

The present paper is limited primarily to consideration of HAECKEL's novel concept of the Protista as a third major kingdom of organisms and to brief discussion of subsequent, including current, ideas about the evolution and systematics of the diverse "lower" eukaryotic assemblages now widely embraced under the broad and very general term of "the protists". A few words of background information must be given first.

2 Brief Historical Background

With respect to the classification **sensu lato** of living organisms, the notion that the biotic (including sometimes the abiotic as well!) world contains more groups than just the easily recognized macroscopic plant and animal species extends far back into time. We are indebted to RAGAN (1997) for his recent scholarly discourse on this often largely philosophical subject of a more or less elusive third kingdom for objects or organisms not fitting comfortably into the established animal/plant categories. Nevertheless, although certain protists (but **not** so-called) were described with a degree of accuracy by scientists of the 16th and 17th (and perhaps even earlier) centuries, it remained for astute microscopists of the late 1700s (e. g., O. F. MÜLLER 1786) and early 1800s (e. g., J. B. P. A. LAMARCK 1815; C. A. AGARDH 1824; C. G. EHRENBERG 1838; F. DUJARDIN 1841; F. T. KÜTZING 1844; L. RABENHORST 1844-1847; C. T. von SIEBOLD 1845, 1848; C. W. von NÄGELI 1847) to offer accounts clearly noting major (mostly morphological) differences between micro- and macroorganisms. [These workers (and their major followers in subsequent generations through mid-20th century) have been deservedly, although all too briefly, saluted in several historical works by the author: see especially CORLISS (1978-1979) and CORLISS (1992).]

Despite the precise observations of such titans of old as those mentioned above, the widely followed **downward** system of taxonomic classification of the times typically left the protists (comprised principally of algae and protozoa) assigned to either one or the other of the two dominant/dominating kingdoms, the Plantae and the Animalia, until arrival of the second half of the 19th century.

During the very busy period 1858 to 1866 (as ROTHSCHILD 1989, has chronicled in a most thorough way; see also RAGAN's 1997, 1998, analyses), half a dozen papers were published that essentially set up formal kingdoms, using four to six separate labels, for organisms many of which – but certainly not all! – are generally subsumed today under the "protist" umbrella. The names of these specified "third kingdoms" and their creators were Protozoa/Acrita (OWEN 1858, 1860, 1861), Primigenum/Protoctista (HOGG 1860), Primalia (WILSON & CASSIN 1864), and Protista (HAECKEL 1866). But remember that various algal and protozoan groups had been recognized for scores of preceding years as quite distinct from most other organisms; most often, however, such groups were rather arbitrarily placed within one and/or the other of the long existing pair of established kingdoms, as indicated above.

ROTHSCHILD (1989) and RAGAN (1997) have offered admirable discussions of the values and fates of the contributions by OWEN, HOGG, and WILSON & CASSIN, to which the reader is thus referred. These two workers are also in agreement over the principal reasons for the (relative) superiority of HAECKEL's propositions, rife though the latter were with weaknesses and with subsequent revisions (e. g., see HAECKEL 1868, 1874a,b, 1878, 1892, 1894). Therefore, here I shall concentrate solely on the views of HAECKEL, among those five late 19th-century third-kingdom creators, primarily because his proposals were clearly the first to truly embrace an evolutionary (phylogenetic/genealogical) outlook and because their author was a bonafide "working protistologist" himself. It is also essentially only HAECKEL's ideas that ultimately resurfaced, albeit in modified form, in subsequent 20th-century taxonomic treatments of the protists.

3 Pros and Cons of HAECKEL's Heuristic Proposals

Certainly influenced by DARWIN (1859), HAECKEL (1866) is presumed to be the first biologist to present a "phylogenetic tree of life" (reproduced here as Fig. 1). For HAECKEL, especially in his later papers, one important role of some single-celled organisms was to serve as the direct evolutionary origin of the long accepted kingdoms of plants and animals, while his new (third) kingdom specifically contained many additional unicellular groups considered by him not to be immediate ancestors of organisms comprising the other major branches of his tree. As RAGAN (1997) has cogently pointed out, nature at last no longer needed to be represented by a single linear chain (the "scala naturae" of philosophers and theologians through past centuries); rather, a ramified tree provided a far more accurate (albeit also far more complicated!) picture of group interrelationships. HAECKEL stressed the evolutionary approach of his classification to the exclusion of any alternative explanation, despite the far from widespread acceptance of Darwinism (natural selection, etc.) at the time of his own daring speculations.

A second main reason for favoring HAECKEL's Protista over other suggestions of the time is related to the fields of research of the proposers. Only the man from Jena, as I have implied above, was a person qualified to appreciate the merits of the "lower organisms" as progenitors of and/or as separable from the visibly dominating forms of life. HAECKEL had studied in Berlin under Johannes MÜLLER, a man hailed as the founder of the great dynasty of German zoologists and comparative anatomists (see GOLDSCHMIDT 1956) and establisher of the Radiolaria among the protozoa

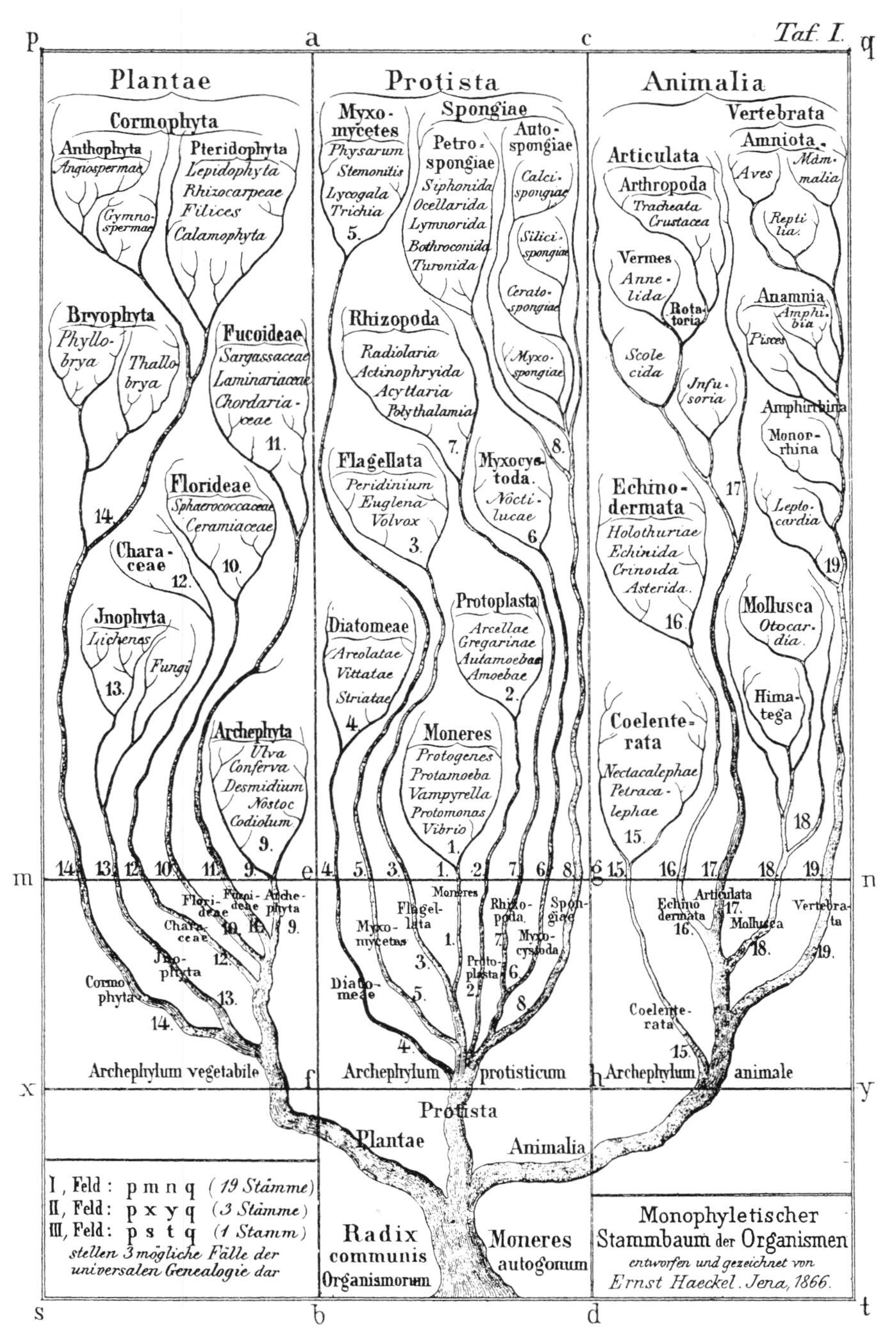

Fig. 1:
Reproduction of HAECKEL's phylogenetic tree of life (from HAECKEL 1866, Plate I).

(MÜLLER 1858). HAECKEL, a magnificent teacher himself, had many followers. His most outstanding protozoological student was surely Richard HERTWIG who, in turn, seemed to have rivaled even the great Otto BÜTSCHLI as an inspiring professor in those decades of German dominance in all scientific fields. HAECKEL produced tremendously detailed and beautifully illustrated monographs on the taxonomy of the Radiolaria (e. g., HAECKEL 1862, 1887a, b, 1888) and of allegedly related groups such as the Heliozoa and Acantharia (both of which he named), while rocking the biological world with his treatises on animal evolution (among the many aphorisms he coined, recall the celebrated one of his Recapitulation Theory, "ontogeny briefly recapitulates phylogeny"). He also studied certain amoebae and ciliates (e. g., HAECKEL 1870, 1873a, b), as well as some diverse "lower" invertebrate groups. He was among the first paleoprotistologists since C. G. EHRENBERG, whose works earlier in the century have generally gone unnoticed (CORLISS 1996).

HAECKEL is thus certainly deserving of the title "Father of Protistology", even though our modern understandings of what taxa of organisms should be studied today under the banner of "protistology" may be quite different from his. As samples of his magnificent illustrations of diverse protists, see Figures 2-4, reproductions of three plates from his popular atlas of the turn of the century (HAECKEL 1904), a work passing through several editions. I return to the matter of his art work shortly (**vide infra**).

HAECKEL's ideas concerning the composition of his kingdom Protista were not immutable: this may be considered as another point in his favor, in my opinion. In 1866, he included such major groups as the Bacteria (his Moneres), naked and some testaceous rhizopod amoebae, slime molds, the radiolarians, foraminiferans, gregarine sporozoa, various flagellates **sensu lato** (*Dinobryon*, *Euglena*, *Volvox*, *Peridinium*, *Noctiluca*, etc.), diatoms, and sponges. In 1878, he added the ciliates and suctoria (designated as animals in 1866) and excluded the sponges. Still later, HAECKEL (1892) acknowledged that his taxonomic kingdoms might not be monophyletic but that they nevertheless represented a "natural" (i.e., evolutionary) classification, which could be improved upon as more was learned about (micro)organisms many of which were yet to be discovered. Two years later (HAECKEL 1894), he wrote of four major groups of organisms (beyond the bacteria and other protists of his "Protista Neutralia"): the Protophyta, Protozoa, Metaphyta, and Metazoa, with the first two – also in his kingdom Protista – considered ancestral to the latter two (plants and animals), respectively. In all of his schemes, he did exclude from the Protista (most of) the blue-green algae (cyanobacteria, as we know them today), the macrophytic green, brown, and red algae, and the fungi, placing all such groups among the plants. While including the majority of the bacteria (his Monera, but today the prokaryotic microorganisms: **vide infra**) as protists, HAECKEL (1866, 1868, 1869, 1870, 1878, 1894; and see Fig. 1) always treated them as a taxon quite distinct from his other protistan groups.

On the negative side of the argument concerning the value of HAECKEL's proposals, two major points may be made. Probably of first importance, from a historical view, was the fact that several of his early critics were very influential figures in protozoological systematics: for example, Otto BÜTSCHLI (1880-1889) of Germany, and W. Saville KENT (1880-1882) and E. A. MINCHIN (1912) of England. Their lack of endorsement of the new Haeckelian kingdom nearly spelled its doom forever. In fact, because of HAECKEL's self-assured bombastic style, poetic imagination, fondness for creating authoritative-sounding aphorisms, and rather brash extension of his revolutionary evolutionary ideas into all fields of human endeavor (e. g., see HAECKEL 1868, 1892, 1899), the great man has literally alienated both outstanding biologists and historians of science – not to mention theologians! – well into recent times (e. g., see COLE 1926; NORDENSKIÖLD 1928; GOLDSCHMIDT 1956; SINGER 1959; MAYR 1982).

A second criticism, more legitimate and one often, admittedly, used by many of his opponents (including the early three cited above), stemmed from the fact that HAECKEL's kingdom, even in its later versions, did indeed embrace a rather motley mixture of microorganisms concerning which phylogenetic interrelationships were poorly known and taxonomic boundaries were vague. If the categories of Vegetabilia/Plantae and Animalia were already rather arbitrary, his contemporaries (and later systematists as well) asked, what was the advantage of adding a third arbitrary assemblage to our view of the biotic world? If most of the protistan groups could be assigned without too much difficulty to the existing duo of kingdoms, why create a special place for organisms unitable solely, it seemed, on the basis of their (sometimes assumed) unicellularity and their (generally) microscopic size? These are points well made, and such criticisms plague protistologists still today (see subsequent sections of this paper, below).

Interestingly enough, however, despite widespread anti-HAECKEL and anti-Protista feelings, SCHAUDINN and HARTMANN unhesitatingly used the Haeckelian-derived name in the title of their influential new journal (the „Archiv für Protistenkunde"), established in Germany in 1902. And the ever-critical English parasitologist/protozoologist DOBELL (1911) published in that journal a landmark paper entitled, "On the Principles of Protistology". Turning to more recent times, French biologists, in 1965, named a new journal „Protistologica" (replaced, in 1987, by the „European Journal of Protistology"); and the old German „Archiv" has now, in 1998, been rejuvenated under the new title „Protist" (see details in CORLISS 1998a).

Textbook writers of the first three-quarters of the 20th century, with exceedingly rare exception (e. g., JAHN & JAHN 1949: **vide infra**), shunned use of HAECKEL's concept and name with respect to the protozoa (e. g., DOFLEIN 1901, and later editions; CALKINS 1901, and later; MINCHIN 1912; WENYON 1926; HARTMANN 1928, and earlier; KUDO 1931, and see 1966; HYMAN 1940; HALL 1953; and later authors and followers), largely influenced by the men and criticisms given above. Endorsement by botany apparently did not even occur to phycologists, most of whom persistently classified groups of microscopic algal species as "(mini-)plants" along with the macrophytic greens, reds, and browns (which HAECKEL himself had also excluded from his new kingdom). Even today, not many algologists, while separating the algae from the "higher" plants, have embraced the "protist perspective" (CORLISS 1986) when treating the overall systematics of their organisms (CORLISS 1998b), preferring a "phycological perspective" (RAGAN 1998). But R. A. ANDERSEN (1992), a phycologist with an admirable protistological outlook, has pointed out that the algae overall represent at least seven major lineages phylogenetically and that to place them together taxonomically (whether as plants or otherwise) would result in a highly polyphyletic assemblage.

Regarding HAECKEL's remarkable drawings (not limited to protists), a number of which he brought together in the 100 plates of his well known volume „Kunstformen der Natur" (HAECKEL 1904; and see "HAECKEL 1974", a conveniently available reproduction of those very plates, without text and with abbreviated English legends, released by Dover Publications), some biologists have noted that their accuracy often may have been altered by their creator's keen desire to demonstrate symmetry and/or artistic beauty in general in them. In this connection, GOLDSCHMIDT (1956: 33) stated critically, "HAECKEL's radiolaria were too perfect all over. One had the impression that he first made a sketch from nature and then drew an ideal picture as he saw it in his mind". But I believe that most biologists today would conclude that no harm has been done, no deliberate falsification of actual structures has been perpetrated in order to fit a preconceived notion of the biology of the organisms portrayed. [See Figs. 2-4, reproductions of three of HAECKEL's (1904) plates, showing aesthetically pleasing radiolarians, dinoflagellates, and ciliates, protozoan groups perhaps more appropriately referred to here as radioprotists, dinoprotists, and cilioprotists, using suffixes originally suggested in, or derivable from, proposals independently published by MARGULIS (in MARGULIS & SAGAN 1985) and ROTHSCHILD (in HEYWOOD & ROTHSCHILD 1987; and ROTHSCHILD & HEYWOOD 1987, 1988).] HAECKEL apparently loved beauty simply for beauty's sake, and he found it abundantly in the morphology of all creatures, large and small. Bravo!

Finally, a brief note might be inserted here concerning HAECKEL's tremendous outpouring of papers, monographs, and books. Reference is made to only 17 of these in the present essay, ones most pertinent from the point of view of the subject being treated. But HAECKEL produced many more during his full lifetime. Yet it should also be kept in mind that lists of works often cited in Haeckelian biographies and bibliographies include revised editions (sometimes numerous) of his earlier productions and even other-language translations. Still, a mighty impressive publication record!

Subsequent (mid-20th century and to date) praises and criticisms of the Haeckelian kingdom are treated in following sections of this review.

4 Influence of H. F. COPELAND

A man who heroically resurrected HAECKEL's concept of a kingdom Protista (but who also, in his two later works, rejected HAECKEL's taxonomic name in favor of HOGG's curious Protoctista) was the botanist Herbert F. COPELAND (1938, 1947, 1956). Along with introduction of his own several improvements, COPELAND, vindicating most of HAECKEL's taxonomic motives and methods, firmly disagreed with the objections of numerous past writers (**vide supra**). He strongly believed that the (his own) resulting four-kingdom treatment of all organisms could easily be justified, and that the non-plant and non-animal groups could be characterized without difficulty and thus deserved high-level separation from the long-entrenched major two kingdoms. In 1938, COPELAND recognized as kingdoms Monera HAECKEL, Protista HAECKEL, Plantae LINNAEUS, and Animalia LINNAEUS. He assigned the Fungi to a place among the protists. The macrophytic algae were also transferred to the Protista, except for the green algae (all of which remained in his plant kingdom). Elevation of the bacteria to a kingdom of their own was a particularly overdue taxonomic decision (it had first been suggested by E. B. COPELAND, his father, as early as the year 1927), and he unhesitantly included the "blue-green algae" there. Yet we find that, as late as the 1960s and even 1970s, some authors were (still) treating the prokaryotes as members of the Protista, as "lower protists" (e. g., see JENNINGS & ACKER 1970; POINDEXTER 1971; RAGAN & CHAPMAN 1978; WEINMAN & RISTIC 1968).

Later, COPELAND (1947, and see especially his compact compendium of 1956) insisted on renaming his two kingdoms of "lower organisms" as the Mychota and the Protoctista. Neither of the two replacement names was necessary (his interpretation of the rules of proper nomenclature were too rigid; the Codes in force certainly did not oblige him to take such stringent actions). It is especially unfortunate that he dropped the highly acceptable, sensible, and euphonious name Protista, a decision with long-reaching effects (**vide infra**). "Mychota" was taken from a little-known work of about 25 years earlier (ENDERLEIN 1925). "Protoctista" was taken from HOGG (1860), chosen principally because COPELAND (mistakenly) felt that on grounds of priority Protista HAECKEL 1866, had to be abandoned. In any case, he should then have selected OWEN's Protozoa or HOGG's Primigenum, as ROTHSCHILD (1989) has pointed out. Rather similarly, a number of his strange/unfamiliar phyletic and class names need not be – and, in general, have not been – followed by subsequent authors on the systematics of bacteria, algae, protozoa, and fungi.

Incidentally, while COPELAND was working on his taxonomic treatise, JAHN & JAHN (1949; see also the second edition of this handy little textbook: JAHN et al. 1979) had a brief word on the problem of kingdoms with respect to unicellular organisms. To my knowledge (and as noted by LIPSCOMB 1991), the JAHNS became the first modern biologists to suggest a separate kingdom level for the Fungi. They also created a kingdom for the viruses. And they placed all green, red, and brown algal taxa plus the protozoa in their kingdom Protista. In their books, supposedly limited to treatment of solely protozoan taxa, they included keys to various chrysophytic **sensu lato**, cryptophytic, and chlorophytic algal protists; but many species of the latter groups had, and have long been, claimed taxonomically by both zoologists/protozoologists and botanists/phycologists.

COPELAND's detailed work set the stage for subsequent special treatment of the protists and their close relatives. It might have had sooner and greater effect were it not for the realization of a truly major split of all organisms, evolutionarily as well as taxonomically, which occurred some five years after appearance of COPELAND's (1956) seminal culminating publication (**vide infra**).

5 Impact of Prokaryotic-Eukaryotic Division of Biotic World

The revolutionary realization that all forms of life must be viewed **evolutionarily** as falling into two great assemblages, clearly distinct one from the other, has been widely acknowledged as one of the greatest biological concepts of the 20th century [although now – e. g., see WOESE (1994) and WOESE et al. (1990) – this is disputed by some modern microbiologists, who claim that recognition of three great divisions or domains, the "Archaea" (archaebacteria), the "Bacteria" (eubacteria), and the "Eucarya" (eukaryotes), first realized two full decades ago (WOESE & FOX 1977), was/is the most significant advance of all].

The prokaryotes (the bacteria **sensu lato**) and the eukaryotes (all other organisms, micro- and macroscopic in size), represent separate assemblages named for their well known nuclear differences (i.e., no discrete nucleus in the former, and a true nucleus, membrane-bound, etc., in the latter); but the groups also possess many other differentiating characteristics (beyond discussion in this paper). This discovery of such a great dichotomy among all known organisms was destined, understandably, to overshadow and postpone serious consideration of the protists as a separate kingdom. Two grand superkingdoms were enough to stimulate and rejuvenate research at the cellular level around the world, and for a period of time protozoa and algae became (mere) representatives of the eukaryotic half of life on Earth.

Details of the recognition of the instantly popular prokaryotic/eukaryotic split have been chronicled elsewhere, by others and in papers by the author (e. g., see CORLISS 1986, 1987). Very briefly, we may recall that the discovery was well publicized and formalized by Roger STANIER and colleagues (e. g., see STANIER & VAN NIEL 1962; STANIER et al. 1963; STANIER 1970). But it is worthy of special note that the brilliant French marine protistologist Edouard CHATTON (1925), in a long-overlooked work concerned principally with a curious parasitic amoeba, was the first biologist to use the terms "procaryote" and "eucaryote" and to realize that such a division existed in the biotic world.

In due time, the value of using unicellular algae and protozoa in research on (eukaryotic) cells, so different from the prokaryotic cells of

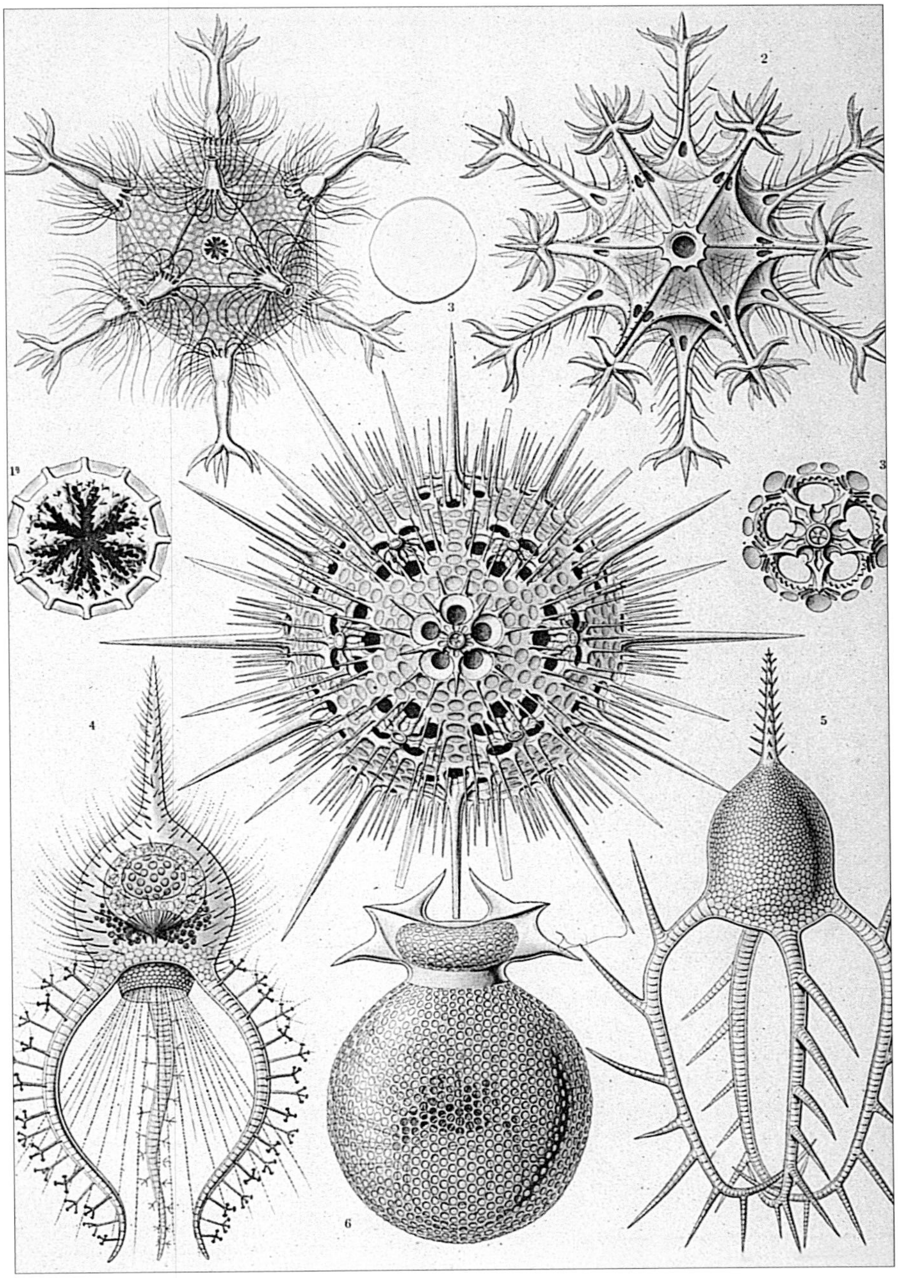

Fig. 2:
Reproduction of HAECKEL's drawings of several species of radiolarian protozoa (radioprotists) (from HAECKEL 1904, Plate I).

bacteria, became appreciated. And these protists were somewhat like bacteria in not being parts of tissues, being mostly microscopic in size, and often being culturable under refined laboratory conditions. The emerging field of eukaryogenesis came to recognize protists as serving as the "missing link" between bacterial origins of life and the rise of multicellular, multitissued organisms of both plant and animal nature (CORLISS 1989).

6 Contributions of R. H. WHITTAKER

The ecologist Robert H. WHITTAKER, noted for his work in ecosystems analysis, was the first major worker to refocus evolutionary and taxonomic attention on unicellular eukaryotes (but see ROTHSCHILD 1989, and LIPSCOMB 1991, for discussion of the fine contributions of some other biologists, not mentioned in the present brief account, who published in the period roughly between COPELAND and WHITTAKER and into the early 1970s). Disagreeing with COPELAND's kingdom set-up, WHITTAKER (1957, 1959, 1969, 1977; WHITTAKER & MARGULIS 1978) suggested that overall nutritional modes, as well as level of structural organization, should play a significant role in recognition of separate kingdoms of organisms. His own papers over time presented slight alternative rearrangements, but his most cited one (WHITTAKER 1969) deserves our special attention because there he clearly recognized and defended five major assemblages, named Monera, Protista, Plantae, Fungi, and Animalia. Nomenclaturally, this decision of his was an improvement over COPELAND (1956) in restoring the label "Monera" for the bacteria and the name "Protista" for the combined group of protozoa and essentially unicellular algae (although exclusive of the "lower chlorophytes").

Taxonomically, WHITTAKER's separation of the Fungi from COPELAND's diverse Protoctista represented another welcome refinement (but recall that JAHN & JAHN 1949, had already promoted this idea, although on a different basis: see LIPSCOMB 1991). The macrophytic algal groups, taking with them the microscopic greens, were all assigned by WHITTAKER to the plant kingdom, a retrograde step with respect to the brown algal line, as I view it, since the browns have proven to be closely related to (other) heterokontic algal protists, including numerous unicellular (and microscopic) groups (see CORLISS 1984, 1994, and many pertinent references therein, especially CAVALIER-SMITH 1986, 1989, and PATTERSON 1989).

WHITTAKER's (1969) well publicized paper had tremendous influence on practicing biologists and textbook writers of the time, and the concept of a five-kingdom system of classification for all organisms acceptably satisfied – indeed fired – the imagination of even the non-scientifically trained public. It brought species of protists back into the limelight, as pointed out above, and heralded the emergence of a bonafide interdisciplinary research field distinctly identifiable as "protistology" (CORLISS 1986).

7 NeoHaeckelian Kingdom Protista

The time was thus right for reacceptance of Ernst HAECKEL's "tree of life" concept and of his proposed third major kingdom, the Protista, with refinements necessitated by the greatly increased knowledge amassed during the decades following his insightful promulgations. But, in fact, some of the same uncertainties that had bothered early critics (**vide supra**) remained in force in the case of WHITTAKER's five-kingdom idea: how (or whether!) to keep all algal groups together in one kingdom; and what to do, in general, about the probable polyphyletic nature of the Protista, convenient though it was to treat the assemblage as if it were monophyletic.

A new champion was needed at this crucial historical point, and Lynn MARGULIS enthusiastically rose to meet the challenge. HAECKEL's kingdom (unfortunately with its name once again reverting – à la COPELAND 1956, and mostly for the same mistaken reason – to Protoctista) survived well for nearly two decades (although not without its critics) and, indeed, is still an acceptable concept today in some circles (**vide infra**).

Numerous, stimulating, and rapidly forthcoming were papers, chapters, and books by MARGULIS and colleagues during the exciting period from 1970 until (and including) the present. For our purposes here (mainly discussing protistan systematics), the following references may specifically be cited: MARGULIS (1974), MARGULIS & SCHWARTZ (1982, 1988, 1998), MARGULIS et al. (1990); more can be found in the bibliographies of those works (also see listings in CORLISS 1984, 1986, 1994, 1998b). But further, at least brief mention should be made of MARGULIS's highly heuristic influence, through her writings and oral presentations, in popularizing research into the significance of symbiosis in the evolution of all present-day forms of life (e. g., see MARGULIS 1970, 1976, 1981, 1993, 1996).

The five kingdoms of MARGULIS have changed but little, either in name or with respect to included lower taxa, over the years. In fact, in her popular and widely dispersed book (written with Karlene V. SCHWARTZ), four of the kingdoms have always been called the Protoctista, the Fungi, the Plantae, and the Animalia. The fifth (actually, the first) has been labeled the Monera in the first edition of the volume (MARGULIS & SCHWARTZ 1982), the Prokaryotae (Monera) in the second (MARGULIS & SCHWARTZ 1988), and the Bacteria (Prokaryotae, Procaryotae, Monera) in the third (MARGULIS & SCHWARTZ 1998). Such consistency has been valuable from the pedagogical point of view and has lent a welcome stability. Whether or not it is fully supported by recent studies is a topic to which we return below.

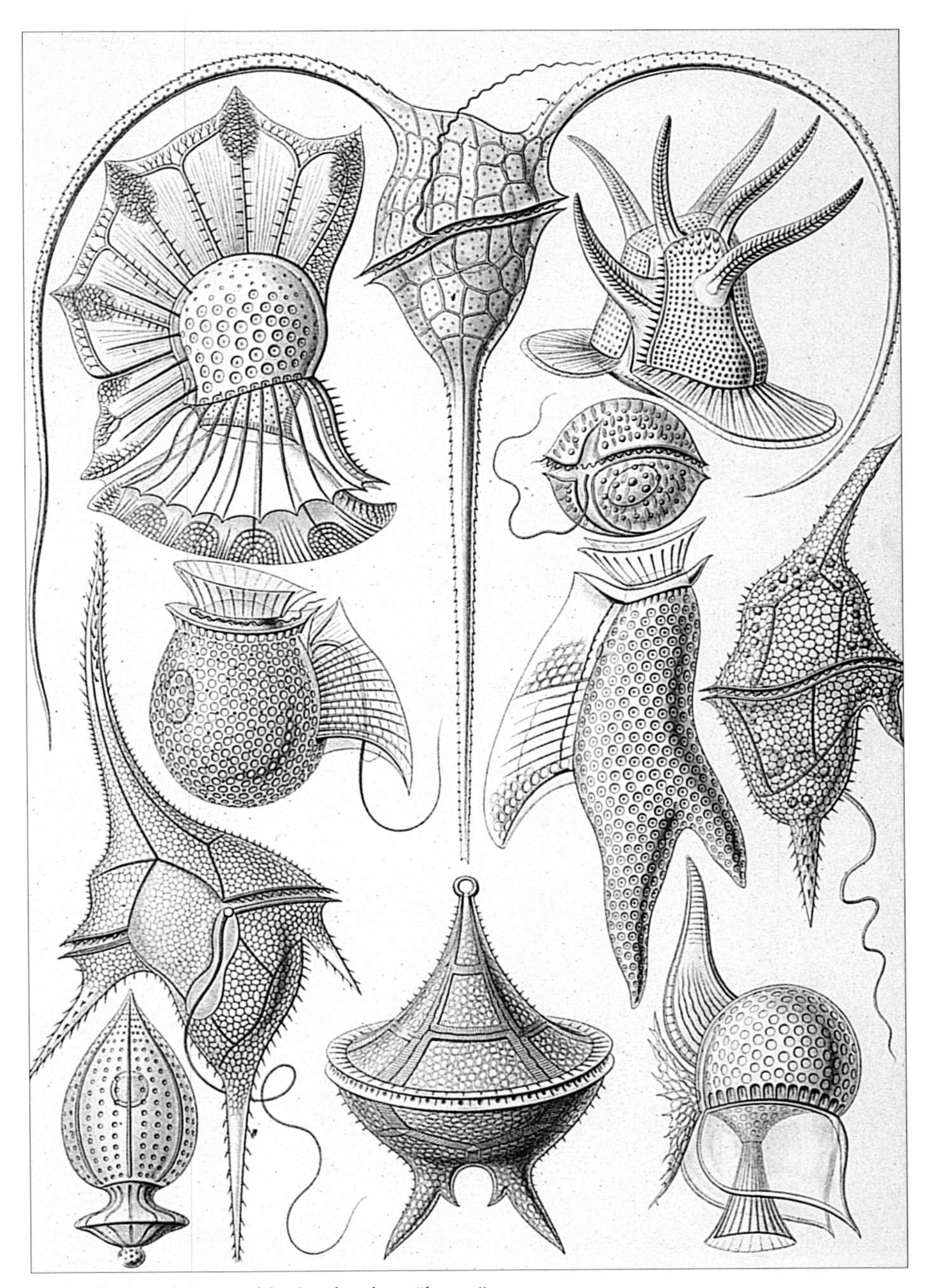

Fig. 3:
Reproduction of HAECKEL's drawings of several species of dinoflagellates (dinoprotists) (from HAECKEL 1904, Plate XIV).

Whereas one of WHITTAKER's (see especially 1969) central aims, with rare exception, was to accept only groups of **uni**cellular and **micro**scopic organisms in his protistan/protoctistan kingdom, MARGULIS (e. g., 1974, 1976, and later works) placed her emphasis in the other direction, on requirements for membership in the "higher" kingdoms. That is, she strove to make certain that solely **multi**cellular and multitissued **macro**scopic organisms appeared in her kingdoms of plants, animals, and fungi. As a result, her protoctistan assemblage became much larger (in numbers of contained phyla) embracing, as it did, the red, the brown **sensu lato**, and all the green algae (including charophytes), the chytrids, and all the slime molds (and other "lower" fungal taxa). But MARGULIS agreed with WHITTAKER in his several improvements over COPELAND's (1956) scheme; for example, in ridding the protistan melange of the earlier worker's "higher" fungal groups and the sponges.

Perhaps a further word needs to be said concerning the controversy, not entirely a semantic one, over the choice of a kingdom name, that is, between "Protista" and "Protoctista." For MARGULIS and her most faithful followers, the protists are the unicellular members of the kingdom; the protoctists overall, on the other hand, are said to embrace **also** the major multicellular macrophytic algal lineages included there. It is true that HAECKEL placed the latter groups outside his more restricted third kingdom (his Protista **sensu stricto**). But, for the majority of working protistologists today, body size and even simple multicellularity (which surely has arisen more than once in protistan evolution) are not held to be significant bases for separation. Indeed, COPELAND (1956) himself, whose taxonomic work was/is much admired by MARGULIS, included most of the macrophytic algal groups (and the multicellular fungi as well!) within **his** Protoctista (but recall that he used this name merely as a preferred **synonym** of Protista: *vide supra*).

During the years in which numerous workers (the writer among them: e. g., see CORLISS 1984, 1986, 1987, 1989) wholeheartedly supported the five-kingdom hypothesis, many of us preferred simply to use the Haeckelian name Protista for what could be construed to be the practically identical kingdom persistently called Protoctista by MARGULIS. TAYLOR (1978) cautiously used only the vernacular term "lower eukaryotes" to describe his protistan assemblage (plus the fungi and all algal lines).

No matter slight nomenclatural differences/changes, independence of the fungi and the prokaryotes, some algal lines in and/or out, and the like: the consideration of the protists as comprising a single distinct high-level taxonomic group, relatively primitive, and serving as the evolutionary proving ground for the "higher" eukaryotes, was first clearly postulated by Ernst HAECKEL well over a century ago. The Margulisian concept and scheme, while considerably expanded and much more refined, may still appropriately be thought of today – and not disparagingly – as basically Haeckelian in nature.

8 Current Ideas Concerning High-level Systematics of Protists

Even during the peak of research excitement over the protists and their possible roles in the phylogeny and evolution of other eukaryotic organisms, some biologists did not share the Margulisian or neoHaeckelian view that protists displayed integrity as a taxonomic group. LEEDALE (1974) was an early dissenter, stressing the possibilities that the algae and protozoa might well be considered to represent (merely) a structural level or grade of (cellular) organization, on the one hand, or a multitude of separate kingdoms, too diverse to be amalgamated into one taxon, Protista, on the other hand. The overall classification scheme of MÖHN (1984) represented a fairly extreme example of the latter view: some 11 separately named kingdoms were deemed necessary to contain protistan groups. CAVALIER-SMITH (e. g., 1981, 1983) also distributed protists through several eukaryotic kingdoms (five or six in later papers: **vide infra**). CORLISS (1986; Table 1) may be consulted for detailed information on the varying numbers of eukaryotic kingdoms found in the literature of the years 1969 through 1985; and see the comprehensive treatment by LIPSCOMB (1991). Nevertheless, a "protistological perspective" (CORLISS 1986, 1998b) did – and does – hold sway in a significant number of research papers, often interdisciplinary in nature, that are concerned with the evolution and phylogeny of major groups of algae, protozoa, and "lower" fungi. The unique effort by ROTHSCHILD & HEYWOOD (1987; and see discussion in ROTHSCHILD 1989) to reconcile taxonomy and phylogeny, using a "from the bottom up" rather than a "top down" approach and identifying monophyletic groupings (which were then assigned vernacular names, all with "-protista" as suffix), deserves special mention but is beyond further consideration here.

Currently, the high-level classification of the protists is "in a state of flux" (CORLISS 1994, 1998b), although some workers in the recent past have rather pessimistically considered the situation to be closer to chaotic (leading one to wonder if "Regnum Chaoticum LINNAEUS 1767" – see RAGAN 1998 – might yet aptly be called back into service?!?). Because of our growing knowledge of protistan diversity (through increasingly refined studies and realization of the complexities of symbiotic origin of many contemporary forms), I believe that we are obliged to acknowledge the inevitability of inflated taxonomic schemes for proper reflection of group relationships, lamentable though this conclusion is from a didactic point of view.

We continue to have options with respect to systematic arrangements of "lower" (indeed, of all) eukaryotes (and prokaryotes as well, but this great assemblage – or two great assemblages à la WOESE – is beyond the scope of the present review), and four of these are considered below. In addition to applying modern evolutionary/phylogenetic concepts and methodologies, we still would do well to reflect on the ultimate uses or purposes to which classification systems are put and on the universally agreed general dictum that one should choose simplicity over complexity whenever appropriately possible (OCCHAM's Razor, in effect): see relevant comments and advice in BARDELE (1997), CORLISS (1972, 1976, 1983, 1990, 1994, 1998b), LIPSCOMB (1991), MAYR & ASHLOCK (1991), RAGAN (1998), ROTHSCHILD (1989), SILVA (1984, 1993), and VICKERMAN (1992). Here, we shall leave aside a possible fifth option, one that might be said to be based on a separation/classification of all microorganisms into functional groups (e. g., see PRATT & CAIRNS 1985; SIEBURTH & ESTEP 1985; and comments in CORLISS 1998b).

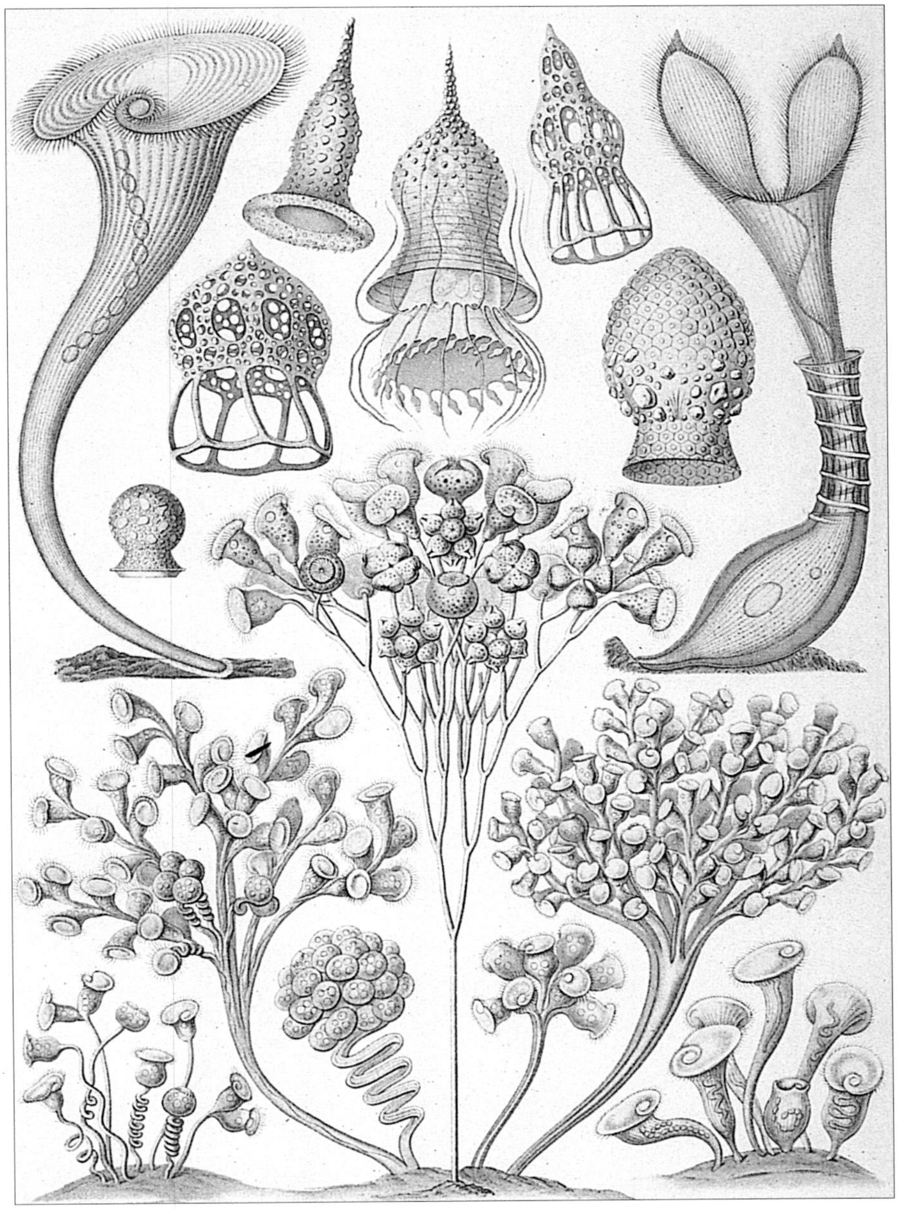

Fig. 4:
Reproduction of HAECKEL's drawings of several species of ciliates (cilioprotists) (from HAECKEL 1904, Plate III).

8.1 Protists as Evolutionary Grade

The protists can be thought of as representing simply an evolutionary grade or a level of cellular organization, with perhaps some of them serving a role as phylogenetic way-stations enroute to emergence of so-called "higher" eukaryotic forms. Very likely, they (i.e., ancestors of present-day forms) served as a bridge between the kingdom(s) of prokaryotes and the presently dominating (although perhaps only body size-wise!) groups of "higher" eukaryotes. And many of them might be considered evolutionary experiments in eukaryogenesis (CORLISS 1987).

This option sidesteps a number of taxonomic problems, all the way up to whether or not all protistan groups can be considered, together, to represent a unified single kingdom. It essentially ignores the probable fact that numerous assemblages of protists are not in an evolutionary line leading to any "succeeding" groups (beyond themselves), as HAECKEL (1866, 1878) appreciated long ago. Identification of subgroupings is still required, and our curiosities still need to be satisfied regarding their possible phylogenetic relationships, one to another (and also to the other "real?!?" groups of organisms).

Nevertheless, from a pedagogical point of view, biologists may find it helpful to present representative unicellular protists as examples of an abiding type of biological (cellular) organization, irrespective of their place in the taxonomic hierarchy of life forms (BARDELE 1997).

8.2 Protists as Phylogenetic Clades

From another point of view, groups of protistan species may be considered to represent (remnants of) evolutionary lines or lineages often without yet-known clear-cut taxonomic relationships to each other. All such clades, in theory, can be recognized by strict application of the rule of monophyly (HENNIG 1950, 1966; WILEY 1981; LIPSCOMB 1984; and today there are many additional books and papers of relevance available on this popular subject), a methodology greatly aided by the advent of precise ways to sequence ribosomal RNAs, for example. CAVALIER-SMITH (1995a) discussed the impact of such overall molecular researches on the development of protistology in its second decade as a rejuvenated field of biological inquiry. And PHILIPPE & ADOUTTE (1995) have reminded us of difficulties and pitfalls inherent in studies of the molecular phylogeny of eukaryotes in general.

The impressive phylogenetic trees or cladograms resulting from many molecular (as well as morphological/ultrastructural) approaches often present nearly insurmountable (to date) challenges to erection of (traditional) hierarchies of ranked taxonomic groups. If the reasoning on this subject by PATTERSON (1994; and see PATTERSON & SOGIN 1993) and others can be sustained as a valid argument – viz., that high-level ranks and hierarchies will be of diminished significance in the future – then cladistic/phylogenetic conclusions could come to replace traditional "megasystematics" (apt term coined by CAVALIER-SMITH) for protists and all other organisms as well. From didactic and other pragmatic points of view, such an outcome seems difficult to accept for many (but a decreasing number?) of us biologists who are perhaps addicted to classical taxonomic arrangements. Maybe some sort of compromise can be reached: is a call for an arbitrator in order? In any case, I am inclined to (have to) agree with RAGAN's (1998) very recent assessment, that "monophyly (holophyly) is our strongest line of defense against rampant arbitrariness."

Furthermore, there is no question of the immense value of robust phylogenetic trees in understanding the evolutionary relationships within given groups of organisms. The modern literature is replete with excellent examples of this (for two quite recent ones, with emphasis on results of rRNA studies, see SOGIN 1994; SOGIN et al. 1996). For a treatment of protists alone, LIPSCOMB (1991), in a comprehensive cladistic study using the "constellation of characters" approach (CORLISS 1976), has postulated that there are a dozen separate, presumably monophyletic lines, involved; but no taxonomic ranks or names are assigned to them by her nor are attempts made to show the possible taxonomic relationships of these clades to each other.

I am indebted to Mark RAGAN (personal communication; and now see RAGAN 1998) for bringing to my attention the fact that BATHER (1927), more than 70 years ago, perceptively foresaw the difficulties of using phylogenetic trees as a highly suitable basis for a hierarchical arrangement of any groups of organisms. For the protozoa, incidentally, later RAABE (1964) voiced the same view, independently but not as eloquently. BATHER, although of course knowing nothing of the molecularly derivable trees/cladograms possible today, suggested three reasons for drawing the conclusion of his stated above: (1) The "more complete the phylogenetic tree, the further it must depart from a classification based originally on different principles." (2) The "more refined our analysis becomes, the greater is the difficulty of representing its results in any classificatory scheme." And (3) A "classification which obscures the qualities of the goods as delivered loses thereby in practical value."

8.3 Protists as Single Discrete Kingdom

As indicated on a preceding page, the neoHaeckelian concept, which retains a single kingdom for protists (now plus three other eukaryotic kingdoms: the popular five-kingdom arrangement if all prokaryotes are assigned to a single additional kingdom), remains a valid choice or option for treatment of the implicated algal, protozoan, and "lower" fungal assemblages. This MARGULIS-favored solution is highly satisfactory from the points of view of convenience and relative simplicity for information retrieval systems and for the education/edification of high-school and college students, the general public, non-scientific professional people, and non-biological scientists. It could serve – and already is admirably serving – the purposes of such clientele.

Unfortunately, from both evolutionary (including cladistic) and megasystematic stands, the notion of a single Protista/Protoctista kingdom for inclusion of the many diverse taxa of the "lower" eukaryotes is now widely recognizable by most if not all research-oriented protistologists (see comments in CORLISS 1994, 1998b; and **vide infra**) as an unsatisfactory choice. Nevertheless, this particular option, for the utilitarian reasons just noted, could be said to remain equally as viable as the two preceding ones described above.

8.4 Protists throughout Multiple Eukaryotic Kingdoms

Finally, an option which I believe is easily supportable and perhaps the soundest among the choices being discussed briefly in this paper is to assign various of the high-level protistan groups, now known to be widely diverse evolutionarily and taxonomically, to separate eukaryotic kingdoms, at least several and probably ideally many in number (the latter view should find favor with the cladistic/phylogenetic systematists). This is not a new idea, of course, as I have already pointed out on preceding pages. In very recent years, analyses of information accumulated from molecular as well as ultrastructural, biochemical, ecological, and other studies are revealing more than ever before the many clear-cut evolutionary gaps between and among classical algal, fungal, and protozoan phyla. Taxonomic inflation at the top, or at least near-top (phyletic), level seems inevitable, distasteful though it may be (as mentioned above) from the several utilitarian points of view supporting the single neo-Haeckelian kingdom for all protists.

Reaching such a megasystematic conclusion, controversial though it may be, need not be too complicated (see discussions in CAVALIER-SMITH 1993, 1997a, 1998a; CORLISS 1994, 1995, 1998b). In fact, the number of kingdoms involved can be as low as five or six (see Table 1); and all of them (and much of their taxonomic content) have already been named and described or redescribed in the recent literature (primarily in works by CAVALIER-SMITH: see appropriate references in the papers cited above). This multikingdom option solves several long-standing problems and criticisms of both earlier and some contemporary protistan classification schemes, going back as far as HAECKEL's (1866, 1878) original works up through COPELAND (1956), WHITTAKER & MARGULIS (1978), LIPSCOMB (1991), PATTERSON (1994), MARGULIS & SCHWARTZ (1998), and others not given here.

Put succinctly, the matters involved concern placements/locations of the main algal lines, the phylogenetically very primitive amitochondriate protistan groups, the "typical" autotrophic algae contrasted with the "typical" phagotrophic protozoa, and the "true" unicellular fungi and their pseudofungal look-alikes. To this short list one may add the problems caused by the curious phyla Microspora and Myxozoa, taxonomically baffling groups of parasitic microorganisms until very recently always placed, if with reluctance, somewhere among the protozoan protists. Recent careful sequencing work suggests that they should now be assigned to quite different kingdoms: the microsporidians to the kingdom Fungi and the myxosporidians of old to the Animalia, placements which may be said to have been foreseen years ago by the keen protozoologists/parasitologists Elizabeth CANNING (e. g., 1977, and later) and Jiří LOM (1964, and later). Recent researches – with some still in progress – on all such problems are cited and discussed in concurrent papers by CAVALIER-SMITH (1997a, b, 1998a, b) and CORLISS (1998b).

Probably the most striking change or improvement embodied in the recent five or six-kingdom hypothesis is related to the definitive placement of the green algal line **in toto** – and **only** this algal clade – in the kingdom Plantae. But not to be overlooked is the fact that COPELAND (1956) and a few other workers (see ROTHSCHILD 1989; LIPSCOMB 1991; and references therein) had already made this shift, so highly unacceptable to MARGULIS. COPELAND had separated the greens from the browns and reds, with only the green algae (uni- and multicellular) remaining with the "higher" plants (although the reds may, albeit controversially, belong in the Plantae as well, as CAVALIER-SMITH 1981, 1987, quite long ago, postulated: and see RAGAN & GUTELL 1995). But few workers (botanists, zoologists, or protistologists) have accepted this phylogenetically supported taxonomic decision openly – the splitting up of algal lines and (re)assigning them to different kingdoms – in the 40-odd years since COPELAND's monograph (except principally CAVALIER-SMITH 1981, 1983, and later papers). However, using molecular techniques, workers (e. g., see ANDERSEN 1992; SOGIN 1989, 1991; DAUGBJERG & ANDERSEN 1997; and references cited in such papers) have – for some time – clearly recognized that greens, browns, and reds are not sibling taxa (and see discussion in CAVALIER-SMITH 1995b).

9 Author's Tentatively Proposed Revision

Using standard ranks and hierarchies, we have progressed from HAECKEL's three-kingdom tree, viz., Protista, Plantae, and Animalia, with its mixed bag of phyla/classes (Figure 1), to my here tentatively proposed revised five-kingdom arrangement (Table 1, with all prokaryotic groups purposely excluded), with its kingdoms Protozoa, Chromista, Plantae, Fungi, and Animalia, novel to the extent that every one of them now includes unicellular protistan representatives. Some 35 more or less discrete phyla are required to contain all known species of my protists, the bulk of which are assigned to either the Protozoa or the Chromista, but with also half a dozen to the Plantae; and, in a further attempt to reduce polyphyly and/or paraphyly in general in my groupings, the chytrids and the microsporidians are placed in the Fungi and choanoflagellates and myxozoa in the Animalia. For overall descriptions and characterizations (and included subgroups) of the kingdoms and phyla that I am now recognizing, information well beyond the limited scope of the present essay, the reader is referred especially to CORLISS (1994, 1998b) and, for many details, to CAVALIER-SMITH (1993, 1998a, b, and references therein). The taxonomic disagreements that I may have with the conclusions reached by CAVALIER-SMITH, although not to be disregarded, are for the most part neither major nor extensive: for example, I am now following him in the reduction of the former "kingdom Archezoa" to a subkingdom, or less, ranking within the Protozoa.

My classification may still fall short of some colleagues' expectations, in several respects (e. g., seemingly endorsing polyphyly in several instances). And I am well aware of the revisory impact that startling new data may cause. Incidentally, only phyla that I consider to be composed solely of **protists**, be they uni- **or** multicellular in nature (although all included species are essentially without multiple tissues), are listed in Table 1. That is, I am concerned here with the kingdom-level taxonomic location of only the "lower" eukaryotic assemblages of organisms, groups that I have uniformly identified and treated as protistan phyla. Names of the **other** phyla belonging to the three so-called "higher" kingdoms (i.e., Plantae, Fungi, Animalia) are purposely omitted from Table 1.

I may have too many separate phyla, especially from a pedagogical viewpoint. But the major significance of the arrangement offered here (a slight revision over those found in CORLISS 1994, 1995, 1998b: e. g., Microspora is placed within the Fungi; Choanozoa and Myxozoa are moved from Protozoa to Animalia; Opalozoa is moved from Protozoa to Chromista, essentially as Opalinata; and one or two additional phyla are recognized within Protozoa and Chromista) is my discarding of the notion that the Protista have to be – or even can be – confined to or maintained as a **single** kingdom. Surely, as others (most insistently and persistently, CAVALIER-SMITH) have also pointed out in past years, a more natural and evolutionarily and phylogenetically more proper arrangement requires wider dispersal or separation of high-level groups showing such diversity in their genetic and phenotypic characteristics. In my opinion, we must also abandon the long-attractive idea (since dates of dropping of the still earlier conventional Plantae/Animalia dichotomy: see especially the Margulisian system discussed on preceding pages) that the "higher" kingdoms cannot, simply by arbitrary declaration, contain any unicellular members.

As mentioned on preceding pages, cladograms derived from molecular and/or morphological (usually ultrastructural) data support the general concept of assignment of protistan forms to multiple kingdoms (or, at least, to separate high-level taxonomic or cladistic groupings). However, many modern phylogeneticists highly eschew speculation and "educated guesses", strategies sometimes apparent in the classification schemes of workers such as CAVALIER-SMITH and the present writer. To what extent can such arbitrariness or liberty be taken (and forgiven) in the name of continuity, convenience, utility, and/or stimulation to further research? With respect to predictions based on scanty proof, perhaps today's systematic protistologists could be said to be in good company... with HAECKEL himself!?! E. C. DOUGHERTY (in DOUGHERTY & ALLEN 1960) once made an observation that may be of relevance and thus worthy of repetition here. He wrote, that it is "better to have a working hypothesis, even if based on fragile evidence, than to shrug aside a question of phylogeny as prematurely posed."

Table 1
Protistan phyla assigned to eukaryotic kingdoms (phyletic names arranged alphabetically).

Kingdoms	Included Protistan Phyla
PROTOZOA	Apicomplexa, Archamoebae, Ciliophora, Dinozoa, Euglenozoa, Foraminifera, Heliozoa, Metamonada, Mycetozoa, Neomonada, Parabasala, Percolozoa, Radiozoa, Rhizopoda
CHROMISTA	Bicosoecae, Chrysophyta, Cryptomonada, Diatomae, Dictyochae, Haptomonada, Labyrinthomorpha, Opalinata, Phaeophyta, Pseudofungi, Raphidophyta
PLANTAE	Charophyta, Chlorophyta, Glaucophyta, Prasinophyta, Rhodophyta, Ulvophyta
FUNGI	Chytridiomycota, Microspora
ANIMALIA	Choanozoa, Myxozoa

10 Concluding Thoughts

One hopes that the future will bring an abundance of new data and fresh interpretations, and improved concepts, all of which may result in some widely satisfying way of appreciating the diversity of the protists, on the one hand, and their expanded overall taxonomy, on the other hand.

As I have recently stated elsewhere (CORLISS 1998b), the interdisciplinary protist perspective is a healthy one, despite the multiple problems briefly exposed in this essay. It would be ideal to have the megasystematics of these numerous (some 120,000 described species: CORLISS 1984; but perhaps 200,000 is a more accurate estimate: CORLISS 1990, 1994) and fascinating organisms resolved by the beginning (or early years) of the 21st century. As everyone agrees, however, much more research work in protistology **sensu lato** needs to be carried out before such a goal can be fully realized.

Through it all, our debt to the initial vision and courage of the great German biologist Ernst HAECKEL, Father of Protistology, will remain a tremendous one.

11 Acknowledgments

It is a pleasure to acknowledge counsel requested and received (although not always followed) during preparation of this essay from protistological colleagues Tom CAVALIER-SMITH, Mark RAGAN, and Lynn ROTHSCHILD. I am also grateful to Dr. Erna AESCHT for translating the abstract into German and kindly providing the materials used in my Figures 1-4.

12
Zusammenfassung

Haeckels Reich Protista und moderne Konzepte in der systematischen Protistologie.

Ernst Haeckel, einer der ganz Großen unter den Biologen der zweiten Hälfte des 19. Jahrhunderts, errichtete kühn ein neues drittes Organismenreich Protista für weitgehend mikroskopisch kleine und einzellige Lebewesen, die seiner Ansicht nach nicht länger zu den beiden traditionellen Reichen der makroskopischen und vielzelligen Pflanzen und Tiere gestellt werden sollten. Dieses systematische Konzept auf evolutionärer Grundlage, vorgeschlagen 1866, verfeinert 1878 (und in den folgenden Jahren), war von Anfang an umstritten und ist es heute noch. Wie auch immer, die Idee war – und ist – von großem Wert, wenn auch nur, um die Aufmerksamkeit auf die phylogenetischen Komponenten der Taxonomie zu lenken und auf die sonst vielfach ignorierten überaus diversen Gruppen der hauptsächlich mikroskopischen eukaryotischen Lebewesen, die nun weithin als „die Protisten“ bekannt sind (bestehend aus den konventionellen Algen, Protozoen und „niederen“ Pilzen). Dieser Beitrag diskutiert, nach einem kurzen geschichtlichen Abriß, Versuche im 20. Jahrhundert, die systematische Behandlung der höheren Kategorien aller Protisten zu verbessern. Die vorgestellten gegenwärtigen Meinungen, eine davon kann als besonders neo-Haeckelianisch betrachtet werden, sollen zeigen, daß die Megasystematik der Protisten in ständiger Veränderung bleiben wird, bis mehr relevante Daten für detaillierte Analysen zur Verfügung stehen. In Anbetracht der sich wandelnden Verwendungen oder Zielrichtungen, denen solche Megasysteme letztendlich unterliegen können, ist es eine der bedeutendsten Herausforderungen, der sich Bearbeiter dieses Gebietes heutzutage gegenüber sehen, Wege zu finden wie man die Information von phylogenetischen Kladogrammen in die Rangfolge hierarchisch gegliederter Klassifikationsschematas bringt (falls die Beibehaltung letzterer in Zukunft wünschenswert erscheint). In einer Tabelle präsentiert der Autor kurz seine gerüstartige Ordnung der höheren Protistentaxa, die einen Fortschritt gegenüber jenen in der rezenten Literatur bringen möchte, indem sie folgenden Gedanken besonders betonen: Die Vielfalt der Protisten ist zu groß, um auf ein einziges Reich beschränkt zu bleiben, und daher müssen die Species auf alle verschiedenen Reiche der eukaryotischen Lebewelt, die heute zunehmend anerkannt sind, verteilt werden.

13
References

Agardh C.A. (1824): Systema Algarum. Vol. **1**. — Berlingianis, Lund.

Andersen R.A. (1992): Diversity of eukaryotic algae. — Biodiversity and Conservation **1**: 267-292.

Bardele C.F. (1997): On the symbiotic origin of protists, their diversity, and their pivotal role in teaching systematic biology. — Ital. J. Zool. **64**: 107-113.

Bather F.A. (1927): Biological classification: Past and future. — Q. J. Geol. Soc. Lond. **83**: lxii-civ.

Bütschli O. (1880-1889): Protozoa. I, II, III. — In: Bronn H.G. (Hrsg.): Klassen und Ordnung des Thier-Reichs. C.F. Winter, Leipzig **1**: 1-2035.

Calkins G.N. (1901): The Protozoa. — Macmillan, New York.

Canning E.U. (1977): Microsporida. — In: Kreier J.P. (Ed.): Parasitic Protozoa. Academic Press, New York **4**: 155-196.

Cavalier-Smith T. (1981): Eukaryote kingdoms: Seven or nine? — BioSystems **14**: 461-481.

Cavalier-Smith T. (1983): A 6-kingdom classification and a unified phylogeny. — In: Schenk H.E.A. & W. Schwemmler (Eds.): Endocytobiology II. Walter de Gruyter, Berlin, 1027-1034.

Cavalier-Smith T. (1986): The kingdom Chromista: Origin and systematics. — Prog. Phycol. Res. **4**: 309-347.

Cavalier-Smith T. (1987): Glaucophyceae and the origin of plants. — Evol. Trends Plants **2**: 75-78.

Cavalier-Smith T. (1989): The kingdom Chromista. — In: Green J.C., Leadbeater B.S.C. & W.L. Diver (Eds.): The chromophyte algae: Problems and perspectives. Clarendon Press, Oxford, 381-407.

Cavalier-Smith T. (1993): Kingdom Protozoa and its 18 phyla. — Microbiol. Revs. **57**: 953-994.

Cavalier-Smith T. (1995a): Evolutionary protistology comes of age: Biodiversity and molecular cell biology. — Arch. Protistenk. **145**: 145-154.

Cavalier-Smith T. (1995b): Membrane heredity, symbiogenesis, and the multiple origins of algae. — In: Arai R., Kato M. & Y. Doi (Eds.): Biodiversity and evolution. National Science Museum Foundation, Tokyo, 75-114.

CAVALIER-SMITH T. (1997a): Amoeboflagellates and mitochondrial cristae in eukaryote evolution: Megasystematics of the new protozoan subkingdoms Eozoa and Neozoa. — Arch. Protistenk. **147**: 237-258.

CAVALIER-SMITH T. (1997b): Sagenista and Bigyra, two phyla of heterotrophic heterokont chromists. — Arch. Protistenk. **148**: 253-267.

CAVALIER-SMITH. T. (1998a): A revised six-kingdom system of life. — Biol. Revs. **73** (in press).

CAVALIER-SMITH T. (1998b): Neomonada and the origin of animals and fungi. — In: COOMBS G.H., VICKERMAN K., SLEIGH M.A. & A. WARREN (Eds.): Evolutionary relationships among Protozoa. Chapman & Hall, London (in press).

CHATTON E. (1925): *Pansporella perplexa*, amoebien à spores, protégées parasite des daphnies. Réflexions sur la biologie et la phylogénie des protozoaires. — Ann. Sci. Nat. Zool. (sér. 10) **8**: 5-84.

COLE F.J. (1926): History of protozoology. — Univ. London Press, London.

COPELAND H.F. (1938): The kingdoms of organisms. — Q. Rev. Biol. **13**: 384-420.

COPELAND H.F. (1947): Progress report on basic classification. — Amer. Nat. **81**: 340-361.

COPELAND H.F. (1956): The classification of lower organisms. — Pacific Books, Palo Alto.

CORLISS J.O. (1972): Common sense and courtesy in nomenclatural taxonomy. — Syst. Zool. **21**: 117-222.

CORLISS J.O. (1976): On lumpers and splitters of higher taxa in ciliate systematics. — Trans. Amer. Microsc. Soc. **95**: 430-442.

CORLISS J.O. (1978-1979): A salute to fifty-four great microscopists of the past: A pictorial footnote to the history of protozoology. Parts I and II. — Trans. Amer. Microsc. Soc. **97** (1978): 419-458; **98** (1979): 26-58.

CORLISS J.O. (1983): Consequences of creating new kingdoms of organisms. — BioScience **33**: 314-318.

CORLISS J.O. (1984): The kingdom Protista and its 45 phyla. — BioSystems **17**: 87-126.

CORLISS J.O. (1986): Progress in protistology during the first decade following reemergence of the field as a respectable interdisciplinary area in modern biological research. — Prog. Protistol. **1**: 11-63.

CORLISS J.O. (1987): Protistan phylogeny and eukaryogenesis. — Int. Rev. Cytol. **100**: 319-370.

CORLISS J.O. (1989): Protistan diversity and origins of multicellular/multitissued organisms. — Boll. Zool. **56**: 227-234.

CORLISS J.O. (1990): Toward a nomenclatural protist perspective. — In: MARGULIS L., CORLISS J.O., MELKONIAN M. & D.J. CHAPMAN (Eds.): Handbook of Protoctista. Jones & Bartlett, Boston, pp. xxv-xxx.

CORLISS J.O. (1992): Historically important events, discoveries, and works in protozoology from the mid-17th to the mid-20th century. — Rev. Soc. Mex. Hist. Nat. **42** (year 1991): 45-81.

CORLISS J.O. (1994): An interim utilitarian ("user-friendly") hierarchical classification and characterization of the protists. — Acta Protozool. **33**: 1-51.

CORLISS J.O. (1995): The need for a new look at the taxonomy of the protists. — Rev. Soc. Mex. Hist. Nat. **45** (year 1994): 27-35.

CORLISS J.O. (1996): Christian Gottfried EHRENBERG (1795-1876): Glimpses into the personal life of this most exemplary early protistologist. — In: SCHLEGEL M. & K. HAUSMANN (Eds.): Christian Gottfried EHRENBERG-Festschrift. Leipziger Universitätverl., Leipzig, 31-46.

CORLISS J.O. (1998a): The protists deserve attention: What are the outlets providing it? — Protist **149**: 3-6.

CORLISS J.O. (1998b): Classification of protozoa and protists: The current status. — In: COOMBS G.H., VICKERMAN K., SLEIGH M.A. & A. WARREN (Eds.): Evolutionary relationships among Protozoa. Chapman & Hall, London (in press).

DARWIN C. (1859): On the origin of species by means of natural selection... — J. Murray, London.

DAUGBJERG N. & R.A. ANDERSEN (1997): A molecular phylogeny of the heterokont algae based on analyses of chloroplast-encoded rbcL sequence data. — J. Phycol. **33**: 1031-1041.

DOBELL C.C. (1911): The principles of protistology. — Arch. Protistenk. **23**: 269-310.

DOFLEIN F. (1901): Die Protozoen als Parasiten und Krankheitserreger nach biologischen Gesichtspunkten dargestellt. — G. Fischer, Jena.

DOUGHERTY E.C. & M.B. ALLEN (1960): Is pigmentation a clue to protistan phylogeny? — In: ALLEN M.B. (Ed.): Comparative biochemistry of photoreactive systems. Symp. Comp. Biol., Academic Press, New York **1**: 129-144.

DUJARDIN F. (1841): Histoire naturelle des zoophytes. Infusoires. — Suites à Buffon, Paris.

EHRENBERG C.G. (1838): Die Infusionsthierchen als vollkommene Organismen... — L. Voss, Leipzig.

ENDERLEIN G. (1925): Bakterien-Cyklogenie... — Berlin, Leipzig [reference from COPELAND 1956].

GOLDSCHMIDT R.B. (1956): Portraits from memory: Recollections of a zoologist. — Univ. Washington Press, Seattle.

HAECKEL E. (1862): Die Radiolarien (Rhizopoda radiolaria). Eine Monographie. I. — G. Reimer, Berlin.

HAECKEL E. (1866): Generelle Morphologie der Organismen... 2 vols. — G. Reimer, Berlin.

HAECKEL E. (1868): Natürliche Schöpfungsgeschichte... — G. Reimer, Berlin.

HAECKEL E. (1869): Monographie der Moneren. — Jen. Z. Naturwiss. **4**: 64-137.

HAECKEL E. (1870): Biologische Studien... — W. Engelmann, Leipzig.

HAECKEL E. (1873a): Zur Morphologie der Infusorien.

— Jen. Z. Naturwiss. **7**: 516-560.

Haeckel E. (1873b): Uber einige neue pelagische Infusorien (Dictyocystida, Codonellida). — Jen. Z. Naturwiss. **7**: 561-568.

Haeckel E. (1874a): Anthropogenie oder Entwickelungsgeschichte des Menschen: Keimes- und Stammes-Geschichte. — W. Engelmann, Leipzig.

Haeckel E. (1874b): Die Gastraea-Theorie, die phylogenetische Klassification des Thierreichs und die Homologie der Keimblätter. — Jen. Z. Naturwiss. **8**: 1-55.

Haeckel E. (1878): Das Protistenreich... — Günther, Leipzig.

Haeckel E. (1887a): Die Radiolarien (Rhizopoda radiolaria). Eine Monographie. II. — G. Reimer, Berlin.

Haeckel E. (1887b): Report on the Radiolaria collected by H.M.S. Challenger during the years 1873-1876. — Challenger Sci. Rep. Zool. **18** (part 1): 1-888; **18** (part 2): 889-1893.

Haeckel E. (1888): Die Radiolarien... Eine Monographie. III., IV. — G. Reimer, Berlin.

Haeckel E. (1892): Die Weltanschauung der monistischen Wissenschaft... — Jena.

Haeckel E. (1894): Systematische Phylogenie... I. Systematische Phylogenie der Protisten und Pflanzen. — G. Reimer, Berlin.

Haeckel E. (1899): Die Welträthsel. Gemeinverständliche Studien über monistische Philosophie. — E. Strauss, Bonn.

Haeckel E. (1904): Kunstformen der Natur. — Bibliogr. Inst., Leipzig, Wien. [The first plates appeared 1899, further between 1879 and 1904; the volume was only completed in 1904.]

Haeckel E. (1974): Art forms in nature. Dover Publications, Mineola, New York. [reproduction of the 100 original plates (no text; brief captions in English) from Haeckel 1904]

Hall R.P. (1953): Protozoology. — Prentice-Hall, New York.

Hartmann M. (1928): Practicum der Protozoologie, 5th edn. — G. Fischer, Jena.

Hennig W. (1950): Grundzüge einer Theorie der Phylogenetischen Systematik. — Deutscher Zentralverlag, Berlin.

Hennig W. (1966): Phylogenetic systematics. — Univ. Illinois Press, Urbana [English translation by Davis D.D. & R. Zangerl].

Heywood P. & L.J. Rothschild (1987): Reconciliation of evolution and nomenclature among the higher taxa of protists. — Biol. J. Linn. Soc. **30**: 91-98.

Hogg J. (1860): On the distinctness of a plant and an animal, and on a fourth kingdom of nature. — Edinb. New Philos. J. **12** (new ser.): 216-225.

Hyman L.H. (1940): The invertebrates. Vol. **I**. Protozoa through Ctenophora. — McGraw-Hill, New York.

Jahn T.L. & F.F. Jahn (1949): How to know the Protozoa. — Wm. C. Brown, Dubuque, Iowa.

Jahn T.L., Bovee E.C. & F.F. Jahn (1979): How to know the Protozoa, 2nd. edn. — Wm. C. Brown, Dubuque, Iowa.

Jennings R.K. & R.F. Acker (1970): The protistan kingdom: Protists and viruses. — Van Nostrand Reinhold, New York.

Kent W.S. (1880-1882): A manual of the Infusoria... Vols. **1-3**. — David Bogue, London.

Kudo R.R. (1931): Handbook of protozoology. — C. C Thomas, Springfield, Illinois.

Kudo R.R. (1966): Protozoology, 5th edn. — C. C Thomas, Springfield, Illinois.

Kützing F.T. (1844): Uber die Verwandlung der Infusorien in niedere Algenformen. — Köhne, Nordhausen.

Lamarck J.B.P.A. (1815): Histoire Naturelle des Animaux sans Vertèbres... Vol. **2**. — Verdière, Paris.

Leedale G.F. (1974): How many are the kingdoms of organisms? — Taxon **23**: 261-270.

Lipscomb D.L. (1984): Methods of systematic analysis: The relative superiority of phylogenetic systematics. — Origin of Life **13**: 235-48.

Lipscomb D.L. (1991): Broad classification: The kingdoms and the protozoa. — In: Kreier J.P. & J.R. Baker (Eds.): Parasitic Protozoa, 2nd edn. Academic Press, San Diego, London **1**: 81-136.

Lom J. (1964): Notes on the extrusion and some other features of myxosporidian spores. — Acta Protozool. **2**: 321-328.

Margulis L. (1970): Origin of eukaryotic cells. — Yale Univ. Press, New Haven.

Margulis L. (1974): Five-kingdom classification and the origin and evolution of cells. — Evol. Biol. **7**: 45-78.

Margulis L. (1976): Genetic and evolutionary consequences of symbiosis. — Exp. Parasitol. **39**: 277-349.

Margulis L. (1981): Symbiosis in cell evolution: Life and its environment on the early earth. — W.H. Freeman, San Francisco.

Margulis L. (1993): Symbiosis in cell evolution, 2nd edn. — W.H. Freeman, San Francisco.

Margulis L. (1996): Archaeal-eubacterial mergers in the origin of Eukarya: Phylogenetic classification of life. — Proc. Nat. Acad. Sci. USA **93**: 1071-1076.

Margulis L. & D. Sagan (1985): Order amidst animalcules: The Protoctista kingdom and its undulipodiated cells. — BioSystems **18**: 141-147.

Margulis L. & K.V. Schwartz (1982): Five kingdoms: An illustrated guide to the phyla of life on earth, 1st edn. — W.H. Freeman, San Francisco, New York.

Margulis L. & K.V. Schwartz (1988): Five kingdoms: An illustrated guide to the phyla of life on earth, 2nd edn. — W.H. Freeman, San Francisco, New York.

Margulis L. & K.V. Schwartz (1998): Five kingdoms: An illustrated guide to the phyla of life on earth, 3rd edn. — W.H. Freeman, New York.

MARGULIS L., CORLISS J.O., MELKONIAN M. & D.J. CHAPMAN (Eds.) (1990): Handbook of Protoctista... — Jones & Bartlett, Boston.

MAYR E. (1982): The growth of biological thought: Diversity, evolution, and inheritance. — Belknap Press, Cambridge.

MAYR E. & P.D. ASHLOCK (1991): Principles of systematic zoology, 2nd edn. — McGraw-Hill, New York.

MINCHIN E.A. (1912): An introduction to the study of the Protozoa, with special reference to the parasitic forms. — E. Arnold, London.

MÖHN E. (1984): System und Phylogenie der Lebewesen. Vol. **1**. Physikalische, chemische und biologische Evolution, Prokaryonta, Eukaryonta (bis Ctenophora). — E. Schweizerbart'sche Verl.,buchhandl. (Nägele u. Obermiller), Stuttgart.

MÜLLER J. (1858): Uber die Thalassicollen, Polycystinen und Acanthometren des Mittelmeeres. — Abh. Akad. Wiss. Berlin **43**: 1-62.

MÜLLER O.F. (1786): Animalcula Infusoria Fluviatilia et Marina... — Havniae et Lipsiae.

NÄGELI C.W. von (1847): Die Neueren Algensysteme... — Schulthess, Zürich.

NORDENSKIÖLD E. (1928): The history of biology: A survey. — A. A. Knopf, New York.

OWEN R. (1858): Palaeontology. — Encyclopaedia Britannica, 8th edn. **17**: 91-176.

OWEN R. (1860): Palaeontology or a systematic summary of extinct animals and their geological relations. — Adam & Charles Black, Edinburgh.

OWEN R. (1861): Palaeontology or a systematic summary of extinct animals and their geological relations, 2nd edn. — Adam & Charles Black, Edinburgh.

PATTERSON D.J. (1989): Stramenopiles: Chromophytes from a protistan perspective. — In: GREEN J.C., LEADBEATER B.S.C. & W.I. DIVER (Eds.): The chromophyte algae: Problems and perspectives. Clarendon Press, Oxford, 357-379.

PATTERSON D.J. (1994): Protozoa: Evolution and systematics. — In: HAUSMANN K. & N. HÜLSMANN (Eds.): Progress in Protozoology. Proceedings of the IX International Congress of Protozoology, Berlin 1993, G. Fischer, Stuttgart, 1-14.

PATTERSON D.J. & M.L. SOGIN (1993): Eukaryote origins and protistan diversity. — In: HARTMAN H. & K. MATSUNO (Eds.): The origin and evolution of the cell. World Scientific Publishing, Singapore, 13-46.

PHILIPPE H. & A. ADOUTTE (1995): How reliable is our current view of eukaryotic phylogeny? — In: BRUGEROLLE G. & J.-P. MIGNOT (Eds.): Protistological Actualities. Proceedings of the Second European Congress of Protistology, Clermont-Ferrand, 17-33.

POINDEXTER J.S. (1971): Microbiology: An introduction to protists. — Macmillan, New York.

PRATT J.R. & J., Jr. CAIRNS (1985): Functional groups in the protozoa: Roles in differing ecosystems. — J. Protozool. **32**: 415-423.

RAABE Z. (1964): Remarks on the principles and outline of the system of Protozoa. — Acta Protozool. **2**: 1-18.

RABENHORST L. (1844-1847): Deutschland's Kryptogamen-Flora... 2 vols. — Leipzig.

RAGAN M.A. (1997): A third kingdom of eukaryotic life: History of an idea. — Arch. Protistenk. **148**: 225-243.

RAGAN M.A. (1998): On the delineation and higher-level classification of algae. — Europ. J. Phycol. **33**: 1-15.

RAGAN M.A. & D.J. CHAPMAN (1978): A biochemical phylogeny of the protists. — Academic Press, New York, London.

RAGAN M.A. & R.R. GUTELL (1995): Are red algae plants? — Bot. J. Linn. Soc. **118**: 81-105.

ROTHSCHILD L.J. (1989): Protozoa, Protista, Protoctista: What's in a name? — J. Hist. Biol. **22**: 277-305.

ROTHSCHILD L.J. & P. HEYWOOD (1987): Protistan phylogeny and chloroplast evolution: Conflicts and congruence. — Prog. Protistol. **2**: 1-68.

ROTHSCHILD L.J. & P. HEYWOOD (1988): "Protistan" nomenclature: Analysis and refutation of some potential objections. — BioSystems **21**: 197-202.

SIEBOLD C.T. von (1845): Bericht über die Leistungen in der Naturgeschichte der Würmer, Zoophyten und Protozoen während des Jahres 1843 und 1844. — Arch. Naturgesch. **11**: 256-296.

SIEBOLD C.T. von (1848): Lehrbuch der Vergleichenden Anatomie der Wirbellosen Thiere. Vol. **1**. — In: SIEBOLD C.T. von & H. STANNIUS (Eds.): Lehrbuch der Vergleichenden Anatomie. Berlin.

SIEBURTH J. McN. & K.W. ESTEP (1985): Precise and meaningful terminology in marine microbial ecology. — Mar. Microbial Food Webs **1**: 1-15.

SILVA P.C. (1984): The role of extrinsic factors in the past and future of green algal systematics. — In: IRVINE D.E.G. & D.M. JOHN (Eds.): Systematics of the green algae. Academic Press, London, 419-433.

SILVA P.C. (1993): Continuity, an essential ingredient of modern taxonomy. — Korean J. Phycol. **8**: 83-89.

SINGER C. (1959): A history of biology to about the year 1900: A general introduction to the study of living things, 3rd edn. — New York.

SOGIN M.L. (1989): Evolution of eukaryotic microorganisms and their small subunit ribosomal RNAs. — Amer. Zool. **29**: 487-499.

SOGIN M.L. (1991): Early evolution and the origin of eukaryotes. — Curr. Opin. Gen. Develop. **1**: 457-463.

SOGIN M.L. (1994): The origin of eukaryotes and evolution into major kingdoms. — In: BENGTSON S. (Ed.): Early life on earth. Columbia Univ. Press, New York, 181-192.

SOGIN M.L., MORRISON H.G., HINKLE G. & J.D. SILBERMAN (1996): Ancestral relationships of the major eukaryotic lineages. — Microbiología SEM **12**: 17-28.

STANIER R.Y. (1970): Some aspects of the biology of cells and their possible evolutionary significance. — Symp. Soc. Gen. Microbiol. **20**: 1-38.

STANIER R.Y. & C.B. VAN NIEL (1962): The concept of bacterium. — Arch. Microbiol. **42**: 17-35.

STANIER R.Y., DOUDOROFF M. & E.A. ADELBERG (1963): The microbial world, 2nd edn. — Prentice-Hall, Englewood Cliffs, New Jersey.

TAYLOR F.J.R. (1978): Problems in the development of an explicit hypothetical phylogeny of the lower eukaryotes. — BioSystems **10**: 67-89.

TORT P. (Ed.) (1996): Dictionnaire du Darwinisme et de l'Evolution. Vols. **1-3**. — Presses Univ. France, Paris.

VICKERMAN K. (1992): The diversity and ecological significance of Protozoa. — Biodiversity and Conservation **1**: 334-341.

WEINMAN D. & M. RISTIC (eds.): (1968): Infectious blood diseases of man and animals. Vol. **1**. — Academic Press, New York, London.

WENYON C.M. (1926): Protozoology. A manual for medical men, veterinarians, and zoologists. 2 vols. — Baillière, Tyndall & Cox, London.

WHITTAKER R.H. (1957): The kingdoms of the living world. — Ecology **38**: 536-538.

WHITTAKER R.H. (1959): On the broad classification of organisms. — Q. Rev. Biol. **34**: 210-226.

WHITTAKER R.H. (1969): New concepts of kingdoms of organisms. — Science **163**: 150-60.

WHITTAKER R.H. (1977): Broad classification: the kingdoms and the protozoans. — In: KREIER J.P. (Ed.): Parasitic Protozoa, 1st edn. Academic Press, New York **1**: 1-34.

WHITTAKER R.H. & L. MARGULIS (1978): Protist classification and the kingdoms of organisms. — BioSystems **10**: 3-18.

WILEY E.O. (1981): Phylogenetics: The theory and practice of phylogenetic systematics. — J. Wiley & Sons, New York.

WILSON T.B. & J. CASSIN (1864): On a third kingdom of organized beings. — Proc. Acad. Nat. Sci. Phila. **15** (year 1863): 113-121.

WOESE C.R. (1994): There must be a prokaryote somewhere: Microbiology's search for itself. — Microbiol. Revs. **58**: 1-9.

WOESE C.R. & G.E. FOX (1977): Phylogenetic structure of the prokaryotic domain: The primary kingdoms. — Proc. Natl. Acad. Sci. USA **74**: 5088-5090.

WOESE C.R., KANDLER O. & M.L. WHEELIS (1990): Towards a natural system of organisms: Proposal for the domains Archaea, Bacteria, and Eucarya. — Proc. Natl. Acad. Sci. USA **87**: 4576-4579.

Address of the author:
Prof. Dr. John O. CORLISS
P. O. Box 2729
Bala Cynwyd
Pennsylvania 19004
U.S.A.

Diversität und Phylogenie der Protisten – aufgedeckt mit molekularen Merkmalen

M. SCHLEGEL

Abstract

Diversity and Phylogeny of Protists – Discovered with Molecular Characters.

Molecular characters are gaining increasing importance in biological systematics. To date, the most often used molecular character for phylogenetic analyses is the coding region of the small subunit RNA (SSU-rDNA). In the trees based on SSU-rDNA sequence comparisons amitochondriate taxa branch first, including species of the microsporeans, parabasaleans, and diplomonads. The next branches lead to the euglenozoans, heteroloboseans, and dictyostylids. Subsequently, a rapid ramification leads to the red algae, chlorobionts (green algae, mosses, and vascular plants), fungi, metazoans and choanoflagellates. Also included in this "radiation" are the stramenopiles (oomycetes, hyphochitriomycetes and heterokont algae), alveolates (ciliates, apicomplexans, and dionoflagellates), cryptomonads, and parts of the amoebae. The parasitic myxozoans are branching within the metazoa. However, they do not group with the cnidarians, as suggested by ultrastructural similarities.

Comparisons of protein coding genes support a sistergroup relationship of metazoans and fungi. Protein gene- and rDNA-trees are in conflict with regard to the positions of *Entamoeba histololytica, Dictyostelium discoideum*, and the microsporans, the latter branching in the radiation with the fungi. However, the analysis of different protein coding genes yields also different results: a- and b- tubulin genes support a close relationship with fungi, whereas sequence comparisons of an elongation factor (EF 1-a) are in agreement with the ribosomal data. These conflicting results might be caused by extremely different substitution rates in different lineages. Especially parasites tend to have fast evolving genes, which may lead to wrong topologies, a phenomenon also known as "long branch artefact".

Another reason might be that ramification occurred in relatively short time intervals wherein not enough molecular apomorphies evolved and thus, the inner segments of the tree cannot be reconstructed confidently. The shorter the time intervals are, the more variable nucleotide positions are needed in order to resolve the inner nodes. Besides the quantitative sequence comparisons qualitative character analyses should be given more weight, such as gene rearrangements, insertions, deletions, and duplications. As an example, character differences between the histone H4 genes of ciliates are analysed according to the principles of phylogenetic systematics.

Stapfia 56,
zugleich Kataloge des OÖ. Landesmuseums, Neue Folge Nr. 131 (1998), 105-118

1 Einleitung

Einzellige Eukaryoten (Protisten) werden seit mehr als 300 Jahren mit Begeisterung studiert. Insbesondere Ernst HAECKEL hat ihre Formenvielfalt und Schönheit untersucht und beschrieben (HAECKEL 1904 und viele andere Veröffentlichungen). Um ihrer taxonomischen Bedeutung Rechnung zu tragen, hat er als erster bereits 1866 ein eigenes Reich Protista eingeführt (siehe den Beitrag von CORLISS in diesem Band) und sich erstmals intensiv mit ihrer Stammesgeschichte auseinandergesetzt (HAECKEL 1866).

Protisten weisen neben ihrer hohen morphologischen, physiologischen und biochemischen Diversität eine enorme, vor allem mit dem Elektronenmikroskop aufgedeckte strukturelle Komplexität auf (RAGAN & CHAPMAN 1978; ROTHSCHILD & HEYWOOD 1987; MARGULIS et al. 1989). Dies hat ihre Ursache vielleicht darin, daß alle Lebensprozesse von einer einzigen Zelle bewerkstelligt werden müssen. Neben der Entdeckung neuer ultrastruktureller Merkmale und deren funktioneller Analyse ergab sich aus den elektronenmikroskopischen Untersuchungen auch, daß die Flagellata (Mastigophora) und Sarcodina (Rhizopoda) ein polyphyletisches Sammelsurium darstellen. Die Rekonstruktion der Phylogenie der Protisten, sowie ihrer Verwandtschaftsbeziehungen zu den vielzelligen Eukaryoten gelang jedoch bislang nicht. Erst mit Hilfe zusätzlicher, molekularer Merkmale beginnt sich ein Bild der Stammesgeschichte der Protisten abzuzeichnen, das bereits in neueren Klassifikationen berücksichtigt wird (HAUSMANN & HÜLSMANN 1996a, b). Im folgenden werden die phylogenetischen Beziehungen der Protisten untereinander und zu den vielzelligen Eukaryoten, wie sie sich aus der Analyse molekularer Daten ergeben dargelegt, sowie die Grenzen der derzeitig verwendeten Merkmale und Methoden diskutiert.

2 Molekulare Merkmale

Der Einsatz molekularer Merkmale war zunächst aufgrund des hohen technischen und experimentellen Aufwandes sehr begrenzt. Durch die Erfindung der Polymerase-Kettenreaktion (INNIS et al. 1990), mit der gezielt DNA-Sequenzen aus geringen Mengen genomischer DNA in vitro vervielfältigt und weiter untersucht werden können, änderte sich die Situation schlagartig. Innerhalb von zehn Jahren ist die Zahl der sequenzierten Gene sprunghaft angewachsen. Die umfangreichste Datenbasis gibt es mittlerweile für die codierende Region der RNA der kleinen Ribosomenuntereinheit (small subunit rRNA, SSU-rRNA): mehr als 6000 komplette, davon etwa 1600 eukaryotische Sequenzen sind veröffentlicht (http://rrna.uia.ac.be, 324 Archäbakterien, 5484 Eubakterien und 1581 Eukaryoten).

Die vollständige codierende Region der großen rRNA (large subunit rRNA, LSU-rRNA) wird ebenfalls zunehmend für die Analyse phylogenetischer Probleme herangezogen. Es liegen jedoch bislang weit weniger Sequenzen vor als von der SSU-rDNA (356, davon 23 Archäbakterien, 161 Eubakterien und 72 Eukaryoten). Im wesentlichen ergibt die Untersuchung der LSU-rRNA dasselbe Bild wie die hier näher besprochenen SSU-rRNA Sequenzvergleiche (DE RIJK et al. 1995). Lediglich die Analyse partieller Sequenzen der LSU-rRNA führt zu stark abweichenden und schwer nachvollziehbaren Stammbäumen (PAWLOWSKI et al. 1994).

Ein Problem beim Vergleich von Sequenzen ist die korrekte Homologisierung von Nukleotidpositionen zwischen den verglichenen Sequenzen ("alignment"). Im Falle der rDNAs wird diese Homologisierung durch im Gen verteilte hochkonservierte Abschnitte und durch die Berücksichtigung der Sekundärstruktur erleichtert. Hochvariable Bereiche werden zudem bei Vergleichen zwischen Sequenzen entfernt verwandter Taxa eliminiert, um das Verhältnis von phylogenetischem Signal zu uninformativem Rauschen (durch multiple Substitutionen gesättigte Positionen) zu verbessern (ELWOOD et al. 1985).

3
Sequenzvergleiche der SSU-rRNA

Die Sequenzunterschiede in der SSU-rRNA eukaryotischer Protisten übertreffen sowohl die aller Prokaryoten, als auch die aller vielzelligen eukaryotischen Taxa (Abb. 1). Ein zusammenfassendes Bild der Protistenphylogenie, wie sie sich aus der Sequenzanalyse mit Hilfe von Distanz Matrix und Maximum Parsimony Methoden darstellt, zeigt Abbildung 2 (aus LEIPE & HAUSMANN 1993, modifiziert).

3.1
Frühe Abzweigungen im Stammbaum der Eukaryoten

An der Basis des Eukaryoten-Stammbaumes zweigen Vertreter einer Reihe artenarmer Taxa ab, die Microsporidia, Diplomonadida und Parabasalea. Sie besitzen alle keine Mitochondrien. Die rRNA-Sequenzanalysen konnten die genaue Abfolge der Aufzweigungen innerhalb dieser mitochondrienlosen Gruppen nicht 100%ig auflösen (LEIPE et al. 1993). Da alle hier abzweigenden Organismen entweder Parasiten sind oder in anderen sauerstoffarmen Milieus vorkommen, hatte man lange angenommen, daß sie ihre Mitochondrien als Anpassung an solche Lebensräume verloren hätten. Endgültig ist diese Frage jedoch noch nicht geklärt und durch neue Untersuchungen an Hitzeschockproteinen in jüngster Zeit verstärkt in der Diskussion (BUI et al. 1996). Trichomonaden (Vertreter der Parabasalea) besitzen Hydrogenosomen, ein ungewöhnliches, von einer Doppelmembran umhülltes Organell, das am Kohlehydratabbau beteiligt ist. Pyruvat wird zu Acetat, CO_2 und molekularem Wasserstoff abgebaut. Hierbei wird ATP durch Substratkettenphosphorylierung gewonnen. Das an der Decarboxylierung beteiligte Enzym (Pyruvat:Ferredoxin-Oxidoreductase) und das Schlüsselenzym Hydrogenase sind ebenfalls bei anaeroben Bakterien weit verbreitet. Die innere Membran ist nicht gefaltet und besitzt keine nachweisbaren Mengen von Cytochromen und Cardiolipin. Es wird deshalb von manchen Autoren angenommen, daß die Hydrogenosomen nicht mit den Mitochondrien homolog sind, sondern unabhängig aus einem anaeroben Bakterium entstanden sind (MÜLLER 1993). Andere Autoren gehen jedoch von einem gemeinsamen evolutiven Ursprung der beiden Organelle aus (CAVALIER-SMITH 1992). So wird z. B. die ATP-Synthese bei beiden durch die Succinyl-CoA Synthase katalysiert (BUI et al. 1996 und darin). Zudem wurden durch Hybridisierungsexperimente Hitzeschockproteine in den Hydrogenosomen lokalisiert, die in einigen Merkmalen mit mitochondrialen Hitzeschockproteinen übereinstimmen. Sie weisen z. B. ähnliche „Leader"-Sequenzen auf, die für den Import in die Mitchondrien wichtig sind. Es kommen identische Sequenzmotive vor („Signature"-Sequenzen), die man als Synapomorphien deuten kann. In Stammbaumanalysen gruppieren die Hydrogenosomenproteine zusammen mit den Mitochondrien-Hitzeschockproteinen (BUI et al. 1996). Somit erhält derzeit die Hypothese, daß beide Organelle einen gemeinsamen Vorfahr haben, stärkere Unterstützung als bisher.

Als erste im Stammbaum der Eukaryoten könnten die Vorfahren der Mikrospora abgezweigt sein, da sie eine Reihe weiterer, als ursprünglich interpretierbare Merkmale aufweisen. Sie haben eine sehr kurze rRNA. So weist z. B. *Vairimorpha necatrix* eine Länge von 1255 Basenpaaren auf. Es fehlen eukaryotentypische Loops (VOSSBRINCK et al. 1987; WOLTERS 1991) und die 5,8 S rRNA

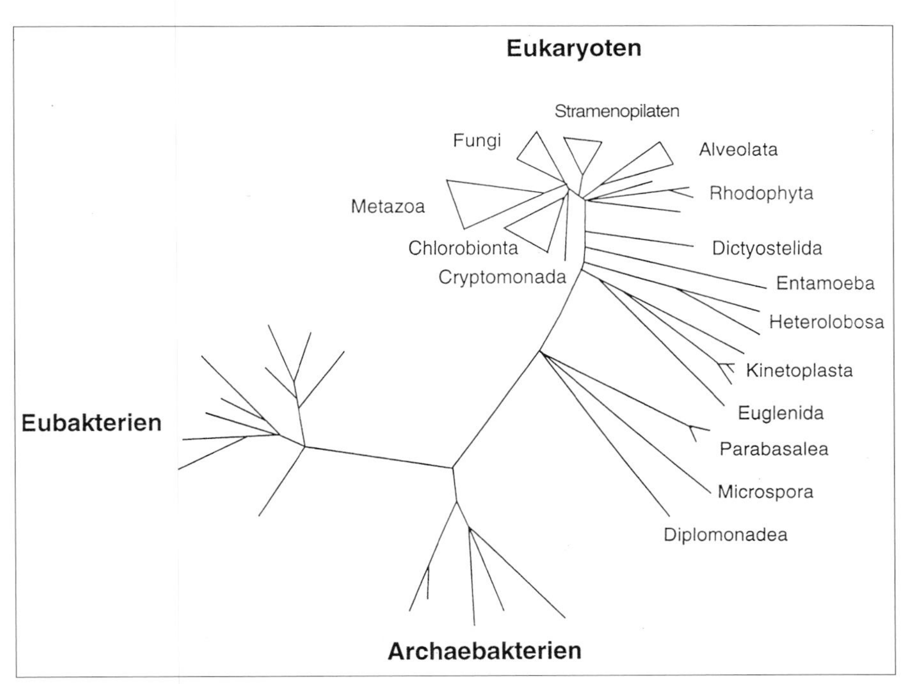

Abb. 1: Distanz-Matrix-Phänogramm der Archaebakterien, Eubakterien und Eukaryoten, basierend auf dem Sequenzvergleich der SSU-rRNA. Die Länge der Äste entspricht der genetischen Distanz. Die anhand der ermittelten Sequenzunterschiede geschätzten genetischen Distanzen der Protisten übertreffen sowohl die der Prokaryoten, als auch die aller vielzelligen Taxa. Verändert und ergänzt nach SOGIN (1991).

(VOSSBRINCK & WOESE 1986). Außer den Mitochondrien fehlen Golgi-Apparat, Cytoskelett und 9+2-Flagellen. In ultrastrukturellen Untersuchungen von Mikrosporidiern konnten jedoch für die Meiose typische synaptonemale Komplexe nachgewiesen werden (HÜLSMANN & HAUSMANN 1994). „Sex" (im Sinne von Genaustausch) gehörte demnach zum Grundplan der Eukaryoten.

Zu den nächsten Ästen im Stammbaum gehören die Euglenozoa, sowie verschiedene Taxa der „alten" Amöben: „Amöboflagellaten" (*Naegleria*, *Vahlkampfia*, *Tetramites*), die azellulären Schleimpilze (Physarales), sowie die zellulären Schleimpilze (Dictyostelidae). Eine Art, *Entamoeba histolytica*, scheint ihre Mitochondrien sekundär wieder verloren zu haben, da hier ebenfalls ein mitochondrienspezifisches Chaperonin (CPN 60) entdeckt wurde (CLARK & ROGER 1995). Die Euglenozoa sind mit etwa 200 Arten die größte Gruppe, die in dieser „mittleren Stammbaumebene" abzweigt. Zu ihnen gehören die heterotrophen Kinetoplasta und die zum Teil autotrophen Euglenida. Elektronenmikroskopische Untersuchungen haben aber gezeigt, daß ihre Plastiden nicht von zwei, sondern von drei Membranen umgeben sind. Diese Plastiden haben außerdem die gleichen Chlorophylle wie die Chlorobionta (a und b). Somit handelt es sich wohl bei diesen Symbionten nicht primär um Prokaryoten, sondern um die Reste eines eukaryotischen Endobionten, nämlich einer Grünalge. Da die Grünalgen später in der Stammesgeschichte der Eukaryoten entstanden, müssen auch die autotrophen Eugleniden eine späte Entwicklung sein. Daraus kann man schließen, daß die Euglenozoa ursprünglich eine heterotrophe Gruppe waren.

3.2 Multiple Aufspaltungen in der späteren Eukaryotenphylogenie

Neben den vielzelligen Tieren, Pflanzen und „höheren" Pilzen findet sich hier eine ganze Reihe weiterer Taxa, deren engere Verwandtschaftsbeziehungen erst durch die Sequenzvergleiche erkannt wurden. Vor allem im englischen Sprachraum hat sich hierfür der unglückliche Ausdruck „Kronengruppe" (crown group) eingebürgert, der jedoch in der Systematik anders definiert ist (JEFFERIES 1980; SUDHAUS & REHFELD 1992), nämlich als das überlebende Taxon einer ausgestorbenen Stammlinie. Eine Kronengruppe im Sinne von JEFFERIES wäre somit das Taxon Eukaryota.

Die genaue Abfolge der Aufspaltungen läßt sich jedoch mit den ribosomalen Daten bislang nur zum Teil bestimmen. Vielleicht haben sich diese in erdgeschichtlichen Maßstäben kurzen Zeitabständen vollzogen, so daß sich nicht genügend Mutationen ereignet und damit Sequenzunterschiede evolviert haben, die eine Rekonstruktion dieser inneren Segmente des Baumes ermöglichen (s. u.). Ein Monophyllum stellen die Metazoa, Choanoflagellata und Pilze dar (WAINRIGHT et al. 1993), das von CAVALIER-SMITH als Ophistokonta bezeichnet wird (CAVALIER-SMITH & CHAO 1997). Weitere Merkmale sprechen für eine nähere Verwandtschaft von Pilzen und Tieren. Bei beiden kommt Chitin vor, sie verwenden als Speicherstoff Glycogen im Gegensatz zu Stärke und im mitochondrialen genetischen Code wird UGA für Tryptophan verwendet, während es bei Pflanzen für Stop codiert.

Bei den verbleibenden Taxa wurden erst durch die Sequenzvergleiche die Verwandtschaftsbeziehungen ultrastrukturell gut begründeter, aber isoliert stehender Taxa erkannt (LEIPE & HAUSMANN 1993). Die Alveolata umfassen die Dinoflagellata, überwiegend Photosynthese betreibende Arten und wenige Parasiten (sie wurden früher aufgrund des offensichtlichen Fehlens von Histonen als besonders primitive Eukaryoten betrachtet), die Apicomplexa, eine Gruppe, die durchweg endoparasitische Arten enthält und die nur noch im Zusammenhang mit der sexuellen Fortpflanzung begeißelte Stadien aufweisen. Diese beiden stellen nach den Sequenzdaten die Schwestergruppe der primär phagotrophen Ciliophora dar. Diese drei Taxa sind in ihrer Feinstruktur und ihren ökologischen Ansprüchen derart verschieden, daß ihre Zusammengehörigkeit vor den Sequenzvergleichen zwar diskutiert (TAYLOR 1976), aber nicht anerkannt wurde, obwohl es schon vorher auch ultrastrukturelle Hinweise gab, nämlich die submembranösen Alveolen, die dieser Gruppe ihren Namen gaben (CAVALIER-SMITH 1993).

Im Fall der Stramenopilaten stützen die Sequenzdaten eine vor allem auf der Flagellenmorphologie basierende Gruppierung (PATTERSON 1989). Auf der Membranoberfläche befinden sich insbesondere auf einer der beiden Flagellen dünne, dreigeteilte Haare oder davon abgeleitete Bildungen des Golgiapparates. Neben den heterokonten Algen gehören die Oomyceten und Hyphochytriomyceten in diese Gruppe (LEIPE et al. 1994). In den Stammbäumen gruppieren die Alveolaten mit den Stramenopilaten, allerdings mit schwacher bootstrap-Unterstützung (WOLTERS 1991; VAN DE PEER et al. 1993; WAINRIGHT et al. 1993; LEIPE et al. 1994).

Dieser Bereich des Stammbaums enthält noch weitere Sequenzen: die Kern rRNAs der Cryptomonaden zusammen mit den Chlorobionten und Teile der früheren „Amöben". Es sind dies die bakterienfressenden lobosen „Limax-Amöben" (*Acanthamoeba castellani, Hartmanella vermiformis*) und filose Amöben (*Euglypha rotunda* und *Paulinella chromatophora*). Letztere stellen womöglich eine unabhängige Evolutionslinie dar, die auch Vertreter der rhizopodialen Gattung *Chlorarachnion* enthalten (BHATTACHARYA et al. 1995).

3.3 Phylogenie der Myxozoa

Die Myxozoa sind eine rein parasitische Gruppe von Eukaryoten, die sowohl ein- bis mehrkernige trophische Stadien, als auch mehrzellige Sporen ausbilden. Ihre systematische Zugehörigkeit ist seit langem umstritten. Anhand ultrastruktureller Übereinstimmungen in den Polfäden wurde eine Verwandtschaft zu den Cnidariern, und hierbei zu den Hydrozoa (Narcomedusae) vermutet (LOM 1989). In den bisherigen Sequenzanalysen gruppieren die Myxozoa tatsächlich mit den Metazoa (SMOTHERS et al. 1994; SCHLEGEL et al. 1996; SIDDAL et al. 1996). Allerdings wird die Verwandtschaft zu den Cnidaria, und zwar zu *Polypodium hydriforme* (Narcomedusae) in nur einer der drei Untersuchungen bestätigt (SIDDAL et al. 1996). In den anderen Arbeiten, gruppieren die Myxozoa überraschenderweise zu den Bilateria (Abb. 3). Die bislang untersuchten Sequenzen der Myxozoa, sowie von *Polypodium hydriforme* zeigen jedoch eine hohe Substitutionsrate, wie dies bei Parasiten häufig der Fall ist. Die phylogenetische Analyse schnell evolvierender Sequenzen ist oft problematischer als die langsamer evolvierender, da die Zahl multipler Substitutionen erhöht wird. Dadurch häufen sich Konvergenzen und Analogien an, die zu falschen Gruppierungen führen (FELSENSTEIN 1978; WOLTERS 1991; VAN DE PEER et al. 1996a). Die Stammbäume in der Arbeit, in der die Myxozoen-Sequenzen zusammen mit *Polypodium* abzweigen, weisen

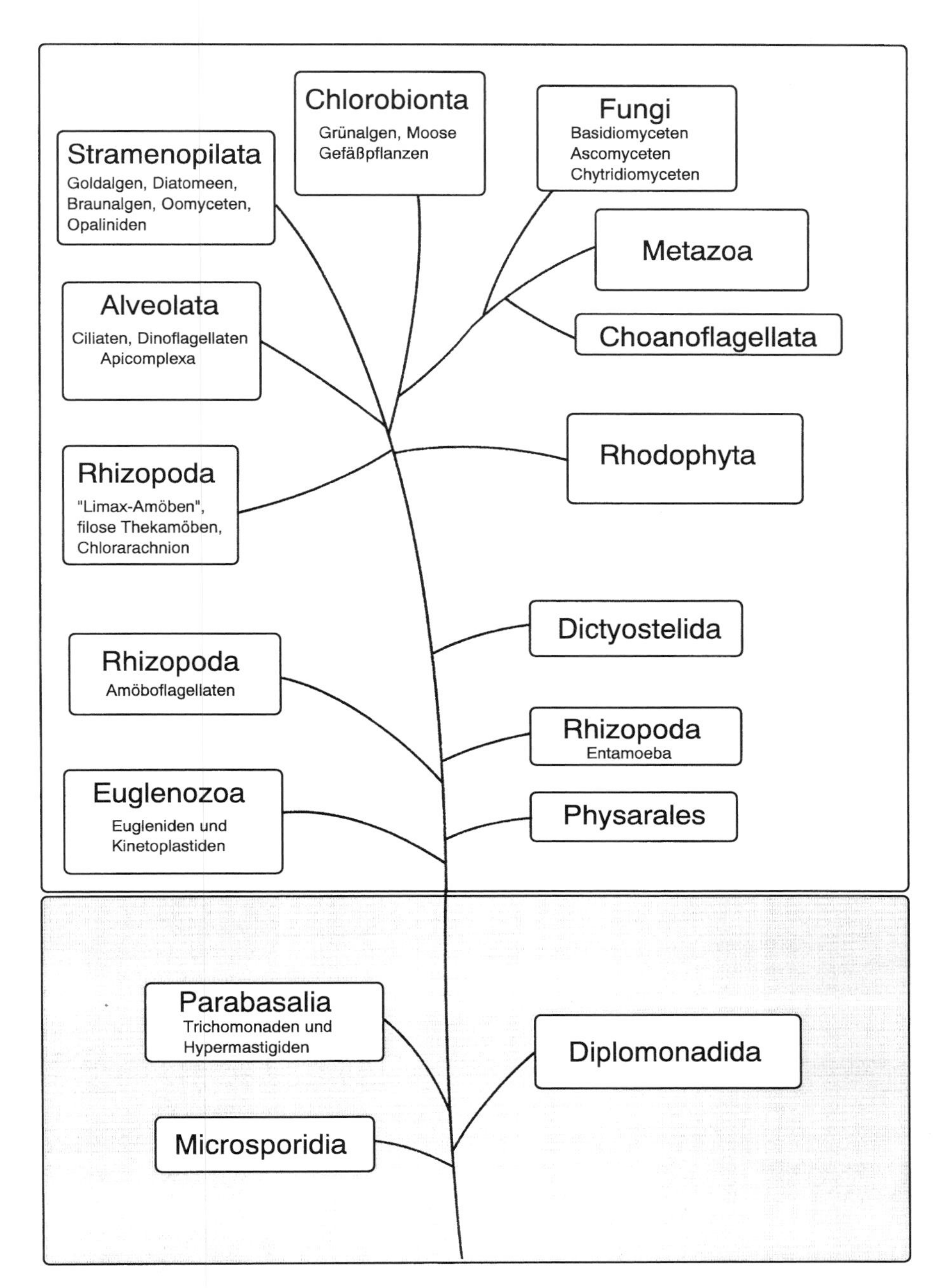

Abb. 2: Dendrogramm der Eukaryoten, basierend auf Distanz-Matrix und Maximum Parsimony Bäumen der SSU-rRNA. Verändert und ergänzt nach LEIPE & HAUSMANN (1993).

zudem nicht nachvollziehbare Gruppenbildungen auf (SIDDAL et al. 1996). So erscheinen die Cnidaria als paraphyletische Gruppe, wobei *Hydra* mit den Schwämmen näher verwandt erscheint, und die Myxozoa mit *Polypodium* in die Gruppe fallen, in der auch die triploblastischen Metazoa stehen.

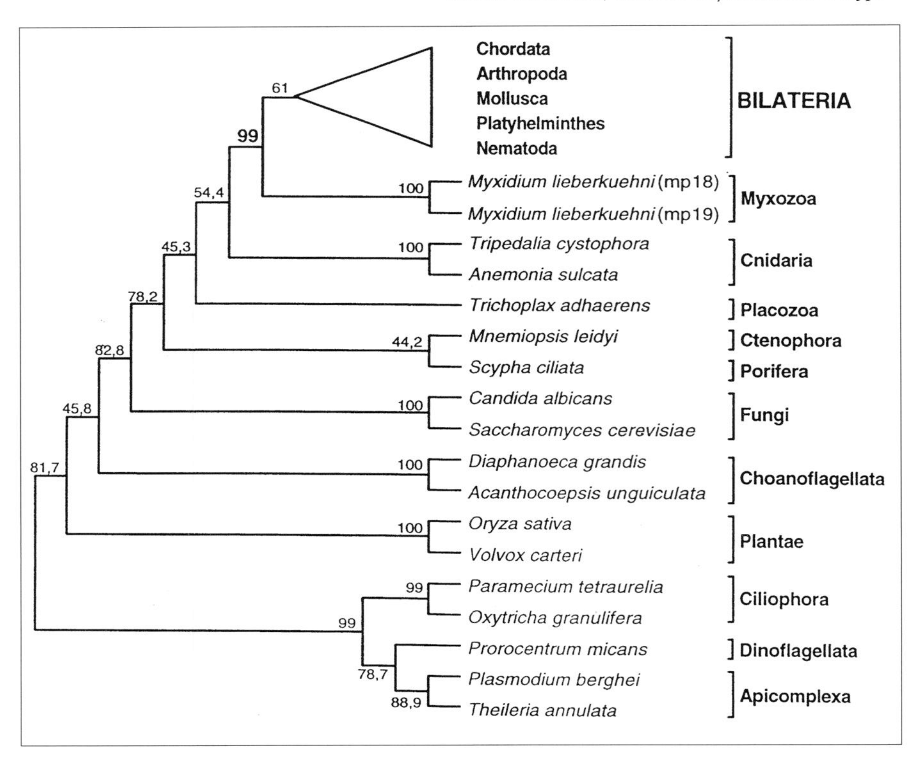

Abb. 3:
Stellung der Myxozoa im SSU-rRNA-Dendrogramm. Der Baum wurde nach der Maximum Parsimony Methode erstellt (FELSENSTEIN 1993). Verändert nach SCHLEGEL et. al. (1996).

In unserer Arbeitsgruppe (WYLEZICH et al., unveröffentlicht) wurde mit einem erweiterten Datensatz eine Sparsamkeits-Analyse durchgeführt, in der die mindestens notwendigen Mutationsschritte berechnet werden, um die verglichenen Sequenzen ineinander zu überführen. Dabei ergab sich ein sparsamster Baum mit 5392 Mutationen. Hierbei stehen die Myxozoa bei den tribloblastischen Bilateria und *Polypodium* bei den Cnidariern. In einem weiteren Schritt wurde ein Baum vorgegebenen, bei dem die Myxozoen zu den Cnidariern gestellt waren. Diese Gruppierung benötigte nur sechs Mutationsschritte mehr! Daraus ergibt sich für uns der Schluß, daß mit Hilfe der SSU-rDNA allein die exakte Stellung der Myxozoa im Stammbaum der Eukaryonten nicht sicher ermittelt werden kann, wenn auch ihre Zugehörigkeit zu den Metazoa wahrscheinlich ist. Weitere molekulare Merkmale müssen deshalb zur Klärung dieser Frage hergezogen werden.

Immerhin gelang es einer anderen Arbeitsgruppe, mit dem Vergleich ribosomaler Sequenzen eine spannende Frage zur Evolution innerhalb der Myxozoa mit zu klären. In den Lehrbüchern werden die Myxozoa in die Klassen Myxosporea (Fischparasiten) und Actinosporea (Oligochaten- und Sipunculidenparasiten) eingeteilt (LOM 1989). Komplette Lebenszyklen wurden, wenn überhaupt, nur sehr selten beobachtet. Nach einer Hypothese von WOLF & MARKIEV (1984), die sie aufgrund von Übertragungsstudien im Labor aufgestellt hatten, sollte es sich zumindest im Falle von *Myxobolus cerebralis* (Myxosporea) und *Triactinomyxon gyrosalmo* (Actinsporea) nicht um Vertreter verschiedener Klassen, sondern um verschiedene Stadien im Lebenszyklus ein und derselben Art handeln, die übrigens die wirtschaftlich bedeutende Drehkrankheit bei Salmoniden hervorruft. Diese Hypothese wurde unter anderem deshalb bezweifelt, weil sehr viel weniger Actinosporidier beschrieben sind (39 Arten), als Myxosporidier (ca. 1200 Arten). Eine Sequenzanalyse von *M. cerebralis* und *T. gyrosalmo* ergab jedoch eine Übereinstimmung von 99,8 %, die signifikant höher ist als zwischen Sequenzen verschiedener Arten der Gattung *Myxobolus* (ANDREE et al. 1997). Somit erhält die Hypothese, daß die verschiedenen Klassen der Myxozoa lediglich verschiedene Stadien in komplizierten Lebenszyklen sind, in denen zwei verschiedene Sporenstadien auftreten, massive Unterstützung.

4 Intertaxonische Rekombination

Neben den sogenannten primären intertaxonischen Rekombinationen (Aufnahme von Prokaryoten, die zu Mitochondrien und Plastiden wurden; SITTE 1991) kam es im Laufe der Eukaryotenevolution auch zu sekundären intertaxonischen Rekombinationen, wie dies bei *Euglena* schon angesprochen wurde. Bei verschiedenen Vertretern der Cryptomonaden, sowie der Chlorarachniophyta, sind die Reste des eukaryontischen Endobionten noch sichtbar. Sie besitzen ein ungewöhnliches Zellkompartiment, das den Chloroplasten und einen rudimentären Kern enthält, das Nukleomorph. Die Plastiden von Chlorarachnion besitzen Chlorophyll a und b. Man würde deshalb einen einzelligen Vertreter der Grünalgen als Endobionten von Chlorarachnion annehmen. Die Cryptomonadenplastiden haben neben den Chlorophyllen a und c Phycobilline als akzessorische Pigmente, wie die Rotalgen, zu denen man deshalb eine nähere Verwandtschaft vermuten würde (GIBBS 1981). Die Analyse der Nucleomorph-SSU-rRNAs ergab jedoch zunächst keine sichere Aussage zur Herkunft der eukaryotischen Endobionten in diesen beiden Gruppen (DOUGLAS et al. 1991; MAIER et al. 1991; BHATTACHARYA et al. 1995). Erst eine verbesserte Methode zur Schätzung der Substitutionsraten (VAN DE PEER et al. 1996a) und die darauf erstellten Stammbäume bestätigten eine Gruppierung des *Chlorarachnion*-Nucleomorphs mit den Grünalgen und des Cryptomonaden-Nucleomorphs mit den Rotalgen (VAN DE PEER et al. 1996b; Abb. 4).

5 Grenzen der Methode bzw. des Informationsgehalts der SSU-rRNA

Es wurde bereits bei den mitochondrienlosen Taxa gezeigt, daß die rRNA-Daten die Aufzweigungsabfolgen nicht immer eindeutig wiedergeben. Eine Methode zur Überprüfung, wie gut ein Dendrogramm von dem zugrunde liegenden Datensatz unterstützt wird, ist das bootstrap-Verfahren (FELSENSTEIN 1985). Fälschlich wird dies immer wieder als ein statistisches Verfahren bezeichnet. Es wird aber nicht im statistischen Sinne ein Istwert mit einem Erwartungswert verglichen und die Irrtumswahrscheinlichkeit berechnet. Vielmehr handelt es sich um ein iteratives Verfahren, bei dem aus dem Datensatz zufällig Nukleotidpositionen zu einem wiederum gleich großen Datensatz ausgewählt werden. Dabei werden einige Positionen mehrfach repräsentiert, während andere fehlen. Wird eine Aufzweigung des Dendrogrammes durch viele Positionen unterstützt, wird diese bei wiederholten Tests häufig wiedergefunden. Sind es nur wenige, ergibt sich eine geringe Wiederfindungsrate. Selbst bei hohen bootstrap-Werten muß jedoch bedacht werden, daß diese über

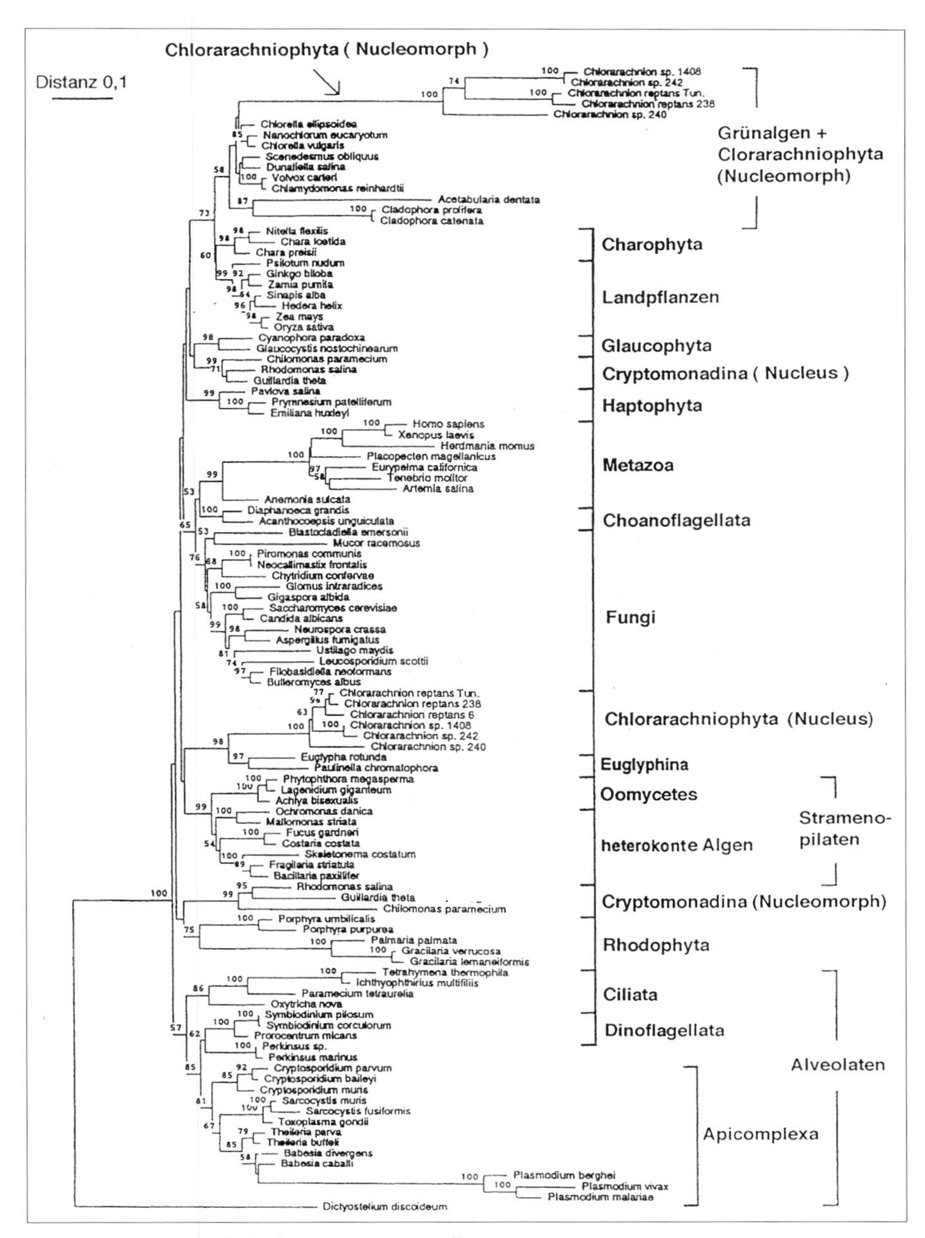

Abb 4:
Stellung der Nucleomorph- und Kern-SSU-rRNA der Cryptomonadina und der Chlorachniophyta. Das Distanz-Matrix-Dendrogramm wurde mit der Neighbor-joining Methode erstellt. Verändert nach VAN DE PEER et al. (1996b).

den Informationsgehalt des Datensatzes selbst noch keine Aussagen machen (FELSENSTEIN 1985).

Bei weitem nicht alle Aufzweigungen in den rRNA-Stammbäumen sind durch hohe bootstrap-Werte gekennzeichnet (Abb. 4). Ein Grund hierfür kann die Sättigung an vielen Nukleotidpositionen sein, d. h. bei schnell evolvierenden Sequenzen oder bei sehr lange getrennten Sequenzen treten zunehmend multiple Substitutionen auf.

Sättigung kann z. B. in einer Maximum Parsimony Analyse durch Vergleich der im Stammbaum errechneten Sequenzunterschiede mit den tatsächlich vorhandenen Unterschieden überprüft werden (PHILIPPE et al.

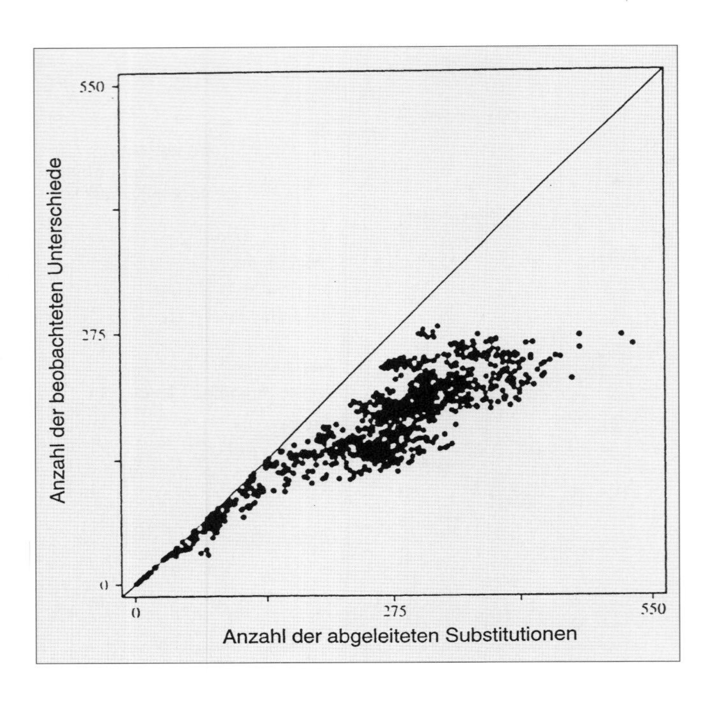

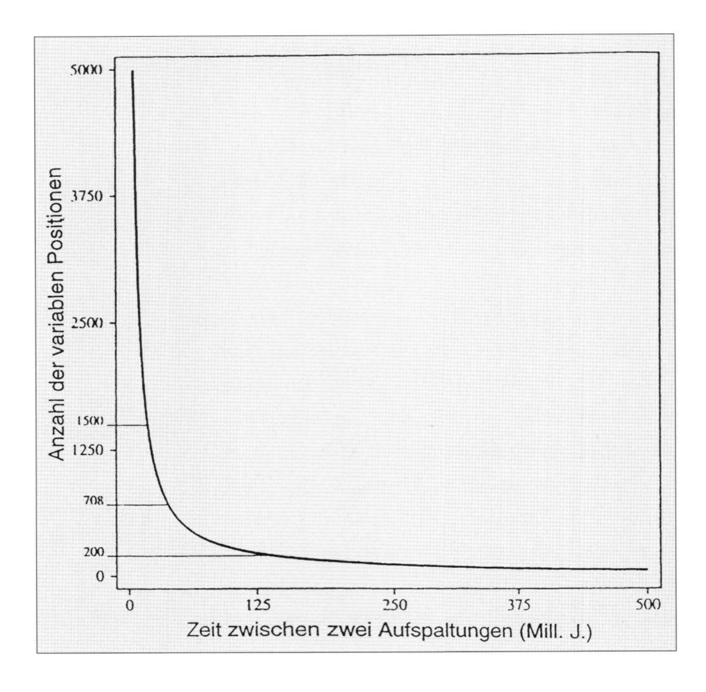

Abb. 5:
Vergleich von errechneten Substitutionen gegenüber den tatsächlich beobachteten Substitutionen. Aus PHILIPPE et al. (1994).

Abb. 6 (rechts):
Verhältnis zwischen der Zeit zweier Aufspaltungsereignisse und der Zahl der variablen Nukleotidpositionen, die benötigt werden, um für eine Aufzweigung eine 95%ige bootstrap-Unterstützung zu erhalten. Die Abschnitte in der Ordinate korrespondieren mit der Zahl informativer Positionen partieller 28S-rRNA (200), der kompletten SSU-rRNA (700) und der kompletten SSU + LSU-rRNA (1500). Aus PHILIPPE et al. (1994).

1994). Bei Sättigung nehmen tatsächliche Unterschiede gegenüber errechneten Unterschieden ab (Abb. 5).

Ein weitere Methode zur Erkennung von Sättigung oder Verrauschung von Datensätzen ist die Split-Zerlegung (BANDELT & DRESS 1992; BANDELT 1994). Bei Vorliegen vieler Merkmalswidersprüche nimmt dabei ein Diagramm keine Baumstruktur an, sondern erscheint vernetzt.

Von WÄGELE wird zudem ein Verfahren vorgeschlagen, bei dem vor der Stammbaumkonstruktion eine Suche nach Apomorphien in Sequenzen homologer Gene durchgeführt wird (WÄGELE 1996). Im Prinzip werden für ein potentielles Monophylum die Sequenzpositionen zusammengezählt, die ein anderes Nukleotid aufweisen als die Taxa der Außengruppe. Ein ähnliches Verfahren wurde von HENDY & PENNY (1993) und HENDY et al. (1994) veröffentlicht.

Eine Überprüfung der veröffentlichten Sequenzvergleiche mit Hilfe dieser Methoden erscheint dringend geboten, um vor allem die zwischen rRNA- und Proteindaten vorliegenden Widersprüche zu klären (siehe unten).

Wenn der vorliegende Datensatz nicht die Rekonstruktion der Aufzweigungsabfolge erlaubt, kann dies, wie bereits erwähnt, daran liegen, daß in der untersuchten Gruppe eine Radiation vorliegt, in der sich nicht genügend molekulare Apomorphien evolviert haben. Um weit zurückliegende Radiationen aufzulösen, braucht man sehr viel mehr Sequenzinformation als bei jungen Aufspaltungsereignissen, bei denen variable Regionen untersucht werden können, die noch nicht verrauscht sind. PHILIPPE et al. (1994) konnten zeigen, daß die Zahl der benötigten variablen Nukleotidpositionen in Abhängigkeit von den Aufspaltungsereignissen exponentiell ansteigt. Je kürzer die Aufspaltungen nacheinander erfolgten, desto mehr Sequenzinformation braucht man, um sie aufzulösen. Manche werden womöglich gar nicht aufgelöst werden können (Abb. 6).

Solche Radiationen sind nicht nur aus der Metazoen-Evolution bekannt. Es besteht der begründete Verdacht, daß auch bei einzelnen Protistenphyla solche Radiationen stattgefunden haben, wie z. B. bei den Ciliaten (BAROIN-TURANCHEAU et al. 1992; BERNHARD et al. 1995) und bei den Stramenopilaten (LEIPE et al. 1994). Es wurden daher bei der Rekonstruktion der Eukaryotenphylogenie Versuche unternommen, die SSU-rRNA und die LSU-rRNA zusammen auszuwerten, wobei ca. 5300 Positionen verglichen werden konnten (VAN DER AUWERA et al. 1995). Hierbei ergab sich z. B. eine deutlich höhere bootstrap-Unterstützung von 95 % für ein Schwestergruppenverhältnis der Alveolata und Stramenopilaten. Andere Aufzweigungen konnten jedoch auch mit dieser „verlängerten" Sequenz nicht aufgelöst werden.

5.1 Vergleich von proteincodierenden Genen

Der exponentielle Anstieg der benötigten Nukleotidpositionen ist vielleicht auch der Grund dafür, daß Vergleiche proteincodierender Gene bisher nicht den Durchbruch bei den durch die rRNA-Vergleiche ungelöst gebliebenen Fragen erbracht haben (LOOMIS & SMITH 1990; BHATTACHARYA et al. 1991; BALDAUF & PALMER 1993; HASEGAWA et al. 1993; RILEY & KRIEGER 1995; EDLIND et al. 1996). In etlichen Punkten gibt es übereinstimmende Topologien, wie z. B. in der Gruppierung von Metazoa und Fungi (BALDAUF & PALMER 1993; HASEGAWA et al. 1993; DOOLITTLE et al. 1996). In anderen Fragen widersprechen die Proteindaten den ribosomalen Daten. Dies betrifft besonders die Stellung von *Entamoeba histolytica* und *Dictyostelium discoideum* (Abb. 7). *Entamoeba histolytica* zweigt sehr früh in den Proteinstammbäumen ab, woraus einige Autoren schlossen, daß diese Art primär mitochondrienlos sei, und sie ihre Mitochondrien nicht sekundär verloren habe (HASEGAWA et al. 1993), wie man aufgrund der ribosomalen Daten annahm. Die Entdeckung mitochondrialer Sequenzen in *E. histolytica* (CLARK & ROGER 1995) spricht jedoch dafür, daß die ribosomalen Daten die Phylogenie richtig wiedergeben. Die Proteindaten sprechen weiterhin für ein viel späteres Abzweigen von *Dictyostelium* in der Eukaryontenevolution. In den Proteinstammbäumen sind jedoch in einigen Fällen gut charakterisierte Gruppen, wie z. B. die Ciliophora nicht monophyletisch (BHATTACHARYA et al. 1991; BALDAUF & PALMER 1993) und die Position von *Dictyostelium* nicht konstant (LOOMIS & SMITH 1990). Somit überzeugen auch in der Position von *Dictyostelium* die Proteinstammbäume weniger als die ribosomalen Daten. Hinzu kommt, daß zwar Sequenzen von vielen Proteinen (DOOLITTLE et al. 1996), aber von weit weniger Taxa vorliegen als ribosomale Daten. Die Proteindaten erlauben deshalb zur Zeit nur einen eingeschränkten Vergleich aus der Vielfalt der Protisten. Der gravierendste Unterschied ergibt sich derzeit in der Stellung der Microsporidier. Ganz im Gegensatz zu den ribosomalen Daten weisen die Sequenzvergleiche der a- und b-Tubulin-Gene auf eine nähere Verwandtschaft zu den Fungi (EDLIND et al. 1996; KEELING & DOOLITTLE 1996). Diese wäre eine plausible Erklärung, warum bei dem Mirosporidiern als einzigen unter den amitochondriaten Protisten ein synaptinemaler Komplex und somit Hinweise für den Ablauf einer Meiose gefunden wurde.

In den Tubulin-Genen sind jedoch nach Angabe der Autoren wenig informative Positionen enthalten, und die Ergebnisse werden auch entsprechend vorsichtig interpretiert. Zudem finden sich auch in diesen Stammbäumen nicht nachvollziehbare Gruppierungen.

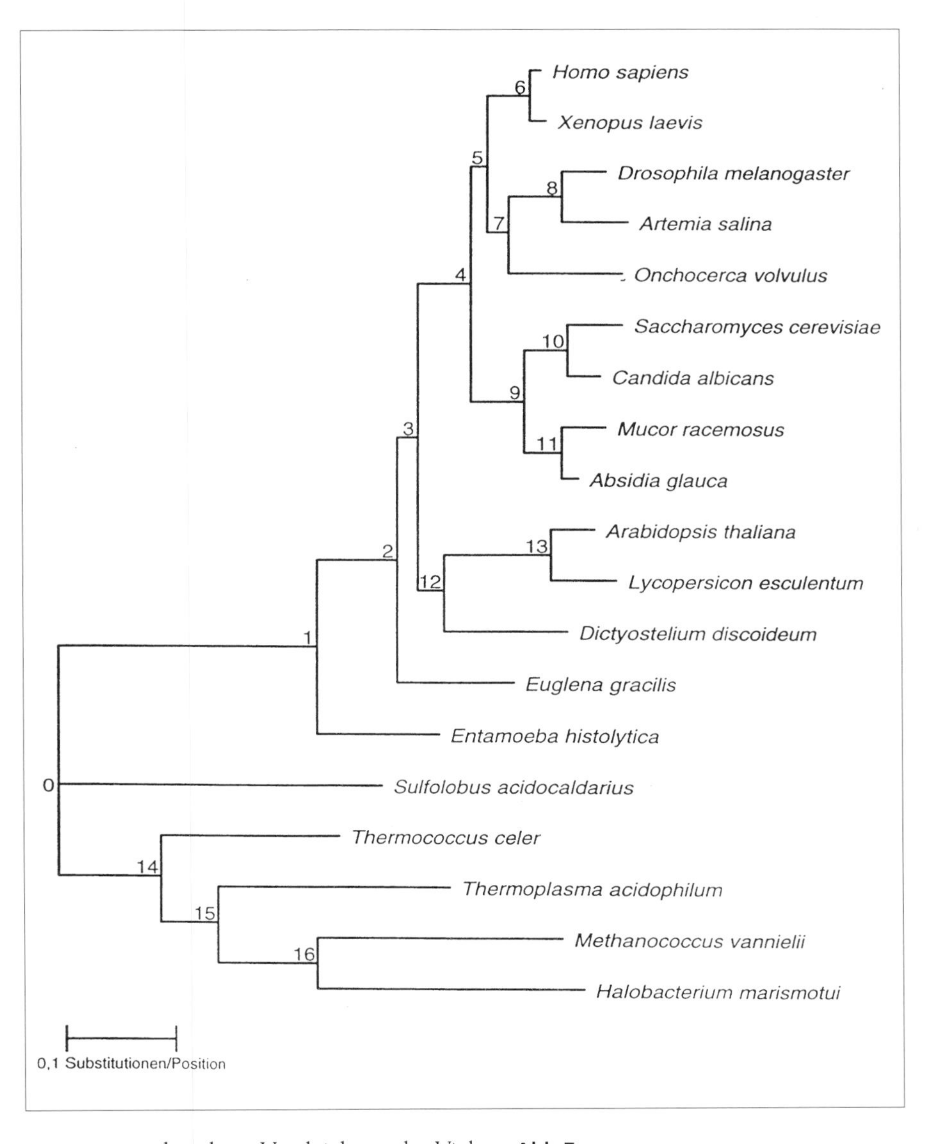

Abb 7: Maximum-Likelihood Dendrogramm basierend auf den Aminosäuresequenzen des Elongations-Faktor 1-a (Positionen 4 bis 429) von 14 Eukaryoten und 5 Archaebakterien-Sequenzen. Aus HASEGAWA et al. (1993).

In einer Analyse des a-Tubulins sind die Grünalgen mit den Alveolaten näher verwandt als mit den Gefäßpflanzen, im b-Tubulin-Stammbaum sind die Ciliaten paraphyletisch (KEELING & DOOLITTLE 1996). Die Stellung von *Entamoeba histolytica* ist extrem unterschiedlich in den beiden b-Tubulin-Bäumen von EDLIND et al. (1996) und KEELING & DOOLITTLE (1996). Im einen Fall zweigt die Sequenz ganz an der Basis ab (EDLIND et al. 1996), während sie im anderen Fall „oben" im Stammbaum bei den Pilzen

```
                    20        30        40        50        60        70        80
                     *         *         *         *         *         *         *
Bleph.und. 4     KR-HRRVIRENIQGITKPAIRRLARRGGVKRLSGLVYDETRNVLKVFLEGVVRDAVTYTEHARRKTVTALDV
Bleph.und. 1     ..-.................................................G...................
Bleph.und. 2     ..-...................................D.................................
Bleph.spec.      ..-.....................................................................
Styl.lemnae      RH-TKKSLK.T.M..................I.S.I.E......RS...N.I..S.......K.........
Oxytr. nova      RH-TKKSLK.T.M..................I.S.I.E......RS...N.I..S.......K.........
Eu.euryst. 1     RH-TKKAF..T.L.V................I.S...E...A...G...N.I..S.......K.........
Eu.euryst. 4     RH-TKKAL..T.L.V................I.S...E...A...G...N.I..S.......K.........
Eu.minuta        RH-AKKTL..T.L.V................I.S...E...A...G...S.I..S.......K.........
Eu.vannus        RH-AKKAL..T.L.V................I.S...E...A...G...S.I..S.......K.........
Tetr.therm.      RH-S.KSNKAS.E..................I.SFI..DS.Q...S...N...................M..
Obertrumia 5     RN-KGKKEKPS.E..................I.SFI.ED......S...N...................M..
Obertrumia 6     RN-KGKKEKPS.E..................I.SFI.ED......N...N...................M..
Protocruzia      RHL.K..L..S....................I.Q.I........RS...N.....I.............M..
```

Abb. 8:
Vergleich einer Teilsequenz des Histon H4 Gens verschiedener Ciliaten. Als abgeleitete Merkmale interpretierbare Aminosäureaustausche sind eingerahmt. Vier Aminosäureaustausche können als Synapomorphien für die Stichotrichia (*Stylonychia lemnae, Oxytricha nova*) und Hypotrichia (*Euplotes eurystomus, E. minuta, E. vannus*) gedeutet werden (die Aminosäuren Threonin, T; Isoleucin, I; Serin, S; Lysin, K). Weiterhin sind eine Autapomorphie für die Stichotrichia (die Aminosäure Methionin in Position 29) und vier Autapomorphien für die Hypotrichia erkennbar (Leucin, L; Valin, V; Alanin, A; Glycin, G). Aus BERNHARD & SCHLEGEL (1998).

gruppiert (KEELING & DOOLITTLE 1996). Ein Grund für dieses derzeitige Durcheinander könnte in der Organisation proteincodierender Gene wie der Tubuline in Genfamilien liegen, die durch Genduplikationen entstanden sind. Durch den Vergleich paraloger Gene würden nicht die Unterschiede ermittelt, die sich seit der Aufspaltung der Taxa akkumuliert haben, sondern diejenigen, die sich seit der Genduplikation ereignet haben, wodurch stammesgeschichtliche Beziehungen falsch wiedergegeben werden.

Immerhin soll erwähnt werden, daß der Sequenzvergleich des Elongationsfaktor-Gens EF-1a wie die ribosomalen Daten für eine basale Stellung der Mirosporidier im Stammbaum der Protisten spricht (KAMAISHI et al. 1996).

5.2 Analyse von qualitativen Merkmalen

Neben den gängigen Auswertemethoden wird bislang eher zurückhaltend nach qualitativen Merkmalen gesucht (z. B. Inversionen, Deletionen, Duplikationen, Anordnung von Genen), die als Apomorphien monophyletischer Gruppen gedeutet werden können. So fanden z. B. BALDAUF & PALMER (1993) bei Metazoa und Fungi eine Insertion von 12 Aminosäuren in einer hochkonservierten Region im Gen, das für den Elongationsfaktor EF 1-a codiert. Drei weitere Synapomorphien (zwei Deletionen und eine Insertion) wurden in der Enolase gefunden. Ein vielversprechender Kandidat für phylogenetische Untersuchungen bei verschiedenen Protistengruppen scheint das Histon H4 zu sein. Im Gegensatz zu den Metazoa findet man z. B. bei den Ciliaten (BERNHARD & SCHLEGEL 1995), bei *Trichomonas* (MARINETS et al. 1996) und bei *Trypanosoma* (BENDER et al. 1992) viele Sequenzunterschiede. Bei den Ciliaten können diese mühelos phylogenetisch interpretiert werden (BERNHARD & SCHLEGEL 1998; Abb. 8).

Die evolutiven Veränderungen in der Anordnung mitochondrialer Gene könnten in der Zukunft einen weiteren, phylogenetisch auswertbaren Merkmalskomplex darstellen. Bei den Metazoa sind bereits 35 komplette mitochondriale Genome untersucht und wurden z. T. schon für stammesgeschichtliche Fragen analysiert (JANKE et al. 1994). Auch bei den Protisten erscheint dieser Ansatz bei den Gruppen, die Mitochondrien besitzen sinnvoll, da die Ansicht immer mehr Anhänger findet, daß Mitochondrien homolog sind. Es sind jedoch erst wenige mitochondriale Genome untersucht. Zudem muß bei entsprechenden Analysen immer an sekundäre

Endocytobiosen und an die Möglichkeit gedacht werden, daß das untersuchte Mitochondriengenom nicht aus der Wirtszelle, sondern aus dem eukaryotischen Endobionten stammt. Von etlichen Protisten werden zudem bereits die kompletten Genome untersucht (*Microsporidium*, *Trypanosoma*, *Leishmania*, *Toxoplasma*).

Im Zuge der zunehmenden automatisierten DNA-Sequenzierung wird das Datenmaterial rapide anwachsen und zusammen mit den verbesserten, phylogenetischen Auswertungsmethoden weitere schlüssige Erkenntnisse zu unserem immer noch sehr unvollständigen Bild der Eukaryotenphylogenie erbringen.

6 Zusammenfassung

Molekulare Merkmale gewinnen zunehmend an Bedeutung in der biologischen Systematik. Zur Rekonstruktion stammesgeschichtlicher Beziehungen wird am häufigsten die ribosomale RNA der kleinen Ribosomenuntereinheit („small subunit rRNA“, SSU-rRNA), beziehungsweise deren codierende Region (SSU-rDNA) verglichen. In den davon abgeleiteten Stammbäumen der Eukaryoten zweigen als erste mitochondrienlose Taxa ab (Mikrosporidier, Diplomonaden und Parabasalia). Später im Stammbaum zweigen die Euglenozoa, Heterolobosa (Amöboflagellaten) und Dictyostelida ab. Dann kommt es zu einer raschen Abfolge von Aufzweigungen, die zu den Rotalgen, Chlorobionten (Grünalgen, Moosen und Gefäßpflanzen), Fungi, Metazoa und Choanoflagellata führt. Weiterhin gruppieren in dieser „Radiation“ die Stramenopilaten (Oomyceten, Hyphochitriomyceten und heterokonte Algen), Alveolaten (Ciliaten, Dinoflagellaten und Apicomplexa), Cryptomonaden und Teile der „Amöben“ (Limaxamöben, filose Amöben). Die parasitischen Myxozoa zweigen innerhalb der Metazoa ab. Eine aufgrund ultrastruktureller Übereinstimmungen vermutete nähere Verwandtschaft zu den Nesseltieren läßt sich jedoch aus den Sequenzdaten nicht ableiten.

Sequenzvergleiche proteincodierender Gene unterstützen ein Schwestergruppenverhältnis von Metazoen und „höheren“ Pilzen. Widersprüche zwischen Proteinsequenz- und SSU-rDNA-Stammbäumen ergeben sich jedoch in der Stellung von *Entamoeba histolytica* und *Dictyostelium discoideum*, sowie neuerdings in der Stellung der Microsporidier. Die Analyse verschiedener Proteingene führt jedoch ebenfalls zu unterschiedlichen Ergebnissen. a- und b-Tubulingene sprechen für eine nähere Verwandtschaft zu den Pilzen, während die Sequenzvergleiche eines Elongationsfaktor-Gens (EF-1a) die ribosomalen Daten unterstützen. Diese widersprüchlichen Befunde könnten ihre Ursache in extrem unterschiedlichen Evolutionsraten homologer Gene in verschiedenen Linien haben. Besonders parasitische Taxa weisen häufig hohe Substitutionsraten auf, die zu falschen Gruppierungen führen können. Ein weiterer Grund wären kurze Zeitabstände, in denen die Aufspaltungsereignisse stattgefunden haben (Radiationen). In diesen Abständen könnten in den bislang untersuchten Molekülen nicht genügend molekulare Apomorphien evolviert sein, um diese Ereignisse verläßlich rekonstruieren zu können. Je kürzer die Abfolgen der Aufspaltungsereignisse sind, um so mehr variable Nukleotidpositionen werden benötigt, um diese aufzulösen.

Bei den Sequenzvergleichen sollte weiterhin qualitativen Merkmalsanalysen (Veränderungen in der Genanordnung, Insertionen, Deletionen, Duplikationen u. a.) mehr Aufmerksamkeit geschenkt werden. Als Beispiel werden die Merkmalsunterschiede in den Histon H4 Genen der Ciliaten phylogenetisch interpretiert.

7 Literatur

ANDREE K.B., GRESOVIAC S.J. & R.P. HEDRICK (1997): Small subunit ribosomal RNA sequences unite alternate actinosporean and myxosporean stages of *Myxobolus cerebralis* the causative agent of whirling desease in salmonid fish. — J. Euk. Microbiol. **44**: 208-215.

BALDAUF S.L. & J.D. PALMER (1993): Animals and fungi are each other´s closest relatives: Congruent evidence from multiple proteins. — Proc. Natl. Acad. Sci. USA **90**: 1158-1162.

BANDELT H.J. (1994): Phylogenetic networks. — Verh. naturwiss. Ver. Hamburg **34**: 51-71.

BANDELT H. J. & A.W. DRESS (1992): Split decomposition: A new and useful approach to phylogenetic analysis of distance data. — Mol. Phyl. Evol. **1**: 242-252.

BAROIN-TURANCHEAU A., DELGADO P., PERASSO R. & A. ADOUTTE (1992): A broad phylogeny of ciliates: Identification of major evolutionary trends and radiations within the phylum. — Proc. Natl. Acad. Sci. USA **89**: 9764-9768.

BENDER K., BETSCHART B., SCHALLER J., KÄMPFER U. & H. HECKER (1992): Sequence differences between histones of procyclic *Trypanosoma brucei brucei* and higher eurkaryotes. — Parasitology **105**: 97-104.

BERNHARD D. & M. SCHLEGEL (1998): Evolution of histone H4 and H3 genes in different ciliate lineages. — J. Mol. Evol. **46**: 344-354.

BERNHARD D., LEIPE D.D., SOGIN M.L. & K.M. SCHLEGEL (1995): Phylogenetic relationships of the Nassulida within the phylum Ciliophora inferred from the complete small subunit rRNA gene sequences of *Furgasonia blochmanni*, *Obertrumia georgiana*, and *Pseudomicrothorax dubius*. — J. Euk. Microbiol. **42**: 126-131.

BHATTACHARYA D., STICKEL S.K. & M.L. SOGIN (1991): Molecular phylogenetic analysis of actin genic regions from *Achlya bisexualis* (Oomycota) and *Costaria costata* (Chromophyta). — J. Mol. Evol. **33**: 525-536.

BHATTACHARYA D., HELMCHEN T. & M. MELKONIAN (1995): Molecular evolutionary analysis of nulear-encoded small subunit ribosomal RNA identify an independent rhizopod lineage containing the Euglyphina and the Chlorarachniophyta. — J. Euk. Microbiol. **42**: 65-69.

BUI E. T. M., BRADLEY P.J. & P.J. JOHNSON (1996): A common evolutionary origin for mitochondria and hydrogenosomes. — Proc. Natl. Acad. Sci. USA **93**: 9651-9656.

CAVALIER-SMITH T. (1992): The number of symbiotic origins of organelles. — BioSystems **28**: 91-106.

CAVALIER-SMITH T. (1993): Kingdom protozoa and its 18 phyla. — Microbiol. Rev. **57**: 953-994.

CAVALIER-SMITH T. & E.E. CHAO (1997): Sarcomonad ribosomal RNA sequences, rhizopod phylogeny, and the origin of euglyphid amoebae. — Arch. Protistenk. **147**: 227-236.

CLARK C.G. & A.J. ROGER (1995): Direct evidence for secondary loss of mitochondria in *Entamoeba histolytica*. — Proc. Natl. Acad. Sci. USA **93**: 6518-6521.

DE RIJK P., VAN DE PEER Y., VAN DEN BROECK I. & R. DE WACHTER (1995): Evolution according to large ribosomal subunit RNA. — J. Mol. Evol. **41**: 366-375.

DOOLITTLE R.F., FENG D.F., TSANG S., CHO G. & E. LITTLE (1996): Determining divergence times of the major kingdoms of living organisms with a protein clock. — Science **271**: 470-477.

DOUGLAS S.E., MURPHY C.A., SPENCER D.F. & M.W. GRAY (1991): Cryptomonad algae are evolutionary chimaeras of two phylogenetically distinct unicellular eukaryotes. — Nature **350**: 148-151.

EDLIND T.D., LI J., VISVESVARA G.S., VODKIN M.H., MCLAUGHLIN G.L. & S.K. KATYAR (1996): Phylogenetic analysis of ß-Tubulin sequences from amitochondrial protozoa. — Molec. Phylogen. Evol. **5**: 359-367.

ELWOOD H.J., OLSEN G.J. & M.L. SOGIN (1985): The small-subunit ribosomal RNA gene sequences from the hypotrichous ciliates *Oxytricha nova* and *Stylonychia pustulata*. — Mol. Biol. Evol. **2**: 399-410.

FELSENSTEIN J. (1978): Cases in which parsimony or compatibility methods will be positively misleading. — Syst. Zool. **27**: 401-410.

FELSENSTEIN J. (1985): Confidence limits on phylogenies: An approach using the bootstrap. — Evolution **39**: 783-791.

FELSENSTEIN J. (1993): PHYLIP (Phylogeny Inference Package) version 3.5. — Department of Genetics, Univ. Washington, Seattle.

GIBBS S.P. (1981): The chloroplasts of some algal groups may have evolved from endosymbiontic algae. — Ann. N. Y. Acad. Sci. **361**: 193-208.

HAECKEL E. (1866): Generelle Morphologie der Organismen. — Reimer, Berlin.

HAECKEL E. (1904): Kunstformen der Natur. — Bibliograph. Inst., Leipzig, Wien.
(Die ersten Tafeln sind 1899 erschienen, weitere zwischen 1899 und 1904; vollständig lag das Werk aber erst 1904 vor.)

HASEGAWA M., HASHIMOTO T., ADACHI J., IWABE N. & T. MIYATA (1993): Early branchings in the evolution of eukaryotes: Ancient divergence of *Entamoeba* that lacks mitochondria revealed by protein sequence data. — J. Mol. Evol. **36**: 380-388.

HAUSMANN K. & N. HÜLSMANN (1996a): Protozoology. — Thieme, Stuttgart, New. York.

HAUSMANN K. & N. HÜLSMANN (1996b): „Einzellige Eukaryota", Einzeller. — In: WESTHEIDE W. & R. RIEGER (Hrsg.): Spezielle Zoologie. G. Fischer, Stuttgart, Jena, New York, pp. 19-71.

HENDY M. D. & D. PENNY (1993): Spectral analysis of phylogenetic data. — J. Classific. **10**: 5-24.

HENDY M.D., PENNY D. & M.A. STEEL (1994): A discrete FOURIER analysis for evolutionary trees. — Proc. Natl. Acad. Sci. USA **91**: 3339-3343.

HÜLSMANN N. & K. HAUSMANN (1994): Towards a new perspective in protozoan evolution. — Europ. J. Protistol. **30**: 365-371.

INNIS M.A., GELFAND D.H., SNINSKY J.J. & T.J. WHITE (Eds.): PCR protocols. A guide to methods and appplications. — Academic Press, San Diego.

JANKE A., FELDMAIER-FUCHS G., THOMAS W.K., HAESELER A. & S. PÄÄBO (1994): The marsupial mitochondrial genome and the evolution of placental mammals. — Genetics **137**: 243-256.

JEFFERIES R.P.S. (1980): Zur Fossilgeschichte des Ursprungs der Chordaten und der Echionodermen. — Zool. Jahrb. Anat. **103**: 285-353.

KAMAISHI T., HASHIMOTO T., NAKAMURA Y., NAKAMURA F., MURATA S., OKADA N., OKAMOTO K.-I., SHIMIZU M. & M. HASEGAWA (1996): Protein phylogeny of translation elongation factor EF-1a suggests microsporidians are extremely ancient eukaryotes. — J. Mol. Evol. **42**: 257-263.

KEELING P.J. & W.F. DOOLITTLE (1996): Alpha-tubulin from early-diverging eukaryotic lineages and the evolution of the tubulin family. — Mol. Biol. Evol. **13**: 1297-1305.

LEIPE D.D. & K. HAUSMANN (1993): Neue Erkenntnisse zur Stammesgeschichte der Eukaryoten. — Biol. uns. Zeit **23**: 178-183.

LEIPE D.D., GUNDERSON J.H., NERAD T.A. & M.L. SOGIN (1993): Small subunit ribosomal RNA of *Hexamita inflata* and the quest fot the first branch in the eukaryotic tree. — Mol. Biochem. Parasitol. **59**: 41-48.

LEIPE D.D., WAINRIGHT P.O., GUNDERSON J.H., PORTER D., PATTERSON D.J., VALOIS F., HIMMERICH S. & M.L. SOGIN (1994): The stramenopiles from a molecular perspective: 16S-like rRNA sequences from *Labyrinthuloides minuta* and *Cafeteria roenbergensis*. — Phycologia **33**: 369-377.

LOM J. (1989): Phylum Myxozoa. — In: MARGULIS L., CORLISS J. O., MELKONIAN M. & CHAPMAN D.J. (Eds.): Handbook of Protoctista. Jones & Bartlett Publishers, Boston, pp. 36-52.

LOOMIS W.F. & D.W. SMITH (1990): Molecular phylogeny of *Dictyostelium discoideum* by protein sequence comparison. — Proc. Natl. Acad. Sci. USA **87**: 9093-9097.

MAIER U.G., HOFMANN C.J.B., ESCHBACH S., WOLTERS J. & G.L. IGLOI (1991): Demonstration of nucleomorph-encoded eukaryotic small subunit ribosomal RNA in cryptomonads. — Mol. Gen. Genet. **230**: 155-160.

MARGULIS L., CORLISS J.O., MELKONIAN M. & D.J. CHAPMAN (Eds.) (1989): Handbook of Protoctista. — Jones & Bartlett Publishers, Boston.

MARINETS A., MÜLLER M., JOHNSON P.J., KULDA J., SCHEINER O., WIEDERMANN G. & M. DUCHENE (1996): The sequence and organization of the core histone H3 and H4 genes in the early branchinig amitochondriate protist *Trichomonas vaginalis*. — J. Mol. Evol **43**: 563-571.

MÜLLER M. (1993): The hydrogenosome. — J. Gen. Microbiol. **139**: 2879-2889.

PATTERSON D.J. (1989): Stramenopiles: chromophytes from a protistan perspective. — In: GREEN J.C., LEADBETTER B.S.C. & W.L. DIVER (Eds.): The chromophyte algae: Problems and perspecives. — Syst. Ass. Spec. Vol. **38**, Clarendon Press, Oxford, pp. 357-379.

PAWLOWSKI J., BOLIVAR I., GUIARD-MAFFIA J. & M. GOUY (1994): Phylogenetic position of Foraminifera inferred from LSU-rRNA gene sequences. — Mol. Biol. Evol. **11**: 929-938.

PHILIPPE H., CHENUIL A. & A. ADOUTTE (1994): Can the Cambrian explosion be inferred through molecular phylogeny? — Development, Suppl.: 15-24.

RAGAN M.A. & D.J. CHAPMAN (1978): A biochemical phylogeny of protists. — Academic Press, New York.

RILEY D.E. & J.N. KRIEGER (1995): Molecular and phylogenetic analysis of PCR-amplified cyclin-dependent kinase (CDK) family sequences from representatives of the earliest available lineages of eukaryotes. — J. Mol. Evol. **41**: 407-413.

ROTHSCHILD L.J. & P. HEYWOOD (1987): Protistan phylogeny and chloroplast evolution: conflicts and congruence. — Progr. Protistol. **2**: 1-68.

SCHLEGEL M., LOM J., STECHMANN A., BERNHARD D., LEIPE D., DYCOVA I. & M.L. SOGIN (1996): Phylogenetic analysis of complete small subunit ribosomal RNA coding region of *Myxidium lieberkuehni*: evidence that myxozoa are metazoa and related to the bilateria. — Arch. Protistenk. **147**: 1-9.

SIDDAL M., MARTIN D.S., BRIDGE D., DESSER S.S. & D.K. CONE (1996): The demise of a phylum of protists: Phylogeny of Myxozoa and other parasitic Cnidaria. — J. Parasitol. **81**: 961-967.

SITTE P. (1991): Die Zelle in der Evolution des Lebens. — Biol. uns. Zeit **21**: 85-92.

SMOTHERS J.F., DOHLEN C.D., VON SMITH L.H.J. & R.D. SPALL (1994): Molecular evidence that the myxozoan protists are metazoans. — Science **265**: 1719-1721.

SOGIN M.L. (1991): Early evolution and the origin of eukaryotes. — Curr. Op. Gent. Devel. **1**: 547-463.

SUDHAUS W. & K. REHFELD (1992): Einführung in die Phylogenetik und Systematik. — G. Fischer, Stuttgart, Jena, New York.

TAYLOR F.J.R. (1976): Flagellate phylogeny: A study in conflicts. — J. Protozool. **23**: 28-40.

VAN DE PEER Y., NEEFS J.M., DE RIJK P. & R. DE WACHTER (1993): Evolution of eukaryotes as deduced from small ribosomal subunit RNA. — Biochem. Syst. Ecol. **21**: 43-55.

VAN DE PEER Y., VAN DER AUWERA G. & R. DE WACHTER (1996a): The evolution of stramenopiles and alveolates as derived by „substitution rate calibration" of small ribosomal subunit RNA. — J. Mol. Evol. **42**: 401-210.

VAN DE PEER Y., RENSING S.A., MAIER U.-G. & R. DE WACHTER (1996b): Substitution rate calibration of small subunit ribosomal RNA identifies chlorarachniophyte endosymbionts as remnants of green algae. — Proc. Natl. Acad. Sci. USA **93**: 7732-7736.

VAN DER AUWERA G., DE BAERE R., VAN DE PEER Y., DE RIJK P., VAN DEN BROECK I. & R. DE WACHTER (1995): The phylogeny of the Hyphochytriomycota as deduced from ribosomal RNA sequences of *Hyphochytrium catenoides*. — Mol. Biol. Evol. **12**: 671-678.

VOSSBRINCK C.R. & C.R. WOESE (1986): Eukaryotic ribosomes that lack a 5.8S RNA. — Nature **320**: 287-288.

VOSSBRINCK C.R., MADDOX J.V., FRIEDMANN S., DEBRUNNER-VOSSBRINK B.A. & C.R. WOESE (1987): Ribosomal RNA sequence suggests Microsporidia are extremely ancient eukaryotes. — Nature **326**: 411-414.

WÄGELE J.-W. (1996): First principles of phylogenetic systematics, a basis for numerical methods used for morphological and molecular characters. — Vie Milieu **46**: 125-138.

WAINRIGHT P.O., HINKLE G., SOGIN M.L. & S.K. STICKEL (1993): Monophyletic origins of the metazoa: An evolutionary link with fungi. — Science **260**: 340-342.

WOLF K. & M.E. MARKIEW (1984): Biology contravenestaxonomy in the Myxozoa: New discoveries show alteration of invertebrate and vertebrate hosts. — Science **225**: 1449-1452.

WOLTERS J. (1991): The troublesome parasites – molecular and morphological evidence that Apicomplexa belong to the dinoflagellate-ciliate clade. — BioSystems **25**: 75-83.

Anschrift des Verfassers:
Univ.-Prof. Dr. Martin SCHLEGEL
Institut für Zoologie/Spezielle Zoologie
Universität Leipzig
Talstraße 33
D-04103 Leipzig
Deutschland

Historische Grundlagen des Biogenetischen Grundgesetzes

I. MÜLLER

Abstract

Historical Background of the Biogenetic Law.

The question in which way the "biogenetische Grundgesetz" of Ernst HAECKEL implies ideas of preformation and natural philosophy was studied by means of so-called forerunners, which formulated similar concepts about the parallelism of individual and phylogenetic development. Moreover the speculative foundation of the alleged law is followed up on the basis of objections which were raised by HAECKELS contemporary critics. The result is that the theory of recapitulation even though it remained unprovable by facts of observation still and all was significant for the history of science because the manifold trials of verifying and falsifying gave rise to many discoveries and knowledges in embryonic development.

Kaum ein „Gesetz" der Biologie ist so bekannt und zugleich unbewiesen wie das sogenannte „Biogenetische Grundgesetz", das Ernst HAECKEL 1866 dauerhaft mit seinem Namen verband und in der knappen Formel zusammenfaßte: „Die Ontogenesis ist die kurze und schnelle Recapitulation der Phylogenesis, bedingt durch die physiologischen Functionen der Vererbung (Fortpflanzung) und Anpassung (Ernährung) (HAECKEL 1866b: 300)".[1]

HAECKEL betrachtete diesen „fundamentalen Satz" als einen der wichtigsten und unwiderleglichsten Beweise der Deszendenztheorie (HAECKEL 1873: 276). Die Gleichung zwischen Individual- und Stammesentwicklung, die der Schöpfer der Deszendenztheorie, Charles DARWIN (1809-1882), selbst noch „auf lange hinaus oder für immer" als unbeweisbar betrachtet hatte, „weil sich die geologische Urkunde nicht weit genug rückwärts erstreckt" (DARWIN 1872: 526), erklärte Ernst HAECKEL (1834-1919) kurzerhand zur Gewißheit. Obwohl DARWIN die Embryologie zu seinem „Lieblingsstückchen" rechnete (DARWIN 1887: 238) und er rückblickend ein-

Stapfia 56, zugleich Kataloge des OÖ. Landesmuseums, Neue Folge Nr. 131 (1998), 119-130

gestand, daß Fritz MÜLLER und Ernst HAECKEL den Ruhm ernteten für etwas, was er bereits selbst, aber nicht lang genug erörtert hatte (DARWIN 1887: 79), schätzte er den Wert des Gesetzes gering und wollte die Anwendung nur für jene Fälle gelten lassen, in denen eine „alte Form in ihrem Larvenzustand irgend einer speciellen Lebensweise" weder angepaßt noch durch Vererbung verwischt wurde (DARWIN 1872: 525f.). Nur sehr unbestimmt räumte DARWIN die Möglichkeit ein, daß „der Bau des Embryo uns im Allgemeinen mehr oder weniger deutlich den Bau ihrer alten, noch wenig modificirten Stammform überliefert, ... der Embryo (also) als ein mehr oder weniger verblichenes Bild der gemeinsamen Stammform ... aller Glieder derselben grossen Thierclasse vorzustellen ist" (DARWIN 1872: 525f.).

Verantwortlich für das Unbehagen, das das kausale Verhältnis zwischen der Embyroentwicklung und der Tierreihe bei vielen Naturwissenschaftlern, trotz aller Faszination der Stammbaumkonstruktionen, auslöste und das schon sehr bald in scharfe Kritik und Ablehnung umschlug, dürften die naturphilosophischen Implikationen gewesen sein, die das Evolutionsmodell für geistreiche Spekulationen statt Tatsachenbeobachtung anfällig machten.

Nicht zuletzt HAECKEL selbst hatte auf OKEN, GOETHE, TREVIRANUS, MECKEL und von BAER als Wegbereiter seines Gesetzes verwiesen (HAECKEL 1866b: 7-15), und damit die Romantische Naturforschung als eine wesentliche Inspirationsquelle angeführt. Zentrale Ideen dieser Epoche wie die Einheit der Natur oder die Vorstellung der Natur als großer Organismus, dessen Einzelglieder durch eine enge innere Verwandtschaft miteinander verbunden sind, die Idee der graduellen Vollkommenheit der Lebewesen, schließlich die Idee der stufenweisen Entwicklung von niedriger zur höherer Organisation sind Annahmen, mit denen auch HAECKEL nicht sparte (HAECKEL 1866b: 425ff., 429ff.). Die „Rückkehr zur denkenden Naturbetrachtung" hielt HAECKEL sogar für erstrebenswert, wenn er als letzte und höchste Stufe der Erkenntnis in seinem Handbuch der Morphologie definierte: „Alle wahre Naturwissenschaft ist Philosophie und alle wahre Philosophie ist Naturwissenschaft. Alle wahre Wissenschaft aber ist in diesem Sinne Naturphilosophie" (HAECKEL 1866a: 67ff.).

Die Genese von HAECKELS Ideen reicht indes noch weiter zurück. Das spezifische Schluß- und Interpretationsverfahren, dessen sich HAECKEL bei seiner Interpretation der Natur- und Menschengeschichte bediente, ist das seit der Antike angewandte Analogieverfahren, das Aufsuchen von Entsprechungen bestimmter Formen, Funktionen und Strukturen, das den (keineswegs zuverlässigen) Induktionsschluß vom Bekannten auf das Unbekannte erlaubt[2]. Wie bereits John Arnold KLEINSORGE (1900) gezeigt hat, ist die Parallelisierung der Gesamt- und Individualentwicklung der Menschheit ein beliebter Topos, der in immer anderen Modifikationen schon in der patristischen Literatur auftaucht. Besonders im Zusammenhang mit der Periodisierung der nach göttlichem Plan ablaufenden Heilsgeschichte von der Erschaffung der Welt bis zu ihrer Vollendung wurde er gerne benutzt und in der Neuzeit auch auf die weltliche Geschichte übertragen. Nach Ansicht des frühchristlichen Theologen Clemens von ALEXANDRIA (2. Jahrhundert nach Christus) durchläuft die Menschheit gemäß dem Erziehungsplan Gottes dieselben Stufen des Glaubens, der Erkenntnis, Liebe und Gottesähnlichkeit, die der Einzelne durch Erziehung auf dem Weg zur vollendeten Tugendhaftigkeit durchschreiten muß; der Idee nach muß der Einzelne also die Gesamtentwicklung rekapitulieren. Noch deutlicher analogisierte der lateinische Kirchenvater AUGUSTIN (354-430) die Weltgeschichte und Lebensstufen des Menschen, wenn er innerhalb der Heilsgeschichte die Epoche von Adam bis Noah mit dem Kindesalter, die Epoche bis Abraham mit der Knabenzeit, die Epoche bis David und bis zur babylonischen Gefangenschaft mit dem Jünglingsalter, die nächste Periode bis zu Christi Geburt mit dem Mannesalter und schließlich die Zeit bis zum Jüngsten Gericht mit dem Greisenalter parallelisierte (AUGUSTINUS, Lib. XVI, cap. 24, 43).

Im Zeitalter der Aufklärung trat die Idee von der wechselseitigen Erhellung der Physiologie und Historie in säkularisierter Form erneut in Erscheinung. So knüpfte 1780 Gotthold Ephraim LESSING (1729-1781), wahrscheinlich von Clemens von ALEXANDRIA beeinflußt, an die Vorstellung an, daß der Vervollkommnungsprozeß der Menschheit im Großen, seine Entsprechung in der Vervollkommnung des Individuums im Kleinen habe. Er verdeutlichte das Verhältnis mit dem Bild des mechanischen Räderwerkes, dessen Gesamtgeschwindigkeit aus den Umdrehungsgeschwindigkeiten der Einzelräder resultiert: „Wenn es nun gar so gut als ausgemacht wäre, daß das große langsame Rad, welches das Geschlecht seiner Vollkommenheit näher bringt, nur durch kleinere schnellere Räder in Bewegung gesetzt wurde, deren jedes sein Einzelnes eben dahin liefert? (§92) – Nicht anders! Eben die Bahn, auf welcher das Geschlecht zu seiner Vollkommenheit gelangt, muß jeder einzelne Mensch (der früher, der später) erst durchlaufen haben (LESSING 1780: §93)".

Einem ähnlichen Geschichtsoptimimus näherte sich auch Johann Gottfried HERDER (1744-1803) in seiner philosophischen Universalgeschichte, in der er sich vor allem mit dem Verhältnis der Menschheitsentwicklung zur Persönlichkeitsentfaltung beschäftigte (HERDER 1784-1791). HERDER betrachtet die gesamte Naturordnung als einen, sich stufenweise vervollkommnenden Organismus, der sich von der anorganischen Materie über die Pflanzenwelt und das Tierreich bis hin zum Menschen ausbreitet. An der Spitze der, den göttlichen Plan offenbarenden Naturschöpfung steht der Mensch als „Krone der Organisation", als „Mikroskosmos" oder als ein Kompendium der Welt und „Inbegriff der Erdenschöpfung". Aus der Prämisse, daß sämtliche Geschöpfe der Erde als unendliche Variationen eines Prototyps oder „Hauptplasma" in unterschiedlichen Gradationen vom niedrigsten bis zum höchsten Lebewesen erscheinen[3], ergibt sich, daß alles mit allem in Beziehung steht und sich überall Ähnlichkeiten aufdecken lassen. Die wichtigsten Methoden, um die Gradationen und Variationen aufzuspüren, sind daher für HERDER „Erfahrung und Analogien der Natur" (BOLLACHER 1989: 16). Sie liefern den Leitfaden der vergleichenden Anatomie, ermöglichen das Ähnliche vom Unähnlichen zu unterscheiden und erlauben, „daß unser Geist dem durchdenkenden vielumfassenden Verstande Gottes nachzudenken wage" (BOLLACHER 1989: 75). Aus den vielfältigen Beziehungen, die sich aus dem Vergleich des tierischen Bauplans und der menschlichen Organisation ergeben, resumierte HERDER, könnte man den kühnen Schluß ziehen, die dem Menschen nahen Tierarten seien nur „gebrochene und durch katoptrische Spiegel auseinander geworfene Strahlen seines Bildes" (BOLLACHER 1989: 74). Anhaltspunkte dafür, daß HERDER in dieser Analogie auch an eine realgenetische Verwandtschaft der Organismen gedacht hat, fehlen und liegen außerhalb seines Erkenntnisziels. Die Idee der genetischen Verwandtschaft der Gattungen hielt schon der Königsberger Philosoph Immanuel KANT (1724-1804) in seiner kritischen Rezension von HERDERS Werk für „so ungeheuer ..., daß die Vernunft vor ihnen zurückbebt" (KANT 1784/1971: 779-797). Die Ähnlichkeiten ergaben sich vielmehr folgerichtig aus der angenommenen Mannigfaltigkeit; je mehr diese zunahm, um so mehr verwischten sich die Unterschiede.

Nach HERDERS Konzept wurde der so vorgestellte Naturprozess von drei Grundkräften, Elastizität, Irritabilität und Sensiblität gesteuert, die wie die drei Naturreiche ebenfalls eine aufsteigende Reihe bilden und in gegenseitiger Kompensation die verschiedenen Entwicklungszustände im Bereich des Lebendigen bewirkten (BOLLACHER 1989: 86ff.). Wie Wolfgang PROSS überzeugend dargelegt hat (PROSS 1994), sind für HERDER die drei organischen Kräfte nur verschiedene Ausprägungen, graduelle Modifikationen oder Transformationen einer einzigen Kraft, die sich in allen möglichen Lebensformen innerhalb der aufsteigenden Reihe der Naturkörper entfaltet, bis die Spitze der scala naturae erreicht ist, wobei ein steter Ausgleich zwischen destruktiven und erhaltenden Kräften stattfinden mußte, um den Fortbestand der Natur zu garantieren.

Während KANT die Idee der organischen Kräfte für die beobachtende Naturlehre als schädlich ansah, weil sie „offenbar alle menschliche Vernunft (übersteigt), sie mag nun am physiologischen Leitfaden oder metaphysischen fliegen wollen" (KANT 1784/1971: 793), inspirierten HERDERS philosophischen Spekulationen den Anatom, Zoologen und Botaniker Carl Friedrich KIELMEYER (1765-1844) zur physiologischen Betrachtung des

Vervollkommnungsprinzips (vgl. KANZ 1993: 38ff.). KIELMEYER hatte „die Verhältniße der organischen Kräfte unter einander in der Reihe der verschiedenen Organisationen" (so der Titel seiner berühmten akademischen Rede aus dem Jahre 1793) zum Programm seiner Untersuchungen gemacht und abweichend von HERDER nicht nur drei, sondern fünf verschiedene Kräfte angenommen, die der Tierreihe inhärent sind: Er unterschied Sensibilität (Empfindungsfähigkeit), Irritabilität (Fähigkeit, auf Reize mit Bewegung zu reagieren, der Begriff enthält HERDERS Elastizität), Reproduktionskraft (Fähigkeit zur Nachbildung sich selbst ähnlicher Wesen), Sekretionskraft (Fähigkeit zur Absonderung von Materie bestimmter Beschaffenheit) und Propulsionskraft (Fähigkeit zur Flüssigkeitsverteilung). Da Sekretions- und Propulsionskraft nur eine untergeordnete Rolle spielten, reduzierten sich die fünf Kräfte KIELMEYERS allerdings wieder auf drei Grundkräfte wie bei HERDER. Nach KIELMEYERS Vorstellung herrschte unter diesen allgemeinen Kräften in Anlehnung an HERDER eine bestimmte Proportionalität, die sich stufenweise in den Organisationen des Tierreiches ebenso wie in den individuellen Entwicklungsphasen manifestieren sollte. Obwohl sich zwischen HERDERS und KIELMEYERS Natursystem deutliche Parallelen erkennen lassen, so sind die Ähnlichkeiten doch nur scheinbar. Während HERDER sich bemühte, ein einheitlich wirkendes Bauprinzip der Natur zu entdecken und seine spezifische Ausprägung in Abhängigkeit von der Komplexität der Organismen nachzuweisen, interessierten KIELMEYER hauptsächlich die Verhältnisse der Kräfte untereinander innerhalb der verschiedenen Organisationsstufen. Ihn beschäftigte die Erforschung der Gesetzmäßigkeiten, die dem Verteilungsmodus der Kräfteproportionen in der Reihe der verschiedenen Naturkörper zugrundeliegen. Er verglich deshalb die Kräfte untereinander hinsichtlich ihrer Mannigfaltigkeit, dem Ausprägungsgrad und der Wirkungsdauer und leitete daraus eine Art ökonomisches Prinzip der Natur ab, das für die Irritabilität zum Beispiel lautet: „Die Irritabilität nimmt, der Permanenz ihrer Aeusserungen nach geschäzt, zu, wie die Schnelligkeit, Häufigkeit oder Mannigfaltigkeit eben dieser Aeusserungen, und die Mannigfaltigkeit der Empfindungen abnimmt" (vgl. KANZ 1993: 23).

Die Rückbildung einer Kraft wird demnach durch Steigerung einer anderen Kraft kompensiert, oder wie KIELMEYER erläutert: „so kann das Verschwinden der einen als die Ursache des Hervortretens der andern angesehen" werden (vgl. KANZ 1993: 28). Durch Projektion dieser Kräfteproportionen auf die Individualentwicklung gelangte KIELMEYER zu Ideen, die dem biogenetischen Gesetz HAECKELS nahestanden, wenn er feststellte: „...dass eben diese Geseze, nach welchen die Kräfte an die verschiedene(n) Organisationen vertheilt sind, gerade auch die sind, nach denen die Vertheilung der Kräfte an die verschiedene(n) Individuen der nehmlichen Gattung, ja auch an ein und dasselbe Individuum in seinen verschiedene(n) Entwicklungsperioden geschah: auch der Mensch und Vogel sind in ihrem ersten Zustande pflanzenartig, rege ist die Reproductionskraft in ihnen, späterhin hebt sich in dem feuchten Elemente, in dem sie dann lebe, ihre Irritabilität, auch das Herz dieser Thiere ist unzerstöhrlich reizbar, und erst späterhin schließt sich ein Sinn nach dem andern beinahe in eben der Ordnung, wie sie in der Reihe der Organisationen von unten auf zum Vorschein kommen, in ihm auf..." (vgl. KANZ 1993: 36).

Nicht nur die Organe, Individuen und Gattungen sind in ein System von gleichzeitigen und aufeinander folgenden Veränderungen, von wechselweiser Ursache und Wirkung zusammengekettet, sondern die gesamte „Maschine der organischen Welt" sieht KIELMEYER in einem Entwicklungsprozeß begriffen, den er sich nicht mehr in einer geradlinigen Aufwärtsentwicklung vom Niederen zum Höheren, Vollkommeneren, vorstellte wie HERDER, sondern den er mit dem Bild einer „nie in sich kreisenden Parabel" beschreibt (vgl. KANZ 1993: 4-5). Die Figur der Parabel, die KIELMEYER als eine, aus der Überlagerung von Kreisbewegung und unendlicher Progression gewonnene Metapher nicht zufällig einführte, macht die entscheidende Umwandlung des Entwicklungsgedankens deutlich, die KIELMEYER vornahm und ihn eher zum Vorläufer DARWINS als HAECKELS werden ließ: Im Gegensatz zu HERDER orientierte sich demnach bei KIELMEYER die Entwicklungsbewegung nicht mehr an einer statischen Werteskala von unten nach oben, sondern sie durchläuft endlose Zyklen, bewegt von dynamischen Kräfteverhältnissen, die sich proportional zum Radius der Entwicklungskreise verändern müssen, während die Kreismittelpunkte auf der Parabelbahn ins Unendliche fortschreiten.[4] KIELMEYER bekannte sich damit eindeutig zur epigenetischen Interpretation des Entwicklungsprozesses, wie sie Caspar Friedrich WOLFF (1734-1794) 1759 in seiner epochemachenden, gegen die Präformationslehre gerichteten Schrift „Theoria generationis" begründet hatte.[5]

KIELMEYERS Rede übte einen nachhaltigen Einfluß, besonders auf die Naturforscher und Naturphilosophen im Zeitalter der Romantik, aus. SCHELLING übernahm seine Vorstellung der „fortschreitenden Entwicklung der organischen Kräfte in der Reihe der Organisationen" in seine naturphilosophische frühe Schrift „Von der Weltseele" und prophezeite, daß von dieser Rede an „das künftige Zeitalter ohne Zweifel die Epoche einer ganz neuen Naturgeschichte rechnen wird" (SCHELLING 1798: 619).

In SCHELLINGS Gesamtschau und Konstruktion der sich entwickelnden Natur aus der ursprünglichen Einheit von Natur und Geist sind Reproduktion, Irritabilität und Sensibilität die wirksamen Kräfte oder Potenzen, die den drei, in ihrem Vollkommenheitsgrad verschiedenen Stufen der Organismen, Pflanzen, Tier und Menschen entsprechen.

Deutliche Anklänge an die naturphilosophische Interpretation des Entwicklungsgesetzes durch SCHELLING zeigte auch das System der Natur, das Lorenz OKEN (1770-1851) entwarf; OKEN distanzierte sich jedoch von allen vorangegangen Stufenleitermodellen der „Verwandtschaften" (gemeint sind Ähnlichkeiten) der Tiere und stellte sich die Einteilung des Tierreichs als eine dreidimensionale Projektion des menschlichen Organsystems in Ort und Zeit vor: „Was ist das Thierreich anders als der anatomirte Mensch, das Makrozoon des Mikrozoon? In jenem liegt offen und in der schönsten Ordnung auseinander gewikelt, was in diesem, zwar nach derselben schönen Ordnung, in kleine Organe sich gesammelt hat" (OKEN 1805a: 203ff.). Es ist folgerichtig, wenn OKEN die hierarchisch gestufte Leiter durch ein „sterotisches Netz" ersetzte, in dem der Mensch nicht mehr die Spitze einnimmt, sondern die Summe der einzelnen Tierklassen verkörpert und in dem umgekehrt das Tierreich gleichsam den „durchleuchtenden Embryo des Menschen" (OKEN 1806) repräsentiert. Aus der Idee der makro-mikrokosmischen Einheit entwickelte OKEN zahlreiche Parallelen, er verglich nicht nur die verschiedenen Embryonalstadien während der Ausbildung der Sinnesorgane mit verschiedenen Tierklassen, dem Wurm (Gefühlssinn), Insekt (Gesichtssinn), Schnecke (Tastsinn), Vogel (Hörsinn), Fisch (Riechsinn) und Amphibien (Geschmackssinn) (OKEN 1805b: 175-177), sondern analogisierte die embryonale Entwicklung selbst mit der Metamorphose des Polypen zur Pflanze, Wurm, Schnecke, Vogel und Fisch bis hin zum Säugetier (OKEN 1805b: 128). Diese Ideen, unterstützt durch die Ergebnisse der beginnenden embryologischen Forschung, faßte er 1831 in der These zusammen: „Das Tier durchläuft während seiner Entwicklung alle Stufen des Tierreichs. Der Fötus ist eine Darstellung aller Tierklassen in der Zeit. Zuerst ist er ein einfaches Bläschen wie die Infusorien. Dann verdoppelt sich das Bläschen wie bei den Korallen. Es bekommt ein Gefäßsystem wie bei den Quallen. Sodann zeigt sich die Entwicklung des Darms wie bei den Eingeweidewürmern etc. ..." (OKEN 1831: 387). Von der Vorwegnahme biogenetischer Vorstellungen kann auch hier nicht gesprochen werden, Ziel OKENS ist nicht die genetische Ableitung von Entwicklungsstufen, sondern die Bestätigung eines einheitlichen Entwicklungsplanes durch Nachweis von Formähnlichkeiten auf vergleichbaren Entwicklungsstufen.

Ähnliche, naturphilosophisch geprägte Vorstellungen entwickelte fast zeitgleich der Arzt, Zoologe und Freund GOETHES Carl Gustav CARUS (1789-1869) über die Geschichte des Tierreichs, das für ihn „nur die in Raum und Zeit auseinandergelegte Idee der Thierheit" vergegenwärtigte, so daß „in jeder einzelnen Gattung, ja Art des Thierreichs eine gewisse Seite, eine gewisse Eigenthümlichkeit der Thierheit mit besonderer Entschiedenheit hervortritt". Für die Klassifikation des Tierreichs forderte er deshalb, die Entwicklungsgeschichte zu berücksichtigen,

„insofern die verschiedenen Perioden eines solchen individuellen Lebens in vieler Hinsicht die einzelnen niedrigern Formationen anderer Geschöpfe wiederholen“ (CARUS 1834: 18, 782). Die Rekapitulation, die CARUS hier andeutete, hatte allerdings nur idealgenetische Bedeutung, CARUS selbst bezweifelte an anderer Stelle, „daß z. B. der menschliche Fötus zuerst etwa als ausgebildete Molluske, dann als vollkommener Fisch, dann als Amphibium u. s. w. erscheinen könne“ (CARUS 1814: 262). Er betonte vielmehr, daß der Mensch „in den verschiedenen Perioden seiner Bildung **der Idee nach** die verschiedenen Entwicklungsstufen der Tierwelt wieder durchlaufe“ (CARUS 1814: 2).

Im Gegensatz zu CARUS betrachtete der vergleichende Anatom Johann Friedrich MECKEL (1781-1833), der als der eigentliche Wegbereiter des biogenetischen Gesetzes gilt, die Rekapitulationsthese als biologische Tatsache[6] und widmete ihrer Untersuchung den Hauptteil seines Werkes. MECKEL griff zwar KIELMEYERS Ideen auf, als vergleichender Anatom schenkte er jedoch den Formbildungsprozessen größere Beachtung als den Wirkursachen und ersetzte KIELMEYERS Prinzip der organischen Kräfte durch das der Formähnlichkeit; an die Stelle der vegetativen Kräfte trat das Stadium der Pflanze, anstelle der Reizbarkeit das Stadium des Wurmes, etc. So erscheint nach MECKELS Beobachtungen im Embryonalzustand das Gefäßsystem zunächst in der Gefäßanordnung der Medusen und Würmer, in den weiteren Entwicklungsstadien nimmt das Herz vorübergehend die Gestalt des entsprechenden Organs bei den Crustaceen, Mollusken, Fischen und Reptilien an, ehe es seine endgültige Ausprägung erfährt. Weitere Belege für ähnliche Bildungsgesetze erbrachte er für das Nervensystem, den Darmkanal, die Genitalien, das Harnsystem, die Thymus, das Knochensystem und die äußere Form des Embryo und gelangte zu dem Resultat, „daß die Organismen, mit welchen der Embryo zu vergleichen ist, desto niedriger sind, je früher die Vergleichung angestellt wird, daß also der Embryo von den niedrigsten Bildungen an bis zum vollkommnen Zustande allmählig immer höhere Formen durchläuft“ (MECKEL 1811, 1815: 51-59). Wesentliche Anregungen zum Nachweis dieses Parallelismus dürfte MECKEL aus seiner Beschäftigung mit der Epigenesislehre des schon genannten Caspar Friedrich WOLFF gewonnen haben, dessen zweites Meisterwerk (vgl. Anm. 5) „De formatione intestinorum... embryonis gallinacei...“ (WOLFF 1768/69) MECKEL ins Deutsche übersetzt hatte (WOLFF 1812). Es erschien zeitgleich mit seinem Handbuch der pathologischen Anatomie 1812[7], in dem MECKEL das umfangreiche Beweismaterial für die Wiederholung der Tierreihe in den verschiedenen Stadien der embryonalen Entwicklung für alle Organsysteme zusammengetragen hatte.

Wenngleich MECKELS Parallelisierung der Gesamtentwicklung der Tierreihe mit der Embryogenese wie eine Vorwegnahme evolutionistischer Gedanken klingt, so zeigen doch die Ziele, die MECKEL mit der Anwendung dieses allgemeinen Bildungsgesetzes verfolgte, daß die Voraussetzungen für MECKELS Gleichung zwischen der Embryonalentwicklung und Tierreihe andere waren als die der Abstammungslehre DARWINS. MECKEL diente das Bildungsprinzip vorrangig zum Nachweis der Einheit in der Mannigfaltigkeit und Reduktion der Mannigfaltigkeit der organischen Formen auf einen einheitlichen Bauplan (MECKEL 1821: 6ff.). Denn MECKEL als vergleichender Anatom und Anhänger der Typenlehre CUVIERS war überzeugt, daß in dem Parallelismus zwischen Ontogenie und Aufeinanderfolge der Tiere die Existenz eines einheitlichen Bildungstypus zum Vorschein kam. Aus der Ähnlichkeit der Organe oder Organsysteme wie Nerven-, Muskel- oder Knochensystems in unterschiedlichen Organisationsstufen, oder Ähnlichkeiten im Bau der Körper (Vorherrschen der Längendimension, strahlige, verzweigte, verflochtene Strukturen, etc.) zog er daher den Schluß, daß „wesentlich allen organischen und zunächst thierischen Bildungen **ein** Typus zum Grunde liegt, wovon sie nur Abänderungen sind... So ist auch der ganze Körper wesentlich überall nach demselben Typus gebildet, und man kann durch Verlängerung, Verkürzung, Veränderung der Richtung nicht nur die Gestalt der einander näher stehenden Thiere einer grossen Abtheilung... aufeinander zurückführen, sondern dieselbe Korrespondenz, wenngleich weniger deutlich auch zwischen den verschiedenen Typen nachweisen. Die Aehnlichkeit wird nur durch das wechselseitige Zurücksinken und stärkere Hervortreten von Theilen in den verschiednen Organismen verborgen, nie aber ganz aufgehoben" (MECKEL 1821: 351, 374). MECKEL sah sich deshalb eher bestätigt als widersprochen, als Johann Nepomuk FEILER (1768-1822) gegen die Parallelismuslehre einwand (FEILER 1820: 17ff.), daß in jedem Keim schon die Anlage zu dem späteren vollkommenen Organismus enthalten sei. Nach FEILERS Ansicht war es deshalb von vornherein ausgeschlossen, daß der menschliche Embryo jemals auf einem Embryonalstadium einer niederen Tierart beharrte. Indem MECKEL FEILER grundsätzlich zustimmte und das Auftreten niedriger Bildungsstufen in der Embryonalentwicklung höherer Organismen nur für eine Frage der Erfahrung im Nachweis dieser Parallelen hielt, zeigte sich MECKEL eher als ein Anhänger präformistischer Lehren und kaum als Verkünder evolutionistischer Gedanken.

Dasselbe Ziel, die Bildungsgesetze für die Mannigfaltigkeit der Organismen zu vereinheitlichen, verfolgte MECKEL mit seiner Theorie der Mißbildung, die dem Versuch diente, Entwicklungsanomalien als normale Entwicklungsstufen zu betrachten und entsprechend zu erklären. Überzeugt, daß „die Natur nicht ins Unendliche spielt und es selbst in den Mißbildungen eine Stufenfolge und natürliche Ordnung gibt" (MECKEL 1821: 12), wies MECKEL nach, daß die größte Zahl der Mißbildungen als Analogien regelmäßiger Tierbildungen aufzufassen und der Grund der Bildungsabweichungen in dem Stehenbleiben auf einer früheren Bildungsstufe zu suchen sei (MECKEL 1821: 467ff.). Die Theorie der Hemmungsbildung erlaubte MECKEL, nicht nur die regulären und regelwidrigen Entwicklungsvorgänge auf ein einheitliches Prinzip zurückzuführen, sondern sie schuf auch die Voraussetzungen, um Häufigkeit und Lage der Abweichungen plausibel zu machen.

MECKELS Begründungen der einheitsstiftenden Gesetze blieben allerdings ebenso unbestimmt wie unbefriedigend. Er sah eine „Identität der Kraft, die alle tierischen Bildungen hervorruft und beseelt", am Werk und zweifelte nicht, daß der allgemeine Bildungstypus, auch wenn die Produkte dieser nicht näher bezeichneten Kraft bedeutend abgeändert werden, dennoch immer erkennbar bleibt (MECKEL 1821: 474). Die Möglichkeit einer Vererbung räumte MECKEL zwar ein, doch er sah in ihr lediglich einen Garant dafür, daß die Vervielfältigung der Formen nicht ins Unendliche gesteigert, vielmehr die Reduktion der vorhandenen Formen aufeinander erleichtert wird (MECKEL 1821: 474).

Wie die Hemmungstheorie MECKELS deutlich zeigt, waren MECKELS Betrachtungen über das Wesen der Ontogenese weit entfernt von evolutionstheoretischen Überlegungen im Sinne DARWINS. MECKELS Identitätsregel setzten vielmehr, ähnlich wie bei CARUS und OKEN, die Annahme eines einheitlichen Ordnungsprinzips voraus, das sich in der Hierarchie der Stufenleiter der Organismen verwirklicht. Mit dieser Vorstellung einer Rangordnung von Seinsqualitäten war auch die Hemmungstheorie unlösbar verknüpft: was auf einer unteren Stufe verharrte, war gewissermaßen gehindert, höhere Formen des Seins zu erreichen.

MECKELS Behauptung, der Mensch durchlaufe in seiner Entwicklung die verschiedenen höheren Tierformen, erfuhr die heftigste Kritik durch den Zoologen und Embryologen Karl Ernst von BAER (1792-1876), der 1827 das Säugetierei entdeckt (BAER 1827; vgl. SARTON 1931: 315-330) und damit nicht nur die uralte Frage nach dem Ausgangsstoff der Embryonalentwicklung geklärt hatte, sondern auch die Grundlage der modernen embryologischen Forschung schuf (vgl. STÖLZLE 1897: 247ff.; RAIKOV 1968).[8] Überdies hatte BAER, aufbauend auf den Studien Heinrich Christian PANDERS (1794-1865) eine allgemeine Keimblättertheorie aufgestellt, wonach sich bestimmte Organsysteme von definierten Zellschichten des Keimlings ableiten lassen. Aufgrund dieser Theorie wurde es möglich, die Formbildung im Tierreich auf ein gesetzmäßiges, in allen Tiergruppen wiederkehrendes Entwicklungsprinzip zurückzuführen. Aus dieser Kenntnis der Embryogenese stellte BAER das allgemeine Gesetz auf, daß die Entwicklung generell vom weniger Differenzierten und Allgemeineren zum Differenzierten und Besonderen verläuft (BAER 1828: 224). Nach BAERS Beobachtungen treten demnach in der Embryonalentwicklung immer zuerst die allgemeinen Merkmale des Typus hervor (z. B. der Wirbeltiere, der Würmer oder Mollusken), ehe sich die Merkmale der Klasse, Ordnung oder Art zeigten. Im Gegensatz zu MECKELS Parallelisierungsmodell konnten zum Beispiel nach BAERS Vorstellungen die wesentlichen Eigenschaften der Fische, die den Fisch zum Fisch machen wie die Atmung durch die Kiemen, die Schwanz- und Afterflosse, oder die Fortbewegung durch das Schlagen des ganzen Leibes niemals im Embryo der Säugetiere und Vögel vorkommen, weil sie nicht zu ihrem allgemeinen Typus gehörten. Grundsätzlich durchlief nach BAERS Auffassung die Entwicklung eines Individuums niemals die gesamte Tierreihe, sondern alle Tiere bildeten sich aus einer unbestimmten Grundform oder einem Grundtypus zu differenzierteren Formen aus. Insgesamt unterschied BAER vier Entwicklungstypen: bilateralsymmetrisch, zentralsymmetrisch, spiralgestaltig, radial. Ihnen entsprachen vier Hauptgruppen des Tierreichs mit gemeinsamem Bauplan: die Wirbel-, Glieder-, Weich- und Strahlentiere. Mit dieser Einteilung des Tierreichs war MECKELS Reduktionsgesetz nicht mehr vereinbar, weil ein Embryo der höheren Tierform niemals dem Erwachsenen eines anderen Typus, sondern allenfalls dem undifferenzierten Embryo gleich sein kann. Während also BAER behauptete, daß die Embryonen verschiedener Tiere einander nur dann ähnlich sind, wenn sie demselben Entwicklungsplan folgen, vertrat MECKEL den Standpunkt, daß der Embryo jedes höheren Tieres während der Ontogenese durch die entwickelten Formen der niederen Tiere hindurchgeht. Die beiden Theorien unterschieden sich demnach in einem wesentlichen Punkt: BAER verglich die Embryonen untereinander, wohingegen MECKEL Embryonen mit entwickelten Formen parallelisierte.

Obwohl BAER MECKELS Theorie der Biogenese heftig attackierte,[9] wurde er häufig bis hin zu DARWIN selbst (DARWIN 1872: 514f.)[10] als eigentlicher Schöpfer dieser Theorie zitiert (vgl. RADL 1909: 264). Das Mißverständnis ist um so bemerkenswerter, als sich BAER der Lehre DARWINS gegenüber immer kritisch verhalten hat.[11] Im letzten Lebensjahr resumierte BAER in einem Brief an HAECKEL seine Position gegenüber der modernen Evolutionstheorie, die seine Distanz deutlich erkennen läßt: „Dankbar muß ich dafür sein, wenn man mir zugibt, daß ich denkend die mir bekannt gewordene Entwickelung, insbesondere der Wirbelthiere, überschaut habe. Auch habe ich nie in Zweifel ziehen können, daß die Reihenfolge des Auftretens der verschiedenen Organismen eine Entwickelung sein müsse. Dennoch habe ich der Ausbildung des Darwinismus, wie sie bis jetzt erschienen ist, nicht ganz zustimmen können, weil mir vor allen Dingen zu viel Willkür dabei zu herrschen scheint; auch habe ich niemals mich überwinden können dieser Entwickelung ein Ziel abzusprechen, wodurch der Charakter der Entwickelung verloren gienge, und der ganze Vorgang nur ein Erfolg einer Menge Wirsamkeiten sein würde...“.[12]

DARWIN hat die Bedeutung der embryologischen Forschungen für die Erkenntnis der Evolution der ausgestorbenen Vorfahren rezenter Tiere hoch eingeschätzt und darauf hingewiesen, daß die Ähnlichkeit der embryonalen Form von Tieren, die im erwachsenen Zustand sich voneinander unterscheiden, ein wertvoller Hinweis auf die gemeinsame Abstammung sein kann (DARWIN 1872: 526). Er betonte aber auch, daß Unähnlichkeit in der Embryonalentwicklung noch keinen Beweis für eine verschiedene Abstammung liefert, weil Entwicklungsstadien unterdrückt oder durch Anpassung an neue Lebensweisen stark modifiziert werden können (DARWIN 1872: 525). Mit dieser Feststellung nahm DARWIN bereits die Erkenntnis jener Einflüsse auf die Abfolge der Rekapitulation vorweg, die HAECKEL wenig später in dem Begriff der Zänogenese zusammenfaßte.

Die erste deutliche Formulierung des Rekapitulationsgesetzes im Rahmen der Evolutionstheorie findet sich in der kleinen Abhandlung „Für DARWIN“, in der Fritz MÜLLER 1864 anhand von Beispielen aus der Larvenentwicklung der Krebse die Verallgemeinerungen zwischen embryonaler Entwicklung und Höhe der Organisation der erwachsenen Tiere erläuterte: „In der kurzen Frist weniger Wochen und Monde führen die wechselnden Formen der Embryonen und Larven ein mehr oder minder vollständiges, mehr oder minder treues Bild der Wandlungen an uns vorüber, durch welche die Art im Laufe ungezählter Jahrtausende zu ihrem gegenwärtigen Stande sich emporgerungen hat. Die Urgeschichte der Art wird in ihrer Entwicklungsgeschichte um so vollständiger erhalten sein, je länger die Reihe der Jugendzustände ist, die sie gleichmässigen Schrittes durchläuft, und um so treuer, je weniger sich die Lebensweise der Jungen von der Alten entfernt" (MÜLLER 1864).

MÜLLER, der unbedenklich die einzelnen Larvenstadien als Etappen der Stammesentwicklung auffaßte, stellte fest, daß Merkmale während der Phylogenese entweder durch Veränderungen irgendeiner ontogenetischen Entwicklungsstufe oder durch Hinzukommen neuer Stadien zur unveränderten Ontogenese der Vorfahren auftreten. Ernst HAECKEL, den die aus diesen Prämissen gewonnenen Ableitungen für die Crustaceen- und Insekten-Embryogenese unmittelbar überzeugten, formte die Rekapitulationstheorie MÜLLERS zu dem populäreren „Biogenetischen Grundgesetz" um, das sich schon bald als wichtigstes heuristisches Prinzip für die eigenen Stammbaumkonstruktionen erweisen sollte (HAECKEL 1866). In welchem Maße HAECKELS Denken von den Ideen der Naturphilosophie geprägt waren, zeigt die Wahl des Terminus Palingenese, mit dem er die Wiederholungen der phylogenetischen Formveränderungen in der Ontogenese bezeichnete.[13] Er griff damit bewußt oder unbewußt einen Ausdruck auf, der seinen Ursprung in christlich-eschatologischen Vorstellungen ebenso wie im naturphilosophischen Gedankengut hatte. Er verstand darunter die Erscheinungen in der individuellen Entwicklungsgeschichte, die von den fernen Vorfahren vererbt werden, im Gegensatz zur Zänogenese oder keimesgeschichtlichen Störungen, d. h. jenen Vorgängen, die erst später durch Anpassung der Keime oder Jugendformen an bestimmte Bedingungen der Keimesentwicklung hinzukamen; als „fremde Zutaten", die sich größtenteils auf örtliche (Heterotopien) und zeitliche Verschiebungen (Heterochronien) zurückführen ließen (HAECKEL 1903), erlaubten die zänogenetischen Veränderungen jedoch keinen unmittelbaren Rückschluß auf entsprechende Vorgänge in der Stammesgeschichte der Ahnenreihe.

Während für HAECKEL die Rekapitulationstheorie in erster Linie ein methodisches Mittel zur Rekonstruktion der Phylogenese der Tiere war, versuchte der russische Zoologe A. N. SEWERTZOFF (1866-1936) die biologische Bedeutung der palingenetischen Veränderungen aufzuklären und die gesetzmäßigen Beziehungen zwischen Ontogenese und Phylogenese, die die Rekapitulationstheorie HAECKELS unbewiesen voraussetzte, zu verifizieren (SEWERTZOFF 1931: 246ff.). Ausgehend von den Gedanken Fritz MÜLLERS, daß die progressiven phylogenetischen Veränderungen der Organe erwachsener Tiere eine Funktion ihrer Ontogenese sind,[14] entwarf SEWERTZOFF eine Theorie der „Phylembryogenese", die die verschiedenen Modi phylogenetischer Veränderungen der erwachsenen Organe erklären sollte. Er unterschied in der Entwicklungsgeschichte drei verschiedene Modi: Anabolie (Addition der Endstadien), Deviation (Abirren auf mittleren Stadien der Morphogenese) und Archallaxis (Abänderung der ersten Anlagen) und demonstrierte, daß mittels Anabolie die langsame Umbildung alter Organe geschieht und Archallaxis zur Neuentstehung der Organe führt, während Deviation nur die Rekapitulation der embryonalen Merkmale der Vorfahren bewirkt (SWERTZOFF 1931: 306-308). Insgesamt ergab die sorgfältige Untersuchung der verschiedenen Entwicklungstypen, daß das Gesetz der Rekapitulation keine Allgemeingültigkeit besitzt, sondern nur für Organe zutrifft, die sich mittels Anabolie entwickelt haben.

SEWERTZOFF war nur einer der vielen zeitgenössischen Forscher, die sich mit den Grundlagen des biogenetischen Gesetzes befaßten und generell in zwei Lager spalteten: während die einen enthusiastisch zustimmten, bekämpften andere HAECKELS Rekapitulationstheorie mit heftiger Polemik. Die Kritik kam nicht nur von seiten der Gegner der Evolutionstheorie überhaupt, sondern auch die Vereinfachung der Fakten und die Methode, die angeblich kausale Beziehungen herstellte, obwohl nur verglichen wurde, forderte zum Widerspruch heraus. Während HURST (1893), MORGAN (1903) oder SEWERTZOFF lediglich eine Präzisierung der Regel und Einschränkung der Verallgemeinerung forderten, lehnte Carl GEGENBAUR (1826-1903), einer der herausragendsten vergleichenden Anatomen der Zeit, in seiner polemischen Auseinandersetzung mit Anton DOHRN (1840-1909) über das

Kopfproblem die embryologische Untersuchungsmethode wegen der zänogenetischen Prozesse generell als unbrauchbar ab und wollte nur die vergleichend-anatomische Untersuchung der erwachsenen Tiere gelten lassen (GEGENBAUR 1888). Franz Karl Julius KEIBEL (1861-1929), der die Heterochronien nach HAECKELS Gesetz untersuchte, verwarf die Rekapitulationstheorie wegen der großen Zahl von Verschiebungen, die eine Rekonstruktion der einzelnen Stadien der phylogenetischen Entwicklung nach seinem Urteil unmöglich machten (KEIBEL 1898).

Erhebliche Einwände erhob auch HAECKELS Schüler, Oskar HERTWIG (1849-1922), der seit 1898 wiederholt das biogenetische Grundgesetz attackierte. Er sah vom Standpunkt der Vererbungslehre aus unauflösbare Widersprüche zwischen den Ergebnissen der Embryologie bzw. Zellforschung und der Rekapitulationsthese: Wenn jede Eizelle als Träger spezifischer Artunterschiede die Anlage für eine bestimmte Organisationsart besitzt, wenn sie also bereits alle Stammes-, Klassen-, Ordnungs-, Familien- und weiteren Merkmale aufweist, die nur mikroskopisch nicht sichtbar sind, dann kann die Eizelle einer heute lebenden Tierart nach seiner Ansicht nicht als die Wiederholung des Anfangsstadiums der unendlichen Ahnenreihe bezeichnet werden. Eine derartige Behauptung anzuerkennen, hieße nach HERTWIGS Urteil ein Rückfall in die Epoche der Präformationstheorie, nach der sämtliche Organteile bereits vorgebildet im Keim vorhanden sind (HERTWIG 1898).[15] HERTWIG schlug daher vor, das biogenetische Grundgesetz in ein „ontogenetischen Kausalgesetz" zu verwandeln und zwei Entwicklungsreihen zu unterscheiden. Die eine betrifft die Entwicklung der Artzelle von der einfacheren zur komplizierteren Organisation, die andere umfaßt den ontogenetischen Zyklus vom Ei bis zum ausgebildeten Individuum. Beide Entwicklungsreihen standen nach HERTWIGS Ansicht in kausalem Abhängigkeitsverhältnis und zeigten vollständigen Parallelismus zueinander. Für die exakte wissenschaftliche Erforschung zugänglich hielt HERTWIG allein die zweite Entwicklungsreihe. Die historische Entwicklung in der Abfolge der einzelnen Ontogenien hingegen kann nur untersucht werden, soweit sie sich in der Gegenwart abspielt (Studium der Variabilität, Vererbung erworbener Eigenschaften, künstliche Neubildung von Formen durch Bastardierung). Sämtliche Aussagen darüber hinaus sind für ihn lediglich Hypothesen, „durch welche wissenschaftliche Phantasie das Dunkel der Vorzeit zu erhellen sucht".

Wenngleich diese Beispiele nur einige von vielen Kritikern HAECKELS wiedergegeben haben, die am Ausgang des 19. Jahrhunderts das biogenetische Grundgesetz in einer Weise modifizierten, die vielfach einer Aufhebung gleichkam, so bleibt dennoch festzustellen, daß sich die Rekapitulationstheorie als eine fruchtbare Hypothese erwiesen hat, die auf dem Wege des Versuchs ihrer Verifizierung oder Falsifizierung zu zahlreichen Entdeckungen und Erkenntnissen in der Embryonalentwicklung geführt hat, unabhängig davon, ob die Voraussetzungen immer zutrafen oder nicht.

Zusammenfassung

Die naturphilosophischen Implikationen und präformistischen Ideen des biogenetischen Grundgesetzes von Ernst HAECKEL werden anhand sogenannter Vorläufer, die ähnliche Vorstellungen über den Parallelismus der Individual- und Stammesentwicklung aussprachen, untersucht. Weiterhin wird die spekulative Grundlage des angeblichen Gesetzes aufgrund der Einwände, die zeitgenössische Kritiker HACKELS vorbrachten, verfolgt. Es wird festgestellt, daß die Rekapitulationsthese, obwohl sie zwar mit Beobachtungsdaten unbeweisbar blieb, wissenschaftshistorisch dennoch bedeutsam war, indem die mannigfachen Versuche ihrer Verifikation oder Falsifikation zahlreiche Entdeckungen und Erkenntnisse in der Embryonalentwicklung provoziert hat.

Literatur

AUGUSTINUS A. (1978): De civitate dei. — Zürich, 320-354.

BAER K.E. (1876): Über DARWINS Lehre. —In: BAER K.E.: Studien aus dem Gebiete der Naturwissenschafte. St. Petersburg.

BAER K.E. von (1827): De ovi mammalium et hominis genesi. — Leipzig.

BAER K.E. von (1828): Über die Entwickelungsgeschichte der Tiere. Beobachtung und Reflexion. Bd. **1**. — Leipzig.

BOLLACHER M. (Hrsg.) (1989): Johann Gottfried HERDER, Ideen zur Philosophie der Geschichte der Menschheit. — Frankfurt/Main.

CARUS C.G. (1814): Versuch einer Darstellung des Nervensystems und insbesondere des Gehirns nach ihrer Bedeutung, Entwickelung und Vollendung im thierischen Organismus. — Leipzig.

CARUS C.G. (1834): Lehrbuch der vergleichenden Zootomie. — Leipzig.

COLEMAN W. (1973): Limits of the recapitulation theory. Carl Friedrich KIELMEYER´s critique of the presumed parallelism of earth history, ontogeny, and the present order of organisms. — Isis **64**: 341-350.

DARWIN Ch. (1872): Über die Entstehung der Arten durch natürliche Zuchtwahl, 5. Auf. Aus dem Englischen übersetzt von H. G. BRONN. — Stuttgart.

DARWIN F. (Hrsg.) (1887): Leben und Briefe von Charles DARWIN. Aus dem Englischen übersetzt von J. Victor CARUS, Bd. **2**. — Stuttgart.

FEILER J. (1820): Über angeborne menschliche Misbildungen im Allgemeinen und Hermaphroditen insbesondere. — Landshut.

GEGENBAUR C. (1888): Die Metamerie des Kopfes und die Wirbeltheorie des Kopfskelettes. — Morph. Jb. **13**.

HAECKEL E. (1866a): Generelle Morphologie der Organismen. Bd. **1**. — Berlin.

HAECKEL E. (1866b): Generelle Morphologie der Organismen. Bd. **2**. — Berlin.

HAECKEL E. (1872): Die Kalkschwämme. Bd. **1**. — Berlin.

HAECKEL E. (1873): Natürliche Schöpfungsgeschichte, 4. Aufl. — Berlin.

HAECKEL E. (1903): Anthropogenie. Bd. **1**. — Berlin.

HAIDER H. (1953): Materialien zur Geschichte des biogenetischen Grundgesetzes in der Zeit von 1793 bis 1937. — Diss. Univ. Wien.

HERDER J.G. (1784-1791): Ideen zur Philosophie der Geschichte der Menschheit. — Riga, Leipzig.

HERTWIG O. (1898): Das biogenetische Grundgesetz und die Cenogenese. — Ergebn. Anat. Entw.gesch. **7**.

HURST C.H. (1893): Biological Theories, III. The recapitulation theory. — Natural Sci. **2:** 195-200.

KANT I. (1784/1971): Rezension zu Johann Gottfried HERDER „Ideen zur Philosophie der Geschichte der Menschheit. — 1. Teil, Riga. KANT Immanuel, Werke **10**, Darmstadt.

KANZ K.T. (Hrsg.) (1993): Einleitung zum Reprint von KIELMEYER Carl Friedrich: Ueber die Verhältniße der organischen Kräfte unter einander in der Reihe der verschiedenen Organisationen, die Gesetze und Folgen dieser Verhältniße (Stuttgart 1793). — Marburg.

KEIBEL F. (1898): Das biogenetische Grundgesetz und die Cenogenese. — Ergebn. Anat. Entw.gesch. **7**: 722-792.

KEIBEL F. (1911): HAECKELS biogenetisches Grundgesetz und das ontogenetische Kausalgesetz von Oskar HERTWIG. — Dtsch. Med. Wochenschrift **37**: 169-172.

KLEINSORGE J.A. (1900): Beiträge zur Geschichte der Lehre vom Parallelismus der Individual- und der Gesamtentwicklung. — Diss. Univ. Jena.

KOHLBRUGGE J.H.F (1911): Das biogenetische Grundgesetz. Eine historische Studie. — Zool. Anz. **38**: 447-453.

LESSING G.E. (1780): Die Erziehung des Menschengeschlechts.

MECKEL J.F. (1806): Abhandlung aus der menschlichen und vergleichenden Anatomie und Physiologie. — Halle.

MECKEL J.F. (Hrsg.) (1811): Beiträge zur vergleichenden Anatomie, Bd. **2**, H. 1.

MECKEL J.F. (1815): Handbuch der menschlichen Anatomie, Bd. 1, Allgemeine Anatomie. — Halle, Berlin.

MECKEL J.F. (1821): System der vergleichenden Anatomie. Bd. 1, Allgemeine Anatomie. — Halle.

MORGAN T.H. (1903): Evolution and adaptation. — London.

MÜLLER F. (1864): Für DARWIN. — Leipzig.

OKEN L. (1805a): Abriss des Systems der Biologie. — Göttingen.

OKEN L. (1805b): Die Zeugung. — Göttingen.

OKEN L. (1806): Georg Dietrich von KIESER, Beiträge zur vergleichenden Zoologie, Anatomie und Physiologie, 1. H. — Bamberg, Würzburg.

OKEN L. (1831): Lehrbuch der Naturphilosophie, 2. Aufl. — Jena.

PAMP F. (1955): „Palingenesie" bei Charles BONNET (1720-1793), HERDER und Jean PAUL. — Diss. Univ. Münster.

PETERS S. (1980): Das Biogenetische Grundgesetz – Vorgeschichte und Folgerungen. — Medizinhist. J. **15**: 57-69.

PROSS W. (1994): HERDERS Konzept der organischen Kräfte und die Wirkung der „Ideen zur Philosophie der Geschichte der Menschheit" auf Carl Friedrich KIELMEYER. — In: KANZ K.T. (Hrsg.): Philosophie des Organischen in der Goethezeit. Studien zu Werk und Wirkung des Naturforschers Carl Friedrich KIELMEYER (1765-1844), Stuttgart, 81-99.

RADL E. (1909): Geschichte der biologischen Theorien in der Neuzeit. Bd. **2**. — Leipzig.

RAIKOV B.E. (1968): Karl Ernst von BAER (1792-1876). Sein Leben und Werk. — Acta Hist. Leopoldina **5**: 1-516.

SARTON G. (1931): The discovery of the mammalian egg and the foundation of modern embryology. — Isis **16**: 315-330.

SCHELLING F.W.J. (1798): Von der Weltseele, eine Hypothese der höheren Physik zur Erklärung des allgemeinen Organismus. — Hamburg.

SEWERTZOFF A.N. (1931): Morphologische Gesetzmäßigkeiten der Evolution. — Jena.

STÖLZLE R. (1897): Karl Ernst von BAER und seine Weltanschauung. — Regensburg.

WEINDLING P.J. (1991): Darwinism and Social Darwinism in Imperial Germany: The contribution of the cell biologist Oscar HERTWIG (1849-1922). — Forsch. neueren Med. Biol.gesch. **3**, Stuttgart.

WOLFF C.F. (1759): Theoria generationis. — Diss. Univ. Halle.

WOLFF C.F. (1768/69): De formatione intestinorum... embryonis gallinacei... — Novi Commentarii Acad. Sc. Imp. Petropol. Tomus XII-XIII.

WOLFF C.F. (1812): Über die Bildung des Darmkanals im bebrüteten Hühnchen. Übersetzt von J. F. MECKEL. — Halle.

Anschrift der Verfasserin:
Univ.-Prof. Dr. Irmgard MÜLLER
Ruhr-Universität Bochum
Lehrstuhl für Geschichte der Medizin
Malakowturm
Markstr. 258a
D-44799 Bochum
Deutschland

Anmerkungen

1 Den Terminus „Biogenetisches Grundgesetz" prägte HAECKEL (1872: 230, 471). Zur Geschichte des biogenetischen Grundgesetzes vgl. KOHLBRUGGE (1911: 447-453), HAIDER (1953), PETERS (1980), sowie Anm. 14.

2 „Die Descendenz-Theorie ist ein allgemeines Inductions-Gesetz, welches sich aus der vergleichenden Synthese aller organischen Naturerscheinungen und insbesondere aus der Parallele der phyletischen, biontischen und systematischen Entwickelung mit absoluter Nothwendigkeit ergiebt" (HAECKEL 1866b: 427).

3 Das zweite Hauptgesetz lautet, „daß je näher dem Menschen, auch alle Geschöpfe in der Hauptform mehr oder minder Ähnlichkeit mit ihm haben, und daß die Natur bei der unendlichen Varietät die sie liebet, alle Lebendigen unserer Erde nach Einem Hauptplasma der Organisation gebildet zu haben scheine" (BOLLACHER 1989: 73).

4 Zum „Vorläuferproblem" KIELMEYERS für die DARWINsche Theorie vgl. COLEMAN (1973: 341-350).

5 Deutsche Übersetzung: „Theorie von der Generation" in zwo Abhandlungen erklärt und bewiesen von Caspar Friedrich WOLFF. Berlin 1764. Beide Arbeiten erschienen als Nachdruck, herausgegeben von Robert HERRLINGER HILDESHEIM, 1966. – Im 18. Jahrhundert standen sich zwei Auffassungen bezüglich der Entstehung und Entwicklung der Lebewesen gegenüber: Während nach der Präformationslehre (Charles BONNET) alle Keime bei der Erschaffung der Arten schon vorgebildet waren und die „Entwicklung" (evolutio) des Keimes nur seiner „Auseinanderfaltung", Vergrößerung und Verdichtung diente, stellte Caspar Friedrich WOLFF die Theorie von der Epigenesis auf und bewies, daß sich die Entwicklung eines jeden Organismus durch aufeinanderfolgende Neu- bzw. Hinzubildungen vollzieht. WOLFF begründete mit dieser Lehre die moderne embryologische Forschung.

6 „...Dieser Einwendungen ungeachtet bin ich weit entfernt, die KIELMAYERsche Meinung, daß der menschliche Fötus in seiner Entwicklung Stufen zeige, auf welchen niedere Tiere ihr ganzes Leben hindurch stehen bleiben, bloß für eine scharfsinnige Idee zu halten, da sie durch soviele Tatsachen bestätigt wird" (MECKEL 1806: 293).

7 Als Vorläufer, die den Wert dieser „Gleichung zwischen der Entwicklung des Embryo und der Thierreihe" bereits erkannt hätten, nannte MECKEL (1821: 409) später ARISTOTELES, HARVEY, KIELMEYER, AUTENRIETH, CARLISLE, OKEN, WALTHER, BLUMENBACH, TIEDEMANN, CARUS und BLAINVILLE.

8 Zu den Ergebnissen der embryologischen Forschung vgl. STÖLZLE (1897) und RAIKOV (1968).

9 Seine Polemik bewirkte, daß lange Zeit nichts mehr von der Rekapitulationstheorie zu hören war. Johannes MÜLLER, der die Rekapitulationstheorie MECKELS und OKENS in die 1. Auflage seines Handbuches der Physiologie aufgenommen hatte, strich sie wieder in der 2. Auflage.

10 Zum Mißverständnis des BAERschen Entwicklungsgesetz durch DARWIN vgl. STÖLZLE (1897).

11 BAER (1876: 235-480, 427) protestiert gegen seine Vereinnahmung durch DARWIN und betont, daß die Entwicklung des Individuums nicht mit der Phylogenie verglichen werden kann.

12 C.E. von BAER an Ernst HAECKEL, Dorpat, 29. 12. 1875/10. Jan. 1876, Jena, Ernst-Haeckel-Haus. Ich verdanke den Hinweis auf diesen Brief Frau Dr. KRAUßE, Jena

13 Die Wahl des Begriffes deutet auf die naturphilosophischen Implikationen von HAECKELS „biogenetischem Grundgesetz" hin (vgl. PAMP 1955). BONNET verstand unter Palingenesie einen Prozess, der sich physisch in einer Vollkommenheitsentwicklung in der Stufenfolge des Tierreichs äußert, zugleich aber auch im christlich-eschatologischen Verständnis auf ein ewiges Weiterleben nach dem Tode, auf ein auf die Offenbarung bezogenes Aufsteigen, verweist.

14 MÜLLER (1864: 75f.) nahm an, daß Veränderungen der erwachsenen Tiere während der Evolution auftreten, „indem sie schon auf dem Wege zur elterlichen Form früher oder später abirren, oder indem sie diesen Weg zwar unbeirrt durchlaufen, aber dann statt still zu stehen, noch weiter schreiten...".

15 Vgl. dazu KEIBEL (1911); zu O. HERTWIGS Auseinandersetzung mit dem biogenetischen Grundgesetz vgl. auch WEINDLING (1991).

Meilensteine der embryologischen Forschung für das Verständnis von Entwicklungsgeschehen

M. G. WALZL

Abstract

Milestones in Embryological Research: Understanding Developmental Processes.

Man has always been interested in the development of animated beings and the emergence of the diversity of species. How are developmental processes regulated, and what predetermined order is there? This question has occupied developmental biologists from Aristotle to the winner of the Nobel Prize for Developmental Biology of 1995. More and more refined technical means, the discovery of cells as the fundamental structures of life, experiments and an understanding that heredity happens on a molecular basis have led to our deeper insight into life processes.

Einleitung

Die ontogenetische und phylogenetische Entwicklung von Lebewesen ist ein auffallendes Geschehen, das seit jeher die Aufmerksamkeit der Menschen auf sich gezogen und auch schon zu Zeiten der vorwissenschaftlichen Biologie und der Ära der frühen mikroskopischen Biologie zu bemerkenswerten philosophischen Überlegungen und Theorien über die Prinzipien des Lebens geführt hat. So wurde im 17. und 18. Jahrhundert ein heftiger wissenschaftlicher Streit darüber geführt, ob sich aus einer homogenen Materie (primordium, Ei) allmählich die späteren Organe herausdifferenzieren oder ob alle Körperteile bereits winzig klein vorgebildet (präformiert) sind und erst durch ihr Wachstum sichtbar werden.

Religiöse Vorstellungen, autoritär vertreten durch die Kirche der damaligen Zeit, sowie das Fehlen guter optischer Hilfsmittel verhinderten jedoch eine klare Sicht der Zusammenhänge und die richtige Interpretation der zur damaligen Zeit bekannten biologischen Fakten. Erst die Trennung von Kirche und Staat in der Epoche der Reformation und die fortschreitende Verbesserung des Mikroskopes gaben der Wissenschaft die Möglichkeit, sich – ab der Epoche der Aufklärung – von den alten Ideologien zu befreien und zu neuen, noch heute gültigen, Erkenntnissen zu gelangen.

Zu den grundlegenden Fragen der Biologie zählen auch heute noch die Fragen über Veränderungen während der Lebensspanne eines Lebewesens (Ontogenie) und die Entstehung

Stapfia 56, zugleich Kataloge des OÖ. Landesmuseums, Neue Folge Nr. 131 (1998), 131-146

der Vielfalt der Arten von Lebewesen (Phylogenie). Die bisher gefundenen Antworten auf diese Fragen sind von basaler Bedeutung für den Wissenschaftszweig der Biologie, denn sie sind die Schlüssel für die Aufklärung des Wunders „Leben“.

Ebenso reizvoll wie sich mit der Aufklärung dieser Wunder auseinanderzusetzen, ist es jedoch auch aus historischer Sicht die Wege und Irrwege bis zu den richtigen Antworten zu verfolgen. Dabei werden viele Vernetzungen und gegenseitige Beeinflussungen offenbar und die häufigen Umwege zu den richtigen Antworten erst verständlich. Die Entwicklung der Lebewesen, von der befruchteten Eizelle bis zum vielzelligen, oft hochdifferenzierten Tier, das selbst wieder Geschlechtszellen hervorbringen kann, ist das Thema der Embryologie. Heute decken embryologische Fragestellungen jedoch nur ein Teilgebiet der viel umfassenderen Wissenschaftsdisziplin Entwicklungsbiologie ab, die sich unter anderem mit so grundlegenden Problemen wie Altern, Krankheit und Sterben auseinandersetzt und daher das besondere Interesse der modernen Forschung gefunden hat, weil man, bezogen auf den Menschen, hofft, damit den „ewigen Jungbrunnen“ zu finden. Durch moderne, erst in den letzten Jahren entwickelte Techniken der Genetik und Molekularbiologie wird den Menschen in dieser Hinsicht durch die Entwicklungsbiologie einige Hoffnung gemacht, die jedoch ob der sich abzeichnenden zukünftigen unbegrenzten Möglichkeiten an Manipulationen bereits in Unbehagen oder sogar Angst umschlägt.

Da eine komplette historische Abhandlung der vielschichtigen wissenschaftlichen Ansätze in der embryologischen Forschung den Rahmen dieses Beitrags um ein Vielfaches sprengen würde, sollen hier nur einige wenige, jedoch einschneidende Quantensprünge des Verständnisses von Entwicklungsgeschehen besprochen werden. Im Bewußtsein, daß eine geraffte allzu plakative Darstellung die historischen Begebenheiten verfälschen oder eine falsche Vorstellung von den meist in unzähligen kleinen Einzelschritten erarbeiteten Ideen und wissenschaftlichen Ergebnissen hervorrufen kann, sei der besonders interessierte Leser auf einige zusammenfassende und umfangreichere wissenschaftshistorische Werke (KRUMBIEGEL 1957, FREUND et al. 1963, OPPENHEIMER 1967, MÜLLER 1975, CREMER 1985, HORDER et al. 1985, JAHN et al. 1985, MOORE 1987, NAGL 1987, JAHN 1990, NÜSSLEIN-VOLHARD 1990, SANDER 1990) und Lehrbücher der Entwicklungsgeschichte (MÜLLER 1995, GILBERT 1997, GILBERT & RAUNIO 1997, WOLPERT et al. 1998) verwiesen.

Die Ursprünge der Embryologie und die Epigenese- und Präformationproblematik

Die Wissenschaft der embryologischen Forschung begann im 4. Jahrhundert vor Christus, also vor mehr als 2000 Jahren, bei den Griechen, als der Philosoph und Naturforscher ARISTOTELES (384-322 v.Chr.) eine Frage formulierte, die bis zum Ende des 19. Jahrhunderts in Europa die Denkweise über Entwicklung beherrschte.

ARISTOTELES zog aufgrund von Beobachtungen bei Hühnereiern und daraus abgeleiteten Überlegungen zwei Möglichkeiten in Betracht, wie die verschiedenen Teile des Embryos gebildet werden können. Eine Möglichkeit ist, daß im Embryo alle Teile von Beginn an vorgebildet sind und während der Entwicklung einfach nur größer werden, die andere, daß fortlaufend neue Strukturen entstehen, ein Prozess, den er Epigenese (= Umbildung) bezeichnete, was er mit einer Metapher „wie das Knüpfen eines Netzes“ beschrieb. ARISTOTELES favorisierte die Epigenesehypothese, die besagt, daß Embryonen nicht winzig klein, komplett vorgefertigt, im Ei enthalten sind, sondern daß sich deren Form und Struktur im heranreifenden Embryo stufenweise entwickelt. Diese Vermutung war, wie wir heute wissen, richtig.

Die der Epigenese gegenteilige Ansicht, nämlich, daß der Embryo von Anbeginn an vorgefertigt ist, wurde im späten 17. Jahrhundert erneut verfochten. Die meisten Forscher konnten nicht glauben, daß physikalische oder chemische Kräfte ein Wesen, wie es ein Embryo ist, formen könnten. Gemäß dem in jener Zeit vorherrschenden Glauben über die göttliche Erschaffung der Welt und aller lebenden Dinge, glaubten sie, daß alle Embryonen von Anbeginn an existiert haben und daß der erste Embryo einer Art alle zukünftigen Embryonen in sich haben müßte.

Sogar der brilliante italienische Embryologe des 17. Jahrhunderts, Marcello MALPIGHI (1628-1694), konnte sich von dieser Präformationsidee nicht befreien. Obwohl er eine bemerkenswert genaue Beschreibung der Entwicklung des Hühnerembryos gab, blieb er, entgegen den Tatsachen seiner eigenen Beobachtungen, überzeugt, daß der Embryo vom Anbeginn an voll entwickelt vorhanden ist. Er argumentierte, daß in sehr frühen Stadien die Teile so klein sind, daß sie sogar mit seinem besten Mikroskop nicht aufgelöst werden können. Andere Präformisten glaubten wiederum, daß das Spermium den Embryo enthält und einige waren sogar davon überzeugt, einen kleinen Menschen – einen homunculus – im Kopf des Spermiums zu sehen.

William HARVEY (1578-1657), ein englischer Arzt, der auch intensive Forschungen an Hühnereiern durchführte, vertrat dagegen in seiner 1651 veröffentlichten Arbeit „Exercitationes de generatione animalium" (Übungen über die Erzeugung der Tiere) epigenetische Vorstellungen, nämlich, daß sich sämtliche Tiere, auch solche, die lebende Junge gebären, der Mensch inbegriffen, aus Eiern entwickeln, und daß die Bildung des Embryos aus der ungeformten Grundsubstanz des Eies durch ein allgegenwärtiges formendes Prinzip „ob Gott, Natur oder Seele genannt" geschieht und daß ein „göttlicher Architekt" am Werk ist.

Die Präformationsfrage und die vitalistischen Erklärungsweisen der Epigenese waren während des 18. Jahrhunderts Gegenstand eines heftigen wissenschaftlichen Streites, und das Problem konnte solange nicht gelöst werden, bis einer der großen Fortschritte der Biologie stattgefunden hatte – die Erkenntnis, daß Lebewesen und damit auch Embryonen aus Zellen bestehen.

Jede Wissenschaft braucht ihre Werkzeuge

Es ist nicht verwunderlich, daß der sehr emotionell geführte, in erster Linie philosophische, Streit um epigenetische oder präformierte Entwicklung der Organismen zu keinem endgültigen Ergebnis führte, da die zur Klärung der Streitfrage benötigten Werkzeuge nicht vorhanden waren oder die vorhandenen von den anerkannten Wissenschaftlern der damaligen Zeit aus Voreingenommenheit nicht voll genutzt wurden. Instrumente, die der Vergrößerung von Gegenständen dienten, waren zwar schon lange bekannt, doch wurden sie in der biologischen Forschung – unter anderem auch aufgrund ihrer geringen Qualität – nur zögernd eingesetzt.

Über den Erfinder des Mikroskopes sind sich die wissenschaftshistorischen Autoren im unklaren, und bereits 1689 schreibt Pater Filippo BUONANNI, daß es nicht mehr so einfach zu sagen ist, wer der erste Erfinder des Mikroskopes war. Fest steht, daß Johannes FABER von Bamberg 1624 das Wort „Mikroskop" in Analogie zum Begriff „Teleskop" erstmals verwendete. Zu den Urhebern der Mikroskopie werden unter anderem der bereits erwähnte italienische Mediziner und Naturwissenschafter Marcello MALPIGHI, der niederländische Tuchhändler und Autodidakt Antoni van LEEUWENHOEK (1632-1723) und der englische Physiker und Naturforscher Robert HOOKE (1635-1703) gezählt, sowie der deutsche Kapuzinermönch und erste Mikrotechniker Johann Franz GRIENDEL von Ach (1631-1687), der den Ausspruch „Mit dem Mikroskop kann man aus einer Mücke einen Elephanten machen" tätigte.

Die Mikroskope des 17. und 18. Jahrhunderts bestachen eher durch ihre Eleganz, als durch ihre optische Qualität und wurden bevorzugt in Salons zur Ergötzung eingesetzt, denn als wissenschaftliche Instrumente genutzt. Erst im 19. Jahrhundert zeichnete sich eine Wende ab. Es wurden viele mechanische und optische Verbesserungen an den Mikroskopen durchgeführt. Die Mikroskopie verließ den Bereich der Liebhaberei und wurde zu einem Instrument der Wissenschaft, wie die zahlreichen Werke, die über das Mikroskop und mikroskopische Techniken herausgegeben wurden, bezeugen.

Die Zentren, in denen die großen Fortschritte in Bezug auf den Mikroskopbau getätigt wurden, waren in Europa Paris, London, Berlin und auch Wien, wo der Mikroskopbauer Simon PLÖSSL (1794-1868) Geräte bester Güte herstellte.

Der Leiter des Optischen Institutes in Benediktbeuren, Joseph von FRAUNHOFER (1787-1826), entwickelte die ersten wirklich achromatischen, für das Mikroskop verwendbaren Linsen und sorgte so für die erste große technische Neuerung dieses Instrumentes. Die zweite technische Neuerung war das Ergebnis einer Zusammenarbeit des Mechanikers und Mikroskopbauers Carl ZEISS (1816-1888) mit dem Physiker und Mathematiker Ernst ABBE (1840-1905), die zum Bau von Mikroskopen bester Güte mit genau berechneten Linsensystemen führte. Die nun erzeugten Qualitätsmikroskope und die von August KÖHLER (1866-1948) eingeführte mikroskopische Beleuchtungseinrichtung führten zu einer ersten großen Blüte der mikroskopischen Untersuchungen, zur Entwicklung ausgeklügelter Präpariermethoden sowie histologischer Techniken und damit zu fundamentalen neuen Erkenntnissen in Bezug auf das Entwicklungsgeschehen bei Tieren und Pflanzen.

Die Anwendung des Hellfeld-Mikroskops in der klassischen Periode der mikroskopischen Forschung beschränkte sich jedoch im wesentlichen auf die Beurteilung des statischen Zustandes von fixiertem und gefärbtem Untersuchungsmaterial aus abgetöteten Objekten. Erst die Entwicklung von Phasenkontrast-, Interferenzkontrast- und Fluoreszenzmikroskopischen Verfahren, zusammen mit der Entwicklung von Mikromanipulatoren und dem umgekehrten Mikroskop, ermöglichten in diesem Jahrhundert einen immer tieferen Einblick in das dynamische Geschehen lebender Systeme. Dabei kommt der von Max HAITINGER (1868-1946) entwickelten Technik der Fluoreszenzmikroskopie aufgrund der hohen Nachweisempfindlichkeit von in Spuren vorliegenden fluoreszierenden Substanzen eine besondere Bedeutung zu, da mit den in den letzten Jahren entwickelten Verfahren der mikroskopisch feststellbaren Koppelung von bestimmten Fluorochromen mit Stoffen, die innerhalb des tierischen und menschlichen Körpers als Antigene wirken, Möglichkeiten geschaffen wurden, den Einbau organischer Substanzen in die Zellen mittels eines sichtbaren Markierungsmittels zu erfassen. Heute zählen Fluoreszenzmikroskopie, Immunhistochemie, und Videomikroskopie zu den wichtigsten Untersuchungstechniken in der Entwicklungsbiologie. Seit etwa 20 Jahren ist es auch möglich, mittels Interferenzkontrastmikroskopie und konfokaler Laserscanning-Mikroskopie, bei der monochromatisches Licht verwendet wird, Bewegungsabläufe und die dreidimensionale Organisation von Embryonen – ohne sie schneiden zu müssen – zu untersuchen.

Die Rolle der Spermien im Entwicklungsgeschehen

Ein sehr anschauliches Beispiel für den Zusammenhang zwischen Verbesserung der Mikroskope und Erkenntnisgewinn zeigt die Erforschung der Rolle von Spermienzellen beim Entwicklungsgeschehen. Denn erst seit dem letzten Jahrhundert ist die Rolle, die das Spermium bei der Befruchtung spielt, bekannt. Anton van LEEUWENHOEK, der 1678 das erste Mal Spermien entdeckte, hielt sie anfangs für Parasiten, die in der Samenflüssigkeit leben und gab ihnen daher den Namen Spermatozoa (Spermientiere). Zuerst nahm er an, daß sie nichts mit der Vermehrung der Organismen zu tun haben, in denen sie gefunden wurden, doch später glaubte er, daß jedes Spermium ein präformiertes Tier enthalte. 1685 schrieb LEEUWENHOEK, daß das Sperma der Keim ist und daß das Weibchen nur den Nährboden liefert, in den das Spermium gepflanzt wird. In dieser Hinsicht kehrte er zu einer Anschauung über Fortpflanzung zurück, die schon 2000 Jahre vorher von ARISTOTELES verbreitet wurde. Trotz größter Anstrengung bei der Suche nach dem präformierten Keim war LEEUWENHOEK enttäuscht, daß er ihn in den Spermatozoen nicht finden konnte. Nicolas HARTSOEKER, der andere Mitentdecker der Spermien, zeichnet dafür, was er im menschlichen Spermium zu entdecken hoffte: einen vorgefertigten Menschen („homunculus“). Der Glaube, daß die Spermien den gesamten ausgebildeten Organismus enthalten, wurde jedoch niemals voll akzeptiert, da dies ja ein enormes Vergeuden von potentiellem Leben beinhaltet hätte. Daher waren die meisten Forscher der Ansicht, daß Spermien für das Entwicklungsgeschehen unwichtig seien. Gegen Ende des 18. Jahrhunderts hat Lazzaro SPALANZANI (1729-1799) in einer Serie von Experimenten gezeigt, daß gefilterte Samenflüssigkeit von Kröten, die keine Spermien enthielt, die Eier nicht befruchtete. Er schloß daraus jedoch, daß die visköse Flüssigkeit, die vom Filterpapier zurückgehalten wurde, und nicht die Spermien das Agens für die Befruchtung waren. Auch er war der Ansicht, daß die Spermientiere eindeutig Parasiten sind. Trotz dieses Irrtums gaben die Versuche jedoch die ersten Hinweise auf ihre Bedeutung.

Erst bessere Linsen der Mikroskope und die Zelltheorie führten zu einer neuen Einschätzung der Funktion der Spermien. Im Jahr 1824 behaupteten der Schweizer Mediziner Jean Luis PREVOST (1790-1850) und der Schweizer Chemiker Jean Baptiste DUMAS (1800-1884), daß die Spermien keine Parasiten sind, sondern die aktiven Betreiber der Befruchtung. Sie bemerkten das universelle Vorhandensein von Spermien in geschlechtsreifen Tieren und ihr Fehlen in unreifen und alten Tieren. Diese Beobachtungen und das ihnen bekannte Fehlen der Spermien bei sterilen Maultieren brachten sie zur Überzeugung, daß es eine innige Beziehung zwischen ihrem Vorkommen in den Geschlechtsorganen und der Vermehrungsfähigkeit eines Tieres gibt. Sie nahmen an, daß Spermien tatsächlich in Eier eindringen und einen materiellen Beitrag für die nächste Generation leisten müssen. Diese Behauptungen blieben jedoch bis nach 1840 unbeachtet, als Rudolf A. von KÖLLIKER (1817-1905) die Spermienbildung aus Hodenzellen beschrieb. Er kam zum Schluß, daß Spermien stark modifizierte Zellen aus den Hoden von geschlechtsreifen Männchen sind und führte die Idee ad absurdum, daß die Samenflüssigkeit einer enormen Anzahl von Parasiten als Lebensraum dienen könne. KÖLLIKER verneinte jedoch einen physischen Kontakt zwischen Spermien und Eiern. Er glaubte, daß Spermien ein Ei nur zur Entwicklung anregten, ähnlich wie ein Magnet in Gegenwart von Eisen auf dieses reagiert, und interpretierte so seine richtigen Befunde mit der falschen vitalistischen Anschauung. Dieser Irrtum wurde 1876 widerlegt, als der Deutsche Oskar HERTWIG (1849-1922) und der Franzose Herman FOL (1845-1892) unabhängig voneinander das Eindringen eines Spermiums in ein Ei und die Vereinigung der Zellkerne sahen. HERTWIG hatte ein für detaillierte mikroskopische Untersuchungen geeignetes Objekt gesucht und ein perfektes im mediterranen Seeigel *Toxopneustes lividus* gefunden. Dieser kommt häufig vor und ist die meiste Zeit des Jahres geschlechtsreif, Eier sind in großer Zahl vorhanden und sogar bei großer Vergrößerung durchsichtig. Nach Vermischen von Spermien mit einer Eisuspension sind der Spermieneintritt in Eier und die Vereinigung der beiden Zellkerne im Mikroskop gut zu beobachten. HERTWIG machte auch andere wichtige Beobachtungen, zum Beispiel, daß nur ein Spermium in jedes Ei eindringt und daß die Zellkerne der Embryonen aus den bei der Befruchtung verschmolzenen Kernen entstehen.

Damit wurde erstmals die Notwendigkeit einer Befruchtung bei der sexuellen Vermehrung erkannt.

Die Zelltheorie als Voraussetzung für das Verständnis der Embryonalentwicklung

Die Entwicklung von mikroskopischen Hilfsmitteln und die damit verbundene genauere Sichtweise führte zu grundlegend neuen Erkenntnissen bezüglich der für Lebensprozesse wichtigen Strukturen, den Zellen. Im Jahr 1831 beschrieb der englische Botaniker Robert BROWN (1773-1858) eine annähernd runde „areola", die auffällig konstant in allen Zellen vorkommt. Er taufte diese Entdeckung „nucleus of the cell" (Zellkern), ließ sich jedoch auf keine Spekulationen über die mögliche Bedeutung ein. Doch Robert BROWN hatte den Zellkern entdeckt.

Der deutsche Botaniker Mathias Jacob SCHLEIDEN (1804-1881) war der erste, der darüber eine genaue Meinung entwickelte. Er stellte 1838 eine Theorie zur Bildung der Pflanzenzelle auf, die dem Zellkern eine zentrale Rolle in diesem Bildungsprozess zuwies. Die Bildung von Zellen aus dem Zellkern, so wie SCHLEIDEN sie sah, war jedoch, wie wir heute wissen, falsch. Von den Arbeiten SCHLEIDENS angeregt, untersuchte der Physiologe Theodor SCHWANN (1810-1882) Tiere und wies nach, daß bei aller Komplexität der verschiedenen Gewebe sie ebenso wie Pflanzen aus Zellen aufgebaut sind.

Damit gelang es ihm mit einem Schlag, den „innigsten Zusammenhang beider Reiche der organischen Natur" nachzuweisen und den grundlegenden Irrtum von SCHLEIDEN dahingehend zu korrigieren, daß Zellen aus Zellen entstehen und nicht in Zellen. SCHWANNS 1839 erschienene epochemachende Arbeit „Mikroskopische Untersuchungen über die Übereinstimmung in der Struktur und dem Wachstum der Tiere und Pflanzen" formulierte die Grundlagen der Zelltheorie oder – besser gesagt – Zellbildungstheorie, die heute in abgewandelter und erweiterter Form das wichtigste Theorem der modernen Biologie darstellt und das Forschungsgebiet der Zytologie begründete. Die Zelltheorie war der größte Fortschritt der Biologie und hatte eine enorme Auswirkung. Es wurde erkannt, daß alle Lebewesen aus Zellen, den basalen Einheiten des Lebens, bestehen und diese nur durch Teilung aus anderen Zellen entstehen können, was der deutsche Arzt Rudolf VIRCHOV (1821-1902) im Jahre 1885 so treffend mit „omnis cellula e cellula" formulierte. Vielzellige Organismen, wie Tiere und Pflanzen, sind also von Vorläuferzellen abstammende Zellgemeinschaften, und eine Embryonalentwicklung kann daher nicht auf Präformation basieren, sondern muß epigenetisch erfolgen, weil, ausgehend vom Ei – einer einzelnen, jedoch speziellen Zelle – durch Zellteilungen viele neue Zellen und unterschiedliche Zelltypen gebildet werden.

Die Arbeiten HERTWIGS und anderer Forscher mit Seeigeleiern haben gezeigt, daß das Ei nach der Befruchtung zwei Zellkerne enthält, die aufeinander zuwandern, dann verschwinden und später einen größeren Zellkern bilden. Bei der Befruchtung entsteht also ein Ei mit einem Kern aus Anteilen von beiden Eltern, woraus geschlossen wurde, daß der Zellkern die physische Grundlage für die Vererbung enthalten mußte. HERTWIG sah außerdem, daß sich der Kern im Verlauf der nachfolgenden Teilungen in merkwürdiger Weise umformt und dabei eine „Anzahl dunkler, geronnener, in Karmin stärker gefärbter Fäden oder Stäbchen zu erkennen sind". Diese Strukturen, 1888 vom Mediziner Wilhelm von WALDEYER (1836-1921) als Chromosomen bezeichnet, und die Entdeckung des deutschen Zoologen Theodor BOVERI (1862-1915), daß die Chromosomen verschiedene Qualitäten besitzen (Theorie der Chromosomenindividualität) leiteten die klassische Ära der Vererbungsforschung ein. Thomas Harrison MONTGOMERY (1873-1912) erkannte, daß bestimmte Chromosomen in Ei- und Spermakernen einander morphologisch entsprechen, und er beobachtete deren Teilung während der Meiose (= Reduktionsteilung). Der Höhepunkt dieser Forschungsrichtung war gegen Ende des 19. Jahrhunderts der Beweis, daß die Chromosomen im Kern der Zygote (befruchtetes Ei) in gleicher Anzahl von den 2 Elternkernen herstammen. Dies lieferte die physische Grundlage zur Bestätigung der Übertragung genetischer Merkmale gemäß den Regeln, die der österreichische Botaniker und Mönch Gregor MENDEL schon vorher aufgestellt hatte. Man fand heraus, daß in somatischen Zellen eine für jede Art konstante Chromosomenzahl von Generation zu Generation weitergegeben wird, daß die diploiden Vorläufer der Keimzellen zwei Kopien eines jeden Chromosoms, eine mütterliche und eine väterliche, enthalten und die Chromsomenzahl während der Bildung der Keimzellen (Gameten) halbiert wird, sodaß jede haploide (mit einem einfachen Chromsomensatz) Keimzelle nur eine Kopie eines jeden Chromosoms enthält. Bei der Befruchtung wird dann die diploide Anzahl wieder hergestellt. Damit war die Chromosomentheorie der Vererbung geboren und wurde zum Fundament des Forschungsgebietes Genetik.

Deutschland, das Mutterland der embryologischen Forschung

Schon bei oberflächlicher Betrachtung der Literatur fällt auf, daß ein wesentlicher Teil der embryologischen Forschung ab der Mitte des vorigen bis zu Beginn dieses Jahrhunderts von deutschen Forschern (besonders aus Berlin, Göttingen, Jena und Würzburg) geschrieben und in Deutschland der Nährboden für nahezu alle bedeutenden Ideen, die Embryologie betreffend, gelegt wurde. Ausgelöst wurde dieser Aufschwung jedoch in England durch die Abstammungslehre (Deszendenztheorie) von Charles DARWIN (1808-1892), die in Deutschland in Ernst HAECKEL (1843-1919) einen wortgewaltigen Fürsprecher fand, der für ihre rasche und allgemeine Verbreitung sorgte. Das von HAECKEL 1866 in seinem Werk „Generelle Morphologie der Organismen" sehr eindrucksvoll beschriebene sogenannte biogenetische Grundgesetz, wonach die Individualentwicklung bei Wirbeltieren eine verkürzte Wiederholung der Stammesgeschichte darstellt (die Ontogenie ist eine Rekapitulation der Phylogenie) und sich daraus verschiedene Stufen der Höherentwicklung, mit der höchsten Entwicklungsstufe beim Menschen, ableiten lassen, gab der traditionellen deskriptiven Embryologie einen neuen Denkansatz, weil es die Deszendenztheorie in die embryologische Forschung mit einbezog. Auch der Mensch durchläuft, dem biogenetischen Grundgestz zufolge, während seines Fötuslebens verschiedene tierische Organisationsstufen, die bei Tieren mit niederer Organisationsstufe (Fische, Reptilien, Vögel) den bleibenden Zustand bilden.

Es darf aber nicht verschwiegen werden, daß vor HAECKEL bereits viele andere Autoren (71!) darauf hingewiesen haben, daß gewisse embryonale Formen den bleibenden Formen niederer Tiere ähnlich sind. Der eigentliche Wegbereiter dieses Gesetzes ist Johann Friedrich MECKEL (1781-1833), der nach einem für alle Tiere gültigen Grundtyp suchte und bereits 1811 ähnliche Gedanken wie HAECKEL formulierte. Auch der in Brasilien lebende Zoologe Fritz MÜLLER (1821-1897) hat das biogenetische Grundgesetz exakt formuliert und erst dann folgte HAECKEL, wie dieser selbst zugegeben hat.

Ein bedeutender Gegner dieser Formulierungen war der aus Estland stammende Embryologe Karl Ernst von BAER (1792-1876), der darauf hinwies, daß die wesentlichen Eigenschaften einer Tiergruppe niemals bei den embryonalen Formen einer anderen höheren Gruppe vorkommen. Was den Fisch zum Fisch macht (Atmung durch Kiemen), den Vogel zum Vogel (Flügel, Schnabel) kommt niemals im embryonalen Zustand einer anderen Tiergruppe vor. Nach von BAER entwickeln sich alle Embryonen so, daß der Embryo zuerst die Eigenschaften des Typus zeigt, zu dem er gehört, dann die der Klasse, Ordnung, Familie, Gattung, bis endlich die individuellen Eigenschaften zum Vorschein kommen. Der Embryo eines Huhnes ist also zuerst Wirbeltier, dann Vogel, dann Landvogel, Hühnervogel, Hühnchen, Henne oder Hahn einer bestimmten Farbe. Die Entwicklungsgeschichte des Individuums ist in jeder Beziehung die Geschichte der wachsenden Individualität. Wenn also die frühen Entwicklungsstadien einander ähnlich sehen, so kommt dies daher, daß sie noch nicht genug differenziert sind. K. E. von BAER verwarf also den Vergleich embryonaler Formen mit denen ausgebildeter Tiere und verglich nur die Embryonen der verschiedenen Tiere miteinander. Heute weiß man, daß die Formulierungen von BAERS korrekter sind und deshalb wird heute häufig anstelle des Begriffes „Biogenetisches Grundgesetz" der Begriff „von BAER-Gesetz" verwendet. Wie das Biogenetische Grundgesetz zeigt, wurde in der damaligen Zeit die Entwicklungsgeschichte der Tiere in erster Linie als Schlüssel für die Genealogie, die Verwandtschaft und Abstammung der Tiergruppen, betrachtet.

HAECKEL selbst hat wenig embryologische Forschungen betrieben. Die große Bedeutung HAECKELS für die embryologische Forschung seiner Zeit liegt eher in der von ihm, leider oft auch falsch, durchgeführten Verallgemeinerung von Fakten der vergleichenden Embryologie und deren Nutzung für die Begründung der Evolutionstheorie. Dies ruft auch heute noch starke konträre wissenschaftliche Emotionen hervor. Doch hatten HAECKEL-Schüler, wie Anton DOHRN, die Brüder Richard und Oscar HERTWIG, Wilhelm ROUX, August WEISMANN und Hans DRIESCH einen herausragenden Anteil an den Erkenntnisfortschritten in der embryologischen Forschung. Eine entscheidende Initiative für neue embryologische Forschungsansätze ging von HAECKELS ersten Assistenten in Jena aus. Es war Anton DOHRN (1840-1909), der erkannte, daß für die Klärung morphologisch-phylogenetischer Fragestellungen die Lebendbeobachtung der Individualentwicklung mariner Organismen und damit die Einrichtung einer meeresbiologischen Station eine Notwendigkeit darstellt. So wurde DOHRN, obwohl er zeitlebens deskriptive embryologische Forschung betrieb und mehr theoretisierte als experimentierte, durch die Gründung der Zoologischen Station in Neapel im Jahre 1872 ein Wegbereiter für die neue, die gesamte Biologie umwälzende Forschungsrichtung der experimentellen Embryologie. Der Grund, warum gerade diese Meeresstation und nicht andere Meeresstationen einen herausragenden Stellenwert hatte, lag sicher einerseits an seiner Lage am Mittelmeer und dem damit verbundenen leichten Zugang zum Beobachtungsmaterial, andererseits aber auch in der Begabung DOHRNS als Wissenschaftsorganisator und –manager. Die Station wurde von DOHRN mit den besten Einrichtungen ausgestattet, sodaß sich bald nach Gründung Wissenschafter aller Nationalitäten und Forschungsrichtungen an der Station tummelten. Dies veranlaßte Theodor BOVERI, selbst ein häufiger Besucher der Station zu dem Ausspruch, sie sei ein „permanenter Zoologenkongress". Unter den unzähligen Forschern, die an der Station arbeiteten und dort bedeutende embryologische Entdeckungen machten, sind besonders die Deutschen Hans DRIESCH, Curt HERBST, Otto WARBURG, der Italiener Pio MINGAZZINI und die Amerikaner Edmund B. WILSON und Thomas Hunt MORGAN hervorzuheben.

Das Entstehen der experimentellen Embryologie: Mosaik- versus Regulationsentwicklung

Nachdem man die Rolle, die der Zellkern bei Zellteilungen spielt, erkannt hatte und gesehen hatte wie die Zellen der Embryonen durch Zellteilungen aus der Zygote entstehen, stellte sich die Frage, wie es dazu kommt, daß sich Zellen während der Embryonalentwicklung unterschiedlich weiter entwickeln.

Eine sowohl für die Genetik als auch die Embryologie wichtige Anregung lieferte der deutsche Biologe August WEISMANN (1834-1914), der feststellte, daß die Nachkommen von Tieren ihre Charakteristika nicht vom Körper (soma) der Eltern bekommen, sondern nur von den Keimzellen – den Eiern und Spermien – und daß die Keimzellen nicht vom Körper, der sie in sich trägt, beeinflußt werden. WEISMANN zeigte so einen fundamentalen Unterschied zwischen Keimzellen und Körperzellen (Somazellen). Er entwickelte in seiner Keimplasmatheorie eine Vorstellung über die Vererbung einer Kernsubstanz von spezifischer Molekularstruktur, von ihm Keimplasma genannt, und prägte den Begriff „Keimbahn" derzufolge Eigenschaften, die im Laufe eines tierischen Lebens vom Körper erworben wurden, nicht auf die Keimzellen übertragen werden können. In Bezug auf die Vererbung ist der Körper nur ein Behälter für die Keimzellen oder, wie es der englische Novelist und Essayist Samuel BUTLER zusammenfaßte: „Eine Henne ist nur der Weg des Eies, um daraus ein anderes Ei zu machen".

WEISMANN stellte weiters ein Modell über Entwicklung vor, bei dem der Kern der Zygote eine Anzahl von speziellen Faktoren oder Determinanten enthalten soll. Er vermutete, daß, wenn das befruchtete Ei sich zu teilen (furchen) beginnt, diese Determinanten ungleichmäßig auf die Tochterzellen verteilt werden und so die zukünftige Entwicklung der Zellen kontrollieren. Das Schicksal jeder Zelle wäre daher im Ei durch die Faktoren, die es während der Furchung erhält, determiniert oder präformiert. Dieser Entwicklungstyp wurde „Mosaikentwicklung" genannt, weil das Ei als ein Mosaik von nicht zusammenhängenden Faktoren betrachtet wurde. Zentral bei WEISMANNS Theorie war die Annahme, daß frühe Zellteilungen asymmetrische Teilungen und die Tochterzellen, als Resultat der ungleichmäßigen Verteilung von Kernkomponenten, ganz unterschiedlich voneinander sein müßten. Diese Annahme war zwar falsch, doch lieferte das Modell der Mosaikentwicklung neue Denkanstöße.

In den späten achtziger Jahren des vorigen Jahrhunderts kamen für WEISMANNS Vorstellung der Mosaikentwicklung zusätzliche Argumente vom deutschen Embryologen Wilhelm ROUX (1850-1924), einem Schüler von Ernst HAECKEL, der mit Froschembryonen experimentierte. ROUX zerstörte nach der ersten Furchung eine der zwei Zellen mit einer heißen Nadel und stellte fest, daß sich die überlebende Zelle in eine wohl ausgebildete halbe Kaulquappe entwickelte. Er schloss daraus, daß die Entwicklung des Frosches auf einem Mosaikmechanismus beruht, der bei jeder Furchung die Eigenschaft der Zellen und ihr Schicksal vorbestimmt. Leider war, da er die abgetötete Zelle nicht entfernte, der Versuchsansatz und somit auch das Ergebnis, wie sich später herausstellte, falsch, doch ROUX, der sich zum Ziel gesetzt hatte, die Kausalzusammenhänge der Formbildung (heute Musterbildung genannt) mit Hilfe von zergliedernden Techniken zu klären, rief mit diesem einfachen Experiment eine ganz neue Forschungsrichtung ins Leben, die sich von den bisherigen deskriptiven Verfahren der Embryologie durch ihr methodisches Vorgehen, nämlich der experimentellen Entwicklungsstörung, unterschied und die er „Entwicklungsmechanik“ bezeichnete.

Als ROUX' Kollege und Landsmann, Hans DRIESCH (1867-1941), diese Experimente wenige Jahre später in Neapel bei Seeigeleiern wiederholte, erhielt er ein ganz anderes Resultat. Angeregt durch die bahnbrechende Entdeckung von Curt HERBST (1866-1946), der festgestellt hatte, daß kalziumfreies Seewasser den Zusammenhalt der Furchungszellen auflöst, hatte DRIESCH die Zellen des 2-Zellstadiums komplett voneinander getrennt und erhielt daraus normale, jedoch halb so große, Seeigellarven. Dies war genau das Gegenteil von ROUX' Ergebnissen und war der erste klare Beweis eines Entwicklungsganges, der als „regulativ“ bezeichnet wird. Dabei besitzt ein Embryo die Fähigkeit (= Potenz), sich – auch wenn einige Teile entfernt oder umgeordnet werden – normal zu entwickeln. Die Ergebnisse dieser Versuche bestärkten DRIESCH in der Ansicht, daß eine mechanische Deutung des organischen Geschehens im Sinne physikalisch-chemischer Kausalität nicht ausreicht, die Leistungsfähigkeit eines Organismus zu erklären, wie dieser bei beliebiger Entnahme oder Verlagerung von Teilen diese ersetzen kann. DRIESCH spricht daher von „harmonisch-äquipotentiellen Systemen“, bei denen die Potenzen gleichmäßig auf alle Zellen verteilt sind, die stets in Harmonie zueinander stehen und bei denen ein Hauptkriterium die „Selbstdifferenzierung“, also „Jeder kann jedes“ und „alles Einzelne steht in Harmonie zueinander“ ist. DRIESCH, der später von der Biologie zur Philosophie wechselte, versuchte seine Ergebnisse mit „spezifischen richtenden Lebenskräften in Form von elektrischen oder magnetischen Strömen“ zu erklären (Neovitalismus).

Der Amerikaner Edmund B. WILSON (1865-1939), der die Experimente DRIESCHS mit Anneliden- und Molluskenembryonen wiederholte, fand, daß diese Organismen sich nach Entnahme von Zellen zu keinem vollkommenen Organismus entwickeln und daher eine Mosaikentwicklung durchmachen, wie sie ROUX postulierte. Heute weiß man, daß im Tierreich sowohl der determinative Mosaikentwicklungstyp als auch der Regulationsentwicklungstyp vorkommen und die Ergebnisse von der untersuchten Tierart abhängen.

Obwohl das Konzept der Regulationsentwicklung stillschweigend voraussetzte, daß Zellen miteinander interagieren müssen, wurde die zentrale Bedeutung der Zell-Zell-Interaktionen in der Embryonalentwicklung bis zur Entdeckung des Induktionsphänomens, bei dem ein Gewebe die Entwicklung eines anderen, benachbarten Gewebes beeinflußt, nicht wirklich verstanden.

Durch Verpflanzungsexperimente von Blastomeren bei Seeigelembryonen, insbesonders von Sven HÖRSTADIUS, kristallisierte sich die Gradientenhypothese heraus. Bei diesen Experimenten zeigte sich, daß die Entnahme oder Verpflanzung von einzelnen Blastomeren oder ganzer Zellkränze bei frühen Furchungsstadien den Entwicklungsablauf der Embryonen beeinflußt und daß besonders die vegetativen Mikromeren die anderen Zellen beeinflussen. Diese und weitere Beobachtungen waren Anlaß zur Aufstellung der Gradiententheorie, die annimmt, daß Zellen in einem sich entwickelndem Zellverband auf eine Substanz im Zytoplasma – einem sogenannten Morphogen – reagieren und ein Konzentrationsgefälle dieser Substanz im Embryo unterschiedliche Reaktionen der Zellen hervorruft.

Die Bedeutung der Induktion und anderer Zell-Zell-Interaktionen in der Entwicklung wurde erst im Jahre 1924 durch die bedeutenden „Organisator“-Transplantationsexperimente bei Amphibienembryonen der beiden deutschen Forscher Hans SPEMANN (1869-1941) und seiner Assistentin Hilde MANGOLD geborene PRÖSCHOLDT (1898-1924) mit einem Schlag eindrucksvoll unter Beweis gestellt. Sie zeigten, daß durch Verpflanzung einer kleinen Region eines Molchembryos auf eine andere Stelle eines anderen Embryos, die Bildung eines zusätzlichen Embryoteiles angeregt (= induziert) werden kann. Das verpflanzte Gewebe wurde bei diesen Versuchen von der dorsalen Urmundlippe des Blastoporus, der schlitzförmigen Einstülpung, die sich bei Gastrulationsbeginn an der dorsalen Oberfläche des Amphibienembryos bildet, entnommen. Diese kleine Region, die für die Kontrolle des Aufbaus eines vollständigen funktionierenden embryonalen Körpers benötigt wird, nannten sie „Organisator". Für diese Entdeckung erhielt SPEMANN im Jahre 1935 den Nobelpreis für Physiologie oder Medizin, einen der zwei jemals für embryologische Forschung vergebenen Nobelpreise. Hilde MANGOLD starb leider vorher durch einen Haushaltsunfall und konnte daher nicht mehr geehrt werden, doch wurden die Arbeiten über die Determination embryonaler Zellen von ihrem Mann Otto MANGOLD (1891-1962) fortgeführt.

Heute sind bei Wirbeltieren viele Beeinflussungen der Entwicklungsgänge durch gesetzmäßige Induktionsabfolgen bekannt, auch, daß das Organisatorzentrum der Amphibien nicht das primäre Induktionszentrum ist, sondern dessen Lage bei Amphibien schon bei der Befruchtung durch den Ort der Fusion des Spermiums mit der Eizelle festgelegt wird. Bei der Befruchtung kommt es in der Eizelle zur Verlagerung von cortikalem Plasma (Segregation), wodurch ein halbmondförmiges, oft speziell gefärbtes Plasmaareal sichtbar wird, das die dorsale Achse des Embryos festlegt und das bei den nachfolgenden Furchungen in ein begrenztes Gebiet, das NIEWKOOP-Zentrum (benannt nach einem niederländischen Embryologen), eingebaut wird. Dieses Zentrum induziert später die Ausbildung des „SPEMANN"-Organisatorzentrums. Wie diese Induktionsabfolgen zeigen, können bei manchen Tieren die Achsen der Körpergrundgestalt schon vor der ersten Furchungsteilung festgelegt und die Zellverteilung und Musterbildung im Embryo bereits durch den Spermieneintritt eingeleitet werden.

Die Entdeckung der Induktion, sowie die von Johannes HOLTFRETER, einem Schüler von SPEMANN, entwickelten Kulturverfahren für embryonales Gewebe und dessen Entdeckung, daß sogar abgetötetes Wirbeltiergewebe verschiedenster Herkunft harmonische Organisationsmuster induzieren kann, hatten tiefgreifende Auswirkungen auf die experimentelle Embryologie. Sie lösten einen Boom an Experimenten bei den verschiedensten Tiergruppen aus und leiteten in den dreißiger Jahren unseres Jahrhunderts die besonders intensive Suche nach der biochemischen Natur der Induktion ein, die jedoch durch die nationalistische Strömung in Deutschland und den dadurch ausgelösten 2. Weltkrieg über viele Jahre unterbrochen wurde und danach nur langsam wieder in Gang kam. Die biochemischen Grundlagen für die Induktion wurden nicht gefunden, doch kam man zur Erkenntnis, daß zwei gegenläufige morphogenetische Gradientensysteme, eines für die Längs- und eines für die Querachse des Embryos, sehr detaillierte Positionsinformation über das gesamte Ei darstellen und ausreichen, um die Musterbildung in sich entwickelnden Organismen zu erklären.

Der Werdegang der Genetik und ihr Einfluss auf die embryologische Forschung

Bereits DARWIN erkannte, daß für die Erklärung der stammesgeschichtlichen Entwicklungsprozesse zu seiner Variabilitäts-Selektionstheorie noch zusätzlich eine Vererbungstheorie notwendig sei. Die Vergleichende Morphologie brachte für die Embryologie kaum weitere Erkenntnisse, weshalb sich die Evolutionsbiologen in zwei Gruppierungen aufspalteten. Die eine Gruppe, Naturalisten genannt, zu der auch HAECKEL gehörte, blieb weiterhin der vergleichend morphologischen Arbeitsrichtung treu und lehnte die Labormethoden, wie Fixieren, Schneiden, Färben oder experimentelle Eingriffe ab. Die andere Gruppe arbeitete experimentell. Der Großteil der Experimente waren Kreuzungsexperimente und wurden im 19. Jahrhundert in erster Linie von Tier- und Pflanzenzüchtern durchgeführt, die sich die Frage stellten, inwieweit durch Hybridisierung neue Arten entstehen oder negative Merkmale der Elternformen bei neugezüchteten Rassen vermieden werden können. Charles DARWIN, selbst Tauben- und Pflanzenzüchter, nahm an, daß in jeder Zelle kleine „Keimchen" (gemmules) als Merkmalsträger vorhanden seien, die durch Permeabilität alle Gewebe durchdringen, sich ebenso wie die Zellen teilen und über die Blutbahn auch die Keimzellen erreichen. Die Variabilität bei Nachkommen erklärte er durch Mangel, Überschuß und Verlagerung oder Neuaktivierung von „Keimchen".

Auch E. HAECKEL entwarf eine Vererbungshypothese, in der er molekulare Strukturen der Zellen für die Vererbung verantwortlich ansah. Er machte die Umordnung von Atomen durch äußere Einflüsse und damit eine Veränderung der wellenförmigen Molekularbewegung dafür verantwortlich, daß eine Art „Gedächtnis" in „Lebensteilchen" (Plastidulae) entstehe und diese auch durch veränderte Körperzellen auf die Keimzellen und so auf die Nachkommen über die sogenannte „Plastidulbewegung" vererbt werden können. Sowohl HAECKEL als auch DARWIN waren wie die meisten Biologen der damaligen Zeit „Lamarckisten", denn sie waren überzeugt, daß die im Individualleben erworbenen Eigenschaften auf die Keimzellen übergehen und so vererbt werden.

Erst August WEISMANN, ein Anhänger DARWINS, widerlegte aufgrund seiner entwicklungsgeschichtlichen Studien an Hydromedusen und Protozoen die Hypothesen von DARWIN und HAECKEL über die Vererbung von durch äußeren Einflüssen erworbenen Eigenschaften. Er zog eine scharfe Trennlinie zwischen Keimplasma und Soma (Körperzellen) und lehnte direkte Einflüsse des Somas auf die Keimzellen ab. Seine Hypothese war, daß erbliche Variabilität bei der bisexuellen Vermehrung nur durch die Vereinigung zweier elterlicher Keimplasmen möglich sei (Amphimixis). Diese „Keimbahn-Theorie" erläuterte er detailliert in seinem bedeutenden, 1892 erschienenem Werk „Das Keimplasma. Eine Theorie der Vererbung".

Jedoch beinahe 30 Jahre vorher (1865) veröffentlichte der Augustinerpater Gregor MENDEL (1822-1884), der in Wien Botanik, Physik und Mathematik studiert hatte und Mitglied der Österreichischen Zoologisch-Botanischen Gesellschaft war, seine Kreuzungsexperimente mit Erbsen- und Bohnensorten in der unbedeutenden Zeitschrift „Verhandlungen des Naturforschenden Vereins in Brünn" unter dem Titel „Versuche über Pflanzenhybriden". In dieser Arbeit kam er zur Erkenntnis, daß die von ihm ausgewählten Merkmale bei der Vererbung einer regelhaften Aufspaltung unterliegen. MENDELS Verdienst war es, daß er die aus 355 künstlich durchgeführten Befruchtungen gewonnenen und über mehrere Generationen gezogenen 12980 Bastardpflanzen statistisch auswertete. Dadurch war es möglich, die Spaltungsgesetze der Bastarde (Uniformitätsregel, Spaltungsregel, Unabhängigkeitsregel der Vererbung) aufzustellen, die heute als Mendelsche Regeln allgemein bekannt sind. MENDEL hatte damit unter anderem den Beweis erbracht, daß Erbmerkmale unabhängig voneinander auf die Nachkommen übertragen werden können. Diese bahnbrechende Arbeit von MENDEL geriet für 35 Jahre in Vergessenheit und wurde erst 1900 durch den holländischen Botaniker Hugo de VRIES (1848-1935), der ähnliche Versuche wie MENDEL an Bohnensorten anstellte, wiederentdeckt. Dadurch fanden die Mendelschen Vererbungsgesetze weltweite Anerkennung und wurden zum Fundament des neuen Wissenschaftszweiges Genetik.

De VRIES bemerkte aber auch, daß unter Wildpopulationen der Nachtkerze (*Oenothera*) spontan erbliche Varietäten auftreten, die er als Mutanten bezeichnete und er wies in seinem Werk „Mutationstheorie" auf die Möglichkeit der Entstehung neuer Arten durch sprunghaft auftretende Erbänderungen hin. Die Mutationstheorie war es auch, die das Interesse von der Selektionstheorie DARWINS wegführte.

Einen weiteren maßgeblichen Anteil am Zurücktreten evolutionstheoretischer Fragen hatte Thomas Hunt MORGAN (1866-1945). MORGAN begann 1907, angeregt von dem aus der Schweiz stammenden Zoologen Edmund Beecher WILSON, an der Columbia Universität New York sowohl zytologische als auch populationsgenetische Experimente an einem für diese Fragestellungen optimal geeigneten Objekt, der Taufliege *Drosophila melanogaster*, durchzuführen.

Er entdeckte dabei die ersten wirklichen natürlichen Mutationen und gewann neue Erkenntnisse über die materiellen Erbträger in den Kernstrukturen und leitete davon 6 Vererbungsgesetze ab.

Zu den zwei Mendelschen Prinzipien der Spaltung und freien Kombination kamen das

Prinzip der Koppelung, das des Faktorenaustausches, das der linearen Anordnung der Gene und das der begrenzten Koppelungsgruppen hinzu. MORGAN fand heraus, daß es viel mehr Merkmalspaare als Chromosomenpaare gibt und daß man sich ein Gen nur als einen sehr kleinen Teil eines Chromosomenfadens vorstellen kann. Diese Erkenntnisse beherrschten in der Phase der sogenannten klassischen Genetik die nächsten 30 Jahre nach der Entdeckung der Mendelschen Gesetze und führten zur Theorie des Gens, mit der es möglich war, genetische Probleme auf streng zahlenmäßiger Basis zu behandeln und Vorhersagen zu machen. Diese Theorie war auch die Grundlage für die Erstellung von Genkarten. Dabei wurde mit Hilfe der Riesenchromosomen in den Speicheldrüsen von *Drosophila* aus der Häufigkeit der Entkoppelung von Genen, (d. h. der Trennung von zwei normalerweise gemeinsam vererbten Merkmalen im Zuge der Neukombination während der Meiose) auf ihren relativen Abstand im Chromosom geschlossen. Im Jahre 1925 gelang es dann H.-J. MULLER erstmals bei *Drosophila*, durch Röntgenstrahlen künstliche Mutationen auszulösen, wodurch die experimentellen Möglichkeiten um ein Vielfaches erweitert wurden. MULLER stellte fest, daß die Gene die eigentliche Grundlage des Lebens seien und nicht, wie bisher angenommen, das Protoplasma. Für ihre richtungsweisenden Arbeiten wurden sowohl MORGAN (im Jahr 1933) als auch MULLER (im Jahr 1946) mit dem Nobelpreis ausgezeichnet.

Während der frühen Jahre dieses Jahrhunderts gab es wenig Verbindung zwischen Embryologie und Genetik, denn als MENDELS Regeln im Jahre 1900 wiederentdeckt wurden, war das Interesse an den Mechanismen der Vererbung – speziell in Beziehung zur Evolution zwar groß – jedoch weniger in Beziehung auf die Entwicklung. Genetik wurde als das Studium der Vererbung von Elementen des Erbgutes von einer Generation auf die nächste angesehen, wogegen Embryologie das Studium darüber war, wie sich ein einzelner Organismus entwickelt und im Speziellen, wie Zellen sich im frühen Embryo voneinander zu unterscheiden beginnen. Genetik schien in dieser Hinsicht für die Entwicklung irrelevant zu sein.

Ein wichtiges Konzept, das möglicherweise die Verbindung zwischen Genetik und Embryologie schuf, war die Unterscheidung zwischen Genotyp und Phänotyp. Dies wurde zum ersten Mal durch den dänischen Botaniker Wilhelm JOHANNSEN (1857-1927) im Jahre 1909 herausgestrichen, der auch für den damals hypothetischen materiellen Vererbungsträger (die Anlage) den abstrakten Begriff Gen einführte. Die genetische Ausstattung oder Information, die ein Organismus von seinen Eltern erhält, ist somit der Genotyp, sein sichtbares, reales Erscheinungsbild, sein innerer Bau und seine Biochemie in jedem Stadium seiner Entwicklung ist der Phänotyp. Während der Genotyp ganz offensichtlich die Entwicklung kontrolliert, beeinflussen Umweltfaktoren, die auf den Genotyp einwirken, den Phänotyp. Obwohl sie denselben Genotyp haben, können zum Beispiel eineiige Zwillinge, wenn sie heranwachsen, ganz bedeutende Unterschiede in der Ausbildung ihres Phänotyps haben. Nun konnte das Entwicklungsproblem vom Standpunkt der Beziehung zwischen Genotyp und Phänotyp hinterfragt werden, wie die genetische Ausstattung während der Entwicklung „übersetzt" oder „ausgedrückt" wird, damit ein funktionierender Organismus entsteht.

Trotzdem war das Zusammenfinden von Genetik und Embryologie ein langsamer und schwieriger Prozess. Heute wird allgemein anerkannt, daß interdisziplinäre Forschung für den wissenschaftlichen Fortschritt unbedingt notwendig ist. Das war jedoch nicht immer so. In den Jahren zwischen 1930-1940 entdeckten einige Biochemiker, daß Oozyten, Eier und Embryonen ideales Material für die Lösung biochemischer Rätsel darstellen, und eine zunehmende Anzahl von Embryologen glaubten, daß Morphogenese nicht ohne Mithilfe durch die Biochemie verstanden werden kann. Es war besonders Joseph NEEDHAM, der mit seinem Werk „Chemical Embryology" 1930, zu einer Zeit, als die Molekularbiologie selbst noch im Embryonalstadium war, den Grundstein für die heutige molekulare Embryologie legte. Knapp vorher wurde noch irrigerweise zwischen Thymonukleinsäuren (heute Desoxyribonukleinsäure = DNA) in tierischen Zellkernen und Zymonukleinsäuren (heute Ribonukleinsäure = RNA) in pflanzlichen Zellkernen unterschieden. Auch der Nachweis von DNA in Pflanzenzellkernen brachte die Biochemiker nicht gleich auf die Idee, daß dieses Molekül irgendeine genetische Funktion haben könnte, da man annahm, daß es während der Oogenese, wenn die Lampenbürstenchromosomen (= Chromosomen mit seitlichen von der Hauptachse abstehenden Schleifen) maximal ausgebildet sind, verschwindet.

Erst ein besseres Verständnis über den Aufbau und die Funktion der Gene und die Entdeckung in den Jahren nach 1940, daß Gene die Proteine kodieren, war ein wichtiger Wendepunkt und brachte einen riesigen Fortschritt für die embryologische Forschung. Da bereits bekannt war, daß die Eigenschaften einer Zelle durch die Proteine, die sie enthält, festgelegt werden, konnte die bedeutende Rolle, die die Gene bei der Entwicklung spielen, zumindest abgeschätzt werden. Die von G. W. BEADLE und E. L. TATUM bereits 1930 anhand von Versuchen an Mangelmutanten (d. s. Zellen, die infolge eines veränderten Gens eine bestimmte Substanz nicht mehr herstellen können) aufgestellte „Ein Gen = ein Protein-Hypothese“ war ein grundlegender Ansatz für die Aufklärung der molekularen Grundlagen der Vererbung. Diese Hypothese besagt, daß jedes Gen ein ganz bestimmtes Protein kodiert, sei es ein Strukturprotein oder ein Enzym, das den Stoffwechsel katalysiert. Die Forscher wußten damals noch nichts über den materiellen Träger dieses Codes beziehungsweise dieser Erbinformation. Man dachte unter anderem an Proteine. Doch 1944 konnten O. T. AVERY und seine Mitarbeiter eindeutig zeigen, daß Desoxyribonucleinsäure (DNA) die genetische Information enthält, indem sie isolierte DNA in Bakterien (Pneumococcen) einschleusten und die genetische Information der Fremd-DNA in den Bakterien zur Wirkung brachten. Damit begann eine intensive und langwierige Forschungstätigkeit zur Aufklärung der Struktur des DNA-Moleküls und der Klärung des Genetischen Codes.

1950 stellte Erwin CHARGAFF fest, daß die Basen Adenin und Thymin einerseits sowie Cytosin und Guanin andererseits immer in gleichem Verhältnis in der DNA vorliegen. Er schloß daraus, daß die Basen im DNA-Molekül Paare bilden, da sie nur in dieser Kombination räumlich zusammenpassen („Komplementaritätsregel“). Seine Ergebnisse wurden nur wenig beachtet, doch stellten sie einen wichtigen Schritt für die Aufklärung der DNA-Struktur dar. Aufbauend auf CHARGAFFS Ergebnisse veröffentlichten James WATSON und Francis CRICK das Doppelhelixmodell der DNA, das so grundlegende Vorgänge wie die identische DNA-Verdopplung vor der Zellteilung (Replikation) und die Übersetzung des DNA-Codes in RNA-Moleküle (Transkription) erklärbar machte.

Beide wurden dafür 1962 mit dem Nobelpreis ausgezeichnet. Der genetische Code selbst wurde 1961 vor allem durch Robert W. HOLLEY, Har G. KHORANA und Marshall W. NIRENBERG (Nobelpreis 1968) geknackt. Dabei wurden die Beziehungen zwischen je drei Basen (Nukleotiden) der DNA und den von ihnen kodierten Aminosäuren, den Bausteinen der Proteine, erkannt. Diese neuen Erkenntnisse über die molekularen Grundlagen der Erbsubstanz waren die Grundpfeiler für den Forschungszweig der molekularen Genetik, die durch Erarbeitung von speziellen Techniken wiederum Eingriffe und Veränderungen des Genoms ermöglichte und dadurch die Basis für die, heute das Denken der Menschen fast täglich beeinflussende, Forschungsrichtung der Gentechnik schuf. Doch auch der lange Zeit stagnierenden embryologischen Forschung wurden damit neue Impulse zur Beantwortung alter Fragen gegeben.

Neue Antworten auf alte Fragen der Embryologie

Der Präformations – Epigenesestreit aus der Urzeit der Embryologie erscheint uns aus heutiger Sicht lächerlich, ist aber weiterhin ein „heißes“ Thema. Das alte Problem wird nur durch die aus der Zytologie, Genetik und Molekularbiologie gewonnenen Erkenntnisse anders artikuliert. Anstatt von „Epigenese“ spricht man jetzt von regulativer Entwicklung und „Präformation“ bedeutet die im Ei durch das Genom und der Struktur der DNA festgelegte vordeterminierte Ordnung. Daher stellte man die Frage, ob die Körperstrukturen direkt durch DNA-kodierte Information im Ei festgelegt werden (Mosaikembryonen) oder ob sie erst später indirekt durch Veränderungen von Zell- und Gewebeeigenschaften auftreten (Regulationsembryonen). Heute weiß man, daß der Unterschied zwischen „Mosaikkeimen" und „Regulationskeimen" in erster Linie im unterschiedlichen zeitlichen Ablauf der Determination liegt und bei „Mosaikkeimen" die Entwicklung der einzelnen Zellen und Zelllinien weitgehend autonom abläuft und die gegenüber dem „Regulationskeim" meist in geringerem Ausmaß auftretenden Zellinteraktionen schon sehr früh wirksam sind. Bei Seeigeln und Wirbeltieren geschieht die Determination dagegen vorwiegend durch Zellinteraktionen und die Phase der Programmierung zieht sich über längere Zeit hin. Daher bleibt die Pluripotenz (Fähigkeit, daß mehrere Zelltypen aus einer Vorläuferzelle hervorgehen können) und die Regulationsfähigkeit entsprechend lange erhalten, obwohl auch bei diesen Entwicklungsgängen im Mutterleib während der Eireifung in die Oozyte deponierte maternale Genprodukte vorkommen, die den Zellen, die diese Produkte zugewiesen bekommen, früh eine besondere Aufgabe zuweisen. Doch wie kann die lineare Information, die in der DNA enthalten ist, die Aufgliederung eines befruchteten Eies zu einem bestimmten dreidimensionalen Organismus steuern? Für die Beantwortung dieser Frage ist das zentrale Dogma der Entwicklungsbiologie, nämlich die Hypothese der variablen, selektiven Genaktivität von essentieller Bedeutung. Die Hypothese besagt, daß in jeder Zelle eines Organismus zu einer bestimmten Zeit nur ganz bestimmte Gene aktiv und alle anderen inaktiv sind und sich dieses Muster im Laufe der Entwicklung fortwährend ändert. Der Entwicklungszustand eines Organismus wird demnach durch die jeweiligen Genprodukte festgelegt. Da die Produkte der meisten Gene Proteine sind, wird die Individualität einer Zelle durch ihr einzigartiges Proteinspektrum bestimmt und das Verständnis der Regulation der selektiven Genaktivität ist daher zusammen mit der Idee vom morphogenetischen Gradienten, der die Verwandlung des Kontinuums einer einzigen Qualität in eine geordnete Serie von verschiedenen Qualitäten erklärt, der Schlüssel für die Erklärung von Entwicklungsprozessen.

Was heute über die Prinzipien der Genwirkung und die Hierarchie der Genfunktionen bei der primären Musterbildung bekannt ist, ist insbesondere auf die zahlreichen, fast unüberschaubaren Untersuchungen an *Drosophila* zurückzuführen. Daß gerade diese Fliege zu dem Modelltier für Untersuchungen der frühen Embryonalentwicklung wurde, liegt daran, daß anfangs nur für *Drosophila* die größte Vielfalt an Methoden für die embryologische Forschung zur Verfügung stand. Zusätzlich zu den modernen Methoden der Zell- und Molekularbiologie konnte bei dieser Tierart auch die genetische Analyse bei durch Mutationen auftretende Ausschaltung einzelner Komponenten im dafür kodierenden Gen angewandt und so die nicht funktionsfähigen oder fehlenden Morphogene von spezifischen Phänotypen untersucht werden. Weiters läßt sich die Verteilung der Genprodukte, wie Boten-RNA (messenger-RNA oder kurz mRNA) und Protein, durch molekulare Sonden sehr gut bestimmen. Deshalb sind bei dieser Tierart die Grundprinzipien der Gestaltbildung trotz vieler noch offener Fragen besonders bezüglich biochemischer Details, am besten geklärt.

Die Frühentwicklung wird beherrscht von einigen wenigen Schlüsselgenen, den sogenannten Meistergenen, die über ihre Proteinprodukte Einfluß auf den Funktionszustand weiterer Gene nehmen. Diese Genprodukte enthalten DNA-bindende Domänen und wirken dadurch als Transkriptionsregulatoren. Bei *Drosophila* werden mehrere Klassen zeitlich nacheinander wirksamer, entwicklungssteuernder Gene aktiviert, maternale Gene für die Etablierung der Körperkoordinaten, Segmentierungsgene für die Aufgliederung des Embryos in sich wiederholende (metamere) Einheiten und homeotische Gene für die Bestimmung der Körperabschnitte (Kopf, Brust, Hinterleib). Da der Einfluß der maternalen Gene auf die Ausbildung der Polarität der Körperachsen am intensivsten untersucht ist, kann anhand der Wirkungsweise einiger Schlüsselgene die Hypothese der variablen, selektiven Genaktivität und die Wirkungsweise von morphogenetischen Gradienten bei der Musterbildung am besten erklärt werden.

Im Ovar eines *Drosophila*-Weibchens teilt sich eine Keimzelle vor ihrer Reifung zur

Oocyte immer viermal unvollständig, wodurch ein über Plasmabrücken verbundener Zellverband aus 15 Nährzellen und einer Oocyte entsteht. Dieser Zellverband liegt wiederum in einer als Follikelepithel bezeichneten Zellschicht, und alle diese Zellen zusammen bilden eine Funktionseinheit.

Die maternalen Gene sind in den Nährzellen und den Follikelzellen der Gonaden aktiv. Deren Genprodukte werden in Form von Boten-RNA in die Oocyte geschleust und erst nach der Befruchtung in Proteine umgebildet (translatiert). Der Aufbau der gesamten Bilateralsymmetrie ist daher indirekt unter der Kontrolle des mütterlichen Genoms, da – von der Oocyte aus betrachtet – die entscheidenden Richtungsgeber von außen, von den Nähr- und Follikelzellen des Ovars kommen und erst nach der Aufnahme in die Oocyte zum eiinternen Determinanten werden. Am Vorderpol der Oocyte, dort wo sie mit den Nährzellen verbunden ist, wird eine mRNA namens „bicoid" eingelagert und am Hinterpol eine mit dem Namen „nanos". Die Konzentration der beiden Genprodukte nimmt jeweils in Richtung gegenüberliegenden Pol ab. In den ersten Minuten der Embryonalentwicklung kommt es zur Translation in die Proteine „Bicoid" und „Nanos" und damit zur Ausbildung von Proteingradienten. Das Protein „Bicoid" hat die Funktion eines Morphogens, da es die Transkription und damit die Aktivität nachgeschalteter Gene – abhängig von seiner Konzentration – steuert. Es wandert in die durch Furchungsteilungen entstandenen Zellkerne ein und aktiviert (exprimiert) dort andere Gene wie zum Beispiel das jetzt vom Embryo selbst exprimierte, daher zygotisch genannte, Gen „hunchback". Das „Nanos"-Protein wandert nicht in die Zellkerne ein, sondern wirkt indirekt auf die Genaktivität, indem es im posterioren Bereich die Translation der „hunchback"-Boten-RNA zum „Hunchback"-Protein verhindert und somit einen weiteren Gradienten aufbaut. Bei Fliegenmutanten, denen die beiden maternalen Genprodukte fehlen, kommt es zu Fehlentwicklungen bei den Nachkommen. Stammt die Larve von einer Mutter, die keine „bicoid"-RNA produzieren kann, dann fehlt ihr der Vorderkörper mit Kopf und Brust. Bei Larven, deren Mutter keine „nanos"-RNA produzieren kann, fehlt das Hinterende. Durch umfangreiche Experimente mit diesen Mutanten wurde mit Hilfe aufwendiger genetischer und mikrobiologischer Techniken die Hypothese der variablen, selektiven Genaktivität und die Gradiententheorie bestätigt. Für ihren Beitrag an der Lösung der Frage nach dem Mechanismus der Musterbildung wurden die Forscher Christiane NÜSSLEIN-VOLHARD, Eric WIESCHAUS und Edward B. LEWIS im Jahre 1995 mit dem zweiten Nobelpreis für Entwicklungsbiologie ausgezeichnet. Christiane NÜSSLEIN-VOLHARD, jetzt Leiterin am Max Planck Institut für Entwicklungsbiologie in Tübingen, und Eric WIESCHAUS, seit 1981 Professor an der Universität Princeton, begannen 1978 gemeinsam mit der systematischen Suche nach Koordinaten- und Segmentierungsgenen. Edward B. LEWIS, der bereits 1915 im Labor von T. H. MORGAN eine merkwürdige *Drosophila*-Mutante entdeckt hatte, die zwei Paar Flügel hatte („bithorax"), wurde für sein Lebenswerk, insbesonders aber für seine Erforschung der homöotischen Gene ausgezeichnet. Eine weitere wichtige Erkenntnis des Pioniers der Entwicklungsgenetik war, daß die Gene des bithorax-Komplexes auf ihren Chromosomen genau in der Reihenfolge angeordnet sind wie die von ihnen bestimmten Körperregionen längs des Fliegenembryos. Inzwischen hat man verblüffende genetische Parallelen zu diesen Entwicklungsprozessen und Anomalien bei Wirbeltieren einschließlich des Menschen gefunden.

Der Schlüssel zum Verstehen von Entwicklungsvorgängen liegt, wie das Beispiel *Drosophila* zeigt, in der Zellbiologie bei den Prozessen der Signalübermittlung und der Kontrolle von Genexpressionen. Dies zeigen auch die unzähligen anderen bei ausgewählten Modelltieren in den letzten 20 Jahren durchgeführten Untersuchungen. Generell kann man sagen, daß heute die Prinzipien der Lebensvorgänge zumindest in Ansätzen verstanden werden. Was werden uns daher die nächsten 20 Jahre bringen? Das fragt sich WOLPERT (1994), ein Vordenker bezüglich entwicklungsbiologischer Fragen in der Zeitschrift Science. „Sicherlich werden weiterhin neue Techniken ausgearbeitet werden, die es uns ermöglichen, die Details von Genaktivitäten und die Biochemie und Biophysik des

Zellverhaltens zu verstehen. Es ist sehr unwahrscheinlich, daß dabei neue generell gültige Prinzipien entdeckt werden. Die gegenwärtig vorhandene Faszination wird anhalten, bis die detaillierten Mechanismen verstanden worden sind und je mehr Ähnlichkeiten zwischen scheinbar unterschiedlichen Entwicklungsabläufen offenbar werden. Wir können also einem großen Fortschritt auf dem Gebiet der Entwicklung und Evolution entgegenblicken. Wir werden, so wie wir jetzt die Lösung des Rätsels der Entstehung des basalen Körperbauplanes erlebt haben, dann die Lösung von so grundlegenden Mechanismen, wie das Bewahren von Körperbauplänen über große Zeiträume und das Entstehen neuer Entwicklungsabläufe, erleben. Wir werden dann in der Lage sein zu verstehen, wie Entwicklung die Bildung von allen vielzelligen Organismen einschränkt und lenkt".

Wenn man diesen Prognosen Glauben schenkt, können wir einer spannenden Zukunft entgegen sehen.

Zusammenfassung

Seit jeher haben sich Menschen für die Entwicklung der Lebewesen und die Entstehung der Vielfalt an Arten interessiert. Von ARISTOTELES bis zum Nobelpreis für Entwicklungsbiologie 1995 zieht sich die Frage, wie Entwicklungsprozesse reguliert werden und welche vordeterminierte Ordnung dahintersteckt, wie ein roter Faden durch das Forschungsgebiet der Embryologie. Die Entwicklung von technischen Hilfsmitteln, die Entdeckung der Zellen als die basalen Bausteine des Lebens, Experimente, und das Verstehen der Vererbung von Information auf molekularer Basis führte dazu, daß wir heute grundlegende Lebensprozesse verstehen.

Anschrift des Verfassers:
Univ.-Doz. Dr. Manfred Günther WALZL
Institut für Zoologie
Universität Wien
Althanstraße 14
A-1090 Wien
Austria

Literatur

CREMER T. (1985): Von der Zellenlehre zur Chromosomentheorie. Naturwissenschaftliche Erkenntnis und Theorienwechsel in der frühen Zell- und Vererbungsforschung. — Springer-Verlag, Berlin, Heidelberg, New York, Tokyo.

FREUND H. & A. BERG (Hrsg.) (1963): Geschichte der Mikroskopie. Leben und Werk großer Forscher. — Umschau Verlag, Frankfurt am Main.

GILBERT S.F. (1997): Developmental biology, 5th edition V.V. — Sinauer Associates, Sunderland.

GILBERT S.F. & A.M. RAUNIO (eds.) (1997): Embryology. Constructing the organism. — Sinauer Associates, Sunderland.

HORDER T.J., WITKOWSKI J.A. & C.C. WYLIE (eds.) (1985): A history of embryology. — Cambridge Univ. Press, London, New York, New Rochelle, Melbourne, Sidney.

JAHN I. (1990): Grundzüge der Biologiegeschichte.— G. Fischer Verlag (UTB 1534), Stuttgart, Jena.

JAHN I., LÖTHER R. & K. SENGLAUB (1985): Geschichte der Biologie. Theorien, Methoden, Institutionen, Kurzbiographien. — VEB G. Fischer Verlag, Jena.

KRUMBIEGEL I. (1957): Gregor MENDEL und das Schicksal seiner Vererbungsgesetze. — Wissenschaftliche Verlagsgesellschaft, Stuttgart.

MOORE J.A. (1987) Science as a way of knowing – developmental biology. — Amer. Zool. **27**: 415-537.

MÜLLER I. (1975): Die Wandlung der embryologischen Forschung von der deskriptiven zur experimentellen Phase unter dem Einfluß der Zoologischen Station in Neapel. — Medizinhist. J. **10** (3): 191-218.

MÜLLER W.A. (1995): Entwicklungsbiologie. — G. Fischer Verlag (UTB 1780), Jena, Stuttgart.

NAGL W. (1987): Gentechnologie und Grenzen der Biologie. — Wissenschaftliche Buchgesellschaft Darmstadt.

NÜSSLEIN-VOLHARD C. (1990): Determination der embryonalen Achsen bei *Drosophila*. — Verh. Dtsch. Zool. Ges. **83**: 179-195.

OPPENHEIMER J. M. (1967): Essays in the history of embryology and biology. — The M.I.T. Press Massachusetts Inst. of Technology. Cambridge, Massachusetts & London, England.

SANDER K. (1990): Von der Keimplasmatheorie zur synergetischen Musterbildung – Einhundert Jahre entwicklungsbiologischer Ideengeschichte. — Verh. Dtsch. Zool. Ges. **83**: 133-177.

WOLPERT L. (1994): Do we understand development? — Science **226**: 571-572.

WOLPERT L., BEDDINGTON R., BROCKERS J., JENELL T., LAWRENCE P. & E. MEYEROWITZ (Eds.) (1998): Principles of development. — Oxford Univ. Press, Oxford, New York, Tokyo.

Morphologie: HAECKELS Gastraea-Theorie und ihre Folgen

L. SALVINI-PLAWEN

Abstract

Morphology: HAECKELS "Gastraea Theory" and its Corollaries.

In his "Generelle Morphologie" (1866), E. HAECKEL presented a new understanding of morphology with the inclusion of ontogenetic and phylogenetic conditions in the comparative structural understanding. Following DARWIN's views, he particularly also stressed the meaning of recapitulation and formulated the "Biogenetic law". In connection with his investigations on calcareous sponges (1872), HAECKEL subsequently created his "Gastraea theory" (1872-1877) postulating that all Metazoa should ontogenetically pass a gastrula stage by invagination and that such a "gastraea" with its archenteron should have represented the organization of the common forerunner. A critical analysis reveals, however, that precisely the Porifera – though being diploblastic – neither differentiate a (homologous) gastrula nor possess an archenteron (gut and mouth opening). In addition, the Cnidaria predominately do not form their gastral cavity by invagination. Considering also the limited possibility to differentiate a gastric cavity, the gastraea stage loses its postulated overall phylogenetic significance.

Despite such limitations, the Gastraea theory became the basis for two major phylogenetic concepts to monophyletically derive the Triploblastica ("Bilateria"): the "Enterocoel theory" (or "Gastraea coelom theory") and its variants, as well as the "Trochaea theory". Both hypotheses, however, suffer from contradictory constructions as well as functional inapplicabilities and are thus morphologically incompatible. Alternative concepts, among them the outlined "Planuloid theory", derive the Triploblastica without relying on the gastraea stage. Rather, they regard the development of the gastrula by invagination to be a mere polyphyletic, biomechanically advantageous confluence of two initially separate processes, i. e. becoming diploblastic and differentiating a gastric cavity.

Based on all these aspects (condition in Porifera, limitation of morphogenetic design, gastrula-derived hypotheses and alternative concepts), great significance no longer needs to be attributed to HAECKEL'S "Gastraea theory". The merit of HAECKEL'S work after 1866 thus predominantly lies in pioneering a comprehensive view that included structural biology and (ontogenetic as well as phylogenetic) development as a basis for research on evolutionary relationships.

Schlüsselwörter

Gastraea-Theorie, Phylogenie, Morphologie, Keimblätter, Porifera, Mesoblast, Enterocoel-Theorie

Stapfia 56, zugleich Kataloge des OÖ. Landesmuseums, Neue Folge Nr. 131 (1998), 147-168

1 Einleitung

Schauen wir in einem Nachschlagewerk nach, so finden wir die Person Ernst H. HAECKEL (1834-1919) in vier Zusammenhängen hervorgehoben: DARWIN/Deszendenz-Theorie, Biogenetisches Grundgesetz, Gastraea-Theorie, Monismus. Im Rahmen der Evolutionslehre nach Charles DARWIN gehört E. HAECKELS Rekapitulationslehre („Biogenetische Regel") zum zoologischen Allgemeingut (vgl. OSCHE 1982). Nach wie vor erweist sich aber auch die Gastraea-Theorie (1872-1877) von (kontroversieller) Bedeutung; beruhen doch manche, teils sehr populäre moderne Vorstellungen zur stammesgeschichtlichen Entwicklung (Phylogenie) der Tiere direkt auf HAECKELS Hypothese. Die Gastraea-Theorie ist jedoch nur im Rahmen von HAECKELS „Genereller Morphologie" (1866) verständlich. Diese stellt nicht eigentlich ein rein morphologisches, sondern ein allgemein-biologisches Konzept dar (samt persönlichem Glaubensbekenntnis) und wurde nach dem Tod seiner Frau († 16. Februar 1864) in einer depressiv-resignierenden Phase als eine Art Vermächtnis geschrieben (vgl. HEMLEBEN 1964; ULRICH 1967, 1968): In intensivem Ablenkungseifer entstand anstelle eines geplanten Lehrbuches der (allgemeinen) Zoologie in nur 11 Monaten die „Generelle Morphologie". Es wurde HAECKELS Schlüsselwerk, welches gleichsam als weitläufiges „Programm-Verzeichnis" Erkenntnisse, Vorstellungen und Thesen vorlegt; danach sind kaum mehr größere Ideen eingebracht worden, sondern großteils nur Ausführungen zum „Programm" (vgl. ULRICH 1967, 1968). Hierin macht die „Gastraea-Theorie" insoferne eine Ausnahme, als sie zwar aus dem Programm-Punkt „Rekapitulation" hervorgegangen ist, aber anhand der Keimblätter-Homologie bei Wirbeltieren und Wirbellosen (KOWALEVSKY 1871) eine neue Synthese darstellt. Auf diesen Aspekt soll hier in diesem Beitrag näher eingegangen werden.

2 Generelle Morphologie der Organismen

Im Rahmen der Ideengeschichte der Naturwissenschaft durchzieht der Gegensatz von statischem Sein einerseits und Entwicklung andererseits von Beginn der Überlieferung an (Vorsokratiker) wie ein roter Faden die Biologie (vgl. JAHN et al. 1982, JAHN 1990). Doch nach dem Einbruch durch das „Asebie-Gesetz" von 432 v. Chr. (vgl. MÜHLESTEIN 1957: 59-84; CAPELLE 1968: 250-251, 324), dessen letztes Opfer SOKRATES wurde († 399 v. Chr.), erfolgte mit der essentialistischen Lehre der unveränderlichen Wesenheiten durch den opportunistischen SOKRATES-Schüler PLATON („Ideenlehre", ab 361 v. Chr.) die Kehrtwendung und mit dem von der christlichen Kirche übernommenen statischen Welt- und Naturbild des PLATON-Schülers ARISTOTELES († 322 v. Chr.) eine langreichende Stagnation (vgl. MAYR 1984: 32, 74, 240-246). Erst Mitte des 18. Jhd. nahm der seit der Renaissance aufkeimende Entwicklungsgedanke konkrete, integrative Formen an und fand in der „Histoire naturelle" (1749-1789) von Georges-Louis Leclerc Comte de BUFFON († 1788), dem „Vater des Evolutionismus", seinen ersten bedeutenden Niederschlag. Der Durchbruch gelang mit der erstmals konsequent dargelegten stammesgeschichtlichen Abfolge der Organismen in der „Philosophie zoologique" (1809) von Jean-Baptiste de Monet Chevalier de LAMARCK († 1829), dem Begründer der Abstammungslehre. Durch LAMARCKS eigene vergleichende Untersuchungen und jener von Etienne Geoffroy de SAINT-HILAIRE († 1844) wie von Georg KÜFER alias Georges CUVIER († 1832) erfolgte hierbei eine enorme Bereicherung des anatomischen Wissens, – so verschieden die theoretischen Ansätze des Synthetikers G. ST.-HILAIRE und des Analytikers CUVIER auch waren (vgl. den „Akademie-Streit": GOETHE 1830, 1832). Parallel dazu erfolgten durch Lorenz OKENFUß alias OKEN (1806/1843), Christian Heinrich PANDER (1817) und besonders Karl Ernst v. BAER (1828/1837) erkenntnisreiche embryologische Studien. Sie führten BAER auch zur Verallgemeinerung einer Ableitung der verschiedenen Organsysteme der Wirbeltiere von bestimmten Keim-

Morphologie der Organismen

(im engeren Sinne, nach Ausschluss der statischen Chemie).

Anatomie oder Morphologie im engsten Sinne. (Gesammtwissenschaft von der vollendeten Form der Organismen.		Morphogenie oder Entwickelungsgeschichte. (Gesammtwissenschaft von der werdenden Form der Organismen.	
Tectologie (oder Structurlehre).	Promorphologie (oder Grundformenlehre).	Ontogenie (oder Embryologie).	Phylogenie (oder Palaeontologie)
Wissenschaft von der Zusammmensetzung der Organismen aus organischen Individuen verschiedener Ordnung.	Wissenschaft von den äusseren Formen der organischen Individuen und deren stereometrischen Grundformen.	Entwickelungsgeschichte der organischen Individuen (Onta).	Entwickelungsgeschichte der organischen Stämme (Phyla).

Abb. 1:
E. Haeckels Neuordnung der „Morphologie" (1866, Bd. 1: 30).

schichten (Keimblätter-Theorie), deren Bezeichnung als Ektoderm, Entoderm und Mesoderm durch G. J. Allmann (1853) allgemein geworden ist. Die vergleichende Physiologie der Organsysteme, welche Johannes Müller anhand der Verhältnisse beim Menschen darlegte (1837-1840), kennzeichnet den Wandel von der deskriptiven zur experimentell-gestützten Physiologie. Parallel dazu führte J. Müller vergleichend-embryologische Studien an Reptilien und Fischen durch (1835-1840), wodurch er und seine Schüler, darunter E. Haeckel, sich in der Folge verstärkt dem Studium von Meerestieren widmeten. Mit der genauen Erfassung von Homologie gegenüber der Analogie durch Richard Owen (1847-1848) war auch eine formale Auftrennung der Ähnlichkeiten möglich, welche sogar Spezial-Homologien (heute: Synapomorphien) vom allgemeinen Homologien (heute: Symplesiomorphien) unterschied. Wiederum von verschiedenen Ansätzen ausgehend, hatten dann Alfred Russel Wallace (1858) und Charles Darwin (1859) die gleichen Schlußfolgerungen über die Entstehung der Arten durch natürliche Selektion vorgelegt. In seiner umfangreichen, schon 1842-1844 konzipierten Darlegung („On the origin of species by means of natural selection") führt Darwin bereits die Homologien auf die Abstammung von gemeinsamen Vorfahren zurück, wogegen die analogen Ausbildungen als Anpassung an gleichartige Lebensbedingungen interpretiert wurden. Diese Deszendenz-bezogene Anschauung fand nun auch in den vergleichend-anatomischen Arbeiten von Carl Gegenbaur (1864-1872) und von Thomas Henry Huxley (1871, 1877), dem bedeutenden Streiter für Darwin, ihren Niederschlag.

All diese und weitere, besonders nach Darwin einsetzenden Studien (vgl. Jahn et al. 1982, Jahn 1990) bildeten den Boden für die Darlegungen des noch jungen Ernst H. Haeckel in der „Generellen Morphologie der Organismen" (1866), daß Homologie, wie von Darwin vorgezeichnet, auf gleiche paläontologische Herkunft durch Verwandtschaft zurückzuführen sei. Im ersten Band dieser „Generellen Morphologie" bringt nun Haeckel vor allem ein groß angelegtes Konzept einer stammesgeschichtlichen Interpretation der strukturellen Biologie und definiert sie als Morphologie neu (Bd. 1: 8-62). Dieser Entwurf einer Neuordnung begreift die Morphologie als Subsummierung von Vergleichender Anatomie und „Morphogenie" (Entwicklungsgeschichte); letztere umfaßt sowohl die gesamte individuelle Entwicklung (im Gegensatz zur Wirbeltier-bezogenen Embryologie) als neu definierte „Ontogenie" vom Ei bis zur Geschlechtsreife (besser: bis zum Tod) wie auch die stammesgeschichtliche Entwicklung unter dem neuen Begriff „Phylogenie" (Abb. 1). Unter Ausklammerung der (Bio-) Chemie steht die funktionsorientierte Physiologie etwas unglücklich der strukturbezogenen Morphologie gegenüber, – obwohl die Physiologie gleichsam als „causale Morphologie" ein Teilbereich der Morphologie darstellt (Seidel 1971; der Unterschied ist somit eher nur methodisch und in Zielsetzungen zu sehen, d. h im Begriffspaar Anatomie - Physiologie; vgl. Weber 1955). Unter den neu definierten Begriffen findet sich aber auch die „Oecologie" als Teilgebiet der Biologie, welches die „Beziehungen des Organismus zur Aussenwelt" betrifft (Bd. 1: 237, Bd. 2: 286 f.). Die Ausführungen im 1. Band über die Allgemeine Anatomie besprechen dann die Individualität und die Allgemeine Formenlehre.

Der zweite Band der „Generellen Morphologie" umfaßt die „Allgemeine Entwicklungsgeschichte" und bringt die theoretischen Grundlagen für eine „Generelle Ontogenie" unter Hervorhebung der engen Beziehung zur Phylogenie. Hier geht Haeckel auch ausführlich auf die Bedeutung von Vererbung und von Anpassung ein und grenzt dementsprechend den „Darwinismus" vom „Lamarckis-

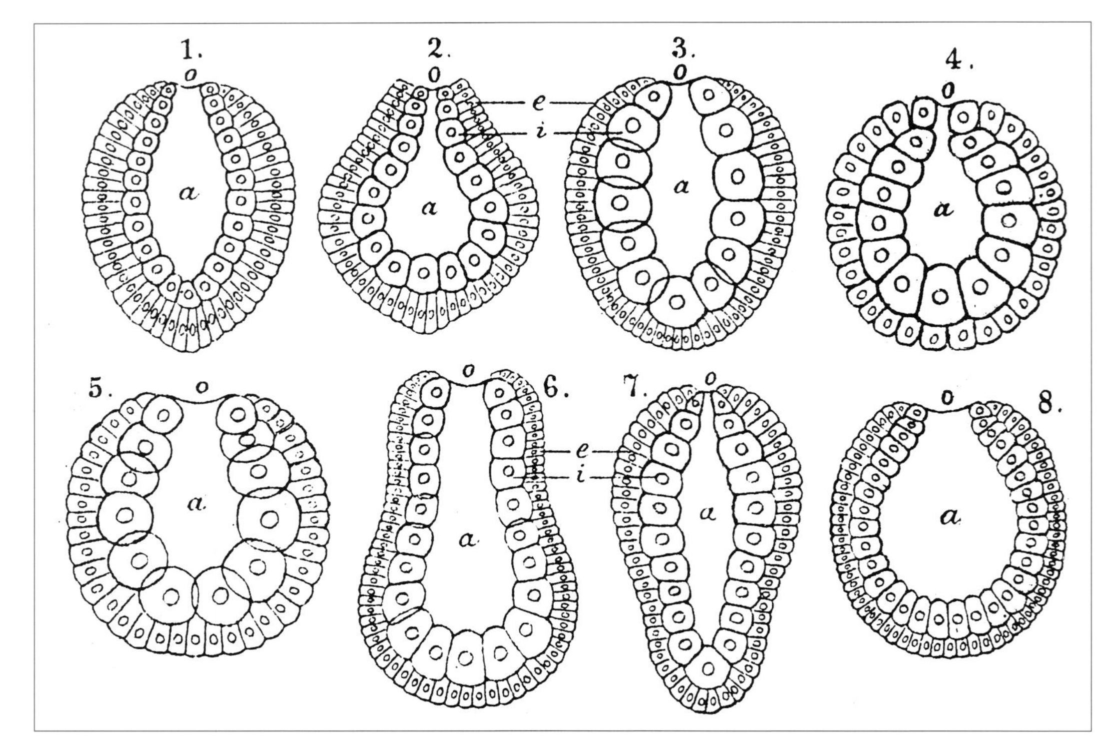

Abb. 2:
„Schematische Illustration der Gastraea-Theorie" anhand „schematischer Längsschnitte der Gastrula von acht verschiedenen Thierformen" aus HAECKEL (1874, Tafel I). (1) = Olynthus eines Kalkschwammes. (2) = Gastrula einer Actinie (Hexacorallia). (3) = Gastrula eines Turbellars. (4) = Gastrula einer Ascidie (Tunicata). (5) = Gastrula von *Lymnaea* (Gastropoda). (6) = Gastrula eines Asteroideen (Echinodermata). (7) = Gastrula einer Nauplius-Entwicklung (Crustacea). (8) = Gastrula von *Amphioxus* (*Branchiostoma*; Chordata). a = Urdarm, e = Dermalblatt (Ectoderm), i = Gastralblatt (Entoderm), o = Urmund.

mus" ab: Durch den Selektionsvorgang, d. h. die ursächliche „Wechselwirkung zwischen Vererbung und Anpassung", unterscheidet sich DARWINS Theorie deutlich vom Lamarckismus, welcher keine Erklärung solcher „mechanischen Ursachen" bringt (Bd. 2: 166-168). Der Unterschied wurde also nicht hinsichtlich der Entwicklungsfaktoren durchgeführt; dies erfolgte erst später, und dieser spätere Lamarckismus müßte zudem richtig als „Geoffroy de St.-Hilairismus" bezeichnet werden, denn E. Geoffory de SAINT-HILAIRE vertrat die Vererbung erworbener Merkmale, wogegen LAMARCK den „inneren Trieb zur Vervollkommnung" als Begründung anführte und DARWIN dann die natürliche Selektion dafür verantwortlich machte.

Zudem finden sich die Folgen der Stammesgeschichte für die individuelle Entwicklung in knappen Thesen ausgedrückt (Bd. 2: 300), darunter die Thesen (41.-42.): „Die Ontogenie ist die kurze und schnelle Recapitulation der Phylogenesis, bedingt durch die physiologischen Functionen der Vererbung (Fortpflanzung) und Anpassung (Ernährung): Das organische Individuum wiederholt während des raschen und kurzen Laufes seiner individuellen Entwicklung die wichtigsten von denjenigen Formveränderungen, welche seine Voreltern während des langsamen und langen Laufes ihrer paläontologischen Entwicklung nach den Gesetzen der Vererbung und Anpassung durchlaufen haben". Diese Verallgemeinerung der Rekapitulationstheorie, wie sie anhand von Untersuchungen zur Krebs-Entwicklung von Fritz MÜLLER (1864: „Für DARWIN") gefolgert wurde, wurde von HAECKEL später (1872: 471) als „Biogenetisches Grundgesetz" bezeichnet: Entsprechend den Feststellungen von F. MÜLLER wird das Rekapitulations-Postulat dann (HAECKEL 1875: 402-411) präzisierend auf die „Palingenese" eingeschränkt und klammert davon die phylogenetisch neueren Veränderungen als „Cenogenesen" (Kaenogenesen) aus. Nach A. N. SEWERTZOFF (1931: 266, 285) unterliegen – genauer – nur die additiv-evolutiven Veränderungen („Anabolie") der Rekapitulation nach dem Biogenetischen Grundgesetz, bei zwei nächstverwandten Gruppen daher nur die Gemeinsamkeiten bis zum Gabelpunkt der Divergenz (terminale oder definitive Deviation: RENSCH 1972: 163 f.).

3 Die Gastraea-Theorie

A. O. KOWALEVSKY veröffentlichte 1867 eine Studie über die Entwicklungsgeschichte des *Amphioxus* (*Branchiostoma*, Lanzettfisch), worin er die Furchung, die Bildung des zweischichtigen Keimes und der frühen Larve darlegte. Diese Vorgänge ließen ihn folgern, daß Ähnlichkeiten mit einer Medusenentwicklung bestünden. Die Studien von Carl GEGENBAUR (1870) führten wiederum dazu, daß homologe Organe aus gleichen embryonalen Anlagen entstanden seien. Wenig später (1871) folgten durch KOWALEVSKY embryologische Untersuchungen an Würmern und Arthropoden, worin die Ähnlichkeiten in der Frühentwicklung von Wirbeltieren und Wirbellosen erneut festgestellt wurden; besonders wurde hierunter bei Oligochaeten die Vergleichbarkeit mit der Bildung der (nach BAER und ALLMANN) drei Wirbeltier-Keimblätter samt den daraus entstehenden Organsystemen betont.

Diesen Studien zufolge (bes. von KOWALEVSKY) und anhand der Untersuchungen an Kalkschwämmen (1872) formulierte dann E. HAECKEL im Kapitel über die Keimblätter-Theorie seine „Gastraea-Theorie": Bei den „Repräsentanten der verschiedensten Thierstämme besitzt die Gastrula ganz denselben Bau" (1872: 466). „Aus dieser Identität der Gastrula bei Repräsentanten der verschiedensten Thierstämme, von den Spongien bis zu den Vertebraten, schliesse ich nach dem biogenetischen Grundgesetze auf eine gemeinsame Descendenz der animalen Phylen von einer einzigen unbekannten Stammform, welche im Wesentlichen der Gastrula gleichgebildet war: Gastraea" (1872: 467). Zuvor hatte er hierzu anhand der Ontogenie der Kalkschwämme (1872: 329-340) sowohl die „Morula" (1872: 332) und „Gastrula" (1872: 333) wie auch die „Gastraea" (1872: 345) definiert, allerdings ohne das Festsetzen und die Metamorphose beobachtet zu haben. Später (1874-1877) führte er die Gastraea-Theorie weiter aus, wobei er sie (1874: 11) nochmals präzisierte: „die Metazoen bilden stets zwei primäre Keimblätter, besitzen stets einen wahren Darm und entwickeln stets differenzierte Gewebe; diese Gewebe stammen immer nur von den beiden primären Keimblättern ab, welche sich von der Gastraea auf sämtliche Metazoen, von der einfachen Spongie bis zum Menschen hinauf vererbt haben". HAECKEL nahm damit an, daß alle Metazoa eine zweischichtige (Invaginations-) Gastrula aus Ektoderm und Entoderm aufweisen und die „Gastraea" daher die Organisation der Stammform aller Tiere darstellt (1874: 18; vgl. Abb. 2). Diesen diploblastischen Status haben die Porifera (Schwämme) beibehalten, wogegen alle weiteren Metazoen ein oder zwei sekundäre Keimblätter, das ursprünglich geteilte mittlere Keimblatt oder Mesoderm, aufweisen. Danach besitzen die „Acephalen" (Cnidaria, Ctenophora) als „Triblasteria" bereits ein sekundäres Keimblatt, das Ecto-Mesoderm (1874: 25, 31-32; 1877b: 67-68 jedoch in Frage gestellt), die „Tetrablasteria" (Bilateria) hingegen mit Körperwandmuskulatur und Darm-Muskularis zwei sekundäre Keimblätter. Unter diesen haben wiederum nur die Plathelminthen kein Coelom (1872: 465, 468) und somit als Acoelomaten den ursprünglichen Zustand beibehalten, wogegen die Coelomata (einschließlich Nemathelminthes) mit dem Coelom ein weiteres, fünftes Keimblatt aufweisen würden („Pentablasteria").

Abgesehen davon, daß HAECKEL (1874: 30-31) die Einteilung der Tiere von E. Ray LANKESTER (1873, 1877) anhand der Bildungs-Blasteme in „Homoblastica" (Proto-

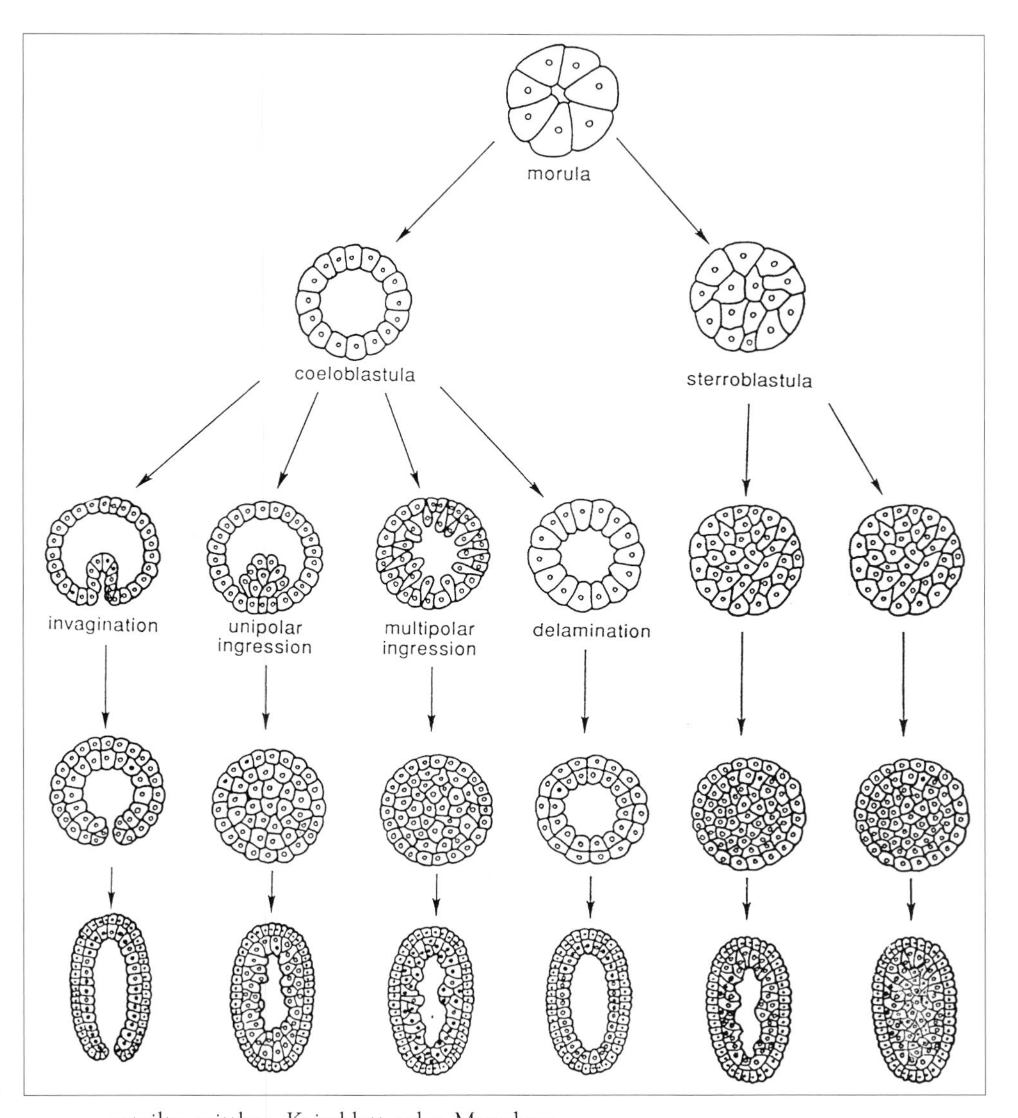

Abb. 3: Varianten der Entoblastem-Bildung zur Planula-Organisation der Cnidaria (nach TARDENT 1978 und NIELSEN 1995).

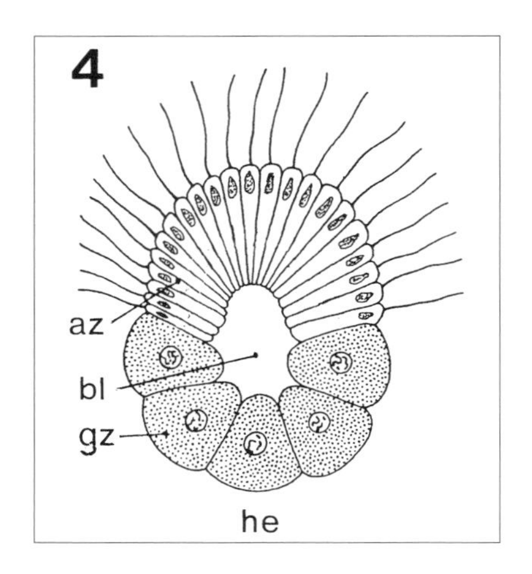

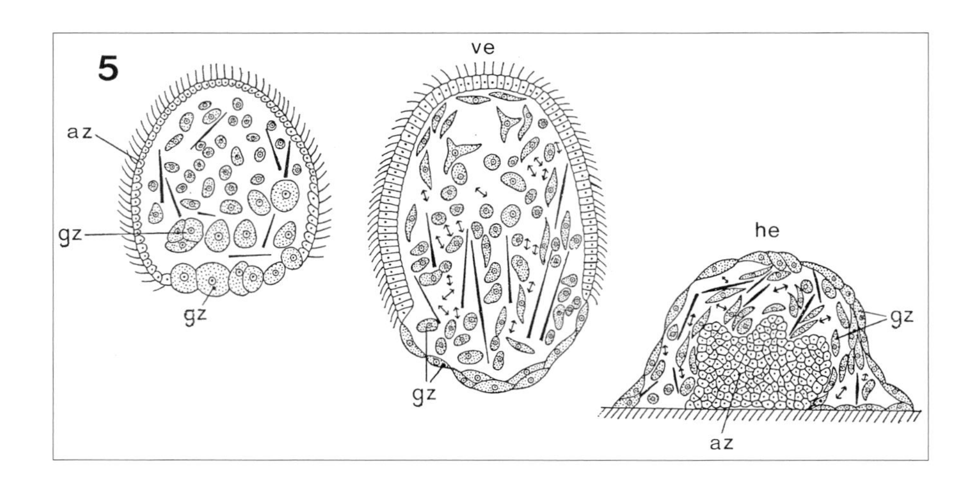

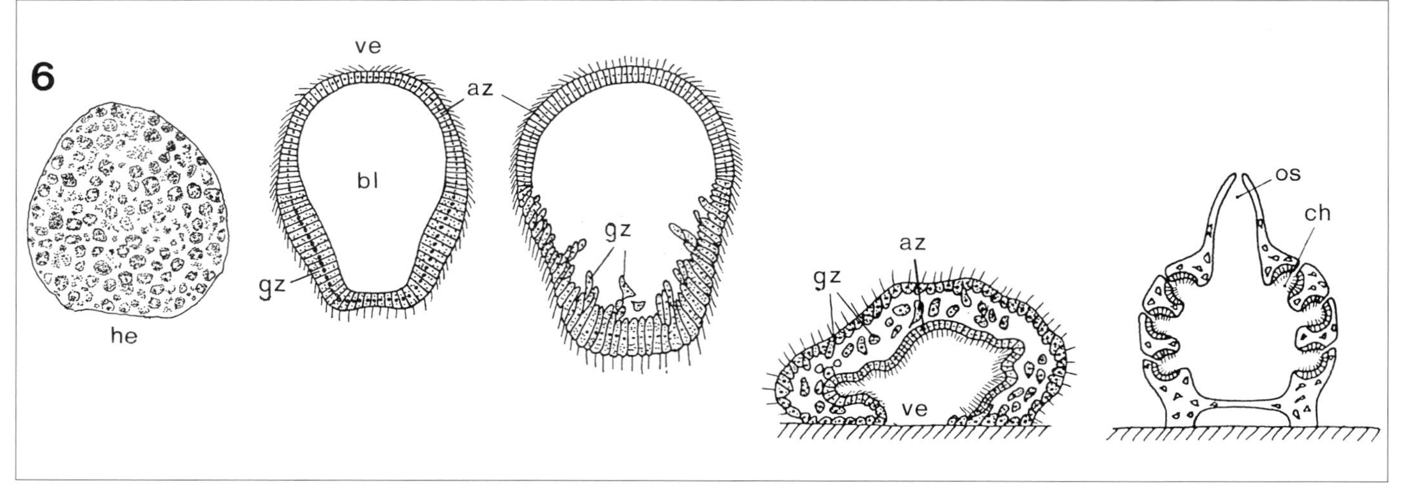

Abb. 4-6:
Entwicklung bei Porifera. 4: Typische Amphiblastula-Larve bei Kalkschwämmen (nach METSCHNIKOFF 1879 und TUZET 1973b). 5: *Myxilla rosacea* (Demospongia-Ceractinomorpha; nach MAAS aus SIEWING 1985): A frühe Parenchymula-Larve; B späte Parenchymula-Larve; C Umschichtung der Blasteme nach dem apikalen Festsetzen. 6: *Oscarella lobularis* (Demospongia-Homoscleromorpha; nach MAAS 1898; MEEWIS 1938; SIEWING 1985): A Morula; B frühe Amphiblastula; C späte Amphiblastula mit Immigration von adapikalen Körnerzellen und D Einwärtsverlagerung des Geißelzellen-Blastems nach dem apikalen Festsetzen; E Rhagon-Stadium (schematisch). az = apikale Geißelzellen, bl = Blastocoel, ch = Geißelkammer, gz = adapikale Granulazellen, he = Hinterende, os = Osculum, ve = Vorderende.

zoa), „Diploblastica" (Spongia, Cnidaria, Ctenophora) und „Triploblastica" (Bilateria) verwarf, regte sich bald in verschiedener Hinsicht Kritik an der Gastraea-Theorie.

Es mutet wie Ironie an, daß ausgerechnet die Porifera (Schwämme), aus derem Studium heraus HAECKEL (1872) seine Gastraea-Theorie aufstellte, dem Modell nicht entsprechen. Sowohl LANKESTER (1873, 1877) wie E. METSCHNIKOFF (1874, 1879, 1886) weisen anhand ihrer Untersuchungen an Spongiaria wie Cnidaria darauf hin, daß die der Gastraea-Theorie zugrundeliegende Invaginationsgastrula gerade für diese basalen Metazoen nicht charakteristisch ist (vgl. Abb. 3, 5): Es erfolgt Immigration oder Delamination, und eine Einstülpung liegt bei Porifera nur vom Vorderpol-Material vor; die Invagination von Entoblastem gegenüber Immigration und/oder Delamination dürfte evolutiv ein erst späterer, polyphyletischer (Kompensierungs-) Vorgang darstellen. Dies führte bei LANKESTER (1873, 1877) zur Formulierung seiner „Planula-Theorie" (Zweischichtigkeit durch Delamination, Mundöffnung/Blastoporus erst später) und bei METSCHNIKOFF (vgl. 1886: 147-159) zu einer Gegenhypothese als „Parenchymella- oder Phagocytella-Theorie" (Arbeitsteilung durch Immigration von Phagocytoblasten mit späterer Bildung von Blastoporus und Darmlumen).

3.1 Entwicklung der Porifera (Schwämme)

Die Entwicklung der Schwämme zeigt zunächst, daß zweierlei Larven-Typen vorkommen (Abb. 4-6): Einerseits entsteht bei Calcarea und Demospongia-Homoscleromorpha (*Oscarella*, *Octavella*, ohne Skelett; *Plakina*) wie *Cliona* (Demospongia-Hadromerida) aus der Blastula eine Amphiblastula-Larve, deren Zellbestand in eine in Schwimmrichtung vordere (apikale) Gruppe von hohen und schmalen, monociliären (begeißelten) Zellen sowie in eine hintere (adapikale) Gruppe von großen, granulierten, rundlichen

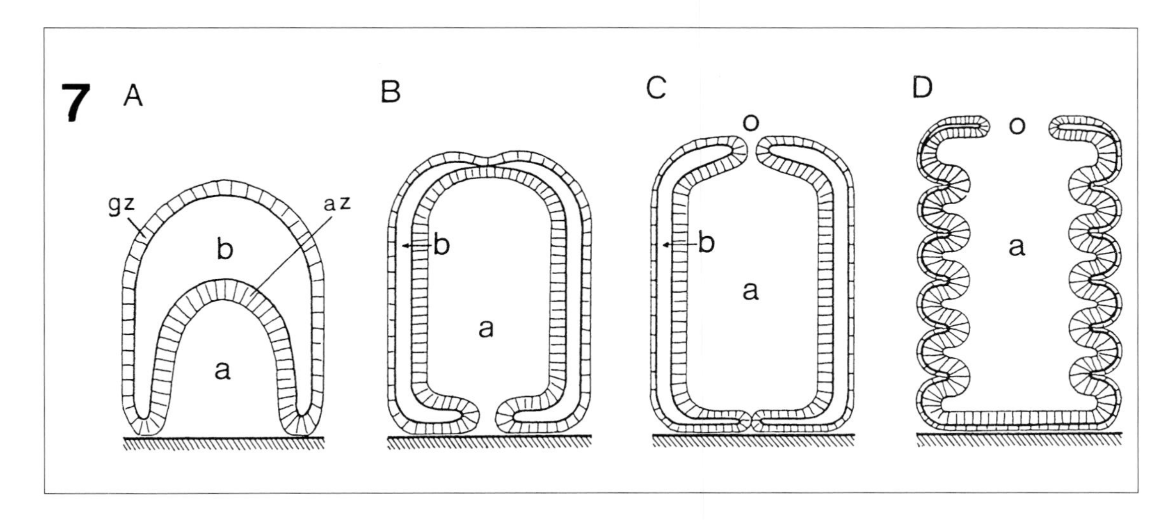

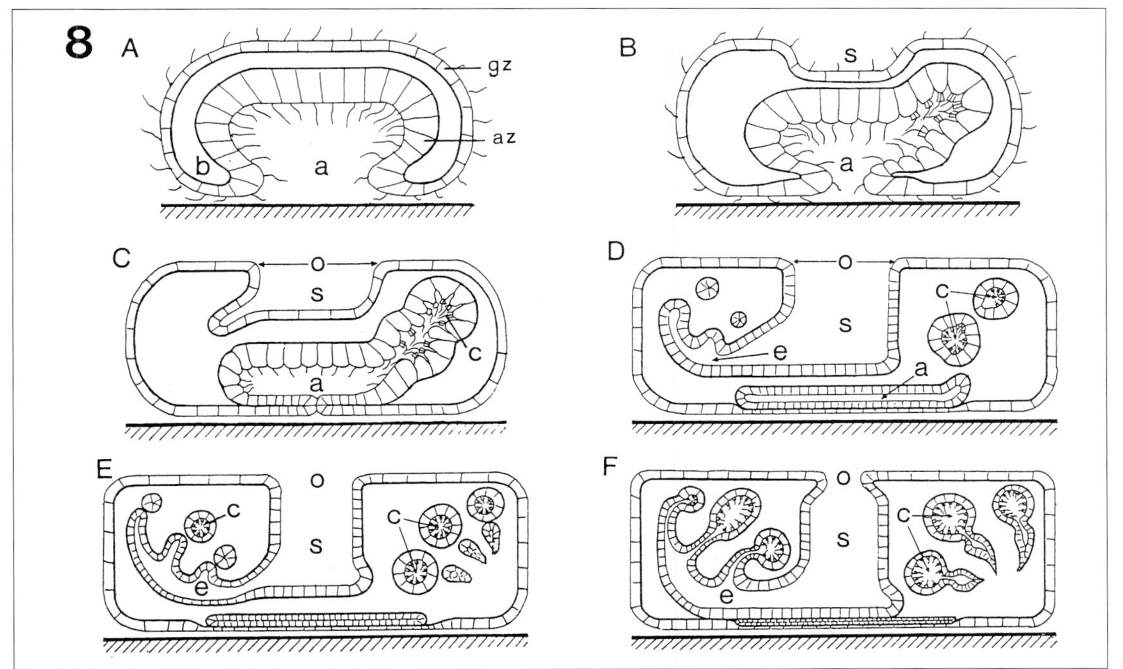

Abb. 7-8: Metamorphose der Porifera nach der Interpretation von LEMCHE & TENDAL (1977). 7: Metamorphose bei Calcarea (Kalkschwämmen): A Beginn der Metamorphose nach apikalem Festsetzen der Larve; B Erlangen der Zweischichtigkeit mit körperfüllendem Binnenraum = Acrocoel; C Verschluß des Binnenraumes/Acrocoels mit Durchbruch des Osculum; D Olynthus-Stadium mit beginnender Bildung der Radialtuben. 8: Metamorphose bei *Oscarella lobularis* (Demospongia-Homoscleromorpha): A Zweischichtigkeit mit Binnenraum = Acrocoel nach dem Festsetzen der Larve; B-C Ausbildung von Geißelkammern und Osculum-Einstülpung; D-E Bildung des Sammelraumes (Spongocoel) und der Ausführkanäle, Rückbildung des zentralen Acrocoels; F Acrocoel nur mehr durch Geißelkammern vorhanden, Verbindung der Geißelkammern mit den Ausführkanälen. a = Acrocoel, az = apikale Geißelzellen der Larve, b = Blastocoel, c = Geißelkammer, e = Ausführkanal, gz = adapikale Granulazellen der Larve, o = Osculum, s = Spongocoel (Ausführ-Sammelraum).

und meist nur spärlich begeißelten Zellen differenziert ist; diese beiden hintereinander axial angeordneten (und vielfach durch vier „Kreuzzellen" getrennten) Zellgruppen in der Larve repräsentieren daher zwei Bildungs-Materialien (= „Amphi-Blastem") in der einschichtigen Larve. Andererseits bildet sich bei Demospongia und *Clathrina* (Calcarea-Homocoela, mit Askon-Typus) aus der begeißelten Blastula durch Immigration von (unbegeißelten) Zellen vorwiegend vom in Schwimmrichtung hinteren (adapikalen) Bereich eine zweischichtige Parenchymula-Larve; diese gleicht daher weitgehend einer soliden Cnidaria-Planula (vgl. Abb. 3). Trotz dieser unterschiedlichen Zellschicht-Anordnung in Amphiblastula- und Parenchymula-Larven erfolgt die Metamorphose einheitlich-gleichartig (vgl. Abb. 7 A-B, 8 A-B; 9 A-B): Die Geißelzellen des Vorderendes werden noch im späten Schwimmstadium (METSCHNIKOFF 1874) oder nach dem Festsetzen mit diesem vorderen Schwimmpol in die Tiefe verlagert (DELAGE 1892; MAAS 1898; MEEWIS 1938), und es erfolgt eine Umorientierung bzw. Umschichtung der Zellgruppen. Die adapikalen granulierten Zellen bleiben bzw. die bisher inneren Zellen gelangen an die Oberfläche und bauen das Dermatosom (Pinakocyten, Sklerocyten, etc.) auf, wogegen die apikalen bzw. äußeren Geißel-Zellen in das Innere des Organismus verlagert werden. Hinsichtlich des weiteren Schicksals dieser ehemals apikalen/äußeren Geißelzellen liegen verschiedene Befunde vor

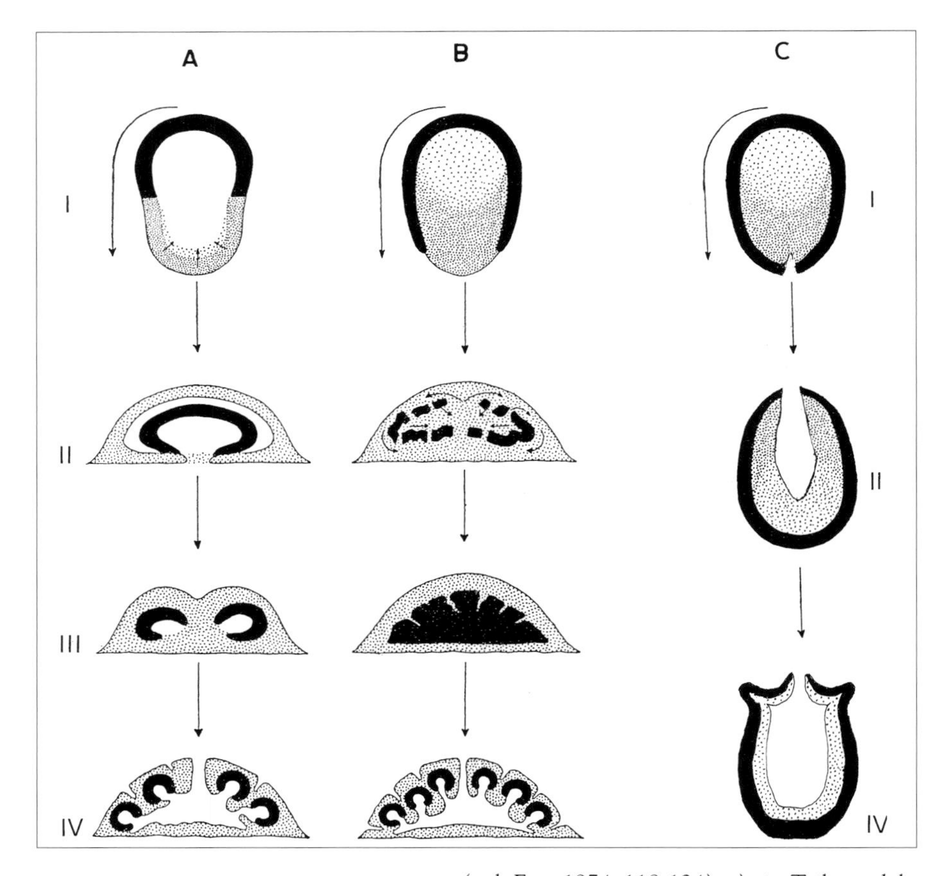

Abb. 9:
Schemata zur Verteilung der Blasteme (Körperschichten) in der Metamorphose von Porifera-Demospongia (A & B, aus BRIEN 1973) und Cnidaria (C): I Larven (IA = Amphiblastula, IB = Parenchymula, IC = Planula); II Festsetzen mit dem Vorderpol der Larve; III Umbildung des einwärts verlagerten Blastems; IV Ausbildung des Jungtieres (A & B Rhagon-Stadium, C Polyp): das Dermatosom der Porifera (punktiert) entspricht dem Entoderm der Cnidaria.

(vgl. FELL 1974: 118-124): a) ein Teil wandelt sich nach Rückbildung der Geißel direkt in Choanocyten mit neuer Geißel um, wogegen der Rest degeneriert und/oder phagocytiert wird (Abb. 6; vgl. DUBOSCQ & TUZET 1937; BOROJEVIC & LEVI 1965; BRIEN 1973: 327, 333-334, 344-349, 360-361); b) sie werden abgeworfen oder vollkommen durch Archaeocyten phagocytiert, sodaß die Choanocyten offenbar neu gebildet werden (BERGQUIST & GREEN 1977; MISEVIC et al. 1990). Beide Prozesse lassen sich hierbei durch Abbreviationsvorgänge sehr gut mit den Darlegungen von LEMCHE & TENDAL (1977) in Einklang bringen (Abb. 8 E, F).

Bezüglich dieser Entwicklungs-Verhältnisse sind vergleichend daher mehrere Punkte festzuhalten: 1. Die Schwammlarven bilden zwei Blasteme aus, welche entweder axial (Amphiblastula) oder durch Immigration ineinander (Parenchymula) angeordnet sind; letzteres entspricht vollkommen der Cnidaria-Entwicklung zur soliden Planula (vgl. BRIEN 1972: 721, 724; TARDENT 1978). 2. Die durch die Schwimmrichtung gegebene Polarisierung der Schwammlarven mit Festsetzen am Vorderende (apikalen Pol) ist in voller Übereinstimmung mit den Planula-Larven der Cnidaria (Abb. 9). 3. Das in der Schwammlarve hintere (adapikale) bzw. innere Zellmaterial differenziert im Adultus das Dermatosom (MAAS 1898; MEEWIS 1938); zumindest diesbezüglich findet also eine Umschichtung der Blasteme statt (bes. deutlich in der Parenchymula-Metamorphose). 4. Das Dermatosom ist eine bei Schwämmen pluripotente Zellschicht, welche nicht nur die Deckzellen (Pinakocyten), sondern auch das gesamte Mesohyl mit Endoskelett (Sklerocyten), Amoebocyten und Archaeocyten, sowie die Geschlechtszellen differenziert. Ganz entsprechend liegt bei Cnidaria bzw. Histozoa allgemein das vegetative bzw. innere Material als potentere Keimschicht vor: Entomesoblast. 5. Im Hinblick auf eine Homologisierbarkeit dieser Verhältnisse, ist hinsichtlich der Rekapitulation (vgl. oben, Biogenetische Regel) höchstens der bei Porifera und Cnidaria (symplesiomorph) übereinstimmende Ontogenese-Abschnitt bis zum apikalen Festsetzen d.h. bis zur Metamorphose gleichzusetzen (das „Interphaen" der Schwämme stimmt mit dem „Interphaen" der Cnidaria überein; vgl. OSCHE 1982: 23); ab diesem Gabelpunkt (Divergenz) liegt dann terminale oder definitive Deviation vor (DARWINS „Gesetz der embryonalen Ähnlichkeit"; vgl. RENSCH 1972: 263-266). Das heißt, das adulte Dermatosom der Porifera ist nicht mit dem Ektoderm, sondern höchstens mit dem vegetativen Entoblastem der Histozoa homolog (Abb. 9) und das Choanosom kann bestenfalls mit dem Ektoblastem homolog (oder gar nur homoiolog) sein. 6. Schließlich zeigt sich damit, daß die Schwämme kein den Cnidaria/Histozoa homologes Archenteron (Urdarm) besitzen (vgl. LEMCHE & TENDAL 1977; SALVINI-PLAWEN & SPLECHTNA 1979). Die Invaginationsvorgänge der apikalen Geißelzellen bei einigen Amphiblastulae (Sycon, Oscarella, Plakina; Abb. 6D) stellen keine „Gastrulation" dar, sondern höchstens eine – durch die Sessilität begünstigte – Einwärtsverlagerung des animalen, Bewegung verursachenden Zellbereichs in das schützende Körperinnere (unter Beibehaltung der Außenfunktion). Nach LEMCHE & TENDAL (1977) wird die Bildung dieses Acrocoels beim Leukontypus (ab Rhagon-Stadium) durch die sekundäre Differenzierung eines Spongocoels als Invagination von (larval-vegetativem) Dermatosom ergänzt (Abb. 8), was dem Kanalsystem mit inneren Pinakocyten entspricht (und es ist daher irreführend, wenn jede Einwärtsverlagerung/ Invagination als „Gastrulation“ bezeichnet wird).

Im Anschluß an die Metamorphose-Vorgänge bei den Porifera wird also auch der bisher wenig beachtete Unterschied (z. B. FIORYONI 1979) zwischen der Ausprägung von Diploblastie (primäre „Keim-Blätter“) einerseits und der Gastrulation als Differenzierung eines Darmraumes andererseits deutlich (vgl. LEVI 1963: 377-378; SALVINI-PLAWEN & SPLECHTNA 1979): Die Porifera (und die Placozoa) sind Diploblastica ohne Darm und nur die *Coelenterata* (Cnidaria, Ctenophora) (Ein *Taxon* kennzeichnet eine paraphyletische [=Stadien-] Gruppe) sind Diploblastica mit Archenteron und Blastoporus; d. h. allein die Histozoa sind auch „Gastrozoa“ (Darmtiere). Erst unter dem Einfluß der Gastraea-Theorie wird nicht mehr die frühe Entwicklung verglichen (HAECKEL 1872: 377, 345; DELAGE 1892; MAAS 1898; IVANOV 1971), sondern es wird – damit die Theorie stimmt – der Bau der adulten Schwämme zum Homologie-Vergleich mit den Cnidaria/Histozoa herangezogen (Abb. 2 [1]) = Olynthus-Stadium in HAECKEL 1874, 1875: 455-456; BRIEN 1972: 726; TUZET 1973a: 22; 1973b; FIORONI 1979); die Orientierung/Polarisierung der Larven wird hierbei stillschweigend (HAECKEL 1875: 455-456, 499-500) oder trotz einiger Zweifel (BRIEN 1972: 726-727) unter konstruierten Argumenten umgedreht; das findet dann auch in Hand- und Lehrbüchern Eingang (z. B. REMANE 1967: 595; KILIAN 1980: 265). Selbst bei derartiger Umorientierung der Schwammlarve entsteht aber keine Gastrula (und damit „Gastraea“), denn der angenommene Blastoporus (Einsenkung der Geißelzellen) differenziert sich ja nicht zum Darmraum einer „Magenlarve“ mit identischer Mundöffnung weiter, wie HAECKEL (1872: 333-334) eine Gastrula definiert.

3.2 Keimblätter

Der Begriff „Keimblätter“ beinhaltet eine primäre Ausprägung der Keimschichten in epithelialer Form, wie sie auch durch die Bezeichnungen Ekto-, Ento- und Mesoderm (gr. **derma** = Haut) unterstrichen wird. Gegenüber diesen von den Wirbeltieren übertragenen Begriffen sind die Bildungsschichten jedoch korrekt als „Blastem“ (= Bildungs-Material, Gewebe-Vorstufe) zu bezeichnen (SEIDEL 1971); so verwendet sie LANKESTER (1873, 1877) und so sind sie auch von HERTWIG & HERTWIG (1882) genau festgelegt worden (das Mesoblastem bildet Mesenchym und/oder Epithel = Mesoderm). Erst in jüngerer Zeit wird diese Begiffsgenauigkeit vereinzelt wieder aufgegriffen und hervorgehoben (z. B. KAESTNER 1965: 217); hierbei stellt die Ausgangszelle den „Blast“, das mehrzellige Folgematerial das „Blastem“ dar (SEIDEL 1971: 318).

HAECKEL (1874) hat in seiner Gastraea-Theorie letztlich fünf „Keimblätter“ unterschieden und hat hierbei (aus heutiger Sicht) Richtiges mit Falschem vermengt: Die beiden durch Gastrulation gebildeten primären Keimblätter, das Dermalblatt oder Ektoderm und das Gastralblatt oder Entoderm, sind im Rahmen der Histozoa unproblematisch; sie definieren die echten Darmtiere („Gastrozoa“; entgegen HAECKEL 1874: 29 jedoch ohne Schwämme). Die Schwierigkeiten treten hingegen mit dem mittleren Keimblatt, dem „Mesoderm“ (= Mesoblastem) auf. HAECKEL unterscheidet zwar das Hautmuskel-Blatt der Cnidaria (ektodermale Epithelmuskelfasern) vom Darmmuskel-Blatt (Darm-Muscularis der Bilateria), homologisiert aber (1874: 31-32) das Hautmuskel-Blatt der Cnidaria mit der Körperwandmusulatur der Bilateria (was er dann 1877b: 67-68 aber in Frage stellt). Das Coelom mit beidseitig abgespaltener Wand (Coelothel) scheint dann als zusätzliches, fünftes Keimblatt auf.

Diese Verhältnisse konnten natürlich erst anhand von Zellgenealogien und in jüngerer Zeit zusätzlich mit Hilfe der Elektronenmikroskopie geklärt werden. Die Cnidaria und Ctenophora sind nur zweischichtig und ihre auswandernden Zellen werden als Ectomesenchym ohne direkten Keimblatt-Status angesehen. Demgegenüber weisen aber (zumindest) die Spiralia zweierlei Mesoblastem-Material auf (SALVINI-PLAWEN & SPLECHTNA 1979): Einerseits das aus den Furchungszellen des 2. und 3. Mikromerenquartettes (2a-2d und 3a-3d) hervorgehende Material, welches

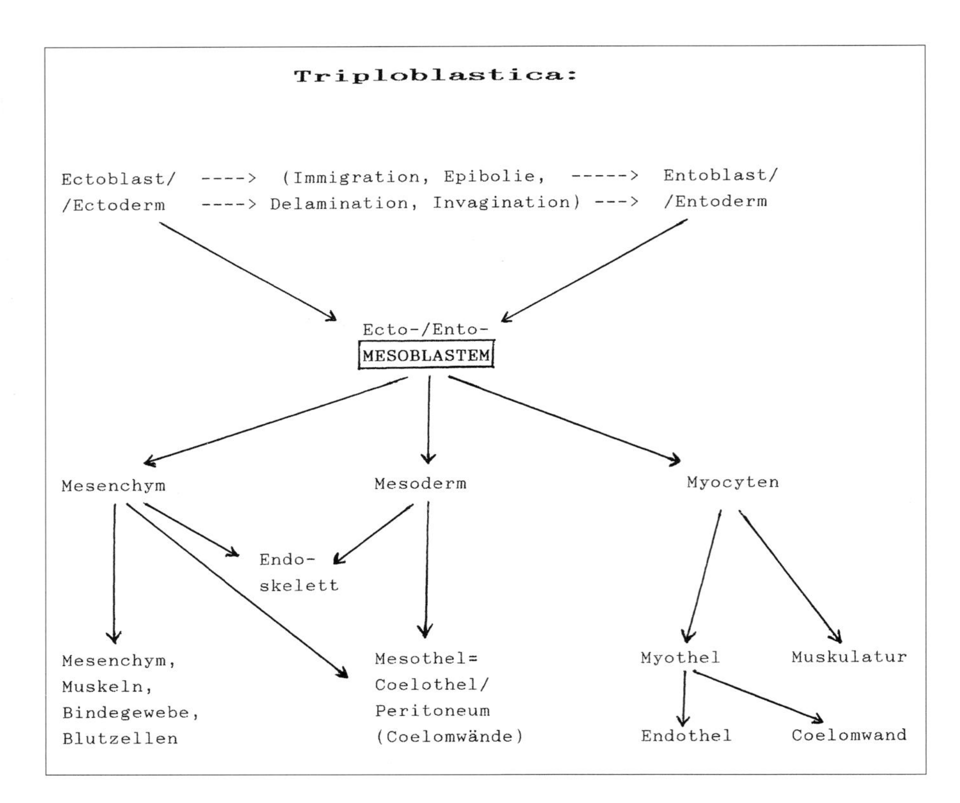

Abb. 10:
Herkunft und Ausprägung des Mesoblastems der Triploblastica (vgl. auch Text).

u. a. auch zu ektodermalem Mesoblastem (Ekto-Mesoblastem) wird und daraus zumeist (Ekto-) Mesenchym, Larvalmuskulatur und Vorderdarm-Muskulatur bildet, aber auch (Ecto-) Mesothelocoel differenzieren kann (z. B. die „Apikalblase" bei Polychaeten; ANDERSON 1973: 44-45). Andererseits das zumeist aus der Furchungszelle 4d (bei *Turbellaria* teilweise $4d^2$) gebildete entodermale Mesoblastem (4d daher als „Ento-Mesoblast"), welches Ento-Mesoblastem ebenfalls Mesenchym, Bindegewebe und über Myocyten den Großteil der Muskulatur differenziert; bei Mollusca bildet es zusätzlich das Gono-Pericard (bei Nemertini das Rhynchocoel?), bei Gruppen mit Sekundärer Leibeshöhle (Coelomata) anstelle der Muscularis das Myoepithel des Coeloms am Darm sowie die Ringmuskulatur und das Längs-Myoepithel des Coeloms an der Körperwand oder die Körperwand-Muskulatur und Coelothel (BARTOLOMAEUS 1994; SALVINI-PLAWEN & BARTOLOMAEUS 1995). Die Muskulatur der oligomeren Epineuralia (Phoronida, Chaetognatha, *Hemichordata*, Echinodermata) stellt allein ento-mesodermales Myoepithel des Coeloms dar (vgl. BARTOLOMAEUS 1993; HEINZELLER & WELSCH 1994; BENITO & PARDOS 1997; SHINN 1997).

Die generelle Übernahme jener „Derma"-Begriffe für die Keimschichten, besonders das „Mesoderm" anstelle von Mesoblastem für die Mittelschicht, hatte weitreichende Folgeerscheinungen: Weder wurde (und wird) das Zellmaterial nach der Herkunft unterschieden (Ecto-Mesoblastem, Ento-Mesoblastem), noch erfolgte eine Unterscheidung des Zellmaterials nach ihrer Ausprägung als Mesenchym, Muskulatur oder Mesothel (Myoepithel, Mesoderm, „Coelothel/Endothel" von Mesothelocoel; vgl. Abb. 10). Ganz allgemein, wie auch im speziellen, ergab sich die Vorstellung einer grundsätzlich epithelialen Bildung und damit auch eine unkritische Homologisierung des sog. Mesoderms schlechthin. Daraus folgte wiederum die Annahme, daß alle Triploblastica die dritte Keimschicht ursprünglich nicht als Mesoblastem, sondern als epitheliales „Mesoderm" differenziert hätten (vgl. Gastraea-Coelomtheorie).

4 Die Gastraea-Coelomtheorie (Enterocoel-Theorie)

In der „Geschichte der Tiere" gibt REMANE (1967: 594) folgende Darstellung: „Die Umbildung der einschichtigen Hohlkugel (Blastea) in die zweischichtige Gastraea läßt HAECKEL durch eine fortschreitende Einstülpung der Hinterwand der Blastea vor sich gehen (Abb. 11). Die Einstülpung entstand an der Schwimmrichtung entgegengesetzten Seite, dem sog. vegetativen Pol". ... „Die Metazoa enthalten vier Hauptstämme, die Schwämme (Porifera), die Nesseltiere (Cnidaria), die Rippenquallen (Ctenophora) und die Coelomata (Bilateria). ... Wir haben nun die Aufgabe, den Bauplan dieser vier Hauptstämme auf die Gastraea zurückzuführen".

Diese Ausführung, welche suggestiv wie ein Tatsachenbericht gegebenen ist, nimmt also postulierte Vorstellungen vollkommen einseitig und unkritisch als Grundlage. Die schwerwiegenden Einwände bezüglich der Schwämme sind oben schon dargelegt worden; die Verhältnisse widersprechen vollkommen der Ableitung von einer Gastraea. Für die Bilateria mit differenziertem Mesoblastem als dritte Keimschicht ist eine Beurteilung noch komplexer und es sind im Laufe der vergangenen 150 Jahre verschiedene Hypothesen und Ableitungen vorgetragen worden. Sie münden, grob gesehen, in zwei divergierende Vorstellungen zur Phylogenie der Triploblastica (vgl. REMANE 1963: 83):

1. Die Mesenchymaten-Theorie mit Immigration von Mesoblastem und schizocoelen Coelom-Bildungen (samt daraus differenzierter Enterocoelie) als hydrostatische Organe; 2. die Coelomaten-Theorie mit für alle Bilateria basaler Enterocoel-Bildung (samt deren sekundärer Reduktion). Diesem letzteren Einheits-Postulat mit dem irreführenden Mesoderm-Begriff (vgl. oben) „verdanken" die Bilateria auch die unterschwellige oder dezitierte Gleichsetzung mit den „Coelomata" schlechthin, wie sie seit HAECKEL (1896: 8; aber ohne Plathelminthes, vgl. 1872: 465, 467) auch in Hand- und Lehrbüchern von GROBBEN (CLAUS & GROBBEN 1905 f.), REMANE (1950, 1967), REMANE et al. (1971 f.), REMANE et al. (1975 f.), SIEWING (1985) oder STORCH & WELSCH (1991 f.) als Tatsache hingestellt werden. Die Hypothese von einem einheitlichen, einmal enstandenen Coelom wurzelt in der sogenannten Enterocoel-Theorie, welche die Mesoblastem-Bildung in Form von Coelomtaschen durch Abschnürung von Gastraltaschen als ursprünglich annimmt und über Cnidaria von der Gastraea ausgeht; sie wurde daher von GUTMANN (1966) als „Gastraea-Coelomtheorie" charakterisiert, von SALVINI-PLAWEN (1978: 55-56) als „Gastraea-Enterocoel-Theorie" bezeichnet. All die in jüngerer Zeit unter den Bezeichnungen „Cyclomerie-Theorie" (REMANE 1950, 1963, 1967; MARCUS 1958), „Bilaterogastrea-Theorie" (JÄGERSTEN 1955, 1959), „Spiralia-Theorie" (AX 1961) und Benthogastraea-Archicoelomaten-Theorie (SIEWING 1967, 1976, 1980, 1981, 1985) in der Literatur vertretenen Hypothesen sind Varianten jener „Enterocoel-Theorie" (vgl. HARTMAN 1963; CLARK 1964: 7-22; ULRICH 1972; WILLMER 1990: 165-168).

Sie wurde erstmals 1848 von R. LEUCKART angedeutet, und durch nachfolgende Untersuchungen an Entwicklungsstadien bei Echinodermen, Enteropneusten und Chaetognathen unterstützt. LANKESTER (1877: 417-418) betrachtete daher die mesodermale Leibeshöhle bereits als einheitliche = homologe Bildung (Enterocoelie und davon durch verzögerte Coelombildung abgeleitet die Schizocoelie), ohne sich jedoch zunächst über den Ursprung zu äußern. Hierbei ist auf die Verwechselbarkeit von Schizocoelie (Coelombildung durch Spaltung von Mesoblastem-Streifen) und Schizocoel (Leibeshöhle aus Spalträumen: HERTWIG & HERTWIG 1882: 13 im Anschluß an HUXLEY) hinzuweisen, welch letzteres dem Pseudocoel entspricht (Schizocoelia = Pseudocoelia; HERTWIG & HERTWIG 1882; SALVINI-PLAWEN & BARTOLOMAEUS 1995). Später (1900) vertrat LANKESTER dann eine Gono-Enterocoelie von Cnidaria-Gastraltaschen. Im Anschluß an LANKESTER (1977) wurde die Enterocoel-Ableitung schließlich von SEDGWICK (1884) als konkrete „Corallula"-Hypothese formuliert (Anthozoa-Gastraltaschen als Vorläufer der Coelomräume) – ohne ihr jedoch dogmatischen Wert beizumessen (1884: 45). In der Variante von MASTERMAN (1897, 1898) wiederum wurde das Coelom von vier Gastraltaschen bei Medusen abgeleitet und die „Sphenula-Theorie" von HEIDER (1914) wie die „Metagastrea-Theorie" von NAEF (1931) nehmen nur ein Gastraltaschen-Paar im Ursprung an (vgl. REMANE 1963). Erst mit dem Beitrag von REMANE (1950) setzte die Wiederbelebung der Enterocoel-Theorie mit ihren neueren, genannten Varianten wieder ein, welche sich allein hinsichtlich Vier- oder Sechszahl

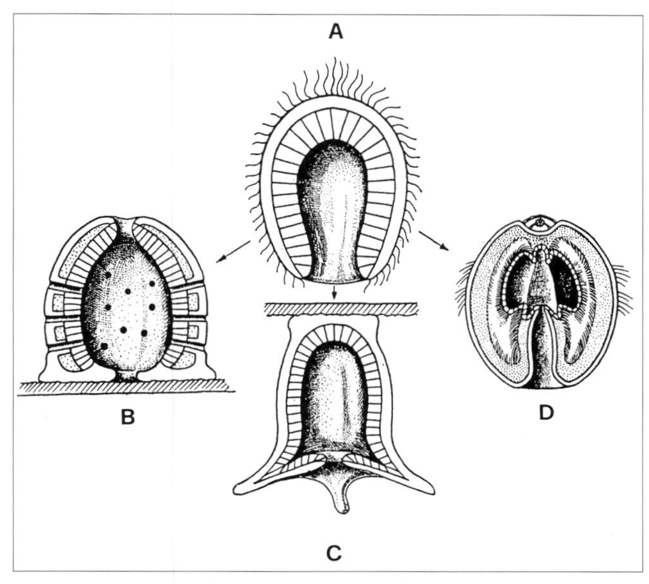

Abb. 11: Ableitung der (adulten) Porifera B, der Cnidaria C, und der Collaria = Ctenophora D aus der zweischichtigen „Gastraea" A (nach REMANE 1967).

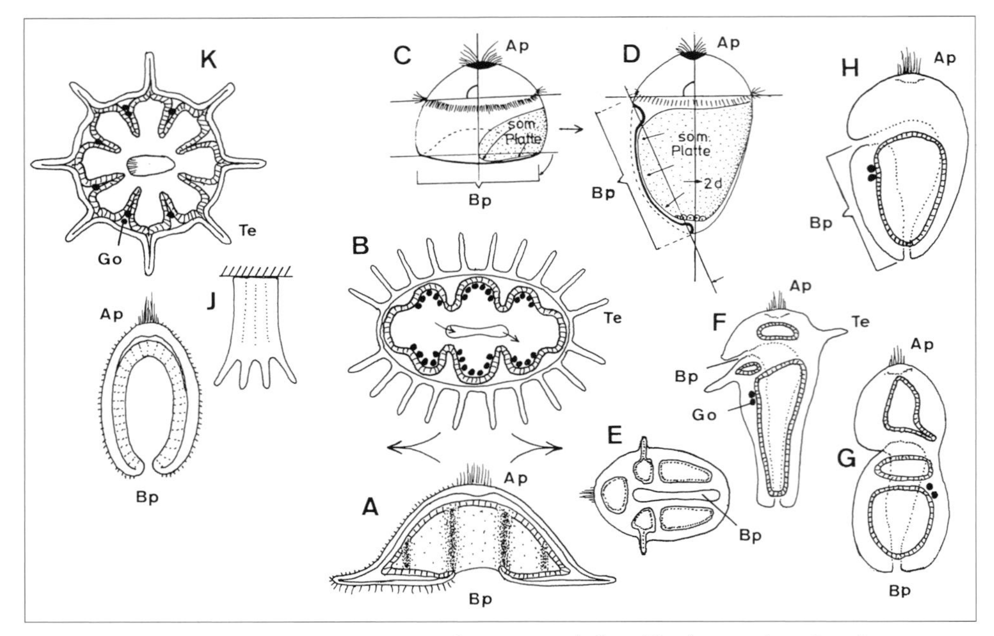

Abb. 12:
Phylogenetische Vorstellungen der Enterocoel-Theorie A-E (Archicoelomaten-Theorie nach SIEWING 1976, 1981) im Verhältnis zur Organisation der eingebundenen Tiergruppen (vgl. auch Text): Verlagerung der Primärachse (Apikalorgan - Blastoporus) der diploblastischen Cnidaria (J-K) und Benthogastraea (A) gegen die sagittal-bilaterale Sekundärachse (Blastoporus-Ebene, Tentakel-Ebene) in A-C durch die Ausdehnung der somatischen Platte C-D, was zur hypothetischen Archicoelomaten-Organisation E der Triploblastica führen soll. Hierbei müßten jedoch die praeoralen Tentakel in A-B auch in E-F praeoral (und nicht postoral) zu liegen kommen. Zudem besteht in oligomeren = „archicoelomaten" Gruppen (F & G) keine somatische Platte; die Gruppen mit somatischer Platte wiederum bilden vom Darm nur ein einziges Paar Mesothelocoel aus, die Sek. Leibeshöhle (D & H).

A = hypothetische Bentho-Gastraea von lateral (links monociliär bewimpert); B = hypothetische Bentho-Gastraea, Projektion von der Blastoporus-Ebene; C-D = Schemata zur Achsenverschiebung durch die somatische Platte; E = hypothetische Basisorganisation der „Archicoelomata"; F = Actinotrocha-Larve (Phoronida); G = Tornaria-Larve (Enteropneusta); H = Trochophora-Larve (Echiurida, Polychaeta); J = Planula (Gastrula) und Polyp von Cnidaria-Anthozoa; K = Anthozoa-Octocorallia, Projektion von der Blastoporus-Ebene (vgl. B). Ap Apikalorgan, Bp Blastoporus, Go Keimzellen, Te Tentakel.

der ursprünglichen Taschen und nach pelagischer oder benthischer Ausgangsorganisation untereinander unterscheiden.

REMANE ging es hierbei im Rahmen eines einmal entstandenen Coeloms hauptsächlich um eine Einordnung der Metamerie: Anhand der Theorie von IWANOFF (1928) bezüglich primärer und sekundärer Larvalsegmente wird für die Spiralia mit durchgehendem Darm eine Deutometamerie (nur das hinterste Archimetameren-/Darmtaschen-/Coelompaar ist segmentiert) bzw. Eine Tritometamerie (Deutometamerie + anschließende Sprossungs-Segmentierung) postuliert. Nun können aber einerseits die Befunde von IWANOFF (1928) diesbezüglich nicht bestätigt werden (ANDERSON 1973: 37-39; AKESSON 1963; DOHLE 1979), und andererseits bringt das allgemeinere Konzept der Enterocoel-Theorie schwerwiegende Unzulänglichkeiten und Widersprüche mit sich. Der phylogenetische Erklärungswert zur Enterocoel-Theorie wird durch diese Einwände daher gleichsam annuliert und die Theorie wird somit zu einem rein spekulativen Postulat.

4.1 Achsen-Verhältnisse

Eines der Hauptprobleme der Enterocoeltheorie betrifft die Achsenverhältnisse (Abb. 12). Die Primärachse in den Cnidaria bzw. der Gastraea verläuft durch die apikalen/animalen und adapikalen/vegetativen Pole, also durch Apikalplatte und Blastoporus (Abb. 12 A, K) bzw. in der Körperlängsachse bei Polypen (Abb. 12 J); die Tentakel setzen in der senkrechten Ebene an: Blastoporus-Ebene. Die Gastraltaschen werden hierbei entlang der Primärachse in Einzahl gebildet, in der Tentakel-Ebene jedoch in Vierzahl (Scyphozoa; Medusen), Achtzahl (Octocorallia und Edwardsia-Stadium der Hexacorallia) oder paarig mehr. Nach dem postulierten Übergang zur Enterocoelie erfolgte zunächst eine lateralsymmetrische Streckung der sekundären Blastoporus-Ebene (Abb. 12 B) und danach die Abschnürung der nach apikal reichenden Taschen (Abb. 12 A). Mit medianem Verschluß des Blastoporus unter Belassen der vorderen (= Mund-) und der hinteren (= Anal-) Öffnung lägen dann drei Paar Säcke entlang des Einwegdarmes vor, – allerdings entlang der Sekundär-Achse (Blastoporus, Tentakel), wogegen sie bei Oligomera (= „Archicoelomata") entlang der Primärachse von apikal nach adapikal angeordnet sind. Eine Veränderung dieser sich widersprechenden Achsenverhältnisse gelingt daher nur, wenn der Bereich zwischen Blastoporus und den als homolog erachteten Cnidaria-/Oligomera-Tentakeln (SIEWING 1976, 1981), also der hintere Mundscheiben-Bereich, durch starkes Wachstum aus der Achse (nach ventral) verschoben wird. Diese erforderliche Verschiebung wird nun durch die Ausdehnung der sog. somatischen Platte zu erklären versucht (Abb. 12 C, D; SIEWING 1976, 1981). Sie bildet als Derivat der Furchungszelle 2d die laterale Körperwand neben dem Blastoporusbereich zwischen Mundöffnung und Körperende (einschließlich Anus) und bewirkt dann tatsächlich eine Verschiebung des Blastoporus (Mund-/Anus-Achse) hin zur Primärachse (Abb. 12 C, D).

Der Gleichsetzung des Ergebnisses dieser Entwicklung mit der Oligomeren-Organisation (Abb. 12 E-G) steht jedoch im Widerspruch zu den Gegebenheiten: Einerseits tritt nur bei einem Teil der Triploblastica ein Raphen-Blastoporus auf (Blastoporus als Längsschlitz für Mund und Anus; vgl. unten). Eine somatische Platte wird unter diesen Gruppen wiederum nur bei einem Teil der

Spiralia ausgebildet (nicht aber bei „Archicoelomata") und diese Gruppen differenzieren außerdem nur ein Paar Coelomräume aus (Sekundäre Leibeshöhle; Abb. 12 H). Zudem umfaßt z. B. bei Phoronida der Blastoporus nur die Mundöffnung selbst, wogegen der Anus wie bei Nemertini oder Mollusca eine spätere Neubildung darstellt (vgl. SALVINI-PLAWEN 1980a). Andererseits müßte bei einer derartigen phylogenetischen Entwicklung zu „Archicoelomata" (Abb. 12 A-E) der Tentakelkranz praeoral ausgeprägt sein (vgl. Abb. 12 B), etwa in der Lage des Prototrochs in Abb. 12 C, D, – nicht aber postoral (Abb. 12 E, F).

4.2 Lokomotion

Die Gastraea wird bei HAECKEL als eine sessile Organisation angenommen (vgl. Cnidaria-Polypen). Im Zuge der evolutiven Weiterentwicklung im Sinne der Gaestraea-Coelomtheorien sind dann sich ciliär fortbewegende, pelagisch-schwimmende oder benthisch-gleitende Organismen der Ursprung (vgl. Abb. 12 A links). Hierbei erfolgt Wimperbewegung als ciliäre Lokomotion in Abhängigkeit von physikalischen Parametern (spezifisches Gewicht, Reibung, etc.; d. h. besonders von der Körpergröße), nicht aber in Abhängigkeit von der inneren Organisation des Körpers. Mesothelial begrenzte Räume (Coelome) sind andererseits jedoch hydrostatische Organe, welche mit Hilfe von antagonistischer Muskulatur Bewegung durchführen oder ermöglichen, wie hydraulisches Versteifen (Tentakel, Rüssel) oder Eingraben (vgl. CLARK 1964).

Funktionell schließen sich somit ciliäre und coelomate Lokomotion gegenseitig aus; dies wird besonders bei coelomaten Organismen deutlich, welche sekundär eine Cilienlokomotion erworben haben und parallel dazu das (lokomotorische) Körpercoelom reduzieren (z. B. ein Großteil der *Archiannelida*; vgl. FRANSEN 1980).

Darüberhinaus wird für die „Archicoelomata" entsprechend der Organisation der basalen Oligomera ein (den Cnidaria homologer) Tentakelapparat angenommen (Abb. 12 B, nach SIEWING 1976). Dies widerspricht einer grabenden Lebensweise (Coelom-Entstehung) und kennzeichnet eine weitgehend stationäre (semi-sessile bis sessile) Organisation (vgl. Tentaculata, Pterobranchia). Insgesamt bleibt das Postulat der Enterocoeltheorie bezüglich des Überganges von ciliärer Lokomotion zu coelomater Organisation daher ohne diesbezügliche Erklärungen.

4.3 Funktion

An den Lokomotions-Widerspruch schließt die Frage an, welche Funktion die Gastraltaschen der Gastraea (Vergrößerung des Nahrungsraumes/der Verdauungsfläche) im Zusammenhang mit einer Abschnürung gehabt haben sollen, um Coelome (hydrostatische Räume) zu werden. Unabhängig davon, daß ein Einwegdarm (also mit Mund und Anus; vgl. Raphen-Blastoporus, unten) als Voraussetzung für die Funktion des Körpercoeloms notwendig erscheint (WILLMER 1990: 186-187), sind nur größere Organismen für eine (mehrteilige) Körpercoelom-Differenzierung vorstellbar (und nicht Gastraeae in Larvengröße). So ist für einen derartigen Übergang weder eine funktionelle Prae-Adaptation noch ein Selektionsvorteil erkennbar und nachvollziehbar. Diese wiederholt übergangene Problematik (z. B. REMANE 1963; SIEWING 1967) wird selbst von ULRICH (1972) hervorgehoben.

4.4 Blastoporus

Fast alle Varianten der Gastraea-Coelomtheorie „lösen" die Voraussetzung eines Einwegdarmes dadurch, daß sie im Übergang zu den Triploblastica einen medioventralen, schlitzförmigen Blastoporus postulieren, woraus sich am Vorderende die Mundöffnung und hinten der Anus differenziert habe (Abb. 12 A-D; vgl. SEDGWICK 1884: 82; REMANE 1950, 1963; JÄGERSTEN 1955; SIEWING 1976, 1981). Wie bei den Achsenverhältnissen schon angeführt, geben die vergleichend-ontogenetischen Verhältnisse jedoch ein anderes Bild (SALVINI-PLAWEN 1980a): Es zeigt, daß der Blastoporus bzw. Mundöffnung bei Cnidaria und gewissen *Turbellaria* (Diopisthoporidae, Urastomidae, Hypotrichinidae) adapikal = terminal verbleibt (axiale Protostomie); bei weiteren Plathelminthes und Gnathostomulida der Blastoporus durch Differenzierungswachstum allein als Mundöffnung nach ventral verlagert wird (ventrale Protostomie ohne Anus); bei Nemertini, basalen Mollusca und Phoronida bei gleichartigem Blastoporus eine davon unabhängige Anusbildung hinzukommt (ventrale Protostomie mit Anus); bei Gastrotricha, Nematoda, Echiurida, Polychaeta, Onychophora und Brachiopoda ein schlitzförmiger Blastoporus mit seitlichem Verschluß auftritt (Raphen-Protostomie); bei Tornaria-Larven (Enteropneusta) der Blastoporus zum Anus mit nach vorne reichender Verschußnaht differenziert wird (Raphen-Deuterostomie). Diese geschlossene Homologie-Reihe mit den Cnidaria als Beginn der Lesrichtung widerspricht deutlich den Vorstellungen der Enterocoel-Hypothese.

4.5 Heterochronie

Der in der Enterocoeltheorie einbezogenen, gleichzeitigen (isochronen) Abschnürung der Gastraltaschen zu Coelomen widersprechen die organogenetischen Tatsachen: Gerade bei den konservativen, oligomeren Phoronida (Abb. 12 F) entsteht zwar das Metacoel durch Mesoblast-Proliferation und Schizocoelie, wie auch das durch Epithelialisierung von Mesenchymzellen gebildete, teils nur transitorische Protocoel sehr früh (ZIMMER 1978; SALVINI-PLAWEN 1982); das ebenfalls durch Schizocoelie aus Myocyten angelegte Mesocoel wird jedoch deutlich heterochron erst knapp vor der Metamorphose zur Hydraulik des Tentakelapparates differenziert (ZIMMER 1978; BARTOLOMAEUS 1993).

4.6 Keimzellen, Reduktionen

Die stetig vorgetragene Meinung, daß die entodermalen Gonaden der Cnidaria-Gastraltaschen in die (Meta-)Coelome übernommen worden seien und damit als stützendes Argument für die Enterocoeltheorie sprechen, ist eindeutig falsch. Soweit genauer bekannt, kommen die Keimzellen bei coelomaten Triploblastica zunächst in der primären Leibeshöhle zu liegen und werden von außen an das Coelom angelagert (Abb. 12 F-H) bzw. retroperitoneal eingelagert; sie gehören bei Coelomata also primär nicht zum Ento- oder (Ento-) Mesoblastem.

Das Postulat, daß die Gastroneuralia (Spiralia & *Nemathelminthes*) eine Regressions- oder Reduktionsreihe (mit Ursprung in den Tentaculata) darstellen, wird durch die fortschreitende Höherdifferenzierung (Anagenese) im Nervensystem widerlegt (REISINGER 1972) sowie durch die vergleichende Anatomie und Ontogenie ebenfalls ganz gegenteilig deutlich (REISINGER 1972; ULRICH 1972).

5 Die Trochaea-Theorie

Einen ganz anderen phylogenetischen Weg schlägt die sog. Trochaea-Theorie vor (NIELSEN & NØRREVANG 1985; NIELSEN 1985, 1987, 1995). Auch sie geht auf die Gastraea-Theorie zurück (korrigiert, ohne Einbezug der Porifera), sieht den Übergang zu den Triploblastica aber in einer einheitlichen, planktotroph-pelagischen „Trochaea“ mit Archaeotroch (= Telotroch) um den Blastoporus; aus ihr hätten sich sowohl die Gastroneuralia über Trochophora-ähnliche Larven differenziert, wie auch eine „Protornaea“ mit den Ctenophoren einerseits und mit einer „Tornaea“ andererseits als Basis aller Epineuralia (Tentaculata + Deuterostomia). In der Letztfassung (NIELSEN 1995: 330-332) dient allein die Gastraea als Grundform und Ursprung für die beiden larvalen Organisationen der dichotom (weiter-)differenzierten Triploblastica mit basal biphasischem Lebenszyklus, wobei die Adulti aus jenen Larvenformen hervorgingen. Abgesehen davon, daß ein basal biphasiger Lebenszyklus mit Planktotrophie den bekannten Verhältnissen widerspricht (vgl. HASZPRUNAR et al. 1995), sind die mit der Trochaea-Hypothese auftretenden Schwierigkeiten deutlich.

So muß ein Großteil der Gemeinsamkeiten innerhalb der Triploblastica (z. B. Lateralsymmetrie, Coelome, Mundöffnungen) als konvergent aufgefaßt werden (NIELSEN 1985: 291), und die Gruppierung der Ctenophora nahe den Epineuralia (anhand der polyciliären Bewimperung in NIELSEN 1987: 249, anhand der Mesoblastem-Entwicklung in NIELSEN 1995: 307-309) ist kaum stichhaltig. Auch hier wird wiederum der Blastoporus als primär schlitzförmig postuliert (vgl. oben), um Mundöffnung und Anus bei Gastroneuralia abzuleiten (NIELSEN 1995: 13, 77). In diesem Zusammenhang erscheint jedoch die Widersprüchlichkeit in Bezug auf die Ableitung der Nervensysteme besonders gravierend: Für die Gastroneuralia wird ein mit dem Apikalorgan in Verbindung stehender Nervenring unter dem periblastoporalen Wimperring (Telotroch = „Archaeotroch“) als Basis für die ventralen Nervenstränge postuliert. Abgesehen davon, daß der Telotroch nur bei gewissen Gruppen im Zusammenhang mit pelagialer Zeitspanne und Größe der Larven ausgebildet wird (Polyphylie), gehört die unterlagernde Nervenkonzentration einem peripheren, intraepithelialen Plexus an. Das adulte Nervensystem entsteht bei Gastroneuralia hingegen unabhängig davon aus der Apikalplatte (z. B. LACALLI 1984: 127-129) zunächst durch Bildung der Cerebralganglien und den daraus auswachsenden Körperlängssträngen („Orthogon“); bei Höherdifferenzierung erfolgt polyphyletisch ein abkürzendes lokales Einsenken der Orthogon-Anteile (Ganglien, etc.). Demgegenüber differenziert sich das adulte Nervensystem bei Epineuralia durch den metamorphosalen Verlust (Tentaculata) bzw. durch die Regression der Apikalplatte (*Hemichordata*, Echinodermata) direkt aus jenem intraepithelialen Nervenplexus der Larven (vgl. SALVINI-PLAWEN 1982, 1986, 1998).

Die übermäßige Betonung der Bewimperungsverhältnisse durch die Trochaea-Theorie erweist sich ebenfalls als nicht tragfähig. Die morphologische Ausprägung von Wimperkränzen (besonders des Metatrochs) beruht zum Teil auf Analogien und Konvergenzen (SALVINI-PLAWEN 1980b), wie ebenso NIELSEN in der Letztfassung (1995: 330-332) zum Teil einräumt. Auch das gleichartige Partikelsammelsystem („upstream-collecting“) in Bivalvia und Epineuralia (mit Bryozoa; vgl. NIELSEN 1987) ist offensichtlich konvergent. Völlig ohne phylogenetischen Bezug ist schließlich auch die Ausprägung von monociliären Zellen mit Diplosom gegenüber polyciliären Zellen ohne akzessorischem Centriol (NIELSEN 1987: 209-210): Einerseits besitzen verschiedenste Arten polyciliäre Zellen mit Diplosom (z. B. Abb. 13 und NIELSEN 1995: 387); andererseits spiegeln diese Verhältnisse offenbar eine allgemeine, mit Funktion korrelierte Höherdifferenzierung wieder: monociliäre Zellen mit Diplosom sind ursprünglich (vgl. RIEGER 1976; für Photorezeptor-Zellen SALVINI-PLAWEN & MAYR 1977), woraus sich polyphyletisch polyciliäre Zellen und/oder Reduktion des akzessorischen Centriols ableiten. Obwohl wir die speziellen Korrelationen, welche eine monociliäre oder polyciliäre Ausprägung bestimmen, noch nicht kennen, fallen einig Besonderheiten auf: So kommt monociliäre Bewimperung z. B. ebenso bei Polychaeten vor (BARTOLOMA-

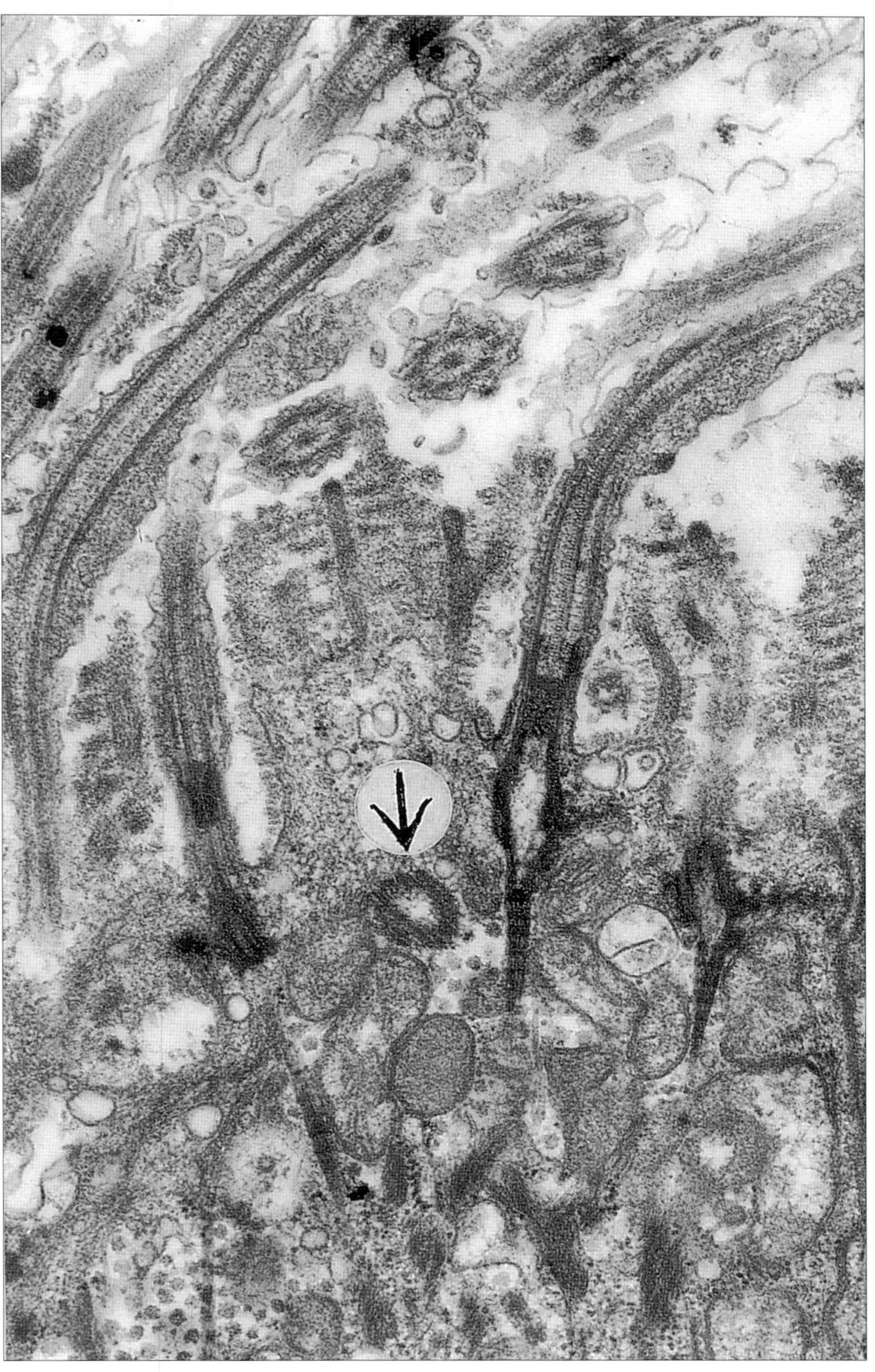

Abb. 13:
Scutopus ventrolineatus **(Mollusca: Caudofoveata): Elektronenmikroskopischer Schnitt durch das polyciliäre Epithel der Mantelhöhle mit akzessorischem Centriol (Pfeil).**

EUS 1995); hierzu gehört auch die Larve und der Adultus von *Owenia*, welcher sich wie die Mehrheit der basalen, monociliären Epineuralia (Phoronida, Brachiopoda, Pterobranchia; vgl. NIELSEN 1987) mittels Tentakel ernährt, wogegen die zu *Owenia* nächstverwandte *Myriochele* ohne Tentakel polyciliär ist (pers. Mitt. ST. GARDINER, Bryn Mawr College, Penns./USA).

6 Diskussion

(1) Mit seiner „Generellen Morphologie" (1866) integrierte E. HAECKEL in der neu konzipierten Morphologie die Erkenntnisse aus vergleichender Anatomie und Entwicklung (Ontogenie) der Organismen zur Erarbeitung von Grundorganisationen (Typen, Baupläne), innerhalb welcher anhand von Homologien, Analogien und Konvergenzen entwicklungsgeschichtliche Bezüge hergestellt und hierarchisch gewertet werden können (Phylogenie, Stammbaumforschung). HAECKEL selbst blieb aber im Allgemeinen und in der Darlegung von (z. T. sehr persönlich aufgefaßten) generellen Zusammenhängen: Wir finden keine Bauplanlehre oder (Rekonstruktion von) Stammgruppen/Stammarten wie auch keine Vergleichende Ontogenie, und selbst die phylogenetische Darstellung der Tiere (1866, 2. Bd.) bietet nur Stammbäume für fünf typologisch getrennte Stämme. Dennoch: HAECKELS Morphologie ist, aufbauend auf DARWIN, das geforderte Loslösen von der rein feststellenden Typenlehre zum stammesgeschichtlichen Werden von Organisationseinheiten. Das große Verdienst HAECKELS liegt also ab 1866 weniger in den einzelnen wissenschaftlichen Untersuchungen (bezüglich „Gastraea-Theorie" vgl. unten), als in der wegweisenden Initialwirkung der „Generellen Morphologie" und dem enorm fruchtbar-stimulierenden, nachfolgenden Pro und Contra. Und wenn sich die aktuelle Morphologie als – nicht nur Strukturbezogene – Verwandtschaftsforschung versteht (der häufig verwendete Begriff „Vergleichende Morphologie" ist hierbei ein „schwarzer Rappe", ein Pleonasmus), so ist prinzipiell der gleiche Forschungsbereich anhand der vergleichenden Methode umspannt (vgl. SEIDEL 1971). Allein das Aufspüren der natürlichen Verwandtschaftsverhältnisse (Phylogenetik) anhand der Ermittlung von Spezial-Homologien (Synapomorphien) der anatomischen, ontogenetischen, genetischen (DNS-Sequenzen) und weiteren Verhältnisse hat das Verfahren verfeinert (vgl. REMANE 1955; ILLIES 1967), – ergänzt durch die verstärkte Einbindung funktionsbiologischer Analysen in Hinsicht auf die evolutive Ausprägung und Umgestaltung der Organisationen.

(2) Im Rahmen der durch das neue Morphologie-Verständnis hervorgehobenen Beurteilung der Entwicklungsgeschichte (Ontogenie und Phylogenie) baute HAECKEL dann über die Rekapitulation („Biogenetisches Grundgesetz") anhand der Kalkschwämme seine „Gastraea-Theorie" auf (1872-1877). Trotz zahlreicher Diskussionen wie der tiefgreifenden Einwände (Porifera-Entwicklung, Mesoblastem/Keimblätter) fand die Gastraea-Theorie eine weite Verbreitung. Selbst ohne Einbezug der Schwämme und bei Präzisierung der Mesoblastem-Differenzierung kann sie, eingeschränkt auf den besonderen Vorgang der Gastrulation, auch heute noch für gewisse Cnidaria & Ctenophora & Triploblastica deren einheitliche Organisation als Darmtiere („Gastrozoa") phylogenetisch untermauern. Allerdings ist zu bedenken, daß auf Grund der morphogenetisch eingeschränkten Möglichkeiten aus einem monoblastischen Zustand (Blastula) einen zweischichtigen Organismus aufzubauen die Bildungsweisen beschränkt sind (Immigration, Delamination, Invagination, Epibolie); selbst wenn die Differenzierung der Zweischichtigkeit (Diploblastie) mit der Gastrulation gleichgesetzt wird (z. B. FIORONI 1979) gilt dies ebenso für die Differenzierung eines Darmraumes. Es ist daher auch ein hoher Anteil an biomechanisch abkürzenden, unabhängigen Parallelausprägungen einer Invaginationsgastrula zu erwarten: „Der Phylogenetiker ... möchte die primären Keimblätter ontogenetisch und stammesgeschichtlich auf die Schichten der Gastrula zurückführen. Um dieser Forderung zu genügen, muß naturgemäß ... der Begriff der Gastrulation sehr weit gefaßt, ja nahezu aufgelöst werden" (SEIDEL 1971: 316; vgl. auch FIORONI 1979).

(3) Ein Großteil der nachfolgenden Inter-

preten hat aber solche Einschränkungen offenbar nicht einbezogen. So werden die Besonderheiten bei den Schwämmen nicht zur Kenntnis genommen und es wird teils mit kapriolenhaften Erklärungen und/oder fragwürdigen Postulaten versucht (z. B. REMANE 1967: 595; KILIAN 1980: 265, 268), die Entwicklung der Schwämme weiterhin in das Gastraea-Schema zu pressen (vgl. SALVINI-PLAWEN & SPLECHTNA 1979). Eine derartige Interpretation, daß Befunde gemäß einer Theorie zurechtgebogen oder gar verfälscht werden (und nicht aber die Theorie den Befunden angepaßt wird bzw. ihnen unterzuordnen ist) kann verschiedentlich festgestellt werden (z. B. Reduktions-Postulate).

Eine weitere Quelle für Fehlinterpretationen liegt beim Übergang zu den Triploblastica in der irreführenden Bezeichnung für die neue (mittlere) Körperschicht als Mesoderm statt als Mesoblastem: jenes (mit Ausnahme bei echter Enterocoelie) zumeist noch undifferenzierte, vom Ektoderm und/oder Entoblastem in das Blastocoel abgegebene Bildungsmaterial, welches sich als dritte Keimschicht zu Mesenchym und/oder zu Myocyten und/oder zum tatsächlichen Mesoderm (Mesothel) differenziert. So kommt der Gastraea-Theorie besonders in Bezug auf die an sie anknüpfenden Hypothesen zum Übergang zu den Triploblastica eine (allerdings sehr widersprüchliche) Bedeutung zu.

(4) Die im Zusammenhang mit der Gastraea-Theorie ausgebaute Enterocoel-Theorie und daher auch als Gastraea-Coelomtheorie bezeichnete Hypothese zur Phylogenie der Histozoa enthält tiefgreifend-morphogenetische Widersprüche und funktionell unvereinbare Annahmen: Die vordergründig zwar beeindruckende Einheitstheorie kann aber im Detail nur mit Postulaten die nicht überbrückbaren Schwächen verdecken und die Hypothese um ihrer selbst willen aufrechterhalten. Das Postulat, daß die Gastroneuralia rückgebildete „Archicoelomata" seien, kann in der Auffassung von RIEGER (1986: 31, 1994; vgl. auch WESTHEIDE 1987) jedoch vermieden werden, wenn die pseudocoelomaten und acoelomaten Gastroneuralia durch Progenesis (Neotenie) entstanden sind. Diese Progenesis-Hypothese stützt sich aber bezüglich der Basis der Triploblastica ebenfalls auf eine coelomate Organisation und teilt damit, mangels genauer dargelegter Vorstellungen, die sonstige Problematik der Gastraea-Coelomtheorie.

(5) Demgegenüber baut die „Trochaea-Theorie" zwar ebenfalls auf der Gastraea auf, läßt ihr jedoch primär planktotrophe Organismen folgen, welche sich diphyletisch weiterentwickelt hätten. Einerseits stößt hier aber die postulierte, ursprüngliche Planktotrophie auf umfangreiche Schwierigkeiten (HASZPRUNAR et al. 1995) und es ergeben sich u. a. hinsichtlich der Ableitung des Nervensystems (bes. der Gastroneuralia) gravierende Widersprüche zu den organogenetischen Tatsachen. Andererseits untergräbt die noch nicht korrelativ-einsichtige Ausbildung der Bewimperung selbst (vgl. Oweniidae, das polyciliäre Oralfeld in Tornaria-Larven gegenüber dem monociliären Oralfeld bei Echinodermen-Larven, die allgemein polyciliäre Bewimperung bei Tunicata und Craniata gegenüber den Acrania; NIELSEN 1987) die eigentliche Basis der Trochaea-Theorie.

(6) Gegenüber der zwar nur mit Einschränkungen tragfähigen Biogenetischen Regel (vgl. OSCHE 1982) erweist sich HAECKELS Gastraea-Theorie von nur bedingter Gültigkeit. Als Entwicklungsstadium, welches zwei aufeinanderfolgende Vorgänge (Diploblastie und Gastrulation) als biomechanisch vorteilhaft in sich vereint, ist die Invaginations-Gastrula innerhalb der Histozoa (= „Gastrozoa") mehrheitlich, aber polyphyletisch verwirklicht. Schon daraus kann ihr phylogenetisch nur eine bedingt-rekapitulative Gültigkeit zugemessen werden (vgl. SEIDEL 1971; WILLMER 1990: 110-115). Die Bedeutung der Gastraea-Theorie in der Morphologie (Verwandtschaftsforschung) hängt daher vom Erklärungswert der auf ihr aufbauenden Hypothesen zur Phylogenie der Histozoa/Gastrozoa ab. Unabhängig davon, daß jede Theorie zur Stammesgeschichte eine Rekonstruktion anhand von Befunden darstellt („Indizien-Prozess"), sollte sie doch vorhandene Gegebenheiten zu einem größeren Rahmen verbinden und nicht offensichtliche Widersprüche hervorrufen und/oder durch Postulate mißachten. In dieser Hinsicht können die beiden an die Gastraea-Theorie anknüpfenden Hypothesen (Enterocoel-Theorie, Trochaea-Theorie) nicht bestehen

und sind morphologisch nicht tragfähig (vgl. WILLMER 1990: 28-33, 165-168, 186-187).

(7) Nach Absage an die auf die Gastraea-Theorie aufbauenden phylogenetischen Hypothesen für die Histozoa ergibt sich die Frage nach im Erklärungswert tragfähigeren Alternativen. Von den verschiedenen Vorstellungen (vgl. CLARK 1964; SALVINI-PLAWEN 1978; WILLMER 1990) besitzen die Acoel-Theorien (Ursprung der Bilateria über *Turbellaria*-Acoela direkt von Einzellern durch Zellularisierung) und die Nephrocoel-Theorie (Coelom-Entstehung als erweiterte Sammelräume für Exkretprodukte) in jüngerer Zeit nur noch historische Bedeutung. Als bestehende Hypothesen haben hingegen einerseits die Gonocoel-Theorie und andererseits die Planuloid-Theorie weitere Verbreitung, welche beide die acoelomaten-mesenchymaten Bilateria als die ursprünglichen Triploblastica ansehen. Die Gonocoel-Theorie (vgl. GOODRICH 1945) trifft jedoch keine bestimmten Aussagen zum Übergang von den *Coelenterata* und neben verschiedenen Schwierigkeiten enthält sie durch die meist retroperitoneale Lage der Keimzellen wie durch die als ursprünglich angenommene Serialität/Metamerie der Basisorganisation schwerwiegende Widersprüche (vgl. HARTMAN 1963: 69-70; CLARK 1964: 7; WILLMER 1990: 29-30).

(8) Als Alternative besonders zur Gastraea-Coelomtheorie werden mit der Planuloid-Hypothese die Triploblastica über diploblastische Organismen abgeleitet (Planula, Parenchymella; vgl. METSCHNIKOFF 1886; REISINGER 1970; IVANOV 1971; SALVINI-PLAWEN 1978), welche sich erst später zu Oroplanulae oder Sacculae mit Darmlumen und Mundöffnung differenzierten (vgl. Abb. 3 und TARDENT 1978). Die Invaginations-Gastrula wird als polyphyletisch-sekundär erachtet und die Triploblastica werden durch Anagese von bereits lateralsymmetrischen (vgl. Cnidaria), benthischen Planuloiden abgeleitet, welche durch eine gerichtete Lokomotion das (Ekto- und Ento-)Mesoblastem verstärkt differenziert haben (SALVINI-PLAWEN 1978, 1980a). Danach wird für die ursprünglichsten Triploblastica eine monociliäre Organisation mit einfacher Muskulatur und Mesenchym (aus Ecto- & Ento-Mesoblastem), mit terminalem Blastoporus = Mundöffnung, mit sensorischer Apikalplatte samt neu differenziertem gastroneuralen Nervensystem und mit frei im Mesenchym liegenden Keimzellen angesehen (vgl. *Turbellaria*/Gnathostomulida); von ihnen erfolgte die Radiation zu den Spiralia und Pseudocoelomata (*Nemathelminthes*). Die Coelom-Problematik wird dadurch umgangen, daß prinzipiell eine funktionell-bedingte, polyphyletische Differenzierung von Mesoderm-begrenzten Räumen (Mesothelocoelia) angenommen wird (vgl. CLARK 1964; SALVINI-PLAWEN 1980a; SALVINI-PLAWEN & BARTOLOMAEUS 1995); das als hydrostatisches Graborgan entstandene Körpercoelom (Sekundäre Leibeshöhle) wird nur mit dem Metacoel der Epineuralia homologisiert (REMANE 1967; SALVINI-PLAWEN 1982): Die einerseits mit protostomer, andererseits mit oligomer-epineuraler Organisation versehenen Tentaculata (vgl. Phoronida) werden nicht als ursprüngliche (und dichotom verteilte) „Archicoelomata“ angesehen, sondern als Gruppen des Übergangfeldes von Gastroneuralia zu Epineuralia beurteilt (SALVINI-PLAWEN 1982, 1986): Die Coelom-Heterochronie legt nahe, daß nicht nur das Metacoel eine überkommene Sekundäre Leibeshöhle darstellt (Furchungszelle 4d), sondern auch das larval funktionslose und in der Metamorphose stark reduzierte Protocoel ebenfalls von der Vorläuferorganisation rekapituliert sein dürfte (als Graborgan entstanden und homolog dem Tentakelcoelom der Sipunculida? Derivat der Zelle 4a?). Demgegenüber erscheint das Mesocoel als erst zur Hydraulik des paedomorphen Tentakelapparates im größeren Adultus neu differenziert (Zellen 4b & 4c nach REMANE 1967: 608). Der Verlust bzw. Abbau der Scheitelplatte (Anlagezentrum für das gastroneurale Nervensystem) und der Ausbau des larvalen, intraepithelialen Nervensystems der Epineuralia (Paedomorphie, vgl. vorne) unterstützt die intermediäre Brückenstellung der Tentaculata. Der Unterschied in der Bewimperung (vgl. WILLMER 1990: 343-344) erweist sich als nicht so tiefgreifend (d. h. ist entschärft, vgl. oben) und erscheint hierbei eher mit der Lebensweise und/oder Funktion korreliert denn als phylogenetisch relevant. Das Tentakulaten-Organisationsniveau bildete letztlich

dann die Basis für die Radiation der sog. Deuterostomia (SALVINI-PLAWEN 1989, 1998).

In diesem Konzept, welches grob-linear eine anagenetische Differenzierung von bilateralen Planuloiden zu Mesenchymata und Pseudocoelomata, zu Spiralia mit Körpercoelom, zu Tentaculata (mit Übergang von Schizocoelie zu Enterocoelie), zu Deuterostomia vertritt, stellt HAECKELS Gastraea allerdings nur ein mehrfach differenziertes Stadium der biomechanisch vorteilhaften Vereinigung zweier Vorgänge (Erreichen der Diploblastie und Gastrulation) dar.

7 Zusammenfassung

Im Rahmen der „Generellen Morphologie" (1866) mit dem Einbezug von Ontogenie und Phylogenie setzt E. HAECKEL anhand seiner Untersuchungen über die Kalkschwämme (1872) die Rekapitulations-Auffassung („Biogenetisches Grundgesetz") in die „Gastraea-Theorie" (1872-1877) um. Danach durchlaufen alle Metazoa das Stadium der Invaginations-Gastrula, welches somit als „Gastraea" die Organisation des gemeinsamen Vorfahren repräsentieren soll. Nach kritischer morphologischer Analyse erweist sich, daß die Schwämme zwar diploblastisch sind, aber weder eine (homologisierbare) Gastrulation zeigen noch einen Darm besitzen. Die Gastraea-Theorie kann daher nur für die Histozoa gelten (nur diese sind Darmtiere/„Gastrozoa"). Die auf der Gastraea-Theorie aufbauenden Hypothesen zum Ursprung und zur Phylogenie der Triploblastica, die „Enterocoel-Theorie" (= „Gastraea-Coelomtheorie") und die „Trochaea-Theorie", erweisen sich aber als morphologisch nicht tragfähig: ihre Ableitungen sind organogenetisch widersprüchlich und funktionell nicht nachvollziehbar. Die kurz vorgestellten Alternativ-Konzepte, darunter besonders die Planuloid-Hypothese, leiten die Triploblastica über eine acoelomat-mesenchymate Organisation ab. Die Invaginations-Gastrula wird hierin auf ihr ontogenetisches Stadium eingeschränkt, welches eine mehrfach erfolgte, abkürzende und somit biomechanisch vorteilhafte Gleichzeitigkeit zweier Vorgänge (Erreichen der Diploblastie und Gastrulation) widerspiegelt. Insgesamt kommt der Gastraea-Theorie daher, außer in spekulativ-postulierenden Interpretationen, nur eine untergeordnete Bedeutung zu. Das Verdienst von E. HAECKEL beruht seit 1866 somit nicht eigentlich in den wissenschaftlichen Aussagen, sondern in der an DARWIN anknüpfenden Gesamtsicht von „Morphologie" (strukturelle Biologie und Entwicklungsgeschichte) als neuem Wegweiser für die Verwandtschaftsforschung.

8 Literatur

AKESSON B. (1963): The comparative morphology and embryology of the head of scale worms (Aphroditidae, Polychaeta). — Arkiv Zool. **16** (7): 125-163.

ANDERSON D.T. (1973): Embryology and phylogeny in annelids and arthropods. — Pergamon Press, Oxford.

AX P. (1961): Verwandtschaftsbeziehungen und Phylogenie der Turbellarien. — Ergebnisse Biologie **24**: 1-68.

BARTOLOMAEUS Th. (1993): Die Leibeshöhlenverhältnisse und Nephridialorgane der Bilateria - Ultrastruktur, Entwicklung und Evolution. — Habililationsschrift Fachber. Biologie Univ. Göttingen.

BARTOLOMAEUS Th. (1994): On the ultrastructure of the coelomic lining in the Annelida, Sipuncula and Echiura. — Microfauna Marina **9**: 171-220.

BARTOLOMAEUS Th. (1995): Secondary monociliarity in the Annelida: monociliated epidermal cells in larvae of *Megalona mirabilis* (Megalonida). — Microfauna Marina **10**: 327-332.

BENITO J. & F. PARDOS (1997): Hemichordata. — Microscopic Anatomy of Invertebrates **15**: 15-101.

BERGQUIST P. & C. GREEN C. (1977): An ultrastructural study of settlement and metamorphosis in sponge larvae. — Cah. Biol. marine **18**: 289-302.

BOROJEVIC R. & Cl. LEVI (1965): Morphogénèse expérimentale d'une éponge à partir de cellules de la larve nageante dissociée. — Zeitschr. Zellforsch. **68**: 57-69.

BRIEN P. (1972): Les feuillets embryonnaires des éponges. — Acad. Roy. Belg., Bull. Classe Sci., sér. 5, **58**: 715-732.

BRIEN P. (1973): Les Démosponges, morphologie et reproduction. — In: GRASSÉ P. (Ed.): Traité de Zoologie III (Fasc. I) 133-461.

CAPELLE W. (1968): Die Vorsokratiker. — Kröners Taschenausgabe (Stuttgart) 119.

CLARK R.B. (1964): Dynamics in metazoan evolution. The origin of the coelom and segments. — Clarendon Press, Oxford.

CLAUS C. & K. GROBBEN (1905): Lehrbuch der Zoologie, 1. Aufl. (3. Aufl. 1917/1923). — Elwert'sche Verlagsbuchhandlung, Marburg.

DELAGE Y. (1892): Embryogénie des éponges: développement post-larvaire. — Arch. Zool. exp. gén., sér. 2, **10**: 345-489.

DOHLE W. (1979): Vergleichende Entwicklungsgeschichte des Mesoderms bei Articulaten. — Fortschr. zool. Syst. Evolut.-forsch. (Beih. Z. zool. Syst. Evolut.-forsch.) **1**: 120-140.

DUBOSCQ O. & O. TUZET E(1937): L'ovogénèse, la fécondation et les premiers stades du développement des éponges calcaires. — Arch. Zool. exp. gén. **79**: 157-316.

FELL P.E. (1974): Porifera. — In: GIESE A. & J. PEARSE (Eds.): Reproduction of marine Invertebrates **1**: 51-132, Academic Press, New York.

FIORINI P. (1979): Abänderungen des Gastrulationsverlaufs und ihre phylogenetische Bedeutung. — Fortschr. zool. Syst. Evolut.-forsch. (Beih. Z. zool. Syst. Evolut.-forsch.) **1**: 101-119.

FRANSEN M.E. (1980): Ultrastructure of coelomic organization in annelids I., archiannelids and other small polychaetes. — Zoomorphology **95**: 235-249.

GEGENBAUR C. (1870): Grundzüge der vergleichenden Anatomie, 2. Auflage. — Leipzig.

GOODRICH E.S. (1945): The study of nephridia and genital ducts since 1895. — Quart. Journ. micr. Sci. **86**: 113-392.

GOETHE J.W.v. (1830/1962): Principes de Philosophie zoologique. Discutés en Mars 1830 au sein de l'Académie royale des Sciences par Mr. Geoffroy de SAINT-HILAIRE. — Schriften zur vergleichenden Anatomie, zur Zoologie und Physiognomik. J.W. GOETHE dtv-Gesamtausgabe 37: 150-178.

GUTMANN W.F. (1966): Funktionsmorphologische Beiträge zur „Gastraea-Coelomtheorie". — Senck. biol. **47**: 225-250.

HAECKEL E. (1866): Generelle Morphologie der Organismen. 1. Bd.: Allgemeine Anatomie der Organismen; 2. Bd.: Allgemeine Entwicklungsgeschichte der Organismen. — G. Reimer, Berlin.

HAECKEL E. (1872): Die Kalkschwämme. Biologie der Kalkschwämme, 1. Bd. — G. Reimer, Berlin.

HAECKEL E. (1874): Die Gastraea-Theorie, die phylogenetische Classification des Thierreichs und die Homologie der Keimblätter. — Jenaische Zeitschr. Naturwiss. **8** (N.F. 1): 1-55.

HAECKEL E. (1875): Die Gastrula und die Eifurchung der Thiere (1. Fortsetzung der „Gastraea-Theorie"). — Jenaische Zeitschr. Naturwiss. **9** (N.F. 2): 402-508.

HAECKEL E. (1877a): Die Physemarien (Haliphysema und Gastrophysema), Gastraeaden der Gegenwart (2. Fortsetzung der „Gastraea-Theorie"). — Jenaische Zeitschr. Naturwiss. **11** (N.F. 4): 1-54.

HAECKEL E. (1877b): Nachträge zur Gastraea-Theorie (Schluss der „Gastraea-Theorie"). — Jenaische Zeitschr. Naturwiss. **11** (N.F. 4): 55-98.

HAECKEL E. (1896): Systematische Phylogenie. Zweiter Theil: Systematische Phylogenie der wirbellosen Thiere (Invertebrata). — G. Reimer, Berlin.

HARTMAN W. (1963): A critique of the enterocele theory. — In: DOUGHERTY E. (Ed.): The lower Metazoa: 55-77, Univ. Calif. Press, Berkeley.

HASPRUNAR G., SALVINI-PLAWEN L.v. & R.M. RIEGER (1995): Larval planktotrophy a primitive trait in the Bilateria? — Acta Zoologica (Stockholm) **76**: 141-154.

HEIDER K. (1914): Phylogenie der Wirbellosen. — In: HINNEBERG P. (Hrsg.): Die Kultur der Gegenwart Teil III, Abt. 4, Bd. **4**: 453-529, Teubner, Berlin.

HEINZELLER Th. & WELSCH U. (1994): Crinoidea. — Microscopic anatomy of Invertebrates **14** (Echinodermata): 9-148.

HEMLEBEN J. (1964): Ernst HAECKEL in Selbstzeugnissen und Bilddokumenten. — Rowohlts Monographien 99.

HERTWIG O. & R. HERTWIG (1882): Die Coelomtheorie.

Versuch einer Erklärung des mittleren Keimblattes. — Jenaische Zeitschr. Naturwiss. **15** (N. F. 8): 1-150.

Illies J. (1967): Zur modernen Systematik. — Zoologische Beiträge N.F. **13**: 521-528.

Ivanov A.V. (1971): Embryogenesis of sponges (Porifera) and their position in the system of Animal Kingdom (in russ.). — Zh. gen. Biol. **32** (5): 557-572.

Iwanoff P.P. (1928): Die Entwicklung der Larvalsegmente bei den Anneliden. — Zeitschr. Morph. Ökol. Tiere **10**: 62-161.

Jägersten G. (1955): On the early phylogeny of the Metazoa. — Zool. Bidr. Uppsala **25**: 551-570.

Jägersten G. (1959): Further remarks on the early phylogeny of the Metazoa. — Zool. Bidr. Uppsala **33**: 79-108.

Jahn I. (1990): Grundzüge der Biologiegeschichte. — Uni-Taschenbücher, G.Fischer, 1534.

Jahn I., Löther R. & K. Senglaub (1982): Geschichte der Biologie. — VEB G. Fischer Verl., Jena.

Kaestner A. (1965): Lehrbuch der Speziellen Zoologie, 2. Auflage. Bd. I: Wirbellose, 1.Teil. — VEB G. Fischer, Jena.

Killian E.F. (1980): 3. Stamm Porifera, Schwämme. — In: Kaestner A. (Hrsg.): Lehrbuch der Speziellen Zoologie, 4. Auflage, Bd. **I**, 1.Teil: 251-288, G. Fischer, Stuttgart.

Kowalevsky A. (1867): Entwicklungsgeschichte des *Amphioxus lanceolatus*. — Mém. Acad. Imp. Sci. St. Pétersbourg, sér. VII, **11** (4): 1-17.

Kowalevsky A. (1871): Embryologische Studien an Würmern und Arthropoden. — Mém. Acad. Imp. Sci. St. Pétersbourg, sér. VII, **16** (12): 1-70.

Lacalli T.C. (1984): Structure and organization of the nervous system in the trochophore larve of *Spirobranchus*. — Phil. Transact. Roy. Soc. London 306 B: 79-135.

Lankester E. Ray (1873): On the primitive cell-layers of the embryo as the basis of genealogical classification of animals, and on the origin of vascular and lymph systems. — Ann. Mag. Nat. Hist. ser. **4**, 11: 321-338.

Lankester E. Ray (1877): Notes on the embryology and classification of the animal kingdom; comprising a revision of speculations relative to the origin and significance of the germ layers — Quart. Journ. micr. Sci. **17**: 399-454.

Lankester E. Ray (1900): The Enterocoela and the Coelomocoela. — In: Lankester E. Ray (Ed.): A treatise on Zoology 2: 1-37, Black, London.

Lemche H. & O.S. TENDAL (1977): An interpretation of the sex cells and the early development in sponges, with a note on the terms acrocoel and spongocoel. — Zeitschr. zool. Syst. Evolut.-forsch. **15**: 241-252.

Levi Cl. (1963): Gastrulation and larval phylogeny in sponges. — In: Dougherty E. (Ed.): The lower Metazoa: 375-382, Univ. Calif. Press, Berkeley.

Maas O. (1898): Die Keimblätter der Spongien und die Metamorphose von *Oscarella* (*Halisarca*). — Zeitschr. wiss. Zool. **63**: 665-679.

Marcus E. (1958): On the evolution of the animal phyla. — Quart. Rev. Biol. **33**: 24-58.

Masterman A.T. (1897): On the Diplochorda. 1. The structure of Actinotrocha. 2. The structure of *Cephalodiscus*. — Quart. Journ. micr. Sci. **40**: 281-366.

Masterman A.T. (1898): On the theory of archimeric segmentation and its bearing upon the phyletic classification of the Coelomata. — Proc. Roy. Soc. Edinburgh **22**: 270-310.

Mayr E. (1984): Die Entwicklung der biologischen Gedankenwelt. — Springer-Verlag, Berlin.

Meewis H. (1938): Contribution à l'étude de l'embryogénèse des Myxospongidae: *Halisarca lobularis* (Schmidt). — Archs de Biologie **50** (1): 3-66.

Metschnikoff E. (1874): Zur Entwicklungsgeschichte der Kalkschwämme. — Zeitschr. wiss. Zoologie **24**: 1-14.

Metschnikoff E. (1879): Spongiologische Studien. — Zeitschr. wiss. Zool. **32**: 349-387.

Metschnikoff E. (1886): Embryologische Studien an Medusen. — A. Hölder, Wien.

Misevic G.N., Schlup V. & M.M. Burger (1990): Larval metamorphosis of *Microciona prolifera*: Evidence against the reversal of layers. — In: Rützler K. (Ed.): New perspectives in sponge biology: 182-187, Smithsonian Inst. Press, Washington D. C.

Mühlenstein H. (1957): Die verhüllten Götter. — Verlag K. Desch, Wien.

Naef A. (1931): Phylogenie der Tiere. — In: Baur E. & M. Hartmann (Hrsg.): Handbuch der Vererbungswissenschaft, Lief. 13, Borntraeger, Berlin.

Nielsen C. (1985): Animal phylogeny in the light of the trochaea theory. — Biol. Journ. Linn. Soc. **25**: 243-299.

Nielsen C. (1987): Structure and function of metazoan ciliary bands and their phylogenetic significance. — Acta Zoologica (Stockholm) **68**: 205-262.

Nielsen C. (1995): Animal evolution – Interrelationships of the living phyla. Oxford Univ. Press, Oxford.

Nielsen C. & A. Nørrevang A. (1985): The trochaea theory – an example of life cycle phylogeny. — In: Conway Morris S., George J.D., Gibson R. & H.M. Platt (Eds): The origin and relationships of lower invertebrates: 28-42, Oxford Univ. Press, Oxford.

Osche G. (1982): Rekapitulationsentwicklung und ihre Bedeutung für die Phylogenetik. – Wann gilt die „Biogenetische Grundregel"? — Verhandl. naturwiss. Verein Hamburg (NF) **25**: 5-31.

Reisinger E. (1970): Zur Problematik der Evolution der Coelomaten. — Zeitschr. zool. Syst. Evolut.-Forsch. **8**: 81-109.

Reisinger E. (1972): Die Evolution des Orthogons der Spiralier und das Archicoelomatenproblem. — Zeitschr. zool. Syst. Evolut.-forsch. **10**: 1-43.

Remane A. (1950): Die Entstehung der Metamerie der Wirbellosen. — Verhandl. Dtsch. Zool. Ges. Mainz 1949, Zool. Anz. Suppl. **14**: 16-23.

Remane A. (1955): Morphologie als Homologienfor-

Anschrift des Verfassers:
Univ.-Prof. Dr.
Luitfried SALVINI-PLAWEN
Institut für Zoologie
Universität Wien
Althanstr. 14
A-1090 Wien
Austria

schung. — Verhandl. Dtsch. Zool. Ges. 1954, Zool. Anz. Suppl. **18**: 159-183.

REMANE A. (1963): The enterocelic origin of the celom. — In: DOUGHERTY E. (Ed.): The lower Metazoa: 78-90, Univ. Calif. Press, Berkeley.

REMANE A. (1967): Die Geschichte der Tiere. — In: HEBERER G. (Hrsg.): Die Evolution der Organismen: 589-677, G. Fischer, Stuttgart.

REMANE A., STORCH V. & U. WELSCH (1971): Kurzes Lehrbuch der Zoologie, 1. Aufl. — G. Fischer, Stuttgart.

REMANE A., STORCH V. & U. WELSCH (1975): Systematische Zoologie, 1. Aufl. (3. Auflage 1986) — G. Fischer, Stuttgart.

RENSCH B. (1972): Neuere Probleme der Abstammungslehre, 3. Aufl. — F. Enke Verl., Stuttgart.

RIEGER R.M. (1976): Monociliated epidermal cells in Gastrotricha: significance for concepts of early metazoan evolution. — Zeitschr. zool. Syst. Evolut.-forsch. **14**: 198-226.

RIEGER R.M. (1986): Über den Ursprung der Bilateria: die Bedeutung der Ultrastrukturforschung für ein neues Verstehen der Metazoenevolution. — Verhandl. Dtsch. Zool. Ges. **79**: 31-50.

RIEGER R.M. (1994): The biphasic life cycle – a central theme of metazoan evolution. — American Zoologist **34**: 484-491.

SALVINI-PLAWEN L.v. (1978): On the origin and evolution of the lower Metazoa. — Zeitschr. zool. Syst. Evolut.-forsch. **16**: 40-88.

SALVINI-PLAWEN L.v. (1980a): Phylogenetischer Status und Bedeutung der mesenchymaten Bilateria. — Zool. Jahrb. Anat. **103**: 354-373.

SALVINI-PLAWEN L.v. (1980b): Was ist eine Trochophora? Eine Analyse der Larventypen mariner Protostomier. — Zool. Jahrb. Anat. **103**: 389-423.

SALVINI-PLAWEN L.v. (1982): A paedomorphic origin of the oligomerous animals? — Zoologica Scripta **11**: 77-81.

SALVINI-PLAWEN L.v. (1986): Neuere Aspekte zur Stammesgeschichte der Tiere. — Wiss. Nachrichten (BM Unterricht & Kunst, Wien) Nr. **71**: 10-16.

SALVINI-PLAWEN L.v. (1989): Mesoderm heterochrony and metamery in Chordata. — Fortschritte Zoologie **35**: 213-219.

SALVINI-PLAWEN L.v. (1998): The urochordate larva and archichordate organization: chordate origin and anagenesis revisited. — J. zool. syst. evol. research. **36** (im Druck).

SALVINI-PLAWEN L.v. & Th. BARTOLOMAEUS (1995): Mollusca: Mesenchymata with a „coelom". — Selected Symposia and Monographs U. Z. I. 8 (Body cavities: function and phylogeny): 75-92.

SALVINI-PLAWEN L.v. & E. MAYR (1977): On the evolution of photoreceptors and eyes. — Evolutionary Biology **10**: 207-263.

SALVINI-PLAWEN L.v. & H. SPLECHTNA (1979): Zur Homologie der Keimblätter. — Zeitschr. zool. Syst. Evolut.-forsch. **17**: 10-30.

SEDGWICK A. (1884): On the origin of metameric segmentation and some other morphological questions. — Quart. Journ. micr. Sci. **24**: 43-82.

SEIDEL F. (1971): Grundsätze zum Begriffssystem der Entwicklungslehre. — Zool. Anz. **186**: 307-328.

SEWERTZOFF A.N. (1931): Morphologische Gesetzmässigkeiten der Evolution. — G. Fischer, Jena.

SHINN G. (1997): Chaetognatha. — Microscopic anatomy of Invertebrates **15**: 103-220.

SIEWING R. (1967): Diskussionsbeitrag zur Phylogenie der Coelomaten. — Zool. Anz. **179**: 132-176.

SIEWING R. (1976): Probleme und neuere Erkenntnisse in der Großsystematik der Wirbellosen. — Verhandl. Dtsch. Zool. Ges. 1976: 59-83.

SIEWING R. (1980): Das Archicoelomatenkonzept. — Zool. Jahrb. Anat. **103**: 439-482.

SIEWING R. (1981): Problems and results of research on the phylogenetic origin of Coelomata. — Atti Convegni Lincei **49**: 123-160.

SIEWING R. (1985): Lehrbuch der Zoologie, Bd. 2 (Systematik). — G. Fischer, Stuttgart.

STORCH V. & U. WELSCH (1991): Systematische Zoologie, 1. Aufl. (2. Aufl. 1997). — G. Fischer, Stuttgart.

TARDENT P. (1978): Coelenterata, Cnidaria. — In: SEIDEL F. (Hrsg.): Morphogenese der Tiere, I. Reihe, Lief. 1 (A-I): 69-415.

TUZET O. (1973a): Introduction et place des Spongiaires dans la classification. — In: GRASSÉ P. (Ed.): Traité de Zoologie III (Fasc. I): 1-26.

TUZET O. (1973b): Eponges calcaires. — In: GRASSÉ P. (Ed.): Traité de Zoologie, III (Fasc. I): 27-132.

ULRICH W. (1967): Ernst HAECKEL: „Generelle Morphologie", 1866 (1. Teil). — Zool. Beiträge N. F. **13**: 165-212.

ULRICH W. (1968): Ernst HAECKEL: „Generelle Morphologie", 1866 (Fortsetzung und Schluß). — Zool. Beiträge N. F. **14**: 213-311.

ULRICH W. (1972): Die Geschichte des Archicoelomatenbegriffs und die Archicoelomatennatur der Pogonophoren. — Zeitschr. zool. Syst. Evolut.-forsch. **10**: 301-320.

WEBER H. (1955): Stellung und Aufgaben der Morphologie in der Zoologie der Gegenwart. — Verhandl. Dtsch. Zool. Ges. 1954, Zool. Anz. Suppl. **18**: 137-159.

WESTHEIDE W. (1987): Progenesis as a principle in meiofauna evolution. — Journ. Nat. Hist. **21**: 843-854.

WILLMER P. (1990): Invertebrate relationships. Patterns in animal evolution. — Cambridge Univ. Press, Cambridge.

ZIMMER R. (1978): The comparative structure of the preoral hood coelom in Phoronida and the fate of this cavity during and after metamorphosis. — In: CHIA F.-Sh & M. RICE (Eds.): Settlement and metamorphosis of marine invertebrate larvae: 23-40, Elsevier/North Holland, Biomed Press, New York.

Ernst HAECKEL und seine Bedeutung für die Entwicklung der Paläoanthropologie

S. KIRCHENGAST

Abstract

Ernst HAECKEL and his Impact on the Development of Paleoanthropology.

Ernst HAECKEL (1834-1919) is one of the most important pioneers of the theory of evolution in Germany as well as in whole Europe. After he had finished his studies in medicine he preferred to work as zoologist and scientist and he became a fanatic defender of the application of the theory of evolution on human natural history. At this time only few specimens of hominid fossils were known. HAECKELS assumption of the existence of a „missing link" in south-east Asia had lead directly to the famous excavations of E. DUBOIS in Java. Nevertheless, the exciting discoveries of fossil hominids in Africa during this century falsified HAECKELS theory of south-east Asia as cradle of mankind. According to newest results Africa and especially east-Africa can be assumed as the „cradle of mankind".

„Die Frage aller Fragen für die Menschheit – das Problem, welches allen übrigen zu Grunde liegt und welches tiefer interessiert als irgend ein anderes – ist die Bestimmung der Stellung welche der Mensch in der Natur einnimmt, und seiner Beziehungen zur Gesamtheit der Dinge. Woher unser Stamm gekommen ist, welches die Grenzen unserer Gewalt über die Natur und die Natur der Gewalt über uns sind, auf welches Ziel wir hinstreben: das sind die Probleme, welche sich von neuem mit unvermindertem Interesse jedem zur Welt geborenen Menschen darbieten."

HUXLEY (1863)

„Den wahren Ursprung des Menschen erkannt zu haben, ist für alle menschlichen Anschauungen eine so folgenreiche Entdeckung, daß eine künftige Zeit dieses Ergebnis der Forschung vielleicht für das Größte halten wird, welches dem menschlichen Geist zu finden beschieden war."

SCHAAFHAUSEN (1867)

Stapfia 56, zugleich Kataloge des OÖ. Landesmuseums, Neue Folge Nr. 131 (1998), 169-184

1 Einleitung

Woher kommen wir und wohin gehen wir? Diese zentrale Frage beschäftigte die Menschen seit frühester Zeit. Das Rätsel der eigenen Herkunft versuchten die Menschen seit jeher entsprechend ihrer kulturellen Entwicklung, ihren naturwissenschaftlichen Kenntnissen bzw. ihrer Weltanschauung zu lösen. Die zahlreichen Schöpfungsmythen, aber auch die überall auf der Welt existenten Totenkulte, legen reiches Zeugnis der intensiven Auseinandersetzung mit diesem Thema ab. Es ist keine Kultur bekannt, deren Träger sich nicht von einem Schöpfergott, einem Weltelternpaar oder einer Urmutter ableiteten. Wer kennt andererseits nicht die mitunter prachtvollen Totenmäler, wie die Pyramiden oder die zahlreichen und vielfältigen Totenbräuche überall auf der Welt, die dem Verstorbenen seinen Platz im „nächsten Leben" sichern sollten. Die ersten Menschen unterschieden sich in ihrem Äußeren nicht von den jeweiligen Kulturträgern. Eine Entwicklung der Menschen aus anderen Lebewesen wurde niemals in Betracht gezogen. Selbst die Möglichkeit der Wiedergeburt in einer anderen Lebensform kann nicht einmal ansatzweise als Evolutionsgedanke aufgefaßt werden. Dennoch, die Frage nach unserer Herkunft ist bis heute ein zentrales Thema geblieben und innerhalb der modernen Wissenschaft vom Menschen, der Anthropologie oder wie es in jüngster Zeit zumindest im deutschsprachigen Raum üblicher geworden ist, der Humanbiologie, stellt die Erforschung unserer Herkunft in Form der sogenannten Paläoanthropologie, die Königsdisziplin dar. Wenigen „Auserwählten" ist es vergönnt in diesem elitären Teilbereich der Wissenschaft vom Menschen tätig zu sein, auch wenn es kaum einen Anthropologen/Humanbiologen gibt, für den eine Beschäftigung mit unserer stammesgeschichtlichen Herkunft nicht das Ziel aller Wünsche darstellen würde.

Die Paläoanthropologie ist eine relativ junge Wissenschaft, nicht einmal 150 Jahre alt, dennoch, mit Ausnahme der frühneuzeitlichen Physik hat wohl kaum eine Wissenschaft noch vor und während ihrer Etablierung so großes Aufsehen erregt und die Menschen so bewegt. Die Klassifikation des Menschen als Teil der Natur, die Abkehr vom biblischen Schöpfungsbericht, die „Affenabstammung" des Menschen, all das bewegte die Gemüter, empörte nicht nur die Kirche und die weltlichen Laien, sondern spaltete auch die wissenschaftliche Gemeinde. In diesem Beitrag geht es nun darum, die Bedeutung und die Rolle jenes Mannes zu beleuchten, der vor allem im deutschsprachigen Raum der Abstammungslehre zum Durchbruch verhalf und in diesem Sinne sicher einen der Wegbereiter der Abstammungslehre in Deutschland, aber auch im restlichen Europa verkörpert: Ernst HAECKEL (1834-1919).

HEBERER (1956) bezeichnete das Jahr 1863 als das Gründungsjahr der menschlichen Abstammungslehre. In diesem Jahr waren die Werke von Thomas HUXLEY, Charles LYELL und Karl VOGT erschienen, in denen sie den Menschen in die allgemeine Abstammungslehre mit einbezogen. Darüber hinaus führte HEBERER Ernst HAECKEL als Mitglied dieses „Gründerkreises der Anthropophylogenetik" ein.

Ernst HAECKEL, am 16. Februar 1834 in Potsdam als zweiter Sohn einer gutbürgerlichen Familie geboren, wurde einerseits von seinen Eltern im Sinne des liberalen Christentums von SCHLEIERMACHER erzogen, andererseits wurde seine Liebe und sein Interesse an der Natur früh geweckt und auch entsprechend gefördert. Sein Wunsch, in Jena Botanik zu studieren, zerschlug sich aufgrund eines rheumatischen Leidens, statt dessen nahm er 1852 das Studium der Medizin und Naturwissenschaften in Berlin auf. Von den begrenzten Möglichkeiten des Botanikstudiums in Berlin enttäuscht, wechselte HAECKEL noch 1852 an die Universität Würzburg, wo herausragende Persönlichkeiten wie z. B. der Histologe Albert von KOELLIKER oder der Anatom Rudolf VIRCHOW lehrten. Dennoch fühlte sich HAECKEL fehl am Platze und war über sein Medizinstudium äußerst unglücklich. Seine Ablehnung allem Krankhaften gegenüber konnte sein Interesse für Anatomie, die er von rein naturwissenschaftlichem Standpunkt aus betrachtete, zunächst nicht aufwiegen. Erst die intensivierte Beschäftigung mit der Anatomie und Physiologie des Menschen durch die Vorlesungen von Albert von KOELLIKER, sowie die Vorlesung zur Entwicklungsgeschichte des Menschen von Franz LEYDIG, söhnten HAECKEL mit dem Medizinstudium aus. Die Beschäftigung mit Meeresbiologie, die im Rahmen des Medizinstudiums gelehrt wurde, aber auch die Kurse im Mikroskopieren und Pathologischer Anatomie begeisterten HAECKEL. Vor allem die Zellbiologie, in die er durch Rudolf VIRCHOW eingeführt wurde, übte eine ungeheure Anziehungskraft auf HAECKEL aus, sodaß er beschloß auch in Zukunft „der Zellforschung all seine Kräfte zu widmen". 1854 wechselte HAECKEL erneut nach Berlin, wo die Vorlesungen über vergleichende Anatomie und Physiologie von Johannes Peter MÜLLER ganz entscheidend für HAECKELS weiteren Werdegang wurden. „Hier lernte ich zum ersten Mal eine Autorität kennen, die von allen anerkannt wurde, und die ich mir als ein wissenschaftliches Ideal hinstellte, wie dann auch sein näherer Umgang auf dem Museum etc. mich für ewig der vergleichenden Anatomie als Lieblingswissenschaft zuführte". Bis an sein Lebensende verehrte HAECKEL MÜLLER als seinen unvergleichlich größten und genialsten Lehrer. Zu Ostern 1855 kehrte HAECKEL nach Würzburg zurück, um sich nun den klinischen Fächern zu widmen. Dank Rudolf VIRCHOWS fand HAECKEL nun auch Gefallen an der praktischen Medizin. Dennoch gerade in jener Zeit erlebte HAECKEL erste Gewissenskonflikte. Die Zweckmäßigkeit und Schönheit der Natur empfand HAECKEL als Ausdruck der göttlichen Allmacht und Güte Gottes. Die materialistischen Weltbilder der meisten Naturwissenschaftler jener Zeit, allen voran VIRCHOWS, erschütterten sein christliches Weltbild. Nach weiteren Studien in Wien beendete HAECKEL 1858 erfolgreich sein Medizinstudium, und erhielt die Approbation als praktischer Arzt und Geburtshelfer. Seine ärztliche Karriere war extrem kurz und schon bald widmete er sich ausschließlich den Naturwissenschaften. Studienaufenthalte am Mittelmeer und eine intensive Beschäftigung mit der Meeresbiologie folgten. Seine Habilitation und ein Umzug nach Jena waren der erste Schritt in Richtung der Gründung einer Professur für Zoologie in Jena (KRAUßE 1984). Im Sommer 1860 wurde HAECKEL erstmals mit der deutschen Übersetzung von DARWINS „The origin of species by means of natural selection, or the preservation of favoured races in the struggle for life", die im November 1859 erschien, konfrontiert. Begeistert bekannte er sich spontan zu DARWINS Deszendenztheorie. Er wertete DARWINS Werk als „den ersten wissenschaftlichen Versuch, alle Erscheinungen der organischen Natur aus einem grossartigen, einheitlichen Gesichtspunkte zu erklären und an die Stelle des unbegreiflichen Wunders das begreifliche Naturgesetz zu bringen" (KRAUßE 1984). Mit seiner Entscheidung für DARWINS Theorie hatte HAECKEL auch die Richtung seines weiteren wissenschaftlichen Arbeitens festgelegt. Eine spezielle DARWIN-Vorlesung ab Wintersemester 1862/63 war nur der Anfang. Ohne Skrupel wandte HAECKEL DARWINS Theorie auch auf den Menschen an und wurde so vor allem nach seiner Ernennung zum Ordinarius für Zoologie der Universität Jena im Jahre 1865 zu einem Wegbereiter der Abstammungslehre des Menschen.

2 HAECKEL als Wegbereiter der Paläoanthropologie

In der Mitte des 18. Jahrhunderts erstellte Carl von LINNÉ (1707-1778) sein natürliches System der Organismen („Systema naturae") erstmals erschienen 1735, zu einer Zeit, als das Wissen über die Menschenaffen Afrikas und Asiens bestenfalls als anekdotenhaft bezeichnet werden konnte. Dennoch stellte LINNÉS „Systema naturae" eine wissenschaftliche Revolution dar. LINNÉ ordnete den Menschen (*Homo*) zusammen mit den Affen (*Simia*) und Halbaffen (*Prosimia*) zur Ordnung der Anthropomorpha, später in Primates (die Vorrangigen) umbenannt, zusammen. In einer weiteren Ausgabe 1758 waren unter der Gattung *Homo* nicht nur *Homo sapiens*, jene Art der wir selbst angehören, sondern auch *Homo troglodytes*, eine Art von der man nur zu wissen meinte, daß sie nachts aktiv war und sich durch Zischlaute verständigte, sowie *Homo caudatus*, eine Art von der lediglich angenommen wurde, daß sie einen Schwanz besaß, zusammengefaßt. Bis zu diesem Zeitpunkt war der Mensch als der Natur übergeordnet angesehen worden. Der Mensch galt als Krone der Schöpfung, jedes Studium, das den Menschen als Teil der Natur erfaßte, galt als unzulässige Annäherung an das Wunder der Schöpfung. Dies ging soweit, daß Mitte des 17. Jahrhunderts John LIGHTFOOT, Vizekanzler der Universität von Cambridge den genauen Zeitpunkt der Schöpfung errechnete: Sie habe sich am 23. Oktober 4004 vor Christus um 9 Uhr morgens zugetragen.

LINNÉS Einordnung des Menschen in das natürliche System stellte daher einen ersten bedeutungsvollen Schritt in Richtung jener intellektuellen Revolution dar, die durch das Werk DARWINS „Die Entstehung der Arten" 1859 seinen Höhepunkt erreichte und nur mit der kopernikanischen Revolution vergleichbar ist, die Mitte des 16. Jahrhunderts zum Ersatz des geozentrischen Weltbildes durch das heliozentrische Weltbild führte. Erst Mitte des 19. Jahrhunderts war die Zeit reif für die Veröffentlichung jener Theorie, die als Evolutionstheorie, Deszendenztheorie, oder einfach Abstammungslehre die wissenschaftliche Gemeinde, die Kirche aber auch weite Teile der Öffentlichkeit in Aufregung versetzen sollte. Charles DARWIN, selbst ein überaus vorsichtiger Mann, wartete nicht nur lange mit der Veröffentlichung seiner Deszendenzlehre, sondern wagte zunächst nur im Schlußsatz den Menschen überhaupt zu erwähnen: „Licht wird auf den Ursprung des Menschen und seine Geschichte fallen".

Im Gegensatz zu DARWIN, waren seine Schüler und Freunde, allen voran, Thomas Henry HUXLEY und in Deutschland Ernst HAECKEL, weniger zurückhaltend: HUXLEY publizierte 1863 „Zeugnisse für die Stellung des Menschen in der Natur". Dieses Werk fußte vor allem auf anatomischen Vergleichen zwischen dem Menschen und den Menschenaffen, auf Belegen aus der Embryologie und jene zu dieser Zeit noch extrem spärlichen fossilen Belegen für ein hohes Alter der Menschheit. Bemerkenswert ist auch die Betonung der engen Verwandtschaft von Mensch und den afrikanischen Menschenaffen, die HUXLEY aufgrund anatomischer Ähnlichkeiten postulierte. Dennoch betrachtete auch HUXLEY den Menschen als ganz besondere Tierart: „Niemand ist sich dessen klarer bewußt als ich, welch unermeßliche Kluft den Menschen von den Bestien trennt, denn er besitzt die wunderbare Gabe einer verständlichen und vernünftigen Sprache und steht erhaben wie auf eines Berges Spitze hoch über seinen niederen Mitgeschöpfen, hervorgegangen aus einem primitiven Wesen, indem er hin und wieder einen Strahl der versiegenden Quelle der Wahrheit erhascht".

In Deutschland wurde die Anwendung der Abstammungslehre auf den Menschen vor allem von einem Mann vertreten, von Ernst HAECKEL. Seit HAECKEL bereits 1860 begeistert die erste Übersetzung von Charles DARWINS „Entstehung der Arten" gelesen hatte, in der der Übersetzer H. G. BRONN den Schlußsatz mit dem Hinweis auf den Menschen diskret weggelassen hatte, widmete sich HAECKEL besonders ausführlich dem Problem der tierischen Abstammung des Menschen. In Vorlesungen ab 1862 behandelte er ohne Zögern „die Abstammung des Menschen vom Affen" und ebenso die Bedeutung der neuen Theorie auf die „künftige Weltanschauung": „Kein Wunder, keine Schöpfung, kein Schöpfer" schrieb er in sein Vorlesungsmanuskript. Eine erstaunliche Wandlung eines Mannes, der so sehr von seiner christlichen Erziehung geprägt war, daß er während seiner Studienzeit die Natur als Ausdruck der Allmacht Gottes empfand und den materialistischen Anschauungen seiner Lehrer nichts abgewinnen konnte. Durch ein erstes persönliches Zusammentreffen mit DARWIN am 21. Oktober 1866 in DARWINS Haus in Down (England), fühlte HAECKEL sich in seinen Bestrebungen noch weiter bestärkt. Bereits in seinem Stettiner Vortrag über die Theorie DARWINS am 19. September 1863 hatte HAECKEL den Menschen in seine Betrachtungen miteinbezogen und auch in seinen Vorlesungen diskutiert. Die Abstammung des Menschen von affenähnlichen Vorfahren wurde in Deutschland in erster Linie von Carl VOGT (1863) in „Vorlesungen über den Menschen, seine Stellung in der Schöpfung und in der Geschichte der Erde", sowie von Friedrich ROLLE (1866/1969) in „Der Mensch, seine Abstammung und Gesittung im Lichte der DARWINschen Lehre" erörtert.

HAECKEL ging in vielen seiner Formulierungen über DARWIN hinaus: Nicht nur die Einbeziehung des Menschen in die allgemeine

Abstammungslehre, sondern auch die Entstehung der ersten Lebensformen auf der Erde waren Themen für HAECKEL. Im Herbst 1865 hielt er, veranlaßt von August SCHLEICHER, in kleinem privaten Kreis zwei Vorträge zu diesem Thema „Über die Entstehung des Menschengeschlechts und über den Stammbaum des Menschengeschlechts". Diese beiden Vorträge, die 1868 gedruckt wurden, waren die Grundlage aller seiner späteren Ausführungen zu diesem Problemkomplex, die seine wissenschaftliche Karriere fast ruiniert hätten. HAECKEL (1868a) beschrieb eine tierische Ahnenreihe des Menschen, erstellte einen hypothetischen Stammbaum des Menschen, in dem er die Verwandtschaftsbeziehungen der Sprachen darstellte, und postulierte eine hypothetische Übergangsform zwischen menschenaffenähnlichen Vorfahren des Menschen und dem eigentlichen Menschen. Dieser sogenannte Affenmensch, der noch nicht zur Sprache befähigt war, wurde von ihm als *Pithecanthropus* bezeichnet. „Der Mensch hat sich ebenso aus den Affen entwickelt, wie diese aus niederen Säugetieren" (HAECKEL 1866).

Er ordnete daher den Menschen und den *Pithecanthropus* den schwanzlosen Schmalnasenaffen der alten Welt als 3. Familie Erectas Humana (*Pithecanthropus*, *Homo*) zu. Der entscheidende Schritt in Richtung Menschwerdung erfolgte nach HAECKEL durch die Differenzierung des Kehlkopfes, was eine Entwicklung der Sprache erst ermöglichte und somit eine deutlichere Mitteilung auch der historischen Tradition zur Folge hatte. Darüber hinaus unterschied sich der Mensch durch weitere herausragende Eigenschaften vom Tier: Dazu zählten die höhere Differenzierung des Gehirns, der Gliedmaßen, sowie der aufrechte Gang. Diese Unterschiede von Mensch und Tieren waren nach HAECKELS Meinung jedoch nicht qualitativer, sondern lediglich quantitativer Natur, da für Tiere wie für Menschen die gleichen Gesetze des Denkens galten. Als logische Konsequenz sah HAECKEL daher die Anthropologie lediglich als Teilgebiet der Zoologie an. Da die Umbildung von tierischen Vorfahren in einem langandauernden historischen Prozeß während des Tertiärs stattgefunden hatten, konnte folglich auch nie ein erster Mensch oder ein Urelternpaar existiert haben. Im zweiten Band seiner „Generellen Morphologie" definierte HAECKEL die von ihm eingeführten Begriffe Ontogenie und Phylogenie und hob die Bedeutung des Zusammenhangs dieser beiden Begriffe für die Deszendenztheorie hervor: Unter Ontogenie verstand HAECKEL die Entwicklungsgeschichte der Individuen, unter Phylogenie die Entwicklungsgeschichte der Stämme. 1872 faßte er die Beziehungen zwischen Ontogenie und Phylogenie als „Biogenetisches Grundgesetz" zusammen: „Die Ontogenie ist eine verkürzte Phylogenie", und betonte die Bedeutung dieses Zusammenhanges für die Rekonstruktion der Stammesgeschichte.

Andere Auffassungen über die Anwendbarkeit der Deszendenztheorie auf den Menschen ließ HAECKEL nicht gelten, und reagierte mit ausfallender Polemik. Diese mitunter heftigen Ausbrüche gegenüber Andersdenkenden, trugen HAECKEL jedoch selbst in seinem engsten Freundeskreis herbe Kritik ein. Carl GEGENBAUR, Thomas Henry HUXLEY und Anton DOHRN, sogar Charles DARWIN zeigten kaum Verständnis für HAECKELS Polemiken und befürchteten sogar, daß HAECKELS Haltung dem Durchsetzen der Evolutionstheorie schweren Schaden zufügen könnte. „Interessant und lehrreich ist dabei nur der Umstand, dass besonders diejenigen Menschen über die Entdeckung der natürlichen Entwickelung des Menschengeschlechts aus echten Affen am meisten empört sind und in den heftigsten Zorn gerathen, welche offenbar hinsichtlich ihrer intellectuellen Ausbildung und cerebralen Differenzierung sich bisher noch am wenigsten von unseren gemeinsamen tertiären Stammeltern entfernt haben" (HAECKEL 1866b: 429-430).

HAECKEL war jedoch überzeugt, daß nur seine etwas radikale Methode der Evolutionstheorie zum Durchbruch verhelfen könnte: „Eine radicale Reform der Wissenschaft... kann nicht durch zarte und sanfte, sondern nur durch energische und rücksichtslose Mittel herbeigeführt werden. Einen Augias-Stall, wie die Morphologie, kann man nicht mit Glace-Handschuhen, sondern nur mit Mistgabeln ausräumen, und man muß derb und ungeniert anpacken" (Brief an Thomas Henry HUXLEY am 12. Mai 1867).

HAECKEL gestand sich jedoch ein, daß er sich selbst „durch die kleinen Extravaganzen des Buches (Generelle Morphologie)" geschadet habe, ein Umstand der ihm jedoch völlig gleichgültig wäre. Andererseits gelang es HAECKEL mit seinem 1868(b) unter dem Titel „Natürliche Schöpfungsgeschichte" erschienenen Werk weite Bevölkerungskreise zu faszinieren. Kritik auch an diesem Werk blieb nicht aus: Der Baseler Anatom Ludwig RÜTIMEYER bewertete 1868 im Archiv für Anthropologie die „Natürliche Schöpfungsgeschichte" negativ und löste damit einen wüsten Disput auf. HAECKEL reagierte überschäumend und kritisierte sowohl den Leipziger Anatomen Wilhelm HIS wie auch den Berliner Ethnologen Adolf BASTIAN, der sich über DARWINS Ausführungen negativ geäußert hatte. BASTIAN schoß zurück und kritisierte vor allem das Titelbild der ersten Auflage der „Natürlichen Schöpfungsgeschichte", auf dem verschiedene Menschenrassen und Affentypen hinsichtlich ihrer Schädelmerkmale und Gesichtsausdrücke verglichen wurden. BASTIAN kritisierte berechtigt die Abstufung der Menschenrassen und deren Abstufung in niedere und höhere Rassen. Das angegriffene Titelbild zierte auch nur die erste Auflage der „Natürlichen Schöpfungsgeschichte" und wurde dann ersetzt. Dennoch führte HAECKELS unbeirrbare Anwendung der Abstammungslehre auf den Menschen zu immer neuen Konflikten auch mit seinen ehemaligen von ihm sehr verehrten Lehrern, die 1877 in einer Kontroverse mit seinem ehemaligen Lehrer Rudolf VIRCHOW gipfelte: VIRCHOW trat HAECKELS Forderung, die Deszendenzlehre zum wichtigsten Bildungsmittel in den Schulen werden zu lassen, entschieden entgegen. Unter VIRCHOWS Einfluß führte der Fall des Biologielehrers Hermann MÜLLER aus Lippstadt im Jahr 1879 dazu, daß in allen oberen Klassen der Preußischen Schulen der biologische Unterricht generell abgeschafft wurde. Hermann MÜLLER hatte im Biologieunterricht die Abstammung des Menschen vom Affen gelehrt, und damit „die religiösen Gefühle seiner Schüler verletzt". Die Abschaffung des Biologieunterrichts war das genaue Gegenteil von HAECKELS Intentionen. Gerade Rudolf VIRCHOW, dessen materialistische Weltsicht den jungen HAECKEL in seiner Gottesfürchtigkeit abgestoßen hatte, wurde nun zum Verteidiger religiöser Gefühle, die durch die Anwendung der Abstammungslehre auf den Menschen gestört werden könnten.

1871 veröffentlichte der bis dahin sehr vorsichtige DARWIN seine Schrift „Die Abstammung des Menschen und die geschlechtliche Zuchtwahl" und gab damit seine anfängliche Zurückhaltung in der Frage der Anwendbarkeit der Deszendenztheorie auf den Menschen auf. HAECKEL fühlte sich dadurch noch bestätigt und veröffentlichte 1874 sein Werk „Anthropogenie – oder Entwicklungsgeschichte des Menschen", in dem er seine bisherigen Äußerungen zum Problem der Anwendbarkeit der Deszendenztheorie auf den Menschen noch erweiterte. Die Grundzüge der menschlichen Keimesentwicklung waren darin in allgemeinverständlicher Form dargestellt, und mit Hilfe des „Biogenetischen Grundgesetzes" wurde daraus eine hypothetische Ableitung der Stammesentwicklung des Menschen. HAECKEL verglich die Embryonalstadien des Menschen mit denen anderer Wirbeltiere und wies auf die prinzipielle anatomische Übereinstimmung hin. Daraus schloß er auf die Abstammung von einer gemeinsamen Stammform. Darüber hinaus enthielt das Werk eine historische Übersicht über Schöpfungsmythen und Entwicklungslehren von ARISTOTELES bis hin zu DARWIN. Für die Paläoanthropologie entscheidend war der zweite Teil der Anthropogenie: Hier stellte HAECKEL eine 22 Stufen umfassende Ahnenreihe des Menschen dar und gab auch eine Übersicht über die stammesgeschichtliche Ableitung der verschiedenen Organe des Menschen. Besonders bekannt wurde HAECKELS „Systematischer Stammbaum des Menschen", in dem er seine Auffassungen über die Ahnenfolge des Menschen deutlich zum Ausdruck brachte. Als Modell wählte HAECKEL einen alten knorrigen Baum, an dessen Wurzel die strukturlosen Moneren die Übergangsphase von anorganischer zu organischer Natur demonstrierten. Anhand des Biogenetischen Grundgesetzes stellte HAECKEL die Übergangsformen der menschlichen Entwicklung dar: Die Eizelle entsprach der Amöbe, das Gastrulastadium den einfachsten Gastreaden und das Platodenstadium den Plattwürmern.

Besonders hervorzuheben ist HAECKELS Ansicht, daß der Mensch nicht Nachfahre der noch lebenden Menschenaffen ist, also nicht im engeren Sinn vom Affen abstammt, sondern von längst ausgestorbenen Formen wie dem *Dryopithecus fontani* oder dem *Pliopithecus*, die die Ahnen sowohl vom rezenten Menschen als auch von den rezenten Menschenaffen darstellen. Er nahm ein hypothetisches Zwischenglied, ein sogenanntes „Missing link" an, dem er den Gattungsnamen *Pithecanthropus* gab. Den Übergang vom Affen über den Affenmenschen zum Menschen legte HAECKEL nach heutiger Sicht richtig, ins Tertiär. Zur Zeit der Publikation von HAECKELS Anthropogenie im Jahre 1874 stand ein fossiler Beweis für die Existenz eines solchen „Missing links" noch aus.

Besonders bemerkenswert werden alle Überlegungen zur Anwendung der Abstammungslehre auf den Menschen durch die Tatsache, daß die fossile Beweislage selbst in der zweiten Hälfte des 19. Jahrhunderts äußerst dürftig war und viele Funde in ihrer Bedeutung nicht erkannt oder umstritten waren.

Bis in die erste Hälfte des 19. Jahrhunderts war die Theorie vorherrschend, daß das Menschengeschlecht lediglich auf ein Alter von wenigen tausend Jahren zurückblicken könnte. Basierend auf den Katastrophentheorien des französischen Paläontologen CUVIER (1769-1832) sprach man zunächst von der Möglichkeit eines antediluvialen Menschen, eines Menschen also, der vor der letzten Sintflut gelebt habe. Später ging man dazu über von einem diluvialen Menschen zu sprechen, da die Sintflut als längere Phase angenommen wurde. Die gemeinsame Existenz menschlicher Knochen und Werkzeuge mit Knochen längst ausgestorbener Tiere wurde als Beweis eines höheren geologischen Alters des Menschen angesehen. Zu Vertretern dieser Theorien zählten der deutsche Geologe Baron von SCHLOTHEIM, der Franzose TOURNAL sowie der belgische Arzt SCHMERLING, dennoch Erfolg war den Vertretern der Theorie des diluvialen Menschen zunächst nicht beschieden. Auch die beeindruckenden Entdeckungen des französischen Zolldirektors Boucher de PERTHES (1788-1868), der im Perigord bearbeitete Feuersteine in Assoziation mit fossilen Tierknochen fand und 1847 auch erstmals publizierte, führte zunächst zu keinem Durchbruch der neuen Theorien. Dennoch gilt Boucher de PERTHES als Begründer der Diluvialprähistorie.

Für keinen bis zur Mitte des 19. Jahrhunderts zu Tage getretenen menschlichen Knochenfund wurde ein diluviales Alter bestätigt. Ein Fund aus Deutschland führte schließlich zu einer Revolution: Im August 1856 wurden im Neandertal, in der Nähe von Düsseldorf, bei Räumungsarbeiten in einer Höhle Knochen eines „Bären" entdeckt und dem Gymnasiallehrer Johann Carl FUHLROTT (1804-1877) übergeben, der im Bergischen Land als „Naturforscher" bekannt war. FUHLROTT erkannte sofort, daß er menschliche Knochen in Händen hielt und war überzeugt vom diluvialen Alter seines Fundes. Er meinte jedoch, daß die Knochen aus dem Neandertal keinem Wesen gehörten, das generisch oder spezifisch vom Menschen verschieden sei. Die anatomischen Besonderheiten waren für FUHLROTT eher nebensächlich. Zur genauen Untersuchung überstellte er die Knochen zum Bonner Anatomen SCHAAFHAUSEN, der jedoch bezüglich der zeitlichen Zuordnung bedeutend vorsichtiger war. Er nahm wohl ein hohes Alter an, wollte sich jedoch auf keinen Zeitabschnitt älter als das Holozän, die geologische Gegenwart (10 000 Jahre) festlegen. Für die anatomische Beschreibung kommen SCHAAFHAUSEN höchste Verdienste zu. Als 1859 DARWINS Abstammungslehre veröffentlicht wurde, wollte sich SCHAAFHAUSEN, der selbst erklärter Anhänger dieser Theorie war, noch nicht auf ein höheres Alter des Neandertalfundes festlegen. FUHLROTT hingegen war entschiedener Gegner der Abstammungslehre und wollte den Neandertalfund um keinen Preis als Beleg für die Richtigkeit der Abstammungslehre gelten lassen: „Ich brauche wohl kaum noch zu versichern, daß ich nicht gesonnen bin, mich zum Anhänger dieser Ansicht zu erklären oder zum Verteidiger der selben aufzuwerfen". FUHLROTT verwahrte sich sogar ausdrücklich, daß die Knochen aus dem Neandertal zur Beweisführung der Abstammungslehre herangezogen werden sollten. Allein eine Zusammenfassung der Interpretationen der anatomischen Eigenheiten des Neandertaler Skelettes zeigt, wie wenig Interesse bestand, diesen Fund als Beweismittel für die Gültigkeit der Abstammungslehre heranzuziehen: So interpretierte 1864 der Engländer BLAKE die Knochen als Überreste eines Idioten, der daher nicht zum Typus einer Form gemacht werden könne, WAGNER hielt ihn, ebenfalls 1864, für einen alten Holländer und MAYER sah im Neandertaler einen mongolischen Kosaken, der 1814 beim Feldzug gegen Napoleon in der Höhle ums Leben gekommen sei (GIESELER 1974). Der englische Anatom KING bewertete die anatomischen Eigenheiten des Neandertalers so stark, daß er 1864 den Neandertaler artlich vom rezenten Menschen trennte und als erster den Begriff „*Homo neanderthalensis*" prägte (HENKE & ROTHE 1994). Obwohl die ersten Funde fossiler Menschenreste in Europa zu Tage getreten waren, wurde sowohl von HAECKEL als auch DARWIN Europa nicht als Ursprungsort des Menschen angesehen. Anlaß hierzu waren vergleichend anatomische Untersuchungen an den großen Menschenaffen Afrikas und Asiens. HAECKEL postulierte Asien als „die Wiege der Menschheit" im Gegensatz zu DARWIN, der in Afrika die „cradle of mankind" sah.

3 Suche nach dem Missing link

Die Bedeutung von HAECKELS postulierter Wiege der Menschheit in Asien zeigt sich besonders eindrucksvoll in der erstaunlichen Forschungsgeschichte des *Pithecanthropus* bzw. heute *Homo erectus*. Der Holländer Eugene DUBOIS (1858-1940), Assistent und Lektor am Institut für Anatomie in Amsterdam, war ein begeisterter Anhänger der hart umkämpften Deszendenzlehre. Nachdem er einen Vortrag HAECKELS an der medizinischen Fakultät in Amsterdam gehört hatte, war er fest entschlossen, jenes fehlende Glied oder „Missing link" in der Entwicklungsgeschichte zum Menschen zu suchen und zu finden, dessen Existenz HAECKEL für Südostasien „vorausgesagt" hatte. Da es für ihn keine andere Möglichkeit gab, nach Südostasien, jenem Gebiet zu gelangen, das HAECKEL als „Wiege der Menschheit" ansah, verpflichtete sich DUBOIS für 8 Jahre als Arzt in der niederländischen Kolonie Niederländisch-Indien im Bereich des heutigen Malaysias und Indonesiens. 1887 verließ er Amsterdam in Richtung Sumatra. Sooft es ihm seine Tätigkeit als Arzt im Krankenhaus gestattete, führte DUBOIS ausgedehnte Grabungen in den Höhlen von Sumatra durch. 1890 erhielt er sogar einen Regierungsauftrag für seine Grabungen. Dennoch waren seine Bemühungen zunächst nicht von Erfolg gekrönt. Er konnte weder menschliche Knochen noch Werkzeuge bergen, die auf Besiedlung des Gebietes durch fossile Menschenformen schließen hätten lassen. Im Jahre 1889 hingegen erreichten DUBOIS einige Schädelbruchstücke, die VAN RIETSCHOTEN in einer Marmorgrube nahe dem Ort Wadjak auf Java gefunden hatte. Die Rekonstruktion des Schädels zeigte nach Ansicht DUBOIS deutliche Ähnlichkeiten mit australischen Schädeln und er beschloß 1890 seine Tätigkeit nach Java zu verlegen. Gleich im Jahre 1890 gelang es ihm einen weiteren Schädel vom Wadjaktypus und darüber hinaus an anderer Stelle bei Kedung Brubus ein Unterkieferfragment, an dessen menschlicher Natur er nicht zweifelte, zu bergen. Dennoch ordnete er dieses Unterkieferbruchstück einem tiefer stehenden Menschentypus zu und führte es auch in sei-ner Faunenliste als „*Homo* spec. indet." Das Jahr 1891 brachte den Durchbruch: Ausgrabungen am Solofluß nahe des Dorfes Trinil im mittleren Ostjava förderten im September 1891 einen 3. Oberkiefermahlzahn ans Tageslicht. DUBOIS ordnete den Zahn zunächst einem großen Schimpansen zu. Nur einen Monat später wurde in der gleichen Schicht nur 3 m vom Zahnfundort entfernt ein Schädeldach geborgen, das von DUBOIS ebenfalls einem großen Schimpansen zugeordnet wurde. Da die einsetzende Regenzeit weitere Grabungen unmöglich machte, konnte erst im August des Jahres 1892 in 15 m Entfernung flußaufwärts ein linker Oberschenkelknochen geborgen werden. Er stammte aus der gleichen Schicht wie der Zahn und das Schädelbruchstück und wurde von DUBOIS daher auch dem selben Individuum zugeordnet. Eine Zuordnung zu einem großen Schimpansen war nun jedoch nicht mehr möglich: Der Oberschenkelknochen deutete durch seine gesamte Struktur auf einen vollständig aufrechten Gang hin. Zunächst trug DUBOIS diesem Merkmal nur in der Bezeichnung Rechnung: Er bezeichnete das zugehörige Individuum als *Anthropopithecus erectus* und erklärte, daß dieser Anthropoide mehr als jeder andere, vor allem durch die Besonderheiten des Oberschenkelknochens, dem Menschen nahe stünde. Noch vor seiner Rückkehr nach Holland im Jahr 1895 verfaßte DUBOIS eine bedeutende Arbeit über seine Funde, die unter dem bemerkenswerten Titel „*Pithecanthropus erectus*. Eine menschenähnliche Übergangsform aus Java" erschien. DUBOIS sah in dem Individuum, bestehend aus dem zuerst gefundenen Mahlzahn, dem Schädeldach und dem Oberschenkelknochen, ein vermittelndes Glied, ein sogenanntes Missing link zwischen den Menschenaffen und dem Menschen, dem er bereits den aufrechten Gang zuerkannte. Er änderte den ursprünglichen Gattungsnamen: Aus dem Menschenaffen (Schimpansen) *Anthropopithecus* war ein *Pithecanthropus*, ein Affenmensch geworden. Damit trug DUBOIS den menschenähnlichen Zügen Rechnung, an seiner Annahme, eine Übergangsform entdeckt zu haben, änderte das nichts. Den Namen *Pithecanthopus* hatte DUBOIS von Ernst HAECKEL übernommen, der eine Übergangsform zwischen Menschenaffen und Menschen mit dem Namen *Pithecanthropus* bereits 1866 postuliert hatte. Die Artbezeichnung *erectus* sollte die Besonderheit des Oberschenkelknochens hervorheben, die eindeutig auf einen aufrechten Gang schließen ließ. HAECKEL dankte DUBOIS für die Übernahme der Bezeichnung *Pithecanthropus*, dennoch wurde auch der *Pithecanthropus* von zahlreichen Wissenschaftlern, u. a. auch wieder von HAECKELS Lehrer VIRCHOW nicht anerkannt und als ausgestorbener Riesengibbon bezeichnet.

Weitere Funde in Europa 1866 in La Naulette (Belgien), 1880 in Sipka (Mähren), 1886 in Spy (Belgien), 1887 in Banolas (Spanien), 1887-1892 in Taubach bei Weimar, 1899-1905 in Krapina (Kroatien), aber auch der Tod VIRCHOWS im Jahre 1902 führte zu einem langsamen Akzeptieren der Abstammungslehre des Menschen. HAECKEL war es vergönnt diese Entwicklung noch zu erleben und er wies 1908 in seiner Festschrift „Unsere Ahnenreihe" auf die Bedeutung der Anthropogenie hin: „Die Anthropogenie ist das Fundament der Anthropologie". HAECKEL fühlte sich durch DUBOIS *Pithecanthropus*-Funde in herrlicher Weise bestätigt. Seine Theorie von der Wiege der Menschheit in Ostasien schien sich zu bewahrheiten (HAECKEL 1916). Basierend auf seinen bereits in der „Natürlichen Schöpfungsgeschichte" dargestellten Ausführungen nahm HAECKEL die Urheimat aller Menschen in Süd-Asien an, wo sich die gemeinsame „Stammart" aller Menschen, der *Homo primigenius* aus der Übergangsform des *Pithecanthropus alalus*, dem nicht zur Sprache befähigten Affenmenschen, hervorgegangen sei (Abb. 1) und sich von dort aus über die gesamte Erdoberfläche ausbreitete. Besondere Bedeutung für die Analyse der Stammesgeschichte erkannte HAECKEL der Schädellehre oder Kraniologie zu, obwohl er, nach heutiger Ansicht völlig richtig, die generelle Anwendbarkeit der Kraniologie zur Differenzierung rezenter Menschen in Zweifel zog. Seine hypothetisch angenommenen Affenmenschen als Übergangsform sah HAECKEL in DUBOIS Entdeckungen aus Java, im *Pithecanthropus erectus* bestätigt. Die inzwischen zahlreicheren Funde von Neandertalern in Europa bestätigten HAECKELS Annahme eines Urmenschen, eines *Homo primigenius*, der sich aus dem *Pithecanthropus* entwickelt hatte (HAECKEL 1907). Darüber hinaus beschrieb HAECKEL die auffallenden Ähnlichkeiten zwischen den Schädelmerkmalen des *Homo primigenius* und dem rezenten *H. australis* (HAECKEL 1908). Die Untersuchung des Skelettes eines rezenten Australiers, das 1872 von Amalie DIETRICH an der Ostküste Australiens in Queensland gesammelt worden war, bestätigte HAECKELS Annahme sehr alte Merkmale in rezenten Populationen zu finden. Die Australische Urbevölkerung wurde durch ihre auffallenden Merkmale, wie kräftiger Überaugenbögen, die heute als Resultat langer geographischer Isolation angesehen werden, schon von HUXLEY mit neandertaloiden Formen in Beziehung gebracht. Der Anatom Hermann KLAATSCH, der mehrere Jahre in Australien verbrachte, hob bereits 1903 in seiner Arbeit „Entstehung

Abb. 1:
***Pithecanthropus alalus*. Das Original Ölgemälde wurde vom Maler Professor Gabriel MAX HAECKEL zum sechzigsten Geburtstag geschenkt. Kopien des Bildes wurden in verschiedenen Zeitungen abgedruckt und lösten große Aufregung aus.**

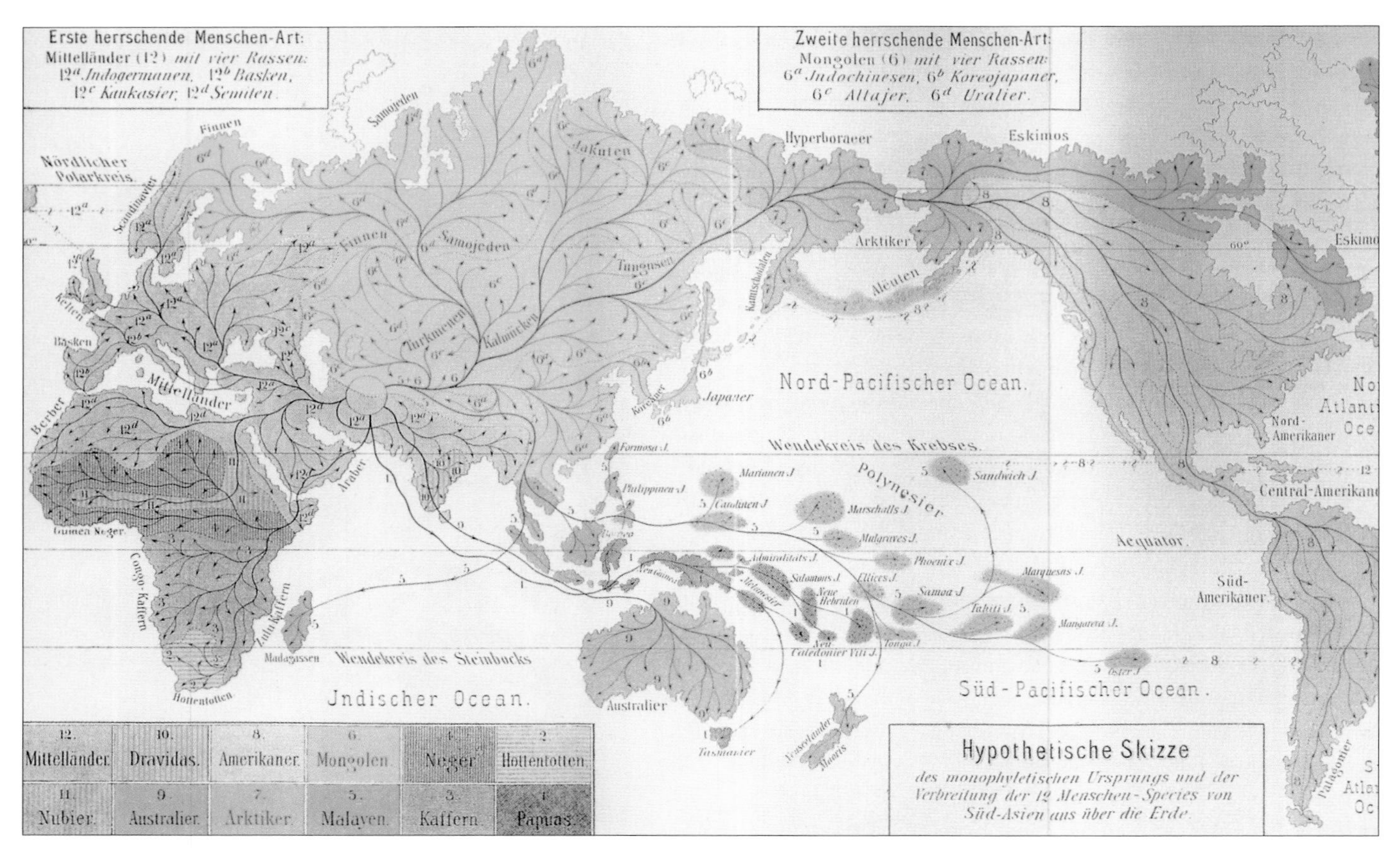

Abb. 2:
Hypothetische Skizze des monophyletischen Ursprungs und der Verbreitung der 12 „Menschen-Spezies" von Südasien aus über die Erde (aus HAECKEL 1868b).

und Entwicklung des Menschengeschlechts" die große Bedeutung der australischen Ureinwohner für die Erforschung der Stammesgeschichte des Menschen hervor: „Die Entwicklung der fossilen Europäer-Schädel in der einen, der modernen Australier-Schädel in der anderen Richtung setzt einen gemeinsamen Vorfahrenszustand voraus, der als präneandertaloid wiederum an ein *Pithecanthropus*-Stadium anknüpft". HAECKEL klassifizierte die Merkmale des Australiers, den er als *H. paliander* bezeichnet, als Atavismen und beschrieb eine auffällige Verschiedenheit von den übrigen rezenten Menschenschädeln sowie eine Annäherung an den fossilen *H. primigenius*.

Entsprechend der Ideologie seiner Zeit, teilte HAECKEL (1908) die rezenten Menschen in sogenannte Rassen ein, denen er auch den Status einer Art im zoologischen Sinne zuerkannte. Er leitete diese „bonae species generis humani", von denen er 3-5 bzw. 10-12 unterschied, im Sinne einer monophyletischen Abstammung des Menschen von einer gemeinsamen Urart durch Divergenz ab. Die Verschiedenheit der einzelnen Menschen setzte er der Verschiedenheit der großen Raubkatzen Löwe, Tiger, Puma oder Jaguar gleich. HAECKEL (1908) entwickelte ein provisorisches Schema, in dem er 5 Spezies und 12 Subspezies sowie zahlreiche Varietäten annahm:

1. *Homo primigenius*: Hierunter verstand HAECKEL eine tertiäre Form, die im südlichen Asien entstanden sei und fossile Reste vor allem in Europa (Neandertal, Spy etc.) hinterlassen hätte, jedoch auch einige Ausläufer in Australien, den *H. paliander*, hervorgebracht hätte. Er nahm Ähnlichkeiten der Schädelform mit den *Pithecanthropus*-Ahnen an und postulierte eine dunkelbraune Hautfarbe sowie lockiges Haar.
2. *Homo phaeodermus* (Australoide Spezies, schwarz-braune Menschen): Diese Gruppe hatte nach HAECKELS Meinung die Merkmale des *H. primigenius* am besten bewahrt und wäre in Australien und Melanesien vertreten. Als wichtigste Merkmale führte HAECKEL die Überaugenwülste, die dunkelbraune Hautfarbe, das lockige schwarze Haar an. Neben Australien und Melanesien sollten die Wed-

das Südasiens dieser Spezies zuzurechnen sein.

3. *Homo meladermus* (Negroide Spezies, schwarze Menschen): Die schwarze Hautfarbe, das wollige Haar, die Prognathie, sah HAECKEL als auffallende Merkmale an. Die Heimat jener Menschen war Afrika, jedoch ordnete er auch die Negritos Südasiens sowie die Papuas und manche Melanesier dieser Spezies zu.
4. *Homo xanthodermus* (Mongoloide Spezies, gelbe Menschen): Diese Spezies, die sich durch vorspringende Backenknochen, schmale Augen, schwache Behaarung und gelbliche Haut auszeichnet, ordnete HAECKEL weiten Teilen Asiens, Polynesiens und Amerikas zu.
5. *Homo leucodermus* (Mediterrane Spezies oder weiße Menschen): Diese Menschen zeichneten sich durch eine große Variabilität der Hautfarbe von weißlich-rosa bis dunkelbraun sowie eine stärkere Behaarung aus. Ein Vorkommen in Europa, Südwestasien und Nordafrika machte die mediterrane Spezies für HAECKEL zur höchstentwickelten Gruppe der Menschen.

Von Südasien aus hätten sich dann die Menschen über den ganzen Globus verbreitet (Abb. 2).

4 Der heutige Stand der Forschung

Es ist sehr schwer, in der Paläoanthropologie den heutigen Forschungsstand kurz und präzise zu umreißen. Jeder neue Fund kann zu völlig neuen und revolutionären Theorien führen. HAECKELS Vorstellung von Asien als Wiege der Menschheit wurde schon sehr früh falsifiziert.

4.1 Afrika als Wiege der Menschheit

1924 erhielt der an der Universität Witwatersrand in Johannesburg (Südafrika) tätige australische Anatom Raymond DART (1893-1988) von einer Studentin einen fossilisierten Pavianschädel, der bei Sprengarbeiten in einem Kalksteinwerk in der Nähe des Ortes Taung zutage gekommen war. Eine eingehende Untersuchung des Schädels überzeugte DART (1925), daß es sich bei dem fraglichen Individuum nicht um einen Pavian, sondern um ein menschenähnliches Wesen gehandelt habe. DART prägte für dieses Wesen den Namen *„Australopithecus“*, was wörtlich „Südaffe“ bedeutet. DARTS Klassifikation war nachhaltiger Fachkritik ausgesetzt, wurde jedoch durch weitere Funde, die der unermüdlich arbeitende Robert BROOM (1866-1951) bergen konnte, im Bereich des südlichen Afrika bestätigt. Zu erwähnen sind hier Sterkfontain (1936), Kromdraai (1938), Makapansgat (1947), Swartkrans (1948). All diese Funde bestätigten nicht nur DARTS Annahme über ein frühes Auftreten von Hominiden im südlichen Afrika, sondern ließen sogar vermuten, daß mindestens zwei verschiedene Typen des Genus *Australopithecus* existiert hätten: *Australopithecus africanus* (Taung, Sterkfontain, Makapansgat) und *A. robustus* (Kromdraai, Swartkrans). Die Angehörigen beider Spezies bewegten sich in aufrechter Position und verfügten lediglich über kleine, kaum vorragende Eckzähne. Dies unterschied sie ganz deutlich von den nichtmenschlichen Primaten. Im Gegensatz zu Lokomotion und Eckzahngröße, war das Gehirn der Australopithecinen kaum größer und daher kaum höher entwickelt als das der rezenten Menschenaffen. In den 50er Jahren kamen die ersten *Austalopithecus*-Fossilien außerhalb Südafrikas zutage. Besonders bemerkenswert ist in diesem Zusammenhang der Fund von Mary LEAKEY in der berühmten ostafrikanischen Oldowayschlucht im Jahre 1959. Die Archäologin Mary NICOLS hatte sich seit ihrer Heirat mit dem Anthropologen Louis LEAKEY im Jahre 1936 fast ausschließlich paläontologischen und archäologischen Forschungen im Bereich des Ostafrikanischen Grabenbruchs gewidmet. Im Jahr 1959 wurde die langjährige Arbeit und unvorstellbare Ausdauer des Forscherpaares mit dem Fund eines fast vollständigen Schädels eines offensichtlich robusten Australopithecinen belohnt. Der Fund wurde zunächst als *Zinjanthropus boisei*, liebevoll „Zinji“ oder „Dear Boy“ genannt, bezeichnet und später als *Australopithecus boisei* klassifiziert. In den folgenden Jahren konnten weitere Fossilstücke in Ostafrika im Bereich des Turkanasee (Kanapoi, Omo etc.) geborgen werden (HENKE & ROTHE 1994). Diese ostafrikanischen Exemplare unterschieden sich deutlich von der südafrikanischen *Australopithecus*-Variante und die Australopithecinen wurden in der Folge in eine südliche und eine nördliche Art unterteilt. Neben der grazilen Art des *A. africanus*, der in erster Linie durch südafrikanische Funde aus Sterkfontain und Makapansgat repräsentiert wurde, gab es nun zwei robuste Varianten des Genus *Australopithecus*: *A. robustus* in Südafrika und *A. boisei* in Ostafrika. Darüber hinaus traten neben dem Genus *Australopithecus* zuordenbaren Fossilien auch Funde zutage, die als Angehörige des Genus *Homo* klassifiziert wurden und so als „direkte" Vorfahren des anatomisch modernen Menschen angesehen wurden. Zu erwähnen sind hier vor allem Vertreter von *H. habilis*, dem „geschickten Menschen", dem als erstem menschlichem Vorfahren nicht nur Werkzeuggebrauch sondern auch Werkzeugherstellung zugeschrieben wurde. Die Existenz von *H. habilis* wurde bereits zu Beginn der sechziger Jahre von Louis LEAKEY anhand von nur wenigen bruchstückhaften Skelettresten postuliert. Diese Klassifizierung war lange Zeit umstritten, da für andere Forscher die *H. habilis* zugeordneten Fundstücke durchaus ins Variationsspektrum von *Australopithecus africanus*, der grazileren Australopithecusvariante paßten. Erst der Fund eines gut erhaltenen *Homo habilis* zugeordneten Schädels (KNM-ER 1470) durch Louis LEAKEYS Sohn Richard in Koobi Fora (Kenia) im Jahre 1972 sowie weiterer *H. habilis* Fossilien in diesem Fundgebiet führten zu einer Anerkennung des *H. habilis* durch die wissenschaftliche Gemeinde. Das Ostufer des Turkanasees brachte jedoch nicht nur *H. habilis* zurechenbare Fossilien ans Tageslicht. 1984 gelang es dem Team von Richard LEAKEY in einem ausgetrockneten Bachbett (Nariokotome) das fast vollständige Skelett eines 11 bis 12 jährigen Knaben zu bergen. Es ging unter dem liebevollen Namen „Junge von Turkana" in die Wissenschaftsgeschichte ein. Dieses, etwa 1,6 Millionen Jahre alte Skelett, wurde zunächst *H. erectus* zugeordnet, später jedoch als *H. ergaster* bezeichnet. Besonders beachtenswert am „Jungen von Turkana" ist die Tatsache, daß er als Erwachsener eine Körpergröße von etwa 183 cm erreicht hätte. Der Turkanajunge war jedoch nicht das erste weitgehend vollständige Skelett eines fossilen Hominiden, das in Ostafrika geborgen wurde: Bereits 1974 gelang dem Team um den Amerikaner Donald JOHANSON im Hadardreieck in Äthiopien ein ganz besonderer Fund: Es konnte das ziemlich vollständige 3,18 Millionen Jahre alte Skelett eines weiblichen Individuums geborgen werden, das unter dem liebevollen Namen „Lucy" bekannt wurde (JOHANSON & MAITLAND 1994). Lucy und zahlreiche weitere zum Teil sehr gut erhaltene Fossilen aus Kanapoi und Laetoli wurden 1978 unter der Bezeichnung *Australopithecus afarensis* zu einer Spezies zusammengefaßt. Zu diesem Zeitpunkt waren die zur Spezies *A. afarensis* zusammengefaßten Individuen älter als alle anderen bekannten fossilen Hominiden nämlich 2,9 bis 3,6 Millionen Jahre. Prominentester Beleg für den aufrechten Gang dieser Spezies sind jene versteinerten Fußabdrücke, die Mary LEAKEY 1978 in Laetoli, Tansania fand. Vor 3,6 Millionen Jahren waren drei Individuen durch feuchte Vulkanasche marschiert und hatten so ihre Fußspuren hinterlassen (HAY & LEAKEY 1982). Mitte der achtziger Jahre konnte am Westufer des Turkanasees in einem trockenen Bachbett mit dem Namen Lomekwi Schädelteile eines weiteren robusten *Australopithecus* geborgen werden, der auf ein Alter von 2,5 Millionen Jahren datiert wurde. Damit war er eine halbe Million Jahre älter als jede andere robuste Variante von *Australopithecus* in Ostafrika und mehr als 1 Million Jahre älter als *A. robustus* aus Südafrika. Die schwarze Patina des rekonstruierten Schädels führte zur liebevollen Bezeichnung „black skull" oder „Schwarzer Schädel". Die Bergung weiterer äthiopischer Exemplare dieser frühen robusten *Australopithecus*-Form führten zur Einführung einer dritten Art robuster Australopithecinen: Sie erhielt den Artnamen *A. aethiopicus* (Abb. 3).

Das Genus *Australopithecus* wurde nun durch eine grazile Variante, den *A. africanus*, drei robuste Arten (*A. robustus*, *A. boisei* und *A. aethiopicus*) sowie die früheste Form den *A. afarensis* repräsentiert. Doch auch die Entdeckung von *A. afarensis* ermöglichte keine lückenlosen Entwicklungslinie der Hominiden. Die Entwicklungslinien von Mensch und Schimpanse dürften sich vor etwa 5 bis 6 Millionen Jahren getrennt haben. Bis zum Auftreten der ersten A. *afarensis* Exemplare vor 3,6 Millionen Jahren liegen jedoch 1,5 Millionen Jahre. Neue Funde vom Westufer des Turkanasees führten 1995 zur Einführung einer neuen *Australopithecus*-Spezies, des A. *anamensis*, der auf ein Alter von 4,2 bis 3,9 Millionen Jahre datiert wird. Auf einer Expedition bei Aramis in der Awash Region in Äthiopien kamen zwischen 1992 und 1993 noch ältere Fossilen zutage. Die stark bruchstückhaften Fragmente wurden auf ein Alter von etwa 4,4 Millionen Jahren datiert und 1994 unter dem neuen Speziesnamen A. *ramidus* zusammengefaßt. 1995 entschloß man sich sogar die Funde in einer eigenen Gattung zusammenzufassen: *Ardipithecus ramidus* (LEAKEY et al. 1995). Nach heutigem Stand der Forschung gilt diese Spezies als ursprünglichste Hominidenart und kann somit als Bindeglied zwischen den Austalopithecinen und afrikanischen Menschenaffen angesehen werden. Neue Funde aus Kanapoi und Allia Bay zwischen 1995 und 1997 bestätigten das hohe Alter von *Australopithecus anamensis*, der nach diesen neuesten Befunden ein intermediäres Alter zwischen *Ardipithecus ramidus* und *Australopithecus afarensis* aufweist (LEAKEY et al. 1998). Bis 1995 stammten alle Australopithecinenfunde aus Südafrika oder aus dem Bereich des Ostafrikanischen Grabenbruchs (Tansania, Kenia, Äthiopien). Umso unerwarteter wurde daher der auf ein Alter von 3,5 Millionen Jahren geschätzte Fund eines *Australopithecus* im Wadi Bahr al Ghazal, das 2500 km westlich des ostafrikanischen Grabenbruchs im Tschad liegt. Dieser *Australopithecus* wurde als A. *bahrelghazali* einer eigenen Spezies zugeordnet (WHITE et al. 1994).

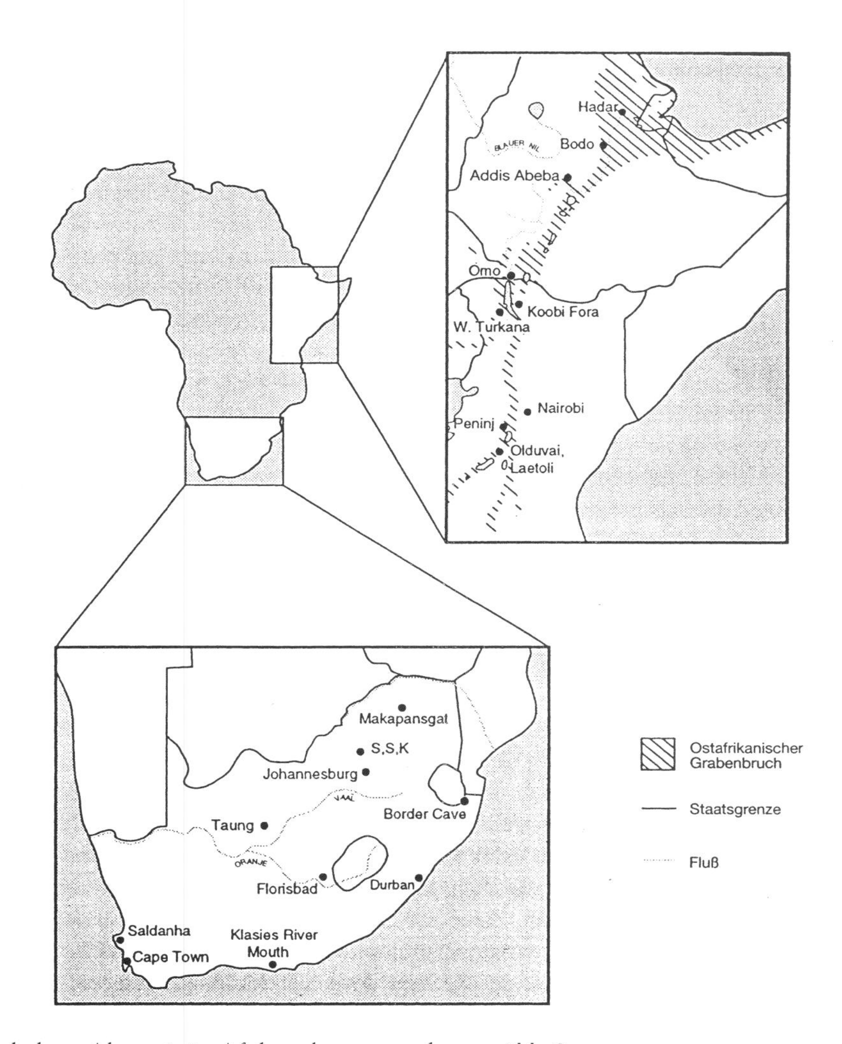

Abb. 3:
Im Text erwähnte süd- und ostafrikanische Ausgrabungsstätten. S, S, K = Sterkfontain, Swartkrans, Kroomdrai.

4.2
Die Fundsituation in Asien

Alle oben beschrieben Funde sprechen dafür, daß die Wiege der Menschheit in Afrika gestanden hat und nicht wie HAECKEL postuliert in Südasien.

Obwohl sich auch in Asien die Funddichte seit den Tagen DUBOIS deutlich verstärkt hat, konnte bis heute kein Fund mit ähnlich hohem Alter wie in Afrika geborgen werden. Am afrikanischen Ursprung früher Hominiden zweifelt heute kaum mehr jemand. Der klassische Fund DUBOIS, der *Pithecanthropus*, wurde in den 40er Jahren in *Homo erectus* umbenannt. Schon bald nach DUBOIS aufsehenerregenden Funden in Java verlagerte sich das paläoanthropologische Interesse in Ostasien nach China. Bereits 1903 wurde China von SCHLOSSER als potentieller Fundplatz hominider Fossilien betrachtet (HENKE & ROTHE 1994). Er hatte Knochenfragmente und Zähne untersucht, die der Naturforscher Karl HABERER als „Heilmittel" in chinesischen Apotheken erstanden hatte, und dabei einen Zahn identifiziert, den er einem „altpleistozänen Menschen" zuordenbar hielt. SCHLOSSERS Hypothese wurde durch die Funde in der Höhle von Zhoukoudian nahe Beijing bestätigt. Das reiche Fundmaterial wurde zunächst „*Sinanthropus*" oder dem „Peking-Menschen" zugeordnet und später als *Homo erectus* klassi-

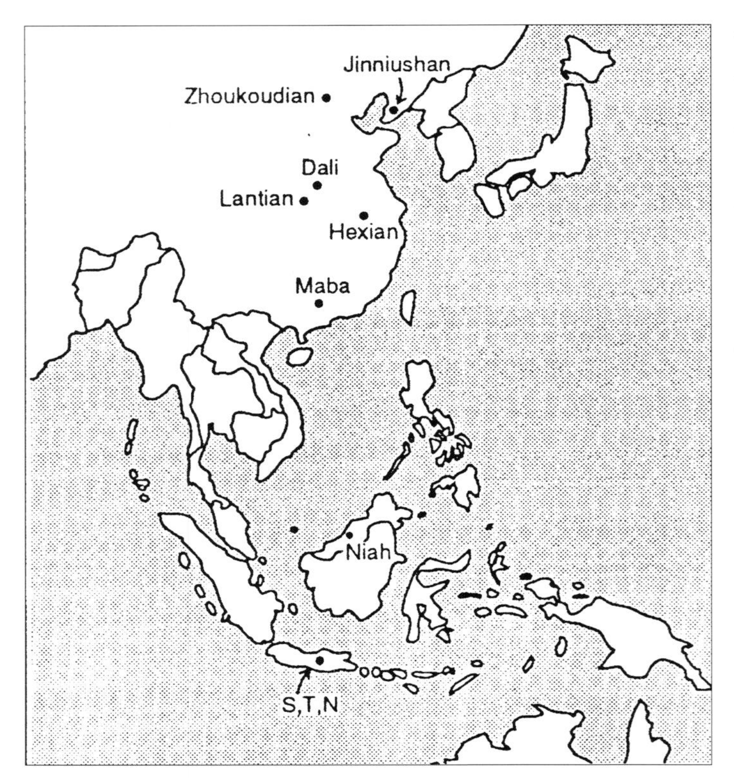

Abb. 4:
Im Text erwähnte ost- und südostasiatische Ausgrabungsstellen. S, T, N = Sangrian, Trinil, Ngandong.

fiziert. Weitere *Homo erectus* zugeordnete Fossilfunde stammen aus den Provinzen Shaanxi (Nordchina), Anhui (Nordchina), Jianshi (Südchina) und Yunnan (Südchina). Darüber hinaus wurden Fossilien aus den Kungwangling Bergen (Lantian) in Nordchina *Homo erectus* zugeordnet. In den 30er Jahren wurde auch auf Java die Ausgrabungstätigkeit unter Leitung von G. H. R. v. KÖNIGSWALD wieder verstärkt und es konnten in Modjokerto, Sangrian und Ngandong weitere, später *Homo erectus* zugeordnete, hominide Fossilien geborgen werden. Dennoch, die Wiege der Menschheit, die HAECKEL im untergegangen asiatischen Kontinent Lemurien, der sich zwischen Indien und den Philippinen erstreckt haben sollte, konnte nicht bewiesen werden (Abb. 4).

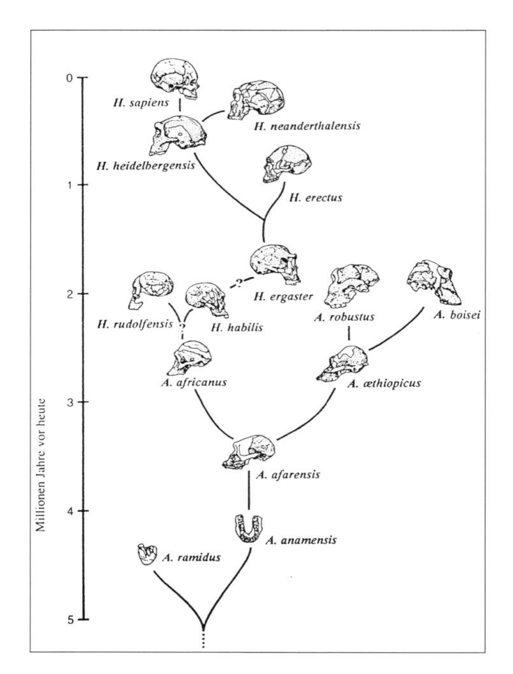

Abb. 5:
Hypothetischer Stammbaum der Menschenfamilie (nach TATTERSAL 1997).

4.3 Die Entwicklung zum anatomisch modernen Menschen

Längst sind nicht alle Geheimnisse der Menschwerdung geklärt. Gerade die Entwicklung zum anatomisch modernen Menschen birgt bis heute zahlreiche Geheimnisse. Lange Zeit herrschte die Vorstellung einer sehr einfachen Entwicklung vor. Aus *Australopithecus* habe sich über das Zwischenstadium *Homo habilis*, *Homo erectus* in Afrika entwickelt und dieser hätte als erster Hominide die gesamte alte Welt (Afrika, Europa, Asien) besiedelt. Prototyp des *Homo erectus* war jener Fund, den DUBOIS 1891 in Java geborgen hatte. Als europäische Vertreter wurden z. B. der Fund von Heidelberg angeführt, als ostasiatische Vertreter die Funde aus Java (u. a. Trinil) und China (u. a. Zhoukoudian, Lantian). Inzwischen herrscht die Meinung vor, daß sich die afrikanischen Vertreter des *Homo erectus* drastisch von den ostasiatischen Formen unterscheiden. Daher werden die afrikanischen Funde, allen voran der 1,6 Millionen Jahre alte „Jüngling vom Turkanasee" als *Homo ergaster* zusammengefaßt. Man nimmt an, daß *Homo ergaster* Populationen bereits sehr früh Afrika verlassen haben, dafür spricht auch der 1991 in Dmanisi in Georgien geborgene *Homo erectus* zugeordnete Unterkiefer, der auf ein Alter von 1,8 Millionen Jahren datiert wurde. Diese *Homo ergaster* Populationen hätten dann sehr früh den ostasiatischen Raum erreicht, und dort eine regionale Entwicklung (Ngandong Funde) genommen. Erst sehr spät, vor etwa 40 000 Jahren, wäre *Homo erectus* dann in Ostasien von späteinwandernden *Homo sapiens* Gruppen verdrängt worden und hätte somit ein ähnliches Schicksal erlebt wie der Neandertaler in Europa, der ebenfalls durch das Auftreten höher evoluierter Populationen des *Homo sapiens* völlig verdrängt wurde. Europa selbst, wurde erst relativ spät besiedelt, früheste Werkzeugfunde werden auf ein Alter von nicht mehr als 800 000 Jahren datiert. Die ältesten Fossilfunde Europas stammen aus Atapuerca in Spanien, und werden auf ein Alter von mindestens 780 000 Jahren datiert. Zur Zeit wird diskutiert, ob diese frühen spanischen Funde sich aus Neandertaler Populationen entwickelt hätten und dann von *Homo sapiens* verdrängt worden wären

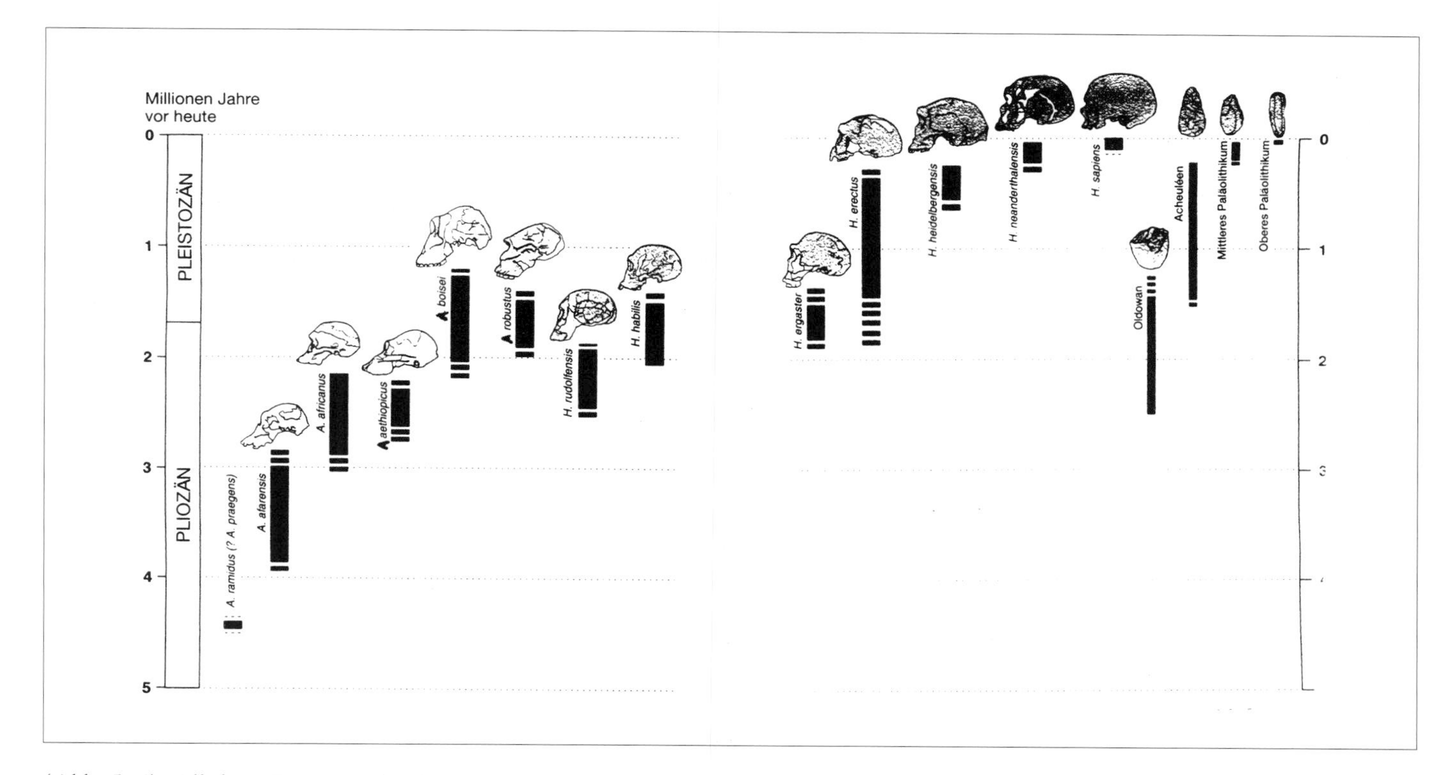

Abb. 6:
Mögliches Schema der Menschheitsentwicklung (nach Tattersal 1997).

(Abb. 5, 6). All diese Fragen sind jedoch bis heute offen und können durch neue Funde jederzeit revidiert werden. Die einzige Theorie, die einen Ursprung der Menschheit zumindest z. T. in Süd/Ostasien sieht, wie ihn Haeckel postuliert hatte, ist die Kandelabertheorie, deren prominentester Vertreter der amerikanische Paläoanthropologe Wolpoff ist (Tattersal 1997). Diese Theorie besagt, daß der anatomisch moderne Mensch, der *Homo sapiens*, sich aus regionalen *Homo erectus* Varianten entwickelt hätte, so auch in Ostasien (Wolpoff & Thorne 1991). Daher könnte nach dieser Theorie zumindest für die ostasiatische Bevölkerung ein ostasiatischer Ursprung angenommen werden. Die überwiegende Mehrzahl der Paläoanthropologen bekennt sich heute aufgrund genetischer Analysen jedoch zum alleinigen afrikanischen Ursprung der heutigen Menschheit (Cann et al. 1987).

Auch wenn Haeckels Postulate zum Ursprung des Menschen heute in mancher Hinsicht falsifiziert wurden, ist seine Bedeutung für die Anwendung der Evolutionstheorie auf den Menschen und die Genese der Paläoanthropologie als Wissenschaft nicht zu bestreiten.

5 Zusammenfassung

Ernst Haeckel (1834-1919) kann mit Recht als einer der Wegbereiter der Abstammungslehre in Deutschland, aber auch im restlichen Europa bezeichnet werden. Nach seiner Ausbildung zum Mediziner wandte sich Haeckel naturwissenschaftlichen Fragestellungen zu und er wurde zu einem fanatischen Verfechter der Evolutionslehre. Besondere Bedeutung kommt ihm als frühen Vertreter der Anwendung der Evolutionslehre auf den Menschen zu. Dies zu einem Zeitpunkt als die Fundsituation hominider Fossilien als äußerst dürftig zu bezeichnen war. Seine Annahme eines „missing links" in Südost-Asien führte zwar direkt zu den beeindruckenden Funden Dubois auf Java, dennoch scheidet nach den zahlreichen Funden früher Hominiden in Afrika, Südost-Asien als Wiege der Menschheit aus. Diese scheint mit hoher Wahrscheinlichkeit in Afrika, im Speziellen in Ostafrika gestanden zu haben.

6 Literatur

CANN R.L., STONEKING M. & A.C. WILSON (1987): Mitochondrial DNA and human evolution. — Nature **325**: 31-36.

DART R.A. (1925): *Australopithecus africanus*, the man-ape of South Africa. — Nature **115**: 195-199.

DARWIN C. (1859): On the origin of species by means of natural selection or the preservation of favoured races in the struggle of life. — London.

DARWIN C. (1871): The descent of man, and selection in relation to sex. — London.

DUBOIS E. (1895): *Pithecanthropus erectus*. Eine menschenähnliche Übergangsform aus Java. — Batavia.

FUHLROTT C. (1859): Menschliche Überreste aus einer Felsengrotte des Düsselthales. — Verh. naturh. Ver. preuß. Rheinl. Westph. **16**: 131-153.

GIESELER W. (1974): Die Fossilgeschichte des Menschen. — G. Fischer Verl., Stuttgart.

HAECKEL E. (1863): Über die Entwicklungstheorie DARWINS. — Vortrag auf der 38. Versammlung Deutscher Naturforscher und Ärzte in Stettin am 19. September 1863, Amtlicher Bericht, Stettin.

HAECKEL E. (1866a, b): Generelle Morphologie der Organismen. Bd. 1, 2. — Berlin.

HAECKEL E. (1868a): Über die Entstehung und den Stammbaum des Menschengeschlechts. — Berlin.

HAECKEL E. (1868b): Natürliche Schöpfungsgeschichte. — G. Reimer Verl., Berlin.

HAECKEL E. (1874): Anthropogenie oder die Entwicklungsgeschichte zum Menschen. — Leipzig.

HAECKEL E. (1907): Das Menschenproblem und die Herrentiere von LINNE. — Frankfurt/Main.

HAECKEL E. (1908): Unsere Ahnenreihe (Progonotaxis Hominis). — Festschrift zur 350-jährigen Jubelfeier der Thüringer Universität Jena und der damit verbundenen Übergabe des Phyletischen Museums am 30. Juli 1908.

HAECKEL E. (1916): Fünfzig Jahre Stammesgeschichte. Historische Studien über die Resultate der Phylogenie. — Jena.

HAY R.L. & M.D. LEAKEY (1982): Die versteinerten Fußspuren von Laetoli. — Spektr. Wiss. **4**: 50-58.

HEBERER G. (1956): Die Fossilgeschichte der Hominoidea. Primatologia, Handbuch der Primatenkunde I. — Basel, New York.

HENKE W. & H. ROTHE (1994): Paläoanthropologie. — Springer Verl., Berlin.

HUXLEY T.H. (1863): Zeugnisse für die Stellung des Menschen in der Natur. — Williams & Norgate, London.

JOHANSON D.C. & E. MAITLAND (1994): Lucy. Die Anfänge der Menschheit. — Piper Verl., München.

KLAATSCH H. (1903): Entstehung und Entwicklung des Menschengeschlechts. — Berlin.

KRAUßE E. (1984): Ernst HAECKEL. — Teubner Verl.ges. (Biographien hervorragender Naturwissenschaftler, Techniker und Mediziner **70**), Leipzig.

LEAKEY M., FEIBEL C., MCDOUGALL I. & A. WALKER (1995): New four million year old hominid species from Kanapoi and Allia Bay, Kenya. — Nature **376**: 565-571.

LEAYKEY M., FEIBEL C., MCDOUGALL I. (WARD C. & A. WALKER (1998): New specimens and confirmation of an early age for *Australopithecus anamensis*. — Nature **393**: 62-66.

LINNEAUS C. (1735): Systema naturae, Vol. 1. — Stockholm.

LINNEAUS C. (1758): Systema naturae, Vol. 8. — Stockholm.

ROLLE F. (1866/1969): Der Mensch, seine Abstammung und Gesittung im Lichte der DARWINschen Lehre. — In: MARTIN G. & G. USCHMANN (1969): Friedrich ROLLE 1827-1887. Ein Vorkämpfer neuen biologischen Denkens in Deutschland. Leipzig.

SCHAAFHAUSEN H. (1867): In: HAECKEL E. (1908) Unsere Ahnenreihe. — Festschrift zur 350-jährigen Jubelfeier der Thüringer Universität Jena. Jena.

TATTERSAL I. (1997): Puzzle Menschwerdung. Auf der Spur der Evolution. — Spektrum Verl., Heidelberg.

VOGT C. (1863): Vorlesungen über den Menschen, seine Stellung in der Schöpfung und in der Geschichte der Erde. — Gießen.

WHITE T., SUWA G. & B. ASFAW (1994): *Australopithecus ramidus*, a new species of early hominid from Aramis Ethiopia. — Nature **371**: 306-312.

WOLPOFF M. & A. THORNE (1991): The case against Eve. — New Scientist **130**: 37-41.

Anschrift der Verfasserin:
Mag. Dr. Sylvia KIRCHENGAST
Institut für Humanbiologie
Universität Wien
Althanstr. 14
A-1090 Wien
Austria

Die Entstehung der Modernen Synthese im deutschen Sprachraum

U. HOSSFELD

Herrn em. o. Univ.-Prof. Dr. med. Dr. phil. h.c. Dietrich STARCK, Frankfurt am Main, zum 90. Geburtstag (am 29. September) in dankbarer Verehrung gewidmet.

**Stapfia 56,
zugleich Kataloge des OÖ. Landesmuseums, Neue Folge Nr. 131 (1998),
185-226**

Abstract

The Modern Synthesis in the German Speaking Countries and its Context.

From 1935 to 1947 a modern synthesis in evolutionary biology took place in Germany which resembled the similar movements in Russia and USA/UK. The historical and scientific context of the modern synthesis in Germany are analysed, its architects and major publications presented and a summary of the latest research is given.

1 Vorbemerkungen

Obwohl noch acht Jahrzehnte nach der Veröffentlichung von DARWINS „Origin of species" (1859) der Widerstand einzelner Biologen in verschiedenen Ländern gegen die natürliche Auslese andauerte, hatte der deutsche Sprachraum bei der Popularisierung und Übernahme der Evolutionstheorie von Charles DARWIN (1809-1882) eine entscheidende Rolle gespielt.[1] Es war insbesondere dem Jenaer Zoologen Ernst HAECKEL (1834-1919) zu verdanken, diese Theorie in Deutschland ziemlich schnell rezipiert, weiterverbreitet und popularisiert zu haben (USCHMANN 1958, 1984; KRAUSSE 1984). Jedes Land und jeder einzelne Zweig der Biologie hatte aber während der Übernahme des Darwinismus seine Eigenheiten und Spezifika entwickelt, die sich zum Teil hemmend, zum Teil fördernd, auf die jeweilige nationale wissenschaftliche Entwicklung der Naturwissenschaften auswirkten, so auch im deutschen Sprachraum.[2]

Mit dem Tod DARWINS im Jahre 1882 war es zu einer Spaltung unter den Evolutionisten gekommen; seitdem hatten die Anhänger des Evolutionsgedankens vielfältige Auseinandersetzungen, die bis ins nächste Jahrhundert hinüberreichen sollten, zu bestehen gehabt. Von 1859 bis zur Jahrhundertwende war es den Evolutionsforschern in erster Linie um das Beweisen der Evolution und die Erstellung von Stammbäumen gegangen, der Schwerpunkt lag in der phylogenetischen Forschung. In der Zeit danach, etwa bis zur Begründung der Modernen Synthese Mitte der 30er Jahre, standen hingegen Kausalfragen der Evolution, wie z. B. nach der direkten bzw. indirekten Vererbung, der Rolle von Mutation, Isolation und Selektion im Evolutionsprozeß bzw. über den Verlauf der Evolution (graduell oder saltationistisch) im Vordergrund der kontrovers geführten Diskussionen und Auseinandersetzungen zwischen den Forschungstraditionen (SENGLAUB 1982; MAYR 1984). Die mannigfachen Fragestellungen und verschiedenen Herangehensweisen bereiteten aber den Evolutionsforschern zunächst Probleme. Da der Evolutionsgedanke nun in den meisten biologischen Teildisziplinen diskutiert wurde und deren einzelne Vertreter sich mit unterschiedlichem Erfolg an diesen Debatten beteiligten, schien eine Synthese des Gedankengutes nahezu unmöglich und in weite Ferne gerückt.[3] Auch die Wiederentdeckung der MENDELschen Gesetze im Jahre 1900 durch Carl CORRENS (1864-1933), Erich von TSCHERMAK SEYSENEGG (1871-1962) und Hugo DE VRIES (1848-1935) brachte bei den meisten Biologen vorerst keine Änderung der Einstellung zur natürlichen Auslese, denn die MENDELschen Gesetze waren statischer Natur und gaben keine Antwort auf die kausalen Mechanismen der Evolution (SENGLAUB 1982: 558; JAHN 1957/58). Die Mehrzahl der Biologen wollte und konnte aus unterschiedlichen Gründen daher keineswegs die Tatsache akzeptieren, daß es sich bei der natürlichen Auslese um die eigentliche Ursache der Anpassung handelte. Infolge dieser Entwicklung kamen im ersten Drittel des 20. Jahrhunderts experimentell arbeitende Genetiker und Naturbeobachter (Systematiker, Paläontologen) bei der Beurteilung von evolutionsbiologischen Prozessen zu sehr verschiedenen und kontroversen Auffassungen. Diese sich unversöhnlich gegenüberstehenden Forschungstraditionen unterschieden sich in ihrer Sprache, wissenschaftlichen Interpretation und Methodologie derart stark, daß es aussah, als sei ein Kompromiß in weite Ferne gerückt: „Die Unfähigkeit, die Argumente der Gegner zu verstehen, wurde noch durch die Tatsache verschärft, daß experimentell arbeitende Biologen und Naturalisten es im großen und ganzen mit verschiedenen Ebenen in der Hierarchie der Naturerscheinungen zu tun hatten. Die Genetiker befaßten sich mit Genen, die Naturforscher dagegen mit Populationen, Arten und höheren Taxa" (MAYR 1984: 435). Die internationale „scientific community" der Darwinisten stand somit um 1930 vor der Lösung zweier zentraler Probleme: Zum einen mußte ein Konsens zwischen den Forschungstraditionen gefunden und die Mißverständnisse in den eigenen Fachdisziplinen überwunden, zum anderen der Kampf gegen die noch immer bestehenden antidarwinistischen Evolutionstheorien (Orthogenese, Saltationismus, Lamarckismus, Idealistische Morphologie) fortgeführt werden.

Zwischen 1937 und 1950 gelang dann eine Synthese im Evolutionsdenken zwischen Genetikern, Systematikern und Paläontologen.[4] Eine Mehrheit von Wissenschaftlern aus den unterschiedlichsten Bereichen der Biologie hatte zu diesem Zeitpunkt erkannt, daß die Annahme von einer allmählich fortschreitenden Evolution richtig war, die zusätzlich mit den Wirkfaktoren der Evolution (Rekombination, Variation, Isolation und natürlichen Auslese) bestätigt werden konnte. Zudem wurde in Ergänzung zu den damals bekannten genetischen Mechanismen und dem bisher vorgelegten Beweismaterial der Naturbeobachter mit der Einführung des Populationskonzeptes ein Weg aufgezeigt, die organismische Vielgestaltigkeit und den Ursprung höherer Taxa durch „Betrachten der Arten als fortpflanzungsmäßig isolierte Gruppen von Populationen und durch die Analyse der Wirkung ökologischer Faktoren" (MAYR 1984: 455) zu erklären. Der englische Zoologe Julian HUXLEY (1887-1975) war es 1942, der diesen Konsens schließlich als „Moderne [Evolutionäre] Synthese" in seinem Buch „Evolution. The modern synthesis" bezeichnete.[5] Da dieser Begriff von den Fachwissenschaftlern und in der biologischen Literatur sehr unterschiedlich gebraucht wird, sei kurz die Definition erwähnt, mit der ich im folgenden arbeiten will: Unter Moderner Synthese verstehe(n) ich (wir) den historischen Versuch der 30er und 40er Jahre, eine gradualistische, selektionistische Evolutionstheorie zu entwickeln, die möglichst umfassend die Phänomene der Evolution, sowohl die Transformation von Arten als auch ihre Aufspaltung, sowie die Mikro- als auch die Makroevolution, in einer Weise zu erklären versucht, die konsistent mit den Ergebnissen der Genetik ist.[6]

1.1 Die Konsensfindung

Der erzielte Kompromiß zwischen den stark divergierenden Forschungsrichtungen Mitte der 30er Jahre verlangte von den Naturbeobachtern, daß diese ihre lamarckistischen und saltationistischen Vorstellungen über den Ablauf der Evolution und die experimentell arbeitenden Biologen das typologische Denken beiseite ließen. Der zukünftige wissenschaftliche Zugang richtete sich von nun an verstärkt auf die Vielgestaltigkeit des Evolutionsprozesses und die Herausarbeitung der Bedeutung der natürlichen Auslese; der Genetik kam innerhalb dieses Prozesses eine Schlüsselrolle zu. Somit verwundert nicht, wenn ein Genetiker als erster diesen konkreten Schritt der Umsetzung vollzog und eine Synthese des Gedankengutes zwischen den einzelnen biologischen Disziplinen propagierte. Dieser Wissenschaftler war Theodosius DOBZHANSKY (1900-1975), der 1937 bei Columbia University Press sein Buch „Genetics and the origin of species" veröffentlicht hatte. Bereits zwei Jahre später lag dieses Buch in einer deutschen Übersetzung (Witta LERCHE, Berlin) mit dem Titel „Die genetischen Grundlagen der Artbildung" (1939) vor: „... DOBZHANSKY`s book signalizes very clearly something which can only be called the Back - to - Nature Movement. The methods learned in the laboratory are good enough now to be put to the test in the open and applied in that ultimate laboratory of biology, free nature itself. Throughout this book we are reminded that the problems of evolution are given not by academic discussion and speculation, but by the existence of the great variety of living animals and plants ..." (DUNN 1937: 7). Die Idee zu diesem Buch ging auf eine Reihe von Vorlesungen zurück, die von DOBZHANSKY im Oktober 1936 an der Columbia Universität (New York) gehalten wurden: „Each lecture was followed by a discussion in which representatives of various biological disciplines took part" (Preface 1937).

Sein Ziel war es u. a. gewesen, mit diesem Buch im angelsächsischen Sprachraum eine interdisziplinäre Diskussion seiner genetischen Forschungsergebnisse anzuregen und deren Resultate (zum größten Teil auf mikroevolutiver Ebene gewonnen) auch auf andere Teildisziplinen innerhalb der Biowissenschaften zu übertragen, was in Deutschland bis zum Ende der 30er Jahre noch nicht gelungen war (s. u.). In seiner Abhandlung spielten neben allgemeinen evolutionsbiologischen Überlegungen besonders die Ausführungen über Mutation, Chromosomenveränderungen und Variabilität als Grundlagen der Art- und Rassenunterschiede die entscheidende Rolle. Weitere Kapitel des Buches thematisierten die Bedeutung der Auslese, Isolationsmechanismen, Bastardsterilität und Polyploidie für das evolutionsbiologische Geschehen sowie Probleme des Artbegriffs. DOBZHANSKYS Buch spielte innerhalb der Begründung der Modernen Synthese der Evolution die zentrale Rolle und das nicht nur auf nationaler, sondern auch auf internationaler Ebene (HOSSFELD 1998c).

Dieser Initialzündung folgten fünf Jahre später der deutsch-amerikanische Systematiker Ernst MAYR (*1904) mit dem Werk „Systematics and the origin of species" (1942) und der bereits erwähnte Julian HUXLEY mit seinem Buch „Evolution. The modern synthesis", weitere zwei Jahre später legte der amerikanische Paläontologe George Gaylord SIMPSON (1902-1984) seine Abhandlung „Tempo and mode in evolution" (1944) vor, und 1950 erschien noch das Werk „Variation and evolution in plants" des amerikanischen Botanikers George Ledyard STEBBINS (*1906). Diese Autoren werden heute als „Architekten" der Modernen Synthese bezeichnet.[7] Ihr frühzeitiges Bestreben, verschiedene Fachdisziplinen interdisziplinär zu verknüpfen und dabei das Hauptaugenmerk auf die neueren Ergebnisse der Genetik, insbesondere auf die Rolle der Selektion und Mutation zu legen, wird bereits in der Namenwahl der Buchtitel von DOBZHANSKY (1937) und MAYR (1942) deutlich, die sich stark an DARWINS epochemachende Buch von 1859 anlehnen.

1.2 Probleme der Rezeption

Nach dieser gedrängten Darstellung der Vorgeschichte der Modernen Synthese möchte ich nun auf ein zentrales Thema zu sprechen kommen, das die Themenwahl dieses Beitrages beeinflußt hat: Die internationale Rezeption der Modernen Synthese.

Die internationale Rezeption des Gedankengutes der Modernen Synthese ist in den letzten Jahren so ambivalent erfolgt, daß es unter den Wissenschaftlern zu einer Reihe von Fehlinterpretationen, Mißverständnissen, einseitigen Sichtweisen usw. gekommen ist. Bei der Bewertung der Ereignisse, die zu einer Modernen Synthese führten, ist eine Differenz zwischen dem deutschen bzw. sowjet-russischen[8] und dem anglo-amerikanischen Sprachraum zu verzeichnen. In Deutschland fehlt bis heute eine detaillierte Beschreibung und Aufarbeitung der Ereignisse, Voraussetzungen und Gegebenheiten, die die Begründung und Ausgestaltung einer Synthese ermöglichten. Der Fragestellung, ob es hier überhaupt eine solche gegeben hat, wird erst seit 1996[9] verstärkt von einigen Wissenschaftlern untersucht.[10] Dieses Mißverhältnis hat verschiedene Gründe: Einerseits wurde die Bedeutung dieses Themas in den letzten vier Jahrzehnten zum Teil verkannt bzw. standen andere Fragestellungen im Vordergrund des Interesses der deutschsprachigen Evolutionsbiologen und Zoologen (KRAUS & HOSSFELD 1998). Andererseits wurde die vorhandene deutschsprachige bzw. sowjet-russische evolutionsbiologische Fachliteratur zu diesem Thema im anglo-amerikanischen Sprachraum ab Mitte der 30er Jahre fast vollständig ignoriert bzw. nicht rezipiert, so daß sich ein internationaler Wissenstransfer in der Evolutionsbiologie nur teilweise entwickeln konnte. Viel zu oft wird die Moderne Synthese bis zum heutigen Tag nur aus der Sicht des angelsächsischen Sprachraums thematisiert, obwohl im weltweit dazu erschienenen Standardwerk von E. MAYR und William B. PROVINE „The evolutionary synthesis" (1980), welche bis 1982 noch in zwei Nachdrucken erschien, ein internationaler Ansatz beschrieben und postuliert wurde.[11] Somit verwundert es, wenn immer noch einzelne anglo-amerikanische Wissenschaftler in ihren neuesten Publikationen nahezu vollständig und regelmäßig sowohl die aktuelle als auch die historische evolutionsbiologische Literatur unseres Sprachraums (bzw. des sowjet-russischen) der letzten sieben Jahrzehnte negieren.[12] Die derzeit vertretene Position des angelsächsischen Sprachraums läßt sich an zwei Beispielen verdeutlichen: Zum einen an dem Buch „Monad to man. The concept of progress in evolutionary Biology" (1996) des kanadischen Wissenschaftsphilosophen und -theoretikers Michael RUSE, zum anderen am Kompilat zweier früherer, bereits in der Zeitschrift „Journal of the history of biology" (SMOCOVITIS 1992 1994) erschienenen Artikel, betitelt „Unifying biology. The evolutionary synthesis and evolutionary biology" (1996) von Vassiliki Betty SMOCOVITIS, Assistant Professor of the History of Science at the University of Florida. Sowohl RUSE als auch SMOCOVITIS negieren und bestreiten in ihren Büchern den internationalen Charakter der Bedingungen, die zu einer Modernen Synthese führten.[13] Beide stützen sich bei ihrer Argumentation ausschließlich auf die vorhandene Literatur ihres Sprachraums (was bei RUSE beispielsweise einen wirklich sehr guten und aktuellen Überblick vermittelt) und negieren nahezu vollständig die sowjet-russische bzw. deutschsprachige Literatur zur Evolutionsbiologie aus dem 20. Jahrhundert. Es wird dem Leser damit u. a. suggeriert, daß die sogenannten „Architekten" der Synthese, wie DOBZHANSKY, MAYR, HUXLEY, SIMPSON und STEBBINS, die einzigen „Gründungsväter" bzw. Protagonisten dieser Entwicklung gewesen seien (was den Tatsachen aber nicht gerecht wird) und dieser Sprachraum somit auch das „Gründungszentrum" darstellt. Deutschsprachige Wissenschaftler wie den russisch-deutschen Genetiker Nikolaj W. TIMOFÉEFF-RESSOVSKY (1900-1981), den Botaniker Walter ZIMMERMANN (1892-1980) sowie die Zoologen Bernhard RENSCH (1900-1990), Gerhard HEBERER (1901-1973) und Wilhelm LUDWIG (1901-1959) bzw. sowjet-russische Biologen sucht man mit ihren Publikationen vergeblich (vgl. Übersicht 2).

An dieser Stelle möchte ich mit meinen Ausführungen ansetzen und im folgenden zeigen, daß verschiedene (wissenschafts-)historische Einflüsse und Ereignisse auch im deutschen Sprachraum zu einer Modernen Synthese führten, die sich letzten Endes nicht nur als ein nationales Phänomen (wie aus der Sicht einer anglo-amerikanischen Tradition; SMOCOVITIS 1996) präsentierte, sondern vielmehr einen internationalen Charakter trug. Dabei interessieren mich vordergründig Fragen nach der Entwicklung der Evolutionsbiologie im deutschen Sprachraum in der ersten Hälfte unseres Jahrhunderts: Kam es hier analog zum anglo-amerikanischen Sprachraum in den 30er Jahren ebenso zur Begründung einer Modernen Synthese? Wenn ja, wer waren in Deutschland die Protagonisten dieser Entwicklung? Ist es überhaupt berechtigt, von „Architekten" im Sinne MAYRS (1984) zu sprechen? Welche Titel trugen die wichtigsten Publikationen? Gab es zwischen 1920 und 1950 Parallelen, Gemeinsamkeiten und Unterschiede in der Entwicklung gegenüber dem anglo-amerikanischen bzw. sowjet-russischen Sprachraum? Wenn ja, welche?

Einige dieser Fragen möchte ich nachfolgend aufgreifen und versuchen, Antworten darauf zu finden. Mein Beitrag soll außerdem die Wissenschaftshistoriker und -theoretiker unseres Sprachraums dahingehend anregen, sich in den nächsten Jahren mit der Bedeutung und dem besonderen Stellenwert dieser Thematik im Gesamtkontext der Entwicklung der Evolutionsbiologie im 20. Jahrhundert in eigenen Arbeiten auseinanderzusetzen, bestimmte Aspekte detailliert zu hinterfragen und dadurch vielleicht für eine weitere internationale Popularisierung der deutschsprachigen und sowjet-russischen Literatur zur Evolutionsbiologie sowie zu diesem speziellen Fragenkontext zu sorgen.[14] Auch unser Sprachraum besitzt in der Nachfolge HAECKELS eine nicht zu unterschätzende wissenschaftshistorische Bedeutung innerhalb der Entwicklung der Evolutionsbiologie im 19. und 20. Jahrhundert, zumal er dabei mit weitaus größeren politisch-ideologischen, gesellschaftlichen und sozio-kulturellen Schwierigkeiten in den letzten 100 Jahren zu kämpfen hatte als beispielsweise der anglo-amerikanische Raum. DARWIN, Thomas Henry HUXLEY (1825-1895), Alfred Russel WALLACE (1823-1913) und Herbert SPENCER (1820-1903) kannten und rezipierten im übrigen noch die

Arbeiten ihrer Kollegen aus Deutschland, Rußland und Frankreich.[15]

2 Etappen auf dem Weg zur Modernen Synthese im deutschen Sprachraum

2.1 Genetik versus Paläontologie in der ersten Hälfte des 20. Jahrhunderts

Die eingangs angesprochenen Probleme mit der Akzeptanz der DARWINschen Lehre (natürliche Auslese etc.) in den Naturwissenschaften waren auch in den Diskussionen unter den deutschsprachigen Naturwissenschaftlern in der ersten Hälfte unseres Jahrhunderts an der Tagesordnung und hierbei insbesondere die „Kausalität der stammesgeschichtlichen Abläufe" (HEBERER 1943; RENSCH 1947, 1976) bzw. das Kausalverhältnis von „Mikro- und Makrophylogenie (-evolution)"[16] noch sehr umstritten. Zwar nahm man an, daß die natürliche Auslese, Mutationen verschiedener Art und auch die Isolation von Populationen als Faktoren der Artbildung angesehen werden konnten (s. o.), zweifelte aber zugleich, ob es sich hierbei um die einzigen in Frage kommenden Faktoren handeln würde. Obwohl der Freiburger Zoologe August WEISMANN (1834-1914) bereits um die Jahrhundertwende festgestellt hatte, daß das Keimplasma (unabhängig vom Soma) die eigentlichen Determinanten der Vererbung enthielt, deuteten verschiedene Paläontologen wie Franz WEIDENREICH (1921, 1929), Karl BEURLEN (1932, 1937), Otto Heinrich SCHINDEWOLF (1929, 1936, 1937, 1944) und Erwin HENNIG (1929, 1932, 1944), Zoologen wie Paul KAMMERER (1920, 1925, 1927), Ludwig PLATE (1913, 1931, 1936), Richard SEMON (1910, 1912) und Jürgen W. HARMS (1934, 1935) bzw. Anatomen wie Hans BÖKER (1935a, 1935b, 1936, 1937) im ersten Drittel unseres Jahrhunderts die stammesgeschichtliche Umwandlung der Arten immer noch im saltationistischen bzw. lamarckistischen Sinne.[17] So betonte BÖKER in seinen Arbeiten den direkten kausalen Zusammenhang zwischen Bau, Funktion und Umweltbedingungen (Theorie der Umkonstruktionen) und bemerkte: „Der bisher vorhandene und künstlich verstärkte Zwiespalt zwischen Phylogenese und Genetik, zwischen Morphologie und Physiologie... muß jetzt überbaut werden durch die Ganzheitsbetrachtung. Diese ergibt sich dadurch, daß nicht nur die anatomischen Zustände beschrieben werden, sondern daß man sie in Vorgänge überführt, und zwar in die Vorgänge der Funktion, in die der ontogenetischen und die der phylogenetischen Entwicklung. Die biologische Anatomie beruht deshalb auf genetischem und auf konstruktivem Denken" (BÖKER 1935a: 6).[18] Paläontologen wie BEURLEN und von HUENE gelangten hingegen zu vitalistischen, SCHINDEWOLF und der Genetiker Richard GOLDSCHMIDT (1940) gar zu saltationistischen Positionen, und ihre Kollegen WEIDENREICH und HENNIG traten frühzeitig der Selektions-Mutations-Theorie entschieden entgegen (SENGLAUB 1982: 566). Auch Evolutionsbiologen wie MAYR, Dietrich STARCK (*1908) und RENSCH, die später zur Entwicklung und Popularisierung der Synthese im deutschen Sprachraum beigetragen haben, konnten sich erst allmählich von diesen Vorstellungen lösen.[19] RENSCH bemerkte dazu: „My Lamarckian explanations were mainly based on my investigations on the climatic parallelism of size and color in geographic races of birds and mammals ... I defended my Lamarckian explanations for the last time I had been invited to report about problems of speciation during the congress of the German Zoological Society in 1933 ... Since 1934, I have tried, as far as possible, to explain the climatic parallelism of race characteristics through natural selection." (1983: 37-38).[20] Die Überwindung des Lamarckismus dauerte in Deutschland bis in die Mitte des 20. Jahrhunderts. Besonders die dabei von den Genetikern geführten fachlichen Auseinandersetzungen zur Beseitigung der Irrtümer und Widersprüche mit dem wissenschaftlichen Lager der Paläontologen[21] machten exemplarisch deutlich, daß in jenen Jahren in Deutschland die Genetiker zu wenig mit den Forschungsergebnissen der Paläontologen und umgekehrt vertraut waren. SCHINDEWOLF appellierte deshalb: „[Es] muß wieder der Versuch gemacht werden, die beiden auseinanderstrebenden Disziplinen zusammenzuführen. Denn letzten Endes gilt ja doch beider Arbeit, lediglich von verschiedenen Seiten aus und mit verschiedenen Methoden, dem gleichen Ziele einer Aufhellung der organischen Gesetzmäßigkeiten" (1936: 1). Des weiteren fehlten der deutschsprachigen Genetik zu jener Zeit, im Vergleich zum angelsächsischen Raum, grundlegend neue Forschungsergebnisse, wie sie noch um die Jahrhundertwende erzielt worden waren.[22]

In Deutschland hatten sich zwar vereinzelt Genetiker und Zoologen in ihren Lehrbüchern ausführlich zur Artentstehung durch Mutation, Selektion und Isolation geäußert, aber vermieden, diese Aussagen bereits an dieser Stelle als richtiges und wissenschaftlich bewiesenes Dogma zu propagieren.[23] Auch in den führenden deutschen Lehrbüchern der Biologie der zwanziger bis vierziger Jahre finden sich ähnlich lautende und skeptische Bemerkungen zu diesem Themengegenstand.[24] Vielleicht hatten ja die oben erwähnten Wissenschaftler (wie z. B. SCHINDEWOLF, GOLDSCHMIDT, BEURLEN & BÖKER) doch recht mit ihrer Annahme, es gäbe noch andere, bisher unbekannte evolutionäre Mechanismen. Dieser von den Genetikern und einzelnen Zoologen eingegangene Kompromiß erwies sich später als hemmend bei der Etablierung der Modernen Synthese in Deutschland, und es mußten noch weitere Jahre vergehen, bevor sich die stark divergierenden Forschungsrichtungen in ihren Positionen annähern sollten. Im Gegensatz dazu hatte sich der angelsächsische Sprachraum hier bereits einen Vorteil verschafft, denn in den 30er Jahren wurden gleich drei allgemeine Grundrisse über das Fachgebiet der Genetik und deren integrierende Rolle innerhalb der (Evolutions-)Biologie vorgelegt, die den oben genannten Mangel der deutschsprachigen Ausgaben nicht aufzuweisen hatten, vielmehr klarer argumentierten und somit eine frühe interdisziplinäre Diskussion innerhalb der anglo-amerikanischen Biowissenschaften anregen konnten.[25] Außerdem bestand hier nicht solch ein widersprüchliches Verhältnis der Genetik zur Paläontologie (vgl. SCHINDEWOLF für Deutschland versus SIMPSON für Amerika)[26] und die genetische Forschung (Transmissionsgenetik, Populationsgenetik im Freiland und Labor etc.) hatte in Amerika, England und Rußland, im Gegensatz zu Deutschland, schnellere Fortschritte auf dem Weg zu einer Modernen Synthese erzielt.[27]

In die Zeit der Synthetisierung des Gedankengutes von Systematikern, Genetikern und Paläontologen im ersten Drittel unseres Jahrhunderts fällt nun die Durchführung einer Expedition, die für die Entwicklung der deutschsprachigen Evolutionsbiologie Bedeutung besitzt. Ich möchte behaupten, sogar für die Herausbildung der Modernen Synthese im deutschen Sprachraum auf Grund von Zufälligkeiten indirekt mitbestimmend war.

2.2 Die Sunda-Expedition RENSCH 1927

Es handelt sich um die von RENSCH geleitete Expedition zu den Kleinen Sunda-Inseln im Indonesischen Archipel (1927), an der neben RENSCH auch der bekannte deutsche Anthropologe und Evolutionsbiologe HEBERER teilgenommen hat. Wie bereits erwähnt, gehören diese beiden Wissenschaftler zu den Protagonisten oder „Architekten" einer Modernen Synthese in unserem Sprachraum.

Welchen Stellenwert besitzt diese Expedition innerhalb der Geschichte der deutschsprachigen Evolutionsbiologie des 20. Jahrhunderts?

Obwohl zu Beginn der Reise kein konkretes wissenschaftliches Programm vorgelegen hatte, wurde sie dennoch überaus erfolgreich abgeschlossen. Die Hauptaufgaben der Expedition lagen in erster Linie auf tropenbiologischem, zoogeographischem und anthropologischem Gebiet. Als Teilnehmer konnten neben HEBERER der 21jährige Kandidat der Medizin Wolfgang LEHMANN (1905-1980) sowie der Frankfurter Herpetologe bzw. Kustos am Senckenberg-Museum Robert MERTENS (1894-1975) und RENSCHS Ehefrau Ilse (1902-1992) gewonnen werden. Im wesentlichen wurde die Reise von der Notgemeinschaft der Deutschen Wissenschaften (ab 1937 Deutsche Forschungsgemeinschaft), von der Frankfurter Senckenberg-Gesellschaft, dem Ministerium für Wissenschaft, Kunst und Volksbildung in Berlin, von der Preußischen Akademie der Wissenschaften usw. finanziert (RENSCH 1930). Ein Drittel der Kosten konnte aus privaten Mitteln gedeckt werden.[28]

Das Reisegebiet erwies sich in der wissenschaftshistorischen Tradition eines Alfred Russel WALLACE als besonders geeignet.[29] Über die Ergebnisse der Reise berichtete RENSCH u. a. in seiner Autobiographie (1979). So konnten beispielsweise 10 neue Gattungen, 222 neue Arten und 31 neue geographische Rassenkreise an Tieren und Pflanzen aufgefunden und beschrieben werden. Ferner füllten die Expeditionsteilnehmer in den Jahrzehnten nach der Expedition (bis 1950) über 1700 Seiten Papier mit Beschreibungen von Neubefunden, vergleichenden Analysen und Reiseberichten. Der literarische Überblick über die Gesamtzahl der Publikationen ergab an Reiseberichten und Zusammenfassungen vier Titel, systematisch-faunistischen Spezialbearbeitungen 40 Titel, botanischen Bearbeitungen vier Titel, allgemeinen biologischen Arbeiten fünf Titel und anthropologischen Publikationen fünf Titel. Wie die Aufzeichnungen von RENSCH und HEBERER zeigen, fühlten sich die Expeditionsteilnehmer der historischen Tradition (WALLACE, HAECKEL) stets verpflichtet. Auch die Ergebnisse der RENSCH-Expedition sollten, gemäß der jahrzehntelangen Tradition von Reisen in Inselgebiete, eine Reihe neuer Einsichten für das allgemeine Verständnis der Speziellen Zoologie, Zoogeographie, Ornithologie, Botanik, Anthropologie und Ethnographie dieses Gebietes erbringen. Des weiteren stellte sich während der gemeinsamen Durcharbeitung und Diskussion des Materials her-

Abb. 1:
Die Teilnehmer der Sunda-Expedition RENSCH 1927. V.l.n.r.: Gerhard HEBERER, Ilse RENSCH, Robert MERTENS, Wolfgang LEHMANN, Bernhard RENSCH (Nachlaß HEBERER, Göttingen).

Abb. 2:
Bleistiftskizze HEBERERS vom Rindjani-Vulkan auf der Insel Lombok 1927 (Nachlaß HEBERER, Göttingen).

aus, daß diese Inselgruppe zur „indomalaiischen Übergangsregion", die westlich von der WALLACE-Linie begrenzt wird, gehört. Es handelte sich also nicht um ein ausschließliches Mischgebiet, da ein großer Prozentsatz an endemischen Gattungen und Arten gefunden werden konnte. Ein RENSCH-Schüler, der Entwicklungsphysiologe Wolf ENGELS aus Tübingen, weiß sogar noch aus Gesprächen mit RENSCH, daß es der damals 31jährige MERTENS während der Expedition war, der die jüngeren Kollegen (RENSCH und HEBERER) für Probleme der Zoogeographie begeisterte und ihre Aufmerksamkeit auf Fragestellungen wie die Artentstehung lenkte.[30] Außerdem, denke ich, halfen RENSCH und HEBERER die täglich geführten Diskussionen während der Expedition, sich von den phänogenetischen und zum Teil orthogenetischen Vorstellungen ihres Lehrers HAECKER allmählich zu lösen (HOSSFELD 1996, 1997). Die Expedition vereinte zudem Teilnehmer verschiedener wissenschaftlicher Einrichtungen Deutschlands bzw. späterer „wissenschaftlicher Schulen" wie **Berlin**, später Münster (RENSCH); **Frankfurt** (MERTENS); **Halle**, später Straßburg, Kiel (LEHMANN) sowie **Halle**, später Tübingen, Frankfurt, Jena und Göttingen (HEBERER), so daß das Gedankengut und Sammelmaterial der Expedition nach 1927 relativ kontinuierlich über den deutschen Raum weiterverbreitet, bearbeitet und diskutiert werden konnte.[31] Die Teilnehmer standen zeitlebens in gutem Kontakt zueinander. So trafen sich beispielsweise alle Teilnehmer der Expedition an runden Geburtstagen von RENSCH (60., 65. und 70.) jeweils in Münster, wo gleichzeitig auch wissenschaftliche Symposien stattfanden, zu denen ausländische Evolutionsbiologen wie HUXLEY, MAYR, Ludwig von BERTALANFFY (1901-1972), J. B. S. HALDANE (1892-1964) und DOBZHANSKY eingeladen waren.[32] Diese Treffen und Diskussionen haben sich sicherlich ebenso positiv auf die Entwicklung der Evolutionsbiologie und Zoologie in Deutschland ausgewirkt.

Es konnte bis heute nicht eindeutig geklärt werden, warum HEBERER dann später und im Gegensatz zu RENSCH, insbesondere während der NS-Zeit, gleichzeitig Fragestellungen zur Rassenkunde (Indogermanenforschung), Zytogenetik (Copepoden) und

Abb. 3: Ikatweber (Nachlaß HEBERER, Göttingen).

Abb. 4: Die Expeditions-Teilnehmer beim Sultan von Dompu auf der Insel Sumbawa 1927 (Nachlaß HEBERER, Göttingen).

Abb. 5: Die Präparation eines Warans. Im Hintergrund Ilse RENSCH (links) und Bernhard RENSCH (rechts) stehend – (Nachlaß HEBERER, Göttingen).

Modernen Synthese bearbeitete. Beide hatten sich doch schließlich in Halle dieselben wissenschaftlichen Grundlagen angeeignet und entstammten der traditionsreichen „HAECKER-Schule“ (HOSSFELD 1996). Die Auswertung des HEBERER-Nachlasses dokumentiert deutlich, daß sich HEBERER bis zum Ende der 30er Jahre inhaltlich noch nicht festgelegt hatte. Im Gegensatz zu RENSCH mangelte es ihm zu jener Zeit an Eigenständigkeit, wissenschaftlicher Genialität, evolutionsbiologischem Feingefühl und der Nutzung des vorhandenen Forschungspotentials (vgl. die Publikationen der beiden bis etwa 1940). Somit resultierten wahrscheinlich vorrangig aus der persönlichen und zufälligen Beziehung RENSCH-HEBERER, die von ersten Kontakten in der Schulzeit (beide waren in der naturwissenschaftlichen AG des Realgymnasiums als Limnologen bzw. Ornithologen aktiv; hatten denselben Biologielehrer usw.),[33] während des Biologiestudiums, gemeinsamer Tätigkeit als Doktoranden beim Zoologen und Genetiker Valentin HAECKER (1864-1927)[34] bis zur Teilnahme an der Expedition ins Indonesische Archipel reichte, wichtige Impulse für die Mitbegründung der Modernen Synthese. Leider wurde das wissenschaftliche Potential der RENSCH-Expedition nur ungenügend im Sinne einer Synthetisierung von Gedankengut verwertet, so daß im Anschluß an die Reise der erhoffte Innovationsschub für eine kontinuierlichere Entwicklung der Evolutionsbiologie im deutschen Sprachraum bis ca. 1938 ausblieb, wie nachfolgende Betrachtung zeigen wird.

3 Ein verlorenes Jahrzehnt (1929-1938)

Eine biologiegeschichtliche Analyse der evolutionsbiologischen Entwicklung des deutschsprachigen Raumes dokumentiert, daß trotz einiger Probleme unter den Fachwissenschaftlern die Startvoraussetzungen für die Etablierung einer Synthese bis zum Ende der 20er Jahre günstig waren, aber nicht genutzt wurden.[35] Die ganze Brisanz der Ereignisse dokumentiert sich deutlich am Zeitraum zwischen zwei Tagungen, die 1929 in Tübingen bzw. 1938 in Würzburg stattfanden und in deren Verlauf so unterschiedliche Ergebnisse erzielt wurden, sodaß erst Ende der 30er Jahre in Würzburg die Möglichkeit der inhaltlichen Begründung einer Modernen Synthese gegeben war. Die beiden Tagungen markieren ein „verlorenes Jahrzehnt“ in der Geschichte der Evolutionsbiologie im deutschen Sprachraum.

3.1 Die Tübinger-Tagung 1929

Zwei Jahre nach der Beendigung der Sunda-Expedition kamen in Tübingen vom 8. bis 12. September 1929 die „Paläontologische Gesellschaft“ und die „Deutsche Gesellschaft für Vererbungsforschung“ zu einer gemeinsamen Sitzung und Aussprache mit dem Ziel zusammen, bestehende Gegensätze zwischen den Vertretern der experimentellen Vererbungsforschung und denen der Deszendenzlehre in Deutschland zu überwinden.[36] Der Paläontologe Franz WEIDENREICH (1873-1948) versuchte in seinem einführenden Vortrag „Vererbungsexperiment und vergleichende Morphologie“ (aus der Sicht der Evolutionisten), die Unerläßlichkeit lamarckistischer Vorstellungen für die Evolutionstheorie nachzuweisen und stellte dabei fest, daß „die Vererbungslehre in keinem Falle berechtigt ist, lediglich auf Grund ihrer experimentellen Erfahrungen die Möglichkeit einer Fixierung von Reaktionsformen im Laufe der Erdgeschichte, wie sie die Evolutionslehre als These aufstellt, zu leugnen“ (1930: 19). Seiner Meinung nach behielten daher alle Schlußfolgerungen, „zu denen die vergleichende Morphologie auf ihrem deduktiven Wege gekommen“ war, als Theorie weiter ihre volle Berechtigung (Ebenda). Der Genetiker Harry FEDERLEY hingegen bezeichnete in seinem Coreferat „Weshalb lehnt die Genetik die Annahme einer Vererbung erworbener Eigenschaften ab?“ (aus der Sicht der Genetiker) den lamarckistischen Ansatz als völlig überholt: „Die Hypothese von der Vererbung erworbener Eigenschaften kann in unseren Tagen kaum als aktuell bezeichnet werden… Es muß zugestanden werden, daß die Genetik von heute im Verhältnis zu den alten Evolutionstheorien einen in erster Linie negativen Standpunkt einnimmt… Sie kann die lamarckistischen Hypothesen nicht gutheißen. In den funktionellen Anpassungen kann sie weder das Resultat der direkten Einwirkung der Umwelt noch des Gebrauches oder Nichtgebrauches erblicken und sie verneint auch die Übertragung von Eigenschaften von einer Generation auf eine andere" (1930: 41-42).[37] Leider traten aber nach den Schilderungen des Tübinger Paläontologen Otto Heinrich SCHINDEWOLF (1896-1971) die Gegensätze zwischen den beiden Parteien während der Aussprache mit „so erschreckender Deutlichkeit" zutage, daß letzten Endes keine gemeinsamen Ergebnisse vorgelegt werden konnten (1936: 1). Auch der Zoologe Max HARTMANN (1876-1962) hatte sich in der Diskussion gegen die lamarckistischen Auffassungen gewandt, indem er bemerkte: „... muß die Genetik auf Grund ihrer experimentellen Ergebnisse mit aller Entschiedenheit einen Übergang von Modifikationen in Mutationen [...] und damit im Prinzip die alte lamarckistische Formulierung der Vererbung erworbener Eigenschaften ablehnen" (1930: 43). Der Botaniker ZIMMERMANN (Tübingen) hingegen nahm eine diplomatische Position ein, indem er im Lamarckismus bzw. Darwinismus die Ursache für die „phylogenetische Anpassungsstruktur" (1930a: 44) vermutete und eine Lösung des Problems erst für die Zukunft erwartete. Bereits zehn Jahre später sollte sich aber ZIMMERMANN in seinem Buch „Vererbung erworbener Eigenschaften und Auslese" (1938) viel klarer positionieren und auf breiter Basis gegen die lamarckistische Theorie wenden. Nachdem noch die Paläontologen Waldemar WEISSERMEL (1870-1944) und Edwin HENNIG (1882-1977) ihre Positionen dargelegt hatten, wurde die Sitzung mit den Schlußworten der Hauptreferenten beendet. Während WEIDENREICH auf seiner Position beharrte, erschien es FEDERLEY zwecklos, weiter „eine Diskussion mit den Lamarckisten zu führen; denn wenn diese die Entdeckung jeder neuen Mutation triumphierend als einen Beweis für die Richtigkeit des Lamarckismus und gegen die Lehre von der Stabilität der Gene begrüßen, so beweist dies klarer als etwas anderes, daß sie die Genotypenlehre nicht verstanden haben; und in dem Fall ist ein Diskutieren vollständig überflüssig" (1930: 50).

Es wurde also in Deutschland, im Gegensatz zum anglo-amerikanischen Sprachraum (RUSE 1996: 419-423), die Gelegenheit versäumt, eine Synthese zwischen den sich gegenüberstehenden Forschungstraditionen bereits zu diesem Zeitpunkt zu erreichen, obwohl man den Trend in der Entwicklung der Evolutionsbiologie frühzeitig richtig erkannt hatte. Auch RENSCH beklagte noch vier Jahre später den ergebnislosen Ausgang der Tagung von 1929. In seinem Eröffnungsreferat „Zoologische Systematik und Artbildungsproblem" auf der 35. Jahresversammlung der Deutschen Zoologischen Gesellschaft am 6. Juni 1933 in Köln appellierte er deshalb noch einmal an seine Fachkollegen, ähnlich wie SCHINDEWOLF (1936: 1): „Wir sollten uns daher bei evolutionistischen Untersuchungen möglichst mit den Befunden aller einschlägigen Disziplinen vertraut machen... Natürlich wird dies bereits ziemlich allgemein angestrebt, aber daß es noch in ungenügender Weise geschieht, lehren Diskussionen der letzten Jahre wie etwa die auf der gemeinsamen Tagung der Deutschen Gesellschaft für Vererbungsforschung mit der Paläontologischen Gesellschaft" (1933: 20). RENSCH war ferner daran gelegen, eine schnelle Einigung von Genetikern und Systematikern sowie von Paläontologen und vergleichenden Anatomen in Deutschland anzustreben (Ebenda: 83).

Pro Lamarckismus	Contra Lamarckismus
Franz WEIDENREICH	Harry FEDERLEY
Walter ZIMMERMANN	Walter ZIMMERMANN
Waldemar WEISSERMEL	Max HARTMANN
Edwin HENNIG	

Tab. 1: Das Kräfteverhältnis auf der Tübinger-Tagung 1929.

Die Tübinger Kontroverse stellte sich somit als ein spezifisch nationales Problem dar. Der entscheidende Hemmfaktor für eine Konsensfindung in Deutschland lag zum einen im unterschiedlichen Verständnis bzw. Interpretationsgefüge der Fachdisziplinen Genetik und Paläontologie bei der Klärung der Frage nach den Ursachen des Evolutionsablaufs, zum anderen in der besonderen Situation der Fächer Paläontologie/Geologie an den deutschen Universitäten und Forschungseinrichtungen in den 30er und 40er Jahren begründet. Der Tübinger Paläontologe und Teilnehmer der Tagung HENNIG bemängelte noch

(1937: 2) in seiner Darstellung über „Die Paläontologie in Deutschland": „Trotz der führenden Stellung, die sich deutsches Geistesleben neben Frankreich und England auf paläontologischem Gebiete von jeher unbestritten gewahrt hat, gibt es aber im ganzen Deutschen Reiche nur eine selbständige Hochschul-Dozentur für Paläontologie, verbunden mit historischer Geologie (Leitfossilien!), nämlich in München. ... von Amts wegen geschieht wahrlich so gut wie nichts, um überhaupt das Fach noch am Leben zu erhalten. ... Es kommt hinzu, daß wir im rein Technischen bereits ins Hintertreffen zu geraten drohen. Die geringen wirtschaftlichen Mittel etwa gegenüber gewissen für unsere Begriffe fast abenteuerlich ausgestatteten nordamerikanischen Forschungsstätten hat noch immer der Wille bei uns wettgemacht".[38]

Es mußte erst noch ein weiteres Jahrzehnt vergehen, bevor eine Annäherung in den Positionen der Forschungstraditionen in unserem Sprachraum erreicht wurde.[39]

3.2 Die Würzburger-Tagung 1938

Von Seiten der deutschsprachigen Genetiker unternahm man schließlich 1938 nochmals einen Vorstoß, die 1929 begonnene Diskussion aufzugreifen und zwischen den kontroversen Auffassungen der „research traditions" (LAUDAN 1977) zu vermitteln. Auf der 13. Jahresversammlung der Deutschen Gesellschaft für Vererbungsforschung vom 24. bis 26. September 1938 in Würzburg wurden aus meiner Sicht dann erste konkrete Ergebnisse vorgelegt, die ein Synthetisieren der unterschiedlichen Wissenschaftspositionen ermöglichten und die spätere Konsensbildung förderten.[40]

Die Referate auf der Würzburger-Tagung waren thematisch breit angelegt und behandelten Fragestellungen wie das Verhältnis von Mikro- und Makroevolution, die Bedeutung von gerichteten Mutationen für den Evolutionsprozeß oder die Rolle der Evolutionsfaktoren für die Entwicklung des Tier- bzw. Pflanzenreichs.[41] Die Vorträge des Botanikers Georg MELCHERS (1906-1997) und des Zoologen und Genetikers TIMOFÉEFF-RESSOVSKY konturierten dabei am deutlichsten die zu behandelnde Problemstellung.[42] TIMOFÉEFF ging es in seinem Vortrag „Genetik und Evolution (Bericht eines Zoologen)" darum, eine Aufzählung und Prüfung wichtiger Prämissen für die Anwendung genetischer Feststellungen und Begrifflichkeiten zur Klärung der Evolutionsfragen zu diesem Zeitpunkt zu geben, die dann später als Grundlage für weitere Diskussionen genutzt werden konnten: „Die folgenden Abschnitte [des Vortrages] werden deshalb dem Evolutionsmaterial, der relativen Bewertung der Evolutionsfaktoren und den Methoden der genetisch-evolutionistischen Forschung gewidmet sein" (1939: 159).[43] TIMOFÉEFF argumentierte vom Standpunkt des Zoologen, ordnete in seinem Referat alle wissenschaftlichen Befunde seines Fachgebietes (Stand bis 1938) dem Rahmenthema zu und versuchte, verschiedene Perspektiven für eine Konsensfindung zwischen Genetikern und Evolutionsbiologen im weiteren Sinne aufzuzeigen.[44] Obwohl er die meisten Aspekte der Makroevolutionsforschung sowie das Kausalverhältnis zwischen Mikro- und Makroevolution im Vortrag nicht vordergründig behandeln konnte, resümierte er: „... daß auf dem Gebiete der Mikroevolution die experimentelle Genetik alle nötigen Tatsachen, Vorgänge und Vorstellungen für Theorienbildungen über den Mechanismus der Mikroevolution zu liefern schon imstande ist. ... Ob eine Kluft zwischen Mikro- und Makroevolution (von denen die wichtigsten die speziellen Anpassungen und speziellen Organogenesen umfassen) sich ergibt, muß durch spezielle genaue Analyse der Verhältnisse geklärt werden" (Ebenda: 210-211). In der sich anschließenden Aussprache zu TIMOFÉEFFS Vortrag bestätigten der Humangenetiker Fritz LENZ (1897-1976) sowie die Botaniker Hans BURGEFF (1883-1976) und W. ZIMMERMANN den Grundtenor der getroffenen Aussagen. ZIMMERMANN ergänzte zum Kausalverhältnis von Mikro- und Makroevolution: „Es ist kein Anhaltspunkt vorhanden, daß die Makroevolution grundsätzlich anders verläuft als die Mikroevolution. ... Die Makroevolution ist also nur verständlich aus einer Folge von Mikroevolutionsabläufen" (1939: 219).[45] Der Botaniker MELCHERS (Kaiser-Wilhelm-Institut Berlin-Dahlem, Abt. WETTSTEIN) plädierte in seinem Hauptreferat

„Genetik und Evolution (Bericht eines Botanikers)" ebenso für eine thematische Gleichbehandlung der Fragen nach den Ursachen der Evolution an botanischen und zoologischen Forschungsobjekten und unterstrich die grundsätzliche Übereinstimmung zwischen den Auffassungen der Botaniker mit denen der Zoologen: „Die Vererbungsforschung kennt keine grundsätzlich wichtigen Ergebnisse, die nicht für das Tier- und Pflanzenreich in gleichem Maße Geltung hätten" (1939: 229). Auch die Botaniker hätten in ihren Versuchen und Untersuchungen nachgewiesen, daß Mutationen das bestimmende Material für die Evolution darstellten und Selektion bzw. Isolation erst den eigentlichen Evolutionsprozeß bewirkten, aus denen dann Differenzierungen und Anpassungen hervorgingen. MELCHERS ging es vorwiegend darum, „Bedenken zu zerstreuen, welche immer wieder von vergleichenden Morphologen, Ökologen und Paläontologen gegen die evolutionistischen Vorstellungen der Genetiker erhoben" wurden (Ebenda: 230). Er appellierte deshalb an alle Nichtgenetiker, die aber der Evolutionsforschung dienten, sich der durch die Genetik gesicherten Fundamente in ihren Forschungen und Theoriengebäuden zu bedienen. So konnte auch er am Ende seiner Ausführungen resümieren, „daß durch die Einbeziehung der experimentellen Genetik in der Evolutionsforschung nicht nur die vor allem von DARWIN dargelegten Fundamente dieser Wissenschaft gestützt werden konnten, sondern daß es nicht ausgeschlossen ist, daß in Zukunft von der experimentellen Genetik aus auch wirklich darüber hinausgehende neue Erkenntnisse möglich sind" (Ebenda: 256).[46]

Die Würzburger-Tagung von 1938 macht im Vergleich zur Tübinger-Tagung von 1929 deutlich, daß man sich Ende der 30er Jahre bemühte, parallel und zeitgleich zum angelsächsischen Sprachraum, die unterschiedlichen Forschungsauffassungen nun auch im deutschsprachigen Raum zu vereinen. Das Hauptaugenmerk sollte dabei den Ergebnissen der experimentellen Genetik gelten.[47] Der Zoologe Georg GOTTSCHEWSKI (1906-1975) unterstrich vier Jahre später (23. November 1942) in einem Vortrag „Der heutige Stand der Vererbungswissenschaft" vor der Wiener Biologischen- und Vererbungsgesellschaft nochmals die Würzburger Position: „Ein Erfolg wird jedenfalls nur einer gemeinsamen Arbeit zwischen Paläontologen, Ökologen, Morphologen und Genetikern beschieden sein. Und der Genetiker kommt nicht mit leeren Händen, denn die genetische Analyse der physiologischen Evolutionsmechanismen hat schon die schönsten Ergebnisse gezeitigt. ... Die Genetik ... hat über die Einzelergebnisse auch nicht die Synthese vergessen" (GOTTSCHEWSKI 1943: 64).

4 Der Wendepunkt

In Deutschland zeichnete sich also etwa zeitgleich zum Erscheinen von DOBZHANSKYS Buch (1937) mit der oben erwähnten Würzburger-Tagung (1938) eine positive Trendwende in den Diskussionen über den Ablauf der Evolution zwischen Genetikern und Paläontologen ab: „Die langen Zeiten fruchtloser Stagnation sind überwunden" (HEBERER 1942: 169). Diese Neubelebung der Diskussionen war einerseits auf die Erfolge der experimentellen Genetik (oder von HEBERER 1942 auch als „Experimentalgenetik" bzw. „experimentelle Evolutionistik" bezeichnet) zurückzuführen, die verläßliche Ansätze zur kausalen Erklärung des Evolutionsablaufes geliefert hatte und vorwiegend für die Erklärung von Entwicklungsabläufen, die der Art- und Rassenbildung zugrunde lagen, genutzt werden konnten. Andererseits hatten aber auch die neuen Sichtweisen und wissenschaftlichen Fortschritte der Paläontologie zu einer „Renaissance des Transformismus" beigetragen (Ebenda).[48]

In jenen Jahren beschäftigten sich aus meiner Sicht besonders vier Biologen in ihren Publikationen, Vorträgen und in der Lehre damit, einen Konsens zwischen den Forschungstraditionen zu finden, der Evolutionsforschung mit ihren Arbeiten wichtige Impulse zu verleihen, um somit u. a. die eingangs erwähnten antidarwinistischen Theorien zu widerlegen und Antworten auf das Kausalverhältnis von „Mikro- und Makroevolution" zu geben. Nach den bisher erfolgten Untersuchungen und Recherchen kann man die Zoologen und Evolutionsbiologen RENSCH und

Abb. 6:
Bernhard RENSCH. Geschenk zu HEBERERS 60. Geburtstag (Nachlaß HEBERER, Göttingen, Aufnahme 1954).

HEBERER, den Botaniker ZIMMERMANN sowie den russisch-deutschen Genetiker, Zoologen und Biophysiker TIMOFÉEFF-RESSOVSKY zu den Haupt-Protagonisten der Modernen Synthese im deutschen Sprachraum zählen.

5
Die Protagonisten

5.1
Bernhard RENSCH (1900-1990)

Bernhard RENSCH wurde am 21. Januar 1900 in Thale (Harz) geboren, wo er von 1912 bis 1917 das Gymnasium besuchte und 1917 das Notabitur ablegte. Nach der Teilnahme am Ersten Weltkrieg und der Kriegsgefangenschaft nahm er im Sommersemester 1920 ein Studium der Naturwissenschaften (Zoologie, Botanik, Chemie) und der Philosophie (bei Theodor ZIEHEN) an der Universität Halle auf. Am 22. Dezember 1922 wurde er beim Zoologen und Genetiker HAECKER mit einer Arbeit zum Thema „Ursachen von Riesen- und Zwergwuchs beim Haushuhn" promoviert. Nach zweijähriger Tätigkeit als Assistent am Hallenser Institut für Pflanzenbau wechselte RENSCH zum 1. Oktober 1925 als planmäßiger Assistent ans Berliner Zoologische Museum, wo er bereits für neun Monate als wissenschaftliche Hilfskraft tätig gewesen war. In Berlin wurde RENSCH dann Leiter der Mollusken-Abteilung, beschäftigte sich hier bis 1937 verstärkt mit Problemen der Art- und Rassenbildung und wirkte aktiv in der „Deutschen Ornithologischen Gesellschaft" mit. Im Jahre 1927 leitete er eine, auf seine Initiative hin durchgeführte, Expedition zu den Kleinen Sunda-Inseln ins Indonesische Archipel. Im Februar 1937 wurde RENSCH zum Direktor des Landesmuseums für Naturkunde in Münster berufen und hatte diese Position zunächst bis 1944 inne. Im Sommersemester 1937 habilitierte er sich mit dem Buch „Die Geschichte des Sundabogens, eine tiergeographische Untersuchung" an der dortigen Universität[49], im März 1938 erfolgte die Ernennung zum Dozenten und 1943 zum außerplanmäßigen Professor für Zoologie. Nach einem kurzen Kriegseinsatz während des Zweiten Weltkriegs und überstandener Erkrankung nahm RENSCH Anfang 1944 einen Ruf auf den Lehrstuhl für Zoologie an die Karls-Universität in Prag an. Nach Beendigung des Krieges kehrte er zum Wintersemester 1945/46 nach Münster zurück und begann, Lehre und Forschung hier wieder neu mitaufzubauen. Im Jahre 1947 wurde RENSCH zum Ordinarius für Zoologie und Direktor des Zoologischen Instituts ernannt; bis 1954 widmete er sich ebenso verstärkt dem Aufbau des Naturkundemuseums. Im Jahre 1968 wurde RENSCH emeritiert und war bis zu seinem Tod, am 4. April 1990, am Zoologischen Institut Münster mit großem Erfolg forschend und publizierend tätig.

RENSCH hatte im Laufe seines Lebens zahlreiche Forschungs- bzw. Vortragsreisen auf fast alle Kontinente der Erde unternommen, so u. a. 1933 nach Bulgarien, 1951 nach Australien und die USA, 1953 nach Indien, 1963/64 nach Japan, Malaysia und Indien, 1968 nach Ostafrika. Sein wissenschaftliches Interessengebiet war vielfältig und umfaßte solche Themengebiete wie die Art- und Rassenbildung (Malakalogie, Ornithologie), Zoogeographie, Tierökologie, Sinnes- und Nervenphysiologie, Tierpsychologie, Synthetische Theorie der Evolution sowie schließlich auch Biophilosophie und Kunst. Sein wissenschaftliches Werk umfaßt ca. 21 Buch- und 240 Originalpublikationen, wobei die Bücher „Das Prinzip geographischer Rassenkreise und das Problem der Artbildung" (1929); „Neuere Probleme der Abstammungslehre. Die transspezifische Evolution" (1947); „*Homo sapiens*. Vom Tier zum Halbgott" (1959); „Das universale Weltbild" (1977) und „Probleme genereller Determiniertheit allen Geschehens" (1988) stellvertretend diese breite Palette seines Schaffens dokumentieren.

RENSCH war (Ehren-)Mitglied zahlreicher wissenschaftlicher Organisationen bzw. Gesellschaften und bekam für sein Lebenswerk unzählige Preise und Auszeichnungen überreicht. Bernhard RENSCH gilt nicht nur im deutschen Sprachraum als einer der bedeutendsten Biologen unseres Jahrhunderts.[50]

5.2
Gerhard HEBERER (1901-1973)

Gerhard HEBERER wurde am 20. März 1901 in Halle an der Saale geboren. Nach dem

Besuch der Mittelschule (1908-1911) und des Reform-Realgymnasiums (1911-1919) legte er am 14. Mai 1919 die Notreifeprüfung ab. Vom Sommersemester 1920 bis zum Wintersemester 1923/24 studierte er an der Hallenser Universität Zoologie, Anthropologie, Vergleichende Anatomie und Urgeschichte. Am 21. Februar 1924 reichte HEBERER eine Dissertation mit dem Titel: „Die Spermatogenese der Copepoden. I. Die Spermatogenese der Centropagiden nebst Anhang über die Oogenese bei *Diaptomus castor*" bei HAECKER ein, und bekam nach erfolgreicher Begutachtung der Arbeit noch im selben Jahr (20. Dezember) den Titel eines Doktors der Naturwissenschaften verliehen. Nach zweijähriger Tätigkeit als wissenschaftliche Hilfskraft für (Paläo-) Anthropologie und Frühgeschichte bei Hans HAHNE (1875-1935) am Museum für Vorgeschichte (später Volkheitskunde) in Halle schloß er sich 1927 der RENSCH-Expedition nach Indonesien an. Im Anschluß daran war er von 1928 bis 1938 als Assistent, später als Assistent in gehobener Stellung am Zoologischen Institut in Tübingen (bei Jürgen W. HARMS) tätig. Am 23. November 1931 bewarb sich HEBERER an der Tübinger Universität um die Venia legendi mit einer morphologisch-zytogenetischen Arbeit zum Thema „Bau und Funktion des männlichen Genitalapparates der calanoiden Copepoden" und wurde am 4. April des darauffolgenden Jahres zum Dozenten für „Zoologie und vergleichende Anatomie" ernannt. Nach einer kommissarischen Vertretung des Lehrstuhles für Zoologie (von Geheimrat Otto zur STRASSEN) in Frankfurt am Main nahm er 1938 einen Ruf auf den neu errichteten Lehrstuhl für „Allgemeine Biologie und Anthropogenie" nach Jena an; diesen leitete er bis 1945. Nach kurzem Kriegsdienst und zweijähriger Kriegsgefangenschaft (Prag-Motol) kam HEBERER 1947 nach Göttingen, wo er von 1949 bis zu seiner Emeritierung im Jahre 1970, im Rahmen des I. Zoologischen Institutes eine Anthropologische Forschungsstelle aufbaute und als Hochschullehrer wirkte. Am 13. April 1973 verstarb Gerhard HEBERER in Göttingen.

Die Hauptarbeitsgebiete von HEBERER waren die Zytogenetik und vergleichende Morphologie der Copepoden, Probleme der (Paläo-)Anthropologie und Evolutionsbiologie des Menschen, menschliche Chromosomen, Fragestellungen zur Indogermanenfrage/Rassenkunde (insbesondere während der NS-Zeit) und die Geschichte der Biologie. Sein wissenschaftliches Werk umfaßt nach meinen Recherchen 436 Titel (Stand 1997), wobei zahlreiche kompilierende Arbeiten und Rezensionen darunter zu finden sind. Als Herausgeber und Mitautor des dreibändigen Werkes „Die Evolution der Organismen" (1943-1974) hat er ein in aller Welt bekanntes Standardwerk der Phylogenetik geschaffen und damit, parallel zu HUXLEYS Mehrautorenbuch „The new systematics" (1940) aus dem angloamerikanischen Sprachraum, ein gleichwertiges theoretisches Werk zur (Mit-)Begründung der Modernen Synthese im deutschen Sprachraum vorgelegt. Als weitere Bücher sind stellvertretend zu erwähnen: „Allgemeine Abstammungslehre" (1949), „DARWIN – WALLACE – Dokumente zur Begründung der Abstammungslehre vor 100 Jahren" (1959), „Hundert Jahre Evolutionsforschung" (1960) und „Der gerechtfertigte HAECKEL" (1968).

Vortrags- und Forschungsreisen führten HEBERER nach Süd-Ostasien, in die USA und nach Afrika – zu den Fundstätten der Australopitheciden, die in seinen Hypothesen zur Abstammung des Menschen einen zentralen Platz einnahmen (vgl. Tier-Mensch-Übergangsfeld-Theorie HEBERERS ab 1958). HEBERER war Mitglied zahlreicher wissenschaftlicher Organisationen und Gesellschaften. Er gilt nach meinen Untersuchungen neben RENSCH als Haupt-Protagonist und „Architekt" einer Modernen Synthese in unserem Sprachraum.[51]

5.3
Walter ZIMMERMANN (1892-1980)

Walter ZIMMERMANN wurde am 9. Mai 1892 in der im Odenwald gelegenen Stadt Walldürn geboren. Nach dem Besuch des humanistischen Gymnasiums in Karlsruhe, wo er im Juli 1910 das Abitur ablegte, begann ZIMMERMANN zum Wintersemester 1910/11 Naturwissenschaften an der dortigen Technischen Universität (bis zum SS 1911) zu studieren. Im Verlauf des Studiums wechselte er nach Freiburg (WS 1911/12-SS 1912; WS 1913/14-SS 1914), Berlin (WS 1912/13) und

Abb. 7:
Gerhard HEBERER im Dezember 1943 (Nachlaß HEBERER, Göttingen).

Abb. 8:
Walter ZIMMERMANN (Nachlaß Dr. K. ZIMMERMANN, Tübingen).

München (SS 1913). Nach dem Einsatz im Ersten Weltkrieg (2. August 1914-2. Jänner 1919) kehrte ZIMMERMANN nach Freiburg zurück und wurde unter Friedrich OLTMANNS (1860-1945) mit einer Dissertation über *Volvox* am 29. März 1920 zum Doktor der Naturwissenschaften promoviert. Anschließend arbeitete er vom 1. April 1920 bis 31. März 1925 als wissenschaftlicher Assistent am Botanischen Institut Freiburg. Am 1. April 1925 wechselte ZIMMERMANN als wissenschaftlicher Assistent (bis 31. März 1930) an die Universität Tübingen, wo er sich im gleichen Jahr mit der Arbeit „Untersuchungen über den plagiotropen Wuchs von Ausläufern" habilitierte. Seine Antrittsvorlesung hielt er am 5. November 1925 zum Thema „Die Geschichte unserer heimischen Flora seit dem Tertiär"; bereits am 10. Juli war er zum Dozenten ernannt worden. In Tübingen, wo er bis zu seinem Tod fast drei Jahrzehnte arbeiten und leben sollte, wurde ZIMMERMANN im Jahre 1929 zum außerplanmäßigen Professor (18. Juli) und am 1. April 1930 zum außerordentlichen Professor für Botanik ernannt. Neben dieser Tätigkeit war er zudem Kustos am Botanischen Garten. Am Zweiten Weltkrieg nahm ZIMMERMANN als Offizier teil. Danach gelang es ihm nicht mehr, in Tübingen (für längere Zeit) ein Ordinariat zu bekleiden. Nach dem Zweiten Weltkrieg bekam ZIMMERMANN zwar einen Ruf auf das Ordinariat für Botanik in Karlsruhe (1947) bzw. auf das Ordinariat für Botanik in Greifswald (1948) angeboten, die er beide jedoch 1948 ablehnte. Erst unmittelbar vor seiner Emeritierung (30. September 1960) ernannte die Universität Tübingen ZIMMERMANN am 10. Februar noch zum persönlichen Ordinarius für Spezielle Botanik. Nach seiner Emeritierung führte er seine Lehrtätigkeit weiter, indem er Vorlesungen zur Morphologie und Stammesgeschichte abhielt und botanische Exkursionen leitete. ZIMMERMANN war (Ehren-)Mitglied zahlreicher wissenschaftlicher Gesellschaften und Organisationen und wurde für sein wissenschaftliches Werk unzählige Male geehrt. Der Schöpfer der Telomtheorie (ZIMMERMANN 1938b) verstarb am 30. Juni 1980 in Tübingen.

Das wissenschaftliche Arbeitsgebiet von ZIMMERMANN läßt sich in fünf Gebiete einteilen: Systematik und Entwicklung der Algen, Reizphysiologie, Phylogenie (Stammesgeschichte) der Pflanzen, theoretische Evolutionsforschung und wissenschaftshistorische, -philosophische Fragestellungen (JUNKER 1998a): „ZIMMERMANN's works are characterized by the clarity of the descriptions and the definitions, the sharp formulation of problems, and the discussion of different opinions" (MÄGDEFRAU 1990: 1011). Zu seinen wichtigsten Publikationen zählen die Bücher: „Die Phylogenie der Pflanzen" (1930); „Vererbung erworbener Eigenschaften und Auslese" (1938); „Grundfragen der Evolution" (1948); „Evolution. Die Geschichte Ihrer Probleme und Erkenntnisse" (1953); „Die Telomtheorie" (1965) und „Evolution und Naturphilosophie" (1968).[52]

Abb. 9:
Nikolaj W. TIMOFÉEFF-RESSOVSKY (In MIKULINSKIJ 1983: 345).

5.4 Nikolaj Wladimirowitsch TIMOFÉEFF-RESSOVSKY (1900-1981)

Der russisch-deutsche Zoologe, Genetiker und Biophysiker Nikolaj W. TIMOFÉEFF-RESSOVSKY wurde am 20. September 1900 in Moskau geboren. Bis zum Ausbruch der Oktoberrevolution hatte er Biologie in Moskau studiert, bevor er im Jahre 1917 die Universität verließ, um in den Reihen der Roten Armee zu kämpfen. Im Jahre 1922 kehrte TIMOFÉEFF an die Universität Moskau zurück und wurde Schüler des Populationsgenetikers Sergej S. TSCHETWERIKOW (1880-1959) bzw. von Nikolaj KOLZOW (1872-1940), dem Leiter des Forschungsinstitutes für experimentelle Biologie. Beide Hochschullehrer machten ihn mit den genetischen Grundlagen der Evolution und den Methoden der vergleichenden Anatomie, Morphologie und Systematik vertraut. Im Jahre 1925 erhielt TIMOFÉEFF eine Einladung und das Angebot von Oscar VOGT (1870-1959), dem damaligen Direktor des Kaiser-Wilhelm-Institutes für Hirnforschung in Berlin, bei ihm eine Abteilung für experimentelle Genetik aufzubauen. VOGT war 1924 nach Moskau gefahren, um dort das Gehirn von LENIN zu untersuchen. Nach einer Unterredung mit seinem Lehrer KOLZOW sagte TIMOFÉEFF schließlich zu, obwohl er noch keinen akademischen Abschluß hatte (die formelle Promotion erfolgte erst 1964) und zog mit seiner Ehefrau (H)ELENA 1925 nach Berlin. Hier arbeitete er zunächst als Assistent, ab 1931 als Leiter der Abteilung für Genetik und Biophysik und ab 1937 als Direktor eines unabhängigen Institutes. Im Jahre 1937 war es bereits zu Angeboten gekommen, sodaß TIMOFÉEFF in die USA hätte gehen können, wie die neueste Arbeit von KONASCHEW beweist (1997: 94-106). Der Umzug scheiterte aber aus verschiedenen Gründen: zum einen stand die Verlängerung des wissenschaftlichen Kontrakts von TIMOFÉEFF mit der Option auf eine Dauerstellung in Berlin ab April 1937 in Aussicht bzw. wollte er nicht schon wieder umziehen (S. 99-100), zum anderen war die Garantie auf eine Lebensstellung in Amerika nicht gegeben – aus Sicht von TIMOFÉEFF war Amerika ein chauvinistisches Land, des weiteren war die wissenschaftliche Position, die er in Amerika ausüben sollte, noch ungeklärt (junger Forscher oder Institutsdirektor) und außerdem wollte TIMOFÉEFF seine Kollegen und Mitarbeiter in Deutschland nicht im Stich lassen (S. 100-101). In den nun folgenden Berliner Jahren (bis 1945) entstanden fast alle bedeutenden evolutionsbiologischen Arbeiten, die TIMOFÉEFFS bleibendes wissenschaftliches Verdienst ausmachen.[53] So legte er z. B. im Jahre 1935 gemeinsam mit dem späteren Nobelpreisträger für Physik von 1969 Max DELBRÜCK (1906-1981) und Karl G. ZIMMER die als „**Dreimännerarbeit**" bezeichnete Publikation „Über die Natur der Genmutation und der Genstruktur" (Treffertheorie) vor. Mit dieser Arbeit „wurde mit einem Schlag klar, daß Gene Moleküle waren" (FISCHER 1993: 14). Durch Zufall gelangte ein Sonderdruck dieser Arbeit in die Hände des aus Österreich stammenden Physikers und Nobelpreisträgers von 1933 Erwin SCHRÖDINGER (1887-1961), der seit 1939 in Dublin lebte. SCHRÖDINGER ließ sich durch den Inhalt der Abhandlung zu einer Vorlesungsreihe inspirieren, die 1944 unter dem Titel „What is life?" als Buch erschien.[54]

TIMOFÉEFF begründete im Deutschland der 30er und 40er Jahre eine Populationsgenetik, die auf empirisch gewonnenen Meßdaten aus Freilandversuchen und dem Laboratorium beruhte, er beschäftigte sich zudem mit der Rolle der Evolutionsfaktoren, analysierte die Rolle rezessiver Mutationen und diskutierte mit Fachkollegen aus den unterschiedlichsten Bereichen der Biologie deren Daten und Befunde.[55] So war TIMOFÉEFF beispielsweise seit dem 13. Mai 1943 auswärtiges Mitglied der Medizinisch-Naturwissenschaftlichen Gesellschaft in Jena. Diese Gesellschaft, die am 17. Januar 1853 in Jena gegründet wurde, war aus der Tradition der in den Jahren 1793 bis 1801 bestehenden und auf den Biologen und Mediziner August BATSCH (1761-1802) zurückgehenden „Naturforschenden Gesellschaft" hervorgegangen.[56] Mit der Mitgliedschaft in dieser altehrwürdigen Vereinigung verband TIMOFÉEFF einerseits eine besondere „Freude und Ehre", wie er in einem Schreiben vom 24. April 1943 an den Präsidenten Emil von SKRAMLIK (1886-1970) bemerkte, andererseits wirft sie aber zugleich einige Fragen auf, die die Rolle von TIMOFÉEFF während der NS-Zeit anschneiden. Wie war es möglich, daß inmitten des Zweiten Weltkrieges ein sowjetischer Staatsbürger an der unter dem Kriegsrektorat ASTELS stehenden und von ihm geführten „SS-Universität" (1937) mehrmals Vorträge in der Aula der Alma mater Jenensis halten konnte (HOSSFELD 1997: 10-11)? So hatte TIMOFÉEFF am 23. April 1942 zum Thema „Genetik und Evolutionsforschung"[57a] referiert und am 11. Mai 1944 „Über Indeterminiertheit und Verstärkererscheinungen bei biologischen Vorgängen, besonders in der Phylogenese" (vgl. dazu HESSE 1944) gesprochen.

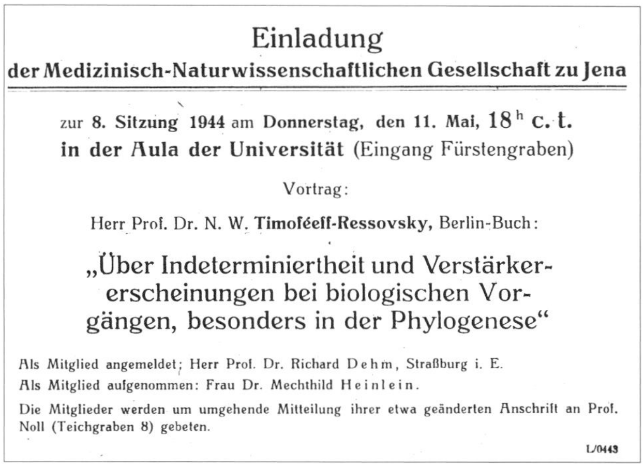

Anhand der Archivalien zur Gesellschaft konnte nicht geklärt werden, auf wen diese Einladungen zurückgehen. Vermutlich war es aber HEBERER, der versuchte, zahlreiche kompetente Wissenschaftler, die über evolutionsbiologische Fragestellungen arbeiteten und im Sammelwerk über „Die Evolution der Organismen" (1943) z. T. als Autoren mitgewirkt hatten, in Jena als Referenten zu gewinnen (so beispielsweise W. LUDWIG, R. MERTENS, H. BAUER, K. LORENZ, A. REMANE u. a.).[57b] Aus dem unmittelbaren Kreis der Mitbegründer

Einladung
der Medizinisch-Naturwissenschaftlichen Gesellschaft zu Jena

zur **8. Sitzung 1944** am **Donnerstag, den 11. Mai, 18h c. t.**
in der Aula der Universität (Eingang Fürstengraben)

Vortrag:

Herr Prof. Dr. N. W. **Timoféeff-Ressovsky**, Berlin-Buch:

„Über Indeterminiertheit und Verstärkererscheinungen bei biologischen Vorgängen, besonders in der Phylogenese"

Als Mitglied angemeldet: Herr Prof. Dr. Richard Dehm, Straßburg i. E.
Als Mitglied aufgenommen: Frau Dr. Mechthild Heinlein.
Die Mitglieder werden um umgehende Mitteilung ihrer etwa geänderten Anschrift an Prof. Noll (Teichgraben 8) gebeten.

L/0443

Abb. 10:
Einladungskarte der Medizinisch-Naturforschenden Gesellschaft zum Vortrag von TIMOFÉEFF in Jena (Nachlaß FRANZ, Bestand 0, EHH).

der Modernen Synthese im deutschen Sprachraum ist RENSCH als weiterer Referent zu finden. Er trug am 11. März 1943 über „Die paläontologischen Evolutionsregeln in zoologischer Betrachtung“ vor.[58] Interessant ist in diesem Zusammenhang ebenso ein Brief des Zoologen Victor FRANZ (1883-1950), der sich am 29. Juli 1940 massiv gegen eine Einladung von TIMOFÉEFF aussprach: „Er [TIMOFÉEFF] kam vor wenigen Jahren als politischer Flüchtling aus Russland nach Berlin und ist als solcher uns durchaus genehm. Auch ist seine Arbeits- und Vortragsweise ganz fein, scharfsinnig und einwandfrei, ungeachtet daß sie in den Ergebnissen ganz nahe mit KÜHN übereinkommt (also für unsere Jenaer Med.-Natw. Gesellschaft nicht sehr neu ist) und auch ihre Grenzen der Auswertbarkeit der Laboratoriumsbefunde hat. Im Verkehr mit Kollegen nimmt er jedoch leicht eine rechthaberische und überhebliche Haltung ein, in welcher er, wie ich es selbst miterlebt habe, geradezu verletzend wirkt … und man ihn nur aus Höflichkeit gewähren läßt. Bei den sehr [guten] Empfehlungen, die die Berlin-Dahlemer Herren und ihr Kreis schon beieinander haben, könnte ich es nicht für sehr geeignet halten, daß wir Deutschen diesem Gast unseres Landes weitere Stärkung gegenüber den eigentlichen deutschen Volksgenossen geben. Heil HITLER!“[59] Wie die späteren Einladungen (1942, 1944) aber beweisen, schlug diese Denunziation von FRANZ fehl, denn selbst ASTEL befürwortete überraschend die Einladung kompetenter Referenten in einem Rundschreiben vom 20. Januar 1941.[60]

TIMOFÉEFF wurde nach dem Zweiten Weltkrieg angeklagt, mit den Nationalsozialisten kollaboriert zu haben. Daraufhin internierte man ihn in einem Arbeitslager in Sibirien, entließ ihn aber nach zwei Jahren Haft und brachte TIMOFÉEFF 1947 in ein geheimes militärisches Forschungszentrum (bei Swerdlowsk) im Ural, wo er ein Laboratorium für Strahlenbiologie aufbauen sollte. Hier entwickelte er im folgenden Jahrzehnt das neue Forschungsgebiet der Strahlungs-Biogeozönologie (PAUL & KRIMBAS 1992: 92). Im Jahre 1955, zwei Jahre nach dem Tod von Josif W. STALIN (1879-1953), wurde TIMOFÉEFF amnestiert. Er zog nach Swerdlowsk und baute an der dortigen Akademie der Wissenschaften ein biophysikalisches Labor auf und leitete zahlreiche Sommerkurse (1956-1963) an der nahe gelegenen Versuchsstation Miassowo-See. Im Jahre 1964 zog er schließlich wieder in die Nähe von Moskau. Im 100 Kilometer von Moskau entfernten Obninsk gründete TIMOFÉEFF dann am Institut für Radiologie eine Abteilung für Genetik und Strahlenbiologie. Die LYSSENKO-Ära bereitete TIMOFÉEFF bis 1968 aber enorme wissenschaftliche Schwierigkeiten, da der Agrarbiologe Trofim D. LYSSENKO (1898-1976) und seine Gefolgsleute u. a. die Meinung vertraten, daß Gene keine Moleküle seien (vgl. dazu die Gegenposition von TIMOFÉEFF et al. 1935).[61] TIMOFÉEFF verstarb am 28. März 1981 in Obninsk.

Im Zeitraum von 1939 bis 1943 publizierte TIMOFÉEFF vier umfangreiche Artikel zum Themenkomplex „Genetik und Evolutionsbiologie“, die aus meiner Sicht maßgebend für eine Etablierung der Modernen Synthese im deutschen Sprachraum waren. Es handelt sich um die Publikationen: 1. „Genetik und Evolution“ (1939a); 2. „Genetik und Evolutionsforschung“ (1939b); 3. „Mutation and geographical variation“ (1940) und 4. „Genetik und Evolutionsforschung bei Tieren“ (1943). MAYR ergänzt zu dieser Thematik: „Es war TIMOFEEFFS Vorarbeit die die Annahme von DOBZHANSKY`s Buch möglich machte. [Man kann berechtigt davon sprechen, daß] TIMOFÉEFF der deutsche „DOBZHANSKY“ war und dass **er** es war, der den Ton der deutschen Synthese angegeben hat.“ MAYR ergänzt: „Sicher hatte TIMOFEEFF in Deutschland einen größeren Einfluß als DOBZHANSKY. **Er** war es der RENSCH zum Darwinisten gemacht hat (bzw. vom Lamarckismus bekehrt hat) und der auch viele andere durch persönliche Diskussionen durchgreifend beeinflußte.“[62] GRANIN hingegen schrieb zu TIMOFÉEFFS Einfluß auf die Evolutionsbiologie im 20. Jahrhundert (1988: 174-5): „Er [TIMOFÉEFF] arbeitete an einer synthetischen Evolutionstheorie. Eine Mikroevolutionslehre nahm Gestalt an. Sie ging von der Population aus, gründete sich auf elementares Evolutionsmaterial, nämlich Mutationen, und einfache, bekannte Faktoren wie Populationswellen, Isolierung und Auslese.“ TIMOFÉEFF selbst bemerkte anläßlich der Verleihung der DARWIN-Plakette durch die Deutsche Akademie der Naturforscher

Leopoldina (Halle) im Jahre 1959 rückblickend: „Ich glaube, daß wir alle zu einem Strom der modernen Forschung gehören, dem die reizvolle Aufgabe zufiel, die klassische Evolutionsforschung zu beleben, zu modernisieren und zu neuer Blüte zu erheben ... Es freut mich ungeheuer, Teilnehmer an dieser Arbeit zu sein“ (EICHLER 1987: 347).

Hans NACHTSHEIM (1890-1979) sah sogar in TIMOFÉEFF-RESSOVSKY und DOBZHANSKY die bedeutendsten Genetiker der Gegenwart: „zwei Russen, die beide in der Emigration groß geworden sind“ (KRÖNER 1998: 213).

6 Bedeutende Publikationen

Nachdem ich unter Punkt 5 die Protagonisten in kurzen Biographien eingeführt habe, sollen nun einige, in deutscher Sprache erschienene, wissenschaftliche Hauptwerke und Zeitschriftenartikel vorgestellt werden, in denen Gedankengut der Modernen Synthese innerhalb des Gründungszeitraums von 1930 bis 1947 zu finden war.

6.1 Vererbung erworbener Eigenschaften und Auslese (1938)

Der Botaniker ZIMMERMANN hatte als Teilnehmer und Diskutand an den Tagungen von Tübingen (1929) und Würzburg (1938) teilgenommen und so die spezifischen Probleme bei der Klärung der Fragen über den Ablauf der Evolution in Deutschland kennengelernt. Zudem hatte auch er während der Tübinger Diskussion einen eher diplomatischen Standpunkt in der Debatte des Verhältnisses von Lamarckismus und Darwinismus vertreten und damit ebenso zum Mißlingen dieser Tagung (i. S. einer Konsensfindung) beigetragen. Auch noch ein Jahr später, in seinem 1930 erschienenen Buch über „Die Phylogenie der Pflanzen“, wendete sich ZIMMERMANN zwar gegen die „irrationalen Geistesströmungen“ (S. 6) wie die Idealistische Morphologie[63] bzw. den Saltationismus, diskutierte aber wiederum das Verhältnis von Darwinismus und Lamarckismus mit großer Zurückhaltung (S. 400). Fast zeitgleich zur Würzburger-Tagung erschien dann ZIMMERMANNS Buch „Vererbung erworbener Eigenschaften und Auslese“ im Gustav Fischer Verlag Jena, welches die erste umfassende Kritik des Lamarckismus in Deutschland in dieser Form darstellte. Bereits im Vorwort beschrieb der Autor die Schwierigkeit des zu behandelnden Problems: „Die Hauptarbeit bei der Erfassung der Probleme einer ‚Vererbung erworbener Eigenschaften‘ ist also methodischer Natur. Wir müssen die geistigen Voraussetzungen zu unseren Fragen finden und verstehen. – So erklärt sich das Fehlen eines neueren Werkes über die ‚Vererbung erworbener Eigenschaften‘ aus der Größe und Schwierigkeit dieser Aufgabe“ (S. 6). ZIMMERMANNS Ziel (S. VII) war es deshalb, mit diesem Buch die Fragestellung und methodischen Voraussetzungen dieser Thematik zu klären, die Kenntnisse zu sichten und letztlich einen aktuellen Überblick über das Tatsachenmaterial zu geben sowie die Grenzen des Wissens aufzuzeigen: „Es gibt wenige Fragen und Fragenkomplexe, die so tief eingreifen in die verschiedensten Gebiete biologischer Wissenschaften, aber auch brennende Tagesfragen und weitreichende Geistesprobleme, wie die Frage einer ‚Vererbung erworbener Eigenschaften‘ (S. 5).

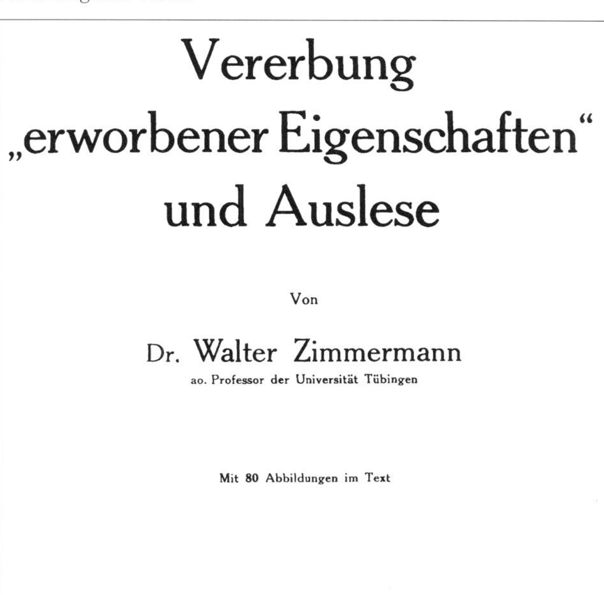
Vererbung
„erworbener Eigenschaften“
und Auslese

Von

Dr. Walter Zimmermann
ao. Professor der Universität Tübingen

Mit 80 Abbildungen im Text

Jena
Verlag von Gustav Fischer
1938

Abb. 11: Titelblatt „Vererbung erworbener Eigenschaften und Auslese“ (1938).

Das Buch war dem Genetiker Erwin BAUR (1875-1933)[64] gewidmet, bestand aus drei Teilen und hatte den Umfang von 347 Seiten. Im ersten Teil, der Einführung, gab ZIMMERMANN einen historischen (S. 3-19) und methodologischen Überblick (S. 19-39) zum Gesamtthema. Im zweiten und umfangreichsten Teil (S. 40-286) diskutierte er dann die aus seiner Sicht wichtigen vier Hauptfragen der „Vererbung erworbener Eigenschaften“: „1. die Frage der „Vererbung erworbener Eigenschaften“

ohne Rücksicht auf Ursache und Anpassung; 2. die Frage der „Vererbung erworbener Eigenschaften“ mit Berücksichtigung der Ursachenfrage, aber ohne Rücksicht auf die Frage der Anpassung; 3. die Frage der „Vererbung erworbener Eigenschaften“ mit Berücksichtigung der Anpassungsfrage, aber ohne Rücksicht auf die Frage der Ursache, und 4. die Frage der „Vererbung erworbener Eigenschaften“ mit Berücksichtigung der Ursachenfrage und der Anpassungsfrage“ (S. 38). Der dritte Teil (S. 287-303) sollte schließlich die praktischen Schlußfolgerungen für den Menschen aus der Sicht von ZIMMERMANN beinhalten. Hier wich er in seiner Argumentation von der in den vorangegangenen zwei Buchabschnitten vorgegebenen Linie ab, denn im dritten Teil politisierte-polemisierte ZIMMERMANN seine Forschungsergebnisse und gab eugenische Empfehlungen für die Erhaltung des Erbgutes beim Menschen. Er berief sich bei diesen rassenhygienischen Äußerungen am Ende der 30er Jahre sogar auf HITLERS Buch „Mein Kampf“, indem er daraus zitierte: „Nur wer gesund ist, darf Kinder zeugen. Es ist verwerflich, gesunde Kinder der Nation vorzuenthalten. ... Hier wurzelt nicht nur die Erkenntnis, hier wurzelt die Tat“ (S. 300).[65]

Die genetischen Grundlagen der Artbildung

Von

Theodosius Dobzhansky

Professor der Genetik am California Institute of Technology

Nach der englischen Ausgabe ins Deutsche übertragen von Dr. Witta Lerche, Berlin

Mit 22 Abbildungen im Text

Verlag von Gustav Fischer in Jena
1939

Abb. 12: Titelblatt „Die genetischen Grundlagen der Artbildung“ (1939).

Als Resümee kann festgestellt werden, daß das Buch von ZIMMERMANN einen gelungenen Versuch darstellt, die antidarwinistische Theorie des Lamarckismus wissenschaftlich zu widerlegen: „Im übrigen bin auch ich [LENZ] der Ansicht, daß aller Lamarckismus im Sinne einer Vererbung individuell erworbener Eigenschaften im Grunde auf Vitalismus hinausläuft. ... Das Buch kann zur Orientierung über die allgemeinen Fragen der Abstammungslehre empfohlen werden“ (LENZ 1939: 66). ZIMMERMANN schuf mit dieser Abhandlung eine der entscheidenden Grundvoraussetzungen zur Etablierung der Modernen Synthese in Deutschland. Sie war ferner die erste umfassende Kritik dieser Art (nach TIETZE 1911) aus unserem Sprachraum und veranlaßte sicherlich auch HEBERER nach deren Lektüre, ZIMMERMANN in dem von ihm herausgegebenen und konzipierten Sammelband über „Die Evolution der Organismen“ (1943) einen Beitrag zum Thema „Die Methoden der Phylogenetik“ (S. 20-46) schreiben zu lassen.[66] Mit dem Buch (1938) und dem Artikel (1943) legte ZIMMERMANN seinerseits die Grundlagen einer Modernen Synthese aus der Sicht des Botanikers, zumal er sich mit diesen Beiträgen auch von Schriften gleichen Inhaltes abgesetzt hatte.[67] Er kann deshalb mit Recht als einer der frühen „Gründungsväter“ der Synthese in Deutschland angesehen werden. In späteren Veröffentlichungen über das Thema der Evolution baute ZIMMERMANN kontinuierlich diese Ansätze von 1938 weiter aus.

6.2 Die genetischen Grundlagen der Artbildung (1939)

Unter Punkt 1 habe ich bereits erwähnt, daß das Buch „Genetics and the origin of species“ von DOBZHANSKY (1937) bereits nach zwei Jahren in deutscher Übersetzung mit dem Titel „Die genetischen Grundlagen der Artbildung“ (1939) vorlag. Das Original bzw. die Übersetzung spielten bei der Etablierung der Modernen Synthese im deutschen Sprachraum eine entscheidende Rolle.[68] Analysen und Befragungen von Zeitzeugen haben gezeigt, daß viele naturwissenschaftlich Interessierte das Buch von 1939 kannten, kauften, gelesen und rezipiert haben.[69] Der eingangs erwähnte Zoologe HARTMANN schrieb im Geleitwort zur deutschen Ausgabe: „DOBZHANSKY hat 1937 in seinem Buch ... zum erstenmal eine derartige moderne zusammenfassende Darstellung des Evolutionsproblems vom Standpunkte des Genetikers aus gegeben ... Möge die vorliegende deutsche Übersetzung dazu beitragen, die Bedeutung der Genetik für das Evolutionsproblem den breitesten Biologenkreisen näherzubringen“ (1939: 3-4). Der Ornithologe Erwin STRESEMANN (1889-1972) betonte statt dessen, daß DOBZHANSKYS Darlegungen „allen lamarckistischen Vorstellungen bei den ornithologischen Systematikern ein sofortiges Ende" [bereiteten], „und die Ornithologen ... es von nun an [waren], die die neue Evolutionsforschung am wirksamsten unterstützten" (1951: 281).

Das Echo auf die Originalausgabe (1937) und Übersetzung (1939) war in Deutschland durchweg positiv, wie alle von mir in deutschsprachigen Fachzeitschriften und Buchzitationen gefundenen Rezensionen bzw. Meinungsäußerungen beweisen. Die meisten Rezensenten erkannten dabei unabhängig voneinander den historischen Stellenwert der Abhandlung. Der Genetiker und Zoologe Hans BAUER (1904-1988) schrieb die Rezensionen für die Zeitschrift „Die Naturwissenschaften", die an dieser Stelle stellvertretend erwähnt seien. BAUER bemerkte zur Originalausgabe: „Das in Sprache und Beweisführung gleicherweise anziehende Buch eines Meisters der Genetik, der zugleich gründlicher Kenner der übrigen biologischen Fachgebiete ist, stellt jedenfalls einen sehr gelungenen Versuch dar, die schon schematisch gewordene Form der Abstammungsbücher von der lebendigen Wissenschaft her zu erklären" (1938: 368). Zwei Jahre später ergänzte er nach dem Erscheinen der deutschen Fassung: „Das Buch gehört über den engeren Fachkreis hinaus in die Hand jedes modern eingestellten Biologen; es verpflichtet besonders die Anhänger lamarckistischer Gedankengänge zu einer Überprüfung ihrer sachlichen Einstellung" (1940: 208). Trotz allen Lobes bemängelte BAUER, daß sich der inhaltliche Rahmen des Buches zum größten Teil aber nur auf der Ebene der Mikroevolution bewegte und Fragen nach den Ursachen und Abläufen der Makroevolution ausgespart bzw. nur am Rande diskutiert wurden.[70]

Im Kontext mit dem Buch von ZIMMERMANN (1938) war den deutschsprachigen Naturwissenschaftlern damit ein Grundgerüst vorgegeben, auf das man aufbauen konnte: „Das ZIMMERMANNsche Buch zeigt uns eindringlich, wie weit eine naturwissenschaftliche Phylogenetik heute vorgedrungen ist. Im Verein mit dem Buche DOBZHANSKY´s gibt es einen vollständigen Umriß der Phylogenetik überhaupt" (HEBERER 1939: 43).

6.3
Die Evolution der Organismen (1943)[71]

Ich habe an anderer Stelle schon darauf hingewiesen, daß drei Jahre nach dem Mehrautoren-Buch von HUXLEY „The new systematics" (1940) auch in Deutschland - mitten im Zweiten Weltkrieg - ein ähnliches Buch erschien, das in seiner Bedeutung dem Werk von HUXLEY gleichberechtigt gegenübersteht. Es handelt sich um das von HEBERER herausgegebene Sammelwerk über „Die Evolution der Organismen", das ebenso als wesentlicher Beitrag zur Begründung der Modernen Synthese in Deutschland gewertet werden kann.[72]

Zur Entstehungsgeschichte bemerkte HEBERER 1951 in der von ihm vorgenommenen deutschen Übersetzung zu SIMPSONS Buch „Tempo and mode in evolution"[73] (1944): „Damals, mitten im Kriege, blieben uns diese Publikationen [aus Amerika und England] unbekannt. Daß unabhängig von ihnen in Deutschland ein ähnliches synthetisches Werk entstand, beweist, daß auch hier das Streben nach einer „synthetischen Theorie der Evolution" bestand und die Möglichkeit zu einer solchen Synthese erkannt worden war" (S. 4). Nach HEBERERS Meinung hatte sich Ende der 30er Jahre die Abstammungslehre in Deutschland in einer merkwürdigen Situation befunden. Die experimentelle Genetik bemühte sich einerseits, die Grundlagen für ein kausales Verstehen der Phylogenese zu erarbeiten, während die Paläontologie andererseits in unerwarteter Fülle „die historischen Archivalien der Stammesgeschichte" (1943: 4) vermehrte. Dieses Material galt es nun, auf einen gemeinsamen Nenner gebracht und trotz weltanschaulicher Probleme[74], in den Gesamtablauf der Phylogenese zu integrieren: „Bei einer solchen Sachlage gewann der Herausgeber immer dringender die Überzeugung

Die Evolution der Organismen

Ergebnisse und Probleme der Abstammungslehre

Bearbeitet von

H. BAUER-Berlin, H. DINGLER-München, V. FRANZ-Jena, W. GIESELER-Tübingen, G. HEBERER-Jena, W. HERRE-Halle, C. v. KROGH-München, K. LORENZ-Königsberg, W. LUDWIG-Halle, K. MÄGDEFRAU-Straßburg, O. RECHE-Leipzig, B. RENSCH-Münster, L. RÜGER-Jena, F. SCHWANITZ-Müncheberg-Rosenhof, N. W. TIMOFÉEFF-RESSOVSKY-Berlin, J. WEIGELT-Halle, H. WEINERT-Kiel, W. ZIMMERMANN-Tübingen, W. ZÜNDORF-Jena

Herausgegeben von

GERHARD HEBERER
Jena

Mit 323 Abbildungen im Text

Jena
Verlag von Gustav Fischer
1943

Abb. 13: Titelblatt „Die Evolution der Organismen" (1943).

	Anglo-amerikanischer Sprachraum	Deutscher Sprachraum	Sowjetrussischer Sprachraum
Hauptwerke	Genetics and the Origin of Species (1937)	Vererbung erworbener Eigenschaften und Auslese (1938)	Die materiellen Grundlagen der Vererbung (1924)
	The New Systematics (1940)	Die genetischen Grundlagen der Artbildung (1939)	Über verschiedene Aspekte des Evolutionsprozesses vom Standpunkt moderner Genetik (1926)
	Evolution. The Modern Synthesis (1942)	Die Evolution der Organismen (1943)	Morphologische Gesetzmäßigkeiten der Evolution (1931)
	Systematics and the Origin of Species (1942)	Neuere Probleme der Abstammungslehre. Die transspezifische Evolution (1947)	Wege und Gesetzmäßigkeiten des Evolutionsprozesses (1939)
	Tempo and Mode in Evolution (1944) Variation and Evolution in Plants (1950)		Die Evolutionsfaktoren (1946) Probleme des Darwinismus (1946)
Protagonisten	Theodosius DOBZHANSKY (1900-1975)	Bernhard RENSCH (1900-1990)	Aleksej N. SEWERTZOFF (1866-1936)
	Ernst MAYR (geb. 1904)	Gerhard HEBERER (1901-1973)	Nikolaj K. KOLZOW (1872-1940)
	Julian HUXLEY (1887-1975)	Walter ZIMMERMANN (1892-1980	Nikolaj I. VAVILOV (1887-1943)
	George GAYLORD SIMPSON (1902-1984)	Nikolaj W. TIMOFÉEFF-RESSOVSKY (1900-1981)	Ivan I. SCHMALHAUSEN (1884-1963)
	George LEDYARD STEBBINS (geb. 1906)		Sergej S. TSCHETWERIKOW (1880-1959)
	u. a.	u. a.	u. a.

Tab. 2:
Die Internationalität der Modernen Synthese – Protagonisten und Hauptwerke (eine Auswahl).

von der Notwendigkeit einer klaren und eindeutigen Stellungnahme der hier allein kompetenten arbeitenden Fachforschung zu den Ergebnissen und zu der Gesamtproblematik der Abstammungslehre. Dazu kam, daß überhaupt seit langer Zeit im deutschen Schrifttum eine zusammenfassende Darstellung der modernen Phylogenetik fehlte. Ein Einzelner allerdings konnte ein solches Buch nicht mehr schreiben!" (Ebenda).[75] Jeder Aufsatz des Sammelwerkes war ein in sich abgeschlossenes Kapitel, während alle Aufsätze, aneinandergereiht, eine „folgerichtige Kette" ergaben, die sich wiederum als harmonisches und transdisziplinäres Gefüge der „Vereinigung der Ergebnisse des Theoretikers und Praktikers, des Geophysikers, Paläontologen, Zoologen, Botanikers, Genetikers, Anthropologen, Psychologen und Philosophen" (Ebenda: 5) präsentierte.[76] Im Zeitraum von dreißig Jahren (1943-1974) erschienen drei Auflagen, die sich inhaltlich unterschieden.[77] Der dabei von HEBERER gewählte theoretisch-methodologische Zugang, ein Viererschema zu benutzen, war bei allen erschienenen Bänden gleich: I. Komplex: Allgemeine Grundlagen, Grundlagen und Methoden, Zur allgemeinen Grundlegung; II. Komplex: Die Geschichte der Organismen; III. Komplex: Die Kausalität der Stammesgeschichte und IV. Komplex: Die Abstammung des Menschen, Die Phylogenie der Hominiden.[78] Insgesamt beteiligten sich 19 Wissenschaftler als Autoren, so u. a. der Philosoph Hugo DINGLER (1881-1954), die bereits mehrfach schon erwähnten ZIMMERMANN, RENSCH, LUDWIG, TIMOFÉEFF-RESSOVSKY sowie der Zoologe Wolf HERRE (1909-1997) und der Ethologe Konrad LORENZ (1903-1989), der Anthropologe Hans WEINERT (1887-1967) bzw. die Paläontologen Ludwig RÜGER (1896-1955) und Johannes WEIGELT (1890-1948). Die Aufzählung zeigt, daß es sich bei den entsprechenden Mitarbeitern der Erstauflage um die fachkompetentesten deutschsprachigen Vertreter der einzelnen Wissenschaftszweige jener Zeit handelte, ausgenommen die Gegner der Modernen Synthese wie z. B. die Paläontologen SCHINDEWOLF und BEURLEN. Bei dieser großen Anzahl von Mitarbeitern war es für den Herausgeber schwer, neben einer Einheitlichkeit auch eine gleichwertige Qualität der Einzelpublikationen und Teilkomplexe zu garantieren. Es würde an dieser Stelle zu weit führen, die einzelnen Beiträge im Detail zu analysieren.[79]

Als Fazit läßt sich festhalten, daß mit den Beiträgen im Sammelwerk zum Teil an bestehende Erkenntnisse und Theorien aus dem angelsächsischen Sprachraum (vgl. Literaturverzeichnisse der einzelnen Beiträge) angeknüpft wurde, andererseits sich aber auch eigene Konturen innerhalb der Diskussionen im deutschsprachigen Raum abzeichneten. Als Besonderheit seien hier die Bemerkungen über das bestehende Mißverhältnis von Genetik und Paläontologie bei der Beurteilung des Evolutionsprozesses in den 30er Jahren in Deutschland, die Debatten um den „Typus-Begriff“ und zum Kausalverhältnis von Mikro- oder Makrophylogenie (auch Mikro- und Makroevolution), das Fehlen einer Populationsgenetik, die Unterschätzung der historischen Rolle und Bedeutung der Systematik im Evolutionsprozeß usw. erwähnt. Es wurde mit der „Evolution der Organismen“ erstmals in dieser Form der Versuch unternommen, eine Synthese des damaligen Wissensstandes in Deutschland zu erreichen, einzelne Wissenschaftsgebiete transdisziplinär zu verknüpfen und die Ergebnisse in einem ausgewogenem Verhältnis von theoretischer und praktischer Forschung darzustellen. Die Beiträge und das Sammelwerk (als Ganzes) trugen deshalb zu einer Modernen Synthese im deutschen Sprachraum bei, die sich universal und international präsentierte, denn letzten Endes waren die thematisierten Fragestellungen und Kontexte keinesfalls nur ein nationales Problem. Auch in Deutschland knüpfte man ab 1937 an das klassische Werk von DOBZHANSKY an und verwendete es als Grundlage für weitergehende Untersuchungen und Argumentationen innerhalb der Biowissenschaften.[80] HEBERERS Sammelwerk stellt deshalb einen innovativen und originären Beitrag zur Geschichte der Evolutionsbiologie in Deutschland dar. Einerseits war es sowohl inhaltlich als auch didaktisch-methodisch originell konzipiert und grenzte sich mit diesem spezifischen Profil von bisher erschienenen Publikationen innerhalb des deutschsprachigen Schrifttums zur Evolutionsbiologie ab. Andererseits unterschied es sich in seiner Gesamtkonzeption und Strukturierung vom eingangs erwähnten Buch von HUXLEY nur unwesentlich, da beide Werke ja das gleiche Grundanliegen verfolgten und sich somit ideal ergänzten.[81] Hervorzuheben ist außerdem, daß die damals zum Teil immer noch populären nichtdarwinistischen Theorien wie Orthogenese, Lamarckismus, Idealistische Morphologie und Saltationismus durch die Beiträge in HEBERERS Sammelwerk auch im deutschen Sprachraum mit wissenschaftlichen Argumenten widerlegt und verworfen wurden.[82]

Zur politischen Dimension des Sammelwerkes läßt sich an dieser Stelle folgendes bemerken: Eine nationalsozialistische Politisierung des Gedankengutes in HEBERERS „Evolution der Organismen“ (1943) erwies sich aus inhaltlichen Gründen als problematisch für die NS-Wissenschaftsideologen; vergleiche hierzu stellvertretend die fünf Rezensionen in den Zeitschriften: a) „Der Biologe“ (1944: 127-131, P. G. HESSE); b) „Nationalsozialistische Monatshefte“ (1944: 316-318, H. BRÜCHER); c) „Volk und Rasse“ (1943: 14-16; Rezensent H. HOFFMANN),[83] d) „Zeitschrift für Rassenkunde“ (1943, 14. Band: 100-101, Rezensent I. SCHWIDETZKY) und e) „Archiv für Rassen- und Gesellschaftskunde (1943, 37. Band: 71-73, Rezensent A. HARRASSER).[84] Interessant ist auch die Meinung des Hauptpopularisators der nationalsozialistischen Rassenlehre Hans F. K. GÜNTHER (1891-1968), auch als „Rasse-GÜNTHER“ bekannt, zu HEBERERS Sammelwerk. In einem Brief vom 17. November 1943 an den damaligen Direktor des Ernst-Haeckel-Hauses in Jena, den Zoologen Victor FRANZ, schrieb GÜNTHER: „Das sehr reichhaltige Werk, welches HEBERER eben unter dem Titel ‚Evolution der Organismen’ herausgegeben hat, ist ja schon wieder viel zu umfangreich [für die Lehre] und setzt auch eine sehr hohe Stufe der wissenschaftlichen Ausbildung beim Leser voraus“ (Nachlaß FRANZ, Bestand O, EHH). Außerdem muß ergänzt werden, daß sich einerseits das Gedankengut der Modernen Synthese zwar völlig unabhängig von den Strömungen der „Deutschen Biologie“ (Ernst LEHMANN u. a.), des „Holismus“ (BÖKER, Adolf MEYER-ABICH) sowie der „Eugenik und Rassenkunde“ (Hans F. K. GÜNTHER, Fritz LENZ u. a.) während der NS-Zeit herausbildete und etablierte, andererseits sich aber auch eine Vielzahl der Autoren der „Evolution der Organismen“ mit der nationalsozialistischen Ideologie und Wissenschaftsauffassung eng verbunden fühlten, so z. B. HEBERER, ZIMMERMANN, Otto RECHE (1879-1966), WEINERT, Wilhelm GIESELER (1900-1976) und LORENZ, so daß man derzeit nicht mit absoluter Bestimmtheit sagen kann, es habe keinen Einfluß nationalsozialistischen

NEUERE PROBLEME DER ABSTAMMUNGSLEHRE

DIE TRANSSPEZIFISCHE EVOLUTION

VON

PROF. DR. BERNHARD RENSCH
MÜNSTER

Mit 102 Abbildungen im Text

1 · 9 · 4 · 7

FERDINAND ENKE VERLAG STUTTGART

Abb. 14:
Titelblatt „Neuere Probleme der Abstammungslehre“ (1947).

Gedankengutes auf die Entstehungsbedingungen der Modernen Synthese in Deutschland gegeben.[85]

6.4 Neuere Probleme der Abstammungslehre (1947)

In den Kriegsjahren war parallel zu HEBERERS Sammelwerk ein weiteres Buch entstanden, das zu den Gründungswerken einer Synthese gerechnet werden muß und den Zeitraum der Begründung in unserem Sprachraum beschließt. Es handelt sich um das mehrfach schon erwähnte Buch von RENSCH über „Neuere Probleme der Abstammungslehre. Die transspezifische Evolution“, welches erst 1947 im F. Enke Verlag (Stuttgart) gedruckt werden konnte. Zu den Besonderheiten des Buches bemerkte RENSCH im Vorwort der ersten Auflage: „Es war mehrfach nicht möglich, die notwendige außerdeutsche Literatur im Original zu beschaffen, und es mußten einige geplante experimentelle Untersuchungen wegen technischer Schwierigkeiten unterbleiben. Die Hoffnung, diese Lücken nach Kriegsende ergänzen zu können, hat sich bisher nicht erfüllt ... So entschloß ich mich, die Arbeit in ihrem vorliegendem Zustande abzuschließen, zumal ihr Umfang durch die Fülle des einschlägigen Schrifttums ohnehin schon beträchtlich geworden ... war“ (1947: 5). RENSCH äußerte 1947 ebenso die Vermutung, daß eventuell in den angelsächsischen Werken von HUXLEY (1942), MAYR (1942) und SIMPSON (1944), die er nur dem Titel nach kannte, ähnliche Argumente und Grundeinstellungen zum Evolutionsablauf zu finden wären. Während der Drucklegung nach dem Ende des Zweiten Weltkrieges gelangten diese Bücher dann noch in den Besitz von RENSCH, seine Vermutung bestätigte sich, so daß er im Anhang noch auf deren Inhalte vergleichend-kompilierend eingehen konnte (1947: 374-375). Bereits an dieser Stelle sprach RENSCH im Sinne einer internationalen (evolutionsbiologischen) Sichtweise folgende Hoffnung aus: „Die drei ... Werke von HUXLEY, MAYR und SIMPSON, deren eingehendes Studium gerade den deutschen Fachgenossen besonders angelegentlich empfohlen sei, lassen erhoffen, daß sich in absehbarer Zeit eine verhältnismäßig einheitliche Gesamtauffassung der so wichtigen Evolutionsprobleme ergeben wird“ (Ebenda: 375).

Mit seinem 393 Seiten umfassenden Buch versuchte RENSCH anhand umfangreichen Materials (das zum Teil noch von den Sunda-Inseln stammte), zur Lösung der Fragen über den Evolutionsprozeß beizutragen: „Hauptaufgabe meiner Untersuchungen war es, alle bei transspezifischer Evolution auftretenden Sonderfaktoren und Regeln auf ihre Gültigkeit sowie daraufhin zu prüfen, wieweit sie durch bereits erkannte Evolutionsmechanismen gedeutet werden können ... Zugleich soll aber auch gezeigt werden, daß derartige Fragen ebenfalls an rezentem Tiermaterial erfolgreich in Angriff genommen werden können“ (Ebenda: 2). So thematisierte er beispielsweise die bei intraspezifischer Evolution wirksamen Faktoren (S. 3-14), die in freier Natur auftretenden Typen der Art- und Rassenbildung (S. 14-54), die Regelhaftigkeiten der Kladogenese - Stammverzweigung (S. 95-282), Probleme der Anagenese - Höherentwicklung (S. 282-316) und im letzten Abschnitt Fragen der Evolution von Bewußtseinsbildungen (S. 331-372). Mit diesem Buch gelang RENSCH der Nachweis, daß gleichartige gesetzesähnliche Faktoren, wie sie für die Artentstehung nachgewiesen worden waren (Isolation, Mutation, natürliche Auslese), auch auf die Ausprägung höherer systematischer Kategorien (Familie, Ordnung, Klasse usw.) angewendet werden konnten (RENSCH 1979; RAHMANN 1990). Die dabei von RENSCH geschaffenen biologischen Begriffe, wie „intraspezifische“ und „transspezifische“ Evolution, anstelle der philologisch unschönen „griechisch-lateinischen Mischwörter“ Mikro- und Makroevolution, haben heute noch in der biologischen Terminologie ihren festen Platz (1947: 1). Das Buch wurde noch zweimal aufgelegt (1954, 1972) und 1959 auf Empfehlung von DOBZHANSKY sogar ins Englische übersetzt. Es erschien unter dem Titel „Evolution above the species level“ (RENSCH 1979: 185).

6.5 Auswahl an Zeitschriftenartikeln[86]

HAASE-BESSELL G. (1941): Evolution. — Der Biologe **10**, Heft 7/8: 233-247.

JOLLOS V. (1931): Genetik und Evolutionsproblem. — Verhandlungen der Deutschen Zoologischen Gesellschaft, 5. Supplementband (Zoologischer Anzeiger): 252-295, Leipzig.

LUDWIG W. (1938): Beitrag zur Frage nach den Ursachen der Evolution auf theoretischer und experimenteller Basis. — Verhandlungen der Deutschen Zoologischen Gesellschaft in Gießen, **11**. Supplementband (Zoologischer Anzeiger): 182-193, Leipzig.

LUDWIG W. (1940): Selektion und Stammesentwicklung. — Naturwiss. **28**: 689-705.

PÄTAU K. (1939): Die mathematische Analyse der Evolutionsvorgänge. — Zeitschrift für Induktive Abstammungs- und Vererbungslehre **76**: 220-228.

PÄTAU K. (1944): Das WRIGHTsche Modell der Evolution. — Naturwiss. **32**: 196-202.

REMANE A. (1939): Der Geltungsbereich der Mutationstheorie. — Verhandlungen der Deutschen Zoologischen Gesellschaft, Supplementband **12** (Zoologischer Anzeiger), S. 206-220.

REMANE A. (1941): Die Abstammungslehre im gegenwärtigen Meinungskampf. — Archiv für Rassen- und Gesellschafts-Biologie **35**: 89-122.

RENSCH B. (1933): Zoologische Systematik und Artbildungsproblem. — Verhandlungen der Deutschen Zoologischen Gesellschaft, **6**. Supplement-Band: 19-83.

RENSCH B. (1939): Typen der Artbildung. — Biological Reviews **14**: 180-222.

RENSCH B. (1943): Die paläontologischen Evolutionsregeln in zoologischer Betrachtung. — Biologia Generalis **17**: 1-55.

TIMOFÉEFF-RESSOVSKY N.W. (1939a): Genetik und Evolution (Bericht eines Zoologen). — Zeitschrift für Induktive Abstammungs- und Vererbungslehre **76**: 158-219.

TIMOFÉEFF-RESSOVSKY N.W. (1939b): Genetik und Evolutionsforschung. — Verhandlungen der Deutschen Zoologischen Gesellschaft, **12**. Supplementband (Zoologischer Anzeiger): 157-169, Leipzig.

ZIMMERMANN W. (1941): Grundfragen der Stammesgeschichte, erläutert am Beispiel der Küchenschelle. — Der Biologe **10**, Heft 11/12: 404-414.

WETTSTEIN F.V (1942): Botanik, Paläobotanik, Vererbungsforschung und Abstammungslehre. — Paläobiologica **7**: 154-168.

Positive Einflüsse	Negative Einflüsse
Sunda-Expedition RENSCH 1927	Stagnation in der Entwicklung der Morphologie/Anatomie von 1920-1950
DZG-Tagung in Köln (5.-10.6.) 1933	Mißverhältnis zwischen Genetik und Paläontologie (1910-1940)
Würzburger-Tagung (24.-26.9.) 1938	Rolle des Paläontologen Otto Heinrich SCHINDEWOLF (1940-1950)
Konsensfindung zwischen den Fachdisziplinen Genetik und Paläontologie zu Beginn der 40er Jahre	Tübinger-Tagung (8.-12.9.) 1929
Einbeziehung der Ergebnisse der experimentellen Genetik in die Untersuchungen über den Ablauf der Evolution	Fehlen einer Populationsgenetik i.e.S.
DZG-Tagung in Rostock (30.7.-3.8.) 1939	Antidarwinistische Theorien (Orthogenese, Saltationismus, Lamarckismus, Idealistische Morphologie)
DZG-Tagung in Mainz (2.-6.8.) 1949	„Deutsche Biologie“
	Theorien wie Holismus, Vitalismus und Phänogenetik
	I. und II. Weltkrieg mit ihren Folgeerscheinungen

Tab. 3: Einflüsse auf die Entwicklung der Modernen Synthese im deutschen Sprachraum (eine Auswahl).

7. Ausblick

In der vorliegenden Darstellung konnte gezeigt werden, daß parallel (etwa ab 1935) und zum Teil unabhängig (während der Zeit des Zweiten Weltkrieges) eine Moderne Synthese im deutschsprachigen Raum begründet wurde und stattgefunden hat. Es handelt sich daher bei der Modernen Synthese vielmehr um ein internationales Phänomen und nicht nur um ein spezifisch angelsächsisches, wie von SMOCOVITIS (1996) behauptet wurde.[87] Der deutsche Sprachraum zeichnete sich in Abweichung vom angelsächsischen und sowjet-russischen Sprachraum vor, während und nach der Gründungsphase der Synthese aber durch eine Anzahl von spezifischen Charakteristika aus, die abschließend als Leitsätze genannt seien und den derzeitigen Forschungsstand dokumentieren (vgl. Übersicht 3 im Anhang):

Zwischen 1920 und 1950 kam es in Deutschland zwischen Genetikern und Paläontologen zu einer Reihe von wissenschaftlichen Diskussionen über den Ablauf der Evolution, in deren Verlauf (bis etwa zur Würzburger-Tagung 1938) kein Konsens erzielt werden konnte. Bereits 1929 hätte aber in Tübingen eine Annäherung zwischen den Forschungstraditionen erreicht werden können.

Die Genetik in Deutschland war, im Gegensatz zu Amerika, England und Rußland, in den 20er und 30er Jahren (nach meinen bisherigen Recherchen) mit anderen Themenstellungen (u. a. zytoplasmatische Vererbung) beschäftigt. Daher fehlten Forschungsresultate, wie sie zur selben Zeit vergleichsweise im anglo-amerikanischen (MORGAN, FISHER, WRIGHT, HALDANE, JOHANNSEN) und sowjet-russischen Sprachraum (vgl. MIKULINSKIJ 1983) erzielt worden waren. Die deutschsprachige Genetik hatte nach der Jahrhundertwende ihre führende Position im Weltmaßstab verloren.[88] Dieser Ansicht war auch DOBZHANSKY, als er 1960 bemerkte: „Eine genetische Theorie der Evolution wurde, weithin unabhängig voneinander, geschaffen von CHETVERIKOV (1926) in Rußland, FISHER (1930) und HALDANE (1932) in England und Sewall WRIGHT (1931) in Amerika" (S. 34).

Bis in die Mitte der 40er Jahre beherrschten zudem weitgehend antidarwinistische Theorien (Lamarckismus, Saltationismus, Idealistische Morphologie, Orthogenese) die naturwissenschaftlichen Diskussionen in Deutschland. Diese Theorien mußten zunächst von einer Vielzahl von Wissenschaftlern überwunden werden, um damit eine der wichtigsten Grundvoraussetzungen für die Etablierung der Modernen Synthese erfüllen zu können.

Die 1927 von RENSCH durchgeführte Sunda-Expedition war auf dem Weg zu einer Modernen Synthese im deutschsprachigen Raum ein wichtiger Meilenstein.

Als maßgebendes Hindernis bei der frühen Etablierung der Synthese erwies sich die zweimalige Isolation des deutschen Sprachraums auf Gebieten wie der Politik, Kultur und Wissenschaft, als Folgeerscheinung der beiden Weltkriege. So bemerkte nach dem Ersten Weltkrieg beispielsweise der Zoologe PLATE: „Damals tobte der Weltkrieg, und machte es uns Deutschen unmöglich, die so wichtige amerikanische *Drosophila*-Literatur zu verwerten" (1932a: 4, 1932b). Eine ähnliche Situation war nach 1945 zu beobachten. ASH (1995) spricht in diesem Zusammenhang von der „Umgestaltung von Ressourcenkonstellationen", die sich u. a. in „konstruierten Kontinuitäten" äußerten. Die Siegermächte teilten Deutschland in vier Besatzungszonen auf, so daß hier bereits (bewußt oder unbewußt) eine unterschiedliche Entwicklung (auch in der Wissenschaft) vorprogrammiert war. Während die Amerikaner, Engländer und Franzosen an einem schnellen Wiederaufbau in der Westzone interessiert waren, behinderten die Russen diesen in der Ostzone erheblich, so daß „pseudowissenschaftliche" Tendenzen wie der Lyssenkoismus und Mitschurinismus sich in den Biowissenschaften ausbreiten konnten.[89] Im Gegensatz zum angelsächsischen Raum war die Wissenschaftsentwicklung in Deutschland außerdem zum großen Teil durch Unterbrechungen wie Krieg, Nachkriegszeit, Inflation usw. gekennzeichnet gewesen. Trotz dieser Schwierigkeiten und Restriktionen gelang es den Wissenschaftlern aber immer relativ schnell, an die wissenschaftlichen Leistungen in verschiedenen Bereichen im Weltmaßstab anzuknüpfen.[90]

Ein Wendepunkt dieser unter Kapitel 7 (Punkt 5) besprochenen Entwicklung war die Tagung der deutschen Zoologen (vom 2. bis 6. August 1949 in Mainz), die durch Wolfgang von BUDDENBROCK (1884-1964) nach dem zwanglosen Zoologentreffen in Kiel (1948 bei HERRE) organisiert worden war. Hier trafen sich erstmals nach dem Krieg alle noch lebenden deutschsprachigen Zoologen, um ihre Gedanken auszutauschen und die „Marschroute" für die Zukunft festzulegen: „Die Einladung stieß auf lebhaften Widerhall; eine sehr rege Beteiligung, welche die der Kieler Tagung übertraf, war zu verzeichnen" (HERRE 1950: 3).[91] Außerdem nutzte man auf dieser Veranstaltung die Gelegenheit, der Verstorbenen und gefallenen Kollegen im Zeitraum von 1939 bis 1945 zu gedenken, die mit einer Gesamtzahl von 341 beziffert werden müssen (Ebenda: 8-15). Die in Kriegsgefangenschaft befindlichen Kollegen waren in der Statistik nicht erfaßt. Diese hohen Verluste an Wissenschaftlern mußten in den nächsten Jahren erst einmal ausgeglichen werden; der angelsächsische Sprachraum hatte diese Art von personellen und strukturellen Problemen (infolge von Kriegen) hingegen nie zu beklagen gehabt.

Das Datum der wissenschaftlichen Isolation während des Zweiten Weltkrieges ist wissenschaftshistorisch nicht eindeutig zu belegen. Während der Paläontologe REIF (Tübingen) den Zeitpunkt 1941/42 setzt[92], tendiere ich nach meinen Recherchen und geführten Interviews mit Zeitzeugen dazu, bereits das Winterhalbjahr 1939/40 als Isolationsbeginn anzusehen. Zusätzlich dokumentieren läßt sich dieser Fakt anhand der von Erwin BÜNNING (1906-1990) und Alfred KÜHN (1885-1965) herausgegebenen Schriftenreihe „Naturforschung und Medizin in Deutschland 1939-1946" (z. B. die Bände 52-54), einer für Deutschland bestimmten Ausgabe der „FIAT Review of German science" bzw. der Bände „Fortschritte der Botanik" (8/1939-11/1944) von Fritz von WETTSTEIN (1863-1931) und der von M. HARTMANN herausgegebenen Reihe über „Fortschritte der Zoologie (4/1939-8/1947). So schrieben beispielsweise BÜNNING und KÜHN: „Als die Herausgeber der Bände ‚Biologie' ihre Aufgabe übernahmen, erwarteten sie die reiche Ausbeute nicht, welche die Sammlung der in den Jahren 1939-1946 ausgeführten Arbeiten ergeben hat ... Trotz ... Lücken zeigt unser Bericht, daß auf vielen Gebieten der Biologie auch während der Kriegszeit neue Probleme in Angriff genommen und wesentliche Fortschritte erzielt werden konnten. Insbesondere heben sich hier auch die Verknüpfungen heraus, die sich zwischen verschiedenen Teilgebieten der biologischen Forschung, Morphologie und Physiologie, Systematik, Ökologie, Entwicklungsphysiologie, Genetik ... ergeben haben" (Vorwort, Bd. 52, 1947).[93]

Sowohl in Amerika als auch in Deutschland war das Buch von DOBZHANSKY „Genetics and the origin of species" der Beginn einer Modernen Synthese. Es wurde 1939 von Witta LERCHE ins Deutsche übersetzt und erschien im Jenaer G. Fischer Verlag.

Durch den Aufenthalt von TIMOFÉEFF und DOBZHANSKY in Deutschland ist ein direkter Einfluß der „russisch-genetischen (biologischen) Schule" auf unseren Sprachraum unverkennbar. Um so mehr erscheint es deshalb angebracht, die Synthese in einem internationalen Licht zu betrachten, denn in der sowjet-russischen Entwicklung der 20er bis 40er Jahre gab es ähnliche Parallelen (wie im deutschsprachigen Raum) bei der Begründung einer Modernen Synthese.

Die Biologen RENSCH, HEBERER, ZIMMERMANN und TIMOFÉEFF-RESSOVSKY zählen zu den Mitbegründern, die Bücher „Vererbung erworbener Eigenschaften und Auslese" (1938), „Die Evolution der Organismen" (1943) und „Neuere Probleme der Abstammungslehre. Die transspezifische Evolution" (1947) zu den Meilensteinen einer Synthese im deutschen Sprachraum. Außerdem ergänzten und komplettierten unzählige Artikel in Fachzeitschriften das in diesen Büchern vorgezeichnete Bild nachhaltig.

8 Dank

Dieser Aufsatz entstand während eines Post-Doc-Aufenthaltes am Institut für Wissenschaftsgeschichte in Göttingen, der mir durch ein Stipendium der Volkswagen-Stiftung gewährt wurde. Meinem Gastgeber, Prof.

Dr. Nicolaas A. RUPKE, sei an dieser Stelle für seine Gastfreundschaft und die zahlreichen fördernden Gespräche, der VW-Stiftung für die finanzielle Unterstützung gedankt. Weiterhin danke ich den Professoren Olaf BREIDBACH (Jena), Wolf ENGELS (Tübingen), Wolf HERRE (†), Eduard I. KOLCHINSKY (St. Petersburg), Ernst MAYR (Cambridge, MA), Wolf-Ernst REIF (Tübingen), Otto KRAUS (Hamburg) und Dietrich STARCK (Frankfurt) sowie Dr. Thomas JUNKER (Tübingen), Dr. Martin BERGER (Münster), Dr. Hermann MANITZ (Jena) und Frau Dr. Erika KRAUßE (Jena) für ergänzende Hinweise zu einer früheren Version des Manuskripts bzw. für ihre Gespräche, Diskussionen und Briefe zum Themengegenstand.

9 Zusammenfassung

Zwischen 1935 und 1947 kam es im deutschen Sprachraum, ähnlich wie im anglo-amerikanischen (1937-1947/50) und sowjet-russischen (1930er Jahre), innerhalb der Biowissenschaften (insbesondere in der Evolutionsbiologie) zur Herausbildung der Modernen (Evolutionären) Synthese. In diesem Beitrag werden die (wissenschafts-)historischen Bedingungen und das Umfeld bei der Herausbildung der Modernen Synthese im deutschen Sprachraum näher untersucht, die Protagonisten und wichtigsten Publikationen vorgestellt und in der Zusammenfassung der derzeitige Forschungsstand präsentiert.

10 Literatur

ADAMS M.B. (1970): Towards a synthesis: Population concepts in Russian evolutionary thought, 1925-1935. — J. Hist. Biol. **3**: 107-129.

ADAMS M.B. (1980): Sergei CHETVERIKOV, the KOLTSOV Institute, and the evolutionary synthesis. — In: MAYR E. & W.B. PROVINE (Eds.): The evolutionary synthesis. Perspectives on the unification of biol., 242-278. — Harvard Univ. Press, Cambridge, Massachusetts, and London, England [vierter Reprint 1998].

ADAMS M.B. (1994): The evolution of Theodosius DOBZHANSKY. Essays on his life and thought in Russia and America. — Princeton Univ. Press, Princeton-New Jersey.

ALTEVOGT R. (1960): Bernhard RENSCH. — Zool. Jahrb., Abt. System., Ökol. & Geographie Tiere **88** (1): 1-8.

ANKEL W.E. (1957): Die Geschichte der Deutschen Zoologischen Gesellschaft. — Verh. Dtsch. Zool. Ges. **20**: 26-48.

ANT H. (1990): Bernhard RENSCH (1900-1990). — Natur & Heimat **50** (2): 59-63.

ASH M. (1995): Wissenschaftswandel in Zeiten politischer Umwälzungen: Entwicklungen, Verwicklungen, Abwicklungen. — Int. Zschr. Geschichte Ethik Naturwiss., Technik Medizin (NTM) **3**: 1-21.

BARTHELMESS A. (1952): Vererbungswissenschaft. — Verlag K. Alber, Freiburg-München.

BAUER H. (1938): Rezension zu DOBZHANSKYS „Genetics and the origin of species". — Naturwiss. **26**: 367-368.

BAUER H. (1940): Rezension zu DOBZHANSKYS „Genetics..." (dt. Fassung: „Die genetischen Grundlagen der Artbildung"). — Naturwiss. **28**: 208.

BAUER H. & N.W. TIMOFÉEFF-RESSOVSKY (1939): Vererbung und Vererbungscytologie von *Drosophila* im Schulversuch. — Biologe **8**: 324-335.

BAUER H. & N.W. TIMOFÉEFF-RESSOVSKY (1943): Genetik und Evolutionsforschung bei Tieren. — In: HEBERER G. (Hrsg.): Die Evolution der Organismen, 2. Auflage — G. Fischer Verlag, Jena; (1954-59), 335-429.

BAUR E. (1922): Einführung in die experimentelle Vererbungslehre, 5. Auflage. — Bornträger-Verlag, Berlin.

BETHGE H. (1980): Zum 80. Geburtstag von N. V. TIMOFEEV-RESSOVSKIJ. — Mitt. Akad. Naturf. Leopoldina **26**: 3-34.

BEURLEN K. (1932): Funktion und Form in der organischen Entwicklung. — Naturwiss. **20**: 73-80.

BEURLEN K. (1937): Die stammesgeschichtlichen Grundlagen der Abstammungslehre. — G. Fischer Verlag, Jena.

BEURTON P. (1979): Fragen der Wissenschaftsentwicklung seit DARWIN unter besonderer Berücksichtigung von SCHINDEWOLF. — Akad. d. Wissensch. DDR, Schriften Philosophie & ihrer Geschichte **16**: 134-157.

BEURTON P. (1994): Historische und systematische Probleme der Entwicklung des Darwinismus. — Jb. Geschichte & Theorie Biologie **1**: 93-211.

BEURTON P. (1995): Ernst MAYR und der Reduktionismus. — Biol. Zentralblatt **114**: 115-122.

BEYLER R. (1996): Targeting the organism. The scientific and cultural context of Pascual JORDAN`s Quantum Biology, 1932-1947. — Isis **87**: 248-273.

BÖKER H. (1935a): Artumwandlung durch Umkonstruktion, Umkonstruktion durch aktives Reagieren der Organismen. — Acta Biotheoretica A **1**: 17-34.

BÖKER H. (1935b): Einführung in die vergleichende biologische Anatomie der Wirbeltiere. 1. Bd. — G. Fischer Verlag, Jena.

BÖKER H. (1936): Aktives und passives Lebensgeschehen. — Hippokrates **31**: 797-810.

BÖKER H. (1937): Einführung in die vergleichende biologische Anatomie der Wirbeltiere. 2. Bd: Biologische Anatomie der Ernährung. — G. Fischer Verlag, Jena.

BOWLER J.P. (1983): The eclipse of Darwinism. — John Hopkins Univ. Press, Baltimore.

BREIDBACH O. (1996): SCHRÖDINGER und die Folgen - On SCHRÖDINGER`s „What is Life". — Biol. Zentralblatt **115**: 126-131.

BUCHARIN N.I. (1932): Darwinizm I Marxizm. — Utschenie C. Darvina I marksizm-leninizm. Partizdat, Moskau, 34-61.

BUCHNER P. (1938): Allgemeine Zoologie. — Quelle & Meyer, Leipzig.

BÜNNING E. & A. KÜHN (Hrsg.) (1948): Naturforschung und Medizin in Deutschland 1939-1946. — Für Deutschland bestimmte Ausgabe der Fiat Review of Germany Science. Bde 52-54 für Biologie, Dieterichsche Verlagsbuchhandlung, Wiesbaden.

CAMERINI J.R. (1993): Evolution, Biogeography and Maps. An early history of WALLACE`s Line. — Isis **84**: 700-727.

CAMERINI J.R. (1996): WALLACE in the field. — Osiris **11**: 44-65.

CLAUS C., GROBBEN K. & A. KÜHN (1932): Lehrbuch der Zoologie, 10. Auflage. — Verlag J. Springer, Berlin und Wien.

DABER R. (1982): Professor Dr. Walter ZIMMERMANN. — Gleditschia **9**: 321-24.

DACQUE E. (1935): Organische Morphologie und Paläontologie. — Bornträger-Verlag, Berlin.

DARWIN C. (1962): Reise eines Naturforschers um die Welt. — In: Georg A. NARCISS (Hrsg.): Bibliothek klassischer Reiseberichte, Steingrüben Verlag, Stuttgart.

DOBZHANSKY T. (1937): Genetics and the origin of species. — Columbia Univ. Press, New York.

DOBZHANSKY T. (1960): Die Ursachen der Evolution. — In: HEBERER G. & F. SCHWANITZ (Hrsg.): Hundert Jahre Evolutionsforschung, 32-44, G. Fischer Verlag Jena.

DOBZHANSKY T. (1980): The birth of the genetic theory of evolution in the Soviet Union in the 1920s. — In: MAYR E. & W.B. PROVINE (Eds.): The evolutionary synthesis. Perspectives on the unification of biology. Harvard Univ. Press, Cambridge, Massachusetts and London; vierter Reprint (1998).

DUNN L.C. (1937): Vorwort in: DOBZHANSKY T. (1937): Genetics and the origin of species. — Columbia Univ. Press, New York.

DÜCKER G. (1985): Bernhard RENSCH: Kurzbiographie und Verzeichnis seiner wissenschaftlichen Veröffentlichungen. Feschrift für B. RENSCH. — Schriftenr. Westf. Wilhelms-Univ. Münster, N.F. **4**: 128-145.

EICHLER W. (1982): Zum Gedenken an N. W. TIMOFÉEF-RESSOVSKY (1900-1981). — Dtsch. Entomol. Zeitschr., N. F. **29**: 287-291.

EICHLER W. (1987): TIMOFÉEF-RESSOVSKY – ein genialer Biologe voller Menschlichkeit. — Biol. Schule **36**: 345-348.

EICHLER W. (1992): Abrechnung mit LYSSENKO. — Rudolfstädter naturhist. Schriften **4**: 27-35.

ENGELS E.M. (Hrsg.) (1995): Die Rezeption von Evolutionstheorien im 19. Jahrhundert. — Suhrkamp-Taschenbuch Wissenschaft, Frankfurt/Main.

ENGLAND R. (1997): Natural selection before the origin: Public reactions of some naturalists to the DARWIN-WALLACE papers (Thomas BOYD, Arthur HUSSEY, and Henry Baker TRISTRAM). — J. Hist. Biol. **30**: 267-290.

FEDERLEY H. (1929): Weshalb lehnt die Genetik die Annahme einer Vererbung erworbener Eigenschaften ab? — Paläontol. Zeitschr. **11**: 287-317.

FEDERLEY H. (1930): Weshalb lehnt die Genetik die Annahme einer Vererbung erworbener Eigenschaften ab? — Zeitschr. Induktive Abstammungs- und Vererbungslehre **54**: 20-50.

FISCHER E.P. (1993): Was ist Leben? - mehr als vierzig Jahre später. — Einleitung zu Erwin SCHRÖDINGERS Was ist Leben?, R. Piper GmbH, München, Zürich.

FISHER R.A. (1930): The genetical theory of natural selection. — Oxford Univ. Press.

FÜLLER H. (1955/56): Zur Geschichte der funktionellen Morphologie. — Wiss. Zeitschr. FSU Jena, Math.-Naturw.-Reihe **5** (5/6): 521-529.

GALL A.M. (1997): G. F. GAUSE: Ökologe und Evolutionist. — Russische Akad. Wiss., St. Petersburg, „Almanach".

GERKEN B. (Hrsg.) (1992): Acta Biologica Benrodis. — Mitt. Naturkundl. Mus. Bernrath **4** (1/2): 1-11.

GEUS A. & H. QUERNER (1990): Deutsche Zoologische Gesellschaft 1890-1990. Dokumentation und Geschichte. — G. Fischer Verlag, Stuttgart, New York.

GLICK T. (ed.): The comparative reception of Darwinism. — Univ. of Chicago Press, Chicago, London.

GOLDSCHMIDT R. (1923): Einführung in die Vererbungswissenschaft, 4. Aufl. — Springer-Verlag, Berlin.

GOLDSCHMIDT R. (1931): Gibt es eine Vererbung erworbener Eigenschaften? — Zeitschr. Züchtungskunde **6**: 161ff.

GOLDSCHMIDT R. (1940): The material basis of evolution. — Yale Univ. Press, New Haven.

GOTTSCHEWSKI G. (1943): Der heutige Stand der Vererbungswissenschaft. — Biologe **12**: 53-64.

GRANIN D. (1988): Der Genetiker: Das Leben des Nikolai TIMOFEJEW-RESSOWSKI, genannt Ur. — Pahl-Rugenstein, Köln.

DI GREGORIO M.A. (1984): T. H. HUXLEY`s place in natural science. — Yale Univ. Press, New Haven, London.

DI GREGORIO M.A. (1995a): The importance of being E. HAECKEL: Thomas Henry HUXLEY zwischen Karl Ernst von BAER und Ernst HAECKEL. — In: ENGELS E.M. (Hrsg.): Die Rezeption von Evolutionstheorien im 19. Jahrhundert, 182-213. — Suhrkamp-Taschenbuch Wissenschaft, Frankfurt/Main.

DI GREGORIO M.A (1995b): A wolf sheep`s clothing: Carl GEGENBAUR, Ernst HAECKEL, the vertebral theory of the skull, and the survival of Richard OWEN. — J. Hist. Biol. **28**: 247-280.

GRENE M. (ed.)(1983): Dimensions of Darwinism. — Cambridge Univ. Press & Editions de la Maison des Sciences de L`Homme.

HAASE-BESSELL G. (1941): Evolution. — Biologe **10**: 233-247.

HAECKER V. (1911): Allgemeine Vererbungslehre. — Vieweg-Verlag, Braunschweig.

HAFFER J. (1997a): Vogelarten und ihre Entstehung: Ansichten Otto KLEINSCHMIDTS und Erwin STRESEMANNS. — Mitt. zool. Mus. Berlin **73**, Suppl.-Bd. Ann. Orn. **21**: 59-96.

HAFFER J. (1997b): Ornithologen-Briefe des 20. Jahrhunderts. „We must lead the way on new paths". The work and correspondence of HARTERT, STRESEMANN, Ernst MAYR — international ornithologist. — Ökologie Vögel **19**, Ludwigsburg.

HAFFER J. (1998): Beiträge zoologischer Systematiker und einiger Genetiker zur Evolutionären Synthese in Deutschland. — In: JUNKER T. & E.-M. ENGELS (Hrsg.): Die Entstehung der Synthetischen Theorie: Beiträge zur Geschichte der Evolutionsbiologie in Deutschland 1930-1950, VWB-Verlag, Berlin (im Druck).

HAGENCORD R. (1997): Bernhard RENSCH: Biologe und Philosoph. — Interdisziplinäre Gespräche der K H G Münster, Sommersemester 1997, Dialogverlag.

HALDANE J.B.S. (1932): The causes of evolution. — Langmanns, Green and Co., London.

HAMBURGER V. (1998): Evolutionary theory in Germany: A comment. — In: MAYR E. & W.B. PROVINE (Eds.): The evolutionary synthesis. Perspectives on the unification of biology, 303-308, Harvard Univ. Press, Cambridge, Massachusetts, London; vierter Reprint.

HARMS J.W. (1934): Wandlungen des Artgefüges unter natürlichen und künstlichen Umweltbedingungen. — Heine Verlag, Tübingen.

HARMS J.W. (1935): Die Plastizität der Tiere. — Revue Suisse Zool. **42**: 461-476.

HARTMANN M. (1927): Allgemeine Biologie. Eine Einführung in die Lehre vom Leben. — G. Fischer Verlag, Jena.

HARTMANN M. (1930): Diskussion. — Zeitschr. Induktive Abstammungs- und Vererbungslehre LIV: 43-**44**.

HARTMANN M. (1939): Fortschritte der Zoologie 4. — G. Fischer Verlag, Jena.

HARTMANN M. (1941): Fortschritte der Zoologie 5. — G. Fischer Verlag, Jena.

HARTMANN M. (1942): Fortschritte der Zoologie 6. — G. Fischer Verlag, Jena.

HARTMANN M. (1943): Fortschritte der Zoologie 7. — G. Fischer Verlag, Jena.

HARTMANN M. (1947): Fortschritte der Zoologie 8. — G. Fischer Verlag, Jena.

HEBERER G. (1942): Makro- und Mikrophylogenie. — Biologe **11**: 169-180.

HARWOOD J. (1985): Geneticists and the evolutionary synthesis in interwar Germany. — Ann. Science **42**: 279-301.

HARWOOD J. (1987): National styles in science: Genetics in Germany and the United States between the world wars. — Isis **78**: 390-414.

HARWOOD J. (1993): Styles of scientific thought. The German genetics community 1900-1930. — The Univ. of Chicago Press, Chicago, London.

HEBERER G. (1939): Stammesgeschichte und Rassengeschichte des Menschen. — Jahreskurse ärztliche Fortbildung **30**: 41-56.

HEBERER G. (1940): Fortschritte der Stammes- und rassengeschichtlichen Forschung. — Jahreskurse ärztliche Fortbildung **31**: 19-32.

HEBERER G. (1941): Allgemeine Phylogenetik, Paläontologie, Stammes- und Rassengeschichte des Menschen. — Jahreskurse ärztliche Fortbildung **32**: 18-41.

HEBERER G. (1942): Makro- und Mikrophylogenie. — Biologe **11**: 169-180.

HEBERER G. (Hrsg.) (1943): Die Evolution der Organismen, 2. Aufl. — G. Fischer Verlag, Jena; (1954-59); 3. Aufl. (1967-74).

HEBERER G. (1951): Deutsche Übersetzung von SIMPSONS Buch „Tempo and mode in Evolution", mit dem Titel „Zeitmaße und Ablaufformen der Evolution". — Musterschmidt, Göttingen.

HEBERER G. (1974): Theorie der additiven Typogenese. — In: HEBERER G. (Hrsg.): Die Evolution der Organismen, 3. Aufl., Band II/1: 395-444.

HEBERER G. & F. SCHWANITZ (1960): Hundert Jahre Evolutionsforschung. — G. Fischer Verlag, Jena.

HENKE W. & H. ROTHE (1994): Paläanthropologie. — Springer Verlag, Berlin, Heidelberg, New York.

HENNIG E. (1929): Vom Zwangsablauf und Geschmeidigkeit in organischer Entfaltung. — Reden bei der Rektoratsübergabe am 25. April 1925, Tübingen, Mohr-Verlag, 13-39.

HENNIG E. (1932): Wesen und Wege der Paläontologie. — Borntraeger-Verlag, Berlin.

HENNIG E. (1937): Die Paläontologie in Deutschland. — Biologe **6**: 1-6.

HENNIG E. (1944): Organisches Werden paläontologisch gesehen. — Paläontol. Zeitschr. **23**: 281-316.

HERRE W. (1943): Domestikation und Stammesgeschichte. — In: HEBERER G. (Hrsg.): Die Evolution der Organismen, 2. Aufl., 521-544. — G. Fischer Verlag, Jena; (1954-59); 3. Aufl. (1967-74; mit M. ROEHRS).

HERRE W. (Hrsg.) (1950): Verhandlungen der Deutschen Zoologischen Gesellschaft vom 2. bis 6. August 1949 in Mainz. — Akad. Verlagsgesellschaft Geest & Portig K.-G., Leipzig.

HERTWIG O. (1923): Allgemeine Biologie. — G. Fischer Verlag, Jena.

HESSE R. & F. DOFLEIN (1935): Tierleben und Tierbau, in ihrem Zusammenhang betrachtet, 2. bearb. Aufl. — G. Fischer Verlag, Jena.

HOPPE B. (1985): Die Evolutionstheorie im deutschen Sprachgebiet. — Hist. Philosophy Life Sciences **7**: 121-147.

HOSSFELD U. (1996): Ruderfußkrebse (Copepoden) – ein Versuchsobjekt der klassischen Vererbungszytologie zu Beginn des 20. Jahrhunderts. — Biol. Zentralblatt **115**: 91-103.

HOSSFELD U. (1997): Gerhard HEBERER (1901-1973) – Sein Beitrag zur Biologie im 20. Jahrhundert. — Jb. Geschichte & Theorie Biologie, Supplement-Band 1, Verlag Wissenschaft und Bildung, Berlin.

HOSSFELD U. (1998a): Moderne Synthese und „Die Evolution der Organismen" (1943). — In: JUNKER T. & E.-M. ENGELS (Hrsg.): Die Entstehung der Synthetischen Theorie: Beiträge zur Geschichte der Evolutionsbiologie in Deutschland 1930-1950, VWB-Verlag, Berlin (im Druck).

HOSSFELD U. (1998b): Zoologie und Synthetische Theorie. Interview mit Prof. Dr. Dr. Wolf HERRE. — In: JUNKER T. & E.-M. ENGELS (Hrsg.): Die Entstehung der Synthetischen Theorie: Beiträge zur Geschichte der Evolutionsbiologie in Deutschland 1930-1950, VWB-Verlag, Berlin (im Druck).

HOSSFELD U. (1998c): DOBZHANSKYS Buch „Genetics and the origin of species" (1937) und sein Einfluß auf die deutschsprachige Evolutionsbiologie. — Jb. Geschichte & Theorie der Biologie **5**: 105-144, Berlin.

HOSSFELD U. & T. JUNKER (1998): Morphologie und Synthetische Theorie. Interview mit Prof. Dr. Dr. Dietrich STARCK. — In: JUNKER T. & E.-M. ENGELS (Hrsg.): Die Entstehung der Synthetischen Theorie: Beiträge zur Geschichte der Evolutionsbiologie in Deutschland 1930-1950, VWB-Verlag, Berlin (im Druck).

HÖXTERMANN E. (1997): Zur Profilierung der Biologie an den Universitäten der DDR bis 1968. — Reprint 72, Max-Planck-Inst. f. Wissenschaftsgeschichte, Berlin.

HUENE F.V. (1941): Die stammesgeschichtliche Gestalt der Wirbeltiere – ein Lebensablauf. — Paläontol. Zeitschr. **22**: 55-62.

HUXLEY J. (Ed.) (1940): The New Systematics. — Clarendon Press, Oxford.

HUXLEY J. (1942): Evolution. The Modern Synthesis. — Allen & Unwin, London.

HUXLEY J. (1974): Ein Leben für die Zukunft. Erinnerungen. — P. List Verlag KG, München.

JAHN I. (1957/58): Zur Geschichte der Wiederentdeckung der MENDELschen Gesetze. — Wiss. Zeitschr. der FSU Jena, Math.-Naturw.-Reihe **7** (2/3): 215-227.

JAHN I. (Hrsg.) (1982): Geschichte der Biologie. — VEB G. Fischer Verlag, Jena. (2. Aufl. 1985), dritte Aufl. im Druck.

JORAVSKY D. (1970): The LYSENKO Affair. — Univ. of Chicago Press, Chicago, London.

JUNKER T. (1996): Factors shaping Ernst MAYRS concepts in the history of biology. — J. Hist. Biol. **29**: 29-77.

JUNKER T. (1998a): Walter ZIMMERMANN. — In: SCHMITT M. & I. JAHN (Hrsg.): Klassiker der Biologie, Bd. 2, Beck-Verlag, München (im Druck).

JUNKER T. (1998b): Eugenik, Synthetische Theorie und Ethik. Der Fall TIMOFÉEFF-RESSOVSKY im internationalen Vergleich. — (im Druck).

JUNKER T. (1998c): George Gaylord SIMPSON. — In: SCHMITT M. & I. JAHN (Hrsg.): Klassiker der Biologie, Bd. 2, Beck-Verlag, München (im Druck).

JUNKER T. & M. RICHMOND (1996): Charles DARWINS Briefwechsel mit dtsch. Naturforschern. — Basilisken-Presse, Marburg.

JUNKER T. & E.-M. ENGELS (1998): Die Entstehung der Synthetischen Theorie: Beiträge zur Geschichte der Evolutionsbiologie in Deutschland 1930-1950. — VWB-Verlag, Berlin (im Druck).

KAMMERER P. (1920): Allgemeine Biologie, 2. Auflage. — Dtsch. Verlags-Anstalt, Stuttgart, Berlin.

KAMMERER P. (1925): Neuvererbung oder Vererbung erworbener Eigenschaften? — Wien.

KAMMERER P. (1927): Geschlecht-Fortpflanzung-Fruchtbarkeit. Eine Biologie der Zeugung (Genebiotik). — Drei Masken Verlag, München.

KÄMPFE L. (1992): Evolution und Stammesgeschichte. — G. Fischer Verlag, Jena.

KELLER E.F. & E.A. LLOYD (1992): Keywords in Evolutionary Biology. — Harvard Univ. Press, Cambridge, MA, London.

KOHN D. (Ed.) (1985): The Darwinian heritage. — Princeton Univ. Press.

KOHRING R. (1997): Senckenbergische Forscher: Tilly EDINGER (1897-1967). — Natur & Museum **127** (11): 391-410.

KOLCHINSKY E.I. (Hrsg). (1994): Evolutionsbiologie. — Abh. St. Petersburger naturwiss. Ges. **90**, Ausgabe 1.

KOLCHINSKY E.I. (1997a): Der Beitrag der sowjetischen Biologen zur Synthetischen Theorie der Evolution. — unveröffentl. Manuskript.

KOLCHINSKY E.I. (Hrsg.) (1997b): Wissenschaftler, Lehrer, Mensch. Zum Gedenken an K. M. ZAVADSKY (1910-1977). — St. Petersburger Inst. f. Wissenschaftsgeschichte & Technik.

KONASCHEW M.B. (1997): Der nicht vollzogene Umzug von N. W. TIMOFÉEFF-RESSOVSKY in die USA. — In: KOLCHINSKY E.I. (Hrsg.): Wissenschaftler, Lehrer, Mensch. Zum Gedenken an K. M. ZAVADSKY (1910-1977), St. Petersburger Inst. f. Wissenschaftsgesch. & Technik, 94-106.

KRAUS O. & U. HOSSFELD (1998): 40 Jahre „Phylogenetisches Symposium" (1956-1997): Eine Übersicht. Anfänge, Entwicklung, Dokumentation und Wirkung. — Jb. Geschichte & Theorie Biol. **5**: 157-186, VWB-Verlag, Berlin.

KRAUßE E. (1984): Ernst HAECKEL. — Biographien hervorragender Naturwissenschaftler, Techniker & Mediziner, Band 70, BSB B. G. Teubner Verlagsgesellschaft, Leipzig.

KRAUßE E. (1993): Ernst HAECKEL. — In: STOLZ & WITTIG (Hrsg.): Carl ZEISS und Ernst ABBE. Leben, Wirken und Bedeutung, 288-403, Univ.-Verlag, Druckhaus Mayer, Jena.

KRÖNER H.-P. (1998): Von der Rassenhygiene zur Humangenetik. Das Kaiser-Wilhelm-Institut für Anthropologie, menschliche Erblehre und Eugenik nach dem Kriege. — G. Fischer Verlag, Stuttgart, Jena, Lübeck, Ulm.

KUHN O. (1943): Die Deszendenztheorie. Eine kritische Übersicht. — Zeitschr. f. katholische Theologie **67**: 45-74.

KUHN O. (1947): Die Deszendenz-Theorie. — Meisenbach-Verlag, Bamberg.

KÜHN A. (1939): Grundriss der Vererbungslehre, 8. Auflage. — Verlag Quelle & Meyer, Leipzig.

LAUDAN L. (1977): Progress and its problems: Toward a theory of scientific growth. — Univ. California Press, Berkeley & Los Angeles.

LENZ F. (1939): Rezension zu ZIMMERMANNS Buch „Vererbung erworbener Eigenschaften und Auslese" (1938). — Biologe **8**: 65-66.

LÖTHER R. (1989): Wegbereiter der Genetik. Johann Gregor MENDEL und August WEISMANN. — Urania-Verlag, Leipzig, Berlin, Jena.

LUDWIG W. (1938): Faktorenkopplung und Faktorenaustausch bei normalem und abberratem Chromosomenbestand. — G. Thieme Verlag, Stuttgart.

LUDWIG W. (1939a): Experimente zur Stammesentwicklung. — Forschungen & Fortschritte **15**: 200-202.

LUDWIG W. (1939b): Der Begriff „Selektionsvorteil" und die Schnelligkeit der Evolution. — Zool. Anz. 126: 209-222.

LUDWIG W. (1943): Die Selektionstheorie. — In: HEBERER G. (Hrsg.): Evolution d. Organismen, 2. Aufl., 479-520, G. Fischer Verlag, Jena.

LUDWIG W. (1953): Mathematische Biophysik und Stammesgeschichte. — Zool. Anz. **17**. Suppl.-Bd.: 442-447.

LÜERS H., SPERLING K. & B.E. WOLF (1974): Genetik und

Evolutionsforschung bei Tieren. — In: HEBERER G. (Hrsg.): Die Evolution der Organismen, 3. Aufl., 130-363, G. Fischer Verlag, Jena.

LYSSENKO T.D. (1951): Die Situation in der biologischen Wissenschaft, 2. Auf.. — Kultur und Fortschritt GmbH, Berlin.

MÄGDEFRAU K. (1990): ZIMMERMANN, Walter. — Dictionary of scientific biography, Vol. **18**: 1010-1011.

MAYR E. (1942): Systematics and the origin of species. — Columbia Univ. Press, New York.

MAYR E. (1981): Der gegenwärtige Stand des Evolutionsproblems. Zweite „Bernhard RENSCH-Vorlesung" gehalten am 20. Mai 1981. — Evolution, Zeit, Geschichte, Philosophie - Univ.-Vorträge, Aschendorf, Münster.

MAYR E. (1984): Die Entwicklung der biologischen Gedankenwelt. — Springer-Verlag, Berlin, Heidelberg, New York, Tokyo.

MAYR E. (1985): WEISMANN and Evolution. — J. Hist. Biol. **18**: 295-329.

MAYR E. (1991): Eine neue Philosophie der Biologie. — R. Piper GmbH & Co. KG, München.

MAYR E. (1995): ... und DARWIN hat doch recht. Charles DARWIN, seine Lehre und die moderne Evolutionsbiologie. — Serie Piper, München, Zürich.

MAYR E. & W.B. PROVINE (Eds.) (1998): The evolutionary synthesis. Perspectives on the unification of biology. — Harvard Univ. Press, Cambridge, Massachusetts, London, vierter Reprint.

MEISENHEIMER J. (1923): Die Vererbungslehre in gemeinverständlicher Darstellung ihres Inhalts. — G. Fischer Verlag, Jena.

MELCHERS G. (1987): Ein Botaniker auf dem Wege in die Allgemeine Biologie. — Ber. Dtsch. Bot. Ges. **100**: 373-405.

MERTENS R. (1928): Über den Rassen- und Artwandel auf Grund des Migrationsprinzipes, dargestellt an einigen Amphibien und Reptilien. — Senckenbergiana **10**: 81-91.

MERTENS R. (1934): Die Insel-Reptilien, ihre Ausbreitung, Variation und Artbildung. — Zoologica **84**: 1-209.

MERTENS R. & L. MÜLLER (1928): Liste der Amphibien und Reptilien Europas. — Abh. Senckenb. Naturforsch. Ges. **41**: 1-62.

MIKULINSKIJ S.P. (Hrsg.) (1983): Die Entwicklung der Evolutionstheorie in der UdSSR (1917-1970). — Verlag d. Wissenschaft, Leningrad.

MOORE W.J. (1994): A life of Erwin SCHRÖDINGER. — Cambridge Univ. Press.

MORGAN T.H. (1932): The scientific basis of evolution. — Norton, New York.

MORTON A. G. (1954): Sowjetische Genetik. — Dtsch. Verl. Wissenschaften, Berlin.

MÜLLER-HILL B. (1988): Heroes and villains. Review of GRANIN 1988. — Nature **336**: 721-722.

NICKEL G. (1996): Wilhelm TROLL (1897-1978). Eine Biographie. — Acta Hist. Leopoldina **25**, Halle a. S.

OEHLER J. (1996): Zur Aktualität evolutionsbiologischer Forschungen. — BIUZ, Mitt. vd. Biol. **422**: 1-5.

OOSTERZEE P.V. (1997): Where worlds collide. The WALLACE line. — Cornell Univ. Press, Ithaca & London.

OSBORN H.F. (1934): The dual principles of evolution. — Science **80**: 103.

OSCHE G. (1972): Evolution. — Verl. Herder KG, Freiburg im Breisgau.

PANCALDI G. (1991): DARWIN in Italy. — Indiana Univ. Press, Bloomington, Indianapolis.

PÄTAU K. (1948): Biostatistik, Populationsgenetik, Allgemeine Evolutionstheorie. — In: BÜNNING E. & A. KÜHN (Hrsg.): Naturforschung und Medizin in Deutschland 1939-1946. Für Deutschland bestimmte Ausgabe der Fiat Review of Germany Science, Bd 53: 197-208, Dieterichsche Verlagsbuchhandlung, Wiesbaden.

PAUL D.B. & C.B. KRIMBAS (1992): Nikolai W. TIMOFEJEW-RESSOWSKI. — Spektrum Wissenschaft 4: 86-94.

PETERS G. (1985): Der Beitrag der sowjetischen Wissenschaft zum Ausbau der modernen Evolutionstheorie. — Urania-Heft, Sektion Biol., 2-13.

PHILIPTSCHENKO J. (1927): Variabilität und Variation. — Bornträger-Verlag, Berlin.

PLATE L. (1913): Selektionsprinzip und Probleme der Artbildung. — W. Engelmann-Verlag, Leipzig, Berlin.

PLATE L. (1931): Warum muss der Vererbungsforscher an der Annahme einer Vererbung erworbener Eigenschaften festhalten? — Zeitschr. f. Induktive Abstammungs- und Vererbungslehre **58**: 266-292.

PLATE L. (1932a): Vererbungslehre, 2. Aufl. — Bd. I: Mendelismus. G. Fischer Verlag, Jena (1. Aufl. 1913).

PLATE L. (1932b): Genetik und Abstammungslehre. — Berichte Dtsch. Ges f. Vererbungsforschung: 227-247.

PLATE L. (1936): Hypothese einer variablen Erbkraft bei polyallelen Genen und bei Radikalen, ein Weg zur Erklärung der Vererbung erworbener Eigenschaften. — Acta Biotheoretica, Series A, Vol. **2**: 93-124.

RAHMANN H. (1990): Bernhard RENSCH. — Verh. Dtsch. Zool. Ges. **83**: 673-675.

RECHE O. (1943): Die Genetik der Rassenbildung beim Menschen. — In: HEBERER G. (Hrsg.): Die Evolution der Organismen, 683-706, G. Fischer Verlag.

REIF W.-E. (1983): Evolutionary theory in German Paleontology. — In: GRENE M. (Ed.): Dimensions of Darwinism, 173-203, Cambridge Univ. Press & Editions de la Maison des Sciences de L'Homme.

REIF W.-E. (1986): The search for a macroevolutionary theory in German paleontology. — J. Hist. Biol. **19**: 79-130.

REIF W.-E. (1993): Afterword. — In: SCHINDEWOLF O. H. (1993): Basic questions in paleontology, 435-454, Univ. of Chicago Press, Chicago, London.

REIF W.-E. (1997a): Typology and the primacy of morphology: The concepts of O. H. SCHINDEWOLF. — Neues Jb. Geologie & Paläontologie, Abh. **205**: 355-371.

REIF W.-E. (1997b): Review zu SMOCOVITIS (1996): Unifying biology: The evolutionary synthesis and evolutionary biology. — Zbl. Geol. Paläont. Teil II (5/6): 268-272.

REIF W.-E. (1998): Versuche makroevolutionärer Synthesen in der deutschsprachigen Paläontologie zwischen 1920 und 1950. — In: JUNKER T. & E.-M. ENGELS (Hrsg.): Die Entstehung der Synthetischen Theorie: Beiträge zur Geschichte der Evolutionsbiologie in Deutschland 1930-1950, VWB-Verlag, Berlin (im Druck).

REGELMANN J.-P. (1980): Die Geschichte des Lyssenkoismus. — G. Fischer Verlag, Frankfurt/M.

RENSCH B. (1929): Das Prinzip geographischer Rassenkreise und das Problem der Artbildung. — Verlag Borntraeger, Berlin.

RENSCH B. (1930): Eine biologische Reise nach den Kleinen Sunda-Inseln. — Verlag Borntraeger, Berlin.

RENSCH B. (1933): Zoologische Systematik und Artbildungsproblem. — Verh. Dtsch. Zool. Ges. **6**: 19-83.

RENSCH B. (1936): Studien über klimatische Parallelität der Merkmalsausprägung bei Vögeln und Säugern. — Arch. Naturgesch. N. F. **5**: 317-363.

RENSCH B. (1938a): Einwirkung des Klimas bei der Ausprägung von Vogelrassen, mit besonderer Berücksichtigung der Flügelform und der Eizahl. — Proc. of the Eight Int. Ornithol. Congress (Oxford 1934): 285-311.

RENSCH B. (1938b): Bestehen die Regeln klimatischer Parallelität bei der Merkmalsausprägung von homöothermen Tieren zu Recht? — Arch. Naturgesch. N. F. **7**: 364-389.

RENSCH B. (1939a): Klimatische Auslese von Größenvarianten. — Arch. Naturgesch. N. F. **8**: 89-129.

RENSCH B. (1939b): Typen der Artbildung. — Biol. Rev. **14**: 180-222.

RENSCH B. (1943a): Die biologischen Beweismittel der Abstammungslehre. — In: HEBERER G. (Hrsg.): Die Evolution der Organismen, 57-85 — G. Fischer Verlag.

RENSCH B. (1943b): Die paläontologischen Evolutionsregeln in zoologischer Betrachtung. — Biol. Gen. **17**: 1-55.

RENSCH B. (1947): Neuere Probleme der Abstammungslehre. Die transspezifische Evolution. — Enke-Verlag, Stuttgart.

RENSCH B. (1954): Neuere Probleme der Abstammungslehre, 3. erw. Auflage.

RENSCH B. (1960): Die Zoologische Forschung in Münster. — Verh. Dt. Zool: Ges. **23**: 37-42.

RENSCH B. (1976): Robert MERTENS, ein vielseitiges Forscherleben. — Natur & Museum **106**: 227-236.

RENSCH B. (1979): Lebensweg eines Biologen in einem turbulenten Jahrhundert. — G. Fischer Verlag, Stuttgart.

RENSCH B. (1980): Historical development of the present synthetic Neo-Darwinism in Germany. — In: MAYR E. & W.B. PROVINE (Eds.): The evolutionary synthesis. Perspectives on the unification of biol., 284-303, Harvard Univ. Press, Cambridge, Massachusetts, London, vierter Reprint (1998).

RENSCH B. (1983): The abandonment of Lamarckian explanations: the case of climatic parallelism of animal characteristics. — In: GRENE M. (Ed.): Dimensions of Darwinism, 31-42, Cambridge Univ. Press & Editions de la Maison des Sciences de L`Homme.

RIGNANO E. (1907): Über die Vererbung erworbener Eigenschaften. — Verlag W. Engelmann, Leipzig.

ROSSMANITH W. & J. RIESS (1997): Naturgeschichte und Darwinismus in Rußland und der UdSSR. — Natur & Museum **127**: 11-30.

RUSE M. (1996): Monad to man: the concept of progress in evolutionary biology. — Harvard Univ. Press, Cambridge, Massachusetts-London, England.

SAPP J. (1983): The struggle for authority in the field of heredity, 1900-1932: New perspectives on the rise of genetics. — J. Hist. Biol. **16**: 311-342.

SAPP J. (1987): Beyond the gene. Cytoplasmic inheritance and the struggle for authority in genetics. — Oxford Univ. Press, New York, Oxford.

SCHINDEWOLF O.H. (1929): Ontogenie und Phylogenie. — Paläontol. Zeitschr. **11**: 54-67.

SCHINDEWOLF O.H. (1936): Paläontologie, Entwicklungslehre und Genetik. Kritik und Synthese. — Verlag Borntraeger, Berlin.

SCHINDEWOLF O.H. (1937): Beobachtungen und Gedanken zur Deszendenzlehre. — Acta biotheoretica **3**: 195-211.

SCHINDEWOLF O.H. (1944): Zum Kampf um die Gestaltung der Abstammungslehre. — Naturwiss. **32**: 269-282.

SCHINDEWOLF O.H. (1993): Basic questions in paleontology. — Univ. of Chicago Press, Chicago, London.

SCHNEIDER G. (1950): Die Evolutionstheorie. Das Grundproblem der modernen Biologie. — Dtsch. Bauernverlag, Berlin.

SCHNEIDER G. (1951): 25 Versuche zum Verständnis der Lehre MITSCHURINS und LYSSENKOS. — Volk & Wissen, Berlin, Leipzig.

SCHNEIDER G. (1952): Über die Mitschurin-Bewegung in der DDR. — Interagra, Zeitschr. Tschechoslow. Inst. internat. Zus.arbeit Land- und Forstwirtschaft, Band VI.

SCHULZ I. (Hrsg.) (1994): Die Stiftung Bernhard und Ilse RENSCH. Werke der Klassischen Moderne. — Bildhefte Westfälischen Landesmus. Kunst & Kulturgesch. 33, Münster.

SCHWANITZ F. (1943): Genetik und Evolutionsforschung bei Pflanzen. — In: HEBERER G. (Hrsg.): Die Evolution der Organismen, 2. Aufl., 430-478, G. Fischer Verlag, Jena.

Schwäbisches Tagblatt: „Ein schaffensfroher Emeritus. Prof. Dr. Walter ZIMMERMANN ist 75. Jahre alt" vom 9. Mai 1967.

SEMON R. (1910): Der Stand der Frage nach der Vererbung erworbener Eigenschaften. — In: ABDERHALDEN E. (Hrsg.): Fortschritte der Naturwissenschaftlichen Forschung, Urban & Schwarzenberg, Berlin, Wien.

SEMON R. (1912): Das Problem der Vererbung „erworbener Eigenschaften". — Verlag W. Engelmann, Leipzig.

SENGLAUB K. (1982): Die Vorgeschichte und Entwicklung der „synthetischen" Theorie der Evolution – Verzweigungen und Verflechtungen biologischer Disziplinen. — In: JAHN I. (Hrsg.): Geschichte der Biologie, 550-580, VEB G. Fischer Verlag, Jena (3. Aufl. 1998, im Druck).

SIEMENS J. (1997): Lyssenkoismus in Deutschland (1945-1965). — BIUZ **27**: 255-262.

SIMPSON G.G. (1944): Tempo and mode in evolution. — Columbia Univ. Press, NewYork.

SIMPSON G.G. (1949): Essay-review of recent works on evolutionary theory by RENSCH, ZIMMERMANN and SCHINDEWOLF. — Evolution **3**: 178-184.

SMIRNOW W.P. (1948): W. R. WILJAMS. Sein Leben und Werk. — Dtsch. Bauernverlag, Berlin.

SMOCOVITIS V.B. (1992): Unifying biology: The evolutionary synthesis and evolutionary Biology. — J. Hist. Biol. **25**: 1-65.

SMOCOVITIS V.B. (1994): Organizing evolution: Founding the society for the study of evolution (1939-1950). — J. Hist. Biol. **27**: 241-309.

SMOCOVITIS V.B. (1996): Unifying biology: The evolutionary synthesis and evolutionary biology. — Univ. Press, Princeton, New Jersey.

SOYFER V.N. (1994): LYSENKO and the tragedy of Soviet science. — Rutgers Univ. Press, New Brunswick, New Jersey.

STARCK D. (1965): Vergleichende Anatomie der Wirbeltiere von GEGENBAUR bis heute. — Verh. Dtsch. Zool. Ges. Jena: **28**: 51-67.

STARCK D. (1977): Tendenzen und Strömungen in der vergleichenden Anatomie der Wirbeltiere im 19. und 20. Jahrhundert. — Natur & Museum **107** (4): 93-102.

STARCK D. (1980): Die idealistische Morphologie und ihre Nachwirkungen. — Medizinhist. J. **15**: 44-56.

STEITZ E. (1993): Die Evolution des Menschen. — E. Schweizerbart`sche Verlagsbuchhandlung, Stuttgart.

STEMPELL W. (1935): Grundriß der Zoologie. — Verlag Borntraeger, Berlin.

STOLZ R. & J. WITTIG (1993): Carl ZEISS und Ernst ABBE. Leben, Wirken und Bedeutung. — Univ.-Verlag, Druckhaus Mayer, Jena.

STRESEMANN E. (1951): Die Entwicklung der Ornithologie. Von ARISTOTELES bis zur Gegenwart. — F. W. Peters, Berlin.

STUDY E. (1920): Eine lamarckistische Kritik des Darwinismus. — Zeitschr. Induktive Abstammungs- und Vererbungslehre **24**: 33-70.

THURM U. (1992): Nachruf auf Bernhard RENSCH. — Jahrbuch 1991, Rheinisch-Westfälische Akad. Wiss., Westdeutscher Verlag, Opladen, 49-54.

TIETZE S. (1911): Das Rätsel der Evolution. Ein Versuch seiner Lösung und zugleich eine Widerlegung des Lamarckismus und der Zweckmäßigkeiten. — Verlag E. Reinhardt, München.

TIMOFÉEFF-RESSOVSKY N.W. (1934): *Drosophila* im Schulversuch. — Biologe **3**: 141-147.

TIMOFÉEFF-RESSOVSKY N.W. (1939a): Genetik und Evolution (Bericht eines Zoologen). — Zeitschr. Induktive Abstammungs- und Vererbungslehre **76**: 158-219.

TIMOFÉEFF-RESSOVSKY N.W. (1939b): Genetik und Evolutionsforschung. — Verh. Dtsch. Zool. Ges. **12**: 157-169.

TIMOFÉEFF-RESSOVSKY N.W. (1940): Mutations and geographical variations. — In: HUXLEY J. (Ed.): The new systematics, 73-136, Clarendon Press, Oxford.

TIMOFÉEFF-RESSOVSKY N.W., ZIMMER K.G. & DELBRÜCK M. (1935): Über die Natur der Genmutation und der Genstruktur. — Nachr. Ges. Wissenschaften zu Göttingen, Fachgruppe VI, N.F. **1**: 190-245.

TORT P. (Ed.) (1992): Darwinisme et sociètè. — Press. Univ. de France.

TORT P. (1996): Dictionnaire du Darwinisme et de L`Evolution. — Press. Univ. de France.

UHLMANN E. (1923): Entwicklungsgedanke und Artbegriff in ihrer geschichtlichen Entstehung und sachlichen Beziehung. — G. Fischer Verlag, Jena.

USCHMANN G. (1958): Ernst HAECKEL. Forscher, Künstler, Mensch. — Urania-Verlag, Leipzig, Jena.

USCHMANN G. (1984): Ernst HAECKEL. Biographie in Briefen mit Erläuterungen. — Prisma Verlag, Gütersloh.

DE VRIES H. (1901): Die Mutationstheorie. Versuche und Beobachtungen über die Entstehung von Arten im Pflanzenreich. — 1. Bd., Verlag Veit & Comp., Leipzig.

WEIDENREICH F. (1921): Das Evolutionsproblem und der individuelle Gestaltungsanteil am Entwicklungsgeschehen. — Springer-Verlag, Berlin.

WEIDENREICH F. (1929): Vererbungsexperiment und vergleichende Morphologie. — Paläontol. Zeitschr. **11**: 275-286.

WEIDENREICH F. (1930): Vererbungsexperiment und vergleichende Morphologie. — Zeitschr. Induktive Abstammungs- und Vererbungslehre **54**: 8-19.

WEIGELT J. (1943): Paläontologie als stammesgeschichtliche Urkundenforschung. — In: HEBERER G. (Hrsg.): Die Evolution der Organismen, 131-182, G. Fischer Verlag, Jena.

WETTSTEIN F.V. (1942): Botanik, Paläobotanik, Vererbungsforschung und Abstammungslehre. — Paläobiologica **7**: 154-168.

WETTSTEIN F.V. (1939): Fortschritte der Botanik 8. — Springer-Verlag, Berlin.

Wettstein F.v. (1940): Fortschritte der Botanik 9. — Springer-Verlag, Berlin.

Wettstein F.v. (1941): Fortschritte der Botanik 10. — Springer-Verlag, Berlin.

Wettstein F.v. (1944): Fortschritte der Botanik 11. — Springer-Verlag, Berlin.

Woltereck R. (1932): Grundzüge einer allgemeinen Biologie. — F. Enke Verlag, Stuttgart.

Wright S. (1932): The roles of mutation, inbreeding, crossbreeding and selection in evolution. — Proc. of the Sixth Int. Congress of Genetics **1**: 356-366.

Wuketits F.M. (1980): Kausalitätsbegriff und Evolutionstheorie. — Duncker & Humblot, Berlin.

Wuketits F.M. (1984): Die Synthetische Theorie der Evolution – Historische Voraussetzungen, Argumente, Kritik. — Biol. Rdsch. **22**: 73-86.

Wuketits F.M. (1988): Evolutionstheorien. Historische Voraussetzungen, Positionen, Kritik. — Wissenschaftliche Buchgesellschaft, Darmstadt.

Wuketits F.M. (1989): Grundriß der Evolutionstheorie. — Wissenschaftliche Buchgesellschaft, Darmstadt.

Wuketits F.M. (1992): Bernhard Rensch and his contributions to Biological Science. — Biol. Zentralblatt **111**: 145-149.

Ziegler H.E. (1918): Die Vererbungslehre in der Biologie und in der Soziologie. — G. Fischer Verlag, Jena.

Zimmer K.G. (1982): N. W. Timoféeff-Ressovsky, 1900-1981. — Mutation Research **106**: 191-193.

Zimmermann W. (1930a): Die Phylogenie der Pflanzen. — G. Fischer Verlag, Jena.

Zimmermann W. (1930b): Diskussion zu den Beiträgen von Weidenreich (1930) und Federley (1930). — Zeitschr. Induktive Abstammungs- und Vererbungslehre **54**: 44.

Zimmermann W. (1938a): Vererbung „erworbener Eigenschaften" und Auslese. — G. Fischer Verlag, Jena.

Zimmermann W. (1938b): Die Telomtheorie. — Biologe **7**: 385-391.

Zimmermann W. (1941): Grundfragen der Stammesgeschichte, erläutert am Beispiel der Küchenschelle. — Biologe **10**: 404-414.

Zimmermann W. (1943): Die Methoden der Phylogenetik. — In: Heberer G. (Hrsg.): Die Evolution der Organismen, 2. Aufl. — G. Fischer Verlag, Jena.

Zimmermann W. (1948): Grundfragen der Evolution. — V. Klostermann, Frankfurt/Main.

Zimmermann W. (1953): Evolution. Die Geschichte Ihrer Probleme und Erkenntnisse. — Verlag K. Alber, Freiburg, München.

Zündorf W. (1939): Der Lamarckismus in der heutigen Biologie. — Archiv Rassen- und Gesellschafts-Biologie **33**: 281-303.

Zündorf W. (1940): Phylogenetische oder Idealistische Morphologie. — Biologe **9**: 10-24.

Zündorf W. (1942): Nochmals: Phylogenetik und Typologie. — Biologe **11**: 125-129.

Zündorf W. (1943): Idealistische Morphologie und Phylogenetik. — In: Heberer G. (Hrsg.): Die Evolution der Organismen, 86-104, G. Fischer Verlag, Jena.

Genutzte Archive

Archiv des Ernst-Haeckel-Hauses in Jena (EHH)
Archiv des Herbarium Haussknecht in Jena (JE)
Berlin Document Center (BDC)
Museum für Naturkunde in Berlin (MfN)
Universitätsarchiv Göttingen (UAG)
Universitätsarchiv Jena (UAJ)
Universitätsarchiv Tübingen (UAT)

Anmerkungen

1 Vgl. Mayr (1984, 1995), Engels (1995) und Junker & Richmond (1996).

2 Vgl. Heberer & Schwanitz (1960), Jahn (1982), Bowler (1983), Kohn (1985), Glick (1988), Pancaldi (1991), Tort (1992, 1996) und Engels (1995).

3 In diese Periode fällt auch die Aufspaltung der Biologie in verschiedene neue Fachdisziplinen wie Genetik, Embryologie, Ökologie, Ethologie und Zytologie. Die Zeit von Mitte der 30er bis zum Beginn der 70er Jahre stand dann später ganz unter dem Zeichen der Synthetisierung des evolutionsbiologischen Gedankengutes und kann auch als „Blütezeit" der Modernen Synthese beschrieben werden.

4 Der Begründungszeitraum der Modernen Synthese wird in der Literatur verschieden gefaßt. Für den angelsächsischen Sprachraum gilt das Jahr 1937 als Beginn (Erscheinungsjahr von Dobzhanskys „Genetics and the origin of species") und als Endphase die Jahre 1947 (Princeton-Konferenz vom 2. bis 4. Januar) bzw. 1950 (Erscheinungsjahr von Stebbins Buch „Variation and evolution in plants"). Die Synthese im deutschsprachigen Raum, die Teil dieser Entwicklung war, hat die Eckdaten 1937 (identisch mit dem angelsächsischen Sprachraum) und 1947 (Erscheinungsjahr von Renschs Buch „Neuere Probleme der Abstammungslehre"). Für den sowjet-russischen Sprachraum läßt sich der Beginn einer Synthese bereits auf den Anfang der 30er Jahre zurückdatieren (Bucharin 1932, Mikulinskij 1983, Peters 1985, Kolchinsky 1997).

5 Bereits 1932 hatte der sowjet-russische Biologe Nikolaj BUCHARIN auf einer dem 50. Todestag DARWINS gewidmeten Sitzung den Darwinismus als „Synthetische Theorie der Evolution" bezeichnet (KOLCHINSKY 1997: 2).

6 Vorschlag von JUNKER auf der Göttinger-Tagung „Evolutionsbiologie von DARWIN bis heute, in Anlehnung an die gemeinsamen Forschungen mit REIF und HOSSFELD.

7 Vgl. MAYR (1995), RUSE (1996) und SMOCOVITIS (1996). Siehe ebenso Tab. 2.

8 Für den sowjet-russischen Sprachraum haben ADAMS (1970, 1980, 1994), DOBZHANSKY (1980), MIKULINSKIJ (1983) und PETERS (1985) einige Arbeiten über den Einfluß der sowjet-russischen Biologie auf die Herausbildung der Modernen Synthese vorgelegt; ebenso sind die neueren Publikationen von KOLCHINSKY (1994, 1997, 1997a) und GALL (1997) zu erwähnen. Aus dem französischen Sprachraum wären die von TORT herausgegebenen Sammelbände (1992, 1996) zu nennen, in denen versucht wurde, die Darwinismus-Diskussion internationaler zu gestalten.

9 Am Lehrstuhl für Ethik in den Biowissenschaften der Universität Tübingen wurde im Dezember 1996 ein Workshop zur Fragestellung: „Gab es eine 'Moderne Synthese' in Deutschland'"? organisiert, an dem zahlreiche Wissenschaftler aus den verschiedensten Fachgebieten teilgenommen haben. Im Ergebnis dieser Tagung ist der Sammelband von JUNKER & ENGELS (1998) entstanden. Im Dezember 1997 wurde ein weiterer internationaler Workshop, mit finanzieller Unterstützung der VW-Stiftung, zum Thema „Evolutionsbiologie von DARWIN bis heute" am Institut für Wissenschaftsgeschichte der Universität Göttingen veranstaltet, in dessen Verlauf einige Fragestellungen von 1996 aufgegriffen und weiter diskutiert wurden. Es ist ebenfalls geplant, Ergebnisse dieses Workshops als Sammelband 1999 im Berliner VWB-Verlag zu publizieren.

10 Vgl. JUNKER & ENGELS (1998), HAFFER (1997a,b; 1998), HOSSFELD & JUNKER (1998), HOSSFELD (1997, 1998a-c), JUNKER (1998a), REIF (1997b, 1998). Siehe ergänzend die einzelnen Argumente in den deutschsprachigen Publikationen von MAYR (ab 1942), HEBERER (ab 1939), RENSCH (ab 1929), STRESEMANN (1951), ZIMMERMANN (1948, 1953), OSCHE (1972), LÜERS et al. (1974), REIF (1983, 1986, 1993), HOPPE (1985), KÄMPFE (1992), STEITZ (1993), HENKE & ROTHE (1994), BEURTON (1994, 1995), JUNKER (1996a, 1998b), OEHLER (1996) und WUKETITS (1980, 1984, 1988, 1989, 1992).

11 Bereits zwanzig Jahre zuvor hatte DOBZHANSKY bemerkt: „In neuerer Zeit erfolgte eine andere wichtige Entwicklung. Das, was ursprünglich eine genetische Theorie der Evolution war, wurde zu einer biologischen Theorie der Evolution verbreitert. Zeugnisse aus allen biologischen Wissenschaften wurden synthetisiert und brachten Beiträge zum Verständnis dafür, wie die Evolution erfolgt. Die wichtigsten Ereignisse bei dieser Synthese waren wahrscheinlich die Veröffentlichungen von MAYR (1942) und STEBBINS (1950) über Evolutionismus und Systematik, von SIMPSON (1944) und RENSCH (1947, 1954) über Paläontologie und Morphologie, von SCHMALHAUSEN (1949) über Morphologie und Embryologie, von DARLINGTON (1939) und WHITE (1945) über Zytologie und das umfassende Sammelwerk von HEBERER (1943, 1959)" (DOBZHANSKY 1960: 34).

12 Eine Hauptursache darin zu sehen, daß Englisch die Weltsprache ist und man als Wissenschaftler dieser Entwicklung Rechnung tragen müsse, reicht als wissenschaftshistorische Begründung an dieser Stelle sicherlich nicht aus. Vgl. dazu nochmals KRAUS & HOSSFELD (1998).

13 So behauptete SMOCOVITIS: „... the evolutionary synthesis was primarily an American (to some extent, an Anglo-American) phenomenon" (1996: 147, Fußnote 151). Vgl. weiterführend REIF (1997b).

14 Der Jenaer Zoologe Eduard UHLMANN (1888-1974) bemerkte bereits 1921 im Vorwort seines Buches „Entwicklungsgedanke und Artbegriff": „Wir Biologen können aus der Geschichte der Biologie [...] lernen, [...], daß sich die biologische Forschung - wie schon DARWIN betont hat - niemals in einer Theorie oder Methode einseitig festlegen darf." (1923: 2). Alle bisher gemachten Bemerkungen lassen sich auch uneingeschränkt auf den sowjet-russischen Sprachraum übertragen.

15 Vgl. ENGELS (1995), DI GREGORIO (1984, 1995a, 1995b), JAHN (1982) und TORT (1996).

16 Nach HEBERER (1974: 396) findet sich die Unterscheidung von Mikro- und Makroevolution erstmalig bei Juri PHILIPTSCHENKO (1927: 93). ZIMMERMANN plädierte (1943: 28) dann für die Einführung der philologisch besseren Begriffe „Makro- und Mikrophylogenie", die RENSCH dann 1947 durch „infraspezifische Evolution" (Mikroevolution) und „transspezifische Evolution" (Makroevolution) ersetzte. Vgl. ebenso ZIMMERMANN (1941).

17 Der **Lamarckismus** postuliert, daß stammesgeschichtliche Veränderungen im Evolutionsprozeß auf das allmähliche Erblichwerden von Modifikationen, die durch Umwelteinflüsse bzw. durch Gebrauch oder Nichtgebrauch zustande kamen, zurückzuführen seien. Die **Saltationstheorie** hingegen behauptet, daß neue Organismentypen durch das plötzliche Auftreten eines einzelnen neuen Individuums entstanden seien (spontaner, sprunghafter Übergang), das zum Vorgänger dieser neuen Organismenart wurde. Vgl. stellvertretend MAYR (1985) und LÖTHER (1989).

18 „BÖKERS großes Verdienst liegt darin, daß er auf breiter Basis das lebende Tier in seiner natürlichen Umwelt beobachtet und eine Fülle von Beobachtungen zur vergleichenden Funktionsmorphologie erarbeitet hat. Aber seine Theorie ist axiomatisch und typologisch" (STARCK 1977: 99; vgl. ebenso 1965: 61-62, und FÜLLER 1955/56).

19 Vgl. das ausführliche Veto von ZIMMERMANN (1938) gegen den Lamarckismus. Siehe weiterführend RENSCH (1929-1983), MAYR & PROVINE (1998), HOSSFELD & JUNKER (1998) und HOSSFELD (1998a-c). Bereits vor dem Buch von ZIMMERMANN (1938) hatte Sigfried TIETZE im Jahre 1911 die Abhandlung „Das Rätsel der Evolution. Ein Versuch seiner Lösung und zugleich eine Widerlegung des Lamarckismus und der Zweckmäßigkeitslehre" vorgelegt und darin u. a. bemerkt: „Daß dem früher in den Himmel gehobenen Darwin in der jüngsten Zeit der Lorbeerkranz vom Haupte gerissen und LAMARCK gereicht wird, geschieht zu Unrecht..." (S. 5).

20 Siehe ebenso RENSCH (1976: 228, 1979, 1980).

21 Z. B. mit SCHINDEWOLF, HENNIG, Edgar DACQUE (1935), BEURLEN, Oskar KUHN (1943, 1947) und HUENE (1941).

22 Vgl. BARTHELMESS (1952), MAYR (1984), HARWOOD (1985, 1987, 1993) und SAPP (1983, 1987).

23 Vgl. Valentin HAECKER (1911), Ludwig PLATE (1913), Heinrich Ernst ZIEGLER (1918), Erwin BAUR (1922), Johannes MEISENHEIMER (1923), Richard GOLDSCHMIDT (1923) und Alfred KÜHN (1939).

24 „Lehrbücher sind ein gewisser Gradmesser für die allgemeinere Verbreitung von Fakten, Hypothesen und Theorien." (SENGLAUB 1982: 570). Siehe dazu Oscar HERTWIG „Allgemeine Biologie" (1923); Max HARTMANN „Allgemeine Biologie" (1927); Carl CLAUS, Karl GROBBEN & Alfred KÜHN „Lehrbuch der Zoologie" (1932); Richard WOLTERECK „Grundzüge einer allgemeinen Biologie" (1932); Walter STEMPELL „Grundriß der Zoologie" (1935); Richard HESSE & Franz DOFLEIN „Tierbau und Tierleben" (1935) und Paul BUCHNER „Allgemeine Zoologie" (1938).

25 Vgl. J. B. S. HALDANE (1932), Thomas H. MORGAN (1932) und DOBZHANSKY (1937).

26 Siehe weiterführend zu SCHINDEWOLF die Publikationen von HAASE-BESSELL (1941), BEURTON (1979) und REIF (1993, 1997a, 1998); zur Kontroverse SCHINDEWOLF vs. HEBERER: HOSSFELD (1997). Zu SIMPSON vgl. SIMPSON (1949) und JUNKER (1998c).

27 Vgl. DOBZHANSKY (1960), MAYR (1984), SAPP (1983, 1987) und HARWOOD (1993).

28 Vgl. HOSSFELD (1997) zur Vorbereitung und Durchführung der Reise.

29 WALLACE hatte auf seinen Reisen von 1854-62 durch den Indonesischen Archipel eine Grenzlinie zwischen asiatisch-malaiischer Fauna und der Übergangszone zur australischen von Papua-Neuguinea/Australien sowie zwischen Bali und Lombok, durch die Makassar-Straße und die Celebes-See und zwischen den südlichen Philippinen-Inseln und den Molukken gezogen, die heute noch seinen Namen trägt. Diese Straße von Lombok ist als „WALLACE-Linie/WALLACEsche Linie" in der biologischen Terminologie fest verankert. Außerdem war WALLACE während seiner Reisen im Archipel zu den gleichen Antworten auf die Frage nach der Verschiedenheit der Arten gelangt, wie DARWIN nach der „Beagle-Reise" (1831-1836) auf seinem englischen Landsitz Down. Vgl. weiterführend DARWIN (1962), CAMERINI (1993, 1996), ENGLAND (1997) und OOSTERZEE (1997).

30 Gespräch mit dem Verfasser am 27. Juni 1997 in Tübingen (Institut für Entwicklungsphysiologie). Vgl. weiterführend MERTENS (1928, 1934) und MERTENS & MÜLLER (1928).

31 Die unterstrichenen Orte im Haupttext beziehen sich auf das Jahr 1927/28. Vgl. stellvertretend die Publikationen der Nichtteilnehmer: E. AHL: Zur Kenntnis der Leuchtfische der Gattung *Myctophum*. Zool. Anz. 81, Heft 7/10: 134-197, 1929; F. KIEFER (Dilsberg): Neue Ruderfußkrebse von den Sunda-Inseln. Zool. Anz. 84: 46-49, 1929; J. RUX (Berlin): Süßwasserdecapoden von den Sunda-Inseln, gesammelt durch die Sunda-Expedition RENSCH. Sitz. ber. der Ges. Naturfor. Fr. zu Berlin, 1. Mai 1929; C. ATTEMS (Wien): Myriopoden der Kleinen Sunda-Inseln, gesammelt von der Expedition Dr. RENSCH. Mitteil. aus dem Zool. Mus. Berlin 16, Heft 1: 117-184, 1930; A. SCHELLENBERG (Berlin): Amphipoden der Sunda-Expeditionen THIENEMANN und RENSCH. Arch. f. Hydrobiologie, Suppl.-Bd. VIII: 493-511, 1931; H. UDE (Hannover): Beiträge zur Kenntnis der Gattung *Pheretina* und ihrer geographischen Verbreitung. Arch. f. Naturgesch., Zeitsch. f. wiss. Zool. 1, N. F., Heft 1: 114-190, 1932; P. SACK (Frankfurt): Syrphiden (Diptera) von den Kleinen Sunda-Inseln. Zool. Anz. 100, Heft 9/10: 225-234, 1932; E. REISMOSER (Wien): Arachnoidea der Sunda-Expedition RENSCH. Mitteilg. aus dem Zool. Mus. Berlin 17, Heft 5: 744-752, 1932; C. HEINRICH (Dresden): Farne und Bärlappe der Sunda-Expedition RENSCH. Hedwigia 74: 224-256, 1934; J. VON MALM (Berlin): Die Phanerogamenflora der Kleinen Sunda-Inseln und ihre Beziehungen. Dissertation, A. W. Hayns Erben, Potsdam 1934.

32 Vgl. RENSCH (1979) und HOSSFELD (1998b); Brief von W. ENGELS an den Verfasser (9. Jänner 1997).

33 Ebenda.

34 RENSCH wurde am 22. Dezember 1922 bei HAECKER mit einer Promotion zum Thema: „Ursachen von Riesen- und Zwergwuchs beim Haushuhn" in Halle promoviert. HEBERER folgte zwei Jahre später (20. Dezember 1924) mit der Arbeit über „Die Spermatogenese der Copepoden. I. Die Spermatogenese der Centropagiden nebst Anhang über die Oogenese bei *Diaptomus Castor*."

35 Vgl. RENSCH (1980), HAMBURGER (1980), MAYR (1980), HOPPE (1985), HAFFER (1997b), HOSSFELD & JUNKER (1998) und HOSSFELD (1998a-c).

36 Man wollte „dem leidigen Zustand ein Ende [bereiten], daß zwei Disziplinen, deren Zusammenwirken für eine fruchtbare weitere Arbeit in den Grundfragen der Biologie dringend nötig wäre, dauernd aneinander vorbeireden." (WEIDENREICH 1930: 19). Die Vorträge wurden im Anschluß an die Tagung in den entsprechenden Fachzeitschriften der Gesellschaften abgedruckt; für die Paläontologen war das die „Paläontologische Zeitschrift" (1929) und für

die Genetiker die „Zeitschrift für Induktive Abstammungs- und Vererbungslehre" (1930).

37 Vgl. Federley (1929, 1930), Weidenreich (1921, 1929, 1930), Schindewolf (1936), Rensch (1980) und Mayr (1980).

38 Vgl. weiterführend Kohring (1997).

39 Siehe ebenso die Bemerkungen von Rensch (1980), Mayr (1984), Harwood (1993) und Reif (1997a, 1998).

40 Vgl. auch Barthelmess (1952).

41 Vgl. Zeitschrift für Induktive Abstammungs- und Vererbungslehre (ZIAV) 76, 1939: Bauer H.: Die Chromosomenmutation (S. 309-322); Melchers G.: Genetik und Evolution [Bericht eines Botanikers] (S. 229-259); Pätau K.: Die mathematische Analyse der Evolutionsvorgänge (S. 220-228); Reini, W. F.: Die genetisch-chorologischen Grundlagen der gerichteten geographischen Variabilität (S. 260-308); Timoféeff-Ressovsky N. W.: Genetik und Evolution [Bericht eines Zoologen], (S. 158-219) und Müntzig A.: Chromosomenabberrationen bei Pflanzen und ihre genetische Wirkung (S. 323-351).

42 Vgl. zum Einfluß von Timoféeff auf die deutschsprachige Evolutionsbiologie: Hossfeld (1998c).

43 Der Vortrag war in fünf Teile gegliedert: I. Einleitung (S. 159-161); II. Das Evolutionsmaterial (S. 161-187); III. Evolutionsmechanismus (S. 187-206); IV. Methoden der genetisch-evolutionistischen Forschung (S. 206-210); V. Schlußbemerkungen (S. 210-211). Das Literaturverzeichnis der gedruckten Vortragsfassung umfaßt 255 internationale Publikationen (ZIAV LXXVI, 1939, S. 211-218).

44 In einer Rezension schrieb der Jenaer Botaniker Werner Zündorf (1911-1943): „Der Vortrag wird für Diskussionen über das Evolutionsproblem von grundsätzlicher Bedeutung sein, da er in konzentriertester Form alle wesentlichsten und neuesten Argumente für eine genetische Theorie der Evolution bietet." (Zeitschrift für Rassenkunde 11: 81, 1943).

45 Timoféeffs Biograph Granin schrieb zum historischen Stellenwert des Würzburger-Vortrages: „1938 hält er in der Jahresversammlung der genetischen Gesellschaft den sensationellen Vortrag „Genetik und Evolution vom Standpunkt des Zoologen"..." (1988: 103-104).

46 Fast fünf Jahrzehnte später bemerkte Melchers zu seinem Vortrag: „Von Wettstein und Hartmann hatten mich für einen Hauptvortrag „Genetik und Evolution, Bericht eines Botanikers" vorgesehen, und das im Anschluß an Timoféeff-Ressovskys „Bericht eines Zoologen"! Es war der schlechteste Vortrag, den ich jemals gehalten habe. Ich interessierte mich nicht für das, was ich zu sagen hatte. Alles prinzipiell Wichtige hatte Timoféeff mit seinem umwerfenden Temperament gesagt" (1987: 386).

47 Vgl. hierzu das 1938 beim Stuttgarter Georg Thieme Verlag erschienene Buch des Zoologen W. Ludwig über „Faktorenkopplung und Faktorentausch bei normalem und abberratem Chromosomenbestand". Ludwigs wissenschaftliches Verdienst war es, in späteren Jahren die Ergebnisse aus den Fachgebieten der Genetik, Zoologie, Evolutionsbiologie, Mathematik und Physik auf einen gemeinsamen Nenner gebracht zu haben, so u. a. in seinen Beiträgen von (1939a, 1939b, 1943, 1953).

48 Vgl. weiterführend Reif (1993, 1997a, 1998).

49 Der Rensch-Schüler Wolf Engels (Tübingen) berichtete am 25. September 1997 in einem Gespräch dem Verfasser davon, daß die Habilitation von Rensch 1935 in Berlin absichtlich von den „Offiziellen" verschleppt worden war und Rensch sich deshalb in Münster habilitieren mußte. Trotzdem sei Rensch dann später in den 40er Jahren wöchentlich nach Berlin-Dahlem (KWI) zu Gesprächen mit Timoféeff, Heisenberg und C. F. v. Weizsäcker gefahren. Prinzipiell soll Rensch den empirischen Daten mehr Glauben geschenkt haben als den „theoretischen Befunden".

50 Zur Biographie siehe weiterführend die Akten im MfN Berlin; Rensch (1960, 1979), Altevogt (1960), Mayr (1981), Dücker (1985), Ant (1990), Rahmann (1990), Gerken (1992), Thurm (1992), Wuketits (1992), Schulz (1994) und Hagencord (1997).

51 Vgl. weiterführend zur Biographie: Hossfeld (1997) bzw. die Archivalien im BDC (jetzt Bundesarchiv Berlin-Lichterfelde), UAJ, UAG, UAT, EHH und JE.

52 Vgl. weiterführend zur Biographie: Schwäbisches Tagblatt vom 9. Mai 1967, Daber (1982), Mägdefrau (1990) und Junker (1998a) bzw. die Archivalien im UAT 193/4679.

53 Vgl. weiterführend Mayr & Provine (1980), Bethge (1980), Eichler (1982, 1987), Zimmer (1982), Granin (1988), Müller-Hill (1988), Paul & Krimbas (1992), Fischer (1993), Adams (1994), Moore (1994), Beyler (1996), Hossfeld (1998c) und Junker (1998b).

54 Siehe ergänzend Breidbach (1996).

55 Timoféeff war zudem in seiner Berliner Zeit bemüht, diese aktuellen Forschungsergebnisse der zukünftigen Forschergeneration wert- und ideologiefrei vorzustellen und verfügbar zu machen. So findet man 1934 bzw. 1939 (mit Hans Bauer) zwei Artikel in der Zeitschrift „Der Biologe", der Monatsschrift des Reichsbundes für Biologie und des Sachgebietes Biologie des NSLB (Nationalsozialistischer Lehrerbund).

56 UAJ, Best. U, Abt. 10, Nr. 14. Siehe weiterführend Krauße (1993).

57a Im Vorab-Essay für eine Zeitungsnotiz bemerkte Timoféeff u. a.: „Neben der klassischen Evolutionsforschung, die die morphologischen Hauptphänomene und phylogenetischen Hauptetappen der Makroevolution schon weitgehend geklärt hat, kann heutzutage, ausgehend von den Erkenntnissen der experimentellen Genetik, Überlegungen, Beobachtungen und Versuche zur Feststellung der tatsächlichen Mechanismen der Mikroevolution durchgeführt werden, wobei unter letzterer die Evolutionsabläufe innerhalb niederer systematischer Kategorien und übersehbarer zeitlicher und räumlicher Verhältnisse verstanden werden." (Ebd., Nr. 54).

57b „Donnerstag 11. Mai [1944]: TIMOFÉEFF von der Bahn abgeholt (in alter Frische!) – bei SKRAMLIK abgeliefert ... Freitag... TIMOFÉEFF bei SKRAMLIK abgeholt. Zu mir – Gespräche über die Lage in der Biologie – er kann als Russe manche Deutsche natürlich nicht verstehen" (HEBERER-Aufzeichnungen von 1944; Nachlaß).

58 Ebd., Nr. 14, RENSCH an SKRAMLIK in einem Brief vom 3. März 1943. Zu den besonderen Begleitumständen seines Kommens bemerkte er: „Ich bin als Reserve-Offizier nur ëvorläufigí aus der Wehrmacht entlassen, weil ich mir bei Petersburg eine Myocarditis zugezogen hatte." (Brief an SKRAMLIK vom 15. Februar 1943, Nr. 54).

59 Ebd., Nr. 48. Eine Vielzahl der von FRANZ gemachten Aussagen stimmen nicht, wie mein biographischer Abriß verdeutlicht.

60 Ebd., Nr. 34.

61 Zu LYSSENKO vgl. stellvertretend LYSSENKO (1951), JORAVSKY (1970), REGELMANN (1980), EICHLER (1992), SOYFER (1994), SIEMENS (1997) und ROSSMANITH & RIESS (1997).

62 E. MAYR in einem Brief an den Verfasser vom 11. Juni 1997.

63 Siehe stellvertretend die Bemerkungen zur Idealistischen Morphologie, einem Spezifikum innerhalb der geführten evolutiven Auseinandersetzungen im deutschen Sprachraum, bei ZÜNDORF (1939, 1940, 1942, 1943), STARCK (1965, 1980) und NICKEL (1996). Insbesondere ZÜNDORF wandte sich „im klassischen Land der idealistischen Morphologie" (STARCK 1965: 61) während seiner Jenaer Jahre (1938-1943) verstärkt in Publikationen gegen diese antidarwinistische Theorie.

64 „Had he lived longer, according to Stebbins, Baur would have been a major-contributor of the synthetic theory of evolution in plants" (HARWOOD 1993: 110).

65 An anderer Stelle heißt es: „Nur die Auslese des Lebenstüchtigen ist auch beim Menschen der richtende Faktor, der auf Häufung 'zweckmäßiger, arterhaltender' Einrichtungen hinwirkt" (S. 294). Vgl. weiterführend zur Ambivalenz der Persönlichkeit von ZIMMERMANN: JUNKER (1998a).

66 Beide hatten sich in Tübingen kennengelernt und hier bereits über phylogenetische Probleme diskutiert, denn ZIMMERMANN schrieb im Vorwort (1938: VIII): „Besonders wertvoll war mir die eingehende Beratung auf zoologischem Gebiete durch meinen zoologischen Kollegen Gerhard HEBERER, der auch mein Buch im Werden gelesen hat." Die Witwe HEBERERS bestätigte in einem Gespräch am 17. Dezember 1997 in Göttingen dem Verfasser diesen Sachverhalt.

67 Vgl. stellvertretend Eugenio RIGNANO (1907), Richard SEMON (1912), Eduard STUDY (1920), Paul KAMMERER (1925), Ludwig PLATE (1931), Richard GOLDSCHMIDT (1931).

68 In einem speziellen Aufsatz zu diesem Themenpunkt habe ich versucht, diesen konkreten Beitrag von DOBZHANSKY näher zu skizzieren (vgl. HOSSFELD 1998c). Vgl. ebenso MIKULINSKIJ (1983) und ADAMS (1994).

69 Vgl. HOSSFELD & JUNKER (1998); HOSSFELD (1998a, 1998b).

70 „DOBZHANSKY`s Buch 1937 war grossartig, aber gerade in Bezug auf Art + Artbildung nur viel zu kurz. Es enthielt nicht einmal ein Kapitel über Speciation. Er machte auch allerlei Fehler, wie z. B. die Definition der Isolating Mechanisms." (E. MAYR in einem Brief an den Verfasser vom 11. Juni 1997.)

71 Bestimmte Passagen dieses Abschnittes sind meinem Beitrag im Sammelband von JUNKER & ENGELS (1998) entnommen und für diesen Aufsatz leicht verändert worden.

72 Vgl. PÄTAU (1948), HEBERER (1951), DOBZHANSKY (1960), MAYR (1984), HAFFER (1997b), HOSSFELD (1997, 1998a-c), HOSSFELD & JUNKER (1998) und REIF (1997b, 1998).

73 Mit dieser Übersetzung wurde das zweite bedeutende Buch (nach DOBZHANSKY) der angelsächsischen Modernen Synthese dem deutschsprachigen Leserkreis zugänglich gemacht.

74 Vgl. HOSSFELD (1997: 126-128).

75 Im Vorwort zur zweiten Auflage (1959) ergänzte HEBERER: „Eine Darstellung des aktuellen Standes der Abstammungslehre erschien auch deshalb angebracht, weil bei der damaligen Lage mit weltanschaulich-politischen Mitteln der Versuch unternommen wurde, dieses zentrale Gebiet der naturwissenschaftlichen Biologie zu diskreditieren".

76 Natürlich durfte eine weltanschauliche Einordnung des Sammelwerkes an dieser Stelle nicht fehlen. HEBERER bemerkte im Vorwort (geschrieben im Herbst 1942): „Das Werk ist inmitten des europäischen Freiheitskampfes geschrieben worden. Es ist aber nicht nur ein Buch der Heimat; denn mehrere Mitarbeiter haben ihre Beiträge als Soldaten verfaßt und selbst während des Fronteinsatzes die Arbeit nicht vergessen! Es sind dies W. HERRE, C. v. KROGH, W. LUDWIG, B. RENSCH, W. ZIMMERMANN und W. ZÜNDORF ... So ist das Buch zugleich auch eine Gabe der kämpfenden Front!" (1943c: V).

77 Vgl. HOSSFELD (1997, 1998a) und REIF (1998).

78 „Es bestand kein Anlaß, den bewährten Plan des Werkes grundsätzlich zu ändern." (1959, 2. Aufl., S. 7).

79 Hier möchte ich auf meinen Beitrag im Sammelband von JUNKER & ENGELS (1998) verweisen.

80 Vgl. die Hinweise in den Beiträgen des Sammelwerkes bzw. die Zitation im Literaturverzeichnis bei ZIMMERMANN (S. 55), RENSCH (S. 84), ZÜNDORF (S. 103), WEIGELT (S. 180), BAUER et al. (S. 418), SCHWANITZ (S. 475), LUDWIG (S. 518), HERRE (S. 543), HEBERER (S. 583) und RECHE (S. 705). Vgl. ergänzend die Interviews (mit STARCK und HERRE) im Sammelband von JUNKER & ENGELS (1998).

81 Vgl. HOSSFELD (1997: 139, Fußnote 37).

82 In der Schlußbemerkung seines Beitrages „Theorie der additiven Typogenese" (3. Auflage) formulierte HEBERER: „Die von uns erstmalig in der ersten Auflage dieses Werkes dargestellte Auffassung des phyletischen Typenproblemes (der transspezifischen Evolution i. S. RENSCHS, 1947) hat also durch die Entwicklung der Paläontologie und der Evolutionsgenetik ihre vollständige Bestätigung gefunden. Es scheint daher in der Tat, als ob die experimentelle Phylogenetik mit der Analyse des aktuellen Evolutionsmechanismus die Grundzüge der Kausalität der Evolution überhaupt erfaßt hat" (1974: 440).

83 „Es war ein glücklicher Gedanke des Herausgebers ... dieses Werk als eine Gemeinschaftsarbeit erster Fachkenner zu gestalten und so von vornherein den Vorwurf auszuschalten, das Buch sei einseitig" (S. 15).

84 „Ein gleichmäßig abgewogenes Bild der heutigen Abstammungsforschung wird jedoch nicht angestrebt und erreicht. Das Werk stellt sich vielmehr in aller Eindeutigkeit auf den Boden des Mechanismus und hier, was die Kausalforschung betrifft, auf den des Darwinismus oder besser Neodarwinismus (Selektionstheorie). Andere Richtungen kommen nur soweit zu Wort, wie sie widerlegt werden sollen" (S. 101). Die EICKSTEDT-Schülerin fährt fort, daß insbesondere W. LUDWIG und G. HEBERER zu den „Optimisten" gehörten, „die glauben, für die Makroevolution keine anderen Mechanismen annehmen zu brauchen, als sie für die Mikroevolution bekannt sind."

85 Dieses ambivalente Verhalten einiger Wissenschaftler während der NS-Zeit muß in den nächsten Jahren noch eingehender untersucht werden. Vgl. dazu die Beiträge von HOSSFELD und JUNKER im Göttinger-Sammelband (1999, in Vorbereitung, Hrsg. R. BRÖMER, U. HOSSFELD & N.A. RUPKE).

86 Aus Platzgründen ist es an dieser Stelle nicht möglich, eine Kommentierung der einzelnen Artikel vorzunehmen. Auch diese Übersichtsdarstellung zeigt, daß sich unter den Autoren die bereits mehrfach schon erwähnten Biologen wiederfinden.

87 Diese Aussage läßt sich zusätzlich durch ein weiteres Zitat von J. HUXLEY belegen: „... suchte mich [während einer Tagung in Schweden] Professor BERNHARD RENSCH auf, der im Krieg ein allgemeines Buch über Evolution geschrieben hatte, ein sehr ähnliches Gegenstück zu meiner Evolution, the Modern Synthesis. Keiner von uns hatte gewußt, was der andere tat, doch das Zusammentreffen zeigte uns, daß die Zeit für eine Neubewertung ... reif war" (HUXLEY 1974: 337).

88 Vgl. weiterführend HARWOOD (1993). Diese Aussage muß ebenso in den nächsten Jahren noch durch weitere Untersuchungen belegt werden.

89 Vgl. z. B. SMIRNOW (1948), SCHNEIDER (1950, 1951), SCHNEIDER (1952) und MORTON (1954).

90 Vgl. RENSCH (1947), HOSSFELD (1997), HÖXTERMANN (1997), HOSSFELD & JUNKER (1998) und JUNKER & ENGELS (1998). Siehe hierzu auch die Bemerkungen des amerikanischen Nobelpreisträgers für Medizin James D. WATSON (*1928) „Leichte Schatten über Berlin" in der FAZ, Nr. 165 vom 19. Juli 1997. Darin heißt es u. a.: „Nach dem Ende des Krieges wurden die an den Greueln direkt Beteiligten in Nürnberg verurteilt. Einige begingen Selbstmord, einige wurden hingerichtet. Aber die Gelehrten, deren Hände nicht direkt blutig geworden waren und die sagen konnten, daß sie nie mehr als wissenschaftliche Berater waren, besetzten wieder die führenden akademischen Positionen in Genetik, Psychiatrie und Anthropologie. Die Deutschen hatten nie die sittliche Verkommenheit, die im Namen der Genetik begangen worden war, niedergekämpft. Ein wirkungsvolles Moratorium dieser Fächer für zehn oder zwanzig Jahre nach dem Krieg wäre besser gewesen. Statt dessen befleckte die Fäulnis der Nazi-Genetik das deutsche Universitätssystem bis in die späten sechziger Jahre".

91 Siehe ebenso ANKEL (1957), GEUS & QUERNER (1990) sowie HOSSFELD (1998a).

92 Entsprechend den Literaturangaben in HEBERER (1943).

93 Zu den Autoren der Bände gehörten z. B.: G. MELCHERS, E. V. HOLST, O. KOEHLER, H. AUTRUM, H. MARQUARDT, F. OEHLKERS, H. BAUER, K. PÄTAU, W. ZIMMERMANN und W. TROLL. Andere Bände thematisierten u.a. Themen wie Biophysik (Bände 21 und 22; Hrsg. von B. RAJEWSKY und M. SCHÖN) bzw. Biochemie (Band 39; Hrsg. A. KÜHN). Auch in ZIMMERMANNS Buch von 1948 finden sich kaum angelsächsische Literaturangaben (zitiert werden nur die Arbeiten von WRIGHT 1932, OSBORN 1934 und FISHER 1930).

Anschrift des Verfassers:
Dr. Uwe HOSSFELD
Ernst-Haeckel-Haus
Institut für Geschichte der Medizin,
Naturwissenschaft und Technik
Friedrich-Schiller-Universität
Berggasse 7
D-07745 Jena
Deutschland

mosphaeromma Eucecryphalium Eucecryphalus Eucollosphaera Eucopium
oronis Eucyrtidium Eucyrtis Eucyrtomphalus Eudoxella Eulithota Euphysetta
ilema Eurambessa Eurhizostoma Euscenarium Euscenidium Euscenium
yringartus Eusyringium Eusyringoma Eutimalphes Eutimeta Eutimium
ympanium Floresca Forskaliopsis Foscula Gamospyris Gastropysema Gazellarium
elletta Gazellidium Gazellonium Gazellusium Geryones Giraffospyris Glossocodon
ssoconus Gorgonetta Gorgospyris Gorgospyrium Hagiastrella Hagiastromma
iastrum Halicapsa Haliommantha Haliommetta Haliommilla Haliommura
iphysema Haplorhiza Heliocladus Heliodendrum Heliodiscetta Heliodiscilla
iodiscomma Heliodiscura Heliodiscus Heliodrymus Heliosestantha Heliosestilla
iosestomma Heliosestrum

PHILOSOPHISCHE ASPEKTE

Heliosoma
iosomantha Heliosomura Heliosphaera Heliosphaerella Heliosphaeromma
iostaurus Heliostylus Heptaplegma Hexacaryum Hexacolparium Hexacolpidium
acolpus Hexaconarium Hexaconidium Hexacontanna Hexacontarium Hexacontella
acontium Hexacontosa Hexacontura Hexaconus Hexacorethra Hexacoronis
acromidium Hexacromydium Hexacromyon Hexacromyum Hexactura
adendrum Hexadilemma Hexadoras Hexadoridium Hexadorium Hexadrymium
alacorys Hexalasparium Hexalaspidium Hexalaspis Hexalastromma Hexalastrum
alatractus Hexaloncharа Hexaloncharium Hexalonche Hexalonchetta
alonchidium Hexalonchilla Hexalonchusa Hexancistra Hexancistra Hexancora
aphormis Hexapitys Hexaplagia Hexaplagidium Hexaplecta Hexaplegma
apleuris Hexapyle Hexapytis Hexarhizites Hexaspongonium Hexaspyridium
aspyris Hexastylanthus Hexastylarium Hexastylettus Hexastylidium Hexastylissus
astylurus Hexastylus Hexinastrum Hexonasparium Hexonaspidium Hexonaspis
oniscus Histiastrella Histiastromma Holosiphonia Hyalophyllum Hylaspis
nenactinium Hymenactura Hymenacturium Hymenastrella Hymenastromma
tichaspis Hystrichasparium Hystrichaspidium Hystrichaspis Icosasparium
aspidium Icosaspis Irenium Lampoxanthella Lampoxanthium Lampoxanthomma
npoxanthura Lamprocyclas Lamprocyclia Lamprocycloma Lamprodisculus
npromitra Lamprospyris Lamprotripus Lampterium Lamptidium Lamptonium
carium Larcidium Larcopyle Larcospira Larcospirema Larcospironium Larnacalpis
nacantha Larnacidium Larnacilla Larnacoma Larnacospongus Larnacostupa

Larnaspongus Leonura Leptobrachites Leptosphaera Leptosphaerella Leptosphaeron
Leucalia Leucaltaga Leucaltis Leucaltusa Leucandra Leucaria Leucelia Leuc
Leucetta Leucettaga Leucettusa Leucilla Leuciria Leucogypsa Leucomalthe Leuc
Leucortis Leuculmis Leucyssa Lilaea Linantha Linerges Liniscus Linophysa Liosph
Lipostomella Liriantha Liriospyris Lithapium Litharachnidium Litharachn
Litharachnoma Lithatractara Lithatractium Lithatractona Lithatractus Lithatrac
Lithelius Lithocampium Lithocampula Lithochytridium Lithochytris Lithochytr
Lithocoronis Lithocubus Lithogromia Litholopharium Litholophidium Litholophon
Litholophus Lithomespilus Lithomitrella Lithomitrissa Lithopteranna Lithopter
Lithopteromma Lithospira Lithotympanium Lizusa Lizzella Lonchostaurus Lophoc
Lophoconus Lophocorys Lophocyrtis Lophopera Lophophaenoma Lophophaer
Lophospyris Lychnagalma Lychnasparium Lychnaspidium Lychnaspis Lychnocar
Lychnocanissa Lychnocanoma Lychnodictyum Lychnorhiza Lychnosphaera Magosph
Margellium Marmanema Medusetta Medusites Melicertella Melicertidium Melicer
Melitomma Melittosphaera Melophysa Melusina Merosiphonia Microcu
Micromelissa Mitrocalpis Mitrocoma Mitrocomella Mitrocomium Mitroph
Monostephus Monoxenia Monozonaris Monozonitis Monozonium Murrac
Myelastrella Myelastromma Myelastrum Myxastrum Myxobrachia Myxodict
Nardopsis Nassella Nauphanta Nausicaa Nectalia Nectocystis Nectoph
Nephrodictyum Nephrospyris Obelaria Obeletta Octalacorys Octoca
Octodendridium Octodendron Octodendronium Octonema Octopelta Octopho
Octopyle Octopylissa Octopylura Octorchandra Octorchidium Octor
Octotympanum Odontosphaera Olynthium Olynthus Ommatacantha Ommata
Ommathymenium Ommatocampium Ommatocampula Ommatocorona Ommatoc
Ommatodiscinus Ommatodisculus Orchistoma Orodendrum Orodictyum Or
Oronium Orophasparium Orophaspidium Orophaspis Oroplegma Oroplegm
Oroscena Oroscenium Orosphaera Orothamnus Otosphaera Palaegina Paleph
Panarelium Panarium Panaromium Panartella Panartidium Panartissa Panart
Panartura Panartus Panicidium Panicium Pantopelta Paradictyum Parastepha
Parastephus Paratympanium Paratympanum Patagospyris Pectanthis Pectis Pect
Pegantha Pentactura Pentalacorys Pentalastrella Pentalastromma Pentalast
Pentaphormis Pentaplegma Pentaspyris Pentinastrum Pentoniscus Pentophiastron

Darwinismus als Politik
Zur Genese des Sozialdarwinismus in Deutschland 1860-1900

K. BAYERTZ

Stapfia 56,
zugleich Kataloge des OÖ. Landesmuseums, Neue Folge Nr. 131 (1998), 229-288

Abstract

Darwinism as Politics. The Origin of Social Darwinism in Germany 1869-1900.

The reception of DARWINian theory in Germany had from the beginnings a strong ideological and political dimension. This paper analyses the political uses of evolutionary theory and reconstructs its major changes during the time span from 1860 to the end of the 19th Century. The political use of evolutionary theory first had a democratic and liberal direction; then, in the 1870s the socialist labour movement discovered DARWIN as a theoretical authority for the legitimation of its goals. Except for some predecessors during that time, it was not until the 1890s that some extremely right-wing oriented theoreticians began to stive towards a turnover of the political direction of Darwinism. This paper identifies a series of historical events which led to this refunctioning of political use of evolutionary theory – to the origin of Social Darwinism in Germany.

I. Evolution und gesellschaftlicher Fortschritt oder: Ein progressiver „Sozialdarwinismus"?

Die Rezeption der Theorie DARWINS begann im deutschsprachigen Raum außerordentlich rasch. Bereits zwei Monate nach dem Erscheinen des „Origin of species" erschien eine erste Rezension, die detailliert über dessen Grundgedanken informierte (PESCHEL 1860a); verschiedene weitere Besprechungen folgten. Noch im selben Jahr erschien eine deutsche Übersetzung von Heinrich BRONN, der in den folgenden Jahren vier weitere folgen sollten. Im September 1860 erwähnte der spätere Bonner Philosoph Jürgen Bona MEYER in einer Rede DARWINS Werk als ein „jüngst erschienenes, viel Aufsehen erregendes Buch" (nach QUERNER 1975: 439).

Dieses „Aufsehen" erregte DARWINS Buch nicht allein – und wohl auch nicht primär – als ein wissenschaftliches Werk. Charakteristisch für die schnelle und intensive Rezeption in den deutschsprachigen Ländern war von Beginn an ihre starke und bisweilen dominante **weltanschauliche** Dimension. Unter den Protagonisten der neuen Theorie, die diese weltanschauliche Dimension besonders plakativ hervorhoben, war Ernst HAECKEL. Bereits bei seinem ersten öffentlichen Auftreten zugunsten der DARWINschen Theorie vor einem größeren Publikum, in einer 1863 vor der Stettiner **Versammlung Deutscher Naturforscher und Ärzte** gehaltenen Rede, sprach er von einer Lehre, „welche einesteils ein ganzes großes wissenschaftliches Lehrgebäude, das sich Jahrhunderte lang fast allgemeiner Anerkennung erfreute, und noch erfreut, in seinen Grundlagen zu erschüttern droht, anderenteils aber in die persönlichen, wissenschaftlichen und sozialen Ansichten jedes einzelnen auf das Tiefste einzugreifen scheint" (HAECKEL 1863/1924: 3). Und als ob dies noch nicht deutlich genug gewesen sei, betont er im folgenden Satz noch einmal, „daß es sich wirklich um eine solche, die ganze Weltanschauung modifizierende Erkenntnis handelt".

1. Die Einheit aller Naturerscheinungen

> ***„‚Entwickelung' heisst von jetzt an das Zauberwort, durch das wir alle uns umgebenden Räthsel lösen, oder wenigstens auf den Weg ihrer Lösung gelangen können."***
>
> E. HAECKEL

Worauf fußte dieses große allgemeine Interesse an DARWINS Theorie und worin sollte die Modifikation der ganzen Weltanschauung bestehen? Zunächst ist daran zu erinnern, daß sie eine Lösung für eines der zentralen Probleme des damaligen (wissenschaftlichen wie auch weltanschaulichen) Naturverständnisses bereitstellte: die Deutung der organismischen Vielfalt. Während die physikalischen Naturwissenschaften seit GALILEI und NEWTON die Grundlagen für eine rein immanente Deutung der unbelebten Materie gelegt hatte, mußte die Biologie noch immer gesonderte Eingriffe des Schöpfers in die Natur unterstellen, um die Existenz der zahllosen verschiedenen Arten und deren Anpassung an ihre jeweiligen Lebensverhältnisse erklären zu können; eine **wissenschaftliche** Erklärung der organismischen Vielfalt gab es nicht. Mit DARWIN wurde der Rückgriff auf göttliche Eingriffe in die belebte Natur überflüssig. Selbst viele jener Theoretiker, die bezweifelten, daß DARWIN eine hinreichende und bleibende Lösung dieses Problems gegeben hatte, sahen in dieser Theorie zumindest einen hypothetischen Ansatz, der Grund für die Hoffnung auf eine künftige Lösung geben konnte (z. B. PESCHEL 1860a). Andere gingen weiter und sahen in DARWIN den großen Vollender eines Werkes, das mit KOPERNIKUS begonnen hatte und von NEWTON zu seinem ersten Höhepunkt geführt worden war: die Zurückführung aller Erscheinungen der Realität auf ihre immanenten Gesetze, die Erklärung der ganzen Welt aus „mechanischen" Prinzipien. Auch „derjenige Theil der Naturwissenschaft, welcher bisher am längsten und am hartnäckigsten sich einer mechanischen Auffassung und Erklärung widersetzte, die Lehre vom Bau der lebendigen Formen, von der Bedeutung und der Entstehung derselben, wird dadurch mit allen übrigen naturwissenschaftlichen Lehren auf einen und denselben Weg der Vollendung geführt. Es wird die Einheit aller Naturerscheinungen dadurch endgültig festgestellt" (HAECKEL 1868/1870: 20).

In dieselbe Richtung ging die Argumentation des neukantianischen Philosophen Friedrich Albert LANGE, der am Ende einer nüchternen Darstellung der naturwissenschaftlichen Argumente **gegen** die DARWINsche Theorie größten Wert auf die Feststellung legte, daß „alle Verbesserungen und Einschränkungen der Lehre DARWINS, welche man vorgebracht hat und noch vorbringen mag, sich doch im wesentlichen stets auf denselben Boden einer rationellen, nur begreifliche Ursachen zulassenden Naturbetrachtung stellen müssen... Wenn sonach die Opposition gegen DARWIN teils offen, teils halb unbewußt von der Vorliebe für die alte teleologische Welterklärung ausgeht, so kann die gesunde Kritik nur im Gegenteil die Grenzlinien ziehen, daß keine Bekämpfung des Darwinismus naturwissenschaftlich berechtigt ist, welche nicht in gleicher Weise wie der Darwinismus selbst von dem Prinzip der Erklärbarkeit der Welt unter durchgehender Anwendung des Kausalitätsprinzips ausgeht. Wo sich daher auch immer in der Zuhilfenahme eines ‚Schöpfungsplanes' und ähnlicher Begriffe der Gedanke verbirgt, es könne aus einer solchen Quelle mitten in den geregelten Lauf der Naturkräfte hinein ein fremdartiger Faktor fließen, da befindet man sich nicht mehr auf dem Boden der Naturforschung, sondern einer unklaren Vermengung naturwissenschaftlicher und metaphysischer, oder vielmehr in der Regel theologischer Anschauungen" (LANGE 1866/1974: 716f.). Ungeachtet seiner philosophischen Differenzen zu HAECKEL stand er mit ihm zumindest an einem Punkt in derselben Frontstellung gegen die Deutungsansprüche von Religion und Metaphysik und für die alleinige Erklärungskompetenz der Naturwissenschaften auf dem Felde der Wirklichkeitserkenntnis.

Ein weiterer Grund für die Attraktivität der DARWINschen Theorie lag in ihrer ungeheuren Systematisierungsleistung. Im Lichte der Evolutionstheorie betrachtet, konnte plötzlich eine Fülle von zwar schon lange bekannten, bis dahin aber vereinzelt stehenden Tatsachen in Zusammenhang miteinander gebracht werden. Wie die Steine eines Puzzles fügten sich die isolierten Fakten zu einem einzigen geschlossenen Bild zusammen. Diese Vereinheitlichung war um so beeindruckender, als es sich um Tatsachen aus sehr unterschiedlichen biologischen Disziplinen (z. B. aus Anatomie, Biogeographie, Systematik) handelte und zum Teil auch aus nicht-biologischen Fächern wie Geologie und Paläontologie. Diese integrative Leistung hat den Materialisten Ludwig BÜCHNER (1868: 155) dazu veranlaßt, der DARWINschen Theorie einen „philosophischen" Charakter zuzuschreiben. „Ueberhaupt hat DARWIN das große und gar nicht hoch genug zu schätzende Verdienst, zuerst eine **philosophische oder philosophierende Richtung** in die organische Naturwissenschaft eingeführt und damit die bisher unbestrittene Herrschaft der rohen und geistlosen Empirie gebrochen zu haben. Bis auf DARWIN schien es in dieser Wissenschaft und bei deren eigentlichen Matadoren geradezu verpönt, über bloßes Suchen nach Material, über bloße Beobachtung und systematische Zusammenstellung des Beobachteten über

Messen, Wägen u. s. w. hinauszugehen". Eine zusätzliche Bedeutung gewann diese Systematisierungsleistung dadurch, daß sie zugleich auch als ein Indikator für die **Wahrheit** der Theorie DARWINS aufgefaßt werden konnte. Eine Theorie, so wurde argumentiert, die eine derartige Fülle von Fakten aus verschiedenen Bereichen zu integrieren vermag, muß, wenn schon nicht die ganze, so doch zumindest ein großes Stück der Wahrheit erfaßt haben.

Dieses Vertrauen in die Wahrheit der DARWINschen Theorie wog um so schwerer, als es zugleich auch ein Versprechen für weitere Fortschritte der Erkenntnis enthielt. In der Idee der Evolution sah man das Licht, das die menschliche Unkenntnis über die organische Welt Schritt um Schritt beseitigt. Und mehr noch: von dieser Idee erwartete man auch die Lösung jener **weltanschaulichen** Rätsel, die bisher durch Religion und Philosophie vergeblich zu lösen versucht wurden. Wenn wir etwa danach fragen, „in welcher Weise die einzelnen aufeinanderfolgenden Erscheinungen der Natur und des Daseins untereinander nach dem unverbrüchlichen Gesetze von Ursache und Wirkung verknüpft oder zusammengehalten sind", so hat uns nach BÜCHNERS Überzeugung „die Wissenschaft unsrer Tage die großartigsten und unerwartetsten Aufschlüsse geliefert und gezeigt, daß das ganze große Geheimnis des Dasein's, vor allem aber des s. g. organischen Dasein's, in **allmäliger und stufenweiser Entwicklung** beruht. In dem an sich so einfachen Vorgange der **Entwicklung** ruht die einfache Lösung aller jener verwickelten Geheimnisse, welche die bisherige Menschheit nicht ohne die Zuhülfenahme außer- oder übernatürlicher Mächte glaubte lösen zu können" (BÜCHNER 1869/1872: 168). Die Idee der Entwicklung schien einen weltanschaulichen Passepartoutschlüssel zu liefern, der die Beantwortung auch der „höchsten Menschheitsfragen" garantierte. Mit dem ihm eigenen Pathos verkündete HAECKEL im Vorwort zu seiner „Natürlichen Schöpfungsgeschichte" (1868/1870: XVIII): „‚**Entwickelung**' heißt von jetzt an das Zauberwort, durch das wir alle uns umgebenden Räthsel lösen, oder wenigstens auf den Weg ihrer Lösung gelangen können".

2. Die Naturalisierung des Menschen

> ***„Was uns Menschen selbst betrifft, so hätten wir also konsequenterweise, als die höchst organisierten Wirbeltiere, unsere uralten gemeinsamen Vorfahren in affenähnlichen Säugetieren ... zu suchen."***
>
> E. HAECKEL

Das wichtigste dieser Rätsel – die „Frage aller Fragen" – war natürlich der Mensch selbst. DARWIN eröffnete mit seiner Theorie die Möglichkeit einer Deutung des Menschen, die nicht auf übernatürliche Mächte – einen „Schöpfer" zum Beispiel – Bezug nahm; sondern stattdessen die Entstehung und Entwicklung der menschlichen Gattung als ein ebenso nach immanenten Naturgesetzen sich vollziehender Prozeß darstellte wie die Entwicklung anderer Arten auch. Nach BÜCHNER (1868: 171) ist die DARWINsche Theorie ohnehin schon „höchst anziehend und zum Theil auch bestimmend für unsere allgemeinen Ueberzeugungen", da sie Aufschluß über die Entstehung der Organismenwelt gebe, ohne dabei zu übernatürlichen Ursachen greifen zu müssen; sie werde aber „gewissermaßen zur Herzensangelegenheit", wenn wir fragen, ob sie auch auf unser eigenes Geschlecht, auf den Menschen angewandt werden könne. Und daß diese Frage **positiv** zu beantworten sei, daran bestand für ihn kein Zweifel. Wenn nun der Mensch ein Produkt der natürlichen Evolution war, so mußte er sich aus vormenschlichen Lebewesen entwickelt haben; er mußte also von affenartigen Tieren abstammen. Wiederum gehört Ernst HAECKEL (1863/1924: 4) zu jenen, die diese Konsequenz mit spürbarer Lust an der Provokation offensiv vertraten: „Was uns Menschen selbst betrifft, so hätten wir also konsequenterweise, als die höchst organisierten Wirbeltiere, unsere uralten gemeinsamen Vorfahren in affenähnlichen Säugetieren, weiterhin in känguruhartigen Beuteltieren, noch weiter hinauf in der sogenannten Sekundärperiode in eidechsenartigen Reptilien, und endlich in noch früherer Zeit, in der Primärperiode, in niedrig organisierten Fischen zu suchen".

Was für HAECKEL oder BÜCHNER ein zentraler Grund für die Attraktivität der Theorie

DARWINS gewesen war, erschien in den Augen anderer als eine lästerliche Erniedrigung des Menschen. Die „Affentheorie" wurde in der Folgezeit zu einem der Kristallisationspunkte der gesamten DARWIN-Debatte. Auf die Argumente, mit denen für und wider diese „Affentheorie" gestritten wurde, kann hier nicht näher eingegangen werden; einige Andeutungen mögen daher genügen. Im Mittelpunkt der Argumentation der Darwinisten stand das Bemühen, die von der Gegenseite behauptete tiefe Kluft zwischen der Species Mensch und dem übrigen Tierreich möglichst weit einzuebnen und einen kontinuierlichen Übergang von niederen Tieren, über höhere Säugetiere zu den Primaten und von diesen schließlich zum Menschen nachzuweisen. Als zentrales Argument diente dabei die Thomas Henry HUXLEY zugeschriebene These, die anatomischen Differenzen zwischen Mensch und Gorilla oder Schimpanse seien geringer als die anatomischen Differenzen zwischen Gorilla oder Schimpanse einerseits und den niederen Affenarten andererseits. Eine besondere Pointe erhielt dieses Argument dadurch, daß es über die körperlichen Merkmale hinaus auch auf geistige Eigenschaften und Fähigkeiten ausgedehnt wurde. Es ist eine durchgängige Tendenz der anthropologischen Argumentation der Darwinisten, die psychischen Leistungen der höheren Tiere aufzuwerten und gleichzeitig die geistigen Fähigkeiten der „niederen" Menschenrassen deutlich abzuwerten, um auf diese Weise ein Kontinuum vom „gebildeten Europäer" über die „Wilden" und „Neger" bis hin zu den Primaten zu gewinnen.

Zu den problematischen Implikationen dieser Argumentation gehörte eine Abwertung außereuropäischer Völker. So schreibt etwa HAECKEL, daß zwischen den „höchst entwickelten Thierseelen" einerseits und den „tiefststehenden Menschenseelen" andererseits kein qualitativer, sondern nur ein quantitativer Unterschied existiere. Zur „empirischen" Untermauerung dieser These werden auch Behauptungen wie die folgene nicht verschmäht: „Sehr viele wilde Völker können nur bis zehn oder zwanzig zählen, während man einzelne sehr gescheute Hunde dazu gebracht hat, bis vierzig oder selbst über sechzig zu zählen" (HAECKEL 1868/1870: 653). Wenn man überhaupt eine scharfe Grenze zwischen den verschiedenen Stufen intellektuellen Vermögens ziehen wolle, so klärt HAECKEL seine Zuhörer auf, dann müsse man „dieselbe geradezu zwischen den höchstentwickelten Kulturmenschen einerseits und den rohesten Naturmenschen andrerseits ziehen, und letztere mit den Thieren vereinigen. Das ist in der That der Standpunkt, welchen viele neuere Reisende eingenommen haben, die jene niedersten Menschenrassen in ihrem Vaterlande andauernd beobachtet haben. So sagt z. B. ein vielgereister Engländer, welcher längere Zeit an der afrikanischen Westküste lebte: ‚den Neger halte ich für eine niedere Menschenart (**Species**) und kann mich nicht entschließen, als ‚Mensch und Bruder' auf ihn herabzuschauen, man müßte denn auch den **Gorilla** in die Familie aufnehmen'. Selbst viele christliche Missionäre, welche nach jahrelanger vergeblicher Arbeit von ihren fruchtlosen Civilisationsbestrebungen bei den niedersten Völkern abstanden, fällen dasselbe harte Urtheil, und behaupten, daß man eher die bildungsfähigen Hausthiere, als diese unvernünftigen viehischen Menschen zu einem gesitteten Kulturleben erziehen könne" (ibid.: 655).

In dieser Argumentation vereinigen sich drei verschiedene Tendenzen. (a) **Theoretisch** ergab sie sich aus einer kurzschlüssigen Übertragung des DARWINschen Gradualismus auf die Anthropologie; alles mußte auf bloß graduelle Abstufungen eingeebnet werden und daher mußte es Menschen geben, die sich nur geringfügig von Tieren unterscheiden. (b) Für diese Rolle boten sich jene Völker an, denen man sich ohnehin als überlegen fühlte; **ideologisch** handelt es sich daher offenkundig um den Ausdruck rassischer und sozialer Vorurteile, die in der Mitte des 19. Jahrhunderts bereits eine lange Tradition im europäischen Denken hatten. (c) Hinzu kommt ein **weltanschauungsstrategisches** Interesse. Die These von der Abstammung des Menschen aus dem Tierreich war für die zeitgenössischen Darwinisten ein Kernstück ihrer Weltanschauung: sie bot den Schlüssel für die angestrebte Vereinheitlichung des Weltbildes auf objektiver, immanenter, naturwissenschaftlich fundierter Basis und schien die religiöse Deutung des Menschen radikal in Frage zu stellen. (Umgekehrt nährten sich die massivsten Vorbehalte gegen die DARWINsche Theorie aus eben dieser Implikation). Wer ein Kampfmittel gegen die Religion und ihren Einfluß auf Weltanschauung und Politik suchte: hier war es zu finden.

Darüber hinaus hatte das evolutionäre Menschenbild eine weitere weltanschauliche Pointe, insofern es zeigte, daß sich der (europäische) Mensch aus dieser Naturhaftigkeit herausgearbeitet und zum Kulturwesen weiterentwickelt hatte. Auch der Mensch, so betonte HAECKEL (1863/1924: 27), sei nicht „als eine gewappnete Minerva aus dem Haupte des Jupiter hervorgesprungen", sondern habe sich „aus dem primitiven Zustande tierischer Roheit zu den ersten einfachen Anfängen der Kultur emporgearbeitet". Wenn die Evolutionstheorie eine Theorie des Fortschritts aller organismischen Arten ist und die Gattung „Mensch" eine solche organismische Art darstellt, dann konnte deduktiv geschlossen werden, daß auch der Mensch vom universalen Fortschritt der belebten Natur nicht ausgeschlossen ist, daß auch er unaufhaltsam fortschreitet. Der Übergang von „tierischer Rohheit" in den Zustand der Kultur wurde nicht bloß als eine der Vergangenheit angehörende Tatsache behandelt, sondern – gewissermaßen in Anwendung des LYELLschen Aktualitätsprinzips – zu einer Gesetzmäßigkeit der menschlichen Existenz verallgemeinert. Die fortschreitende Entwicklung aus primitiven Anfängen zu immer kultivierteren Verhältnissen galt als ein Naturgesetz, dessen Geltung für die Vergangenheit verbürgt und auch für die Gegenwart unumstößlich ist; das darüber hinaus auch in die Zukunft extrapoliert werden kann.

3. Darwinismus als politisches Reformprogramm

> ***„Alle Welt fühlt das dringende Bedürfnis nach etwas Neuem, das zugleich einfach, klar und wahr sein soll; und dieses Neue kann nur durch eine realistische Weltanschauung geliefert werden."***
>
> L. BÜCHNER

In dieser Betonung des Fortschritts deutet sich an, daß es bei der Rezeption der DARWINschen Theorie nicht allein um Wissenschaft und auch nicht allein um Weltanschauung ging, sondern auch um **Politik**. Für einige ihrer aktivsten und einflußreichsten Protagonisten war der Kampf um die Evolutionstheorie zugleich ein Kampf für die Erneuerung der ganzen Gesellschaft; für sie fügte sich diese Theorie nahtlos in ein Programm der weltanschaulichen Erneuerung ein, die wiederum Grundlage für eine Refom der politischen und sozialen Zustände in Deutschland sein sollte.

Dieses Reformprogramm war, als DARWINS Buch 1859 erschien, keineswegs neu und es war auch nicht genuin darwinistisch; seine Grundzüge waren bereits lange konzipiert und in zahlreichen Schriften öffentlich bekannt gemacht worden. Entstanden war es in der schwierigen Lage des demokratischen und liberalen Bürgertums nach der Niederlage der Revolution von 1848. Teile dieses Bürgertums hielten auch unter den Bedingungen der einsetzenden Restaurationsperiode an den Zielen der nationalen Einigung und politischen Demokratisierung fest, sahen aber keine Möglichkeit zu ihrer kurzfristigen Realisierung. Hoffnung auf langfristige Änderungen schöpfte man einerseits aus dem raschen Aufstieg des Industriekapitalismus; andererseits aus den Fortschritten der exakten Naturwissenschaft. In einer Zeit massiver politischer Repression boten sich die Naturwissenschaften um so nachdrücklicher als Bündnispartner im Kampf um eine liberale und demokratische Gesellschaft an, als die Reaktion sich immer ungenierter der Religion als Herrschaftsinstrument bediente. Die radikalsten Verfechter eines solchen Programms der weltanschaulich-politischen Reformation postulierten einen **naturwissenschaftlichen Materialismus** (cf. LÜBBE 1974: 124-170; GREGORY 1977), der vehement gegen die Vorherrschaft der religiösen Weltdeutung auftrat. Ihr Kampf gegen die Religion war in erster Linie politisch motiviert (BRÖKER 1973). Auch die traditionelle Philosophie war in ihren Augen diskreditiert; sie galt aufgrund ihrer vorwiegend idealistischen Ausrichtung als realitätsfern und illusionär. Ihr wurde zumindest ein Teil der Verantwortung für die Niederlage der Revolution zugeschrieben, denn die „Ideen von 1848“ hätten keine solide Basis gehabt, sondern auf den Wolkengebilden des Idealismus beruht. Wer am politischen Gehalt dieser Ideen festhalten und zugleich ihre Realisierbarkeit sichern wollte, sah sich auf die Naturwissenschaften als eine sichere und erfolgversprechende Grundlage verwiesen. Zum Wortführer dieser Bewegung wurde Ludwig BÜCHNER mit seinem 1855 erstmals erschienenen Buch **Kraft und Stoff**, das von seinem Autor als theoretische Antwort auf die „triumphierende Reaktion“ der 50er Jahre intendiert war und von dem um seine politischen Hoffnungen gebrachten nachrevolutionären Bürgertum auch so verstanden wurde (cf. ZIEGLER 1899: 295-344).

Es kann nicht überraschen, daß sich die Vertreter des naturwissenschaftlichen Materialismus unverzüglich zur Theorie DARWINS bekannten. BÜCHNER hatte bereits 1860 eine der ersten Besprechungen des DARWINschen Werkes publiziert und in mehreren nachfolgenden Buchveröffentlichungen zu seiner Popularisierung beigetragen; auch Carl VOGT und Jakob MOLESCHOTT setzten sich nachhaltig für die Theorie DARWINS ein. Man mußte aber keineswegs Materialist sein, um in der Evolutionstheorie eine dem weltanschaulichen und politischen Fortschritt dienliche Errungenschaft zu sehen. Friedrich Albert LANGE hatte die naturwissenschaftlichen Materialisten in seinem Hauptwerk über die „Geschichte des Materialismus“ scharf kritisiert; doch unabhängig von allen **philosophischen** Differenzen war er sich mit ihnen in vielen **politischen** Fragen einig (cf. MAYER 1912/1969: 118f.). Mit Ludwig BÜCHNER war er seit 1864 persönlich bekannt und ein Jahr später veröffentlichte dieser eine ausführliche und sehr positive Besprechung von LANGES Buch „Die Arbeiterfrage“, in der die konvergierenden Ansichten beider über die Theorie DARWINS deutlich werden (BÜCHNER 1865). Besonders hervorgehoben wird von BÜCHNER dabei die von LANGE vorgenommene Übertragung der Prinzipien der Evolutionstheorie auf die Gesellschaft und ihre Entwicklung. Tatsächlich gehört LANGES „Arbeiterfrage“ zu den frühesten Versuchen einer darwinistisch fundierten Gesellschaftstheorie und mit Sicherheit zu ihren einflußreichsten. Man hat LANGE daher als den „Begründer des Sozialdarwinismus in Deutschland“ (TEWSADSE & FESSER 1982: 525) bezeichnet.

4.
Evolution als Fortschritt

> ***„Schließlich wird die Erde durch Entwicklung aller intellectuellen Fähigkeiten des Menschen aus einem Jammertal und einem Schauplatz ungebändigter Leidenschaften zu einem Paradies werden, so schön, wie es jemals Seher oder Dichter geträumt haben!“***
>
> L. BÜCHNER

Bevor ich auf Friedrich Albert LANGE und den in seiner „Arbeiterfrage“ entfalteten „Sozialdarwinismus“ zurückkomme, möchte ich zunächst weiter der Frage nachgehen, was die DARWINsche Theorie für das nachrevolutionäre aber noch immer liberal und demokratisch orientierte Bürgertum attraktiv machte. Gewiß war dies zunächst die Perspektive einer wissenschaftlich fundierten rein immanenten Weltdeutung, die man nicht nur der Religion, sondern auch dem philosophischen Spiritualismus entgegenhalten konnte. Hinzu kam jedoch eine weitere „Leistung“ der Evolutionstheorie, die HAECKEL bereits 1863 hervorgehoben hatte, als er von einem „Gesetz des Fortschritts“ in der ganzen Natur sprach und hinzufügte: „Dasselbe Gesetz des Fortschritts finden wir dann weiterhin in der historischen Entwicklung des Menschengeschlechts überall wirksam. Ganz natürlich! Denn auch in den bürgerlichen und geselligen Verhältnissen sind es wieder dieselben Prinzipien, der Kampf um das Dasein und die natürliche Züchtung, welche die Völker unwiderstehlich vorwärts treiben und stufenweise zu höherer Kultur emporheben. Rückschritte im staatlichen und sozialen, im sittlichen und wissenschaftlichen Leben, wie sie die vereinten selbstsüchtigen Anstrengungen von Priestern und Despoten in allen Perioden der Weltgeschichte herbeizuführen bemüht gewesen sind, können wohl diesen allgemeinen Fortschritt zeitweise hemmen oder scheinbar unterdrücken; je unnatürlicher je anachronistischer aber diese rückwärts gerichteten Bestrebungen sind, desto schneller und energischer wird durch sie der Fortschritt herbeigeführt, der ihnen unfehlbar auf dem Fuße folgt. Denn dieser Fortschritt ist ein Naturgesetz, welches keine menschliche Gewalt, weder Tyrannenwaffen noch Priesterflüche, jemals dauernd zu unterdrücken vermögen. Nur durch eine fortschreitende Bewegung ist Leben und Entwicklung möglich. Schon der bloße Stillstand ist ein Rückschritt, und jeder Rückschritt trägt den Keim des Todes in sich selbst. Nur dem Fortschritte gehört die Zukunft!" (1863/1924: 27f.).

Diese Anspielung auf „Tyrannenwaffen" und „Priesterflüche" war nicht bloß eine allgemein-historische Aussage, sondern konkret auf die politischen und gesellschaftlichen Verhältnisse seiner Zeit gemünzt. Und mit dem „Gesetz des Fortschritts" brachte HAECKEL seine Zuversicht zum Ausdruck, daß **diese** Verhältnisse nicht ewig dauern, sondern über kurz oder lang überwunden werden. Die „Idee der Entwicklung" entsprach einem politischen Bedürfnis. In einer Zeit, in der die herrschenden Feudalklassen in den deutschen Ländern ein autoritäres Regime führten und die Errungenschaften der Revolution so weit wie möglich rückgängig zu machen suchten, in der das Bürgertum (von der Arbeiterklasse ganz zu schweigen) daher kaum politische Einfluß- und Gestaltungsmöglichkeiten besaß, in der die christlichen Kirchen sich unverblümt auf die Seite des neoabsolutistischen Systems der Repression schlugen, mußte eine Theorie, die den Fortschritt zum unwiderstehlichen Gesetz erhob, hochwillkommen sein. Sie lieferte das wissenschaftliche Fundament für ein Programm des gesellschaftlichen Fortschritts, dessen unmittelbar politische Artikulationsmöglichkeiten stark eingeschränkt waren.

Vor diesem Hintergrund werden die Bemühungen verständlich, die Theorie DARWINS in eine Theorie des universalen Fortschritts umzudeuten. So widmete BÜCHNER von seinen „Sechs Vorlesungen über die DARWINsche Theorie" immerhin eine Vorlesung ausschließlich dem Problem des Fortschritts – und zwar des Fortschritts in Natur **und Gesellschaft**. Zwar zeige sich, daß die oftmals vertretene These eines einfachen, linearen Fortschritts, nicht zutreffend sei, daß vielmehr die Existenz von Anomalien, Widersprüchen und sogar Rückschritten in Rechnung gestellt werden müsse. „Glücklicherweise" aber könne man mit Bestimmtheit sagen, daß die Theorie vom ewigen Kreislauf falsch sei, daß die Tatsachen stattdessen für einen – wenn auch unendlich langsamen – Fortschritt in Natur und Gesellschaft sprechen. Denn selbst wenn in der Natur einzelne Arten und in der Geschichte einzelne Völker und Reiche stagnieren oder untergehen, so entstehen doch stets wieder neue Arten, Völker und Reiche, die in sich „den Keim" zu weiterer Entwicklung tragen, „so daß der Rückschritt nur örtlich und zeitlich, der Fortschritt aber dauernd und allgemein ist" (ibid.: 248). Vor diesem Hintergrund kann BÜCHNER dann ein Bild der Zukunft des Menschen entwerfen, das mit den Worten endet: „Schließlich wird die Erde durch Entwicklung aller intellectuellen Fähigkeiten des Menschen aus einem Jammertal und einem Schauplatz ungebändigter Leidenschaften zu einem Paradies werden, so schön, wie es jemals Seher oder Dichter geträumt haben!" (ibid.: 255).

Die Perspektive eines naturgesetzlichen Fortschritts auch in der menschlichen Geschichte war für die Vertreter des liberalen Bürgertums aus zwei Gründen attraktiv. (a) Aus ihr ergab sich die Vorläufigkeit der bestehenden Machtverhältnisse; die politische Ohnmacht des Bürgertums war nur vorübergehend und die Entwicklung Deutschlands in Richtung auf nationale Einheit und demokratische Reform konnte durch „Tyrannenwaffen" und „Priesterflüche" nur aufgehalten aber nicht verhindert werden. (b) Zugleich sollte dieser naturgesetzliche Fortschritt durch „allmähliche Entwicklung" vonstatten gehen; nicht durch revolutionäre Katastrophen also, sondern durch graduelle Evolution. Dadurch wurden Risiken, wie man sie 1848 eingegangen war, entbehrlich. Vor allem konnte man sich mit einem solchen Konzept auch von der Arbeiterbewegung abgrenzen, die gegenüber der bürgerlich-demokratischen Bewegung an Selbständigkeit gewonnen hatte und sich organisatorisch zu konsolidieren begann. Ein darwinistisch fundiertes Konzept gesellschaftlichen Fortschritts ermöglichte es den Vertretern des liberalen Bürgertums somit, gesellschaftliche Veränderungen als unausweichlich proklamieren und gleichzeitig Distanz zu den revolutionären Ambitionen der Arbeiterbewegung bewahren zu können.

Die Basis dieses Konzepts war eine spezifische Deutung – oder Umdeutung – der Theorie DARWINS. Zum einen wurde von vielen Rezipienten das Evolutions- und Deszendenzprinzip stärker betont, als der von DARWIN zur Erklärung dieser Evolution postulierte Mechanismus: die Selektion. Wenn etwa HAECKEL den Begriff „Entwickelungslehre" benutzt, so legt er den Akzent eindeutig auf die These der organismischen Veränderung: „Entwicklung" (nicht: Selektion) ist für ihn das „Zauberwort, durch das wir alle uns umgebenden Räthsel lösen" können. Bezeichnenderweise führt er als Väter dieser Theorie neben DARWIN meist auch GOETHE und LAMARCK sowie weitere Autoren an, die auf irgendeine Weise die Veränderlichkeit der Organismen behauptet hatten; in seiner „Natürlichen Schöpfungsgeschichte" kommt HAECKEL erst im siebten Vortrag auf die Selektionstheorie – und damit auf den Kern der DARWINschen Theorie – zu sprechen. In mancher Hinsicht entsprach dies dem damaligen Stand der Diskussion. Während die These der Veränderlichkeit der Arten nach der Veröffentlichung von DARWINS „Origin" sehr schnell anerkannt wurde, blieb der spezifische DARWINsche Erklärungsansatz für ihre Veränderung lange Zeit kontrovers; selbst unter den „Darwinisten" waren viele der Überzeugung, daß das Selektionsprinzip allein nicht ausreiche, um die Veränderungen der organischen Welt zu erklären. (cf. ENGELS 1995: 36ff.). Man kann aber annehmen, daß die rasche Akzeptanz und starke Hervorhebung des Evolutionsprinzips auch politisch-weltanschaulich motiviert war; dies gilt natürlich vor allem für Theoretiker wie BÜCHNER oder HAECKEL, die sich nicht primär oder nicht allein als Fachwissenschaftler verstanden, sondern auch als Aufklärer, Popularisatoren und Reformer.

Ein zweiter Schritt dieser Deutung bestand in der Annäherung, wenn nicht Gleichsetzung, von Evolution und Fortschritt. Die Entwicklung der Organismen sollte nicht einfach nur in (wertneutralen) Veränderungen bestehen, sondern einen Fortschritt im Sinne der Annäherung an ein Ziel oder Ideal bewirken; und als dieses Ziel galt ihre Vollkommenheit. So hob HAECKEL in dem schon mehrfach zitierten Vortrag hervor, „daß uns die Entwicklungsgeschichte der Erde eine beständige ununterbrochene Vervollkommnung ihrer Bevölkerung" (HAECKEL 1863/1924: 10) nachweise; und in seiner „Natürlichen Schöpfungsgeschichte" glaubte er sogar ein „Gesetz des Fortschritts oder der Vervollkommnung" aus der Selektionstheorie ableiten zu können (1868/1870: 247ff.). Es liegt auf der Hand, daß mit dieser Umdeutung der Evolutions- in eine Fortschrittstheorie die (vorgeblich naturwissenschaftliche) Grundlage einer optimistischen Geschichtsdeutung im oben skizzierten Sinne geschaffen war: wie in der Natur, so sollte auch in der Gesellschaft der Fortschritt zumindest auf lange Sicht unaufhaltsam sein. – Hier zeigt sich ein grundlegendes Charakteristikum der DARWIN-Rezeption, das uns auch später immer wieder begegnen wird: was die jeweiligen Rezipienten als die eine zwangsläufige politische Folgerung aus DARWINS Theorie ausgeben, erweist sich bei näherer Analyse als das Produkt eines selektiven und interpretativen Zugriffs, der bereits vorgängig Geglaubtes in die Theorie projiziert, sich zumindest aber Ambivalenzen und Zweideutigkeiten der Theorie für die Bestätigung dieses Geglaubten zunutze macht.

5. Der Kampf ums Dasein – und der Kampf dagegen

> ***„An die Stelle des Kampfes um das Dasein soll der Kampf für dasselbe, an die Stelle des Menschen soll die Menschheit, an die Stelle der gegenseitigen Befehdung soll die allgemeine Eintracht, an die Stelle des persönlichen Unglück's soll das allgemeine Glück, an die Stelle des allgemeinen Hasses die allgemeine Liebe treten!"***
>
> L. BÜCHNER

Wenn im Rahmen der frühen DARWIN-Rezeption, motiviert durch das Bedürfnis nach einer naturwissenschaftlichen Begründung des Fortschritts, das Prinzip der Evolution stärker akzentuiert wurde als die Selektionstheorie, so bedeutet dies nicht, daß die „natürliche Züchtung" gänzlich ignoriert worden wäre. Kompromißlos anerkannt und zur Basis einer Gesellschafts- und Geschichtstheorie gemacht wurde sie vor allem in Friedrich Albert LANGES „Arbeiterfrage". – Vor hundert Jahren, so leitet LANGE seine Überlegungen ein, sei es ein beliebter Gegenstand populärer und wissenschaftlicher Schriften gewesen, die Zweckmäßigkeit der Schöpfung und die fürsorgliche Einrichtung der Lebewesen zu preisen. Dieses harmonische Bild der Natur habe aber nur die Oberfläche der wirklichen Verhältnisse wiedergeben können: die wissenschaftliche Forschung habe gezeigt, daß die biologische Zweckmäßigkeit und Anpassung nur durch eine gigantische Verschwendung von Lebenskeimen zustande komme. Jeder Organismus produziere eine viel größere Zahl von Nachkommen als in der jeweiligen Umwelt überleben können; zwischen ihnen komme es daher unweigerlich zu einem Wettbewerb um Nahrung und Lebensraum. Dieser von DARWIN entdeckte „Kampf um das Dasein" ist für LANGE ein allgemeines Naturgesetz, dem auch der Mensch unterworfen ist. Seit „grauer Vorzeit" stehe er im Wettbewerb mit allen größeren und stärkeren Tieren, vor allem mit seinen Artgenossen. Das „Vernichtungsgeschäft der Natur" sei in der menschlichen Gesellschaft keineswegs beendet, nehme hier aber eine historisch sich wandelnde eigentümliche Gestalt an; doch die „einfachen Grundzüge des Kampfes um das Dasein" kehren auch in der Gesellschaft immer wieder: „Dynastien und Adelsgeschlechter kämpfen gegen die aufstrebende bürgerliche Freiheit den Kampf um ihr Dasein; der Kapitalist kämpft um sein Dasein, wie es sich historisch gestaltet hat, indem er dem Sozialismus entgegentritt, nach welchem umgekehrt der Arbeiter greift, um sich den Kampf um das Dasein, der für ihn in der unmittelbarsten Bedeutung des Wortes besteht, einigermaßen zu erleichtern" (LANGE 1865/1909: 263). Erst in den letzten Jahrhunderten seien die Grundsätze der Humanität aufgekommen und die Greuel früherer Zeiten gemildert worden.

Die Besonderheit des menschlichen Daseinskampfes werde vor allem deutlich in dem „Kampf um die bevorzugte Stellung". Schon unter Tieren und Pflanzen geht der Kampf um das Dasein unmittelbar über in den Kampf um die bevorzugte Stellung. Doch während er sich hier weitgehend auf die Behauptung des wärmsten, feuchtesten oder geschütztesten Plätzchens beschränke und höchstens die Häupter der Herden einen physischen Kampf um die Rangordnung austragen, verfüge der Mensch über eine solche Vielzahl von bevorzugten Stellungen, von Abstufungen des Wohlbefindens und Rangordnungen, daß hier eine neue Qualität auftrete. „Das Grundgesetz des Kampfes um das Dasein in der physischen Natur ist das der **Überproduktion von Lebenskeimen**, deren große Masse dem Untergang gewidmet ist. Wir finden nunmehr im gesellschaftlichen Leben der Menschen ein ganz analoges Gesetz hinsichtlich derjenigen Eigenschaften, durch welche der einzelne eine bevorzugte Stellung erwirbt und behauptet: **die Keime der Befähigung und Neigung zu einer leitenden Stellung sind in Massen ausgestreut und die große Mehrzahl derselben ist von der Natur zur Verkümmerung bestimmt**" (ibid.: 47). Die weit verbreitete Meinung, daß ein wirkliches Talent sich auch durch widrige Umstände hindurch zu bewähren vermöge, ist nach LANGE ein Irrtum, der durch die Wirklichkeit selbst widerlegt werde. Tatsächlich verhalte es sich so, „daß für jede höhere Stellung im Menschenleben, sei es nun auf dem Gebiete der Wissenschaft und Kunst, sei es im Staatsdienst oder in der Armee, oder endlich in den Stufenfolgen der Industrie vom einfachen Arbeiter bis zum reichen Fabrikanten – daß es für jede solche Stellung zahlreiche befähigte Bewerber gibt, deren Talente entweder unbekannt bleiben, oder trotz der Anerkennung im Wettbewerb zurückstehen müssen" (ibid.: 49).

An LANGES Auffassungen anknüpfend, konstatierte BÜCHNER in seinem vier Jahre später erschienen Buch „Der Mensch und seine Stellung in der Natur" eine in dieser Größe noch nie dagewesene Diskrepanz zwischen den bestehenden Verhältnissen und dem, was die Wissenschaft und der materielle Fortschritt verlangt. Die Hauptaufgabe bestehe daher darin, dieses Mißverhältnis zu untersuchen und eine Erleichterung und nutzbringendere Gestaltung des Daseinskampfes zu ermöglichen. Zwar könne und solle der „an sich so wohlthätige Wettbewerb" bestehen bleiben, er müsse aber aus der rohen Form der gegenseitigen Vernichtung in die veredelte und eigentlich menschliche Form des Wettbewerbs für das allgemeine Beste transformiert werden. „Mit andern Worten: An die Stelle des Kampfes **um** das Dasein soll der Kampf **für** dasselbe, an die Stelle des Menschen soll die Menschheit, an die Stelle der gegenseitigen Befehdung soll die allgemeine Eintracht, an die Stelle des persönlichen Unglück's soll das allgemeine Glück, an die Stelle des allgemeinen Hasses die allgemeine Liebe treten! Mit jedem Schritte auf diesem Wege wird sich der Mensch weiter von seiner thierischen Vergangenheit, von seiner Unterordnung unter die Naturmacht und deren unerbittliche Gesetze entfernen und dem Ideale menschlicher Entwicklung näher kommen" (ibid.: 183).

Diesem Ideal kann sich die Menschheit jedoch nur durch politische, nationale und soziale Reformen nähern, wobei vor allem die letzteren hervorgehoben werden: „Leider sind unsre Nerven durch die tägliche Gewohnheit und den ununterbrochenen Anblick so vielen Elendes bis zu einem solchen Grade abgestumpft, daß wir die grenzenlosen Ungleichheiten und Ungerechtigkeiten, welche der gesellschaftliche Kampf um das Dasein im Gefolge gehabt hat, kaum mehr zu bemerken scheinen und die ganze Sache ebenso natürlich finden, wie den grausamen und ohne jede Rücksicht geführten Daseins-Kampf der Natur selbst. Aber wir vergessen dabei den ungeheuren Unterschied zwischen dem keine Ausnahme zulassenden Naturgesetz, welches seine Opfer meist schnell und ohne daß diese zum Bewußtsein ihrer Lage kommen, tödtet, und zwischen dem mit Bewußtsein geführten Daseinskampfe des Menschen, welcher unter dem Drucke menschlicher und daher der Verbesserung fähiger Einrichtungen und Zustände geführt wird" (ibid.: 191). Eine Verteidigung der bestehenden Zustände mit dem Argument, daß es Ungleichheiten schon immer gegeben habe und daß jeder Versuch einer Veränderung dem Kommunismus in die Hände arbeite, ließ BÜCHNER nicht gelten. Tatsächlich biete der Kommunismus keine Lösung; man müsse sich nach einem anderen Mittel zur notwendigen Reformierung der Gesellschaft umsehen. „Auch hier gibt uns wieder die Wissenschaft und im besonderen die Natur-Wissenschaft den richtigen Fingerzeig. Denn wenn, wie gezeigt wurde, die eigentliche Aufgabe des Humanismus oder der menschheitlichen Fortbildung im Gegensatze zu dem rohen Naturzustande in dem Kampfe **gegen** den Kampf um das Dasein oder in der **Ersetzung der Naturmacht durch die Vernunftmacht** ruht, so ist es klar, daß dieses Ziel vor Allem durch eine möglichste Ausgleichung in den Mitteln und Umständen erreicht werden muß, **unter** denen und **mit** denen jeder Einzelne seinen Kampf um seine Existenz, seinen Wettbewerb um seine Lebenshaltung (**standard of life**) auszufechten hat" (ibid.: 198).

Die gesellschaftstheoretische Adaption darwinistischer Prinzipien durch Theoretiker wie LANGE oder BÜCHNER ist offensichtlich von dem Bemühen um eine tröstliche und optimistische Geschichtsperspektive getragen. Der „Kampf ums Dasein" soll nicht das letzte Wort dieser Art von „Sozialdarwinismus" sein: er wird als ein rücksichtsloser und oft grausamer Antriebsmechanismus der menschlichen Geschichte dargestellt, der jedoch in ihrem Verlauf abgemildert wird und schließlich durch vernünftige Regulierung in humane Formen des menschlichen Zusammenlebens überführt werden kann. Und diese Analyse wird verbunden mit dem Postulat, daß eine Humanisierung des Daseinskampfes auch angestrebt werden **soll**.

6. Zwischenbilanz

1. Wir haben gesehen, daß DARWINS Theorie in Deutschland von Beginn an als Weltanschauung rezipiert wurde und daß dies – ebenfalls von Beginn an – ihre Anwendung auf Politik und Gesellschaft einschloß. Diese weltanschauliche und politische Rezeption vollzog sich parallel zu ihrer Aufnahme in den Fachwissenschaften, die hier nicht näher betrachtet werden konnte (cf. MONTGOMERY 1974; JUNKER 1989), folgt aber – trotz mancher Konvergenzen – anderen Determinanten. Sie war abhängig von vorgegebenen außerwissenschaftlichen Intentionen und Interessen und diente ihrer theoretischen Legitimation und praktischen Realisierung. Unter den gesellschaftlichen, politischen und kulturellen Bedingungen der 60er Jahre des

19. Jahrhunderts kam die DARWINsche Theorie nicht für jede Intention und jedes Interesse in Frage. Dies gilt in erster Linie für die herrschenden Feudalklassen und ihre konservativen Verbündeten, die ihre Legitimationsbasis nach wie vor in der christlichen Religion sahen (WEHLER 1995: 204, 379ff.); eine Berufung auf DARWIN kam für sie allein aufgrund der Gottlosigkeit nicht in Frage, die seiner Theorie zugeschrieben wurde. Als in besonderem Maße aufnahmebereit für sie erwiesen sich demgegenüber jene Teile des Bürgertums, die unter den Bedingungen der nachrevolutionären Restaurationsperiode von politischen Einfluß- und Gestaltungsmöglichkeiten abgeschlossen waren und daher in einer Reform der Weltanschauung eine entscheidende Voraussetzung für eine Reform der Gesellschaft sahen. „Broadly speaking, German popular Darwinism was a continuation of the old eighteenth-century enlightenment tradition. German Darwinists sought to crush superstition, to inform, to liberate, and, indirectly, to democratize. In a more narrow sense, popular Darwinism may profitably be viewed as a cultural extension of the radical democratic spirit of 1848 – a spirit that was suppressed in the political arena but could live on in less threatening nonpolitical guises. Thus Darwinism in the 1860s and 1870s was a weapon against such bastions of the conservative establishment as the churches and public education, and later it became a popular prop for Marxist socialism“ (KELLY 1981: 7). Vor allem die vielbeschworene „Idee der Entwicklung“ mußte den Anhängern bürgerlich-demokratischer Reformen als eine naturwissenschaftliche Bestätigung ihrer politischen Ziele erscheinen, da sie doch die unausweichliche Veränderung und Vervollkommnung aller faktischen Verhältnisse zu beweisen schien.

2. Von vorgegebenen außerwissenschaftlichen Intentionen und Interessen hing aber nicht nur ab, für welche gesellschaftlichen Gruppen und Kräfte die DARWINsche Theorie eine attraktive Option darstellte; sie entschieden auch, **wie** die Theorie rezipiert wurde, auf welche ihrer Elemente man sich stützte und auf welche Weise man sie interpretierte. DARWINS Theorie ist ein komplexes Gebilde; Ernst MAYR (1985) spricht von „DARWINS fünf Evolutionstheorien“ und auch die Zeitgenossen waren sich zumindest ansatzweise dieser Komplexität bewußt (cf. ENGELS 1995: 36ff.). Ein solch komplexes Gebilde ist naturgemäß mehrdeutig und dementsprechend unterschiedliche Möglichkeiten der Rezeption standen **prinzipiell** offen. Aber eben nur „prinzipiell“, denn die Offenheit wurde durch die Intentionen und Interessen eingeschränkt, unter denen die Rezipienten sich der Theorie bedienten. Bevorzugte Ansatzpunkte der Rezeption waren zunächst vor allem das Evolutions- bzw. Deszendenzprinzip, das in eine mehr oder weniger stromlinienförmige Fortschrittstheorie umgemünzt wurde. Auch der Gradualismus wurde stark betont, konnte man sich mit ihm doch fortschrittsorientiert profilieren und zugleich von den Umsturzbestrebungen des Sozialismus distanzieren. Die Selektionstheorie – von HAECKEL als „der Darwinismus im eigentlichen Sinne“ (1868/1870: 134) bezeichnet – spielt demgegenüber nur eine untergeordnete Rolle; vor allem aber wird sie bei der Anwendung auf die Gesellschaft vielfach abgeschwächt.

3. Natürlich kann man die DARWIN-Rezeption im Sinne BÜCHNERS, HAECKELS oder LANGES als „Sozialdarwinismus“ bezeichnen; und oft genug ist dies auch geschehen. Dieser Begriff wäre dann gleichbedeutend mit jeglicher Art der Anwendung von Elementen der DARWINschen Theorie auf Politik und Gesellschaft (so auch WEHLER 1995: 1081). Das Problem einer solchen Definition besteht darin, daß die inhaltlichen Ziele und Interessen, die sich mit einer solchen Anwendung verbinden, sehr unterschiedlich und – wie wir noch sehen werden – durchaus konträr sein können. So bestehen zwischen dem „Sozialdarwinismus“, den wir bisher kennengelernt haben, und jenen reaktionären antidemokratischen und antihumanistischen Positionen, die vor allem während der 90er Jahre von Otto AMMON, Alexander TILLE und anderen entwickelt wurden, gravierende **theoretische** und **politische** Differenzen. Dazu gehört vor allem die Rolle, die dem Kampf ums Dasein zugeschrieben wird. Wir haben gesehen, daß LANGE und BÜCHNER diesen Kampf zwar für unvermeidbar halten, seine allmähliche Humanisierung jedoch als ein Faktum der bisherigen Geschichte und vor allem als eine

Aufgabe der Gegenwart und der Zukunft ansehen. Von HAECKEL kennen wir eine solche Programmatik der Humanisierung nicht; er rechnet die Abmilderung der Selektion in der zivilisierten Gesellschaft eher unter deren Mißstände, die durch die Kenntnis der Entwicklungslehre zu korrigieren sind (1868/1870: 154; in den folgenden Ausgaben wurde die Position weiter verschärft). In diesem Punkt kann er als ein Wegbereiter jener späteren Sozialdarwinisten angesehen werden, für die eine „Verwandlung von Naturmacht in Vernunftmacht" weder dauerhaft möglich noch wünschenswert wäre. Die partielle Abschwächung des Daseinskampfes durch Sozialpolitik, Bevölkerungskontrolle oder medizinische Versorgung wurde von ihnen als ein Verhängnis angesehen, das im Interesse der Nation und der Rasse beseitigt werden muß. Auf weitere Differenzen, etwa die Forderung nach bürgerlich-politischer Gleichheit (BÜCHNER 1869/1872: 184ff.), die von den späteren Sozialdarwinisten mit dem Verweis auf die konstitutive biologische Ungleichheit der Individuen verworfen wurde, muß an dieser Stelle nicht näher eingegangen werden. Bemerkenswert ist immerhin aber noch, daß sich bei LANGE und BÜCHNER eine Fülle von Argumenten finden, die als eine direkte Kritik an sozialdarwinistischen Ansichten gelesen werden können: So weisen beide die Rechtfertigung der gegebenen gesellschaftlichen Verhältnisse, insbesondere die soziale Ungleichheit als „naturgegeben" oder als zwangsläufiges Resultat biologischer Differenzen zurück (LANGE 1865/1909: 48f., 323; BÜCHNER 1869/1872: 195). Dies läßt es ratsam erscheinen, auch begrifflich zwischen solch divergierenden Varianten der Übertragung DARWINscher Prinzipien auf Politik und Gesellschaft zu differenzieren. Den Begriff „Sozialdarwinismus" werde ich daher für die ultrarechten und anti-humanistischen Konzepte reservieren, die (a) gegen eine Humanisierung des „Daseinskampfes" eintraten und stattdessen ein „Recht des Stärkeren" postulierten; (b) eine radikale Biologisierung der Gesellschaftstheorie und der Ethik vorantrieben; und (c) politisch gegen Demokratie, Liberalismus und Sozialismus polemisierten.

II. Krieg, Kaiserreich und Konkurrenz oder: Die Umwertung der Werte

Wenn der politische Darwinismus als ein Resultat interessengesteuerter Rezeption der DARWINschen Theorie angesehen werden muß, so wird man erwarten dürfen, daß er einem Wandel immer dann unterliegt, wenn sich die ökonomischen, sozialen oder politischen Randbedingungen dieser Rezeption einschneidend ändern. Genau dies war im Jahre 1870/71 der Fall. Der erste, der auf die Bedeutung des Deutsch-Französischen Krieges für die politische DARWIN-Rezeption hingewiesen hat, war Franz MÜLLER-LYER; seiner Einschätzung nach hat dieser Krieg nämlich eine wichtige Rolle bei der Entstehung und Ausbreitung des Sozialdarwinismus gespielt. „Da dem Krieg ein außerordentlicher wirtschaftlicher Aufschwung in Deutschland (übrigens auch in Frankreich) nachfolgte, so mußten alle die, die mit den wirtschaftlichen Entwicklungsgesetzen nicht bekannt waren, zu der Überzeugung kommen, daß dieser Erfolg größtenteils oder gar ausschließlich dem Krieg zu verdanken sei". Vor diesem Hintergrund habe sich der Sozialdarwinismus „wie eine Art geistiger Seuche" über die europäischen Länder ergossen; ein allgemeines Wettrüsten habe begonnen. „Naturforscher traten auf und predigten die Gewaltpolitik als heilsames Naturgesetz. Gewisse Tageszeitungen in fast allen Ländern, deren Einfluß auf die leichtgläubige Menge und auf die öffentliche Meinung ungeheuer ist, hielten es für notwendig, die Völker systematisch gegeneinander aufzureizen, indem sie beim geringsten Anlaß Krieg in Aussicht stellten und jede Neigung zum friedlichen Nachgeben als Schwäche mit Hohn überschütteten. Sogar die Volkswirtschaft hat sich der herrschenden Mode unterworfen, sie hat die Fiktion aufgestellt, der Mensch sei ein durchaus egoistisches Tier und so hat auch die Wissenschaft dazu beigetragen, das Vertrauen menschlicher Wesen zueinander in heilloser Weise zu untergraben" (MÜLLER-LYER 1910/1919: 98-99).

Tatsächlich führte, wie wir noch sehen werden, **keine** gerade Linie von den ideologischen Reaktionen auf den Deutsch-Französischen Krieg zum Sozialdarwinismus der 90er

Jahre. Richtig ist aber, daß in diesen Reaktionen eine neue Linie der DARWIN-Rezeption auftauchte, die einige zentrale Elemente dieses späteren Sozialdarwinismus vorwegnahm und ihn damit auch vorzubereiten half. Wenn man die Ereignisse von 1870/71 als einen Wendepunkt in der DARWIN-Rezeption hervorhebt, so darf dabei allerdings nicht vergessen werden, daß diese Jahresangabe nicht allein für einen gewonnenen Krieg, sondern vor allem für eine grundlegende Veränderung der politischen Verfassung Deutschlands steht. Mit der Kaiserproklamation in Versailles war der Schlußpunkt unter eine Entwicklung gesetzt, die bereits Mitte der 60er Jahre durch die Bismarcksche Politik eingeleitet worden war: die Gründung des Deutschen Reiches. Mit dem Zusammenschluß der deutschen Länder (unter Ausschluß Österreichs) zu einem einheitlichen Staat unter Preußischer Führung war die „nationale Frage" gelöst. Daß diese Einigung nicht durch einen „von unten" in Gang gesetzten und demokratisch gesteuerten politischen Prozeß zustande gekommen war, sondern im Gefolge eines „von oben" inszenierten Krieges, sollte sich in der weiteren Entwicklung als höchst folgenreich erweisen. Die nationale Einigung war im politischen Bewußtsein nicht mit der Erinnerung an demokratische Selbsttätigkeit und an einen mit politischen Mitteln geführten Kampf gegen die feudalen Strukturen verbunden, sondern mit der Erinnerung an einen erfolgreich geführten Krieg. Es wurde nun zur Mode, politischen Erfolg vor allem in Termini rücksichtsloser Interessenverfolgung, wenn nicht nackter Gewalt zu interpretieren. Und zumindest einige Zeitgenossen versuchten dieser Mode ein wissenschaftliches Fundament zu geben, indem sie auf Elemente und Schlagworte zurückgriffen, die der Theorie DARWINS entlehnt waren. Friedrich von HELLWALDS markige Formulierung „Das Deutsche Reich unter Preussen's Führung entstand, nicht als der Sieg irgend eines ‚sittlichen' Princips der ‚Wiedervergeltung', sondern als die Verkörperung des Rechts des Stärkeren" (1875: 734) entsprang dieser Tendenz, die Theorie DARWINS nur zur Legitimation der herrschenden Politik zu instrumentalisieren.

7. Der Krieg als heilsames Naturgesetz

> ***„...wissen Sie, meine Damen und Herren, wann Sie es dahin bringen werden, daß die Menschheit ihre Streitigkeiten nur noch durch friedliche Uebereinkunft schlichten wird? An dem gleichen Tage, wo Sie die Einrichtung treffen, daß dieselbe Menschheit fortan nur durch vernünftige Gespräche sich fortpflanzt."***
>
> *D. F. STRAUSS*

Begonnen hatte dieser Prozeß schon einige Jahre früher. Bereits im Oktober 1866 – also unmittelbar nach dem Preußisch-Österreichischen Krieg – hatte der Geograph Oscar PESCHEL in der von ihm redigierten Zeitschrift „Das Ausland" einen „Rückblick auf die jüngste Vergangenheit" geworfen und dabei den offenen Rechtsbruch BISMARCKS mit dem Hinweis gerechtfertigt, der geschichtliche Erfolg gehöre stets dem Starken. Zwar schwanke die Bedeutung des Wortes Gerechtigkeit in der bürgerlichen Moral, doch sei die „historische Gerechtigkeit allgemeingültig wie ein Naturgesetz". Ein Naturforscher wie DARWIN würde in der Geschichte den Kampf ums Dasein wiederfinden: „Auch wir in Deutschland sollten die neueste Geschichte wie einen gesetzmäßigen Entwicklungsprozeß betrachten und uns nach dem englischen Sprichwort gewöhnen, zwischen den Begebenheiten und ihren Urhebern zu unterscheiden. Bei solchen großartigen Vorgängen handelt es sich nicht mehr um Recht oder Verschuldung, sondern es ist ein DARWINscher Kampf ums Dasein, wo das Moderne siegt und das Veraltete hinabsteigt in die paläontologischen Grüfte" (PESCHEL 1860b). Diese bemerkenswerte Passage ist zwar durchaus nicht der „für Deutschland erste eindeutige Beleg für die Anwendung der darwinistischen Lehre auf die Politik" (FABER 1966: 26), wohl aber der erste Beleg dafür, daß darwinistische Argumente zur **Legitimation** der faktisch betriebenen Politik einschließlich ihrer Resultate benutzt wird, während sie zuvor eher zu deren Kritik und zur Begründung eines Fortschritts über das Bestehende hinaus gedient hatte.

PESCHELS „Rückblick" kann als ein Beispiel für den nachhaltigen Eindruck genommen werden, den die Ereignisse des Jahres 1866 für das politische Denken in Deutschland hatten (cf. dazu ausführlich FABER 1966). Mit der Zerschlagung des Deutschen Bundes, dem Sieg in Königgrätz und den preußischen Annexionen waren die Weichen für eine kleindeutsche Lösung der nationalen Frage gestellt. Die Möglichkeit der Errichtung eines einheitlichen deutschen Nationalstaates war in greifbare Nähe gerückt; andererseits aber auch der undemokratische Weg vorgezeichnet, der dann 1870/71 realisiert wurde. Die BISMARCKsche Politik, sein rücksichtsloser Einsatz von „Eisen und Blut" provozierten einen Schock in weiten Teilen der politischen Öffentlichkeit und riefen vor allem auf Seiten der Liberalen scharfen Protest hervor. Allerdings wurde dieser Protest sehr rasch – innerhalb von Wochen und Monaten – von einer nahezu einhelligen Begeisterung über die BISMARCKsche „Realpolitik" abgelöst: Diese „Realpolitik" habe erreicht, was der 1848/49 gescheiterten „Idealpolitik" nicht gelungen sei. Im Zuge der ideologischen Verarbeitung der Ereignisse nahmen noch wärend des Jahres 1866 Begriffe wie „Naturnotwendigkeit" und „Naturgesetz" einen wachsenden Stellenwert ein; die „moralische Gewalt der Tatsachen" sowie der „Erfolg" wurden zu bevorzugten Instanzen der Legitimation des Geschehenen. Der Rückgriff auf DARWIN, wie ihn PESCHEL exerzierte, entsprang dieser Klimaveränderung und deutete auf eine „Umfunktionierung" der politischen Stoßrichtung des Darwinismus voraus.

Als Gustav JÄGER vier Jahre später aus Anlaß des Krieges gegen Frankreich in derselben Zeitschrift „Naturwissenschaftliche Betrachtungen über den Krieg" anstellte, knüpfte er an die Debatten um die Ereignisse von 1866 explizit an und wies jegliche Kritik an dem realpolitischen Klimawechsel zurück. Auf die einleitend gestellte Frage, wie ein Naturforscher dazu komme, über den Krieg zu schreiben, gab JÄGER die Antwort: „Einfach deshalb, weil das was sich täglich und stündlich in der belebten Natur vor seinen Augen abwickelt und Gegenstand seines Studiums ist, nichts als Krieg ist". Derselbe Krieg, den Tiere und Pflanzen gegeneinander führen, spiele sich von Beginn an auch unter den Menschen ab. „Daraus schöpft der Naturforscher wohl mit Recht die Ueberzeugung daß der Krieg, und zwar der Vernichtungskrieg – denn das sind die Naturkriege alle – ein Naturgesetz ist, ohne welches die belebte Welt nicht nur das nicht wäre was sie ist, sondern überhaupt nicht bestehen könnte. Weiter muß diese Ueberzeugung ihn dazu zwingen die wohlthätigen Wirkungen dieses allgemeinen Vernichtungskampfes zum Gegenstand seiner Forschungen zu machen" (JÄGER 1870: 1161). Die wichtigste dieser wohltätigen Wirkungen des Krieges sei „die Beseitigung der Leistungsunfähigkeit". Dasselbe gelte ohne Einschränkung auch für den Menschen und die menschliche Gesellschaft, denn diese unterliegen „denselben Naturgesetzen wie die ganze übrige Lebewelt". Der Vernichtungskampf nehme in der menschlichen Gesellschaft allerdings die Form der ökonomischen Konkurrenz und des Staatenkrieges an; ohne diesen Kampf ums Dasein „würde das Menschengeschlecht nicht bloß zum Affen, sondern noch unter den Affen kommen" (ibid.: 162). Die darwinisierende Terminologie wird hier benutzt, um die uneingeschränkte Geltung des Selektionsprinzips auch für die menschliche Gesellschaft zu behaupten und den Krieg und die Kriegsvorbereitung für naturgemäß zu erklären.

Tatsächlich scheint es nach 1870/71 zur Tagesmode geworden zu sein, die alte Auffassung von der inhärent kriegerischen Natur des Menschen in darwinisierenden Termini zu bekräftigen. So erklärte auch David Friedrich STRAUß in seinem unmittelbar nach Kriegsende erschienen Buch „Der alte und der neue Glaube" jedes Bemühen um die Abschaffung die Kriege zwischen den Völkern für ebenso aussichtslos wie ein Versuch zur Abschaffung der Gewitter. Den einzigen Hoffnungsschimmer, den er in seinem ansonsten so optimistisch gehaltenen Werk zuläßt, ist die Perspektive einer Verringerung der Zahl der Kriege. Den pazifistisch gesonnenen Damen und Herren seiner Zeit hält er darwinistische Einsichten entgegen: „Stammt der Mensch, wenn auch als der höchste geläutertste Sprößling, aus dem Thierreich her, so ist er von Hause aus ein irrationelles Wesen; es wird, bei allen Fortschritten von Vernunft und Wissenschaft, doch die Natur, Begierde und Zorn, immer eine große Gewalt über ihn behalten; und – wissen Sie, meine Damen und Herren, wann Sie es dahin bringen werden, daß die Menschheit ihre Streitigkeiten nur noch durch friedliche Uebereinkunft schlichten wird? An dem gleichen Tage, wo Sie die Einrichtung treffen, daß dieselbe Menschheit fortan nur durch vernünftige Gespräche sich fortpflanzt" (STRAUß 1872/1875: 262f.).

Hier deutet sich ein Funktionswechsel der Berufung auf DARWIN an. Es war nun eine grundlegend andere politische Botschaft, die mit ihr transportiert werden sollte. (a) Der gewonnene Krieg wurde als ein Beweis für die uneingeschränkte Geltung des Selektionsprinzips auch im gesellschaftlichen, vor allem im zwischenstaatlichen Leben genommen; DARWINS Theorie stellte ein Vokabular zur Verfügung, in dem diese Geltung naturwissenschaftlich „erklärt" werden konnte. (b) Und nicht nur erklärt, sondern auch gerechtfertigt, denn dasselbe Vokabular schien auch die alte These von den reinigenden und kulturfördernden Auswirkungen des Krieges zu untermauern; mit Hilfe der DARWINschen Theorie wurde nun die etablierte Politik legitimiert. (c) Damit änderte sich auch der Gegner, gegen den die Evolutionstheorie ideologisch mobilisiert wird: Es sind nicht mehr „Tyrannen" und „Priester" (also die herrschenden konservativen Kräfte), sondern Pazifisten, Sozialdemokraten und Liberale.

8. Das Recht des Stärkeren

> ***„Es handelt sich darum wer siegt. Wer es auch sei, er muß über die Leichen der Besiegten hinwegschreiten, das ist Naturgesetz."***
>
> *F. von* HELLWALD

Unmittelbar nach dem für Preußen siegreichen Ende des Krieges publizierte der ehemalige Offizier der österreichischen Armee und Beamte des Wiener Kriegsministerium Friedrich von HELLWALD – abermals in der Zeitschrift „Das Ausland" – einen zweiteiligen Aufsatz unter dem programmatischen Titel „Der Kampf ums Dasein im Menschen- und Völkerleben", der einen großen Schritt zur Radikalisierung der darwinisierenden Betrachtung menschlich-politischer Angelegenheiten tat. Von der verbreiteten Tendenz, den Daseinskampfe in ein mildes Licht zu tauchen, grenzt sich HELLWALD ab, indem er den Sieg im diesem Kampf nachdrücklich von allen normativen Gesichtspunkten trennt. Einen unveränderlichen Maßstab für das Gute und Schlechte gebe es gar nicht und daher könne es nur folgende Antwort auf die Frage geben, wer im Kampf um das Dasein „im Rechte" sei: „Alles kämpft mit einander und jedes hat Recht. Alles kämpft – der Arme, der den Communismus verlangt, der Reiche der ihn verdammt, der strebende Kopf, der verrottete Aristokrat, der Geistliche, der Soldat, der Republicaner, der behäbige Constitutionelle, der Monarch, sie alle sind im Rechte – es handelt sich um ihr Dasein. Es handelt sich darum wer siegt. Wer es auch sei, er muß über die Leichen der Besiegten hinwegschreiten, das ist Naturgesetz" (1872: 105).

Die grundsätzliche Abkehr von der DARWIN-Rezeption eines BÜCHNER oder LANGE liegt auf der Hand. Jegliche Parteinahme für den Fortschritt oder die Humanität, die bei BÜCHNER oder LANGE noch grundlegend gewesen war, ist aufgegeben. Der verrottete Aristokrat, der Geistliche und der Monarch haben plötzlich „gleiches Recht" wie der Republikaner und der strebende Kopf. Dies impliziert nicht nur eine politisch-normative Kehrtwendung, sondern auch eine Änderung auf der theoretischen Deutungsebene. Wäre dem darwinistischen Argumentationsmuster entsprechend zu erwarten, daß der strebende Kopf den verrotteten Aristokraten verdrängt, eben weil der eine verrottet ist, während der andere strebend sich bemüht, so haben hier beide gleicherweise Recht. HELLWALD behauptet also nicht mehr, daß es der jeweils Beste ist, der im „Kampf ums Dasein" siegt, und daß dieser aufgrund seiner Überlegenheit auch eine Art „Recht" für diesen Sieg beanspruchen kann, sondern verzichtet auf alle normativen Bewertungen: am Ende bleibt nur das Faktum des Sieges. Oder genauer: das Faktum des Sieges ist der Beweis der Überlegenheit und diese wiederum die Rechtfertigung des Sieges. „Der Krieg, diese heftigste Erscheinung des Kampfes ums Dasein, ist tief in der Menschennatur begründet, und wer da einwenden wollte, daß mit

Gutheißung des Krieges das Recht des Stärkeren anerkannt werde, der möge erwägen daß ein stärkeres Recht als das Recht des Stärkeren überhaupt nicht existirt. Das Recht des Stärkeren beherrscht die ganze organische Welt bis hinab zu ihren kleinsten mikroskopischen Repräsentanten... Das Recht des Stärkeren hat auch von jeher die Menschheit beherrscht, und wird wohl zu allen Zeiten herrschen. Der Stärkere zu sein und zu bleiben erfüllt das Streben der Völker, in deren Leben wie in jenem des Einzelnen es gilt die günstigen Chancen auszunützen; jeder aber fühlt daß seine eigene Kraft durch die Schwächung seines Rivalen und Gegners wachse. Wer dann siegt in diesem Kampfe, haben wir schon einmal betont, der muß über die Leichen der Besiegten hinwegschreiten. Auch das ist Naturgesetz und immer so gewesen" (1872: 143).

Die normative Kehrtwendung HELLWALDS ist nicht zuletzt deshalb hervorzuheben, weil sie in weiteren Schriften des Autors aufgegriffen, ausführlicher dargestellt und popularisiert wurde. Dies gilt vor allem für seine 1875 erschienene „Culturgeschichte in ihrer natürlichen Entwicklung" deren Publikumserfolg so groß war, daß HELLWALD bereits ein Jahr später eine erweiterte und überarbeitete Neuauflage in zwei Bänden herausbringen konnte. Dabei war das allgemeine Ziel des Buches, die Herrschaft der „DARWIN'schen Gesetze" auch für „den Entwicklungsgang der menschlichen Cultur zu erweisen" (1875: 790), zu diesem Zeitpunkt durchaus nicht mehr originell; um so mehr aber die inhaltlichen Akzentverschiebungen, die sich u. a. in rassentheoretischen Ansätzen (ibid.: 55, 58f.) und in der Rechtfertigung des Kolonialismus (ibid.: 745ff.) niederschlugen. Für den vorliegenden Zusammenhang sind drei Punkte hervorzuheben:

Erstens nimmt HELLWALD eine deutliche Relativierung des von BÜCHNER, HAECKEL oder LANGE so emphatisch vertretenen Fortschrittsgedankens vor. Zwar hätten die Kulturvölker im Laufe ihrer Entwicklung zweifellos bedeutende Fortschritte in allen Formen ihrer Tätigkeit gemacht, doch sei „die Höhe der erreichten Vollkommenheit kein Massstab für die qualitative Vervollkommnung des Menschengeschlechts und auf diese allein würde es ja ankommen" (ibid.: 20). Was man gemeinhin unter Fortschritt der Kultur und Zivilisation verstehe, sei im Grunde nichts anderes als eine „erhöhte Betriebsamkeit" und Geschicklichkeit der Naturbeherrschung und Bedürfnisbefriedigung. Der Mensch verbessere zwar im Laufe seiner Geschichte seine äußere Lebensgestaltung, keineswegs aber sich selbst. Im Reich der mechanischen Arbeiten seien viele Erleichterungen erreicht worde, „im Reiche der sogenannten Humanität, der Vernunft oder der Sittlichkeit ist seit Jahrtausenden kein Fortschritt gewesen" (ibid.: 21; cf. auch 702f.).

Mit dieser Abwertung des Fortschrittgedankens geht **zweitens** eine starke Betonung des „Kampfes ums Dasein" einher. Hatte die frühe DARWIN-Rezeption durchweg das Ergebnis (= Fortschritt) hervorgehoben und den Mechanismus seiner Erzeugung (= Daseinskampf) eher in den Hintergrund treten lassen, so kehrt HELLWALD diese Akzentuierung um. Bereits in den einleitenden Absätzen über die Frühgeschichte der menschlichen Gattung heißt es programmatisch: „Den ‚Kampf um's Dasein', dem er seine bis (da) nun errungene Stellung verdankte, der Urmensch musste ihn weiterkämpfen fort und fort bis auf die Gegenwart und in alle Zukunft. Dieselben Gesetze, welche im Leben der Thierwelt Geltung haben, beherrschen auch das Leben des Menschen..." (ibid.: 12). Entsprechend diagnostiziert HELLWALD den Daseinskampf als die „Haupttriebfeder"(ibid.: 20) der gesellschaftlichen Entwicklung, deren Wirkung er auf allen möglichen Gebieten wiederfindet: „auf dem Gebiete der Ideen" (ibid.: 499) oder auch auf dem der Religion (ibid.: 547).

Drittens macht HELLWALD mit dem Naturalismus, der von den frühen DARWIN-Rezipienten noch nicht auf die normative Dimension ausgedehnt worden war, radikal ernst. Er bestreitet mit dem Verweis auf die Naturhaftigkeit allen gesellschaftlichen Geschehens jede Möglichkeit einer normativen Bewertung historischer Ereignisse oder Prozesse. So gründet sich die Sklaverei für ihn auf „die natürliche Ungleichheit der physischen Kräfte" und ist daher „so alt wie das Menschenthum". Der Mensch betrachte die Arbeit „von Natur aus" als eine Last, der er sich möglichst entledigen wolle. „Der Starke wälzt sie auf den Schwachen eben kraft des Rechts des Stärkeren, welches herrscht und herrschen wird, herrschen muss in der organischen wie in der anorganischen Natur. Ist doch das Gesetz der Attraction, das den Weltenbau zusammenhält, nichts anderes als das Recht des Stärkeren übersetzt in's anorganische Reich! Das Recht des Stärkeren ist ein Naturgesetz" (ibid.: 27; cf. auch 574). Wenn es keinen Maßstab normativer Bewertung historischer Ereignisse und Prozesse gibt, dann bleibt dem Historiker offensichtlich nichts weiter als zu konstatieren, daß eben der jeweils „Stärkere" gesiegt habe. Das sogenannte „Recht des Stärkeren" zieht sich folgerichtig wie ein roter Faden durch HELLWALDS Darstellung der Kulturgeschichte.

9. Darwinistische Inkonsequenzen

> ***„Vergiß in keinem Augenblick, daß du Mensch und kein bloßes Naturwesen bist; in keinem Augenblick, daß alle anderen gleichfalls Menschen, d. h., bei aller individuellen Verschiedenheit, dasselbe was du, mit den gleichen Bedürfnissen und Ansprüchen wie du, sind – das ist der Inbegriff aller Moral."***
>
> *D.F. STRAUß*

Man darf die Schriften HELLWALDS im Hinblick auf ihren Einfluß nicht überschätzen; man wird in ihnen aber immerhin ein Symptom für den Umbruch sehen müssen, der ab 1871 zu einer Neubestimmung der politischen Stoßrichtung der DARWIN-Rezeption führte. Zugleich deutet sich in ihnen bereits an, wo der systematische Knackpunkt dieser Neubestimmung lag: In den Werten und Normen, die mit Hilfe dieser Rezeption transportiert werden sollten. Die Genese des Sozialdarwinismus in Deutschland kann und muß als ein Prozeß beschrieben werden, in dem die politische Bezugnahme auf die Theorie DARWINS von bestimmten Normen und Werten abgekoppelt und mit anderen Normen und Werten verbunden wird. Dieser Prozeß vollzog sich als eine „Umwertung der Werte" – was vorher als „Wert" galt, wurde nun zu einem „Unwert" und umgekehrt wurden die vormaligen „Unwerte" zu „Werten". Sein realgeschichtlicher Hintergrund waren die grundlegend veränderten politischen Rahmenbedingungen nach 1871; sein theoretischer Ansatzpunkt waren massive Inkonsequenzen der liberalen und fortschrittsorientierten DARWIN-Rezeption. Werfen wir daher noch einmal einen Blick zurück auf die DARWIN-Rezeption der 60er Jahre, um diese Inkonsequenzen zu identifizieren. Sie werden besonders deutlich in einer widersprüchlichen Anthropologie und in einer versöhnlichen Deutung des Daseinskampfes.

(a) Wir haben gesehen, daß die DARWIN-Rezipienten von Beginn an die Naturhaftigkeit des Menschen stark unterstrichen; sie wurden nicht müde, immer wieder auf die tierische Herkunft des Menschen zu verweisen und jeglichen prinzipiellen Unterschied zwischen Mensch und Tier abzustreiten. Die von christlicher Religion und idealistischer Philosophie behauptete Sonderstellung des Menschen in der Natur beseitigt zu haben und den Menschen in eine Reihe mit den Tieren gestellt haben, gilt ihnen als die größte Errungenschaft der DARWINschen Theorie. – Wie aber sollte diese Naturalisierung des Menschen vereinbar sein mit der gleichzeitigen Betonung, daß die „rohen" Gesetze der Wildnis keine Gültigkeit in der menschlichen Gesellschaft haben – oder zumindest nicht haben **sollen**? Der Mensch, so lesen wir bei LANGE (1865/1909: 4f.), sei eben doch **kein** Tier wie die anderen auch: „Wir verlangen eben für den Menschen eine andere Natur, als die Natur der Tiere ist, und das ganze große Ringen und Streben der Menschheit hat zum Zweck, einen Zustand zu schaffen, in welchem der Lebende sich, sein Dasein genießend, in möglichster Vollkommenheit auslebt und weder einer plötzlichen Vernichtung, noch auch dem langsam nagenden Zahn des Elends zum Opfer fällt". Ähnliche Äußerungen finden sich auch bei den hartgesottensten Materialisten.

(b) Denselben Zwiespalt finden wir im Hinblick auf den „Kampf ums Dasein". Auf der einen Seite wurde die universelle Gültigkeit dieses Prinzips für Natur und Gesellschaft immer wieder hervorgehoben. Die menschliche Geschichte mache keine Ausnahme; sondern verdanke ihm alle ihre Errungenschaften. – Auf der anderen Seite wird aber hervorgehoben, daß die brutalen Formen des Daseinskampfes vornehmlich für die frühen Stufen der Menschheitsentwicklung charakteristisch seien; daß bei fortschreitender Entwicklung verschiedene Formen der Abmilderung und Zivilisierung dieses Kampfes entstehen. LANGE hatte ein dem Kampf ums Dasein entgegengerichtetes „anderes Naturgesetz" erfunden, „welches aus dem sympathischen Zusammenleben der Menschen den Gedanken der Gleichheit und des solidarischen Fortschritts erwachsen läßt" (1865: 67). Und von BÜCHNER werden wir aufgefordert, einen Kampf gegen den Kampf ums Dasein zu führen und die Naturmacht durch die Vernunftmacht zu ersetzen. Der Mensch müsse sich über „das rohe Naturgesetz" erheben. „Je weiter sich derselbe von dem Punkte seiner thierischen Abkunft und Verwandtschaft entfernt und an die Stelle der Naturmacht, welche ihn ehedem unbeschränkt beherrschte, die eigne frei und vernünftige Selbstbestimmung treten läßt, um so mehr wird er **Mensch** im eigentlichen Sinne des Wortes und um so mehr nähert er sich denjenigen Zielen, die wir als die **Zukunft des Menschen und des Menschengeschlechts** ansehen müssen" (1869/1872: 181f.). Die Rechtfertigung bestehender sozialer Ungleichheiten durch die DARWINsche Theorie wird strikt zurückgewiesen (DODEL 1875: 144f.); durch diese Ungleichheiten werde ein **fairer** Kampf ums Dasein in der bestehenden Gesellschaft gerade verhindert.

Das Auffällige dieser Texte besteht offenbar darin, daß die (scheinbar) radikale Naturalisierung des Menschen nur bis zu einem gewissen Punkt durchgehalten wird: sie endet abrupt dort, wo es um **normative** Folgerungen geht. Zwischen der evolutionistischen **Erklärung** und naturhistorischen **Beschreibung** des Menschen einerseits und dem Festhalten an den traditionellen **Wertmaßstäben** anderseits entsteht damit eine merkwürdige Diskrepanz. Die naturwissenschaftliche Orientierung, der antispekulative „Realismus" und die angekündigte Weltanschauungsreform machen vor der Moral halt: Die Geltung der etablierten moralischen Normen wird ebenso als selbstverständlich unterstellt wie die Geltung der „klassischen" Ideale des Wahren, Schönen und Guten. Gewiß: Gott wird als moralische Autorität entthront und an die Stelle der idealistischen Vernunftkategorie tritt „die Natur" oder „die Evolution"; doch bleibt das deszendenztheoretische Vokabular folgenlos für den normativen Inhalt der darwinistischen Weltanschauung. So heftig die christliche Schöpfungslehre angegriffen wird, so unverdrossen wird an den moralischen Prinzipien der christlichen Tradition festgehalten.

Ein eindrucksvolles Beispiel für diesen inkonsequenten Darwinismus lieferte das 1872 erschienene Buch „Der alte und der neue Glaube" von David Friedrich STRAUß. Angesichts der Krise des überlieferten Kirchenglaubens wollte sein Verfasser „die Grundzüge einer neuen Weltanschauung, zu der wir uns bekennen" (1872/1875: 11) zeichnen. Daß der „neue Glaube" seine Grundlage vor allem in den zeitgenössischen Naturwissenschaften haben sollte, war nahezu selbstverständlich; und ebenso daß die Evolutionstheorie zu seinen wichtigsten Stützen gezählt wurde. Dabei spielten Fragen der normativen Orientierung eine zentrale Rolle; STRAUß war hier expliziter und ausführlicher als die vorhergehende darwinistische Literatur. Das Programm des Buches kleidete er in der Frage, „ob uns diese moderne Weltansicht auch den gleichen Dienst leistet, und ob sie uns denselben besser oder schlechter leistet, als den Altgläubigen die christliche, ob sie mehr oder weniger geeignet ist, das Gebäude eines wahrhaft menschlichen, d.h. sittlichen und dadurch glückseligen Lebens darauf zu gründen" (ibid.: 11f.). Natürlich fällt die Antwort höchst günstig für den neuen Glauben aus, und es ergibt sich für STRAUß, daß aus den zeitgenössischen Naturwissenschaften – insbesondere aus der DARWINschen Theorie – moralische Normen und Werte abgeleitet werden können, die mit den Normen und Werten der abendländisch-christlichen Tradition auffallend konvergieren. So erscheint das von STRAUß formulierte Moralprinzip als wenig neu: „Vergiß in keinem Augenblick, daß du Mensch und kein bloßes Naturwesen bist; in keinem Augenblick, daß alle anderen gleichfalls Menschen, d. h., bei aller individuellen Verschiedenheit, dasselbe was du, mit den gleichen Bedürfnissen und Ansprüchen wie du, sind – das ist der Inbegriff aller Moral" (ibid.: 243f.). Und es kann nicht verwundern, daß STRAUß sich der Parole des Kampfes **gegen** den Kampf ums Dasein anschließt, wenn er die Menschen dazu aufruft (als ob ihm der Darwinistische Naturalismus ein Greuel wäre) alles Animalische abzustreifen: Zwar könne der Mensch den rohen und grausamen Kampf ums Dasein „nicht ganz vermeiden, sofern er noch ein Naturwesen ist; aber er soll ihn nach Maßgabe seiner höheren Anlagen zu veredeln, und seinesgleichen gegenüber insbesondere durch das Bewußtsein der Zusammengehörigkeit und gegenseitigen Verpflichtung der Gattung zu mildern wissen" (ibid.: 246). Die Bekehrung zum „neuen Glauben" auf Darwinistischer Grundlage scheint somit nur dem einen Zweck zu dienen: auch unter den Bedingungen der Delegitimierung der christlichen Religion durch die modernen Naturwissenschaften am Kern der christlichen Moral festhalten zu können.

10. Auf dem Wege zur Umwertung der Werte

> ***„Wo ist da die Morallehre STRAUSS-DARWIN, wo überhaupt der Muth geblieben!"***
>
> *F. NIETZSCHE*

Diese Inkonsequenzen konnten um so weniger unbemerkt bleiben als das STRAUßsche Buch ein lebhaftes und intensives Echo fand. Unter den zahlreichen Reaktionen ist die erste „Unzeitgemäße Betrachtung" Friedrich NIETZSCHES besonders hervorzuheben. 1873 veröffentlicht, enthält sie eine schneidende Polemik gegen das hinter weltanschauungsumstürzlerischem Pathos sich verbergende „Philistertum". Ohne auch nur den Ansatz zu einer systematischen Auseinandersetzung mit den wissenschaftlichen Grundlagen des „neuen Glaubens" zu machen, legt NIETZSCHES Kritik einige der gedanklichen Halbherzigkeiten offen, die den von STRAUß repräsentierten Typus Darwinistischer Weltanschauung charakterisieren. Seine Frage lautet: „Wie weit reicht der Muth, den die neue Religion ihren Gläubigen verleiht?" (1873/1980: 188). Und die Antwort ist: STRAUß bringe es „nicht zu einer aggressiven That, sondern nur zu aggressiven Worten", diese aber wähle er so beleidigend wie möglich (ibid.: 194). Er bekenne mit bewundersungswürdiger Offenheit, kein Christ mehr zu sein, wolle aber keine Zufriedenheit irgend welcher Art stören. STRAUßENS Aufgabe wäre es gewesen, so fährt NIETZSCHE fort, „die Phänomene menschlicher Güte, Barmherzigkeit, Liebe und Selbstverneinung, die nun einmal thatsächlich vorhanden sind, aus seinen Darwinistischen Voraussetzungen ernsthaft zu erklären und abzuleiten: während er es vorzog, durch einen Sprung in's Imperativische vor der Aufgabe der Erklärung zu flüchten. Bei diesem Sprunge begegnet es ihm sogar, auch über den Fundamentalsatz DARWINS leichten Sinnes hinwegzuhüpfen" (ibid.: 195). NIETZSCHE führt nun jenen bereits oben zitierten Satz an, in dem STRAUß seinen Leser aufruft, niemals zu vergessen, daß er „Mensch und kein blosses Naturwesen ist" und die gleichen Rechte aller seiner Mitmenschen achten solle, und fährt dann mit der Frage fort: „Aber woher erschallt dieser Imperativ? Wie kann ihn der Mensch in sich selbst haben, da er doch, nach DARWIN, eben durchaus ein Naturwesen ist und nach ganz anderen Gesetzen sich bis zur Höhe des Menschen entwickelt hat, gerade dadurch, dass er in jedem Augenblick vergass, dass die anderen gleichartigen Wesen ebenso berechtigt seien, gerade dadurch, dass er sich dabei als den Kräftigeren fühlte und den Untergang der anderen schwächer gearteten Exemplare allmählich herbeiführte. Während STRAUSS doch annehmen muss, dass nie zwei Wesen völlig gleich waren, und dass an dem Gesetz der individuellen Verschiedenheit die ganze Entwicklung des Menschen von der Thierstufe bis hinauf zur Höhe des Kulturphilisters hängt, so kostet es ihm doch keine Mühe, auch einmal das Umgekehrte zu verkündigen: ‚benimm dich so, als ob es keine individuellen Verschiedenheiten gebe!' Wo ist da die Morallehre STRAUSS-DARWIN, wo überhaupt der Muth geblieben!" (ibid.: 196).

Es kann hier nicht darum gehen, die STRAUß-Kritik NIETZSCHES in ihren Hintergründen, ihren inhaltlichen Details und ihrer Zielrichtung genauer zu analysieren. Entscheidend für das vorliegende Thema ist zum einen, daß diese Kritik direkt auf den Kern des STRAUßschen „Bekenntnisses" zielt: auf die von ihm verkündete Moral. Sie rückt damit die Frage nach der normativen Zielrichtung der darwinistisch orientierten Weltanschauung überhaupt in den Mittelpunkt. Hervorzuheben ist weiterhin, daß in dieser Kritik implizit Konturen einer darwinistischen Weltanschauung angedeutet sind, die mit einigen Motiven HELLWALDS übereinstimmen und grundlegende Elemente des radikalen Sozialdarwinismus der 90er Jahre vorwegnehmen. Ich beschränke mich auf vier zentrale Punkte: (a) Die abendländisch-christliche Moral ist mit einem auf DARWINS Theorie gegründeten Menschenbild unvereinbar; während DARWIN die Naturhaftigkeit des Menschen hervorhebt, fordert die Moral deren Überwindung. (b) So weit sich die Menschen tatsächlich aus der ursprünglichen Natur herausgearbeitet haben, ist dies nicht durch Befolgen christlicher Moralgrundsätze geschehen, sondern durch ihre Mißachtung: durch das Hinwegsetzen der „Kräftigeren" über die „schwächer gearteten Exemplare". (c) Insbesondere muß die abendländisch-christliche Lehre von der Gleichheit der Menschen zurückgewiesen werden, da sie dem „Gesetz der individuellen Verschiedenheit" widerspricht. (d) Da auch die sozialdarwinistische Zentralformel vom Recht des Stärkeren bei NIETZSCHE nicht fehlt – denn er rügt ausdrücklich an STRAUß, daß dieser es versäumt habe, aus dem „Vorrechte des Stärkeren Moralvorschriften für das Leben" (ibid.: 194) abzuleiten – ist es weder ein Wunder noch ein „Mißverständnis", wenn sich die Sozialdarwinisten, vor allem Alexander TILLE, ausdrücklich auf NIETZSCHE als ihren Kronzeugen und geistigen Wegbereiter berufen haben.

11. Der ökonomische Kampf ums Dasein

„Concurrenz ist immer und überall."
W. PREYER

Im März 1873 schrieb Jacob BURCKHARD in einem jener Texte, die später unter dem Titel „Weltgeschichtliche Betrachtungen" veröffentlicht wurden: „Das erste große Phänomen nach dem Kriege von 1870/71 ist die nochmalige außerordentliche Steigerung des Erwerbssinnes, weit über das bloße Ausfüllen der Lücken und Verluste hinaus, die Nutzbarmachung und Erweckung unendlich vieler Werte, samt dem sich daran heftenden Schwindel (Gründertum)" (BURCKHARDT 1905/1978: 148). In der Tat fiel die „Proklamation von Kaiser und Reich" in eine bereits seit der Jahrhundertmitte anhaltende Hochkonjunkturperiode, in deren Verlauf Deutschland den Durchbruch zu einer modernen Industriegesellschaft erlebt hatte. Der Krieg und die Kriegskonjunktur und nach dem Sieg über Frankreich die Kriegskontributionen in Höhe von fünf Milliarden Francs heizten das wirtschaftliche Wachstum abermals an und führten zu einem dreijährigen Boom, der unter der Bezeichnung „Gründerjahre" zur Legende geworden ist.

Nach 1870/71 häufen sich Analogisierungen zwischen ökonomischer Konkurrenz und natürlichem Kampf ums Dasein. In seine „Naturwissenschaftlichen Betrachtungen über den Krieg" hatte JÄGER einfließen lassen, niemand leugne, daß ohne „die sogenannte friedliche Concurrenz der Arbeit" das menschliche Geschlecht nicht bloß bis zum Affen, „sondern noch unter den Affen" sinken müsse (1870: 1162). Was hier aber noch eine eher beiläufige Bemerkung bleibt, wird von dem uns bereits bestens bekannten Friedrich von HELLWALD zwei Jahre später nicht nur weit ausführlicher ausgemalt, sondern vor allem auch radikalisiert. „Was auf einer niederen Culturstufe die Gewalt, das thut auf einer höheren die Concurrenz. Letztere nimmt mit zunehmender Gesittung allmählich die Stelle der ersteren ein, und von dem Cannibalen, der seine Concurrenten mit der Keule erschlägt und zum Mahle verzehrt bis zu jenem Marchand Tailleur, der mit den Waffen ellenlanger Buchstaben seiner Reclame das gegenüber wohnende arme Schneiderlein um sein kärgliches Brot bringt, zieht sich ein continuirliche Kette von Uebergängen, wobei wir stets und allerwärts den Satz zur Geltung gelangen sehen, alle Mittel, die nicht verboten sind, sind erlaubt" (1872: 105). Diese durchaus unidyllische Beschreibung des Wirtschaftslebens sollte nur allzu bald durch die ökonomische Wirklichkeit bestätigt werden. Auf die „Gründerjahre" folgte der „Gründerkrach": 1873 brach die überhitzte Konjunktur zusammen und es folgte eine bis zum Jahre 1879 anhaltende schwere Wirtschaftskrise.

Kaum etwas schien die darwinisierende Rede vom notwendigen Sieg der Starken auf Kosten der Schwachen besser zu bestätigen, als die unmittelbaren Folgen dieser Krise: in den meisten Wirtschaftsbranchen ging die Zahl der Betriebe drastisch zurück, während gleichzeitig die Größe der verbliebenen Betriebe zunahm: nur die „Stärkeren" überlebten und sie fraßen die „Schwächeren".

Der Eindruck, den diese Verschärfung der ökonomischen Konkurrenz auf die Zeitgenossen machte, läßt sich durch einen Vergleich zweier Vorträge verdeutlichen, die der Jenenser Physiologe Wilhelm PREYER in den Jahren 1869 und 1878 hielt (PREYER 1869, 1880). Der erste dieser Vorträge war eine populäre Darstellung der DARWINschen Selektionstheorie, deren Tragweite für die menschliche Gesellschaft erst am Schluß auf wenigen Seiten skizziert wurde. Dabei unterstreicht PREYER nicht nur die „absolute Nothwendigkeit" des Fortschritts, sondern auch die Bindung – ja die Identität – des sozialen Daseinkampfes mit der geltenden Moral: „So finden wir denn, dass die Waffen, mit denen wir den Kampf um unser Dasein kämpfen, keine anderen sind, als die der guten Sitte, der Menschenliebe, des Rechts" (1869: 38). In einem Brief an Ernst HAECKEL vom 1. Februar 1871 sollte Bartholomäus von CARNERI (JODL 1922: 3) die moralische Tendenz dieses Vortrages besonders hervorheben: „Der Vortrag Professor PREYERS hat mich durch den Nachdruck, den er auf die höhere Lebensfähigkeit des Guten, als des Wahren, legt, durch das Betonen, daß der Haß nur ausnahmsweise zum Kampf ums Dasein gehört, und durch die Andeutung der regulierenden Eigenschaft des Todes ungemein angezogen. Was da der Sittlichkeit zu Grunde gelegt wird, ist der Begriff des Allgemeinen, ein rein philosophischer Begriff, und aus der Feder eines Physiologen ist dies für mich von unendlichem Wert".

Obgleich er in seinem zweiten Vortrag von dieser moralischen Tendenz keineswegs abrückte, setzte PREYER ein knappes Jahrzehnt später die Akzente anders. Das Schwergewicht lag nun klar auf den gesellschaftlichen Prozessen und auf der These, daß diese von denselben Gesetzen des Kampfes geprägt sind wie die Natur. Dies gelte nicht allein in den Zeiten des Krieges und der Revolutionen, sondern ebenso in friedlicheren Zeiten, wenngleich hier mit anderen Waffen gekämpft werde: „An die Stelle des offenen Kampfes mit tödtlichen Mordinstrumenten tritt das Verdrängen durch langsame Verkümmerung der nothwendigen Lebensbedingungen. Und dieses Zurückdrängen des Nachbars, welches in mannigfaltiger Weise zu Stande kommt, ohne den geringsten, unmittelbar von Person zu Person ausgeübten Gewaltstreich, vielmehr dadurch, dass der eine den anderen in dem, was dieser leistet, übertrifft, bildet das Wesen des Wettkampfes oder der Concurrenz in der menschlichen Gesellschaft. Nur für den einen ist an dem zu erreichenden Ziele Platz. Die Concurrenten werden alle von einem überholt, verdrängt, von dem einen nämlich, welcher in einer oder mehreren der zur Concurrenzfähigkeit erforderlichen Eigenschaften den andern überlegen ist. Jedermann weiss es. Viele bewerben sich. Einer gewinnt. Die Verlierenden klagen und fühlen sich zurückgesetzt. Der Gewinnende freut sich. Das ist der Lauf der Welt". Beispiele dafür liefere jeder Tag in Hülle und Fülle, denn jeder Tag zeige, was „in der modernen Gesellschaft Carrièremachen" heiße, oder besser Konkurrenzmachen: „Die Journalisten machen sich Concurrenz, um Abonnenten, die Ärzte, um Patienten, die Professoren, um Studenten, die Advocaten, um Klienten, die Fabrikanten, um Kunden, die Schriftsteller, um Leser zu gewinnen" (1880: 73).

Mit Sicherheit ist PREYER nicht unter die Sozialdarwinisten oder ihre Vorbereiter vom Schlage eines Friedrich von HELLWALD zu rechnen. Dies wird deutlich, wenn er am Ende seines Vortrages ankündigt, gerade durch die Konkurrenz gelangten auch die „edlen Gemüthseigenschaften" und die Achtung vor den Mitmenschen zur Entwicklung. „Der Hauptgrundsatz zur Regulierung der Beziehungen zueinander ist dabei in jedem Falle auch unbewußt in dem bewährten Volkswort ausgesprochen, welches einen hohen pädagogischen Werth hat: Was Du nicht willst, dass (sic!) man Dir Thu', das füg' auch keinem andern zu!" (ibid.: 93). Mit dem sozialdarwinistischen Grundsatz vom „Recht des Stärkeren" hat dies nichts zu tun. Doch gerade deshalb ist die Selbstverständlichkeit um so aufschlußreicher, mit der nun die Kampf-Metaphorik auf gesellschaftliche Prozesse angewandt wird: sie spiegelt die Überzeugungskraft wider, die die darwinistische Deutung der kapitalistischen Wirtschaft unter den Bedingungen der Gründerkrise zumindest für die naturwissenschaftlich orientierten Teile des Bildungsbürgertums gewinnen konnte. Dabei gewann diese Deutung noch zusätzlich an Plausibilität dadurch, daß viele Zeitgenossen den Zusammenbruch der Konjunktur auf eine Überproduktion zurückführten; die Analogie zur Theorie DARWINS wird damit noch enger, setzt doch auch der DARWINsche Selektionsmechanismus eine Überproduktion von Nachkommen voraus, unter denen nur die jeweils geeignetsten überleben. Als daher Eduard von HARTMANN im Jahre 1878 die vielen verschiedenartigen schrecklichen Auswirkungen der „wirthschaftlichen Konkurrenz" schilderte, kulminierte seine Aufzählung darin, als ihre „unausbleibliche, letzte, aber vielleicht schlimmste Folge" das „Wechselspiel von forcierter Überproduktion und notgedrungener Unterproduktion, von Schwindelperioden und darauf folgenden Krisen" zu nennen. Freilich auch hier wiederum nur um sofort die Mahnung anzuschließen, daß der sich angesichts solchen Jammers und Elends aufdrängende „sozialdemokratische Gedanke" einer Beseitung der Konkurrenz unhaltbar sei, da doch aus evolutionistischer Sicht „die Konkurrenz als das unentbehrliche Schwungrad des wirtschaftlichen Fortschritts, der Vervollkommnung der Technik und des geschäftlichen Betriebes, der Steigerung der Arbeitsteilung und vor allem als mächtigste Triebfeder für die höchste Anspannung des Fleißes und der Intelligenz, d. h. also als Hebel der intensivsten Ausnutzung der Leistungsfähigkeit erscheint" (1878/1922: 533).

Die darwinistische Deutung der Konkurrenzwirtschaft kann als Beispiel für die seit den 70er Jahren an Einfluß zunehmende evolutions-, insbesondere selektionstheoretische Deutung gesellschaftlicher Prozesse und Verhältnisse überhaupt angesehen werden. Es entstanden nun die umfangreichen sozialwissenschaftlichen Systementwürfe von Albert SCHÄFFLE (zeitweiliger österreichischer Handelsminister), Ludwig GUMPLOWICZ (Professor für Staatsrecht an der Universität Graz) oder Gustav RATZENHOFER (österreichischer Offizier und Militärschriftsteller), auf die hier nicht näher eingegangen werden kann. Der „Kampf ums Dasein" wird in dieser Literatur zu einer Art Passepartoutschlüssel für die Deutung beliebiger sozialer Phänemone; die pauschale Rubrizierung dieser Ansätze unter dem Etikett „Sozialdarwinismus" (so z. B. LUKÀCS 1955/1962: 591ff.) ist jedoch irreführend. Die **Beschreibung** und **Erklärung** sozialer Phänomene als „Kampf ums Dasein" impliziert nämlich nicht notwendigerweise ihre **Rechtfertigung**; vor allem ging es diesen Autoren nicht darum, die traditionellen Normen und Werte zu „überwinden" zugunsten einer aggressiven Verschärfung dieses Kampfes in Richtung auf den rücksichtslosen Einsatz von Gewalt. Als SCHÄFFLE die Omnipräsenz von Konkurrenz und Streit in der Gesellschaft hervorhob und dann fragte, welche Faktoren diesen Streit entschieden, so lautete seine Antwort: „die Uebermacht und nichts als die Uebermacht. Die Macht, – aber nicht blos, vielmehr immer weniger die – Gewalt" (1879/1885: 15). Und im Folgenden hob er ebenso die Bedeutung von Liebe und Gemeinsinn der Gesellschaftsmitglieder für den Zusammenhalt der Gesellschaft hervor wie die Unterstützung der Schwachen in der Not, sowie die Unverzichtbarkeit von Sitte und Recht, Religion und Gewissen (ibid.: 25f.). Innerhalb der wissenschaftlich ernst zu nehmenden sozialwissenschaftlichen Literatur blieb eine Position, wie Max WEBER sie in seiner berüchtigten Antrittsvorlesung vertreten hatte, eher die Ausnahme als die Regel. In dieser Rede hatte WEBER sich vorgenommen, am Beispiel der ostelbischen Landarbeiterfrage „die Rolle zu veranschaulichen, welche die physischen und psychischen Rassendifferenzen zwischen Nationalitäten im ökonomischen Kampf ums Dasein spielen" (1895: 2). Die Rede propagiert einen agressiven Nationalismus und ist tief geprägt von einer martialischen Kampf-Rhetorik: „Es gibt keinen **Frieden** auch im wirtschaftlichen **Kampf** ums Dasein... Nicht Frieden und Menschenglück haben wir unseren Nachfahren mit auf den Weg zu geben, sondern den **ewigen Kampf** um die Erhaltung und Emporzüchtung unserer nationalen Art" (1895/1988: 12-14). Nur am Rande sei bemerkt, daß WEBER sich explizit auf den Sozialdarwinisten Otto AMMON als

Kronzeugen für die Anwendbarkeit des Selektionsprinzips auf die menschliche Gesellschaft bezieht.

12.

Zwischenbilanz

1. Begreift man die Geschichte des politischen Darwinismus als eine von politischen Interessen geleitete Rezeption der DARWINschen Theorie, so wird man erwarten müssen, daß veränderte politische Randbedingungen dieser Rezeption ihre Richtung und ihren Inhalt tangieren. Ich habe zu zeigen versucht, daß sich eine solche Änderung der politischen Randbedingungen in den Jahren nach 1866 anbahnte und mit dem deutsch-französischen Krieg und der Reichgründung der Jahre 1870-1871 endgültig eintrat. Diese Ereignisse hatten einen innenpolitischen Klimawechsel zur Folge, der sich unmittelbar auf die DARWIN-Rezeption auswirkte. Neben der oben dargestellten bürgerlich-fortschrittsorientierten Linie der Rezeption entstand nun eine zweite Linie, die sich dem „realpolitischen" Zeitgeist anschloß und die politischen Erfolg vor allem als Resultat einer konsequenten Interessenverfolgung ausgab, die im Zweifelsfall vor Gewalt nicht zurückschrecken sollte. In Friedrich von HELLWALDS oben zitierter Formulierung „Das Deutsche Reich unter Preussen's Führung entstand, nicht als der Sieg irgend eines ‚sittlichen' Princips der ‚Wiedervergeltung', sondern als die Verkörperung des Rechts des Stärkeren" kommt diese Wendung deutlich zum Ausdruck. Das „Recht" des Stärkeren wird nun Schlagwort, mit dem jegliche Politik rücksichtsloser Interessenverfolgung bis hin zu Gewalt und Krieg nicht mehr nur beschrieben, sondern zugleich auch **legitimiert** wird. Worauf es ankommt, ist allein: der Stärkere zu sein.

2. Eine solche Brutalisierung des Denkens liegt bei der Inanspruchnahme eines darwinisierenden Vokabulars zur Deutung der wirtschaftlichen Prozesse, d. h. vor allem der kapitalistischen Konkurrenz, nicht vor. Die meisten der zitierten Autoren greifen auf dieses Vokabular nicht im Sinnes eines Plädoyers für die Befreiung von allen moralischen Fesseln zurück. Hervorgehoben wird vielmehr die „Zivilisierung" des brutalen Daseinskampfes durch den Übergang zur ökonomischen Konkurrenz. Gleichwohl ist nicht zu verkennen, daß auch hier eine inhaltliche Akzentverlagerung stattfindet. Die politische Stoßrichtung dieses Darwinismus ist nicht mehr primär kritisch, sondern primär legitimatorisch gegenüber den bestehenden gesellschaftlichen Verhältnissen. Attraktiv war der Darwinismus daher vor allem dort, wo Argumente für die endgültige Durchsetzung des Kapitalismus in Deutschland gesucht wurden. Die Betonung der wohltätigen Wirkungen der Konkurrenz richtete sich ja potentiell gegen zwei Seiten: zum einen gegen die noch bestehenden feudalen Hindernisse für die ungehinderte Entfaltung des Kapitalismus vor allem im staatlichen Bereich und zum anderen gegen die an politischem Gewicht gewinnende Arbeiterbewegung.

3. Ein wichtiges Merkmal der politisch motivierten DARWIN-Rezeption besteht offenbar darin, daß diese von sehr unterschiedlichen Positionen aus erfolgen und dabei divergierende Ziele anstreben kann. Die vor allem von Ludwig BÜCHNER repräsentierte bürgerlich-fortschrittsorientierte Rezeption – die natürlich nach 1870/71 keineswegs abbrach – kann nicht mit den Positionen eines Friedrich von HELLWALD identifiziert werden; ebensowenig mit den Ansichten der späteren Sozialdarwinisten der 90er Jahre; aber auch nicht mit der sozialistischen DARWIN-Rezeption (auf die ich im folgenden Kapitel noch eingehen werde). Wenn es aber unterschiedliche, sogar gegensätzliche „Richtungen" der politischen DARWIN-Rezeption gibt, dann muß die historische Analyse an jede von ihnen vor allem die Frage richten: welchen politischen Zielen dient sie und welchen Interessen ist sie verpflichtet. Allgemeiner ausgedrückt: mit welchen **normativen Inhalten** ist die jeweilige Rezeption verbunden. NIETZSCHES Kritik an STRAUß ist genau deshalb von grundlegender Bedeutung, weil sie erstmals explizit die Frage nach der „Moral" aufgeworfen hat, die mit Hilfe der DARWINschen Theorie begründet und propagiert werden soll. Ob es eine bestimmte Instrumentalisierung DARWINS zu politischen Zwecken des „Sozialdarwinismus" ist oder nicht, entscheidet sich an dieser Frage. Nie-

mand hat das klarer gesehen als die Sozialdarwinisten selbst.

Allerdings führte von den ersten Ansätzen einer „Umwertung der Werte" nach 1870/71 keine gerade Linie zum elaborierten Sozialdarwinismus der 90er Jahre. Friedrich von HELLWALD fand mit seinem Hohelied auf das Recht des Stärkeren zunächst weit weniger Resonanz als ihm lieb sein konnte; und Ernst HAECKEL war erst auf dem Weg vom bürgerlichen Demokraten zum Reaktionär[1]. Man wird grundsätzlich davon ausgehen können, daß **jede** Form des Darwinismus außerhalb der Fachwissenschaft und außerhalb naturwissenschaftlich interessierter Individuen und Gruppen mit einer gewissen Reserve betrachtet und daß sie in religiös geprägten Kreisen strikt abgelehnt wurde. Darüber hinaus sollte am Ende der 70er Jahre ein großes Hindernis auftauchen, das die Fortentwicklung des Darwinismus zum Sozialdarwinismus um ein volles Jahrzehnt zurückwarf.

III. Der Darwinismus als Gefahr oder: Die Fühlungnahme des Sozialismus

Die historische Rekonstruktion der politisch motivierten DARWIN-Rezeption konzentriert sich naturgemäß auf diejenigen Autoren und Gruppierungen, die sich dieser Theorie bedient **haben**, um ihre Ziele zu fördern. Dabei entsteht nur allzu leicht der Eindruck eines unaufhaltsamen Siegeszuges, der sich nicht zuletzt daraus ergibt, daß man die euphorischen Äußerungen der Darwinisten – die natürlich auch ihre eigene Geschichte gern als eine dem „naturgesetzlichen Fortschritt" gehorchende Erfolgsgeschichte geschrieben haben – für bare Münze nimmt und ihren propagandistischen Charakter übersieht. Es entsteht auf diese Weise ein schiefes Bild, das die Nicht-Rezeption und die explizite Gegnerschaft zur Theorie DARWINS unberücksichtigt läßt. Tatsächlich nämlich kann von einer stromlinienförmigen Erfolgsgeschichte weder auf der Ebene der wissenschaftlichen Rezeption (BOWLER 1983) die Rede sein, noch auf der weltanschaulichen und politischen Ebene. DARWINS Theorie war zu keinem Zeitpunkt des 19. Jahrhunderts unumstritten. In den Augen beträchtlicher Teile des Bürgertums stellte sie in den 70er Jahren – und darüber hinaus – noch immer eine Provokation dar; und den politisch herrschenden Klassen und ihren Verbündeten erschien sie als eine Gefahr. Kurzum: ungeachtet ihres wachsenden Einflusses in Wissenschaft und Weltanschauung war die DARWINsche Theorie zunächst durchaus nicht gesellschafts- und noch viel weniger hoffähig.

Welches Entsetzen die „Affentheorie" unter den Angehörigen des Bildungsbürgertums auszulösen vermochte, illustriert eine hübsche Episode, von der Ernst HAECKEL am 3. August 1871 in einem Brief an seine in Kur befindliche Frau Agnes berichtet: „Da Du mir neulich geschrieben hast, daß Du ein zartes Verhältnis mit einem behaarten schwarzen Jüngling angeknüpft hast, habe ich mich hier auch revanchiert und ein interessantes Verhältnis mit einem reizenden Weibe ausgesponnen! Rate, mit wem? Mit niemand anders als Deiner teuren Kusine, Frau Kapellmeister Minna W. – WOLLSTRUMPF – oder wie sie heißt! Wir fanden gleich beim Beginn unserer Bekanntschaft, daß wir ganz für einander geschaffen seien! Sie überhäufte mich mit Gunstbezeugungen und sang mir den ganzen Tag mit solcher Glut der Leidenschaft vor, daß ich ganz weg war und am Klavier hingeschwommen zu ihren Füßen saß resp. lag! ... Leider erhielt unser reizendes, so himmlisch-ätherisch-musikalisches Liebes-Verhältnis plötzlich einen schrecklichen Riß durch die entsetzliche Entdeckung, daß ich Darwinist, ja sogar der General-Feldmarschall dieser gottlosen Schar sei! Mit dem herzzerreißenden Rufe: ‚Mein Ernst! Vom Affen!' sank Minnona III. plötzlich auf dem Sopha in der Gartenstube zusammen, und nur das vorsichtige Einflößen von 5 (schreibe fünf) Kalbskoteletts nebst einer Schüssel grüner Erbsen vermochte sie allmählich wieder zu sich zu bringen..." (HUSCHKE 1950: 89f.).

13.
Eine Bedrohung für Religion, Sitte und Staat

„Die Selektionstheorie ist in ihrer Lehre vom Kampf ums Dasein eine

1 Über HAECKELS politische Position während der 60er Jahre informieren eine Reihe von Briefen. Aufschlußreich sind unter anderem zwei Briefe an Hermann ALLMERS. Am 14. Mai 1860 schreibt HAECKEL aus Paris, wie sehr er das dortige einheitliche, selbstbewußte nationale Leben und die zuvorkommende Liberalität, mit der alle öffentlichen Bildungsanstalten jedermann zur Verfügung stehen, bewundere. „Nun, hoffentlich liegt auch für uns der Tag nicht mehr fern, wo endlich der sehnsüchtige Wunsch einer starken und liberalen Zentralgewalt gestillt ist." Schon hier äußert es sich begeistert über die Kämpfe in Italien, insbesondere über GARIBALDI. Am 5. September desselben Jahres wird dies anläßlich der Erfolge GARIBALDIS noch einmal bekräftigt: „Daß dieses herrliche Beispiel freier Völkervereinigung auch für unser Deutschland von der größten Bedeutung sein wird, kann ich gar nicht zweifeln. Sollte ein Volk, das in moralischer Bildung und Kraft, in Ausbildung tiefen Gemütslebens und hohen Gerechtigkeitsgefühls so hoch steht, es nach diesem großen Beispiel, das ihm gegeben wird, noch lange mit ansehen, daß seine edelsten Knospen unter der Herrschaft von sechsunddreißig schmarotzenden Raubfürsten samt ihrem gehorsamen Dienerpack unentwickelt zertreten werden?" (KOOP 1941: 49f., 59f.). – Von besonderer Bedeutung ist ein 1866 unter dem Eindruck des Preußisch-Österreichischen Krieges geschriebener Brief an Rudolf VIRCHOW, in dem er diesen (als führenden vertreter der Deutschen Fortschrittspartei) auffordert, sich von dem „gothaischen Annexionsfieber und preußischen Großmachtschwindel" zu distanzieren; Ziel dürfe es nicht sein, „durch die gewaltsame Einheit zur Freiheit, sondern durch die Freiheit zur natürlichen Einheit" zu kommen (USCHMANN 1983: 88f.). – Über die späteren politischen Ansichten HAECKELS, seine Mitgliedschaft im Alldeutschen Verband, informiert GASMAN (1971).

große Gefahr, es ist zu fürchten, daß sowohl unsere sittlichen, wie unsere rechtlich politischen Begriffe, auch unsere sozialen Arbeiten völlig in diesem Kampf aufgehen und zuletzt weiter nichts wahr bleibt, als daß der Stärkste allein das Recht hat. Was für die Sittlichkeit nothwendig ist, das sind beständige, bestimmte, ewige Ideen, nach denen sich das menschliche Dasein normirt.“

A. STOECKER

Dabei blieb das von der DARWINschen Theorie hervorgerufene Befremden keineswegs auf zartfühlende Damen der Gesellschaft beschränkt. Von größerem Gewicht war die Tatsache, daß sie von den politisch herrschenden Schichten und ihren ideologischen, insbesondere: klerikalen Verbündeten als Bedrohung angesehen und bekämpft wurde. Deutlich wurde dies nicht zuletzt dort, wo der Staat direkten Einfluß auf Fragen der Weltanschauung hatte: bei der Gestaltung des schulischen Curriculums. Eine Behandlung der Evolutionstheorie war im Biologieunterricht der (höheren) Schulen nicht nur nicht vorgesehen; wer sie seinen Schülern nahezubringen versuchte, mußte – wie der damals einiges Aufsehen erregende „Fall MÜLLER-LIPPSTADT“ illustriert – mit erheblichen Schwierigkeiten rechnen.

Hermann MÜLLER war ein promovierter Botaniker, der im Jahre 1873 ein vielbeachtetes Werk über „Die Befruchtung der Blumen durch Insekten und die gegenseitige Anpassung beider“ publiziert hatte; Charles DARWIN, mit dem er in brieflichem Kontakt stand, schätzte dieses Buch sehr und veranlaßte später eine Übersetzung ins Englische. Seit 1855 war MÜLLER als Lehrer, seit 1865 als Oberlehrer einer Realschule in Lippstadt (Westfalen) tätig. Als überzeugter Darwinianer ließ er in seinen Biologieunterricht auch Elemente der Evolutionstheorie einfließen. Im Osterprogramm der Lippstädter Realschule des Jahres 1876 beschrieb er die Ziele seines Unterrichts so: „Das Endziel des gesamten naturwissenschaftlichen Unterrichts ist eine vernünftige Weltanschauung, d. h. die auf eigener Erkenntnis von Naturgesetzen begründete Befähigung und Gewöhnung, alle Naturerscheinungen als notwendige Folgen unabänderlich waltenden ursächlichen Zusammenhanges aufzufassen und den jetzigen Zustand unserer Erde und ihrer Bewohner als Stufen einer fortdauernden naturnotwendigen Entwicklung zu begreifen“ (zit. nach DEPDOLLA 1941: 282f.). Dies entsprach im Wesentlichen den Vorstellungen einer Verwissenschaftlichung der Weltanschauung, die seit den 50er Jahren von Autoren wie BÜCHNER propagiert und in den 60er Jahren auf evolutionstheoretischer Basis von HAECKEL und anderen fortgeschrieben worden war. Die moderaten Formulierungen nützen ihrem Verfasser allerdings nichts; bereits am 26. April erschien in den katholischen Zeitung „Westfälischer Merkur“ ein Artikel, der zum Sturmangriff blies: „Man traut kaum seinen Augen! Das ist naturwissenschaftlicher Unterricht für Schüler! Die aller Religion und Philosophie Hohn sprechenden Leistungen HAECKELS und DARWINS, die sich als höchst unwissenschaftliche Hypothesen charakterisieren, werden Realschülern als bare Münze hingelegt. Es wäre interessant zu erfahren, ob man auch auf anderen Realschulen oder Gymnasien im deutschen Reiche bereits frei nach HAECKEL Entstehungsgeschichte des Menschen vorträgt“ (ibid.: 283). Der Preußische Kultusminister Adalbert von FALK sah sich durch diesen Artikel veranlaßt, eine Untersuchung anzuordnen, gab sich aber mit der Erklärung MÜLLERS zufrieden, daß er in seinem Unterricht nicht die Evolution der höheren Wirbeltiere und des Menschen behandelt habe. Der „Fall“ schien erledigt.

Im darauffolgenden Jahr wurde er erneut aufgerollt, als in verschiedenen Zeitungen weitere – und wesentlich agressivere – Artikel gegen den Unterricht MÜLLERS erschienen; abermals wurde die Angelegenheit von der Schulbehörde mit erhobenem Zeigefinger, aber ohne förmliche disziplinarische Rüge beigelegt. Doch Ruhe sollte es nicht geben. Im Januar 1879 griff der altkonservative Abgeordnete Wilhelm Freiherr von HAMMERSTEIN im Preußischen Abgeordnetenhaus die Affäre MÜLLER-LIPPSTADT wieder auf und prangerte den schädlichen Einfluß an, „welchen Lehrer an unseren öffentlichen Schulen auf die Jugend ausüben dadurch, daß sie ihnen Lehren des Atheismus und Materialismus vortragen... Aber das muß ich sagen, daß, wenn es zugelassen wird, daß der HAECKEL-Darwinismus einen Lehrgegenstand auf unseren Schulen bildet, wenn es erlaubt ist, den jugendlichen Schülern unserer öffentlichen Lehranstalten den Materialismus einzuimpfen, dann tun die Schulaufsichtsbehörden ihre Pflicht nicht [Sehr wahr! im Zentrum] Und dann tragen sie die Verantwortung dafür, wenn in unserem Vaterland eine Generation heranwächst, deren Glaubensbekenntnis der Atheismus und der Nihilismus, deren politische Anschauung der Kommunismus ist [Sehr gut! rechts und im Zentrum]" (ibid.: 302-302). Das Kultusministerium reagierte auch diesmal nicht mit einem dienstlichen Verweis, wies MÜLLER jedoch an, „in seinem Unterricht alles fernzuhalten, was die religiösen Gefühle der Schüler irgendwie verletzen könnte" (ibid.: 312). MÜLLER wurde im Mai 1883 sogar der Professorentitel verliehen. Im Jahr zuvor war allerdings der Lehrplan der höheren Schulen in Preußen reformiert worden und dabei der naturwissenschaftliche Unterricht generell gekürzt und der Biologieunterricht völlig gestrichen worden. Der „Fall MÜLLER-LIPPSTADT" scheint dafür nicht die hauptsächliche Ursache gewesen zu sein (so jedenfalls DEPDOLLA); daß er diese Entscheidung nicht gerade erschwert hat, liegt auf der Hand.

Eine in vieler Hinsicht ähnliche Affäre spielte sich kurze Zeit später ab. Den Anlaß dafür gab ein Nachruf, den Emil DU BOIS-REYMOND in seiner Eigenschaft als Sekretär der Preußischen Akademie der Wissenschaften am 25. Januar 1883 auf den kurz zuvor verstorbenen Charles DARWIN verlesen hatte. KOPERNIKUS, so hatte DU BOIS erklärt, habe im sechzehnten Jahrhundert der anthropozentrischen Weltanschauung ein Ende bereitet; doch der Mensch sei damals noch „abseits von den Tieren" stehen geblieben. Erst DARWIN hat den Glauben an eine gesonderte Schöpfung aller einzelnen Wesen durch die Idee einer Entwicklung des Lebens aus einfachsten Keimen ersetzt: nun bedurfte es „nur noch eines Schöpfungstages, an welchem bewegte Materie ward; nun war die organische Zweckmäßigkeit durch eine neue Art Mechanik ersetzt, als welche man die natürliche Zuchtwahl auffassen kann; nun endlich nahm der Mensch den ihm gebührenden Platz an der Spitze seiner Brüder ein" (DU BOIS-REYMOND 1883/1912: 244f.). Diese weder neuen noch aggressiven Äußerungen in einem rein wissenschaftlichen Kontext, lösten einen abermaligen Sturm der Entrüstung in einem Teil der Presse aus, der eine unmittelbar politische Dimension bekam, als klerikal-reaktionäre Abgeordnete und Parteien eine Haushaltsdebatte des Preußischen Abgeordnetenhauses nutzten, um diese „allerverderblichste Lehre" scharf anzugreifen.

Führer dieses Angriffs war der Berliner Hof- und Domprediger Adolf STOECKER, Exponent des ultrarechten politischen Protestantismus in Preußen, der DU BOIS-REYMOND vorwarf, sich mit dieser Rede abermals zu „einem krassen Materialismus und Darwinismus bekannt" (Stenographische Berichte 1883: 848) zu haben. STOECKER forderte den Preußischen Kultusminister auf, DU BOIS in die Schranken zu verweisen. Zwar trete auch er für die Lehrfreiheit ein, erklärte STOECKER, doch halte er sie zugleich „durchaus für eine große Gefahr", wenn sie zur Verderbnis der Jugend genutzt werde: „Ich glaube, daß es sehr gefährlich ist, einem Universitätsprofessor die Macht zu geben, in die jugendlichen Gemüther die allerverderblichsten Lehre hineinzuwerfen, [Zustimmung auf allen Seiten...] die nachher die Staatsregierung und die gesammte sittliche Arbeit der Nation nur zum Theil wieder herausbringen wird" (ibid.). Dem STOECKERschen Zentralvorwurf, die Theorie DARWINS sei antireligiös und könne daher nicht geduldet werden, schlossen sich andere Abgeordnete an, darunter der (katholische) Zentrumspolitiker Ludwig WINDTHORST: „Klar und offen wollen wir sehen und verlangen, daß auf den Universitäten, die wir unterhalten, das Christenthum, hochgehalten werden soll [Sehr richtig! im Centrum und rechts]"... (ibid.: 856).

STOECKER ließ keinen Zweifel daran, daß nicht allein die christliche Religion durch DARWINS Theorie schwersten Gefährdungen ausgesetzt war, sondern auch die Moral – und vor allem natürlich der Staat. In einem weiteren Redebeitrag zu dieser Debatte hob er diesen Punkt besonders klar hervor: „Die Selektionstheorie ist in ihrer Lehre vom Kampf ums Dasein eine große Gefahr, es ist zu fürchten, daß sowohl unsere sittlichen, wie unsere rechtlich politischen Begriffe, auch unsere sozialen Arbeiten völlig in diesem Kampf aufgehen und zuletzt weiter nichts wahr bleibt, als daß der Stärkste allein das Recht hat. Was für die Sittlichkeit nothwendig ist, das sind beständige, bestimmte, ewige Ideen, nach denen sich das menschliche Dasein normirt. Bei dem Kampf ums Dasein aber, bei der natürlichen Zuchtwahl, finden Sie diese Ideen nirgends" (ibid.: 920). Bemerkenswert an dieser Äußerung ist die Entschiedenheit, mit der hier einer der radikalsten Wortführer des Antiliberalismus, Antisozialismus und Antisemitismus **gegen** die Selektionstheorie, **gegen** den Kampf ums Dasein und **gegen** das Recht des Stärkeren polemisiert. Aber DARWINS Theorie schien ihm eben jene beständigen, bestimmten und ewigen Ideen zu unterminieren, in denen er das religiöse und sittliche Fundament des (Preußischen) Staates sah.

Andere Abgeordnete pflichteten dieser Position bei und fügten dem Sündenregister des Darwinismus noch eine weitere schwere Verfehlung hinzu: „Der Staat hat sich für diesen hochgelehrten Mann [gemeint ist HAECKEL, K.B.] aus dem Ameisenhaufen entwickelt, die Gattenliebe aus dem Beispiel des innigen Zusammenlebens der Inseparables, die Mutterliebe ist der Löwin abgelauscht, und gestützt auf solche ‚Forschungen' sollen diese neuen Lehren in der Volksschule vorgetragen werden! Wenn demgegenüber der Sozialdemokrat seinen ‚moralischen' Instinkt darauf zurückführt, daß er nach dem Vorgehen des Löwen handelt, welcher stärker ist als die Gazelle und diese folglich frißt, so ist das am Ende auch Naturreligion! Oder wollen die Herren von der darwinistischen Schule mir sagen, was sie gegen einen so entwickelten Naturinstinkt einwenden wollen" (ibid.: 859). Der Darwinismus, so erfahren wir hier, untergräbt nicht nur die ideellen Fundamente des Staates, er eignet sich darüber hinaus auch als eine Waffe, deren sich die Sozialdemokratie bei ihren umstürzlerischen Bestrebungen bedient. Es bedarf keiner näheren Erläuterung, was dieser Vorwurf damals politisch bedeutete. Hervorzuheben ist aber, daß er im Jahre 1883 bereits eine Art Allgemeinplatz darstellte. Eine Beziehung zwischen Darwinismus und Sozialismus war erstmals sechs Jahre vorher von Rudolf VIRCHOW hergestellt worden und der Abgeordnete CREMER vergaß nicht, im **Preußischen Abgeordnetenhaus** an diese Tatsache noch einmal zu erinnern.

14. VIRCHOWS Warnung

> ***„Nun stellen Sie sich einmal vor, wie sich die Deszendenztheorie heute schon im Kopfe eines Sozialisten darstellt!"***
>
> R. VIRCHOW

Am 22. September 1877 hatte Rudolf VIRCHOW auf der 50. **Versammlung deutscher Naturforscher und Ärzte** in München eine Rede gehalten, in der er sich mit der Frage beschäftigte, „was die moderne Wissenschaft im modernen Staat gelten soll". Zu Beginn dieser Rede, deren Thema zunächst nur wenig mit dem Darwinismus zu tun zu haben schien, erinnerte VIRCHOW seine Zuhörer an die politischen Verdächtigungen, denen die **Naturforscherversammlungen** von Seiten der herrschenden Mächte zunächst ausgesetzt gewesen waren. Die erste **Naturforscherversammlung** hatte 1822 im Geheimen tagen müssen und die Namen der österreichischen Teilnehmer waren erst 39 Jahre später veröffentlicht worden, um sie vor staatlichen Repressalien zu schützen; der Initiator dieser Versammlungen, der Zoologe und romantische Naturphilosoph Lorenz OKEN, sah sich zur Emigration gezwungen und starb in seinem Schweizer Exil, ohne nach Deutschland zurückkehren zu können. Die inzwischen errungene Freiheit der Wissenschaft darf nach VIRCHOW daher nicht als ein selbstverständlicher Besitz aufgefaßt werden; es sei vielmehr die Frage zu stellen, wie diese Freiheit bewahrt und für die Zukunft gesichert werden könne. Und in Antwort auf diese Frage rief er die vor ihm versammelten Kollegen zu der Einsicht auf, „dass wir für uns jetzt nicht mehr zu fordern haben, sondern dass wir vielmehr an dem Punkte angekommen sind, wo wir uns die besondere Aufgabe stellen müssen, durch unsere Mässigung, durch einen gewissen Verzicht auf Liebhabereien und persönliche Meinungen es möglich zu machen, dass die günstige Stimmung der Nation, die wir besitzen, nicht umschlage! Ich bin der Meinung, wir sind in der Tat in Gefahr, durch eine zu weite Benutzung der Freiheit, welche uns die jetzigen Zustände darbieten, die Zukunft zu gefährden, und ich möchte warnen, dass man nicht in der Willkür beliebiger persönlicher Spekulationen fortfahren möge, welche sich jetzt auf dem Gebiete der Naturwissenschaft breit machen" (VIRCHOW 1877/1922: 184-186).

Dies waren dramatische Worte; und ein erfahrener Politiker wie Rudolf VIRCHOW wird sich nicht leichtfertig ausgesprochen haben. Aus ihnen sprach die Besorgnis, daß mühsam erreichte Errungenschaften verloren gehen könnten. Dazu zählte die in § 152 der Verfassung des Deutschen Reiches garantierte Freiheit der wissenschaftlichen Betätigung; darüber hinaus sicher aber auch die erheblichen Verbesserungen der institutionellen Situation und der finanziellen Förderung der Naturwissenschaften. Wenn ein Wissenschaftler und Politiker wie VIRCHOW, der sich seit vielen Jahren für diese Ziele eingesetzt und den Rationalisierungsanspruch der Wissenschaften gegenüber Kirche und Staat stets offensiv vertreten hatte, zu einem solchen Aufruf zur Mäßigung veranlaßt fühlte, so ist dies vor allem ein Ausdruck für die nunmehr „etablierte" Stellung der Wissenschaft in der Gesellschaft, ein Ausdruck dafür, daß die Wissenschaft von der politischen Entwicklung – gar von einem sozialen Umschwung – nicht mehr nur zu gewinnen, sondern auch zu verlieren hatte. Doch was war mit jenen „Liebhabereien" und „persönlichen Spekulationen" gemeint, die eine solche Gefahr darstellen sollten?

Gemeint waren zunächst bestimmte naturphilosophische Überlegungen, wie sie auf derselben Versammlung zuvor von dem Botaniker Carl von NAEGELI, vor allem aber von Ernst HAECKEL vorgetragen worden waren. HAECKEL, zweifellos der Hauptadressat der Polemik VIRCHOWS, hatte dabei abermals die weltanschauliche Bedeutung der Evolutionstheorie in den Vordergrund gerückt: „Denn einzig und allein durch sie ist ‚die Frage aller Fragen' zu lösen, die fundamentale ‚Frage von der Stellung des Menschen in der Natur'. Wie der Mensch das Maß aller Dinge ist, so müssen natürlich auch die letzten Grundfragen und die höchsten Prinzipien aller Wissenschaft von der Stellung abhängen, welche unsere fortgeschrittene Naturerkenntnis dem Menschen selbst in der Natur anweist" (HAECKEL 1877/1924: 143f.). Dabei war es sicher nicht allein die evolutionistische These der Abstammung des Menschen aus dem Tierreich als solche und ebensowenig die „monistische" Idee einer Beseelung der gesamten – organischen wie anorganischen – Natur, die VIRCHOWS Protest herausforderten, sondern vor allem der von HAECKEL erhobene Anspruch einer Verbindlichkeit des Darwinismus nicht nur für die theoretischen, sondern auch für die praktischen Wissenschaften der Medizin, Staatswissenschaft, Jurisprudenz oder Theologie. HAECKEL verkündete seine Gewißheit, daß sich die Evolutionstheorie auf allen diesen Gebieten „als der bedeutendste Hebel ebenso der fortschreitenden Erkenntnis, wie der veredelnden Bildung überhaupt bewähren wird. Da nun der wichtigste Angriffspunkt der letzteren die Erziehung der Jugend ist, so wird die Entwicklungslehre als das wichtigste Bildungsmittel auch in den Schulen ihren berechtigten Einfluß geltend machen müssen; sie wird hier nicht bloß geduldet, sondern maßgebend leitend sein". Darüber hinaus sei die Evolutionstheorie auch berufen, die naturwissenschaftliche Grundlage einer „neuen Sittenlehre" zu bilden, die die moralischen Normen nicht mehr aus angeblichen Offenbarungen, sondern aus den sozialen Instinkten der Tiere ableite und ihnen damit eine Begründung „auf der unerschütterlichsten Basis fester Naturgesetze" gebe (ibid.: 156-61).

VIRCHOW setzte sich in seiner Rede nicht mit den „philosophischen" Inhalten des HAECKELschen Monismus auseinander, sondern richtete seine Argumentation vor allem gegen die Forderung nach Einführung des Darwinismus in den Schulunterricht. HAECKEL verwische den grundlegenden Unterschied zwischen gesicherten wissenschaftlichen Wahrheiten einerseits und bestreitbaren Überzeugungen und ungesicherten Hypothesen andererseits. Zu diesen letzteren gehöre auch die Theorie DARWINS, da die neuere Forschung keinen Beweis für die tierische Abstammung des Menschen habe liefern können. „Jeder Versuch, unsere Probleme zu Lehrsätzen umzubilden, unsere Vermutungen als die Grundlagen des Unterrichts einzuführen, der Versuch, insbesondere die Kirche einfach zu depossedieren und ihr Dogma ohne weiteres durch eine Deszendenzreligion zu ersetzen, ja meine Herren, dieser Versuch muß scheitern und er wird in seinem Scheitern zugleich die höchsten Gefahren für die Stellung der Wissenschaft überhaupt mit sich bringen" (VIRCHOW 1877/1922: 209). Insbesondere hielt VIRCHOW die von ihm angemahnte Mäßigung deshalb für unabdingbar, weil ungesicherte Theorien, die von Fachleuten mit Vorsicht und Zurückhaltung betrachtet werden, in der Öffentlichkeit bisweilen als absolute Wahrheiten aufgefaßt und in verkürzter oder gar entstellter Weise wiedergegeben werden. „Ich führe das nur an, um zu zeigen, wie sich nach außen hin diese Dinge machen, wie sich die ‚Theorie' vergrößert, wie unsere Sätze in einer für uns selbst erschreckenden Gestalt zu uns zurückkehren. Nun stellen Sie sich einmal vor, wie sich die Deszendenztheorie heute schon im Kopfe eines Sozialisten darstellt! [Heiterkeit] Ja, meine Herren, das mag manchem lächerlich erscheinen, aber es ist sehr ernst, und ich will hoffen, daß die Deszendenztheorie für uns nicht alle die Schrecken bringen möge, die ähnliche Theorien wirklich im Nachbarlande angerichtet haben. Immerhin hat auch diese Theorie, wenn sie konsequent durchgeführt wird, eine ungemein bedenkliche Seite, und dass der Sozialismus mit ihr Fühlung gewonnen hat, wird ihnen hoffentlich nicht entgangen sein. Wir müssen uns das ganz klar machen" (ibid.: 1877/1922: 209, 191).

Damit war die Katze aus dem Sack. VIRCHOWS Warnungen und Bedenken speisten sich aus dem Verdacht, die DARWINsche Theorie könnte dem sozialistischen Umsturz den Weg bereiten. Dabei wurde der kryptische Verweis auf die „Schrecken im Nachbarlande" von den Zeitgenossen problemlos als eine Anspielung auf die **Pariser Kommune** des Jahres 1871 verstanden. Obgleich dieser erste Versuch einer sozialistischen Revolution bereits zwei Monate später niedergeschlagen wurde, hinterließ die Kommune einen tiefen Eindruck bei den Zeitgenossen; ihr Einfluß auf politisches Bewußtsein war nachhaltig: „Auch wenn sie zu keinem Zeitpunkt eine ernstliche Bedrohung der bürgerlichen Gesellschaftsordnung darstellte, erschreckte sie mit ihrem bloßen Vorhandensein den Bourgeois fast zu Tode. Ihr Leben und Sterben wurde von Panik und Hysterie begleitet, insbesondere auf Seiten der Weltpresse, die ihr vorwarf, sie errichte ein kommunistisches System, expropriiere die Reichen und betreibe Weibergemeinschaft. In ihren Alpträumen sahen sich die ehrbaren Klassen von Terror, Massengemetzel, Chaos, Anarchie und was nicht noch allem bedroht..." (HOBSBAWM 1980: 209). Genährt nicht zuletzt von den Gerüchten, eine der ersten Taten der Kommunarden sei es gewesen, den Louvre und seine unschätzbaren Kunstwerke mit Petroleum in Brand zu setzen, steigerten die Pariser Ereignisse die allenthalben in Europa bereits grassierende Sozialistenfurcht. Unbeeindruckt von der Tatsache, daß die Brandschatzung des Louvre niemals stattgefunden hatte, schrieb STRAUß von „den Gräueln der Pariser Commune" (1872: 279); teilte HELLWALD einen Seitenhieb auf die „Petroleure von 1871" aus (1876: 790); und sprach HAECKEL auch sieben Jahre später noch von den „Greueltaten der Pariser Kommune" (1878/1924: 201).

VIRCHOW bezog sich mithin auf einen antisozialistischen Gemeinplatz, als er auf die „Schrecken im Nachbarlande" anspielte: die Kommune fungierte als **das** Symbol für die sozialistische Gefahr. Unerwartet war demgegenüber auch sechs Jahre nach ihrer blutigen Niederschlagung (mit 14.000 erschlagenen Kommunarden) die direkte kausale Beziehung, die er zwischen der Theorie DARWINS und diesen „Schrecken" herstellte.[2] Zwar nannte er diese Theorie nicht beim Namen, sondern deutete vage auf „ähnliche Theorien". Der Kontext seiner Rede ließ aber keinen Zweifel daran zu, daß die Evolutionstheorie und/oder ihre Verallgemeinerung zur „monistischen" Weltanschauung durch HAECKEL gemeint war. Obgleich es auch vor VIRCHOWS Münchener Rede nicht an Warnungen vor den Gefahren des Darwinismus gefehlt hatte, erreichte die Polemik durch sie eine neue Qualität. VIRCHOWS Rede fand ein gewaltiges Echo und provozierte eine wahre Flutwelle von Artikeln und Broschüren, die seine These zum Teil enthusiastisch begrüßten und zum Teil empört zurückwiesen: Sie wurde zu einem Wendepunkt in der politischen DARWIN-Rezeption in Deutschland.

2 Völlig neu war die Konstruktion einer solchen Kausalbeziehung allerdings nicht. Anläßlich des Erscheinens von DARWINS Buch „The descent of man" im Jahre 1871 hatte bereits die Londoner Times einen Zusammenhang zwischen der Evolutionstheorie und der (nahezu gleichzeitigen) Pariser Kommune hergestellt und die gefährlichen und unmoralischen „disintegrating speculations" des DARWINschen Buches kritisiert (RICHARDS 1983: 89). – Noch am Beginn des 20. Jahrhunderts sollte die katholische Presse dem „Haeckelismus" die Schuld an der Russischen Revolution von 1905 zuschreiben (DÖRPINGHAUS 1969: 235).

15.
Der Eintritt des kleinen Mannes in die Politik

> *„Die ganze moderne Wissenschaft arbeitet uns in die Hände, dient unseren Zwecken, muß ihnen dienen."*
>
> A. BEBEL

VIRCHOWS Warnung und ihre nachhaltige Wirkung müssen vor dem Hintergrund des ökonomischen, sozialen, politischen und weltanschaulichen Umbruchs betrachtet werden, den die 1873 einsetzende Wirtschaftskrise hervorgerufen hatte. Auf die nationale Begeisterung der Reichsgründung und die ökonomische Jubelstimmung der Gründerjahre folgte eine Periode, die von den Zeitgenossen als **Große Depression** empfunden und bezeichnet wurde. „Die lange zyklische Depression gab den Anstoß zu einem psychischen und ideologischen Klimaumschlag im öffentlichen Leben, zu einer Gesinnungs-, Glaubens- und Ideenverlagerung, die die Zurückdrängung und dauerhafte Abwertung des ‚manchesterlichen' Sozial- und Wirtschaftsdenkens, aber auch eine Bedrohung der politischen Wertwelt des liberalen Bürgertums, vielfach sogar einen Richtungswechsel in den vorherrschenden Zeitgeisttendenzen und Sozialnormen im Gefolge hatte. Dieser Umstellungsprozeß gehört, da er von einer allmählichen Umschichtung der Gesellschaftsstruktur, Umgruppierung der Klassenfronten und einer Verschiebung der Stärkeverhältnisse, der ideologischen Ausrichtung, Organisation und Werbemethoden der politischen Parteien und der (meist erst im Verlaufe der Großen Depression geschaffenen) wirtschaftspolitischen Interessenverbände begleitet war, zu den markantesten Epochenmerkmalen und historisch folgenreichsten Sinn- und Wirkungszusammenhängen der Trendperiode von 1873 bis 1896" (ROSENBERG 1976: 66f.).

Seine Ursachen hatte dieser Stimmungsumschwung freilich nicht in der Wirtschaftskrise allein. Die „Große Depression" war nicht nur ein konjunktureller Einbruch, sondern zugleich eine Phase beschleunigter Auflösung traditioneller ökonomischer Strukturen und sozialer Bindungen. Schneller als in anderen Ländern konzentrierte sich die wachsende Zahl von Menschen in den Großstädten und industriellen Ballungsgebieten. Die heftigen kulturellen und ideologischen Reaktionen, die diese Entwicklung hervorrief (cf. BERGMANN 1970), waren um so schärfer, als die in den Städten unter oftmals unmenschlichen Bedingungen zusammengepferchten Massen keineswegs stillhielten und sich mit ihrem Schicksal abfanden. Die Bevölkerungszunahme und Urbanisierung war begleitet von zunehmenden Interventionen dieser Massen in das öffentliche Leben allgemein und in die Politik insbesondere. Die 70er Jahre des 19. Jahrhunderts sind, wie Hans ROSENBERG hervorgehoben hat, gekennzeichnet durch den Eintritt des „kleinen Mannes" in die Politik. Noch in den 50er und 60er Jahren hatte nur eine Minorität von ihrem Wahlrecht Gebrauch gemacht oder sich gar am organisierten politischen Leben beteiligt. „Der große Wesensunterschied zur traditionellen Gesellschaft war, daß nunmehr endgültig die bisher politisch amorphen ‚unteren Klassen' nicht bloß vorübergehend, sozusagen nur bei besonders unfeierlichen Gelegenheiten wie 1525 und 1848, in Massen auf die politische Bühne traten, sondern auf ihr aktiv, wenn auch wankelmütig aktiv blieben. Nicht die bloße Tatsache politischen Wiedererwachens, sondern die allmählich chronisch werdende politische Mobilisierung eines sehr erheblichen Teiles des sogenannten kleinen Mittelstands- und der zahlenmäßig groß gewordenen Lohnarbeiterschichten: gerade das war doch die revolutionierende historische Wende, die trotz bemerkenswerter früherer Ansätze erst seit den 1870er Jahren sich befestigte, indem sie sich zunehmend institutionalisierte" (ROSENBERG 1976: 122).

Seinen deutlichsten Niederschlag fand diese Entwicklung in dem wachsenden politischen Selbstbewußtsein des Industrieproletariats, das seine Interessen öffentlich zu artikulieren und mit Hilfe eigenständiger Organisationen – Gewerkschaften, Parteien und Vereinen – aktiv zu vertreten begann. Bereits 1863 war der Allgemeine Deutsche Arbeiterverein gegründet worden und 1869 konstituierte sich die Sozialdemokratische Arbeiterpartei in Eisenach; sechs Jahre später vereinigten sich beide Parteien zur Sozialistischen Arbeiterpartei Deutschlands, die sich innerhalb weniger

Jahre zu einer nach Mitgliederzahl, Öffentlichkeitsarbeit und Wählerpotential einflußreichen politischen Organisation entwickelte. Bereits im Januar 1877, nur zwei Jahre nach der Vereinigung, konnte die Partei bei den Reichstagswahlen ihren Stimmenanteil sprunghaft steigern und wurde viertstärkste Partei.

Dabei verstand sich die Sozialdemokratie von Beginn an nicht als eine politische Partei unter anderen; und sie wurde auch von ihren Gegnern nicht als eine solche wahrgenomme: „Wer sie nur als politische Partei betrachtet", sollte der Sozialdarwinist Alexander TILLE später schreiben, „unterschätzt sie gewaltig" (1893: 77). Gemeint war damit vor allem die Tatsache, daß die Sozialdemokratie als eine soziale Bewegung auftrat, die sich auf eine wissenschaftlich fundierte Weltanschauung stützte. Und dies sollte nicht allein für die Sozial-, sondern auch für die Naturwissenschaften gelten. Ausgehend davon, daß die Naturwissenschaften ihrer theoretisch-ideellen Wirkung nach ein Instrument der Aufklärung und ihrer technisch-materiellen Wirkung nach eine Triebkraft des Fortschritts war, sah die Arbeiterbewegung in der Wissenschaft einen ihrer wichtigsten Verbündeten (cf. BAYERTZ 1983b). In einer Rede vor dem Deutschen Reichstag am 16. September 1878 im Rahmen der Debatte um das Sozialistengesetz führte August BEBEL die Wissenschaft als einen Beweis dafür an, daß die Sozialdemokratie keine „aufgehetzte Masse", sondern eine von Idealen getragene Bewegung sei: „Meine Herren, haben wir nicht in den letzten Jahren erfahren, wie ein Mann der Wissenschaft nach dem anderen sich dem sozialdemokatischen Programm nähert? Die sozialdemokratischen Bestrebungen umfassen alles: Nationalökonomie, Naturwissenschaften, Kulturgeschichte, Philosophie, kurz alle Gebiete des wissenschaftlichen Lebens. Die ganze moderne Wissenschaft arbeitet uns in die Hände, dient unseren Zwecken, muß ihnen dienen" (BEBEL 1878/1978: 30f.). Dies sollte in besonderem Maße im Hinblick auf die Idee der Evolution gelten. Den ersten Versuch, eine systematische Beziehung zwischen Arbeiterbewegung und Darwinismus herzustellen, hatte 1865 Friedrich Albert LANGE in seiner „Arbeiterfrage" unternommen. Seit Beginn der 70er Jahre folgten mehrere Veröffentlichungen. Diese Versuche blieben allerdings zunächst noch sehr punktuell. Immerhin aber zeigen sie, daß VIRCHOWS warnender Hinweis, der Sozialismus habe mit der DARWINschen Theorie „Fühlung gewonnen", nicht ganz aus der Luft gegriffen war.

16.
Sozialistischer Evolutionismus

> ***„Die Abstammungslehre erfüllt uns endlich mit fröhlicher Zuversicht insofern, als sie uns hoffen läßt, daß all die Unvernunft, die Ungerechtigkeit und Unzulänglichkeit, die wir in vielen unserer Einrichtungen, besonders aber in unserer Gesellschaftsordnung vorfinden, nicht ewig bestehen werden, sondern nur Entwicklungsstufen sind zu höheren, vollkommeneren Formen menschlichen Zusammenlebens."***
>
> H. BAEGE

Es ist vermutet worden (LÜTGERT 1930: 302), daß VICHOWS Worte durch ein im Jahre 1874 erschienenes Buch von Leopold JACOBY „Die Idee der Entwicklung" veranlaßt waren, in dem Sozialismus und Evolutionismus auf eine etwas verworrene Art miteinander kombiniert zu werden. Für diese These spricht, daß Oscar SCHMIDT in seinem ein Jahr später gehaltenen Vortrag „Darwinismus und Socialdemokratie" sich ausführlich mit JACOBYS Buch befaßt (außerdem erwähnt SCHMIDT noch zwei Artikel des sozialdemokratischen **Volksstaat**, in denen auf DARWIN bezug genommen wird). – Dennoch ist unwahrscheinlich, daß es dieses von den führenden Köpfen der Sozialdemokratie als Werk eines wirren Außenseiters belächelte Buch gewesen sein soll, das VIRCHOW zu seiner antidarwinistischen Warnung veranlaßt haben könnte. Wahrscheinlicher ist, daß VIRCHOW mit dem Inhalt eine Broschüre bekannt war, die August BEBEL im Reichstagswahlkampf des Jahres 1877 veröffentlicht hatte; hier heißt es im Zusammenhang mit einer Kritik am preußischen Militarismus: „Die Kriege und das Militärsystem dezimieren unsere Männerwelt, sie degenerieren die neuen Generationen, weil durch **Massenabschlachtung**, durch erzwungene Auswanderung der Kräftigsten und Tüchtigsten nur minder Kräftige und Tüchtige zurückbleiben, welche die Fortpflanzung übernehmen" (BEBEL 1876/1970: 359). Als wissenschaftlich autorisierten Kronzeugen für diese Kritik führt BEBEL eine inhaltlich entsprechende Passage auch Ernst HAECKELS „Natürlicher Schöpfungsgeschichte" an. Nicht nur die Tatsache, daß es Ernst HAECKEL war, der hier zur Beglaubigung der antimilitaristischen Propaganda der Sozialdemokratie in Dienst genommen wurde, macht es wahrscheinlich, daß dies die „Fühlung" war, die VIRCHOW im Sinne gehabt hatte; denn es kann davon ausgegangen werden, daß VIRCHOW – als Abgeordneter der **Deutschen Fortschrittspartei** – die Broschüre des Parteiführers BEBEL eher kannte als das zeitgenössisch wenig beachtete Buch JACOBYS.

Was auch immer den unmittelbaren Anstoß zu VIRCHOWS Intervention gegeben haben mag: seine Warnung vor einem Bündnis von Sozialismus und Darwinismus war zwar im Jahre 1877 übertrieben; in den folgenden Jahren griffen die Theoretiker der Sozialdemokratie zur wissenschaftlichen Beglaubigung ihrer Ziele jedoch immer häufiger auf DARWINS Theorie zurück. Dies kommt in der bereits zitierten Reichstagsrede August BEBELS deutlich zum Ausdruck, in der er sich auf VIRCHOWS Münchener Rede und die sich daran anschließende Debatte bezieht: „Es ist ganz kürzlich erst die Frage in der Presse besprochen worden, ob die modernen naturwissenschaftlichen Theorien, welche man kurz mit dem Namen des Darwinismus bezeichnet, tatsächlich dem Sozialismus förderlich oder hinderlich seien. Der hauptsächlichste Vertreter des Darwinismus in Deutschland, Herr Professor HAECKEL, leugnet und bestreitet, daß der Darwinismus dem Sozialismus förderlich sei. Ein mehr oder weniger ausgesprochener Gegner oder Zweifler desselben, Herr Professor VIRCHOW, behauptet, daß das der Fall sei. Meine Herren, nach meiner Auffassung hat Herr Professor HAECKEL, der entschiedene Vertreter der DARWINschen Theorie tatsächlich, weil er die Gesellschaftwissenschaft nicht versteht, keine Ahnung davon, daß der Darwinismus notwendig dem Sozialismus förderlich ist und umgekehrt der Sozialismus mit dem Darwinismus im Einklang sein muß, wenn seine Ziele richtig sein sollen [Bewegung. ‚Sehr gut!']. Ist das richtig, so gehören zu den gemeingefährlichen Bestrebungen, die auf Untergrabung von Staat und Gesellschaft abzielen, auch die modernen Naturwissenschaften..." (BEBEL 1878/1978: 31).

Wie schon für die bürgerlich-demokratische DARWIN-Rezeption der 60er Jahre bestand die Attraktivität der Evolutionstheorie auch für die Protagonisten der Arbeiterbewegung (a) in ihrem Beitrag zur Vereinheitlichung des Weltbildes auf materieller Grundlage und (b) in der aus ihr abgeleiteten Unausweichlichkeit des Fortschritts. Unterstrichen wurde daher auch in der sozialistischen DARWIN-Literatur vor allem das Evolutionsprinzip; die Selektionstheorie und der Kampf ums Dasein traten in den Hintergrund. Die menschliche Geschichte wurde als eine Verlängerung der Naturgeschichte aufgefaßt und in beiden sollte es nichts Ewiges und Unveränderliches geben. Nur wenige Theoretiker und politische Führer der Arbeiterbewegung konnten der Versuchung widerstehen, sich der evolutionistischen Rhetorik zu bedienen, um die Unausweichlichkeit des kapitalistischen Niedergangs und die Notwendigkeit des Sozialismus zu bekräftigen. „Unsere Darlegungen zeigen," so faßt August BEBEL im Schlußkapitel sein Buch „Die Frau und der Sozialismus" zusammen, „daß es sich bei Verwirklichung des Sozialismus nicht um willkürliches Einreißen und Aufbauen, sondern um ein naturgeschichtliches Werden handelt. Alle Faktoren, die in dem Zerstörungsprozeß einerseits, im Werdeprozeß andererseits, eine Rolle spielen, sind Faktoren, die wirken, wie sie wirken müssen" (1883/1929: 509).

Auf soziale Veränderungen und ökonomische Umwälzungen hinarbeitend, sahen die Vertreter der Arbeiterbewegung in der Evolutionstheorie den naturwissenschaftlichen Beweis für ihre Überzeugung, daß der gesellschaftliche Fortschritt auf einem unausweichlichen Naturgesetz beruhe und daß folglich jeder Versuch, ihn anzuhalten, mit Naturnotwendigkeit zum Scheitern verurteilt sei. Dabei war der Schritt von der „Naturnotwendigkeit" zum Automatismus oft außerordentlich klein; in den sozialdemokratischen Köpfen setzte sich ein kaum anders als „fromm" zu nennender Glaube an die Unausweichlichkeit des gesellschaftlichen Fortschritts fest. So hieß es in einem Kalender, auf den tausende von sozialdemokratischen Haushalten abonniert waren: Die Abstammungslehre „erfüllt uns endlich mit fröhlicher Zuversicht insofern, als sie uns hoffen läßt, daß all die Unvernunft, die Ungerechtigkeit und Unzulänglichkeit, die wir in vielen unserer Einrichtungen, besonders aber in unserer Gesellschaftsordnung vorfinden, nicht ewig bestehen werden, sondern nur Entwicklungsstufen sind zu höheren, vollkommeneren Formen menschlichen Zusammenlebens" (BAEGE 1909, hier zit. nach STEINBERG 1979: 141).

17. Eine konservative Wende

Sofern er es aufgrund seiner Gottlosigkeit nicht ohnehin bereits gewesen war: das Bündnis, das die Sozialisten mit ihm einzugehen suchten, mußte den Darwinismus in den Augen konservativer Politiker und Ideologen vollends diskreditieren. Andererseits mußten auch die bürgerlichen Anhänger der DARWINschen Theorie VIRCHOWS Rede als eine ungeheure Provokation empfinden, da sie sich plötzlich als Anhänger einer umstürzlerischen Theorie denunziert sahen.

Es darf nicht vergessen werden, daß sich die ganze Auseinandersetzung vor dem Hintergrund einer innenpolitischen Umbruchssituation vollzog, die sich im Jahre 1878 dramatisch zuspitzte. Der mit dem Übergang zur industriellen Gesellschaft sich vollziehende Strukturwandel, die Wirtschaftskrise und der Aufstieg der Arbeiterbewegung, wurde von den herrschenden Feudalklassen und ihren Verbündeten im konservativen Lager als ein gewaltiger Bedrohungskomplex wahrgenommen, der eine politische Reaktion erforderte. BISMARCK, der seit 1871 mit den über eine absolute Reichstagsmehrheit verfügenden Liberalen kooperiert und sich auch im Kulturkampf auf sie gestützt hatte, ergriff im Frühjahr 1877 die Initiative, um eine von ihm seit längerem angestrebte grundlegende innenpolitische Wende zu erzwingen (cf. WEHLER 1995: 934ff.). Zum einen ging es ihm um die Durchsetzung eines neuen Kurses in der Wirtschaftspolitik, der den protektionistischen Interessen der Großindustriellen und Großagrarier entgegenkam; zum zweiten strebte er einen grundsätzlichen Umbau des politischen Systems an, der die Einfluß- und Kontrollmöglichkeiten des Reichstages beschneiden und der Regierung einen größeren Handlungsspielraum gegenüber dem Parlament sichern sollte. Als im Jahre 1878 kurz hintereinander zwei Attentate auf Wilhelm I. verübt wurden, nutze er die Gunst der Stunde. Sofort wurden die Sozialdemokratie und ihre „Mitläufer" im liberalen Lager als Urheber der Attentate ausgegeben; es wurden Truppen nach Berlin beordert, um die angebliche Aufstandsgefahr zu bekräftigen. Unter massivem Druck der Regierung und der aufgebrachten Öffentlichkeit nahm der Reichstag im Oktober 1878 das **Gesetz gegen die gemeingefährlichen Bestrebungen der Sozialdemokratie** an, mit dem die politischen Organisationen der Arbeiterbewegung (nach mehrfacher Verlängerung bis 1890) verboten und ihre Möglichkeiten zu öffentlicher Betätigung weitgehend unterdrückt wurden. Gleichzeitig wurde der Reichstag aufgelöst und Neuwahlen angesetzt, die im Sommer 1878 zu erheblichen Stimmenverlusten der Liberalen bei gleichzeitigen Gewinnen der regierungstreuen Parteien führten. Selbst von der Furcht vor dem Umsturz gepeinigt, rückten die Liberalen nach rechts und stürzten in eine Krise, die sie während der 90er Jahre in die politische Bedeutungslosigkeit sinken lassen sollte (cf. SHEEHAN 1983: 217ff., 261ff.). Während die Sozialdemokratie aus der zwölfjährigen Periode des Sozialistengesetzes politisch gestärkt hervorging, sollte sich der deutsche Liberalismus von dem Schlag, den BISMARCK ihm erteilt hatte, nie vollständig erholen.

Diese 1878/79 vollzogene innenpolitische Wende wurde abgerundet durch den Abbruch des Kulturkampfes und die Ersetzung des als liberal geltenden Kultusministers von FALK durch den konservativen Robert von PUTTKAMER, unter dessen Ministerium das den Wilhelminischen Staat prägende „soziale System der Reaktion" (KEHR 1965: 64ff.) errichtet wurde. Zu seinen folgenreichsten Errungenschaften gehört die Umschichtung des Verwaltungsapparats und der Justiz, seine politische Disziplinierung und Säuberung von liberalen Beamten. Daneben unternahm PUTTKAMER im festen „Glauben an den preußischen Gott" weitreichende Anstrengungen, „dem BISMARCKschen Staat im Christentum die fehlende ideologische Stütze einzubauen" und die Religion „zu einem innerweltlichen Kampfmittel der herrschenden Ordnung des Kaiserreichs gegen Demokratie und Sozialismus" zu machen (ibid.: 65, 67). In diesem Klima kam es zu einer Hochkonjunktur irrationalistischer und reaktionärer Ideologien, die einen wachsenden Einfluß auf die öffentliche Meinung gewannen. Dazu gehörte auch der politische Antisemitismus. In Reaktion auf die verschärften Existenzängste des Mittelstandes – seiner Furcht vor der Arbeiterbewegung einerseits und vor dem „jüdischen Großkapital" andererseits – verbreiteten sich die bereits bestehenden antijüdischen Vorurteile außerordentlich rasch und wurden unter dem Einfluß von Ideologen wie Heinrich TREITSCHKE oder Adolf STOECKER zunehmend radikalisiert. Der vormals eher religiös motivierte Antisemitismus durchlief einen tiefgreifenden Wandel und wurde in einen teils wirtschaftlichen, teils politischen Antisemitismus transformiert, der zusätzliche „Begründung" in biologistischen Lehren fand (ROSENBERG 1976: 93; JOCHMANN 1988; WEHLER 1995: 924ff.). Weiterhin traten einzelne Propheten vom Schlage eines Paul DE LAGARDE auf, der in seinen 1878-81 publizierten **Deutschen Schriften** eine nationalistische Weltanschauung propagierte, die sich gegen den Liberalismus, die Industrie und den Sozialismus richtete und für eine religiöse Wiedergeburt, eine Agrargesellschaft und die Kolonisierung des Ostens eintrat.

Ein ideologisches Klima dieser Art war für den Darwinismus alles andere als günstig. Angesagt war die christliche Religion, waren sittliche Werte und jene beständigen, bestimmten und ewigen Ideen, die STOECKER als ideelle Grundlage des Staates identifiziert hatte: also alles das, was durch DARWIN gefährdet zu sein schien. Vielfach kamen die Naturwissenschaften überhaupt und alle mit ihnen verwandten Denkweisen wieder in den Verdacht des „Materialismus" und „Nihilismus", die für die aktuelle Krisensituation verantwortlich gemacht wurden. Für die Anhänger DARWINS war eine höchst prekäre Situation entstanden. Nachdem VIRCHOW sie als verkappte Sozialdemokraten decouvriert hatte, und nachdem nur wenige Monate später die Sozialdemokratie für die Attentate auf den Kaiser verantwortlich gemacht wurde, schien sich der kausale Zusammenhang zwischen dem Darwinismus und dem politischen Verbrechen, den VIRCHOW ja behauptet hatte, erneut zu bestätigen. Daß dieser Zusammenhang bedrohliche Konsequenzen für die Anhänger DARWINS haben mußte, hat HAECKEL stark unterstrichen: „Die beiden wahnsinnigen Attentate, welche vor wenigen Wochen die Sozialdemokratie gegen das allerverehrte Greisenhaupt des Deutschen Kaisers gerichtet hat, haben einen Sturm gerechter Entrüstung von solcher Stärke hervorgerufen, daß das besonnene Urteil völlig zu Boden geworfen ist, und daß viele ‚freisinnige' Politiker nicht nur ungestüm zu den härtesten Maßregeln gegen die utopistischen Lehren der Sozialdemokratie hindrängen, sondern, weit über das Ziel hinausschießend, die freie Lehre und den freien Gedanken, die Preßfreiheit und die Gewissensfreiheit selbst in die engsten Fesseln zu schlagen fordern. Welche willkommenere Unterstützung kann da die im Hintergrund lauernde Reaktion finden, als die laute Forderung eines VIRCHOW auf Aufhebung der Lehrfreiheit? Und wenn VIRCHOW unsere heutige Entwicklungslehre im allgemeinen und die Deszendenztheorie im besonderen für die verrückten Lehren der Sozialdemokratie verantwortlich macht, so ist es eine ganz natürliche und richtige Konsequenz, wenn die berühmte neupreußische ‚Kreuzzeitung' – wie faktisch in diesen Tagen geschehen ist – die beiden Attentate der Sozialdemokraten HÖDEL und NOBILING direkt der Deszendenztheorie, und speziell der verhaßten Lehre von der ‚Affenabstammung des Menschen' in die Schuhe schiebt!" (1878: 199).

18.

Zwischenbilanz

1. Seit dem Beginn ihrer Rezeption in den frühen 60er Jahren hatten sich beachtliche Truppen hinter dem Banner der DARWINschen Theorie versammelt; doch dieser Erfolg sollte nicht darüber hinwegtäuschen, daß diese

Truppen sich nach wie vor auf feindlichem Gebiet bewegten. Die Theorie stand von Beginn an im Odium der Gott- und Sittenlosigkeit; wer sich positiv auf sie bezog, nahm eo ipso eine ideologische Außenseiterposition ein. Das vom Staat einerseits und von den christlichen Kirchen andererseits dominierte offizielle Meinungsklima war strikt antidarwinistisch. Paradoxerweise hat dies dem Einfluß dieser Theorie keinen Abbruch getan; es hat ihn möglicherweise sogar verstärkt, wie KELLY (1981: 74) im Hinblick auf den Ausschluß vom Schulunterricht vermutet: „The exclusion of Darwinism from the schools during the period of its greatest influence was of pivotal importance in determining the character and impact of popular Darwinism. By ignoring Darwinism in the classroom, the schools in effect officially confirmed the outsider status of the popularizers. But that exclusion created a giant vacuum which the popularizers rushed in to fill. As the dispensers of a forbidden fruit, they gained an exaggerated influence that the otherwise would have lacked. And, inevitably, their outsider status tended the heighten the tension between them and established society. With not foothold in the schools, Darwinism could not easily become part of the mainstream of conventional wisdom". An dieser Außenseiterrolle vermochten auch jene – zunächst wenigen – Autoren nichts zu ändern, die unter dem Eindruck von Krieg und Reichgründung eine politische „Umbiegung" des Darwinismus nach rechts einzuleiten versucht hatten. NIETZSCHES Kritik an STRAUß' Halbherzigkeit, sein Plädoyer für radikalere normative Konsequenzen aus DARWINS Theorie blieb vor den 90er Jahren ohne größere Resonanz. Auch Friedrich von HELLWALD blieb ein Einzelgänger. Die herrschende Ideologie des Kaiserreiches sah das Fundament der Gesellschaft, des Staates und der Politik nicht im „Materialismus" oder „Realismus" der Naturwissenschaften und der DARWINschen Theorie, sondern im „Idealismus" und der Religion. In dieselbe Richtung war STOECKERS Berufung auf „beständige, bestimmte, ewige Ideen, nach denen sich das menschliche Dasein normirt" gegangen.

2. Standen die Darwinistischen Bestrebungen ohnehin in dem Ruf, die religiösen und sittlichen Grundlagen des Staates und der Gesellschaft in Frage zu stellen, so setzte VIRCHOW mit seiner Münchener Intervention diesem Odium noch ein antisozialistisches Sahnehäubchen auf. Die große Resonanz, die diese „Denunziation" (HAECKEL) fand, zeigt einmal mehr, wie wenig die HELLWALDschen Umdeutungsversuche gewirkt hatten. Abgesehen von wenigen Gegenstimmen im liberalen Lager – und natürlich auf Seiten der bürgerlichen Darwinisten selbst – fand VIRCHOWS These überwiegende Zustimmung: Sie bestätigte, was man schon längst zu wissen geglaubt hatte. Dabei spielte natürlich die Autorität VIRCHOWS eine kaum zu unterschätzende Rolle sowie die Tatsache, daß es einer der führenden **liberalen** Politiker war, der hier gegen den Darwinismus aufgetreten war (BAYERTZ 1983a).

3. Es kann unter diesen Voraussetzungen nicht überraschen, daß die weltanschaulich herrschenden Mächte noch weiter von allen Darwinistischen Bestrebungen abrückten und daß auch die rasch an Einfluß gewinnenden Ideologen des Irrationalismus, Nationalismus und Antisemitismus keine Nähe mit ihnen suchten. Paul DE LAGARDES Vorstellungen einer „Geistreligion" ließen sich kaum mit einem Darwinistischen „Materialismus" verbinden. Daß STOECKER, einer der Hauptpromotoren des Antisemitismus, seine Überzeugungen nicht darwinistisch zu unterfüttern gewillt war, haben wir bereits gesehen. Daß sich die ideologische Reaktion auf die Krise von 1878/79 – ungeachtet einzelner inhaltlicher Berührungspunkte und Verbindungsversuche – unabhängig von der DARWIN-Rezeption vollzog, hat zum Teil auch sachliche Gründe. So war der Antisemitismus zunächst eine religiös und kulturell „fundierte" Ideologie, die nur langsam im Verlauf der 90er Jahre und danach biologistisch legitimiert wurde. Ähnliches gilt für den Rassismus, dessen einflußreichste Strömung, orientiert an Arthur DE GOBINEAU, sich systematischer Bezugnahmen auf die Naturwissenschaften enthielt. Zwar waren umgekehrt viele Anhänger der DARWINschen Theorie – und auch ihr Schöpfer selbst – von den zeittypischen Vorurteilen gegenüber Angehörigen fremder, insbesondere überseeischer Völker infiziert; doch blieb eine Theorie, die die Veränderlichkeit aller organismischen

Varietäten hervorhob, schwer vereinbar mit einem essentialistischen Rassenbegriff.

4. Die naheliegende Vermutung, daß auch der Darwinismus von jener Strömung konservativer bis reaktionärer Ideologien erfaßt wurde, die nach 1871 einsetzte und sich nach der konservativen Wende der Jahre 1878/79 noch einmal verschärfte, wird durch die tatsächliche historische Entwicklung **nicht** bestätigt. Angesichts des Hoheliedes, das HELLWALD auf das Recht des Stärkeren gesungen hatte und angesichts der Rechtfertigung von wirtschaftlicher Konkurrenz durch moderate Autoren wie PREYER und SCHÄFFLE scheint es nur noch einer Zuspitzung dieser Ansätze bedurft zu haben, um den antiliberalen, antidemokratischen und antisozialistischen Radikalismus des Sozialdarwinismus hervorzubringen. Und doch muß festgehalten werden, daß – abgesehen von einzelnen Ansätzen und Bruchstücken – die elaborierteren Systeme sozialdarwinistischer Ideologie erst ein gutes Jahrzehnt später entstanden. Eine Bezugnahme auf die Theorie DARWINS war für die reaktionären Ideologen zunächst noch keine akzeptable Option. Der Darwinismus war von der politischen „Linken" besetzt: Zum einen von fortschrittsorientierten Demokraten wie BÜCHNER, vor allem aber von den Theoretikern und Anhängern der Sozialdemokratie. Der These WEHLERS (1995: 1085), der Sozialdarwinismus habe „auch in Deutschland zu sehr den Charakter einer Rechtfertigungsideologie der Oberklassen [besessen – K.B.], als daß er sich vom Marxismus hätte fest assimilieren lassen", muß daher auf der Basis des historischen Befundes widersprochen werden. Die sozialistische DARWIN-Rezeption **überwog** alle anderen Strömungen.

IV. Der Sozialdarwinismus oder: Selektion als Legitimation

Nachdem die „Fühlung" des Sozialismus mit der DARWINschen Theorie öffentlich gemacht worden war, brach für die Darwinisten eine schwere Zeit an. Die konservative und klerikale Presse eröffnete ein wahres Trommelfeuer gegen alles Darwinistische; so ließ die katholische Publizistik keinen Zweifel daran, „daß die Sozialdemokratie das Prinzip vom Kampf ums Dasein auf die Beziehungen der sozialen Gruppen projiziert und damit zum größten Feind der bestehenden Ordnung wird" (DÖRPINGHAUS 1969: 234). Die diskreditierende Wirkung dieser Verbindung war beträchtlich; die konservative innenpolitische Wende mit ihren ideologischen Konsequenzen tat ein übriges, um den bis dahin stetig gewachsenen Einfluß des Darwinismus zu bremsen. Mit dem Ende der 70er Jahre setzt ein Rückgang der Darwinistischen Publizistik ein. Charakteristisch dafür ist die oben mehrfach zitierte Zeitschrift „Das Ausland", die seit 1860 ein wichtiges Organ für die Popularisierung der DARWINschen Theorie gewesen war und in den 70er Jahren ihrem Redakteur Friedrich von HELLWALD breiten Raum für seine Ansichten gegeben hatte. 1881 verschwand das Stichwort „Darwinismus" aus dem Stichwortverzeichnis; DARWIN kam nur noch als Biologe, nicht mehr als Vordenker einer neuen Weltanschauung vor; ab 1883 konzentrierte man sich völlig auf die Geographie (cf. KROLL 1989a: 4f.). HELLWALD, dem es gerade auf die weltanschauliche und politische Dimension der DARWINschen Theorie angekommen war, zog daraus die Konsequenz und trat von seinem Redakteursposten zurück. In einem Brief an HAECKEL vom 28. Dezember 1884 begründete er diesen Schritt so: Sein Wirken habe „keine grossen Erfolge mehr aufzuweisen, in so ferne als unsere Zeit sich doch merklich von der Entwicklungstheorie abgewendet hat oder wenigstens ihr nicht mehr das nämliche Wohlwollen entgegenzubringen scheint, wie etwa vor zehn Jahren. Immerhin hat die Wendung der Dinge mich zum Rücktritt von der Redaktion des ‚Ausland' genötigt, welches ich hätte fortan in **nicht**-darwinistischem Geiste führen sollen" (Briefwechsel: 32).

Abgesehen von den Sozialisten (die sich auch weiterhin offen auf DARWIN berufen konnten, da sie ohnehin außerhalb der „guten" Gesellschaft standen) sahen sich diejenigen, die auch weiterhin an einer politischen Instrumentalisierung der DARWINschen Theorie festhalten wollten, vor die Aufgabe gestellt, eine **neue Deutung** ihrer Theorie zu erarbeiten. Dabei waren zwei Dinge zu leisten: (a) In defensiver Hinsicht mußte die Beziehung zwischen Darwinismus und Sozialismus gekappt werden; es war zu zeigen, daß diese Beziehung – die ja tatsächlich bestand – auf Mißverständnissen und Fehlinterpretationen beruhte, daß sie einen Mißbrauch der DARWINschen Theorie darstellte. (b) Dies aber machte es erforderlich, ihr einen anderen politischen Inhalt zu geben; in offensiver Hinsicht mußte also eine neue politische Deutung der DARWINschen Theorie konstruiert werden. Es ist meine These, daß der eigentliche Sozialdarwinismus das Resultat dieser Neudefinition ist.

19.
Die Umbiegung des Darwinismus

> ***„Jedenfalls ist dieses Selektionsprinzip nichts weniger als demokratisch, sondern im Gegenteil aristokratisch im eigentlichsten Sinne des Worts."***
>
> *E. HAECKEL*

In den bis zum Ende des Jahrhunderts noch verbleidenden zwei Jahrzehnten erschien eine nicht abreißende Kette von Aufsätzen, Broschüren und Büchern zum Thema „Darwinismus und Sozialismus", deren größter Teil darauf zielte, das „und" in dieser Themenformulierung in ein „gegen" umzuwandeln. Bereits auf der 51. Versammlung deutscher Naturforscher und Ärzte – nur ein Jahr nach VIRCHOWS Münchener Rede – war der Straßburger Zoologe Oscar SCHMIDT seinem Doktorvater E. HAECKEL zur Seite gesprungen: er hatte über das Thema „Darwinismus und Socialdemokratie" gesprochen und angekündigt, „ein Gespenst zu verscheuchen, vor welchem seit den Münchener Tagen Manchem unnöthiger Weise gruselt" (1878/1924: 5). Die Ausführungen SCHMIDTS können in drei Punkten zusammengefaßt werden. **Zunächst** nimmt SCHMIDT eine Entmoralisierung der Selektionstheorie vor, ähnlich wie sie sich bereits bei HELLWALD findet. Der Kampf ums Dasein schließe zwar dort, wo er mit Bewußtsein geführt werde, den Kampf gegen das Unrecht ein; doch kenne die Natur „keinen Unterschied zwischen Recht und Unrecht; es ist eine reine Machtfrage. Derjenige wird besiegt, der über die geringeren Mittel, das kleinere Kampfcapital (!) gebietet..."; die Sozialdemokratie müsse dieses „unveräußerliche Princip" des Darwinismus negieren (1878/1924: 21, 38). **Sodann** wendet er sich gegen die Gleichsetzung von Evolution und Fortschritt; ein Gesetz der Vervollkommnung – wie es im übrigen auch HAECKEL postuliert hatte, den SCHMIDT aber nicht erwähnt – finde sich im Darwinismus nicht. Von besonderer Bedeutung ist der **dritte** Punkt. „Alle Sehnsucht nach Verbesserung verknüpft sich mit dem Ideal der Gleichheit aller Menschen; **der Darwinismus zerstört diese Illusion von Grund aus**. Das Princip der Entwicklung ist ja die Aufhebung des Princips der Gleichheit. Der Darwinismus geht in der Verneinung der Gleichheit so weit, daß er auch da, wo der Idee nach Gleichheit stattfinden sollte, die Realisierung derselben für eine Unmöglichkeit erklärt. **Der Darwinismus ist die wissenschaftliche Begründung der Ungleichheit**" (ibid.: 35).

Dieser letzte Punkt sollte zu einem Angelpunkt der gesamten Debatte werden. Auch HAECKEL hob ihn in seiner Kampfschrift gegen VIRCHOW deutlich hervor: „Deutlicher als jede andere wissenschaftliche Theorie predigt gerade die Deszendenztheorie, daß die vom Sozialismus erstrebte Gleichheit der Individuen eine Unmöglichkeit ist, daß sie mit der tatsächlich überall bestehenden und notwendigen Ungleichheit der Individuen in unlöslichem Widerspruch steht. Der Sozialismus fordert für alle Staatsbürger gleiche Rechte, gleiche Pflichten, gleiche Güter, gleiche Genüsse; die Deszendenztheorie gerade umgekehrt beweist, daß die Verwirklichung dieser Forderung eine bare Unmöglichkeit ist, daß in den staatlichen Organisationsverbänden der Menschen, wie der Tiere, weder die Rechte und Pflichten, noch die Güter und Genüsse aller Staatsglieder jemals gleich sein werden, noch jemals gleich sein können" (1878/1924: 268f.). Vor allem hier sollten die Sozialdarwinisten der 90er Jahre anknüpfen. Charakteristisch für sie war zunächst eine Radikalisierung des Antisozialismus. Stand bei SCHMIDT und HAECKEL ein defensives Ziel im Vordergrund, so gingen Otto AMMON, Heinrich Ernst ZIEGLER und Alexander TILLE in die Offensive. Es ging nicht mehr allein darum, die für den Darwinismus diskreditierende

„Fühlung" mit dem Sozialismus als Fehldeutung zu entlarven und ihn von allen umstürzlerischen Tendenzen zu reinigen; es ging jetzt um einen Angriff auf den Sozialismus und seine theoretischen Grundlagen selbst.

Betrachten wir zunächst den ersten Teil dieser Offensive. Das entscheidende Stichwort für die politische Umdeutung der DARWINschen Theorie findet sich bereits in HAECKELS Polemik gegen VIRCHOW aus dem Jahre 1878. Wolle man der DARWINschen Theorie eine bestimmte politische Tendenz beimessen, was durchaus möglich sei, „so kann diese Tendenz nur eine aristokratische sein, durchaus keine demokratische, und am wenigsten eine sozialistische! Die Selektionstheorie lehrt, daß im Menschenleben wie im Tier- und Pflanzenleben überall und jederzeit nur eine kleine bevorzugte Minderzahl existieren und blühen kann; während die übergroße Mehrzahl darbt und mehr oder weniger frühzeitig elend zugrunde geht... Der grausame und schonungslose ‚Kampf ums Dasein', der überall in der lebendigen Natur wütet, und naturgemäß wüten muß, diese unaufhörliche und unerbittliche Konkurrenz alles Lebendigen, ist eine unleugbare Tatsache; nur die auserlesene Minderzahl der bevorzugten Tüchtigen ist imstande, diese Konkurrenz glücklich zu bestehen, während die große Mehrzahl der Konkurrenten notwendig elend verderben muß... Jedenfalls ist dieses Selektionsprinzip nichts weniger als demokratisch, sondern im Gegenteil aristokratisch im eigentlichsten Sinnes des Worts!" (1878/1924: 270). Bemerkenswert an dieser Passage ist, daß in ihr die antisozialistische Abwehr von vorn herein zu einer antidemokratischen erweitert wird; diese direkte Koppelung des Antisozialismus mit einer Ablehung der Demokratie findet sich auch bei den Sozialdarwinisten. Diese „aristokratische" Umdeutung des Darwinismus war eine entscheidende Weichenstellung für die weitere DARWIN-Rezeption: sie war das „erlösende Wort", das es ermöglichte, eine von der bisher dominanten Interpretation drastisch abweichende Deutung des politischen Gehalts einzuleiten. Tatsächlich haben sich die späteren Sozialdarwinisten dieser Umdeutung, die bei HAECKEL eher einem Schuß aus der Hüfte glich, angeschlossen und sie zum Ausgangs- und Drehpunkt ihrer Theoriebildung gemacht. Nach AMMON kann es keine Lehre geben, „die so antidemokratisch, so antinivellistisch, mit einem Worte so aristokratisch und monarchisch ist wie gerade die DARWINsche Abstammungslehre. Es ist darum jetzt an der Zeit, die Dinge wieder in ihren wahren Stand zurechtzurücken; denn die Tage werden kommen, wo die jetzigen Gegner DARWINS bei ihm Hülfe suchen und finden werden, um die ungeheure Gefahr, die aus der Verwirrung der Geister entspringt, von der Menschheit abzuwenden" (1891: 55f.). Alexander TILLE hatte sein erstes Buch programmatisch unter dem Pseudononym „Von einem Sozialaristokraten" erscheinen lassen, das offensichtlich einen Kontrapunkt gegen die Sozial**demokratien** setzen sollte; im Text hob er nimmermüde den aristokratischen Charakter des Prinzips der natürlichen Auslese hervor.

Zur historischen Interpretation dieser aristokratischen Wende ist zunächst auf ihre nahtlose Übereinstimmung mit einer Tendenz zur „Feudalisierung" des deutschen Bürgertums im Wilhelminischen Deutschland hinzuweisen. Ähnlich wie in anderen Ländern galten die Kultur und der Lebensstil des Adels für Teile des Bürgertums als ein Vorbild, dem es nachzueifern suchte. Bei einzelnen Vertretern des kapitalistischen Großbürgertums kann daher auch biographisch eine Verknüpfung von feudal orientierter Lebensweise mit Elementen sozialdarwinistischen Denkens festgestellt werden (KOCKA 1969: 385ff.).

Wichtiger als solche kulturellen Affinitäten waren die veränderten innen- und außenpolitischen Randbedingungen. Die Verschärfung des antisozialistischen Kampfes der Sozialdarwinisten muß im Zusammenhang mit dem Rücktritt BISMARCKS im Jahre 1890 gesehen werden, der von den Zeitgenossen als ein tiefer Einschnitt in die politische Entwicklung Deutschlands empfunden wurde: als das Ende einer ganzen Ära und als Beginn einer neuen. Mit BISMARCKS Demission war zugleich auch eine seiner zentralen innenpolitischen Errungenschaften gefallen: die „Sozialistengesetze". Nachdem es während der anderthalb Jahrzehnte ihres Bestehens nicht gelungen war, das Wachstum der Sozialdemokratie zu verhindern oder auch nur zu verlangsamen, konnte die Partei nun wieder legal auftreten. In dieser Situation leitet Alexander TILLE sein

1893 anonym erschienenes Buch **Volksdienst** ein mit einem Hinweis auf das „Keimen und Aufgehen" und auf das „Wachsen und Werden" das durch die Zeit gehe; und doch habe das Geistesleben aufgrund der sozialistischen Gefahr einen bitteren Zug. Die übrigen Parteien seinen dem Sozialismus nicht gewachsen, denn er sei „die einzige soziale Partei, alle anderen sind nur politische" (1893: 3). Bezog TILLE dies noch vorwiegend auf die Ziele und die Programmatik der Sozialdemokratie, so verwies Otto AMMON voller Sorge auf ihre soziale Basis – und mehr noch: auf die beständige Verbreiterung dieser Basis als notwendige Folge des industriellen Fortschritts. „Je mehr Deutschland zum Industriestaat wird, desto mehr wird voraussichtlich die Sozialdemokratie um sich greifen, und da die industrielle Bevölkerung bei gleichmäßigem Fortwachsen dereinst die absolute **Mehrheit** erlangen muß, so ist die Gefahr dieses falschen Arbeiterideals nicht zu unterschätzen" (AMMON 1895: 255).

Angesichts dieser Situation ging TILLE mit den politischen Parteien hart ins Gericht. So heftig diese sich dem Sozialismus auch widersetzen mochten: was sie ihm entgegenzustellen hatten, seien doch nur die gegenwärtigen Zustände, über deren Erneuerungsbedürftigkeit aber kein Zweifel bestehen könne. „Während die Gefahr einer experimentellen Verwirklichung der sozialistischen Ideen immer näher rückt... herrscht Stillstand in dem ganzen übrigen Parteiwesen" (1893: 2). Bewegung in diesen Stillstand zu bringen und etwas Neues an die Stelle der „herrschenden Parteien" zu setzen, ist TILLE mit seinem Buch angetreten. „Sozialaristokratie" heißt das Konzept, das er dem sozialistischen Reformprogramm als eine „neue Heilslehre" (ibid.: 109) entgegenstellt. Eine solche „neue Heilslehre" erscheint als notwendig, weil die Sozialdemokratie eben nicht nur eine politische Partei und auch nicht nur eine soziale Bewegung ist, sondern weil sie über eine Weltanschauung verfügt. „Nicht bloß ihrer Zahl nach ist die sozialistische Partei heute die stärkste Deutschlands. Auch ihrem inneren Kern nach. Sie allein hat greifbare Ideale, sie allein einen beseligenden und erhebenden Glauben an deren Verwirklichung... Wer sie nur als politische Partei betrachtet, der unterschätzt sie gewaltig" (ibid.: 77). Dem sozialistischen Reformprogramm müsse ein anderes Programm entgegengesetzt werden.

20. Legitimation durch Biologisierung

> ***„Welch ein Meisterstück ist diese so schwer angeklagte ‚Gesellschaftsordnung'!"***
>
> O. AMMON

Ein solches Programm mußte – das ist eine Grundüberzeugung der Sozialdarwinisten – auf der Basis einer naturwissenschaftlich, d. h. darwinistisch fundierten Gesellschaftstheorie entwickelt werden. Was den Sozialdarwinismus der 90er Jahre von seinen Vorläufern und Wegbereitern à la Friedrich von HELLWALD unterscheidet, ist das Bemühen um die Konstruktion einer elaborierten Theorie der Gesellschaft. Die Offensive, die man dem Sozialismus entgegenzusetzen versuchte, schloß ein Programm zur Verwissenschaftlichung der Politik ein. Hatte sich HAECKEL noch mit einer groben Andeutung begnügt und obendrein den defensiven Hinweis hinzugefügt, „wie gefährlich eine derartige unmittelbare Übertragung naturwissenschaftlicher Theorien auf das Gebiet der praktischen Politik ist" (1878/1924: 271), so erhob sein Schüler ZIEGLER bereits den Anspruch, sein Buch enthalte weit mehr als eine Widerlegung des Sozialismus: nämlich „die Grundzüge einer naturwissenschaftlichen Sociologie" (1893: III). Der sozialistischen Bewegung **und** Theorie sollte also nicht nur eine aristokratische Umdeutung der DARWINschen Theorie entgegengesetzt werden, sondern eine detailliert ausgearbeitete Gesellschaftstheorie einschließlich eines politischen Reformprogramms auf naturwissenschaftlicher Basis.

Gewiß war dieses Vorhaben nicht vollkommen neu; schon in den 60er Jahren hatten ja Autoren wie LANGE, BÜCHNER und HAECKEL mit der Übertragung von Elementen der DARWINschen Theorie auf die Gesellschaft begonnen und in den 70er Jahren hatten Theoretiker wie SCHÄFFLE, GUMPLOWICZ und RATZENHOFER ausladende Systementwürfe vorgelegt, die eine darwinistisch inspirierte Deutung der Gesellschaft und Geschichte lieferten. Die Sozialdarwinisten kannten diese Literatur und knüpften – zum Teil auch explizit – an sie an; gleichwohl aber traten sie mit dem Anspruch auf, mit der Anwendung der DARWINschen Theorie auf die Gesellschaft erstmals ernst gemacht zu haben (AMMON 1891: 5). Selbst wenn man den propagandistischen Charakter dieses Anspruchs in Rechnung stellt, wird man ihn dennoch als zumindest teilweise berechtigt anerkennen müssen. In der Regel waren die früheren Ansätze nämlich durchweg auf der Ebene mehr oder weniger kurzschlüssiger Analogisierungen verblieben oder sie hatten – sofern es sich um reflektiertere Autoren handelte – gravierende Differenzen zwischen Natur und Gesellschaft einräumen müssen. An genau diesem Punkt setzen die Sozialdarwinisten **theoretisch** an. Mit der Theorie DARWINS ernst machen hieß für sie, mit dem biologischen Charakter dieser Theorie ernst machen. Und dementsprechend mußte die Übertragung dieser Theorie auf die Gesellschaft zunächst und vor allem heißen, die Gesellschaft als ein biologisches Phänomen zu betrachten. Mit einem Wort: Die bei den gesellschaftstheoretischen Darwinisten nur ansatzweise und inkonsequent vorgenommene **Biologisierung der Gesellschaft** wird von den Sozialdarwinisten radikal und rücksichtslos durchgeführt.

(a) Der erste und grundlegende Schritt dieser Biologisierung kann unter das Stichwort **Anthropologie als Sozialontologie** subsumiert werden. Nach TILLE hat die traditionelle Sozialwissenschaft und Volkswirtschaftslehre stets das Geld höher bewertet als den Menschen, den unaufhebbaren gesellschaftlichen Kampf ums Dasein und den Konkurrenzkampf der Völker ignoriert, und von der natürlichen Selektion nichts gewußt. Im Gegenzug zu diesen Versäumnissen bauscht er die eher triviale Tatsache, daß die Existenz menschlicher Wesen die unabdingbare Voraussetzung und fortbestehende Grundlage aller gesellschaftlichen Phänomene darstellt, zu einer Wesensbestimmung des Gesellschaftlichen auf und betont, „daß ein Volk aus Menschen und nicht aus Geld oder Land besteht“ (1893: 63). In dieselbe Richtung zielt AMMON, der von der Anthropologie ausgeht und diese zur Basis der Gesellschaftstheorie machen will. „Berücksichtigt man den **ganzen Menschen** mit seinen intellektuellen, sittlichen, wirtschaftlichen und körperlichen Anlagen, so gewinnt man mit einem Schlage ganz andere Einblicke in die natürlichen Grundbedingungen des sozialen Lebens. Man lernt einsehen, daß die Gesellschaftsordnung keine Ausnahme macht, sondern ebenfalls durch eine natürliche Entwickelung, und zwar zum Vorteil der menschlichen Gattung enstanden ist, und man lernt noch mehr: man beginnt zu begreifen, daß diese Gesellschaftsordnung, an welcher Jahrhunderte und Jahrtausende geschmiedet, gefeilt und poliert haben, weit besser dem Bedürfnis angepaßt ist, als es auf den ersten Blick scheinen will, und daß ein wenig Ehrfurcht vor diesem bis in viele Einzelheiten hinein wunderbaren Werke denjenigen, welche den Drang empfinden, die Welt von Grund aus zu verbessern und gewissermaßen ‚Vorsehung zu spielen‘, recht wohl anstehen würde“ (1895: 12). Die hier postulierte „Ehrfurcht“ vor den bestehenden sozialen Verhältnissen bedeutet nichts anderes als ihre Unantastbarkeit. Festzuhalten ist zunächst, daß die Hervorhebung des – womöglich sogar „ganzen“ – Menschen nicht etwa auf die besondere Rolle des Menschen als eines **sozialen** Wesens anspielte; sie ist vielmehr Ausdruck einer Ontologie des Sozialen, die den Menschen zur eigentlichen sozialen Wirklichkeit erklärt, zu ihrer naturhaften Basis, und die sozialen Institutionen und Strukturen zu ihrem ephemeren Ausdruck: mit dem Begriff „Mensch“ wird hier ein Naturwesen bezeichnet, das heißt eine den allgemeinen Naturgesetzen unterworfene biologische Art. In Begriffen der Metaphysik ausgedrückt: in sozialdarwinistischer Perspektive werden sämtliche gesellschaftlichen Erscheinungen – ob synchronischer oder diachronischer Art – als soziale Akzidenzien einer im Menschen vorliegenden biologischen Substanz gedeutet. Jedes beliebige soziale oder geschichtliche Phänomen kann direkt oder indirekt auf die natürlichen Eigenschaften der Menschen zurückgeführt werden. Diese anthropologische Wende der Gesellschaftstheorie erweist sich in mehrfacher Hinsicht als der Dreh- und Angelpunkt der sozialdarwinistischen Theorie. Soziale Verhältnisse und Strukturen erscheinen nun als abgeleitet von dem Menschen„material“, aus dem sie aufgebaut sind. Als ein paradigmatischer Fall von Reduktionismus fragt der Sozialdarwinismus nach jenen **natürlichen** menschlichen Eigenschaften, die selbst nicht gesellschaftlich bedingt sind, ihrerseits aber Gesellschaft bedingen. Diese Eigenschaften werden zu den entscheidenden Determinanten sowohl der Struktur der Gesellschaft, als auch ihrer Entwicklung.

(b) Der zweite Pfeiler der sozialdarwinistischen Gesellschaftstheorie besteht in der These von der **Ungleichheit des Menschenmaterials**. In diesem Punkt konnten sie sich durchaus auf eine schon lange vor DARWIN bekannte, von ihm aber in ihrer biologischen Bedeutung erstmals erkannte Tatsache berufen. Die Variabilität der Arten war für DARWIN eine Art Axiom seiner Evolutionstheorie gewesen: So wie von einer Wahl nur dort die Rede sein kann, wo echte Alternativen zur Entscheidung stehen, so kann auch die natürliche Selektion nur dort „greifen", wo zwischen den Individuen einer Art Unterschiede bestehen. Hören wir TILLE (1893: 86f.): „Nicht zwei Pflanzen, zwei Tiere, oder zwei Menschen sind einander gleich. Nicht zwei stehen unter genau denselben Existenzbedingungen – eine Summierung von Abweichungen, die die Produkte aus Anlage und Daseinsbedingungen notwendig noch verschiedener gestalten muß. Nicht nur haben also nicht alle Wesen derselben Art gleich günstige Aussichten auf das Bestehen im Wettbewerb, sondern nicht zwei haben gleiche, und je mehr Geschlechter auf Geschlechter folgen, eine desto größere Ungleichheit, Differenzierung muß notwendig eintreten. Mit ganz verschiedenen Kräften in den Wettbewerb gestellt, mit ganz verschiedenen Daseinsbedingungen ringend und sich den nötigen Lebensunterhalt verdienend, müssen die verschiedenen Wesen auch verschiedene Schicksale, verschiedenen Ausgang haben. Die ihren Lebensbedingungen gewachsen sind, leben, die anderen gehen zu Grunde. Die Ungleichheit, die allenthalben in der Natur herrscht, erfordert das. Ich habe einen großen, schönen, starken, geistesgewaltigen, denkscharfen und schöpfungstüchtigen Menschen und daneben einen ungebildeten, matten, lebensmüden, arbeitsunlustigen, beschränkten Gesellen. Nach dem Vorurteil, daß alle Menschen gleich sind, sind auch diese beiden gleich. Daß ihre Eigenschaften so wenig übereinstimmen, wie die Gesamtsumme ihrer Leistungen, liegt auf der Hand. Für die Hebung des Menschengeschlechtes haben beide ebenso keinesfalls denselben Wert, für die Ausfüllung eines Berufes, für eine Aufgabe in der Gesellschaft ebenso wenig". Auffallend an dieser Darstellung ist der – sozusagen subkutane – Übergang von der deskriptiven zur normativen Darstellung: die interindividuellen Ungleichheiten werden von vornherein in ein evaluatives Licht getaucht. Wir haben es nicht mit einer Mannigfaltigkeit natürlicher Unterschiede zu tun, sondern sehen uns mit einer manichäistischen Zweiteilung der menschlichen Gattung in die „Schönen, Starken, Geistesgewaltigen" einerseits und die „Ungebildeten, Schwachen, Matten" andererseits konfrontiert. Die **natürlichen** Unterschiede werden sofort mit einer **sozialen** Wertung versehen. Daraus ergibt sich unmittelbar auch eine Wertung des Selektions**resultats**: das Überleben der einen und der Untergang der anderen erscheinen als eo ipso sozial gerechtfertigt.

(c) Ein drittes Element der sozialdarwinistischen Gesellschaftstheorie, das ich hervorheben möchte, ist die These vom **biologischen Ursprung sozialer Ungleichheit**. Das Problem der sozialen Ungleichheit wurde im 19. Jahrhundert meist als „soziale Frage" debattiert, d. h. – wie AMMON beklagt – als Frage nach den Möglichkeiten der Verbesserung des Lebens der unteren Klassen. Dieses Ziel entspringe einerseits dem verständlichen Drängen der Betroffenen, andererseits den mitleidigen Gefühlen der höheren Klassen. „Allein wir werden sehen, daß bei rein verstandesmäßiger Prüfung der ‚sozialen Frage' sich recht schwerwiegende Bedenken gegen eine allzu einseitige Vertretung des Gefühlsstandpunktes ergeben werden und daß die Verbesserung der sozialen Lage der unteren Klassen nicht ohne Nachteil erzwungen werden kann" (1895: 50f.). Anders stelle sich die soziale Frage dar, „wenn wir sie in dem naturwissenschaftlichen Sinne betrachten"; als Ziel stelle sich dann nicht mehr die Hebung ganzer Klassen dar, sondern die Sorge dafür, daß jedes Individuum an den für ihn geeignetsten Platz gelange. „Der Hochbegabte soll, auch wenn er an unterster Stelle das Licht der Welt erblickt hat, einen entsprechenden Platz einnehmen können, sogar den allerersten in der Gesellschaft, wenn niemand vorhanden ist, der ihn an Befähigung überragt. Ein oben Geborener soll seinen Platz räumen, wenn er nicht die Fähigkeit besitzt, denselben so auszufüllen, wie dies im Interesse der Allgemeinheit verlangt werden muß" (ibid.: 51). In der Gesellschaft existieren solche Mechanismen, die „den richtige Mann auf den richtigen Platz" bringen; und wenn wir diese näher betrachten, „so werden wir nicht ohne Staunen wahrnehmen, wie das Endergebnis der sozialen Auslesevorgänge doch im ganzen ein befriedigendes ist, und wie wenig ein menschlicher Kopf bessere Einrichtungen oder nur ebensogute zu ersinnen vermöchte" (ibid.: 52).

Im einzelnen, so räumt AMMON ein, mögen diese Mechanismen sehr unvollkommen sein; im Durchschnitt aber arbeiten sie erfolgreich und sorgen für die richtige Plazierung jedes einzelnen in der gesellschaftlichen Arbeitsteilung und in der sozialen Hierarchie. „Berücksichtigt man aber alle Einwände, so gewinnt die Folgerung an Wahrscheinlichkeit, daß die durchschnittliche Befähigung in den höheren Klassen eine günstigere ist als in den unteren, und daß diese Verschiedenheit auf angeborenen Anlagen beruht. Mir scheint nun, daß die geschilderten Auslese-Mechanismen, wenn sie auch nicht immer tadellos funktionieren, doch im großen und ganzen dahin führen, tüchtige Männer emporzubringen. Vielleicht kommen an die ersten Plätze nicht immer die allertüchtigsten, aber in der Regel solche, deren Begabung genügt. Wenn ich z. B. die Spitzen unserer Behörden ansehe, so finde ich darunter eine ganze Reihe von Männern, die an wissenschaftlicher Bildung und an Charakter jedenfalls zu den hervorragenden gehören. Auch unter den Großindustriellen habe ich viele kennen gelernt, die durch bedeutende Eigenschaften, namentlich durch organisatorisches Talent und durch Willenskraft ihren Platz verdienten. In unserem städtischen Bürgerstande freue ich mich stets über den ‚gesunden Menschenverstand', der meist den Nagel auf den Kopf trifft, und über den Drang nach höherer Bildung, die jeder, falls er sie nicht selbst erwerben konnte, doch unter allen Umständen seinen Kindern zuteil werden lassen will. Anderseits konnte ich mich des Eindrucks nicht erwehren, daß die Begabung in den unteren Ständen den mittleren Durchschnitt nicht oft überschreitet, häufig ihn nicht erreicht. Selten begegnet man hier vernünftigen Ansichten und überlegter Lebensführung, und in den meisten Fällen kommt es mir vor, als ob die Leute eben schlechthin nichts anderes werden konnten, als sie geworden sind" (ibid.: 63f.). Auf die wissenschaftliche Qualität dieser Argumentation muß hier nicht detailliert eingegangen werden; es genügt, einen Satz wie den folgenden zu betrachten: „Wenn ich z. B. die Spitzen unserer Behörden ansehe, so finde ich darunter eine ganze Reihe von Männern, die an wissenschaftlicher Bildung und an Charakter jedenfalls zu den hervorragenden gehören", um ein hinreichendes Urteil über die Objektivität und Präzision der ganzen Beweisführung zu gewinnen. Diese beruht auf einem einfachen deduktiven Schluß: (a) Die Menschen sind ungleich, d. h. einige sind „besser" als die anderen; (b) in der Gesellschaft gilt, ebenso wie in der Natur, das Selektionsprinzip; (c) deshalb **müssen** die Auserlesenen notwendig die Besten sein. Daß AMMON diesen Schluß „empirisch" – er hat sich die Spitzen der Behörden angesehen und viele Großindustrielle kennengelernt – bestätigt findet, kann kaum noch überraschen: zu offensichtlich dient das Ganze nur der Legitimation der bestehenden Ordnung, vor allem des bestehenden Systems sozialer Ungleichheit. Hymnische Ausrufe wie „Welch ein Meisterstück ist diese so schwer angeklagte ‚**Gesellschaftsordnung**'!" (ibid.: 177) steigern diese Legitimationsfunktion bis zur Karikatur.

Dies war auch Max WEBER nicht entgangen. In seiner bereits zitierten Antrittsvorlesung hatte er sich zwar grundsätzlich zustimmend zur Anwendung der Selektionstheorie auf die Gesellschaft geäußert und den zitierten Büchern AMMONS einen Anspruch auf „mehr Aufmerksamkeit, als ihnen zuteil wird" zugesprochen. Deren platte Apologetik veranlaßte WEBER jedoch zu einer vorsichtigen Distanzierung: „Ein Fehler der meisten, von naturwissenschaftlicher Seite gelieferten Beiträge zur Beleuchtung der Fragen unserer Wissenschaft [der Volkswirtschaftslehre – K.B.] liegt in dem verfehlten Ehrgeiz, vor allen Dingen den Sozialismus ‚widerlegen' zu wollen. Im Eifer dieses Zweckes wird aus der vermeintlichen ‚naturwissenschaftlichen Theorie' der Gesellschaftsordnung unwillkürlich eine Apologie derselben" (1895/1988: 9). Dieser apologetische Charakter der AMMONschen Gesellschaftsanalyse erscheint um so eklatanter, wenn man bedenkt, daß andere Autoren zur gleichen Zeit und auf der gleichen theoretischen Basis in Sachen Selektion zu diametral entgegengesetzten Ansichten kamen. Dabei ging es allerdings nicht um die **sozialen** Resultate der gesellschaftlichen Selektion, sondern um ihre **gesundheitlichen** Resultate. TILLE beispielsweise verwies warnend auf die unter den Bedingungen der Zivilisation allenthalben bestehende Tendenz, die Prinzipien der natürlichen Selektion außer Kraft zu setzten. Durch Sozialpolitik und „Mildtätigkeit", vor allem aber durch die Leistungen der Medizin werde vielen Kranken und „Minderwertigen" nicht nur das Überleben, sondern auch die Fortpflanzung ermöglicht; durch Vererbung komme es zu einer fortschreitenden Akkumulation schwächlicher Veranlagungen (1893: 138f.). Hier bestehen deutliche Affinitäten zu der zeitgleich entstehenden Bewegung der **Eugenik**, deren Ausgangspunkt des eugenischen Programms die These einer drohenden Degeneration der zivilisierten Völker war (WEINGART et al. 1988). „Bewiesen" wurde diese Degenerationsgefahr ebenfalls durch ein deduktives Argument, das folgendermaßen rekonstruiert werden kann: (a) Natürliche Selektion führt zu organischer Höherentwicklung; (b) in zivilisierten Gesellschaften ist die natürliche Selektion eingeschränkt; (c) daher gibt es in diesen Gesellschaften keine Höherentwicklung, sondern Degeneration (cf. ibid.: 77).Während die Eugeniker im Hinblick auf die Gesundheit ihre Degenerationshypothese propagierten (und deduktiv beweisen), kam AMMON auf der Basis derselben Selektionstheorie zu dem Resultat, daß im Hinblick auf die **soziale** Auslese im Wilhelminischen Deutschland alles zum Besten stehe. Hier wird einmal mehr die Vieldeutigkeit jeglicher Anwendung der DARWINschen Theorie auf die Gesellschaft deutlich; von „Beliebigkeit" kann nur deshalb nicht gesprochen werden, weil die Richtung und das Ergebnis dieser Anwendung allzu offensichtlich von politischen Zielen und ideologischen Voranannahmen determiniert wurde.

21.
Ständebildung und Höherzüchtung

> ***„Daß die menschliche Gattung noch unendlicher Hebung fähig ist, das ist für den Entwicklungsmenschen, für den Anhänger der naturwissenschaftlichen Weltanschauung, ein sicheres Wissen."***
>
> A. TILLE

Im Unterschied zu all jenen, die in der bestehenden sozialen Ungleichheit ein Relikt halbbarbarischer Zeiten sahen, schickte AMMON sich an, die Existenz „abgeschlossener Stände" als notwendig und segensreich für die Menschheit nachzuweisen. Unter den Gründen, die er dafür anführt, spielte die „Einschränkung der Panmixie" eine zentrale Rolle. Das entsprechende Argument beruht auf zwei Voraussetzungen: (a) Die Talente und Begabungen sind unter den Menschen ungleich verteilt und allen Individuen kann ein jeweils definierbarer Platz in einer linearen Hierarchie der Begabungen zugewiesen werden; (b) diese Hierarchie der Begabungen korrelliert im großen und ganzen mit der sozialen Hierarchie, d. h. die Angehörigen der höheren „Stände" zeichnen sich meist durch eine höhere Begabung aus. Gäbe es, so schließt AMMON, keine Stände, oder wären ihre Grenzen vollkommen durchlässig, so würde sich eine mehr oder weniger wahllose Vermischung von Individuen verschiedener Stände – und damit gleichzeitig unterschiedlicher Begabung – ergeben, d. h. ein von August WEISMANN als „Panmixie" bezeichneter Zustand. Die Folge wäre eine Einebnung der Begabungsabstufung durch fortwährenden Ausgleich der Differenzen; die hervorragenden Talente würden in den nachfolgenden Generationen nach und nach verschwinden. Dieser unerwünschte Effekt werde durch die Ständebildung verhindert: es finde eine Sortierung der Ehepartner statt, so daß in der Regel immer gleich Begabte zueinanderfinden. Aufgrund dieses Umstandes fühlt AMMON sich berechtigt, die Ständebildung als eine „Wohltäterin der Menschheit" zu charakterisieren: „Die Ständebildung setzt das Werk der natürlichen Auslese beim Menschen fort und begründet eine natürliche Züchtung im Sinne DARWINS. Würden wir die Stände abschaffen oder würden die Menschen aufhören, vornehmlich innerhalb ihres Standes zu heiraten, so würde eine starke Abnahme der Individuen mit hoher Begabung die Folge sein" (1895: 94f.).

Sehen wir vom offensichtlich ideologischen Charakter dieser Ausführungen ab, so zeigt sich in ihnen ein zentrales Merkmal des Sozialdarwinismus: seine Akzentuierung des Selektionsprinzips. Darin unterscheidet er sich sowohl vom bürgerlich-fortschrittsorientierten, als auch vom sozialistischen Darwinismus, die beide vor allem eine Theorie des gesellschaftlichen Fortschritts und der Vervollkommnung zu begründen versucht hatten. Allerdings bezog sich AMMON auf dieses Prinzip ausschließlich zum Zweck der **Erklärung** sozialer Strukturen (der Ungleichheit) und zur **Legitimation** ihrer Resultate. Den Schritt von der natürlichen Selektion als einem Mechanismus, der die fortwährende Erzeugung zahlreicher Genies und Talente erklärt, zur **künstlichen Selektion** als einem Verfahren, das diese Erzeugung noch weiter steigert, hat AMMON nicht getan. Züchtung fand für ihn überall in der Gesellschaft faktisch – d. h. unbewußt und ungeplant – statt; daß sie auch eine bewußt eingesetzte und geplant durchgeführte Technologie sein könnte, hat AMMON nicht diskutiert.

Diesen Übergang vom theoretischen Gebrauch des Selektionsprinzips zu einem aktivistischen Züchtungs**programm** hat Alexander TILLE vollzogen. Im Lichte einer unvoreingenommenen Analyse erweisen sich die Ziele und Ideale, denen die Menschheit bislang gefolgt sei, als unrealistisch und irreführend. Daß die Mehrzahl der Menschen es besser habe, sich ihre Wünsche erfüllen könne und glücklich sei: dieses Ideal habe eine lange Tradition in der europäischen Geschichte und werde gegenwärtig vor allem vom Sozialismus vertreten; doch es sei unerreichbar, da es „außerhalb der Entwicklungsmöglichkeiten für uns liegt, weil es im Widerspruch steht mit den Daseinsbedingungen, an die, so weit heute unser Wissen reicht, das Bestehen einer bestimmten Gattung in bestimmter Entwicklungsstufe geknüpft ist" (1893: 66). Das wahre Endziel könne es daher nicht sein, daß der Mensch es besser **habe**, sondern daß er besser **werde**, „d. h. sich reicher entwickle, neue Fähigkeiten erwerbe und dadurch zu einer höheren Gattung Mensch emporsteige" (ibid.: 64). Nicht Wohlstand, Frieden, Harmonie oder Glück sei das Ziel, sondern die **biologische Höherentwicklung** der menschlichen Gattung.

Eine Voraussetzung dafür war für TILLE die entschiedene Zurückweisung aller Pläne zur Geburtenbeschränkung; die damals vieldiskutierte neomalthusianische Bevölkerungstheorie lehnte er strikt ab. Nach MALTHUS waren Armut und Hunger das quasi naturgesetzliche Resultat aus der wachsenden Diskrepanz zwischen der geometrischen Vermehrung der Bevölkerung und der bloß arithmetischen Vermehrung der Nahrungsmittel; die Neomalthusianer zogen aus diesem „Bevölkerungsgesetz" den Schluß, daß die „soziale Frage" gelöst werden könne, wenn durch Präventivverkehr das Bevölkerungswachstum auf ein arithmetisches Maß gesenkt werde. Die für TILLE unannehmbare Konsequenz einer solchen Geburtenbeschränkung bestand in einer Abschwächung des Selektionsdrucks: „Werden innerhalb des Volkes immer nur so viel Kinder gezeigt, als bequem Unterhalt finden, so fällt nicht nur der größte Sporn zur Arbeit weg, sondern auch die auslesende Thätigkeit der Not, die nur die Tüchtigsten überdauern läßt" (ibid.: 51). Eine Einschränkung der Geburten zum Zweck der Daseinserleichterung für die wenigeren Nachkommen bringe daher nur Unheil. Wenn eine geringere Zahl von Kindern es den Eltern erlaube, diese besser zu ernähren und ihnen eine bessere ärztliche Versorgung im Krankheitsfalle zu bieten, so erweise sich dies als durchaus schädlich. Denn die Folge sei, „daß auch schwächliche Kinder erhalten bleiben, die sonst wegsterben würden, und nun, erwachsen, durch ihre Zeugungen die Gattung verschlechtern. In Deutschland ist die Kindersterblichkeit um 10% größer [als in Frankreich – K.B.], aber jeder Sterbefall bedeutet, da doch immer die schwächlichsten sterben, einen Akt der Auslese, und die zuletzt am Leben bleibenden Kinder sind im Durchschnitt weit gesünder als die Kinder des Zweikindersystems, bei denen die Auslese weit geringer ist" (ibid.: 59). Da die Geburtenbeschränkung auf lange Sicht unweigerlich zu einer Verschlechterung der Gattung führen muß, ergab sich für TILLE die Notwendigkeit von Gegenmaßnahmen: Die organische Substanz der Gesellschaft bedarf nicht nur der (vorwiegend quantitativen) Wappnung gegen die „Konkurrenz des Auslandes", sie bedarf darüber hinaus auch des Schutzes gegen innere Verfaulung.

Der entscheidende Schritt TILLES bestand in der These, daß die Aufrechterhaltung der Selektion durch Politik gewährleistet werden muß. TILLE hatte nicht mehr das Vertrauen, das AMMON noch in die tatsächliche Wirksamkeit des Selektionsprinzips in der bestehenden Gesellschaft gesetzt hatte; diese tatsächliche Wirksamkeit war für ihn durch überholte Moralvorstellungen, durch falsche politische Programme und die verfehlte Institutionen strukturell gefährdet. Daß die Hauptgefahr von einem möglichen künftigen Sieg des Sozialismus ausging, versteht sich von selbst. Doch schon die bestehende Gesellschaft erwies sich in seiner Einschätzung als unzulänglich im Hinblick auf die biologische Fortentwicklung der Menschen. Nur durch Reformen kann diesen Unzulänglichkeiten abgeholfen werden; in seinem Buch formuliert TILLE daher Ansätze eines Programms der Menschenzüchtung, das in vieler Hinsicht mit den Ideen der zeitgleich entstehenden Eugenik konvergiert. Auf die Details dieses Reformprogramms kann hier nicht näher eingegangen werden; es sieht u. a. eine umfassende Volksbildung sowie die Frauenemanzipation (ibid.: 208-240) vor. Nur zwei Punkte seien hervorgehoben:

(a) **Abschaffung des „Erbkapitalismus"**: Es könne nicht davon ausgegangen werden, daß jeder Sohn eines tüchtigen Vaters diesem an Tüchtigkeit und Leistungsfähigkeit gleichkomme. Hat der Vater ein Vermögen aufgehäuft, so wird der weniger tüchtige Sohn dieses erben und sich auf diese Weise einen Startvorteil im sozialen Daseinskampf gegenüber anderen verschaffen, die ihn an Leistungsfähigkeit übertreffen. Das Problem ist nicht etwa eines der Gerechtigkeit; das Problem besteht vielmehr in der Behinderung – wenn nicht Verhinderung – der natürlichen Selektion (1893: 119ff., 154ff.). Gefordert wird daher eine drastische Steuerreform: durch Einführung einer Erbschaftssteuer von zunächst 20%, die dann schrittweise erhöht werden soll, werden einerseits die indirekten Steuern überflüssig, andererseits wird verhindert, daß „Untüchtige" in den Besitz unverdienten Vermögens kommen. Der Kampf ums Dasein wird intensiviert.

(b) **Regulierung der Fortpflanzung**: Durch verschiedene Maßnahmen ist zu verhindern, daß kranke, arbeitsunfähige, „mangelhafte" oder „untaugliche" Individuen sich fortpflanzen. Auch AMMON hatte dies für notwendig erklärt (1895: 379), war auf diesen Punkt aber nicht näher eingegangen. TILLE widmete dieser Maßnahme größere Aufmerksamkeit und hob vor allem die Notwendigkeit einer tiefgreifenden Änderung der moralischen Überzeugungen hervor; abgesichert durch entsprechende soziale Sanktionen bei Nichtbeachtung sowie auch durch entsprechende Rechtsvorschriften sollte auf diese Weise die Weitergabe von körperlichen und geistigen Krankheiten unterbunden werden. Andererseits ist die Fortpflanzung gesunder, starker und leistungsfähiger Individuen zu fördern; die Abschaffung des „Erbkapitalismus" wird auch hier dazu beitragen, daß Verzerrungen des Wettbewerbs durch Vermögensunterschiede reduziert und schließlich ausgeschaltet werden. „Wenn einmal der Mensch nach dem heutigen Stande unserer Kenntnis als nichts anderes betrachtet werden darf, den **als das letzte und oberste Endprodukt jenes langsamen Entwicklungsprozesses**, durch welchen unser Planet seinen natürlichen Lebensgang durchmißt, so ist es klar, daß vor uns noch ein weites Feld künftiger Entwicklung liegen muß, dessen Ende wir heute zwar noch nicht zu überschauen vermögen, dessen Thatsächlichkeit aber darum nicht weniger gewiß für uns ist. Daß die menschliche Gattung noch unendlicher Hebung fähig ist, das ist für den Entwicklungsmenschen, für den Anhänger der naturwissenschaftlichen Weltanschauung, ein sicheres Wissen" (TILLE 1893: 395f.).

22. Der Völkerkampf ums Dasein

> ***„Das deutsche Volk ist das Volk der Sozialaristokratie und dadurch berufen, den anderen Völkern ein Führer auf der Bahn zur Zukunft zu werden."***
>
> A. TILLE

Das Fortschreiten zu dieser „unendlichen Hebung" ist allerdings von verschiedenen Seiten aus gefährdet. Die wichtigste innenpolitische Seite haben wir bereits zur Genüge kennen gelernt: Es ist natürlich der Sozialismus. Abschließend muß eine wichtige außenpolitische Gefährdung genannt werden. Der Kampf ums Dasein wird im menschlichen Leben nämlich nicht nur nach Innen geführt, sondern auch nach Außen. Das Gesetz der Selektion waltet nämlich „auch bei den Völkern und Rassen" (AMMON 1895: 21). Wie die Individuen, so sind auch die Völker und Rassen ungleich; der Wettbewerb zwischen ihnen bringt daher – ebenso wie der zwischen den Individuen – Sieger und Besiegte hervor. Ungeachtet der Art und Weise, wie er ausgetragen wird, ob durch Schwerter und Kanonen, durch Feuerwasser und Seuchen oder durch die stärkere Fortpflanzung, beim Völkerkampf ums Dasein gehen die einen unter, während die anderen aufblühen". Allüberall in der Natur siegt das Höhere über das Niedere, und darum ist es nur das Recht der stärkeren Rassen, die niederen zu vernichten. Wenn diese nicht die Fähigkeit des Widerstandes haben, so haben sie auch kein Recht auf Dasein. Was sich nicht behaupten kann, muß sich gefallen lassen, daß es zu Grunde geht" (TILLE 1893: 27).

Leider tritt hier nun eine Komplikation auf. Würde tatsächlich das Höhere immer über das Niedere siegen, so könnte der Sozialdarwinist gelassen dem Weltlauf zusehen. Unglücklicherweise aber gibt es in der Gesellschaft eine solche Garantie nicht. Es gibt eine nennswerte Zahl von Fällen, in denen umgekehrt das Niedere das Höhere aus dem Feld drängt. AMMON kennt ein Beispiel: „In den östlichen Provinzen Preußens breitet sich der polnische Arbeiter auf Kosten des deutschen aus, obschon niemand behaupten wird, daß er eine überlegene Rasse vertrete, und ähnlich ist es in Österreich, wo das Slaventum dem Deutschtum fortwährend Boden abringt" (1895: 23). Wie es zu derartigen Erscheinungen kommen kann, die doch mit der Selektionstheorie schwer in Einklang zu bringen sind, wird nicht recht klar. Hatte nicht gerade AMMON im Hinblick auf die **soziale** Auslese immer wieder deren Funktionstüchtigkeit hervorgehoben? Warum sollte dann die **nationale** Selektion so schmählich versagen? Die Vermutung, daß die Resulate der ersteren mit seinen Vorurteilen besser übereinstimmen als die Resultat der letzteren, liegt zu nahe, als daß sie näher ausgeführt werden müßte.

Auch TILLE mochte sich nicht auf einen Automatismus verlassen; falsche politische Theorien konnten seiner Überzeugung nach zu einer eminenten Gefährdung für die (eigentlich) Überlegenen werden. Eine solche Theorie war für ihn die bereits angesprochene neomalthusianische Bevölkerungslehre, der er ein ganzes Kapitel seines Buches widmete. Hier führt er aus, daß die Beziehungen zwischen den Völkern durch die „Volksspannung" bestimmt werden, die sich aus der „Kopfsumme" (= Durchschnittseinkommen) einer bestimmten Region ergebe: „Je niedriger die Kopfsumme, desto höher die Volksspannung, desto stärker die Tendenz zu dünnerer Bevölkerung, desto stärker die Ausbreitungsfähigkeit. Ein Stück Bevölkerung mit fallender Kopfsumme gleicht einer eingeschlossenen Gasmenge, welche erhitzt wird. Mit der Erhitzung wächst ihre Zentrifugalkraft, ihr Druck auf ihre Wände" (1893: 15f.). Die Erhöhung des Einkommens in einer Region ohne gleichzeitige Erhöhung der Bevölkerung muß diesem Theorem zufolge zu einer Art Vakuum führen, das einen Zustrom von Menschen aus fremden Regionen bewirkt; umgekehrt bewirkt eine Vermehrung der Bevölkerung bei gleichbleibendem Einkommen die Abwanderung von Menschen in andere Gebiete und damit deren friedliche Eroberung durch das eigene Volk. Es liegt auf der Hand, daß eine neomalthusianische Strategie der Geburtenbeschränkung die „Volksspannung" nicht erhöht, sondern vermindert und daher – zumindest langfristig – zu einer Schwächung des eigenen Volkes im internationalen Kräftefeld führen muß. „Ausgedehnt auf ein Jahrtausend muß die Kinderbeschränkung jedes Volk zum Untergang führen, statt zur Weltherrschaft. Mittels der Eindämmung der eigenen Volkskraft und der Verpuffung derselben in Zeugungen, bei denen die Befruchtung unmöglich gemacht ist, erobert man sich nicht den Erdball" (ibid.: 69).

Die Eroberung des Erdballs war natürlich keine Idee, auf die TILLE als einsamer Gelehrter verfallen war. Seit dem Ende der 70er Jahre hatte das Deutsche Reich eine Politik der überseeischen Expansion betrieben, die einerseits wirtschaftlichen Interessen der Exportförderung dienen, andererseits aber – angesichts sich verschärfender innenpolitischer Spannungen – die bestehenden Herrschaftsverhältnisse auch nach Innen legitimieren und festigen sollte. Die Erringung einer Weltmachtposition war daher eines der zentralen Themen der politischen Debatten der 90er Jahre. Max WEBER hatte es sich in seiner Antrittsvorlesung nicht nehmen lassen, die grundsätzlich nationale Bedeutung der imperialistischen Expansionspolitik zu unterstreichen: „Wir müssen begreifen, daß die Einigung Deutschlands ein Jugendstreich war, den die Nation auf ihre alten Tage beging und seiner Kostspieligkeit halber [gemeint war wohl der Ausschluß Österreichs – K.B.] besser unterlassen hätte, wenn sie der Abschluß und nicht der Ausgangspunkt einer deutschen Weltmachtpolitik sein sollte" (1895/1988: 23). Die Sozialdarwinisten mochten in dieser für die Nation so zentralen Frage nicht abseits stehen; das darwinisierende Vokabular von „Kampf", „Stärke" und „Tüchtigkeit" eignete sich vorzüglich, um die sich abzeichnenden Konflikte zu beschreiben und ihre Unvermeidlichkeit „naturwissenschaftlich" zu untermauern; und mehr noch: sie wollen mit ihrer Theorie die theoretischen Grundlagen für den Sieg Deutschlands im Kampf der Völker legen.

Vor allem TILLE war daran gelegen. Die willkürlichen politischen Grenzziehungen in Europa hatten seiner Überzeugung nach nicht verhindern können, daß sich das Nationalprinzip als die Triebfeder aller politischen Völkerbewegungen der Gegenwart durchgesetzt habe. „Allüberall empfindet man die Stammeszugehörigkeit enger als die politische. Jedem Menschen stehen seine Stammesangehörigen, die seine Sprache reden, seine Sitten und Gewohnheiten haben, am nächsten. Jeder wünscht seinem eigenen Stamme die Zukunft. Und dieser Wunsch ist um so stärker, je stärker der Stamm selbst an Zahl und Tüchtigkeit im Aufsteigen begriffen ist" (ibid.: 29). So ist es kein Wunder, daß sich auch TILLE letzten Endes nicht um Rassen überhaupt sorgt, sondern um „das Schicksal der deutschen Rasse" (ibid.: 11). Aber hier scheinen die Vorzeichen günstig. Der „deutsche Stamm" bzw. „Rasse" zeigt sowohl in der Zahl wie in der Expansionsfähigkeit eine aufsteigende Tendenz: „Schon das weist ihm anderen Stämmen gegenüber die Stellung des Leistungsaristokraten an – so lange nämlich seine größere Leistungsfähigkeit dauert. Er nimmt heute als Industrie- und Handelsvolk in Europa die zweite Stelle ein, und wie es scheint, ist die Zeit nicht mehr fern, in der er die erste behaupten wird. Aber außerdem ist uns das demokratische Empfinden auch noch nicht so eigen geworden wie dem Franzosen. Bis gestern hielten wir das für einen Mangel, heute erweist es sich als ein Vorzug. Wir stehen der neuen Heilslehre der Sozialaristokratie damit schon einen Schritt näher. Den Rest von Achtung, den wir den **erblich höher gestellten** noch bewahrt hatten, gilt es jetzt auf die **besser geborenen**, auf die **an Geburt Tüchtigeren** zu übertragen, und wenn nur soziale Reformen diesem geistigen Prozeß parallel und in gleicher Richtung gehen, dann wird er sich auch rasch und sicher ganz vollziehen. **Das deutsche Volk ist das Volk der Sozialaristokratie und dadurch berufen, den anderen Völkern ein Führer auf der Bahn zur Zukunft zu werden**" (ibid.: 109).

23. Eine Entwicklungsethik

> ***„Wenn sich die ethischen Anschauungen der Gegenwart nicht mit dem gesicherten Wissen auf naturwissenschaftlichem Gebiete vereinen lassen, dann müssen sie geändert werden, aber nicht dieses."***
>
> A. TILLE

Betrachtet man das sozialdarwinistische Programm in seiner Gesamtheit, so bedarf es keiner umständlichen Erläuterungen, daß und warum es auf der Basis traditioneller Moralvorstellungen nicht realisierbar war. Zwar hatte AMMON die Überzeugung vertreten, daß seine Gesellschaftslehre weder mit der etablierten Religion noch mit der bestehenden Moral im Einklang stehe. Betrachte man nämlich den Kampf ums Dasein und die natürliche Auslese richtig, d. h. als einen in unmerklichen Schritten vorangehenden Prozeß der Verdrängung der Unterlegenen durch die Überlegenen, „so entdecken wir auf den ersten Blick nichts, was unser Gefühl verletzt. Jene Sätze besagen nur, daß der Kräftige bestehen, der Unkräftige vergehen, der Tüchtige siegen und der Untüchtige unterliegen, der Angepaßte, d. h. derjenige, der einen Platz am besten auszufüllen vermag, denselben auch einnehmen, der Unangepaßte, der minder geeignete Bewerber, jenem weichen soll. Das aber ist gerade das, was wir in unserem Innern als richtig und gerecht empfinden" (1895: 21). So recht überzeugen will diese Anbiederung an den moralischen common sense allerdings nicht; sie war wohl doch eher als der Wunsch zu verstehen, daß man dies alles als richtig und gerecht empfinden **sollte**. Hinzu kam, daß AMMON sich weitgehend auf Fragen der Sozialstruktur konzentrierte; und hier konnte er durchaus darauf vertrauen, daß seine politische Doppelstrategie der Legitimation sozialer Ungleichheit einerseits bei gleichzeitiger Betonung der Bedeutung sozialer Mobilität andererseits den sozialen Interessen und den politischen Zielen breiter bürgerlicher Schichten tatsächlich entsprach.

Mit seiner Betonung einer aktiven Politik nicht nur der sozialen, sondern der **biologischen** Auslese hatte TILLE es schwerer. Sein Programm einer gezielten Steuerung der menschlichen Fortpflanzung war mit dem moralischen common sense des ausgehenden 19. Jahrhunderts durchaus **nicht** ohne weiteres konform. Schon der Umstand, daß Fragen der Sexualität einen zentralen Stellenwert in dieser Theorie einnahmen, mußte anrüchig wirken; daß diese sexuellen Prozesse zum Gegenstand politischer Steuerung gemacht werden sollten, war umso befremdlicher, und daß Handlungen, die nach den üblichen Wertvorstellungen als Aufopferung für andere und daher als besonders lobenswert galten, nun als verwerflich klassifiziert wurden, drohte diese Theorie vollends ins Abseits zu verbannen. Niemand hat das klarer gesehen als TILLE selbst. Klar und unverblümt spricht er aus, daß sein Programm einer biologischen Höherentwicklung des Menschen quer zu den Forderungen der traditionellen Moral liegt und daß diese traditionelle Moral daher überwunden werden muß, wenn sein Programm realisierbar sein soll. „Auf der einen Seite steht die **Nächstenmoral** des Christentums, der Humanität und der Demokratie, die hier alle drei an demselben Strage ziehen" und darauf abzielen, „durch Linderung des menschlichen Schmerzes das Unglück in der Welt zu vermindern". Weil diese Ethik aber nicht mit den tatsächlichen Daseinbedingungen der Gesellschaft vertraut sei, vermehre sie das Leid, das sie bekämpfen wolle. Dieser traditionellen humanistischen Ethik stellte TILLE nun eine andere gegenüber, die ihre Basis nicht in der christlichen Religion, sondern in der Theorie DARWINS haben sollte: „Aus der Entwicklungslehre entsteht das Ideal der Hebung der menschlichen Gattung, und sittlich nennt die Entwicklungsethik, was dieses Ideal verwirklichen hilft. So ist sie **Gattungsmoral** im eigentlichen Sinne. Nur ein seltsamer Zufall könnte es fügen, dass die Gebote der Gattungsmoral mit denjenigen der Nächstenmoral sich deckten. Und sie decken sich in der Tat nicht. Beide Moralen stehen sich vielmehr als unversöhnliche Gegensätze gegenüber. Nicht dass die Entwicklungsethik jedes Helfen verwürfe; – aber sie muss es ablehnen, jedes Helfen zu preisen. Sie wird nicht jedem ersten besten helfen, sondern sich den, dem sie hilft, erst gründlich ansehen. Wenn sie durch augenblickliche Hilfe der Gattung einen tüchtigen Menschen erhalten kann, warum sollte sie da nicht eingreifen? Aber wo das nicht der Fall ist, da kann sie höchsten helfen, indem sie dem Unterstützten zugleich die Verpflichtung auferlegt, sich nicht fortzupflanzen. Das einzig sichere Mittel zur Hebung der Gattung, zur Erreichung ihres Ideals, das die Entwicklungsethik kennt, ist die Aufrechterhaltung der **natürlichen Auslese**" (1895: 111-113).

TILLE tritt daher für eine Totalrevision der bestehenden Moral, für eine „Umwertung der Werte" ein. „Wenn sich die ethischen Anschauungen der Gegenwart nicht mit dem gesicherten Wissen auf naturwissenschaftlichem Gebiete vereinen lassen, dann müssen **sie geändert** werden, aber nicht dieses" (ibid.: 30). Der Grundfehler der bestehenden Moral ist das Gleichheitsprinzip. In diesem Punkt – er ist für TILLE der Entscheidende – sind sich die christliche Religion, der Humanismus, die Demokratie und der Sozialismus einig; und eben deshalb müssen sie alle gleichermaßen verworfen werden. „Aus der Lehre, dass alle Menschen eines Gottes Kinder und vor ihm gleich sind, ist in letzter Linie das Ideal der Humanität und des Sozialismus erwachsen, dass alle Menschen das gleiche Daseinsrecht, den gleichen Daseinswert haben, und dieses Ideal hat das Handeln in letztem und in diesem Jahrhundert ganz wesentlich beeinflusst. **Mit der Entwicklungslehre ist dieses Ideal unvereinbar**. Sie muss mit ihm brechen, sobald sie sich ihrer unmittelbarsten Folgerungen bewusst wird. Sie kennt nur Tüchtige und Untüchtige, Gesunde und Kranke, Genies und Atavisten" (ibid.: 21). Zu denen, deren moralische Auffassungen ebenfalls überwunden werden müssen, zählte TILLE konsequenterweise auch jene Autoren, die sich um eine Verbindung der traditionellen Humanitätsmoral mit der DARWINschen Theorie bemüht hatten: Ludwig BÜCHNER etwa und David Friedrich STRAUß. Die heftigen Angriffe, die von kirchlicher Seite gegen sie geführt wurden, dürften nicht darüber hinwegtäuschen, daß die Angegriffenen mit den Angreifern auf demselben moralischen Boden stehen (ibid.: 180).

Diese Kritik erinnert an NIETZSCHES Abfertigung von STRAUß; dem Ton nach weniger hämisch, zielt sie inhaltlich auf denselben Punkt. Tatsächlich ist NIETZSCHE für TILLE der eigentliche Inaugurator der „Entwicklungsethik". Er war es, der aus DARWINS Theorie normative Schlußfolgerungen im Hinblick auf die Züchtung „höherer" Menschen abgeleitet hatte: „Der Gedanke, dass die Entwicklungslehre den Gegenwartsmenschen nicht nur eine theoretische Weltanschauung, sondern auch eine neue Ethik geben muss, taucht in NIETZSCHE früh genug auf. Schon die erste Schrift, die die Augen Deutschlands auf ihn richtete ‚David STRAUSS, der Bekenner und der Schriftsteller', enthält ihn im Keime" (ibid.: 223). Nicht umsonst hatte TILLE daher seinem moraltheoretischen Buch den Titel „Von DARWIN zu NIETZSCHE" gegeben. Dies war nicht nur als eine Huldigung an zwei große Denker intendiert, sondern vor allem als ein Programm des Übergangs von der (Evolutions)Theorie zur (Züchtungs)Praxis. Der Name DARWINS sollte also für den theoretischen Teil, der Name NIETZSCHES für der praktischen Teil dieses Programms stehen: für die aus der Theorie DARWINS abzuleitende Ethik und Politik.

Hier ist nicht der Ort, auf die zahlreichen parallelen Ansätze einer „Entwicklungsethik" näher einzugehen und die Rolle der Schriften NIETZSCHES für diese Ethikreformbewegung zu analysieren (cf. die Andeutungen bei WEINGART et al. 1988: 70ff., 139ff.). Der entscheidende Punkt ist, daß am Ende des Jahrhunderts die normative Umbiegung des Darwinismus abgeschlossen wurde. Die Sozialdarwinisten hatten eine Deutung der Evolutionstheorie entwickelt, die einen radikalen Bruch mit der moralischen Tradition herbeiführte und den Darwinismus zum ideologischen Kampfmittel gegen alles fungibel machte, was sich der innen- wie außenpolitischen Reaktion als hinderlich hätte in den Weg stellen können: christliche Religion, Humanismus, Demokratie, Liberalismus und Sozialismus. Hören wir noch einmal TILLE: „Es ist ein grosses Glück für die Kulturmenschheit, dass die Entdeckung der Entwicklung durch **natürliche Auslese im Wettbewerb um die Daseinsmittel** noch rechtzeitig in die Welt trat, ehe man die vollen praktischen Folgen aus dem Ideal des Liberalismus, dem Ideal der allgemeinen Menschengleichheit, gezogen hatte... der grösste Stein, der dem Siegeszuge einer auf dem Darwinismus gegründeten Sozialökonomie und Ethik im Wege liegt, ist die Thatsache, dass sie der herrschenden Demokratie, dem Liberalismus... klar und bündig zuwiderläuft. Mit dem Königtum von Gottes Gnaden verträgt sie sich noch immer eher als mit dem allgemeinen Stimmrecht, mit der Heroenanbetung noch immer eher als mit dem Massenkultus, mit dem Individualismus noch immer eher als mit der Sozialdemokratie" (ibid.: 19f.).

24.

Zwischenbilanz

1. Ich habe meine Darstellung auf die Arbeiten von Otto AMMON und Alexander TILLE konzentriert, weil in ihnen die theoretischen Grundlagen des eigentlichen Sozialdarwinismus gelegt und umfassend dargestellt wurden. Die politische und normative Umbiegung der politischen und gesellschaftswissenschaftlichen DARWIN-Rezeption war damit im Wesentlichen abgeschlossen. Dies soll natürlich nicht heißen, daß die Geschichte des Sozialdarwinismus in der Mitte der 90er Jahre zuende gewesen wäre. In zweifachem Sinne begann sie erst: Zum einen begann nun das Ausbuchstabieren dieses Ansatzes nach verschiedenen Richtungen und damit konnte, zweitens, eine Wirkung in die Breite einsetzen. Ein wichtiger Schritt in diese Richtung war jenes berüchtigte Preisausschreiben, das zur Jahrhundertwende ausgelobt wurde. Am 1. Januar 1900 hatten die Professoren E. HAECKEL, J. CONRAD und E. FRAAS öffentlich bekannt gemacht, daß ein damals noch ungenannt bleiben wollender Spender 30.000 Mark „zur Förderung der Wissenschaft und im Interesse des Vaterlandes" für die wissenschaftliche Beantwortung folgender Fage zur Verfügung gestellt habe: „Was lernen wir aus den Prinzipien der Deszendenzlehre in Beziehung auf die innenpolitische Entwickelung und Gesetzgebung der Staaten?" Aus den zahlreichen eingegangenen Arbeiten wählte die Preiskommission 45 zur genaueren Begutachtung aus; zehn von ihnen wurden prämiert und in das Sammelwerk **Natur und Staat** aufgenommen, das in den Jahren 1903ff. im Gustav Fischer Verlag erschien. Als Initiator des Preisausschreibens und Spender der 30.000 Mark sollte sich später Alfred KRUPP herausstellen. Sicher gehörten nicht alle eingesandten Arbeiten zu jenem rüden Sozialdarwinismus eines AMMON oder TILLE; auch unter den zehn publizierten Büchern des Sammelwerkes Natur und Staat sind nicht alle sozialdarwinistisch in **diesem** Sinne. Die Verschiedenartigkeit der eingesandten Arbeiten, einschließlich ihrer politischen Tendenz hob auch H.E. ZIEGLER in seiner Einleitung des Sammelwerkes hervor (ZIEGLER 1903). Die Bedeutung des KRUPPschen Preisausschreibens besteht jedoch darin, dem gesellschaftstheoretischen Darwinismus **generell** und darin **eingeschlossen** auch dem harten Sozialdarwinismus einen nachhaltigen Reputationszuwachs verschafft zu haben. Die deszendenz- und selektionstheoretische Gesellschaftstheorie hatte nun – öffentlich sichtbar – ihren Außenseiterstatus verloren und war endgültig gesellschaftsfähig geworden. Damit war eine wichtige Voraussetzung für die Verbreitung sozialdarwinistischen Gedankenguts über einen engen Kreis von Rechtsintellektuellen hinaus gegeben.

2. Der inhaltlich entscheidende Punkt für die Genese des Sozialdarwinismus war eine Umbiegung seiner politischen Stoßrichtung. Der Darwinismus wurde aus seiner Verbindung mit fortschritts- und demokratieorientieren politischen Strömungen, vor allem aus seiner Verbindung mit dem Sozialismus herausgelöst und in eine „rechte" Ideologie umgedeutet. Als zentrale Elemente haben sich dabei herausgestellt: (a) Seine Funktionalisierung zur Legitimation sozialer Ungleichheit und (b) die auf seiner Basis propagierte „Umwertung der Werte". Vor allem diese „Umwertung der Werte" sollte dem Politischen moralische Schranken aus dem Wege räumen und ihm die Legitimation verschaffen, im „Ernstfall" auch über Leichen zu gehen. Vor dem Hintergrund der oben skizzierten politischen Veränderungen nach dem Rücktritt BISMARCKS, dem Scheitern der Sozialistengesetze und der sich zuspitzenden innenpolitischen Krise schien den Vertretern des Sozialdarwinismus eine solche Rücksichts- und Bedenkenlosigkeit zunächst vor allem nach Innen geboten: gegen Demokratie, Liberalismus und Sozialismus. Das Gewicht der außenpolitischen Dimension des Daseinskampfes nahm erst im Verlauf der 90er Jahre zu, als die imperialistische Komponente der deutschen Politik immer stärker in den Vordergrund trat. TILLE rechtfertigte nicht nur theoretisch das Expansionsstreben, sondern engagierte sich durch seine Mitgliedschaft im „Alldeutschen Verband" auch politisch für den Imperialismus (SCHUNGEL 1980: 25f.). Ähnliches gilt für HAECKEL, dessen Nationalismus eine tiefgreifende Wandlung vom antifeudal-liberalen Plädoyer für die deutsche Einheit zum Chauvinismus durchlaufen hatte.

3. Eine der wirkungsgeschichtlich folgenreichsten „Weiterentwicklungen“, die der Sozialdarwinismus nach 1900 erfuhr, war die **systematische** Verbindung mit dem Rassismus. Wir haben gesehen, daß die DARWIN-Rezeption bereits in den 60er Jahren alles andere als immun gegen ethnische und rassische Vorurteile gewesen war, und daß Friedrich von HELLWALD – wie auch Ludwig GUMPLOWICZ – sicher nicht zuletzt aufgrund seiner Erfahrungen im Vielvölkerstaat Österreich weitere Schritte in diese Richtung gegangen war. Dennoch kann von einer engen theoretischen Koppelung zwischen Darwinismus und Rassismus bis zur Jahrhundertwende keine Rede sein. Dies hängt vor allem mit der damals noch dominierenden kulturgeschichtlichen Deutung des Rassenbegriffs zusammen, wie er insbesondere in dem einflußreichen Werk Arthur DE GOBINEAUS entwickelt worden war. Trotz gewisser Sympathien AMMONS für die Ansichten GOBINEAUS (1895: 172f.) blieben diese für darwinistisch orientierte Theoretiker nicht anschlußfähig. Auch bei TILLE kann – trotz häufiger Verwendung der Vokabel – von einem klar definierten Rassenbegriff keine Rede sein: Begriffe wie „Gattung“, „Volk“ „Stamm“ oder „Rasse“ gehen ständig durcheinander und werden mehr oder weniger synonym gebraucht. TILLE und AMMON waren „Rassisten“ daher in einem sehr allgemeinen und verwaschenen Sinne; dominant war eindeutig ihr Nationalismus. Erst nach der Jahrhundertwende entstanden in größerem Umfang jene „synkretistischen Rassenlehren“ (von zur MÜHLEN 1977: 101f.), in denen rassentheoretische Ideen mit sozialdarwinistischen Elementen verknüpft wurden.

Die spätere Verbindung des Sozialdarwinismus mit dem Rassismus ist deshalb von erheblicher Bedeutung, weil er erst auf diese Weise attraktiv für ein breites Publikum wurde. Der Rassismus in seinen zahllosen Varianten war im letzten Drittel des 19. Jahrhunderts zu einer einflußreichen Ideologie und mehr noch: Zu einer gut organisierten Bewegung geworden. Als eine solche Bewegung hatte das rassistische Denkes eine **Massenbasis**, die der rechten Variante des politischen Darwinismus niemals zur Verfügung gestanden hatte (wohl aber der sozialistischen DARWIN-Rezeption). Die nach der Jahrhundertwende verstärkt einsetzende Unterfütterung des rassistischen Denkens mit sozialdarwinistischen Theorieelementen hatte einen doppelten Effekt. Einerseits gab sie dem Rassismus, was er bisher nicht oder nur unzureichend besessen hatte: eine naturwissenschaftliche Basis, die nicht nur zur Beschreibung und Klassifizierung taugte (wie etwa die messende Rassenanthropologie), sondern der Politik einen praktischen Hebel in die Hand zu geben schien. Andererseits verschaffte sie dem Sozialdarwinismus Eingang in das Denken eines Massenpublikums.

4. Allerdings ist die tatsächliche Ausbreitung des harten Sozialdarwinismus nur schwer einzuschätzen und damit auch seine politische Wirkung. Schon von Zeitgenossen ist sehr häufig ein bedeutender Einfluß des Darwinismus allgemein behauptet worden; und dies nicht nur von seinen Protagonisten, sondern auch von ihren Gegnern. Oscar HERTWIG beispielsweise – ein Schüler HAECKELS, der später zum wissenschaftlichen und ethischen Antidarwinisten wurde – hat in seiner Kampfschrift „Zur Abwehr des ethischen, des sozialen, des politischen Darwinismus“ von einer tiefen und nachhaltigen Beeinflussung des Zeitbewußtseins gesprochen: „Man glaube doch nicht, daß die menschliche Gesellschaft ein halbes Jahrhundert lang Redewendungen, wie unerbittlicher Kampf ums Dasein, Auslese des Passenden, des Nützlichen, des Zweckmäßigen, Vervollkommnung durch Zuchtwahl usw. in ihrer Übertragung auf die verschiedensten Gebiete wie tägliches Brot gebrauchen kann, ohne in der ganzen Richtung in ihrer Ideenbildung tiefer und nachhaltiger beeinflußt zu werden!“ (HERTWIG 1918/1921: 2). Das klingt plausibel, beruht aber auf einer Vermutung. Größere historische Untersuchungen, in denen ein solcher Einfluß empirisch nachgewiesen wurde, liegen bis heute jedoch nicht vor. Im Gegenteil: Nach einer Durchsicht von Teilen der zeitgenössischen Propagandaliteratur zur „Flottenfrage“ kommt beispielsweise KROLL (1989b) zu dem Resultat, daß – abgesehen von der gelegentlichen Verwendung des Ausdrucks „Kampf ums Dasein“ – eine systematische Bezugnahme auf darwinistische Theorie-

elemente in dieser Literatur **nicht** festzustellen ist.

Hinzu kommt, daß die tatsächlichen Einflüsse – wenn sie denn nachgewiesen würden – gegen die ebenfalls nicht unerhebliche antidarwinistische Propaganda gewichtet werden müßten. Dazu gehört nicht zuletzt auch die nach der Jahrhundertwende fortgesetzte Kampagne der klerikalen Presse, die sich bezeichnenderweise allerdings nur en passant mit dem reaktionären Sozialdarwinismus beschäftigte (DÖRPINGHAUS 1969: 238, 239). Im Hinblick auf die angelsächsische Welt, insbesondere die USA, ist inzwischen die in der älteren Literatur immer wieder unterstellte weite Verbreitung und große Wirksamkeit sozialdarwinistischen Gedankenguts relativiert worden (BELLOMY 1984). Für den deutschsprachigen Raum würde man auf der Basis detaillierterer Forschungen wahrscheinlich zu einem ähnlichen Ergebnis kommen; eine nennenswerte ideologische und politischen Wirkung des Sozialdarwinismus setzte nicht vor der Jahrhundertwende ein.

V. Was ist „Sozialdarwinismus"? Eine methodische Nachbemerkung

Der Sozialdarwinismus markiert in mehrfacher Hinsicht ein unerledigtes Problem der (Wissenschafts)Geschichtsschreibung. Zum ersten bleibt bis heute unklar, was unter diesem Begriff zu verstehen ist; in der einschlägigen Literatur finden sich unterschiedliche, meist aber zur „Breite" neigende Bestimmungen. Zum zweiten bestehen kontroverse Ansichten über das Verhältnis des Sozialdarwinismus zur Theorie DARWINS selbst. Und drittens ist die Geschichte des Sozialdarwinismus in Deutschland bisher ungeschrieben geblieben, vor allem die Geschichte seiner Wirkung auf die politischen Strukturen und Ereignisse. Während das letzte dieser unerledigten Probleme nur durch intensivere Forschung gelöst werden kann, glaube ich vor dem Hintergrund der Ausführungen des vorliegenden Beitrages auf die beiden erstgenannten Fragen zumindest eine grobe Antwort geben zu können.

25. Sozialdarwinismus: eng oder weit?

Wenn der Begriff „Sozialdarwinismus" in der Literatur meist sehr breit und undifferenziert als eine Art Sammelbezeichnung für alle Arten der politischen und gesellschaftstheoretischen Verwendung der DARWINschen Theorie benutzt wird oder – noch breiter – für alle Arten der Übertragung biologischer Theorien oder Begriffe auf die Gesellschaft oder den Menschen und damit auch rassistische und organizistische Theorien pauschal als „Sozialdarwinismus" bezeichnet, so hat dies mehrere Gründe, von denen ich zwei hervorheben möchte. (a) Die meisten der betreffenden Autoren waren keine Wissenschaftshistoriker und verfügten daher nicht über ein biologisch und biologiegeschichtlich informiertes Begriffsraster; daß DARWINS Theorie nicht **die** Biologie des 19. Jahrhunderts repräsentiert, daß der auf GOBINAU zurückgehende Rassismus weder darwinistisch noch überhaupt biologisch inspiriert war, entgeht diesen Autoren daher vielfach. (b) Noch wichtiger ist vielleicht die Tatsache, daß der Sozialdarwinismus oft von Historikern untersucht wurde, die vor allem an der Deutung politischer Ereignisse und Prozesse interessiert sind und nach kausalen Faktoren für die Erklärung dieser Ereignisse und Prozesse suchen. Der Sozialdarwinismus bietet sich hier als ein geistiger Faktor geradezu an; und so ist er für den Imperialismus der europäischen Mächte im letzten Drittel des 19. Jahrhunderts und für den Ersten Weltkrieg (mit)verantwortlich gemacht worden (KOCH 1973). Auch für den Aufstieg HITLERS bis hin zu Politik der „Endlösung" ist der Sozialdarwinismus als ein erklärender Faktor herangezogen worden (LUKÀCS 1955/1962; ZMARZLIK 1963). Ohne den Erklärungswert solcher theorie- oder ideologiegeschichtlichen Linien an dieser Stelle näher diskutieren zu können, kann doch so viel gesagt werden: Das einem solchen Faktor zukommende „Gewicht" wächst mit der „Größe" bzw. dem „Umfang" des jeweiligen ideologischen Komplexes; daß der „Sozialdarwinismus" einen bedeutsamen Beitrag zur imperialistischen Politik der europäischen Mächte, zur Auslösung des Ersten Weltkrieges oder zur faschistischen Vernichtungspolitik geleistet hat, wird um so plausibler, je größer das Spektrum der

Theorien und Ideologien ist, die unter diesem Begriff subsumiert wird. Pointiert gesagt: Die These von der großen historischen Wirkung des Sozialdarwinismus wird um so wahrer, je weiter und unspezifischer der Begriff benutzt wird.

Im Unterschied zu dieser Betrachtungsweise, die den „Sozialdarwinismus" (was immer man auch darunter verstehen mag) in erster Linie ex post betrachtet, d. h. von seinen historischen Wirkungen her, bin ich in diesem Beitrag den umgekehrten Weg gegangen: Ausgehend von DARWINS Theorie habe ich deren politisch motivierte Rezeption zu rekonstruieren versucht. Hinter diesem Perspektivenwechsel steht (negativ) das Ziel, der teleologischen Fokussierung auf Wirkungen vorzubeugen, und (positiv) die Annahme, daß DARWINS Theorie zunächst lediglich ein Rezeptions**angebot** darstellte, das von den Zeitgenossen zur Deutung gesellschaftlicher Phänomene wahrgenommen werden konnte, aber nicht wahrgenommen werden mußte. Damit verschiebt sich der Blickwinkel der Rekonstruktion auf die historischen **Akteure** und ihre **Ziele** bzw. **Interessen**. Der Illusion einer selbständigen Wirkung von Ideen, der auch der Marxist LUKÀCS nicht widerstehen konnte, ist damit von vornherein der Boden entzogen; die Ideengeschichte erscheint nun als ein Produkt menschlichen Handelns, die Geschichte des politischen Darwinismus als ein Produkt menschlicher Rezeptionshandlungen.

Aus dieser Perspektive betrachtet, zeigte sich zweierlei. Zum einen besaß DARWINS Theorie für einen Teil seiner Zeitgenossen offenbar eine beträchtliche weltanschauliche Attraktivität; diese weltanschauliche Attraktivität schloß den politischen und gesellschaftlichen Aspekt von Beginn an ein. Zum zweiten legte diese Theorie selbst keineswegs von vornherein fest, mit welchem Ziel und mit welcher politischen Stoßrichtung von ihr Gebrauch gemacht wurde; obwohl der Rückgriff auf sie keineswegs für alle politischen Positionen möglich war, haben ihn im Verlauf des 19. Jahrhunderts doch sehr unterschiedliche Richtungen vorgenommen. Es müssen drei Hauptströmungen der politisch-sozialen DARWIN-Rezeption in Deutschland unterschieden werden, die sicherlich eine Reihe von Querverbindungen aufweisen und an ihren Rändern ineinander übergehen, die gleichwohl aber als deutlich verschiedene und in vieler Hinsicht sogar rivalisierende Strömungen auseinandergehalten werden müssen: (1) Eine bürgerlich-fortschrittsorientierte Rezeption, die durch Autoren wie Ludwig BÜCHNER, Friedrich Albert LANGE und zu Beginn auch Ernst HAECKEL charakterisiert werden kann; (2) die sozialistische DARWIN-Rezeption; und (3) der Sozialdarwinismus à la Otto AMMON, Alexander TILLE und Ernst HAECKEL in seiner späteren Phase. Eine weitere Linie der Rezeption, die ich in diesem Beitrag nicht untersuchen konnte, bilden den sozial**wissenschaftlich** orientierte Autoren wie A. SCHÄFFLE, L. GUMPLOWICZ und G. RATZENHOFER.

In einem sehr allgemeinen Sinne sind alle diese Rezeptions-Strömungen „sozialdarwinistisch": Sie alle übertragen die DARWINsche Theorie oder wichtige ihrer Elemente auf die Gesellschaft und sie alle benutzen diese Übertragung auch zur Legitimation gesellschaftlicher Strukturen oder politischer Ziele. Man kann daher ohne weiteres von einem **Sozialdarwinismus im weiteren Sinne**, oder auch von einem **Gesellschaftsdarwinismus** zu sprechen. Dabei ist jedoch zu beachten, daß diese Bezeichnung lediglich auf die „Quelle" abhebt, aus der alle diese Strömungen schöpfen, nicht aber auf die Ziele und Interessen, die sie verfolgen. Nimmt man hingegen diese Ziele und Interessen ins Auge, so zerfällt die durch die gemeinsame Bezeichnung suggerierte Einheit in nicht nur verschiedene, sondern gegensätzliche Positionen. Abgesehen von dem darwinisierenden Vokabular hat die Theorie Otto AMMONS oder Alexander TILLES mit der August BEBELS oder Karl KAUTSKYS nichts gemeinsam: (a) Es liegen unterschiedliche Deutungen der DARWINschen Theorie zugrunde; (b) es werden konträre Auffassungen von Moral legitimiert; (c) es werden konträre politische Ziele vertreten. Da diese gravierenden Unterschiede durch eine gemeinsame Bezeichnung eher verwischt werden, scheint mir eine begriffliche Differenzierung zweckmäßig zu sein. Ich habe den Ausdruck „Sozialdarwinismus" in diesem Beitrag daher für Theorien à la AMMON und TILLE reserviert und die anderen Strömungen allgemeiner als „politischen Darwinismus" etc. charakterisiert.

Der rezeptionsgeschichtliche Ansatz, dem ich gefolgt bin, vermeidet nicht nur die teleologisierende Fokussierung auf die Wirkung, sondern sichert auch eine relativ enge und damit präzisere Verwendung der Begriffe „Darwinismus" und „Sozialdarwinismus". Diese Begriffe können in einer rezeptionsgeschichtlichen Perspektive nur dort sinnvoll verwandt werden, wo tatsächlich eine Rezeption der DARWINschen Theorie stattgefunden hat; die Bezugnahme auf biologische Begriffe oder organizistische Analogien überhaupt reicht nicht aus, um von „(Sozial)Darwinismus" sprechen zu können. Freilich ist nicht zu übersehen, daß diese engere und präzisere Verwendung ihrerseits nicht frei von Problemen ist. Zum einen gibt es neben den **eindeutig** DARWINistischen Autoren, auf die ich mich in diesem Beitrag konzentriert habe, natürlich auch solche, die nur punktuelle deszendenz- oder selektionstheoretische Anleihen gemacht haben. Damit entsteht die Frage: Wieviel DARWIN ist nötig, um von „(Sozial) Darwinismus" sprechen zu können? Es liegt auf der Hand, daß bei manchen Autoren oder Theorien eine klare Abgrenzung schwierig sein wird: Man konnte und kann auch **ein bißchen** (Sozial)Darwinist sein. Dieser Punkt ist nicht zuletzt deshalb von Bedeutung, weil von ihm zumindest teilweise die Antwort auf die Frage nach der Wirkung des Sozialdarwinismus abhängt. Die von mir favorisierte **enge** Bestimmung dieses Begriffs ist ja offensichtlich mit einem gegenläufigen Risiko verbunden. Politische Ideologien sind nicht Wissenschaft; sie berufen sich (bisweilen) auf wissenschaftliche Theorien, instrumentalisieren diese oder einzelne ihrer Elemente; aber sie verwässern diese Theorien immer auch zugleich und deuten sie um. Schraubt man nun die Präzisionsanspüche zu hoch, verlangt man also zu viel DARWIN im Sozialdarwinismus, so verschwindet das Phänomen „Sozialdarwinismus" tendentiell, weil immer weniger DARWIN in ihm übrig bleibt. Von einer historischen Wirkung des Sozialdarwinismus kann keine Rede mehr sein, denn die Anklagebank erweist sich als leer.

Diesem Effekt wird man nur entgehen können, wenn man den Begriff des Sozialdarwinismus eng genug faßt, um noch von Darwinismus sprechen zu können; aber weit genug, um trotz der Verwässerung – bis hin zur Verfälschung – der DARWINschen Theorie noch ein solches Phänomen historisch identifizieren zu können. Im übrigen darf die genaue **begriffliche** Unterscheidung zwischen „Darwinismus", „Sozialdarwinismus", „Rassismus", „Biologismus", „Eugenik" usw. nicht den Blick für die **historische** Tatsache verstellen, daß empirisch zwischen den damit bezeichneten Denkansätzen und Strömungen keine tiefen Gräben verliefen; tatsächlich gab es neben Differenzen auch zahlreiche Konvergenzen zwischen diesen Ansätzen. Ich glaube jedoch, daß Klarheit in diesem unübersichtlichen Bild nur gewonnen werden kann, wenn auf der Basis präziser begrifflicher Unterscheidungen, die Konvergenzen und Divergenzen analysiert, anstatt unter einer groben Subsumtionskategorie „Sozialdarwinismus" alles einzuebnen.

26. DARWIN und der Sozialdarwinismus

Der rezeptionsgeschichtliche Ansatz, dem ich gefolgt bin, unterstellt, daß zwischen der Theorie DARWINS und dem Sozialdarwinismus unterschieden werden kann. Denn „Rezeption" bedeutet ja: es gibt eine Vorlage, die in einem zweiten Schritt aufgegriffen und für bestimmte Ziele instrumentalisiert wird; oder auch: **nicht** aufgegriffen und **nicht** instrumentalisiert wird. Doch ist diese Unterscheidung zwischen (a) DARWINS Theorie und (b) ihrer politischen Instrumentalisierung wirklich durchführbar? Es gibt eine Reihe von Autoren, die eine solche Differenzierung als fiktiv zurückweisen. Das sozialdarwinistische Unglück sei nicht erst später herbeigeführt worden, sondern habe bereits in DARWINS Theorie selbst gelegen. Mit einem Wort: DARWIN selbst sei „der erste Sozialdarwinist" (KOCH 1973: 64) gewesen. Dieser seit langem geführten Kontroverse (GREENE 1977; BAYERTZ 1982; YOUNG 1985a, b; RICHARDS 1987) kann hier nicht näher nachgegangen werden. Offensichtlich ist jedoch, daß auch hier vieles davon abhängt, welcher Begriff von „Sozialdarwinismus" dabei zugrundegelegt wird.

Auf der einen Seite ist schwerlich bestreitbar, daß DARWIN seine Theorie nicht in einem weltanschaulichen und sozialen Vakuum entwickelt hat. Die wissenschaftshistorische Forschung hat verschiedene historische Einflußfaktoren identifiziert, die den Inhalt und die Form der Evolutionstheorie beeinflußt haben: Die MALTHUSsche Bevölkerungslehre ist nur der bekannteste und am frühesten konstatierte dieser Faktoren. Bereits Karl MARX hat in einem berühmten Brief an Friedrich ENGELS vom 18. Juni 1862 auf innere Beziehungen zwischen der Theorie DARWINS und der zeitgenössischen Gesellschaft aufmerksam gemacht: „Es ist merkwürdig, wie DARWIN unter Bestien und Pflanzen seine englische Gesellschaft mit ihrer Teilung der Arbeit, Konkurrenz, Aufschluß neuer Märkte, ‚Erfindungen' und MALTHUSschem ‚Kampf ums Dasein' wiedererkennt. Es ist Hobbes' bellum omnium contra omnes, und es erinnert an HEGEL in der Phänomenologie, wo die bürgerliche Gesellschaft als ‚geistiges Tierreich', während bei DARWIN das Tierreich als bürgerliche Gesellschaft figuriert" (1955: 155). Die hier erstmalig angedeutete und in der Folgezeit immer wieder hervorgehobene strukturelle Verwandtschaft zwischen dem von DARWIN gezeichneten Bild der Natur und der kapitalistischen Gesellschaft kann natürlich als ein starkes Indiz für den sozialen Gehalt der DARWINschen Theorie aufgefaßt werden; so interpretiert, kann der These YOUNGS (1885b) kaum widersprochen werden: „Darwinism **is** social". Damit erweist sich die Übertragung DARWINscher Kategorien und Metaphern von der Natur auf die Gesellschaft als eine **Rück**übertragung (so erstmals F. ENGELS in einem Brief an LAWROW vom November 1875). Die Gesellschaft spiegelt sich zunächst in der Natur und entlehnt diesem Naturbild dann wiederum die Theorieelemente, aus denen sie ihr Selbverständnis konstruiert.

Da auch DARWIN im weltanschaulichen und politischen Horizont seiner Zeit gedacht hat, und da sich dies in seiner Theorie niedergeschlagen hat, kann man diese Theorie durchaus als „sozialdarwinistisch" in dem oben erläuterten weiten und unspezifischen Sinne bezeichnen. Ein Sozialdarwinist im engen Sinne war DARWIN allerdings mit Sicherheit nicht; und auch seine Theorie läßt einen solchen Schluß nicht zu. Vor allem im Hinblick auf den für den Sozialdarwinismus entscheidenden Punkt der „Umwertung der Werte" finden sich bei DARWIN keinerlei Anhaltspunkte für ein Plädoyer zugunsten einer Verabschiedung der traditionellen Moral. Im Gegenteil: DARWIN – wie übrigens auch viele seiner Anhänger – scheint mit der Evolutionstheorie die Hoffnung auf eine **Stärkung** dieser traditionellen Moral verbunden zu haben (RICHARDS 1987). Und diese moralische und politische Differenz zu DARWIN ist von den Sozialdarwinisten selbst durchaus gesehen und zugegeben worden (TILLE 1895: 40) Dasselbe gilt für den Mitentdecker der Evolutionstheorie Alfred Russell WALLACE, der – zeitlich parallel zu den Sozialdarwinisten – **ausdrücklich gegen** eine Politik der „Ausmerze" der Schwächeren Stellung bezogen und stattdessen für eine Humanisierung der Selektion plädiert hat (WALLACE 1894a, b). Ähnliches gilt für einen weiteren prominenten Protagonisten der DARWINschen Theorie, Thomas H. HUXLEY, der in seiner berühmten Romanes-Vorlesung darauf insistiert hatte, daß das moralisch Geforderte nicht identisch mit dem ist, was im Daseinskampf zum Erfolg führt. Die Moral richte ihren Einfluß weniger auf das Überleben der Tauglichsten als darauf, so viele wie möglich zum Überleben tauglich zu machen" (HUXLEY 1893/1993: 69). Es ist bemerkenswert, daß TILLE diese Vorlesung nicht nur kannte, sondern als erster ins Deutsche übersetzte; beherzigt hat er ihre Botschaft in seinen Schriften nicht.

Die Vorstellung einer Einbahnstraße von DARWINS Theorie zum Sozialdarwinismus erweist sich damit als haltlos. Sie wurde von unterschiedlichen politischen und moralischen Positionen aus in Anspruch genommen und hatte daher nicht schon von sich aus eine sozialdarwinistische Tendenz. Dies aber macht es möglich und nötig, zwischen ihr und dem Sozialdarwinismus zu unterscheiden. Die Resultate der hier vorliegenden Rekonstruktion legen es nahe, zwischen mehreren verschiedenen Ebenen zu unterscheiden: Zwischen (a) der **Theorie DARWINS** als einem System von Begriffen und Aussagen, verbunden mit spezifischen Modellvorstellungen zur

Lösung biologischer Probleme; (b) dem **Darwinismus** als einer Gesamtheit von Bemühungen, diese Theorie über ihren fachbiologischen Anwendungskreis hinausgehend für allgemeine Weltdeutungen, darunter auch für die Deutung von Gesellschaft und Geschichte fruchtbar zu machen; (c) dem **Sozialdarwinismus** als einer spezifischen antidemokratischen, antihumanistischen und antisozialistischen Ideologie. Eine solche Unterscheidung setzt nicht voraus, daß zwischen diesen drei Ebenen in den historischen Debatten stets scharfe Grenzen bestanden haben. Um die tatsächlichen Übergänge und Wechselwirkungen zwischen diesen Ebenen jedoch untersuchen zu können, müssen analytisch auseinandergehalten werden.

VI. Literatur

Ammon O. (1891): Der Darwinismus gegen die Sozialdemokratie. Anthropologische Plaudereien. — Verlagsanstalt & Druckerei A.-G., Hamburg.

Ammon O. (1895): Die Gesellschaftsordnung und ihre natürlichen Grundlagen. Entwurf einer Sozial-Anthropologie zum Gebrauch für alle Gebildeten, die sich mit sozialen Fragen befassen. — G. Fischer, Jena.

Baege M.H. (1909): Die Abstammungslehre und ihre Bedeutung für den Arbeiter. — Der Neue-Welt-Kalender für 1909.

Bayertz K. (1982): Darwinismus als Ideologie. Die Theorie Darwins und ihr Verhältnis zum Sozialdarwinismus. — In: Bayertz K., Heidtmann B. & H. J. Rheinberger (Hrsg.): Darwin und die Evolutionstheorie. Pahl-Rugenstein, Köln, 105-120.

Bayertz K. (1983a): Darwinismus und Freiheit der Wissenschaft. Politische Aspekte der Darwinismus-Rezeption in Deutschland 1863-1878. — Scientia **118**: 267-281.

Bayertz K. (1983b): Naturwissenschaft und Sozialismus. Tendenzen der Naturwissenschafts-Rezeption in der deutschen Arbeiterbewegung des 19. Jahrhunderts. — Soc. Stud. Sci. **13**: 355-394.

Bebel A. (1876/1970): Die parlamentarische Tätigkeit des Deutschen Reichstages und der Landtage und die Sozialdemokratie von 1874 bis 1876. — In: Bartel H., Dlubek R. & H. Gemkow (Hrsg.) (1970): Ausgewählte Reden und Schriften, Bd. **1**. Dietz Verl., Berlin/DDR, 343-439.

Bebel A. (1878/1978): Die Arbeiterpartei ist durch Ausnahmegesetze nicht zu vernichten. — In: Bartel H., Dlubek R. & H. Gemkow (Hrsg.) (1978): Ausgewählte Reden und Schriften, Bd. **2**/1. Dietz, Berlin/DDR, 12-37.

Bebel A. (1883/1929): Die Frau und der Sozialismus. Jubiläumsausgabe, mit einem einleitenden Vorwort von Bernstein E., 198.-210. Tausend 1929. — J.H.W. Dietz Nachf., Berlin.

Bellomy D.C. (1984): „Social Darwinism" revisited. — In: Bailyn B., Fleming D. & St. Thernstrom (Eds.): Perspectives in American history. New Series **1**. Cambridge Univ. Press, New York, 1-129.

Bergmann K. (1970): Agrarromantik und Großstadtfeindlichkeit. — Meisenheim/Glan.

Bowler P. (1983): The eclipse of Darwinism. —J. Hopkins Univ. Press, Baltimore, London.

Briefwechsel (1901): Briefwechsel zwischen Ernst Haeckel und Friedrich von Hellwald. — H. Kerler, Ulm.

Bröker W. (1973): Politische Motive naturwissenschaftlicher Argumentation gegen Religion und Kirche im 19. Jahrhundert. Dargestellt am „Materialisten" Karl Vogt (1817-1895). — Aschendorff, Münster.

Büchner L. (1865): Zur Arbeiterfrage. — Deutsches Wochenblatt Nr. **15** vom 9.4.1865: 114-117.

Büchner L. (1868): Sechs Vorlesungen über die Darwin'sche Theorie von der Verwandlung der Arten und erste Entstehung der Organismenwelt, sowie über die Anwendung der Umwandlungstheorie auf den Menschen, das Verhältnis dieser Theorie zur Lehre vom Fortschritt und den Zusammenhang derselben mit der materialistischen Philosophie der Vergangenheit und Gegenwart. — T. Thomas, Leipzig.

Büchner L. (1869/1872): Der Mensch und seine Stellung in der Natur in Vergangenheit, Gegenwart und Zukunft. Oder: Woher kommen wir? Wer sind wir? Wohin gehen wir? Allgemein verständlicher Text, 2. vermehrte Aufl. 1872. — T. Thomas, Leipzig.

Burckhardt J. (1905/1978): Weltgeschichtliche Betrachtungen. Über geschichtliches Studium — Dtsch. Taschenbuch Verl., München (1978).

Carneri B. von (1922): Briefwechsel mit Ernst Haeckel und Friedrich Jodl. — K.F. Koehler Leipzig.

Darwin Ch. (1859/1964): On the origin of species. A facsimile of the first edition, ed. by Mayr E. (1964) — Harvard Univ. Press, Cambridge, Mass., London.

Depdolla P. (1941): Hermann Müller-Lippstadt (1829-1883) und die Entwicklung des biologischen Unterrichts. — Sudhoffs Archiv **34**: 261-334.

Dodel A. (1875): Die neuere Schöpfungsgeschichte nach dem gegenwärtigen Stande der Naturwissenschaften. — F. A. Brockhaus, Leipzig.

Dörpinghaus H.J. (1969): Darwins Theorie und der deutsche Vulgärmaterialismus im Urteil deutscher katholischer Zeitschriften zwischen 1854 und 1914. — Diss. Univ. Freiburg.

Du Bois-Reymond E. (1883/1912): Darwin und Kopernicus. Reden von Du Bois-Reymond E. in zwei Bänden. Zweiter Band, 2. Aufl. 1912. — Veit, Leipzig, 243-248.

Engels E.M. (1995): Biologische Ideen von Evolution im 19. Jahrhundert und ihre Leitfunktionen. — In: Engels E.M. (Hrsg.): Die Rezeption von Evolutionstheorien im 19. Jahrhundert. Suhrkamp, Frankfurt/M., 13-66.

Faber K.-G. (1966): Realpolitik als Ideologie. Die Bedeutung des Jahres 1866 für das politische Denken in Deutschland. — Hist. Zschr. **203**, 1-45.

Gasman D. (1971): The scientific origins of National Socialism. Social Darwinism in Ernst Haeckel and the German Monist League. — London, New York.

Greene J.C. (1977): Darwin as a social evolutionist. — J. Hist. Biol. **10**: 1-27.

Gregory F. (1977): Scientific materialism in nineteenth century Germany. — D. Reidel, Dordrecht etc.

Haeckel E. (1863/1924): Über die Entwicklungstheorie Darwins. — In: Schmidt H. (Hrsg.) (1924): Gemeinverständliche Werke. Bd. **V**. A. Kröner, Leipzig & K. Henschel, Berlin, 3-32.

Haeckel E. (1868/1870): Natürliche Schöpfungsgeschichte. Gemeinverständliche wissenschaftliche Vorträge über die Entwickelungslehre im

Allgemeinen und diejenigen von DARWIN, GOETHE und LAMARCK im Besonderen, über die Anwendung derselben auf den Ursprung des Menschen und andere damit zusammenhängende Grundfragen der Naturwissenschaft, 2. Aufl. 1870. — G. Reimer, Berlin.

HAECKEL E. (1877/1924): Über die heutige Entwicklungslehre im Verhältnisse zur Gesamtwissenschaft. — In: SCHMIDT H. (Hrsg.) (1924): Gemeinverständliche Werke. Bd. **V**. A. Kröner, Leipzig & K. Henschel, Berlin, 143-161.

HAECKEL E. (1878/1924): Freie Wissenschaft und freie Lehre. — In: SCHMIDT H. (Hrsg.) (1924): Gemeinverständliche Werke. Bd. **V**. A. Kröner, Leipzig & K. Henschel, Berlin, 196-290.

HARTMANN E. von (1878/1922): Phänomenologie des sittlichen Bewußtseins. Eine Entwicklung seiner mannigfaltigen Gestalten in ihrem inneren Zusammenhange, 3. Aufl. 1922. — Wegweiser Verl., Berlin.

HELLWALD F. von (1872): Der Kampf ums Dasein im Menschen- und Völkerleben. — Das Ausland **45**/5, 103-106 und **45**/6, 140-144.

HELLWALD F. von (1875): Culturgeschichte in ihrer natürlichen Entwicklung bis zur Gegenwart. — Lampart & Comp., Augsburg.

HERTWIG O. (1918/1921): Zur Abwehr des ethischen, des sozialen, des politischen Darwinismus, 2. Aufl. 1921. — G. Fischer, Jena.

HOBSBAWM E. (1980): Die Blütezeit des Kapitals. Eine Kulturgeschichte der Jahre 1848-1875. — Fischer, Frankfurt/M.

HUSCHKE K. (1950): Ernst und Agnes HAECKEL, ein Briefwechsel. — Urania, Jena.

HUXLEY Th.H. (1893/1993): Evolution und Ethik. — In: BAYERTZ K. (Hrsg.) (1993): Evolution und Ethik. Reclam, Stuttgart, 67-74.

JACOBY L. (1874/1886): Die Idee der Entwicklung. Eine sozialphilosophische Darstellung, 2. Aufl. 1886. — Verlags-Magazin, Zürich.

JAEGER G. (1870): Naturwissenschaftliche Betrachtungen über den Krieg. — Das Ausland **43**: 1161-1163.

JOCHMANN W. (1988): Antisemitismus im Deutschen Kaiserreich. — In: JOCHMANN W.: Gesellschaftskrise und Judenfeindschaft in Deutschland 1870-1945. H. Christians, Hamburg, 30-98.

JODL M. (Hrsg.) (1922): Bartholomäus von CARNERI's Briefwechsel mit Ernst HAECKEL und Friedrich JODL. — K.F. Koehler, Leipzig.

JUNKER Th. (1989): Darwinismus und Botanik. Rezeption, Kritik und theoretische Alternativen im Deutschland des 19. Jahrhunderts. — Deutscher Apotheker Verl., Stuttgart.

KEHR E. (1965): Das soziale System der Reaktion in Preußen unter dem Ministerium Puttkamer. Der Primat der Innenpolitik. Gesammelte Aufsätze zur preußisch- deutschen Sozialgeschichte im 19. und 20. Jahrhundert. — De Gruyter, Berlin.

KELLY A. (1981): The descent of DARWIN. The popularization of Darwinism in Germany, 1860-1914. — North Carolina Univ. Press, Chapel Hill.

KOCH H.W. (1973): Der Sozialdarwinismus. Seine Genese und sein Einfluß auf das imperialistische Denken. — C.H. Beck, München.

KOCKA J. (1969): Unternehmensverwaltung und Angestelltenschaft am Beispiel Siemens 1847-1914. Zum Verhältnis von Kapitalismus und Bürokratie in der deutschen Industrialisierung. — E. Klett, Stuttgart.

KOOP R. (1941): HAECKEL und ALLMERS. Die Geschichte einer Freundschaft in Briefen der Freunde. — A. Geist, Bremen.

KROLL J. (1989a): Sozialdarwinismus in deutschen Zeitschriften. Materialien des Sonderforschungsbereichs Sozialgeschichte des neuzeitlichen Bürgertums – Deutschland im internationalen Vergleich. — Univ. Bielefeld.

KROLL J. (1989b): Sozialdarwinismus und Flottenfrage. Materialien des Sonderforschungsbereichs Sozialgeschichte des neuzeitlichen Bürgertums – Deutschland im internationalen Vergleich. — Univ. Bielefeld.

LANGE F.A. (1865/1909): Die Arbeiterfrage. Ihre Bedeutung für Gegenwart und Zukunft, 6. Aufl. 1909. — Geschwister Ziegler, Winterthur.

LANGE F.A. (1866/1974): Geschichte des Materialismus und Kritik seiner Bedeutung in der Gegenwart. — Suhrkamp, Frankfurt/M.

LÜBBE H. (1974): Politische Philosophie in Deutschland. Studien zu ihrer Geschichte. — Deutscher Taschenbuch Verl., München.

LÜTGERT W. (1930): Das Ende des Idealismus im Zeitalter BISMARCKS. — C. Bertelsmann, Gütersloh.

LUKÁCS G. (1955/1962): Die Zerstörung der Vernunft. — Werke Bd. **9** (1962), Luchterhand, Neuwied.

MARX K. & F. ENGELS (1953): Ausgewählte Briefe. — Dietz, Berlin/DDR.

MAYER G. (1912/1969): Die Trennung der proletarischen von der bürgerlichen Demokratie in Deutschland, 1863-1870. — In: MAYER G. (Hrsg.) (1969): Radikalismus, Sozialismus und bürgerliche Demokratie. Suhrkamp, Frankfurt/M., 108-178.

MAYR E. (1985): DARWIN's five theories of evolution. — In: KOHN D. (Ed.): The Darwinian heritage. Princeton Univ. Press, Princeton, 755-772.

MONTGOMERY W.M. (1974): Germany. — In: GLICK T.F. (Ed.): The comparative reception of Darwinism. Texas Univ. Press, Austin/London, 81-115.

MÜHLEN P. von zur (1977): Rassenideologien. Geschichte und Hintergründe. — J.H.W. Dietz Nachfolger, Berlin, Bonn-Bad Godesberg.

MÜLLER-LYER F. (1910/1919): Der Sinn des Lebens und die Wissenschaft. Grundlinien einer Volksphilosophie, 2. Aufl. 1919. — A. Langen, München.

NIETZSCHE F. (1873/1980): Unzeitgemässe Betrachtungen. Erstes Stück: David STRAUSS der Bekenner und der Schriftsteller. — In: COLLI G. & M. MONTINARI (Hrsg.) (1980): Sämtliche Werke. Kritische Studienausgabe in 15 Bänden, Bd. **1**. Deutscher Taschenbuch Verl., München & W. de Gruyter Berlin, 157-242.

Anschrift des Verfassers:
Univ.-Prof. Dr. Kurt BAYERTZ
Philosophisches Seminar
Westfälische Wilhelms-Universität
Münster
Domplatz 23
D-48143 Münster
Deutschland

PESCHEL O. (1860a): Eine neue Lehre über die Schöpfungsgeschichte der organischen Welt. — Das Ausland Nr. 5 vom 29. Januar 1860, 97-101 und Nr. 6 vom 5. Februar 1860, 135-140.

PESCHEL O. (1860b): Rückblick auf die jüngste Vergangenheit. — Das Ausland Nr. 5 vom 29. Januar 1860, 97-101 und Nr. 6 vom 5. Februar 1860, 135-140.

PREYER W. (1869): Der Kampf um das Dasein. Ein populärer Vortrag. — E. Weber's Buchhandl., Bonn.

PREYER W. (1880): Die Concurrenz in der Natur. Naturwissenschaftliche Thatsachen und Probleme. Populäre Vorträge. — Gebrüder Paetel, Berlin.

QUERNER H. (1975): DARWINS Deszendenz- und Selektionslehre auf den deutschen Naturforscher-Versammlungen. — In: MOTHES K. & J.H. SCHARF (Hrsg.): Beiträge zur Geschichte der Naturwissenschaften und der Medizin (FS Georg Uschmann). Acta Historica Leopoldina **9**: 439-456.

RICHARDS E. (1983): DARWIN and the descent of women. — In: OLDROYD D. & I. LANGHAM (Eds.): The wider domain of evolutionary thought. D. Reidel, Dordrecht, 57-111.

RICHARDS R.J. (1987): DARWIN and the emergence of evolutionary theories of mind and behavior. — Univ. Chicago Press, Chicago, London.

ROSENBERG H. (1976): Große Depression und Bismarckzeit. Wirtschaftsablauf, Gesellschaft und Politik in Mitteleuropa. — Ullstein, Frankfurt/M., Berlin, Wien.

SCHÄFFLE A.E.Fr. (1875): Bau und Leben des socialen Körpers. Encyclopädischer Entwurf einer realen Anatomie, Physiologie und Psychologie der menschlichen Gesellschaft mit besonderer Rücksicht auf die Volkswirthschaft als socialen Stoffwechsel. — H. Laupp, Tübingen.

SCHÄFFLE A.E.Fr. (1879/1885): Darwinismus und Socialwissenschaft. — In: Gesammelte Aufsätze. Erster Band. H. Laupp, Tübingen, 1-36.

SCHMIDT O. (1878): Darwinismus und Socialdemokratie. Ein Vortrag, gehalten bei der 51. Versammlung deutscher Naturforscher und Aerzte in Cassel. — E. Strauß, Bonn.

SCHUNGEL W. (1980): Alexander TILLE (1866-1912) Leben und Ideen eines Sozialdarwinisten. — Matthiesen Verl., Husum.

SHEEHAN J.J. (1983): Der deutsche Liberalismus. Von den Anfängen im 18. Jahrhundert bis zum Ersten Weltkrieg, 1770- 1914. — C.H. Beck, München.

STEINBERG H.-J. (1979): Sozialismus und deutsche Sozialdemokratie. Zur Ideologie der Partei vor dem 1. Weltkrieg, 5. erweiterte Aufl. — J.H.W. Dietz Nachfolger, Berlin, Bonn.

Stenographische Berichte über die Verhandlungen der durch die Allerhöchste Verordnung vom 2. November 1882 einberufenen beiden Häuser des Landtages. Haus der Abgeordneten. Zweiter Band. Berlin 1883.

STRAUß D.F. (1872/1875): Der alte und der neue Glaube. Ein Bekenntniß, 8. Stereotyp-Aufl. 1875. — E. Strauß, Bonn.

TEWSADE G. & G. FESSER (1892): Friedrich Albert LANGE. — Philosophenlexikon. Dietz, Berlin/DDR, 523-526.

TILLE A. (1893): Volksdienst. Von einem Sozialaristokraten. — Wiener'sche Verlagsbuchhandl., Berlin, Leipzig.

TILLE A. (1895): Von DARWIN bis NIETZSCHE. Ein Buch Entwicklungsethik. — C.G. Naumann, Leipzig.

USCHMANN G. (1983): Ernst HAECKEL. Eine Biographie in Briefen. — Urania, Leipzig, Jena, Berlin.

VIRCHOW R. (1877/1922): Die Freiheit der Wissenschaft im modernen Staatsleben. — In: SUDHOFF K. (Hrsg.) (1922): Rudolf VIRCHOW und die deutschen Naturforscherversammlungen. Akad. Verlagsanstalt, Leipzig, 183-212.

WALLACE A.R. (1894a): Menschliche Auslese. — Die Zukunft **8**: 10-24.

WALLACE A.R. (1894b): Menschheitfortschritt. — Die Zukunft **8**: 144-158.

WEBER M. (1895/1988): Der Nationalstaat und die Volkswirtschaftspolitik. — In: WINCKELMANN J (Hrsg.) (1988): Gesammelte politische Schriften, 5. Aufl. J.C.B. Mohr (P. Siebeck), Tübingen, 1-25.

WEHLER H.-U. (1995): Deutsche Gesellschaftsgeschichte. Dritter Band: Von der „Deutschen Doppelrevolution" bis zum Beginn des Ersten Weltkrieges 1849-1914. — C.H. Beck, München.

WEINGART P., KROLL J. & K. BAYERTZ (1988): Rasse, Blut und Gene. Geschichte der Eugenik und Rassenhygiene in Deutschland. — Suhrkamp, Frankfurt/M.

YOUNG R.M. (1985a): DARWIN'S metaphor. — Cambridge Univ. Press, New York.

YOUNG R.M. (1985b): Darwinism is social. — In: KOHN D. (Ed.): The Darwinian heritage. Princeton Univ. Press, Princeton, 609-638.

ZIEGLER H.-E. (1903): Einleitung zu dem Sammelwerke Natur und Staat, Beiträge zur naturwissenschaftlichen Gesellschaftslehre. — In: MATZAT H.: Philosophie der Anpassung (Natur und Staat, Beiträge zur naturwissenschaftlichen Gesellschaftslehre Bd. **1**). G. Fischer, Jena, 1-24.

ZIEGLER Th. (1899): Die geistigen und socialen Strömungen des neunzehnten Jahrhunderts. — G. Bondi, Berlin.

ZMARZLIK H.-G. (1963): Der Sozialdarwinismus in Deutschland als geschichtliches Problem. — Vierteljahreshefte Zeitgesch. **11**: 246-273.

Monismus um 1900 – Wissenschaftspraxis oder Weltanschauung?

O. BREIDBACH

Abstract

Monism around 1900 – Science or Weltanschauung?

In the last decades of the 19th century scientists like the neurologist Auguste FOREL, the biologist Ernst HAECKEL or the chemist Wilhelm OSTWALD, on the basis of consequences derived in their particular scientific disciplines, encompassed problems formerly discussed in the context of philosophy of nature. Their approaches were not consistent but suffered from different perspectives and different methodologies. They only agreed in their attempts to base any reasoning on the results of modern analytical sciences. Their endeavour was labelled 'Monism'. As such, it became highly influential to the popularization of science around 1900. Thereby, the advocates of this kind of Monism did not restrict themselves to scientific discussions but aimed at a reform of aesthetics, morals, politics, and – in case of HAECKEL – even religion.

The present account describes the structure of arguments in the Monistic concepts of FOREL, HAECKEL and OSTWALD. It shows how far they clinged to the specific methodological attitudes of their disciplines. The question is, whether the concept of Monism, inspite of its heterogeneity affected conceptual developments in science.

1 Naturwissenschaft und Philosophie um 1900

Um 1900 schien zumindest für einen Gutteil der mit Naturwissenschaften und Technik Vertrauten die Natur und damit auch die Natur des Menschen und die Natur der menschlichen Kulturleistungen naturwissenschaftlich begreifbar. Die Naturwissenschaften schienen die Formeln zu bergen, über die die Fragen, welche die Philosophen um 1800 formuliert, aber im Laufe des 19. Jahrhunderts anscheinend nicht beantwortet hatten, nun ihre Lösungen fanden. Die Naturwissenschaften schufen dabei aber mehr als bloß einen analytischen Rahmen. In den ihnen verfügbaren Techniken wurde zugleich auch die Natur umfassend neu geformt. Die Kultur der Technik siegte über das Wilde; zumindest erschien

Stapfia 56,
zugleich Kataloge des OÖ. Landesmuseums, Neue Folge Nr. 131 (1998), 289-316

dies denjenigen so, die, gleich Autoren wie Jules VERNE oder – in den entsprechenden Passagen – auch Karl MAY, die neuen Industrielandschaften, die Bohrfelder, aber auch Ozeanriesen und Maschinenparks der Fabriken als Resultate der Beherrschung von Natur definierten (POSTMA 1974). Das, was der Landschaftsgärtner im 18. Jahrhundert noch mit den Mitteln des Natürlichen zu bewerkstelligen suchte, die Zähmung der Natur, wurde in der neuen Technik nicht nur in der Größenordnung, sondern auch in der Qualität überboten: Der Chemie war es nicht mehr nur möglich, Substanzen zu isolieren; sie erlaubte es auch, neue Substanzen zu synthetisieren. Derartige „Synthesen" erschlossen und erweiterten das Tableau der Elemente und zeigten die Natur insoweit in der Kultur der Technik gefaßt oder besser in der Kultur dieser Technik vollendet. Die Naturwissenschaften schienen denn auch mehr als nur eine Verfügbarkeit alles Naturalen zu garantieren.

Phileas FOGG, der Held von Jules VERNE, der die Welt, ausgerüstet mit Fahrplan und Repetieruhr, im Takt eines mechanischen Uhrwerks umrundete, war für das beginnende 20. Jahrhundert schon überholt (RAYMOND 1974, 1980). Es galt nicht mehr, die Technik gegen die Natur zu stellen, die Natur selbst war vielmehr im Rahmen der methodischen Möglichkeiten der Naturwissenschaften einzuholen. Natur ist für diese Wissenschaften das ihnen technisch Verfügbare. Nur das der Analyse (die dann zu technischen Anweisungen führt), das dem Methodenspektrum der Disziplinen Einsichtige ist Natur, und nur diese Natur wird behandelt: Der Wiener Physiologe S. EXNER veröffentlichte 1894 seine physiologischen Erklärungen psychischer Erscheinungen (EXNER 1894). Der spanische Neuroanatom S. RAMÓN Y CAJAL entwarf 1906 die Grundzüge einer Neurobiologie des Ästhetischen (RAMÓN Y CAJAL 1906): Auch der Mensch mit seinen Denkprozessen, seinen Urteilen und seinem Willen schien einer naturwissenschaftlichen Analyse verfügbar (vgl. BREIDBACH 1997c). TITCHENERS Schematismus der Strukturierung des psychischen Handlungsraumes, der eine Art Feinkartierung der psychischen Akte offerierte, korrespondiert direkt mit den Versuchen der Neurophysiologen, den Hirnbinnenraum entsprechend seinen Leistungen zu fraktionieren (TITCHENER 1889). Die Kriminalistik versuchte, in den Merkmalstafeln LOMBROSOS, der eine Physiognomie psychischer Typen erstellte, das Abnorme en face zu ordnen (STRASSER 1994). Selbst fremde Völker schienen hiernach klassifizierbar. So veröffentlichte der brasilianische Lombrosoadept N. RODRIGUES 1894 eine Studie über „As Raças Humanas e a Responsabilidade Penal no Brasil", die den Typus des Indianers entsprechend der Kriminaltypologie des Anthropologen C. LOMBROSO ortete. Die Natur – auch des Menschen – war klassifizierbar. Ihre Detaillierungen schienen damit verfügbar, über die Technik war die Natur der Kultur verfügbar.

War in den Naturwissenschaften, die in der Physik die Struktur der Elemente, in der Chemie die Komposition der Materie umrissen hatten, und die in der Mathematik mit der Entwicklung der Geometrie auch den Anschauungsraum des Menschen als einen Spezialfall naturwissenschaftlich abzufassender Darstellungen der Organisation relationaler Charakteristika abhandelten, damit der Erklärungsgrund für das All gefunden? Schon 1874 hatte der Psychologe WUNDT seine Psychologie auf die Physiologie rückverwiesen und in seiner physiologischen Psychologie eine Neurophilosophie, allerdings eben alten Zuschnitts, vorgelegt (WUNDT 1874). Die weitere Systematisierung seines Wissens führte letzthin auch die Logik und damit unser Ordnungs– und Orientierungsvermögen insgesamt auf physiologisch nachzuzeichnende Reaktionsbedingungen zurück.

Bei diesen Ausblicken wurde innerhalb der Naturwissenschaften ein philosophisch-spekulatives Welterklärungsprogramm ebenso wie die theologisch-religiöse Dimension der Welterklärung obsolet. Die berühmte Ignorabimusrede von DU BOIS-REYMOND, in der er die Grenzen des Naturerkennens auswies und zugleich den Anspruch der Naturwissenschaft auf einen alleinigen Erkenntnisanspruch von Natur festzuschreiben suchte, erklärte diesen Anspruch unter dem Mantel vorsichtiger Skepsis und entwarf dabei zugleich das Gegenprogramm naturwissenschaftlich gesicherten Wissens, ein sich in mathematischen Strukturen explizierendes Aussagengefüge der

Experimentalwissenschaften (DU BOIS-REYMOND 1872). Das in dieser Form nicht ausdrückbare Wissen sei nur mehr vorläufiges Kondensat einer Weltanschauung, die erst überführt in das naturwissenschaftliche Aussagengefüge sicher und damit orientierungsgebend sei. Es wundert unter diesen Prämissen wenig, wenn der Neuroanatom Paul FLECHSIG dem preußischen König in seiner Antrittsrede bei Übernahme des Rektorates der Universität Leipzig versicherte, daß das Nervensystem aristokratisch strukturiert sei und somit denn auch die Herrschaftsstrukturen Preußens ihre neurowissenschaftliche Fundierung fänden (FLECHSIG 1896).

Es blieb nun aber nicht bei diesen Versuchen einer jeweiligen bloßen Rückbindung von Einzelaussagen zur Weltorientierung in das Gefüge der Naturwissenschaften. Nicht der Polyglotte, der – um wieder Jules VERNES Personenkreis zu bemühen – gleich dem Geologen LINDENBROOK als eine lebende Enzyklopädie naturwissenschaftlichen Wissens ein umfassendes Expertensystem zur Lösung jedweder Frage offerierte (VERNE 1864), war das Ideal solcher Naturwissenschaft. Nicht die Vielfalt des Wissens, sondern die auf wenige, möglichst auf ein Prinzip reduzierte Beschreibung von Naturprozessen war Ziel ihres Unterfangens. So konnte denn etwa der Physiologe W. HIS 1874 die Entwicklungsprozesse verschiedener Organismentypen allein dadurch parallelisieren, daß er auf eine minutiöse Darstellung der Gewebebesonderheiten verzichtete und an den verschiedenen Formtypen nur bestimmte Meßdaten abnahm: Er studierte die relative Bewegung verschiedener Gewebebereiche zueinander, trug die gewonnenen Daten in ein Diagramm ein und gewann so Kurven, die er gegeneinander setzen konnte (HIS 1874: Fig. 116; vgl. BREIDBACH 1997a). Das Prinzip, nicht der minutiöse Ablauf, war von Interesse. Die analytischen Naturwissenschaften schienen in der Lage, solche Prinzipien zu destillieren. Nicht die lexikalische Erfassung der Vielfalt von Daten, sondern die durch das Experiment geleitete Strukturierung von Daten wurde Ziel dieser Wissenschaften. Insoweit formuliert denn DU BOIS-REYMOND auch, daß die Naturwissenschaft erst in ihrer mathematischen Darstellung vollendet sei (WOLLGAST 1974).

2 Monismus um 1900

Um 1900 gewann unter dem Label „Monismus" ein Ansatz Konturen, der in seinem Erklärungsanspruch über die einzelnen Forschungsdisziplinen hinausgriff (Abb. 2).

Abb. 1: Darstellung Ernst HAECKELS als Aufklärer aus „Lustige Blätter" (1900).

Nur konsequent wurde der in den Disziplinen implizit benannte Anspruch hier ausformuliert. Es gelte nicht, den Erklärungsanspruch der Einzeldisziplinen sukzessive auszudehnen und somit im Vollzug der Wissenschaftsentwicklung den Anspruch auf eine Welterklärung implizit zu formulieren. Es gelte vielmehr, auch die Konsequenz dieses Ansatzes zu fassen und damit nicht mehr bloß einzelne Versuche zur Ausweitung naturwissenschaftlicher Erklärungsansätze fortzuschreiben, sondern vielmehr die hier jeweils leitende Frage, die naturwissenschaftlichen Denkmuster und die in diesen gewonnenen Aussagenzusammenhänge zur Grundlage einer umfassenden Weltanschauung zu nehmen. In Rede stand damit ein umfassender Erklärungsanspruch, der sich daheraus begründete, daß in den Einzelwissenschaften das Ganze der Natur und damit eben alles aufschiene. In ihnen würde die Natur erklärt. Ließ sich dann insoweit die Natur in ihrer Totalität gerade unter strikter Anwendung der einzelwissenschaftlichen Methodik begreifen? Es ging um die Lösung der Welträtsel. Es galt, in den monistischen Entwürfen auszuprobieren, wieweit das Programm die experimentelle Analyse trug, die SCHLEIDEN schon 1844 explizit gegen die deduktiv ansetzende Philosophie gesetzt hatte (BREIDBACH 1988): Die Gegenwelt der Naturwissenschaften zur Philosophie sollte sich – dessen Programm zufolge – im Fortschritt der einzelwissenschaftlichen Erkenntnis selbst als die umfassende Weltsicht einholen. Das Miteinander zweier Welten, der der Philosophie und der der Experimentalwissenschaften, war damit von vornherein als Gegeneinander ausgelegt. Programm der Naturwissenschaften war, die Welt der Philosophen einzuholen. Sollte diese, die doch einem Gehirn entsprang, demnach nicht ihrerseits als naturwissenschaftlich beschreibbare Reaktion des Genus humanum ableitbar sein und wäre damit nicht im Programm des Monismus die philosophische Position dann eben naturwissenschaftlich einzuholen?

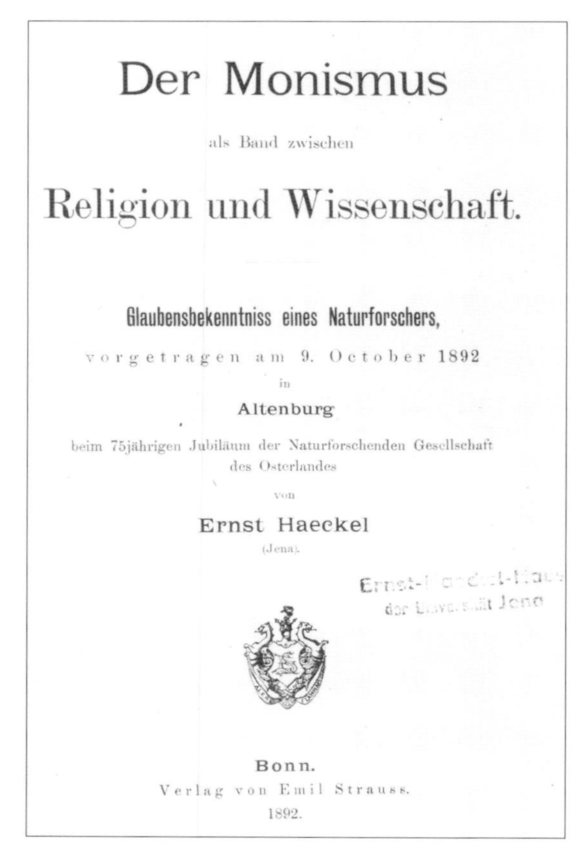
Der Monismus

als Band zwischen

Religion und Wissenschaft.

Glaubensbekenntniss eines Naturforschers,

vorgetragen am 9. October 1892

in

Altenburg

beim 75jährigen Jubiläum der Naturforschenden Gesellschaft des Osterlandes

von

Ernst Haeckel

(Jena).

Bonn.

Verlag von Emil Strauss.

1892.

Abb. 2:
Titelblatt der Schrift „Der Monismus als Band zwischen Religion und Wissenschaft" von 1892.

In den 80er Jahren befand sich das Riesenballett „Excelsior" mit einer Mannschaft von 400 Personen, davon allein 200 Tänzerinnen, auf einer höchst erfolgreichen Welttournee. Selbst aus Rio de Janeiro berichtet der brasilianische Journalist Carl von KOSERITZ von dem Erfolg dieses Ensembles der italienischen Oper. Das Motiv des Balletts war nichts anderes als der Kampf der Dunkelheit gegen das Licht: „... die Dunkelheit (der Obskurantismus) wird durch einen Ritter aus dem Mittelalter vorgestellt, das Licht durch den Genius des Fortschritts. Beim Beginn des Balles liegt der Genius des Fortschritts gefesselt zu Füssen des Obskurantismus; die Inquisition blüht und Elend und Verkommenheit herrschen auf der Welt. Da beginnt der Kampf, der Genius befreit sich von den Fesseln und steht in blendender Schönheit, von elektrischem (!) Lichte übergossen. Auf einen Wink von ihm eröffnet sich der Hintergrund und der Tempel des Genius und der Wissenschaft erscheint; Licht und Civilisation reichen sich die Hand und zahllose Genien umschweben sie im Tanze" (KOSERITZ 1885). Unnötig zu bemerken, daß Wissenschaft hier synonym ist mit science, und damit insbesondere mit Naturwissenschaften und Technik.

Wie war aber eine derartige Wissenschaft zu fassen? Die Naturwissenschaft als solche wurde nicht gelehrt. Die Vertreter der Naturwissenschaften waren die jeweiligen Vertreter ihrer Disziplinen. Nun wäre es denkbar, in Folge der DARWINschen Theorie, den Entwicklungsgedanken als grundlegendes Motiv der Natur anzusetzen, die Natur als Evolutionsprodukt zu begreifen und – dies zeigt schon die Beschreibung des Ballettes „Excelsior" – auch die Geschichte als – evolutiven – Kampf der Formen zu begreifen. Solch ein Bild entwarf denn auch Ernst HAECKEL in seinen „Welträthseln" (1899; Abb. 3, 4). Resultat eines derartigen Ansatzes wäre eine Biologisierung auch der Kultur.

Die Biologie ist aber nur eine Disziplin der Naturwissenschaften. Wäre das Resultat dieser Entwicklung, der Mensch und damit etwa auch sein Gehirn, andererseits nicht auch als chemisches Gebilde zu beschreiben und demnach die Welterklärung letztlich chemisch anzusetzen; oder wäre gar noch einen Schritt weiterzugehen und die Erklärungsmuster der Chemie physikalisch einzuholen? Die Physik hinwiederum kennt nicht die Formvielfalt des Biologen, sie weiß auch nicht um die Stufungen einer Evolution.

Stehen diese Erklärungsansätze demnach nebeneinander, oder gibt es ein Programm einer wechselseitigen Überführung derartiger Ansätze? Im ersten Schritt zumindest entstand hier ein Amalgam von Weltanschauungen. Und genau dieses Amalgam formierte sich um 1900 nicht nur programmatisch, sondern auch organisatorisch im Deutschen Monistenbund, der am 11. Januar 1906 im Zoologischen Institut der Universität Jena unter anderen von dem Theologen Albert Kalthoff (1850-1906) und dem Biologen Ernst Haeckel (1834-1919) gegründet wurde (vgl. Mattern 1983; Drehsen & Zander 1996).[1]

In diesem Monistenbund organisierten sich in ihren Einzelaussagen vergleichsweise heterogen ansetzende Naturwissenschaftler, die aber in ihrem Grundanliegen, eine umfassende Weltanschauung auf naturwissenschaftlicher Basis zu entwickeln, übereinstimmten.[2] Der Neurologe Auguste Henri Forel (1848-1931) (Abb. 11), der Nobelpreisträger für Chemie Friedrich Wilhelm Ostwald (1853-1932) (Abb. 9, 10) und Ernst Heinrich Philipp August Haeckel (1834-1919) (Abb. 1, 7, 8) gehörten zu den prominenten Naturwissenschaftlern, die im ersten Jahrzehnt des zwanzigsten Jahrhunderts mit diesem Verbund assoziiert waren.

Sie einte das prinzipielle Anliegen, das mit dem Label Monismus zu kennzeichnen ist. Philosophiegeschichtlich reklamiert dieser Begriff eine weit zurückgreifende, aber keineswegs einheitliche Linie. Der Schulphilosoph Christian Wolff hatte Monisten diejenigen genannt, die nur eine Grundsubstanz annahmen. Damit umfaßt dieses Label unterschiedliche Ansätze wie den Pantheismus Spinozas, aber auch strikt materialistische oder strikt idealistische Ansätze. In diesem vergleichsweise heterogenen und keineswegs klar umrissenen Pool möglicher Protagonisten monistischer Programme suchten sich denn auch Monisten wie Haeckel zu orten und historisch zu positionieren (Klinke 1911; Hillermann 1975). Es ist dabei allerdings festzuhalten, daß auch die auf der Naturwissenschaft fußenden Theorieansätze der Vertreter des Monistenbundes insoweit auf eine philosophische Problemstellung rückverweisen und sich auch ihrerseits philosophiehistorisch einzuordnen suchen. Ihre Ablehnung von Philosophie – und das gilt auch für Ostwald und Forel – richtete sich damit nicht generell gegen philosophische Problemstellungen. Wie Haeckel und Ostwald explizit ausführten war diese gegen den Ansatz einer idealistischen Naturphilosophie gerichtet, d. h. also gegen das – kontrovers zu den analytischen Naturwissenschaften stehende – spekulative Unternehmen zur Ordnung des Wissens, das sowohl Ostwald wie auch Haeckel auch nach 1850 als wissenschaftspolitisch keineswegs unbedeutendes Konzept von Naturforschung erlebt hatten. Eine eigentliche Auseinandersetzung mit dem dort vertretenen Ansatz findet bei ihnen allerdings nicht statt. Sowohl Haeckel wie Ostwald verweisen auf die Ablehnung solcher Naturphilosophie durch die Protagonisten einer analytischen Naturforschung und sehen – ganz in der Argumentationslinie Schleidens – im praktischen Erfolg ihrer (Haeckels und Ostwalds) Disziplinen das vormalige Gegenkonzept mit der Jahrhundertwende um 1900 als gänzlich erledigt an.

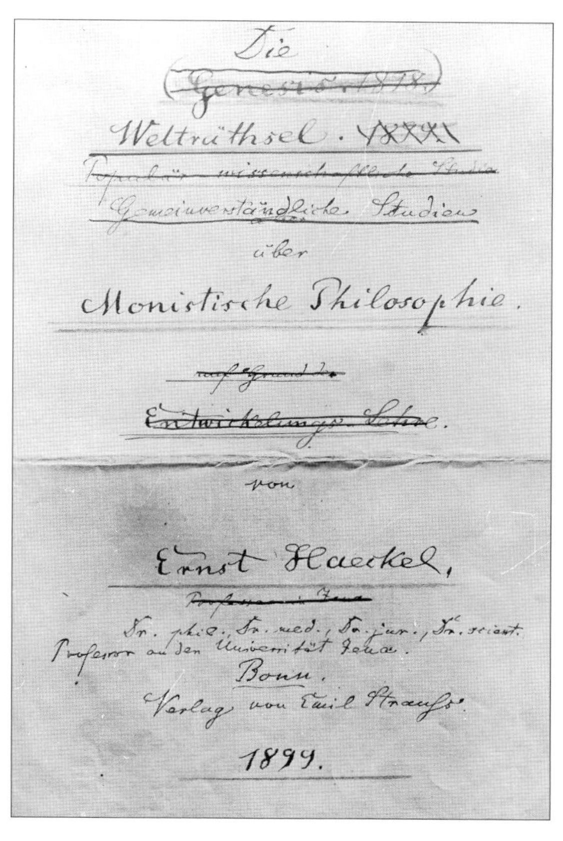

Die

Welträthsel.

Gemeinverständliche Studien

über

Monistische Philosophie.

von

Ernst Haeckel,

Dr. phil., Dr. med., Dr. jur., Dr. scient.

Professor an der Universität Jena.

Bonn.

Verlag von Emil Strauß.

1899.

Abb. 3:
Titelentwurf der „Welträthsel" von Ernst Haeckel.

In ihren Einzelaussagen blieben die im Monistenbund versammelten Forscher dabei allerdings verschieden (Niewöhner 1980). Einigend war – wie beschrieben – das Bestreben, einen umfassenden Ansatz zur Weltorientierung aus den Forschungsergebnissen und den Problemansätzen der seinerzeitigen Naturwissenschaften zu gewinnen. Dabei ergibt sich die Frage, ob und wenn ja inwieweit dann auch die etwaigen von den Forschern vertretenen Disziplinen eine jeweils spezifische Konturierung des Problemstandes bedingten. Zu beantworten ist dabei auch, ob und wenn ja inwieweit die damit gewonnene Grundorientierung ihrerseits wieder auf die Forschungsprogramme der jeweiligen Protagonisten rückwirkte.

Besonders interessant ist, daß hier ein theoretischer Ansatz formuliert wurde, der die noch Mitte des 19. Jahrhunderts von den analytischen Naturwissenschaften für unsinnig erklärten Problemstellungen der Philosophen nun aus diesen Einzelwissenschaften selbst zu formulieren versuchte. Bedeutsam für die Umsetzung des monistischen Programmes waren dabei insbesondere die seinerzeitigen Ergebnisse der Evolutionsforschung und des

Bereiches, den wir heute mit dem Term Kognitionswissenschaften umgrenzen. Dabei wurden auch innerhalb verschiedener Wissenschaftsdisziplinen wie der Psychologie und der Pädagogik grundlegende Konzepte der bio- und neurowissenschaftlichen Diskussion aufgenommen und – wie etwa in dem im Anschluß an HAECKELS biogenetisches Grundgesetz formulierten psychogenetischen Grundgesetz (RINARD 1981; CLAUSBERG 1997) – auch von Forschern anderer Fachrichtungen in diziplinrelevanten Forschungskonzeptionen umgesetzt. Aber auch im sozialwissenschaftlichen Umfeld wurden diese Konzeptionen rezipiert und, etwa durch FOREL, auch seitens der mit einem monistischen Ansatz arbeitenden Naturforscher propagiert.

Der Ansatz der jeweiligen Entwürfe und auch die Intentionen des Monistenbundes zielten nun allerdings keineswegs auf eine bloß innerwissenschaftliche Argumentation. Selbstgesetzte Aufgabe war vielmehr, eine umfassende soziale und politische Reorientierung zu initiieren (OSTWALD 1911-1917). These war, daß aus dem Ergebnisstand der Naturwissenschaften nicht nur Aussagen über die jeweiligen Disziplinen und damit von Wissenschaftspraktiken zu gewinnen und gesellschaftspolitisch zu vertreten waren. Formuliert wurden vielmehr auch – und gerade – sozialpolitische und weltanschauliche Konsequenzen, die explizit eine neue Wertorientierung der Gesellschaft ermöglichen, fundamentieren und kanalisieren sollten.

Die benannten Protagonisten bleiben dabei keineswegs bei der Formulierung moralischer Maximen stehen. Ihr Engagement für einen Monismus verband sich mit dem Versuch, derartige Maximen sozialpolitisch umzusetzen. So entwickelte FOREL aus seiner Konzeption direkte Forderungen zur Sozialhygiene und Eugenik. Sein seinerzeitiger Bestseller, „Die sexuelle Frage", schließt denn etwa mit den – in ihrer rassistischen Komponente hier nicht weiter kommentierten – Sätzen: „Schliesslich müssen wir zwischen einer pessimistisch-fatalistischen Ergebung in den Verfall unserer Rasse (wohl zugunsten der Mongolen) und einer unverzüglichen, frischen, tätigen und kräftigen Zucht derselben zu neuer Blüte wählen. Wer für letztere sich entscheidet, muss sich mit der sexuellen Frage befassen und sowohl dem Alkoholgenuss wie der Kapitalherrschaft und den Vorurteilen im allgemeinen schlankweg den Krieg erklären, in deren Netze wir schmachten und in deren Illusionen wir uns zugleich in blindem Vertrauen wiegen. (... Wir sollten nicht warten, um uns aufzuraffen, bis 450 Millionen Gelbe gut bewaffnet, völlig zivilisiert und mit grossen, klugen Gehirnen versehen, uns überlegen gegenüberstehen)" (FOREL 1907: 577).

Ein derartiges Amalgam von Analyse und politischer Perspektive, ein Vermengen von wissenschaftlichen Argumentationslinien – der Kontext einer Vererbungslehre – und einer in der Zeit stehenden Auffassung des von der Einzelwissenschaft selbst nicht begriffenen Umfeldes, die beide jeweils mit dem Repertoire der naturwissenschaftlichen – hier physiologisch/neurologischen – Disziplin operieren, ist charakteristisch für die Argumentationsmuster dieser Schrift FORELS. Die Naturwissenschaften stellen die zumindest verdeckt mitgeschleifte Basis solcher Argumentationen. Im Kontext einer Schrift, die Abstammungsfragen erörtert und die Einzelfragen mit der Autorität des Naturwissenschaftlers beantwortet, wirkt letztendlich auch das über die Aussagen des Wissenschaftlers Hinausgehende als im Geist einer Naturwissenschaft formuliert. Ähnliches findet sich auch in den entsprechenden Werken HAECKELS und – in

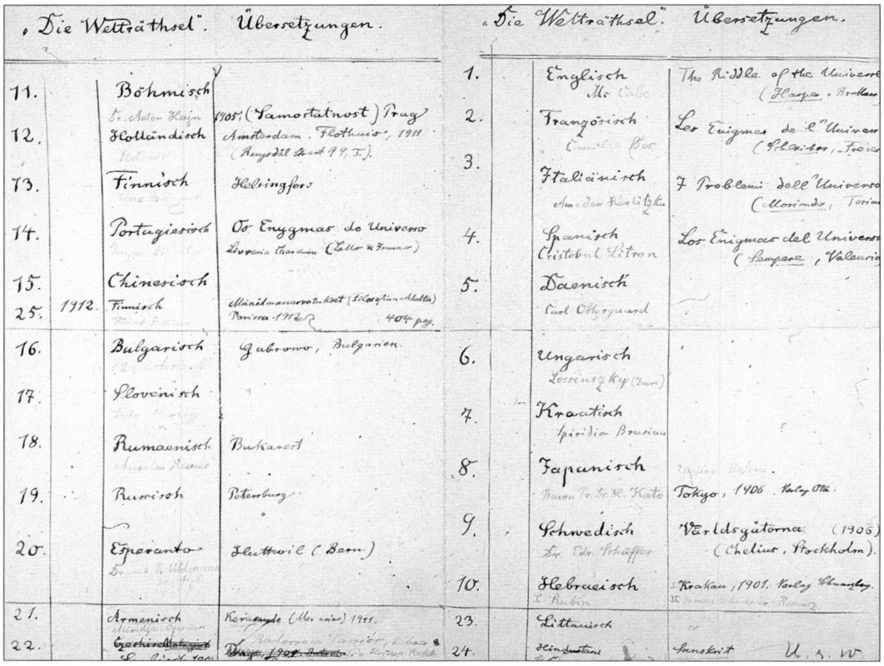
„Die Welträthsel". Übersetzungen.

1.	Englisch	The Riddle of the Universe
2.	Französisch	Les Enigmes de l'Univers
3.	Italiänisch	I Problemi dell'Universo
4.	Spanisch	Los Enigmas del Universo
5.	Daenisch	
6.	Ungarisch	
7.	Kroatisch	
8.	Japanisch	Tokyo, 1906
9.	Schwedisch	Världsgåtorna (1906) (Chelius, Stockholm).
10.	Hebraeisch	Krakau, 1901.
11.	Böhmisch	1905. (Samostatnost) Prag
12.	Holländisch	Amsterdam. Flothuis, 1911
13.	Finnisch	Helsingfors
14.	Portugiesisch	Os Enygmas do Universo
15.	Chinesisch	
25. 1912.	Finnisch	Porissa 1912 404 pag.
16.	Bulgarisch	Gabrowo, Bulgarien
17.	Slovenisch	
18.	Rumaenisch	Bukarest
19.	Russisch	Petersburg
20.	Esperanto	
21.	Armenisch	1911.
22.		
23.	Littauisch	
24.	Hindustani	Sanskrit u. s. w.

Abb. 4:
Handschriftliche Aufstellung der Übersetzungen der „Welträthsel" von Ernst HAECKEL.

Grenzen – auch bei OSTWALD. FOREL publizierte in dieser Linie auch direkt programmatische Schriften über „Die Errichtung von Trinkerasylen und deren Einfügung in die Gesetzgebung“ (1892a) und etwa „Zur Frage der staatlichen Regulierung der Prostitution“ (1892b).

Entsprechende Diskussionsschichtungen sind um 1900 keineswegs isolierte Phänomene, vielmehr läßt sich in diesem Zeitraum eine auf breiter Front ansetzende Diskussion um die Naturalisierung des Bereichs der Humanities rekonstruieren. Zwar lehnt etwa Houston Stewart CHAMBERLAIN in seinen „Grundlagen des 19. Jahrhunderts“ eine verengende Charakterisierung des 19. Jahrhunderts als eines „Jahrhundert der Naturwissenschaft“ mit Blick auf die Leistungen der neuzeitlichen Wissenschaften insgesamt ab, aber nur um zu konstatieren: „Besser wäre jedenfalls der allgemein gehaltene Name: Jahrhundert der Wissenschaft, worunter man zu verstehen hätte, dass der Geist exakter Forschung, von Roger BACON zuerst kategorisch gefordert, nunmehr alle Disziplinen unterjocht hat“ (CHAMBERLAIN 1909: 31). So suchten etwa auch Kunstgeschichtler im Umfeld des Physiologen Sigmund EXNER eine physiologische Fundierung ihres Faches zu gewinnen (BREIDBACH 1997b).

Bedeutsam am Programm des Monistenbundes ist gegenüber dieser insgesamt aufzuweisenden Tendenz, daß explizit Versuche zu einer umfassenden Kultursynthese vorgelegt wurden. Die Popularität einzelner Protagonisten dieser Weltanschauung bedingte einen weit über die jeweiligen von den Forschern vertretenen Einzelwissenschaften hinausgehenden Einfluß ihrer Konzeptionen, wie er sich etwa im Falle von Ernst HAECKEL in ersten Konturen nachzeichnen läßt. In seinem Falle blieb es dabei nicht nur bei der umfassenden Resonanz seiner eigenen Schriften, insbesondere der „Welträthsel“ und der „Lebenswunder“.[3] Besondere Bedeutung gewann auch die mittelbare Rezeption des HAECKELschen Gedankengutes, wie es etwa durch Wilhelm BÖLSCHE (1861-1939) publizistisch umgesetzt wurde: BÖLSCHE wirkte durch

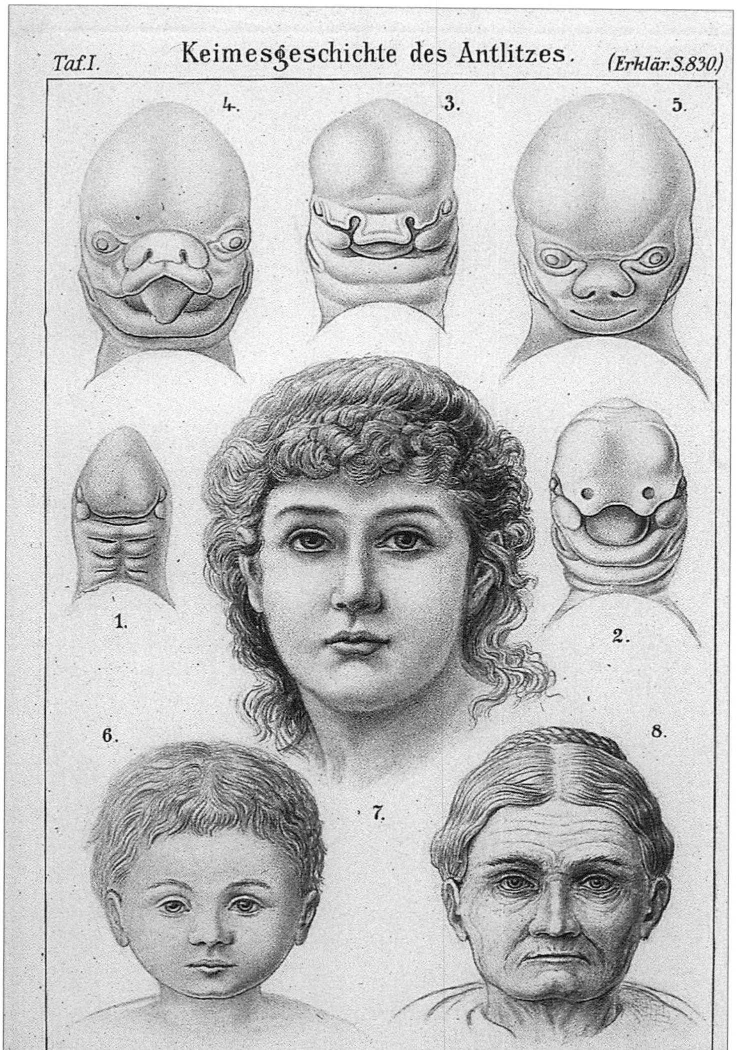

Abb. 5:
Tafel zur Entwicklung (Ontogenese) des Menschen aus der 4. Auflage von Ernst HAECKELS „Anthropogenie“ (1891).

eine breite Folge von Schriften, die in einem Falle sogar 127 (sic!) Auflagen erreichte, bis über die Mitte des 20. Jahrhunderts auf sein Publikum, das dadurch den HAECKELschen Denkansatz in populär aufgearbeiteter, schon verbindlich erscheinender Form präsentiert bekam.[4]

3 Naturphilosophie und Monismus

Am Ende des 19. Jahrhunderts stand die philosophisch-religiöse Analyse in einer umfassenden Krise. Denker wie NIETZSCHE, aber auch die textkritische Marburger theologische Schule um Wilhelm HERRMANN zeigten sehr eindringlich, wie nicht nur ein Wertgefüge, sondern um die Mitte des 19. Jahrhunderts in der Wertorientierung noch so unzweifelhafte historische Sicherung traditioneller Wertpositionen hinfällig wurde (CHADWICK 1975). Parallel zu dieser innerhalb der Geisteswissenschaften selbst vollzogenen Bereinigung schien sich mit den Errungenschaften der Technik wie Elektrizität und Telegraphie, Dampfkraft und Verkehrswesen ebenso wie mit Durchsetzung einer neuen naturwissenschaftlich bestimmten Positionierung zentraler, ursprünglich den Geisteswissenschaften zugesprochener Problemlösungsansätze eine philosophische Problematisierung von Natur zu erledigen. In der Frage nach der Bewertung von Raum und Zeit, den Konsequenzen einer statistischen Mechanik, dem Problem der Konstitution der Elemente oder nach der Evolution schienen sich schon im innerwissenschaftlichen Dialog etwaige 'philosophische' Diskussion um Fragen der Konstitution von Welt zu entscheiden. Nicht die Spekulation, sondern die Analysis zeige, was der Fall ist.

Noch zu Beginn des 19. Jahrhunderts konnte sich die analytische Naturwissenschaft nur mit pragmatischem Optimismus gegenüber einer mit allumfassendem Erklärungsanspruch ansetzenden Philosophie absetzen. 1844 formuliert der Botaniker M. J. SCHLEIDEN, einer der bedeutenden Autoren der naturwissenschaftlich-analytischen Schule (er gilt als Mitbegründer der Zelltheorie in der Biologie), die Theorie der zwei Welten, der der Philosophen und der der Naturwissenschaftler, die einander nichts zu sagen hätten (SCHLEIDEN 1844). Die Naturwissenschaften begründeten sich dabei – wie schon formuliert – durch ihre Praxis, das heißt nicht unbedingt auch durch die besseren Argumente. Die Systeme des Idealismus und die daheraus gezogenen naturphilosophischen Ansätze wiesen das naturwissenschaftliche Denken demgegenüber an ein umfassendes System, gegen das sich die analytische Praxis der modernen Naturwissenschaften durchzusetzen hatte.

Entsprechend massiv reagierten in der Mitte des 19. Jahrhunderts Forscher wie LIEBIG oder HELMHOLTZ gegen eine derartig spekulativ ansetzende Theorie. Es galt für die sich nurmehr langsam konstituierenden Naturwissenschaften – in unserem Sinne –, sich gegen eine nicht allzu schwache Vaterfigur, eben die spekulative Naturphilosophie, durchzusetzen. Dies war insofern zumindest bis in die 1860er Jahre keineswegs einfach, da die Naturwissenschaften ihre eigene methodische Sicherung erst zu erarbeiten hatten. Es war auf der anderen Seite allerdings auch nicht allzu schwer, da die philosophischen Argumentationen der – um den problematischen Terminus von SCHLEIDEN hier vereinfachend zu benutzen – SCHELLINGschen Schule es sich schon in den ersten Jahrzehnten des 19. Jahrhunderts vergleichsweise einfach machten und die Realität von nicht mehr in Frage gestellten Prinzipien her deduzierten (BREIDBACH 1998b). Eine derartige Philosophie verstand sich dann auch selbst nicht mehr – wie noch SCHELLING in seinen frühen Schriften – als Wissenschaftslehre (BREIDBACH 1998c), d. h. sie scherte auch ihrerseits aus dem Dialog mit den experimentell arbeitenden Naturwissenschaften aus. Von hierher hatte es schon 1822 der in Jena lehrende, eine wissenschaftstheoretische Position vertretende Philosoph FRIES nicht allzu schwer, mit seinem gegenläufigen Postulat einer Reorientierung der Philosophie an den sich entwickelnden Naturwissenschaften, gerade bei den Protagonisten dieses Faches, Gehör zu finden (BREIDBACH 1998c). Wie problematisch die Diskussion um eine Konturierung von Naturforschung allerdings noch um 1850 war, zeigt nicht zuletzt die schon mehrfach bemühte Schrift SCHLEIDENS über das Verhältnis der

Philosophie Schellings und Hegels zu den Naturwissenschaften, aber auch dessen noch bis zum Ende der 40er Jahre philosophisch weit ausholende Einleitung zu dem seinerzeit bedeutenden Lehrbuch einer wissenschaftlichen Botanik (Breidbach 1998a).

Die Entwicklung des naturphilosophischen Denkens des 19. Jahrhunderts kann in diesem Zusammenhang aber selbst nicht Thema sein. Festzuhalten ist allerdings, daß sich spekulativ fundiertere Ansätze von Naturforschung bis über die Mitte des 19. Jahrhunderts behaupteten. Mit der endgültigen Diskreditierung derartiger Ansätze war auch eine aus dem Fach Philosophie erwachsene Naturlehre insgesamt erledigt. So wird es denn auch nicht verwundern, daß im Ende des 19. Jahrhunderts naturphilosophische Problemkomplexe von den Einzelwissenschaften nicht mehr nach außen verlagert, sondern selbst behandelt wurden. So wurden 1902 Vorlesungen über Naturphilosophie von dem Chemiker Wilhelm Ostwald publiziert. Deren Inhalt läßt sich mit Ostwalds eigenen Worten kurz zusammenfassen: „Während die Beziehung aller physikalischen Erscheinungen auf den Energiebegriff keiner besonderen Rechtfertigung mehr bedarf, ... so liegt an dem Versuch, auch die psychischen Erscheinungen dem gleichen Begriff unterzuordnen" (Ostwald 1902: VII).

Naturphilosophie hat hier nur mehr wenig gemein mit dem Entwurf einer spekulativ fundierten Naturphilosophie à la Schelling. In Ostwalds eigener Notierung besaß „Naturphilosophie" denn auch „einen üblen Klang" und zwar – wie Ostwald schreibt – eben in Folge der Entwürfe Schellings und seiner Nachfolger. An solche Naturphilosophie konnte man allenfalls – wie Ostwald mit Berufung auf Liebig schreibt – „zwei kostbare Jahre" seines Lebens „vergeuden" (Ostwald 1902: 1).

Derartig in philosophisches Terrain ausgreifende Entwürfe aus den Reihen der Naturforscher des späten 19. Jahrhunderts waren nun aber keineswegs die Ausnahme. Sie führten auch keine Randexistenz im seinerzeitigen Markt der Meinungen. Die breite Resonanz solcher aus den Naturwissenschaften erwachsenen Gegenkonzepte demonstriert sich wohl am besten an dem durchschlagenden Erfolg der „Welträthsel" des Biologen Ernst Haeckel, die 1899 erstmals erschienen, in kurzer Folge von Auflagen allein im deutschen Sprachraum in mehr als 400.000 Exemplaren publiziert und insgesamt in 27 Sprachen übersetzt wurden (Kraußе 1984). Daß derartige Konzeptionen keineswegs Episode blieben, sondern zumindest kurzfristig breit rezipiert und auch in Forderungen an die Gestaltung einer Wissenschaftskultur umschlugen, zeigt sich an der vergleichsweise umfassenden Resonanz des durch Haeckel und später auch durch Ostwald mitgetragenen Monistenbundes (Berentsen 1986; Kolkenbrock-Netz 1991; Daum 1995).

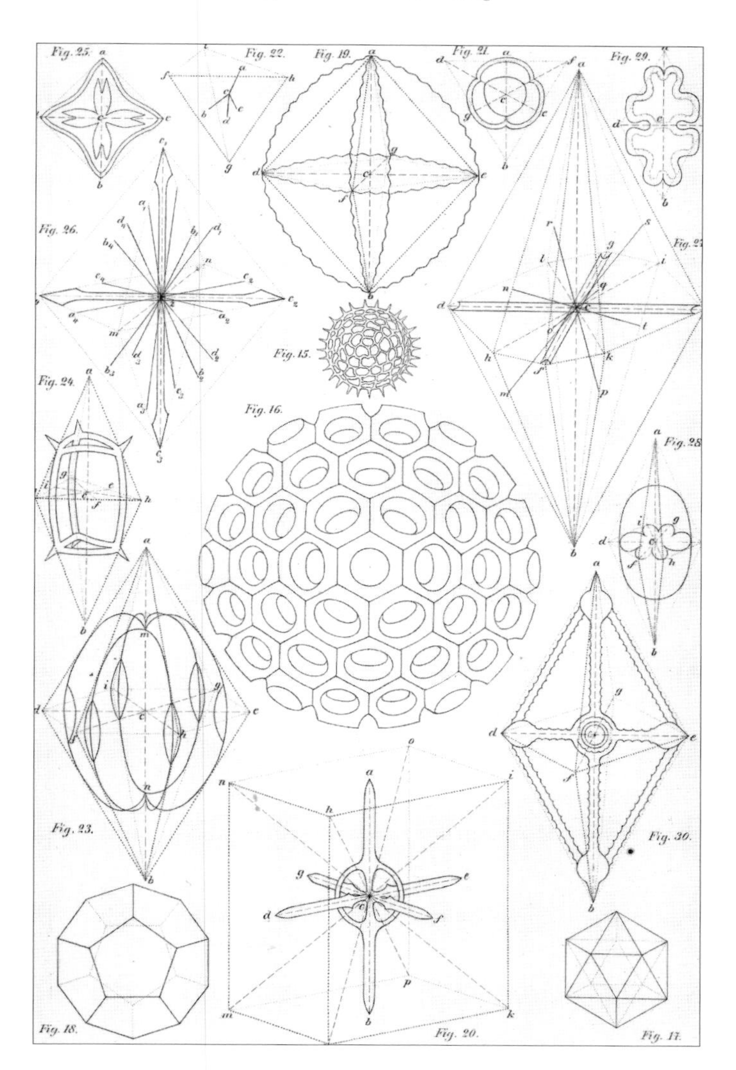

Abb. 6: Tafel II aus Haeckels „Genereller Morphologie der Organismen" von 1866, mit der Darstellung von Symmentrieachsen in organischen Strukturen.

Interessanterweise setzt demnach gegen Ende des 19. Jahrhunderts die Naturwissenschaft den Problemansatz einer Philosophie, die auf das Weltganze zielte, nun nicht außer Geltung, sondern suchte vielmehr die Fragen dieses zunächst als verloren hingestellten Denkansatzes nunmehr selbst aufzunehmen. Der Siegeszug der Naturwissenschaften hatte gegenüber einer philosophischen Weltsicht also nicht etwa eine Problemumschichtung zu Folge: Vielmehr formulierten sich auch in dieser Naturwissenschaft nur neue Antworten auf die alten Fragen. Weiterhin blieb die Natur als Ganzes thematisch. Die einzelwissenschaftliche Strukturierung des Wissensgefüges hatte demnach nicht eine Reorientierung oder etwa eine Portionierung der jeweiligen Frageansätze zur Folge. Auch in den einzelwissenschaftlich getragenen Problemstrukturierungen blieb ein Ganzes im Blick. Allerdings hatte die Perspektive für eine solche „In-Blick-Nahme" ihre Grenzen.

Wie war aus der Einzelwissenschaft und für diese das Ganze zu sichern? Für HAECKEL schien eine Antwort auf diese Frage vergleichsweise einfach. Für ihn erschloß sich in der wissenschaftlich geleiteten Anschauung, im bloßen Beobachten keine ggf. dann kritisch auseinanderzuklaubende Datenansammlung, sondern eben die sich in dieser Anschauung reproduzierende Natur selbst. Das Wahre, und damit die Lösung der alten philosophischen Probleme hätten wir demnach immer vor Augen. Es komme nunmehr allein darauf an, dieses vor Augen Seiende zu vermerken, es zu registrieren und in seiner Komplexität zu erfassen. Was HAECKEL sah, war ihm real. Seine Wissenschaft erlaubte ihm nun, dieses Reale in aller Detaillierung zu sichten, zu mikroskopieren und zu zeichnen. Das damit gefundene Abbilden der Realität war für ihn eine erschöpfende Darstellung des Realen. Konsequent wird bei ihm denn auch die Anschauung der Natur zur letzten – und höchsten – Form der Naturerkenntnis. Seine späteren, eher ästhetisierenden Naturdarstellungen – etwa in den „Kunstformen der Natur" – sind für ihn denn auch keinesfalls bloße Popularisierungen seiner Weltanschauung, sondern die Essenz seiner Wissenschaft selbst. Darstellungen sind für ihn nicht einfache Illustrationen. Sie geben selbst die Analytik des Naturalen.

Dieser Ansatz einer Naturbetrachtung ist im folgenden eingehender darzustellen. Ausgangspunkt ist hierbei die in diesem Kontext zentrale Position HAECKELS. Die ergänzenden Darstellungen der Positionen FORELS und OSTWALDS erlauben es dabei, das Gesamtphänomen des 'naturwissenschaftlichen' Monismus um 1900 eingehender darzustellen und damit auch den spezifischen Ansatz HAECKELS eingehender zu orten.

4 HAECKELS evolutionistischer Monismus

HAECKEL versteht seine Weltanschauung als Fortschreibung seines naturwissenschaftlichen Ansatzes. Entsprechend konstatierte er im Vorwort seiner auf die „Welträthsel" folgenden „Lebenswunder" von 1904 den offenkundigen Widerspruch, „in den meine monistische, lediglich auf die ungeheuren Fortschritte der wirklichen Naturerkenntniß gegründete Philosophie naturgemäß zur gelehrten Tradition der altgewohnten 'Offenbarung' treten mußte" (HAECKEL 1904: V) und formuliert daheraus sein Credo: „Ich gründe meine ganze monistische Weltanschauung einzig und allein auf die Überzeugungen, die ich im Laufe eines halben Jahrhunderts durch eifriges und unermüdliches Studium der Natur und ihres gesetzmäßigen Geschehens mir erworben habe. Meine dualistischen Gegner messen diesen Erfahrungen nur eine beschränkte Geltung zu und wollen sie den Phantasie-Gebilden unterordnen, die sie im Glauben an eine übernatürliche Geisterwelt sich zurecht gelegt haben. Zwischen diesen offenkundigen Gegensätzen ist bei ehrlicher und unbefangener Betrachtung eine Vermittelung nicht möglich: Entweder Naturerkenntniß und Erfahrung – Oder Glaubensdichtung und Offenbarung" (HAECKEL 1904: VI).

Naturanschauung ist für HAECKEL schon Erkenntnis. Das Abbilden, nicht die Reflexion, die Repräsentation des Naturalen ist für HAECKEL dementsprechend schon Philosophie. Dies macht das Erkennen einfach. Vermag das Abbild doch nicht nur eine Grundstruktur zu vermitteln, sondern zeichnet es doch zugleich eine Vielfalt von Konnotationen, die im Einzelnen nicht nur dessen spezifische Kontur, sondern auch dessen Symmetrie und damit Momente einer Ästhetik, das

Schöne und damit ggf. auch schon den Ansatz zu einer Bewertung tragen. Das Abbild erscheint, und es erlaubt in diesem Aufscheinen, nicht nur die Analytik einer Naturerkenntnis, sondern die Vielfalt möglicher Bewertungen zu transportieren. Eine Kritik an der Enge möglicher Interpretationen analytisch erschlossener Naturgesetze wird im Verweis auf das Abbild der Natur obsolet. Ist doch im Verweis auf eine solche Reproduktion zu zeigen, daß all das in der Philosophie zu Benennende, eine Ästhetik, eine Bewertung, all das, was vermeintlich einer analytischen Naturwissenschaft verschlossen sei, eben doch erfaßt, nämlich 'abgebildet' ist. Auch die Gesetzmäßigkeit einer Struktur, die Prozesse ihres Werdens stecken demnach in den Einzeldingen selbst. Ihr Erfassen, die Reproduktion der seiner Erfahrung zugänglichen Dinge setzt für HAECKEL den Maßstab jedes Erkennens. In genau diesem Geist entstanden dann auch ab 1899 seine „Kunstformen der Natur" (HAECKEL 1899-1904), die nicht etwa als bloße Illustrationen einzelner Naturformen mißverstanden werden dürfen, sondern die vielmehr in sehr klarer, d. h. für HAECKEL eben bildnerischer Form seine Anleitung zur Naturerkenntnis kondensieren. Sein Abbilden, sein reproduzierter „analytischer" Blick ist seine Naturerkenntnis: Entsprechend steht in seinen Tafelerklärungen in jenem Werk auch der Text vor den Abbildungen zurück. Beschrieben wird jeweils, welche Form abgebildet wird. Die Zeichnung, die Lithographie steht in ihrer Beschreibung der Formen dann aber weitestgehend für sich selbst; die Tafel trägt schon und gerade im Bild die „Message". Entsprechend verzichtet HAECKEL in der Anlage seines Werkes denn auch weitgehend auf eine systematische Strukturierung der Tafelfolge, wie sie sich aus einer biowissenschaftlichen, taxonomischen Fragestellung ergäbe. Seine Reihung ist diktiert aus der optischen Wirkung; seine in Einzelheften veröffentlichten Kunstformen umfassen jeweils in einer kleinen Lieferung einen ästhetischen Mikrokosmos von Formen, der in der Interaktion der immer wieder in analogen Kompositionen aufwartenden Tafelfolgen die Signifikanz der Bildabfolgen im Einzelheft dokumentiert, und so aufweist, daß HAECKEL in seiner Zuordnung der Formvielfalten einen Schlüssel zur Lösung der „Welträthsel" besitzt, den er eben in der Ästhetik zu transportieren befähigt ist. Genau hierheraus versteht sich sein umfassender, in den letzten Zeilen der „Lebenswunder" manifestierter Anspruch, der zudem sein Eigenverständnis, in der Nachfolge GOETHES zu stehen, aufweist: „Wahrheit und Dichtung vereinigen sich dann in der vollendeten Harmonie des Monismus" (HAECKEL 1904: 557) (Abb. 12).

Wie legt sich aber nun sein Monismus an? Er richtet sich an „die denkenden, ehrlich die Wahrheit suchenden Gebildeten aller Stände" (HAECKEL 1899: III). Diesen offeriert er ein Erklärungskondensat, das, fußend auf dem Verweis auf die Evolution der Lebewesen, der Verhaltensweisen und damit auch des menschlichen Denkens, ein einheitliches Erklärungsraster präsentiert, über das ein einheitliches, monistisches Erkenntnisprogramm abzuleiten ist. Grundthese ist: „Der Monismus erkennt im Universum nur eine einzige Substanz, die 'Gott und Natur' zugleich ist" (HAECKEL 1899: 22f.). HAECKEL reduziert seine Deskription der Natur demnach nicht auf einen Materialismus. Hiergegen wendet er sich explizit, obgleich er die sinnliche „Erfahrung, wie sie z. B. BACON und MILL zur Grundlage der realen Weltanschauung erhoben" (HAECKEL 1899: 21), als Grundlage aller Naturerkenntnis ansieht. Erkenntnis vermittele sich über die Sinnesorgane und werde in den „Assoziationscentren der Großhirnrinde" (HAECKEL 1899: 21) interpretiert. Dieses Hirn ist dabei als ein über die Evolution geformtes Organ verstanden, das in seinen Funktionen im Laufe der Evolution optimiert wurde. Hierbei ist dieses Hirn nicht eine bloße Reizdestillationsmaschine im Sinne SHERRINGTONS, sondern vielmehr als das „wichtigste Organ des Seelenlebens" begriffen (HAECKEL 1899: 103). Auch insoweit steht das Hirn in einer evolutiven Reihe. Wobei „die auffaellige Aehnlichkeit, welche im Seelenleben des Menschen und der höheren Thiere" – so HAECKEL (1899: 114) – „besonders der nächst-

Abb. 7:
Darstellung HAECKELS in der „Galerie berühmter Zeitgenossen" von Olaf GULBRANSSON im Simplicissimus von 1905.

verwandten Säugethiere – besteht, ... eine altbekannte Thatsache“ ist. Dabei ist nicht nur der Instinkt oder das Emotionale Teil einer derartigen evolutiven Reihe, sondern auch „die Logik ... selbst“ ist „nur ein Teil der Psychologie“ (HAECKEL 1899: 107). HAECKEL formuliert hier insoweit eine evolutionäre Erkenntnislehre und zieht daheraus die Konsequenzen: „Das individuelle Rohmaterial der kindlichen Seele ist ja bereits durch Vererbung von Eltern und Voreltern qualitativ von vornherein gegeben“ (HAECKEL 1899: 120). Dabei denkt sich HAECKEL den Akt dieser Übertragung durchaus in einer Art, die Anleihen bei Tristam SHANDY vermuten lassen könnte (HAECKEL 1899: 165), aber strikte biologieimmanente Erklärungsmuster sucht. Die hier angesetzte Denkfigur ist die einer Evolution: „Die Ontogenie lehrt uns die individuelle Entwicklung des Willens beim Kinde verstehen, die Phylogenie aber die historische Ausbildung des Willens innerhalb der Reihe unserer Vertebraten-Ahnen“ (HAECKEL 1899: 151; Abb. 5).

Abb. 8:
Außentitel der Festschrift „Was wir Ernst HAECKEL verdanken“ (zwei Bände), die dieser zu seinem 80. Geburtstag überreicht bekam.

Hierbei trifft HAECKEL zumindest implizit Anleihen bei DARWIN und insbesondere dem DARWINfreund Georg ROMANES, dessen phylogenetische Stufenleiter der Seelen er nachzeichnet. Er skizziert in dieser Konturierung aber nur ein Bild, formuliert einen auf wenige Grundthesen zurückzuführenden Ansatz, mit dem er eine Vielfalt von Beschreibungsmustern in einer einfachen Theorie zu vereinen sucht. Das Argument ist das Passen des Bildes. Sein Argument ist nicht ein analytisch experimenteller Beweis einer entsprechenden funktionellen Analyse. Insoweit bleiben seine Bilder denn auch letztlich diffus. Sie erreichen nie die Klarheit einer falsifikationsfähigen Interpretation konkreter Einzeldaten. HAECKEL spannte vielmehr ein Assoziationsgefüge von Beschreibungsrastern auf, argumentierte über das Passen dieser entworfenen Bilder ineinander und gewann so eine Einheitlichkeit für seine Anschauung, aber eben keine Argumente für seine Art der Skizzierung von Natur.

Was an diesem HAECKELschen Monismus erlaubt es, ihm gegenüber einen methodologisch bestimmten naturwissenschaftlichen Materialismus abzusetzen? HAECKEL produziert auch zu diesem ihm wichtigen Punkt rein assertorische Aussagenfolgen. Er formuliert Erklärungsansätze, die im Rückverweis auf die Evolutionslehre argumentative Unterfütterung suggerieren, sie aber selbst nicht einholen. Von HAECKEL her gesehen, wäre eine solche Argumentation auch unnötig. Da in der Beschreibung erfahren wurde, daß sich Analogien bilden lassen, ist eine Darstellung gewonnen, in der sich Anschauungsmaterial zueinander als kompatibel ausweist. Wenn bloßes Anschauen Erkennen ist, fassen sich die aufgewiesenen Analogien nicht als Resultat einer in sich noch wenig geordneten theoretischen Konsolidierung, sondern als Darstellung möglicher und für HAECKEL damit eben faktischer Assoziationen. Die Möglichkeit, derartig verschiedene Anschauungen aufeinander zu beziehen, sichert für HAECKEL seine Weltsicht.

Was unterscheidet nun aber den HAECKELschen Monismus und einen Materialismus? HAECKEL reklamiert an mehreren Stellen die Nichtidentität dieser Konzeptionen. Sein Gegenentwurf ist nicht die Differenzierung von belebter und unbelebter Sphäre der Natur, sondern das Konzept einer Belebung alles Materiellen. Das Materielle hat selbst eine geistig psychische Dimension, die allerdings in ihrer Beschreibung der Materie einzuholen ist: „wir betrachten die Psyche als Kollektiv-Begriff für die gesamte psychische Funktion des Plasma“ (HAECKEL 1899: 128), d. h. alles Belebte hat eine Seele, ja – HAECKEL zufolge – ist alles Substantiierte derart beseelt: Insofern ist „das neurologische Problem des Bewußtseins ... nur ein besonderer Fall von dem allumfassenden kosmologischen Problem, der Substanz-Frage" (HAECKEL 1899: 210).

HAECKEL macht es sich also einfach. Faktisch formuliert er einen pragmatischen Materialismus, läßt der Materie aber immer noch Seele zukommen. Seele ist dabei eine Eigenheit des Materiellen, eine zusätzliche, im eigentlichen Materialismus nicht beachtete Dimension der Materie. Insofern formiert sich in seinem Bild der Welt dann auch faktisch ein Dualismus, da den Substanzen immer noch zu ihrer Materialität eine Beseeltheit zukommt. Da diese aber notwendige Eigenheit der Materie sei, sei die Konsequenz eben kein Dualismus, sondern Monismus. Damit formuliert HAECKEL letztendlich einen psychophysischen Parallelismus: Den Dingen komme neben ihrer Materialität jeweils eine Stufe von Beseeltheit zu. Diese Beseelung zeige sich in allen Stufungen der Materie. Insoweit scheint eine Durchdringung von Psyche/Seele (HAECKELS Terminologie ist hier verschwommen) und Materie notwendig. Zugleich aber zeige sich, daß das eigentlich Greifbare – das Anzuschauende – immer die Materie ist. Insoweit zeige sich in der Analyse des Materiellen zumindest implizit denn auch immer die geistige Dimension. Der Monismus HAECKELS postuliert insoweit eine Parallelisierung von Psychisch/Geistigem und Materiellem. Entsprechend gibt es dann nicht nur ein – dem Hirn eigenes – Gedächtnis, sondern auch ein „Cellular-Gedächtnis" usf. (HAECKEL 1899: 139). Das Psychisch/Geistige ist insoweit nichts Eigenständiges. Diese Ebene wird parallel zu der materiellen Ebene gesetzt, ihre ihr eigene Qualität ist damit bloßes Postulat. Das 'Cellulargedächtnis' etwa wird nicht belegt, sondern qua Analogie erschlossen. Monistisch wird diese Theorie durch das weitere Postulat der wechselseitigen Verflechtung der Ebenen, was HAECKEL hinwiederum dazu nutzt, die Analyse seines monistischen Ansatzes auf der materiellen Ebene „durchzuziehen". Den Dingen komme immer noch etwas zu, was allerdings nichts erklärt, da HAECKEL jeweils nur auf die der Physiologie verfügbaren Dimensionen dieses Surplus – d. h. auf die Materie – verweist, die allerdings auch ohne dieses Mehr dem Biologen ihre Mechanik entfaltet.

Was gewinnt HAECKEL damit? Im Gegensatz zu einer strikt materialistischen Konzeption kann er mit dieser Art der Argumentation traditionelle Wertschätzungen in sein System integrieren. Er akzeptiert die vormaligen Anschauungsformen. HAECKEL respektiert

Abb. 9: Portrait Wilhelm OSTWALDS aus der Festschrift aus Anlaß seines 60. Geburtstages 1913.

damit letztlich auch die religiöse Dimension der Welt, sieht diese aber nicht als etwas von der Materie Geschiedenes. Die Natur selbst sei eben in dieser Dimension als das, was sie ist, zu begreifen. Nur das ist, und in diesem Sinne sind Psyche/Geist das Schöne und die Moralität. Damit ist in dieser Naturdarstellung alles, auch die religiöse Dimension, zu gewinnen. Insoweit ist für HAECKEL der Monismus denn auch Religion.

HAECKELS Entwurf ist bei aller Radikalität im Denkansatz insoweit konservativ. Er setzt durch seine evolutionsbiologische Orientierung ein neues Vorzeichen für eine derart umfassend ansetzende Weltanschauung, erlaubt aber, überkommene Wertvorstellungen in dieses vermeintlich naturwissenschaftlich konturierte Weltbild zu übernehmen. Die traditionellen Wertgefüge werden nicht durch ein strikt evolutionsbiologisches Bild ersetzt, vielmehr sucht HAECKEL die alten Wertgefüge

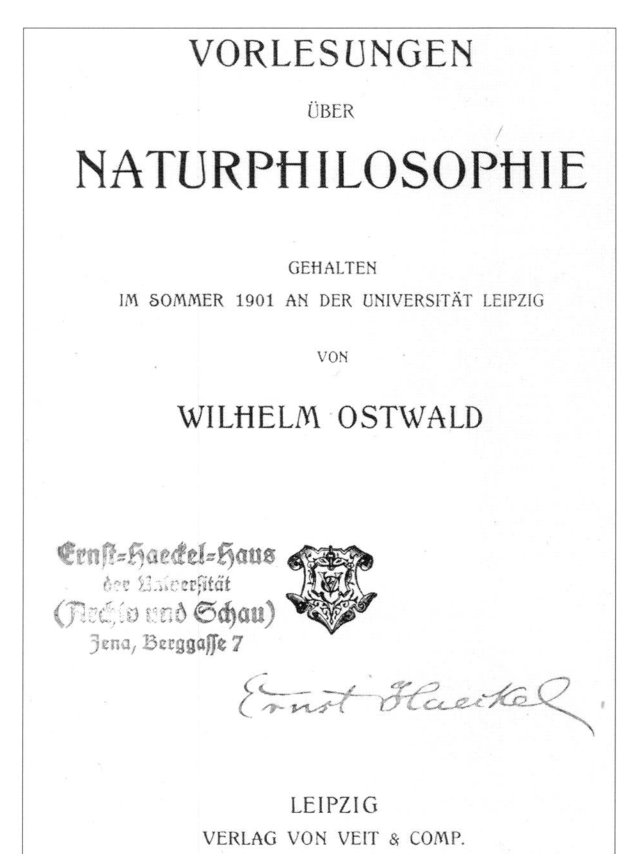

VORLESUNGEN

ÜBER

NATURPHILOSOPHIE

GEHALTEN

IM SOMMER 1901 AN DER UNIVERSITÄT LEIPZIG

VON

WILHELM OSTWALD

Ernst-Haeckel-Haus

Jena, Berggasse 7

Ernst Haeckel

LEIPZIG

VERLAG VON VEIT & COMP.

1902

Abb. 10: Titelblatt der Vorlesungen über Naturphilosophie von Wilhelm Ostwald (aus dem Besitz von Ernst Haeckel).

in dieses naturwissenschaftlich konturierte Bild zu integrieren.

Der verfolgte Erklärungsanspruch geht dabei aber weit über eine Erkenntnislehre auf evolutionsbiologischer Ebene oder eine Bioethik hinaus. Haeckel tritt mit dem einfachen Anspruch auf, die – d. h. alle – Welträtsel zu lösen (vergl. Di Gregorio 1992; Ohst 1998). So entwirft er gegen Ende seines Werkes denn auch eine Kosmologie. Der Kosmos ist für ihn dabei kein statisches, sondern ein dynamisches Gebilde: „In diesem Perpetuum mobile bleibt aber die unendliche Substanz des Universum, die Summe Materie und Energie ewig unverändert, und ewig wiederholt sich in der unendlichen Zeit der periodische Wechsel der Weltbildung, die in sich selbst zurücklaufende Metamorphose" (Haeckel 1899: 431).

Was schreibt Haeckel also vor? Im Prinzip offeriert er ein strikt durchbiologisiertes Weltanschauungsmuster (Altner 1966; Holt 1971; De Grood 1982; Drehsen & Zander 1996). Sein impliziter, aber nie explizierter psychophysischer Parallelismus offeriert eine mögliche Lösung aus dem Dilemma, die Welt nur in ihrer naturwissenschaftlich verfügbaren Dimension zu betrachten und dennoch Geist zu akzeptieren (Fick 1993). Im letzten formuliert er damit – entgegen seinen eigenen Bekundungen – eine Art von Vitalismus. Dabei wird er aber nie explizit, im Gegenteil, gegen das seinerzeitige vitalistische Programm setzt er sich explizit ab. Sein offeriertes Programm changiert zwischen verschiedenen Möglichkeiten, offeriert Bilder, ist aber nie argumentativ stringent. Damit bleibt es offen für mögliche Assoziationen. Klar ist nur sein Verweis auf die naturwissenschaftliche Grundlegung seines Ansatzes. In den daheraus formulierten Konsequenzen bleibt Haeckel diffus. Nur insoweit vermag er denn auch zunächst Unvereinbares zu kombinieren. Sein eigentliches Konzept bleibt hinter den Bildern versteckt und gewinnt damit gegenüber etwaigen Ansprüchen Manövrierraum. Haeckel läßt das Andere zu, da er nur einen Erklärungsanspruch, aber nicht die Erklärung selbst offeriert.

5 Forels neurologischer Monismus

Haeckel formuliert damit aber keineswegs das Kondensat einer etwaigen Grundposition der Vertreter des Monistenbundes. Forel und Ostwald etwa sahen die Dinge – wie beschrieben anders – aus den Perspektiven ihrer Disziplinen. Aber wie Haeckel gewannen auch sie in der in ihrer jeweiligen Disziplin erschlossenen Teilsicht der Dinge das Ganze. Nicht die Totalität des philosophischen Systems, sondern die in der jeweiligen Wissenschaft gewonnenen Betrachtungsperspektiven boten die Lösung der Welträtsel.

In seinem Buch „Der Hypnotismus oder die Suggestion und die Psychotherapie" gibt Auguste Forel unter der Überschrift „Die Identitätshypothese" eine Einführung in seine Sicht des monistischen Programmes (Zürner 1983). Sein Ausgangspunkt ist die Analyse der Beziehung von Bewußtem und Unbewußtem: „Zwei Begriffe werden im Wort 'psychisch' kritiklos vermengt: 1. Der Begriff der 'Introspektion' oder des Subjektivismus, d. h. der psychologischen Selbstbeobachtung, die jeder Mensch nur in und von sich selbst kennt und kennen kann. Für diesen Begriff wollen wir das Wort 'Bewußtsein' reservieren. 2. Das 'Tätige' in der Seele, d. h. das Gehirnphysiologische, dasjenige, was den Inhalt des Bewußtseinsfeldes bedingt. Das hat man schlechtweg zum Bewußtsein im weiteren Sinne gerechnet, und daraus ist die Konfusion entstanden, die das Bewußtsein als Seeleneigenschaft betrachtet. Ich habe die physiologische molekulare Tätigkeitswelle der Nervenelemente 'Neurokym' genannt" (Forel 1919: 1).

Forels zentrale These umfaßt das Verhältnis von Bewußtsein, der der subjektiven

Sicht der Aktionen des Hirns eigenen Dimension, und der Physiologie des Nervengewebes (dem Unbewußten in oben genanntem Sinne). Beide Dimensionen sind nun nicht einfach ineinander überführbar, wenn sie auch beide in derselben Struktur inserieren. So haben uns – schreibt FOREL – „die Anatomie, die Physiologie und die Pathologie des menschlichen und tierischen Gehirnes den unwiderleglichen Beweis geliefert, daß unsere Seeleneigenschaften von der Qualität, der Quantität und der Integrität des lebenden Gehirnes abhängen und daher mit demselben eins sind. Es gibt so wenig ein lebendes Gehirn ohne Seele, als eine Seele ohne Gehirn" (FOREL 1919: 11). „Wir nehmen" – so FOREL weiter – „...bezüglich des Verhältnisses der reinen Psychologie (Introspektion) zur Physiologie des Gehirns (Beobachtung der Gehirntätigkeit von außen) die Theorie der Identität als gegeben an, so lange die Tatsachen damit übereinstimmen" (FOREL 1919: 11f.).

„Mit dem Wort Identität oder psycho-physiologischem Monismus" sagt FOREL also, „daß jede psychologische Erscheinung mit der ihr zugrunde liegenden Molekular- oder Neurokymtätigkeit der Hirnrinde ein gleiches reelles Ding bildet, das nur auf zweierlei Weise betrachtet wird. Dualistisch ist nur die Erscheinung, monistisch dagegen das Ding" (FOREL 1919: 13). Von daher lehnt FOREL denn auch den Begriff des psychophysichen Parallelismus ab, der eben diese Identität der Substanz nicht ausdrückt. Naturwissenschaftlich ist – so FOREL weiter – eine dualistische Interpretation der beschriebenen Phänomenenschichtung nicht haltbar. Letztlich ist Seele eben nur Physiologie, wenn sie auch nicht in dieser erscheint. Also offeriert die Physiologie nach FOREL dann auch mehr als das sich in ihr Darstellende, sie ist in der beschriebenen Reaktion eben „Seele". Nur – so FOREL weiter – ist diese Seele eben naturwissenschaftlich greifbar. Also sei sie doch im letzten in der Physiologie zu fassen, da die Naturwissenschaft die Disziplin ist, die die Kausalität in dem beobachteten Phänomenenkonvolut zu rekonstruieren in der Lage ist.

Warum ist dies nun aber kein Materialismus? Folgen wir zunächst FOREL: „Unter Materialismus versteht man dagegen eine metaphysische Weltanschauung, welche die 'Materie' als Weltpotenz, sozusagen als Gott betrachtet, ohne sich Rechenschaft davon zu geben, daß wir von der Materie nur Erscheinungen kennen und von ihrem Wesen rein nichts wissen, so daß sie somit auch nur ein abstrakter Begriff ist" (FOREL 1919: 15).

Was können wir nun positiv sagen? Nach FOREL steht zunächst fest, daß die Seele nur in der Hirntätigkeit realisiert ist, die physiologische Analyse uns aber nicht die Seelentätigkeit als solche erschließt. Nur insoweit ist die Seele Physiologie, und insoweit Physiologie auch Seele. Seine Antwort ist insoweit zunächst das Postulat einer Identitätshypothese, die Bewußtsein auf Neurokymtätigkeit reduziert, ohne doch irgend einen anderen Kausalfaktor hier mit ins Spiel zu bringen. Es geht also allein darum, die Substanz, die dem Bewußten und Unbewußten zugrunde liegt, adäquat zu identifizieren. Zu deren Kennzeichnung – so FOREL – sind eben beide Seiten ihrer Erscheinung zu bemühen.

Abb. 11:
Portrait August FORELS von 1924.

So ist es denn nicht richtig, ein 'bewußtes' Gedächtnis dem organischen oder 'unbewußten' Gedächtnis gegenüberzustellen. „Es gibt nur ein Gedächtnis, das a) in der Erhaltung molekularer Spuren (Engramme) einer jeden Hirntätigkeit (Nerventätigkeit überhaupt), b) in der Wiederbelebung oder Ekphorie derselben und c) manchmal in dem Wiedererkennen, d. h. in der Identifikation (Homophonie) der wiederbelebten Tätigkeit mit der ersten (Lokalisation in der Zeit) besteht.

Ob Bewußtsein bei dem einen oder dem anderen dieser Vorgänge subjektiv nachweisbar oder nicht nachweisbar ist, hat mit der Sache selbst nichts zu tun, so sehr wir auch vom Gegenteil subjektiv überzeugt sein mögen.

Die subjektive Spiegelung des Bewußtseins kann nicht nur ad libitum aus wirklichen Engrammen durch Suggestion ausgeschaltet und wieder eingeschaltet werden (suggerierte Amnesien usw.), sondern es kann durch Suggestion das Wiedererkennen vorgetäuscht werden, d. h. ein ganz neuer Seelenvorgang kann durch Suggestion das irrige Bewußtsein einer Erinnerung an bereits einmal Erlebtes (Erinnerungsfälschung) erzeugen" (FOREL 1919: 19f.).

In Blick auf die Vielschichtigkeit des Bewußtseins unternimmt FOREL – dieser Passage zufolge – keine bloße Parallelisierung von Vorstellungsansätzen, denen er aus jeweils tradierten Perspektiven ihre Einzelberechtigung zuschreibt. Er beschreibt vielmehr einen eigenen Phänomenenraum des Bewußtseins, der sich in einer experimentellen Anordnung – der Hypnose – manipulieren läßt. Dabei zeige sich im Experiment eine eigene Dignität des Bewußtseins, nicht im Sinne einer eigenständigen, losgelöst von einer physiologischen Basis existenten Entität, sondern im Sinne einer eigenen experimentell bestimmbaren Zuordnung von Reaktionsschichtungen, wie sie so im physiologischen Experiment nicht greifbar ist. FOREL beschreibt einen physiologischen Mechanismus, der erst in den Beobachtungen zur Hypnose auf der psychologischen Ebene beschreibbar wird. Die postulierten Teilmechanismen – Hemmung und Bahnung – zeigen so eine als Bewußtsein erfahrbare Physiologie, ohne jedoch die in der Hypnosesituation zu erfassenden Aussagen über die Reaktionsschichtung des Bewußtseins selbst zu beschreiben. Sein Resultat eines „Sowohl als auch" in der Berechtigung der Perspektiven fordert demnach nicht die Reduktion auf einen Physikalismus, sondern eine erkenntnistheoretische Abgrenzung der Betrachtungsebenen, ohne einen ontologischen Kurzschluß in Richtung auf einen Dualismus zu versuchen.

FOREL expliziert also – im Gegensatz zu HAECKEL – seine Beschreibungsebenen, thematisiert deren Zuordnung und macht so sein Konzept einer Zuordnung von Physiologie und Bewußtseinsforschung auch für die jeweiligen Disziplinen fruchtbar. Wechselseitig werden Zuordnungen der Phänomenschichtungen in den Blick genommen – nicht mit der Absicht der Reduktion der einen Beschreibungsebene auf die andere, sondern in der Intention, die Qualität der untersuchten Struktur in ihrer Gesamtstruktur zu erschließen: „Man darf also, wir sagen es wieder, unbewußte und bewußte Tätigkeiten nicht in Gegensatz zueinander bringen, sondern höchstens, und zwar auch nur relativ, d. h. graduell, die aktuelle, plastisch sich anpassende oder sich umgestaltende Phantasie und Vernunfttätigkeit ... zu der mehr oder weniger fixierten, automatisierten, kristallisierten Intelligenz, die man individuell erworben als Gewohnheit und ererbt als Instinkt bezeichnet, und die meist nur unterbewußt ist" (FOREL 1919: 29).

FOREL scheidet also zwischen einem der Physiologie verfügbaren Mechanismus der Nerventätigkeit, wie er auch Insekten zuzuschreiben und physiologisch zu studieren ist, und der introspektiv erschlossenen Qualität des Bewußtseins, die er dem Vernunftvermögen zuordnet, die er aber beide aufeinander bezieht und als integrale, aufeinander bezogene Funktionsäußerungen einer Substanz begreift.

Allerdings bleibt FOREL nicht bei dieser differenzierten Analyse der Phänomenschichtung in Blick auf das menschliche Verhalten stehen. Er postuliert auf Grund der von ihm erwiesenen Zuordnung der beiden Beschreibungsebenen beim Menschen, daß dem Hirn eben insgesamt eine Bewußtseinssphäre zukomme. Da sich das Substrat der Hirnfunktionen physiologisch/anatomisch kennzeichnen lasse, ferner die Identität von Physiologie und Bewußtsein am Menschen exemplarisch bewiesen sei, wäre demnach auch in anderen, mit analogen Strukturen ausgezeichneten Organismen ein derartiges Seelenleben zu verzeichnen. Hierbei ist die von FOREL getroffene Zuordnung der Ebenen Hirn und Geist vergleichsweise grob und keineswegs an spezifischer gekennzeichnete physiologische Strukturen gebunden: „Bei niedersten Fischen und sonstigen niederen Tieren spielt sich somit das ganze Seelenleben ohne oder mit winzigem Großhirn in niederen Hirnzentren: Mittelhirn, Hinterhirn, Rückenmark, ab" (FOREL 1919: 37). FOREL bleibt aber nicht bei dieser Skizze einer Stufung des Seelenlebens tierischer Organismen stehen: „Daraus müssen wir den Schluss ziehen, dass es so viele Bewußtseinsspiegelungen als genügend functionell oder anatomisch getrennte Reihen von Neurokymthätigkeiten giebt" (FOREL 1902: 31). Er weitet vielmehr auf Grund seiner Identitätshypothese seine Sicht zu einer Kennzeichnung jeder Materie aus: „Ist die vorhin erwähnte Hypothese richtig, so folgt daraus, dass alle Urpotenzen der organisirten Lebewesen in der unorganischen Natur enthalten sind, somit auch die Potentialität der Seele" (FOREL 1902: 33). Und entsprechend formuliert er weiter: „Da wir nun Stoff, Kraft und Bewusstsein nicht für verschiedene Dinge, sondern für Abstractionen aus den Erscheinungen der Dinge an sich halten, wird bei dieser Anschauung der ewige dualistische Streit zwischen Materialisten und Spiritualisten absolut gegenstandslos. Alles ist Seele so gut wie Kraft und Stoff" (FOREL 1902: 34).

In letzter Konsequenz finden sich hier HAECKEL und FOREL demnach in parallelen Positionen. FOREL abstrahiert von seiner exemplarischen Analyse einer Darstellung der Physiologie der Kognition, extrapoliert – nachdem er eine Zuordnung zwischen Nervengewebe und Bewußtseinsfunktionen postuliert, mögliche physiologische Mechanismen zumindest hypothetisch erschlossen hat –, daß das von ihm gekennzeichnete Verhältnis für jedes Nervengewebe Geltung besitze. Daheraus weitet er seine Bewußtseinsanalyse auch auf Formen aus, die experimentell für eine entsprechende Zuordnung zweier Phänomenebenen, „Unbewußtsein" und „Bewußtsein", keine Basis liefern können. Dies ist problematisch, da auch bei FOREL ein spezifischer Nexus von Nervengewebestrukturen und zuzuordnenden Funktionen in der Phänomenebene Bewußtsein fehlt. FOREL kennt keine dem Phänomenbereich Hypnose zuzuordnenden funktionellen Charakteristika, die er strukturellen Eigenheiten des Nervengewebes oder differenzierteren Vorstellungen der Nervengewebsorganisation zuzuordnen vermag. Vollends aus der eingangs sehr differenziert geschilderten Zuordnung verschiedener Beobachtungsperspektiven schert FOREL dann aus, wenn er nunmehr allein aus dem Befund, daß jedes Nervengewebe als materielle Struktur zu beschreiben sei, die psycho-physische Duplizität jedwedes Materiellen – etwa auch eines Kristalls oder einer Hühnerbrühe – ableitet. FOREL verläßt damit die eingangs detailliert gezeichnete Bahn zu einem differenzierten Verständnis der Phänomenschichtung und operiert mit Analogien, die es erlauben, eine prinzipielle Identität alles Materiellen zu postulieren. Über eine derartige Analogisierung gewinnt er ein vereinfachend einheitliches Schema zur Beschreibung von Welt und ein Vehikel, eine im eigentlichen philosophische Diskussion in sein naturwissenschaftlich ausgerichtetes Denken zu integrieren.

6 Wilhelm OSTWALDS „chemischer" Monismus

Wilhelm OSTWALDS Naturphilosophie folgt einem dritten Ansatz (KRAUßE 1997). Seiner Auffassung zufolge sind physikalisch-chemische Erscheinungen als energetische Prozesse zu beschreiben. Er formuliert den Ansatz einer vereinheitlichenden Theorie, die in ihrem ersten Schritt die Reaktionsschichtungen der analytisch faßbaren Naturphänomene energetisch darzustellen sucht. So definiert er Masse als „Capazität für Bewegungsenergie" (OSTWALD 1902: 283). Demnach sind Strukturen nur instantane Fixpunkte in einem umfassenden Relationsgefüge von Wechselwirkungen, die sich naturwissenschaftlich über den Energiebegriff qualifizieren lassen. „Stoff" der Natur ist ihre Dynamik. Die fixierten Zustände, die wir in einzelnen Reaktionsprodukten – etwa der Chemie – festmachen, sind nur Momentaufnahmen eines Naturprozesses, in dem sich die Realität der fixierten Größen zeichnen läßt. Nichts besteht für sich, sondern alle Strukturen sind Momente in einer wechselwirkenden Dynamik. Stoffe sind nicht fixierte Strukturen, sondern Momente vorläufiger Gleichgewichtszustände zwischen Reaktionsschichtungen. Diese sind aber nicht verfestigt, sondern stehen in bestimmten, ggf. auch gerichteten Relationen. Dabei faßt OSTWALD derartige Relationen nicht als abstrakte Beschreibungskategorien, sondern als reale, dem Experiment zugängliche Wirkbeziehungen, die er aber als Resultat eines grundlegenden Gefüges von Wirkungen sieht, die über die jeweiligen energetischen Beziehungen geordnet und aus diesen Beziehungen heraus auch in definierten Schichtungen vorliegen: „In solcher bestimmterer Gestalt heisst also das Causalgesetz: es geschieht nichts ohne äquivalente Umwandlung einer oder mehrerer Energieformen in andere“ (OSTWALD 1902: 296).

Ergebnis seiner energetischen Betrachtungen ist demnach „die Auflösung der Materie in einem räumlich zusammengesetzten Complex gewisser Energien“ (OSTWALD 1902: 245). „... und nur solche Energieen können sich als räumlich gesonderte Erscheinungen erhalten, welche durch Verknüpfung mit anderen ein zusammengesetztes Gleichgewicht ergeben, in denen die Intensitätssprünge der einen Form durch gleichwertige Intensitätssprünge der anderen Form compensirt werden“ (OSTWALD 1902: 263). „... So verschwindet mehr und mehr das Bedürfnis nach dem traditionellen ‘Träger’ der verschiedenen Energieen, und es verschwindet gleichzeitig die ‘Materie’ hinter der Energie“ (OSTWALD 1902: 263f.).

OSTWALD entwirft demnach ein Bild von Materialität, das genährt von seiner Analyse der chemischen Strukturbeziehungen ist: Chemische Stoffe sind Reaktionsprodukte; sie werden damit als Relation von bestimmten, eingehender darzulegenden Reaktionsabfolgen beschrieben. Diese sind in Gleichungssystemen darstellbar. Der natürliche Stoff, der in einer solchen Gleichung beschrieben ist, ist im letzten keine fixierte Größe. Er ist nur als vorläufiges Produkt eines im Gleichungssystem beschriebenen Prozesses begriffen, das seinerseits wieder Moment eines unterlaufenden Prozesses ist. Dieser sich kurzzeitig in einem Reaktionsprodukt manifestierende Prozeß steht nun seinerseits in Reaktionsschichtungen, die eine Darstellung fixer Größen unrealistisch machen. Die Einheiten, mit denen OSTWALD als Chemiker operiert, verhalten sich nicht wie Billardkugeln, die im Reaktionsraum eines Tisches zwar in Wechselwirkung treten, aber doch im wesentlichen unbeeinflußbar bleiben. OSTWALD denkt anders. Die „Atome“, mit denen er seine Reaktionsgleichungen zusammensetzt, sind in einen Bezug gesetzt, der auf Grund des jeweiligen energetischen Zustandes der etwaig erlangten Verbindung in Grenzen stabil ist. Die Stabilität ist ein Faktor, der sich in Relation zu anderen energetischen Beziehungen im Gesamtreaktionsraum, in dem ich meine Elemente finde, bestimmt. Hinter diesen Vorstellungen steht insoweit keine Kernphysik oder gar eine Art vorweggenommener Wellenmechanik. Ausgangspunkt für OSTWALDS Überlegungen ist die operative Strategie einer Chemie, die ihre komplexen Synthesewege über solche Überlegungen ermittelt. Insofern ist OSTWALDS Energie auch keine abstrakte Größe, sondern sie ist eine Maßbestimmung, die sich als wesentlich für die Charakterisierung der spezifischen Konturen einer jeweiligen Prozeßdynamik erwiesen hat. Seine energetische Vorstellung der Konstitution von Materie und die daheraus folgenden Überlegungen zur Interaktion der Naturdinge sind insoweit realwissenschaftlich fundiert.

Interessanterweise leitet OSTWALD in seiner Naturphilosophie sein Energiekonzept aber nicht von einer Analyse der chemischen Prozeßdynamik ab. Sein Ansatz ist vielmehr sehr viel prinzipieller. Er führt einen Energiebegriff ein, der die skizzierte Grundidee aufnimmt, die in der chemischen Reaktion meßbare Energie aber nur als Spezialfall einer umfassenderen Vorstellung ansetzt. „Die Energie ist die allgemeinste Substanz, denn sie ist das Vorhandene in Zeit und Raum, und sie ist das allgemeine Accidenz, denn sie ist das Unterschiedliche in Zeit und Raum“ (OSTWALD 1902: 146f.). Entsprechend setzt OSTWALD mit einer deduktiv strukturierten Herleitung seines Energiebegriffes an. Das Motiv seiner Analyse ist oben benannt. Die prinzipiell ansetzende Argumentation soll dieses Motiv sichern und eine entsprechend prinzipiierte Naturbeschreibung ermöglichen. Damit ist die prinzipiierte und entsprechend aus **einem** Prinzip zu begreifende Größe beschrieben. Wobei es für OSTWALD zu beachten gilt, daß der Fehler der vormaligen Naturphilosophen zu vermeiden ist: „Sie versuchten" – so OSTWALD – „aus dem Denken die Erfahrung abzuleiten; wir werden umgekehrt

Abb. 12:
Foyer des von Ernst HAECKEL gegründeten Phyletischen Museums mit der Statue der Wahrheit. Foto mit Schriftzug Ernst HAECKELS.
Der GOETHE-Spruch lautete: „Wer Wissenschaft und Kunst besitzt, hat auch Religion, wer jene beiden nicht besitzt, der habe Religion".

unser Denken überall nach der Erfahrung regeln" (OSTWALD 1902: 7).

Insoweit „hat"– so OSTWALD weiter – „in unserem Falle nicht die Frage zu lauten: existiert eine Aussenwelt? sondern: welche von unseren Erlebnissen fassen wir unter dem Namen Aussenwelt zusammen?" (OSTWALD 1902: 66).

OSTWALD expliziert unter dieser Prämisse die Tragfähigkeit seiner Konzeption, in der sich die klassischen Problemstellungen der Naturphilosophie – etwa das Identitätsproblem, die Schichtung von Realitätskomplexitäten und das Verhältnis von Materie und Geist – abbilden ließen. Dabei gelangt er zu einer Grundanalyse der Erfahrung, in der er Erfahrungen nicht auf Einzeleindrücke, sondern auf Ordnungszusammenhänge zurückführt. Größen und Grundzahlen, d. h. mathematisch beschreibbare Relationscharakteristika, sind demnach die letzten Grundlagen unserer Erfahrung. Diese – so OSTWALD – lassen sich in der Natur konkretisiert eben als energetische Beziehungen aufweisen, womit nach OSTWALD das Grundproblem der Beziehung von Materie und Form gelöst ist. Diese Lösung ist denn auch in physico-chemischer Terminologie beschrieben: in Energie.

Verschiedene Komplexitätsstufungen in der Natur – so der Sprung von einer Anorganik zur Organik – lassen sich damit als Umschichtungen in der Reaktionskomplexität, als Erweiterung der dynamischen Relationen zwischen und in den agierenden Einheiten einer solchen Betrachtung ausweisen: „Für alle Lebewesen ist ein nie fehlendes

Kennzeichen der Energiestrom ... Stoffwechsel" (OSTWALD 1902: 313).

Organismen sind für OSTWALD insofern stabilisierte Energiegebilde, „sie haben die Fähigkeit, sich der Energievorräthe selbstthätig zu bemächtigen, deren sie zur Aufrechterhaltung ihres stationären Zustandes bedürfen" (OSTWALD 1902: 316). Leben ist damit energetisch darstellbar. Die Energieflußdiagramme der modernen Bioenergetik und der ggf. auch evolutionsbiologisch ansetzenden Ökologie reexplizieren diesen OSTWALDschen Grundansatz.

OSTWALD geht aber noch in zweierlei Hinsicht weiter. Zum einen faßt er mit seinem Modell eine von ihm ja auch deduktiv abgeleitete Grundform, die er nur mehr um alle möglichen Erfahrungsbezüge auszuweiten sucht: Auch Geist und Seele sind ihm demnach nur Realisationsformen von Energie, d. h. von einer naturwissenschaftlich analysierbaren Elementarcharakteristik des Naturalen. Geistesfunktionen, wie etwa die Erinnerung, und chemische Reaktionen sind demnach in einer Münze bewertbar. Psyche und Chemie sind insoweit keine separaten Größen: Die Psyche ist vielmehr in ihrer strukturellen Schichtung eine Art der Chemie. OSTWALD kennt Komplexitätsstufungen und damit Hierarchien in seinen Energieprofilen. Energien sind allerdings prinzipiell ineinander umformbar. Insoweit ist die Diversifizierung nur eine Nuancierung eines vereinheitlichenden Programmes. Letztlich sind alle Reaktionsformen eben nur Variationen eines prinzipiell einheitlichen Energiebegriffs, und damit einer entsprechend monistisch zu interpretierenden Natur.

In OSTWALDS Darlegung verschränken sich diese ontologischen Aussagen zu einem umfassenden Ansatz zur Fundierung einer Naturphilosophie. Zwar ist Erkenntnis als Akt eine energetische Reaktion, doch ist das Erkennen nicht einfach eine sich entäußernde Reaktion des Naturalen. OSTWALD thematisiert ausdrücklich die Ambivalenz von ontischen Beschreibungen und Denkkategorien in der Sichtung und Ordnung des Erfahrungskontextes, wie ihn etwa eine naturwissenschaftliche Disziplin offeriert. So beginnt OSTWALD denn auch mit einer Darstellung des Begriffsapparates, über den wir unsere Erkenntnis ordnen. OSTWALD folgt hierbei den Aussagen der Assoziationspsychologie. Erfahrung repräsentiere sich im Erinnern. Namen fassen „zeitlich verschiedene Einzelvorstellungen" zusammen, „die eine gewisse Summe gleicher Elemente enthalten" (OSTWALD 1902: 21). „Ein Begriff ist eine Regel, nach welcher wir bestimmte Eigenthümlichkeiten der Erscheinung beachten" (OSTWALD 1902: 23). Die Strukturen und Zuordnungen der Begriffe, die Synthese von Aussagen entsprechen für OSTWALD dabei den chemischen Analyse– und Syntheseverfahren (OSTWALD 1902: 49). Entsprechend ist eine Denkmechanik beschrieben, die sich analog der Natursynthese vollzieht, die demnach in sich die im weiteren beschriebenen Naturreaktionen beschreibt und zugleich ihrerseits als Produkt solcher in der Naturbeschreibung analysierter Zuordnungsregeln begriffen werden kann. Die Geist-Energie bewegt sich in einer Mechanik, die der Grundmechanik der Naturfunktionen nicht nur entspricht, sondern aus letzterer selbst zu erklären ist.

7 Monismus – Theorieeinheit oder Theoriediversität?

Drei monistische Konzeptionen wurden dargestellt. Aufgewiesen wurde damit eine Vielfalt, die sich nur bedingt in ein einheitliches Schema pressen läßt. Gemeinsam ist allen drei Entwürfen eine vereinheitlichende Sichtweise von Realität, die diese als aus und in der Erfahrung vermittelt begreift, wobei die Erfahrung nicht auf das einzelwissenschaftlich Erfahrbare reduziert wird, sondern vielmehr explizit eine Gesamterfahrungswelt akzeptiert wird, die das Ganze „Natur" erschließt und dann bei HAECKEL sogar die religiöse Dimension umfaßt.

Die Entwürfe dieser drei Monisten negieren die über ihre Teilperspektiven hinausweisende Erfahrungswirklichkeit nicht. Aussage ihrer Theorien ist jedoch, daß sich in diesen Erfahrungen nur die Welt ausdrücke, die auch einzelwissenschaftlich – und hierin methodisch gesichert – zu erfahren sei. Insoweit sei eine Betrachtung von Welt auf der Erfahrungswissenschaft zu fundieren, von dieser ausgehend sei die komplexe Dimension des Realen auszuloten. Dies bedeutet in den drei Entwürfen, daß – qua Analogie – eine Erfahrungskomplexität in das Grundschema hineingefangen wird, das vom jeweiligen Autor als das Strukturprinzip seiner ihn leitenden Disziplin ausgewiesen wird. Damit wird nunmehr ein Ordnungsschema geschaffen, das es erlaubt, auch über den Horizont der Disziplin hinaus die Qualität der Welt zu ordnen und damit als diesem Schema entsprechend aufzuweisen. Gemeinsam ist allen drei Entwürfen dabei eine Problematik: Die entsprechende Zuordnung wird nicht begründet, sie wird vollzogen. Die Möglichkeit, ein entsprechendes Ordnungsmuster anzulegen, soll dann selbst die Realität der gewonnenen Grundstruktur demonstrieren. So transferierte FOREL sein Muster des Bezuges von Hirnphysiologie und introspektiver Wahrnehmung in einem ersten Schritt auf alle Organisationstypen, die ein Nervensystem besitzen – vom Affen bis zur Ameise –, um dann in einem zweiten Schritt, ausgehend von der Überlegung, daß ein Nervengewebe letztlich nichts anderes ist als ein Stück organisierter Materie, alles Materielle für beseelt zu erklären. Was macht FOREL damit?

FOREL bezog zunächst in einer differenzierten Analyse zwei Erfahrungsbereiche aufeinander. Er zeigte zugleich, daß diese Erfahrungsbereiche sich auf einen einheitlichen Gegenstandsbereich richten, der in diesen selbst so aber nicht zu erfahren ist. Daheraus vollzog FOREL die Konsequenz, die beiden Erfahrungsbereiche als Attributionen einer Substanz zu sehen. Implizit vollzog sich für ihn damit allerdings auch eine Wertung der Erfahrungsmöglichkeiten; da die Realität der Physiologie somit als basale Funktionscharakteristik einer als Einheit zu verstehenden Welt ausgewiesen war, ergab sich für ihn die Konsequenz, daß einer bestimmten physiologischen Reaktion ein bestimmtes Bewußtseinsmoment zuzuordnen sei. Im Bereich der Hypnose zeigte sich für ihn dabei ein Werkzeug, auch die Ebene des Bewußtseins experimentell bearbeitungsfähig zu machen. Er versuchte dabei, diese zumindest methodologisch der physiologischen Ebene anzugliedern. Problematisch hierbei ist allerdings, daß seine physiologischen Charakteristika auf der Ebene prinzipieller Charakterisierungen verblieben. Die Synthese seiner Beobachtungen für einen „Top-down-Approach“ war denn auch in einem einfachen „ohne Gehirn geht es nicht“ zusammenzufassen. Damit ist allerdings noch nicht der Umkehrschluß gerechtfertigt: „Für jedes Gehirn gibt es Bewußtsein“, da seine Argumentation für eine bestimmte physiologische Struktur expliziert wurde. Zunächst wäre zu zeigen, wie dieses in diesem Kontext relevante Hirn strukturiert ist; dann wäre aufzuweisen, ob unter dieser Voraussetzung „Hirn gleich Hirn“ also etwa die Ameise gleich zu behandeln sei wie ein Affe. Vollends als bloße Analogisierung erweist sich dann die Ausweitung der Idee einer Beseelung auf die gesamte Materie, wie sie oben skizziert wurde.

OSTWALDS Argumentation geht von einer detaillierten – allerdings impliziert formulierten – Auffassung einer chemischen Reaktionsschichtung aus. Das insoweit gewonnene Modell erlaubt es ihm, bestimmte Darstellungen anderer Phänomenbereiche, etwa der Assoziationspsychologie, als diesem Schematismus zuordenbar aufzuweisen und daheraus ein einfaches, eingängiges Bild der Welt zu erarbeiten.

Auch HAECKEL arbeitet mit derartigen Zuordnungen, sein Rekurs auf eine Begründung durch die Erfahrung ist allerdings viel direkter. Seine Argumentationen sind in ihren wesentlichen Kernen Plausibilitätsdarstellungen, die sehr rasch auf zuordenbare empirische Befundungen verweisen und von dorther dann eine argumentative Sicherung seiner Darstellung einzuführen suchen.

Demnach begegnen uns in allen drei Entwürfen strukturelle Entsprechungen. Formell scheint auch die Grundidee eines Monismus bei den drei Autoren ähnlich. In wesentlichen Punkten, nämlich in der näheren Darstellung der Substanz solch monistischer Theoreme, finden sich weitergehende Differenzierungen. Kernpunkt dieser Differenzen ist der jeweils unterschiedliche Ansatz der drei Systeme eines Monismus. Alle drei Autoren gehen von Einzelwissenschaften aus, und alle drei Autoren gehen von jeweils verschiedenen Disziplinen aus. Damit ergeben sich schon aus dem Ansatz ihrer Argumentationsstrukturen weitreichende Unterschiede. Der FORELsche Ansatz einer Weltbeseelung, der sich aus einer physiologischen Perspektive entwickelt, ist mit der an einen Vitalismus erinnernden Konzeption HAECKELS, der von einer organischen Kristallographie ausgeht, kaum vereinbar. Entsprechend nimmt FOREL auch explizit gegen die spezifischen Konturen der HAECKELschen Konzeption Stellung. Davon setzt sich hinwiederum OSTWALDS Darstellung einer energetisch zu fassenden Substanz des Realen ab.

Die Gemeinsamkeiten der Entwürfe sind struktureller Art. Die wesentliche Gemeinsamkeit ist hierbei das Ausgehen von der Einzelwissenschaft und damit eine entsprechend hohe Positionierung der Erkenntnismöglichkeiten der seinerzeit modernen Naturwissenschaft.

8 Weltanschauung oder Wissenschaftslehre?

Damit ist schon eine der wesentlichen Fragen für eine Darstellung des Monismus beantwortet. Die in dieser Weltanschauung formulierten philosophischen Postulate sind nicht nur intentional, sondern auch in ihrer Struktur von den einzelwissenschaftlichen Arbeiten der jeweiligen Autoren abgeleitet. Es geht nicht nur darum zu zeigen, daß überhaupt eine Einzelwissenschaft philosophische Dignität gewinnen könnte. Insoweit vertreten die Monisten denn auch weder eine erkenntnistheoretische Sicherung naturwissenschaftlicher Urteile noch eine explizit materialistisch/empiristische Position. Merkmal ihrer Ansätze ist, daß die Argumentationsstruktur ihrer monistischen Entwürfe einzelwissenschaftlich bestimmt ist. OSTWALD konzipiert seine Grundidee der energetischen Reaktionsschichtung more chemico, FOREL arbeitet analog seinen Experimentalansatz sukzessive zu einer allgemeinen Theorie aus. Und HAECKEL expliziert, daß er in der Evolutionslehre den Stein der Weisen besäße, der ihm die Welträtsel in der skizzierten Weise entzaubere.

Offen ist damit die Gegenfrage, ob und inwieweit die damit gewonnene weltanschauliche Position nunmehr auch eine Ausrichtung der einzelwissenschaftlichen Arbeit der Forscher bedinge. Deutlich ist dies bei FOREL, da seine monistische Theorie ja nichts anderes darstellt als den Rahmen, in dem er seine Art der neurologischen Forschung betreibt. Die Hypnose wird für ihn ja eben aus den oben benannten Gründen zum Forschungsobjekt. Insofern laufen in seinem theoretischen Entwurf Experimentalprogramm, Wissenschaftslehre und Weltanschauung parallel. In dem ersten Kapitel seines verstehend referierten Buches über Hypnose setzt FOREL dann auch mit der skizzierten Darstellung des Monismus an, die für ihn die Grundlage der weiteren Konzeption seiner Darstellung gibt. Hierbei zeigt sich, daß FOREL in seiner Experimentalwissenschaft dem eingangs skizzierten Programm folgt. Er sucht in der Forschung über Hypnose und Suggestion Daten zu gewinnen, die den Bezug von physiologischer Ebene und der Ebene der Introspektion auch innerwissenschaftlich erarbeiten. Monismus ist für FOREL nicht nur Weltanschauung. Monismus in dem skizzierten Sinne ist für FOREL Forschungsprogamm.

Problematischer ist die Situation bei Ernst HAECKEL. HAECKELS Argumentationen auch in seiner einzelwissenschaftlichen Darstellung sind schon von den Zeitgenossen kritisch betrachtet worden (GURSCH 1981). HAECKEL argumentiert mit Illustrationen. Sein fachliches Metier ist die Darstellung der Formen, die Morphologie der Organismen. In dieser Darstellung sucht HAECKEL auch im Fach weder die Sektion noch das physiologische Experiment. HAECKEL beschreibt, zeichnet, schematisiert und findet in der Illustration sein Bild der Natur. Deutlich wird dies insbesondere in seinen „Kunstformen der Natur", die – wie schon angedeutet – für HAECKEL kein explizit populäres Werk waren. Das Anschauen der Natur ist für ihn Erkennen. Er sieht in der Darstellung damit nicht nur Belege für einzelwissenschaftliche Theorien, sondern – so problematisch dies auch klingen mag – die Natur selbst. Insofern ist sein Monismus denn auch gegenüber den Konzepten von OSTWALD oder FOREL viel naiver präsentiert. HAECKEL zeigt in seinen Argumentationslinien einfach nur auf. Er demonstriert, malt ein Bild und zeigt in seiner konzisen Illustration, daß das eben geht, was er macht. Sehr deutlich zeigt diese Art der Argumentation sich in seinen „Lebenswundern", in denen er über weite Strecken des Buches eben nur Darstellungen aneinander reiht. HAECKEL formuliert eine Art natürliche Offenbarung, er zeigt, was da ist, und da er dies ihm Greifbare in seiner monistischen Perspektive einzubinden vermag, demonstriert er damit seine Theorie. Dieser Argumentationsgang ist zirkulär. HAECKEL operiert denn auch nicht mit dem Argument, sondern mit der Anschauung.

William PALEY hatte in seinem bekannten, als naturtheologisches Werk seit der Wende zum 19. bis in die Mitte des Jahrhunderts hinein ausgesprochen einflußreichen Buch „Natural theology: or, evidences of the existence and attributes of the deity collected from the appearances of nature" ganz ähnlich argumentiert. Über Hunderte von Seiten zeigte PALEY (1805) die Wunder der Natur. Das alles sei – so PALEY – Offenbarung Gottes und in all dem, so 100 Jahre später HAECKEL – demonstriert sich der Monismus. Damit ist eine der eingangs skizzierten Fragen beantwortet: HAECKELS weltanschauliches Programm leitet ihn auch in seiner einzelwissenschaftlichen Forschung. Die Antwort ist genau gesehen aber doch komplizierter. HAECKELS Monismus separiert nicht mehr zwischen Wissenschaft (science), Weltanschauung und Ästhetik. Er formuliert eine einheitliche theoretische Konzeption, die er dann auch in seinen Arbeiten durchhält: Ens et verum et bonum convertuntur: Entsprechend schreibt HAECKEL seine „Kunstformen" als wissenschaftliches Werk.

Nun ist es allerdings problematisch, in dieser Lebensphase HAECKELS – nach 1899 – noch Rückwirkungen zwischen seinem theoretischen Ansatz und etwaigen experimentellen/beobachtenden Arbeiten analysieren zu wollen. HAECKEL legte nach 1900 keine im eigentlichen Sinne experimentellen Arbeiten mehr vor. Er selbst betrachtete nach der Vorrede zu den „Welträthseln" diese ursprünglich als Abschluß und Krönung seines wissenschaftlichen Werkes.

Nun wäre es aber ebenso vorschnell, mit dieser Bemerkung die Frage von Rückwirkungen zwischen monistischer Theorie und wissenschaftlicher Praxis bei HAECKEL zu erledigen. Schließlich zeigt sich HAECKELS Grunderklärungsansatz schon in seiner 1866 erschienenen „Generellen Morphologie der Organismen". Schon in diesem Werk findet sich HAECKELS Satz: „Alle wahre Naturwissenschaft ist Philosophie und alle wahre Philosophie ist Naturwissenschaft. Alle wahre Wissenschaft aber ist in diesem Sinne Naturphilosophie" (HAECKEL 1866: 67).

Entsprechend prinzipiell setzt HAECKEL in dieser bedeutenden Studie an. In diesem Werk, in dem er erstmals detaillierte Stammbäume der Organismen – mit Einschluß des Menschen – veröffentlichte, suchte er eine „mathematische Betrachtungsweise der organischen Formen" einzuführen (HAECKEL 1866: 26), die aber nicht auf einer analytischen Sektion der Organismen in Teilreaktionsräume oder Teilreaktionsbestimmungen basieren sollte, sondern vielmehr die Gestalt der Organismen selbst zur Grundlage einer mathematischen Beschreibung des Organischen nahm. Resultat ist eine Art „organischer Krystallographie" (HAECKEL 1866: 27; Abb. 6). Ziel ist eine Darstellung der Vielfalt in einem Schematismus, der damit nicht nur ein Klassifikationsmuster, sondern auch eine Einsicht in die essentiellen Charakteristika organischer Organisation bietet: „Nur dadurch, dass der gesetzmässige Zusammenhang in der Fülle der einzelnen Erscheinungen gefunden wird, nur dadurch erhebt sich die Kunst der Formbeschreibung zur Wissenschaft der Formerkenntniss" (HAECKEL 1866: 5). Es galt HAECKEL demnach schon vom Beginn seiner Forschung her, Strukturzusammenhänge nicht nur innerwissenschaftlich, sondern in einem Gesamtweltverständnis zu verankern. Schon 1866 hatte er solch einen Verständnisansatz in DARWINS Evolutionsvorstellung gefunden. Damit war – seiner Interpretation nach – eine Strukturierung des Raumes des Organischen nach einem universellen Kausalgesetz möglich. Eine etwaige Schranke zwischen einer Organik und einer Anorganik sei damit durchbrochen, ein dualistisches Verständnis, das das Leben und seine Erscheinungen – etwa den Menschen – auf ein eigenes Prinzip rückführte, ist für HAECKEL damit hinfällig. Insofern ist für ihn schon 1866 der Monismus „in aller Schärfe und in seinem vollem Umfange ... die einzig richtige Weltanschauung und folglich auch ... die einzig richtige Methode in der gesamten Naturwissenschaft" (HAECKEL 1866: 106): „Indem der Monismus als philosophisches System nichts Anderes, als das reinste und allgemeinste Resultat unserer allgemeinen wissenschaftlichen Weltanschauung, unserer gesamten Natur-Erkenntniss ist, bildet seine unterste und festeste Grundlage das allgemeine Causal-Gesetz: 'Jede Ursache, jede Kraft, hat ihre nothwendige Wirkung, und jede Wirkung, jede Erscheinung, hat ihre nothwendige Ursache.' Insofern ist die monistische Methode in der Biologie zugleich die mechanische, die causale" (HAECKEL 1866: 107). Die Biowissenschaften sind für HAECKEL demnach nur unter der monistischen Methode adäquat zu studieren. Wissenschaft ist für HAECKEL damit schon im Beginn seiner Arbeiten weltanschaulich „kontaminiert": HAECKEL kennt nicht die bloße Beschreibung. Für ihn ist schon in der Beschreibung Natur überhaupt erfaßt. Im Einzelnen ist nicht bloß eine zu klassifizierende taxonomische Einheit, sondern eine individuelle Natur verankert. In deren Anschauung ist nicht nur das Schema einer Taxonomie, Systematik oder vergleichenden Betrachtung exemplifiziert, in dieser Anschauung ist selbst die Vielschichtigkeit einer Natur zu erfahren. Läßt sich dieses Individuelle damit schlüssig in einen Ordnungszusammenhang einbinden, der dieses Individuelle in seiner Konkretion erklärt, ist mehr gewonnen als ein einzelwissenschaftliches Resultat. In diesem einen ist dann schon immer Weltanschauung exemplifiziert. Von daher kennt HAECKEL Naturwissenschaft nur als Weltanschauung. Sein Beobachten, seine wissenschaftlichen Arbeiten sind insofern verwoben mit seiner Betrachtung und von vornherein auch als Exemplifikationen seiner Grundeinsicht konzipiert. Die Darstellung und Rechtfertigung der Evolutionsvorstellung behandelt demnach nicht nur eine einzelwissenschaftliche Hypothese, sondern eine philosophische Wahrheit. Deren Illustration – sei es in der Anschauung, sei es in der Argumentation – ist denn immer mehr als Einzelwissenschaft, sie ist im HAECKELschen Sinne: Naturphilosophie.

9 Naturanschauung?

Monismus, das zeigte sich für OSTWALD, FOREL und HAECKEL, ist demnach keine auf das naturwissenschaftliche Denken aufgesetzte philosophische Synthese. Monismus ist zumindest im Selbstverständnis der hier behandelten Forscher ein naturwissenschaftliches Programm. Der Verzicht auf eine Naturphilosophie, den SCHLEIDEN in der ersten Hälfte des 19. Jahrhunderts pragmatisch propagierte, führte demnach schon im Beginn der zweiten Hälfte des 19. Jahrhunderts zu einer naturwissenschaftlich internalisierten Naturphilosophie. Der Monismus ist hierbei nur eine, um die Jahrhundertwende aber soziokulturell wohl mit die einflußreichste Bewegung einer sich aus der Naturwissenschaft entfaltenden Philosophie. Das Ganze der Natur wurde nunmehr innerwissenschaftlich thematisch. Auf die Aporien der Argumentation konnte im Vorhinein verwiesen werden. Diese Aporien machten den Monismus als einheitliche, in die Naturwissenschaften getragene Theorie undurchführbar. Es hielt sich aber der Anspruch, Natur naturwissenschaftlich zu erfahren. Die Popularität dieses Ansatzes, dessen durch Autoren wie Wilhelm BÖLSCHE (1861-1939) weit ins 20. Jahrhundert vermittelter Anspruch und die etwaige insoweit kulturell fixierte Sicht der Natur sind im Rahmen dieser Darstellung nicht mehr thematisch.

Hier greift sich aber eine der wesentlichen, vielleicht sogar die wesentliche Strömung in der Öffentlichkeitswahrnehmung von Wissenschaft in der ersten Hälfte des 20. Jahrhunderts: Wissenschaft, Wissenschaftstypus, Erklärungsanspruch und Natursicht der Naturwissenschaft erfuhren im Rahmen des monistischen Denkens in Mitteleuropa eine weite Verbreitung. Das vorakademische Bild von Natur und Naturwissenschaft war im deutschen Sprachraum etwa durch Autoren wie eben BÖLSCHE geprägt (SPRENGEL 1997).

Zudem gelangten Denkmuster der Monisten schon sehr rasch in angrenzende Disziplinen – ein Beispiel ist das erwähnte auf HAECKELS biogenetischem Grundgesetz fußende psychogenetische Grundgesetz – ausgehend von dem auch nicht naturwissenschaftliche Disziplinen Bezüge zu dem naturwissenschaftlichen Weltverständnis aufzubauen suchten und dabei direkt oder indirekt monistisches Gedankengut weiter fixierten (CLAUSBERG 1997). Naturwissenschaft war –

trotz aller vermeintlichen methodischen Sicherung – gerade in Folge eines Weltanschauungsansatzes, der die empirische Sicherung aller Aussagen – auch der nicht-naturwissenschaftlichen Satzgefüge der Humanities – auf seine Fahnen geschrieben hatte, vor allem eines: Naturphilosophie.

Wie war diese Naturphilosohie als Weltanschauung zu explizieren? Die dichteste Fassung eines solchen Entwurfes, mit der auch breitesten Resonanz, findet sich bei HAECKEL. Bei HAECKEL werden Naturphilosophie und Naturästhetik eins. Die Demonstration des Naturalen, seine Ästhetisierung ist für ihn Veranschaulichung des Naturalen selbst und damit wahre Naturerkenntnis. Die Naturphilosophie HAECKELS verdünnt sich zur Naturanschauung. Die Reproduktion des Gesehenen, das Bild, wird zur Vermittlung des Naturalen. Der Reisebericht oder das Aquarell aus einer Tropenlandschaft wird wie die Lithographie einer neu entdeckten Form zum Dokument solcher naturphilosophisch zu verstehenden Naturanschauung. Wenn HAECKEL später zu Hause seine aquarellierten Reiseskizzen korrigiert, korrigiert er in ihnen eine Interpretation von Natur. Er macht den Augen des Betrachters seine Interpretation von Natur gefällig. Wenn seine Naturformen sich dann – wie in den Lüstern des ozeanographischen Museums in Monaco – zu Kunstformen mausern, ist dies nicht eine bloße Nutzung der Formen für ein Dekor (vergl. Brief von Julius SCHAXEL an HAECKEL vom 6. März 1910; in: KRAUßE 1987: 67). Eine solch einfache Interpretation verbietet schon der Ort der Hängung derartiger Designerstücke, in einer der bedeutendsten ozeanographischen Forschungseinrichtungen der Zeit. Diese wurden nicht etwa als bloßer Zierat, sondern vielmehr als Ausdruck wesentlicher Struktureigenheiten des Naturalen erfahren. Naturphilosophie wurde damit in der Wahrnehmung einer wissenschaftlichen Öffentlichkeit um 1900 zur Naturästhetik. Die Natur schien in dieser „Kunst" auch gesetzmäßig faßbar; die Symmetrien in den Darstellungen der Naturalien gaben Anlaß zu einer Orientierung und Ordnung der Formen. Die Natur war in derartigen Ordnungsmustern über einer bloß rubrizierenden, analytischen Betrachtungsebene gelagert. Erfahren wurde die Natur – wie es in einer der letzten Publikationen HAECKELS hieß – damit „als Künstlerin" (HAECKEL 1913).

In HAECKELS Denken ist Naturwissenschaft von Beginn seiner Forschung weltanschaulich geprägt. Das Resultat seines Unterfangens, das er seiner Intention nach ursprünglich mit den „Welträthseln" beenden wollte, war damit ein vereinheitlichtes Weltbild. Die von ihm fixierten Resultate in Weltanschauung, Wissenschaft und Ästhetik weisen in ein und dieselbe Richtung. Im letzten zeigen und demonstrieren sie auch ein und dasselbe. Folglich durchdringen sich diese Bereiche in der Entwicklung HAECKELS auch fortwährend. Für die Präzision seiner monistischen Argumentationen war dies – wie aufgewiesen – keineswegs ein Vorteil. Für die Resonanz seines Werkes in einer Öffentlichkeit, der das analytische Tun der Naturwissenschaft und der mit ihren Resultaten aufbrechenden Umschichtung gesellschaftlicher Werte zutiefst fremd war, fand sich in dieser vereinheitlichenden Art der Weltanschauung demgegenüber ein Stück Heil in der ihr ansonsten fremden Welt des „Fortschritts". In HAECKELS Werken fand sich für diese Klientel eine Anschauung, die das Ästhetische, ihre Weltanschauung und die Naturwissenschaften in eine einheitliche Welt band. Die moderne Wissenschaftsentwicklung fand sich mit den traditionellen Wertvorstellungen zumindest ausgesöhnt. Insoweit spricht HAECKEL auch selbst von einer monistischen Religion, die eben den umfassenden Erklärungsansprüchen des Einzelnen gerecht wird. Es wäre zu untersuchen, inwieweit diese offene Struktur der HAECKELschen Offerte eines Monismus ein Raster zu Konturierung einer derart heilen, aber naturwissenschaftlich darstellbaren Natur an die Hand gab. Es wäre zu untersuchen, inwieweit sein Bild von Natur eine an der Natur interessierte Öffentlichkeit prägte. Es wäre zu fragen, inwieweit dieses in seiner einzelwissenschaftlichen Verkürzung immer auch geschlossen erscheinende Bild von Natur neben und gegebenenfalls auch entgegen dem ja gänzlich anders konnotierten Weltbild der seinerzeitigen Physik auf eine Öffentlichkeit (und wenn ja auf welche) wirkte.

10
Dank

Herrn Dr. P. ZICHE danke ich für seine kritischen Kommentare zum Manuskript. Frau K. SCHRADER und Frau R. SCHWERTNER danke ich für ihre technische Unterstützung und ihre Geduld bei den wiederholten Änderungen des Manuskriptes.

11
Zusammenfassung

Unter dem Label „Monismus" sind um 1900 eine ganze Reihe von aus den Naturwissenschaften erwachsenen Entwürfen zu einer umfassenden weltanschaulichen Orientierung erwachsen. Die prominentesten Vertreter dieser Richtung, die sich auch organisatorisch zumindest in lockerer Form miteinander verknüpften, sind Auguste FOREL, Ernst HAECKEL und Wilhelm OSTWALD. Ihre Konzepte sind unterschiedlich, geprägt durch den jeweiligen methodischen Ansatz der Einzeldisziplin, in der sie zuhause waren. Die Struktur und die Heterogenität dieser Konzepte wird dargelegt. Besonders interessiert hierbei die Frage der Verknüpfung von Einzelwissenschaften und der aus ihnen gewonnenen Weltanschauung. Besonders muß interessieren, inwieweit diese Weltanschauungen dann auch ihrerseits für die Problemausrichtungen der Einzelwissenschaften bestimmend wurden. Dies ist mit Blick auf die monistischen Konzeptionen besonders interessant, da deren Einfluß auf die Ideengeschichte unseres modernen Naturbegriff kaum zu überschätzen ist.

12
Literatur

ALTNER G. (1966): Charles DARWIN und Ernst HAECKEL. — Zürich.

BERENTSEN A. (1986): Zum Problem der Popularisierung der Naturwissenschaften in der deutschen Literatur (1880-1910). — Berlin.

BRAAKENBURG J. (Hrsg.) (1976): Wilhelm BÖLSCHE: Die naturwissenschaftlichen Grundlagen der Poesie. Prolegomena einer realistischen Ästhetik (1887). — München, Tübingen.

BREIDBACH O. (Hrsg.) (1988): SCHLEIDEN M. J.: SCHELLING's und HEGEL's Verhältnis zur Naturwissenschaft. Zum Verhältnis der physikalistischen Naturwissenschaft zur spekulativen Naturphilosophie. — Weinheim.

BREIDBACH O. (1997a): Entphysiologisierte Morphologie – Vergleichende Entwicklungsbiologie in der Nachfolge HAECKELS. — Theory Biosci. **116**: 328-348.

BREIDBACH O. (Hrsg.) (1997b): Natur der Ästhetik – Ästhetik der Natur. — Wien.

BREIDBACH O. (1997c): Die Materialisierung des Ichs. — Frankfurt.

BREIDBACH O. (Hrsg.) (1998a): SCHLEIDEN M.J.: Grundzüge der wissenschaftlichen Botanik (Reprint). — Hildesheim, Zürich, New York.

BREIDBACH O. (1998b): Zur Anwendung der FRIESschen Philosophie in der Botanik SCHLEIDENS. — In: HERRMANN K. & W. HOGREBE (Hrsg.): Probleme und Perspektiven von Jakob Friedrich FRIES' Erkenntnislehre und Naturphilosophie, Frankfurt (Im Druck).

BREIDBACH O. (1998c): Naturphilosophie und Medizin im 19. Jahrhundert. — In: GETHMANN C.F. & K. PINKAU (Hrsg.): Deutsche Naturphilosophie und Technikverständnis, Stuttgart (Im Druck).

CHADWICK O. (1975): The secularization of the European Mind in the nineteenth century. — Cambridge.

CHAMBERLAIN H.S. (1909): Die Grundlagen des XIX. Jahrhunderts. Bd **1**. — München.

CLAUSBERG K. (1997): Psychogenese und Historismus. Verworfene Leitbilder und übergangene Kontroversen. — In: BREIDBACH O. (Hrsg.): Natur der Ästhetik – Ästhetik der Natur. Wien, New York, 139-166.

DAUM A. (1995): Wissenschaftspopularisierung in Deutschland 1848-1914. — Diss. Univ. München.

DE GROOD D.H. (1982): HAECKEL's theory of the unity of nature. — Amsterdam.

DI GREGORIO M. (1992): Entre Méphistopélés et LUTHER: Ernst HAECKEL et la réforme de l'univers. In: TORT P. (Ed.): Darwinisme et Societe. — Paris, 237-283.

DREHSEN V. & H. ZANDER (1996): Rationale Weltveränderung durch „naturwissenschaftliche" Weltinterpretation? — In: DREHSEN V. & W. SPARN (Hrsg.): Vom Weltbildwandel zur Weltanschauungsanalyse. Krisenwahrnehmung und Krisenbewältigung um 1900. — Berlin, 217-238.

Du Bois-Reymond E. (Hrsg.) (1974): Vorträge über Philosophie und Gesellschaft. — Hamburg.

Exner S. (1894): Entwurf zu einer physiologischen Erklärung der psychischen Erscheinungen. — Leipzig, Wien.

Fellmann F. (1988): Ein Zeuge der ästhetischen Kultur im 19. Jahrhundert: Studien zu Wilhelm Bölsche. — Arch. Kulturgesch. **79**: 131-148.

Fick M. (1993): Sinnenwelt und Weltseele. Der psychophysische Monismus in der Literatur der Jahrhundertwende. — Tübingen.

Flechsig P. (1896): Gehirn und Seele. — Leipzig.

Forel A. (1892 a): Die Errichtung von Trinkerasylen und deren Einfügung in die Gesetzgebung. — Bremerhaven.

Forel A. (1892 b): Zur Frage der staatlichen Regulierung der Prostitution. — Leipzig.

Forel A. (1902): Gehirn und Seele. — Bonn.

Forel A. (1907): Die Sexuelle Frage. — München.

Forel A. (1919): Der Hypnotismus oder die Suggestion und die Psychotherapie. Ihre psychologische, psychophysische und medizinische Bedeutung mit Einschluß der Psychoanalyse sowie der Telepathiefrage. — Stuttgart.

Gursch R. (1981): Die Auseinandersetzung um Ernst Haeckels Abbildungen. — Bern, Frankfurt.

Haeckel E. (1866): Generelle Morphologie der Organismen. Bd. 1. — Berlin.

Haeckel E. (1899): Die Welträthsel. — Bonn.

Haeckel E. (1899-1904): Kunstformen der Natur. — Leipzig.

Haeckel E. (1904): Die Lebenswunder. — Bonn.

Haeckel E. (1913): Die Natur als Künstlerin. — Berlin.

Hamacher W. (1997): Wissenschaft, Literatur und Sinnfindung im 19. Jahrhundert. Studien zu Wilhelm Bölsche. — Würzburg.

Hillermann H. (1975): Der vereinsmäßige Zusammenschluß bürgerlich-weltanschaulicher Reformvernunft in der Monismus-Bewegung des 19. Jahrhunderts. — Kastellaun.

His W. (1874): Unsere Körperform und das physiologische Problem ihrer Entstehung. — Leipzig.

Holt N.R. (1971): Ernst Haeckel´s Monistic religion. — J. Histories Ideas. **22**: 265-281.

Klinke F. (1911): Der Monismus und seine philosophischen Grundlagen. — Freiburg.

Kolkenbrock-Netz J. (1983): Poesie des Darwinismus – Verfahren der Mythisierung und Mythentransformation in populärwissenschaftlichen Texten von Wilhelm Bölsche. — Lendemains **8**: 28-35

Kolkenbrock-Netz J. (1991): Wissenschaft als nationaler Mythos. Anmerkungen zur Haeckel-Virchow-Kontroverse auf der 50. Jahresversammlung deutscher Naturforscher und Ärzte in München (1877). — In: Link J. & W. Wülfing (Hrsg.): Nationale Mythen und Symbole in der zweiten Hälfte des 19. Jahrhunderts. Stuttgart.

Koseritz C. v. (1885): Bilder aus Brasilien. — Leipzig, Berlin.

Krauße E. (1984): Ernst Haeckel. — Biographien hervorragender Naturwisseschaftler, Techniker und Medizinier. Bd. **70**, BSB B. G. Teubner Verl.ges., Leipzig.

Krauße E. (1987): Julius Schaxel an Ernst Haeckel: 1906-1917. — Leipzig, Jena, Berlin.

Krauße E. (1997): Wissenschaftliche Weltauffassung – wissenschaftliche Weltgestaltung – Wissenschaftsreligion. Wilhelm Ostwald (1853-1932) und der Monistenbund. — Mitt. W. Ostwald Ges. **2**: 45-63.

Mattern W. (1983): Gründung und erste Entwicklung des Monistenbundes, 1906-1918. — Diss. Univ. Berlin.

Niewöhner F. (1980): Zum Begriff „Monismus" bei Haeckel und Ostwald. — Arch. Begriffsgesch. **24**: 123-126.

Ohst M. (1998) Theologiegeschichtliche Bemerkungen zu Ernst Haeckels „Monismus". — Berl. Theol. Zschr. **15**: 97-111.

Ostwald W. (1902): Vorlesungen über Naturphilosophie. Gehalten im Sommer 1901 an der Universität Leipzig von Wilhelm Ostwald. — Leipzig.

Ostwald W. (1911-1917): Monistische Sonntagspredigten. — Leipzig.

Paley W. (1805): Natural theology: or, evidences of the existence and attributes of the deity collected from the appearance of nature. — London.

Postma H. (1974): Fortschritt und Zurücknahme. Bemerkungen zu einigen Romanen Jules Vernes. — Die Horen **95**: 46-57.

Ramón y Cajal S. (1906): Studien über die Hirnrinde des Menschen. 5. Heft: Vergleichende Strukturbeschreibung und Histogenese der Hirnrinde. Anatomisch-physiologische Betrachtungen über das Gehirn. Struktur der Nervenzellen des Gehirns. — Leipzig.

Raymond F. (1974): L´homme et l´horologe. — L´Herne: 141-151.

Raymond F. (1980): Le héros et son singe dans les voyages extraordinaries. — Romanticisme **27**: 95-108.

Rinard R.G. (1981): The problem of the organic individual: Ernst Haeckel and the development of the Biogenetic Law. — J. Hist. Biol. **14**: 249-276.

Rodrigues N. (1894): As Raças Humanas e a Responsabilidade Penal no Brasil. — S. Paulo, Rio de Janeiro, Recife, Porto Alegre.

Schleiden M.J. (1844): Schelling´s und Hegel´s Verhältnis zur Naturwissenschaft. — Leipzig.

Schmidt H. (1905/1906): Der Deutsche Monistenbund. — Das freie Wort **21**: 1-11.

Schmidt H. (1912/13): Die Gründung des Deutschen Monistenbundes. — Das Monistische Jahrhundert **22**: 740-749.

SPRENGEL P. (1997): Darwinismus und Literatur: Germanistische Desiderate. — Scientia Poetica **1**: 140-182

STRASSER P. (1994): Cesare Lombroso: L'homme délinquant ou la bête sauvage au naturel. — In: CLAIRE J. (Ed.): L'âme au corps. Arts et sciences 1793-1993. Paris.

TITCHENER E. B. (1889): Structural and functional psychology. — Philos. Review **8**.

VERNE J. (1864): Voyage au centre de la terre. — Paris.

WOLLGAST S. (1974): Einleitung. — In: DU BOIS-REYMOND E. (Hrsg.): Vorträge über Philosophie und Gesellschaft. — Hamburg.

WUNDT W. (1874): Grundzüge der physiologischen Psychologie. — Leipzig.

ZÜRNER P. (1983): Von der Hirnanatomie zur Eugenik. Die Suche nach biologischen Ursachen der Geisteskrankheit. — Diss. Univ. Mainz.

Anmerkungen

1 Eine umfassende Bibliographie zum Monistenbund ist in Vorbereitung: WEBER H.: Ernst-Haeckel-Haus-Studien - Monographien zur Geschichte der Biowissenschaften und Medizin Bd. **1**. — Berlin.

2 Der Grundansatz ist im Gründungsmanifest des Deutschen Monistenbundes wie folgt formuliert: „Die gewaltigen Fortschritte, welche die Naturwissenschaft in den letzten Jahrzehnten auf allen Gebieten gemacht hat, haben auch eine ungeahnte Erweiterung und Vertiefung unserer Natur-Erkenntnis zur Folge gehabt. In demselben Maße, wie diese letztere vorgeschritten ist, hat sie die veralteten dogmatischen und mystischen Vorstellungen über Welt und Menschen, über Körper und Geist, Schöpfung und Entwicklung, Werden und Vergehen der erkennbaren Dinge verdrängt und beseitigt. An die Stelle der alten dualistischen Vorstellungen sind mehr und mehr monistische getreten. Tausende und Abertausende finden keine Befriedigung mehr in der alten, durch Tradition oder Herkommen geheiligten Weltanschauung; sie suchen nach einer neuen, auf naturwissenschaftlicher Grundlage ruhenden einheitlichen Weltanschauung" (SCHMIDT 1912/13: 748; vgl. auch die Thesen des Monistenbundes, SCHMIDT 1905/6).

3 Nicht zu unterschätzen ist jedoch sein Wirken in den 70er Jahren. Dies zeigt sich etwa für den südbrasilianischen Raum in den im Archiv des Ernst-Haeckel-Hauses erhaltenen Briefen des Redakteurs einer ganzen Reihe von Periodika aus Porto Alegre, des für die deutschen Auswanderer nach Brasilien in der zweiten Hälfte des 19. Jahrhunderts sehr bedeutenden Journalisten Carl von KOSERITZ aus Porto Alegre. Es ist hierbei noch en detail aufzuzeigen, welche Bedeutung die frühen Schriften HAECKELS nicht nur in der italienischen Biologie, sondern darüber hinaus als weltanschauliche Stütze eines liberalen, pointiert antiklerikalen Denkens besaßen.

4 Eine Liste der Publikationen von BÖLSCHE findet sich bei BRAAKENBURG (1976); weitergehende Studien zur Erfassung dieser Popularisierung des naturwissenschaftlichen Gedankengutes sind dringend, läßt sich doch nur so die Kontur unseres modernen Naturverständnisses in kulturwissenschaftlcher Hinsicht wirklich vollständig nachzeichnen. Zumindest numerisch ist die hier transportierte Idee von der Konzeption einer naturwissenschaftlich zu erfassenden Natur weitaus bedeutender als es die zunächst weitestgehend wissenschaftsintern reflektierte Entwicklung der Physik bis in die 50er Jahre sein konnte (KOLKENBROCK-NETZ 1983; FELLMANN 1988; HAMACHER 1997).

Anschrift des Verfassers:
Univ.-Prof. Dr. Dr. Olaf BREIDBACH
Institut für Geschichte der Medizin,
Naturwissenschaft und Technik
Ernst-Haeckel-Haus
Berggasse 7
D-07745 Jena
Deutschland

Symmetrien, Asymmetrien, Ernst HAECKEL und die Malerei

H. TUNNER

FÜR MARIA

Abstract

Symmetries, Asymmetries,
Ernst HAECKEL and Painting.

Symmetry has keenly interested scientists and artists over the centuries. In this article I discuss some aspects of symmetry in nature and art.

In nature, symmetry is an adaptive feature. Fluctuating asymmetry (FA), seems to be often related to reproductive fitness, because FA may function as a signal for the genetic "quality" of a mate.

In art, symmetry and asymmetry (symmetry-breaking) are important formative principles much like perspective. Often artists specifically use symmetry-breaking to intensify the expression of a work of art. Symmetry (primary aesthetic perception) and symmetry-breaking (secondary aesthetic perception), are jointly responsible for the sensory impression that artwork conveys, whereby these two formative principles most probably activate different emotional triggers. In "abstract" paintings made by children, a certain genetic disposition toward symmetry perception can be recognized.

Ernst HAECKEL, one of the outstanding zoologists of the 19th century, also had a strong artistic personality which was expressed in a lifelong passion for landscape painting (he painted approx. 1400 pictures). From an early age, HAECKEL searched for "Ideal symmetry-laws" which formed the basis of the variety found in nature. He also established a hierarchical system of aesthetic perceptions, with landscape-aesthetics ranking on top.

His very modern neurobiological interpretation of the origin of aesthetic perception – bound to certain neurons in the cortex – characterize Ernst HAECKEL as a pioneer in neuroaesthetic science. Finally I discuss some parallels of Ernst HAECKEL and Piet MONDRIAN, one of the most revolutionary abstract painters. Both were fascinated by the beauty of nature. By painting landscapes – and especially single trees – they tried to elaborate elementary structure-inherent principles that underlie the beauty of nature. A possible explanation for their desire to recognize such principles in individual trees might lie in the hemispheric specialization in global and local perception.

**Stapfia 56,
zugleich Kataloge des OÖ. Landesmuseums, Neue Folge Nr. 131 (1998), 317-338**

Ernst HAECKEL liebte die Landschaftsmalerei über alles. Er schreibt: „...das Lustgefühl, das der Genuß der Landschaft erregt, und das in der modernen Cultur der Landschaftsmalerei seine Befriedigung findet, ist umfassender als alle anderen ästhetischen Empfindungen". Über die Wahrnehmung der landschaftlichen Schönheit schreibt HAECKEL: „Die physiologischen Functionen der Nervenzellen unserer Großhirnrinde, die diese ästhetischen Genüsse bewirken ... gehören zu den vollkommensten Leistungen des organischen Lebens" (Aus „Die Lebenswunder" 1904).

Symmetrien

Symmetrien im Sinne von Harmonie, Balance, Regelmaß, Schönheit und Einfachheit[1], waren zu allen Zeiten für den Menschen von großer Bedeutung, sind sie doch in der Natur, in der Kunst sowie in Wissenschaft und Technik allgegenwärtig. Im antiken Griechenland glaubte man beispielsweise, daß landschaftsbildende Strukturen, wie Flüsse und Berge, auf unserer Erde symmetrisch verteilt wären. Der griechische Begriff Kosmos bedeutete nicht nur Weltall, Erde und Menschheit, sondern auch Regelmäßigkeit, Ordnung, Ehre und Schmuck. Noch im 17. Jahrhundert enthielten Weltkarten einen hypothetischen Südkontinent als „Gegengewicht" zum Norden. Und der eigentliche Grund für die englische Admiralität, Kapitän Cooks aufwendige Reisen zu unterstützen, war die Überzeugung, diesen unbekannten Südkontinent zu entdecken (MACLEAN 1972). Heute vermittelt eine Vielzahl guter Bücher die tiefe Bedeutung der Symmetrie (z. B. WEYL 1955; STORK 1985; GENZ 1987; CAGLIOTI 1990; TARASSOW 1993). Allgemeine Definitionen der Symmetrie haben sich seit der Antike nicht wesentlich geändert. Der griechische Philosoph PLOTIN (205-270) sah die Symmetrie als „Wohlverhältnis der Teile zueinander und zum Ganzen", und WEYL (1955) definiert die Symmetrie als „Konkordanz mehrerer Teile, durch welche sie sich zu einem Ganzen zusammenschließen."

Wenn wir symmetrische Erscheinungen mit Begriffen wie Harmonie, Schönheit, Regelmaß usw. verbinden, so heißt das natürlich nicht, daß der Zweck der Symmetrie allein in ihrer Ästhetik liege. Zwar spielt in der Kunst die Symmetrie als ästhetisches Gestaltungsprinzip eine entscheidende Rolle, in der Natur aber hat die Entstehung von Symmetrien (Spiegel- oder bilaterale Symmetrie, Rotationssymmetrie, Translationssymmetrie oder Metamerie) eine tiefe, evolutionsbiologische Wurzel. „Symmetrie muß durch einen selektiven Vorteil ausgewiesen sein, sonst könnte sie sich im Wechselspiel von Mutation und Selektion weder behaupten noch durchsetzen..." schreibt Manfred EIGEN (zit. in OTTE 1985). Damit kennzeichnet M. EIGEN die in allen Organismen nachweisbaren Symmetrien als adaptives „Merkmal", das der darwinschen Selektion unterliegt. Ein Vierbeiner mit einseitig verkürzten Beinen würde umfallen und verhungern oder selbst gefressen werden. Und eine Libelle, deren Flügel durch eine Mutation asymmetrisch geworden sind, hätte gegenüber ihren artgleichen symmetrischen Konkurrenten beim Paarungs- oder Nahrungsflug kaum Chancen. Der bilateral-symmetrische Bau steht vor allem im Zusammenhang mit der Fortbewegung. Etwa 95 Prozent der Tiere gehören zu den „Bilateria" (STEINER 1985). Die Rotationssymmetrie findet man häufiger bei seßhaften und auf optimale Lichtnutzung angewiesenen Organismen.

Auch die Techniker kommen nicht aus ästhetischen Überlegungen zu Symmetrien, wenn sie Flugzeuge, Windmühlen, Torpedos oder Tische mit vier gleich langen Beinen konstruieren. Das symmetrische Bauprinzip in Natur und Technik steht in engem Zusammenhang mit Überleben und Funktionieren. Nur in der Kunst wird die Symmetrie zum ästhetischen Stilmittel.

Exkurs in die Welt der fluktuierenden Asymmetrien

Seit einigen Jahren wird bei verschiedensten Tiergruppen und vor allem auch beim Menschen, nach Abweichungen von einer strengen bilateralen Symmetrie gesucht (Zusammenfassung der bisherigen Literatur in: MØLLER & THORNHILL 1998). Der Begriff Fluktuierende Asymmetrie – oder kurz FA – ist dabei in der Biologie und Psychologie zum neuen Schlagwort geworden. FA ist definiert als fluktuierende Abweichung von der vollkommen symmetrischen Ausbildung eines (bilateralen) Merkmals (GANGESTAD et al. 1994). Fluktuierend bedeutet, daß die Richtung (links-rechts) der Asymmetrie in der Generationenfolge nicht konstant bleibt, d. h. keiner genetischen Kontrolle unterliegt (Abb. 1). Die FA hat also nichts mit jenen genetisch fixierten Asymmetrien zu tun, die in einem

Abb. 1:
Viele Frösche besitzen einen dorsal verlaufenden Mittelstreifen. In seltenen Fällen ist der symmetrische Verlauf des Streifens durch eine starke Asymmetrie (Pfeil) unterbrochen. Sie weist auf eine Störung während der nicht genetisch determinierten, für Umwelteinflüsse offenen epigenetischen Entwicklung hin (Photo: H. TUNNER).

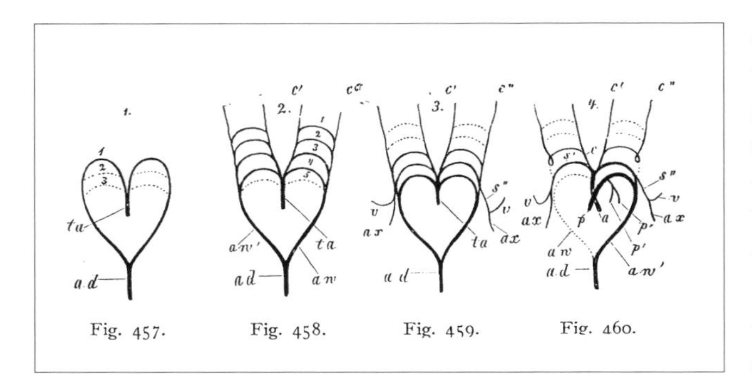

Abb. 2:
Verwandlung der Arterienbögen beim menschlichen Embryo. Die genetisch determinierte Verwandlung der Bögen aus einer symmetrischen Anlage zum asymmetrischen Endzustand vollzieht sich während der menschlichen Ontogenie (Aus HAECKEL 1903).

schrittweisen evolutiven Anpassungsprozeß aus symmetrischen, oft ontogenetisch noch nachweisbaren Vorläuferstrukturen entstanden sind (Abb. 2). Die gegenwärtige intensive wissenschaftliche Auseinandersetzung mit der FA ergibt sich aus dem offenkundigen Zusammenhang zwischen FA und sexueller Selektion.

Einige Beispiele:

– Weiblichen Zahnkarpfen der Gattung *Xiphophorus* dienen die vertikalen, dunklen, dorso-ventral verlaufenden Bänder an beiden Seiten des Körpers der Männchen als Kriterium bei der Partnerwahl. Symmetrisch gebänderte Männchen haben mehr Erfolg (MORRIS & CASEY 1998).

– Auch männliche Rauchschwalben (*Hirundo rustica*) mit symmetrischen Schwanzfedern sind reproduktiv erfolgreicher, weil die Weibchen sich bei der Partnerwahl an der Länge und Symmetrie der beiden Schwanzfedern orientieren (MØLLER 1992a). Je länger und symmetrischer, umso größer die Chancen für die Männchen.

— Beim Menschen wird vor allem der Zusammenhang zwischen Symmetrie und Attraktivität – meist auf der Basis Computer generierter Bilder – eingehend untersucht (z. B. GANGESTAD et al. 1994; GRAMMER & THORNHILL 1994; SINGH 1995). Eine bilateral-symmetrische Ausgewogenheit (keine Extrembildungen) von Gesichts-und Körpermerkmalen wird mit Attraktivität verknüpft. Die Annahme, daß Attraktivität kulturabhängig sei, konnte nicht bestätigt werden. Symmetrische Gesichtszüge werden unabhängig vom Kulturkreis als attraktiv empfunden (BUSS 1989; getestet wurden 37 Kulturen).

— Selbst Insekten, mit ihrem grundsätzlich anderen, konvergent entstandenem Lichtsinnessystem und relativ einfachen Nervensystem, bevorzugen symmetrische Muster (GIUFRA et al. 1996).

Bei der Skorpionsfliege genügt eine minimale Längen-Asymmetrie der Vorderflügel, um Männchen nahezu völlig von der Fortpflanzung auszuschließen (THORNHILL 1992).

Auf symmetrische Muster trainierte Bienen fliegen später symmetrische Signale häufiger an und schweben länger vor ihnen als ihre auf asymmetrische Muster trainierten Artgenossen. Das legt die Annahme nahe, daß die Biene eine genetische Disposition für die Wahrnehmung symmetrischer Muster besitzt. Nicht nur für die Biene ist es von Vorteil, sondern auch für die symmetrischen Blüten, wenn der Wahrnehmungsapparat eines Pollenspenders auf diese Symmetrie abgestimmt ist (GIUFRA et al. 1996).

Bereits diese wenigen Beispiele belegen den einleitend zitierten Zusammenhang von Symmetrie und Selektion. Die Frage ist nun, welche Informationen einem Artgenossen durch die Abweichung von der Symmetrie übermittelt werden? Die Grundthese lautet: An der Asymmetrie kann die genetische „Qualität" eines potentiellen Paarungspartners erkannt werden. Der Begriff „Qualität" bezieht sich vor allem auf die Entwicklungsstabilität, die mit einer erhöhten Heterozygotie, mit Parasitenresistenz und fitness positiv korreliert sein soll. FA gilt heute als das gebräuchlichste Maß für die Stabilität des Entwicklungsverlaufes (GRAHAM et al. 1994).

Dem Zusammenhang zwischen Symmetrie, Entwicklung und Selektion liegen folgende Überlegungen zugrunde:

1. Die Kodierung für die symmetrische Morphogenese eines Organismus geht von (nur) einem Genotypus aus.

2. Die stabilisierende Selektion begünstigt symmetrische, um den Mittelwert gruppierte Individuen.

3. Asymmetrien weisen auf Störungen der homöostatischen Entwicklung – vor allem während der für Milieufaktoren offenen Epigenesis – hin. Damit wird die Symmetrie zu einem Maß für die „Pufferung" der epigenetischen Entwicklung gegen biotische und abiotische Milieufaktoren (wie Viren, Bakterien, Protozoon, Ernährung, Temperatur, Feuchtigkeit, pH, usw.).

4. Symmetrische Individuen besitzen im Durchschnitt einen höheren Heterozygotiegrad als asymmetrische. Für die Erhaltung genetischer Polymorphismen an adaptiven

Genorten (genetische Vielfalt in Populationen) wird die erhöhte reproduktive fitness der Heterozygoten gegenüber den Homozygoten angenommen.

Ohne Zweifel kann die symmetrische Ausprägung eines Merkmals ein wichtiges biologisches Signal darstellen. Mit Vorbehalt können Korrelationen zwischen Symmetrie, Entwicklungsstabilität, Parasitenresistenz, Heterozygotie und Selektion angenommen werden. Gewisse Vorbehalte ergeben sich deshalb, weil die Zusammenhänge gegenwärtig noch durch relativ wenig empirische Daten gestützt werden. Vielfach basieren sie lediglich auf Korrelationen und theoretischen Überlegungen. Bei Fischen ist ein Zusammenhang zwischen Entwicklungsstabilität und erhöhter Heterozygotie an mehreren Strukturgenorten (Enzym-Genen) experimentell nachgewiesen worden (LEARY et al. 1983, 1984), und MØLLER (1992b) fand einen stärkeren Parasitenbefall bei Rauchschwalben mit erhöhter FA [für eine aktuelle Darstellung der Problematik und weitere Beispiele siehe das Buch der beiden Pioniere der FA-Forschung MØLLER & SWADDLE (1997)].

Ernst HAECKELS Suche nach dem idealen Symmetrie-Gesetz

Ernst HAECKEL (1834-1919) war einer der bedeutendsten Zoologen des 19. Jahrhunderts. HAECKEL war aber nicht nur ein hervorragender Naturwissenschafter, sondern auch ein künstlerisch hochbegabter, außergewöhnlich ästhetischer Mensch. Bereits als 28jähriger veröffentlichte er eine fast 600 Seiten umfassende Monographie der Radiolarien mit zahlreichen, auf 35 Tafeln abgebildeten, selbst gezeichneten Figuren (HAECKEL 1862). Der Anatom Max SCHULZ schrieb an HAECKEL im Erscheinungsjahr dieses monumentalen Werkes: „Der Atlas von 35 Tafeln ist das Schönste, was an artistischer Beziehung von naturforscherlichen Werken über niedere Tiere je geleistet worden ist“ (zit. nach KRAUßE 1987).

Die vielfach so bizarr symmetrischen Radiolarien (Abb. 3), über die HAECKEL 1887 noch ein weit umfassenderes Werk von 1800 Seiten und 140 Tafeln (HAECKEL 1887) veröffentlichte, kennzeichnet er schwärmerisch als „...die größten Künstler unter den Protisten“. Die Gestalt der Radiolarien sei ein „...höchst regelmäßiges Kunstwerk...“ von der „...peinlichsten Akkuratesse eines geschulten Geometers...“; vergleichbar nur mit der Phantasie der „...arabischen Architekten, die die Alhambra von Granada ausschmückten“ (HAECKEL 1913)[2].

In seiner „Generellen Morphologie“ unternahm HAECKEL (1866) erstmals den Versuch, die Vielfalt der Naturgestalten auf Grundkonstruktionen zu reduzieren. Diese sehr aufwendige „Grundformenlehre“ oder „Promorphologie“ erscheint auch später – in etwas abgeänderter Form – in HAECKELS

Abb. 3:
Die im Meer lebenden Radiolarien waren HAECKELS bevorzugte Studienobjekte. Ihr feines, in ungeheurer Formenvielfalt auftretendes Kieselsäure- oder Strontiumskelett weist fast immer eine nahezu perfekte Symmetrie auf. Haeckel beschrieb etwa 4000 Radiolarien-Arten (Aus HAECKEL 1899-1904).

„Systematischer Phylogenie“ (1894-1896), im Supplement-Heft zu den „Kunstformen der Natur“ (1899-1904) und in „Die Lebenswunder“ (1904).

Bei dem Bestreben, die Mannigfaltigkeit in der Tier- und Pflanzenwelt auf Grundformen zurückzuführen, greift HAECKEL gelegentlich zu erstaunlichen Formulierungen. Ein Beispiel: Innerhalb der „Ungleichporigen kreuzaxigen“ Grundform, die er „Stauraxonia allopora“ nennt, beschreibt er die „Zweischneidige oder amphithecte Pyramiden (form)“ als jene, deren „... Basis eine Raute (Rhombus) ist, nicht ein regelmäßiges Viereck. Demnach kann man durch die Grundfläche zwei aufeinander senkrechte ideale Kreuzaxen legen, die beide gleichporig, aber von ungleicher Länge sind. Eine von beiden kann als Sagittal-Axe (mit Rückenpol und Bauchpol), die andere als Transversal-Axe (mit rechtem und linkem Pol) bezeichnet werden; aber diese Unterscheidung ist willkürlich, weil beide gleichporig sind. Darin liegt der wesentliche Unterschied von den centroplanen und dorsiventralen Formen, bei denen nur die Lateral-Axe gleichporig ist, die Sagittal-Axe hingegen ungleichporig.“

Maßgebend für die Erstellung des „promorphologischen Systems, ist das Verhältnis der Lagerung der Theile zur natürlichen Mitte des Körpers“. HAECKEL definiert das Ziel seiner „Grundformenlehre“ folgend: „...sie verfolgt die Aufgabe, in der realen vorliegenden Körperform ein **ideales Symmetrie – Gesetz** zu entdecken und dieses in einer ganz bestimmten **mathematischen Formel** auszudrücken“. (Auch hier – wie an vielen anderen Stellen seines Werkes – offenbart sich HAECKELS Nähe zu dem von ihm so verehrten GOETHE: „Nach ewigen, ehernen großen Gesetzen müssen wir alle unseres Daseins Kreise vollenden“.)

In der „Grundformenlehre“ findet man auch die bemerkenswerte Feststellung, daß die „...ontogenetische Metamorphose...“, die zum asymmetrischen Schneckenkörper führt, die „...schönsten Beispiele für die Vererbung erworbener Eigenschaften ...“ liefere. Dabei steht im Originaltext die „Vererbung erworbener Eigenschaften“ gesperrt und unter Anführungszeichen!

Erscheint dem großen Gestaltenseher HAECKEL die Entstehung eines symmetrischen „Bauplans“ als zweckmäßig oder als schön – oder ist alles Zweckmäßige auch schön, und umgekehrt? Folgt der „Kunsttrieb“ des „beseelten Protoplasmas“ (HAECKEL 1913) bei der Formierung einer Grundkonstruktion den Gesetzen der Darwinschen Evolution? Haben die im Wasser schwebenden Radiolarien deshalb eine so streng symmetrische, oft sphärische Gestalt und ein kompliziertes Kiesel- oder Strontiumskelett, weil sie damit die Probleme der Schwerkraft und Lichtnutzung am besten lösen können? Manchmal hat man nicht den Eindruck, daß der Schöpfer der Begriffe Ökologie und Phylogenie, die Symmetrie als jenes universelle Konstruktionsprinzip sieht, durch dessen Verwirklichung ein Lebewesen eben am besten an die vielfältigen Anforderungen seiner Umwelt angepaßt ist.

Warum ist die Landschaft – trotz Asymmetrie – so schön ? Ernst HAECKEL weiß keine Antwort

Die Ästhetik hat nach HAECKEL die Aufgabe, die Gesetzmäßigkeiten zu erforschen, die der „Lust und Freude am Schönen“ zugrunde liegen. Wie bei HAECKEL nicht anders zu erwarten, ist er auch hier Phylogenetiker und erstellt ein hierarchisches System der „Schönheit der Naturformen“ (HAECKEL 1904).

HAECKEL unterscheidet zunächst 2 Kategorien von Schönheit: eine „directe oder sinnliche Schönheit“ und eine „indirecte oder associale Schönheit“. Diesen beiden Kategorien werden 8 Formen des Schönen und Ästhetischen untergeordnet[3]. Innerhalb der „directen oder sinnlichen Schönheit“, die er als „Objekt der sensuellen Aesthetik“ bezeichnet, unterscheidet HAECKEL „...in aufsteigender Vollkommenheit...“

1. Einfache Schönheit
   (Object der primordialen Aesthetik)
2. Rhythmische Schönheit
   (Object der linearen Aestetik)
3. Actinale Schönheit
   (Object der radialen Ästhetik)
4. Symmetrische Schönheit
   (Object der bilateralen Aesthetik)

Zur zweiten Kategorie, der „Indirecten oder associalen Schönheit (Objecte der associativen oder symbolischen Aesthetik)" zählt HAECKEL:

5. Biologische Schönheit (Objecte der botanischen und zoologischen Aesthetik)
6. Anthropologische Schönheit (Objecte der anthropomorphen Aesthetik)
7. Sexuelle Schönheit (Objecte der erotischen Aesthetik)
8. Landschaftliche Schönheit (Objecte der regionalen Aesthetik)

Die nähere Erläuterung dieser letztgenannten „Landschaftlichen Schönheit" ist außerordentlich interessant und kennzeichnend für den leidenschaftlichen Landschaftsmaler. HAECKEL schreibt: „das Lustgefühl, das der Genuß der Landschaft erregt, und das in der modernen Cultur der Landschaftsmalerei seine Befriedigung findet, ist umfassender als dasjenige aller anderen ästhetischen Empfindungen."

Die Schönheit der Landschaft vermittelt HAECKEL den höchsten ästhetischen Genuß und ihre Wahrnehmung gehört für ihn „...durch die physiologischen Functionen der Nervenzellen unserer Großhirnrinde, die diese ästhetischen Genüsse bewirken... zu den vollkommensten Leistungen des organischen Lebens."

Und schließlich heißt es weiter: „Sehr merkwürdig ist, daß für die Schönheit der Landschaft (im Gegensatz zur Architektur und zu der Schönheit der einzelnen Naturobjecte) die **absolute Unregelmäßigkeit, der Mangel von Symmetrie**... die erste Voraussetzung ist" (HAECKEL 1899-1904). Im „Kunsttrieb des Protoplasmas" sieht HAECKEL den Verursacher für das Schöne und Harmonische im „einzelnen Naturobject". Warum aber ist die Landschaft in all ihrer Asymmetrie so schön? – Darauf weiß HAECKEL keine Antwort.

Ernst HAECKEL – ein Wegbereiter der Neuroästhetik

HAECKELS Überlegungen zur physiologischen Entstehung von ästhetischen Empfindungen sind frei von jeder Metaphysik und erscheinen erstaunlich modern. Es gibt keinen Bezug zu einer der zahlreichen früheren philosophisch-theologischen Schönheits- und Ästhetiktheorien (z. B.: „schön ist gleich gut, gut ist gleich schön")[4]. Verantwortlich für die verschiedenen Formen ästhetischer Empfindungen sind nach HAECKEL sowohl die „ästhetischen Neuronen oder sinnlichen Gehirnzellen", die „...unmittelbar von Lust erregt werden", als auch die „...vernünftigen Gehirnzellen...", die nach HAECKEL auch „...die Vorstellung und das Denken bewirken" (HAECKEL 1904).

Später, in seiner Schrift „Die Natur als Künstlerin" (1913), formuliert HAECKEL seine Vorstellungen über das Wesen der Kunst. Seine Auffassung ist aktuell, realistisch und weit entfernt von jenen verschwommenen Versuchen, Kunst mit irgendwelchen irrealen „Eingebungen" zu verbinden. HAECKEL schreibt:

„...also ist auch seine (des Menschen) ganze Kunst, in engerem wie in weiterem Sinne dieses vieldeutigen Begriffes, nicht, wie man früher glaubte, das Geschenk einer übernatürlichen Macht, sondern das natürliche Produkt seines Gehirns – genauer gesagt: die Arbeit von Nervenzellen, die das Denkorgan in unserer grauen Großhirnrinde zusammensetzt".

Mit dieser Formulierung muß HAECKEL als ein Vordenker der Neuroästhetik angesehen werden, jener neuen Disziplin innerhalb der Neurowissenschaften, deren Aufgabe es ist, die neuronalen Grundlagen ästhetischer Empfindungen zu erforschen. Die Wahrnehmung von Symmetrien und deren Brechungen spielen dabei eine zentrale Rolle.

Bei der Fülle an Informationen, denen das visuelle System ausgesetzt ist, muß das System in Bezug auf die Zuordnung der Reize zu neuronalen Strukturen ökonomisch arbeiten (TSOTSON 1990). Die Untersuchungen an Tier und Mensch (vgl. das Kapitel über die Fluktuierende Asymmetrie) lassen vermuten, daß der visuellen Wahrnehmung symmetrischer Reize gewisse neuronale „Korrelate" entsprechen, die eine selektive Verarbeitung erlauben. Dem neuronalen Netzwerk „vertraute", symmetrische Signale gewährleisten eine rasche Orientierung.

Vor dem Hintergrund einer chaotischen Informationsfülle könnte die problemlose Verarbeitung symmetrischer Signale, auch mit einem höheren und intensiveren Wahrnehmungs(aisthesis)-Effekt einhergehen. Bei der Wahrnehmung der Gesichtssymmetrien (symmetrisch = ästhetisch) spricht man auch von „Schönheit durch Prozeßerleichterung" (MÜLLER 1993). Die Entstehung ästhetischer Empfindungen wäre demnach im Sinne einer Art Schlüssel-Schloß-Prinzip (MÜLLER 1993) zu verstehen, wobei das neuronale Netzwerk das Schloß repräsentiert, in welches der Reiz wie der zugehörige Schüssel paßt. Jedem Ethologen wird diese Annahme vertraut sein.

Interessant im Zusammenhang mit der Frage nach hirnanatomischen „Schlössern" zu bestimmten visuellen „Schlüssel"-Reizen sind Mikroelektrodenuntersuchungen an Affen. In der Hirnrinde von Affen existieren Neuronen, die selektiv für den symmetrischen Augenbereich zuständig sind. In anderen kortikalen Regionen antworten die Nervenzellen selektiv auf ganze Gesichter und/oder mimische Ausdrucksbewegungen (GRÜSSER & LANDIS 1992, zit. in BIRBAUMER & SCHMIDT 1996; vgl. auch ELLIS & JOUNG 1989). Dabei spielt auch Erfahrung eine Rolle, denn bekannte Gesichter lösen eine stärkere Reaktion der Nervenzellen aus als unbekannte. Auch im Enzephalogramm des Menschen erscheinen Potentiale, die offensichtlich auf gesichtsspezifische Neuronen zurückgehen (BÖTZEL & GRÜSSER 1989).

Abb. 4:
Zwei Varianten der in Südafrika weit verbreiteten *Acacia tortilis*. Die kurzstämmige, bodennah verzweigte Wuchsform kann als „Urbild" eines Baumes angesehen werden (Aus JEEPE & DAVIDSON 1981).

Selbst für die Wahrnehmung ganzer Landschaften oder bestimmter landschaftsbildender Elemente, wie Bäume oder Gewässer, ist eine genetische Disposition im Sinne neuronaler Strukturen nicht ausgeschlossen. Legt man beispielsweise Kindern Photos von typischen Landschaften vor (tropischer Regenwald, Nadel- und Laubwald, afrikanische Savanne und Wüste) und fragt, wo sie gerne leben möchten, so entscheidet sich eine Mehrheit für die Savanne (BALLING & FALK 1982). Ab dem 15. Lebensjahr gewinnt dann das persönliche Umfeld zunehmend an Bedeutung (Entscheidungen für den Nadel- oder Laubwald). Eine mehrheitliche Entscheidung für die Wüste oder den Regenwald kommt jedoch nicht vor.

Die Annahme eines historisch festgelegten Schemas einer bestimmten Landschaft liegt nahe, wenn man bedenkt, daß sich wahrscheinlich in der afrikanischen Savanne die Evolution zum Menschen vollzogen hat (s. Beitrag KIRCHENGAST in diesem Band). APPLETONE (1996) formuliert: „... a preference for a particular type of landscape may also be part of our biological heritage".

Auch Bäume mit bestimmter Wuchsform werden bevorzugt. Legt man beispielsweise Personen Abbildungen von verschiedenen Baumformen vor und fragt nach dem ansprechendsten Baumtyp, so fällt die Wahl mehrheitlich auf die Umrißform wie sie bei vielen Akazienarten vorkommt. Dabei wird die in Südafrika weit verbreitete und in ihrer Wuchsform sehr variable *Acacia tortilis* dann als besonders ansprechend empfunden, wenn die Krone weit ausladet (schattenspendend), der Stamm kurz ist und sich bodennah verzweigt (Fluchtmöglichkeit) (ORIANS & HEERWAGEN 1995; Abb. 4).

Es scheint also eine gewisse Disposition für ästhetisches Empfinden bei der Wahrnehmung einer Landschaft oder eines Baumes zu existieren. So wird auch verständlich, warum beispielsweise ein frei fließender Strom mit seinen unberührten Auwäldern mehr Anziehungskraft bzw. ästhetischen Wert besitzt, als etwa ein gestauter Fluß mit einem von Menschen gemachten, sterilen Umfeld. Und es wird auch verständlich, warum Baukräne oder Hochspannungsleitungen in der Landschaft frühestens in stammesgeschichtlichen Zeiträumen den ästhetischen Wert von Bäumen erlangen können. In diesem Zusammenhang ist eine Untersuchung in einem amerikanischen Hospital interessant: Bei Patienten, die von ihrem Fenster aus auf Bäume sehen konnten, verlief die postoperative Heilung deutlich rascher und mit weniger schmerzstillenden Medikamenten, als bei Patienten, vor deren Fenster sich eine Ziegelwand befand (ULRICH 1983).

Symmetrien in den Malereien eines Kindes

In Wahlversuchen bevorzugt der Mensch[5] symmetrische Figuren und kann sich solche auch leichter merken und genauer wiedergeben als asymmetrische; selbst dann noch, wenn die Symmetrie unvollkommen ist (ATTENEAVE 1954; EISENMAN & RAPPAPORT 1967). Es dürfte also nicht (nur) die Redundanz der Information sein, die für die Wahl symmetrischer Formen bestimmend ist. Malereien von Kindern vermitteln oft ein starkes, unbewußtes Symmetrie-Empfinden. Die visuelle Welt des Kindes ist ja noch weniger von Erfahrung „überlagert", so daß ihr unmittelbares Empfinden für „Gleichgewichtigkeit" unverfälscht in ihren bildlichen Darstellungen zum Ausdruck kommt. Selbstverständlich könnte eine elementare Wahrnehmungskategorie, wie die Symmetrie, auch auf Erfahrung in einer frühen, sensiblen Entwicklungsphase beruhen. Die ersten soliden visuellen Reize für das Neugeborene gehen ja vom bilateral-symmetrischen Gesicht eines Menschen aus.

Die in Abb. 5 wiedergegebene Farbzeichnung eines Vorschulkindes ist ein schönes Beispiel für kindliches Symmetrieempfinden. Aus jeder oberen Ecke des Bildes strahlt eine Sonne, verbunden durch den blauen Himmel. Der Baum hat zwei symmetrische Haupt- und je vier Nebenäste; nur die rechten unteren Nebenäste sind asymmetrisch. Der Vater ist in dem Bild deshalb sehr viel größer dargestellt als der Baum, weil er in der Welt des Kindes auch bedeutender ist.

Leider existiert meiner Erfahrung nach kaum Literatur zur unmittelbaren Raumverteilung von Mustern und Farben in nicht-figürlichen, abstrakten Malereien oder Zeichnungen von Kindern. Wenn kindliche Malereien gelegentlich analysiert werden – leider zu oft nach mehr oder weniger obskuren, meist psychoanalytischen Gesichtspunkten – dann steht das Gegenständliche im Vordergrund. Mich haben die „abstrakten" Malereien von Kindern überzeugt, daß es auch beim Menschen ein angeborenes oder durch frühe prägungsähnliche Lernprozesse erworbenes, unmittelbares Symmetrie-Verstehen geben muß. Deshalb gehe ich im folgenden kurz auf Beobachtungen ein, die mir in den Bildern der heute elfjährigen Maria (Abb. 6) auffielen.

Vom Vorschulalter an malte oder zeichnete Maria bis zum Eintritt ins Gymnasium wöchentlich meist 2 Bilder im A3-Format[6]. Es standen Tempera-und Aquarellfarben, Buntstifte und Ölkreide zur Verfügung. Wir vereinbarten 3 verschiedene Themenkreise:

1. „Nach der Phantasie", d. h. gegenstandslos, also abstrakt.
2. „Nach Thema oder Vorlage" (Maria bekam – oder wählte selbst – ein Thema oder eine Vorlage zum Nachmalen).
3. „Nach der Natur".

Vor allem die sehr plakativ-farbigen „Phantasiebilder" besaßen durchwegs eine angenehme Ausgewogenheit. Dabei hatte man nicht den Eindruck, daß sich das Kind vor Beginn einer Malerei irgendeine Raumaufteilung zurechtlegte. Es begann meist in der Mitte oder in einer Ecke, und schließlich ergab sich doch ein Gleichgewicht der verschiedenen Muster und Farben. Der Wahl einer Farbe ging gelegentlich ein längerer Entscheidungsprozeß voraus und Maria konnte über eine, in ihren Augen falsch gewählte Farbe, sehr unglücklich sein. Gelegentlich begann sie deshalb sogar ein Bild von neuem. Das in Abb. 7 wiedergegebene „Phantasiebild" ist für diese kindliche, intuitive Raumgliederung ein schönes Beispiel. Das visuelle Zentrum liegt etwa in der Bildmitte. Die mittlere Spirale wird in das Bildzentrum hineingehoben, wodurch eine stärkere symmetrische Gesamtwirkung entsteht. Die Erhöhung einer anderen Spirale außer der mittleren wäre für das Kind wahrscheinlich ganz undenkbar.

Im Anschluß an die MONET-Ausstellung im Jahre 1996 im Wiener Belvedere, bat ich Maria, dessen berühmtes Mohnblumenbild nachzumalen (Abb. 8). Als mir das Kind ein paar Tage später das fertige Bild (Abb. 9) zeig-

Abb. 5:
Symmetrien in der Buntstiftzeichnung eines Vorschulkindes. Aus der linken und rechten oberen Bildecke strahlt eine Sonne. Die zwei Haupt- und acht Nebenäste sind – mit einer Ausnahme – völlig symmetrisch angeordnet. Der Vater wird größer dargestellt als der Baum, weil er den höheren Stellenwert in der Welt des Kindes einnimmt.

6

7

8

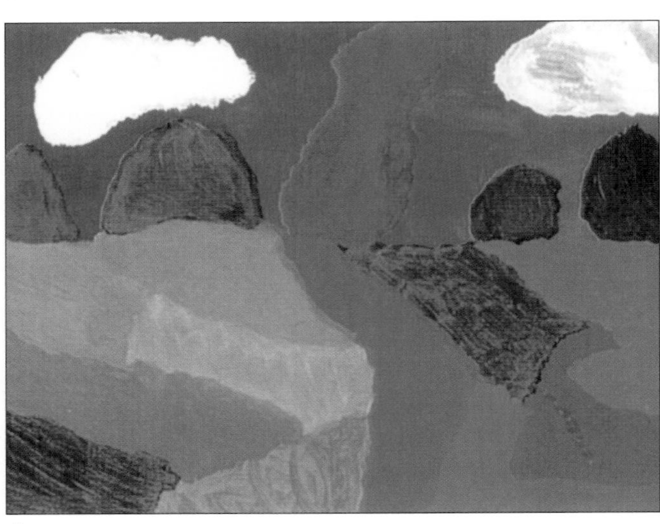

9

Abb. 6-9:
6: Die heute elfjährige Maria vor ihrer Bilderwand.

7: In diesem „Phantasiebild" erreicht Maria durch Anheben der mittleren Spirale eine harmonischere Raumteilung.

8: Claude MONETS berühmte „Mohnblumen in der Umgebung von Argenteuil" (1873 gemalt). Musée d'Orsay, Paris.

9: Marias Versuch, MONETS Mohnblumen nachzumalen. Die damals Neunjährige „korrigierte" die MONETschen Asymmetrien durch Weglassen der Mohnblumen und Figuren und Versetzen des hohen Baumes in die Mitte des Bildhintergrundes.

te, war mir die Diskrepanz zwischen Vorlage und „Kopie" zu auffällig, und ich fragte etwas kritisch nach den fehlenden Mohnblumen und dargestellten Personen. Sie hätte sie weggelassen, weil sie „nicht hinpassen", war ihre Antwort. Es könnte sein, daß der kindlichen Wahrnehmungswelt das impressionistische Bild – vor allem durch die linksseitig dominierenden Mohnblumen – als „einseitig" erschien. Auf meine Frage, warum sie den hohen Baum im Hintergrund in die Mitte malte und nicht seitlich wie auf der Vorlage, kam nach kurzem Blick auf die beiden Bilder die umwerfende Antwort: „Da auf der Seite wäre der Baum eigentlich blöd". Diese symmetrische „Korrektur" (noch verstärkt durch die beiden schweren Wolken) des asymmetrischen MONETschen Hintergrundes sowie ihr damaliger Kommentar veranlaßten mich, über die Raumvorstellungen und über die kindliche noch wenig von Erfahrung verfälschte visuelle Vorstellungswelt nachzudenken und Marias schon früher gemalte Bilder auf Symmetrien und andere Gestaltungsprinzipien hin zu „untersuchen".

Bemerkenswert war auch die erste Erfahrung des Kindes mit einem Zirkel. Die Möglichkeit, perfekte symmetrische Kreise zu ziehen, war zunächst für das Kind äußerst attraktiv, und die damals etwa Fünfjährige beschäftigte sich einen ganzen Abend ausschließlich mit dem Zirkel. Dann war diese Perfektion der Kreise plötzlich „langweilig" und der Zirkel wurde weggelegt. Es ist auch erstaunlich, daß Maria gerade Zahlen gegenüber ungeraden klar bevorzugt – ausgenommen die Zahl 25 mit der Begründung: 2 x 25 ergäbe 50! In diesem Zusammenhang ist der Hinweis von ULRICH (1967) auf den „symmetrischen Bau"

Abb. 10:

Ein Holzschnitt (Metamorphosen I) des Graphikers Maurits Cornelis ESCHER von 1937. Besonders reizvoll sind die Bilder dann, wenn ESCHER über die Symmetrie Mehrdeutigkeiten und Metamorphosen zum Ausdruck bringt (aus ERNST 1944).

von HAECKELS „Generelle Morphologie" interessant: Das Werk besteht aus 2 Bänden, zweimal 4 „Büchern", zweimal 15 Kapiteln und zweimal rund 600 Seiten. Ich habe weitere Werke HAECKELS auf die Anzahl der Tafeln überprüft. Von den 16 großen illustrierten Veröffentlichungen besitzen nur zwei eine ungerade Anzahl von Tafeln: „Die Radiolarien" mit 35 Tafeln – eigentlich eine schöne „runde" Zahl – und die 1. Auflage der „Natürlichen Schöpfungsgeschichte" mit 9 Tafeln. Spätere Auflagen haben eine gerade Anzahl von Tafeln; die letzte 30. Ich bin überzeugt, daß auch Ernst HAECKEL jenes starke, kindlich-unmittelbare Symmetrieempfinden besaß, das viele große Künstler – von Albrecht DÜRER[7] bis Hermann NITSCH[8] – auszeichnet.

Die Brechung der Symmetrie als Gestaltungsprinzip in der Malerei

„Wahre Schönheit besteht in einer teilweisen, bewußt herbeigeführten Brechung der Symmetrie". Dieses alte Zen-Sprichwort wird der aufmerksame Besucher einer Gemäldegalerie vielfach bestätigt finden. Die vom Künstler gewollte oder intuitive Durchbrechung von Symmetrien steigert die ästhetische Ausdruckswirkung eines Kunstwerkes. Wenn die Symmetrie ungebrochen durchgehalten wird, gewinnt man eher den Eindruck von Dekoration. Ein gutes Beispiel dafür sind die Bilder des „Symmetrikers" Maurits Cornelis ESCHER (1898-1972). Seine regelmäßigen ornamentalen Flächenaufteilungen erscheinen dort, wo sie konsequent durchgehalten werden, zwar zunächst sehr effektvoll und sogar schön, aber bald langweilig und irgendwie lebensfern (nichts in der belebten Natur ist perfekt symmetrisch). ESCHERS Bilder wirken jedoch dann besonders reizvoll und anziehend, wenn er durch die Symmetrie raffiniert durchdachte Mehrdeutigkeiten, Verzerrungen und Metamorphosen (schrittweise Symmetrieänderungen) zum Ausdruck bringt (Abb. 10). Erst dadurch werden jene „Irritationen" hervorgerufen, welche die Aufmerksamkeit des Betrachters fesseln. Es waren übrigens die mit Symmetrien vertrauten Kristallographen und

Abb. 11, 12:

11 (links): Das um 1280 entstandene Kruzifix erfährt durch den asymmetrischen Schwung von Körper und Beinen einen starken Bruch seines Ebenmaßes. Die Ausdruckswirkung des Kreuzes wird aber durch den Schwung erhöht. National-Gallery, London.

12 (rechts): Asymmetrien in den Augen haben immer eine starke, oft anziehende Wirkung, wie hier in dem um 1510 entstandenen Jesusgesicht (Dornenbekrönter Christus) des Cima da CONEGLIANO. National Gallery, London.

Abb. 13:
Die leicht manierierten Portraits des Amedeo Modigliani würden ohne die variierenden Gesichtsverzerrungen und Asymmetrien – vor allem der Augen – vielleicht etwas langweilig wirken. In seinen Akt-Bildern verzichtet Modigliani meist – wegen der Gesamtwirkung der nackten Figur – auf einen zusätzlichen Asymmetrie-Effekt. Die Augen sind deshalb entweder geschlossen oder symmetrisch (Portrait links oben, stärker beschnitten).

Von links nach rechts:

1. Reihe: Jacques Lipschitz und seine Frau, 1917 (Ausschnitt). Art Institute Chicago. Portrait Paul Guillaume, 1916. Galleria d'Arte Moderna, Mailand.

2. Reihe: Rothaarige Frau, 1915. Galleria d'Arte Moderna, Mailand. Moise Kisling, nicht datiert. Pinacoteca di Brera, Mailand.

3. Reihe: Sitzender Akt, 1916. Courtauld Institute Galleries, London. Großer liegender Akt, 1919. Simon Gugenheim Fund. Akt mit weißem Kissen, 1917. Staatsgallerie, Stuttgart.

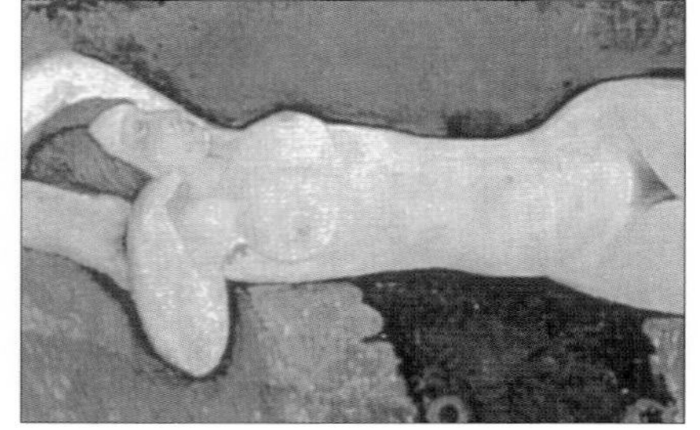

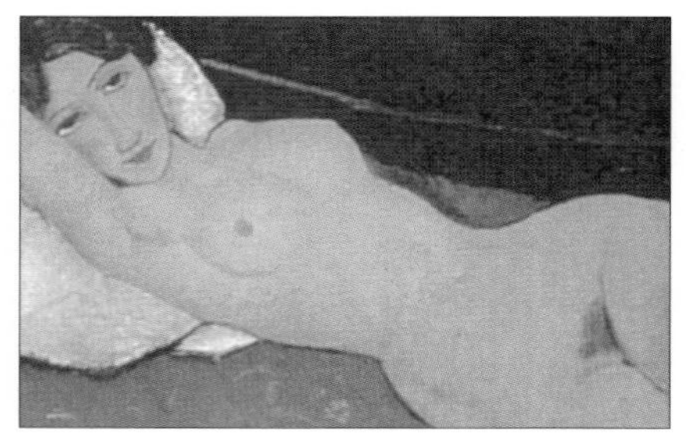

Mathematiker, die zuerst auf ESCHERS Werk aufmerksam wurden.

Einige Beispiele mögen zeigen, wie bildende Künstler durch Störungen der „wohltuenden" Symmetrien die Ausdruckswirkung eines Kunstwerkes zu steigern vermögen:

– Messungen an der Venus von Milo ergaben starke Asymmetrien – könnte sie gehen, würde sie hinken. Macht gerade diese – zwar reale, aber doch kaum wahrnehmbare – Unvollkommenheit die Schönheit der Venus so vollkommen?

– Das in Abb. 11 dargestellte mittelalterliche Christuskreuz erfährt durch den asymmetrischen Schwung von Körper und Beinen eine starke Durchbrechung seines Ebenmaßes. Die Gesamtwirkung des Kreuzes wird dadurch in reizvoller Weise erhöht. Das aus der Nagelwunde des linken Fußes austretende Blut fließt allerdings wieder – die Gesetze der Schwerkraft mißachtend – in Richtung Symmetrieebene.

– Ein besonderer Effekt läßt sich durch Asymmetrien von Strukturen mit starkem Signalcharakter – z. B. Augen – erzielen.

Das nicht sonderlich ausdrucksstarke Jesus-Gesicht in dem Bild von Cima da CONEGLIANO (1460-1523) (Abb. 12), erfährt durch den leichten Silberblick seine besondere Wirkung.

– Die relativ wenig strukturierten, leicht manierierten Portraits des Italieners Amedeo MODIGLIANI (1884-1919) würden ohne die variierenden Gesichtsverzerrungen und Asymmetrien – vor allem der Augen – vielleicht etwas langweilig wirken. In seinen Akt-Bildern malte MODIGLIANI die Figuren häufig mit geschlossenen oder offenen, aber symmetrischen Augen, weil der Maler wegen der Gesamtwirkung der nackten Figur auf den zusätzlichen Effekt einer Augenasymmetrie nicht angewiesen ist (Abb. 13).

– Paul KLEE (1897-1940) geht noch weiter als MODIGLIANI und malt nur mehr ein Auge (Abb. 14); und die bereits erwähnte junge Malerin Maria versicherte mir in kindlicher Unmittelbarkeit, daß sie sich einen Seeräuber ohne schwarze Augenbinde eigentlich nicht vorstellen könne. Zwar hätte Kapitän Ahab, der unerbittliche Moby-Dick-Jäger, zwei Augen, „dafür" aber ein Holzbein!

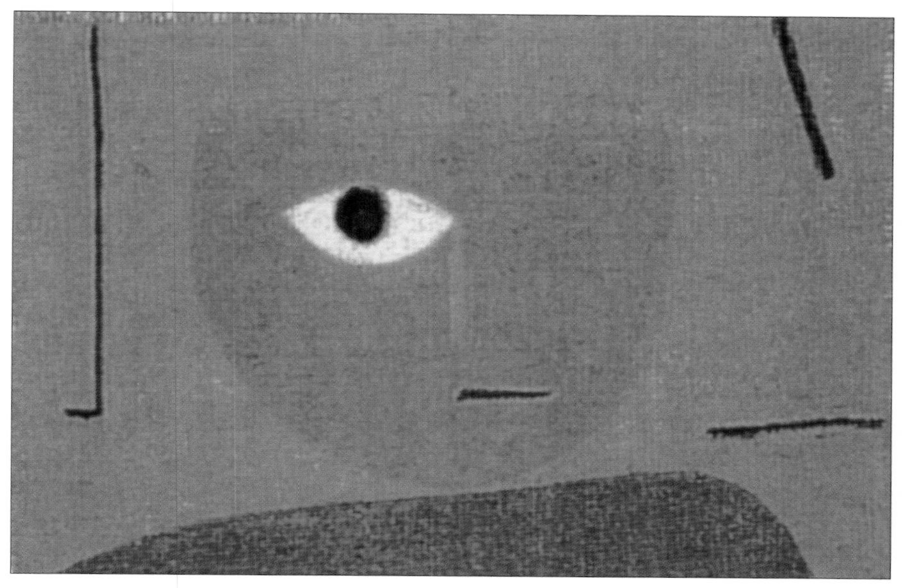

Abb. 14:
Paul KLEE nützt in vielen seiner Bilder die Wirkung von Asymmetrien. Er geht noch weiter als MODIGLIANI und malt überhaupt nur ein Auge. Um die Balance des instabil gelagerten Kopfes nicht ganz zu verlieren, malt KLEE den Mund auf die augenlose Gesichtshälfte. Die drei dunklen Balken erscheinen mir so harmonisch gesetzt, daß sie dem Bild – trotz Asymmetrien – ein starkes „inneres" Gleichgewicht geben. Paul KLEE. Das Auge, 1938. Privatsammlung, Schweiz.

In dem folgenden einfachen Schema wird der Bezug der Phänomene **Ästhetik durch Symmetrie** und **Ästhetik durch Symmetriebrechung** zusammengefaßt:

Was verbindet Ernst HAECKEL mit Piet MONDRIAN, dem revolutionärsten Maler des 20. Jahrhunderts?

Der 25jährige HAECKEL schreibt am 16. August 1859 aus Capri: „Und in der Tat, der Gedanke, noch auf meine alten Tage Landschaftsmaler zu werden, ist mir noch nie so

Abb. 15: Bäume aus Ernst HAECKELS (1905) „Wanderbildern". Auf vielen Bildern HAECKELS spielen Bäume eine zentrale Rolle.

nahe getreten wie jetzt... Was muß das für ein Glück sein, immer nur in der poetischen Welt des Lichtes und der Farben und Formen und Gestalten der unerschöpflichen Natur... Sicher ist, daß ich gleich nach meiner Zurückkunft in Öl malen anfangen werde, worauf ich schon jetzt hier ordentlich brenne" (HAECKEL 1921)[9].

HAECKEL war ein äußerst ästhetischer, phantasiereicher und ungewöhnlich produktiver Mensch[10]. Er besaß eine leidenschaftliche Liebe zur Natur. Die Landschaft vermittelte dem Künstler HAECKEL die „...reinste Form ästhetischer Empfindungen", in der Wahrnehmung der Landschaft sah HAECKEL die „...vollkommensten Leistungen des organischen Lebens" (HAECKEL 1904).

Die „Wanderbilder" (1905) sind

HAECKELS einzige Veröffentlichung mit eigenen Aquarellen und Ölbildern. Das großformatige Werk beinhaltet 40 Tafeln in Farbdruck und einige Zeichnungen in Originalgröße (ca. 20 x 30 cm).

Abb. 16:
Der holländische Maler Piet MONDRIAN bei der Arbeit an seinem letzten vollendeten, in Abb.18 wiedergegebenen Bild (Aus DEICHER 1994).

„Der Maler – als denkender Künstler – (muß) in seinem subjektiven Bilde den erfaßten Charakter der Landschaft wiedergeben und dessen wesentlichste Züge hervorheben" heißt es im Vorwort der „Wanderbilder"[11]. Auf vielen seiner Bilder sind Bäume das bestimmende Element (Abb. 15).

Wie bei Kindern, die in ihren Zeichnungen und Malereien die Größe von Objekten nicht nach perspektivischen Gesichtspunkten darstellen (vgl. Abb. 5), sondern nach dem Stellenwert in ihrer Vorstellungswelt, erscheinen die Bäume auf HAECKELS Bildern oft überdimensioniert. Meist stellt HAECKEL die „wesentlichen Züge" des Baumes sehr expressiv dar. Man gewinnt den Eindruck, HAECKEL suche die unveränderliche „Konstruktion" hinter der völlig asymmetrischen, durch Wind und Jahreszeiten sich ständig verändernden, individuellen Erscheinung des (Laub-)Baumes.

„Die Schönheit an sich ist so groß, so tief, so unerschöpflich, daß sie in immer neuer Gestalt sich zu erweisen vermag, ständig an Gewalt sich mehrend". Dieser Satz stammt nicht von HAECKEL oder GOETHE, sondern von dem holländischen Maler Piet MONDRIAN (1872-1944) (Abb. 16). Wie für HAECKEL war auch für MONDRIAN die Natur eine unerschöpfliche Quelle für seine Kunst. Rückblickend schreibt MONDRIAN: „...instinktiv fühlte ich, daß die Malerei einen neuen Weg finden müsse, um die Schönheit der Natur auszudrücken...". So wurde zu Beginn dieses Jahrhunderts aus dem symbolistischen Maler, dessen Blumen, Bäume, Dünen und Landschaften (vgl. Abb. 20c) immer eine bestechende Ausgewogenheit und Naturnähe besitzen (eine von MONDRIANS theroretischen Schriften trägt den Titel: „Das Generalprinzip gleichgewichtiger Gestaltung"), einer der Begründer und konsequenten Vollender der abstrakten Malerei. Unbeirrbar wie HAECKEL in seinem materialistisch-monistischen Weltbild, ging MONDRIAN konsequent seinen künstlerischen Weg, „überholte" den großen Experimentator PICASSO und verließ zwischen 1910 und 1920 endgültig die gegenständliche Malerei. An MONDRIANS vielen Baum-Studien läßt sich die Auflösung des auch für HAECKEL so anziehenden „Naturobjectes" Baum in immer abstraktere Strukturen in faszinierender Weise nachvollziehen (Abb. 17).

Dabei wählte MONDRIAN für seine zahlreichen Baum-Darstellungen gerade jenen Prototyp eines Baumes, der allgemein als besonders ansprechend empfunden wird (vgl. das Kapitel „E. HAECKEL ein Wegbereiter der Neuroästhetik").

Ein Leben lang suchte MONDRIAN in den Erscheinungsbildern der Natur ihre allesbeherrschenden Gestaltungsprinzipien. Er fand sie in der schrittweisen Auflösung des Baumes. Die späten, völlig abstrakten, auf horizontale und vertikale Linien, auf Flächen und auf die Grundfarben rot, blau, gelb reduzierten Bilder (Abb. 18) des Piet MONDRIAN sind das logische Resultat seiner Liebe zur Schönheit und Ausgewogenheit der Natur.

Im Zusammenhang mit HAECKELS und MONDRIANS spezieller Vorliebe für die Darstellung von Bäumen und ihrer analytischen Suche nach Gesetzmäßigkeiten in den Erscheinungen der Natur, möchte ich auf einen neuen Befund aus der Neurobiologie verweisen. FINK et al. (1996) dokumentieren die hemisphärenspezifische Wahrnehmung bestimmter visueller Reize. Im Gehirn des Menschen werden Reize, die einen Gesamteindruck (overall picture, global form) beim Betrachter hinterlassen sollen, in die rechte, global-räumliche Hemisphäre projiziert und Details des Gesamtbildes in die linke, lokal-

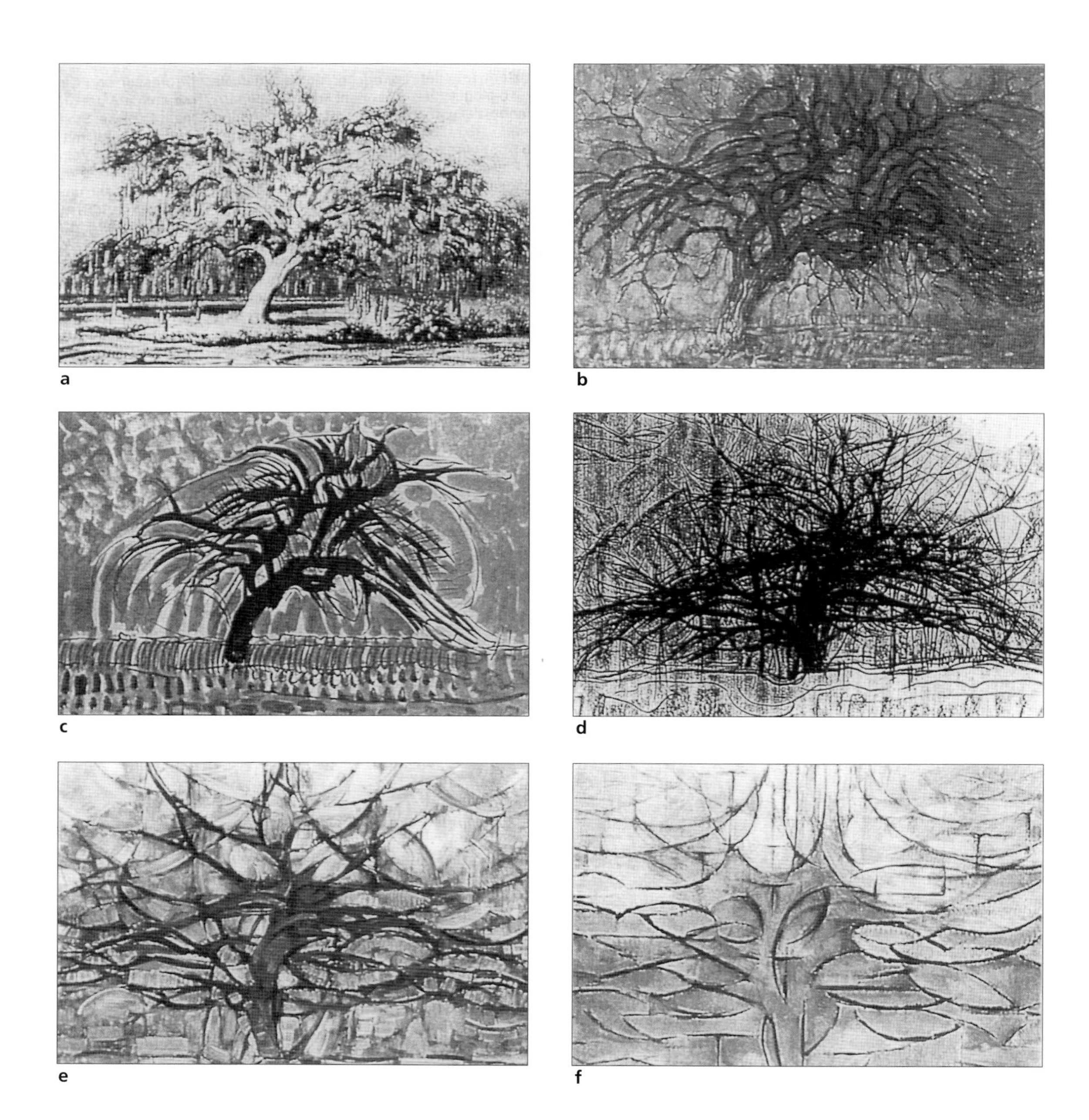

Abb. 17a-f:
Das am Anfang stehende Bild (a) stammt von Ernst HAECKEL (Aus KRAUßE 1984). Es fügt sich perfekt in die später entstandenen Baumstudien (b-f) des Piet MONDRIAN. An MONDRIANS zahlreichen, zwischen 1905 und 1914 entstanden Baumstudien läßt sich die Auflösung des Gegenständlichen in die Abstraktion nahezu lückenlos nachvollziehen. (Vgl.die hier dargestellten Bäume mit jenem „Prototyp" eines Baumes auf Abb. 4).
(b) Roter Baum, 1908. (c) Blauer Baum, 1908. (d) Baum-Studie II, 1912. (e) Grauer Baum, 1912.
(f) Blühender Apfelbaum, 1912. Alle: Haags Gemeentemuseum, Den Haag.

analytische Hemisphäre (Abb. 19). Die Autoren drücken ihren Befund im Titel ihrer Arbeit folgendermaßen aus: „Where in the brain does visual attention select the forest and the tree?".

Die Vorstellung, über die Malerei eines einzelnen Baumes jene elementaren, strukturimmanenten Bau-Prinzipien zu erkennen, mag mit der Projektion des Baumes in die linke, lokal-analytische Hemisphäre zusammenhängen. Künstlerische Darstellungen von Wäldern hingegen vermittelten zu allen Zeiten etwas Geheimnisvolles, verbal schwer Faßbares (Abb. 20). Vielleicht bietet die Projektion des Waldes in die rechte, „emotionale" Großhirnhemisphäre für diese mystische Wirkung der Wälder eine Erklärung.

Was wäre, wenn sich der 25jährige, künstlerisch so begabte HAECKEL, damals in Capri entschieden hätte, Maler zu werden? Wenn sein unvorstellbarer Fleiß und seine bis ins hohe Alter unerschöpfliche Energie, ganz in seine Malerei geflossen wären? Wie sähe jene „mathematische Formel" des „idealen Symmetrie-Gesetzes" aus, „...wenn es durch Bilder versinnlicht... (und nicht) bloß in Worten trocken und nackt hingestellt würde". Hätte auch HAECKEL – ähnlich wie MONDRIAN – zu einer abstrakten Balance von Punkten, Linien, Flächen, Farben gefunden und

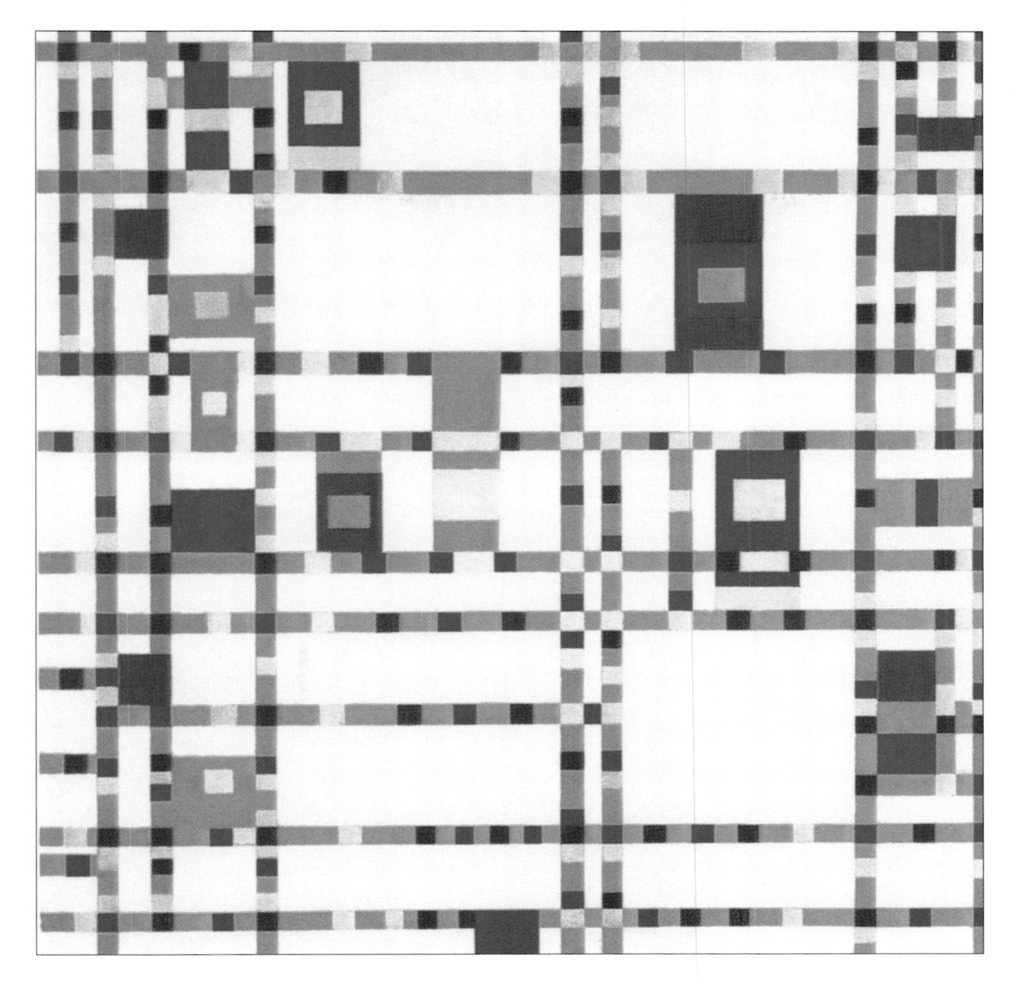

Abb. 18:
1943 entstand MONDRIANS letztes vollendetes Bild. Es trägt den Titel „Broadway Boogie-Woogie". Die Jazz-Musik mit ihren symmetrischen Rhythmen spielte im Leben des leidenschaftlichen Tänzers MONDRIAN eine große Rolle. The Museum of Modern Art, New York.

damit die Schönheit der Landschaft trotz „absoluter Unregelmäßigkeit und Mangel von Symmetrie", erklärt?

Abb. 19:
Neurophysiologische Untersuchungen zeigen, daß visuelle Reize, die einen Gesamteindruck vermitteln sollen (global attention), in die rechte und Details des Gesamtbildes (local attention) in die linke Großhirn-Hemisphäre projiziert werden (FINK et al.1996).

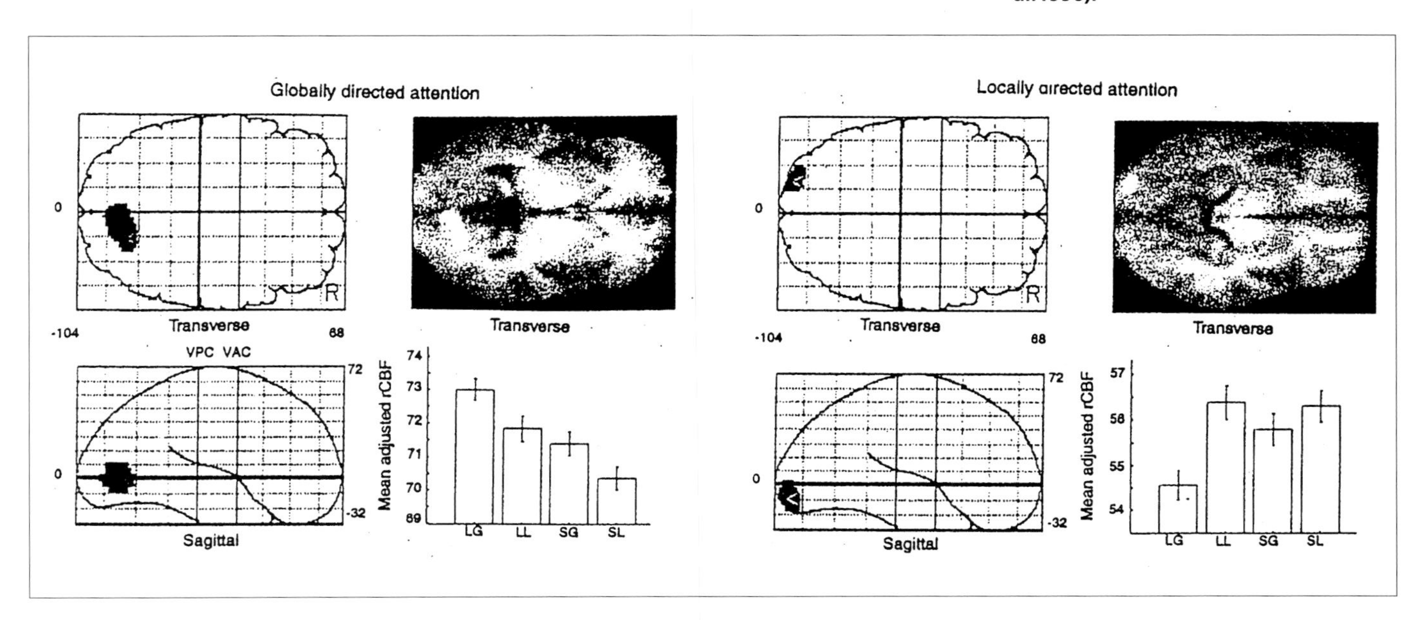

a

b

c

d

Abb. 20:
Darstellungen von Wäldern haben fast immer etwas Geheimnisvolles – oft durch besondere Lichteffekte hervorgerufen. (a) Vincent van GOGH, Waldrand. 1882. Otterlo. Rijksmuseum Kröller-Müller. (b) Ernst HAECKEL (Aus HAECKEL 1905). (c) Piet MONDRIAN. Wald 1898-1900, Haags Gemeentemuseum, Den Haag. (d) Gustav KLIMT. Buchenwald I, 1902. Dresden, Moderne Galerie. Bemerkenswert: der symmetrische Hintergrund im Bild von MONDRIAN.

Dank

Veronika und Niels BIRBAUMER danke ich herzlich für konstruktive Kommentare zum Manuskript sowie für die vielen gemeinsamen Besuche in- und ausländischer Museen. Für Literaturhinweise danke ich K. GRAMMER, M. MIZZARO, W. RABITSCH, E. SYNEK und H. TICHY. A. KOURGLI ermöglichte wieder in dankenswerter Weise die unbürokratische Beschaffung von Originalliteratur aus der Bibliothek des Naturhistorischen Museums in Wien.

Zusammenfassung

Wissenschaftler und Künstler haben sich zu allen Zeiten mit Symmetrien auseinandergesetzt. In diesem Artikel diskutiere ich einige Aspekte dieser Auseinandersetzungen.

In der Natur ist die Symmetrie ein adaptives Merkmal. Die Fluktuierende Asymmetrie (FA) steht offensichtlich im Zusammenhang mit fitness. Es gibt zahlreiche Hinweise, daß an der FA die „genetische Qualität" eines Paarungspartners erkannt werden kann.

In der Kunst sind die Symmetrie und die Symmetrie-Brechung wichtige Gestaltungsprinzipien. Abstrakte Bilder von Kindern lassen eine genetische Disposition für das Symmetrie-Empfinden vermuten. Vielfach werden von Künstlern – bewußt oder unbewußt – Asymmetrien gesetzt, um die Ausdruckswirkung eines Kunstwerkes zu intensivieren. Die Symmetrie („primäre" ästhetische Wirkung) und die in der modernen Malerei bis zur völligen Abstraktion oder Monochromie gehende Durchbrechung der Symmetrie und anderer Gestaltungsprinzipien („sekundäre" ästhetische Wirkung), sind verantwortlich für die Gesamtwirkung eines Kunstwerkes.

Ernst HAECKEL war einer der großen Zoologen des 19. Jahrhunderts. HAECKEL war aber nicht nur ein außergewöhnlicher Naturforscher, sondern auch ein künstlerisch hochbegabter, äußerst ästhetischer Mensch. Seine starke künstlerische Neigung drückt sich in einer lebenslangen, leidenschaftlichen Liebe zur Landschaftsmalerei aus (HAECKEL malte etwa 1400 Bilder). Schon in seiner „Generellen Morphologie" forderte HAECKEL (1866) die Existenz von mathematisch formulierbaren idealen Symmetrie-Gesetzen, die der Mannigfaltigkeit der Naturgestalten zugrunde liegen. In seinem hierarchischen System ästhetischer Empfindungen hat die Wahrnehmung der Landschaft den höchsten Stellenwert. Seine sehr moderne, neurobiologische Interpretation der Entstehung ästhetischer Empfindungen, weisen Ernst HAECKEL als einen Wegbereiter der Neuroästhetik aus.

Schließlich diskutiere ich einige Parallelen zwischen Ernst HAECKEL und Piet MONDRIAN, jenem revolutionären Mitbegründer der modernen Malerei. Beide waren von der Schönheit der Natur fasziniert und suchten durch die malerische Darstellung von Landschaften und einzelnen Bäumen jene Gesetzmäßigkeiten zu erkennen, die der Schönheit der Natur zugrunde liegen.

Literatur

APPLETONE J. (1996): The experience of landscape. — J. Wiley & Sons.

ATTENEAVE F. (1954): Some informational aspects of visual perception. — Psychol. Rev. **61**: 183-193.

BALLING J.D. & J.H. FALK (1982): Development of visual preference for natural enviroments. — Envirom. Behav. **14**: 5-28.

BIRBAUMER N. & R.F. SCHMIDT (1996): Biologische Psychologie, 3. Aufl. — Springer Verl.

BÖTZEL K. & O.J. GRÜSSER (1989): Electric brain potentials evoked by pictures of faces and nonfaces: a search for face-specific EEG-potentials. — Exp. Brain Res. **77**: 349-357.

BUSS D.M. (1989): Sex differences in human mate preference: Evolutionary hypotheses testing in 37 cultures. — Behav. Brain Sci. **12**: 1-14.

CAGLIOTI G. (1990): Symmetriebrechung und Wahrnehmung. Beispiele aus der Erfahrungswelt. Aus dem Italienischen von G.-A. POGATSCHNIGG. — Vieweg, Braunschweig.

DARWIN E. (1801): Zoonomie oder Gesetze des organischen Lebens. Aus dem Englischen von J.G. BRANDIS. — J. Leyrer, Peth.

DEICHER S. (1994): Piet MONDRIAN 1872-1944. Konstruktion über dem Leeren. — Benetikt Taschen, Köln.

EISENMANN R. & J. RAPPAPORT (1967): Complexity preference and semantic differential ratings of complexity-simplicity and symmetry-asymmetry. — Psychonom. Sci. **7**: 147-148.

ELLIS H.D. & A.W.YOUNG (1989): Are faces special? — In: YOUNG A.W. & H.D. ELLIS (Eds.): Handbook of research on face processing. North Holland, Amsterdam.

ERNST B. (1994): Der Zauberspiegel des M.C. ESCHER. — Benedikt Taschen, Köln.

FINK G.R., HALLIGAN P.W., MARSHALL J.C., FRITH C.D., FRACKOWIAK R.S.J. & R.J. DOLAN (1996): Where in the brain does visual attention select the forest and the trees? — Nature **382**: 626-628.

GANGESTAD S.W., THORNHILL R. & R.A.YEO (1994): Facial Attractiveness, Developmental Stability, and Fluctuating Asymmetry. — Ethol. Sociobiol. **15**: 73-85.

GENZ H. (1987): Symmetrie – Bauplan der Natur. — Piper, München, Zürich.

GEORGE U. (1996): Das Genie des Kleinen. — Geo **12/1996**: 124-148.

GIURFA M., EICHMANN B. & R. MENZEL (1996): Symmetry perception in an insect. — Nature **382**: 458-461.

GOULD S.J. (1989): Das Lächeln des Flamingos: Betrachtungen zur Naturgeschichte. — Birkhäuser, Basel, Boston, Berlin

GRAHAM J.H., FREEMAN D.C. & J.M. EMLEN (1994): Antisymmetry, directional asymmetry, and dynamic morphogenesis. — In: MARKOW T.H. (Ed.): Developmental instability: Its origins and evolutionary implications. Kluwer Acad.Publ., Netherlands.

GRAMMER K. & R. THORNHILL (1994): Human (*Homo sapiens*) facial attractiveness and sexual selection: The role of symmetry and averageness. — J. Comp. Psychol. **108**: 233-242.

GRÜSSER O.-L. & T. LANDIS (1992): Vom Gesichtsfeldausfall zur „Seelenblindheit". Alte und neue Konzepte zur Deutung von Störungen der visuellen Wahrnehmung bei Hirnläsionen. — Verh. Dt. Ges. Neurol. **7**: 3-31.

HAECKEL E. (1862): Die Radiolarien (Rhizopoda radiaria). Eine Monographie. — G. Reimer, Berlin.

HAECKEL E. (1866): Generelle Morphologie der Organismen. — G. Reimer, Berlin.

HAECKEL E. (1868): Natürliche Schöpfungsgeschichte. Gemeinverständliche wissenschaftliche Vorträge über die Entwicklungslehre im allgemeinen und diejenige von DARWIN, GOETHE und LAMARCK im besonderen. — G. Reimer, Berlin.

HAECKEL E. (1887): Report on the Radiolaria, collected by H.M.S. CHALLENGER. — Longmans & Co, London.

HAECKEL E. (1894-1896): Systematische Phylogenie. Entwurf eines natürlichen Systems der Organismen auf Grund ihrer Stammesgeschichte. I.-III. Teil. — G. Reimer, Berlin.

HAECKEL E. (1899-1904): Kunstformen der Natur. — Bibliographisches Institut, Leipzig, Wien.

HAECKEL E. (1904): Anthropogenie oder Entwicklungsgeschichte des Menschen, 5. Aufl. — W. Engelmann, Leipzig.

HAECKEL E. (1904): Die Lebenswunder. Gemeinverständliche Studien über biologische Philosophie. Ergänzungsband zu dem Buche über die Welträtsel. — A. Kröner, Stuttgart.

HAECKEL E. (1905): Ernst HAECKELS Wanderbilder. Nach eigenen Aquarellen und Ölbildern. Die Naturwunder der Tropenwelt Ceylon und Insulinde. — W. Koehlersche Verl.buchhandl. Gera-Untermhaus.

HAECKEL E. (1913): Die Natur als Künstlerin. — Vita Dt. Verl.haus, Berlin-Ch.

HAECKEL E. (1921): Italienfahrt. Briefe an die Braut 1859/1860. — In: SCHMIDT H. (Hrsg.): Gemeinverständliche Werke. K.F. Koehler, Leipzig.

JEEPE B. & L. DAVIDSON (1981): *Acacias*. A field of guide to the identification of the species of Southern Africa. — Centaur Publ. Johannesburg.

KRAUßE E. (1987): Ernst HAECKEL. — B.G. Teubler Verlges. (Biographien hervorragender Naturwissenschaftler, Techniker und Mediziner **70**), Leipzig.

LEARY R.F., ALLENDORF F.W. & K.L. KNUDSEN (1983): Developmental stability and enzyme heterozygosity in rainbow trout. — Nature **301**: 71-72.

LEARY R.F., ALLENDORF F.W. & K.L. KNUDSEN (1984): Superior developmental stability of heterozygotes at enzyme loci in salmonid fishes. — Amer. Naturalist **124**: 540-551.

LEHMANN Ch. (1943): HAECKEL's Aquarelle und Zeichnungen. Eine Einführung. — In: FRANZ V. (Hrsg.):

E. HAECKEL sein Leben, Denken und Wirken. W. Gronau, Jena, Leipzig.

MacLEAN A. (1972): Der Traum vom Südland. Capitain Cooks Aufbruch in die Welt von morgen. — Lichtenberg Verl., München.

MØLLER A.P. (1992a): Female swallow preference for symmetrical male sexual ornaments. — Nature **357**: 238-240.

MØLLER A.P. (1992b): Parasites differentially increase the degree of fluctuating asymmetry in secondary sexual characters. — J. evol. Biol. **5**:. 691-699.

MØLLER A.P. & J.P. SWADDLE (1997): Asymmetry, developmental stability, and evolution. — Oxford Univ. Press., Oxford, New York, Tokyo.

MØLLER A.P. & R. THORNHILL (1998): Bilateral symmetry and natural selection: A meta-analysis. — Amer. Naturalist **151**: 174-192.

MORRIS M.R. & K CASEY (1998): Female swordtail fish prefer symmetrical sexual signal. — Anim. Behav. **55**: 33-39.

MÜLLER A. (1993): Visuelle Prototypen und die physikalischen Dimensionen von Attraktivität. — In: HASSEBRAUCK M. & R. NIKETTA (Hrsg.): Physische Attraktivität. Hogrefe, Verl. Psychol., Göttingen.

ORIAS G.H. & J.H. HEERWAGEN (1996): Evolved responses to landscapes. — In: BARKOW J.H., COSMIDES L. & J. TOOBY (Eds.): The adapted mind. Oxford Univ. Press, Oxford.

OTTE M. (1985): Symmetrie. — In: STORK H. (Hrsg.): Symmetrie. — Aulis Verl. Deubner & Co., Köln.

RENSCH B. (1957): Ästhetische Faktoren bei Farb- und Formbevorzugungen von Affen. — Z. Tierpsychol. **14**: 71-99.

RENSCH B. (1958): Die Wirksamkeit ästhetischer Faktoren bei Wirbeltieren. — Z. Tierpsychol. **15**: 447-461.

SINGH D. (1995): Female health, attractiveness, and desirability for relationships: Role of breast asymmetry and waist-to-hip ratio. — Ethol. Sociobiol. **16**: 465-481.

STEINER G. (1985): Über Symmetrie bei Tieren. — In: STORK H. (Hrsg.): Schriftenreihe Leitthemen. Aulis Verl. Deubner & Co., Köln.

STORK H. (Hrsg.) (1985): Symmetrie. — Schriftenreihe Leitthemen. Aulis Verl. Deubner & Co, Köln.

TARASSOW L. (1993): Symmetrie, Symmetrie! Strukturprinzipien in Natur und Technik. Aus dem Russischen von R. Rudolph. — Spektrum Akad. Verl., Heidelberg, Berlin, Oxford.

THORNHILL R. (1992): Fluctuating asymmetry and the mating system of the Japanese Scorpionsfly, *Panorpa japonica*. — Animal Behav. **44**: 867-879.

TSOTSON J.K. (1990): Analyzing vision at the comlexity level. — Behav. Brain Sci. **13**: 423-469.

ULRICH W. (1967): Ernst HAECKEL: „Generelle Morphologie“, 1866. — Zool. Beitr. N. F. **13**: 165-212.

ULRICH R.S. (1983): View through a window may influence recovery from surgery. — Science **224**: 420-421.

WEYL H. (1955): Symmetrie. — Birkhäuser, Basel.

Anmerkungen

1 Die Begriffe Harmonie, Regelmaß, Schönheit, Gleichmaß, Einfachheit, gebrauchen wir auch bei der alltagssprachlichen Kennzeichnung von Ordnung. Je vollkommener die Symmetrie, umso größer die Ordnung. Manche Physiker würden dieser Äquivalenz von Symmetrie und Ordnung nicht zustimmen. Symmetrie ist die „Invarianz gegenüber Transformationen" definiert CAGLIOTI (1990). Die Symmetrie bleibt gleich, obwohl sie sich verändert hat. Damit ist die „Symmetrie der Entropie oder Ungewißheit verwandter als der Ordnung oder der Korrelation" (CAGLIOTI 1990).

2 In der Schrift: „Die Natur als Künstlerin" antwortet HAECKEL (1913) auf den Einwand seiner Kritiker, er hätte in den „Kunstformen der Natur" (1899-1904) die Figuren auf den Tafeln unnatürlich symmetrisch angeordnet. HAECKEL begegnet diesem Vorwurf, indem er auf die „...strenge Symmetrie z. B. der griechischen Tempel, und gotischen Dome..." verweist. Auch GOULD (1989) erwähnt die „verdrehte und verwirrende Symmetrie" auf einigen Tafeln der „Kunstformen" und führt das auf HAECKELS außergewöhnliche künstlerische Begabung zurück.

3 Die hierarchische Abfolge von 8 Formen der Schönheit vergleicht HAECKEL mit der Ontogenese vom Kind zum Erwachsenen und der „...Phylogenese vom Wilden und Barbaren zum Culturmenschen und Kunstkritiker". Hier ist bemerkenswert, daß HAECKEL die Kunstkritiker offensichtlich nicht zu den Kulturmenschen zählt! Liegt hier die Ursache für die kritische Haltung mancher Kunstexperten gegenüber HAECKELS künstlerischem Schaffen? (vgl. auch Fußnote 2).

4 Erasmus DARWIN (1738-1802), der Großvater von Charles DARWIN, schrieb über die Schönheit in seiner Zoonomie folgendes : „Der Charakter der Schönheit ist daher der, daß sie der Gegenstand von Liebe ist, und obgleich in der gewöhnlichen Sprache auch manche andere Gegenstände schön genannt werden, so werden sie doch nur bildlich so genannt und sollten besser angenehm heissen... Musik und Poesie können uns Liebe durch Association der Ideen einflössen, aber keines dieser Dinge kann schön genannt werden, als nur bildlich, denn wir haben keinen Wunsch diese Dinge zu umarmen und zu grüssen" (DARWIN 1801).

5 RENSCH (1957, 1958) hat in umfassenden Experimenten nachgewiesen, daß Affen (Kapuzineraffen, Meerkatzen, Schimpansen) im Wahlversuch regelmäßige geometrische Figuren asymmetrischen bevorzugen. Dabei sind sowohl Spiegel- als auch Rotations-Symmetrie sowie eine gewisse Stetigkeit gleicher Komponenten bestimmend für die Wahl. Affen bevorzugen auch Farben gegenüber Grau.

6 Das Vorwort zu HAECKELS „Wanderbilder" (1905) enthält die bemerkenswerte und leider bis zum heutigen Tage unverändert gültige Feststellung, daß „...der rückständige Schulunterricht auf die Übung in der edlen bildenden Kunst meistens kein Gewicht legt". Daß auch die Auseinandersetzung mit Musik für die intellektuelle (Noten-„Schrift"), emotionale (Melodie, Rhytmik) und soziale (Zusammenspiel, Chor) Entwicklung des Kindes sehr vorteilhaft sein kann, ist leider auch erst in ganz wenigen Ländern (z. B. in Ungarn) den Verantwortlichen bewußt.

Ein Lichtblick für Kinder: In manchen zivilisierten Ländern scheint man doch noch in diesem Jahrhundert zu begreifen, daß Kinder Sprachen leicht lernen. (In österreichischen Volksschulen soll es demnächst einen regulären Fremdsprachenunterricht geben!)

7 Die Maler und Architekten haben sich natürlich schon vor Albrecht DÜRER mit Symmetrien beschäftigt und DÜRER war selbst von den Studien seiner Zeitgenossen LEONARDO oder VITRUV beeinflußt, doch hat sich kaum ein Maler so eingehend auch theoretisch mit den Gestaltungsprinzipien auseinandergesetzt wie DÜRER. In seinem Todesjahr 1528 erschienen seine „Vier Bücher von menschlicher Proportion".

8 In den altarähnlichen Aufbauten, die der Maler Hermann NITSCH im Zentrum einiger seiner Ausstellungen installierte (z. B. die Reliktinstallation im Wiener Künstlerhaus im Jahre 1995 oder der Altaraufbau im Schömerhaus in Klosterneuburg 1996), kam eine eindrucksvolle Auseinandersetzung mit Symmetrie und Symmetriebrechung zum Ausdruck. Der Maler weiß von seinem starken Symmetrieempfinden und läßt sich bei seinen Installationen intuitiv von dieser Sensibilität leiten (pers. Mitt.)

9 Es ist rätselhaft, weshalb sich HAECKEL nie über die zahlreichen exzellenten Maler seiner Zeit äußerte. Wo doch gerade im 19. Jahrhundert die Natur, das Licht und die Farbe immer stärker ins Zentrum der Malerei rückten. Nur über die Bilder des heute weitgehend unbekannten Malers A. v. KÖNIGSBRUNN schreibt HAECKEL, daß „...sie einerseits die größte Naturtreue....andererseits die vollkommenste künstlerische Freiheit (vereinigen)" (zit. nach LEHMANN 1943).

10 Abgesehen von seinen vielen wissenschaftlichen, ungemein detailgetreuen Darstellungen wirbelloser Meerestiere, hinterließ HAECKEL umfangreiche Skizzenbücher und etwa 1400 Aquarelle und einige Ölbilder – etwa gleichviel wie der rastlos malende Vincent van GOGH. Schon als 14jähriger kolorierte HAECKEL tausende Stahlstiche nach Textbeschreibungen (KRAUßE 1987). Manfred KAGE (zit. in GEORGE 1996) schreibt: „Der Forscher (E. HAECKEL) hatte zeitlebens den Vorwurf abwehren müssen, viele seiner Radiolarien seien eher seiner blühenden Phantasie als der Realität entsprungen – vermutlich weil die Kritiker nicht in der Lage waren, die immensen Geduld und die fast übermenschlichen Fleiß verlangende Forschungsweise nachzuvollziehen". Ich glaube, HAECKELS Fleiß entsprach jenem fast zwanghaften „Müssen", das viele große Künstlerpersönlichkeiten auszeichnet. „Kunst kommt von müssen" sagt Arnold SCHÖNBERG; und wenn schon einem der endlosen Versuche, das „Wesen der Kunst" zu charakterisieren, der Vorzug zu geben ist, so erscheint mir SCHÖNBERGS Versuch noch als der Beste.

11 Das im Jahre 1904 geschriebene Vorwort zu HAECKELS (1905) „Wanderbildern" ist in mancher Hinsicht heute aktueller als je zuvor. HAECKEL schreibt: „Jeden Sommer flüchten Tausende von gehetzten Kulturmenschen... ins „Freie"; am Strand des Meeres, im Schatten der Wälder, auf den Schneegipfeln der Hochgebirge suchen sie Erquickung und Genesung von den... rastlosen Getrieben der Großstädte, der erstickenden Staubluft der Geschäftslockale, den trüben Rauchwolken der Fabriken..." HAECKEL spricht von „moderner Völkerwanderung" von der Möglichkeit der „...minder Bemittelten in kurzer Zeit entlegene Gegenden aufzusuchen..." (vgl. auch Fußnote 6).

Anschrift des Verfassers:
Univ.-Prof. Dr. Heinz TUNNER
Institut für Zoologie
Universität Wien
Althanstraße 14
A-1090 Wien
Austria

Gibt es Kunstformen der Natur? Radiolarien, HAECKELS biologische Ästhetik und ihre Überschreitung

B. LÖTSCH

Abb. 1:
HAECKEL als junger approbierter Arzt 1858 (Ernst-Haeckel-Haus, Jena).

Summary

Are there "Art Forms of Nature"?
Radiolaria, HAECKEL'S Biological Aesthetics and going beyond.

HAECKEL's life was a search for beauty. Despite having studied medicine and settled as a practitioner in Berlin (in 1858) he was undecided between painting and marine biology (Fig. 1).

The Radiolaria of Messina (1859/60) caught his artist's eye as well as his inquiring spirit (Fig. 2). They became the starting event of his academic career as a Professor in Jena, Germany. With the monography on Radiolaria (1862) comprising 144 newly described species he made his name as a zoologist. Variation within the species made it sometimes difficult to determine them for sure. This opened his mind to DARWIN's ideas concerning the changeableness of species. He soon became the first pioneer of evolutionary thinking in Germany.

The "artistic skill" by which protoplasts – having neither brains nor eyes – produced their incredibly complex skeletons favoured HAECKEL's ideas on "cell souls", "cell memory" and the inseparable unity of matter and spirit which was to become a central point in his "Monism" or "Monist"-philosophy.

A decade of painstaking evaluation of HMS Challenger's deep sea specimens was crowned by HAECKEL's report on Radiolaria (1887, with 3508 newly described species), Medusae (1882), Siphonophorae (1888), and Keratosa (1889), all reports splendidly illustrated on numerous lithographic tables. It was not before the 1870s that the scientific community fully understood the unicellular character of radiolaria and their symbioses with algae (zooxanthellae). The microscopic brilliance of HAECKEL's work is partly due to his friendship with Ernst ABBE, the ingenious head of development with Carl ZEISS, Jena.

HAECKEL's "Challenger" reports later became the basis of the lavish popular edition in 11 numbers "Art Forms of Nature" (1899-1904). The strong influence on Art Nouveau (also on the buildings of the World Exhibition Paris 1900) is a matter of interest for art historians. For biologists further questions arise:

1. How to explain the species-constancy of more than 4000 distinguishable forms of radiolarian cells with almost the same planctonic way of life (or ecological niche) – floating in the homogeneous sea?

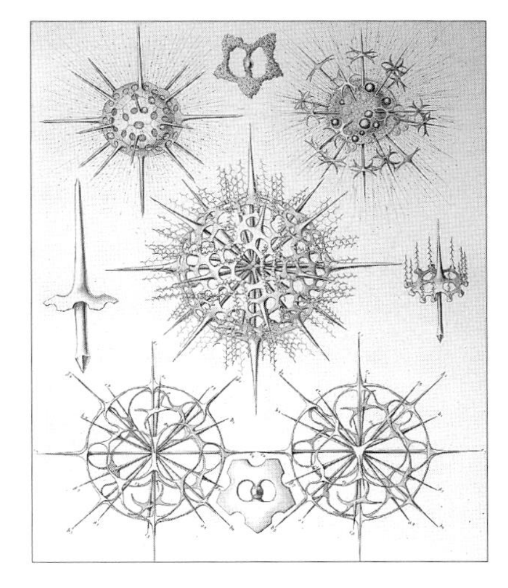

Abb. 2:
Dorataspis. Mittelmeer-Radiolarien (HAECKEL 1862: Taf. 21).

Stapfia 56,
zugleich Kataloge des OÖ. Landesmuseums, Neue Folge Nr. 131 (1998), 339-372

Abb. 3:
HAECKEL in seinem Arbeitszimmer (1914) (Ernst-Haeckel-Haus).

What selective forces prevent their skeletal patterns from varying boundlessly and continuously?

2. Did HAECKEL and his lithographer Adolf GILTSCH deliver fully authentic images of radiolarians despite the difficulties of reconstructing the threedimensional shape from mere optical cross sections in the microscope? Did they "beautify" the natural patterns?

3. Are there "Art Forms of Nature"? Evolution apparently produced phenomena that were art-analogous: aesthetics with expression, beauty serving as an enticement, warning signal or another communicative purpose. But the "wasted beauty" of unicellular organisms such as radiolarians, diatoms or desmids has no receiver and no message. Here beauty is a by-product, not a breeding goal. Lacking any expression value it is far from being even art-analogous. HAECKEL's splendid book should have been entitled "Nature's Forms for Artists".

4. What makes radiolaria look so nice? HAECKEL's biological aesthetics is not giving a satisfying answer, though recognizing well proven aesthetic principles such as strict order and contrast, geometry (e.g. crystals and spheres), mirror- and radial symmetries, rhythmic repetion. But the peculiar elegance and filigree of radiolarians go far beyond these simple rules.

Our considerations have been inspired by Konrad LORENZ's and Rupert RIEDL's theories on evolution and cognition. They may close the gap between simple geometry or symmetries on the one hand and the more subtle beauty of the organic world.

The common denominator for beauty can be found in the human capacity for "intellectual perception", a talent that made us an evolutionary success story. This is reflected in our ceaseless pursuit of cause and effect, our search for the meaning and significance behind all phenomena. This feature imparted the tool- and fire-using ape with power, specifically with powers of prediction. Prognoses about our environment became possible, allowing it to be controlled and exploited.

Forms that reveal the effect of formative powers generate a sense of pleasure, whether it be the evident statics of plants, elegant bridges or cathedrals, the perceptible streamlines of fishes, boats, birds, and airplanes, the interplay of wind and sand in the dunes of the Sahara, the rhythmic loops of river meanders, the regular color spectrum of rainbows, the suspected laws behind logarithmic spirals (which are equally valid in describing growth rates), or wheter it be the visible order of geometric structures or the calculated beauty of fractal computer graphics. A certain degree of lawfulness is gratifying our perception. Centuries before mathematical statics had been invented, gothic mason masters found breathtaking static solutions by developing an architecture of organic skeletal forms as can be seen in nature where maximum stability is achieved with minimum material input. The most surprising analogy is the silicious skeleton of radiolarians appearing as if having been inspired by gothic artists. Because of their floating way of life, they have to be light weight constructions.

The medieval mason masters also aspired to a seemingly weightless architecture – to make it transparent for the heavenly light (with respect to the gothic "light mystics"). Both functions – light weight construction and light transparency – resulted in graceful mineral skeletons. Their perceptible statics fit many of our visual experiences with the lawful forms of the organic world.

It is not astonishing that HAECKEL's early insights into a completely different world of bizarre creatures, "whose peculiar beauty and diversity are by far surpassing all art products of human fantasy" were to become his destiny – throwing a bridge between HAECKEL the artist and HAECKEL the scientist.

Ernst HAECKEL war leidenschaftlicher Schönheitssucher, ein Augenmensch, der vom Schauer zum Seher wurde.

„Nur durch das Morgentor des Schönen / Drangst du in der Erkenntnis Land".

Dieses SCHILLER-Zitat setzten später Schüler und Verehrer HAECKELS über sein Portrait. In seinen biographischen Notizen sagte er von sich: „Ich bin ein ausgesprochenes 'Leptoderm' oder 'Dünnhäuter' und habe als solcher viel mehr Leiden, aber auch wohl viel intensivere Freude empfunden ... Gleich meiner Mutter konnte ich oft in lebhaftes Entzücken über den Anblick einer bunten Blume, eines niedlichen Vogels, eines farbenreichen Sonnenuntergangs geraten".

Mediziner oder Zoologe?

Schon beim Schüler in Merseburg mischen sich botanische Interessen mit ersten künstlerischen Aktivitäten. Meeresbiologische Reisen des jungen „Mediziners wider Willen" mit dem Anatomen und Physiologen Johannes Peter MÜLLER (1801-1858) nach Helgoland und mit dem Vergleichenden Anatomen und Physiologen Albert KOELLIKER (1817-1905) nach Nizza (auch J. P. MÜLLER ist wieder dabei) sind prägende Erlebnisse (Abb. 4).

Aus Briefen dieser Zeit: „Ich habe jetzt die feste Überzeugung ... daß ich nie praktischer Arzt werden, nicht einmal Medizin studieren kann" (1. November 1852). Es sei nicht der erste Ekel beim Sezieren, sondern eine unüberwindliche Abscheu gegen alles Krankhafte, schrieb er den Eltern, anerkannte aber den Zugang zu den Naturwissenschaften, den das Arztstudium damals besser bot als irgendein anderes. „Ich studiere jetzt notdürftig meine Medizin fertig, sodaß ich den Doktor machen kann, vervollkommne mich in Botanik, Zoologie, Mikroskopie, Anatomie usw. soviel als möglich und suche dann eine Stelle als Schiffsarzt zu bekommen, um freie Überfahrt nach irgendeinem Tropenlande ... zu erhalten, wo ich mich dann mit meiner Frau (nämlich meinem unzertrennlichen Mikroskop) in einem beliebigen Urwald hinsetze und nach Leibeskräften Tiere und Pflanzen anatomiere und mikroskopiere ..." (17. Februar 1854) (nach KRAUßE 1984: 24).

Doch entschädigte ihn bald der Kontakt mit Johannes Peter MÜLLER, dessen er bis an sein Lebensende als seines „unvergleichlichen, größten und genialsten Lehrers" gedachte. MÜLLER arbeitete auf seinen Meeresreisen ans Mittelmeer und nach Helgoland über Echinodermen (Stachelhäuter) und nahm oft begabte Schüler mit.

So reifte in HAECKEL der Entschluß, Meeresbiologe zu werden (Brief an die Eltern, 30. August 1854).

Unter dem Eindruck des berühmten Pathologen und Anthropologen Rudolf VIRCHOW (1821-1902; Abb. 5) und seiner hervorragend vermittelten Zellpathologie rief HAECKEL allerdings begeistert im Brief an die Eltern: „Vivant Cellulae!! Vivat Microscopia" (21. Dezember 1953). „Wir sitzen zu 30-40 an 2 langen Tischen, in deren Mitte in einer Rinne eine kleine Eisenbahn verläuft, auf der die Mikroskope auf Rädern rollen und von einem zum anderen fortgeschoben werden ... während VIRCHOW dabei ganz ausgezeichnete Vorträge hält. Diese setzen dann meist die Fälle, die man vorher auf der Klinik lebend beobachtete, ins klarste Licht, wie dies auch die ... Sektionen tun" (18. Mai 1855) (nach KRAUßE 1984: 28, 30).

Trotz erfolgreichen Arztstudiums, Assistentenzeit beim großen VIRCHOW, Doktorat (1857), Kliniksemester in Wien und Praxis als Chirurg und Geburtshelfer in Berlin (1858, Sprechstunden von 5-6 Uhr morgens) hält es ihn nicht in der Medizin.

1859/60 unternimmt er eine 15monatige Studienreise nach Italien. In Florenz ersteht er in der Werkstatt des Astronomen, Physikers und Erfinders Giovanni Battista AMICI ein

Abb. 4:
HAECKEL mit seinem Assistenten Nikolaus MICLUCHO-MACLAY auf Lanzarote 1866 (Ernst-Haeckel-Haus).

Abb. 5:
Rudolf VIRCHOW (Portrait-Sammlung OÖ. Landesmuseum).

Abb. 6:
Cap Martin in Italien. Aquarell von HAECKEL.

Mikroskop mit Wasserimmersionsobjektiv, welches die Betrachtung zarter Planktonorganismen ohne Präparationsschock bei bis zu 1000facher Vergrößerung ermöglicht.

Künstler oder Naturforscher?

Doch die mediterrane Welt und die Begegnung mit dem Dichter Hermann ALLMERS lassen ihn für einige Monate die Forschung vergessen und ernsthaft erwägen, Landschaftsmaler zu werden (Abb. 6).

Vom strengen Vater brieflich zur Raison gebracht, wirft er sich wieder in angestrengte Untersuchungen und entdeckt bei seinen Planktonzügen im Golf von Messina mehrere unbekannte Arten von Radiolarien „... und zwar so überaus schöne und merkwürdige, daß ich vor Freude und Entzücken mich gar nicht zu fassen wußte und mir nichts leid tat, als nicht Euch, meine zoologischen Freunde, hier zu haben, um meine Glückseligkeit zu teilen. Ein so herrlicher Fund ist eine Freude, der kaum eine andere an die Seite zu stellen ist" findet sich in einem Brief HAECKELs an seinen Vater und die Jenaer Freunde vom 17. Dezember 1859 (USCHMANN 1983; nach KNORRE 1984: 45).

An seine Braut Anna SETHE schreibt er zu seinem 26. Geburtstag (16. Februar 1860): „Der glücklichste Tag war der 10. Februar, wo ich, als ich früh wie gewöhnlich mit dem feinen Netz auf den Fang ausfuhr, nicht weniger als 12 (zwölf!!) neue Arten (Radiolarien) erbeutete und darunter die allerreizendsten Tierchen. Ein Glücksfang, der mich halb unsinnig vor Freude machte ... Kaum traute ich meinen Augen: Ein so überaus herrliches *Haliomma* (Abb. 7, 8) ... eine neue Art, schöner als alle anderen! Und nun noch ein letzter Tropfen! Da mußte ich vor Freude laut aufjubeln und in die Höhe springen; denn zwei neue prächtige Arten, dazu das eine sogar eine neue Gattung, erfreuten den überraschten Blick. Das war denn doch ein Geburtstagsgeschenk! Und was für eines!! Damit sind nun 75(!) neue Radiolarienarten entdeckt" (USCHMANN 1983; nach KNORRE 1984: 45).

Jahrzehnte später – bei der Auswertung der Plankton- und Sedimentproben des Britischen Forschungsschiffes „Challenger" wird HAECKEL seiner unvergessenen Frau posthum eines der schönsten Radiolarien widmen, das er je entdeckt hat „*Dictyocodon annasethe*" – ein Gebilde wie aus Tausend und einer Nacht (s. Abb. 31).

Johannes P. MÜLLER hatte vor ihm 50 Arten der Staubkorn-kleinen Radiolarien-Skelette aus dem Mittelmeer beschrieben – HAECKEL konnte mit seiner Wasserimmersion erstmals das gallertige Protoplasma mit Öltröpfchen und anderen, zunächst rätselhaften Einschlüssen entdecken. Sie erwiesen sich später als symbiontische gelbliche Algen,

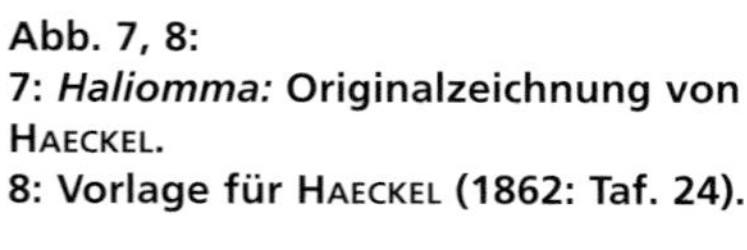

Abb. 7, 8:
7: *Haliomma:* Originalzeichnung von HAECKEL.
8: Vorlage für HAECKEL (1862: Taf. 24).

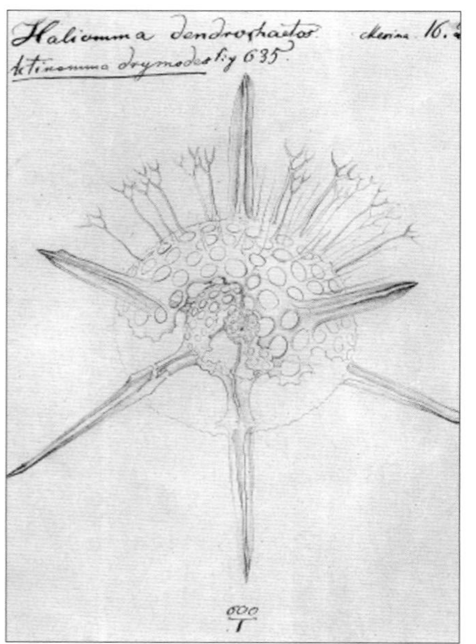

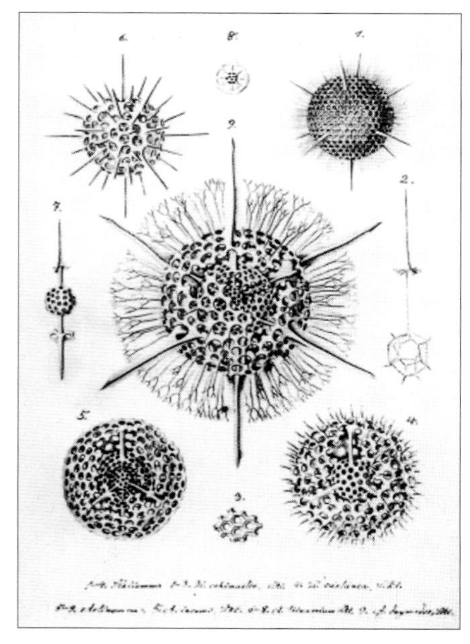

Zooxanthellen – durch ihre Photosynthese eine Zusatzverpflegung für den Zelleib, der sonst mit hauchzarten Protoplasmafädchen Mikroplankton aus dem Meer fängt, transparenten, durchpulsten, kontraktilen Leimruten gleich, die durch die Gitterkugeln der Skelette in das Salzwasser ausstrahlen.

Im homogenen Medium schwebend, die glasigen Skelette und die im Durchlicht fast unsichtbaren Plasmafäden im Dunkelfeldmikroskop aufblitzend wie „Sonnenstäubchen" (BÖLSCHE 1921), erinnern sie tatsächlich an kleine Weltraumkörper. Artnamen wie *Saturnulus planetes* zeigen, daß sich diese Assoziation schon vor dem Satellitenzeitalter aufdrängte (Abb. 17). Die Algensymbiosen jedoch erinnern uns erst heute an Projekte selbsterhaltender Raumstationen, deren „life support systems" mit photosynthetisierenden Zellkulturen lange Aufenthalte im All gestatten sollen. Die Phantasie beschäftigen sie allemal – vor allem die Vielfalt an distinkten, wiedererkennbaren Arten.

Radiolarien wenden sein Geschick

In HAECKELS Jubelbrief an die Braut freut er sich, den vor seinen Untersuchungen bekannten 58 Arten nunmehr 75 neue hinzugefügt zu haben „... und ich hoffe fest, wenn ich nur noch ein paarmal solch Glück habe, binnen kurzem die 100 voll zu haben". Als HAECKEL Messina am 1. April 1860 mit 12 Kisten Sammlungsmaterial verläßt, ist es ihm gelungen, bereits 120 neue Radiolarien zu unterscheiden, die er schließlich auf 144 Neubeschreibungen ausweitet, wobei er 47 neue Gattungen einführt (Abb. 2, 8, 9).

Doch erschwerten die vielen Varietäten und zufälligen individuellen Variationen die sichere Artbestimmung. In dieser Phase las er 1860 DARWINS „Entstehung der Arten". Mit einem Schlage erkannte er „... daß alle diese 'Störungen' und 'Zufälle' notwendig seien, und zwar notwendige Folgen des „Großen Gesetzes der Entwicklung der Arten" (WICHLER 1934).

Fast über Nacht wird der junge HAECKEL vom religiös fundierten Kreationisten zum Evolutionisten „Es fielen mir in der Tat die Schuppen von den Augen". An die Stelle einer abgeschlossenen göttlichen Schöpfung mit starrem Arteninventar tritt für ihn der nie endende Naturprozeß des Artwandels, die Entstehung komplexer Vielfalt aus gemeinsamen einfachen Urformen.

1862 begründet die Radiolarien-Monographie seinen wissenschaftlichen Ruf (Abb. 2, 8, 9) „deren Exaktheit HAECKEL in späteren Werken nicht wieder erreicht hat" (KNORRE 1984: 45). Er wird Mitglied der „Leopoldina", Träger der Cothenius-Medaille, und in Jena zum außerordentlichen Professor ernannt.

Dies ist um so bemerkenswerter, als der junge HAECKEL mit dem offenen Bekenntnis zu DARWIN seine eben erst begonnene Laufbahn aufs Spiel gesetzt hatte (KRAUßE 1984), denn die Mehrzahl der führenden Biologen stand der DARWIN'schen Theorie feindlich oder abwartend gegenüber. Doch fand die Radiolarien-Monographie nicht zuletzt aufgrund der – vom Berliner Kupferstecher WAGENSCHIEBER meisterhaft in den Druck übertragenen – Handzeichnungen HAECKELS rasch Beachtung. Führende Zoologen wie DARWINS Mitarbeiter Thomas Henry HUXLEY sprachen ihre höchste Anerkennung aus. Der Hallenser Anatom Max SCHULTZE schrieb am 21. Oktober 1862 an HAECKEL: „... das Schönste, was in artistischer Beziehung von naturforschenden Werken über niedere Tiere je geleistet worden ist und ich weiß nicht, was ich mehr an dem selben bewundern soll, die Natur, welche eine solche Mannigfaltigkeit und Schönheit der Formen schuf, oder die Hand des Zeichners, welche diese Pracht aufs Papier zu bringen wußte ...„ (nach KRAUßE 1984: 49).

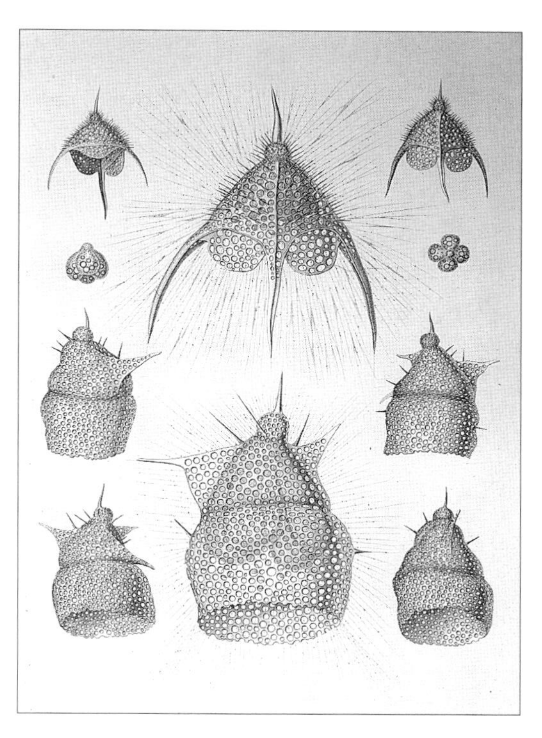

Abb. 9:
***Dicytoceras virchowi* und *Dicytopodium trilobum* HAECKEL (1862: Taf. 8).**

Die Einzeller-Natur dieser verschwenderisch schönen, erstaunlich komplex wirkenden Schwebeorganismen blieb selbst ihrem Entdecker Christian Gottfried EHRENBERG jahrzehntelang verborgen (er hatte sie 1846 in Sedimentproben von der Insel Barbados beschrieben und noch 1875 in die Nähe der Holothurien gestellt). Auch HAECKEL hielt sie für Mehrzeller, vermutete in ihnen auch Syncytien, also mehrkernige Protoplasmakörper. Erst die Entdeckung der Schwärmerbildung durch CIENOWSKI im Jahr 1871, und des eigentlichen Zellkernes der Radiolarienzelle durch HERTWIG (1876), schuf hier Klarheit.

Daß jede dieser freischwebenden Einzelzellen ein derart filigranes Prachtskelett aus Kieselsäure bilden konnte, war eine überwältigende Erkenntnis: „...in der stereometrischen Konstruktion ihrer höchst regelmäßigen Kunstwerke verfahren sie mit der peinlichsten Akkuratesse eines geschulten Geometers und in der eleganten Ornamentik ihrer phantastischen Gitterschalen ... wetteifern sie mit der Phantasie der arabischen Architekten, die die Alhambra von Granada ausschmückten", schrieb HAECKEL (1914: 12).

Monismus – beseelter Materialismus

Daß all dies auf Einzellerbasis möglich sei, hatte weitreichende Konsequenzen für Ernst HAECKELS Naturphilosophie – von Begriffen wie „Zellgedächtnis" (Mneme) über „Kristallseelen" bis zum „Monismus", welcher von der untrennbaren Einheit von Geist und Materie ausgeht (wie er auch in seinem erfolgreichsten Buch „Welträthsel" [z. B. 1905] darlegte).

Sein Materialismus war einer der durchgeistigten Materie und eines Geistes, den es nur auf materieller Grundlage geben kann – kein Geist ohne Materie, keine Materie ohne Geist „sondern nur Eins das Beides zugleich sei" – eben „monistisch" (Alles in Einem).

Sein Atheismus „entzaubert nicht die Welt vom Wunderbaren", ist nichts nüchtern Skeptisches sondern leidenschaftlich, künstlerisch selbst voll aufklärerischer Glaubenssätze und auf dem Weg zur Religion – wohl ohne personifizierten Schöpfer – denn „für HAECKEL ist Gott identisch mit dem allgemeinen Naturgesetz und der Natur selbst", so seine Biographin Erika KRAUßE (1984: 60).

Er war „der Ansicht, daß aus seiner monistischen Naturphilosophie eine monistische Naturreligion hervorgehen könne, die mit den modernen Erkenntnissen der Naturwissenschaft übereinstimme" und auf den philosophischen Ansichten Giordano BRUNOS, SPINOZAS und GOETHES beruhe, meint KRAUßE (1984: 106). „Das ethische Bedürfniß unseres Gemüthes wird durch den Monismus ebenso befriedigt wie das logische Kausalitäts-Bedürfniß unseres Verstandes" betonte HAECKEL (1899: 384). Heftig wandte er sich stets gegen einen „sittlichen Materialismus" im Sinne von Gier nach materiellen Gütern.

Kontroversen – Stammbäume, Embryonen und die Affenfrage

Berührend für den heutigen Leser ist HAECKELS Ehrfurcht vor den „Lebenswundern", wenngleich er am meisten bewunderte, daß dies alles ohne Wunder erklärbar sei.

Kein Wunder also, daß es diesen Feuergeist fortriß in ungezählte Kontroversen, während er rastlos nach Beweisen für DARWINS Deszendenztheorie suchte.

Schon in der „Generellen Morphologie" (1866) begann HAECKEL, die Abstammungs- und Verwandtschaftsverhältnisse des Organismenreiches erstmals in Form von Stammbäumen darzustellen. Die Anregung zu dieser bildlichen Form verdankte er dem befreundeten Philologen August SCHLEICHER. Dieser hatte versucht, DARWINS Entwicklungsgedanken auf die Sprachwissenschaft anzuwenden und einen Stammbaum der indogermanischen Sprachen entworfen.

Der ebenso geniale wie in seiner Simplifizierung umstrittene Wurf der Formulierung des Biogenetischen Grundgesetzes, wonach jeder Embryo die Stammesgeschichte seiner Art im Zeitraffertempo rekapituliere, lieferte seinen Feinden neue Munition. Willkommener Anlaß war sein etwas zu großzügiger Umgang mit den Druckstöcken der vergleichenden Abbildungen der frühesten Embryonalstadien in der 1. Auflage der „Natürlichen Schöpfungsgeschichte" (1868: 248). Er hatte für drei von ihnen – Hund, Huhn, Schildkröte – einfach dasselbe Klischee verwendet, da sie in dieser Phase ohnehin nicht unterscheidbar wären. Seine Gegner hatten die wiederkehrenden Schrammen desselben Druckstockes erkannt. Dies wurde ihm als Fälschungsabsicht ausgelegt. Seine (seherischen) Postulate affenähnlicher Vormenschen („*Pithecanthropus*") als hypothetische

Übergangsform verwickelten ihn in unzählige Kämpfe mit klerikalen Kreisen. Immerhin hatte er ja auch den kurz davor (1856) entdeckten Neandertalerfund treffender gedeutet als der hier total irrende VIRCHOW (der darin Knochenreste eines krankhaft veränderten Jetztmenschen sah).

Homo sapiens sapiens, das Ebenbild Gottes, vom Podest seiner Gottähnlichkeit in die Abgründe der Affenähnlichkeit gerissen zu haben, muß für die Zeitgenossen ein ungeheurer Kulturschock gewesen sein (Abb. 10) – verschärft durch HAECKELS polemische Ausfälle gegen Andersdenkende: „Interessant und lehrreich ist dabei nur der Umstand, dass besonders diejenigen Menschen über die ... Entwicklung des Menschengeschlechtes aus echten Affen am meisten empört sind und in den heftigsten Zorn geraten, welche offenbar hinsichtlich ihrer intellektuellen Ausbildung und cerebralen Differenzierung sich bisher noch am wenigsten von unseren gemeinsamen tertiären Stammeltern entfernt haben" (HAECKEL 1866).

Hier wurden bereits die Wurzeln der sich aufschaukelnden gesellschaftspolitischen Kontroversen gelegt, die 1882 schließlich zur Abschaffung des biologischen Unterrichts in den oberen Klassen der höheren Lehranstalten Preußens und zum Verbot der Entwicklungslehre als Unterrichtsgegenstand führen sollten. Noch 1907 warf der Kieler Botaniker und Abgeordnete des preußischen Herrenhauses REINKE den „Monisten" vor, auf geistigem Gebiet ebenso umstürzend vorzugehen wie die Sozialisten auf wirtschaftlichem und warnte vor dem unheilvollen Einfluß von HAECKELS „Welträthseln", besonders auf Primaner, Volksschullehrer und höhere Töchter.

„Wie 1877 auf der Naturforschertagung in München VIRCHOW, warf REINKE 30 Jahre später HAECKEL wiederum Staatsgefährdung vor, empfahl aber kurioserweise jetzt die Einführung des biologischen Unterrichts aus den Gründen, die seinerzeit zur Abschaffung geführt hatten!" (KRAUßE 1984: 116).

Wie leidenschaftlich alle Ebenen des Geisteslebens von der großen Auseinandersetzung zwischen „wissenschaftlicher Weltanschauung" und „traditionellen Dogmen" erfaßt waren, zeigte auch der Internationale „Freidenker-Kongreß" im September 1904 in Rom,

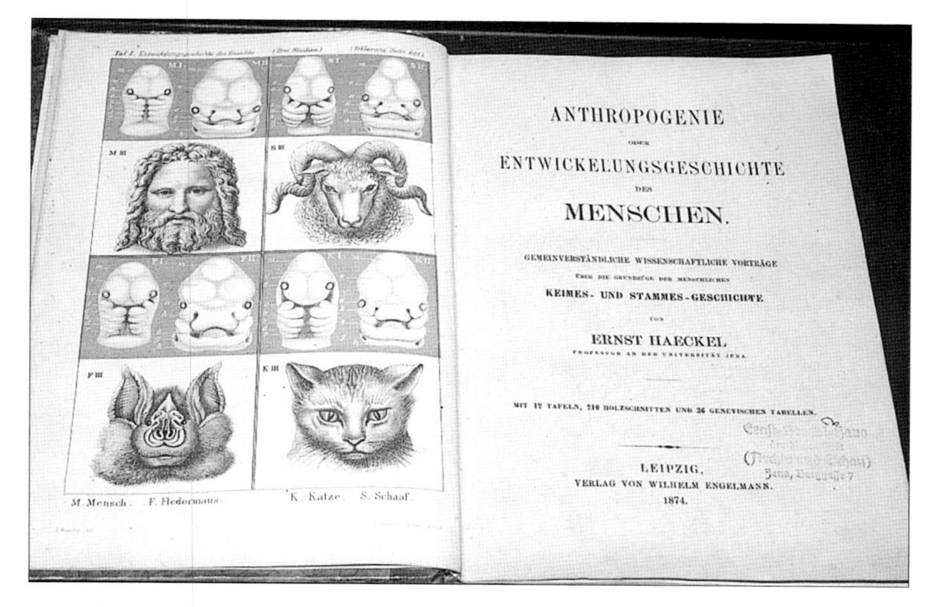
ANTHROPOGENIE
ODER
ENTWICKELUNGSGESCHICHTE
DES
MENSCHEN.
GEMEINVERSTÄNDLICHE WISSENSCHAFTLICHE VORTRÄGE
ÜBER DIE GRUNDZÜGE DER MENSCHLICHEN
KEIMES- UND STAMMES-GESCHICHTE
VON
ERNST HAECKEL
PROFESSOR AN DER UNIVERSITÄT JENA.
MIT 12 TAFELN, 210 HOLZSCHNITTEN UND 36 GENETISCHEN TABELLEN.
LEIPZIG,
VERLAG VON WILHELM ENGELMANN.
1874.

Abb. 10:
Titelseite der „Anthropogenie" (HAECKEL 1874).

auf welchem HAECKEL triumphal gefeiert und während eines Frühstücks der über 2000 Teilnehmer in den Ruinen der Kaiserpaläste feierlich zum „Gegenpapst" ausgerufen wurde.

Bald danach gewann er den Bremer Pastor Albert KALTHOFF als ersten Vorsitzenden des „Deutschen Monistenbundes" und 1911 den Leipziger Physiko-Chemiker und Nobelpreisträger Wilhelm OSTWALD (1853-1932). Der auch als hervorragender Redner und Organisator bekannte Gelehrte erhielt auf dem Hamburger Monistenkongress (der Bund hatte bereits 5000 Mitglieder in 41 Ortsgruppen) weitreichende internationale Unterstützung, z. B. durch den schwedischen Physiker und Nobelpreisträger Svante ARRHENIUS und den amerikanischen Biologen Jaques LOEB.

HAECKEL prägt „Oecologie"

In das stürmische Jahr der „Generellen Morphologie" fällt auch HAECKELS (1866) Prägung des folgenreichen Begriffes **Oecologie** als „die gesamte Wissenschaft von den Beziehungen des Organismus zur umgebenden Außenwelt, wohin wir im weiteren Sinne alle Existenzbedingungen rechnen können".

Der Begriff schloß somit von Anfang an die umfassende Sicht des damals noch jungen Evolutionsdenkens ein – eine Betrachtungsweise des vernetzten Wirkgefüges, für die er durch seine Meeresbiologie und seine Tropenexpeditionen vielfältige Anregungen erfuhr

Abb. 11:
Haeckel der Tropenreisende, 1882 (Ernst-Haeckel-Haus).

FIG. 115. Her Majesty's Ship *Challenger*, 1872–6.

Abb. 12:
Das englische Forschungsschiff HMS „Challenger" um 1872.

(Abb. 11, 13): So formulierte er 1870, die Oecologie habe „die gesamten Beziehungen eines Thieres sowohl zu seiner anorganischen wie auch zu seiner organischen Umgebung zu untersuchen. Vor allem die freundlichen und feindlichen Beziehungen zu denjenigen Thieren und Pflanzen, mit denen es in direkte oder indirekte Berührung kommt; oder mit einem Worte, alle diejenigen verwickelten Wechselbeziehungen, welche Darwin als die Bedingungen des Kampfes ums Dasein bezeichnet" (Haeckel 1870).

Von einer Oecologie als Anpassungslehre erweiterte er sie innerhalb kurzer Zeit zur „Lehre von der Oekonomie, von dem Haushalt der thierischen Organismen" (Haeckel 1870) und definierte ihren Gegenstand „die Oekonomie der Natur, die Wechselbeziehungen aller Organismen, welche an einem und demselben Orte leben" (Haeckel 1873).

Treffen mit Darwin

Im Oktober 1866 trifft er auf seiner Studienreise Richtung Kanarische Inseln erstmals mit Darwin in dessen Wohnsitz in Down zusammen. Der Besuch ist von Freundschaft und Harmonie geprägt. Es sollen ihm noch zwei weitere Begegnungen folgen – 1876 und 1879 – anläßlich Haeckels Schottlandreisen zur Besichtigung der Radiolarien-Sammlungen des englischen Forschungsschiffes Challenger (Tiefsee Expedition 1872-76; Abb. 12), die dem mittlerweile weltberühmten deutschen Zoologen zur Bearbeitung anvertraut werden (s. unten).

„Darwin war hocherfreut über die Verbreitung, die Haeckel seiner Theorie in Deutschland verschafft hatte, wunderte sich allerdings über die Rigorosität, mit der sein Mitstreiter sie vertrat", so faßte Uwe George (1996) die Beziehung der beiden kongenialen Forscher zusammen. Darwin mied bekanntlich öffentliche Kontroversen – wo sie geführt werden mußten, überließ er sie ebenso begabten wie schlagfertigen Kollegen – in England vor allem dem brillanten Thomas Henry Huxley (auch Darwins Bulldogge genannt). Doch selbst dieser fand Haeckels Polemik für die gemeinsame Sache manchmal zu scharf, anerkannte aber Haeckels bahnbrechende, wissenschaftliche Beiträge zur Abstammungslehre, wie es auch Darwin stets tat.

Abb. 13:
Adams-Pik auf Ceylond von der Nordost-Seite. Aquarell von Ernst Haeckel (Ernst-Haeckel-Haus, Best. H, Abt. 1, Nr. 544).

DARWIN und HAECKEL – schlechte Darwinisten?

Diese Pointe Rupert RIEDLS (1987) ist absolut treffend. Denn sie sahen in der „natürlichen Zuchtwahl" keinen Gegensatz zu LAMARCKS „Vererbung erworbener Eigenschaften" beim Zustandekommen von Anpassungen in der Evolution.

Weder DARWIN noch HAECKEL hätten Probleme damit gehabt, die dunkle Haut der Schwarzafrikaner mit der – über Hunderte von Generationen erfolgten – Sonnenbräunung zu erklären, die schließlich erblich geworden sei (was ja auch die ebenso erblich hell gebliebenen Fußsohlen oder Innenhandflächen vieler Negrider zu zeigen schienen. Jedenfalls fällt es radikalen Neodarwinisten bis heute schwer, den entscheidenden Auslese**vor**teil dieser lokalen Blässen – (bzw. den Überlebens**nach**teil, den eine vollständige Ganzkörperpigmentierung brächte) nachzuweisen. DARWIN spekulierte später über Mechanismen eines Informationsrückflusses von den Körperzellen auf die Keimbahn in seiner „Pangenesis"-Theorie, die aber unbeachtet blieb (RIEDL 1987). HAECKEL erklärte solche Phänomene mit der „oecologischen Gewohnheit", die – soferne lange genug wirkend – zum erblichen Merkmal einer Art geworden sei.

Dieses Modell wandte er sogar auf den Symmetrieverlust beim Heranwachsen der noch völlig gleichseitig angelegten Jungfische zu den völlig verschobenen Alttieren der am Meeresboden lauernden Plattfische oder Schollen an (Abb. 14, 15). „Später nehmen sie die Gewohnheit an, sich auf eine Seite flach auf den Boden des Meeres zu legen; infolgedessen wird die obere, dem Lichte zugekehrte Seite dunkel und oft schön gezeichnet ... die untere Seite ... bleibt farblos. Das Auge der unteren Seite wandert auf die obere Seite hinüber, sodaß beide Augen ... nebeneinander liegen und entsprechend wachsen die Schädelknochen ganz schief aus", ein „ausgezeichnetes Beispiel für die „Vererbung erworbener Eigenschaften" infolge einer ständigen oecologischen Gewohnheit. Durch die entgegenstehende Keimplasmatheorie von WEISMANN ist sie überhaupt nicht zu erklären."

Asymmetrie war für HAECKEL stets eine Ausnahme im Formenkanon des Lebens, erregte seine höchste Aufmerksamkeit. So lieferte die Asymmetrie der Gehäuseschnecken für ihn „die schönsten Beispiele für die Vererbung erworbener Eigenschaften" hier ausgelöst durch das Hinübersinken des wachsenden, von der Schale überdeckten Eingeweidesackes auf eine Körperseite.

Ebenso „undarwinistisch" im Lichte späterer, neodarwinistischer Dogmen ist HAECKELS Verwendung des Wortes „Zweckmäßigkeit" bei Naturformen. Zweck kommt nämlich vom alt- und mittelhochdeutschen „zwec" für Nagel und Bolzen, bezeichnete auch den Nagel der Zielscheibe. Etwas be-zwecken bedeutet auf ein Ziel loszuschießen – und eben dies darf es im Neodarwinismus nicht geben. Die Angepaßtheit sei das Produkt von Zufällen, die Auslese entscheide über ihren Erfolg. Zweck ist also – obwohl viele Anpassungen bewundernswert zweckvoll wirken – kein Wort für Darwinisten, wohl aber eines für Lamarckisten mit teleologischem Hintergrund. Es wird noch zu prüfen sein, wieweit die Vielfalt und Artkonstanz der im homogenen Medium schwebenden planktischen Radiolarien aus streng neodarwinistischen Positionen überhaupt erklärbar ist (Abb. 16, 35).

Die Liebe zu den Radiolarien jedenfalls, jene Einstiegsdroge des Schönheitssuchers Ernst HAECKEL in die Zoologie, Meeresbiologie und Evolutionsforschung, ließ ihn auch während der bewegtesten Phasen seines Lebens nicht mehr los.

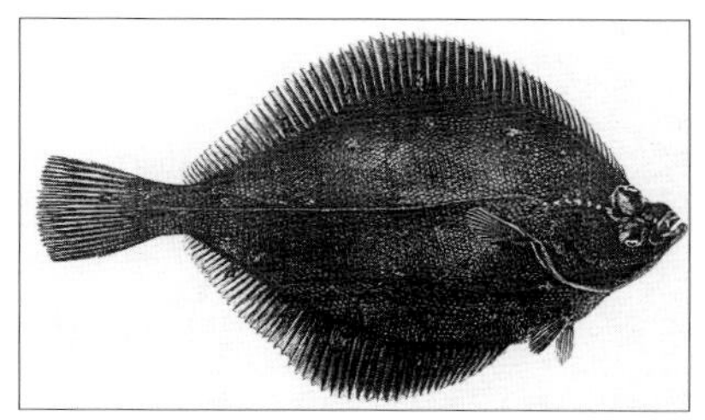

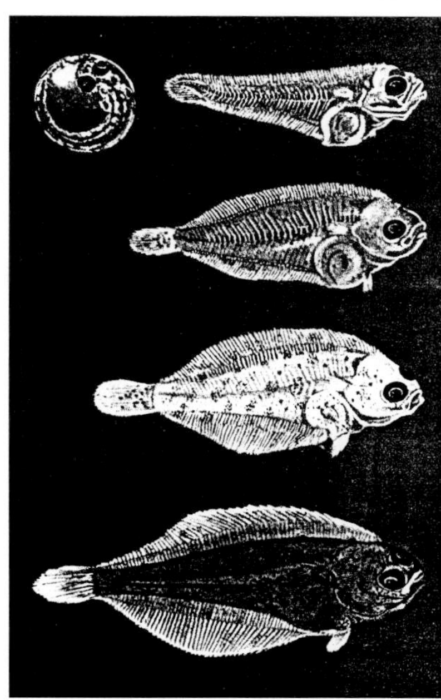

Abb. 14, 15:
Die Scholle *Pleuronectes platessa* adult und Larven.

Abb. 16:
Verschiedene Formen von *Podocyrtis.* Spielformen, Unterarten, Arten? Links *P. bromia* HAECKEL und rechts *P. floribunda* HAECKEL. Foto: LÖTSCH nach einer Typenplatte von Gerhard GÖKE.

Abb. 17:
***Saturnalis* im Weltall, Naturhistorisches Museum Wien.**

Die Challenger-Radiolarien

Es war die Zeit der großen Forschungsabenteuer, der wissenschaftlichen Weltumsegelungen. Die österreichische Fregatte Novara war 1859 nach ihrer zweieinhalbjährigen Weltumsegelung von einer der ergiebigsten Sammelfahrten der Wissenschaftsgeschichte heimgekehrt.

Die von der Royal Society durchgeführte Expedition der Korvette „Challenger" galt in den vier Jahren 1872-76 vor allem der Tiefsee. Aufgrund des hohen Druckes und des fehlenden Lichtes hatte man lange jedes Leben unter 500-600 m ausgeschlossen.

Während der Verlegung des ersten Transatlantik-Telegraphenkabels (1858) regten jedoch Fänge unbekannter Tiefseetiere zu weiteren Untersuchungen an. Die „Challenger" nahm an 354 Stellen der Ozeane Proben des Grundschlammes mit einer Vielzahl unbekannter Meeresorganismen und betraute anschließend 76 hervorragende Gelehrte mit der Auswertung. HAECKEL, der während der

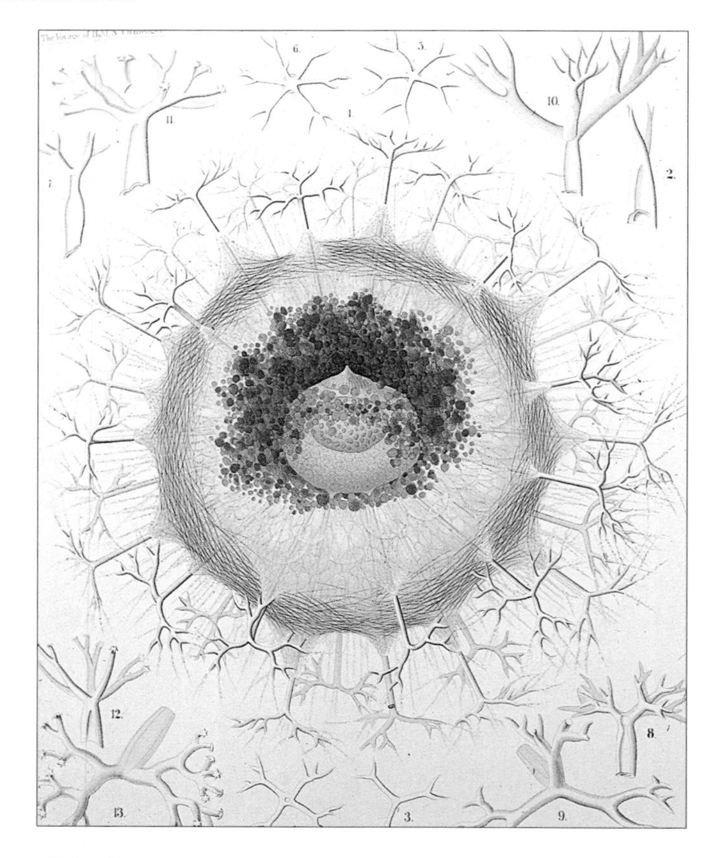

Abb. 18:
***Aulocera* (HAECKEL 1887a: Pl. 102).**

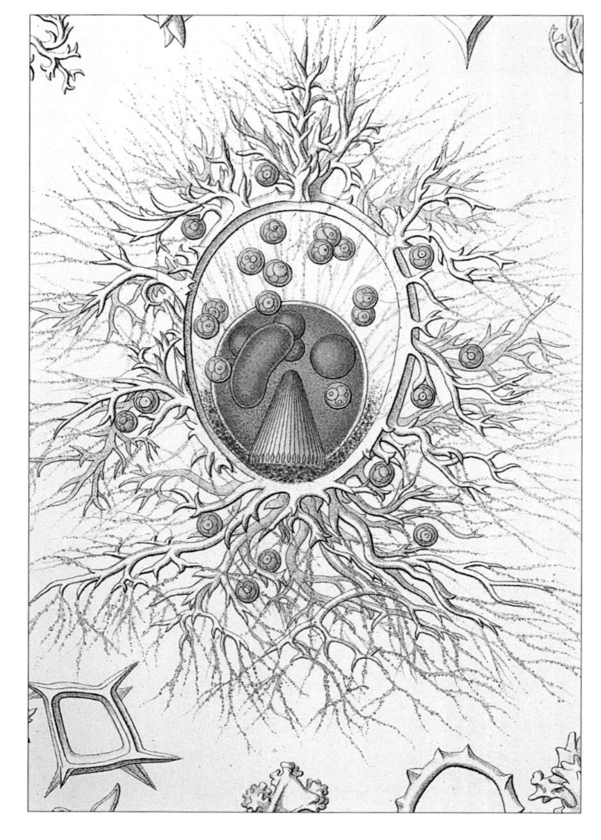

Abb. 19:
***Lithocircus magnificus* (HAECKEL 1887b: 81/16; vgl. Tafel 1/1).**

Naturforscherversammlung in Glasgow (1876) einen Teil der Sammlungen besichtigte, wurde zunächst die Bearbeitung der Radiolarien übertragen, später aufgrund seiner ebenfalls großartigen, dreibändigen Medusen-Monographie auch die der Medusen, Siphonophoren (Staatsquallen) und Hornschwämme angeboten.

In den folgenden 12 Jahren steuerte HAECKEL zur Auswertung des Challenger Materials 2763 Textseiten mit 230 Bildtafeln bei (Abb. 18, 19). „Eine immense Leistung, die allein ausgereicht hätte, ein Forscherleben auszufüllen", schreibt KRAUßE (1984). Trotzdem unternahm er in dieser Zeit noch 16 ausgedehnte Reisen, u. a. in die Tropen (Abb. 11. 13) und den vorderen Orient und bekleidete zweimal (1876 und 1884/85) das Amt des „Prorektor Magnificus" der Universität. Außerdem fallen in diese Zeit der Bau des neuen Institutsgebäudes und seines Wohnhauses „Villa Medusa". Während all dessen erschienen HAECKELS englischsprachige Challenger „Reports": 1882 – „Report on the Deep-Sea Medusae... „ (300 Seiten Text, 32 Tafeln, 18 neue Arten); 1887 – „Report on the Radiolaria... „ (Teil I und II mit 1873 Seiten Text, 140 Tafeln und 3508 erstmalig beschriebenen Arten) (In deutscher Bearbeitung erschien der Bericht als dritter und vierter Teil der 1862 begonnenen Radiolarien Monographie in den Jahren 1887 und 1888); 1888 – „Report on the Siphonophorae... „ (380 Seiten Text und 50 Tafeln mit 150 neuen Artbeschreibungen); 1889 – „Report on the Deep-Sea Keratosa... „ (92 Seiten Text, 8 Tafeln, 26 neue Arten) (Zit. n. KRAUßE 1984).

An diesen Tafeln arbeitete bereits der talentierte Jenaer Lithograph Adolf GILTSCH, aufgrund der hervorragenden Handzeichnungen HAECKELS; er war ihm fallweise auch beim Zeichnen behilflich (Abb. 19).

Diese Arbeit ist nie mehr überboten worden. Ohne sie hätten 10-15 Jahre später auch keine „Kunstformen der Natur" herausgebracht werden können (s. u.). HAECKEL verfügte durch seine guten Beziehungen zum Hause Carl ZEISS in derselben Stadt und die besondere Freundschaft mit dem Pionier der rechnenden Optik, Ernst ABBE (Abb. 21), an derselben Universität über die besten Mikroskopobjektive der Welt – ein glückhafter Umstand der Wissenschaftsgeschichte. Ernst ABBES Zeichenapparat gestattete ihm, durch einen Strahlenteiler am Okular und einen Umlenkspiegel das Radiolar im selben Bildfeld wie die eigene zeichnende Hand zu erblicken und solcher Art geradezu pedantisch an der Natur zu bleiben. Durch das stete Spiel an der Mikrometerschraube (Schärfefeintrieb) überwand HAECKEL das Problem der geringen Schärfentiefe, welches der lichtmikroskopischen Fotographie bei diesen komplexen Raumgebilden bis heute unüberwindliche Schranken setzt. Nur Hirn und Hand des Mikroskopikers vermochten die zahllosen optischen Querschnitte (fast tomographisch) zeichnerisch zu raumdurchdringenden Gitterskeletten zusammenzusetzen.

Abb. 20:
HAECKEL mit dem Mikroskop (Ernst-Haeckel-Haus).

Abb. 21:
Ernst ABBE (1840-1905). Foto: Fa. Carl Zeiss, Oberkochen (PI 102/76).

Was die wissenschaftliche Welt in diesem Werk erblickte, war „zu schön um wahr zu sein", so, daß es selbst bei Biologen auf ungläubiges Staunen stieß. Diese filigranen Meerespräziosen warfen zu viele Fragen auf. Was treibt die Evolution dazu, in diese unsichtbaren, für kein Auge bestimmten Einzellerwelten ohne Gehirn, ohne Hände, ohne Werkzeug Schönheiten und Reize zu verschwenden, die aus den Werkstätten gotischer Goldschmiede, indischer Elfenbeinschnitzer, italienischer Glasbläser oder arabischer Stukkateure kommen könnten?

Die Erklärungen des Entdeckers klangen nicht minder fantastisch, etwa: „Von besonderer Wichtigkeit ist dabei das unbewußte Zellgedächtnis, die „Mneme", wie Richard SEMON es genannt hat. Dieses Zellgedächtnis erklärt uns auch die erblichen Kunstformen der

Abb. 22:
Glasmodell von *Tympaniscus quadrupes,* Naturhistorisches Museum Wien (vgl. Tafel 1/9).

Radiolarien, die Kunsttriebe dieser einzelligen Lebewesen, „plastische Zellinstinkte" ... wie die bekannten Instinkte der höheren vielzelligen Tiere und Pflanzen. „Die veränderlichen 'Scheinfüßchen' (Pseudopodien) dienen nicht allein zur Ernährung oder Bewegung. Sie sind auch die wunderbaren Künstler, die durch Ausscheidung von glasartiger Kieselerde ... die charakteristischen Skelette hervorbringen. Bald erscheinen diese als schützende Gitterschalen, bald als sternförmige Gebilde ... Diese starren Fortsätze der Schalen, die weit über deren Oberfläche hervorragen, dienen teils zum Schutze (als Abwehr gegen Feinde), teils als feste Stütze, teils als Schwebeapparate, die das Untersinken der Zelle verhindern" (HAECKEL 1914/1924: 10-11) oder um es modern und technisch auszudrücken: Das gesamte Skelettgitterwerk erhält seinen spezifischen Reiz durch die offensichtliche Leichtbauweise. Soweit einige funktionelle Aspekte, die aber weit davon entfernt sind, dieses spielerische **„Formenwerfen des Lebens"** auch nur annähernd zu erklären, ebenso wenig – wie BÖLSCHE (1906: 33) das Phänomen der überquellenden Schönheiten zu begründen vermag. „Wesen, die ... in einem ziemlich gleichartigen lebendigen Zellkörper durch solche Richtkraft aus Kieselstoff (also der gleichen Masse, die unsere Bergkristalle zusammensetzt) mehr als 4000 verschiedene 'Kunstformen' aufbauen".

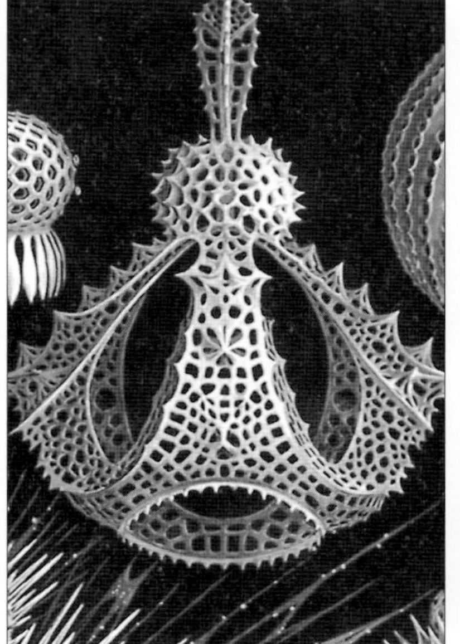

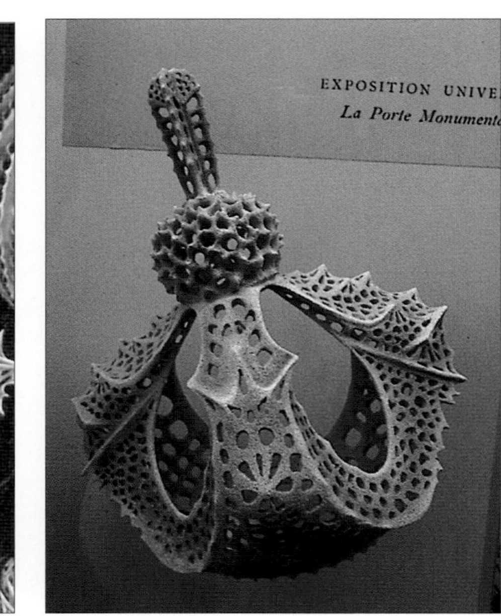

Abb. 23:
***Clathrocanium reginae* (HAECKEL 1897-1904: Taf. 31/2).**

Abb. 24:
Räumliches Modell von *Clathrocanium reginae* im Phylogenetischen Museum, Jena. Foto: LÖTSCH.

Die Mikrofossilien von Barbados

Eigentlich waren die schmucken Mikroskelette dieser Meeresplanktonten ursprünglich gar nicht im Meer entdeckt worden, sondern an den Berghängen der Insel Barbados (Kleine Antillen). Der Forschungsreisende Robert SCHOMBURGK hatte dort 1846 Bodenproben genommen und dem Berliner Mediziprofessor, Mikroskopiker und Geologen Christian Gottfried EHRENBERG überlassen. Dieser erkannte sie als fossile, mit der Insel einst hochgehobene Meeressedimente und beschrieb darin erstmals die wunderbaren Gebilde als „Polycystinen" (Den Begriff Radiolarien prägte einige Jahre später der Anatomie- und Physiologieprofessor Johannes Peter MÜLLER anhand seiner lebenden Planktonfänge aus dem Mittelmeer. Jener J. P. MÜLLER, der auch den jungen Mediziner E. HAECKEL in die Meeresbiologie einführte und damit die Weichen für dessen wissenschaftliche Laufbahn stellte).

Ch. G. EHRENBERG studierte die Radiolarien zunächst ausschließlich als Mikrofossilien und fand sie sogar in den Sahara-Stäuben, die Charles DARWIN auf dem Atlantik an Deck des Forschungsschiffes „Beagle" zusammengefegt hatte (GEORGE 1996). EHRENBERG folgerte, daß diese aus Sedimentgesteinen marinen Ursprungs in der Sahara durch Erosion freigelegt und dann als „Luftplankton" mit den Passatwinden verweht worden seien. „Geo" widmete dem Phänomen einen großen Beitrag (GEORGE 1996).

Fossile Radiolarienskelette verraten vielerorts die Herkunft ganzer Gebirgszüge aus emporgehobenen Meeressedimenten. Massenhaft fand man sie auch auf Sizilien, Kalabrien, Griechenland, in Nordafrika, auf den amerikanischen Kontinenten, den Nikobaren, in den Alpen, in England und Deutschland u. a. m.

Aus Mergeln von Barbados wurden in der Folge rund 500 verschiedene Skelettformen beschrieben und JUKES-BROWN & HARRISON (1892) haben gezeigt, daß die fossilen Ablagerungen auf Barbados große Ähnlichkeit mit dem Radiolarienschlamm der heutigen Ozeane haben (Die Übereinstimmung der fossilen Barbados-Arten mit denen in heutigen Tiefseeproben hatte schon HAECKEL erkannt). Sie nannten die Gesteinserie daher „Oceanic Formation“.

Silizium ist in seinen vielfältigen chemischen Verbindungen das dominante gesteinsbildende Element der Erde, die Radiolarienskelette aus Siliziumdioxid sind praktisch gesteinsidentisch und unvergänglich. (Der erdgeschichtlich hochaktive Vulkanismus brachte im Falle von Barbados viel Kieselsäure ins Meerwasser – eine Voraussetzung für die besondere Massenentwicklung der Radiolarien und anderer Kieselorganismen.)

Zwar gibt es im Meeresplankton auch Radiolarien mit Skeletten aus Strontiumsulfat – jedoch nicht als fossile Überlieferung, da sich $SrSO_4$ im Meerwasser löst. Es ist noch unklar, auf welche Weise das $SrSO_4$ davor bewahrt bleibt, solange die Zelle lebt.

Das Studium lebender Radiolarien – und ihrer Protoplasmafeinstrukturen war eine große Herausforderung der sich entfaltenden Lichtmikroskopie – bis es gelang, die Einzellernatur und die Zooxanthellensymbiosen zu erkennen. Der „Altmeister der Mikro-Paläontologie“, Ch. G. EHRENBERG glaubte als Mediziner noch 1875 in seinen „Abhandlungen der Kgl. Preuß. Akad. d. Wiss. zu Berlin“ mit 30 Tafeln der Barbados Radiolarien, daß die „Infusionsthierchen“ zu denen er neben den Radiolarien auch die Diatomeen und andere Algen rechnete, „vollkommene Organismen“ mit denselben Organen (Nerven, Muskeln, Darm usw.) seien wie die „höheren“ Tiere. HAECKEL hat übrigens die 30 Tafeln EHRENBERGS mit insgesamt 278 Arten im Rahmen seiner Radiolarien Monographie II. Teil, 1887 kritisch revidiert. Mit Hilfe der HAECKELschen Tabellen kann man den von EHRENBERG gezeichneten Radiolarien die aktuellen Namen des HAECKELschen Systems zuordnen.

Radiolarien Artkonstanz – Grenzfall der Selektionstheorie?

Die exorbitante Vielfalt dieser Kieselarmierten Protoplasmaklümpchen – man kennt heute über 11.000 Arten – ist einigermaßen verstehbar: Es sind frei im homogenen Medium schwebende Rhizopoden(Wurzelfüßer)-Zellen, denen die Evolution die Potenz zur Absonderung glasiger Skelette verliehen hat. Sie entsenden strahlig zarte Protoplasmafäden ins Wasser, an denen – wie an Leimruten – Mikroben als Nahrung hängen bleiben, daneben halten sich viele Arten symbiontische Algen als Zusatz-(oder Haupt-)Verpflegung. Was sollte diese, in ihrer sehr einheitlichen Lebensweise kaum voneinander unterschiedenen Zellen daran hindern, spielerisch tausendfältig in alle Richtungen zu variieren, fantastisch und ungehemmt, zu jenem luxurierenden Gestaltreichtum, den BÖLSCHE (1906: 33) poetisch beschreibt: „... die zierlichsten Kreuze, Sterne, Gitterkugeln, ein unendliches Formenspiel, das unser Auge entzückt, da ein inneres Gesetz auch hier stets zu einer ... symmetrischen, kristallartig schönen Gestaltung zwingt. ... Bleiben alle Formen in sich mathematisch ... geregelt, so scheint doch in der unerschöpflichen kaleidoskopischen Fülle mathematischer Symmetriemöglichkeiten die Zahl dieser Spielformen keine Grenzen zu kennen“.

Soweit so gut. Warum aber existieren in Wahrheit dennoch Grenzen? Wie erklärt sich dann die **endliche** Zahl **unterscheidbarer** Arten?

Daß hinter jeder den tausenden beschriebenen artspezifischen Gestalten, die im Ozean schweben, eine andere ökologische Nische, eine andere Lebensweise steht, ist kaum vorstellbar. Welche klar unterscheidbaren Auslesezwänge halten die klar unterscheidbaren

Abb. 25:
Clathrocanium reginae **(HAECKEL 1887b: Taf. 64/4).**

Abb. 26:
Portal der Weltausstellung, Paris 1900. Architekt René BINET nannte *C. reginae* aus HAECKELS Radiolarienzeichnungen als Inspiration.

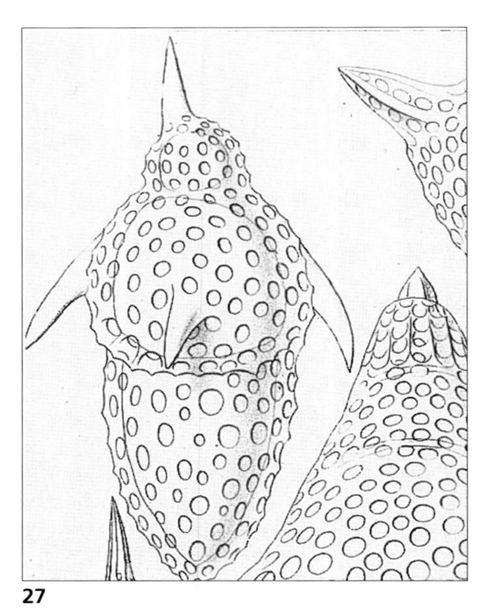

27

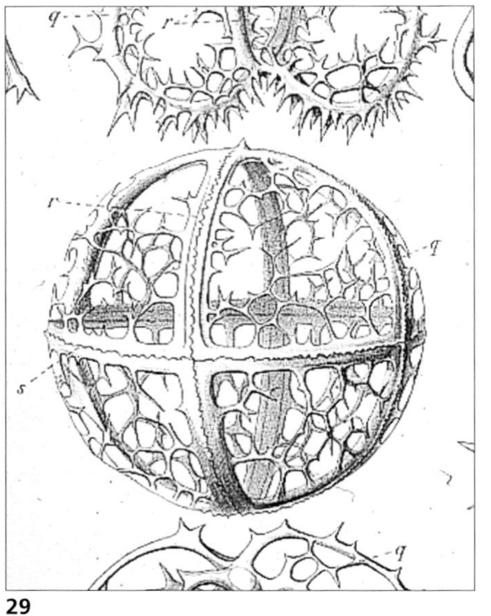

29

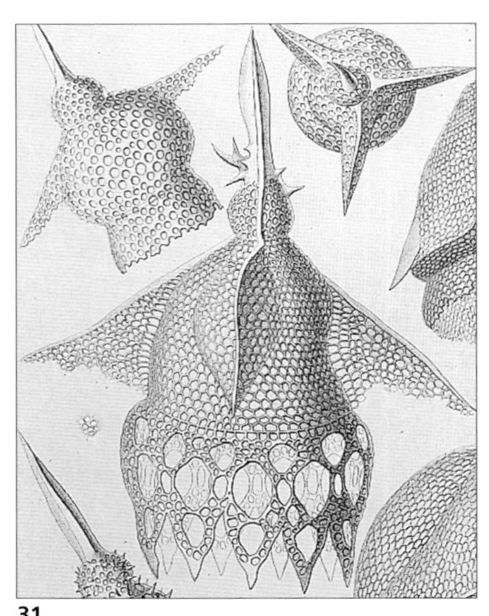

31

28

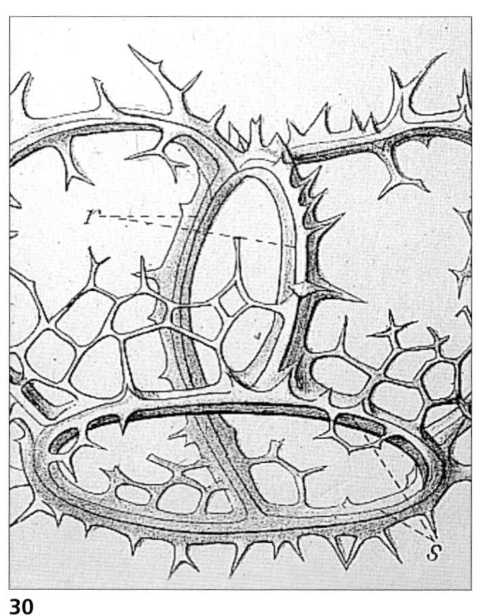

30

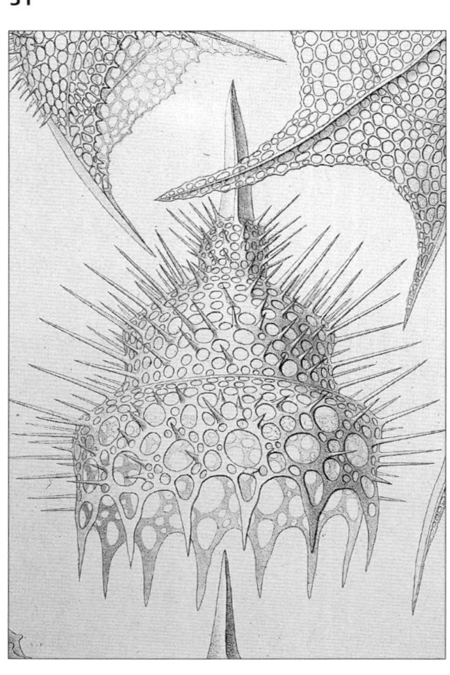

32

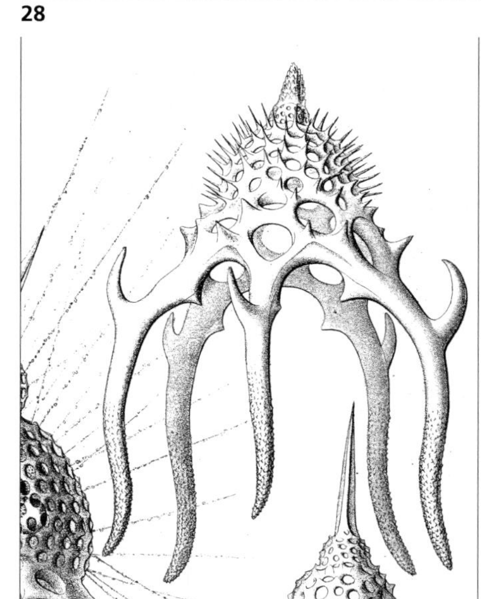

33

Abb.:
27: *Lithornithium falco* (HAECKEL) 400x verg. aus HAECKEL (1887b: Pl. 67/1).
28: Erst kürzlich wieder Vorbild für eine Gravur der Glasfachschule Kramsach. Naturhistorisches Museum Wien.
29: *Trissocyclus sphaeridium* (HAECKEL) – jene fast gotisch wirkende Gitterkugel aus der Familie der Coronidae aus HAECKEL (1887b: Pl. 93/12; vgl. Tafel 1/5).
30: *Acanthodesmia corona* (HAECKEL), Artname sv. wie „Dornengezierte Krone" Familie der Coroniden aus HACEKEL (1887: Pl. 93/5).
31: *Dictyocodon annasethe* (HAECKEL) 400x verg. „Diese schöne Art ist dem Gedächtnis von Anna HAECKEL (1835-1864), geborene SETHE, gewidmet". Aus HAECKEL (1887b: Pl. 71/11).
32: *Calocyclas monumentum* aus HAECKEL (1887b: Pl. 73/9).

33: *Alacorys bismarckii* (HAECKEL) 200x vergr. Der Kommentar zeigt HAECKEL leider auch als politisches Kind der Zeit: „Diese stattliche Art, einem Monument auf fünf Säulen gleich, wurde zu Ehren des Fürsten Otto von BISMARCK benannt, des genialen Gründers des neuen Deutschen Reiches und seiner hoffnungsvollen Kolonialmacht. Er wurde als praktischer Kenner der deutschen Stammesgeschichte am 31. Juli 1892 in Jena zum ersten Doktor der Phylogenie honoris causa ernannt." Aus HAECKEL (1887b: Pl. 65/3).

Tafel 1, vgl. Abb. 2: ***Stephoidea,*** **Ringelstrahlige (bei dieser Ordnung bespricht HAECKEL die Xanthellen, die symbiontische Zusatzverpflegung in Form stets mitgeführter photosynthetisierender Algen (aus HAECKEL 1899-1904: Taf. 71).**

Arten konstant – über Jahrmillionen hinweg, während deren sie wiedererkennbar bleiben – fossil wie rezent?

Zwei Erklärungsmechanismen sind hier denkbar, wenn auch nicht erschöpfend: Einzelnen dieser Formen konnten bestimmte Umweltbedingungen zugeordnet werden – wie klimatologischen Leitorganismen oder Indikatorarten – gekoppelt an bestimmte pH und Temperaturbereiche, bestimmte Tiefen, Drucke, ozeanographische Faktoren.

Vor allem aber scheint es innere Auslesezwänge der Zellmechanik zu geben, welche doch nicht alle der unendlich vielen möglichen Skelettarchitekturen zulassen. HAECKELS Zeitgenossen verglichen dies mit Kristallisationsvorgängen, auch wegen der Symmetrieachsen und Symmetrieebenen.

Seit den interdisziplinären Studien des „Instituts für leichte Flächentragwerke" (I.L.; HELMCKE & BACH 1990) der Universität Stuttgart zur Entstehung organischer Gerüste, Schalen und „Pneus" sind auch Minimalflächen- und Schaumbildungsprozesse in Betracht zu ziehen, wie sie sich in Experimenten mit Tauchlack und Seifenlösungen untersuchen lassen. Der zu HAECKELS Lebenszeit berühmte Biologe Otto BÜTSCHLI, der Zellgewebestrukturen mit den Wabenmustern von Schäumen verglich, („BÜTSCHLIsche Schäume") beschäftigte sich auch mit Radiolarien (BÜTSCHLI 1892). BÜTSCHLI hätte sich gefreut, in einer Publikation des Stuttgarter Instituts für leichte Flächentragwerke Modellversuche zu sehen, welche die Gitterkugeln von Radiolarienskeletten aus den Hohlräumen zwischen Schaumblasen herleiten (I.L. 9/1973: Pneus in Natur und Technik).Vielleicht könnte auch die Kunst von Glasbläsern Beiträge zum Verständnis von Radiolarienskeletten leisten (Abb. 22–24).

Die eingangs erwähnte Frage, welche Selektionsfaktoren bei Planktonprotisten gleicher Lebensweise die artkonstant unterscheidbaren Gestalten aufrechterhalten, muß jedoch im wesentlichen offen bleiben. HAECKEL hatte damit interessanterweise kein Problem – aber er war ja, ebensowenig wie DARWIN, ein Darwinist im heutigen Sinn. Er hatte auch kein Problem, den zutiefst menschlichen Begriff **„Kunst"** auf unbewußt ablaufende Lebensprozesse zu übertragen.

„Kunstformen der Natur" (1899-1904)

Der bekannte Berliner Zoologe Karl MÖBIUS, dem HAECKEL die mehrbändige Radiolarienmonographie schenkte, schrieb ihm begeistert (23. November 1987): „Es wird mir wundervollen Stoff für eine 'Aesthetik der Tierwelt', über die ich seit mehreren Jahren nachgedacht und auch schon manches aufgeschrieben habe, liefern". HAECKEL Biographin E. KRAUßE vermutet, daß es die von MÖBIUS 1895 veröffentlichten Vorlesungen über die Ästhetik der Tierwelt waren, die HAECKEL veranlaßten, in der Blütezeit des Jugendstils in den Jahren 1899-1904 die „Kunstformen der Natur" in Druck zu geben. Auf 100 Tafeln zusammenkomponierte formschöne, meist radiärsymmetrische Beispiele aus dem Protisten-, Pflanzen- und Tierreiche sollten den Bildungsbürger in ästhetisches Staunen versetzen und ihm berührend schönes Anschauungsmaterial zu HAECKELS populärwissenschaftlichen Werken nachreichen.

„Der Hauptzweck meiner 'Kunstformen der Natur' war ein ästhetischer: Ich wollte weiteren gebildeten Kreisen den Zugang zu den wunderbaren Schätzen der Schönheit öffnen, die in den Tiefen des Meeres verborgen oder wegen ihrer geringen Größe nur durch das Mikroskop erkennbar sind. Damit verknüpfe ich aber zugleich den **wissenschaftlichen** Zweck, den Einblick in den Wunderbau der eigentümlichen Organisation dieser Formen zu erschließen."

„Vor allen anderen Klassen habe ich hier die Radiolarien, Medusen, Siphonophoren und Korallen berücksichtigt, mit deren speziellem Studium ich mich seit fünfzig Jahren eingehend beschäftigt und über die ich im ganzen mehr als 400 Tafeln publiziert habe". „Indessen habe ich auch den bekannten höheren Klassen wenigstens je eine Tafel gewidmet. Die 100 Tafeln stellen somit zugleich einen populären **biologischen Atlas** dar, der zur Illustration meiner „Natürlichen Schöpfungsgeschichte" dienen kann", schrieb E. HAECKEL im Nachwort zu sämtlichen Lieferungen der „Kunstformen" (Taf. 1).

Doch schon im Vorwort (1899) wendet er sich an die andere Zielgruppe: „Die moderne **bildende** Kunst und das mächtig emporgeblühte Kunstgewerbe werden in diesen wahren 'Kunstformen der Natur' eine reiche Fülle neuer und schöner Motive finden."

„Die Ähnlichkeit vieler Radiolarienskelette mit den Erzeugnissen menschlicher Kunsttätigkeit ist höchst auffallend. Da finden wir beispielshalber eine großartige Rüstkammer von allen möglichen Waffen vor: Schutzwaffen in Form von Panzerhemden und Helmen, Schildern und Schienen; Angriffswaffen in Form von Spießen und Lanzen, Pfeilen und Enterhaken. Da finden wir die zierlichen Schmuckstücke: Kronen und Diademe, Ringe und Ketten; Ordensdekorationen: Kreuze und Sterne usw. in unendlicher Mannigfaltigkeit. Viele dieser Kunstformen sind im ganzen und im einzelnen den Produkten hochentwickelter menschlicher Kunst so ähnlich, daß man in beiden auf die Gleichheit des schöpferischen Kunsttriebes schließen könnte. Und doch liegt nur Konvergenz beider Produkte vor. Bewußtsein können wir in der Zellseele der Radiolarien so wenig annehmen, wie im Seelenleben der Pflanzen und der meisten niederen Tiere. Vielmehr müssen wir ihnen unbewußte Empfindung zuschreiben" (HAECKEL 1914/1924: 12).

Phantasievoll genug um die damaligen Kunstgewerbler anzuregen, waren auch HAECKELS Assoziationen bei der Namengebung der von ihm beschriebenen Challenger Radiolarien (Abb. 23, 27-33).

„Man folgt mit Lächeln hier auch der kleinen Not des Entdeckers, der 4000 neue lateinische Doppelnamen erfinden sollte!" (BÖLSCHE 1921).

Die Wirkung von HAECKELS „Kunstformen" auf die Jugendstilepoche war durchschlagend. Nicht ohne Stolz berichtet HAECKEL vom Bekenntnis des französischen Stararchitekten René BINET, für das Hauptportal der Pariser Weltausstellung 1900 durch das Radiolar *Clathrocanium reginae* (HAECKEL) angeregt worden zu sein (Abb. 23-26). In seinen „Esquisses décoratives" beschreibt René BINET (1902) die vielfältige Inspiration, die er und andere Künstler aus den Prachtbänden des deutschen Biologen zögen. Auch die eleganten Strömungsfiguren von Quallen und Siphonophoren kamen dem Formwillen des

Abb. 34:
Zwei Ansichten des geplanten HAECKEL-Saals im Naturhistorischen Museum Wien (B. LÖTSCH und D. GROEBNER 1996).

Jugendstils entgegen, den man ja mit seinen fließenden Linien als das letzte Aufbäumen der dekorativen Kunst gegen das maschinelle Ornament sehen kann (auch wenn sich die Industrie letztlich auch des Jugendstils bemächtigte, war er seinem Wesen nach stärker handwerklich bestimmt als alles danach). Vor allem die Jugendstil-**Glaskunst** erhielt durch die glasig-organischen Medusen starke Impulse.

Eine der aufregendsten, nicht symmetrisch oder rhythmisch bestimmten „Jugendstil"-Gestalten der „Kunstformen" ist wohl die Staatsqualle *Desmonema annasethe* (HAECKEL) – vom Entdecker wegen ihrer berührenden Schönheit – wie könnte es anders sein – wiederum nach seiner unvergessenen ersten Frau Anna SETHE benannt.

Zahlreiche freundliche Geschenke hätten ihm die ornamentale Verwertbarkeit seiner

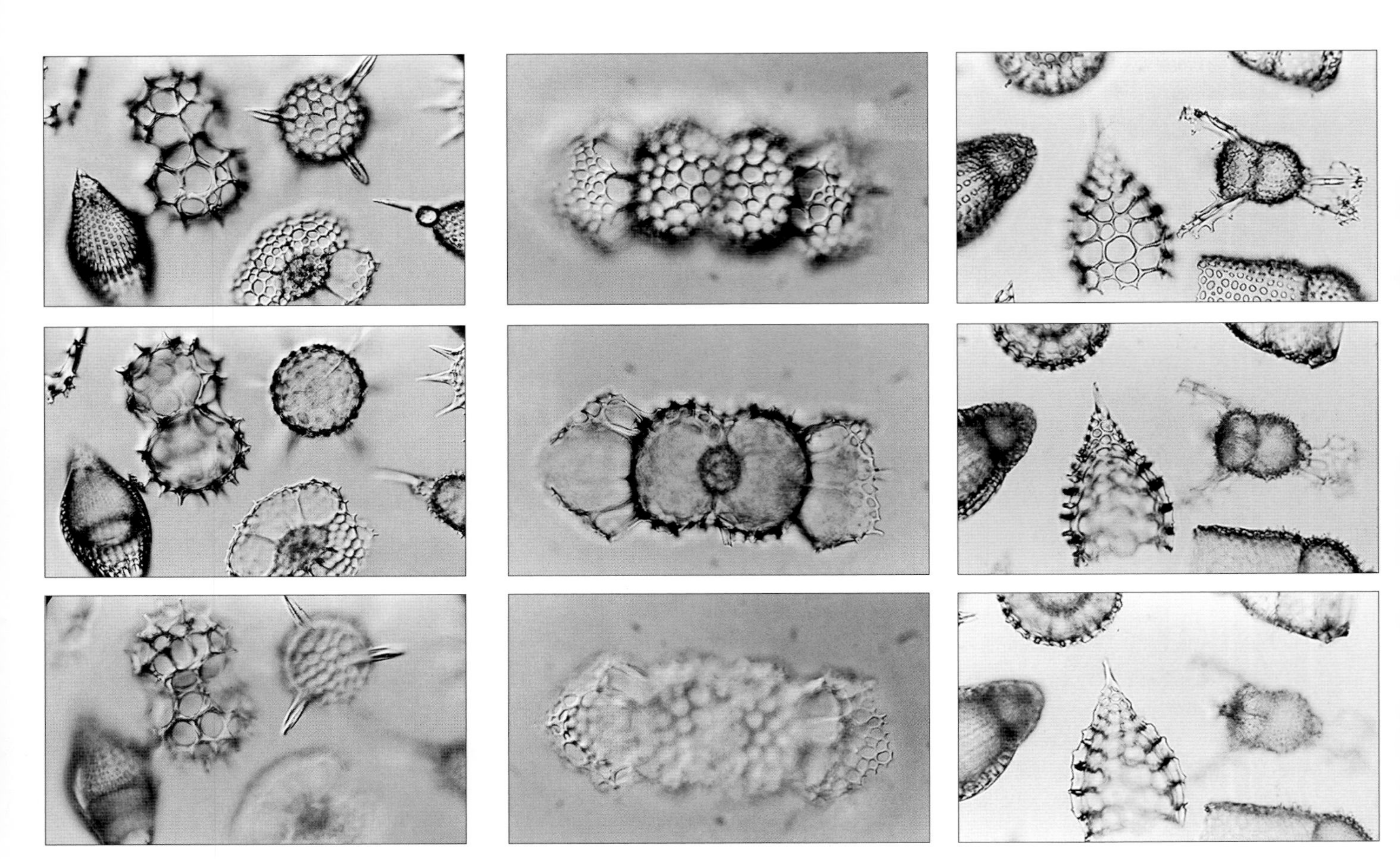

Abb.35: Verschiedene Schärfenebenen. Fotos: LÖTSCH nach einer Typenplatte von Gerhard Göke.

„Kunstformen" bewiesen: „Möbel, Hausgeräte, Teller, Becher, Kissen, Taschen u. s. f., geschmackvoll decoriert mit den reizenden Formen der vorher erwähnten Protisten", schreibt HAECKEL (1914/1924). Berühmt sind auch die, Motiven der „Kunstformen" nachempfundenen Luster und auch andere Details im prächtigen Ozeanographischen Museum und Aquarium in Monaco.

Die Kathedralenfenster des „Mikrokosmos" nach Ernst HAECKELS Zeichnungen, 1997 im Naturhistorischen Museum Wien installiert, sind die jüngste Version architektonischer Gestaltung mit Hilfe der „Kunstformen der Natur" (Abb. 34).

Wohl am stärksten spiegelt sich das epochale Ereignis der „Kunstformen" HAECKELS im schöpferischen Werk von Hermann OBRIST (1862-1927), einem der ganz großen Organiker und Wegbereiter der Moderne. Von Geweihfarnen, Tangen, Quallen und Seeanemonen über Borstenwürmer bis zu den Radiolarien reichen die Reflexionen von OBRIST – z. B. in Radiolarienbrunnen für KRUPP von BOHLEN 1913 (Essen) oder im Kunstgewerbemuseum Zürich. Auch die Werke August ENDELLS (unter dem Einfluß OBRISTS), Louis Comfort TIFFANYS oder die Glaskunst der LOETZ-Werke quellen über von der organischen Schönheit der HAECKELschen „Kunstformen". Aufschlußreich ist auch die Dissertation von KOCKERBECK (1986) über den Einfluß HAECKELS auf den Jugendstil und das eindrucksvoll layoutierte Buch von Siegfried WICHMANN (1984): Im Werkverzeichnis von H. OBRIST finden sich noch andere starke Anregungen aus der Natur – z. B. Yellowstone I und Yellowstone II (1898).

Authentisch oder manipuliert? – „Da sieht man Tiere, die gibt's gar nicht"

Mit diesem Ausspruch eines Bauern im Berliner Zoo karikierte HAECKEL die ungläubigen Kommentare zu seinen „Kunstformen der Natur".

Das skeptische Staunen der Zeitgenossen verwickelte den streitbaren Professor auch hier in zahlreiche Auseinandersetzungen: „Man behauptete ... meine Zeichnungen seien stilisiert und die von mir wiedergegebenen Formen kämen so in der Natur nicht vor ... ihre Formen ... sollten unter dem Mikroskop, wo wir doch immer nur einen Schnitt durch den Körper zu sehen bekämen, ganz anders wirken als in der, auf den kubischen Eindruck hin ausgebauten Zeichnung. An den realen Gestalten falle einem gut geschulten Auge gerade die unkünstlerische Gestalt auf" (HAECKEL 1914/1924: 13).

„Bekanntlich hat die erstaunliche Verbesserung der modernen Mikroskope – wie wir sie namentlich meinem ... Freunde und Kollegen Ernst ABBE verdanken – zu einer ungeahnten Erweiterung und Vertiefung der Naturerkenntnis geführt, und wir suchen in unseren mikroskopischen Abbildungen alle Formverhältnisse möglichst klar und scharf darzustellen. Wir beschränken uns bei der Wiedergabe des Gesehenen keineswegs auf einen optischen Durchschnitt, sondern können durch Drehung der Mikrometerschraube des Mikroskops alle Teile des Körpers genau beobachten und dadurch ein plastisches Bild der Wirklichkeit gewinnen" (HAECKEL 1914/1924: 13).

Das Problem der zeichnerischen Raumrekonstruktion und ihrer Beweiskraft stellt sich hier in extremer Form. Arbeitet man zur Erzielung höchster Detailauflösung mit weit geöffneter Apertur-Iris, erlebt man beim Übergang von einer optischen Ebene zur anderen echte Überraschungen – so sehr differieren die verschiedenen Ansichten desselben Radiolars – und die gewissenhafteste zeichnerische Kombination zum räumlichen Skelett ergibt ein tatsächlich vorher so nie gesehenes Gebilde. Fotos können das nicht (Abb. 35).

Deshalb werden Radiolarien zur Steigerung der Schärfentiefe ja häufig mit stark eingeengter Apertur-Iris fotografiert – unter Inkaufnahme häßlicher Beugungsränder, sowie eines beträchtlichen Detail- und Schönheitsverlustes.

Ich habe daher schon um 1970 für Dia-Vorträge die Notwendigkeit empfunden, dem Publikum nicht nur den einen optischen Querschnitt normaler Mikrofotos zu projizieren, sondern die Zuschauer auch im großen Hörsaal zu Augenzeugen des mikroskopischen Durchschärfens zu machen. Dazu habe ich eine Technik entwickelt, über die sich HAECKEL gewiß gefreut hätte: Das Mehrschichtdia. Je nach Objekt werden 2 bis 3 repräsentative optische Querschnitte bei hoher Apertur auf getrennte Dias gebannt. Die Dias werden in ein und demselben Rahmen paßgenau zusammengefaßt, wobei die Gläser **zwischen** den Filmschichten (statt zu ihrem Schutz nach außen) angebracht werden. An einem lichtstarken Projektor kann man nun das Objektiv (Lichtstärke mindestens 1:2,8) dazu verwenden, durch das fotografierte Radiolar in gleicher Weise durchzuschärfen, wie dies der Mikroskopiker durch Drehen am Schärfetrieb zu tun pflegt. Bei optisch dichteren Präparaten (wenn z. B. bei Phasen-, Interferenzkontrast, sogar bei Dunkelfeld aufgenommen wurde), kann man denselben Effekt durch Verteilung der Dias auf zwei Projektoren mit Überblendeinrichtung erzielen.

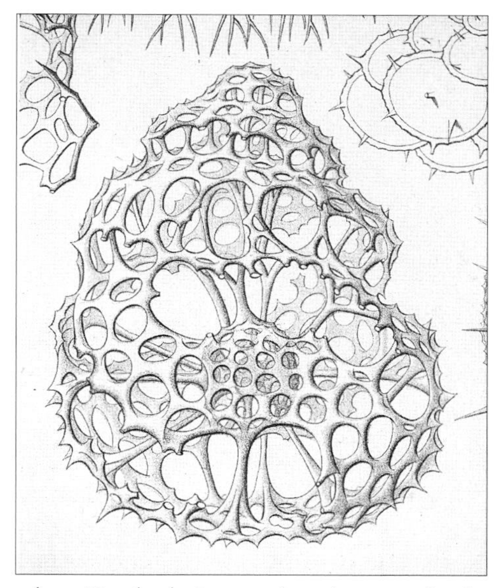

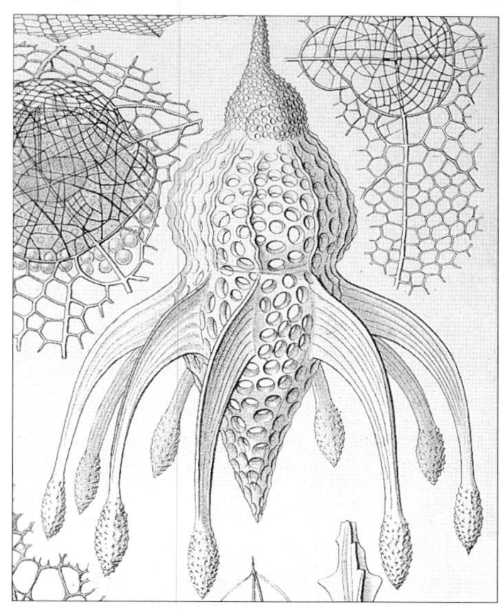

Abb. 36, 37:
Streblopyle helicina **(links).**
Theophoena corona **(rechts) aus**
HAECKEL (1887b: Pl. 49/9 und Pl. 70/12).

Bei strengen Hellfeldaufnahmen von Radiolarienskeletten bei hoher Apertur kann auch die Kombination der einzelnen Ebenen mit Hilfe des Vergrößerungsapparates in der Dunkelkammer ein Gewinn sein.

Den größten Fortschritt bei der Wiedergabe dieser Raumgebilde brachte die Rasterelektronenmikroskopie. Bei den fossilen Kieselskeletten spielt es ja keine Rolle, daß die Rasterelektronenmikroskopie im allgemeinen leider nur „möglichst schöne entwässerte Leichen“ abbildet.

Ginge es darum, für Museen große Radiolarienmodelle herstellen zu lassen, würde ich den betreffenden Bildhauern, Kunststofftechnikern oder Glasbläsern die HAECKELschen Abbildungen nur in Verbindung mit rasterelektronenmikroskopischen Darstellungen zur Verfügung stellen. Doch hat auch die Lichtmikroskopie in den ZEISS Labors noch einen Sprung nach vorne getan: Februar 1997 konnten wir in Jena mit unseren Radiolarienpräparaten den Prototyp eines 3D Forschungsmikroskopes sehen, welches prinzipiell bis an die Auflösungsgrenze der Lichtmikroskopie geht. Es arbeitet mit einem oszillierenden Wechsel von Links/Rechts-Schrägbeleuchtungen im Kondensor, die entsprechend auf das rechte und linke Okular verteilt werden. ZEISS hat damit ein Prinzip virtuos weiterentwickelt und serienreif gemacht, das uns das erste Mal in einem Artikel des Biologen Rainer WOLF (1985) begegnete, aber auf Basis der dortigen Angaben nicht ohne weiteres reproduzierbar war.

Wie hatte Ernst ABBE die selbstbewußte Unternehmensphilosophie formuliert: „Neuerungen auf optischem Gebiet dürfen nur von ZEISS kommen“. Das neue Gerät hätte ihn fasziniert – ich glaube sogar, er hätte kaum Erklärungen dazu gebraucht.

Aber auch jenseits der Raumrepräsentation stellt sich die Frage nach der Authentizität der herrlichen Tafeln in den „Kunstformen“. Aufschlußreich ist hier der Vergleich mit den vorher publizierten Zeichnungen HAECKELS in der Radiolarien-Monographie – die Bände II und III, Challenger Radiolarien entstanden 1882-88 bereits unter Mitwirkung des hochbegabten Lithographen und graphischen Wegbegleiters HAECKELS, Adolf GILTSCH, der zwischen 1899 und 1904 dann auch die noch effektvolleren Bildtafeln des populären Prachtwerkes bearbeitete.

Der unmittelbare Vergleich derselben Arten zeigt die deutliche Neigung, sie für die Veröffentlichung in den „Kunstformen“ einem Schönungsschritt zu unterziehen – bezeichnenderweise durch Symmetrisierung, manches wurde eleganter und perfekter (Abb. 35). Die fast ornamentale Anordnung in der Fläche, die Effektbeleuchtung vor dem tiefschwarzen Hintergrund – wie Planetoide im All – trug das ihre zur fast unwirklichen Schönheitswirkung bei (wobei man gerade letzteres nicht als illegitim oder unseriös bezeichnen sollte, wenngleich es schon erhebliche Abweichungen von jedem mikroskopisch möglichen Bildeindruck bedeutet).

Tatsache ist, daß Ernst HAECKEL diese Idealisierung durch den Lithographen für legitim hielt und auch als Wissenschaftler voll deckte. So schrieb er im Vorwort der „Kunstformen“ (1899): „Bei ihrer Zusammenstellung habe ich mich auf die getreue Wiedergabe der wirklich vorhandenen Naturerzeugnisse beschränkt, dagegen von einer stilistischen Modellierung und dekorativen Verwertung abgesehen; diese überlasse ich den bildenden Künstlern selbst.“

Vermutlich waren für HAECKELS Toleranz gegenüber den schönenden Eingriffen zwei Gründe maßgeblich:

1) Die „Kunstformen“ waren kein wissenschaftliches Werk. Ihre wichtigste Zielgruppe waren erklärtermaßen dekorative Künstler, die man in deren Sprache erreichen wollte. Der Erfolg in diesen Kreisen gab seiner Methode recht.

2) HAECKEL wußte um die große Variabilität innerhalb jeder Art, die realen, individuellen Formen spielen sozusagen um ein arttypisches Idealbild, das man sich als Kenner zwar gut vorstellen kann, tatsächlich aber nie zu Gesicht bekommt. HAECKEL dürfte die Idealisierungen von GILTSCH vermutlich auch deshalb gerne gesehen haben, weil sie die einzelnen Arten so zeigen, wie sie die schöpferische Natur oder das überindividuelle „Zellgedächtnis“ der Art wohl „gemeint haben könnte“.

Rufen wir einen aktuellen Kenner in den

Zeugenstand – Prof. Manfred KAGE: Eigens für Radiolarienaufnahmen hat er Stereo-, Licht- und Rasterelekronen-Mikroskope weiterentwickeln lassen. Die „mehlartig feinen Staubkörnchen" der Radiolarienskelette handhabt KAGE mit Wimperhaaren von Schweinen, die er an Zahnstochern befestigt. Im Mittelmeer, im indischen Ozean und in der Karibik fing KAGE lebende Exemplare, studierte sie teilweise bereits vor Ort. „Mir ist kein wissenschaftliches Werk bekannt, das diese Lebensformen in solch fotographischer Genauigkeit wiedergibt und ihnen trotzdem hauchzarte Lebendigkeit verleiht. HAECKELS Werk ist unerreicht – ein kleines edles Wunder neben den großen der Natur", erklärte KAGE über die Radiolarien Monographien des streitbaren Altmeisters in einem Interview für „Geo" (Nr. 12, 1996).

Kann es Kunst in der Natur geben?

Die Natur schaffe keine Kunstwerke, denn sie sei der Gegensatz zur Kunst – war einer der häufigsten Einwände gegen das HAECKELsche Prachtwerk.

Sicher ist „künstlich" seit jeher das Gegenteil von „natürlich". Da im Wort „Kunst" aber auch „Können" steckt, war es sprachlich nicht falsch, wenn Naturforscher von „kunstvollen" Nestern der Webervögel und tierischer Bau-"Kunst" sprachen, selbst wenn das, ihnen zugrunde liegende Können nicht kulturell sondern evolutionär zustande gekommen war.

HAECKELS „Kunstformen der Natur" zeigen aber keine instinktiven tierischen „Kunstfertigkeiten", man findet dort weder Vogelnester noch Paarungstänze, weder Spinnennetze oder Bienenwaben noch Termitenbauten (wie etwa in K. v. FRISCHS „Tiere als Baumeister" [1974]). Seine „Kunstformen der Natur" sind ausschließlich ästhetisch gemeint, wie eine Galerie von Schmuckstücken, fast ein biologischer Musterkatalog für neues Jugendstil-Dekor – zugleich eine Ode an die ergreifende Schönheit der Schöpfung, meist mit zuvor noch nie gesehenen Objekten aus Mikrokosmos und Meerestiefen – Formen, die nie für ein Auge bestimmt waren („verschwendete Schönheit"), bei denen die Schönheit nur

Abb. 38: Orchideen (HAECKEL 1899-1904: Taf. 74).

Nebenprodukt bestimmter Funktionen und nie um ihrer selbst Willen evolutionäres Zuchtprodukt war. Hier sprechen wir von „Schönheit **der** Funktion", wogegen „Schönheit **als** Funktion" nur typisch für die „Werbegraphik" und „Signalkunst" der Natur ist, etwa für den Reiz einer Blüte (Abb. 38), eines Schmetterlings, eines Pfauenrades oder eines Korallenfisches. Obwohl nicht für unser Auge bestimmt, beeindrucken uns solche Signale. Es gibt zu denken, warum sie auch dem Menschen gefallen, da wir eigentlich nicht die Ziel-Organismen („target organisms") für diese Wirkungen sind.

Dagegen sind bei Schönheiten ohne visuellen Rezeptor ohne jeden „target organism" Analogieschlüsse auf das Kunstschaffen der Kulturen besonders gewagt. Denn Kunst ist mehr als schöne Form.

Abb. 39: Kolibris (HAECKEL 1899-1904: Taf. 99).

Was war der gemeinsame Nenner für Kunst in den Jahrzehntausenden von den Cro Magnon Höhlenmalern bis zur Neuzeit? In welcher Kunstdefinition stimmen Prähistoriker, Ethnographen, Kunsthistoriker und zuletzt auch die Humanethologen überein?

„Kunst ist Einsatz ästhetischer Mittel im Dienste der Kommunikation" (z. B. bei EIBL-EIBESFELDT 1995) – Gestaltung mit **Ausdruckswillen** also (SCHALLER 1997; wobei der „gestalterische Wurf" mitunter unreflektiert, emotional, ja unbewußt geschehen konnte, aber eine **Bedeutung** war ihm durch die Jahrtausende stets immanent).

Selbst dekorative Kunst aller Zeiten und Völker wurzelte stets in Sinnbild, Zeichen und Symbol, in Ornamenten als Sinnträger, oft mit Beschwörungs-, Abwehr- und Versöhnungsabsicht gegenüber außermenschlichen Mächten.

Um so interessanter ist HAECKELS Entgegnung auf erwähnte Angriffe, wonach „Natur" nicht kunstfähig – weil der genaue Gegensatz zu „Kunst" – sei. Diese sei dem Menschen reserviert. Er kontert bezeichnenderweise nicht mit den Radiolarien, Zieralgen, Medusen, Schwämmen und Korallen, die den Hauptteil seiner „Kunstformen"-Bände ausmachten. Er stellt vielmehr die rhetorische Frage: „ ... sollen die bewunderungswürdigen Künste der Tiere, der Gesang der Vögel, ihre Nester, die kunstvollen Bauten der Wirbeltiere und Insekten, die interessanten Liebesspiele der höheren Tiere mit ihren Tänzen, Gesängen und anderen Verführungskünsten überhaupt nicht mit den entsprechenden Leistungen der Menschen zu vergleichen sein? Gegen solche unberechtigte anthropistische Auffassung wird jeder Naturforscher Einspruch erheben, der die wundervollen Kunstleistungen der Tiere ... kennt und aus ihrer ästhetischen Betrachtung wirkliche Kunstgenüsse geschöpft hat" (HAECKEL 1914/1924: 16).

Der Mensch sei ein plazentales Säugetier, also sei „auch seine ganze Kunst ... nicht (wie man früher glaubte) das Geschenk einer übernatürlichen Macht, sondern das natürliche Produkt seines Gehirns – genauer gesagt: die Arbeit von Nervenzellen, die das Denkorgan in unserer grauen Großhirnrinde zusammensetzen" (HAECKEL 1914/1924: 16).

Abgesehen vom überzogenen Reduktionismus des zweiten Argumentes (danach wäre auch das Fernsehprogramm nur ein Produkt der Transistoren, Röhren und Schaltungen des Heimgerätes) verdient das erste Argument unsere Achtung: HAECKEL argumentiert mit Schönem, das in den „Kunstformen" kaum vorkommt – Schönheit, die entweder „Kunstfertigkeit" braucht um zu entstehen oder auf einen „Rezeptor", einen „Empfänger" hinentwickelt ist, da sie „etwas erreichen muß". Solche ästhetischen Wirkmittel zur Kommunikation sind tatsächlich der Bildenden und Darstellenden Kunst funktionsverwandt, also „kunstanalog", wenn auch nicht Kunst im menschlichen Sinn (analog heißt „funktionsgleich aber nicht entstehungsgleich").

Was er hier anspricht, findet sich im Prachtband nur ausnahmsweise am Beispiel der Kolibris, **Trochilidae** (Abb. 39): „Was aber den kleinen Kolibris ihren ganzen eigenen ästhetischen Reiz und ihre poetische Verklärung verleiht", das seien, so HAECKEL „die innigen Beziehungen zu den ähnlichen schönen Blumen, von denen sie leben". Bezeichnungen wie Blumenvögel, Blütenküsser, Prachtelfen, Glanznymphen gäben dem Ausdruck, sowie „der prachtvolle, die schönsten Edelsteine nachahmende Metallglanz" durch „Diamantvögel, Topaselfen, Rubinnymphen" ausgedrückt werde. ... Wie bei den meisten anderen Vögeln ... sind auch bei den Kolibris die Männchen die Eigentümer dieser ornamentalen Vorzüge. ... Die Ursachen dieser sexuellen Differenzierung hat uns die Selektionstheorie enthüllt; ... wie die fortgesetzte „geschlechtliche Zuchtwahl" ... unbewußt die schönsten „Kunstformen der Natur" hervorgebracht hat. Der verfeinerte ästhetische Geschmack der feinsinnigen Weibchen gibt ... demjenigen Männchen den Vorzug, das sich durch Glanz und Pracht des Federschmuckes auszeichnet ... Wie im Menschenleben die Liebe, die alles überwindende Zuneigung und Hingebung der beiden Geschlechter, die unerschöpfliche Urquelle der höchsten Genüsse, der schönsten Geisteszeugnisse, der herrlichsten Schöpfungen in Dichtkunst und Tonkunst, in Malerei und Bildhauerei ist, so wird sie auch bei diesen lieblichen Vögelchen zur bewirkenden Ursache ihres unübertroffenen Schmuckes. ...das werbende Männchen entfaltet bei diesen „fliegenden Liebestänzen" nicht allein die volle Pracht seiner körperlichen Schönheit, sondern überhäuft auch das wählende Weibchen mit Zärtlichkeiten und Aufmerksamkeiten aller Art. ... Auch in bezug auf diese bedeutungsvolle sexuelle Selektion gleichen die Kolibris den ähnlich geschmückten ... Schmetterlingen, die ja ebenfalls 'Blumenvögel' sind. Wie die besondere Form des langen Schmetterlingsrüssels dazu dient, diese lange Saugzunge in die Tiefe der Blumenkelche zu versenken ... so gilt dasselbe auch von dem langen und dünnen Schnabel der Kolibris und von der zweispaltigen, darin verborgenen Zunge."

HAECKEL beschreibt hier treffend das Phänomen konvergenter Evolution bei Vögeln und Insekten – die Analogien von Blütenbesuchern. Im ersten Teil jedoch bespricht er Analogien in der „Kunst des Liebeswerbens" als Quelle von Schönheit. Sie setzen in diesem Fall **augen**orientierte Gruppen des Tierreiches voraus.

Bei Hunden wäre ein irisierender Schillerpelz verschwendet, ihr Ausschnitt der Wirklichkeit besteht aus Gerüchen, möglichst artspezifischen (Parfum stößt ab). Ich vermute im Schwanzwedeln die bereitwillige Preisgabe und Zufächelung ihres Analaromas.

Deshalb haben die Augenwesen Mensch und Vogel auf ästhetischem Gebiet viel mehr gemeinsam. **„Wären Vögel keine Augentiere, wären Vögel nicht so schön – und wär'n wir keine Augentiere, dann säh'n wir nicht wie schön."**

Im Vorwort für Jürgen NIKOLAIS Buch „Vogelleben" (1973/1975) meinte LORENZ pointiert : „... wie wir selbst, so sind sie Augentiere und wie uns dienen ihnen der Gehörsinn und die stimmlichen Äußerungen zur sozialen Verständigung. ... Die Betonung des Gesichts- und Gehörsinnes bringt es mit sich, daß die Vögel unser ästhetisches Empfinden stark ansprechen. Wären wir 'Nasentiere', wie es Hunde und viele andere Säugetiere sind, gäbe es keine Vogel-Liebhaberei. Anstatt uns auf Waldspaziergängen am Gesang der Gefiederten zu erfreuen, würden wir an den Bauten von Fuchs und Dachs und an den Fährten von Hase und Reh schnuppern."

„Mammal sniffing societies" träten, wie Julian HUXLEY im Scherz sagte, an die Stelle der „Bird watching societies".

Aus der Ähnlichkeit der Sinnesfunktionen bei Vögeln und bei uns ergeben sich entsprechende Ähnlichkeiten des Verhaltens.

Das gestalterische Prinzip des idealen visuellen Signals beschreibt LORENZ in seiner „Verhaltensforschung" (1978: 137): „Aus biokybernetisch leicht einsehbaren Gründen ist es umso leichter, einen Empfangsapparat zu bauen, der selektiv auf ein bestimmtes Signal anspricht, je einfacher dieses ist und je mehr es gleichzeitig durch seine generelle Unwahrscheinlichkeit die Gefahr der Verwechslung mit anderen Reizkonfigurationen herabsetzt. Felix KRÜGER hat die Kombination von Einfachheit mit genereller Unwahrscheinlichkeit als **Prägnanz** bezeichnet. Es ist eine Auswirkung der Prägnanztendenz aller Wahrnehmung, wenn reine Spektralfarben und geometrisch einfach definierte Formen, oder, auf akustischem Gebiet, reine Töne, einfache und ganzzahlige Relationen ihrer Frequenzen und

Abb. 40:
***Ara macao.* Foto: LÖTSCH.**

Abb. 41:
Schmetterling *Heliconius hecale.*
Foto: SABORIO, Costa Rica.

Abb. 42:
Tropischer Laubfrosch *Agalychnis callidryas.*
Foto: M. SABORIO, Costa Rica.

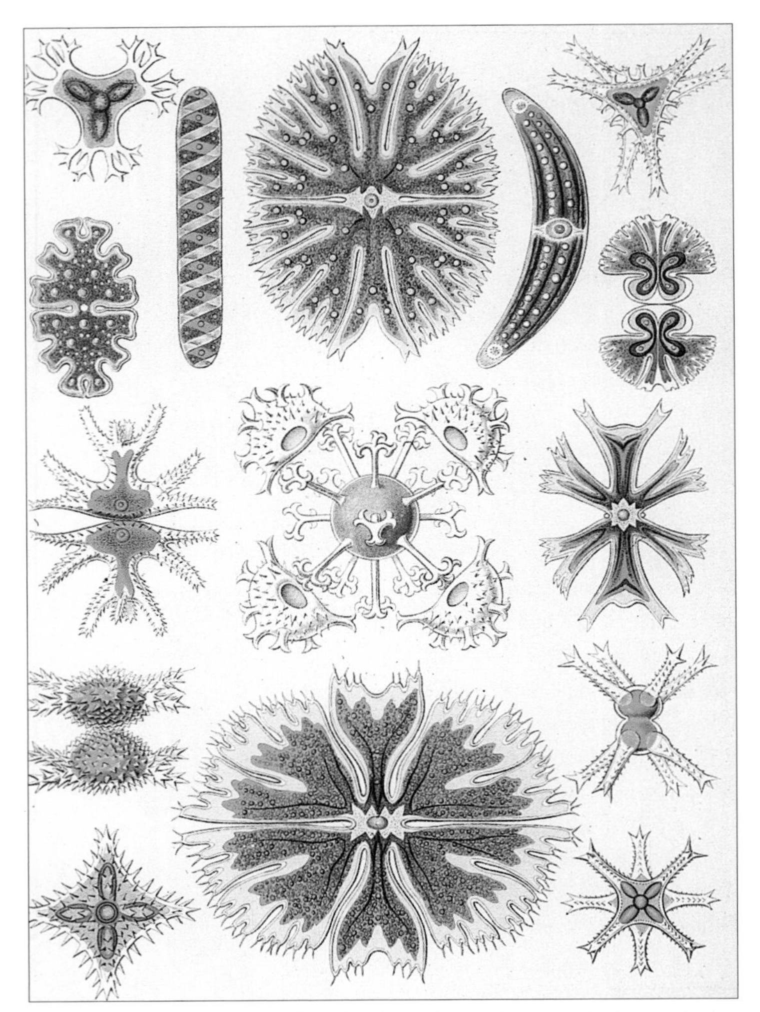

Abb. 43:
Zieralgen *(Desmidiea)* aus HAECKEL (1899-1904: Taf. 24).

ihre rhythmisch regelmäßige Aufeinanderfolge bei phylogenetisch programmierten Auslösern nahezu dieselbe Rolle spielen, wie bei menschengemachten Signalen."

Ein kurioser Fall von Analogie ist der Fall des wilden Haubenlerchen-Männchens, das lernte, den Hirtenhunden mit den gleichen Dreiklängen Kommandos zu pfeifen wie der Hirte (und damit heillose Verwirrung stiftete). Sonagramme dieses begabten Vogels zeigten überdies, daß er die, vom Hirten etwas falsch gepfiffenen, Dreiklänge bei seinen Imitationen korrigiert hatte.

Auffallend also durch Unwahrscheinlichkeit („der Reiz des Raren") und einprägsam durch Einfachheit, müssen Signale leicht speicherbare „Markenzeichen" abgeben. Das ist einsehbar (Abb. 40-42).

So wäre etwa der im Insektenpelz verfrachtete Pollenstaub bei anschließendem Besuch auf einer anderen Blütenart verschwendet. Ebenso ist es für einen mit prächtigsten Warnfarbenmustern ausgestatteten Feuersalamander, Tropenfrosch (Abb. 42), Feuerwanze, Kartoffel- oder Marienkäfer lebenswichtig, daß Freßfeinde, die mit einer solchen giftigen oder abstoßend schmeckenden Beuteart einmal schlechte Erfahrungen gemacht haben, diese beim nächsten Mal wiedererkennen und meiden.

Schließlich sind auffallende, einfache, unverwechselbare und unwahrscheinliche Muster auch nötig, um als angeborenes Wissen einer Tierart in der Erbinformation gespeichert und weitergegeben werden zu können.

Signale: Anlockung und Abstoßung. „Gleich und gleich gesellt sich gern, doch Gleiches hält auch Gleiches fern".

Auch viele Korallenfische haben ein angeborenes Wissen um die Plakatfarben (Nationalflagge) ihrer Art und reagieren stark darauf – z. B. aggressiv. (Konkurrenzverhalten und Revierbehauptung gegenüber Gleichartigen.) Damit Jungfische derselben Art ungestört heranwachsen können, müssen sie bei manchen Arten ein andersfarbiges Jugendkleid haben, also eine andere Art vortäuschen. Zur Paarung oder Schwarmbildung hingegen ist das selbe Signal positiv besetzt. Das Signal hat demnach nur „optisch stark" zu sein, seine Gestalt sagt nichts über Gut und Böse, denn ob es lockt oder schreckt, bestimmt die Situation. So gehören Gifttiere mit ihren farbstarken Warnmustern zu den prächtigsten Gestalten der Evolution.

Auch Schmetterlinge „fliegen" (im wahrsten Sinne) auf das Flügelmuster ihrer Art. Wieder wird verständlich, warum visuelle Signale klar erkennbare Ordnungen brauchen, wofür die symmetrischen Strukturen der Blüten – die sich dann in unzähligen Schöpfungen der Kunst aller Zeiten wiederfinden – das beste Beispiel sind.

Schlußfolgerungen aus: Kann es „Kunst" in der Natur geben

Die belebte Natur schafft sehr wohl „Kunstanaloges" – Schönheit mit Lock-, Warn- und Kommunikationsfunktion: **„Schönheit als Funktion"**. HAECKEL war auch dieses Thema vertraut, wie seine Tafeln 99

Kolibris (Abb. 39) und 74 Orchideen (Abb. 38) *(Cypripedium)* und seine Kommentare zeigen, aber in nur zwei der 100 Tafeln.

Auf den Hauptteil von HAECKELS Prachtband „Kunstformen der Natur“ trifft dies eben nicht zu. Hier sind überwiegend ästhetisch eindrucksvolle Formen ohne kommunikative Komponente zusammengestellt, Schönheiten, die – für **kein** Auge bestimmt – als Nebenprodukt konstruktiver Merkmale, Begleiterscheinung zellmechanischer, statischer, schützender oder das Schweben erleichternder Funktionen entstanden sind: **„Schönheit der Funktion“**.

Diesen ist aber kein Ausdruckswille, kein Signalwert und kein Rezeptor zuzuordnen – sie sind daher nicht einmal „kunstanalog“. Sie sind auch nicht das Produkt instinktiven Könnens höherer Tiere, dem man umgangssprachlich wenigstens den Begriff „Kunstfertigkeit“ zuordnen könnte.

HAECKELS „Kunstformen der Natur“ sind eigentlich „Naturformen für die Kunst“ – hätten unter diesem Titel aber vermutlich nicht so eingeschlagen. Außerdem wären sie damit nicht zur philosophischen Herausforderung geworden, die wir noch ein Jahrhundert danach empfinden. HAECKELS „Kunstformen“ sind ein „Vokabelschatz des Schönen“ aus der Natur. Um Kunst daraus entstehen zu lassen, bedarf es seit jeher begabter Menschen, welche diesen Schatz in ihre visuelle Sprache holen. Dieses Angebot wurde verstanden und vielfältig umgesetzt, wenn auch nie ausgeschöpft.

Albrecht DÜRER wußte um solche Wege schon Jahrhunderte davor: „Die Kunst liegt in der Natur, wer sie **heraus kann reißen, der hat sie.**“

Warum sind Radiolarien so schön?

Diese Schönheit ist nicht evolutionäres Zuchtziel. Es gibt keine ästhetische Auslese-Instanz, welche Schönheit hier mit Fortpflanzungserfolg belohnt. Daß wir uns für Radiolarien begeistern – ist es nur ein Spiel von Zufällen? Einer davon war die Erfindung des Mikroskops. Dies gilt auch für die „Kunstformen“ der „Zier“algen (was „zieren“ sie denn?), gilt

Abb. 44: Kieselalgen *(Diatomea)* aus HAECKEL (1899-1904: Taf. 84).

für die Kieselalgen und Peridineen, Globigerinen und Foraminiferen ... (Abb. 43, 44).

Schönheit ist hier durch den Empfänger definiert, mit dem niemand rechnen konnte: Unser Wahrnehmungsapparat – wie auch der anderer augenorientierter Tiere – fällt auf bestimmte Muster herein. Unter welchen Umständen passieren der Natur solche Schmuckformen, die nichts zu schmücken haben?

Dies birgt zwei Fragen: 1. Wie kommt es beim spielerischen Formenwerfen im Baugeschehen der Natur zu solchen Würfen? 2. Warum erkennen Augenwesen wie wir sie als schön?

Ästhetik kommt von „aisthesis“ (griech. Empfinden, Spüren – lebt heute noch in „anästhesie“ weiter, „unempfindlich machen“). Was die Naturformen seit Jahrtausenden zum Vorbild für Kunstformen werden lasse, beruhe zum größten Teile auf ihrer Schönheit, „d. h. auf dem Lustgefühl, das ihre

Abb. 45: Gesteinsdünnschliff im polarisierten Licht, kaleidoskopisch vervielfacht (C. Zeiss-Kalender).

Abb. 46: Radiärblüte, kultivierte Gartenform von *Zinnia*. Foto: Lötsch.

Abb. 47: Gotische Rosette, Regenbogen- und pflanzliche Elemente, Straßburger Münster. Foto: Lötsch.

Betrachtung erregt“ (Haeckel 1904: 145).

Ab hier spürt Haeckel dem Naturschönen jedoch nicht in erster Linie wahrnehmungspsychologisch nach, wie wir dies heute tun, sondern sucht dies als beschreibender Morphologe im Rahmen seiner „Grundformenlehre“ (Promorphologie) zu tun: Diese lebe wesentlich von den Symmetriegesetzen. So wie der wichtigste Zweig der Mineralogie, die Kristallographie, mit ihrem scharfsichtigen System die Gestaltgesetze der anorganischen Materie zu beschreiben habe, so biete seine Promorphologie ein klares System für die Grundformen des Lebendigen.

Beide suchten in realen Körpern ideale Symmetriegesetze zu entdecken und mathematisch auszudrücken. Sie liest sich für heutige Begriffe etwas mühsam und mit begrenztem Gewinn – mit ihren Zentrostigmen, Zentraxonien, Zentroplanen, Zentraporien – etwa im 8. Kapitel seiner „Lebenswunder“ (Haeckel 1904: 138-145) und ausführlicher in den „Kunstformen“ (Haeckel 1899-1904: 9-47).

Haeckels biologische Ästhetik schließlich findet sich in dichtester Form in seinen Lebenswundern (Haeckel 1904: 145-148): „Die Schönheit der Naturformen“. Sie erkennt die große Bedeutung, welche Ordnung und Regelmäßigkeit für unseren Schönheitssinn hat. Dieses Wissen ist fast so alt wie unser Denken – bedeutet das griechische Wort für „Ordnung“, Kosmos doch zugleich auch „Schmuck“ und „Verschönerung“, woran auch „Kosmetik“ erinnert. In der neueren Literatur finden sich die Zusammenhänge zwischen Ordnung und Schönheitsempfinden z. B. bei Gombrich (1982), Lötsch (1985, 1988, 1989) und Eibl-Eibesfeldt (1995). Bei Eibl-Eibesfeldt findet sich auch erstmals die Idee der Phytophilie, der angeborenen Präferenz für Vegetationsformen, die umweltpsychologisch relevant ist und bis zu Pflanzensubstituten in der dekorativen Kunst reicht.

Haeckel sieht zwei Ebenen der Ästhetik:

I. **„Direkte oder sinnliche Schönheit** (Objekte der sensuellen Ästhetik)“;

II. „Indirekte oder associale Schönheit (beruhend auf besonderen Associonsgebieten (der Denkherde, Vernunftsphäre)“ – sie umfasse „viel höhere und wertvollere ästhetische Funktionen“.

Unter **I.** reiht er

1. **Einfache Schönheit**: ... Kugel, Kristall als Gegensatz zu formlosem Hintergrund, reine Kontrastfarben oder ein reiner Glockenton.

Haeckel hat hier bereits den Reiz des Raren, die reine Geometrie, klare Farben und Töne als Kontrast zu Ungeordnetem erkannt – allerdings als simpelste, unterste Stufe des Ästhetischen (auf die sich auch die Architektur des 20. Jahrhunderts reduziert hat – wobei Primitivität und Einfallslosigkeit durch Megadimensionen in Glas und Metall überkompensiert werden).

2. **Rhythmische Schönheit:** ... bewirkt durch Wiederholung, z. B. in einer Perlenkette oder einer *Nostoc* (Blaualgenkette) oder Zellreihen von Diatomeen; in der Musik taktmäßige Folge gleicher Töne.

Die Moderne nützt dieses Prinzip zwar tausendfältig aber in einer nie zuvor möglichen Monotonie, wie die Maschinen die Fertigteile ausspeien. Daher unterscheiden wir heute zwischen Stereotypie (Wiederholung von Identem – Merkmal der Industriewelt) – und Rhythmus (Wiederholung des Gleichen, wie es das Leben und das Handwerk seit jeher tun).

3. **Aktinale Schönheit**: ... gleichartige Formen um einen gemeinsamen Mittelpunkt um den sie ausstrahlen: z. B. Kreuz und Stern. Dreistrahlige Irisblume, vierstrahlige Medusen, fünfstrahliger Seestern, sechsstrahlige Korallen, das bekannte Spiel mit dem Kaleidoskop (Abb. 45-47)

Bis heute sind Kaleidoskopexperimente die beste Beweisführung in der Humanethologie für die überwältigend starke angeborene Bevorzugung von Radiärsymmetrien. Als der schottische Physiker Sir David Brewster (1781-1868) es 1819 publizierte und unter „KAL-EIDO-SKOP“ „Schön-Bild-Betrachter“ patentieren ließ, wurden allein in London und Paris in 3 Monaten über 200.000 Stück verkauft. Brewster hoffte, damit eine „Kunst der Farbmusik“ hervorzubringen und rasch prinzipiell unendlich viele Kombinationen durchzuspielen (n. E. Gombrich 1982).

Die Optischen Werke Carl Zeiss produzierten in den 70er Jahren unseres Jahrhunderts einen ihrer meist beachteten Bildkalender durch kaleidoskopische Spiegelung von mineralogischen Dünnschliffen und Mikrokristallen und erzielten atemberaubende ästhetische Wirkungen.

4. **Symmetrische Schönheit:** Die Lust wird bewirkt durch das Verhältnis eines Objektes zu seinem Spiegelbild...

HAECKEL erwähnt die gefalteten Tintenfleckfiguren. Auch bei Marmor und Furnieren bemühte man sich oft um solche Wirkungen. Spiegelsymmetrie (Abb. 48) ist auch eines der eindrucksvollsten Wirkmittel der Landschaftsphotographie – die Spiegelung in einem See bringt „Ordnung" in die Natur ohne die Natürlichkeit zu stören und läßt völlig neue Qualitäten erwachen.

Es steht außer Frage, daß viele Objekte in HAECKELS Kunstformen mehreren dieser Schönheitsprinzipien entsprechen – besonders auch durch ihre Anordnung im Raum. Können Prinzipien 1-4 aber die Schönheit der Radiolarien hinreichend erklären? Wohl kaum. Die realen Radiolarien passen nicht in das Schema reiner Geometrie wie Kugel und Kristall, sind meist auch nicht von idealer Symmetrie, wenngleich sie an all dies erinnern. Die eigenwillige Eleganz ihrer Kieselskelette bedarf noch anderer Erklärungen. Liegen sie in HAECKELS zweiter, „höherer" ästhetischer Erkenntnisebene – Wohlgefallen, das durch assoziative Verknüpfung von Vorstellungen entsteht?

II. Indirekte oder associale Schönheit

HAECKEL unterscheidet hier

5. **Biologische Schönheit** (Objekt der botanischen und zoologischen Ästhetik): Organismen, ihre Organe und Schauapparate erregen unser ästhetisches Interesse durch Verknüpfung mit ihrer physiologischen Bedeutung, ihren Bewegungen, ihrem praktischen Nutzen usw.

Dies ist nicht mehr das – von Nutzinteressen oder Triebmomenten **freie** Wohlgefallen der Kategorie I, welches KANT das „interesselose Wohlgefallen" nannte – sondern die „Funktionslust" des in sein Objekt verliebten Forschers, Forstwirtes oder Ingenieurs, der seine Staumauer schön findet, oder auch eines Pathologen, der mit glänzenden Augen aus der Obduktion kommt und von „wunderschönen Metastasen in der Leber" schwärmt. Radiolarienformen faszinieren aber auch jene, welche gar nichts über sie wissen, sie werden ohne Nutzinteresse zum Schauerlebnis.

6. **Anthropistische Schönheit** – der Mensch als „Maß aller Dinge"

Diese erklärt eher die physiognomische Wirkung, welche selbst Tierköpfe oder bestimmte Hausfassaden auf uns ausüben, da wir in unbelehrbarer Weise menschliche Gesichtselemente in sie hinein projizieren. Die Bedeutung der menschlichen Gestalt für unsere ästhetischen Urteile ist vielfältig – kaum jedoch auf HAECKELS „Kunstformen der Natur" anwendbar.

7. **Sexuelle Schönheit** (Objekt der erotischen Ästhetik)

HAECKEL dazu: „die besondere Lustempfindung, die durch die körperliche und geistige Wahlverwandtschaft der beiden Geschlechter hervorgerufen wird, ist phylogenetisch auf die Zellenliebe der beiderlei Sexualzellen, die Anziehungskraft von Spermazelle und Eizelle zurückzuführen". Auch sie trägt wohl nichts zur Radiolarien Ästhetik bei.

8. **Landschaftliche Schönheit** (Objekt der regionalen Ästhetik)

Ihr Zustandekommen sei, so HAECKEL „umfassender als dasjenige aller anderen ästhetischen Empfindungen". Was ihm dabei am merkwürdigsten erscheint, ist, „daß für die Schönheit der Landschaft (im Gegensatze zur Architektur und zu der Schönheit der einzelnen Naturobjekte) die absolute Unregelmäßigkeit, der Mangel von Symmetrie und von mathematisch bestimmten Grundformen die erste Vorbedingung ist. Symmetrische Ordnung der Objekte (z. B. eine doppelte Pappelallee oder eine Häuserreihe) oder radiale Figuren (z. B. Teppichbeet oder Waldstern) werden vom feineren Landschaftsgeschmack verworfen".

HAECKEL befindet sich in diesem Punkte in merkwürdiger Nähe zum berühmten

Abb. 48:
2fache Ordnung, Fachwerk und Spegelung (Les Tanneurs, Strasbourg) (Foto: B. LÖTSCH).

Abb. 49:
Verwitterte Holzmaserung wirkt wie Faltenwürfe oder Strömungsbilde Foto: LÖTSCH.

Abb. 50:
Baumschwamm – Wachstumszonen als ästhetisches Erlebnis. Foto: LÖTSCH.

Ausspruch des österreichischen Künstlers Friedensreich HUNDERTWASSER (um 1958). „Die gerade Linie ist gottlos!" – und „Wie du Wasser fließt, ist es gut. Der Weg, den du Wasser ganz von selbst nimmst, ist der schönste Weg."

Gilt für Punkt 8, die Landschaftsästhetik, plötzlich nichts von all jenen ästhetischen Prinzipien 1-7, die doch brauchbare, gut nachvollziehbare „Rezepte" für das Schöne enthielten? Und was hat diese aufsteigende Reihe ästhetischer Kategorien mit unserem Problem der HAECKELschen „Kunstformen der Natur" – allen voran der Radiolarien – zu tun? Doch lassen wir ihn noch einmal selbst zu Wort kommen.

„Eine vergleichende Übersicht über die acht Hauptarten der Schönheit der Naturformen zeigt uns eine zusammenhängende Entwicklungsreihe, aufsteigend vom Einfachen zum Zusammengesetzten, vom Niederen zum Höheren. Dieser Stufenleiter entspricht auch die Entwicklung des Schönheitsgefühles beim Menschen, ontogenetisch vom Kinde zum Erwachsenen, phylogenetisch vom Wilden und Barbaren zum Kulturmenschen und Kunstkritiker."

Was HAECKEL noch nicht wissen konnte

Was den Ästheten HAECKEL vor der Landschaft so erstaunt – daß bestbewährte ästhetische Erklärungsprinzipien hier nicht greifen – weder Geometrie, Regelmaß, noch strenger Rhythmus oder Symmetrien (am ehesten noch die des Farbkontrastes) – dieses Ungenügen an gängigen Erklärungsmodellen (auch seiner Promorphologie) begegnet uns auch vor Einzelobjekten, die – obwohl übereinstimmend als hochästhetisch eingestuft – in keines der bisherigen ästhetischen Schemata passen.

Die allgemeiner anwendbaren Schönheitsregeln standen noch aus, die ästhetische Weltformel fehlte.

Was gefällt uns an den Schlingen eines Flußmäanders, den Verästelungen eines Flußdeltas oder einer Baumkrone, was macht die Schönheit eines Berges aus, oben angezuckert vom ersten Schnee, was fasziniert uns an den bizarren Formen schmelzender Eisberge, an den sanft schwingenden Dünen der Sahara, was überzeugt uns an Stromlinienformen, Fließgestalten von Farben in einer Küvette oder Pflanzenformen, von der Stammverjüngung bis zu den Knospen? Was erklärt die Schönheit von Hirnkorallen, *Murex* Schnecken, der Felsgestalten des Monument Valley, des Arches National Park oder einfach der Zonierung in einem angeschliffenen Achat? All diese Schönheiten sind weit entfernt von simpler Geometrie, weder radiär- noch spiegelsymmetrisch (Abb. 49, 50). Sie sind ohne erotische Auslöser, Gesichter oder menschliche Körpergestalten faszinierend.

Hier hilft uns die evolutionäre Erkenntnistheorie von Konrad LORENZ, Karl POPPER, Donald CAMPBELL und Rupert RIEDL, die wir Mitte der 80er Jahre auch auf ästhetische Belange anzuwenden begannen: Als Rupert RIEDL (1987: 309) in seinem vielbeachteten Plädoyer für die Gegenständlichkeit in der Kunst die Forderung nach Erkennbarkeit, Sinn und Bedeutung von Bildinhalten zum menschlichen Grundrecht jedes Kunstbetrachters erklärte, gab er uns – ohne es zunächst zu beabsichtigen – auch einen Schlüssel zum Verständnis des Schönen in die Hand: „Zum vorliegenden Thema gehören vor allem jene dieser menschlichen Universalien, die uns fortgesetzt nach Gesetzlichkeit suchen lassen, nach Gestalten und nach den Zwecken, dem Sinn der Dinge. Und diese Erwartungen sind in unserer menschlichen Natur deshalb so unverbrüchlich verankert, weil sie uns die Prognostik der Lebensumstände und damit das Überleben sicherten. Wer sie verlor, war längst aus der Reihe unserer Vorfahren ausgeschieden.

Es möchte mir darum scheinen, daß es bislang immer ein Anliegen der Künste war, nach den Maßen ihrer Ausdrucksmittel einigen oder allen diesen Erwartungen der Menschenseele symbolhaft, ja überhöht zu entsprechen: in der Gesetzlichkeit des einfachsten Ornaments oder Rhythmus, in der einfachsten Magie der Gestalt des Wildes oder der Fruchtbarkeit und deren Sinn für die menschliche Kreatur ebenso wie in den höchsten Differenzierungen der Künste. Und sie werden selbst wieder belebt vom Überraschenden, Unvorhergesehenen, das angetan ist, jene Lebensgeister zu wecken, die von der Neugierde und Exploration bis zur Forschung und zum Tiefsinn reichen."

„Was also geschieht der Kunst, wenn sie ihrer Kommunikation mit dem Menschen die Grundformen menschlicher Erwartungen entzieht? Welches andere Ding der Welt muß es sein, das keine Harmonie, keine Gestalt und keinen Sinn besitzt. Wären solche Gegenstände denkbar ohne jene selbstverstärkenden, eskalierenden Regelkreise, ohne den tiefgründigen Kunstdeuter und ohne die noch darüber entstandenen Hyperzyklen, in welche die Deuter-Händler-Künstler-Zyklen mit der Kunstpolitik einschwingen?"

Was RIEDL hier als allgemein menschliche Forderung unseres angeborenen Weltbildapparates formulierte, ist letztlich das KANTsche **a priori**, das uns mitgegeben sein muß, damit wir die Welt pragmatisch genug erkennen, um darin zu überleben (in unserem Kontext, allen voran die Causalität, die Ursache-Wirkungs-Relation). Diese Kategorien – und das war LORENZS genialer Wurf – sind in der Stammesgeschichte allmählich als evolutionäre Anpassung an die Wirklichkeit entstanden: Ein **a priori** zwar für das einzelne Menschenwesen – aber im Jahrmillionen langen informationssammelnden Prozess der Evolution aus Versuch, Irrtum, Auslese und erblicher Fixierung war dieses **a priori** – nach und nach entstanden – in Wahrheit ein **a posteriori** der menschlichen Naturgeschichte. Die erkenntnistheoretischen Konsequenzen dieser Einsicht brachte LORENZ (1941) in Königsberg „im Tiefschatten Immanuel KANTS" so eindrucksvoll zu Papier, daß ihm sogar ein Max PLANCK brieflich für diesen wichtigsten Erkenntnissprung seit KANT dankte. LORENZ (1973) selbst betrachtete die Ausformung der Theorie in der „Rückseite des Spiegels" als seinen wichtigsten Wurf.

Eine frühe Ahnung davon finden wir bereits bei HAECKEL, als er in den „Lebenswundern" von seiner biologischen Erkenntnistheorie sprach – aber die entscheidenden Schritte blieben LORENZ vorenthalten. Für RIEDL war es dann unter anderem der Ansatz, um Sinn und Gegeständlichkeit als Universalien der Bildenden Kunst zu erkennen.

In unseren ästhetischen Überlegungen bot die evolutionäre Erkenntnistheorie den Schlußstein für die klaffende Erklärungslücke zwischen den simplen Signalen der Geometrie, Spiegel- und Radiärsymmetrie, Augensymbolik, Kontrast- und Plakatfarbigkeit einerseits und den subtileren Schönheiten des Organischen andererseits, die in keines dieser Modelle passen: der gemeinsame Nenner für das Schöne in der menschlichen Wahrnehmung liegt in der Fähigkeit des *Homo sapiens* zum „denkenden Schauen", „sich auf alles, was er sieht, einen Reim zu machen". Dies hat ihn zum Erfolgstyp der Evolution werden lassen: sein rastloses Erspüren von Ursache und Wirkung, seine Suche nach Gesetzmäßigkeiten, nach Sinn und Bedeutung aller Erscheinungen. Sie verlieh diesem Werkzeug- und Feueraffen Macht – nämlich Vorhersagbarkeit von Lebensumständen, die Reaktionen seiner Umwelt wurden prognostizierbar – und damit beherrschbar und nutzbar.

Gestalten, welche **die Wirkung formender Kräfte** verraten, erzeugen in ihm höchstes Wohlgefallen – sei es die **ablesbare Statik** von Pflanzenkörpern, eleganten Brücken oder Kathedralen, die ablesbaren Stromlinien von Fischen und Schiffen, Vögeln und Flugzeugen, seien es die Wechselwirkungen von Wind und Sand in den sanft schwingenden Dünen der Sahara, seien es die rhythmischen Schlingen eines Flußmäanders, seien es die gesetzmäßigen Farbfolgen eines Regenbogens, sei es das erahnte Gesetz logarithmischer Spiralen, die zugleich Wachstumsgesetze ausdrücken können, sei es das ablesbare Ordnungsprinzip geometrischer Gebilde oder die errechnete, unleugbare Schönheit fraktaler Computergraphiken.

Der Anschliff eines Oberschenkelknochens läßt in seinem Inneren entsprechend den Drucklinien die Spitzbogenarchitekur eines gotischen Kirchenschiffes erkennen (Abb. 51, 52). Selbstverständlich gelten „gotische" Konstruktionsprinzipien für viele Pflanzenstrukturen – etwa Stengelquerschnitte, die aussehen wie Turmgrundrisse. Ein über einer Straße sich schließender Buchenwald erweckt den Eindruck eines Domes.

Die faszinierenden Übereinstimmungen von Naturobjekt und Menschenwerk ergeben sich aus der Befolgung organischer Form- und Funktionsgesetze, die beim Kathedralenbau

Abb. 51: Gotisches Netzgewölbe, ablesbare Statik. Foto: LÖTSCH.

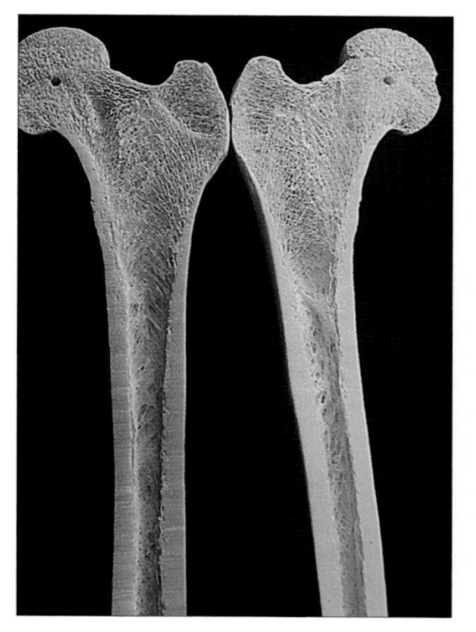

Abb. 52: Femur-Anschliff, Kraftlinien-Architektur. Foto: LÖTSCH.

Abb. 53:
Gotikfenster. Foto: Lötsch.

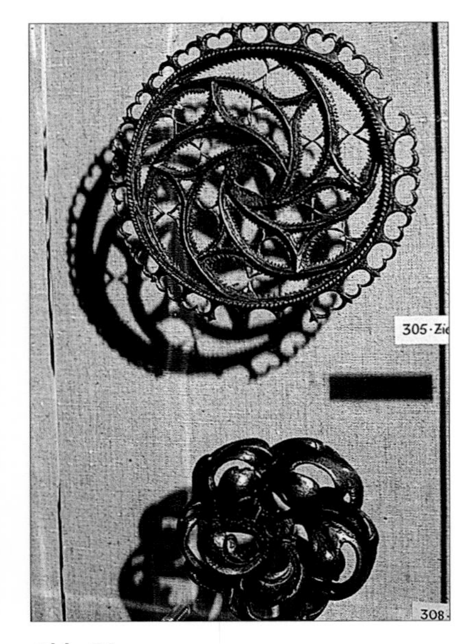

Abb. 54:
Gotische Eisenarbeit (vgl. Abb. 29, Tafel 1/5). Foto: Lötsch.

durch bewußte und unbewußte Naturerfahrung intuitiv erfaßt und in die Architektur übertragen wurden. Eben dies ist auch der Grund für den ästhetischen Reiz.

Hätten wir in der Bautechnik auf kühne statische Konstruktionen solange warten müssen, bis es auch möglich sein würde, sie wissenschaftlich zu durchschauen und vorauszuberechnen, hätte es keine gotische Architektur gegeben. Denn lange vor der rechnenden Statik fanden die gotischen Meister zu atemberaubenden statischen Lösungen, indem sie eine „Kraftlinienarchitektur" aus organischen Skelettformen erstehen ließen (wie wir sie in der Natur überall dort verwirklicht finden, wo es darum geht, mit einem Minimum an Material ein Maximum an Stabilität zu erreichen). Das spät entdeckte, künstlerisch anregendste Beispiel für solche Analogien waren eben die Radiolarien, weil sie aussehen, als hätten gotische Meister sich dort ihre Inspirationen geholt (Abb. 53-54). Wegen ihrer schwebenden Lebensweise müssen die Kieselgerüste so filigran wie möglich sein – wie es ja auch das Ideal der Domsteinmetze war, ihre Steingebilde zu „entschweren". Das Motiv der Baumeister dafür war die damals aufkommende „Lichtmystik", welche den Kirchenraum – magisch lichtdurchflutet – als Abbild des Himmels sehen wollte: „Batir avec la lumiere" ('Bauen mit Licht' nannte Abt Suger das Grundthema seiner Architektur). Beide Aufgabenstellungen – Transparenz und Schwerelosigkeit – führten zu grazilen mineralischen Skeletten, deren ablesbare Statik den Formgesetzen des Organischen entspringt.

Kein Wunder, daß dieser frühe Blick in eine Anderswelt voll bizarrer Lebewesen, eine „Fülle von verborgenen Formen, deren eigenartige Schönheit und Mannigfaltigkeit alle von der menschlichen Phantasie geschaffenen Kunstprodukte weitaus übertrifft", Haeckels weiteren Weg bestimmen sollte – als schicksalshafter Brückenschlag zwischen seiner Künstlernatur und seinem Forschergeist. Es waren die Radiolarien von Messina gewesen, die ihn buchstäblich zurückholten aus dem mediterranen Traum von einem Leben als Maler in die Welt der Wissenschaft: „Das ist so recht eine Arbeit für mich, da das künstlerische Element dabei so viel neben dem wissenschaftlichen zu tun hat" (Haeckel, Zitat nach George 1996: 132).

Daß sich die Künstlernatur Haeckels nicht nur auf Zeichenstift und Aquarell beschränkte, sondern sein Feuergeist sich auch in seinen Schriften für das staunende Bildungsbürgertum des 19. Jahrhunderts verrät, hat Wilhelm Bölsche (1906), der große Volksbildner, am Beginn des 20. Jahrhunderts auf den Punkt gebracht: „Weltanschauung braucht aber jeder, und so bahnt sich von hier ein universaler, echt demokratischer 'Hunger' nach Wissenschaft an ... sucht in den Ergebnissen der Forschung nicht mehr bloß den einen oder andern Gewinn für eine technische Vervollkommnung oder ein Mittelchen für eine physische Krankheit – die ganze Inbrunst ihrer religiösen, ihrer Welt-Bedürfnisse klammert sich hier an. ... Im Laboratorium und auf der Sternwarte wollen wir erfahren, was wir sind".

Als Haeckel seine „Anthropogenie" veröffentlichte, wurde ihm gerade das gleich „volkstümlich"-Machen seiner Ideen und Forschungen von Kollegen besonders heftig verdacht. Er habe „Subjektives" als Wissenschaft popularisiert, ehe es die wirkliche wissenschaftliche Approbation erhalten.

Es ist interessant, wie sich auch vor diesen Begriffen „subjektiv" und „wissenschaftlich" die Stellungnahme ändert, wenn man einen gewissen Zeitraum ansetzt". Nach hundert Jahren seien die anderen Bücher, die eine Zeit als objektiv gültig anerkannte, durchweg veraltet: „was man dann allein noch sucht, sind die subjektiven Bücher: In dieser Betrachtung ist die Masse, die Majorität das ewig Vergängliche, während das Individuum eine ewige Jugend und Unsterblichkeit besitzt. Darum ist die Dichtung so unverwüstlich, weil sie immer eine solche Tiefe von elementar Subjektivem enthält".

Ist es auch im Forscher eigentlich das dichterisch Intuitive, was am meisten dauert und die Nachwelt noch fesselt?

Dann hat Haeckel, dieser wilde Unsterblichkeits-Gegner, die denkbar stärkste Chance, als Persönlichkeit in der Geisteswelt unsterblich zu werden."

Dank

Ich danke Frau Dr. E. AESCHT und Herrn Dr. G. AUBRECHT (OÖ. Landesmuseum) sowie Frau Dr. E. KRAUßE (Ernst-Haeckel-Haus) für die Hilfestellung bei den Abbildungen.

Zusammenfassung

HAECKELS Lebensweg ist eine Suche nach Schönheit. Trotz Medizinstudiums und Arztpraxis (Berlin 1858) schwankt er zwischen Malerei und Meeresbiologie. Die Radiolarien bei Messina (1859/60) treffen in ihm sowohl den Künstler wie den Forscher. Sie werden Grundlage seiner Habilitation und Professur. Die Monographie mit 144 neuen Arten (1862) begründet seinen Ruf als Zoologe.

Die Variationen innerhalb der Arten erschweren die Bestimmung und öffnen ihn 1860 für DARWINS Ideen des Artwandels, deren Vorkämpfer er in Deutschland wird.

Die „Kunstfertigkeit" der Radiolarienskelettbildungen durch hirn- und augenlose Protoplasmakörper nähren die Vorstellung von „Zellseelen", „Zellgedächnis" und beseelter Materie – jene Einheit von Stoff und Geist, die typisch für seinen „Monismus" wird.

Die Auswertung der Tiefseeproben des englischen Forschungsschiffes „Challenger" (1872-76) krönt HAECKEL 1887 durch einen Atlas mit 3508 Erstbeschreibungen von Radiolarien und Tafelwerken über Medusen (1882), Staatsquallen (1888) und Hornschwämme (1889). Erst seit den 1870er Jahren steht die Einzellernatur der Radiolarien und ihre Symbiose mit Zooxanthellen fest. Die mikroskopische Brillanz verdankt HAECKEL der Freundschaft mit Ernst ABBE und dessen Innovationen bei ZEISS in Jena.

HAECKELS „Challenger" Reports werden zur Grundlage des populärwissenschaftlichen Prachtwerkes in 11 Lieferungen „Kunstformen der Natur" (1899-1904). Die starke Wirkung auf den Jugendstil (auch die Bauten der Pariser Weltausstellung 1900) beschäftigt Kunsthistoriker. Für Biologen wirft das Werk weitere Fragen auf:

1. Wie erklärt sich die Artkonstanz von über 4000 (heute über 11.000) beschriebenen Radiolarien – Formen die – kaum unterscheidbar in ihren Lebensweisen – im homogenen Medium schweben? Welch unterschiedliche Selektionszwänge hindern sie daran, grenzenlos zu variieren?

2. Wie authentisch bilden HAECKEL und sein Lithograph Adolf GILTSCH die Radiolarien ab? Der Beitrag prüft die zeichnerische Raumrekonstruktion aus optischen Querschnitten im Mikroskop und Fragen der graphischen „Schönung". Diese ist in Form von Symmetrisierung nachweisbar – aber nocht innerhalb der Grenzen legitimer Idealisierung.

3. Gibt es „Kunstformen der Natur?" Das Leben schafft zwar „Kunst-Analoges" – „Ästhetik mit Ausdruck, um etwas zu bewirken", Schönheit mit Lock-, Warn- und Kommunikationsfunktion. Doch die „verschwendete Schönheit" von Einzellern wie Radiolarien, Diatomen, oder „Zier"algen hat keinen Empfänger und keine Botschaft. Sie ist Nebenprodukt, nie evolutionäres Zuchtziel, nicht einmal Kunst-analog. HAECKELS Prachtband müßte „Naturformen für die Kunst" heißen.

4. Warum sind Radiolarien so schön? Selbst HAECKELS biologische Ästhetik erklärt dies nicht hinreichend. Sie erkennt zwar strenge Ordnung und Kontrast, Geometrie (wie Kugel und Kristall), Spiegelung oder strahlige Radiärsymmetrie und Rhythmus als ästhetische Wirkprinzipien. Auf die eigenwillige Eleganz realer Radiolarienskelette treffen sie meist nicht zu.

In unseren ästhetischen Überlegungen boten neue Folgerungen aus der LORENZschen und RIEDLschen evolutionären Erkenntnistheorie den Schlußstein für die klaffende Erklärungslücke zwischen den simplen Signalen der Geometrie, Spiegel- und Radiärsymmetrie, Augensymbolik, Kontrast- und Plakatfarbigkeit einerseits und den subtileren Schönheiten des Organischen andererseits, die in keines dieser Modelle passen: der gemeinsame Nenner für das Schöne in der menschlichen Wahrnehmung liegt in der Fähigkeit des *Homo sapiens* zum „denkenden Schauen", „sich auf alles, was er sieht, einen Reim zu machen". Dies hat ihn zum Erfolgstyp der Evolution werden lassen: sein rastloses Erspüren von Ursache und Wirkung, seine Suche nach Gesetzmäßigkeiten, nach Sinn und Bedeutung aller Erscheinungen. Sie verlieh diesem Werkzeug- und Feueraffen Macht – nämlich Vorhersagbarkeit von Lebensumständen, die Reaktionen seiner Umwelt wurden prognostizierbar – und damit beherrschbar und nutzbar.

Gestalten, welche die Wirkung formender Kräfte und Gesetze verraten, erzeugen in ihm höchstes Wohlgefallen – sei es die ablesbare Statik von Pflanzenkörpern, eleganten Brücken oder Kathedralen, die ablesbaren Stromlinien von Fischen und Schiffen, Vögeln und Flugzeugen, seien es die Erosionsformen von Gebirgen, sei es – als Extremfall – auch das ablesbare Gesetz streng symmetrischer und geometrischer Gebilde.

Lange vor der rechnenden Statik fanden die gotischen Meister zu atemberaubenden statischen Lösungen, indem sie eine „Kraftlinienarchitektur" aus organischen Skelettformen erstehen ließen (wie wir sie in der Natur überall dort verwirklicht finden, wo es darum geht, mit einem Minimum an Material ein Maximum an Stabilität zu erreichen). Verblüffendes Beispiel für solche Analogien sind eben die Radiolarien, weil sie aussehen, als hätten gotische Meister sich dort ihre Inspirationen geholt. Wegen ihrer schwebenden Lebensweise müssen die Kieselgerüste so filigran wie möglich sein – wie es ja auch das Ideal der Domsteinmetze war, ihre Steingebilde zu „entschweren". Das Motiv der Baumeister dafür war die damals aufkommende „Lichtmystik".

Beide Aufgabenstellungen – Transparenz und Schwerelosigkeit – führten zu grazilen mineralischen Skelettgestalten, deren ablesbare Statik den Formgesetzen des Organischen entspringt.

Kein Wunder, daß dieser frühe Blick in eine Anderswelt voll bizarrer Lebewesen, „deren eigenartige Schönheit und Mannigfaltigkeit alle von der menschlichen Phantasie geschaffenen Kunstprodukte weitaus übertrifft", HAECKELS weiteren Weg bestimmen sollte – als schicksalshafter Brückenschlag zwischen seiner Künstlernatur und seinem Forschergeist.

Literatur

BINET R. (1902): Esquisses décoratives, Preface de Gustave Geffroy. — Librairie Centrale des Beaux Arts, Paris (mit einer Widmung von René BINET an HAECKEL im Archiv der Villa Medusa), Jena.

BÖLSCHE W. (1906): Die Schöpfungstage. Umrisse zu einer Entwicklungsgeschichte der Natur. — C. Reissner, Dresden.

BÖLSCHE W. (1921): Von Sonnen und Sonnenstäubchen. — G. Bondi, Berlin.

BÜTSCHLI O. (1892): Beiträge zur Kenntnis der Radiolarien-Skelette, insbesondere der Cyrtidae. — Z. wiss. Zool. **36**: 485-540.

CIENOWSKI L. (1871): Über Schwärmerbildung bei Radiolarien. — Arch. mikrosk. Anat. **7**: 372-381.

EHRENBERG Ch.G. (1875): Fortsetzung der mikrogeologischen Studien als Gesammt-Uebersicht der mikroskopischen Paläontologie geichartig analysierter Gebirgsarten der Erde, mit specieller Rücksicht auf den Polycystinen-Mergel von Barbados. — Abh. preuss. Akad. Wiss. Berlin **1875**, 1-226.

EIBL-EIBESFELDT I. (1995): Die Biologie des menschlichen Verhaltens - Grundriß der Humanethologie, 3. Aufl. — R. Piper Verlag, München.

FRISCH K.v. (1974): Tiere als Baumeister. — Ullstein GmbH, Frankfurt, Berlin, Wien.

GEO (1995): "Die Sahara-Amazonas-Connection" - wie Afrikas Wüste den Regenwald nährt. — Geo **1995/3**.

GEORGE U. (1996): Ernst HAECKEL, das Genie des Kleinen. — Geo **1996/12**: 124-148.

GÖKE G. (1984): Neue und seltene Radiolarien von Barbados. Ein Beitrag zur Geschichte der Radiolarienforschung. — Mikrokosmos **1984/1**: 1-32.

GOMBRICH SIR E.H. (1982): Ornament und Kunst. Schmucktrieb und Ordnungssinn in der Psychologie des dekorativen Schaffens. — Klett-Cotta, Stuttgart.

HAECKEL E. (1862): Die Radiolarien (R*hizopoda radiaria*). Eine Monographie mit einem Atlas von fünfunddreißig Kupfertafeln. — G. Reimer, Berlin

HAECKEL E. (1866): Generelle Morphologie der Organismen, I: Allgemeine Anatomie der Organismen, II: Allgemeine Entwickelungsgeschichte der Organismen. — G. Reimer, Berlin.

HAECKEL E. (1868): Natürliche Schöpfungsgeschichte, 1. Aufl. — G. Reimer, Berlin.

HAECKEL E. (1870): Über Entwicklungsgang und Aufgabe der Zoologie. — Jen. Zschr. Med. Naturwiss. **5**: 353-370.

HAECKEL E. (1873): Natürliche Schöpfungsgeschichte, 4. Aufl. — G. Reimer, Berlin.

HAECKEL E. (1887a): Report on the Radiolaria collected by H.M.S. Challenger during the years 1873-1876. — Rep. Sci. Results Voyage H.M.S. Challenger 1873-76. Zoology **18**: 1-1893.

HAECKEL E. (1887b): Die Radiolarien (Rhizopoda radiaria). Eine Monographie, Zweiter Teil, Grundriß einer allgemeinen Naturgeschichte der Radiolarien. Berlin 1887

HAECKEL E. (1899/1905): Welträthsel, 9. Aufl. — A. Kröner Verl., Stuttgart,

HAECKEL E. (1899-1904): Kunstformen der Natur, Lieferung 1-11. — Bibliograph. Inst., Leipzig, Wien.

HAECKEL E. (1904): Die Lebenswunder. Gemeinverständliche Studien über Biologische Philosophie. — A. Kröner Verl. (Kröners Taschenausgabe 22), Leipzig.

HAECKEL E. (1914): Die Natur als Künstlerin. — In: GOERKE F. (Hrsg.) (1924): Aus dem Formenschatz der Schöpfung, Vita Deutsches Verl.haus, Berlin/ Charlottenburg.

HAECKEL E. (1923): Die Lebenswunder. Gemeinverständliche Studien über biologische Philosophie. — Kröners Taschenausgabe, Band **22** A. Kröner Verlag, Leipzig.

HAECKEL E.: Biographische Notizen (als Manuskript in der Sammlung des Ernst-Haeckel-Hauses. Best.B, Nr. 313, zit. nach E. KRAUßE [1984]).

HERTWIG R. (1876): Zur Histologie der Radiolarien. — Leipzig.

JUKES-BROWN A.J. & J.B. HARRISON (1892): The geology of Barbados. — Quart. J. Geol. Soc. London **48**: 170-226.

KNORRE D.v. (1984): Ernst HAECKEL als Systematiker - seine zoologisch-systematischen Arbeiten. — Leben und Evolution, Wiss. Vortragstagung 25. und 26. Mai 1984, Veröff. der Friedrich-Schiller-Univ. Jena mit G. Fischer Verl., Jena.

KOCKERBECK Ch. (1986): Ernst HAECKELS "Kunstformen und Natur" und ihr Einfluß auf die deutsche bildende Kunst der Jahrhundertwende. Studie zum Verhältnis von Kunst und Naturwissenschaften im Wilhelminischen Zeitalter. — Europäische Hochschulschriften, Reihe XX: Philosophie; Band **194**, Frankfurt/Main.

KRAUßE E. (1984): Ernst HAECKEL. — Biographien hervorragender Naturwissenschaftler, Techniker und Mediziner Band **70**, Teubner Verl.ges., Leipzig.

LORENZ K. (1941): KANTS Lehre vom A priorischen im Lichte gegenwärtiger Biologie. — Blätter Dt. Philos **15**: 94-125.

LORENZ K. (1973): Die Rückseite des Spiegels. Versuch einer Naturgeschichte menschlichen Erkennens. — Piper Verl. München bzw. dtv 1249.

LORENZ K. (1978): Vergleichende Verhaltensforschung, Grundlagen der Ethologie. — Springer Verl. Wien, New York.

LÖTSCH B. (1985): Unordnung als Seelenvitamin. Das Haus Hundertwasser. — Österr. Bundesverl. & Compress Verl., 308-313.

LÖTSCH B. (1988): Der Streit um das Schöne. — In: SCHLEIDT W. (Hrsg.): Der Kreis um Konrad LORENZ. Verl. P. Parey, Berlin, Hamburg, 92-100.

LÖTSCH B. (1989): Der Streit um das Schöne. — Der Architekt **1989**/Feb.: 84-91.

NICOLAI J. (1973): Vogelleben. — Chr. Belser Verl., Stuttgart (Nachdruck durch Rowohlt Taschenbuch Verl. GmbH Reinbek bei Hamburg, 1975).

RIEDL R. (1987a): „DARWIN, ein schlechter Darwinist?", in: „Kultur, Spätzündung der Evolution". — R. Piper Verlag. München, Zürich, 33-40.

RIEDL R. (1987b): „Grenzen der Kunst" in: Kultur, Spätzündung der Evolution. — R. Piper Verl., München, Zürich, 303-314.

SCHALLER F. (1997): Tierisches auf und aus Stein und Ton – zur Zoologie in der darstellenden Kunst. — Ulmensien **11**: 67-98.

SEDLMAYR H. (1976): Die Entstehung der Kathedrale. — Akad. Druck- und Verlagsanstalt Graz.

USCHMANN G. (1983): Ernst HAECKEL – Biographie in Briefen. — Leipzig, Jena, Berlin.

WICHLER G. (1934): Ernst HAECKEL, seine Entwicklung, sein Wesen. — Sber. Ges. naturf. Freunde Berlin 20. Nr. 1-3.

WICHMANN S. (1984): Jugendstil Floral Funktional. — Verl. Schuler, Herrsching/Ammersee.

WOLF R. (1985): Binokulares Sehen, Raumverrechnung und Raumwahrnehmung. — Biol. uns. Zeit (BIUZ) **6**: 141-178.

Anschrift des Verfassers:
Gen.-Dir. Univ.-Prof. Dr. Bernd LÖTSCH
Naturhistorisches Museum Wien,
General-Direktion
Burgring 7
A-1014 Wien
Austria

tophiastrum Percolpa Periarachnium Pericolpa Pericrypta Peridarium Peridium
palma Peripanarium Peripanartium Peripanartula Peripanartus Peripanice
panicium Peripanicula Periphema Periphylla Periplecta Peripyramis Perispir
spongidium Perispyris Perizona Peromelissa Petachnum Petalospyranth
ılospyrella Petalospyrissa Petalospyromma Petasata Petasus Phacodiscinu
codisculus Phacodiscus Phacostaurium Phacostaurus Phacostylium Phacostylu
enocalpis Phaenoscenium Phaeocolla Phaeodella Phaeodina Pharyngell
ryngosphaera Phatnacantha Phatnasparium Phatnaspidium Phatnaspi
tnasplenium Phialis Phialium Phlebarachnium Phormobotrys Phormocamp
rmocyrtis Phormosphaera Phormospyris Phorticium Phortolarcus Phortopyl
tocystis Phractacantha Phractasparium Phractaspidium Phractaspis Phractasplenium
ıctopelma

HAECKELS BEZUG ZU ÖSTERREICH

Phractopelt
ıctopeltaris Phractopeltidium Phrenocodon Phyllostaurus Pilema Pipetta Pipettari
ttella Pityomma Plagiocarpa Plagonidium Plagoniscus Plagonium Platyburs
ycryphalus Platysestrum Plectaniscus Plectanium Plectocoronis Plectophor
topyramis Plectotripus Plegmatium Plegmodiscus Plegmosphaera Plegmosphaerantha
mosphaerella Plegmosphaeromma Plegosphaerusa Pleurasparium Pleuraspidium
raspis Pleurocorys Pleuropodium Pneumophysa Podocampe Podocoronis
ocyrtarium Podocyrtecium Podocyrtidium Podocyrtonium Polycanna Polycolpa
petta Polyphyes Polyplagia Polyplecta Polypleuris Polyspyris Porcupinia Porocapsa
odiscus Porospathis Porosphaera Porostephanus Porpalia Porpema Porpitella
matidium Prismatium Pristacantha Pristiacantha Pristodiscus Procharagma
harybdis Procorallum Procyanea Procyttarium Prophysema Prosycum Protamoeba
ascus Protiara Protogenes Protomonas Protomyxa Protympanium Prunocarpetta
ıocarpilla Prunocarpus Prunosphaera Prunuletta Prunulissa Prunulum Psammina
nmophyllum Pseudocubus Pseudothurammina Psilomelissa Pterocanarium
ocanidium Pterocorys Pterocorythium Pteronema Pteroperidium Pteropilium
oscenium Pterosyringium Pylobotrys Pylocapsa Pylodiscus Pylolena Pylonissa
nium Pylonura Pylospira Pylospirema Pylospironium Pylospyris Pylozonium
mma Quadriloncharium Quadrilonche Quadrilonchidium Raphidodrymus
odosphaera Rhaphidocapsa Rhaphidoceras Rhaphidococcus Rhaphidonactis
phidonura Rhaphidosphaera Rhaphidozoum Rhizoplasma Rhizoplasmarium

Rhizoplegmidium Rhizosphaera Rhizostomites Rhodalia Rhodosphaera Rhodosphae
Rhodosphaeromma Rhodospyris Rhoilema Rhopalastrella Rhopalastron
Rhopalatractus Rhopalocanium Rhopalodictya Rhopilema Sagena Sagenic
Sagenoscena Sagmarium Sagmidium Sagoplegma Sagoscena Sagosphaera Sagosphae
Sagosphaeroma Salacia Salphenella Sapphiridina Saturnalina Saturnalis Saturna
Saturninus Saturnulus Scyocarpus Semaeostomites Semantidium Semantis Semant
Semantrum Sepalospyris Sestropodium Sestropyramis Sestrornithium Setham
Sethocapsa Sethocapsa Sethocephalus Sethochytris Sethoconus Sethocorys Sethoc
Sethodiscinus Sethodisculus Sethodiscus Sethomelissa Sethopera Sethoperic
Sethophaena Sethophatna Sethophormis Sethopilium Sethopyramis Sethornith
Sethosphaera Sethostaurium Sethostaurus Sethostylium Sethostylus Siphoca
Siphocampium Siphocampula Soleniscus Solenosphactra Solenosphaera Solenosph
Solenosphyra Solmaris Solmissus Solmoneta Solmundella Solmundus Sore
Soreumidium Soreumium Sorolarcidium Sorolarcium Sorolarcus Sphaeroc
Sphaerocircus Sphaeromespilus Sphaerospyris Sphaerostylantha Sphaerosty
Sphaerostylissa Sphaerostylomma Sphaerostylus Sphaerozonoceras Sphaerozo
Spherozonactis Spirema Spiremarium Spiremidium Spireuma Spirocampe Spiroc
Spirocyrtidium Spirocyrtis Spirocyrtoma Spironetta Spironilla Spiron
Spongasteriscinus Spongasterisculus Spongastrella Spongastromma Spongatra
Spongechinus Spongellipsarium Spongellipsidium Spongellipsis Spongion
Spongiommella Spongiommura Spongobrachium Spongocore Spongoco
Spongocorisca Spongocyclia Spongodictyoma Spongodictyon Spongodict
Spongodisculus Spongodruppa Spongodruppium Spongodruppula Spongodry
Spongolarcus Spongolena Spongolene Spongoliva Spongolivetta Spongoli
Spongolonche Spongolonchis Spongomelissa Spongophacus Spongophortic
Spongophortis Spongopila Spongoplegma Spongoprunum Spongopyr
Spongosphaerium Spongosphaeromma Spongostaurus Spongostylium Spongos
Spongothamnus Spongotripodiscus Spongotripodium Spongotripus Spongotroch
Spongotrochus Spongoxiphus Spongurantha Spongurella Sponguroma Spong
Spyridobotrys Stannarium Stannoma Stannophyllum Stauracantha Stauracanthic
Stauracanthonium Stauracontarium Stauracontellium Stauracontidium Stauracon

Ernst HAECKELS Beziehungen zu österreichischen Gelehrten — Spurensuche im Briefnachlaß

E. KRAUßE

Abstract

Ernst HAECKEL and his Connections to Austrian Scientists – Look for Traces in his Correspondence

This article treats among some biographical relations HAECKELS connections to Austrian scientists, especially to biologists and the medical profession, by means of mostly unpublished letters to and from HAECKEL, diaries, notebooks and other documents from the archive of the Ernst HAECKEL house at Friedrich-Schiller-University of Jena.

By means of selected examples will be given asurvey about the influence of HAECKEL to the reception of the Darwinian theory and the development of biology, especially the zoology in Austria.

Stapfia 56,
zugleich Kataloge des OÖ. Landesmuseums, Neue Folge Nr. 131 (1998),
375-414

1 Einleitung

Der deutsche Zoologe Ernst HAECKEL stellt eine der Zentralfiguren in der Frühgeschichte des Darwinismus dar. Als einer der frühesten Anhänger und engagiertesten Verfechter der Evolutionstheorie DARWINS (in HAECKELscher Prägung) und als Verfasser einer populären, „vernunftgemäß begründeten" monistischen Weltanschauung stand er ständig im Mittelpunkt von Diskussionen und Auseinandersetzungen. Mit seinen umfassenden Monographien über Radiolarien, Schwämme, Medusen und Siphonophoren hat er Pionierarbeit auf marinbiologischem Gebiet geleistet. Seine zu Kultbüchern avancierten populären Schriften „Natürliche Schöpfungsgeschichte" (1868) und „Die Welträthsel" (1899) haben die Art und Weise der DARWIN-Rezeption im 19. Jahrhundert maßgeblich geprägt und ihm eine immense außerwissenschaftliche Gefolgschaft nicht nur im deutschsprachigen Raum verschafft. Kein anderer Biologe war damals innerhalb seines Faches so umstritten und außerhalb dessen so bekannt, wie HAECKEL. Dafür sorgten nicht allein die 400.000 Exemplare der „Welträthsel" in deutscher Sprache, sondern auch die Übersetzungen in mehr als 30 Sprachen. „Mehr als eine Viertelmillion Exemplare sind nun in Großbritannien, den Vereinigten Staaten und Australien im Umlauf. Ich sah es unter den einfachen Fischern der Orkney-Inseln – dieser ultima Thule der europäischen Zivilisation – von Hand zu Hand gehen, ich fand es unter den Bergleuten von Schottland und Wales, in katholischen Städten von Irland, unter den Schafscherern Australiens und sogar bei den Maoris von Neu-Seeland", so kennzeichnete J. MC CABE (1914: 244), der englische Übersetzer der „Welträthsel", die Situation. Popularisierung und Polemik, Verknüpfung von Wissenschaft und Weltanschauung charakterisieren sowohl das Werk HAECKELS als auch dessen Rezeption bis in die jüngste Zeit. So wie „die Entwicklung der Evolutionstheorie eine anschauliche Illustration der Bedeutung, die der ‚Zeitgeist' hat" (MAYR 1967: 18) ist, ordnen sich auch die meist subjektiven Kontroversen sowohl in die besonders im 19. Jahrhundert übliche Form der innerwissenschaftlichen Auseinandersetzungen als auch in die auf politischem, theologischem und kulturellem Gebiet bestehenden ein. Eine zentrale Rolle spielten dabei Kontroversen um Darwinismus – Anti-Darwinismus, Idealismus und Materialismus – Monismus, Mechanizismus und Vitalismus, die Differenz zwischen Natur- und Geisteswissenschaften und die Problematik Genetik und Evolution (ENGELHARDT 1980).

Im Spannungsfeld dieser Auseinandersetzungen standen auch HAECKELS Beziehungen zu Österreich und den Österreichern. Zeugnis über die vielfältigen Kontakte HAECKELS zu Österreich geben die im Ernst-Haeckel-Haus in Jena in seinem Nachlaß befindlichen Dokumente, insbesondere seine Korrespondenz, persönliche Aufzeichnungen, Urkunden und seine Skizzenbücher und Aquarelle. Leider sind es fast ausschließlich Briefe, die an HAECKEL gerichtet sind, von Briefen von HAECKELS eigener Hand existieren in den seltensten Fällen Kopien oder Entwürfe, und nur von wenigen konnte der Standort ermittelt bzw. die Originale oder Kopien erworben werden. Auch läßt der derzeitige Stand der EDV-Erschließung der HAECKEL-Korrespondenz (über 30.000 Briefe) eine quantitative Erfassung aller Österreich-Korrespondenten noch nicht zu. Eine erste Auswertung zeigt aber, daß HAECKEL nicht nur mit den Fachkollegen an allen österreichischen Universitäten, sondern auch mit Menschen aus allen Bevölkerungskreisen korrespondierte. Dabei reichen die Motive der einzelnen Briefschreiber von der „innigen Verehrung" über Bitten um Autogramme und Porträts, Glückwunschadressen zu Geburtstagen und Jubiläen bis zu ernsthaften wissenschaftlichen Auseinandersetzungen. HAECKEL galt als **der** Protagonist des Darwinismus. Seine populärwissenschaftlichen Schriften, insbesondere die „Natürliche Schöpfungsgeschichte" (1868) und „Die Welträthsel" (1899) implizierten naturwissenschaftlich begründet „Entwicklung und Fortschritt" auch auf gesellschaftlichem und sozialem Gebiet. Der von HAECKEL, dem Bremer Pastor Albert KALTHOFF (1850-1906), Heinrich SCHMIDT (1874-1935) und anderen im Jahre 1906 in Jena begründete „Deutsche Monistenbund" löste insbesondere unter der Leitung des Physikochemikers und Nobelpreisträgers Wilhelm OSTWALD (1853-1932) eine bedeutende Kulturbewegung aus, die sich auch auf Österreich erstreckte. „Mit HAECKEL und OSTWALD weitet sich der Monismus zu einer universellen Weltanschauung aus, die dem von Staat und Kirche entfremdeten Subjekt ein mit den Ergebnissen der positiven Wissenschaften im Einklang stehendes Weltverständnis ermöglichen soll. So präsentiert sich der Monismus spätestens um die Jahrhundertwende als universelle Lebenshilfe und erweitert damit eine antimetaphysische und antitheologische Funktion bis hin zum Angebot eines umfassenden Weltbildes auf naturwissenschaftlicher Grundlage" (HILLERMANN 1976: 231; zum Monismus siehe Beitrag BREIDBACH in diesem Band). So nimmt es nicht Wunder, daß die Mehrzahl des „außerwissenschaftlichen" Briefverkehrs aus liberalen bürgerlichen, freireligiösen oder Freidenker- oder auch proletarischen Freidenker-Kreisen stammt, die „im Monismus eine ersatzreligiöse Heimat gefunden haben". Gerade im Österreich des ausgehenden 19. Jahrhunderts, wo die enge Verbindung von Kirche und Staat zur Gegnerschaft des Liberalismus mit dem politischen Katholizismus geführt hatte, stießen die antiklerikalen Positionen HAECKELS, die „Theologie und ihre Institutionen als geschichtlichen Ort wissenschaftsfeindlicher Kräfte herausstellt" (HILLERMANN 1976: 230) auf ein sehr positives Echo. Arbeiter, Volksschullehrer, Gymnasialprofessoren, Fabrikanten, Hausfrauen, die ihre mangelhafte Vorbildung beklagen, Beamte, Schriftsteller und Journalisten suchen Kontakt mit HAECKEL, um weltanschauliche Fragen zu diskutieren. Sehr oft wird aber auch versucht – und das insbesondere von Redakteuren von Zeitungen und populärwissenschaftlichen Zeitschriften – HAECKEL als Werbeträger zu vereinnahmen. Zahlreiche Schüler und Studenten ersuchten ihn um Ratschläge für Literatur, für ihre wissenschaftliche Laufbahn oder um Vermittlung von Stellen oder Empfehlungen für Studienaufenthalte. Groß ist auch die Anzahl der Bitten von in dieser Zeit zahlreich entstehenden Gesellschaften und Vereinen für Bildung und Volksaufklärung um Vorträge oder Überlassung von Büchern. Interessante Aufschlüsse bieten auch die 15 aus Österreich eingesandten Beiträge zur Festschrift „Was wir Ernst HAECKEL verdanken" (SCHMIDT 1914). Aus der Fülle der bisher aufgefundenen Materialien, deren wissenschaftshistorische Auswertung noch am Anfang steht, wurden im Rahmen dieses Beitrages nur seine Beziehungen zu österreichischen Gelehrten, speziell zu den Medizinern und Naturwissenschaftlern, betreffende Schriftstücke zu einer ersten Übersicht ausgewählt[1]. Dabei werden folgende Fragen zu beantworten versucht: Wie stand HAECKEL selbst zu Österreich? Zu welchen Universitäten und zu welchen Gelehrten hatte er persönliche oder briefliche Kontakte? Wie wurden seine Werke aufgenommen? Welchen Einfluß hatte er auf die Besetzung von Lehrstühlen und die Entwicklung der Biologie in Österreich?

Zunächst seien einige biographische Bezüge aufgezeigt.

2 Biographische Beziehungen

Neben Italien bildete Österreich für HAECKEL eines der beliebtesten Reise- und Urlaubsziele. Aber dieses Land war für ihn mehr. Er meinte, „daß auch er hier eine Art Heimatrecht habe, da Salzburg die 'Urheimat' seines Geschlechtes war und sein Urgroßvater, ein Bauer, zu jenen Salzburgern gehörte, die wegen ihres protestantischen Bekenntnisses aus Salzburg vertrieben und von Friedrich dem Großen in Schlesien angesiedelt wurden" (DELLE GRAZIE 1914: 312). Obwohl das urkundlich nicht belegt ist und Bürger, Erbgärtner und Bleicher namens HAECKEL schon vor der Protestantenvertreibung 1731 in den Kirchenbüchern von Hirschberg in Schlesien verzeichnet sind (GÖBEL 1932; SCHMIDT 1934), hat Ernst HAECKEL dieses Image der „vertriebenen Ketzer" gern tradiert, zumal sich der Name HÄCKEL, HECKL, HÄGKL im Alpengebiet bis 1445 zurückverfolgen läßt. Die Familie seines Vaters Carl Gottlob HAECKEL (1781-1871) stammt aus Kunersdorf bei Hirschberg in Schlesien, seine Mutter Charlotte SETHE (1799-1889) aus einer niederrheinischen Juristenfamilie. Sowohl der Vater als auch der Bruder Karl waren Juristen, aber der am 16. Februar 1834 in Potsdam geborene Ernst HAECKEL verfolgte andere Ziele. Seine

Liebe und sein Interesse galten bereits in der Schulzeit, die er in Merseburg verbrachte, der Natur und den Naturwissenschaften. Er wollte Botaniker werden und bei Matthias Jacob SCHLEIDEN (1804-1881) in Jena studieren. Eine rheumatische Erkrankung des Kniegelenkes veranlaßte ihn aber, in Berlin in mütterlicher Pflege zu bleiben und dort das Studium zu beginnen. Auf Drängen des Vaters studierte er von 1852-1858 Medizin in Berlin, Würzburg und Wien. Das quälende Gelenkrheuma veranlaßte ihn in den Semesterferien 1852 (10. 8.-22.9.) zu einer ersten Reise nach Österreich. Gemeinsam mit seinen Eltern unternahm er eine Badereise nach Teplitz (Teplice). Die Kurverordnungen ließen dem jungen Patienten offensichtlich noch ausreichend Zeit für Spaziergänge und Ausfahrten in die Teplitzer Umgebung, an denen zuweilen auch der botanisch interessierte Badearzt Dr. Eduard KRATZMANN (1810-1865) teilnahm und die zu einer, gemessen an der Aufenthaltsdauer und dem eigentlichen Zweck der Reise, reichen Ausbeute für HAECKELS Herbarium führten. In HAECKELS Teplitzer Tagebuch werden 50 Pflanzenarten als – gesehen, gesammelt, getauscht oder bei dem Mineralienhändler Franz TANNENBERGER gekauft – erwähnt, 30 davon mit Fundort belegt. Insgesamt beträgt die Herbarausbeute aus Teplitz 58 Arten.[2]

Abb. 1:
Johannes MÜLLER (1801-1858), Anatom und Physiologe in Berlin.

Unmittelbar nach seiner Rückkehr besuchte HAECKEL den Botaniker „... Dr. A. GARCKE, dem meine Mittheilungen über die Teplitzer Flora sehr erwünscht erschienen..". (Tagebuch 22. 9. 52). Wie HECHT 1974 nachzuweisen versuchte, stammen 15 Fundortangaben über nordböhmische (speziell Teplitzer) Pflanzen in der 3. Auflage von GARCKES „Flora von Nord- und Mitteldeutschland" (1854) von HAECKEL. Diese erste Österreich-Reise war für HAECKEL zugleich aber auch eine völlig neue Erfahrung mit einer anderen, ihm fremden Nationalkultur, die er im Tagebuch aus preußischer Sicht kommentierte.

Im folgenden Wintersemester setzte er sein Studium in Würzburg fort. Neben dem Anatomen und Physiologen Johannes MÜLLER (1801-1858; Abb. 1) in Berlin waren es in Würzburg vor allem Albert KOELLIKER (1817-1905), der den Lehrstuhl für Vergleichende Anatomie innehatte, und Rudolf VIRCHOW (1821-1902), der 1849 auf den ersten Lehrstuhl für Pathologische Anatomie in Deutschland berufen worden war, die nachhaltigen Einfluß auf HAECKEL ausübten und ihn für die vergleichende Anatomie und Entwicklungsgeschichte niederer Meerestiere begeisterten. Ganz besonders fesselten ihn aber auch die von VIRCHOW in seinen Vorlesungen und Demonstrationen vertretenen völlig neuartigen Gedanken zur „Zellularpathologie". Das besondere Lob VIRCHOWS fanden HAECKELS Sektionsprotokolle. Als dieser ihn im Wintersemester 1855/56 veranlaßte, „auserwählte Vorträge aus seinem demonstrativen Kursus (der pathologischen Anatomie und Histologie), besonders über seltene Fälle und weniger bekannte Gegenstände auszuarbeiten und nach Wien an die 'Wiener Medizinische Wochenschrift' zu schicken, deren Redacteur Dr. WITTELSHOEFER ihn um öftere Einsendungen ersucht habe" (HAECKEL 1921: 181f.), eröffnete HAECKEL in der „Wiener Medizinischen Wochenschrift" mit drei Beiträgen die Kasuistik „Aus dem pathologisch-anatomischen Curse des Prof. VIRCHOW in Würzburg" (BELLONI 1973: 9). Es war dies seine zweite Veröffentlichung, und schon hier geriet er zwischen die Fronten der humoralpathologisch orientierten „Wiener Schule" und der zellularpathologischen „Würzburger Schule" VIRCHOWS. Bereits dem ersten Beitrag HAECKELS „Ueber die Beziehungen des Typhus zur Tuberculose" (HAECKEL 1856a) trat die pathologisch-anatomische Schule Wiens mit einem „Offenen Brief an Herrn HAECKEL" von Richard HESCHL, einem ehemaligen Assistenten Carl ROKITANSKYS (1824-1881), damals Professor in Krakau, entgegen[3]. Die Würzburger Schule antwortete mit zwei weiteren Beiträgen von HAECKEL über ein „Fibroid des Uterus" und „Ueber

chronische Affektionen des Uterus und der Eierstöcke“ (HAECKEL 1856b, c). HAECKEL verzichtete auf eine Erwiderung und überließ den Widerspruch seinem Lehrer VIRCHOW, der mit einem „Offenen Brief“ die Angelegenheit abschloß[4].

Dieser ersten streitbaren literarischen Begegnung HAECKELS mit Österreich war aber bereits eine weitaus angenehmere persönliche vorausgegangen, über die uns seine Briefe an die Eltern Zeugnis geben. Die Semesterferien 1855 (11.8.-4.10.) hatte HAECKEL zu einer ersten Alpenreise genutzt, die ihn von Linz über Hallstadt, Gosau, Salzburg nach Berchtesgaden und von dort über Ramsau, Zell am See nach Hofgastein führte, um weiter nach Bozen, Trient, Venedig und Mailand zu reisen. Beeindruckt von der prachtvollen Alpenlandschaft, erwachte seine alte Leidenschaft zum Botanisieren, und die Mutter erhielt umfangreiche Pakete mit seltenen Alpenpflanzen, mit der Bitte, sie sorgfältig zu pressen und zu trocknen. Für die Persönlichkeitsentwicklung des hypochondrischen Studenten war diese Reise von maßgeblicher Bedeutung. „Mit tausend bangen Befürchtungen und Ängsten, unsicher und schwankend“ (HAECKEL 1921: 160) war er abgereist, selbstsicher, durch zahlreiche strapaziöse und zum Teil riskante Gipfelbesteigungen von seiner körperlichen Leistungsfähigkeit überzeugt und mit neuer Entschlußkraft kehrte er zurück. „Kurz, ich fühle jetzt frisches neues Jugendfeuer durch alle Adern glühen. Gewiß nicht minder ist mein Geist erstarkt. Namentlich habe ich einen großen Teil der kindischen Menschenscheu und furchtsamen Ängstlichkeit abgelegt, die mir den Umgang mit fremden Menschen so verleitete“, berichtete er den Eltern (HAECKEL 1921: 161) über den Erfolg dieser ersten großen Alpenreise.

Mit neuem Mut, Willen und Entschlußkraft setzte er sein Studium fort. Nach zwei Semestern Tätigkeit als „Königlich bayrischer Assistent“ an der pathologisch-anatomischen Anstalt zu Würzburg bei VIRCHOW ging HAECKEL im Wintersemester 1856/57 wiederum nach Berlin, um die Arbeiten an seiner Doktorarbeit „De telis quibusdam astaci fluviatilis“ (HAECKEL 1857a, b) abzuschließen. Am 7. März 1857 wurde er in Berlin zum Doktor der Medizin promoviert (Abb. 2, 3).

Unmittelbar danach, Ostern 1857, kehrte der damals 23jährige nach Österreich zurück, um sich

Abb. 2:
Ernst HAECKEL als Student mit seinen Eltern, Berlin 1857.

Abb. 3:
Approbationsurkunde als Arzt, Wundarzt und Geburtshelfer 1858.

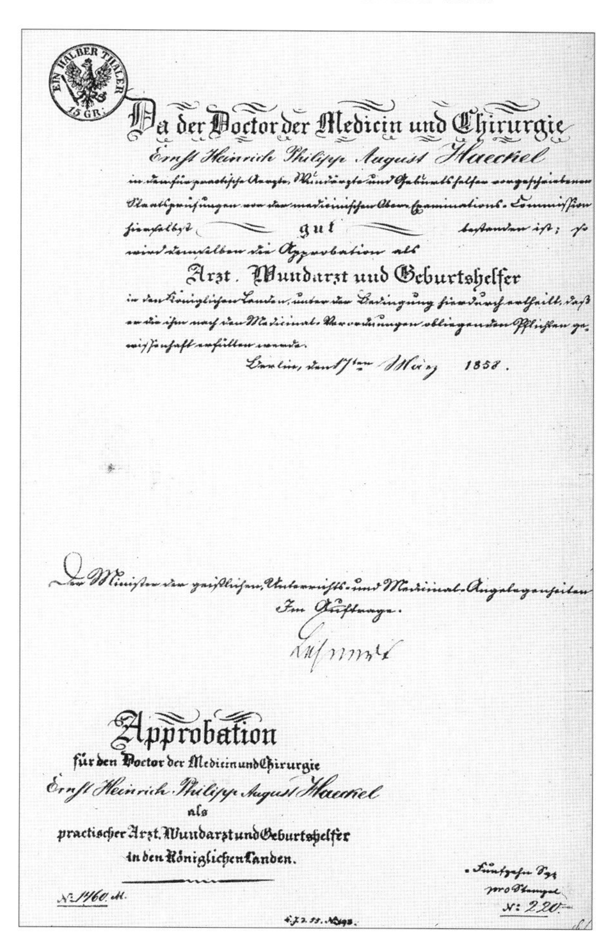

EIN HALBER THALER 15 GR.

Da der Doctor der Medicin und Chirurgie
Ernst Heinrich Philipp August Haeckel
in den für practische Aerzte, Wundärzte und Geburtshelfer vorgeschriebenen Staatsprüfungen von der medicinischen Ober-Examinations-Commission hierselbst gut bestanden ist; so wird demselben die Approbation als
Arzt, Wundarzt und Geburtshelfer
in den Königlichen Landen, unter der Bedingung hierdurch ertheilt, daß er die ihm nach den Medicinal-Verordnungen obliegenden Pflichten gewissenhaft erfüllen werde.
Berlin, den 17ten März 1858.

Der Minister der geistlichen, Unterrichts- und Medicinal-Angelegenheiten
Im Auftrage
[illegible]

Approbation
für den Doctor der Medicin und Chirurgie
Ernst Heinrich Philipp August Haeckel
als
practischer Arzt, Wundarzt und Geburtshelfer
in den Königlichen Landen.

No 1460. M.

N: 220.

in Wien in den klinischen Fächern zu vervollkommnen und auf das Staatsexamen vorzubereiten. In einem Brief an die Eltern vom Juli 1857 [5] dokumentierte er seine Eindrücke von der Ausbildung an der Wiener Medizinischen Fakultät. Von den berühmten Kliniken der „jüngeren Wiener Schule" (LESKY 1978) war HAECKEL jedoch ziemlich enttäuscht. Geprägt von VIRCHOW und MÜLLER, kritisierte er aus der Sicht der rivalisierenden „Würzburger Schule" vor allem die „Vernachlässigung der pathologischen Anatomie" unter dem ersten Vertreter dieses Faches in Deutschland, Karl von ROKITANSKY (1804-1878), dessen Auffassungen im scharfen Widerspruch zur Zellularpathologie VIRCHOWS standen, sowie das völlige Fehlen der vergleichenden Anatomie und Morphologie. „Von dem unermüdlichen Fleiße, der unpartheiischen Forschung, der kritischen Sorgfalt, die VIRCHOW bei seinem anatomischen Arbeiten zeigt, wie von der geistreichen Combination und genialen Auffassung, mit der er aus jedem empirischen Detail sich das Krankheitsbild in seinem Entstehen und Vergehen zusammensetzt, ist hier nicht die Spur" (HAECKEL 1928: 8-9). Dagegen rühmte er den Dermatologen Ferdinand von HEBRA (1816-1880) als den genialsten Kliniker Wiens. „HEBRAS Klinik dürfte zugleich wohl auch für den praktischen Arzt die wichtigste sein; wenigstens glaube ich, daß man in keiner andern sich so rasch mit allen Winkelzügen der Praxis vertraut machen würde.

Abb. 4:
Ernst Wilhelm BRÜCKE (1819-1892), 1849-1890 o. Prof. f. Physiologie in Wien.

Diese hohe praktische Ausbildung ist ja überhaupt der beste Vorzug der hiesigen Kliniken, auf den man umso mehr Gewicht legen muß, als ihnen der wesentlich wissenschaftliche, d. h. der pathologisch-anatomische Theil so gut wie ganz abgeht", stellte er fest (HAECKEL 1928: 11). Die medizinischen Kliniken gehörten jedoch zu den besten. Den Kliniker Johann von OPPOLZER (1808-1871) hob er als den erfahrensten Praktiker hervor. Joseph SKODA (1805-1881), den Rivalen und Gegner OPPOLZERS, schätzte er als gewissenhaften Untersucher und wissenschaftlichen Arzt, bemängelte aber dessen monotone, langatmige Art des Vortrages. Die chirurgischen Kliniken kennzeichnete er beide als schlecht, „mehr Baderstuben, ganz unwissenschaftlich, weit hinter den Prager und Berliner zurückstehend". Obwohl er ursprünglich nach Wien gekommen war, um klinische und praktische Medizin zu betreiben, interessierten ihn jetzt viel mehr die Vorlesungen der erstrangigen Physiologen Ernst Wilhelm von BRÜCKE (1819-1892; Abb. 4) und Carl LUDWIG (1816-1895)[6]. „Die Physiologie steht gegenwärtig hier in Wien auf einer sehr hohen Stufe der Vollendung, unzweifelhaft viel höher, als auf den allermeisten andern Universitäten, so daß jeder, der diese herrlichste aller Studien in seiner ganzen Tiefe und Ausdehnung erschöpfend kennenlernen will, nirgends besser als hier die richtige Anregung und Anleitung dazu empfangen kann, vorausgesetzt, daß er die nöthigen physikalisch-mathematischen Kenntnisse einerseits, die höheren anatomisch-histologischen schon fest und sicher mitbringt", konstatierte HAECKEL und bekannte gleichzeitig, daß er „nur den halben Nutzen von diesem trefflichen Unterricht habe", da ihm die nötigen physikalisch-mathematischen Vorkenntnisse fehlten. Nie habe er die tiefen Lücken in seiner naturwissenschaftlichen Schulbildung schmerzlicher gefühlt als jetzt (HAECKEL 1928: 2).

Vielleicht empfand er gerade deshalb die persönlichen Gespräche mit BRÜCKE, die dieser ihm fast täglich morgens im Laboratorium gewährte, als unschätzbare Anregung und Belehrung. Trotzdem fand er keinen Zugang zur Physiologie und hat diese beklagten Lücken niemals völlig geschlossen, der bildhaft Veranlagte ist methodisch immer vergleichender Anatom geblieben.

Der Reiz der herrlichen Umgebung Wiens ließ HAECKELS botanische Leidenschaft neu erwachen. Gemeinsam mit seinen Freunden

Ferdinand von RICHTHOFEN (1833-1905) und Hermann von CHAMISSO aus Berlin, Harald KRABBE aus Kopenhagen und Wilhelm OLBERS FOCKE (1834-1922) aus Bremen und einigen anderen unternahm er ausgedehnte botanische Exkursionen in den Wiener Wald, nach dem Semmering, auf die Raxalpe bis nach Ungarn.[7]

Im August 1857 kehrte HAECKEL nach Berlin zurück. Nach bestandenem Staatsexamen wurde ihm am 17. März 1858 die Approbation als Arzt, Wundarzt und Geburtshelfer erteilt. Die nur formell eröffnete Arztpraxis gab er nach kurzer Zeit aber wieder auf. Als der plötzliche Tod seines hochgeschätzten Lehrers Johannes MÜLLER (28.4.1858) seine Pläne über Fortführung seiner anatomischen Studien zerschlug, ebnete ihm der von Würzburg nach Jena berufene Anatom Carl GEGENBAUR (1826-1903; Abb. 5) den Weg zu einer akademischen Laufbahn an der Jenaer Universität. Eine 14monatige Forschungsreise nach Italien (1859-60) erbrachte insbesondere im Golf von Messina ausreichendes Material für eine Habilitationsschrift und darüber hinaus für eine wissenschaftliche Monographie über eine bisher wenig bearbeitete, außerordentlich formenreiche Gruppe einzelliger Tiere, die Radiolarien oder Strahlentierchen (1862) (s. dazu Beiträge AESCHT bzw. LÖTSCH in diesem Band). Nach erfolgter Habilitation (4.3.1861) und kurzer Privatdozententätigkeit erfolgte 1862 die Ernennung zum außerordentlichen Professor für Zoologie an der Jenaer Universität. Damit stand der lange ersehnten Eheschließung mit seiner Kusine Anna SETHE (1835-1864) nichts mehr entgegen. Nach der Trauung am 18. August 1862 reiste das junge Paar in die Alpen. Für HAECKEL begann die glücklichste Zeit seines Lebens, die jedoch an seinem 30. Geburtstag durch den plötzlichen Tod von Anna ein jähes Ende fand. Durch Reisen und rastlose Arbeit versuchte HAECKEL seine Verzweiflung zu überwinden.

Inzwischen hatten die 1862 erschienene Monographie über die Radiolarien, in der HAECKEL sein erstes Bekenntnis zur Evolutionstheorie DARWINS ablegte und ein darauf basierendes „natürliches System der Radiolarien" entwarf, und die Erfolge seiner Lehrtätigkeit seinen Ruf als Zoologe und Hochschullehrer begründet. Sein engagiertes Eintreten für die damals noch sehr umstrittene Evolutionstheorie DARWINS, vor allem seine berühmten „DARWIN-Vorlesungen", zogen viele Studenten nach Jena. 1865 erhielt HAECKEL den ersten, neu errichteten Lehrstuhl für Zoologie an der Jenaer Universität, einen kurz zuvor erhaltenen Ruf an die Universität Würzburg lehnte er deshalb ab. Den Bau eines eigenen Institutsgebäudes konnte HAECKEL aber zunächst nicht erreichen.

Mit dem Anspruch, „endlich einmal Logik und Konsequenz in die verworrene und ungründliche Forschung und Literatur"[8] der Zoologie zu bringen und die gesamte Biologie auf der Basis einer evolutionstheoretisch konzipierten Morphologie zu reformieren, veröffentlichte er sein theoretisches Hauptwerk „Generelle Morphologie der Organismen" (1866a, b). Er verstand es zugleich als den Versuch, den „heillosen und grundverkehrten Dualismus aus allen Gebietstheilen der Anatomie und Entwickelungsgeschichte zu verdrängen, und die gesammte Wissenschaft von den entwickelten und von den entstehenden Formen der Organismen durch mechanisch-causale Begründung auf dieselbe feste Höhe des Monismus zu erheben, in welcher alle übrigen Naturwissenschaften seit längerer oder kürzerer Zeit ihr Fundament gefunden haben" (HAECKEL 1866a: XIV).

Abb. 5:
Carl GEGENBAUR (1826-1903), Anatom in Jena, Freund und Förderer HAECKELS.

Das Werk bestimmte Richtung und Methode für seine gesamte übrige Lebensarbeit. Das Programm für diese beabsichtigte Reform, die somit zugleich die Basis für eine naturwissenschaftlich begründete Weltanschauung gewähren sollte, hatte er bereits in seinem Stettiner Vortrag (HAECKEL 1863) skizziert.

Auf der Basis des von ihm unter Berufung auf den Sprachwissenschaftler August SCHLEICHER (1863) formulierten „Monismus", wonach keine Materie ohne Geist und kein Geist ohne Materie existiere, „sondern nur Eines, das Beides zugleich sei", und der Annahme einer „absoluten Einheit der anorganischen und organischen Natur", für die nur das allgemeine Kausalgesetz gilt, postulierte er einen aufsteigenden entwicklungsgeschichtlichen Zusammenhang von der anorganischen Natur über Protisten, Pflanzen und Tiere bis hin zum Menschen. Er griff damit Fragen auf, die DARWIN in seinem 1859 erschienenen Werk „On the origin of species by means of natural selection, or the preservation of favoured races in the struggle for life" nicht behandelt hatte, so die Frage nach der Abstammung des Menschen, den HAECKEL als dritte Familie bei den schwanzlosen Affen (Catarrhinen) in den Stammbaum der Säugetiere einbezog.[9] Den Prozeß der Entstehung lebender Organismen erklärte HAECKEL als einen der Kristallisation analogen Prozeß der „Selbstzeugung oder Autogonie" primitiver Eiweißmoleküle, der sog. Moneren, die den Ausgangspunkt für die Differenzierung von Zellen und mehrzelligen Organismen bilden. Zur Rekonstruktion stammesgeschichtlicher Beziehungen nutzte HAECKEL den morphologischen Vergleich abgestufter Ähnlichkeiten sowohl rezenter und ausgestorbener Organismen als auch die Untersuchung der Individualentwicklung. Er stellte die natürlichen Abstammungsbeziehungen, den Anregungen DARWINS und August SCHLEICHERS (1863) folgend, als „Stammbäume" dar, deren Wurzel die gemeinsame Urform symbolisieren soll. „Das ganze natürliche System der Pflanzen und Thiere erscheint von diesem Gesichtspunkte aus als ein großer **Stammbaum**, und lässt sich wie jede genealogische Tabelle am anschaulichsten unter dem Bilde eines weitverzweigten Baumes darstellen, dessen ganz einfache Wurzel in der fernsten Vergangenheit verborgen liegt" (HAECKEL 1863: 20). Phylogenie ist nach HAECKELS Definition „kritische Genealogie oder Stammbaumkunde" (HAECKEL 1866b: 308). Für die schon von zahlreichen nichtevolutionistischen Autoren wie Carl Friedrich KIELMEYER (1765-1844), Johann Friedrich MECKEL (1781-1833), Carl Ernst von BAER (1792-1876) in einem anderen (typologischen) Theoriekontext, aber auch von DARWIN und Fritz MÜLLER (1821-1866) beschriebene Parallele zwischen bestimmten Embryonalstadien höherer Tiere und den Adultstadien niederer Tierformen (vgl. dazu HAIDER 1951; PETERS 1980; WENZEL 1994; BREIDBACH 1997) formulierte HAECKEL (1866) den später als „biogenetisches Grundgesetz" bezeichneten Kausalnexus: „Die Ontogenesis ist die kurze und schnelle Rekapitulation der Phylogenesis, bedingt durch die physiologischen Funktionen der Vererbung (Fortpflanzung) und Anpassung (Ernährung)" (HAECKEL 1866b: 300). Er sah darin eines der Hauptinstrumente phylogenetischer Forschung und löste durch den „Gesetzes"anspruch heftige Kontroversen, aber dadurch auch weitreichende Forschungsimpulse aus (s. Beitrag MÜLLER in diesem Band). Sein Versuch, durch die Begründung einer generellen Grundformenlehre (Promorphologie) analog der geometrischen Kristallographie mathematisch erfaßbare Kriterien für die Ordnung aller natürlichen und vom Menschen geschaffenen Formen zu definieren, fand keine Resonanz. Da das schwer lesbare, mit Definitionen, Axiomen, Deduktionen und neuen Wortschöpfungen überladene Buch (s. Beitrag SCHALLER in diesem Band) nicht die erwartete Resonanz fand, ließ HAECKEL auf Anraten HUXLEYS seine erfolgreichen DARWIN-Vorlesungen unter dem bezeichnenden Titel „Natürliche Schöpfungsgeschichte" (1868) drucken, der auch DARWIN seine Anerkennung zollte.[10] Diese eingängig formulierte und überzeugend vorgetragene Zusammenfassung seiner Auffassungen der DARWINschen Theorie wurde ein Welterfolg. Bis zum Tode HAECKELS erlebte es 11 Auflagen und Übersetzungen in viele Sprachen und bestimmte so die populäre DARWIN-Rezeption nicht nur im deutschsprachigen Raum.

„Als empirische Basis und als unerläßliche Vorbereitung ... für die allgemeinen, in das Gebiet der Naturphilosophie fallenden Hauptarbeiten" sah HAECKEL (1919: 279) seine zoologischen Spezialarbeiten über Radiolarien, Spongien, Medusen und Siphonophoren an. Mit der monographischen Bearbeitung einzelner Medusenfamilien hatte er bereits

1864 mit einer Arbeit über Craspedoten, 1865 über Rüsselquallen und 1869 über Crambessiden sowie vier kleineren Abhandlungen über fossile Medusen begonnen und so seinen Ruf als Zoologe weiter gefestigt (zit. im. Beitrag AESCHT in diesem Band). Auch die räumliche Situation des Zoologischen Instituts konnte er durch Übernahme einer Etage im neu errichteten Botanischen Institut 1869 entscheidend verbessern.

Den schweren familiären Schicksalsschlag hatte er inzwischen überwunden und 1867 eine zweite Ehe mit Agnes HUSCHKE (1842-1915), der Tochter des Jenaer Anatomen Emil HUSCHKE (1797-1858) geschlossen. Auch diese Hochzeitsreise führte nach Österreich – über München, Starnberg, Tölz, Tegernsee, Achensee und Zell nach Maishofen, Innsbruck und Zürich – und verlief zuweilen sehr dramatisch. So unternahm der immer nach Extremen strebende HAECKEL in Begleitung eines jungen, wohl unerfahrenen Führers, ohne Agnes, eine Besteigung der Tristenspitze (2763 m) bei Dornauberg im Zillertal, die ihm beinahe das Leben gekostet hätte. Beim Absteigen im Nebel verausgabten und verstiegen sie sich derart, daß HAECKEL in seiner Todesangst und Verzweiflung einen Abschiedsbrief mit testamentarischen Bestimmungen an seine Frau in sein Skizzenbuch[11] schrieb, das er dann in eine Schlucht warf und das auch später gefunden wurde, nachdem der Abstieg in der Nacht doch noch gelungen war. Diese für beide Ehepartner zeichenhafte Österreich-Episode ist durch das Skizzenbuch noch heute im Nachlaß dokumentiert.

Als HAECKEL im Winter 1870 (Abb. 6) einen Ruf als Nachfolger Rudolf KNERS (1810-1869) an die Universität Wien erhielt, erwartete seine Frau die Geburt des zweiten Kindes, so daß HAECKEL eine so schwerwiegende Entscheidung auch deshalb reiflich überlegte, obwohl letztlich andere Kriterien den Ausschlag gaben.

In Wien war durch den Tod von KNER die 1849 begründete erste Professur für Zoologie vakant, die auch die Direktion des Zoologischen Museums einschloß. Daneben bestanden seit 1861 zwei weitere Professuren, die von Karl Bernhard BRÜHL (1820-1899) vertretene Zootomie mit einem eigenen Institut und die von Ludwig Karl SCHMARDA (1819-1908) vertretene Systematik und Tiergeographie. SCHMARDA übernahm 1869 auch die Leitung des Zoologischen Museums. Man war in Wien aber offenbar bestrebt, einen Vertreter der modernen, sich an DARWIN anschließenden Richtung zu berufen.

HAECKEL hatte zunächst nur gerüchteweise davon gehört, daß er für die Wiener Lehrkanzel vorgeschlagen sei. Ende Oktober informierte ihn der Grazer Zoologe Oscar SCHMIDT (1823-1886) über Berufungsinterna:[12] „SCHMARDA hat mit allen Kräften für die Aufrechterhaltung seiner Privilegien gekämpft, die Kollegiengelder allein einzustreichen. Nichts desto weniger bestand die Commission auf einem Vorschlag. Im Professorencollegium sind aber **alle** Vorschläge ... durch Stimmen Majorität abgelehnt. Diese waren 1.) TERZA: STEIN, SCHMIDT, HAECKEL. 2.) STEIN, SCHMIDT, HAECKEL mit dem Ersuchen für HAECKEL, falls ST. oder SCHM. ernannt würden, eine eigene Professur extra zu gründen. 3.) HAECKEL, SCHMIDT, STEIN (Alphabetisch zur Auswahl)". HAECKEL sei durch den Mineralogen TSCHERMAK favorisiert worden, während sich REUSS und SUESS für den Prager Zoologen Friedrich STEIN (1818-1885) ausgesprochen hätten. SCHMIDT betonte, daß er selbst keine Ambitionen auf eine Versetzung nach Wien habe.

Abb. 6:
Ernst HAECKEL 1870.

Da HAECKEL gleichzeitig erfahren hatte, daß die Angelegenheit von der Fakultät an das Ministerium verwiesen worden war, wo erst ein neuer Unterrichtsminister kommen müßte, nahm er die Sache zunächst noch nicht sonderlich ernst, zumal „bei den jetzigen chaotischen Zuständen in Oesterreich soll man sich dreimal überlegen, ehe man dorthin geht".[13] Am 3. 12. 1870 erreichte ihn dann ein sehr bezeichnender Brief des Leipziger Physiologen Johannes CZERMAK (1828-1873) mit der Anfrage, ob er die Stellung in Wien ernsthaft zu erhalten wünsche. „Sie wissen wahrscheinlich bereits, daß man bei der Besetzung von KNER's erledigter Professur der Zoologie sehr stark an **Sie** denkt. Das Einzige Bedenken, welches Manche haben, ist, daß Sie durch **allzu** energische Exkursionen auf das politische und religiöse Gebiet die leicht entzündliche Wiener Jugend zu Demonstrationen veranlassen könnten. Ich soll nun Auskunft geben – nicht über Ihre naturwissenschaftliche Richtung, **die man ja kennt und gerade in Wien vertreten zu sehen wünscht** – sondern über Ihren Character und Ihr etwaiges Verhalten gegenüber der studierenden Jugend". Falls HAECKEL nach Wien wolle, dann würde er den Leuten sagen, „daß Sie ein ernster Forscher sind, der seine Richtung mit Consequenz und Energie vertritt, aber besonnen und wohldenkend genug ist keine Freude an leeren Demonstrationen zu haben! u. s. w". HAECKEL solle aus dieser Anfrage nicht schließen, daß ihm die „Österreichische Freiheit" unliebsame Fesseln anlegen könnte, er habe selbst dort 10 Jahre in der Zeit der ärgsten, ultramontanen Reaktion ungehindert seine materialistische Meinung öffentlich vom Katheder vertreten und rate ihm zur Annahme des eventuellen Rufes.[14]

Am 22. Dezember trat „endlich das schon lange halb erwartete, teils gehoffte, teils befürchtete Ereignis ein",[15] er erhielt das offizielle Berufungsschreiben[16] des Unterrichtsminister von STREMAYR. Der Minister hob hervor, er „erkenne es als dringend geboten, daß das erwähnte, für Wien besonders wichtige Lehramt durch eine Persönlichkeit vertreten werde, welche volle Bürgschaft für ein in jeder Richtung ersprießliches Wirken bietet". Nach vertraulichen Mitteilungen könne man mit einer Annahme des Rufes rechnen, demzufolge solle HAECKEL seine Bedingungen stellen. Dabei deutete STREMAYR die gesetzliche Möglichkeit an, daß „einzelnen Professoren auch höhere als die systematischen Bezüge und andere Begünstigungen zugewendet werden können". Obwohl die politischen Zustände in Österreich HAECKEL sehr abschreckend erschienen, war die Verlockung zunächst sehr groß: „Aber wenn ich den großen Kreis von Zuhörern bedenke, den ich in Wien zu erwarten habe, ferner das neue, glänzend eingerichtete, zoologische Institut, und daneben noch ein für Beobachtung von Seethieren eingerichtetes Institut am adriatischen Meer – ein Gegenstand alter Wünsche von mir – so muß ich gestehen, daß die Schattenseiten sehr zurücktreten", schrieb er an die Eltern (23.12.). Er nahm nun Verhandlungen mit der Universitätsleitung auf. Schon am 25.12. berichtete der Kurator Moritz SEEBECK den Regierungen über die drohende Gefahr für die Universität, „einen unersetzbaren Verlust" zu erleiden und wies zugleich auf die Auswirkungen für die Medizinische Fakultät hin, die den Zuwachs an auswärtigen Studierenden der Zusammenarbeit von GEGENBAUR und HAECKEL zu verdanken habe. SEEBECKS Antrag, „um empfindlichen Schaden" zu vermeiden, sofort eine Gehaltserhöhung um 500 Taler zu bewilligen, gab die Weimaer Regierung schon 2 Tage später statt, die übrigen Erhalterstaaten schlossen sich an (USCHMANN 1959: 77).

HAECKEL hatte inzwischen (25.12.) STREMAYR die Annahme des Rufes in Aussicht gestellt, wenn seine Bedingungen (Zoologisches Institut, selbständige Direktion des Zoologischen Museums, Einrichtung einer Beobachtungsstation in Triest, nicht unter 6000 fl Gehalt) akzeptiert würden, die endgültige Entscheidung aber offen gelassen. Er war nach wie vor unentschlossen und wog Vor- und Nachteile immer wieder ab. Seine und auch GEGENBAURs Auffassung in dieser Sache sei jetzt erheblich kühler geworden, teilte er am 27.12. den Eltern mit. „Die Schattenseiten des Wiener Lebens" träten jetzt mehr in den Vordergrund „und ebenso die Vorzüge des Hierbleibens". Zwar sei der Wirkungskreis in Wien 3-4mal größer, dafür aber unersprießlicher, weil die Vorbildung in den Schulen nicht der deutschen Ausbildung entspräche. Auch fachlich versprach er sich für die Zukunft eine höhere Wirksamkeit in Jena, wo er wie bisher für „die allgemeine Zoologie und die zoologische Philosophie" tätig sein könne. „In Wien wird mehr die spezielle Zoologie, die Anatomie und Entwicklungsgeschichte der Seethiere mit ihrer empirischen Detail-

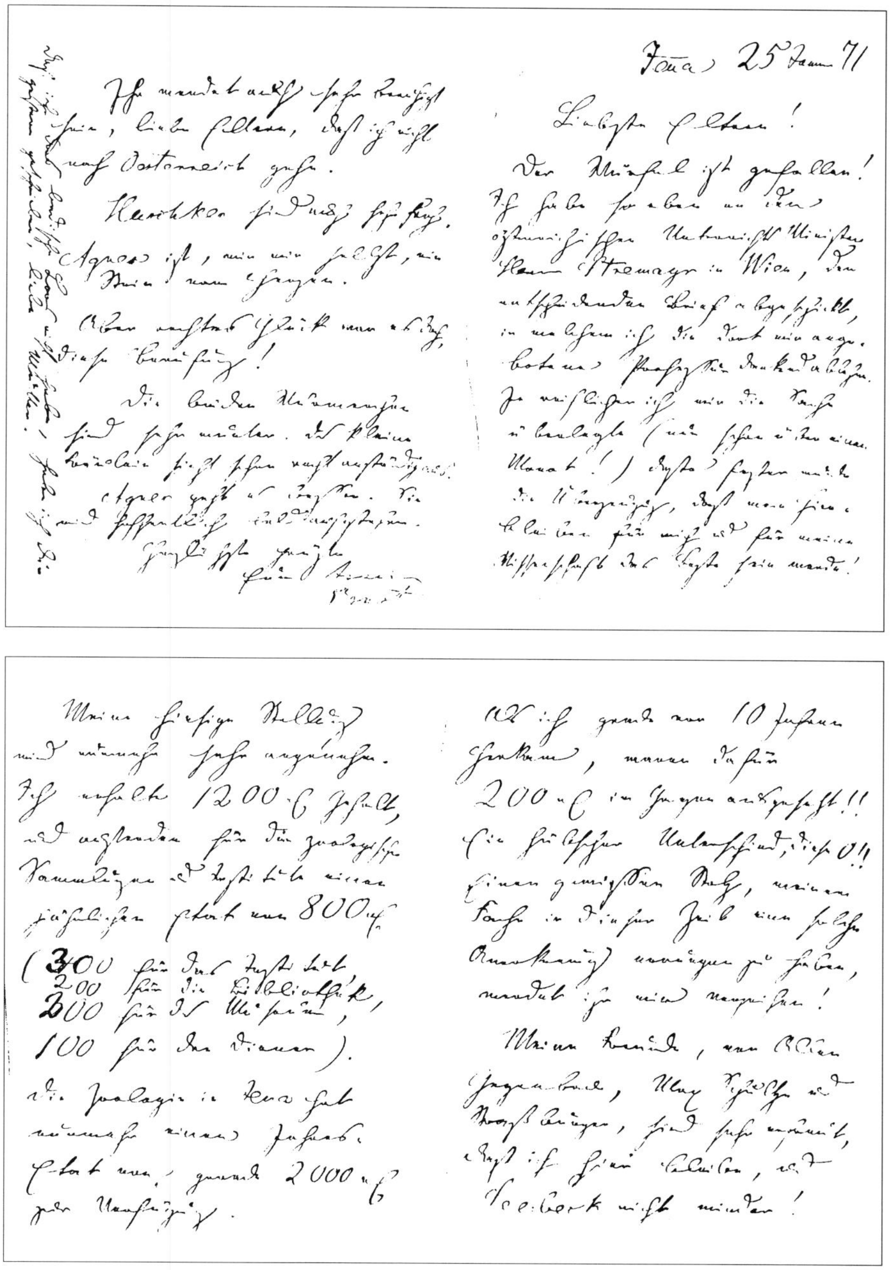

Arbeit, in den Vordergrund treten". Aber, da man in Jena alles tue, um ihn zu halten, war er sich sicher, „in beiden Fällen eine gewaltige Verbesserung" seiner Lage zu erzielen. Noch Mitte Januar hatte er keine endgültige Entscheidung getroffen, am 18.1. erkundigte er sich bei Oscar SCHMIDT nach speziellen Wiener Bedingungen, wie dem Verhältnis zum kaiserlichen Naturalienkabinett, über die Wiener Universitätssammlung, und ob ein Gehalt von 6000 fl. ausreichend sei, „ich bin seit 8 Tagen Vater eines Töchterchens[17] geworden! Das Familienleben in Wien soll theuer sein!" Er konnte aber auch stolz auf das besondere Interesse des in Versaille zur Kaiserproklamation weilenden Großherzogs Karl Alexander von Sachsen-Weimar verweisen: „Serenissimus hat sogar aus Versailles telegraphiert, man solle alles tun, um mich zu halten".

Obwohl ihm eine Reihe von Freunden und Kollegen, die er um Rat gebeten hatte, die Annahme des Rufes dringend empfahlen, „um unserer Wissenschaft den großen Dienst zu leisten, die in Österreich schlummernden zoologischen Kräfte zu wecken und zu weiterer Entwicklung anzuleiten"; wie Carl Theodor SIEBOLD (München) ihm schrieb[18] lehnte er den Ruf letztendlich doch ab. Am 25.1.71 berichtete er den Eltern (Abb. 7): „Die Würfel sind gefallen! Ich habe so eben dem österreichischen Unterrichts-Minister Herrn STREMAYR in Wien, den entscheidenden Brief abgeschickt, in welchem ich die dort angebotene Professur dankend ablehne. ... Agnes ist, wie mir selbst, ein Stein vom Herzen". Tatsächlich hatte sich seine Stellung sehr verbessert. „Ich erhalte 1200 Taler Gehalt und außerdem für die zoologischen Sammlungen und das Institut einen jährlichen Etat von 800 Talern" konstatierte er.[19] Gegenüber seinem Freund Hermann ALLMERS äußerte er (31.1.71), daß die Erwägung, wo er am meisten für die Wissenschaft leisten könne, ausschlaggebend für diesen Entschluß gewesen sei (FRANZ 1944: 60). Gegenüber Oscar SCHMIDT ließ er im Brief vom 27.1.71 verlauten: „Was mich am Meisten von der Wiener Stelle zurückschreckte, sind die Herren **Fach-Collegen**, mit denen ich nolens volens würde zu verkehren gehabt haben – SCHMARDA, BRÜHL, KARSTEN, STRICKER – ferner die Verhältnisse der zoologischen Sammlungen und des zootomischen Instituts, die gar nicht nach meinem Geschmack sind, – und natürlich der Mangel an völliger **Unabhängigkeit und Selbstständigkeit**".

Abb. 7:
Brief HAECKELS an seine Eltern vom 25. 1. 1871, in dem er den Eltern die Ablehnung der Wiener Berufung mitteilt.

Für Wien war die Angelegenheit aber noch nicht erledigt. Nur 4 Tage nach der Ablehnung wurde HAECKEL von STREMAYR (29.1.) gebeten, diese noch nicht als endgültig zu betrachten. Wenige Tage später (1.2.) teilte ihm der Geologe Eduard SUEß (1831-1914) im Auftrag des Ministers vertraulich mit, daß STEIN aus Prag die Nachfolge KNERS antreten werde, man aber in Wien eine naturgeschicht-

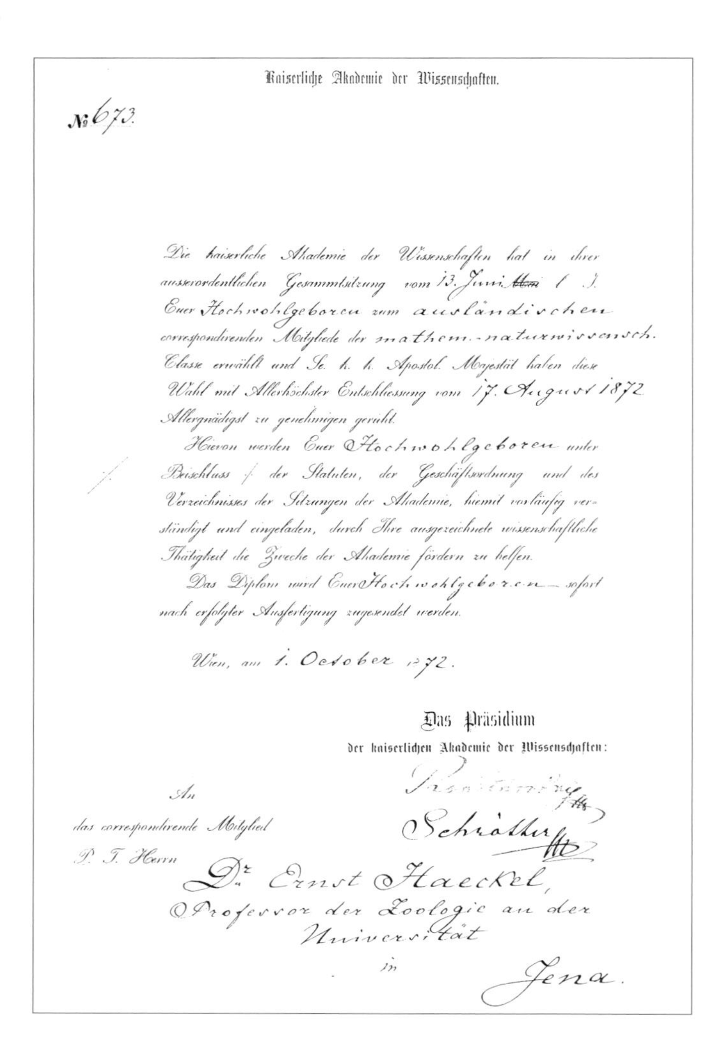

Kaiserliche Akademie der Wissenschaften.

№ 673.

Die kaiserliche Akademie der Wissenschaften hat in ihrer ausserordentlichen Gesammtsitzung vom 13. Juni ( ). Euer Hochwohlgeboren zum ausländischen correspondirenden Mitgliede der mathem.-naturwissensch. Classe erwählt und Se. k. k. Apostol. Majestät haben diese Wahl mit Allerhöchster Entschliessung vom 17. August 1872 Allergnädigst zu genehmigen geruht.

Hievon werden Euer Hochwohlgeboren unter Beischluss ./. der Statuten, der Geschäftsordnung und des Verzeichnisses der Sitzungen der Akademie, hiemit vorläufig verständigt und eingeladen, durch Ihre ausgezeichnete wissenschaftliche Thätigkeit die Zwecke der Akademie fördern zu helfen.

Das Diplom wird Euer Hochwohlgeboren sofort nach erfolgter Ausfertigung zugesendet werden.

Wien, am 1. October 1872.

Das Präsidium
der kaiserlichen Akademie der Wissenschaften:
Schrötter

An
das correspondirende Mitglied
P. T. Herrn
Dr. Ernst Haeckel,
Professor der Zoologie an der Universität
in
Jena.

Abb. 8:
Ernennungschreiben der Kaiserlichen Akademie der Wissenschaften Wien, in dem HAECKEL zum ausländischen korrespondierendem Mitglied ernannt wird, vom 1. Oktober 1872. (Original im Ernst-Haeckel-Haus, Jena)

liche Schule mit höchsten Ansprüchen zu gründen und für HAECKEL in Wien eine eigene Lehrkanzel für allgemeine Zoologie zu errichten beabsichtige, mit der Aufgabe, „die Vertretung der höchsten Probleme unserer Wissenschaft, die Bildung von selbständigen Forschern" zu übernehmen. Seine Forderungen seien alle gebilligt worden, es würden Mittel für ein zoologisches Laboratorium gewährt und auch für die Station an der Adria läge eine prinzipielle Zusage vor. „So werden Ihnen, geehrter Collega, neben Ihrem großen Talente nun auch die äußeren Mittel geboten, um eine glänzende Schule zu bilden, und an der größten deutschen Universität den Sieg der neuen natürlichen Anschauungen zu verkünden" (USCHMANN 1959: 78). In seinem Antwortschreiben verwies HAECKEL darauf, daß er anfangs „sehr geneigt, ja beinahe entschlossen gewesen sei", die Berufung anzunehmen, die Antwort STREMAYRS jedoch über einen Monat ausblieb und indessen alle seine in Jena gestellten Wünsche erfüllt worden wären. Am 5.2.1871 unternahm auch der Wiener Mineraloge Gustav TSCHERMAK (1836-1924) einen Vorstoß und schrieb an HAECKEL: „Wiener Blätter bringen die Nachricht, Sie hätten die angebotene Lehrkanzel der Zoologie an unserer Universität trotz der glänzenden Bedingungen ausgeschlagen. Da ich von den Herren ZITTEL und LIEBOLD in München erfuhr, Sie seien nicht ganz abgeneigt, so veranlasst mich dieser Widerspruch zu der Bitte, Sie mögen so gütig sein, mir in einigen Zeilen anzugeben, ob Sie den Ruf definitiv abgelehnt haben oder nicht". Auch SUEß versuchte am 10.2.1871 noch einmal, nachdem ein neuer Unterrichtsminister berufen worden war, HAECKEL für Wien zu gewinnen. TSCHERMAK bedauerte in einem weiteren Schreiben (22.2.71), daß es ihm nicht gelungen sei, HAECKEL als Kollegen zu gewinnen. „Die Hauptschuld trifft wol [sic!] das frühere Ministerium, welches meinen Antrag spät und wol [sic!] auch nicht ernstlich betrieb", stellte er fest. Auf seiner Reise nach Dalmatien, die HAECKEL zu Untersuchungen an Kalkschwämmen am 2.3.1871 antrat, verhandelte er in Wien (7.-10.3.) mit dem neuen Minister JIREZEK (TIREZEK?); „vier unruhige Tage, Minister JIREZEK! Berufung nach Wien abgelehnt. – SUEß!" notierte er im Reisejournal.

HAECKELS Ablehnung muß wohl in Wien für erhebliches Aufsehen gesorgt haben, denn noch 43 Jahre später beschreibt die deutschliberale „Neue Freie Presse", Wien (29.4.1914) in einem Artikel über den kurz zuvor verstorbenen Eduard SUEß die näheren Umstände der Ablehnung einer „sich heute geradezu märchenhaft anhörenden Kandidatur für eine Wiener Professur" für einen Gelehrten, „dessen Name heute bei gewissen Machtfaktoren nicht ohne gelindes Gruseln genannt werden kann", wie SUEß sie dargestellt habe. SUEß habe im Auftrage von STREMAYR die Verhandlungen geführt und HAECKEL sei deshalb nach Wien gekommen und „hatte die Bereitwilligkeit zur Erfüllung aller seiner Wünsche gefunden". Alles schien in Ordnung. „Am Abend seiner Abreise war er noch bei SUEß zu Gaste, um sich von hier zum Bahnhof zu begeben. Man stand vom Abendtische auf, er schüttelte dem Wirte und der Hausfrau die Hand, sagte sein Lebewohl und plötzlich, an der Tür schon, schleuderte er, wie um etwas Drückendes mit einem Ruck los zu werden, die Worte hin: 'Nach Wien gehe ich nicht, ich bleibe in Jena'". Als SUEß verblüfft widersprach, antwortete HAECKEL: „In Jena weiß ich wer ich bin, hier in Wien wäre ich nicht sicher was mit mir würde, ich komme nicht nach Wien".

Im Ergebnis mehrjähriger Vorarbeiten und meeresbiologischer Exkursionen u. a.

Die

Kaiserliche Akademie der Wissenschaften

hat in ihrer

Gesammtsitzung am 13. Juni 1872

Herrn

PROFESSOR DR. ERNST HAECKEL

zum ausländischen correspondirenden Mitgliede

der mathematisch-naturwissenschaftlichen Classe gewählt

u. d

Seine Kaiserliche und Königliche Apostolische Majestät

haben diese Wahl mit Allerhöchster Entschliessung vom 17. August 1872

Allergnädigst zu genehmigen geruht.

Wien am 1. October 1872.

Präsident.

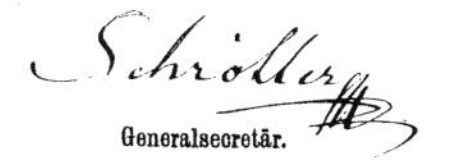

Generalsecretär.

nach Norwegen (1869), nach Triest und der Insel Lessina (1871) erschien 1872 die dreibändige Monographie „Die Kalkschwämme“. Der vakante Lehrstuhl in Wien war noch immer nicht besetzt, und man hatte die Hoffnung, HAECKEL doch noch zu gewinnen, offenbar nicht aufgegeben. Im Jahre 1872 wurde HAECKEL als Mitglied der Akademie der Wissenschaften in Wien (Abb. 8, 9) und als Ehrenmitglied der Anthropologischen Gesellschaft in Wien gewählt. Am 24.12.1872 erfuhr HAECKEL vom Direktor des Naturhistorischen Museums in Triest, Simeon Ritter von SYRSKI (1830-1882), daß bei einer Sitzung der Philosophischen Fakultät sich die meisten Stimmen für HAECKEL ausgesprochen hätten. „Wie nützlich wäre hier Ihre Wirksamkeit, um diese Mummien [sic!] zum Leben aufzurütteln! Es ist schade um diese Jugend, deren Anlagen brach liegen! beteuerte er.[20] So teilte dann auch SUEß am 14.1.1873 HAECKEL vertraulich mit:

Abb. 9:
Mitgliedsurkunde als ausländisches korrespondierendes Mitglied der Kaiserlichen Akademie der Wissenschaften Wien, vom 1. Oktober 1872. (Original im Ernst-Haeckel-Haus, Jena)

Zellseelen und Seelenzellen

Vortrag

gehalten am 22. März 1878 in der „Concordia“ zu Wien

von

Ernst Haeckel

LEIPZIG
Alfred Kröner Verlag
1909

Abb. 10:
Titelblatt des Vortrages „Zellseelen und Seelenzellen“ in der Wiener Concordia am 22. März 1878.

„Man hat mich vor zwei Tagen zum Vorsitzenden der Commission designiert, welche den Vorschlag für unsere vacante Lehrkanzel der Zoologie erstatten soll und binnen wenigen Wochen wird diese Sache beendet sein. Ich kann Ihnen nicht sagen, mit welchem Schmerze ich Ihren wiederholten Ablehnungen gegenüber an die Arbeit gehe. Ich weiß, daß das Prof. Colleg. Niemanden lieber in Vorschlag bringen würde als Sie, ich weiß, und der Minister hat es mir kürzlich wieder im Laufe eines Gespräches erwähnt, daß die Regierung allen Ihren Wünschen von damals auf das Bereitwilligste entgegenkommen würde, namentlich auch in Betreff der Studien am Meere. Eine glänzende u. in Bezug auf die Wissenschaft höchst einflußreiche Stellung steht Ihnen offen. Sie können eine große Schule bilden, zugleich Ihren Forschungen eine Ausdehnung geben wie kaum anderswo. Nicht aber indem ich persönliche Interessen berühre, lediglich im Namen der großen Doctrinen, welche Sie als ihren ersten Vertreter in Deutschland nennen, bitte ich Sie noch einmal, verehrter Freund, denken Sie durch fünf Minuten über die Folgen nach, welche Ihre Entscheidung für diese Lehren hat, u. wenn Sie, wie ich hoffe, nicht verhehlen, daß die Besitzergreifung einer so großen u. alten Hochschule durch die neue Lehre, denn anders kann ich den Schritt nicht nennen, eine That des Fortschrittes ist, dann lassen Sie sich durch keinerlei Rücksichten zurückhalten, diese That zu tun".

Abb. 11: Aquarell: Gastein, Villa Oranien. Ernst HAECKEL (August 1898). (Ernst-Haeckel-Haus Best. H. Abt.1, Nr. 834.)

Kein anderer als HAECKEL würde seitens der Regierung ein solches Entgegenkommen finden und manches, was man ihm bewilligen würde, wäre dann für die Wissenschaft verloren. Er schließt seinen Brief mit der Hoffnung auf einen positiven Entscheid: „Wir leben in einer großen Zeit, in welcher die Wissenschaft beginnt ans Steuer zu treten und den Nationen ihre Richtung zu geben. Ich weiß, daß Sie die Sache von diesem höheren Standpunkte aus beurtheilen und von diesem Ihre Entscheidung treffen werden".[21] HAECKEL hat trotz der „glänzenden Bedingungen" auch diese Berufung abgelehnt. Am 22. 1. 1873 teilte das Ministerium der Philosophischen Fakultät an der Wiener Universität den negativen Ausgang der Verhandlungen mit HAECKEL mit.[22] Die Lehrkanzel wurde im Herbst 1873 durch den LEUKART-Schüler Carl CLAUS (1835-1899) besetzt.[23]

Aus seinen Untersuchungen an Coelenteraten, insbesondere den Kalkschwämmen, leitete HAECKEL eine Theorie über den gemeinsamen Ursprung aller mehrzelligen Tiere aus einer gemeinsamen, gastrulaähnlichen Stammform ab, die er als hypothetische „Gastraea" bezeichnete. Diese „Gastraeatheorie" (HAECKEL 1874b) beruht auf der Annahme der Homologie der primitiven Darmanlage und der beiden primären Keimblätter bei allen vielzelligen Tieren. Sie erregte sehr rasch Aufmerksamkeit unter den Embryologen und hatte für die Entwicklung der Embryologie, trotz sehr kontroverser Diskussionen, einen großen heuristischen Wert.

Ein Jahr später veröffentlichte er die

„Anthropogenie oder Entwickelungsgeschichte des Menschen" (HAECKEL 1874a), die auf lebhaftes Interesse, aber sofort auch auf Kritik stieß. So wurden u. a. von dem Leipziger Anatomen Wilhelm HIS (1831-1904) schwere Anschuldigungen der „Fälschung" von Abbildungen in diesem Werk gegen HAECKEL erhoben, die er mit einer sehr polemischen Streitschrift „Ziele und Wege der heutigen Entwickelungsgeschichte" (1876) beantwortete. HAECKELS populärwissenschaftliche Schriften und auch seine systematischen Monographien fanden nicht nur in Fachkreisen, sondern auch bei interessierten Laien lebhaften Widerhall, und auch seine Schüler und Anhänger, wie Wilhelm BÖLSCHE (1861-1939) und Ernst KRAUSE (Carus STERNE) (1839-1903) sorgten durch populärwissenschaftliche Schriften, Vorträge und Mikroskopierabende für eine Verbreitung der Kenntnisse über die damals kaum bekannten marinen Lebensformen (KELLY 1981). Aber auch HAECKEL selbst führte ausgedehnte Vortragsreisen durch. Das größte Unternehmen dieser Art war die große Vortragsrundreise vom 25. Februar bis 27. April 1878, während der er in 13 Städten Vorträge hielt. Dabei wechselte er jeweils zwischen drei Themen: 1. Zellseelen und Seelenzellen, 2. Ursprung und Entwicklung der Sinneswerkzeuge und 3. Protistenreich – Einzellige niederste Lebensformen. Er begann diese Reise in Gera und hielt Vorträge in Leipzig, Greiz, Chemnitz, Mannheim, Frankfurt, Kassel, Krefeld, Köln, Elberfeld, Wien, Triest und Pola.

Höhepunkt dieser Reise waren seine Vorträge in Wien, wo er „überall mit Ehrenbezeugungen überschüttet worden sei". Als Thema für seinen Vortrag in der Wiener „Concordia" am 22. März wählte er „Zellseelen und Seelenzellen" (Abb. 10), eine zentrale Frage seiner monistischen Weltanschauung, und hatte damit vor den 800 Zuhören den größten Erfolg. „Das Publikum umfaßte die ganze **Créme** der ‚Hohen Wiener Gesellschaft' bis zum Kronprinzen hinauf (der zum ersten Male einen öffentlichen Vortrag besuchte!). Ich bin mit Huldigungen überschüttet worden", berichtete er an seine Frau Agnes (HUSCHKE 1950: 131). An dem Vortrag am 25. 3. im „Wissenschaftlichen Club" nahm laut Eintragung im Reisejournal auch der Herzog von Cumberland teil. Über Venedig reiste HAECKEL nach Triest und hielt am 9. April vor dem dortigen „Schillerverein" vor 600 Personen einen Vortrag über das „Protistenreich – Einzellige niederste Lebensformen". Auch hier wurde er mit höchsten, für einen Wissenschaftler ungewöhnlichen Ehren empfangen: „Ab 9-1 Uhr Fest-Banket der **Stadt Triest!** Im Saale Ara, 220 Gäste (KRAUSENECK, BRETTAUER, WEYPRECHT, Herzog von Württemberg, Podestá de Villa)", vermerkte er dazu. Den Abschluß dieser Rundreise bildete der Vortrag am 18. April in Pola im Marine-Casino. Interessant ist in diesem Zusammenhang ein Brief Theodor BILLROTHS an HAECKEL (19. 2. 78), der ihn bat, wenn er nach Wien komme, einen Vortrag zu Gunsten des „Lesevereins Deutscher Studenten" zu halten, der in finanziellen Schwierigkeiten, aber der Träger der Deutschen Nationalität sei, und zu dem alle

Abb. 12: Aquarell: Zeller Wasserfall bei Gastein. Ernst HAECKEL (26.8.1893). (Ernst-Haeckel-Haus Best. H. Abt.1, Nr. 832)

vom Ausland berufenen Professoren stünden. HAECKEL hat dieser Bitte offensichtlich nicht entsprochen.

Viele Male suchte HAECKEL allein oder mit seiner Familie in Österreich Erholung. Gelegentlich malte er Aquarelle von den ihn beeindruckenden Alpenlandschaften, insbesondere während seiner Badereise nach Gastein 1896 (Abb. 11-13). Während einer Reise im Herbst 1874 traf er in Goisern mit dem „Bauernphilosophen" Konrad DEUBLER (1814-1884) zusammen, der nach dem Tode seines Idols Ludwig FEUERBACH den Kontakt

Abb. 13:
Aquarell: Gastein, Graukogel (l.), Rathausberg (r.). Ernst HAECKEL (10.8.1893). (Original Ernst-Haeckel-Haus Best. H. Abt.1, Nr. 821)

zu HAECKEL aufgenommen hatte (DODEL-PORT 1886) (s. Beitrag SPETA in diesem Band).

3 Wissenschaftliche Kontakte

HAECKEL pflegte mit Kollegen aller österreichischen Universitäten rege Kontakte, dabei ist die Liste der Briefpartner in Wien erwartungsgemäß am größten und erstreckt sich auf viele Fachgebiete. In erster Linie waren es natürlich die Zoologen und Anatomen, mit denen er korrespondierte. Von Karl SCHMARDA (1819-1908) und Karl BRÜHL (1820-1899) liegen keine Briefe vor. Mit Carl CLAUS (Abb. 14), der als der Begründer der wissenschaftlichen Zoologie in Wien gilt und vor allem durch seine „Grundzüge der Zoologie" bekannt wurde, hatte HAECKEL bereits in dessen Marburger Zeit seit 1865 korrespondiert, eine gemeinsame Medusenexkursion ans Mittelmeer war im Gespräch, Schriften wurden getauscht, und auch am Tod von CLAUS' zweiter Frau nahm HAECKEL Anteil. Der Briefwechsel bricht mit einem Brief HAECKELS vom 4. 12. 1873 ab, in dem im Anschluß an HAECKELS Arbeit „Zur Morphologie der Infusorien" (1873) eine von CLAUS reklamierte wissenschaftliche Differenz über die Einzelligkeit des Infusorienleibes sehr sachlich diskutiert wurde. Wer den Briefverkehr abbrach, ist unklar, aber da CLAUS (1874) in seiner Arbeit „Die Typenlehre und E. HÄCKEL'S sog. Gastraeatheorie" scharf und rücksichtslos gegen HAECKELS Arbeiten über die Coelenteraten vorging und ihn auch in nachfolgenden Publikationen (CLAUS 1882, 1888) scharf angriff, war der Stab wohl gebrochen. CLAUS, dessen Arbeiten sich durch peinliche Akribie auszeichnen, war zwar Anhänger der Deszendenztheorie, verabscheute aber jede „vorschnelle Verallgemeinerung und vorschnelle Deutung flüchtiger Beobachtungen und sprach vom ‚modernen naturphilosophischen Dogmatismus' HAECKELS" (HAMANN 1903: 499).

Mit Klaus GROBBEN (1854-1945; Abb. 15), einem Schüler von BRÜHL und CLAUS, der seit 1884 als a. o. Professor für Zoologie und vergleichende Anatomie in Wien wirkte, 1893 das BRÜHLsche Institut (II. Inst.) und nach dem Rücktritt von CLAUS die Direktion

Abb. 14:
Carl CLAUS (1835-1899), PD Univ. Marburg 1858, ab 1860 ao. Prof. f. Zoologie Univ. Würzburg, 1863 o. Prof. Univ. Marburg, 1870 Univ. Göttingen, ab 1873 o. Prof. f. Zoologie Wien, Leiter d. Zoolog. Station Triest.

des I. Zoologischen Instituts übernahm[24], stand HAECKEL von 1888-1916 in sehr unpersönlich gehaltenem Briefkontakt. Obwohl GROBBEN sich mit der Anatomie und Entwicklungsgeschichte der niederen Krebse und der Mollusken, einer für HAECKEL sehr relevanten Problematik, befaßte, wurden offensichtlich keinerlei Diskussionen über fachliche Probleme gepflegt, sondern nur Schriften übersandt. So dankt – meist sehr knapp und höflich – GROBBEN u. a. für das „System der Siphonophoren" (1888a), die „Kunstformen der Natur" (1899-1904), die „Lebenswunder" (1904), „Die Prinzipien der Generellen Morphologie" (1906), die 11. Auflage der „Natürlichen Schöpfungsgeschichte" (1909) und die 6. Auflage der „Anthropogenie" (1891). Letztere quittierte er allerdings mit den Worten: „Ich bitte Excellenz meinen verbindlichen Dank für die freundliche Zusendung dieses Werkes entgegenzunehmen, das mir an sich und durch den Geber doppelt wertvoll ist".[25]

Eine völlig andere Beziehung bestand zwischen HAECKEL und dem an die Stelle von CLAUS 1898 nach Wien berufenen Berthold HATSCHEK (1854-1941; Abb. 16). HATSCHEK, der in Wien bei CLAUS und in Leipzig bei Rudolf LEUKART (1822-1898) studiert hatte, trat Anfang 1876 mit HAECKEL in Verbindung, um die Drucklegung seiner dort angefertigten Doktordissertation „Beiträge zur Entwicklungsgeschichte der Lepidopteren" in der Jenaer Zeitschrift für Naturwissenschaften zu erreichen (HATSCHEK 1877), die HAECKEL befürwortete. Ermutigt durch diesen Erfolg, stellte er HAECKEL im nächsten Brief (26.8.76) seine Untersuchungen über die Entwicklung des Nervensystem von *Lumbricus* vor.[26] Auf seiner Reise nach Corfu traf HAECKEL im März 1877 in Triest mit HATSCHEK zusammen. Im November 1877 schickte dieser seine Arbeit über „Embryonalentwicklung und Knospung der *Pedicellina*",[27] wobei ihm besonders an HAECKELS Urteil gelegen war, da er sich bewußt war, hier in seinen Erfahrungen und Schlüssen „weiter gegangen zu sein, als von den meisten unserer jetzigen Zoologen gebilligt werden wird". Das träfe insbesondere für seine Ausführungen über das Mesoderm zu. Er hoffe aber, daß HAECKEL zumindest der „darin ausgeprägten Richtung" und der Auffassung

Abb. 15:
Claus GROBBEN (1854-1945), PD Univ. Wien ab 1879, 1874 ao. Prof. Zoologie und vergl. Anatomie Wien, ab 1893 o. Prof. für Zoologie.

über „die Knospung und ihr Verhältnis zur Keimblätterlehre" zustimmen könne.

In seiner 1878 veröffentlichten Arbeit „Studien über die Entwicklungsgeschichte der Anneliden, *Polygordius* und *Eupomatus*"[28] stellte er die Trochophoratheorie[29] auf. Seine grundlegenden Untersuchungen über den Bauplan des *Amphioxus lanceolatus* (Lanzettfisch) als Typus der Wirbeltierorganisation erschienen 1881, die von HAECKEL in seiner Arbeit über „Ursprung und Entwicklung der tierischen Gewebe" als „ausgezeichnete Untersuchungen" zitiert wurden (HAECKEL 1885). Für HATSCHEK war „eine solche Anerkennung ein Trost für so manche in patria erlittene Zurücksetzung", sie sei aber auch von praktischem Wert, „insbesondere bei unseren österreichischen Verhältnissen, wo die Gefahr vorliegt, dass wir von dem Berichte des einzi-

Abb. 16:
Berthold HATSCHEK (1854-1941), Privatgelehrter, ab 1898 o. Prof. f. Zoologie in Wien, Leiter des 2. Zool. Instituts.

gen zoologischen Berathers des Minsterium ganz abhängen", stellt er fest.[30] Da HATSCHEK seine Stellung als Privatdozent gern verbessert hätte, ersuchte er HAECKEL, seinen „allseitigen Einfluss in biologischen Kreisen" geltend zu machen und sich bei den Vorschlägen für die Wiederbesetzung der durch den Tod von Friedrich von STEIN (1818-1885) in Prag frei gewordene Professur zu verwenden, was HAECKEL zusagte. 1885 übernahm HATSCHEK die Professur in Prag.

Auch während der Prager Zeit wurden rege wissenschaftliche Kontakte gepflegt, HAECKEL übersandte seine Challenger-Monographien über Radiolarien (1888b, c), Siphonophoren (1888d) und Keratosen (1889), die für HATSCHEK Ansporn zu eigener Arbeit waren: „Ich gehöre zu denen, welche sich stets daran erinnern wie viel unsere Wissenschaft Ihnen nicht nur an Inhalt, sondern auch an Methode verdankt, und ich werde wohl im Laufe der Jahre genug Gelegenheit finden, diesen Standpunkt auch literarisch zu vertreten".[31] Regelmäßig berichtete HATSCHEK im naturwissenschaftlichen Verein „Lotos" in Prag über HAECKELS neueste Werke. Im Gegensatz zu CLAUS schloß sich HATSCHEK der von HAECKEL vertretenen Medusomtheorie an und vertrat die Ansicht, daß die CLAUSsche Kritik auf blosse Prioritätsreclame hinauszulaufen" scheine. CLAUS habe ihm in Wien erklärt, „die Medusomtheorie wäre der reine Unsinn, er würde nächstens HAECKEL in einer Weise verreissen, wie dieser es noch nie erlebt hätte".[32] Aber auch HATSCHEK selbst kritisierte HAECKEL gelegentlich öffentlich. So bedauerte er in seinem Vortrag auf der Versammlung der Deutschen Zoologischen Gesellschaft 1893 in Göttingen „Über den gegenwärtigen Stand der Keimblättertheorie", wo er die Gastraeatheorie ausführlich darstellte und auch deren Bedeutung anerkannte, den Ton, in dem HAECKELS Gastraeatheorie verfaßt worden sei und beklagte: „Wir haben die üblen Nachahmungen dieses Tones noch heute in der zoologischen Literatur genugsam zu spüren" (QUERNER & GEUS 1990: 34).

Als in Wien für HATSCHEK eine zweite Zoologenstelle neben CLAUS geschaffen werden sollte, glaubte HATSCHEK nicht an einen Erfolg. „Meine Berufung nach Wien scheint nicht zu Stande zu kommen, CLAUS stemmt sich gegen die Besetzung einer zweiten Stelle und er wird wie es scheint schliesslich seinen Willen beim Ministerium – gegen den Beschluss des gesammten Collegiums – durchsetzen".[33] Letztlich reichte jedoch CLAUS 1896 seinen Rücktritt ein und HATSCHEK übernahm das Direktorat des II. Zoologischen Instituts in Wien. Über sein Verhältnis zu GROBBEN, der das I. Zoologische Institut leitete, äußert sich HATSCHEK in den Briefen nicht. Mit HAECKEL blieb er bis zu dessen Tod freundschaftlich verbunden, wiederholt fanden persönliche Begegnungen, sogar ein gemeinsamer Urlaub mit HATSCHEKS Familie in San Martino (1910) statt. Bei einem Treffen in Jena entwarf HATSCHEKS Frau, die Malerin Marie ROSENTHAL-HATSCHEK (1871-?), Porträtskizzen von HAECKEL, wonach sie ein außerordentlich gelungenes, lebensgroßes Ölporträt malte (Abb. 17). Marie ROSENTHAL-HATSCHEK war Schülerin von Franz von LENBACH (1836-1904) und Karl MARR (1858-1936). Das Ölporträt von HAECKEL wollte das Ehepaar 1918 in Jena HAECKEL persönlich übergeben, auf Grund des Krieges und fehlender Genehmigungen war das jedoch nicht möglich. Auf Wunsch der Malerin, die das Bild als ihre beste Arbeit ansah, nahm es deren Tochter, Augusta DESSAUER, vor Ausbruch des Zweiten Weltkrieges mit nach den USA. Es befindet sich heute in der Indiana Universität.[33]

HATSCHEK, der sich als HAECKELS Schüler „in absentia" fühlte, war von der Persönlichkeit HAECKELS fasziniert. „Niemand kann HAECKEL ganz verstehen, der ihn nicht persönlich kennt, wie er ist, menschlich in seinen genialen Vorzügen, seiner Ursprünglichkeit und Klarheit, und auch menschlich in seinen Schwächen, insbesondere seinem herrlichen, ewig jugendlichen Übereifer und seiner überschwenglichen Überzeugungstreue", schrieb HATSCHEK (1914: 234) und schätzte besonders die große Begeisterungsfähigkeit, die auch ihn selbst, wie er in seinen Briefen wiederholt beteuerte, immer wieder anspornte.

Gegenüber diesen langjährigen und sehr persönlichen Beziehungen sind die Kontakte zu Vertretern anderer Fachgebiete eher sporadisch. So beantwortete der Wiener Paläontologe Wilhelm WAAGEN (1841-1900), der durch die Einführung des Begriffes „Mutation" für sprunghaft veränderte Morphospezies in der geologischen Zeitfolge einer „Formenreihe" (WAAGEN 1869) bekannt wurde, HAECKELS Bitte um Cyotiden mit einer Diskussion über die Natur der Lobolithen und hoffte mit ihm einen Dublettentausch einleiten zu können.[35]

Auch von dem Paläontologen am Naturhistorischen Museum Theodor FUCHS (1842-1925) liegt nur ein Dankschreiben für HAECKELS „Plankton-Composition" (1893) vor.[36]

HOCHSTETTERS Nachfolger als Leiter der anthropologisch-ethnographischen Abteilung am k.k. Naturhistorischen Hofmuseum, Franz HEGER (1853-1931), meldete sich spontan zu HAECKELS Schrift „Der Monismus als Band zwischen Religion und Wissenschaft" (1892) – sofort nach dem Durchlesen „dieser Offenbarung für alle denkenden Geister" – zu Wort (7.1.93), um zu einigen Fragen Stellung zu nehmen. Er sprach die Überzeugung aus: „Der Naturforscher von heute soll und muss die Erziehung seines Volkes übernehmen, er muss seinem Volke statt der überall fallenden Götzen, anstatt des absoluten Unglaubens den Glauben an sich selbst, an sein ganzes Geschlecht, an Wahrheit und Schönheit geben".

Intensiver und inhaltsreicher war HAECKELS Korrespondenz mit Eduard SUEß (Abb. 18), die von den schon erwähnten Briefen im Umkreis der Wiener Berufung bis zum Tode von SUEß 1914 reicht. Als HAECKEL 1881 bei SUEß um Vermittlung einer finanziellen Unterstützung durch die Wiener Akademie für seine Ceylonreise[37] nachgesucht hatte, teilte er HAECKEL mit, daß nach Beratung mit BRÜCKE und anderen Mitgliedern der naturhistorischen Klasse der Akademie nicht mit einer Zustimmung zu rechnen sei, da das Geld in erster Linie für Österreicher und junge, aufstrebende Leute gedacht sei. Er empfahl, bei der Österreichischen Lloyd und den Direktoren der Staatsbahn und Südbahn bis Triest um Fahrpreisermäßigungen nachzusuchen, auch sei, diplomatische und sonstige Empfehlungen zu geben, kein Problem.[37] Mehrfach wurden auch Berufungsfragen diskutiert oder Empfehlungen gegeben. So suchte HAECKEL offensichtlich 1885, als in Jena durch den Tod des Mineralogen Ernst Erhard SCHMID (1815-1885) die Mineralogie-Professur neu zu besetzen war, bei SUEß autoritäre Rückendeckung für sein Ziel, dort eine paläontologisch-geologisch orientierte Richtung zu etablieren. SUEß bestätigte die Auffassung HAECKELS, Jena sei für Spezialstudien nicht geeignet, aber allgemeine Geologie sei dort wünschenswert". Den von HAECKEL favorisierten Gustav STEINMANN (1856-1929) bedauerte er nicht näher zu kennen und schlug eine Reihe eigener

Abb. 17:
Ernst HAECKEL. Ölporträt von Marie ROSENTHAL-HATSCHEK (Original Indiana Universität Bloomington, Indiana, USA).

Abb. 18:
Eduard SUEß (1831-1914), Geologe, 1857 Prof. f. Päläontologie Wien, 1867 o. Prof. f. Paläontologie, Kommunalpolitiker.

Schüler, u. a. Victor UHLIG, Friedrich TELLER, Emil TIETZE und Edmund von MOJSISOVICS von Mojsvár (1839-1907) (Geologische Reichsanstalt), vor (18.2.1885). Letzteren hatte HAECKEL aber ebenfalls um sein Urteil und um Kandidatenvorschläge in dieser Frage ersucht. Auch von ihm wurde UHLIG vorgeschlagen, „der in der Entwicklungslehre denkt und arbeitet". In dieser Angelegenheit holte HAECKEL auch bei dem Grazer Zoologen Oscar SCHMIDT (1823-1886) Auskünfte über STEINMANN ein.

Als HAECKEL im Mai 1889 den gebürtigen Grazer Robert Ritter von LENDENFELD, Edler von Lendlmayer (1858-1913)[39] für die Leitung der Österreichischen Expedition zur Erforschung der Tiefen des Mittelmeeres empfahl, schrieb SUEß (17.5.), er beneide LENDENFELD um seine Fürsprecher, aber die Angelegenheit sei noch im „Embryonalzustand" und bei der Auswahl würden mehrere Zoologen entscheiden. Tatsächlich konnte LENDENFELD, der sich gerade in Graz für Zoologie habilitiert hatte, auch Interesse für die Expedition wecken. Wie er HAECKEL aber verbittert mitteilte (26.6.89), sei sein Projekt von der zuständigen Kommission angenommen worden, aber CLAUS habe sofort dagegen intrigiert, und „im nächsten Jahr werden GROBBEN und andere CLAUS'sche Creaturen die Sache ausführen"[39].

Ein letztes Mal erbat sich HAECKEL in Berufungsangelegenheiten 1906 den Rat von SUEß, als durch den Weggang von Johannes WALTER (1860-1937) die aus Stiftungsmitteln 1894 begründete „HAECKEL-Professur für Geologie und Paläontologie" in Jena neu zu besetzen war (vgl. USCHMANN 1959: 163), doch hier konnte er keinen geeigneten Kandidaten nennen. Seine Sympathie für HAECKELS Berliner Vorträge „Der Kampf um den Entwicklungsgedanken" 1905 faßte SUEß, der als Vertreter des gemäßigten Liberalismus selbst des öfteren mit programmatischen Reden gegen den Klerikalismus im Abgeordnetenhaus aufgetreten war, in die Worte: „Bei anderen Autoren lobt man die Feder, bei Ihnen muß man sich auch der Tinte freuen. Sie ist ja das Blut des Styles, und wenn Sie etwas tiefer eintauchen, dann wird sie so herb, daß es wahrhaftig wohlthut".[40] Zu HAECKELS Aufsatz „Die Wissenschaft und der Umsturz" (1895) sagte SUEß (6.2.95): „Herzlichen Dank im Namen Vieler! Es ist kaum glaublich, welcher Rückschritt seit wenigen Jahren eingetreten ist"; hatte SUEß 1889 doch selbst aus Opposition gegen die ausweichende Haltung des Unterrichtsministers zur Einführung der konfessionellen Schule das Universitätsrektorat niedergelegt und war in einer heftigen Rede im Abgeordnetenhaus dagegen aufgetreten.[41] HAECKELS „Welträthsel" las SUESS „fast ohne Unterbrechung durch zwei Tage" und hat sofort „das Bedürfnis zu Ihnen verehrter Freund und Meister zu sprechen" (27.9.1899). „Ich habe wieder viel gelernt, aber die Synthese ist so groß, daß die Gefahr besteht, von ihr bewundernd hingerissen zu werden und die Lücken zu übersehen. Durch DARWIN ist nicht nur die Grenze der Species, sondern auch jene des Individuums, oder richtiger der Individualität, minder scharf geworden als zuvor, u. gerne habe ich immer das Wort ROKITANSKYS von der ‚Solidarität alles Lebens gehört', schreibt er. Besondere Probleme bereitete ihm die Erklärung von Vererbung. „Aber wenn wir der Eizelle Erinnerung zugestehen, sind wir sehr nahe an der alten Präformations Hypothese angelangt. Es muß eingestanden werden, daß alle die großen Fortschritte der Embryologie uns nicht sagen, wie so Gesichtszüge, Krankheiten, sogar Gewohnheiten im Kinde wiedererscheinen können", stellte er fest. Eingehend diskutierte er den Ursprung bestimmter Handlungsweisen, wie Mutterliebe und Vaterlandsliebe, und versucht eine Erklärung durch das Zurückbleiben bestimmter Deontogramme, angeborener Pflichtlinien im Nervensystem, die dann „bestimmend für gewisse Theile der Willensthätigkeit der einzelnen Individualitäten, so weit man überhaupt solche Willensthätigkeit zuzugestehen bereit sein will", bleiben. Problematisch erscheint ihm HAECKELS Erklärung der Vererbung der Seele. „Ich frage mich, welches das Seelenleben eines Wesens sein soll, welches durch Sprossung oder ähnliche Weise, d. h. aus einer Gruppe alter Zellen hervorgegangen ist, u. ob nicht gerade die Spaltung der Geschlechter und die Metamorphose der Frucht daran die Schuld tragen, daß nicht Kenntniße auch direkt vererbbar sind. Aber gerade weil diese Spaltung so tief liegt,

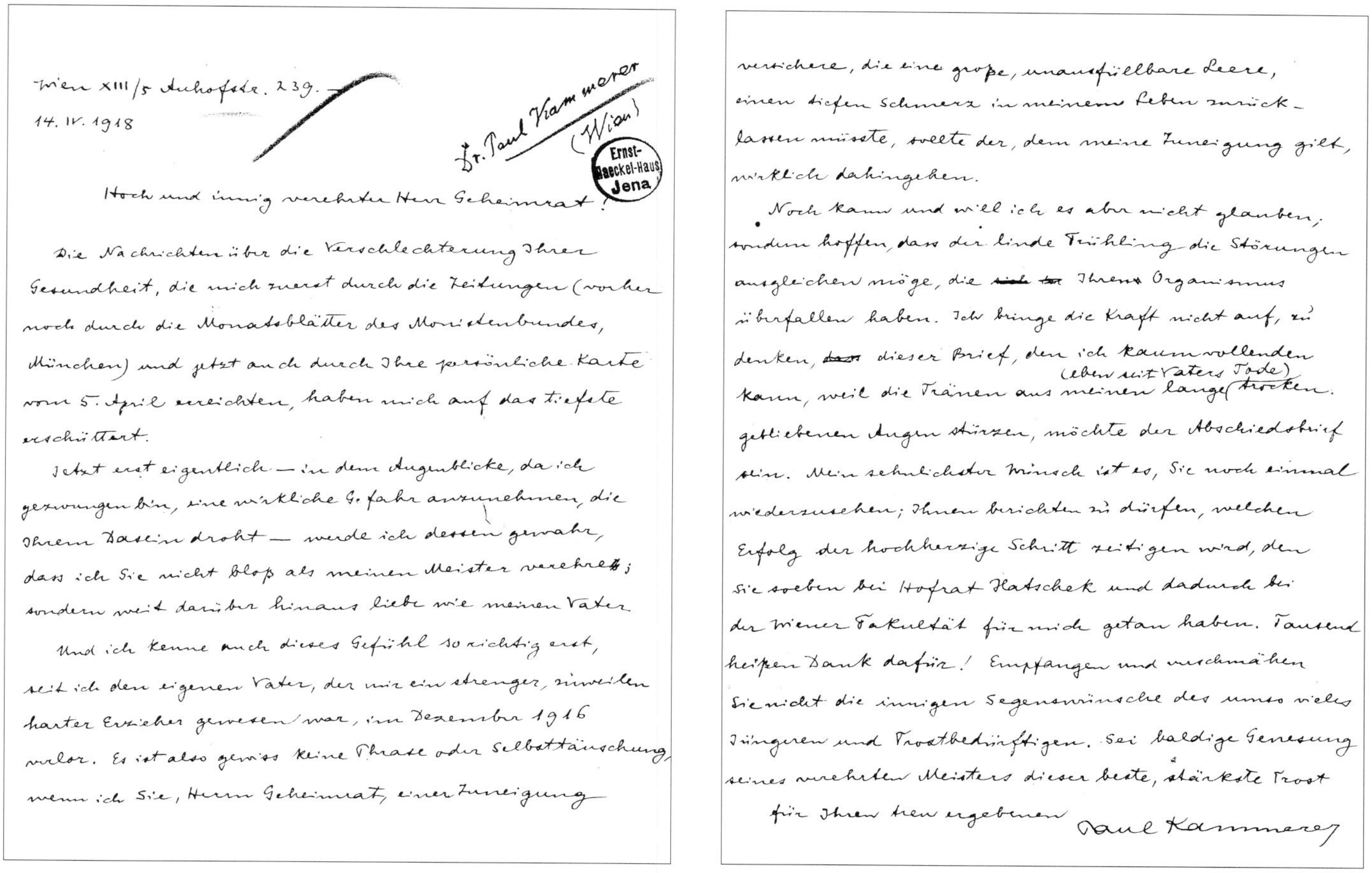

Wien XIII/5 Auhofstr. 239.
14. IV. 1918

Dr. Paul Kammerer (Wien)

Ernst-Haeckel-Haus Jena

Hoch und innig verehrter Herr Geheimrat!

Die Nachrichten über die Verschlechterung Ihrer Gesundheit, die mich zuerst durch die Zeitungen (vorher noch durch die Monatsblätter des Monistenbundes, München) und jetzt auch durch Ihre persönliche Karte vom 5. April erreichten, haben mich auf das tiefste erschüttert.

Jetzt erst eigentlich — in dem Augenblicke, da ich gezwungen bin, eine wirkliche Gefahr anzunehmen, die Ihrem Dasein droht — werde ich dessen gewahr, dass ich Sie nicht bloß als meinen Meister verehre; sondern weit darüber hinaus liebe wie meinen Vater.

Und ich kenne auch dieses Gefühl so richtig erst, seit ich den eigenen Vater, der mir ein strenger, zuweilen harter Erzieher gewesen war, im Dezember 1916 verlor. Es ist also gewiss keine Phrase oder Selbsttäuschung, wenn ich Sie, Herrn Geheimrat, einer Zuneigung versichere, die eine große, unausfüllbare Leere, einen tiefen Schmerz in meinem Leben zurücklassen müsste, sollte der, dem meine Zuneigung gilt, wirklich dahingehen.

Noch kann und will ich es aber nicht glauben, sondern hoffen, dass der linde Frühling die Störungen ausgleichen möge, die Ihren Organismus überfallen haben. Ich bringe die Kraft nicht auf, zu denken, dieser Brief, den ich kaum vollenden kann, weil die Tränen aus meinen lange (eben seit Vaters Tode) trocken gebliebenen Augen stürzen, möchte der Abschiedsbrief sein. Mein sehnlichster Wunsch ist es, Sie noch einmal wiederzusehen; Ihnen berichten zu dürfen, welchen Erfolg der hochherzige Schritt zeitigen wird, den Sie soeben bei Hofrat Hatschek und dadurch bei der Wiener Fakultät für mich getan haben. Tausend heißen Dank dafür! Empfangen und verschmähen Sie nicht die innigen Segenswünsche des um so vieles Jüngeren und Trostbedürftigen. Sei baldige Genesung seines verehrten Meisters dieser beste, stärkste Trost für Ihren treu ergebenen

Paul Kammerer

Abb. 19: Brief KAMMERERS an HACKEL vom 14.4.1918.

darf man weiter fragen, ob das, was Sie 'erotischen Chemotropismus' nennen, nicht auch eine Erscheinung ist, welche, wenn auch nicht genau, so doch nahe an die Gruppe der Deontogramme fällt (S. 74, 160)". Abschließend verwies er darauf, „daß die Fortschritte der Geologie doch mehr und mehr dazu führen, daß dem Einfluße allgemeiner Veränderungen der äußeren Lebensumstände eine viel höhere Bedeutung zuerkannt werden muß. Wir sind in Wien immer auf diesem Standpunkt gestanden. NEUMAYR und DARWIN haben darüber Briefe gewechselt u. DARWIN hat uns endlich ziemlich Recht gegeben". Es seien aber nicht die CUVIERschen Revolutionen, sondern allgemeine oder doch sehr ausgebreitete Änderungen, die den Strom des Lebens nicht unterbrechen, aber doch wesentlich beeinflussen, betonte er. Zur Religionsfrage erklärte er lediglich, daß er vor Jahren auch darüber einiges gesagt habe und die Rede heraussuchen werde. Er hoffte, diese Frage mündlich eingehender erörtern zu können. Eine persönliche Begegnung fand erst am 5.6.1903 anläßlich einer Reise HAECKELS nach Wien und dem Semmering statt, während der HAECKEL auch mit dem Philosophen Laurenz MÜLLNER (1848-1911) und der Schriftstellerin Eugenie DELLE GRAZIE (s. Beitrag MICHLER in diesem Band) sowie mit dem Biologen Paul KAMMERER (1880-1928), Adjunkt der Biologischen Versuchsanstalt der Akademie der Wissenschaften Wien, zusammentraf.

KAMMERER hat nie bei HAECKEL studiert, stand aber ganz unter seinem Einfluß und ist in die Liste derer einzureihen, die HAECKELS Einfluß für Ihre persönliche Karriere zu nutzen suchten. Er ist vor allem durch seine umstrittenen Experimente über Vererbung erworbener Eigenschaften in Erscheinung getreten und verehrte in HAECKEL „nicht nur seinen Meister" sondern liebte ihn „wie seinen Vater" (14. 4. 1918; Abb. 19). Dementsprechend behandeln die vorhandenen Briefe die Vorbereitung seiner Festrede zu HAECKELS 80. Geburtstag im Österreichischen Monistenbund. Im März 1918 bat er HAECKEL, sich bei GROBBEN und HATSCHEK dafür einzusetzen, daß ihm der Titel eines a.o. Universitätsprofessors verliehen werde. Er habe sich vor acht Jahren habilitiert, sei aber in Wiener akademischen Kreisen auf Grund seiner allgemeinverständlichen Vorträge und seiner monistischen Weltsicht unbeliebt. HAECKEL solle dabei betonen, daß KAMMERER eine große wissenschaftliche Karriere bevorstünde und daß er bereits genügend geleistet habe, was diesen Wunsch rechtfertige. HAECKEL hat sich, wie aus KAMMERERS Antwort hervorgeht, bei HATSCHEK für KAMMERER verwendet.

Den großen Einfluß HAECKELS auf die jüngere Naturforscher-Generation in Österreich demonstriert sehr typisch ein Brief von Othenio ABEL (1875-1946), einem Schüler von SUEß und Louis DOLLO (1857-1931), der als Begründer der Paläobiologie bekannt geworden ist (ABEL 1912). Der damals 29jährige an der k.u.k. Geologischen Reichsanstalt tätige ABEL schrieb in einer Geburtstagsadresse zu HAECKELS 70. Geburtstag 1904: „Erlauben Sie mir ferner, daß ich Ihnen meinen aufrichtigen Dank dafür zum Ausdruck bringe, daß Sie mir schon als Gymnasiasten für die Enträthselung des genetischen Zusammenhanges der organischen Welt ein tiefes Interesse eingeflößt haben; ich versichere Sie, daß unter allen Schriften DARWIN'S keine einen solchen Eindruck wie Ihre classischen, populären Werke, namentlich die Schöpfungsgeschichte auf mich gemacht hat und als Beweis, daß diese Begeisterung nicht auf der Alma mater verraucht ist, möge Ihnen dienen, daß ich, wie Sie vielleicht wissen, auf unserer Universität über die Stammesgeschichte der Wirbeltiere – allerdings als Palaeontologe – lese und Sie heute noch wie vor Jahren als unseren ersten Führer unter den deutschen Phylogenetikern schätze".[42] Er war auch der Initiator einer Sympathiebekundung für die DARWINsche Theorie, als die experimentelle genetische Forschung, insbesondere die mit der Wiederentdeckung der MENDELschen Gesetze verbundene Mutationstheorie um 1900 zu einer Krise des Darwinismus führte. Anläßlich der 50. Wiederkehr des Tages, an dem DARWIN und WALLACE ihre berühmte Arbeit der Royal Society vorgelegt hatten (9.6.1908), übermittelten ABEL und 13 Mitglieder der palaeontologischen Sektion der k.k. zoologisch-botanischen Gesellschaft HAECKEL ihre „Hochschätzung und Verehrung. Der alte DARWIN lebt noch!" ABEL hat HAECKEL mehrfach besucht und kurz vor HAECKELS Tod noch einen Sonderdruck einer Studie über alttertiäre Primaten Europas geschickt, worin er die Entstehungszentren der Hominiden im Zentrum Afrikas (Tibet oder SW China) vermutet. Auch in diesem letzten Brief bezeichnet er HAECKEL als seinen eigentlichen Lehrer, obwohl er nie bei ihm studiert habe.[44]

Zu der Generation von Schülern und Studenten, für die HAECKELS „Natürliche Schöpfungsgeschichte" den Ausschlag für ihren wissenschaftlichen Werdegang gab und zur direkten Schülerschaft führte, gehörte auch der Anatom Carl RABL (1853-1917). Er stand von September 1874 bis zum Tode in einem intensiven wissenschaftlichen Disput mit HAECKEL (56 Briefe; Abb. 20). Der aus Wels (Oberösterreich) gebürtige RABL hatte sich „aus Opposition gegen die klösterliche Erziehung" während seiner Gymnasialzeit im Benediktinerkloster Kremsmünster mit modernen entwicklungstheoretischen Schriften beschäftigt und war durch die populäre Kosmogenie von Philipp SPILLER „Die Entstehung der Welt und die Einheit der Naturkräfte" 1870 auf die 2. Auflage von HAECKELS „Natürlicher Schöpfungsgeschichte" gestoßen. „Ich las das Buch mit wahrer Andacht, Tag und Nacht, und immer wieder und war überzeugt, daß es über die großen, wichtigen Probleme, die es behandelte, kein besseres geben könne. Von da an beherrschte der Entwicklungsgedanke mein ganzes Tun und Denken ... ich war glücklich, an Stelle des Kirchenglaubens ... eine freie auf der Basis menschlicher Erkenntnis aufgebaute Lehre gestützt zu sehen", gestand er später (SCHMIDT 1914, Bd. 2: 1). RABL begann sein Medizinstudium in Wien, war aber von der dortigen Ausbildung enttäuscht und setzte es 1873 in Leipzig bei LEUKART fort. Im Sommer 1874 und 1875 hörte er bei HAECKEL in Jena und nahm am „Zoologischen Kursus" teil. „Aber auch jetzt war die direkte Hilfe und Anleitung von seiten HAECKELS gering", äußerte er rückblickend 1914, „aber es war auch nicht so sehr diese, die ich bei HAECKEL suchte und schätzte, als vielmehr der ununterbrochene wissenschaftliche Verkehr mit ihm und die Anregung in allgemein entwicklungsgeschichtlicher und biologischer Hinsicht, die aus dem Verkehr in reichstem Maße floß".

Eine in Wien begonnene Arbeit über „Die

Ontogenie der Süßwasserpulmonaten" (RABL 1875) führte er in Jena fort. In dieser Erstlingsarbeit wandte RABL die Gastraeathorie auf die Gastropoden an. Dabei konnte er an Hand seiner Befunde HAECKELS Auffassung bestätigen, daß die beiden Zellschichten der Gastrula primäre Keimblätter sind. Eine weitere Arbeit „Über die Entwicklungsgeschichte der Maler-Muschel" (1876), „deren leitende Grundgedanken im Geiste der Jenaer Schule, der auch ich angehöre, gehalten sind", wie er an HAECKEL schrieb (21.10.1876), hat die Anwendung der Keimblättertheorie auf die Lamellibranchiaten zum Ziel. Beide Arbeiten erschienen, so wie auch eine dritte, „Bemerkungen zum Bau der Najadenkeime" (1875), in der Jenaischen Zeitschrift für Naturwissenschaft. HAECKEL hatte bereits vor Erscheinen der Arbeit in seiner Abhandlung „Die Gastrula und die Eifurchung der Tiere" (HAECKEL 1875) darauf Bezug genommen und auch Abbildungen daraus verwendet, wobei er auch briefliche Angaben RABLs nutzen konnte. In den „Studien zur Gastraea-Theorie" (HAECKEL 1877: 239) nimmt er ebenfalls auf die „ausgezeichneten Untersuchungen über die Ontogenie der Mollusken" RABLS Bezug.

Nahrung zu gelangen, wenn sie, statt ihr unstätes Zigeunerleben noch weiter zu führen, eine regelmässigere Lebensweise einschlägt und fortan in einer ganz bestimmten Richtung weiterschreitet.

Die nächste Folge dieser Veränderung der Lebensweise, wird aber eine polare Differenzirung sein.

Diejenigen Zellen der Blastaea, welche beim Schwimmen nach vorne gerichtet werden und welche daher mit den Gegenständen zuerst in Berührung treten, werden ganz vorzugsweise die Charaktere von Ectodermzellen zur Entwicklung bringen, während die am entgegengesetzten Pole gelegenen Zellen vorwiegend die Entodermcharaktere zur Ausbildung bringen werden. Jene Zellen werden sich mehr und mehr zu Sinneszellen, diese zu Ernährungszellen ausbilden. Je mehr man sich daher vom Sinnespol entfernt und gegen den Nahrungspol weiterschreitet, desto mehr sieht man die Charaktere der Ectodermzellen denen der Entodermzellen Platz machen. Es leuchtet aber auch ein, dass es an einer solchen Blastaea auch eine Zone von unbestimmten oder indifferenten Zellen geben müsse, von Zellen, die den ursprünglichen Charakter der Blastaeazellen am reinsten bewahrt haben. Und diese Zellen werden daher am meisten befähigt sein, neue Individuen zu erzeugen.

Nachdem es auf diese Weise zu einer Sonderung von Ectoderm- und Entodermzellen gekommen ist, wird sich an der Blastaea behufs einer Vergrösserung der verdauenden Oberfläche eine anfangs seichte, bald aber immer tiefer werdende Einsenkung des Entodermzellenfeldes, also eines ganz bestimmten Theiles der Oberfläche, entwickeln, wodurch es schliesslich zur Bildung einer zweiten, der äusseren anliegenden Zellschichte kommen wird. Wir können uns diese ganz allmähliche Entwicklung der Gastraea aus der Blastaea etwa folgendermassen bildlich darstellen:

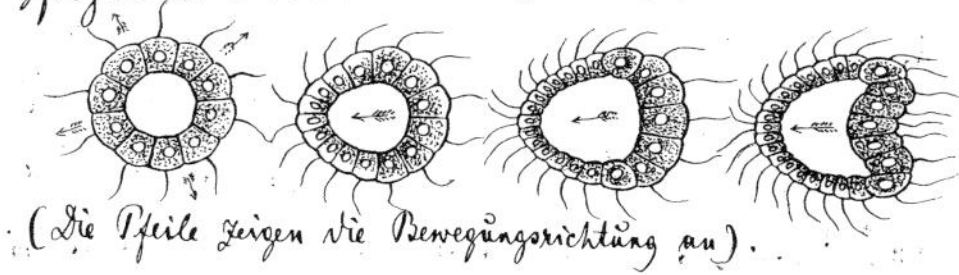

(Die Pfeile zeigen die Bewegungsrichtung an).

Abb. 20:
Handschrift RABLS. Brief an HAECKEL vom 23.11.1877.

Wir erfahren aus den Briefen auch über die Aufnahme der Ergebnisse durch CLAUS in Wien. Hinsichtlich der Differenzierung des Entoderm stimme er mit RABL völlig überein, aber „gegen meine Ansichten über die Gastraeatheorie, die Homologie der Keimblätter etc. ist er dagegen entschieden eingenommen" (17.11.1874).

RABL schloß sein Studium unter BRÜCKE, dem er seine solide histologische Ausbildung verdankte, in Wien ab und erhielt nach dreijähriger Prosektorentätigkeit bei LANGER 1885 ein Extraordinariat in Wien und wenig später zunächst die Vertretung der Lehrkanzel des erkrankten Anatomen von AEBY in Prag. Wiederholt suchte er Rat bei HAECKEL wegen seiner beruflichen Zukunft und erwog 1885, falls sich das Extraordinariat zerschlüge, sich in Jena zu habilitieren. Als er tertio loco für das Ordinariat von Carl von LANGER (1819-1887) vorgeschlagen war, bat er HAECKEL, sich bei BILLROTH für ihn zu verwenden, was dieser offensichtlich auch tat.

Als das Wiener Ordinariat dann doch mit Emil ZUCKERKANDL (1849-1910) besetzt wurde, äußerte RABL, daß „ihm nun jede weitere Carriere in Österreich verschlossen sei".[45] Im Jahre 1904 ging er nach Leipzig als Nachfolger von Wilhelm HIS (1831-1904).

Die Mehrzahl der Briefe RABLS beinhalten zahlreiche wissenschaftliche Probleme wie die Mesodermbildung, die Gastraeatheorie, das Gesetz der fortschreitenden Differenzierung, die Herzbildung u. a. und stellen oft regelrechte kurze wissenschaftliche Abhandlungen mit akribisch ausgeführten Zeichnungen dar. Dabei vertrat er selbstbewußt und souverän seine Auffassungen gegenüber anderen und sparte nicht mit scharfer Kritik – auch an HAECKEL. So kritisierte er HAECKELS Arbeit über die „Perigenesis der Plastidule oder die Wellenerzeugung der Lebenstheilchen" (1876) als unzureichend, da sie das „Wesen" bzw. die „Form" dieser bestimmten Plastidulbewegungen und deren Unterschied zu anorganischen Molekülen nicht erkläre. Besonders scharf ging er mit dem dritten Teil der „Systematischen Phylogenie" (1895) zu Gericht. Er könne sich mit der Art der Behandlung des Gegenstandes nicht befreunden, schrieb er (27.9.1895): „Sie gefällt mir nicht. Ich sehe dabei ganz ab von den zahlreichen thatsächlichen Unrichtigkeiten, die den Werth der Darstellung wesentlich beeinträchtigen, sondern habe lediglich den Standpunkt im Auge, den Sie einnehmen. Es ist nicht recht, dass Sie auf Diejenigen, welche die Ansichten GEGENBAUR's nicht theilen, so wacker losschimpfen und ihnen Mangel an jeder Kritik vorwerfen. Sie haben dazu umsoweniger Recht, als Sie in den wichtigsten Fragen, die hier in Betracht kommen (Metamerie des Wirbelthierkopfes, Kiemenbogen und Rippen, Extremitäten) kein Urtheil besitzen oder wenigstens kein solches, das sich auf eigene Erfahrungen und Beobachtungen gründet". Dieses Urteil resultiert auch aus RABLS Differenzen mit Carl GEGENBAUR, die er im Brief vom 5.11.93 gegenüber HAECKEL auch klar ausspricht: „Ich habe vor GEGENBAUR weit mehr Achtung als vor irgendeinem anderen deutschen Anatomen, aber ich bin darum noch kein Gegenbaurianer; ich bin – verzeihen Sie den Provinzialismus – selbst 'Aner'. Der Gegensatz zwischen meinem und GEGENBAUR's Standpunkt ist sehr scharf in den Worten KLAATSCH's zum Ausdrucke gebracht: Ohne die vergleichende Anatomie kann die Ontogenese nicht den einfachsten Vorgang verständlich machen'. Ich kehre diesen Satz, der die Schule GEGENBAUR's vortrefflich charakterisirt, geradezu um und sage: ohne die vergleichende Entwicklungsgeschichte kann die Anatomie auch nicht die einfachste Thatsache verständlich machen. GEGENBAUR geht von der fertigen, ich von der werdenden Form aus; ich stehe also weit mehr auf Ihrem, als auf GEGENBAUR's Standpunkt". Trotz dieser schonungslosen Kritik blieben beide Gelehrte bis zum Tode RABLS 1917 in freundschaftlichem Kontakt. Im Jahre 1909 war RABL der Initiator der „Leipziger Deklaration" von 46 führenden Anatomen und Zoologen, darunter Ludwig v. GRAFF, Graz, Karl GROBBEN, Wien, Karl HEIDER, Innsbruck und Richard HERTWIG, München, die zu den gegen HAECKEL gerichteten „Fälschungsanklagen" des Keplerbundes für HAECKEL Stellung nahm. Darin heißt es: „Die unterzeichneten Professoren der Anatomie und Zoologie, Direktoren anatomischer und zoologischer Institute und naturhistorischer Museen etc. erklären hiermit, daß sie zwar die von HAECKEL in einigen Fällen geübte Art des Schematisierens nicht gut heißen, daß sie aber im Interesse der Wissenschaft und der Freiheit der Lehre den von Braß und dem Keplerbund gegen HAECKEL geführten Kampf aufs Schärfste verurteilen. Sie erklären ferner, daß der Entwicklungsgedanke, wie er in der Descendenztheorie zum Ausdruck kommt, durch einige unzutreffend wiedergegebene Embryonenbilder keinen Abbruch erleiden kann" (GURSCH 1981). RABL selbst ergriff in der Frankfurter Zeitung (5.3. u. 2.4.1909) persönlich das Wort für HAECKEL, wobei er – ebenso wie auch die Deklaration – die Schemata bei HAECKEL zwar nicht gut hieß, aber die Form der Angriffe gegen HAECKEL scharf verurteilte. Durch einige unzutreffende Schemata habe der Entwicklungsgedanke nicht an Beweiskraft verloren.[45] Zu diesen Anklagen meldete sich nach

Abb. 23: Richard WETTSTEIN, Ritter von WESTERSHEIM (1863-1931), 1892 o. Prof. f. Botanik Univ. Prag, ab 1898 Univ. Wien.

VIRIBUS UNITIS

DIE
kaiserlich königliche
zoologisch botanische Gesellschaft
in
WIEN
ernennt
Seiner Hochwohlgeboren Herrn
Dr. Ernst Haeckel
als
MITGLIED
Wien am 23. Mai 1867

Vice-Präsident

Präsident

Secretär

Abb. 21:
Mitgliedsurkunde der k. k. Zoologisch-Botanischen Gesellschaft Wien vom 23. Mai 1867.
(Original Ernst-Haeckel-Haus Jena)

Erscheinen von HAECKELS gegen diese Anklagen gerichteter Schrift „Sandalion" (HAECKEL 1910) auch der Grazer Geologe Rudolf HOERNES, mit dem HAECKEL auf seiner Orientreise in Konstantinopel 1873 bekannt geworden war, zu Wort und teilte HAECKEL nach Zusendung der Schrift mit (17.12.1910): „Für diejenigen, welche auch nur einige Sachkenntnisse besitzen, ist wie ich glaube, durch 'Sandalion' der famose Wanderlehrer des Keplerbundes BRASS genügend in seiner ganzen Erbärmlichkeit gekennzeichnet". Er sei bereits dabei, Material zu sammeln, um BRASS, falls es notwendig sei, „in seiner ganzen Nichtigkeit zu beleuchten".[46]

Dem Anatomen Ferdinand HOCHSTETTER (1861-1954), der sich überwiegend mit vergleichend-anatomischen und entwicklungsgeschichtlichen Arbeiten beschäftigte und 1892 in Wien ein Extraordinariat erhielt, ließ HAECKEL im gleichen Jahr seine „Anthropogenie" zustellen, die dieser „als Zeichen der Dankbarkeit"mit der Übersendung von „3 Photographien vorzüglich erhaltener nach der Natur in 7-facher Vergrößerung aufgenommener menschlicher Embryonen" beantwortete, da eine eigene Publikation noch nicht fertiggestellt war.[47] Ein zweiter und letzter Brief mit einem Dank für die Zusendung der „Prinzipien der Generellen Morphologie" datiert erst von 1906, als HOCHSTETTER bereits in Innsbruck das Ordinariat von Wilhelm ROUX (1850-1924) übernommen hatte.

Vom Wiener Pädiater Max KASSOWITZ (1842-1913) liegt zwar nur ein Brief vom 20.10.1880 vor, in dem er dem „großen Forscher und Philosophen, dessen glänzenden wissenschaftlichen Leistungen und dessen stets siegreichen Kampfe gegen Feinde der Wahrheit" er „seit vielen Jahren mit immer steigender Bewunderung gefolgt war, auch einmal ein äusseres Zeichen seiner Bewunderung" übermittelt. Er schickte eine Arbeit über Ossification, wo er die Verhältnisse der periostalen Knochenbildung darstellt, die für die Entwicklungsgeschichte des Wirbeltierskelettes von Bedeutung sei. HAECKEL (1904: 112, 388, 408) beruft sich in den „Lebenswundern" mehrfach auf dessen Auffassungen vom Wesen und Ursprung des Lebens (KASSOWITZ 1899).

Abb. 23: Oscar SCHMIDT (1823-1886), 1847 PD f. Zoologie und Vergl. Anatomie in Jena, 1849 ao. Prof in Jena, ab 1855 o. Prof. Zoologie in Krakau , 1857 in Graz, ab 1872 in Straßburg.

Die Korrespondenz mit österreichischen Botanikern war eher sporadisch, aber ein bezeichnendes Urteil über die Stellung der damaligen Botaniker zur phylogenetischen Betrachtungsweise fällte der hervorragendste Vertreter der „phylogenetischen Systematik und Neo-Lamarckist", der Wiener Botaniker Richard von WETTSTEIN (1863-1931; Abb. 23), in einem Brief an HAECKEL (20.4.1914)[49]: „Wenn man sich in die Phylogenie des Pflanzenreiches vertieft und sieht, wie herrlich sich der Faden der Entwicklung durch das Gewirre der Formen verfolgen läßt, dann begreift man nicht, warum so wenige Collegen sich dieser Betrachtungsweise widmen. Ich fühle mich unter den Botanikern, speciell den deutschen, stark isoliert und bedauere es unendlich, daß man sich speciell in der großen Botanikerschule, deren Schaffung ein unsterbliches Verdienst ENGLERS in Berlin ist, gegenüber jeder phylogenetischen Betrachtungsweise so kühl, wenn nicht ablehnend verhält". Bekanntlich hat sich, im Gegensatz zu Adolf von ENGLERS System, aber das im „Handbuch der systematischen Botanik" von v. WETTSTEIN formulierte phylogenetische System nicht durchgesetzt (MÄGDEFRAU 1973: 194). Auch WETTSTEIN bekennt (15.11.1902), zu jenen zu gehören, die „unter dem Einfluße Ihrer unsere Wissenschaft so mächtig beeinflussenden Schriften heranwuchsen" und der „wie so viele andere – in den wissenschaftlichen Wendejahren an Ihrer Natürlichen Schöpfungsgeschichte und Generellen Morphologie naturwissenschaftliche Begeisterung und Belehrung schöpfte".

Unter der Präsidentschaft Richard v. WETTSTEINS wurde HAECKEL aus Anlaß des 50jährigen Bestehens der „Zoologisch-Botanischen Gesellschaft" am 1.3.1901 zu deren Ehrenmitglied ernannt. Mitglied dieser Gesellschaft waren HAECKEL (Abb. 21) und DARWIN 1867 zur gleichen Zeit auf Vorschlag des später in Klausenburg tätigen Botanikers August KANITZ (1843-1896) geworden, der damals noch Jurastudent in Wien war, und HAECKEL um die Übermittlung der Urkunde und eines Fotos von ihm an DARWIN bat.[49] KANITZ war, wie er an HAECKEL schrieb, „über die Wahl um so mehr erfreut, da sie unter dem Präsidium des größten Antidarwinianer's in Wien ... des bekannten Foraminiferologen Prof. A. E. REUSS stattfand," wie er HAECKEL mitteilte.[51]

Von dem damals in Graz tätigen Botaniker und Mitbegründer der physiologischen Pflanzenanatomie Gottfried HABERLANDT (1854-1945) liegen ebenfalls nur drei Briefe vor. Aber auch sie bezeugen die Einflußnahme HAECKELS schon in dessen Jugend. „Dankbar gedenke ich noch heute, schrieb HABERLANDT 1914 an HAECKEL, der mächtigen, nachhaltigen Anregung, die ich schon als 16jähriger Gymnasiast durch das Studium Ihrer 'Generellen Morphologie' empfangen habe. Und in späteren Jahren hat Ihr Ceylon-Buch mich auf die Herrlichkeiten und die Anpassungsfülle der Tropenflora hingewiesen, die die Vertreter der physiologischen Botanik vielleicht in noch höheres Erstaunen versetzen, als die Systematiker". Eine kritischere Betrachtung als Botaniker erfuhr HAECKEL aber offensichtlich bei dem Verfasser der „Flora von Oberösterreich" (1870-1885), dem Linzer Botaniker J. DUFTSCHMID (1804-1866), mit dem er wahrscheinlich auf seiner Alpenreise 1855 bekannt geworden ist und Herbarmaterial tauschte (s. Beitrag SPETA in diesem Band).

Besonders intensiven Gedankenaustausch pflegte HAECKEL mit den Grazer Zoologen.

Dort war seit 1857 der schon mehrfach erwähnte Oscar SCHMIDT (Abb. 23), der bis zu seiner Berufung nach Krakau 1855 ein Extraordinariat in Jena innehatte, als Zoologe tätig. Da sowohl HAECKEL als auch SCHMIDT über Kalkschwämme arbeiteten, nehmen die Diskussionen um Speciesbenennungen, Übergangsformen, spezielle Fragen der Anatomie der Kalkschwämme, die Bedeutung des Osculum, Verwandtschaftsbeziehungen von Schwämmen und Korallen und ähnliche Fragen in den Briefen einen breiten Raum ein. Wahrscheinlich gingen die Anregungen dazu von SCHMIDT aus, denn er schrieb (3.4.1869): „Sie aber, hoffe ich, kommen so bald auch nicht von den Bestien los. Es ist mir ein wahrer Triumph, daß Sie angebissen haben und meine Prophezeiungen bestätigen, daß die Spongien ganz extra für die Transmutationstheorie gemacht seien". SCHMIDT erteilte ihm ferner wertvolle Hinweise für seine Reisen nach Norwegen (1869) und Dalmatien und stellte HAECKEL anschließend die Kalkschwämme der Grazer Sammlung als Vergleichsmaterial für seine Untersuchungen zur Verfügung. Immer wieder spielen, wie schon erwähnt, auch Berufungsfragen eine Rolle. Dabei äußerte HAECKEL gegenüber SCHMIDT (6.2.1872), daß man „Leute, die noch mit Zielen und Gesichtspunkten arbeiten", suchen müsse, denn „das Urteil wird jetzt durch Goldchlorid und der Verstand durch Überosmiumsäure ersetzt!!". Damit demonstrierte er nicht nur seine immer spürbarer werdende Abneigung gegen die damalige moderne Schnitt- und Färbetechnik, sondern auch die Diskrepanzen, die zwischen ihm und den Vertretern der neueren experimentellen Richtungen in der Zoologie, die sich von den klassischen, durch die vergleichende Morphologie bestimmten Forschungsmethoden abwandten, bestanden. Schließlich empfahl HAECKEL Anfang Februar 1872 seinen Freund Oscar SCHMIDT für die von ihm selbst kurz zuvor ausgeschlagene Zoologie-Professur in Straßburg. „So wäre ich also mit Deiner, ROGGENBACHS[52] und des lieben Gottes Hilfe nach Straßburg berufen", konnte SCHMIDT schon am 26.2.72 berichten.

Das Projekt einer meeresbiologischen Station in Triest, das bereits bei den Wiener Berufungsverhandlungen mit HAECKEL in Aussicht gestellt wurde, hatte SCHMIDT 1871 entworfen. Obwohl er im November 1871 (27.11.) HAECKEL ankündigte, daß der Reichstag die Kosten für die Übungsstation bewilligen werde und man im Ministerium glaube, daß sich die Anstalt ausdehnen lasse, wenn erst ein Anfang gemacht sei, mußte er die Ausführung des Planes dann doch seinem Amtsnachfolger Franz Eilhard SCHULZE (1840-1921; Abb. 24) überlassen, dessen Berufung von Rostock nach Graz er gemeinsam mit HAECKEL unterstützte. SCHULZE wurde von SCHMIDT ersucht, „seine Geneigtheit, hierher zu kommen, definitiv zu formulieren" und HAECKEL forderte er zu einer „SCHULZES Bedeutung gegenüber HELLER klar stellenden"

Abb. 24:
Porträt Eilhard SCHULZE (1840-1917).
1865 a.o. Prof. für vergl. Anatomie, Univ. Rostock,
1871 o. Prof. für Zoologie und vergl. Anatomie,
1873 o. Prof. für Zoologie, Univ. Graz,
ab 1884 o. Prof. für Zoologie Univ. Berlin

Begutachtung auf, da sich in Graz eine spezifisch österreichische Partei gebildet habe, um HELLER gegen SCHULZE durchzusetzen (29.4.1872).

Nach seiner Berufung zum Ordinarius für Zoologie in Graz 1873 erweiterte SCHULZE den Plan für die Zoologische Station, der aber erst 1875 nach Ankauf eines neuen Gebäudes und Zustimmung des aus Göttingen nach Wien berufenen Carl CLAUS realisiert wurde. Die Eröffnung erfolgte im September 1875

Abb. 25:
Ludwig GRAFF von Panscova (1851-1924).Ab 1884 o. Prof. für Zoologie Univ. Graz

anläßlich der Versammlung Deutscher Naturforscher und Ärzte in Graz. Die Direktion übernahmen SCHULZE und CLAUS gleichzeitig, die Verwaltung am Ort Eduard GRAEFFE (QUERNER & GEUS 1990: 53).

Auch SCHULZE gehörte, wie er selbst an HAECKEL schrieb (23.6.1884), zu seinen Schülern „in absentia": „Sie haben auf mich und mein Lebensschicksal, besonders aber auf meine wissenschaftliche Überzeugung und ganze Richtung tiefer eingewirkt, als Sie selbst wissen – zuerst in der Mitte der sechziger Jahre durch Ihre generelle Morphologie, welche ich als junger Privatdozent nicht weniger als dreimal, ich kann kaum sagen durchgelesen – sondern geradezu durchstudiert habe. Der vollen Zustimmung zu den dort niedergelegten Grundideen sind Sie jetzt noch bei mir sicher, wenn ja auch manches eine andere Gestalt und andere Fassung angenommen hat. Was mich in der generellen Morphologie so ungemein fesselte, war vornehmlich die scharf systematische Gliederung des Ganzen, welche ich noch heute bewundere. Überhaupt haben Sie mir immer am meisten als Systematiker imponiert. Wenn Sie dann später hin und immer wieder in Graz auf der Durchreise bei mir einsprachen, so war das eine Freundschaft für mich; und auch dies ist noch jetzt so geblieben so oft Sie bei mir eintreten." Auch seine akademische Lehre war offensichtlich von HAECKELschem Gedankengut geprägt. So schrieb er (6.11.1874): „Wie sehr ich im Allgemeinen mit Ihren Ideen übereinstimme und wie eifrig ich dieselben unter meinen Schülern zu verbreiten suche, mag Ihnen die für Sie gewiß interessante Thatsache bezeugen, daß augenblicklich von den hiesigen jungen Naturforschern die Bildung eines HAECKEL Clubs beabsichtigt wird zur eingehenden Besprechung und zur Verbreitung Ihrer Ideen". Er forderte HAECKEL auch auf, während der Versammlung Deutscher Naturforscher und Ärzte 1875 in Graz in einer der allgemeinen Sitzungen einen Vortrag zu halten, was aber nicht geschah. Da auch SCHULZE (1877-1881) sich intensiv mit Untersuchungen über den Organismus der Spongien und deren Entwicklung beschäftigte, fand ein lebhafter, brieflicher Gedankenaustausch und Schriftentausch dazu statt. Wiederholt stellte ihm HAECKEL Untersuchungsmaterial aus seiner Sammlung als Vergleichsobjekte zur Verfügung und SCHULZE übersandte ihm Präparate, um strittige Fragen des Gastrulationsvorganges bei Schwämmen zu klären. Noch vor seiner Berufung nach Berlin 1884 hatte SCHULZE die Bearbeitung der Hexactinelliden für die englische Tiefsee-Expedition „Challenger" (1871-1876) abgeschlossen und sandte HAECKEL Challenger-Material, welches er für Rhizopoden hielt, zur Bearbeitung. SCHULZES Stellung zu HAECKEL verdeutlicht ein Zitat aus einem Brief vom 31.10.1896: „Sie wissen, daß ich in manchen Einzelheiten nicht mit Ihnen übereinstimme, daß ich aber mit Ihnen auf demselben Boden der Allgemeinen Auffassungen stehe. Immer war ich der Ansicht, daß das offene Aussprechen bestimmt formulierter Ideen sehr nützlich ist, selbst dann, wenn sie noch nicht sicher begründet werden können. Man muß es wagen, zu irren! Besonders, wenn man so allgemeine Fragen behandelt".[52]

Der 1884 als Nachfolger SCHMIDTS nach Graz berufene Ludwig GRAFF von Panscova (1851-1924; Abb. 25), ein Schüler Oscar SCHMIDTS, der durch seine Arbeiten über Turbellarien bekannt geworden ist, hatte sich schon 1881 HAECKEL als Reisebegleiter nach Ceylon angeboten, um dort Turbellarien zu sammeln, was dieser jedoch abgelehnt hatte. Beide führten aber eine regelmäßige Korrespondenz, und HAECKEL übermittelte fast alle seine Publikationen, Radiolarienpräparate und Tiefseeproben. Auch GRAFF wurde durch HAECKEL zur Zoologie geführt, wie er selbst angab (23.9.99): „Und wenn Sie Ihre 'Generelle Morphologie' weitschweifig und schwerfällig nennen, so kann ich Ihnen nur sagen, daß kein anderes Buch so mein ganzes Inneres aufgewühlt hat wie dieses, dem ich es auch verdanke, daß ich Zoologe geworden bin!" Eine Diskussion wissenschaftlicher Details wird aber in den Briefen nicht geführt. Interessant ist jedoch ein Brief GRAFFS vom 30.10.1889, der die Vorgeschichte der Gründung der Deutschen Zoologischen Gesellschaft betrifft. Er teilt HAECKEL darin mit, daß er gelegentlich des Anatomen-Kongresses in Berlin mit den Schweizern Paul SARASIN (1856-1929) und Fritz SARASIN (1859-1942) die Idee erörtert habe, nach dem Muster der Anatomischen eine Zoologische Gesellschaft zu gründen. „Ehe ich mit SARASINS die einleitenden Schritte unternehme, wäre es mir sehr lieb zunächst von Ihnen, verehrter Herr College, zu erfahren, ob Sie mitthun würden & ob Sie keine prinzipiellen Bedenken gegen unseren Plan haben? Auf die offensichtlich von HAECKEL geäußerten Bedenken antwortete GRAFF (25.11.1889): „Wenn ich überhaupt die Idee aufgegriffen habe, eine Zoologische Gesellschaft zu gründen, so geschah dies eben mit Rücksicht auf die bedauerliche Umgestaltung unserer schönen alten Naturforscherversammlung sowie auf den Umstand, daß die 3 Vorsitzenden des Anatomen Congresses zu Berlin auf meine Anfrage hin gar keinen Zweifel darüber ließen, daß ihnen die Ver-

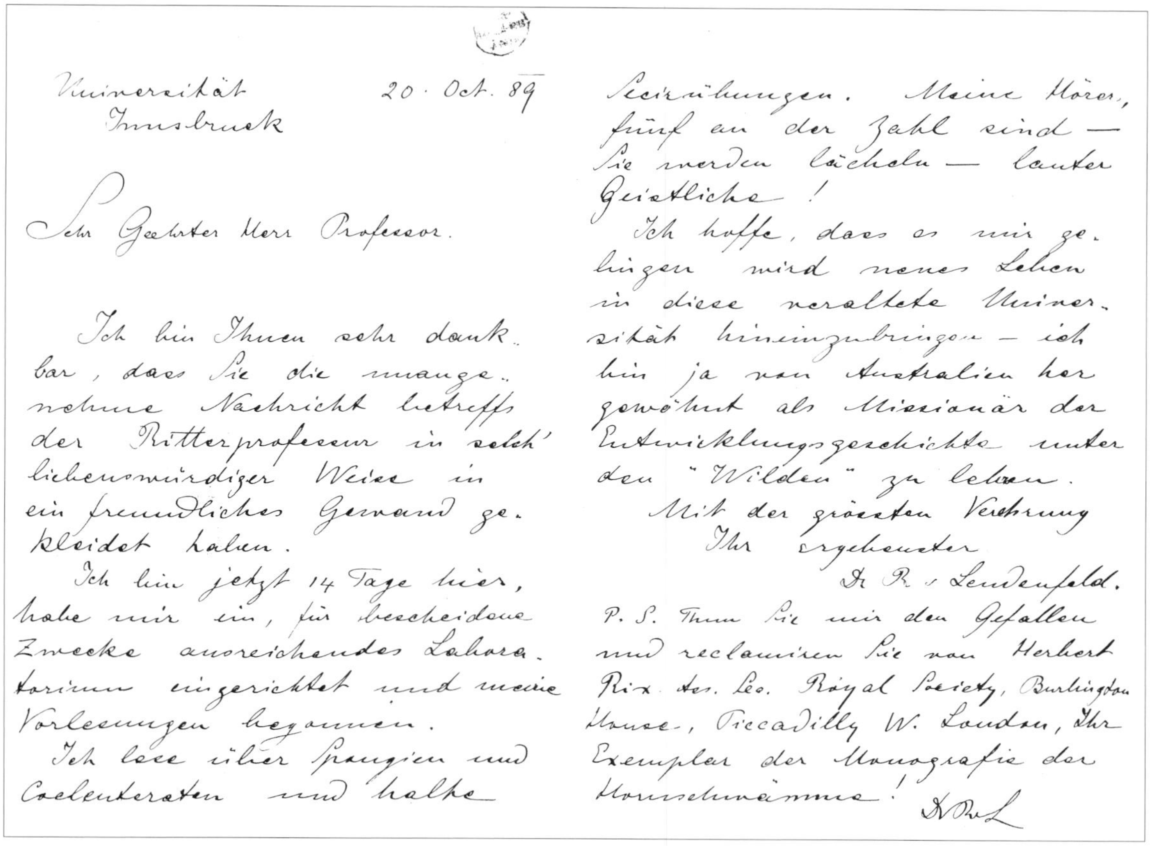

Universität Innsbruck 20. Oct. 89

Sehr Geehrter Herr Professor.

Ich bin Ihnen sehr dankbar, dass Sie die unangenehme Nachricht betreffs der Ritterprofessur in solch' liebenswürdiger Weise in ein freundliches Gewand gekleidet haben.
Ich bin jetzt 14 Tage hier, habe mir ein, für bescheidene Zwecke ausreichendes Laboratorium eingerichtet und meine Vorlesungen begonnen.
Ich lese über Spongien und Coelenteraten und halte Secirübungen. Meine Hörer, fünf an der Zahl sind — Sie werden lächeln — lauter Geistliche!
Ich hoffe, dass es mir gelingen wird neues Leben in diese veraltete Universität hineinzubringen — ich bin ja von Australien her gewöhnt als Missionär der Entwicklungsgeschichte unter den "Wilden" zu leben.
Mit der grössten Verehrung
Ihr ergebenster
Dr R. v Lendenfeld.

P. S. Thun Sie mir den Gefallen und reclamiren Sie von Herbert Rix Ass. Sec. Royal Society, Burlington House, Piccadilly W. London, Ihr Exemplar der Monografie der Hornschwämme! RvL

Abb. 26: Brief von Robert LENDLMAYR von LENDENFELD an HAECKEL vom 20.10.1889.

schmelzung mit den Zoologen zu einer gemeinsamen morphol. Gesellschaft höchst antipathisch sei u. daß sie für die systematische Anatomie die Hauptrolle beanspruchen. Nach dieser Richtung ist also gar nichts zu machen – eine „Zoolog. Gesellschaft" dagegen gründen, in der Sie fehlen – dazu bin ich zu wenig Congress-süchtig u. so werden Ihre Zeilen wohl die Wirkung haben, das ich weitere Schritte in dieser Beziehung unterlasse. Meinen Arbeiten wird das wohl förderlich sein". An der eigentlichen Gründung war GRAFF dann auch nicht beteiligt. Die Verselbständigung der naturwissenschaftlichen Fachdisziplinen an den Universitäten führte auch innerhalb der altehrwürdigen Versammlung Deutscher Naturforscher und Ärzte zur Begründung von aus den entsprechenden Sektionen hervorgegangenen Fachgesellschaften. Die Anatomische Gesellschaft wurde 1886 begründet. Die Gründungsversammlung der Deutschen Zoologischen Gesellschaft fand am 28.5.1890 in Frankfurt a. M. statt (vgl. QUERNER & GEUS 1990).

Wiederholt wurde HAECKEL von dem von 1881-1886 im Auftrag der Linnean Society in Australien und Neuseeland tätigen, gebürtigen Grazer Robert LENDLMAYR, Ritter von LENDENFELD, gebeten, ihm bei der Erlangung einer Professur in Österreich behilflich zu sein, so auch bei der Wiederbesetzung der durch den Tod von STEIN 1885 frei gewordenen Zoologie-Professur in Prag, für die ihn auch HATSCHEK um Referenzen ersucht hatte. Hier bedauert er im Brief vom 26.9.1885, daß HAECKELS und F. E. SCHULZES Empfehlung nicht den gewünschten Erfolg gehabt hätten. Die Professur erhielt HATSCHEK. Wenig später bat v. LENDENFELD um eine Empfehlung für die neu errichtete Lehrkanzel für Biologie in Melbourne, für die er sich wegen seiner Studien der australischen Fauna, insbesondere seiner Arbeiten über die Coelenteraten der Südsee und seiner Arbeiten über Hornschwämme, für besonders geeignet hielt, was HAECKEL offensichtlich mit der Begründung ablehnte, er gäbe keine Empfehlungen mehr. Ebenfalls unter Berufung auf seine Arbeiten über Coelenteraten, seine Monographie der Hornschwämme und die gemeinsam mit seinem Grazer Lehrer F. E. SCHULZE betriebene Bearbeitung der Spongien der Adria bewarb sich v. LENDENFELD 1889 auch um die vakante „Ritterprofessur für Phylogenie" in Jena, die aber der HAECKEL-Schüler Willy KÜKENTHAL (1861-1922) erhielt (vgl. USCHMANN 1959: 155f). Nachdem er sich 1889 in Innsbruck habilitiert hatte, hoffte v. LENDENFELD, „neues Leben in diese veraltete Universität hineinzubringen". Er sei es ja „von Australien gewöhnt als Missionar der Entwicklungsgeschichte unter den 'Wilden' zu lehren" (20.10.89, Abb. 26). Zu dieser Zeit bat HAECKEL bei dem schon erwähnten dortigen Zoologen Camill HELLER (1823-1917) um Unterstützung für ein Extraordinariat für v.LENDENFELD, worauf HELLER mitteilte (18.12.1889), daß er zwar die wissenschaftlichen Leistungen v. LENDENFELDS zu würdigen wisse, ein solcher Vorschlag, für den jüngsten Privatdocenten am Orte aber einen Sturm der Entrüstung auslösen würde". Auch für die zoologische Lehrkanzel in Czernowitz ersuchte v. LENDENFELD HAECKEL um Empfehlung (10.3.1893). Noch im gleichen Jahr trat er diese Professur an, die er bis 1897 innehatte.

Als HELLER 1894 in den Ruhestand trat, stand v. LENDENFELD, neben Karl v. DALLA TORRE, Karl HEIDER, SEELIGER und Karl ZELINKA auf der Kandidatenliste für die Neubesetzung des Lehrstuhls in Innsbruck. Und nun wurde andererseits HAECKEL von dem dortigen Mineralogen Alois CATHREIN (1853-1936) um sein Gutachten dazu ersucht, wobei er offenbar primo loco HEIDER, secundo loco v. LENDENFELD und an dritter Stelle ZELINKA vorschlug. Den Ruf erhielt 1894 Karl HEIDER (1856-1935), ein Schüler von F. E. SCHULZE in Graz und CLAUS in Wien, der später vor allem durch sein zusammen mit KORSCHELT herausgegebenes „Lehrbuch der Entwicklungsgeschichte der wirbellosen Thiere", in 3 Teilen (1890-1893), bekannt geworden ist. Er war zu dieser Zeit Assistent bei F. E. SCHULZE in Berlin.

Robert v. LENDENFELD nahm auch weiterhin HAECKEL für seine Interessen in Anspruch. So erbat er 1896 (21.7.) Geld aus der Jenaer „RITTER-Stiftung" für eine Spongien-Sammelexkursion an die Adria, oder falls das nicht möglich sein sollte, den Ankauf von mikroskopischen Spongien-Präparaten für 200 M durch HAECKEL, um den vierten Teil seiner Monographie über „Die Spongien der Adria" (1889-1897) fertigstellen zu können. Nachdem er 1897 die Zoologieprofessur an der k.k. Deutschen Universität Prag übernommen hatte, fragt er bei HAECKEL an, ob er in Jena ein provisorisches Unterkommen finden könne, da sich die Lage in Prag immer mehr zuspitze und dort wahrscheinlich alle zur Demission gezwungen würden (6.2.98).

Seine Stellung zu HAECKEL demonstriert v. LENDENFELD mit den Worten: „Ich fühle mich in dem Bewußtsein stolz, dass ein Reflex des glänzenden Erfolges, welchen Sie mit Ihren Ideen erreicht haben, auch auf mich fällt; denn auch ich habe nach Kräften mein Schärflein beigetragen, um das von Ihnen uns gezeigte gelobte Land zu kultivieren".[53]

Der schon erwähnte gebürtige Wiener Karl HEIDER war offensichtlich schon als Medizinstudent ein begeisterter DARWIN-Anhänger, denn 1876 nahm er mit HAECKEL Kontakt auf mit der Anfrage, ob sich auch Laien und Interessierte an dem DARWIN von deutschen Bewunderern 1877 zum Geburtstag gewidmeten Fotoalbum[54] beteiligen könnten. Da er später über vergleichende Entwicklungsgeschichte und Phylogenie wirbelloser Tiere arbeitete, war er für HAECKEL ein interessanter wissenschaftlicher Partner. Schon während seiner Assistentenzeit in Berlin (1886-1893) schickte ihm HAECKEL seine neuesten Arbeiten, wie „Das System der Siphonophoren auf phylogenetischer Grundlage" (1888c), den „Report on the Deep-Sea Keratosa" (1889) und die 4. Auflage der „Anthropogenie" (1891). Als HEIDER, dann schon in Innsbruck, die „Systematische Phylogenie der Protisten und Pflanzen" (HAECKEL 1894) erhielt, schrieb er an HAECKEL: „Es freut mich sehr gerade in der jetzigen Zeit, in der von den jüngsten Vertretern der entwicklungsmechanischen(!) Richtung mit spöttischen Lächeln auf die phylogenetische Forschung herabgesehen wird".[55] Unter der Präsidentschaft HEIDERS 1914 wurde HAECKEL auch zum Ehrenmitglied der Deutschen Zoologischen Gesellschaft ernannt, obwohl er eine Mitgliedschaft auch nach wiederholten Aufforderungen u. a. auch durch F. E. SCHULZE wiederholt abgelehnt hatte. Bezeichnend für HEIDERS Haltung zu HAECKEL ist sein „Wort der Erinnerung", mit dem er das Wintersemester 1919 einleitete, wo er zum Ausdruck brachte, daß HAECKEL auf seine „geistige Entwicklung den größten Einfluß genommen" habe, daß er für ihn richtunggebend geworden war. „Wie mir ist es allen gegangen, die der gleichen Generation angehören. HAECKEL war unser gemeinsames Vorbild, er war die Quelle, aus der wir stets aufs neue großzügige allgemeine Gesichtspunkte, neue Fragestellungen, Belehrung und Begeisterung schöpften" (HEIDER 1919).

Aus Innsbruck meldete sich auch „als jüngster Ihrer treuen Verehrer" 1911 (22.12.), der Anatom Alfred GREIL (1876-?), mit der Bitte zu Wort, seine „Richtlinien des Entwicklungs- und Vererbungsproblems" (1912) HAECKEL widmen zu dürfen, wozu HAECKEL anmerkte: „Dedication dankend angenommen". GREIL hofft, daß dieses Werk für HAECKEL „reiche und volle Genugtuung für so manche in blindem Unverstande in die Öffentlichkeit getragene Kritik sowie gründliche Schlussabrechnung mit ROUX, HERTWIG und RABL schaffen werde (14.2.12)". Dabei „wettert" GREIL „gegen die 'lähmende Umklammerung' durch die 'entsetzliche rohe Keimplasmatheorie' und die 'undisziplinierte Spekulation' der Determinantenlehre ROUX'" (MOCEK 1990: 422). Ferner bat er HAECKEL (8.3.1912), mit dem Gustav Fischer Verlag wegen Herausgabe seines Tafelwerkes „Tafeln zum Vergleichen der Entstehung der Wirbeltierembryonen" (1914) zu verhandeln, die von der Wiener Akademie mit 2000 M subventioniert würden. Als Mitglied der Redaktion des Reisewerkes „Richard SEMONS Forschungsreisen in Australien und dem malayischen Archipel"[56] beklagte er die zwischen ihm und SEMON auszutragenden Differenzen über seine eigenen Ausführungen zu *Ceratodus*. In einem Beitrag zur HAECKEL-Festschrift 1914 würdigte er in überschwenglichen Worten „HAECKELS Führung im Naturerkennen" (SCHMIDT 1914: 211).

Abb. 27: Wilhelm ROUX (1850-1924), 1880 PD Univ. Breslau, 1886 ao. Prof. f. Anatomie Univ. Breslau, 1888 Gründung und Leitung des Instituts für Enwicklungsmechanik, 1889 o. Prof. Universität Innsbruck, 1895-1921 o. Prof. Anatomie Univ. Halle.

Der von GREIL angegriffene Begründer der experimentellen Entwicklungsmechanik, Wilhelm ROUX (1850-1924; Abb. 27), war ein Schüler GEGENBAURS und HAECKELS, hat aber

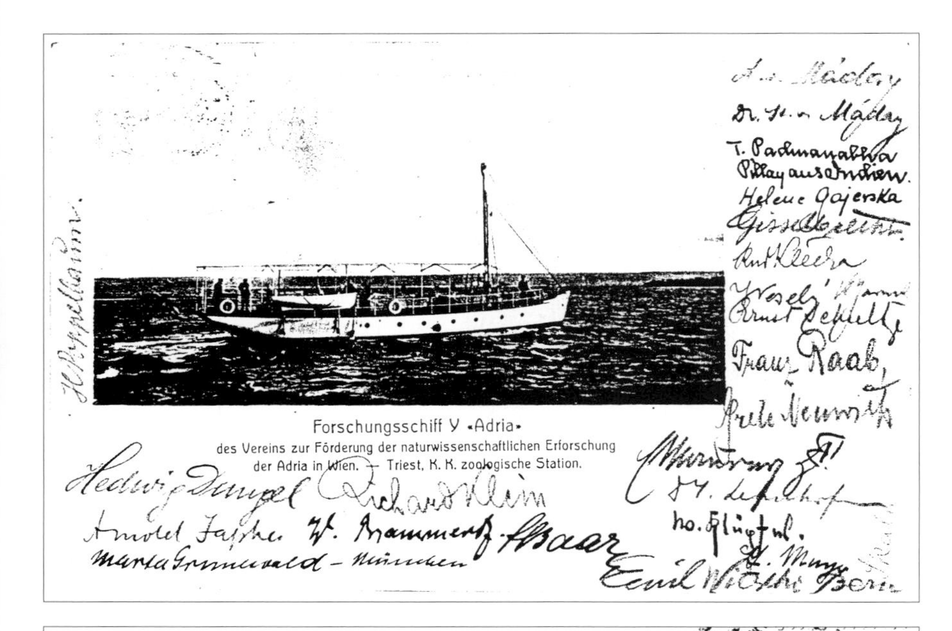

Abb. 28:
Forschungsschiff „Adria". Postkarte von Carl CORI an HAECKEL.

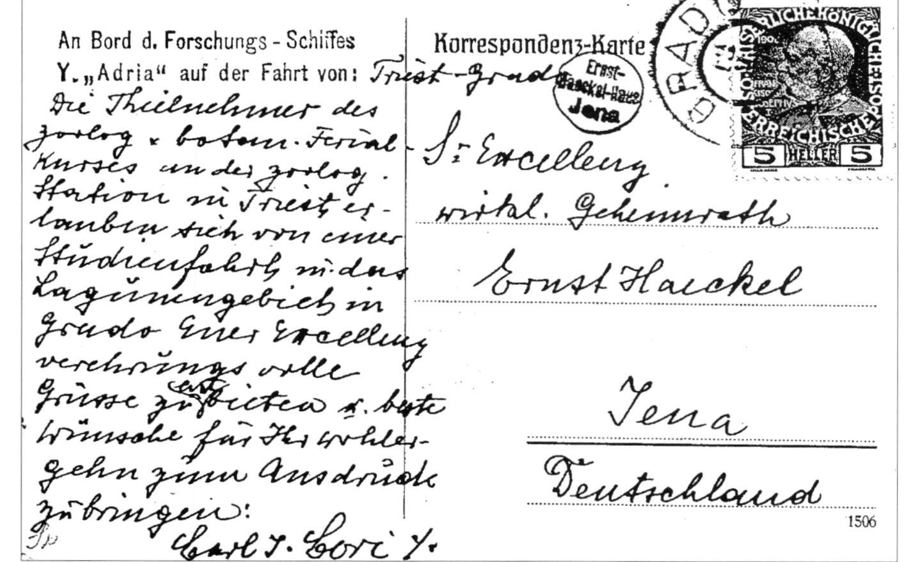

An Bord d. Forschungs-Schiffes Y. „Adria" auf der Fahrt von: Triest-Grado

Die Theilnehmer des zoolog. u. botan. Ferial Kurses an der zoolog. Station in Triest erlauben sich von einer Studienfahrt in das Lagunengebiet in Grado Euer Excellenz verehrungsvolle Grüsse zu entbieten u. beste Wünsche für Ihr Wohlergehen zum Ausdruck zu bringen:
Carl J. Cori

Korrespondenz-Karte

Ernst-Haeckel-Haus Jena

Sr. Excellenz
wirkl. Geheimrath
Ernst Haeckel
Jena
Deutschland

1506

Abb. 29:
Rückseite der Postkarte von CORI an HAECKEL.

erst 1879 als Assistent am Breslauer anatomischen Institut mit HAECKEL persönlichen Kontakt aufgenommen. Er fragte an, ob schon irgendwo in der Literatur, die von ihm in seiner Abhandlung „Ueber die Bedeutung der Ablenkung des Arterienstammes bei der Astabgabe" (1879) gemachte Annahme ausgesprochen worden sei, daß „manche biologische Gestaltungen, die sich nur mit dem Zwang aus dem Kampfe allein unter den Individuen ableiten lassen, sich leicht aus dem Kampfe unter den Organen, ferner aus dem Kampfe unter den Zellen desselben Organs und unter den Theilen derselben Zelle erklären, und daß bei Annahme dieser Prinzipien von den Zellen bloß die am kräftigsten fungierenden Theile ... übrigbleiben mußten, so daß die Gestalt der Zelle bloß der Ausdruck der Gesamtheit dieser Theilchen ist".

Er wolle diese Gedanken in einer morphologischen Habilitationsschrift verwerten. Zwei Jahre später erschien seine Schrift „Der Kampf der Theile im Organismus" (1881). Nach Übernahme des Ordinariats für Anatomie in Innsbruck 1889 eröffnete er das k. k. anatomische Institut mit einer Festrede „Die Entwickelungsmechanik der Organismen, eine anatomische Wissenschaft der Zukunft" (ROUX 1890). Im November 1889 bedankte er sich bei HAECKEL für die neue Auflage der „Natürlichen Schöpfungsgeschichte" und äußerte sich erfreut, „wie anerkennend Sie meiner geringen Leistungen gedenken". Er habe immer geglaubt, HAECKEL halte nicht viel von ihm.

Der Briefwechsel wurde auch fortgeführt, nachdem ROUX als Anatom nach Halle berufen wurde. Von hier aus schrieb ROUX (21.10.1903) nach Erhalt der 5. Auflage der „Anthropogenie" 1903, daß er froh sei, daß HAECKEL jetzt die ontogenetische Entwicklungsmechanik mehr anerkenne als vor 12 Jahren, wo er das biogenetische Grundgesetz für die erschöpfende Lösung der Kausalverhältnisse während der Ontogenese betrachtet habe. 1903 versuchte er HAECKEL noch in einem Brief klarzumachen, daß er bezüglich der Gültigkeit des biogenetischen Grundgesetzes nicht von ihm abgewichen sei, aber wegen des regelhaften Vorkommens besser von einer Regel statt eines Gesetzes spreche. Doch im letzten Brief (31.5.1915) äußerte er, wenn er nicht glauben würde, daß HAECKEL „von einem Ketzer nichts mehr lesen würde", so würde er ihm seine neueste Schrift über Selbstregulation als ein charakteristisches, aber nicht notwendig vitalistisches Vermögen aller Lebewesen übersenden (ROUX 1915). HAECKEL aber stellte 1919 ROUX anläßlich der Auseinandersetzungen mit seinem letzten Schüler Julius SCHAXEL (1887-1943) in die Kette der „berühmten" Schüler, die ihren „mißratenen Meister gründlich 'ad absurdum' führen", und nennt dabei Oscar HERTWIG, ROUX, Hans DRIESCH und SCHAXEL: „Diese und andere 'dankbare' Schüler von mir sind umso gefährlicher, als sie mich persönlich

Abb. 30:
Ernst HAECKEL.[61]

nicht angreifen, sondern 'verehren' – aber umsomehr den Kern unserer Gegensätze sophistisch verdrehen!", bemerkte er verbittert (USCHMANN 1959: 218; KRAUẞE, 1987: 84).

Aus Krakau erreichte HAECKEL[58] die dringliche Bitte des dortigen Zoologen M. NOWICKI, ihm Protistenpräparate zu senden, die er „entschlossen, Ihre Entwicklungsgeschichte in meiner Heimat zu verbreiten ... zur Demonstration dringend benöthige". Ohne diese sei er „wie ein Soldat ohne Waffe im Krieg". Auch in der folgenden Zeit bat er um Übersendung von Kalkschwammpräparaten aus HAECKELS Sammlung für eigene Untersuchungen.

Von der Universität Lemberg erhielt HAECKEL mehrere überraschende Angebote, seine Werke ins Polnische zu übersetzen. So bat der Zoologe Benedykt DYBOWSKI um die Erlaubnis, daß sein Assistent Dr. Mieciclaus GROCHORSKI HAECKELS Vortrag „Ueber unsere gegenwärtige Kenntniß vom Ursprung des Menschen" übersetzen dürfe. Der 1902 fertiggestellten polnischen Ausgabe, stellte DYBOWSKI ein biographisch orientiertes, HAECKELS

Verdienste hervorhebendes Vorwort voran. „Sie haben über die Vorurtheile gesiegt, schrieb er an HAECKEL. „Wir hoffen über den Despotismus und die Ungerechtigkeit siegen zu können. Es muß doch einmal Frühling werden".[59]

Ein gleiches Anliegen verfolgte Johann CZARNECKI aus Lemberg, der um die Genehmigung zur Herausgabe einer polnischen Übersetzung der „Natürlichen Schöpfungsgeschichte" nachsuchte, die 1871 dann aus verlegerischen Gründen, anders als das Original, in zwei Bänden erschien.

Mit Triest verbanden HAECKEL nicht nur Beziehungen zu dem dortigen Zoologen am Naturhistorischen Museum, Simeon Ritter von SYRSKI, den Direktoren der Triester Meeresbiologischen Station, Eduard GRAEFFE (1833-1916) und Carl CORI (1865-1954), mit denen er während der Zwischenaufenthalte in Triest auf seinen zahlreichen Reisen zusammentraf (Abb. 28, 29). In Triest lebte auch sein Studienfreund aus Wien, der Augenarzt Josef BRETTAUER (1835-1905), der in seinen Briefen regen Anteil an HAECKELS Leben nahm und ihn mehrfach ermunterte, die Wiener Professur anzunehmen. Den intensivsten Kontakt pflegte HAECKEL mit der Familie des Juristen Gustav KRAUSENECK. Mit dessen Familie wurde HAECKEL durch Vermittlung des Kurators der Jenaer Universität, Moritz von SEEBECK, 1871 auf seiner Reise nach der Adria bekannt. Die daraus entstandene Freundschaft währte bis zum Tode HAECKELS. Seine Aufenthalte während der ersten Orientreise 1873, seiner Reise nach Korfu 1877, seiner Vortragsreise nach Wien, Triest 1878, der Ceylonreise 1881/82 und der zweiten Orientreise 1887 waren für die Familie unvergeßliche Erlebnisse. Dieser sehr familiären Beziehung verdankt HAECKEL die Bekanntschaft mit dem Bildhauer Joseph KOPF, dem Schwiegervater KRAUSENECKS. Er schuf nach einer Begegnung in Rom 1893 ein Porträtrelief[60] und eine Büste von HAECKEL.

Aus den angeführten Beispielen wird deutlich, daß HAECKEL auf die Entwicklung der Biologie in Österreich einen maßgeblichen Einfluß ausgeübt hat. Die Evolutionstheorie wurde durch die jüngere Generation vor allem über seine „Generelle Morphologie" und die „Natürliche Schöpfungsgeschichte" und seine systematischen Monographien rezepiert. Von den angeführten Wissenschaftlern standen, bedingt durch DARWINS Tod, nur die älteren, CLAUS, MOJSISOVICS, SUEß und HABERLANDT mit DARWIN selbst in direktem Kontakt (JUNKER & RICHMOND 1996). Die jüngeren standen „unter dem Banne" Ernst HAECKELS und wurden teils noch als Schüler oder Studenten von seinen Schriften begeistert und für ein Studium der Medizin oder Naturwissenschaften gewonnen, aber auch von seiner Auffassung der DARWINschen Theorie geprägt. Dabei spielte seine gleichzeitig formulierte naturwissenschaftlich begründete Weltanschauung und der damit verbundene Antiklerikalismus unter den Bedingungen des Österreichischen Liberalismus eine nicht unbedeutende Rolle. Nur in einigen Fällen führte das zu einer direkten Schülerschaft, die Mehrzahl zählte sich zu seinen Schülern „in absentia" und orientierte sich an dem in der „Generellen Morphologie" formulierten Forschungsprogramm. Im Mittelpunkt stand die Untersuchung der Entwicklungsgeschichte und die Klärung von Abstammungsverwandtschaften niederer Meerestiere, wobei insbesondere die Übergangsformen eine Rolle spielten; zum Teil wurden, wie bei SCHULZE, SCHMIDT und RABL, die gleichen Tiergruppen bearbeitet, wobei die Gastraeatheorie ein zentraler Punkt der Diskussionen war. Über die Bedeutung HAECKELS für die Systematik äußerte HATSCHEK in „Das neue zoologische System" (1911), „daß wir die Vertiefung unserer gesamten Vorstellung im Sinne der Descendenzlehre, die Anwendung der embryologischen Forschungsergebnisse auf das System und die daraus folgende einheitliche Auffassung aller vielzelligen Tiere, die als Metazoa den einzelligen Protozoa gegenübergestellt würden", Ernst HAECKEL verdanken (Abb. 30).

In der Korrespondenz wird aber auch der Bruch mit Carl CLAUS und die unversöhnliche Haltung beider Kontrahenten in diesem Konflikt deutlich. HAECKELS starre Haltung gegenüber den modernen Auffassungen der kausalen Morphologie, der Entwicklungsmechanik von ROUX, offenbart sich in den Briefen ebenso wie seine Abwertung der experimentellen Zytologie. Deutlich wird aber auch sein großer Einfluß auf das Berufungsgeschehen an österreichischen Universitäten. Dabei ging die Initiative zwar meist nicht von ihm selbst aus, aber es war sicher auch nicht ganz uneigennützig, wenn er in seinem Sinne wirkende Forscher für die Neubesetzung von Lehrstühlen empfahl. Die Briefe lassen aber auch die Ausstrahlung erkennen, die von HAECKELS Persönlichkeit ausging, und die Anregungen und die Begeisterung, die er zu vermitteln vermochte.

4 Zusammenfassung

In diesem Beitrag werden neben einigen biographischen Bezügen HAECKELS Beziehungen zu österreichischen Gelehrten, insbesondere zu Biologen und Medizinern, an Hand bisher zum großen Teil unerschlossener Briefe an HAECKEL, Urkunden, Tagebuchaufzeichnungen, etc. aus den Beständen des Instituts für Geschichte der Medizin, Naturwissenschaft und Technik – Ernst-Haeckel-Haus – der Friedrich-Schiller-Universität Jena dargestellt. Dabei wird versucht, anhand von ausgewählten Beispielen und Zitaten einen ersten Überblick über den Einfluß HAECKELS auf die Rezeption der Evolutionstheorie DARWINS und die Entwicklung der Biologie, insbesondere der Zoologie in Österreich, zu geben.

5 Literatur

ABEL O. (1912): Grundzüge der Paläobiologie der Wirbeltiere. — Schweizerbart, Nägele & Sprosser, Stuttgart.

BARETT P.H., GAUTREY P.J., HERBERT S., KOHN D. & S. SMITH (Eds.)(1987): Charles DARWIN's notebooks, 1846-1844. — Cambridge Univ. Press, Cambridge.

BELLONI L. (1973): HAECKEL als Schüler und Assistent von VIRCHOW und sein Atlas der Pathologischen Histologie bei Prof. Rudolf VIRCHOW, Würzburg, Winter 1855/56. — Physis **15**: 1-39.

BENDER R. (1998): Der Streit um Ernst HAECKELS Embryonenbilder. — Biol. uns. Zeit **28**/3: 157-165.

BREIDBACH O. (1997): Entphysiologisierte Morphologie – Vergleichende Entwicklungsbiologie in der Nachfolge HAECKELS. — Theory Biosci. **116**: 328-348.

Botanik und Zoologie in Österreich in den Jahren 1850 bis 1900. Hrsg. von der K. K. Zoologisch-Botanischen Gesellschaft in Wien anlässlich ihres fünfzigjährigen Bestandes.

CLAUS C. (1874): Die Typenlehre und E. HÄCKEL's sog. Gastraeatheorie. — Verl. Manz, Wien.

CLAUS C. (1882): Zur Wahrung der Ergebnisse meiner Untersuchungen über *Charybdea* als Abwehr gegen den Haeckelismus. — Arb. zool. Inst. Wien **4**, 2.

CLAUS C. (1888): LAMARCK als Begründer der Descendenztheorie. — Verl. A. Hölder, Wien.

CLAUS C. (1899): Hofrath Dr. Carl CLAUS. Bis 1873 Autobiographie, vollendet von Prof. v. ALTH in Wien. Hrsg. v. Verein f. Naturk. — Verl. Elwert, Kassel, Marburg.

DARWIN C. (1859): On the origin of species by means of natural selection, or the preservation of favoured races in the struggle for life. — J. Murray, London.

DARWIN Ch. (1871): Die Abstammung des Menschen und die geschlechtliche Zuchtwahl. Deutsche Übers. von. V. CARUS. — Stuttgart.

DELLE GRAZIE E. (1914): Ernst HAECKEL der Mensch. — In: SCHMIDT H. (Hrsg.): Was wir Ernst HAECKEL verdanken. Ein Buch der Verehrung und Dankbarkeit. Bd. **2**: 312.

DODEL-PORT A. (1886): Konrad DEUBLERS Briefwechsel. — B. Elitscher, Leipzig.

ENGELHARDT D. (1980): Polemik und Kontroversen um HAECKEL. — Medizinhist. J. **15**: 284-304.

FRANZ V. (Hrsg.)(1944): Ernst HAECKEL. Eine Schriftenfolge. Bd.2. — Jena, Leipzig.

GEUS A. (1980): Der achtzigjährige Ernst HAECKEL – ein Altersporträt von Marie ROSENTHAL-HATSCHEK. — Medizinhist. J. **15**: 172-176.

GÖBEL M. (1932): Ernst HAECKELS Vorfahren. — Arch. Sippenforsch. **9**/8: 251-255.

GREIL A. (1912): Richtlinien des Entwicklungs- und Vererbungsproblems. Beiträge zur allgemeinen Physiologie der Entwicklung. — G. Fischer Verl., Jena.

GURSCH R. (1981): Die Illustrationen Ernst HAECKELS zur Abstammungs- und Entwicklungslehre: Diskussion im wissenschaftlichen und nichtwissenschaftlichen Schrifttum. — P. Lang Verl. (Marburger Schriften zur Medizingeschichte Bd. **1**), Frankfurt a. M., Bern.

HAECKEL E. (1856a): Ueber die Beziehungen des Typhus zur Tuberculose. — Wiener Med. Wschr. **6**/1 u. 2, Spalten 1-5, 17-20.

HAECKEL E. (1856b): Fibroid des Uterus. — Wiener Med. Wschr. **7**, Spalten 97-101.

HAECKEL E. (1856c): Ueber chronische Affectionen des Uterus und der Eierstöcke. — Wiener Med. Wschr. **12**, Spalten 180-184.

HAECKEL E. (1857a): De telis quibusdam astaci fluviatilis. Dissertatio inauguriis. — J.G. Schade, Berolini.

HAECKEL E. (1857b): Ueber die Gewebe des Flußkrebses. — Müllers Arch. Anat. Physiol. **1857**: 469-568.

HAECKEL E. (1862): Die Radiolarien (Rhizopoda radiaria). Eine Monographie. I: Text., II: Atlas — G. Reimer, Berlin.

HAECKEL E. (1863): Ueber die Entwickelungstheorie DARWIN'S. Oeffentlicher Vortrag am 19. September 1863 in der Versammlung Deutscher Naturforscher und Aerzte zu Stettin. — Amtlicher Bericht über die acht und dreissigste Versammlung Deutscher Naturforscher und Aerzte in Stettin im September 1863. Hrsg. von C.A. DOHRN & Dr. BEHM, Stettin, 17-30.

HAECKEL E. (1866a): Generelle Morphologie der Organismen. I. Allgemeine Anatomie der Organismen. — G. Reimer Verl., Berlin.

HAECKEL E. (1866b): Generelle Morphologie der Organismen. II. Allgemeine Entwicklungsgeschichte der Organismen. — G. Reimer Verl., Berlin.

HAECKEL E. (1868): Natürliche Schöpfungsgeschichte. Gemeinverständliche Vorträge über die Entwickelungslehre im Allgemeinen und diejenige von DARWIN, GOETHE und LAMARCK im Besonderen, über die Anwendung derselben auf den Ursprung des Menschen und andere damit zusammenhängende Grundfragen der Naturwissenschaft. — G. Reimer, Berlin.

HAECKEL E. (1872): Die Kalkschwämme. Eine Monographie. 1. Bd. (Genereller Teil) Biologie der Kalkschwämme. 2. Bd. (Spezieller Teil) System der Kalkschwämme. 3. Bd. (Illustrativer Teil) Atlas der Kalkschwämme. — G. Reimer, Berlin.

HAECKEL E. (1873): Zur Morphologie der Infusorien. — Jen. Z. Naturwiss. **7** (1871/1873): 516-560.

HAECKEL E. (1874a): Anthropogenie oder Entwickelungsgeschichte des Menschen. Gemeinverständliche wissenschaftliche Vorträge über die Grundzüge der menschlichen Keimes- und Stammesgeschichte. — W. Engelmann, Leipzig.

HAECKEL E. (1874b): Die Gastraeatheorie, die phylogenetische Classifikation des Thierreichs und die Homologie der Keimblätter. — Jen. Z. Naturwiss. **8**: 1-55.

HAECKEL E. (1876): Ziele und Wege der heutigen Entwickelungsgeschichte. — H. Dufft Verl., Jena.

HAECKEL E. (1877): Biologische Studien. II. Heft: Studien zur Gastraeatheorie. I. Die Gastraeatheorie, die phylogenetische Classification des Thierreichs und die Homologie der Keimblätter. II. Die Gastrula und die Eifurchung der Thiere. III. Die Physemarien (Haliphysema), Gastraeaden der Gegenwart. — H. Dufft Verl., Jena.

HAECKEL E. (1884): Ursprung und Entwicklung der thierischen Gewebe. Ein histogenetischer Beitrag zur Gastreatheorie. — Jen. Z. Naturwiss. **18** (N. F. 11), 206-275.

HAECKEL E. (1887): Die Radiolarien (Rhizopoda Radiaria). Eine Monographie. 2: Grundriß einer allgemeinen Naturgeschichte der Radiolarien. — G. Reimer Verl., Berlin **2**: 1-248, 64 Taf.

HAECKEL E. (1888a): System der Siphonophoren auf phylogenetischer Grundlage.— Jen. Z. Naturwiss. **22** (N. F. 15): 1-46.

HAECKEL E. (1888b): Die Radiolarien (Rhizopoda Radiaria). Eine Monographie. 3: Die Acanthari-en oder actipyleen Radiolarien. — G. Reimer Verl., Berlin **3**: 1-27, 12 Taf.

HAECKEL E. (1888c): Die Radiolarien (Rhizopoda Radiaria). Eine Monographie. 4: Die Phaeodari-en oder cannopyleen Radiolarien. — G. Reimer Verl., Berlin **4**: 1-25, 30 Taf.

HAECKEL E. (1888d): Report on the Siphonophorae collected by H. M. S. Challenger during the years 1873-187. — Rep. Sci. Results Voyage H.M.S. Challenger 1873-76. Zoology **28**: 1-380, 50 pls.

HAECKEL E. (1889): Report on the Deep-Sea Keratosa collected by H. M. S. Challenger during the years 1873-1876. — Rep. Sci. Results Voyage H.M.S. Challenger 1873-76. Zoology **32**: 1-92, pls. 1-8.

HAECKEL E. (1899-1904): Kunstformen der Natur. — Bibliogr. Inst., Leipzig, Wien.

HAECKEL E. (1891): Anthropogenie oder Entwicklungsgeschichte des Menschen. Keimes- und Stammesgeschichte. Gemeinverständliche wissenschaftliche Vorträge über die Grundzüge der menschlichen Keimes- und Stammesgeschichte, 4., umgearb., vermehrte Aufl. — Verl. A. Engelmann, Leipzig

HAECKEL E. (1892): Der Monismus als Band zwischen Religion und Wissenschaft. Glaubensbekenntnis eines Naturforschers, vorgetragen am 8. Oktober 1892 in Altenburg. — E. Strauß Verl., Bonn

HAECKEL E. (1893): Plankton Composition.— Jen. Z. Naturwiss. **27** (N. F. 20): 559-566.

HAECKEL E. (1895): Die Wissenschaft und der Umsturz. — Zukunft, Nr.18 vom 2. Februar.

HAECKEL E. (1894): Systematische Phylogenie. Entwurf eines natürlichen Systems der Organismen auf Grund ihrer Stammesgeschichte. I. Systematische Phylogenie der Protisten und Pflanzen. — G. Reimer, Berlin.

HAECKEL E. (1895): Systematische Phylogenie. Entwurf eines natürlichen Systems der Organismen auf Grund ihrer Stammesgeschichte. III. Systematische Phylogenie der Wirbelthiere (Vertebrata). — G. Reimer, Berlin.

HAECKEL E. (1899): Die Welträthsel. Gemeinverständliche Studien über monistische Philosophie. — E. Strauß, Bonn.

HAECKEL E. (1904): Die Lebenswunder. Gemeinverständliche Studien über Biologische Philosophie. Ergänzungsband zu dem Buche über die Welträthsel. — A. Kröner, Stuttgart.

HAECKEL E. (1906): Prinzipien der generellen Morphologie der Organismen. Wörtlicher Abdruck eines Teiles der 1866 erschienenen Generellen Morphologie (Allgemeine Grundzüge der organischen Formen-Wissenschaft mechanisch begründet durch die von Charles DARWIN reformierte... — G. Reimer Verl., Berlin.

HAECKEL E. (1909): Natürliche Schöpfungs-Geschichte. Gemeinverständliche wissenschaftliche Vorträge über die Entwickelungslehre. Erster Teil: Allgemeine Entwickelungslehre. (Transformismus und Darwinismus) 11. verb. Aufl. — G. Reimer Verl., Berlin

HAECKEL E. (1910): Sandalion. Eine offene Antwort auf die Fälschungs-Anklagen der Jesuiten. — Neuer Frankfurter Verl., Frankfurt a. M.

HAECKEL E. (1919): Eine autobiographische Skizze. — Das freie Wort (Frankfurt) **19**: 270-285.

HAECKEL E. (1921): Entwicklungsgeschichte einer Jugend. Briefe an die Eltern 1852/1856. — A. Koehler, Leipzig.

HAECKEL E. (1923): Berg- und Seefahrten (1857/1883). — A. Koehler, Leipzig.

HAECKEL E. (1928): Die Wiener medizinische Fakultät um 1857. Ein Brief ERNST HAECKELS an seine Eltern. — Wiener Med. Wschr. **47**: 2019 und **48**: 2064. [Separatdruck bei E.Mühlthalers Buch- und Kunstdruckerei München: 1-16.]

HAIDER H. (1951): Materialien zur Geschichte des biogenetischen Grundgesetzes in der Zeit von 1793-1937. — Diss. Univ. Wien.

HAMANN O. (1903): Carl CLAUS. — In: Allgemeine Deutsche Biographie (ADB), hrsg. v. Hist. Komm. Bayr. Akad. Wiss. **24**: 499.

HATSCHEK B. (1877): Beiträge zur Entwicklungsgeschichte der Lepidopteren. — Jena. Z. Naturw. **11**: 115-143.

HATSCHEK B. (1882): Studien über die Entwicklung des *Amphioxus*. — Arb. Zool. Inst. Wien **4**: 1-88.

HATSCHEK B. (1911): Das neue zoologische System. — W. Engelmann Verl., Leipzig.

HATSCHEK B. (1914): In: Was wir Ernst HAECKEL verdanken. Im Auftrag des Deutschen Monistenbundes hrsg. von Heinrich SCHMIDT-Jena. — Verl. Unesma, Leipzig, Bd. 2: 234.

HECHT G. (1974): Die Botanische Tätigkeit Ernst HAECKELS in der Teplitzer Gegend 1852. — Oblastni muzeum, Teplice.

HEIDER K. (1919): ERNST HAECKEL. Ein Wort der Erinnerung, gesprochen zur Eröffnung des Kollegs, Oktober 1919. — Naturw. **7**: 945-946.

HILLERMANN H. (1976): Zur Begriffsgeschichte des Monismus. — Arch. Begriffsgesch. **20**: 214-229.

JUNKER T. & M. RICHMOND (1996): Charles DARWINS Briefwechsel mit Deutschen Gelehrten. — Basilisken-Presse, Marburg.

KASSOWITZ M. (1899): Leben und Tod. Ursprung des Lebens. — In: Allgemeine Biologie, Wien, Bd. 2.

KELLY A. (1981): The descent of DARWIN. The popularization of Darwinisms in Germany, 1860-1914. — Univ. North Carolina Press, Chapel Hill.

KRAUßE E. (Hrsg.)(1987): Julius SCHAXEL an Ernst HAECKEL. 1906-1917. — Friedrich-Schiller-Univ. Jena, Urania Verl., Leipzig, Jena, Berlin.

LESKY E. (1978): Die Wiener Medizinische Schule im 19. Jahrhundert. Studien zur Geschichte der Universität Wien. — H. Böhlau Verl., Graz, Köln.

MAYR E. (1967): Artbegriff und Evolution. — P. Parey Verl., Hamburg, Berlin.

MÄGDEFRAU K. (1973): Geschichte der Botanik. — G. Fischer Verl., Stuttgart.

MC CABE J. (1914): Ernst HAECKEL in England. — In: SCHMIDT H. (Hrsg.): Was wir Ernst HAECKEL verdanken. Ein Buch der Verehrung und Dankbarkeit. Bd. **2**: 244.

MOCEK R. (1990): Die werdende Form. Eine Geschichte der Kausalen Morphologie. — Basilisken-Presse, Marburg an der Lahn.

PETERS D. (1980): Das Biogenetische Grundgesetz – Vorgeschichte und Folgerungen. — Medizinhist. J. **15**: 57-69.

QUERNER H. & A. GEUS. (1990): Deutsche Zoologische Gesellschaft 1890-1990. Dokumentation und Geschichte. — G. Fischer, Stuttgart, New York.

RABL C. (1875): Die Ontogenie der Süßwasserpulmonaten. — Jen. Z. Naturwiss. **9** (N. F. 2): 195-237.

RABL C. (1876): Über die Entwicklungsgeschichte der Maler-Muschel. — Jen. Z. Naturwiss. **10** (N. F. 3): 310-393.

RABL C. (1877): Bemerkungen zum Bau der Najadenkeime. — Jen. Z. Naturwiss. **11** (N. F. 4): 349-354.

RABL C. (1914): In: SCHMIDT H. (Hrsg.): Was wir Ernst HAECKEL verdanken. Ein Buch der Verehrung und Dankbarkeit. Bd. **2**: 1.

RICHARDSON M.K, HANKEN J., GOONERATNE M.L., PIEAU C., RAYNAUD A., SELWOOD L. & G.M. WRIGHT (1997): There is no highly conserved embryonic stage in the vertebrates implications for current theories of evolution and development. — Anat. Embryol. **196:** 91-106.

ROUX W. (1879): Ueber die Bedeutung der Ablenkung des Arterienstammes bei der Astabgabe. — Jena. Z. Naturwiss. **13** (N. F. 6): 321-337.

ROUX W. (1881): Der Kampf der Theile im Organismus. Ein Beitrag zur Vervollständigung der mechanischen Zweckmäßigkeitslehre. — W. Engelmann, Leipzig.

ROUX W. (1890): Die Entwickelungsmechanik der Organismen, eine anatomische Wissenschaft der Zukunft. Festrede z. Eröffnung des K.K. anatom. Inst. zu Innsbruck am 12.11.1889. — Verl. Urban & Schwarzenberg, Wien.

ROUX W. (1915): Das Wesen des Lebens. — In: HINNENBERG P. (Hrsg.): Allgemeine Biologie. Die Kultur der Gegenwart, 173-187.

SCHLEICHER A. (1863): Die DARWINsche Theorie und die Sprachwissenschaft. Offenes Sendschreiben an Herrn Dr. Ernst HÄCKEL. — Weimar.

SCHMIDT H. (Hrsg.)(1914): Was wir Ernst HAECKEL verdanken. Ein Buch der Verehrung und Dankbarkeit. Bd. **2**. — Verl. Unesma, Leipzig.

Schmidt. H. (1934): Denkmal eines großen Lebens.— Verl. Frommann, Jena.

Tembrock G. (1966): Franz Eilhard Schulze und die Gesellschaft Naturforschender Freunde zu Berlin. — Sber. Ges. Naturf. Freunde Berlin, N. F. **6**: 137-151.

Uschmann G. & I. Jahn (1959/60): Der Briefwechsel zwischen Thomas Henry Huxley und Ernst Haeckel. — Wiss. Zschr. F.-Schiller-Univ. Jena, math.-naturwiss. R. 9: 7-33.

Waagen W. (1869): Die Formenreihe des *Ammonites subradiatus*. Versuch einer paläontologischen Monographie. — München.

Wenzel M. (1994): Generelle Morphologie und Evolutionstheorie. Ernst Haeckels Morphologieverständnis zwischen Tradition und Neubeginn. — In: Gutmann W.F., Mollenhauer D. & D.St. Peters (Hrsg.): Morphologie & Evolution. Symposien zum 175jährigen Jubiläum der Senckenbergischen Naturforschenden Gesellschaft. W. Kramer, Frankfurt a.M.

Anmerkungen

1 Eine Publikation über außerwissenschaftliche Beziehungen Haeckels zu Österreich, insbesondere zu seinem Monismus, ist in Vorbereitung. Dort wird auch die Korrespondenz mit österreichischen Philosophen berücksichtigt.

2 Über diese Reise führte Haeckel ein Tagebuch. Ernst-Haeckel-Haus Jena, Best. B-Abt.1., Nr. 309a; vgl. hierzu auch Hecht (1974).

3 Oesterreichische Zeitschrift für practische Heilkunde, hrsg. Vom Doctoren-Collegium der Medicinischen Facultät in Wien, **2**. Jg., No 6, 8. Febr. 1856, Spalten 113-118.

4 Wiener Med. Wschr. **8** (1856), Spalten 113-116.

5 Dieser Brief wurde 1928 mit einer Vorbemerkung von Heinrich Schmidt in der Wiener Medizinischen Wochenschrift und als Separatdruck publiziert (s. Haeckel 1928).

6 Die Kolleghefte der Vorlesungen „Physiologie des Nervensystem" bei Brücke und „Experimentalkursus Physiologie" bei Ludwig (1857) sind im Nachlaß erhalten. Ernst-Haeckel-Haus Jena, Best. B-Abt. 1, Nr. 393.

7 Einen solchen Ausflug (vom 21.5.1857) beschreibt Haeckel (1923: 5-17).

8 Brief an Thomas Henry Huxley vom 11.11.1865 (Uschmann & Jahn 1959: 60)

9 Wie Darwins Notebooks beweisen, war die Abstammung des Menschen schon seit den dreißiger Jahren für Darwin Gegenstand der Betrachtungen (vgl. Barett 1987).

10 „Wäre dieses Werk erschienen, ehe meine Arbeit niedergeschrieben war, würde ich sie wahrscheinlich nie zu Ende geführt haben; fast alle die Folgerungen, zu denen ich gekommen bin, sind durch diesen Forscher bestätigt, dessen Kenntnisse in vielen Punkten viel reicher sind als meine" (Darwin 1871: 3).

11 Das Skizzenbuch ist im Nachlaß noch erhalten. Ernst-Haeckel-Haus Jena, Best. H-Abt. 2.

12 Brief an Schmidt vom 29.10.1870. Ernst-Haeckel-Haus Jena, Best. A.

13 Brief an die Eltern vom 20.11.1870. Ernst-Haeckel-Haus Jena, Best. A.

14 Johannes Nepomuk Czermak (1828-1873), gebürtig in Prag, war zuerst Professor der Physiologie in Graz (1855), dann in Krakau (1856) und in Pest (1858-1860), bis 1865 Privatgelehrter in Prag. Von 1865-1869 Prof. f. Physiologie in Jena. 1870 folgte er einem Ruf nach Leipzig.

15 Brief an die Eltern vom 22.12.1870. Ernst-Haeckel-Haus Jena, Best. A.

16 Abschrift Haeckels im Brief an die Eltern v. 22.12.1870.

17 am 10. Januar wurde seine Tochter Elisabeth geboren.

18 Brief vom 26.12.1870. Ernst-Haeckel-Haus Jena, Best. A.

19 Brief an die Eltern vom 25.1.1871. Ernst-Haeckel-Haus Jena, Best. A.

20 Brief an Haeckel vom 24.12.1872. Ernst-Haeckel-Haus Jena, Best. A.

21 Brief vom 14.1.1873. Ernst-Haeckel-Haus Jena, Best A.

22 Vgl. Uschmann (1959: 79). Hier ergibt sich eine Unstimmigkeit mit der Angabe, Haeckel habe die Berufung im Januar 1872 erhalten und am 28.2.72 abgelehnt. Da die Akten über die Berufung in Wien im Österreichischen Staatsarchiv einer Kassation zum Opfer gefallen sind, kann das nicht definitiv geklärt werden.

23 Claus (1899) schrieb dazu in seiner Autobiographie: „Man hatte sich an Haeckel gewandt, dieser hatte vielleicht in richtiger Würdigung mancher, einer erfolgreichen Wirksamkeit des zu berufenden Zoologen voraussichtlich entgegentretenden Schwierigkeiten abgelehnt. ... Leider hatte ich es unterlassen, den eigenthümlichen Verhältnissen des österreichischen Kaiserstaates Rechnung zu tragen und vor allen mich über die von den deutschen so abweichende Organisation der Universität näher zu informieren, eine Unterlassung, die ich schliesslich durch meinen vorzeitigen Rücktritt vom Lehramte büssen mußte".

24 Zur Institutionengeschichte siehe: Botanik und Zoologie in Österreich in den Jahren 1850 bis 1900. Hrsg. von der K. K. zoologisch-botanischen Gesellschaft Wien anlässlich der Feier ihres fünfzigjährigen Bestandes. Verl. Alfred Hölder, Wien 1901.

25 4.6.1910. Briefe Claus an Haeckel. Ernst-Haeckel-Haus Jena, Best A.

26 Die Arbeit erschien 1876 in den Sitzungsberichten der Wiener Akademie.

27 Z. wiss. Zool. **29** (1877).

28 Arb. Zool. Inst. Wien **1** (1878), **6** (1886).

29 Hatschek prägte hier den Begriff „Trochophora" für die aus einer Spiralfurchung hervorgegangene Larve der Ringelwürmer und Igelwürmer.

30 Brief vom 21.1.1885 an Haeckel. Ernst-Haeckel-Haus Jena, Best. A, Abt. 1, Nr.1808/1-28. Laut Auskunft von Prof. Dr. W. Marinelli, Wien vom 2.1.1968 an Georg Uschmann existiert in Wien kein Nachlaß Hatscheks.

31 Brief vom 1.5.1888 an Haeckel.

32 Brief vom 22.2.1889 an Haeckel. vgl. dazu Claus (1889): Zur Beurtheilung des Organismus der Siphonophoren und deren phylogenetische Ableitung. Eine Kritik von E. Haeckel's sog. Medusomtheorie. Arb. Zool. Inst. Wien **8**.

33 Brief vom 9. Juli 1891.

34 Brief von Augusta Dessauer an G. Uschmann v. 14.9.1967; vgl. dazu auch Geus (1980).

35 Brief an Haeckel vom 7.12.1895. Ernst-Haeckel-Haus Jena, Best. A.

36 Brief an Haeckel vom 3.1.1893. Ernst-Haeckel-Haus Jena, Best. A.

37 Haeckel hatte sich auch um das Humboldt-Stipendium der Berliner Akademie für diese Reise beworben, was ebenfalls abgelehnt wurde.

38 Brief vom 18.6.1881 an Haeckel. Ernst-Haeckel-Haus Jena, Best. A.

39 Auf Wunsch v. Lendenfelds, vgl. Brief Lendenfeld vom 9.5.1889. Ernst-Haeckel-Haus Jena, Best. A.

40 Am 9. Mai 1889 beschloß die math.-naturw. Klasse der Akademie eine Kommission zur Vorbereitung von Tiefseeforschungen in den Österreich nahe liegenden Meeren. Bereits im Sommer 1890 wurde unter Teilnahme der Zoologen Grobben und v. Marenzeller mit der Erforschung des östlichen Mittelmeeres begonnen, ab 1891 übernahm Steindachner die zoologische Forschung, die 1894 im Adriatischen Meer und 1895/96 im Roten Meer fortgesetzt wurde (vgl. Botanik und Zoologie in Österreich: 23).

41 Brief vom 16.9.1905. Ernst-Haeckel-Haus Jena, Best. A.

42 Neue Österr. Biogr. 1815-1918. 1. Abt. Biographien. 1923: 75.

43 Brief vom 15.2.1904 an Haeckel. Ernst-Haeckel-Haus Jena, Best. A.

44 Brief vom 27.10.1918.

45 Brief vom 4.1.1889 an Haeckel. Ernst-Haeckel-Haus Jena, Best. A.

46 Abgedruckt bei H. Schmidt 1909 (vgl. dazu auch Uschmann 1959: 130-133 und Gursch 1981).

47 Zu den neuesten Diskussionen zu diesem Problem siehe Richardson et al. (1997), Bender (1998) und Breidbach (1998).

48 Brief an Haeckel vom 7.9.1892. Ernst-Haeckel-Haus Jena, Best. A.

49 Briefe Wettsteins an Haeckel. Ernst-Haeckel-Haus Jena, Best. A.

50 Haeckel hat das Diplom Darwin mit Brief vom 28.6.1867 übersandt (vgl. Junker & Richmond, 1996: 40).

51 Brief vom 26.1.1867. Ernst-Haeckel-Haus Jena, Best. A.

52 V. Roggenbach war Kurator der Universität Straßburg.

53 Briefe Schulzes an Haeckel. Ernst-Haeckel-Haus Jena, Best. A. (vgl. Tembrock 1966)

54 Brief vom 28.10.1889. Ernst-Haeckel-Haus Jena, Best. A.

55 Das Album mit den Porträts deutscher Bewunderer wurde Darwin zum 9. Februar 1877 übersandt (vgl. Junker & Richmond 1996: 124).

56 Brief vom 28.11.1894. Ernst-Haeckel-Haus Jena, Best. A.

57 Richard Semon (1859-1918) war Schüler Haeckels und unternahm 1891-1893 mit Unterstützung Haeckels eine Forschungsreise nach Australien und dem malayischen Archipel, die aus der „Ritterstiftung für Phylogenie" finanziert wurde.

58 Briefe vom 9.6.1871. Ernst-Haeckel-Haus Jena, Best. A.

59 Brief vom 30.3.1902. Ernst-Haeckel-Haus Jena, Best. A.

60 Das Relief befindet sich in der Austellung im Ernst-Haeckel-Museum in Jena.

61 Die für Haeckel typischen breitkrempigen Hüte ließ der Schwiegervater von Ludwig Graff für Haeckel anfertigen.

Anhang

Ungedruckte Quellen: Ernst-Haeckel-Haus der Friedrich-Schiller-Universität Jena

Bestand A, Abt.1: Briefe an HAECKEL

4 Briefe von Othenio ABEL
10 Briefe von Joseph BRETTAUER 1857-1905
2 Briefe von Theodor BILLROTH 1878
7 Briefe von Carl CLAUS 1865-1873
4 Postkarten von Carl CORI
3 Briefe von Johann CZERNECKI 1871
29 Briefe von Conrad DEUBLER 1874-1884
3 Briefe von J. DUFTSCHMID 1856-1857
3 Briefe von Benedykt DYBOWSKI 1901-1902
1 Brief von Theodor FUCHS 1893
3 Briefe von Eduard GRAEFFE 1877-1889
38 Briefe von Ludwig GRAFF 1877-1957
16 Briefe von Alfred GREIL 1911-1914
12 Briefe von Klaus GROBBEN 1865-1973
3 Briefe von Gottfried HABERLANDT 1901-1914
28 Briefe von Berthold HATSCHEK 1876-1918
1 Brief von Franz HEGER 1893
2 Briefe von Camill HELLER 1876-1889
9 Briefe von Karl HEIDER (1876-1914
2 Briefe von Ferdinand HOCHSTETTER 1892-1906
7 Briefe von Paul KAMMERER 1913-1918
3 Briefe von August KANITZ 1867 -
1 Brief von Max KASSOWITZ 1880
15 Briefe Joseph KOPF 1889-1895
63 Briefe von Gustav KRAUSENECK 1881-1918
37 Briefe von Robert von LENDENFELD 1881-1907
1 Brief von Edmund MOJSISOVICS 1885
4 Briefe von Laurenz MÜLLNER 1897-1907
4 Briefe von M. NOWICKI 1871-1873
56 Briefe von Carl RABL 1874-1917
6 Briefe von Wilhelm ROUX 1879-1915
44 Briefe von Oscar SCHMIDT 1863-1885
63 Briefe von Franz Eilhard SCHULZE 1874-1916
28 Briefe von Eduard SUEß 187
6 Briefe von Simeon Ritter von SYRSKI 1872-1877
4 Briefe Richard WETTSTEIN 1902-1914

Bestand A, Abt.2: Briefe HAECKELS an die Eltern 1857-1873

Bestand B, Abt.1

- Nr. 309 a Teplitzer Tagebuch Nr. 393
- Kollegheft der Vorlesungen „Experimentalkursus Physiologie" bei C. LUDWIG
- „Physiologie des Nervensystems" bei E. BRÜCKE 1957
- Ernennungsschreiben der Wiener Akademie zur Aufnahme HAECKELS als auswärtiges Mitglied
- Mitgliedsurkunde der Wiener Akademie der Wissenschaften
- Mitgliedsurkunde der k.k. zoologisch-botanischen Gesellschaft Wien

Bestand K, Fotos Abt.3,

- Nr. 337 Ernst BRÜCKE
- Nr. 159 Ludwig GRAFF
- Album II, Nr. 572. Franz Eilhard SCHULZE
- Album II, Nr. 584 Richard v. WETTSTEIN
  Johannes MÜLLER
  Rudolf VIRCHOW
  HAECKEL und seine Eltern
  Carl GEGENBAUR

Bestand H, Aquarelle Abt.1

- Nr. 834 Aquarell: Gastein, Villa Oranien (August 1893)
- Nr. 832 Aquarell: Zeller Wasserfall bei Gastein (26.8.1893)
- Nr. 821 Aquarell: Gastein, Graukopf und Rathausberg

Anschrift der Verfasserin:
Dr. Erika KRAUßE
Friedrich-Schiller-Universität Jena
Institut für Geschichte der Medizin und Naturwissenschaften
Ernst-Haeckel-Haus
Berggasse 7
D-07745 Jena
Deutschland

Oberösterreicher und Ernst HAECKEL

F. SPETA

Abstract

Upper-Austrians and Ernst HAECKEL.

During mid September 1855 Ernst HAECKEL spent two days as a guest with curator Franz Carl EHRLICH at the museum Francisco Carolinum in Linz. From there he started his journey to the alps which lasted from August 18th until October 4th. In a letter to EHRLICH dated from July 1st 1856 he described the course of this journey in detail. In Linz he also got into contact with the physician J. DUFTSCHMID with whom he made an agreement about changing herbaria. Three letters of DUFTSCHMID make it probable that this agreement did not last very long.

Stapfia 56,
zugleich Kataloge des OÖ. Landesmuseums, Neue Folge Nr. 31 (1998), 415-474

When R. KNER who was born in Linz, died in 1869, a chair of zoology at the university in Vienna became vacant. The collegium of professors should present a triple proposal for this occupation to the ministry. The chairman of the second zoological institute, L. K. SCHMARDA wanted to prevent this occupation by all means. Due to these machinations no agreement could be reached. Evidently the ministry had initiated negotiations of appointment with E. HAECKEL on its own. But HAECKEL could not make up his mind to go to Vienna and rejected the offer for a chair of professorship.

The landlord K. DEUBLER from Goisern started a regular correspondance with E. HAECKEL after having read the 3rd edition of „Natürliche Schöpfungsgeschichte". These contacts lasted until DEUBLER's death in 1884. HAECKEL had visited DEUBLER twice in Goisern in September 1874 together with his wife Agnes and alone in 1882.

Carl RABL who was born in Wels, had read HAECKEL's 2nd edition of „Natürliche Schöpfungsgeschichte" without permission already during his time at the gymnasium in Kremsmünster in 1870. He was so enthusiastic about it that he wanted to become HAECKEL's student. In fact he went to Jena in 1874 in order to study under HAECKEL. Despite some disagreements with his teacher he admired HAECKEL during his whole life. It was RABL who organized 46 signatures of zoologists in 1909 to support HAECKEL who had been suspected of producing forged pictures of embryos.

With the two popular books „Welträthsel" and „Lebenswunder" HAECKEL had achieved an enormous broad impact. Every where societies of freethinkers and HAECKEL communities were founded. There are signs that such a HAECKEL community also existed in Linz from 1904 until 1910.

1 Einleitung

Ernst HAECKEL (geboren am 16. Februar 1834 in Potsdam, gestorben am 9. August 1919 in Jena) einer der bekanntesten deutschen Zoologen, Darwinist und Monist, umjubelt und verdammt, hat einem neuen naturwissenschaftlichen Weltbild zum Durchbruch verholfen und der biologischen Forschung wertvolle Impulse gegeben. Es existieren etliche Biographien über ihn, die neuesten stammen von KRAUßE (1984) bzw. KRAUßE & NÖTHLICH (1990); weshalb hier auf eine Gesamtdarstellung verzichtet werden kann. KRAUßE (Biographie-Beitrag in diesem Band) ist aus gegebenem Anlaß auch den Beziehungen HAECKELS zu österreichischen Gelehrten nachgegangen. Sie hat damit das Tor zu einem interessanten Abschnitt der österreichischen Wissenschaftsgeschichte aufgestoßen. Die Beziehungen HAECKELS zu Oberösterreich und den Oberösterreichern sind weit weniger weltbewegend.

Ein wesentlicher Faktor für die Anknüpfung von Kontakten zu Oberösterreichern war die Tatsache, daß HAECKEL ursprünglich eigentlich Botaniker werden wollte. Er sammelte schon als Gymnasiast Pflanzen für sein Herbarium, das er nach KNORRE (1985: 45) in „gute" und „schlechte" Arten geteilt hatte. Am 5. April 1851 notierte er in seinem Tagebuch: „Früh mit Viktor WEBER nach Weißenfels gefahren. Vom Bahnhof aus unter ständigem Schneegestöber, aber mit sehr heiterer Laune nach Leislingen gegangen, dort *Luzula pilosa*, dann *Scilla bifolia*, eine reizende Pflanze, in großer Menge gefunden (nachdem wir durch eine überschwemmte Wiese gebadet), endlich drei Anemonen und *Asarum*." Die Folge dieser „Herumbaderei" war allerdings ein heftiger Rheumatismus im Knie (SCHMIDT 1926: 57), der ihn vom Botanikstudium abhielt und zeitlebens plagte (KRAUßE 1984: 18). Aber das Herbarisieren und der Herbartausch haben die Bekanntschaft mit Johann DUFTSCHMID in Linz bewirkt. Seine Reisetätigkeit, die mit Kustos Franz Carl EHRLICH.

Mit seinen populären darwinistischen Werken, insbesondere mit der „Natürlichen Schöpfungsgeschichte", hat er viele Menschen angesprochen und begeistert. So auch den Bauernphilosophen Konrad DEUBLER in Goisern, der in jüngeren Jahren übrigens auch ein eifriger Pflanzensammler war. Oder den Gymnasiasten Carl RABL, der nach dieser Lektüre beschlossen hat, bei HAECKEL zu studieren. Großes Echo fanden seine beiden populären Hauptwerke „Die Welträthsel" (1899) und „Die Lebenswunder" (1904). Überall bildeten sich Freidenkervereine und HAECKEL-Gemeinden, in bescheidenem Ausmaß auch in Oberösterreich. Wissenschaftliche Kontakte nach Oberösterreich hat es allerdings keine gegeben, da in Oberösterreich keine Universität vorhanden war und auch sonst keine Einrichtung bestand, die sich mit Fragen der Biologie auseinandersetzte.

Abb. 1:
Linz, Schiffanlegestelle an der Donau im Jahre 1857, am Eingang zum Hauptplatz das VIELGUTH-Haus.

2
Linz, Ausgangspunkt von HAECKELS erster Alpenreise (1855)

Noch lange bevor HAECKEL allgemeine Bekanntheit erlangt hatte, stattete er Linz einen Besuch ab. Zu Ostern war er eben wieder für 3 Semester nach Würzburg zurückgekehrt, um dort die Ausbildung in den klinischen Fächern fortzusetzen. Bald darauf nutzte er die Semesterferien zu seiner ersten größeren Alpenreise, die vom 11. August bis 4. Oktober 1855 dauerte. Am 15. oder 16. August ist er in Linz eingetroffen, wohl per Schiff auf der Donau, da sich dann Linz als geeignetster Ausgangspunkt für eine Alpenreise anbietet (Abb. 1). In Linz fand er für 2 Tage bei Carl EHRLICH, dem Kustos des Museums in Linz freundliche Aufnahme. Der Musealverein (Vaterländischer Verein zur Bildung eines Museums für das Erzherzogthum Oesterreich ob der Enns und das Herzogthum Salzburg) war erst 1833 gegründet worden, das Museum hatte nach 22jährigem Bestand wohl noch einen bescheidenen Umfang. Hat HAECKEL es besucht und dabei EHRLICH kennengelernt?

Franz Carl EHRLICH wurde am 5. November 1808 in Wels geboren. Sein Vater, der in Wels zwei Häuser besaß, starb bereits am 8. Oktober 1814, Oberpfleger WÜRSING wurde sein Vormund. Seine Mutter Josefa, geborene STEYRER von Riedenburg, zog nach Veräußerung der Liegenschaften nach Linz, später nach Kremsmünster, um mit Koststudenten ein mageres Einkommen zu verdienen. Sie erblindete aber und wurde von ihrer Tochter Anna BAUMBACH in Linz aufgenommen. Carl EHRLICH studierte zufolge des Österr. Biogr. Lexikons (1957: 229) u. a. Naturwissenschaften und Pharmazie und machte seine Apothekerpraxis in Linz (RYSLAVY 1990: 257 erwähnt ihn allerdings nicht!). Jedenfalls heiratete er in Linz am 14. Juli 1853 Elise, die Tochter des Apothekers Johann Ernst VIELGUTH (Abb. 2).

Der Ehe entsproß eine Tochter Namens Emma Elisabeth, die am 19. März 1855 in Linz zur Welt kam. Am 1. Juli 1841 war er Kustos des Museums in Linz geworden, spezialisierte sich auf Geologie und Paläontologie, blieb bis 1879 im Amt, bis ihm die Erblindung das Arbeiten unmöglich machte. Am 23. April 1886 ist er in Linz gestorben.

Abb. 2:
Kustos Carl F. EHRLICH mit Frau Elise.

Es ist verwunderlich, daß der erste Kustos des Museums im vereinseigenen Jahrbuch durch keinen Nachruf gewürdigt wurde. Und auch im Vereinsarchiv findet sich nichts über ihn. Nur einige ziemlich unvollständige Lebensläufe wurden publiziert (WURZBACH 1858: 229; ANONYMUS 1886a: 446, 1886b: 151; COMMENDA 1886: 5; STOLZISSI 1886; SCHADLER 1933: 360). Einzig in der Bibliothek des Oberösterreichischen Landesmuseums befinden sich Abschriften einer Reihe von Briefen, die an Carl EHRLICH gerichtet worden waren. Der damalige Direktor des Museums, KERSCHNER, hatte sie von der Enkeltochter Maria Elisabeth FOSSEL, akademische Malerin in Graz, ausgeborgt, um sie abschreiben zu lassen. Dies wurde ein lang dauerndes Unterfangen, schließlich mußten die Briefe am 13. Juni 1933 an die Besitzerin zurückgesandt werden. Weil ein Brief von Ernst HAECKEL dabei war, habe ich nach so langer Zeit die Suche aufgenommen. In Graz war nichts zu finden. Schließlich führte die Spur wieder nach Linz. Der Mediziner Max FOSSEL übergab sein Familienarchiv dem Archiv der Stadt Linz. Über seinen übrigen Nachlaß war nichts mehr zu erfahren. Da vor einigen Jahren einmal ein Buch von Carl EHRLICH in einem Hamburger Antiquariat angeboten wurde, das sicher aus der Privatbibliothek EHRLICHS stammte, dürfte die Bibliothek Max FOSSELS den Weg in ein Antiquariat gefunden haben. Das Familienarchiv FOSSELS ist noch nicht sortiert, die Briefe an EHRLICH liegen aber beisammen. Die Enttäuschung war groß, der Brief HAECKELS ist leider nicht mehr dabei. Die Abschrift ist also das einzige, das erhalten geblieben ist. Oder taucht das Original doch wieder einmal irgendwo auf?

Der Brief HAECKELS an EHRLICH ist besonders interessant, weil HAECKEL den gesamten Verlauf seiner Alpenreise schildert:

Brief von HAECKEL aus Würzburg an EHRLICH in Linz.

Würzburg 1.7.1856

Verehrtester Freund!

Sie werden den ungetreuen HAECKEL gewiss schon in Gedanken recht ausgescholten haben, dass er sein Versprechen, Ihnen gleich nach Beendigung seiner Alpenreise einen kleinen Bericht davon zu schicken, so schlecht gehalten hat. Es könnte in der That fast undankbar erscheinen, Ihnen nach den vielen Freundschaftsbeweisen und Gefälligkeiten, durch die Sie mir den Aufenthalt in Linz so angenehm machten, auch nicht ein Lebenszeichen gegeben zu haben, ich erschrecke fast bei dem Gedanken, dass diese schönen Tage nun schon bald ein Jahr vorbei sind. Indess würden Sie mich gewiss selbst entschuldigen, wenn Sie wüssten, in welchem Mangel an Zeit und Musse ich mich bisher befunden, und ein jeder Versuch, die Feder zu ergreifen, vereitelt wurde. Doch statt länger um Ihre gütige Nachsicht zu bitten, die Sie mir gewiss gewähren werden, will ich Ihnen lieber in Kurzem erzählen, wie es mir seither ergangen ist. Was zunächst die Alpenreise betrifft, so ist diese im Ganzen viel glücklicher ausgefallen, als Sie mir prophezeit und als ich selbst erwartet hatte. Ich muss die 9 Wochen, welche ich darauf verwendete entschieden als die glücklichste Zeit meines Lebens ansehen. Der Genuss sowohl als der Nutzen, den sie mir für Geist und Körper gebracht, ist so unschätzbar, daß ich ihn mit keinem andern vergleichen mag. Das trübe Regenwetter, in dem ich am 18. August 55 von Linz wegfuhr, begleitete mich zwar bis über den Traunsee nach Ischl und Hallstatt, so daß ich Ihr herrliches Salzkammergut nicht in seinem ganzen Glanze gesehen habe. Dann aber machte es einer um so schöneren und constanteren Witterung Platz, welche mich bis Heiligenblut begleitete. Von Hallstatt ging ich über Gosau nach den herrlichen Gosauseen, welche ich mit zu dem schönsten und grossartigsten rechne, was ich gesehen, wozu freilich auch viel beitragen mag, dass es das erste war, was ich sah. Doch ist der Contrast zwischen dem schimmerndern Carlseisfeld des Dachsteins und dem dunklen Grün des Tannenwald-umkränzten Sees zu seinen Füssen, jedenfalls einzig schön und die Ruhe und Stille der ganzen Natur giebt dieser Landschaft etwas eigenthümlich Erhabenes. Doch was versuche ich Ihnen da etwas zu schildern, was Sie selbst so gut kennen. Von Gosau gieng ich über die Zwieselalp, einem wenig besuchten aber höchst genussreichen Berg, am Westende der Donnerkogelgruppe, von dem ich ein ganz köstliches Panorama der ganzen Alpenkette genoss, und wo ich auch zum erstenmale in einem Überfluss schöner Alpenpflanzen wahrhaft schwärmte und mich gar nicht satt sehen und pflücken konnte, nach Abtenau, dann über Pass Lueg, die Salzachöfen und den Schwarzbachfall bei Golling, nach Hallein u. Salzburg. Salzburg, in dem ich 2 sehr glückliche Tage verlebte, muss ich für die schönste deutsche Stadt halten. Von da fuhr ich nach dem reizenden Berchtesgaden, bestieg die Gotzenalp am Königssee, und dann am 25. August den riesigen Watzmann, von dem ich die herrlichste Aussicht beim schönsten Sonnenschein genoss und eine ungemein reiche und interessante Pflanzenausbeute mitgebracht habe. Über Ramsau, Hirsch[en]büchl, Seissenberger Klamm (die ich fast den Gollinger Öfen vorziehe) u. Weissbach u. Saalfelden im Pinzgau nach Zell am See, wo ich die berühmten nur dort wachsenden „Seeknödel" (Aegagrophila Sauteri) sammelte und eine köstliche Seefahrt genoss.

Dann am 27. August über Taxenbach und Lend nach Gastein. Von hier gieng ich über den Nassfelder Tauern in landschaftlicher, noch mehr aber in botanischer Hinsicht eine der lohnendsten Parthien, nach Mallnitz, über den Schober nach Döllach und endlich nach dem langersehnten Heiligenblut, wo ich zwar wegen der weitvorgerückten Jahreszeit und da schon die Heuernte vorüber war, viele der seltensten Pflanzen nicht mehr fand, aber doch eine sehr befriedigende Ausbeute hielt, und durch die merkwürdige Pasterze und den herrlichen Grossglockner hochentzückt wurde. In Gesellschaft eines alten, sehr netten Engländers, der eine Ausnahme dieser sonst schrecklichen Classe von Touristen zu machen schien, und sehr liebenswürdig war, gieng ich dann über den Katzensteig und das Kalser Thörl (eine sehr einsame, wilde Hochgebirgslandschaft) nach Kals und über das Thörl, von wo man das prächtige Panorama der ganzen Tauernkette insbesonders aber die Venedigergruppe hat, nach Matrei. Von da wollte ich eigentlich in das Pinzgau zurück und über Mittersill, den Krimmelfall nach Tyrol gehen. Leider trat da aber zum erstenmal andauerndes Regenwetter ein, welches mich 8 Tage in den Wagen oder die Stube festgebannt hielt, und zwang, über Lienz und durchs Pusterthal nach Brixen und Sterzing zu fahren. Fast hätte ich hier meine ganze Reise aufgegeben und wäre stracks nach München gefahren, als noch gerade die Sonne hinter den Wolken hervortrat und mich so freundlich beschien, dass ich unmöglich wiederstehen konnte und mit erneuerter Reiselust über den Jaufen nach S. Leonhard im Passeierthal wanderte, dann dies letztere ganz hinauf und über das Timbler Joch ins Ötzthal. Hier machte ich am 8.9.55, einem untadelichen, herrlichen Sonntage, die prächtigste und grossartigste Tour der ganzen Reise, die ich Ihnen, falls Sie sie noch nicht kennen sollten, nicht genug empfehlen kann, und die selbst nach dem Urtheil von Reisenden, die die Schweiz gründlich kennen, keiner Parthie in derselben irgend etwas nachgeben soll. Ich gieng nämlich von Sölden und Vent im Ötzthal über den berühmten „Hochjochferner" nach Kurzras im Schnalserthal herüber, wobei ich nicht weniger als 2 Stunden beständig über Gletschereis gieng, ringsum eingeschlossen von den grossartigsten, wildesten Schneebergen. Es war dies zugleich die einzige Tour meiner Reise, bei welcher ich wirklich in ernste Lebensgefahr kam. Ich stürzte nämlich, des gefährlichen Weges über die schneebedeckten Gletscherschründe nicht genug achtend, in einen etwa 4 [Fuß?] breiten Gletscherspalt, indem ich dessen zu dünne Schneedecke durchbrach, wurde jedoch durch eine glückliche Lagerung meines unschätzbaren Alpenstocks und dem glücklichen Griff meines guten Führers noch eben den Thoren des Hades entrissen. Nachher diente natürlich dies glücklich bestandene Abentheuer nur dazu, mir die Rückerinnerung an diese köstlichste Alpenwanderung noch zu versüssen. Aus dieser großartigen polaren Eiswelt trat ich nun mit einem Mal in den lachenden, üppigen Süden mit all seinen Schätzen und Wundern: Ein merkwürdiger, grossartiger Gegensatz! Ich genoss das herrliche Etschthal recht gründlich, Meran mit seinem romantischen Burgenkreis, Botzen mit seinem Dolomitgebirge, die Erdpyramiden, das Saarnthal (ein noch ganz unbekanntes, obwohl recht lohnendes und merkwürdiges Thal, oder vielmehr eine enge, stromdurchbrauste Felsenschlucht). Über Neumarkt und Trient gieng es nun Wälschland hinein und durch das, sowohl in geologischer, als botanischer und landwirtschaftlicher Hinsicht höchst interessante Sarkathal nach Riva (14.9.).

Nun folgten 8 höchst genussreiche Tage in dem herrlichen Oberitalien, dem Gardasee, Verona (das mir in Italien entschieden den angenehmsten, sowie Venedig den wunderbarsten und Mailand den grossartigsten Eindruck gemacht hat). Die 4 Tage in dem märchenhaften Venedig werden mir ewig unvergesslich sein, sowie ich auch in den 2 Tagen in Mailand an dem wunderbaren Dom, diesem grossartigsten aller kirchlichen Bauwerke, mich gar nicht satt sehen konnte. Über den köstlichen Comosee gieng ich von da nach Chiavena und berührte aber in 2 Tagen den südöstlichsten Winkel der Schweiz, in dem ich über den Maloza Pass ins Oberengadin und von Cellerina über Pontresina Barnina Pass (die grossartigste, wildeste Gletschernatur) Val Livigno nach Bormio wanderte, eine ganz unbekannte, aber nur um so wildere und grossartigere Hochalpengegend. Hier genoss ich am 25. September, einem ganz wundervollem Herbsttage, den dritten und letzten Glanzpunkt meiner Alpenwanderungen, welche den beiden anderen, Watzmann und Hochjochferner, sowohl in Hinsicht der botanischen und geologischen, als landschaftliche Genüsse kaum nachstand, ja diese in mancher Hinsicht durch das Wunderbare und Grossartige seiner höchst eigenthümlichen Verknüpfung von Kunst und Natur noch übertraf. Es war dies der Weg über das höchst merkwürdige Wormes [Premadio Bormio zu deutsch „Worms"] oder Stilfserjoch das ich Ihnen ebenfalls, wenn Sie es noch nicht kennen sollten nicht dringend genug empfehlen kann. Von Prad im Etschthal gieng ich nun über Finstermünz das Innthal hinunter, über Landeck nach Innsbruck wo ich das Glück hatte, am 29. September und 30. September die grossen nationalen Feierlichkeiten bei Ein-

führung des Erzherzog Statthalters mitzumachen, was auch sehr hübsch war.

Am 1. Oktober verliess ich das herrliche Österreich mit seiner prachtvollen, grossartigen Natur, die mir soviel bis dahin kaum geahnte Anschauungen voll des höchsten Reizes entfaltet hatte. Über Schwaz und Jennbach gieng ich nach dem herrlichen dunkelblauen Achensee wo ich von der prächtigen Alpenwelt mit ihren Matten und Wassern, ihren Felsen und Gletschern Abschied nahm, und wo frisch gefallener Schnee mich ernstlich zur Heimkehr trieb. Über Tegernsee, dem letzten schönen Punkt schon weit in Baiern, eilte ich durch das trostlose bairische Flachland nach München, wo ich gerade recht zu dem berühmten, gigantischen Musikfest kam, das Oktoberfest mitmachte und nach 8 tägigem höchst genussreichen Schwelgen in Kunstschätzen aller Art, am 13. September nach gerade 9 wöchentlicher Abwesenheit höchst befriedigt nach Hause zurückkehrte. Hier in Würzburg blieb ich vorigen Winter, gieng dann zu Ostern ein paar Wochen nach Berlin zu meinen Eltern, blieb aber nicht, wie mein eigentlicher Plan war, dort, sondern kehrte noch einmal für diesen Sommer nach Würzburg zurück, da ich die günstige Gelegenheit, einen Sommer als Assistent der pathologischen Anatomie bei Professor VIRCHOW, unserem berühmtesten wissenschaftlichen Mediziner, zu lernen, nicht unbenützt vorübergehen lassen wollte. Nächsten Herbst gehe ich definitiv nach Berlin, mache dort mein Staatsexamen, diene mein Militärjahr ab, und warte dann dort, bis sich mir irgend eine Gelegenheit zu einer größeren wissenschaftlichen vorzüglich botanisch oder zoologischen Reise nach den Tropenländern bietet. Kommt diese nicht, so gehe ich in einigen Jahren als Schiffsarzt in holländischen Diensten nach Ostindien. Denn die Reiselust ist bei mir so gross, dass sie alle anderen Rücksichten überwindet. Von hier hoffe ich aber jedenfalls noch einigemale die deutschen Alpen zu durchwandern, und mir so noch einigemale einen Genuss zu wiederholen, der alle anderen Lebenserinnerungen bei mir in den Hintergrund gedrängt hat. Dann suche ich auch Sie, mein hochgeehrter Freund, wieder auf und hoffe von Ihnen mit derselben Güte und Freundschaft wieder aufgenommen zu werden, durch welchen Sie mir den zweitägigen Aufenthalt in Linz so lehr- und genussreich machten. Inzwischen hoffe ich aber bestimmt, dass Sie uns auch einmal in Berlin, welches Sie gewiss in hohem Masse befriedigen wird, aufsuchen werden. Vom Herbste an werde ich dort bei meinen Eltern (Hafenplatz Nr. 2) (Adresse Oberregierungsrat HAECKEL) wohnen. Unsere beiderseitigen hochverehrten würdigen Freunde, der prächtige Professor WEISS und seine liebenswürdige Frau habe ich zu Ostern sehr wohl und ganz in der alten Munterkeit wieder angetroffen und sollte Sie damals herzlich von ihnen grüssen. Indem ich mich Ihrer verehrten Frau Gemahlin aufs Beste empfehle, Ihnen nochmals aufs Herzlichste für die in Linz zu Theil gewordene freundschaftliche Aufnahme meinen besten Dank sage, mir Ihre Freundschaft auch ferner zu erhalten bitte, und Sie freundlichst ersuche, mir bald einmal Nachricht von Ihnen zu geben, bleibe ich Ihr ergebenster Freund

Ernst HAECKEL.

Am Rande des ersten Blattes steht:

Ihre Grüsse an Johannes MUELLER in Berlin habe ich zu Ostern ausgerichtet und er sagte mir, dass ihn Ihre geologisch-paleontologischen Forschungen sehr interessiert hatten. Kommen Sie nun ja bald nach Berlin und lernen Sie den grossen merkwürdigen Mann kennen, der Ihnen gewiss die grösste Bewunderung abnötigen wird. Ich freue mich sehr darauf, jetzt noch längere Zeit unter seiner Aufsicht arbeiten zu werden.

Auf der 2. Seite:

Er ist mit seinen geologischen Forschungen im südöstlichen Tyrol (Fassathal, Schlern, Seisenalp, Essneberg) schon weit fortgeschritten und mit seiner gegen dortigen Stellung und Beschäftigung äusserst zufrieden und glücklich.

Auf der 3. Seite am Rande:

Dieser Tage erhielt ich einen Brief von meinem lieben Freunde dem Geologen Dr. F. v. RICHTHOFFEN, welcher, wie er mir schreibt, auf seiner Durchreise durch Linz, ebenfalls aufs Freundlichste von Ihnen aufgenommen wurde.

Auf der 4. Seite am Rand:

Die einliegenden Zeilen an meinen botanischen Freund, Dr. Joh. DUFTSCHMID (Linz Nr. 61) an welchen ich vor 14 Tagen meine sämtlichen Pflanzendoubletten abgesendet habe, haben Sie wohl die Güte, an ihn zu besorgen.

Vorstehendem Brief ist also zu entnehmen, daß über Vermittlung von EHRLICH auch der Linzer Arzt und Botaniker Johann Baptist DUFTSCHMID Kontakt mit HAECKEL aufgenommen hat.

Johann DUFTSCHMID (Abb. 3) wurde am 22. Juli 1804 in Linz geboren. Sein Vater war der bekannte Arzt und Entomologe Caspar DUFTSCHMID (1767-17.12.1821). Seine Mutter Theresia Baronin ELSASSER von Grün-

Abb. 3: Der Arzt und Botaniker Johann DUFTSCHMID.

wald, seit 17. April 1792 verheiratet, starb bereits im 34. Lebensjahr am 4. Dezember 1807 (ANONYMUS 1811: 82). Der Vater heiratete daraufhin am 10. Februar 1808 in Linz eine Oberleutnantstochter, die 26jährige Maria Josefa SCHWARZ, die im hohen Alter von 86 Jahren am 28. Juni 1869 in Linz starb. Nach der Grundschule besuchte Johann DUFTSCHMID von 1815 bis 1821 das Gymnasium in Linz. Von der ersten Klasse an war Franz EHRLICH, der Bruder von Carl, sein Klassenkamerad. Von 1823/24 bis 1828/29 studierte DUFTSCHMID an der medizinischen Fakultät der Universität Wien. Das erste Rigorosum legte er 1831, das zweite 1832 ab, promoviert wurde er am 5. Mai 1832. Der Titel seiner Dissertation lautete: „Loimographos seculi XIV et XV." Nun kam er als Arzt in seine Heimatstadt zurück. Amalia Karoline WEISS (* 21.4.1810) aus Zell bei Zellhof wurde seine Frau. Sie schenkte ihm 3 Kinder: Gustav August (* 11.7.1833), Moritz Adolf Anton (* 11.3.1835) und Emma Josefa Maria (* 3.3.1838). Schon mit 39 Jahren, am 2. April 1849, verlor er seine Frau, die von der Lungensucht hinweggerafft wurde. Maria PABLOFSKY wurde seine Wirtschafterin. Sie starb als Köchin im Spital der Elisabethinen im Alter von 52 Jahren am 17. April 1873 an „Zehrfieber" in Linz.

Von 1832 bis zu seinem Tode war DUFTSCHMID als geachteter Arzt tätig, zuletzt war er 2. Stadtarzt. Im Krankenhaus der Elisabethinen war er Primarius. Für sein aufopferndes Wirken während der Choleraepidemie im Jahre 1855 wurde er mit dem goldenen Verdienstkreuz ausgezeichnet.

Neben seinem Beruf, der ihm wenig Zeit ließ, war er ein eifriger Botaniker. Anfangs war er allerdings mehr den Insekten zugetan, was wohl auf den Einfluß seines Vaters zurückzuführen war. Bald wandte er sich aber den Pflanzen zu. Er sammelte fleißig in Linz und Umgebung, legte ein Herbarium an, das er durch Tausch und Kauf beträchtlich vermehrte. Seine erste Publikation über obderennsische Hausmittel erschien 1852. Es folgten im selben Jahr eine Flora von Kirchschlag und 1857 „Beiträge zur Flora von Linz". Seine vierbändige „Flora von Oberösterreich", die er nach dem Vorbild der „Flora von Niederösterreich" von NEILREICH anlegte, hat er kurz vor seinem Tod abgeschlossen. Er ist am 11. Dezember 1866 in Linz an Zehrfieber gestorben. Der Verwaltungsrat des Museums Francisco Carolinum in Linz veröffentlichte sie in mehreren Teilen von 1870-1885. Sie ist bis heute die letzte vollständige Flora Oberösterreichs geblieben.

Sein großes Herbarium wurde vom Museum angekauft. Es bildet den Grundstock des Herbariums des OÖ. Landesmuseums (internationale Abkürzung LI). Der schriftliche Nachlaß wurde offensichtlich nicht aufbewahrt. Nur die Manuskripte „Systematische Aufzählung der in der Umgebung von Linz, u. zwar in einem Umkreise, dessen Radius ungefähr 2 Posten beträgt, befindlichen Pflanzenarten. – Wels, Efferding, Gramastetten, Kirchschlag, Hellmonnsödt, Gallneukirchen, Luftenberg, St. Florian wären so ziemlich die Gränzpuncte, von welchen H. v. MOR, H. KURZWERNHARDT, H. BRITTINGER, H. D. RAUSCHER, H. HÜBNER, H. P. HINTERÖCKER u. der Gefertigte in Tagesexcursionen jene Pflanzen sammelten" (Linz, 30.8.1857), der 4 Bände „Flora von Oberösterreich" und seine 2 Herbarverzeichnisse befinden sich im Archiv des Biologiezentrums des OÖ. Landesmuseums.

Die 3 Briefe DUFTSCHMIDS (Abb. 4) an E. HAECKEL, die im HAECKEL-Haus in Jena aufbewahrt sind, stellen eine Bereicherung für die Geschichte der Botanik Oberösterreichs dar, da über DUFTSCHMID nur wenig bekannt ist (SPETA 1988: 150, 1992: 422, 1994: 122 ff.; ANONYMUS 1866a: 3, 1866b: 1183, 1870: III-V; GUGGENBERGER 1962: 163 u. a.).

D[or] DUFTSCHMID
Jul. 1856

Linz in Oberösterreich
N. 61

An
Wohlgeborn Herrn
Med. D[or] Ernst HAECKEL
Assistenten an d. pathologisch-anatomisch.

Anstalt in Würzburg
I. Distr. N° 283 _

Verehrter Herr Collega!

Ihr liebes Schreiben d. d[o] 4/7 56 habe ich durch Herrn EHRLICH erhalten. Ich habe daraus mit vielem Vergnügen ersehen, daß Sie unserer Abrede gedenk blieben, und so gütig waren, bereits die besprochenen Doubletten mit REI-

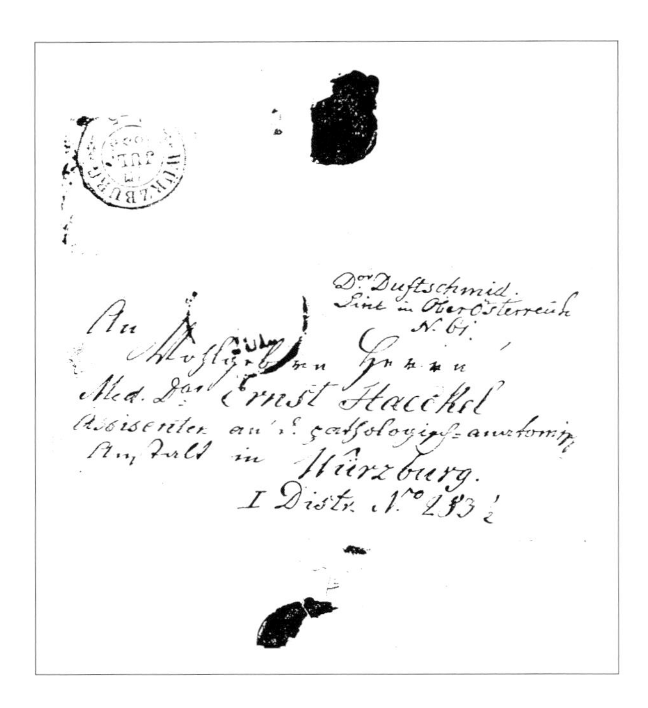

Dor Duftschmid
Linz in Ober Österreich
N. 61.

An
Wohlgeborn Herrn
Med. Dor Ernst Haeckel
Assistenten an d. pathologisch-anatomisch.
Anstalt in Würzburg.
I Distr. No 283.

Verehrter Herr Collega!

Collega u. Freund
Dor Duftschmid
Linz N. 61.

Abb. 4:
Brief von Johann Duftschmid vom 4.7.1856 an Ernst Haeckel (Ernst-Haeckel-Haus).

CHENBACHS *Clavis syn. mir zuzusenden. Leider aber habe ich noch Nichts davon erhalten, so, daß ich besorgt bin es möchte diese Sendung irgendwo liegen geblieben, oder an unrechte Adresse gekommen seyn. Ich ersuche dieselben daher, darüber nachzuforschen. Da ich im Laufe dieses Monates eine große Sendung nach Wien mache, gingen Ihre Sachen so recht wohl mit. Ich hoffe Ihnen von denen Ihnen nach* REICHENB. *Flor. mangelden Arten so manche seltene mittheilen zu können.*

Ich las Ihren Brief mit vielem, vielem Interesse, und mit geheimem Herzweh! Sie glücklicher Freund! Jung! blühend=gesund mit einem Herz voll Empfänglichkeit und Liebe für die Reitze der Natur auf der Hochalpe, am Rand der Gletscher, dann im Garten der schönen Italia, u. endlich in der altersgrauen Dogenstadt am Lido, was mußten Sie da gefühlt haben! Sie haben recht, wenn Sie bald wieder seine Heiligthümer zu betretten suchen, denn hält Sie einmal Ihr Beruf als Arzt, als Gatte u. Vater in Ihrer Heimath gefesselt, so bleibt Ihnen Nichts, als von der Erinnerung zu zehren. Indem ich mich schließlich Ihrer Freundschaft aufs Beste empfehle, verharre ich mit der Versicherung meiner ausgezeichneten Hochachtung

dero ergebenster

Collega und Freund

D[or] DUFTSCHMID

Linz N. 61

i.e. Linz in Ober-Österreich, weil es am Rhein auch ein Linz gibt.

Linz 1/8 1856

Sehr verehrter Herr Collega!
und Freund!

Es war mir recht leid aus Ihrem werthen vom 23./7. ersehen zu müßen, daß Sie den Styl meiner Census Ihrer werthen Sendung, nicht so ganz/: was er seyn sollte:/ für verständigend für die Zukunft, als vielmehr für tadelnd, und entwerthend genommen haben. Ihre Entschuldigungs u. Gründe für die, _: wie Sie sich ausdrückten:_ verunglückten Sendung, nehme ich nur als einen Beweis Ihrer zu großen Bescheidenheit an, muß aber widersprechen, daß Ihre Sendung eine verunglückte war. Sie haben als Mann Wort gehalten, und nur geschickt was Sie besassen mit einem gewiß sehr löblichen Vertrauen auf meine Discretion allein. Um Ihnen meine Achtung entgegen zu bezeugen, habe ich Ihnen mehr geschickt, als sonst irgend einem anderen Correspondenten unter ähnlicher Verbindlichkeit, und wünsche Sie damit aufzumuntern, fernerhin in freundlichem Verkehr mit mir zu bleiben. Ich habe Ihnen lauter Arten geschickt, die Sie im REICHENBACH *nicht bezeichnet hatten. Sie erhalten zwar nur ein ganz kleines Pacquet in Vergleich zu Ihrer Riesen-Sendung, dieses kleine Pacquet wird Sie aber schwitzen machen, es sind viele höchst seltene Arten darunter. In betreff jener Arten, deren Nahmen Sie in* REICHENBACHS *Systeme vorne nicht finden, diese bitte ich Sie im Clavis rückwärts aufzusuchen, wo Sie vom Synonymo zum System Nahmen nach* REICHENBACH *geführt werden. Ich schickte daher das Büchlein mit dem Pflanzenpaquette an Sie zurück, damit Sie die neuen Acquisitionen streichen können, und es mir bey Gelegenheit einer Sendung von Ihrer Seite wieder zusenden mögen. Ich habe für jeden Correspondenten ein Exemplar dieses Büchlein eigens angeschafft.*

Morgen geht das Pacquet mit der Post an Sie ab, Sie werden selbes, also bald nach diesem Briefe, erhalten. Papierwerk u. Sack habe ich nicht mitgeschickt, weil das Porto dafür mehr ausmachen würde, als sie werth sind. Das graue Fließpapier wurde autodafèirt, weil ich, des holden Ungeziefers halber keines in meiner Wohnung leide, u. zum Einpressen Zeitungs und andere Druckmaculatur, oder Pappendeckelpapier nehme. Ferner liegt der Sendung ein Verzeichniß bey, von Pflanzen die in Norddeutschland wachsen und mir, wohl wahrscheinlich auch gar Manchem Anderen fehlen, und ein kleineres Verzeichniß von Arten, die Sie laut REICHB.:/ *besitzen und die mir erwünscht wären, besonders die Unterstrichenen, die ich theils gar nicht habe, theils nur mangelhaft, so würden Sie mir, mit Polypogon littoralis, Ruppia rostellata, Crepis sibirica, Ervum nigricans etc. sehr große Freude und gewiß nicht zu Ihrem Nachtheile machen. Nun aber schließe ich, mich Ihrer ferneren Freundschaft empfehlend, und Sie bittend, mir recht bald auch eine recht offene und aufrichtige Census meiner Sendung zuzusenden.*

Genehmigen Sie die Versicherung meiner ausgezeichneten Achtung mit der ich verweile

Ihr Collega!

Ihr ergebenster und bereitwilligster Freund

D[or] DUFTSCHMID

Linz N. 61

Linz 4.1.857

Wohlgeborn!
Werthester Herr Collega!

Einen schönen Gruß zuvor von Herrn Carl EHRLICH *und mir. – Wie leben, wo leben Sie! Wie erging es Ihnen auf Ihrer großen Reise, welche Schätze an Erfahrungen und Kenntnißen gewannen Sie, welche Andenken von jenen herrlichen Ländern nahmen Sie von dort mit??? Es wurden gewiß die reichsten Bilder Ihrer Phantasie von der Wirklichkeit übertroffen, in der Sie jenen Himmelsstrich prangen sahen. Die Beantwortung jener Fragen, und ob Sie noch an Herrn* EHRLICH *denken würde mich recht sehr erfreuen. Auch ich habe botanisiert in Siebenbürgen, in Griechenland, auf Malta, in Calabrien, Sicilien und Neapel das heißt habe Sendungen von dort erhalten, und dabey Ihrer nicht vergessen. – Werden Sie mich mit einer Zusendung jener nordischen Pflanzen Ihrer Heimath erfreuen, so werde auch ich nicht ermangeln, Ihr Herbar mit Kindern des Südens zu bereichern. Und wenn Sie sich auch, aus was immer für Gründen nicht veranlaßt fänden unserem wissenschaftlich-freundlichen Austausch fortzusetzen, so wollen Sie uns doch jene obigen Fragen beantworten, und Kunde Ihres Wohlbefindens geben.*

Die Versammlung der Naturforscher in Wien hat mir Gelegenheit gegeben eine neue Correspondenz mit Notabilitaten w.z. B. Dor LAGGER, NAEGELI, *Vict.* JANKA, *Prof.* SCHUR *etc. anzuknüpfen, von welcher ich mir so manches Interessante verspreche.*

Mit der Bitte daß Sie im laufenden Jahre meiner freundlich gedenken wollen verbleibe ich mit ausgezeichneter Hochachtung, dero ergebenster

Dor DUFTSCHMID

Linz N. 61

Der erste Brief, der nach Poststempel im Juli 1856 in Linz aufgegeben wurde, zeigt, daß DUFTSCHMID umgehend auf die von EHRLICH übergebene Post antwortete und er begierig auf das angekündigte Herbarpaket wartete.

Als das Paket mit den Doubletten angekommen war, hat DUFTSCHMID offensichtlich gleich einen tadelnden Brief an HAECKEL losgeschickt, der nicht erhalten geblieben ist. Wahrscheinlich entsprach die Qualität der Belege den Anforderungen DUFTSCHMIDS nicht. Wenn er, wie KRAUßE (1984: 30) schreibt, umfangreiche Pakete mit Alpenpflanzen laufend seiner Mutter zum Pressen und Trocknen heimgeschickt hat, ist anzunehmen, daß sie nicht schnell genug trocken wurden und demzufolge an Schönheit einbüßten. Offensichtlich hat DUFTSCHMID nichts von HAECKELS Sendung in sein Herbar aufgenommen, da mir im Herbar des OÖ. Landesmuseums (LI) in 30 Jahren kein Beleg davon in die Hände gekommen ist. In der „Flora Oberösterreichs" hat DUFTSCHMID nur bei seltenen Arten die Sammler namentlich angeführt. Auch da ist HAECKEL nie erwähnt. Die Kritik hat HAECKEL wohl gekränkt, was er im nicht erhalten gebliebenen Brief vom 23. Juli an DUFTSCHMID zum Ausdruck gebracht haben dürfte. Die Antwort darauf vom 1. August zeigt, daß DUFTSCHMID erst an der Reaktion HAECKELS merkte, etwas zu hart vorgegangen zu sein. Er hat dann alles versucht, die Angelegenheit wieder ins Lot zu bringen, was jedoch nicht gelungen sein dürfte, da keine von ihm gewünschte Art von HAECKEL geschickt worden ist, im DUFTSCHMID-Herbarium ist jedenfalls kein dementsprechender Beleg vorhanden.

Der Brief vom 4. Jänner 1857 stellt wohl den letzten, vergeblichen Versuch dar, den Herbartausch mit HAECKEL wieder anzukurbeln. HAECKEL war 1856 mit Albert v. KOELLIKER in den Herbstferien in Nizza (KRAUßE 1984: 32). Die Fragen DUFTSCHMIDS ließen eine größere Reise erwarten. Interessant ist der Vermerk, daß DUFTSCHMID bei der Versammlung der Naturforscher 1856 in Wien war und dabei diverse Herbarlieferanten kennenlernte. Es kann so z. B. der Zugang des relativ großen Postens SCHUR-Herbar in etwa datiert werden (SPETA 1994: 124).

Ernst HAECKEL inskribierte im Sommersemester 1857 als außerordentlicher Hörer an der Medizinischen Fakultät der Universität Wien bei den Professoren Ernst BRÜCKE (Physiologie und höhere Anatomie, 5 Wochenstunden; Conversation über ausgewählte Capitel der Physiologie, 1 Wochenstunde) und Ferdinand HEBRA (Klinik der Hautkrankheiten, $7^1/_2$ Wochenstunden). Die schöne Wiener Umgebung verlockte zum Wandern, die alte Lust am Botanisieren ist wieder erwacht! Zu Christi Himmelfahrt 1857 machte er mit einer Gruppe befreundeter Studenten einen Ausflug auf die Rax. Vom Gipfel sandte er noch einen letzten Scheideblick zum Tor – und Dachstein, seinen alten Hallstätter Freunden (HAECKEL 1923: 14). Und an die urgemütlichen Kneipen im Salzkammergut und Tirol hat er sich auf dieser Tour ebenfalls wieder erinnert (p. 16).

3 Durch den Tod des Linzers KNER (1869) wird in Wien ein zoologischer Lehrstuhl frei

An der Universität in Wien war 1869 überraschend die Stelle eines ordentlichen Professors für Zoologie freigeworden. Der bekannte Ichthyologe Rudolf KNER (Abb. 5), der am 24. August 1810 in Linz zur Welt gekommen war, seine Gymnasialstudien in Kremsmünster absolviert hatte, ist am 27. Oktober 1869 in Öd bei Gutenstein in Niederösterreich verstorben. Die Stelle war also nachzubesetzen und das Professorenkollegium der Universität in Wien hatte einen Dreiervorschlag zu erstellen. Die Angelegenheit gestaltete sich allerdings nicht einfach, weil der zweite Zoologe an der Universität in Wien, Ludwig Karl SCHMARDA (* 23.8.1819 in Olmütz in Mähren, † 7.4.1908 in Wien), seit 1862 Lehrkanzelinhaber in Wien, seit 1869 Leiter des Zoologischen Museums, das großteils aus seinen eigenen Aufsammlungen bestand, die der Staat angekauft hatte, sich sträubte, einen zweiten Zoologen berufen zu lassen.

In der Sitzung des Professorenkollegiums am 11. Dezember 1869 fragte der Vorsitzende, Dekan Joseph STEFAN, „ob die durch das Hinscheiden des Herrn Prof. KNER erledigte Lehrkanzel wieder besetzt und in welches Verhältniß zu den Lehrkanzeln das zoologische Museum gebracht werden solle". In der darauffolgenden Debatte erklärte zuerst Prof. SCHMARDA, daß das zoologische Museum für zwei Lehrkanzeln nicht ausreiche und verließ beleidigt den Sitzungssaal. Erst als der Antrag von Prof. v. MIKLOSICH, das zoologische Museum definitiv an Prof. SCHMARDA zu übergeben, einstimmig angenommen wurde, nahm SCHMARDA seinen Sitz wieder ein. Die Frage der Nachbesetzung der Lehrkanzel wurde an eine Kommission abgetreten.

In der Sitzung vom 19. März 1870 stellte der Dekan abermals die Frage nach der Nachbesetzung und wieder wird auf eine Kommission verwiesen.

Am 22. Juni 1870 trat die Kommission, bestehend aus den Herren Professoren BRÜHL, SCHMARDA, REUSS, SUESS unter dem Vorsitz von Dekan STEFAN zusammen. Im Sitzungsprotokoll steht zu lesen: „Prof. BRÜHL hält die Austragung der Frage jetzt nicht für opportun, weil man früher zu Lebzeiten KNERS auch gegen eine zweite Professur war. Prof. SCHMARDA bei seiner Berufung war auch kein Bedürfnis. Gegenwärtiger Status 1 Zoolog 1 Zootom."

Karl Bernhard BRÜHL (* 5.5.1820, Prag, † 14.8.1899, Graz) wurde 1861 Prof. der Zootomie und Vergleichenden Anatomie in Wien und errichtete dort 1863 das Zootomische Institut. Sein Hauptarbeitsgebiet war die Osteologie. Karl Ludwig SCHMARDA übernahm die Zoologische Lehrkanzel 1862. Beide Herren wollten keinen weiteren Zoologieprofessor, was sie durch allerhand Fakten zu untermauern versuchten. Prof. SUESS war jedoch gegen das Aufgeben einer Zoologischen Lehrkanzel! Es wäre immer besser 2 ordentliche Professoren der Zoologie zu haben als einen, es soll ein zweiter berufen werden und es soll ihm ein eigenes Museum gegeben werden, meinte er.

Abb. 5: Der gebürtige Linzer Rudolf KNER (1810-1869).

Am 2. Juli 1870 trat die Kommission wieder zusammen: Diesmal wollte August Emanuel von REUSS (* 8.7.1811 in Bilin in Böhmen, † 26.11.1873 in Wien), seit 1863 o. Prof. der Mineralogie an der Universität in Wien, die Frage der Benutzung des Museums von zwei Seiten zuerst gelöst wissen, BRÜHL wollte aber die Möglichkeit der zweiten Professur zuerst diskutieren. Und SCHMARDA legte klar: „Die Ersetzung Prof. KNER's ist kein Bedürfnis". BRÜHL, REUSS und SUESS einigten sich auf eine 2. Lehrkanzel, aber mit einem 2. Museum, SCHMARDA lehnt sie rundweg ab. BRÜHL und SCHMARDA gehen bis zur genehmigten Gründung eines 2. Museums auf Berufungsvorschläge nicht ein und drohten aus der Kommission auszutreten, sobald Vorschläge beraten werden sollten.

Nun hatte sich am 9. Juli 1870 wieder das Professoren-Kollegium mit der Angelegenheit zu beschäftigen. Die Kommission wollte die Angelegenheit auf das nächste Schuljahr vertagen, ein Ministerialerlaß vom 27. Juni enthielt allerdings die Aufforderung zur Erstattung von Vorschlägen für die erledigte Lehrkanzel der Zoologie. Die Herren Professoren nahmen Stellung: Herr Prof. LORENZ ist für Vertagung der Angelegenheit, die Besetzung der zweiten Kanzel erscheint ihm nicht notwendig. Herr Prof. VAHLEN spricht für die Besetzung, es war Pflicht der Kommission, Vorschläge zu machen. Herr Prof. KARSTEN betont, daß zuerst das bestehende Museum vervollständigt werden müsse. Herr Prof. HOFFMANN ist für die Besetzung der zweiten Kanzel, hält die Benützung eines Museums durch zwei Professoren für möglich. Herr Prof. SCHMARDA entwickelt in einem langen Vortrag seine Anschauungen und wünscht, daß das Exposé dem Protokoll beigegeben werde. Herr Prof. VAHLEN stellt den Antrag, daß nur über die von den Herren Prof. BRÜHL einerseits und REUSS, SUESS andererseits gestellten Anträge abgestimmt werden solle. Der Antrag wird mit Majorität angenommen. Es wird zuerst abgestimmt über den Antrag des Herrn Prof. BRÜHL: Es soll zuerst die Genehmigung der Errichtung eines zweiten zoologischen Museums beim hohen Ministerium erwirkt und dann zur Erstattung von Vorschlägen geschritten werden. Für den Antrag ergeben sich drei Stimmen, er ist verworfen.

Es wird nun abgestimmt über den Antrag der Herren Prof. SUESS und REUSS: Es sind Vorschläge für die Besetzung einer zweiten zoologischen Lehrkanzel zu erstatten und ihre Giltigkeit an die Bedingung der Begründung eines zweiten Museums zu knüpfen. Für den Antrag ergaben sich 26 Stimmen. Er ist angenommen! In der Sitzung am 16. Juli sollen die Vorschläge erstattet werden.

Neben dem Vorsitzenden, Dekan Josef STEFAN waren bei der Sitzung am 16. Juli die Professoren HOFFMANN, MOTTS, FENZL, v. LITTROW, SIMONY, LOTT, VAHLEN, ZIMMERMANN, BRÜHL, REUSS, v. LANG, SICKEL, SUESS, TOMASCHEK, KARSTEN, CONZE, TSCHERMAK, REINISCH, WEISS und Privatdozent WAHRMUND anwesend.

Die Anträge und Abstimmungsergebnisse wurden mit dem Commissionsbericht dem Ministerium übermittelt. Hier der Entwurf dieses Schreibens:

Hohes k. k. Min. f. C u U

Z 457 ex 1869/70

Mit hohem Erlaß vom 27. Juni d. J. Z 6176 ist das kk philosophische Professoren Collegium aufgefordert worden, baldigst Vorschläge zur Besetzung der durch das Ableben des Herrn Prof. KNER erledigten ordentlichen Lehrkanzel der Zoologie zu erstatten. Schon vor Einlangen dieses Erlasses war die urgirte Frage Gegenstand einer commissionellen Berathung, die jedoch noch zu keinem Resultate im Sinne der Aufforderung des hohen Ministeriums führte. Nach Einlangen letzterer wurde die Berathung neuerdings aufgenommen jedoch abermals ohne das gewünschte Resultat. In der Sitzung vom 9. Juli hat, wie aus dem unter 22. Juli d. J. Z 453 dem Hohen Ministerium übersandten Protocolle ersichtlich ist, der Unterzeichnete dem Collegium den Stand der Sache auseinander gesetzt und hat das Collegium darauf den Anträgen des Herrn Prof. SCHMARDA, welche in der Beilage zum Protocolle jener Sitzung entwickelt sind, entgegen, sich für die Nothwendigkeit der Wiederbesetzung der zweiten Lehrkanzel der Zoologie ausgesprochen. In Folge dessen hat eine Commission bestehend aus den Herren Prof. FENZL, BRÜHL, REUSS, SUESS/: Herr Prof. SCHMARDA verweigerte die Mitwirkung:/ an das Collegium in der Sitzung vom 16. Juli d. J. den in der Commission einstimmig angenommenen Antrag gestellt: Die Besetzung der erledigten Lehrkanzel ist an die Bedingung zu knüpfen, daß für dieselbe auch ein eigenes zoologisches Museum errichtet werde. Dem hohen Ministerium sind zur Berufung an diese Kanzel vorzuschlagen
primo loco Dr. Friedrich STEIN Prof. an der Prager

secundo loco Dr. Oscar SCHMID Prof. an der Gratzer

tertio loco Dr. Ernst HAECKEL Prof. an der Jenaer Universität.

Der erste Theil des Antrages, die Errichtung eines eigenen zoologischen Museums für die zweite Lehrkanzel ist bereits in der Sitzung vom 9. Juli d. J. angenommen worden.

Dem zweiten Theil des Commissionsantrages_: Terne - STEIN, SCHMID, HAECKEL:/ stellte Herr Direktor TSCHERMAK den Antrag auf den Vorschlag der Terne primo loco HAECKEL, secundo STEIN, tertio SCHMID und für den Fall der Ablehnung dieses Antrages den folgenden,

HAECKEL, SCHMID, STEIN sind in alphabetischer Folge dem hohen Ministerium vorzuschlagen. Für die Commissionsvorschläge ergaben sich bei der Abstimmung zehn Stimmen / : GSCHWANDTNER, HOFFMANN, MOTH, SIMONY, VAHLEN, BRÜHL, REUß, SUEß, KARSTEN, STEFAN: / , gegen denselben ebenfalls zehn Stimmen / : FENZL, v. LITTROW, LOTT, ZIMMERMANN, v. LANG, TOMASCHEK, CONZE, TSCHERMAK, REINISCH, WEIß: / , Herr Prof. SICKEL enthielt sich der Abstimmung, weil er während der Debatte nicht anwesend sein konnte. Der Antrag ist also nicht angenommen. Für den ersten Antrag des Herrn Director TSCHERMAK ergaben sich neun Stimmen, er ist also abgelehnt, für seinen zweiten Antrag nur sechs Stimmen. Nachdem sich auch für einen inzwischen von Herrn Prof. SUESS eingebrachten Antrag auf Errichtung von zwei neuen Lehrkanzeln mit STEIN primo, SCHMID secundo loco für die eine, HAECKEL für die zweite nur sechs Stimmen ergaben, stellte Herr Director TSCHERMAK noch den Antrag HAECKEL allein vorzuschlagen, doch ergaben sich auch für diesen nur zehn Stimmen von 21 Votanten, wonach er nicht angenommen ist.

Der ehrfurchtsvoll Unterzeichnete bringt nach Beschluß des Collegiums die Angelegenheit in diesem Stadium zur Kenntnis des hohen Ministeriums und legt den von Herrn Prof. BRÜHL im Namen der Commission an das Collegium erstatteten Bericht bei.

23. Juli 1870

Dort wo offenbar die Mitteilungen über das Professorenkollegium abbrechen, zumindest wurden mir vom Universitätsarchiv in Wien nur Kopien der Berichte von 1869-1870 und 1873 zur Verfügung gestellt, fangen die direkten Berufungsverhandlungen des österreichischen Unterrichtsministeriums, Minister STREMAYR, mit HAECKEL an. Am 22. Dezember 1870 empfing HAECKEL das erste offizielle Berufungsschreiben. KRAUßE (Biographie-Beitrag in diesem Band) hat diese Verhandlungen anhand der in Jena vorhandenen Briefe minutiös recherchiert. Schon Ende Jänner 1871 lehnte er die Professur in Wien dankend ab, die Fachkollegen SCHMARDA, BRÜHL, KARSTEN und STRICKER und die Verhältnisse der zoologischen Sammlungen und des zootomischen Instituts schreckten ihn ab. Zwei Jahre lang hatte man im Ministerium die Hoffnung genährt, HAECKEL doch noch zur Annahme bewegen zu können, vergeblich!

Am 14. Dezebmber 1872 lesen wir im Protokoll der Sitzung der k.k. Professoren der Philosophischen Fakultät: „Nach lebhafter Diskussion, welche dem Decan [SICKEL] Anlaß gibt, das Ergebniss der 1870 im Collegium geführten Verhandlungen über die Wiederbesetzung der zweiten, durch den Tod des Herrn Prof. KNER in Erledigung gekommene Professur für Zoologie in Erinnerung zu bringen wird beantragt:

1) Die Abstimmung über den verlesenen Commissionsantrag ist zu vertagen.

2) Die Wiederbesetzung der zweiten Lehrkanzel ist sofort wieder in Verhandlung zunächst in kommissionelle Vorberathung zu nehmen.

Beides wird mit allen Stimmen bis auf 5 Stimmen angenommen. Im Protokoll zur Sitzung vom 1.2.1873 lesen wir dann: „Wiederbesetzung der zweiten Lehrkanzel für Zoologie. Der Dekan [SICKEL] und Prof. SUESS berichten, durch welche Umstände bisher der Zusammentritt der betreffenden Commission verhindert worden ist. Der Decan verliest dann die erneute Aufforderung des hohen Ministeriums vom 22. Jänner u. J. Z. 1002 und kündet an, daß er sofort die kommissionelle Berathung des Gegenstandes betreiben und möglichst beschleunigen wird".

In der Sitzung am 15. März 1873 wird dann endlich ein Vorschlag zusammengebracht. Vorher haben allerdings nacheinander die Professoren BRÜHL, v. LANG und SCHMARDA ihre Separatvoten vorgelesen, SCHMARDA verläßt gleich nach der Vorlesung seiner Anträge die Sitzung. Der neue Vorschlag: I° loco CLAUS in Göttingen, II° loco SCHMIDT jetzt schon in Straßburg, III° loco SEMPER in Würzburg.

Mit Karl Friedrich CLAUS (* 2.1.1835 in Kassel, Hessen, † 18. 1. 1899 in Wien) kam dann 1873 ein Zoologieprofessor nach Wien, der zwar den Darwinismus vertrat, aber ein Gegner HAECKELS war. BAUMANN (1900: 31) meint, HAECKEL hätte selbst CLAUS nach Wien empfohlen, weil er sich in Norddeutschland für den Darwinismus noch nötig hielt.

Ein Universitätsprofessor, der bei den Abstimmungen über die Besetzung der zweiten zoologischen Lehrkanzel dabei war, hat sich viel in Oberösterreich aufgehalten: Friedrich SIMONY (Abb. 6), der bekannte Dach-

Abb. 6:
Der Dachsteinforscher Friedrich SIMONY (1813-1896).

steinforscher. Bei den Abstimmungen und Diskussionen hat er sich offensichtlich nicht exponiert, wir wissen nicht, ob er HAECKEL unterstützte oder nicht. Jedenfalls hat er einmal für den Antrag von SUESS (HAECKEL an 3. Stelle) gestimmt. Nur eine kleine Notiz bei DODEL-PORT (1888/II: 108), die einem Brief DEUBLERS an J. C. FISCHER entnommen wurde, zeigt, daß SIMONY zumindest neugierig auf jenen Zoologen war, der unter den Professoren als möglicher Nachfolger KNERS gehandelt wurde: „(1874, August) Heute erhielt ich einen Brief von Ernst HAECKEL mit der Nachricht, daß er am 2. September in Goisern ankommen werde, um bei mir im Primesberg ein paar Tage zu bleiben. Karl GRÜN und Prof. SIMONY freuen sich mit mir schon ungeheuer auf diesen Besuch".

Bei SIMONY haben sich 1874 wohl erste Vorboten der vielen harten Schicksalsschläge bemerkbar gemacht. Sein jüngerer Sohn Arthur hatte am 31. Juli 1872 gerade die Matura gemacht und angefangen, Medizin zu studieren. Der Studienerfolg ist ausgeblieben. Erst am 5. November 1879 schaffte er das 1. Rigorosum mit der Note genügend. Er war süchtig, heiratete ohne Zustimmung des Vaters und ging wohl zusammen mit seiner ebenfalls süchtigen Frau Anna Carolina SCHLIMŘAZIK um 1880 elendiglich zugrunde, von seinem Vater verstossen. F. SIMONYS Frau Amalia Katharina KRAKOWITZER (am 2.7.1821 in Wels geboren) litt unter einer Geisteskrankheit und starb am 14. Mai 1877 in Wien (SPETA 1996: 7).

War es Vorsicht, nicht bei Kirche und Obrigkeit negativ aufzufallen, oder waren es private Sorgen, die SIMONY nicht mit TSCHERMAK haben stimmen lassen?

4 Der Goiserer Konrad DEUBLER freundet sich 1874 mit HAECKEL an

Dank der ausführlichen Biographie, die DODEL-PORT (1886) in 2 Bänden herausgegeben hat, die 1888 sogar eine zweite Auflage erlebte und gekürzt in einem Band 1909 als Volksausgabe erschienen ist, wissen wir über Konrad DEUBLER eine ganze Menge. In der Folge sind immer wieder kürzere und längere Abhandlungen über diesen Goiserer Philosophen verfaßt worden (ANONYMUS 1908; ASCHAUER 1984; GOEDERN 1988; RAUSCHER 1988; SPETA 1992: 419; u. a.). DODEL-PORT ist es aber zu verdanken, daß auch die umfangrei-

Abb. 7:
Titelblatt der Herbarien Konrad DEUBLERS.

che Korrespondenz, die DEUBLER führte, größtenteils zum Druck gekommen ist.

Konrad DEUBLER ist am 26. November 1814 als Sohn des Leopold DEUBLER und der Anna SCHENNERIN, die am 21. Februar 1814 geheiratet hatten, in Goisern zur Welt gekommen. Nach der Schule erlernte er das Müllerhandwerk. Seine Eltern kauften ihm nach kurzer Lehrzeit eine kleine Mühle bei Bad Ischl, die er im Jahre 1836 gegen eine größere oberhalb von Hallstatt eintauschte. Mit 17 Jahren selbständig, heiratete er am 18. Jänner 1833 mit 18 Jahren die um 1 Jahr ältere Elenore GAMSJÄGER, die ihm durch 42 Jahre eine treue Lebensgefährtin war. Die Ehe blieb kinderlos, in späteren Jahren nahm das Paar aber eine Ziehtochter an.

DEUBLER war seit Kindestagen ein leidenschaftlicher Leser. Er war aber keineswegs ein Stubenhocker. Er hat auch die Berge sehr geliebt. Gerne nutze er die Gelegenheit, Freunde in die Berge zu führen. Dabei sammelte und herbarisierte er Alpenpflanzen, die er nach KOCHS Synopsis bestimmte. In Mappen, deren Titelseite eine lithographierte Ansicht des Dachsteins zierte und mit der Inschrift „Erinnerungen an Hallstatt" auf die Herkunft wies (Abb. 7), stellte er jeweils 50-100 Herbarbelege zusammen, die er den Ischler Badegästen zum Kauf anbot. Auch die kaiserliche Familie hatte ihm welche abgekauft. Im Naturhistorischen Museum liegen zwei solcher Mappen, die von RIEDL-DORN (1989: 59) fälschlich Erzherzog RAINER zugeschrieben wurden. Mit dem Erlös machte DEUBLER Reisen und kaufte Bücher. Für sich selbst hatte DEUBLER übrigens auch Herbarbelege angefertigt, z. T. hat er mit anderen, wie z. B. mit den Brüdern KERNER, getauscht. Sein Herbarium liegt heute noch im Heimathaus in Goisern.

In den 1840er Jahren reifte DEUBLER zum Freidenker heran. Er beginnt einen immer umfangreicher werdenden Briefwechsel. Im Frühjahr 1849 hat DEUBLER von Hallstatt Abschied genommen und ist Bäcker und Wirt im SCHENNER'schen Gasthaus „Wartburg" in Goisern geworden (Abb. 8 oben). Dort wird ihm seine ketzerische Bibliothek zum Verhängnis. Dem zufällig bei ihm eingekehrten Spottvogel M.G. SAPHIR zeigte er voll Stolz seine Bibliothek und seinen Briefwechsel. Der hat nichts besseres zu tun gehabt als sofort in der Zeitschrift „Humorist" über diese Begegnung einen Artikel zu schreiben. Dadurch ist Erzherzogin SOPHIE auf ihn aufmerksam geworden. Sie visitierte unangemeldet während seiner Abwesenheit seine Bibliothek. Daraufhin wurde DEUBLER mit seinen Gesinnungsgenossen im Mai 1853 wegen Hochverrates und Religionsstörung verhaftet. Nach 14monatiger Untersuchungshaft wurde er im Juli 1854 entlassen. Schon im August wurde er aber wieder verhaftet und nach Iglau gebracht. Vom 7. Dezember 1854 bis November 1856 war er im berüchtigten Zuchthaus in Brünn eingekerkert. Anschließend wurde er auf unbestimmte Zeit in Ölmütz interniert. Erst am 24.3.1857 hat er durch Begnadigung des Kaisers seine Freiheit wieder erlangt.

Abb. 8:
„Wartburg" (oben) und „Villa Feuerbach" am Primesberg (unten) in Goisern im Jahre 1996/97.

Bald nach Wiedererlangung der Freiheit kaufte sich DEUBLER in Lassern bei Goisern einen Bauernhof. Die „Wartburg" war nach wie vor gut besucht. Bald erwarb er wieder Bücher und Zeitschriften. Er vertiefte sich immer mehr in Ludwig FEUERBACHS-Werke: Dadurch wurde er zu einem konsequenten Anhänger des Materialismus. Es entwickelte sich eine innige Freundschaft zwischen FEUERBACH und DEUBLER.

Im Jahre 1864 kauft DEUBLER auf dem Primesberg bei Goisern das später so berühmt gewordene Alpenhäuschen mit Garten, Wiesen, Wald und Äcker. Nach und nach richtete er sich oben ein. Das Anwesen wurde zur Burg „Malepartus". Später baute er ein Atelier dazu (Abb. 8 unten). 1867 kam FEUERBACH mit Frau und Tochter einige Wochen nach Goisern auf den Primesberg und erholt sich dort von einem Schlaganfall bestens.

Nach siebenjährigem Wohlverhalten erhielt DEUBLER wieder seine bürgerlichen Rechte zurück. 1868 haben ihn die Goiserer zur Audienz beim Kaiser nach Wien gesandt, um die drohende Verlegung des Pfannhauses von Hallstatt nach Attnang abzuwenden. Im

Herbst 1870 wurde DEUBLER sogar zum Bürgermeister seiner Gemeinde ernannt, im Frühjahr 1871 quittierte er allerdings bereits wieder diesen Dienst, weil er sich in dieser Rolle nicht wohlfühlte.

Mit dem Tode FEUERBACHS im Jahre 1872 begann ein neuer Abschnitt in DEUBLERS Leben. Erschien ihm damals das Göttliche als Menschliches, wollte er nun erfahren, wie das Menschliche geworden ist. Dabei kam ihm der sich mehr und mehr durchsetzende Darwinismus sehr zu Hilfe. Die naturwissenschaftliche Lektüre wurde ihm nun zur geistigen Lieblingsspeise.

Nach lebhaften Beratungen mit seinen Familienangehörigen entschloß sich DEUBLER am 26. November 1873, seinem 59. Geburtstag, die Wartburg in Goisern an seine Ziehtochter und ihren Mann abzugeben. Er zog mit seiner Eleonora auf den Primesberg.

Im Winter 1873/74 studierte DEUBLER die 3. Auflage von E. HAECKELS „Natürlicher Schöpfungsgeschichte", die ihm soviel Genuß gewährte, daß er sich entschloß, dem Autor zu schreiben (Abb. 9). Den hochinteressanten Schriftwechsel, der bis zum Tode DEUBLERS geführt wurde, hat DODEL-PORT (1888: 148-211) zum Großteil abgedruckt. Die Sichtung der Originalbriefe DEUBLERS, die im HAECKEL-Haus in Jena aufbewahrt werden (Kopien liegen nun davon auch im Archiv des Biologiezentrums in LI) machte geringfügige Korrekturen und Ergänzungen notwendig und erbrachte 5 Briefe, die bisher unveröffentlicht geblieben sind. Es wird im Anschluß an den Lebenslauf der gesamte Briefwechsel zwischen DEUBLER und HAECKEL nochmals vorgestellt, um diese aufschlußreichen Dokumente zugänglich zu machen (Die Biographie von DODEL-PORT ist ja längst vergriffen).

Die Höhepunkte im letzten Lebensabschnitt DEUBLERS waren sicherlich die beiden Besuche HAECKELS in Goisern. Der erste fand Anfang September 1874 statt, HAECKEL war damals mit Frau Agnes gekommen. Über diese Begegnung sind zwei Mitteilungen beteilig-

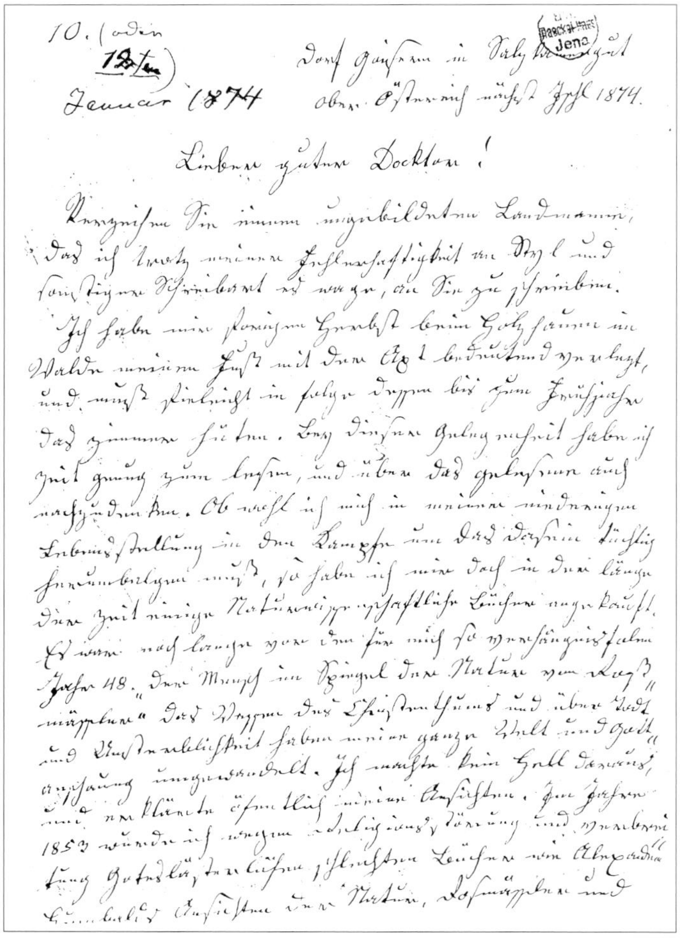

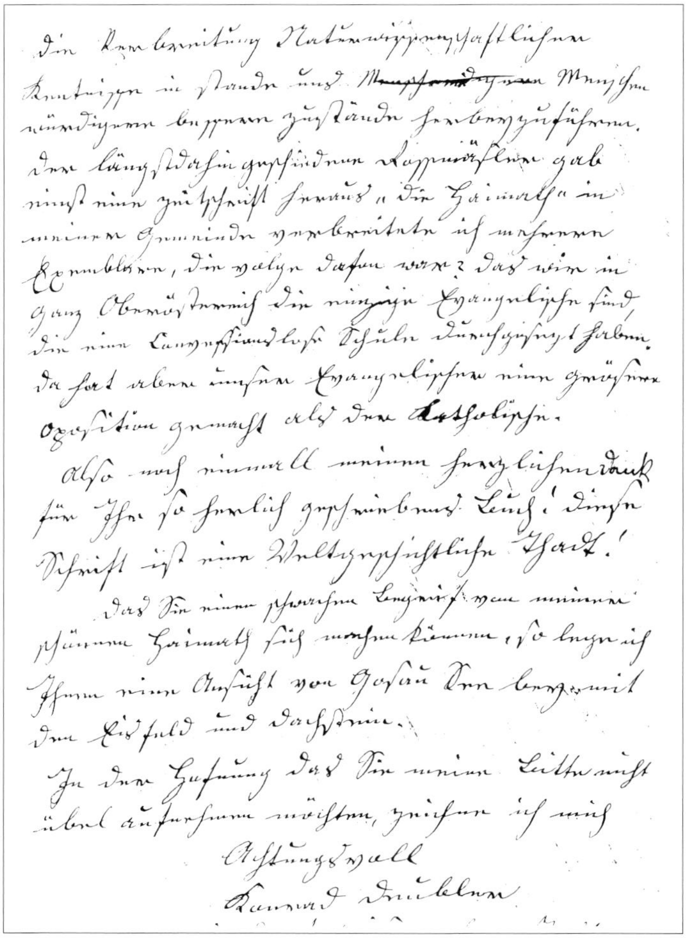

Abb. 9:
Erste und letze Seite des ersten Briefes von Konrad DEUBLER an Ernst HAECKEL vom Jänner 1874 (Ernst-Haeckel-Haus).

ter Sommergäste veröffentlicht worden. Die eine von GRÜN, der sich zur gleichen Zeit auch bei DEUBLER aufgehalten hat, der in der „Gartenlaube" (1875: 401) über DEUBLER und seine berühmten Besucher einen Aufsatz veröffentlichte, der nachstehend auszugsweise wiedergegeben wird:

„Ueber das Verhältniß DEUBLER's zu FEUERBACH sei an dieser Stelle nur so viel gesagt, daß dasselbe ein hochpoetisches, auf gegenseitiges innerlichstes Verständniß begründetes war. „Keinen Freund liebt und schätzt er so sehr als Sie," schreibt FEUERBACH's Gattin an DEUBLER unterm 24. Januar 1872, als der große Denker schon seiner Auflösung nahe war. Für die Innigkeit der Freundschaft zwischen dem Gelehrten vom Rechenberge und dem Volksphilosophen vom Dorfe Goisern legt mein Buch „Ludwig FEUERBACH in seinem Briefwechsel und Nachlaß" (Leipzig, Winter) Zeugniß ab. DEUBLER machte seinen großen Freund zum Rathgeber in allen wichtigen Fragen seines Innern, und manches Thema von weittragender Bedeutung wird in dieser Correspondenz auf's Tapet gebracht. „Soll ich zum Scheine die mich drückende Pietisterei noch ferner mitmachen?" fragte DEUBLER einmal in Bezug auf den von ihm in Aussicht genommenen Uebertritt in eine freie Gemeinde. „Ich war bisher wegen der Leute alle Jahre zur Communion gegangen und muß Dir aufrichtig gestehen, habe mich vor mir selbst geschämt. Mein ganzes besseres Selbst empörte sich gegen eine solche Heuchelei. Und doch – was bleibt mir übrig – ? Zum Auswandern bin ich jetzt schon zu alt und würde mich schwer von meinen so schönen Bergen trennen können." FEUERBACH erwidert hierauf sehr treffend: „Die Religion, wenigstens die officielle, die gottesdienstliche, die kirchliche, ist entmarkt oder entseelt und creditlos, so daß es an sich ganz gleichgültig ist, ob man ihre Gebräuche mitmacht; denn selbst diejenigen, die sie angeblich gläubig mitmachen, glauben nur an sie zu glauben, glauben aber nicht wirklich, so daß es sich wahrlich nicht der Mühe lohnt, wegen eines Glaubens, der längst keine Berge mehr versetzt, seine lieben Berge zu verlassen."

Weiters führt GRÜN aus: „Auch die Geologen durchwühlten die Dachsteinpartie des Salzkammergutes, und DEUBLER, der Wege und Stege kennt, diente zum Orientiren, öffnete dabei stets beide Ohren, lernte und gewann sich die Zuneigung der Steingelehrten. Er beherbergte die Herren Eduard SUEß, MOISITSCHOWITSCH, Professor SIMONY, den Alpenseekundigen, und Herrn von HAUER, den hochverdienten Autor der Geologie Oesterreichs.

Abb. 10: Das Anwesen DEUBLERS am Primesberg (Gartenlaube).

Als ich im vorigen Sommer auf dem Primesberge (Abb. 10) die Correctur meines „FEUERBACH" las, erschien zu unser Aller Freude Ernst HÄCKEL aus Jena, der frisch-fröhlich-freie Repräsentant der Descendenzlehre auf deutschem Boden. Er durchmusterte im unteren Stocke die erste, schon damals vergriffene Auflage der „Anthropogenie", während ich im „Feuerbachzimmer" das „Philosophische Idyll" revidirte. DEUBLER war auf der Höhe seines Bewußtseins angelangt, als er die Ergänzung zu FEUERBACHs philosophischem Realismus unter seinem Dache wußte, und ein wahrer Alpenkönig dünkte er sich, als er die Lectüre des Vor- und Nachworts zur „Anthropogenie" vornahm. Er hat es aber dahin gebracht, im geistigen Leben die Blüthe des Daseins zu empfinden – und doch konnte er mit zwanzig Jahren noch nicht schreiben."

Der andere Bericht stammt von DODEL-PORT (1909: 183): „Wenige Monate nach jenem Vorgang logierte sich der Kulturhistori-

Abb. 11:
Bartholomäus von Carneri (1821-1909); Politiker, Dichter und Philosoph (Deubler-Album).

Abb. 12:
Deublers eigenhändig am Weihnachtstag 1883 festgehaltener Wunsch, die Aufschrift seines Grabsteins betreffend.

ker Karl Grün bei Deubler ein, um mit seiner Frau einiger Sommermonate froh zu werden. Dazu gesellte sich die Familie des alten Deublerfreundes Professor Fr. Simony, des Alpensee- und Dachsteinkundigen, aus Wien, die ebenfalls bei Deubler der Sommerfrische genoß. Deublers intimer Freund J. C. Fischer kam herauf und auch der um die Geologie Österreichs hochverdiente Direktor Hauer beehrte das Alpenhaus mit seinem Besuch. Endlich erschien zur größten Freude der vergötterte Jenenser Professor, Ernst Haeckel, einer Deublerschen Einladung Folge leistend, um mehrere Tage mit seiner Gemahlin der reinen Bergluft zu genießen, und setzte so jener Reihe hochbedeutsamer Besuche die Krone auf.

Der Primesberger Philosoph schwelgte im Gefühle höchster Glückseligkeit. Da mochte denn Deubler, wie er selbst gestand, sich ein wahrer „Alpenkönig" dünken, denn unter seinem Dache erhielt „die Ergänzung zu Feuerbachs philosophischem Realismus" – der Nachlaß und Briefwechsel des großen Meisters – durch Karl Grün die letzte Feile, indem dieser die Druck-Korrekturen besorgte, und das „philosophische Idyll" hier vollendete; während Haeckel im untern Stockwerk des Hauses die damals schon vergriffene erste Auflage seiner „Anthropogenie" durchnahm und seinem Freunde das Vor- und Nachwort zur zweiten Ausgabe derselben zu lesen gab. Auch wurden genußreiche Fuß- und Wasserpartieen unter Deublers Führung nach allen Gegenden dieses herrlichen Tempe unternommen.

Da war unser Sechziger erst recht in seinem Element: der Monist par excellence, dieses enfant terrible der zeitgenössischen Philosophen nun auf dem Primesberg, täglich zu sehen und zu sprechen! Was war da noch weiter zu wünschen, als daß dies Leben oft wiederkehren möge!"

Über den zweiten Besuch Haeckels bei Deubler in Goisern findet sich bei Jodl (1922: 18) die Abschrift einer kurzen Mitteilung Haeckels an B. v. Carneri. Er schreibt, daß er am 5. August 1882 bei Deubler eingetroffen ist und daß er vorhabe, am Dienstag, dem 8. August 1882 mittags Richtung Graz abzureisen.

In den Briefen Carneris (Abb. 12) an Haeckel ist Deubler noch gelegentlich erwähnt worden: Am 13. April 84 schreibt Carneri an Haeckel, daß ihn der Tod des wackeren Deubler recht schmerzlich berührt hat (Jodl 1922: 33) und am 1. Jänner 1885 kündigt Carneri Haeckel an, daß Dodel-Port ein Buch über Deubler herausgeben möchte und dazu die Deubler-Briefe wird entlehnen mögen (Jodl 1922: 35).

Am 26. Juli 86 fragt Carneri Haeckel, was er zum Deubler-Buch sage: „Es ist reizend gemacht, aber etwas indiskret. Mich hat Dodel-Port gegenüber Schultze und Rau schön eingedunkt. Es tut mir leid; denn Schultze beleidigen zu wollen, wäre mir nie eingefallen. Eine zweite Auflage wird's nicht mehr bringen; mehr kann ich nicht tun. – Grün wird schön zugedeckt!"

Deublers Frau, Eleonora, mit der er in Freud und Leid 42 Ehejahre verbrachte, starb in der Nacht vom 12. auf den 13. November 1875, nachdem sie 8 Tage vorher einen

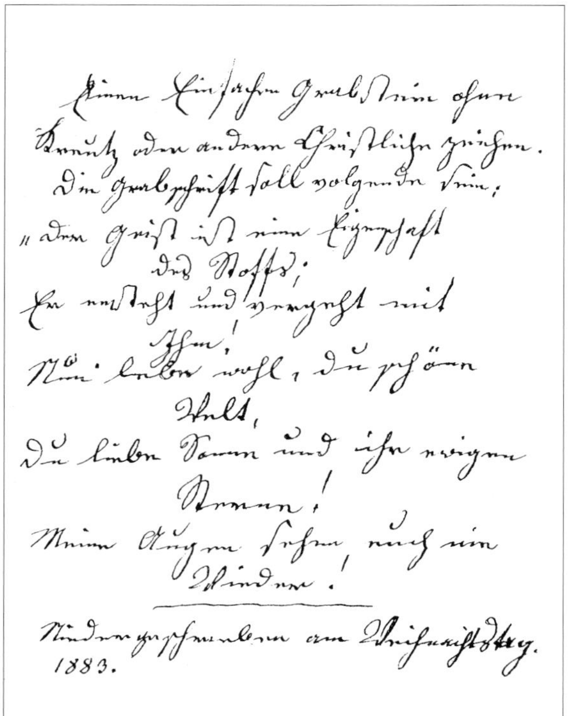

Schlaganfall erlitten hatte. Um den trüben Gedanken zu entfliehen, plante er ein neues Haus zu bauen. Schon im Frühjahr begann er seine FEUERBACH-Villa im Schweizer Stil zu errichten. Nun heiratete er seine Wirtschafterin, die „dicke Nandl", wie er sie in den Briefen an seine Freunde einfach nannte. Es folgten noch etliche glückliche Jahre, die sich im Briefwechsel mit HAECKEL widerspiegeln.

Am 31. März 1884 ist er am Primesberg gestorben. Bereits am 1. April wurde er christlich begraben. Seinem Wunsch durfte nicht entsprochen werden. Er wollte „Einen einfachen Grabstein ohne Kreuz oder andere christliche Zeichen. – Die Grabinschrift soll folgende sein (Abb. 12):

Der Geist ist eine Eigenschaft des Stoffes;
Er entsteht und vergeht mit ihm!
Nun lebe wohl du schöne Welt,
Du liebe Sonne und ihr ewigen Sterne!
Meine Augen sehen Euch nie wieder!"

Der Grabstein durfte nicht am Friedhof aufgestellt werden. DEUBLERS Freunde haben ihn auf den Primesberg getragen und dort aufgestellt.

Briefwechsel Konrad DEUBLER und Ernst HAECKEL.

„Ich habe dem trefflichen und in vieler Hinsicht einzigen Mann während der zehn Jahre unserer Korrespondenz die herzliche Freundschaft bewahrt."

Ernst HAECKEL an DOBEL-PORT
Jena, 8. Febr. 1885.

DEUBLER an HAECKEL.

Dorf Goisern im Salzkammergut, 10. (oder 12.) Jan. 1874.

Lieber guter Doktor!

Verzeihen Sie einem ungebildeten Landmann, daß ich trotz meiner Fehlerhaftigkeit am Stil und sonstiger Schreibart es wage, an Sie zu schreiben.

Ich habe im vorigen Herbst beim Holzhauen im Walde meinen Fuß mit der Axt bedeutend verletzt und muß vielleicht in Folge dessen bis zum Frühjahr das Zimmer hüten. Bei dieser Gelegenheit habe ich Zeit genug zum Lesen und über das Gelesene auch nachzudenken. Obwohl ich mich bei meiner niedrigen Lebensstellung im Kampf ums Dasein tüchtig herumbalgen muß, so habe ich mir doch in der Länge der Zeit einige philosophische und naturwissenschaftliche Bücher angekauft. Es war noch lange vor dem für mich so verhängnissvollen Jahr [18]48 – „Der Mensch im Spiegel der Natur" von ROßMÄßLER, „Das Wesen des Christenthums" und „Über Tod und Unsterblichkeit" haben meine ganze Welt- und Gottanschauung umgewandelt. Ich machte kein Hehl daraus und erklärte öffentlich meine Ansichten. Im Jahr 1853 wurde ich wegen Religionsstörung und Verbreitung gotteslästerlicher, schlechter Bücher, wie Alexander HUMBOLDT'S „Ansichten der Natur", ROßMÄßLER'S Schriften und der ganz besonders schlechten Schriften von FEUERBACH und D. STRAUß' „Leben Jesu" u. s. w. gefangen genommen. Meinem Buchhändler FINK in Linz wurde von der Polizei sein Handbuch abgenommen; da fanden sie, daß ich im Verlauf der letzten Jahre um 1800 Gulden [Ö. W.] Bücher abgenommen hatte. Jetzt war die große Frage an mich: an wem ich all diese schändlichen Bücher verkauft hätte. Zum Glück waren gerade früher mehrere Familien nach Amerika ausgewandert; an diese sagte ich, hatte ich alle verkauft. So unglaublich meine Angabe war, ich blieb dabei. Mein Urteil nach anderthalbjähriger, strenger Untersuchungshaft war – 2 Jahre schweren Kerkers nahe Brünn. Dazu wurde ich noch zudem nach überstandener Strafe 2 Jahre nach Olmütz und Iglau interniert. Vier Jahre war ich meiner Heimat entrissen.

Aber was konnten sie einem Menschen anhaben, der die Werke FEUERBACHS, namentlich seine Gedanken über Tod und Unsterblichkeit gelesen? Ich war immer gesund und wohlauf.

Zum Jahre 1857 wurde ich in Folge einer Amnestie wieder frei. Seitdem war ich wieder zum Bürgermeister gewählt. Nach meiner Freilassung machte ich eine Reise zum FEUERBACH nach Nürnberg, um diesen großen, muthigen Denker persönlich kennen zu lernen. Später kam er zu mir nach Goisern auf einige Monate auf Besuch; wir schlossen Freundschaft bis zu seinem Tode. Kurz vor seinem Ableben habe ich ihn noch auf Rechenberg (Abb. 13) besucht. Mir ist er unersetzlich!

Da ich, wie ich schon im Anfang dieses Schreibens erwähnte, das Zimmer hüten muß, so habe ich an alle meine Heiligen gedacht und ihre welterobernden Schriften, die ich besitze, durch[ge]lesen, MOLESCHOTTS „Kreislauf des Lebens" und so auch Ihre „Natürliche Schöpfungs-Geschichte" 3. Auflage. Mich hat diese

Abb. 13:
Ehepaar Bertha und Ludwig Feuerbach (1804-1872).

Schrift so begeistert, daß ich unmöglich es unterlassen kann, Ihnen dafür zu danken! Mit meinem herzlichen Dank verbinde ich aber zugleich die Bitte, Sie möchten mir, wenn möglich, ihre Photographie oder sonst ein Bild von Ihnen senden. Dünkt Ihnen meine Bitte unbescheiden, so verzeihen sie Sie dem einfachen Landmann, der Sie als einen der größten Naturforscher unserer Zeit so innig verehrt und hochachtet! Nach meiner Ansicht ist nur die Verbreitung naturwissenschaftlicher Kenntnisse im Stande, uns Menschen würdigere, bessere Zustände herbeizuführen.

Der längst dahingeschiedene Roßmäßler gab einst eine Zeitschrift heraus: „Die Heimat" – ich verbreitete in meiner Heimat mehrere Exemplare – die Folge davon war, daß wir hier in Oberösterreich die einzige evangelische [Gemeinde] sind, die eine konfessionslose Schule durchgesetzt hat. Da hat aber unser evangelischer [Geistliche] eine größere Opposition gemacht als der katholische.

Also noch einmal meinen herzlichen Dank für Ihr so herrlich geschriebenes Buch! Diese Schrift ist eine weltgeschichtliche That. Daß Sie einen schwachen Begriff von meiner schönen Heimat sich machen können, lege ich Ihnen eine Ansicht vom Gosausee bei, mit dem Eisfeld und Dachstein (Abb. 14).

In der Hoffnung, daß Sie meine Bitte nicht übel aufnehmen möchten

zeichne ich mich achtungsvoll

Konrad Deubler

in Dorf Goisern bei Ischl.

Abb. 14:
Ansicht vom Gosausee mit Carls-Eisfeld und Dachstein (Ernst-Haeckel-Haus).

Haeckel an Deubler.

Jena, 25. Januar 1874.

Mein lieber Herr Deubler!

Für ihren freundschaftlichen Brief sage ich Ihnen meinen herzlichen Dank. Die darin ausgesprochene Befriedigung über meine „Natürliche Schöpfungsgeschichte" hat mich ausnehmend gefreut und ist mir unter mancherlei neuerdings zugenommener Anerkennungen eine der werthvollsten. Gerade daß Männer von Ihrem Charakter und Ihrer Gesinnung damit so zufrieden sind, ist der schönste Lohn meiner Anstrengungen.

Besonderen Dank sage ich Ihnen noch für die schöne Photographie des Gosau-Sees, die mich ungemein gefreut hat. Ich kenne Ihr schönes Alpenland sehr genau und habe es schon oft zu Fuß durchwandert. Gerade der Gosausee gehört aber zu meinen liebsten Erdenfleckchen. Als ich 1855 als Student zum ersten Male die herrlichen Alpen kennen lernte, fing ich meine Wanderung von Gmunden am Traunsee an und kam über Ischl und Goisern nach dem Hallstätter und dem Gosausee, die mich aufs höchste entzückten.

Ich hoffe, in einem der nächsten Jahre – vielleicht schon in diesem Jahre – das Salzkammergut wieder besuchen zu können, und dann soll es mir eine besondere Freude sein, Sie in Goisern zu besuchen.

Nun habe ich aber auch an Sie eine Bitte: Sie müssen mich durch Zusendung Ihrer Photographie erfreuen. Beiliegend erhalten Sie die meinige (Abb. 15).

Mit den herzlichsten Grüßen und mit den besten Wünschen für Ihr Wohlergehen

Ihr aufrichtig Sie hochschätzender

Ernst Haeckel.

P.S. Kann ich Ihnen durch Übersendung eines besonders erwünschten Buches eine kleine Freude machen, so würde mich das sehr freuen.

DEUBLER an HAECKEL.

Dorf Goisern, den 1. Febr. 1874.

Lieber, guter Herr Professor!

Sie haben mir mit Ihrem freundlichen Brief eine große Freude gemacht. Ich danke Ihnen recht herzlich für Ihr Bild. Ich habe es mir gleich in meine Sammlung eingereiht. Da habe ich alle wahrhaft großen Männer, deren Schriften ich besitze und mit deren Ideen und Forschungsresultaten ich ganz übereinstimme (das heißt, soweit ich sie verstehe). Wenn ich dann Ihre Werke durchlese und nachdem Ihr Bild ansehe, so ist es mir dann, als schaute ich in das Gesicht eines guten Freundes. Sie haben sicherlich in Ihrem ganzen Leben niemals jemandem mit Ihrer Photographie eine so große Freude gemacht, als mir.

Und was mir besonders einen hohen Genuß verschafft hat, ist ein Buch, das Sie in der Vorrede zur dritten Auflage erwähnten: „Sittlichkeit und Darwinismus" von B. CARNERI.

Der Verfasser einer gediegenen Schrift „über den freien Willen und die Einheit der Naturgesetze", F. C. FISCHER, hat mir dieses Buch [von CARNERI] voriges Jahr aus Wien geschickt. Bei Durchlesung Ihrer Schöpfung[sgeschichte] wurde ich [wieder] darauf aufmerksam gemacht. Dieser B. CARNERI gefällt mir überaus, nur bei Erwähnung von Christus und der Schöpfungssage von Moses ähnelt er mir den Rationalisten.

Seien Sie nicht böse, lieber Herr Professor, daß ich so zudringlich Ihnen mich aufdränge. Mein Alleinstehen in meinem niedrigen Stande als Landsmann in einem österreichischen Gebirgsdorfe wird mich bei Ihnen hinlänglich entschuldigen. Seit mir ROßMÄßLER und FEUERBACH gestorben sind habe ich keinen mehr, an den ich mich wenden könnte. Vom Lesen allein wird man zu einseitig. Solche Männer und echte muthige Naturforscher wie Sie wird's in Deutschland kaum [mehrere] geben. Da hatte ich einen sturmerprobten Freund in Dr. Eduard Reich. Seine Schriften, die ich mir zum Theil gekauft, einige hat er mir geschenkt –, wie z. B. „Der Mensch und die Seele", seine „Naturgeschichte des Menschen" u. s. w. – haben mich höchst interessiert. Voriges Jahr gibt dieser nämliche Dr. REICH eine Broschüre heraus: „Die Kirche der Menschheit" – Armer Reich!

Vor 14 Tagen erhielt ich einen Brief von der einzigen Tochter FEUERBACHS (Abb. 17) aus Nürnberg, worin sie mich ersucht, ich möchte sämtliche Briefe, die ich von ihrem Vater in Händen habe, nach Wien an einen Dr. Karl GRÜN einschicken, er würde den Nachlaß ihres Vaters ordnen und dann im Druck herausgeben. Ich habe ihm nun alle [Briefe] zugeschickt und bin neugierig, was und wer dieser Karl GRÜN ist, und ob er dem Geiste FEUERBACHS gerecht wird!

Der große Wahlkampf bei euch in Deutschland läßt wenig Hoffnung auf baldigen Sieg über das Pfaffenthum. Ich verzweifle [daran], es noch zu erleben, daß der Geschichte ein Ende gemacht wird. Wie es bei uns in Österreich mit der religiösen Frage steht, wissen Sie besser als ich. Österreich hat keine Kultur, sondern nur Kulturen, und selbst ein BISMARCK könnte schwerlich eine Kultur bei uns anbahnen. Aber der Civilisation ständen bei uns nirgends natürliche Hindernisse im Wege. Vor allem sollte man bei uns sich der Einmischung der Kirche in die Privatangelegenheiten der Bürger erwehren können, vor allem sollte man die Civil–Ehe einführen. Bald wird bei euch in Deutschland der Kampf mit der Kirche in hellen Flammen auflodern und wir Österreicher werden wieder vor einer jener großen Entscheidungen stehen, die es in der Regel unvorbereitet treffen, weil bei uns in den höheren Kreisen die wahre Bildung fehlt. Möge bald die Stunde der Erlösung schlagen, wo wir Deutschen in Österreich zu unserer Mutter Germania zurückkehren dürfen – geschehen wird es einmal trotz Pfaffen und Gendarmen! Als sie im Jahr 1855 als Student unser schönes Salzkammergut durchreisten, war ich noch in Brünn in Eisen und Ketten, als ein der menschlichen Gesellschaft sehr gefährliches Subjekt.

Sollten sie ihre Hoffnung zu einer Reise in unsere schönen Alpenberge künftigen Sommer realisieren können, so machen Sie mich zum glücklichsten Menschen, wenn Sie bei mir einige Wochen in meinem Alpenhause gleich wie einst FEUERBACH Quartier nehmen.

Lassen Sie mich nicht vergeblich auf Ihren baldigen Besuch hoffen!

Ihrem Wunsche zufolge lege ich Ihnen meine Photographie (Abb. 16) und das Bild von meinem Hause bei. Noch einmal herzlichen Dank für Ihren freundlichen Brief und Ihr Bild!

Ihr dankbarer Verehrer

Konrad DEUBLER.

Abb. 15:
Ernst Haeckel 1872 (Deubler-Album).

DEUBLER an HAECKEL.

[Goisern], den 19. Februar 1874.

Lieber guter Herr Professor!

Seien Sie nicht böse, daß ich Sie schon wieder mit einem Briefe belästige; ich weiß mir aber in meinem abgelegenen Gebirgsdorfe nicht anders zu helfen, weil mir Niemand auf meine Fragen antworten kann. Ich habe mir, wie ich in meinem ersten Briefe geschrieben habe, mit der Holzaxt den Fuß arg verletzt, gerade neben dem Knöchel. Am Anfang habe ich mir mehrere

Abb. 16:
Konrad DEUBLER (Ernst-Haeckel-Haus).

Abb. 17: Eleonore FEUERBACH, die Tochter des Philosophen Ludwig FEUERBACH (Deubler-Album).

Tage lang mit Kaltwasser-Umschlägen geholfen; ich habe dann wieder im Freien zu arbeiten angefangen; aber nun wurde mir der Fuß stark geschwollen und furchtbar entzündet. Was jetzt anfangen? – zu unsrem Arzt wollte ich nicht.

Da erinnerte ich mich, in einem Buch („Wissenschaft und Leben" von A. SCHROOT, Hamburg, Otto MEIßNER) von einem Mittel gelesen zu haben: zwei Messerspitzen übermangansaures Kali in einer großen Medizinflasche mit destillirtem Wasser gemischt, soll bei Entzündungen, Wunden und Verbrennungen die besten Dienste leisten. Ich schickte mein Weib nach Ischl in die Apotheke; aber da kannten sie dieses Mittel nicht, erst in Gmunden hat sie es bekommen. Der dortige Apotheker wollte in seinem Leben nie davon gehört haben; daß dieses Mittel zu einem solchen Zwecke wäre verwendet worden. Mir hat es den besten Dienst geleistet: in der ersten Nacht waren Entzündung, Geschwulst und der Schmerz wie durch Zauberei verschwunden! Dieser SCHROOT sagt in seinem Buche, Seite 70, nur so obenhin ohne specielle Angabe, wie und ob, ob bei Halsentzündungen, Verbrennungen es gebraucht werden könne u. s. w. Er sagt bloß, daß dieses wirksame äußerliche Mittel bei dem letzten Kriege 1870 mit großem Erfolge angewendet wurde.

Des Pudels Kern wäre, wenn Sie so freundlich sein wollten, mich zum besten der leidenden Menschheit, das Nähere über dieses übermangansaure Kali und über seine Anwendung aufzuklären. Ich bitte sie recht herzlich darum!

Eine große Freude empfand ich diese Woche an einem Artikel in der „Gartenlaube", worin Ihr angeblicher Freund H. ALLMERS Sie mit einer Dichtung beehrte. Auch ich stand vor mehreren Jahren auf dem nämlichen Punkte. Ich schrieb meinem verstorbenen Freund L. FEUERBACH um einen guten Rath in dieser Angelegenheit. Ich könnte Ihnen den Brief schicken, den er mir zur Antwort zurückschrieb. Sie können ihn aber auch im vorigen Jahrgang 1873, in Nr. 45, Seite 743 der „Gartenlaube" lesen. Ich wäre aber doch neugierig, ob die Weihe bei Ihren Kleinen kirchlich oder nach der Idee ihres Freundes abgehalten wurde?

Noch eine große, wirklich Alles überwältigende Freude habe ich auch dieser Tage erlebt! Ich muß Ihnen meine Freude mittheilen. Unser Dorfbote, der mit seinem Wagen allwöchentlich nach Salzburg fährt, brachte mir von Nürnberg eine große Kiste: ich öffnete sie, und unter Heu und Papier gut verpackt war der Inhalt – FEUERBACHS zum Sprechen ähnliche Büste aus Bronze, von SCHREITMÜLLER – in beinahe übermenschlicher Größe!

Ich mußte weinen vor Freude und Wehmuth. Seine Tochter (Abb. 17) schrieb mir, daß sie mir ein Geschenk damit mache, daß sie dieses Kleinod mir mit Vergnügen abgetreten hätte. In der schönen großartigen Natur, die ihr Vater so sehr geliebt habe, müßte ich ihm ein bescheidenes Denkmal errichten, und im Bilde soll er wenigstens dort weilen, wo seine schönheitsbedürftige Seele einmal Erquickung und Stärkung mit Begeisterung getrunken hat. Ich hatte aber auch schon früher auf seinem Lieblingsplatz an einem Baume eine Tafel angebracht mit der Aufschrift: „Den Mannen des großen Denkers L. FEUERBACH geweiht."

Da Sie mir in Ihrem freundlichen Briefe den Muth gemacht haben, so möchte ich noch eine Bitte an Sie machen: – wenn Sie mir die neueste Auf[lage] von Ihrer Geschichte der Schöpfung, mit Ihrer Unterschrift senden möchten. Es ist zwar sehr unbescheiden von mir, aber wer weiß, ob ich es Ihnen nicht auf eine andere Weise wieder vergüten könnte, vorausgesetzt, wenn Sie selbst noch in unsere Berge kommen!

Achtungsvoll

Konrad DEUBLER

HAECKEL an DEUBLER.

Jena, 4. März 1874.

Lieber Herr DEUBLER!

Ihre beiden freundlichen Briefe hätte ich schon längst beantwortet und Ihnen für die Übersendung Ihrer Photographie, sowie derjenigen Ihres Hauses herzlichst gedankt, wenn ich nicht leider wegen Erkrankung an einer epidemisch hier herrschenden bösartigen Grippe fast einen Monat lang hätte im Bett liegen müssen. Erst seit wenigen Tagen habe ich das Bett wieder verlassen können.

Hoffentlich ist nunmehr auch Ihr verwundeter Fuß, wegen dessen ich Sie recht bedauert habe, ganz wieder hergestellt!

Das übermangansaure Natron (oder Kali), welches Ihnen bei Ihrer Fußwunde so vortreffliche Dienste geleistet hat, ist erst seit wenigen Jahren allgemein in Aufnahme genommen und hat sich namentlich in den letzten Kriegen ausgezeichnet bewährt: ganz vorzugsweise als Mittel zur Desinfektion bei Wunden, bei faulen Wunden etc. Auch zur Desinfektion der Abtritte bei Cholera etc. wird es sehr viel mit Nutzen verwendet. Die wahre Ursache seines Nutzens ist uns, wie bei den meisten Mitteln, gänzlich unbekannt. Mangan ist ein Metall, welches dem Eiter am nächsten steht und auch im Körper des Menschen und vieler Thiere (z. B. in den Haaren, im Blute) in sehr geringen Mengen vorkommt.

Ihrem Wunsch, ein Exemplar der neuen (V.) Auflage meiner „Schöpfungsgeschichte" zu erhalten, werde ich mit Vergnügen erfüllen, sobald der (im Januar bereits angefangene) Druck vollendet sein wird (wahrscheinlich im Juli). Ich hatte Ihnen ohnehin schon ein Exemplar zugedacht. Die letzte (IV.) Auflage, 2500 Exemplare stark, ist sehr rasch, innerhalb eines Jahres verkauft worden. Auch ist eine französische, englische und polnische Übersetzung erschienen. Spanische, italenische und serbische sollen auch demnächst erscheinen. Neben vielen zustimmenden Schreiben, die ich fast jede Woche erhalte, fehlt es natürlich auch nicht an allerlei Angriffen und Verfluchungen von Seiten der Pfaffen.

Der Dr. Karl GRÜN, der den Nachlaß FEUERBACHS ordnen soll, ist ein sehr freisinniger und gewandter Schriftsteller, der gewiß seine Aufgabe gut lösen wird.

Es freut mich sehr, daß die Tochter von FEUERBACH Ihnen die Bronze-Büste ihres Vaters geschenkt hat. Ich hoffe sehr, daß ich Sie im Laufe der Herbstferien (wahrscheinlich im August oder Septbr.) werde besuchen und dann auch dieses theure Andenken bewundern können. Hoffentlich können wir dann zusammen auch einmal auf die Berge klettern! Das Bergsteigen war von jeher meine größte Freude, und in den deutschen, österreichischen und Schweizer Alpen habe ich schon oftmals oben am Schnee übernachtet.

Es grüßt Sie freundlich und von Herzen

Ihr ergebener

Ernst HAECKEL.

DEUBLER an HAECKEL.

Dorf Goisern, den 9. März 1874.

Lieber guter Herr Professor!

Seien Sie nicht böse, daß Sie schon wieder einen Brief von mir erhalten, er wird aber auch gewiß der letzte sein; ich werde Sie in Zukunft gewiß nicht mehr belästigen!

Denn so oft ich Ihren freundlichen Brief vom 25. Jänner durchlese und Ihre Photographie betrachte, so steigt mir unwiderstehlich der Gedanke auf, ob ich Ihnen nicht auch eine kleine Freude aus Dankbarkeit machen dürfte? Ich setze freilich voraus, daß Sie mein kleines Geschenk annehmen werden.

Ich habe einmal in Hallstatt, oberhalb des Marktes neben der Soole-Leitung vor langer Zeit auf einem meiner sonntägigen botanischen Ausflüge einen vom Sturme entwurzelten Tannenbaum angetroffen, wo unter dem aufgewühlten Boden Menschengerippe mit seltsam geformten Ringen und Waffen sichtbar wurden. Ich habe mit meinem Wurzelmesser die Erde noch mehr umgewühlt und fand in der Nähe eines zerbröckelten Totenkopfes die zwei goldenen Ohrringe, die ich Ihnen in einem kleinen Schächtelchen beilege. Ich habe von den gefundenen Ringen und Waffenstücken einige an Karl VOGT nach Genf gesendet, der sie hinwieder seinem Freunde DEFOR, der die Pfahlbauten der Schweizerseen untersucht hat, abgegeben. Der schrieb mir, daß mein Fund ebenfalls aus der Bronzezeit und zwar von den Hallstätter Pfahlbauten herstamme. Diese Sachen können 4-6000 Jahre alt sein. Der Hallstätter Salzbergmeister hatte oberhalb meines Fundortes nachgraben lassen und ein großes Museum von bronzenen Waffen und Ringen eingerichtet, das dann später nach Wien gebracht wurde.

Die [beiliegenden] Versteinerungen fand ich die meisten in Gosau; das beiliegende Edelweiß ist vom Gosauer Seespitzen und das Krikl von einer jungen Gemse.

Ich hatte mir in meinen jungen Jahren eine Pflanzen-Sammlung von allen wildwachsenden Alpenpflanzen angelegt und mit Hilfe von KOCHS Wildwachsende Pflanzen von Deutschland selbst bestimmt. Das Salzkammergut ist aber an schönen Alpenpflanzen ziemlich arm, weil wir lauter Kalkgebirge haben. Während ich 4 Jahre lang wegen meiner naturwissenschaftlichen, von den Geistlichen für verderblich und gefährlich gehaltenen Liebhabereien im Zuchthaus war, wurden alle meine Bücher, Pflanzen und Steinsammlung verschleppt, theils konfisziert.

„Zu was braucht ein Mensch in dieser untersten Volksklasse von solchen Sachen zu wissen? Der Staat braucht nicht die Köpfe dieser Leute, sondern ihre Hände." So ungefähr drückte sich der Staatsanwalt Dr. WASER aus. „Man muß ein Exempel statuieren, um den gemeinen Leuten solch unnützes Zeug aus den Köpfen zu vertreiben u. s. w." Sein Rezept hat aber leider bei mir nichts geholfen.

Mein Fuß ist zwar geheilt, aber da ich mich gerade im Gelenk zwischen den 2 Knöchel die Flechsen die zum Zehen auslaufen und auch die Beinhaut verletzt habe, so muß ich noch gewaltig hinken und abends ist mir immer (wenn ich mich auch bei Tage wenig anstrenge) die ganze Fußschaufel und besonders unter den beiden Knöcheln der Fuß bedeutend angeschwollen. Morgens ist dann die Geschwulst zum Teil wieder verschwunden. Ich durchlese vergebens das Buch vom gesunden und kranken Menschen von BOK, was ich zur [meiner] Stärkung und Vertreibung der Geschwulst anwenden soll. Ich halte mich noch so ruhig als möglich und hoffe das meiste von der warmen Jahreszeit und wende gar nichts an! [10. März 1874] Da ich gestern in meinem Schreiben unterbrochen wurde und heute früh durch die Botin Ihren zweiten Brief von Ihnen erhalten habe, so muß ich aufs Neue Ihnen meinen Dank für Ihre freundliche Antwort abstatten. Meine Schuld wird immer größer, da Sie noch obendrein die fünfte Aufla-

ge von Ihrem epochemachenden Buche für mich in Aussicht stellen. [Zum] Vornhinein meinen herzlichsten, wärmsten Dank dafür!

Möge meine Sehnsucht, meine Hoffnung zur Wahrheit werden, daß ich Sie noch dieses Jahr persönlich kennen lernen und auf unseren schönen Alpen herumführen kann.

Leben Sie wohl, großer Mann, Oberpriester im Tempel der Wahrheit, und behalten Sie mich einfachen Mann im Andenken, der Sie so hochverehrt und liebt!

Ihr dankbarer Lehrling

Konrad DEUBLER.

HAECKEL an DEUBLER.

Jena, den 19. März 1874.

Lieber Herr DEUBLER!

Durch Ihre freundliche und reiche Sendung, die vorgestern hier eintraf, haben Sie mich wahrhaft gerührt. Haben Sie herzlichen Dank dafür!

Besonders gefreut haben mich die schönen Versteinerungen von Gosau. Sie find ich sehr interessant und fehlten noch in meiner Sammlung. Gerade die Alpenkalk-Versteinerungen von der Thorstein-Dachstein-Gruppe (zur Trias gehörig) sind sehr wichtig und lehrreich! Auch das Edelweiß, das ich oben auf den Naßfeldern-Tauern und bei Heiligenblut oft gepflückt habe, hat mich sehr gefreut, nicht minder das Gehörn, der kleinen Gemse!

Aber die köstlichen Antiquitäten, die Sie oben bei Hallstatt gefunden haben, sind viel zu wertvolle Geschenke für mich. Da ich nicht selbst Archäolog bin, kann ich Sie auch nicht wissenschaftlich verwerthen. Wenn Sie dieselben sonst nicht verwerthen können, so werde ich dieselben – vorausgesetzt, daß Sie damit einverstanden sind – an einen meiner archäologischen Freunde, Prof. Moritz WAGNER in München (natürlich als Ihr Geschenk) geben, wo sie in der Staatssammlung, mit dem Namen des Gebers versehen, aufgestellt und beschrieben werden. Einstweilen werde ich sie aber behalten.

Daß Sie noch immer an Ihrem Fuße leiden, bedauere ich sehr. Ich kann Ihnen nichts Besseres rathen, als möglichste Ruhe und Schonung! Ferner werden Sie gut thun, den ganzen Fuß (von den Zehen angefangen bis über die Knöchel hinauf!) einige Wochen hindurch fest zu wickeln – mit einer Flanellbinde, 2-3 Zoll breit, oder auch mit einer solchen Leinwandbinde. Der Barbier kann es Ihnen am besten zeigen. Vielleicht thun auch warme Bäder gut. Vor Allem aber mögliche Ruhe und Schonung – wochenlang!

Hoffentlich melden Sie mir bald Besserung! Mit den herzlichsten Grüßen und wiederholtem Danke

Ihr ergebener

HAECKEL.

DEUBLER an HAECKEL.

Dorf Goisern, 28. März 1874.

Lieber guter Professor!

Sie haben mir eine große Freude gemacht, daß Sie meine kleine Zusendung angenommen haben. Die Antiquitäten hätte ich schon oft an Alterthumsforscher sehr gut verkaufen können, allein solche Sachen verkauft nicht Einer, der den eingebildeten Werth [derselben] zu würdigen weiß. Die Sachen gehören einmal Ihnen, Sie können darüber verfügen, wie Sie wollen; mein Name hat nichts mehr damit zu thun. Ich bin mit dem Bewußtsein, Ihnen eine kleine Freude damit gemacht zu haben, mehr als genug belohnt!

Was einem wahrhaft frommen Christen sein Katechismusgott und seine Heiligen sind, das sind Sie mir! FEUERBACH ist mir gestorben, „denn auch Götter müssen sterben und er war mehr." Jetzt müssen Sie mir meinen dahingeschiedenen Lehrer und Freund ersetzen.

Sollte mein so sehnlicher Wunsch und meine Hoffnung zur Wirklichkeit werden, daß Sie auf den künftigen Herbst zu uns kommen sollten, so würde es mich unendlich freuen.

Meinen herzlichsten Dank für Ihre guten Rathschläge wegen meines bösen Fußes! Geheilt wäre ich längst, aber die Geschwulst ist immer Abends sehr groß und der linke Knöchel schmerzt mich, wenn ich gehe, obschon die geheilte Wunde zwei Zoll weit davon entfernt ist.

Ich bin jetzt 60 Jahre alt und war in meinem Leben nie eine Stunde krank, körperliche Arbeit und anstrengende Thätigkeit gewohnt, ein Feind von geistigen Getränken, bis auf den Kaffee und Tabak; sollte der Kaffee vielleicht mir schädlich sein?

Gehe es mir in der Zukunft, wie es wolle! Was ich nicht ändern kann, gehört nicht zu meinem Ich. Ob ich die paar Jährchen, die ich noch zu leben habe, krumm oder gerade gehe, in der Hauptsache habe ich mein Ziel erreicht! Ich bin mit mir selbst und mit der Welt zufrieden; mit den wenigen Mitteln, die mir zu Gebote standen, habe ich mehr erreicht, als viele Andere!

Wer die grauenhaftesten Schattenseiten des menschlichen Lebens mit vollem Bewußtsein vier Jahre unter dem Auswurfe der Menschheit im Zuchthause durchlebt hat, weil er unvorsichtigerweise die Ansichten und Resultate der Naturwissenschaft eines FEUERBACHS, MOLE-

SCHOTT und Karl VOGT seinen Gesinnungsgenossen erklärte: in einem solchen Kopfe spiegelt sich die Welt ganz anders, als bei anderen Alltagsmenschen!

Um eines hätte ich Sie noch recht dringend gebeten – und diese Bitte dürfen Sie mir nicht abschlagen: Der Verfasser von „Die Freiheit des menschlichen Willens und die Einheit der Naturgesetze 2. Aufl.", J. C. Fischer, hat bei Otto WIGAND ein kleines Heft, betitelt: „Das Bewußtsein", herausgegeben. Und da es als Naturforscher ganz in Ihr Fach einschlägt, so werden Sie es gewiß mit großem Interesse lesen. Da möchte ich gern Ihr Urtheil darüber wissen. Es ist eigentlich eine Fortsetzung [von der Schrift] „Über die Freiheit des menschlichen Willens". Aber eine so kecke Broschüre wird unter den Gelehrten einen Mordspektakel anrichten.

Und wenn die 5. Auflage von Ihrer „Natürlichen Schöpfungsgeschichte" erscheint, so vergessen Sie nicht auf den nach Wahrheit suchenden, in Oberösterreich wohnenden Landmann, der Sie so hochschätzt und verehrt. Leben Sie wohl!

Achtungsvoll Ihr dankbarer
Konrad DEUBLER.

DEUBLER an HAECKEL.

Dorf Goisern, den 10. Juli 1874.

Lieber Herr Professor!

Meinen innigsten herzlichsten Dank für Ihre guten Rathschläge, die Sie mir vergangenen Winter bei meinem Fußleiden ertheilten. Ich bin nun wieder ganz geheilt und kann auch wieder über alle Berge steigen. Professor Karl GRÜN (Abb. 18) ist samt seiner Frau schon über einen Monat in meinem Alpenhäuschen und besorgt von hier die Korrektur von L. FEUERBACHS Nachlaß und Briefwechsel, der in zwei Bänden auf den Herbst in Leipzig erscheinen wird.

Da Sie mir in Ihrem letzten Schreiben Ende August oder Anfang September einen Besuch versprochen haben, so wollen wir mit unseren größeren Alpenausflügen auf Ihre Ankunft warten.

Dieser Karl GRÜN ist wie alle vernünftigen Menschen, die auf der Höhe unserer Zeit stehen, ein Vertheidiger des wissenschaftlichen Materialismus oder besser Monismus. Er ist einer Ihrer besten Anhänger und Verehrer und freut sich mit mir unendlich auf Ihre Ankunft in unsern schönen Bergen.

Auch ersuche ich Sie, nicht auf Ihr Buch zu vergessen!

Von meinem Alpenhäuschen auf dem Primesberg aus kann ein ehrlicher Mann mit untergeschlagenen Armen dem Krawall in Deutschland draußen zuschauen, wie die Staatspolizei gegen die Gewissenspolizei einhaut. Es ist eine wahre „Komödie der Irrungen".

Ich halte mir jetzt eine sehr interessante Wochenschrift „Die Wage" von Dr. Guido WEIß, die mich über so manches aufklärt.

Die „Kulturgeschichte" von HELLWALD habe ich mir auch angeschafft. Der hat aber Ihr weltberühmtes Buch gehörig benützt und ausgeplündert.

Jetzt erst in meinen alten Tagen fange ich an, aufs Neue aufzuleben, und das habe ich in erster Reihe FEUERBACH und Ihnen zu verdanken. Jeder Tag ist jetzt für mich ein Festtag.

Auch hätte ich Sie gebeten, mir früher den Tag zu bestimmen, wann Sie beiläufig in unseren Bergen einzutreffen gedenken.

Leben Sie wohl bis auf das baldige Zusammentreffen auf unseren Bergen!

Ihr dankbarer Freund
Konrad DEUBLER.

HAECKEL an DEUBLER.

Jena, 8. August 1874.

Lieber Herr DEUBLER!

Sie müssen mir nicht böse sein, daß ich erst heute Ihren letzten lieben Brief beantworte. Ich bin aber seit drei Monaten dergestalt mit Arbeit überhäuft worden, daß ich den ganzen Sommer kaum einen Spaziergang gemacht habe.

Haufen von Briefen liegen noch unbeantwortet und von einigen hundert Büchern und Druckschriften, die ich in den letzten drei Monaten erhalten, habe ich noch Nichts gelesen. Auch das Buch „Über die Freiheit des menschlichen Willens", über welches Sie mein Urtheil wünschen, habe ich noch nicht lesen können. Im Winter will ich das alles nachholen.

In 14. Tagen ist die 5. Auflage meiner Schöpfungsgeschichte fertig, die ich Ihnen sofort senden werde. Auch erhalten Sie dann noch eine andere Arbeit, die mich den ganzen Sommer beschäftigt hat. Meine Abreise wird sich noch etwas verzögern, theils weil ich noch Viel vorher fertig zu machen habe, theils weil meine Frau erkrankt war und erst sich noch erholen muß. Doch hoffe ich, Sie in der ersten oder zweiten Woche September auf einige Tage besuchen zu können, worauf ich mich außerordentlich freue. Hoffentlich treffe ich dann auch noch Herrn Dr. Grün bei Ihnen, den ich sehr gerne kennen lernen möchte. Bitte ihn inzwischen herzlichst zu grüßen. Hoffentlich ist Ihr Fuß wieder ganz hergestellt!

Den Tag meiner Ankunft werde ich vorher mel-

Abb. 18:
Karl GRÜN (1817-1887), der Biograph Ludwig Feuerbachs (Deubler-Album).

den, um Sie sicher zu treffen. Inzwischen herzlichste und freundschaftliche Grüße

Ihr treuergebener

HAECKEL.

HAECKEL an DEUBLER.

(Postkarte; Ort und Datum des Poststempels: Salzburg, 5. IX. 74)

Wegen eingetretener Verzögerungen kann ich erst in 4-5 Tagen in Goisern eintreffen. Inzwischen freundliche Grüße:

Ihr

Ernst HKL.

Abb. 19:
Agnes HAECKEL, die zweite Frau Ernst HAECKELS (Deubler-Album).

DEUBLER an HAECKEL.

(nach dem ersten Besuch auf Primesberg).

Dorf Goisern, den 19. November 1874.

Innig verehrter Freund!

Gleich nach Ihrer Abreise habe ich von Ihrem Verleger die zwei kostbaren Werke durch die Post zugeschickt bekommen. Ich danke Ihnen aufs Herzlichste für diese werthvollen Bücher; ich werde wohl für immer Ihr Schuldner bleiben müssen.

Auch die große Freude, die Sie mir mit Ihrem Besuch gemacht haben, ist meine ungeübte Hand nicht fähig, Ihnen zu schildern. Diese wenigen Tage, die Sie bei mir in dem kleinen Stübchen meines Alpenhäuschens verweilten, waren für mich ein einziger heiliger Festtag!

Das Höchste war für mich die Fahrt nach der Gosau, wie ich mit Ihrer Frau im Angesicht der ewigen Eisfirnen auf dem prachtvollen See herumschiffte. Meine Feder ist zu schwach, die Seligkeit zu schildern, die ich empfunden habe. Ich hätte meine Brust mir füllen mögen mit dieser himmlischen Luft, mit dieser Seligkeit! Immerhin, dachte ich mir, hinaus! wieder ins prosaische dürre Alltagsleben! Die Erinnerung an solch heilige Stunden ist die Probe des Genusses. Ich wünschte, ich könnte mir [eine Reserve] solche schöne Augenblicke meines Lebens wie eine Feldflasche umhängen, um daraus zu trinken in den Tagen des Unglücks!

Sie werden meine große Überraschung bemerkt haben, als ich Ihnen und Ihrer lieben Frau (Abb. 19) zum ersten Mal begegnet bin: ich hatte auf Ihren Besuch schon ganz verhofft und glaubte nicht mehr, daß Sie kommen werden. Auf einmal standet Ihr vor mir: wahre Götterbilder aus dem blühendsten Zeitalter Griechenlands – so jung noch und so schöne Menschen, vereint mit so hohen Geistesgaben, hatte ich nie zuvor gesehen! Ihre liebe Frau und Sie, Herr Professor, werden mir verzeihen, daß ich Ihnen mit Wahrheit schreibe, wie ich dachte. Sie müssen mich rohen Naturmenschen nehmen, wie ich bin.

Da Sie mir versprochen hatten, mir einmal zu schreiben und Ihre Ansicht über FISCHERS „Bewußtsein" mitzutheilen, und mir ein Buch von Ihrem Freund ALLMERS zu schicken, und auch Ihre Liebe Frau mir versprochen hatte, mir Ihre Photographie zu schicken: So müssen Sie über meine Zudringlichkeit und Unbescheidenheit nicht böse werden, wenn ich Sie daran zu erinnern wage. Denn seit mir mein alter Freund FEUERBACH hinter den Koulissen (die wir Grabhügel nennen) verschwunden ist, sind Sie mein Gott! Sie können sich es kaum vorstellen, wie ich mich auf den künftigen Sommer freue, wenn Sie, edler muthiger Denker und Forscher, Ihrem Versprechen gemäß wieder auf längere Zeit zu uns kommen. Da werden Sie in den Zimmern wohnen, die Professor SIMONY diesen Sommer innehatte. Kommen Sie ja gewiß!

Haben Sie die Beilage zur „Allgem. Augsb[urger] Zeit[ung]", Nr. 17 vom Monat November gelesen? Wie J. HUBER mit Ihnen ohne das mindeste Verständnis von Naturforschung verfahren ist? und was er von Eduard von HARTMANN sagt? Was mich anbelangt, so habe ich mich darüber tüchtig geärgert. FISCHERS Urtheil über Letzteren war doch recht.

Wenn Sie über unsern Dr. K. G. eine Bestättigung Ihres Urtheils wissen wollen, so lesen Sie Karl HEINZENS „Erlebtes" (2ter Theil, Seite 430). „Erzlump, Bettelbriefsteller, Hochmuthspinsel" – sind die gelindesten Titel, die er dort mit vollem Rechte erhält. Wenn Sie dieses sehr interessante Buch lesen wollen, so könnte ich es Ihnen schicken.

Das neue Buch von meinem Freunde RADENHAUSEN: „Osiris" als Seitenstück zur „Isis" kennen Sie selbstverständlich ohnehin.

Seit Sie von mir abgereist sind, haben wir immer schönes, prachtvolles Wetter gehabt; erst vorige Woche fing es zu regnen an. Dann brachte ein gewaltiger Sturmwind den ersten Schnee und zwar so viel, daß er mir bis zur Weste hinaufreicht. Gestern fing es wieder zu regnen an, was jetzt noch fortdauert. Ihre Bücher nebst der „Gartenlaube" sind diesen Winter die einzigen guten Kameraden, die meine Einsamkeit im Primesberg mit mir theilen.

Wie geht es Ihnen? Wie Ihren lieben Angehörigen?

Leben Sie wohl! Grüßen Sie mir Ihre liebe Frau und behalten Sie mir auch in Zukunft Ihre Freundschaft!

In ehrfurchtsvoller Hochachtung Ihr dankbarer treuer Freund

***Konrad* DEUBLER.**

Haeckel an Deubler.

Jena, 24. November 1874.

Mein lieber Freund Deubler!

Längst schon würde ich Ihnen geschrieben haben, wenn nicht seit meiner Rückkehr von der Reise eine ganze Sündfluth von Korrespondenz mich überschwemmt hätte, so daß ich nicht wußte, wo zuerst anfangen. Nun aber Ihr lieber Brief mir aufs Neue einen so herzlichen Gruß bringt, will ich nicht länger zögern, Ihnen ein Lebenszeichen von uns aus Jena zu geben!

Vor Allem nochmals den herzlichsten Dank von uns Beiden für die liebevolle und freundschaftliche Aufnahme, welche Sie uns in Goisern gewährt haben! Die schönen Tage in Ihrem Hause und die allerliebsten Partien nach dem Hallstätter See und in die Gosau gehören zu den schönsten Erinnerungen unserer Reise!

Und wie habe ich mich gefreut, endlich einmal in Ihnen, lieber Freund, einen wahren Menschen zu finden, das seltenste und werthvollste unter allen Wirbelthieren, die auf diesem Planeten umherlaufen! Wenn Diogenes, nach Menschen suchend, Sie gefunden hätte, würde er seine Laterne ausgelöscht haben!

Unsere weitere Reise verlief recht glücklich. Ich führte meine Frau nach Berchtesgaden und der Ramsau. Doch hat ihr Nichts so sehr gefallen, wie die Gosau!

Inzwischen ist nun von meiner Anthropogenie die 2. Auflage in die Welt gewandert und drei Übersetzungen sind bereits im Gange (Französisch, Englisch und Ungarisch). Die Urtheile sind natürlich höchst ungleich: die frommen Blätter schreien Zeter und wollen mich in die Hölle jagen. Die Wahrheit suchenden Leute lassen mir alle Gerechtigkeit widerfahren und scheinen ganz befriedigt zu sein.

Meine Vorlesungen sind in diesem Winter so stark besucht wie nie zuvor, so daß ich auch mit dem praktischen Unterricht viel zu thun habe. Das versprochene Buch von Allmer´s *werde ich Ihnen nächstens schicken und dabei zugleich die von Ihnen geliehenen Bücher mit zurücksenden.* Fischer's *„Bewußtsein" hoffe ich demnächst endlich lesen zu können.*

Ich komme gar schwer zum Lesen!

Allen lieben Menschen in Goisern, vor allem aber Ihnen und Ihrer Lieben Frau die herzlichsten Grüße von Ihrem treu ergebenen

Ernst Haeckel.

Haeckel an Deubler.

Jena, 20. Dezember 1874.

Lieber Freund Deubler!

Beiliegend sende ich Ihnen mit freundlichem Danke die geliehenen Bücher zurück und füge – um Ihnen eine kleine Weihnachtsfreude zu machen, die soeben erschienene 2. Auflage von dem Marschenbuche meines Freundes Hermann Allmers *hinzu. Ich hoffe, daß Ihnen dasselbe Freude machen wird, um so mehr, da das geschilderte Friesenland zu Ihrer schönen Heimat den größten Gegensatz bildet.*

Hermann Allmers *[Anmerkung: Hermann* Allmers*, am 11. Febr. 1821 geboren zu Rechtenfleth, publizierte 1857 sein Marschenbuch, seither verschiedene Dichtungen] selbst müssen Sie noch kennen lernen. Er ist ein einfacher Bauernsohn, ganz Autodidakt, in jeder Beziehung ein prächtiger Mensch, höchst talentvoll und liebenswürdig.*

Meine Frau grüßt mit mir Sie und Ihre liebe Frau herzlichst! Wir denken noch oft mit größtem Vergnügen an die frohen Stunden, die wir zusammen in der Gosau verlebt und unter Ihrem gastfreundlichen Dach in Goisern zugebracht haben.

Im Februar gehe ich auf mehrere Monate an das Mittelmeer (wahrscheinlich nach Sicilien) um Seethiere zu untersuchen. In den bevorstehenden Weihnachtsferien hoffe ich Fischer's „Bewußtsein" lesen zu können.

Mit herzlichsten Grüßen und besten Wünschen für das neue Jahr

Ihr treu ergebener

Ernst Haeckel.

Deubler an Haeckel.

Dorf Goisern, den 30. Januar 1875.

Lieber, guter Herr Professor!

Da Sie schon im Monat Februar Ihre Reise nach dem schönen Italien anzutreten gedenken, so ist es meine heiligste Pflicht, Ihnen meinen herzlichsten Dank für das Marschenbuch von Ihrem Freund Allmers *zu schreiben. Dieses ist prachtvoll geschrieben; besonders die Schilderung der „Pflanzenwelt der Marschen" und „das Moor" haben mich sehr interessiert.*

Besonders danke ich Ihnen auch für die Broschüre „ Philosophie und Naturwissenschaft" von K. G. Reuschle*. Ich bin jetzt mit David* Strauß *ganz ausgesöhnt; ich habe mir auch seine Lebensgeschichte von E.* Zeller *angeschafft.* Reuschle *hat auch vor kurzem einen gediegenen Artikel in der Beilage der „All[gemeinen] Augsburger Zeitung" geschrieben, worin er auch Ihrer aufs Ehrenvollste gedenkt.*

Wenn sich nur einmal Jemand die Mühe nehmen könnte, dem Münchner Philosophen Joh. Huber*, tüchtig den Text zu lesen! Auch dem alten J[oh.]* Scherr*, der schon an Marasmus zu leiden scheint, würden ein paar Puffe nicht schaden. [Anmerkung: Sehr freigiebig! Lieber* boshafter Schäker Du! – Wenn meine selige Mutter durch die Ungezogenheit ihrer Jungen zu einem zornigdrastischen Wort sich hinreißen ließ, pflegte sie auszurufen: „Gott verzeih mir's!" – Des gleichen Fehlers machtest Du Dich hier schuldig: aber kein Herrgott wird Dich anklagen und alle guten Menschen werden Dir verzeihen. DODEL-PORT]!

Wenn der bekannte Satz, daß ein dankbarer Mensch fast immer auch ein guter Mensch ist, so wäre ich gewiß keiner von den schlechtesten. Ich kann nur Ihnen gegenüber meine Dankbarkeit nicht mit Thaten beweisen, was freilich nicht meine Schuld allein ist.

Sie müssen mich, oder vielmehr unsere schönen Berge öfters besuchen, oder Ihre Freunde, die unser Salzkammergut bereisen, an mich adressieren. Ich werde gewiß Alles, was in meinen

Abb. 20:
Das neugebaute Alpenhaus auf der Zwieselalm (Ernst-Haeckel-Haus).

Kräften steht, Ihnen leisten. Das Stübchen, was vorigen Sommer Professor SIMONY samt seiner Familie bewohnte, soll in Zukunft stets für Sie zur Aufnahme bereits sein. Denn meiner, für mich leider zu früh verstorbenen Freund und Lehrer L. FEUERBACH können nur Sie mir ersetzen! Meine freundschaftliche, junge Liebe an diesen großen, wahren und echten Menschen wird nur mit mir selbst aufhören. Wie ich Sie und Ihre Liebe, von der Natur mit ungewöhnlicher Schönheit ausgestatteter Frau zum ersten Mal gesehen habe, war ich ganz verwirrt. Schmeicheleien (das muß ich Ihnen offen sagen) sind gewiß keine starke Seite von mir, aber der Eindruck, den Ihre Persönlichkeiten auf mich einfachen Landmann machten, ist mir unvergeßlich!

Mein einziger, sehnlichster Wunsch ist nur, Sie so oft bei uns zu sehen, als es Ihnen möglich ist. Ihre Geistes-Kinder machen jetzt ihre Runde um die ganze Welt.

In der „Illustrierten Leipziger Zeitung" ist ein Auszug von Ihrer Anthropogenie mit samt Abbildungen zu lesen. Die Kulturgeschichte von HELLWALD enthält meistens Auszüge aus Ihrer Entwicklungsgeschichte unseres Planeten. Dieser HELLWALD scheint mir ganz ein Gesinnungsgenosse von Ihnen zu sein.

Ich lege Ihnen hier eine Ansicht von dem im vorigen Sommer neugebauten Alpenhaus auf der Zwieselalm in der Gosau bei (Abb. 20). Es ist für Touristen zum Übernachten bestimmt und enthält 6 Zimmer mit mehreren sehr guten Betten und sonstigem Komfort. Sobald Sie nächstens kommen, bleiben wir dort über Nacht.

Leben Sie wohl und behalten Sie mich lieb! Grüßen Sie Ihre liebe Frau von mir und meinem Weibe.

Ihr dankbarer treuer Freund

Konrad DEUBLER.

HAECKEL an DEUBLER.

Jena, 21. Februar 1875.

Lieber Freund DEUBLER!

Bevor ich an das Mittelmeer reise, will ich Ihnen doch noch einen herzlichen Gruß schicken und für Ihren lieben Brief danken sowie für die Drucksachen betreffend Eduard von HARTMANNN. Was ich von diesem eigentlich halten soll, weiß ich nach seinen neuesten Schriften gar nicht. Ich höre die verschiedenartigsten und widersprechendsten Sachen von ihm erzählen.

Ihre freundliche Einladung, Sie wieder zu besuchen, werde ich in diesem Jahr wohl schwerlich annehmen können, weil ich im ganzen Sommer wahrscheinlich noch sehr viel zu arbeiten habe werden. Jedenfalls bitte ich Sie, von einer etwaigen Vermiethung der mir zugedachten Stube sich keinesfalls meinetwegen abhalten zu lassen.

Für die Photographie vom Haus auf der Zwieselalm herzlichen Dank! Hoffentlich werden wir nächstes Jahr zusammen hinaufsteigen können.

Die nächsten zwei Monate werde ich (in Begleitung eines meiner besten Schüler [Dr. HERTWIG]) wahrscheinlich an der Riviera zwischen Nizza und Genua zubringen und auf Entdeckung neuer Seethiere ausgehen.

Meine Frau grüßt Sie mit mir herzlichst.

Ihr treu ergebener

HAECKEL.

DEUBLER an HAECKEL.

Dorf Goisern, 10. November 1875.

Lieber, guter Herr Professor!

Sie hatten wohl keine Ahnung, in welcher verzweifelt traurigen Situation Ihre prachtvolle, interessante Broschüre „Brussa und der asiatische Olymp" mich antreffen wird, und welche Freude, welcher Trost in meinem Unglück es auf mich machte, daß Sie, edler Kämpfer für die höchsten Interessen der Menschheit, an mich wieder gedacht haben. Sie können es mir wohl kaum glauben, mit welcher Achtung und Verehrung ich an Ihnen hänge, wie stolz ich auf Ihre Freundschaft bin. Ich Ungläubiger, ich kann mir keinen Gott, und kein Jenseits und wie alle diese Märchen heißen mögen, vorstellen. [Ich] hänge aber dafür mit [um] so tieferer Verehrung an denjenigen Menschen, in denen ich die Repräsentation und Dolmetscher der höchsten Ideen unserer Zeit erkenne.

Wie glücklich und zufrieden ich mit meinem Weibe auf meinem Alpenhäuschen in Primesberg verlebt habe, waren Sie voriges Jahr selbst Zeuge; vor acht Tagen nahm alle diese Herrlichkeit ein Ende. Ein Schlaganfall traf mein sonst so gesundes Weib plötzlich in der Küche. Ich trug sie für tot ins Bett; sie erholte sich aber wieder, aber wie? Die ganze rechte Seite war gelähmt: die Zunge, Hand und Fuß. Sie konnte kein Wort mehr mit mir reden. Am siebenten Tag trat auch am rechten Lungenflügel eine Lähmung ein, jetzt konnte sie nur mit ungeheurer Anstrengung Athem schöpfen. Vorigen Samstag, nachts 12 Uhr ist sie gestorben. Ich war die ganze Zeit keinen Augenblick von ihrem Schmerzenslager gewichen. Während dieser Zeit bekam ich Ihr Büchlein, den anderen Tag erhielt ich einen Brief von einem Gesinnungsgenossen und eifrigen Verehrer von Ihnen, Arnold DODEL aus Zürich. Das Buch meines alten Freundes FEUERBACH, „Gedanken über Tod und Unsterblichkeit", Ihr Heft und DODEL'S Freundschaftsbrief, das waren die besten Tröstungen in diesen für mich so ernsten Stunden. Zweiundvierzig Jahre haben wir, ich und mein Weib, gute und schlechte Tage mitsammen verlebt. Sie war mir ein guter treuer Kamerad – ein echt deutsches Weib!

Mir war, als wenn sie aus dem Grabe mir zum Abschied die Worte des Dichters noch zugerufen hätte:

> *Ich geh' Natur, in Deine Hand,*
> *Da ich ausgelebt, zurück:*
> *Wo du bist, ist das Mutterland,*
> *Dort blüht mir ewig Glück.*
> *Tod ist ja nur ein Menschenwort;*
> *Denn Tod ist weder hier, noch dort.*

Ich selbst bin noch frisch und gesund; eine nahe Anverwandte führt mir jetzt die Wirtschaft. Wenn Sie, lieber Freund, künftigen Sommer – (wie ich gewiß hoffe) – kommen werden, so soll es Ihnen trotz meines Witwerstandes an Nichts fehlen (das heißt von meinen einfachen, rohen Begriffen angesehen).

Leben Sie wohl und behalten Sie mich lieb!

Freundschaftlich

Ihr Konrad DEUBLER.

HAECKEL an DEUBLER.

Jena, 27. November 1875.

Mein lieber guter Freund DEUBLER!

Mit der herzlichsten, innigsten Theilnahme fand ich heute, bei der Rückkehr von einer Exkursion, Ihren Brief vor, der mir den plötzlichen Tod Ihrer lieben, vortrefflichen Frau meldete. Armer lieber Freund, wie Viel haben Sie verloren! Und wie sehr bedauere ich Sie in Ihrer Einsamkeit, die Ihnen jetzt viele Stunden traurigen Schmerzes, aber auch viele Stunden schöner, wehmütiger Erinnerung bereiten wird. Ihre innige Freude und Ihr tiefes Verständnis der Natur, Ihre philosophische Weltbetrachtung – werden Ihr Trost sein, wie sie es mir auch in gleicher Lage geworden sind.

Sie wissen vielleicht nicht, lieber DEUBLER, daß auch ich schon ein theures Weib verloren habe. Meine vortreffliche Frau, die Sie vor einem Jahre kennen lernten und von der ich drei liebe Kinder habe, ist meine zweite Gattin. Meine erste Frau, ein herrliches, wahrhaft ideales Weib, das allen Eigenthümlichkeiten meines Wesens angepaßt war, starb am 16. Februar 1864, nachdem wir kaum anderthalb Jahre in glücklichster Ehe zusammengelebt hatten. Sie starb nach ganz kurzer Krankheit an demselben Tage, an welchem ich mein dreißigstes Lebensjahr vollendete. Ich habe diese furchtbare Katastrophe meines Lebens, die mir mit einem Schlage Alles nahm, niemals überwunden und werde sie auch niemals überwinden. Aber meine innige Liebe zur Natur, mein Bewußtsein, ihrem Verständnis und damit der Veredelung der Menschheit dienen zu können, haben mich damals aus schrecklicher Verzweiflung gerettet, und wo keine Kirchen-Religion mir Trost und Muth gegeben hätte, schöpfte ich ihn aus meiner monistischen Naturphilosophie. Sie gab mir Kraft, mich dem Leben wieder zuzuwenden und meine Lebensaufgabe mit neuer Zuversicht und rücksichtsloser Entschlossenheit zu verfolgen. – Seitdem hat sich Vieles geändert.

Mit meiner zweiten Frau, einem lieben guten Weibe, habe ich mir ein neues Haus gegründet und verwerthe mein Leben für die Wissenschaft, so gut ich kann. Darin habe ich jene

Sicherheit des Gemüths wiedergefunden, die mein inniger Verkehr mit der unerschöpflichen Natur immer frisch erhält und von der Sie selbst Zeuge waren. So bin ich auch bei Ihnen, lieber DEUBLER, *der ja im Wesentlichen ebenso fühlt und denkt überzeugt, daß Ihr Freude an der Natur, Ihr Interesse an der Menschheit und Ihre gesunde Philosophie Sie in Ihrem Kummer trösten und zu neuem Lebensmuthe anregen wird.*

Wie sehr freue ich mich jetzt, lieber DEUBLER, *daß ich Sie noch im vorigen Jahre besucht habe und Ihre liebe Frau habe kennengelernt. In ihrem schlichten, stillen, treuherzigen Wesen hat sie mir ebenso wie meiner Frau vorzüglich gefallen, und wir werden ihr die freundlichste Erinnerung bewahren.*

Meine Frau, welche die herzlichste Theilnahme an Ihrem schweren Verluste nimmt, bittet mich, Ihnen die freundlichsten Grüße zugleich mit dem innigsten Ausdruck ihres Beileids auszusprechen. Sie denkt immer noch mit größter Freude an unseren schönen Besuch bei Ihnen zurück.

Sollten Sie, lieber Freund, in der Einsamkeit der langen Winterabende Mangel an Lektüre haben, so bin ich gern bereit, Ihnen aus meiner Bibliothek solche Bücher und Schriften zu schicken, von denen ich voraussetzen kann, daß dieselben sie interessieren werden.

Ob ich Sie nächstes Jahr werde besuchen können, ist noch ungewiß. Ich habe immer gar zu viele Abhaltungen.

Mit dem herzlichsten Händedrucke

Ihr treu ergebener Freund

Ernst HAECKEL.

HAECKEL an DEUBLER.

Jena, 30. Juni 1876.

Lieber Freund DEUBLER!

Ihr lieber Brief hat mich ungemein erfreut und ich danke Ihnen von Herzen, und wünsche Ihnen das beste Glück mit Ihrer neuen Lebensgefährtin [Anmerkung: Der Brief DEUBLER'S, *in welchem er seinem Jenenser Freunde die Wiederverehelichung anzeigte, liegt nicht mehr vor].*

Auch für Ihre Photographie ins DARWIN-*Album [Anmerkung: Im gleichen Briefe gab er an* HAECKEL *seine Freude kund, mitzuwirken bei der Huldigung der deutschen Darwinianer, welche die letzteren auf den 69. Geburtstag ihrem Meister zugedacht hatten.] danke ich schönstens. Ein Geldbeitrag war übrigens von Ihrer Seite nicht nöthig und ich behalte mir vor, Ihnen die zwei Gulden zu restituiren. Solche Beiträge lassen Sie wohlhabendere Männer bezahlen. Übrigens wird sich* DARWIN *über Ihr Bild besonders freuen: er kennt sie schon aus meinen Briefen.*

Von uns ist nicht viel Besonders zu berichten. Ich habe dies Jahr sehr Viel zu thun und werde schwerlich aus Jena kommen. Ich bin Professor der Universität und habe viel Geschäfte neben meinen anderen Arbeiten. Meine Frau ist leider viel krank und ist jetzt zur Kur im Bade Neuheim. Sonst würde sie Ihnen mit mir ihren herzlichen Gruß und Glückwunsch schicken. Erhalten Sie sich Ihre ewige Jugend, lieber Freund! Ich werde jedenfalls eher als Sie zur Hölle fahren! – oder in den Himmel??

Ihr treu ergebener alter

Ernst HAECKEL.

DEUBLER an HAECKEL.

Dorf Goisern, den 5. November 1876.

Lieber guter Herr Professor!

Ich hätte Ihnen schon längst geschrieben und gedankt für Ihren herzlichen Glückwunsch, den Sie mir nach der Anzeige meiner Wiederverehelichung geschrieben haben.

Ich bin mit der Wahl meiner neuen Lebensgefährtin sehr zufrieden! Ich bin (was sich selten trifft) ein wahres Glückskind. Ich lege Ihnen hier zum Spaße für Ihre liebe Frau die Photographie meines jetzigen Lebenskameraden bei; sie ist in Ihrem Hochzeitskleid photographiert (Abb. 21).

Da ich aber nur zu gut weiß, wie Ihre wissenschaftlichen Arbeiten jede Minute Sie nur zu sehr in Anspruch nehmen, so wollte ich Ihre kostbare Zeit nicht allzuviel in Anspruch nehmen. Diesen Sommer habe ich mir auf dem mit Ahornbäumen bepflanzten Hügel – bei dem FEUERBACH *Sitz, (der Ihnen bekannt ist) – ein neues Haus gebaut. Die Aussicht ist wirklich prachtvoll! Wenn Sie (was ich sicher hoffe) nächsten Sommer zu mir kommen, so kann ich Ihnen eine würdigere, schönere Wohnung einräumen als das frühere Mal.*

Mit Professor Karl GRÜN, *der diesen Sommer wieder samt Frau bei mir auf mehrere Monate sich einlogiert hatte, habe ich mich leider überworfen. Sie wissen von früher, daß ich* GRÜN *aus Gefälligkeit und aus Pietät gegen die Familie* FEUERBACH *zum Ordnen und zur Herausgabe von* FEUERBACHS *Nachlaß eine Wohnung gratis angeboten habe, weil die Tochter meines verstorbenes Freundes es gewünscht hatte.*

Diesen Sommer ist aber GRÜN *so rücksichtslos und egoistisch aufgetreten, daß uns allen im Hause angst und bang wurde. Da besuchte mich ein alter Bekannter, Hans* NORDMANN *aus Wien, er erzählte mir und meinem Weibe, welch sauberer Vogel dieser* GRÜN *in seinem Privatleben wäre, daß seine erste geschiedene, brave Frau in sehr ärmlichen Umständen noch lebe und von fremden Leuten unterstützt werden müsse u. s. w., und daß er mit seinen eigenen Kindern erster Ehe einen Prozeß geführt habe.*

Da besuchte mich ein alter, persönlicher guter Freund von David STRAUß *und* FEUERBACH, *[nämlich] Dr. Julius* DUBOC *aus Dresden, da eilte* GRÜN *erst fort, ganz plötzlich, über alle Berge nach der Steiermark hinüber.* DUBOC *verweilte bei mir noch mehrere Wochen. Ich habe an ihm einen gediegenen ehrlichen Mann*

Abb. 21:
Anna DEUBLER, die zweite Frau Konrad DEUBLERS (Ernst-Haeckel-Haus).

kennen gelernt. Er hat seinen Aufenthalt bei mir zu Primesberg in der Wochenzeitschrift „Die Gegenwart" geschildert. Diese Zeitschrift gibt Paul LINDAU *in Berlin heraus, in N. 41, Seite 226 beschreibt er das Salzkammergut und würde Sie sehr interessieren, obwohl meine Bescheidenheit dabei arg ins Gedränge kommt und der gute Mann die Farben etwas zu dick aufgetragen hat.*

Jetzt sind wir wieder tüchtig eingeschneit, wir haben schon einen schuhhohen Schnee. Jetzt habe ich [an] den langen Winterabenden wieder Zeit zum Lesen. Von neuen Büchern, die ich mir angeschafft habe, wie DODEL'S *„Neuere Schöpfungsgeschichte" und „Kulturgeschichte"* HELLWALDS, *bin ich sehr neugierig. Dieser* DODEL *scheint mir den Darwinismus vom Standpunkt des Botanikers zu erläutern, ebenso* HELLWALD *vom Standpunkt des Kulturhistorikers. Aber der größte Schatz in meiner Büchersammlung bleibt für mich doch Ihr unsterbliches Werk, Ihre Schöpfungsgeschichte! Mir fehlt leider die Form, um meinen Dank für dieses Buch Ihnen nochmals schriftlich ausdrücken zu können. Leben Sie wohl, edler Forscher und Menschenfreund, und behalten Sie mich lieb!*

Ihr dankbarer Freund

***Konrad* DEUBLER.**

HAECKEL an DEUBLER.

Jena, 20. November 1876.

Lieber Freund* DEUBLER*!

Recht herzlich haben wir – meine Frau und ich – uns über die Photographie Ihrer lieben Frau und Ihren Brief gefreut. Herzlichen Dank dafür! Ihre Mittheilungen über Ihr glückliches und frohes Leben haben uns sehr gefreut. Möge es Ihnen erhalten bleiben! Und möge das neue Haus Ihnen Glück bringen! Nächsten Sommer hoffen wir Sie besuchen zu können.

Daß Sie mit dem K. G. auseinander sind, ist mir und besonders meiner Frau eine wahre Beruhigung. Ich habe auch nachträglich noch Viel Schlimmes über diesen Herrn gehört. Es klebt viel Dreck an seinem Stecken! Er war nicht werth, als Freund FEUERBACH'*s zu erscheinen. [Amerkung: Die hier unterdrückten Stellen betreffen nicht den Prof. G. selbst,* DODEL-PORT*]*

DUBOC'*s Schilderung seines Besuches bei Ihnen habe ich mit Vergnügen gelesen. Ich muß oft Viel von Ihnen erzählen, so z. B. bei* DARWIN, *den ich im September in London besuchte. Ich machte eine sehr interessante Reise nach Schottland und Irland. In London war ich nur kurze Zeit. Es ist mir eine schreckliche Stadt.*

Jetzt gibt's hier wieder viel Arbeit. Ich habe eine neue zoologische Untersuchung vor. Mit den herzlichsten Grüßen, lieber DEUBLER, *in alter Freundschaft*

Ihr treu ergebener

HAECKEL.

Beiliegend das Bild meiner sechsjährigen Lisbeth.

DEUBLER an HAECKEL.

Dorf Goisern, den 12. Juni 1877.

Lieber guter Herr Professor!

Das letzte Lebenszeichen von Ihnen war das mir zugeschickte philosophische Gedicht: „Die Schweine" [von Hans HERRIG*]; und in der „Deutschen Zeitung" eine Anzeige, daß Sie von Ihrer wissenschaftlichen Reise aus Griechenland in Triest angekommen wären. Vor ein paar Wochen erhielt ich durch die Post eine höchst* interessante Broschüre von einem Herrn E. RADE: „Charles DARWIN und seine deutschen Anhänger“, worin auch von mir etwas zu lesen ist. Mich hat diese große Ehre, als einfacher ungebildeter Landmann ungeheuer erfreut! Ich danke Ihnen mit vollem Herzen für Ihre Mühe und Auslagen, die ich Ihnen schon verursacht habe. Ich kann es nur zum kleinen Theil Ihnen wieder abzahlen, wenn Sie einmal wieder Ihrem Versprechen gemäß auf einen Besuch in unsere schönen Berge kommen. Ich habe Ihnen einen Büchsenschuß von meinem Hause auf einem kleinen Felsenhügel ein neues gebaut, die Aussicht über das ganze obere Salzkammergut ist wirklich prächtig und wird Ihnen gewiß gefallen. Das Haus (von dem ich Ihnen hier eine Photographie beilege) wird unbewohnt bleiben, bis Sie, edler großer Menschenfreund, selbst auf einige Wochen oder Tage es bewohnen. „Die Stelle, die ein großer Mann betrat, ist geweiht für alle Zeiten.“

Kommen Sie, lieber Freund ja gewiß, sei es, wann Sie wollen, das Häuschen steht Ihnen ganz zur Verfügung, nur ersuche ich Sie, mir früher über Ihr Kommen zu schreiben.

Ich habe mir dieses Frühjahr einen Vierteljahrgang von der Zeitschrift „Kosmos“ angeschafft, wovon ich schon zwei Hefte besitze. Ich habe Sie fragen wollen, warum die Alten, wie Herr Karl VOGT, J[akob] MOLESCHOTT u. s. w., nicht als Mitarbeiter bei einem so wichtigen, zeitgemäßen Unternehmen dabei sind? Es schreibt zwar im ersten Heft Otto CASPARY im Artikel: „Die Philosophie im Bunde mit der Naturforschung“ etwas darüber, aber ich kann ihn nicht verstehen und begreifen.

Bitte seien Sie mir wegen meiner Zudringlichkeit nicht böse; nehmen Sie einem ehrfurchtsvollen Bewunderer Ihrer geistigen Größe, der Sie hochschätzt und verehrt, nicht für übel, daß ich Sie über manches Dunkle mir Unverständliche frage!

Ihnen, VOGT und L. FEUERBACH habe ich meine Zufriedenheit und selbst mein äußeres Glück zu verdanken. Ich und mein Weib sind gesund und wohlauf. Ich habe nur einen sehnlichen Wunsch, Sie bald in unserem stillen Gebirgsdorf begrüßen zu können und Ihnen für die schönen Bücher, die sie mir geschickt haben, noch persönlich zu danken, ehe mich 63 Jahre altes Wirbelthier der Grabeshügel deckt.

Grüßen Sie mir Ihre liebe Frau und behalten sie mich lieb

Ihr treu ergebener dankbarer Freund

Konrad DEUBLER.

PS. Unsere Eisenbahn, welche dicht neben der Traun durchs ganze Salzkammergut geht, wird in zwei Monaten bis Ebensee dem Betrieb übergeben werden können. Die meisten Italiener sind schon fort und alles ist wieder ruhig wie früher.

HAECKEL an DEUBLER.

Jena, 7. Juli 1877.

Lieber Freund DEUBLER!

Herzlichen Dank für Ihren freundlichen Brief, die Photographie Ihres neuen Hauses und die gütige Einladung, darin zu wohnen. Wenn es irgend geht, hoffe ich Sie noch im Laufe dieses Herbstes mit meiner Frau besuchen zu können. Ich gehe nämlich Mitte September nach München, um dort auf der 50. Naturforscher-Versammlung einen öffentlichen Vortrag über die Entwicklungslehre zu halten. Wenn es nur irgend angeht, möchten wir vorher oder nachher ein paar Tage zu Ihnen kommen. Bestimmt versprechen können wir es aber nicht. Keinesfalls bitte ich mit der Einweihung Ihres neuen Hauses, das sehr verlockend aussieht, auf uns zu warten. So sicher können wir unseren Besuch nicht versprechen!

Beiliegend sende ich Ihnen ein altes Bild von mir aus dem Jahre 1865, das ich zufällig heute fand (Abb. 22). Sehe ich darauf nicht gerade aus wie ein Kandidat der Theologie!?

Uns geht's gut. Ich habe Viel zu thun. Wenn wir im September kommen, schreibe ich Ihnen vorher.

Mit herzlichstem Gruß von mir und meiner Frau

Ihr treu ergebener

Ernst HAECKEL.

DEUBLER an HAECKEL.

Dorf Goisern, den 24. September 1877.

Lieber guter Herr Professor!

Vergebens warte ich von einer Woche auf die andere, daß Sie gewiß kommen würden, aber immer vergebens! Endlich erhielt ich durch die Post Ihre Schrift „Corfu“, jetzt erst wußte ich, daß Sie dieses Jahr nicht mehr kommen würden. Auf künftige Jahre können Sie auf der noch dieses Jahr im Oktober eröffneten Salzkammergutbahn leichter und billiger nach Goisern kommen. Für Ihre Reisebeschreibung meinen herzlichen Dank!

Da Sie mir in Ihrem letzten Briefe von einer Reise zur Naturforscher-Versammlung nach München schrieben, so entschloß ich mich, ebenfalls dorthin zu reisen. Ich konnte es mir unmöglich versagen, doch einmal in meinem Leben einem Konzilium beizuwohnen, wo nicht Pfaffen und Bischöfe, sondern von Freigeistern und Ungläubigen abgehalten wird: die junge kampflustige Garde der Aufklärung und der Gewissensbefreiung, die Priester und Evangelisten der allmächtigen Natur, die Anbeter der allmählich sich entschleiernden Wahrheit, die Bekämpfer der durch Mystizismus und Unwissenheit maskierten Lüge!

Abb. 22:
Ernst Haeckel 1865 (Deubler-Album).

Ich war ganz wie berauscht vor Freude und Begierde auf diese Versammlung. Wie ich dann in der „Allgem. Zeitung" das Programm gelesen, daß in der ersten Sitzung Professor Ernst HAECKEL, *der größte deutsche Biologe, über die heutige Entwicklungslehre einen Vortrag halten würde, da hatte ich vollends den Kopf verloren! Kein Teufel hätte mich zurückhalten können.*

Den 16. [September], Sonntags früh um 4 Uhr ging ich zu Fuße unter Sturm und Regen nach Ischl, von da auf dem Stellwagen nach Salzburg, wo ich um 4 Uhr [abends] anlangte. Da der Himmel sich aufheiterte, machte ich noch einen genußreichen Spaziergang über den Mönchsberg, Montag den 17. [reiste ich] nach München, im „Bamberger Hof" logierte ich mich ein, nachdem ich mir eine Karte samt Zubehör für 12 Mark gelöst hatte. Jetzt stolzierte ich in gehobener Stimmung ganz keck und voll Erwartung der Dinge, die ich noch hören und sehen würde, in meinen grünen Strümpfen, in kurzer Lederhose und einer merkwürdig komplizierten „Ordensdekoration" [Anmerkung: Abzeichen der Mitglieder jener Naturforscher-Versammlung] auf meiner grauen Lodenjoppe auf der Brust durch die Straßen der Hauptstadt Bayerns.

Abends um 8 Uhr steuerte ich ganz überselig dem Rathause zu, um der Begrüßung beizuwohnen. Der Aufgang zum Portal mit Kandelabern und brennenden Pechpfannen imponierte ungeheuer – dann erst die Musik – die Statuen und Verzierungen – die großartige Beleuchtung – kurz gesagt: ich war ganz wie toll und berauscht. Unter all den Hunderten fremder, höchst intelligenter Gesichter sah ich nicht einen Bekannten.

Den anderen Morgen [18. September] war ich einer der ersten im großen Odeonssaale. Dieser Tag war einer der wenigen Glanzpunkte meines Lebens! Nur einer von solchen schönen unvergeßlichen war der Tag meiner Freilassung vom Zuchthaus in Brünn, den 26. November 1856 in Brünn und das Wiedersehen meiner alten Mutter und meines lieben Weibes nach vierjähriger Kerkerhaft!

Sie müssen mich in meiner auffallenden Steyerer Tracht wohl bemerkt haben? Ich saß Anfangs in der Mitte, später kam ich an die linke Seite neben einem Franziskaner in brauner Kutte zu stehen.

Nach Beendigung Ihres meisterhaften, nur für die muthigsten Denker und fortgeschrittensten Forscher berechneten Vortrages wollte ich zu Ihnen hindrängen, um Ihnen die Hand zu schütteln und Ihnen zu danken für Ihren Heldenmuth und [Ihre] Liebe zur Wahrheit! Aber ich hatte doch noch so viel Besonnenheit und hielt mich zurück. Sie kamen mir vor wie GALILEI, *wie* LUTHER *auf dem Reichstag in Worms.*

Im Hinausgehen sah ich Karl GRÜN *bei mehreren Herren stehen. Ich streifte dicht an ihm an – er kannte mich nicht – und ich – kannte ihn auch nicht.*

Jetzt hatte ich Sie als Hohepriester der Wissenschaft, als den größten Forscher und Denker unseres Jahrhunderts gesehen und [hatte ich Sie] das neue Evangelium lehren gehört.

Jetzt dachte ich mir, hast Du genug, was noch alles während der Dauer bis zum 22. September zu hören und zu sehen sein würde, das hätte ich einfacher Landmann und ungeübter Denker nicht mehr verdauen können und beschloß daher, [am] Mittwoch [den 19. Septbr.] wieder in meine Heimat abzureisen.

Am Nachmittag [des 18. Septbr.] machte ich noch eine sehr interessante Bekanntschaft mit dem Schweizer Arnold DODEL *(Abb. 23). Ich traf ihn mit seiner sehr hübschen jungen Frau im Bamberger Hof. Er hatte mich eingeladen, ich möchte ihn in seiner Privatwohnung besuchen. Nachdem ich mich bei ihm bis Abends prächtig unterhalten hatte, ging ich ins Theater, den „Tannhäuser" zu sehen.*

Was mir am meisten aufgefallen ist, war die gänzliche Ignorirung der Einwohner von München dieses höchst wichtigen Naturforscher-Congresses. Ein alter Stammgast im Bamberger Hof erklärte mir auf meine Frage, warum hier in München die Leute im Gegensatz von Wien die Bevölkerung so wenig neugierig seie und so wenig Theilnahme wahrnehmen lasse? Er gab mir zur Antwort: „Die Bürger hier wären zu dumm und zu biogott und unwissend, um zu einer allgemeinen [Theilnahme] fähig zu sein, und zum größten Theil ist gerade jetzt die ganze Einwohnerschaft in größter Spannung und mißmuthig wegen dem abscheulichen, schlechten Bier, man erwarte alle Tage einen Bier-Krawall."

Er wird sich wohl mit mir einen schlechten Witz erlaubt haben.

Und so reiste ich den anderen Tag mit dem Kourierzuge über Rosenheim nach Wörgl, auf der Giselabahn nach Kitzbühl, Zell am See, Bischofshofen, Radstadt und bis Stainach. Von da aus ging ich zu Fuß über Aussee nach Goisern.

Jetzt sitze ich wieder in meinem Alpenhäuschen auf dem Primesberg. Eines reuet mich doch, das nämlich, daß ich Sie nicht angesprochen habe. Ich hatte eine ungeheure Furcht, Sie in einer solchen Umgebung als Freund zu begrüßen und Sie nicht vor diesen stolzen Professoren zu blamiren. Sie haben viele unter diesen Herren zu den größten Freunden, haben aber auch den größten Theil zu Feinden!

Schließlich möchte ich Sie noch um etwas bitten: Erstens um Ihren Vortrag, den Sie in München gehalten, und zweitens um die mir noch von meinem letzten Schreiben an Sie, noch schuldige Antwort. Meine Frage war nämlich warum Karl VOGT, MOLESCHOTT *u. s. w. keine Beiträge zu der für mich höchst interessanten Monatsschrift liefern. Und ein Du* BREL, *der als Schleppträger des E[duard]* HARTMANN *bekannt ist, zu diesem zeitgemäßen Unternehmen zugelassen wird? Ich habe trotz des hohen Preises des „Kosmos" schon das fünfte Heft.*

Leben Sie wohl und behalten Sie mich lieb, und schreiben Sie bald Ihrem treuen Freunde, der Sie so hochachtet und verehrt und dem es sein größter Stolz ist, Sie als Freund verehren zu dürfen,

Konrad DEUBLER.

Abb. 23: Arnold DODEL-PORT, der Biograph Konrad DEUBLERS (Deubler-Album).

HAECKEL an DEUBLER.

Jena, 15. Oktober 1877.

Mein lieber guter Freund!

Gestern aus Ober-Italien zurückgekehrt, fand ich hier unter einem Haufen von Briefen den Ihrigen vor und er soll einer der ersten sein, die ich beantworte. Wie unendlich leid es mir thut, daß ich Sie in München nicht gesehen und gesprochen habe, kann ich Ihnen gar nicht sagen. Warum haben Sie mich nicht aufgesucht und angeredet? Diesen Fehler kann ich Ihnen wirklich kaum verzeihen.

Welche Freude wäre es mir gewesen, wenn Sie mich dort begrüßt hätten! Die Nähe eines solchen treuen Freundes würde mich ermuthigt und mit mehr Zuversicht erfüllt haben. Sie müssen wissen, daß die große Mehrheit der Naturforscher meine Gegner waren; ich gehe Ihnen „viel zu weit". In der 3. Öffentlichen Sitzung (am Samstag, 22. September) hat der berühmte VIRCHOW *(früher Führer der Fortschrittspartei) dieser Ansicht Ausdruck gegeben und mich ungefähr ebenso angegriffen, wie das „Vaterland" oder die „Kreuzzeitung."*

Ich war mit meiner Frau, die ebenfalls unendlich bedauert, Sie nicht gesehen zu haben, nur drei Tage in München: Montag, Dienstag und Mittwoch. Am Dienstag Abend waren wir im „Tannhäuser", wo Sie auch waren! Mittwoch Abends 5 Uhr reisten wir über Rosenheim nach Kufstein, Donnerstag über den Brenner nach Trient, dann Verona, Mailand, Genua, über Turin und Genf zurück. Am Mittelmeer fischte ich längere Zeit nach Medusen. Meine Frau, welche das Mittelmeer und Italien noch nicht gesehen hatte, war ganz entzückt davon, das Wetter sehr schön. Eigentlich hatten wir die Absicht gehabt, acht Tage vor München bei Ihnen zuzubringen und uns sehr darauf gefreut. Aber dann kam so Viel dazwischen, Besuch aus England etc., daß wir unsere Absicht aufgeben mußten. Nächstes Jahr hole ich aber diesen lieben Besuch gewiß nach.

Sie fragen, lieber Freund, warum so viele unserer besten Naturforscher am „Kosmos" nicht mitarbeiten? Die Gründe sind sehr verschieden, meist kleinlicher oder persönlicher Natur. Viele haben auch Angst vor meiner „radikalen Richtung". Vorwärts geht's aber doch!

Die Münchner Reden und ihre Widersprüche, das offene Begegnen der verschiedenen Ansichten haben aber doch ihr Gutes gehabt, und ich hoffe, sie sollen noch lange Nachwirkung haben. So sehr mich die „Halben" verketzern, so warme Zustimmungen empfange ich von den „ganzen Leuten"! Wenn nur Viele so klar und konsequent dächten, wie Sie, liebster Freund! Gerade unter den Naturforschern gehört das eben zu den größten Seltenheiten.

Obgleich ich Ihnen eigentlich über Ihr Münchener Inkognito sehr böse bin, lieber Freund, und meine Frau Ihnen gar nicht verzeihen kann (warum haben Sie uns nicht wenigstens im „Rheinischen Hof" aufgesucht?), so muß ich Ihnen doch von Herzen die Hand drücken und bitten, mir Ihre treue Freundschaft und Zuneigung zu bewahren.

Nächstes Jahr besuche ich Sie. Mit herzlichsten Grüßen von mir und meiner Frau

Ihr treu ergebener

Ernst HAECKEL.

DEUBLER an HAECKEL.

Dorf Goisern, den 1. November 1877.

Lieber guter Freund!

Dank, meinen herzlichsten Dank für das mir zugeschickte Heft. Trotzdem ich Ihre Rede aus Ihrem eigenen Munde in München selbst gehört habe, so lese ich doch immer wieder dieses großartige Kapitel aus dem Evangelium des 19. Jahrhunderts. Im Odeonssaal in München kamen Sie mir vor, wie LUTHER in Worms. Sie haben aber noch mehr Feinde, wie einst er sie gehabt hat und vielleicht ebenso gefährliche! Die Theologen wären heute nicht mehr zu fürchten, aber diese berühmten Professoren der Naturwissenschaft, wie DUBOIS-REYMOND, Dr. HELMHOLTZ, VIRCHOW u. s. w. Diese Männer sind zu Reaktions-Werkzeugen der Jesuiten und Heuchler herabgesunken!

Dieser VIRCHOW ist jetzt der Heiland aller Betbrüder und Betschwestern in und außerhalb Deutschlands. Wenn es ihm (am Ende) nur nicht so schlecht bekommt, wie einst Rudolf WAGNER der gerade wie Ihnen, VIRCHOW, er mit dem Karl VOGT gemacht hat. VOGT hat WAGNER in seiner Schrift „Köhlerglaube und Wissenschaft" gehörig heimgeleuchtet!

Dieser Rückschrittsruf an die Adresse der Naturwissenschaft von diesem VIRCHOW, den ich immer für einen Materialisten gehalten habe, erscheint mir in einer so schauerlichen, unheimlichen Beleuchtung, daß mir recht bange ist um allen geistigen Fortschritt in Deutschland! Dieser BISMARCK entpuppt sich ganz zum METTERNICH!

Ob dieser wohl von höherem Ort bezahlte Angstruf VIRCHOW's Erfolg hat? Schwerlich, die Wissenschaft läßt sich nicht mehr in die Studirstube eines Professors einsperren; sie ist schon in alle Winkel der Welt eingedrungen. Wer vernünftig ist, der hemmt nicht den Strom, sondern sucht ihn zu leiten. DÜHRING hatte ganz Recht, daß er diesen Berliner Professoren gehörig den Schopf beutelte! „Die Wissenschaft muß umkehren!" schreien diese Herren. Aber zum Glück für die ganze Menschheit gibt es noch Männer, wie Sie, DARWIN, DODEL, DÜHRING u. s. w., die diesen Reaktionären der Wissenschaft gehörig Widerstand leisten können.

Mögen Sie, lieber guter Freund, in diesem großen Kulturkampf nie ermüden und noch lange, recht lange wirken, eine Zierde des deutschen Namens, eine Zierde Ihrer Wissenschaft!

Vorigen Dienstag wurde die Salzkammergut–Eisenbahn eröffnet und dem Verkehr übergeben. Wir bekamen hier im Dorfe einen Bahnhof. Von Goisern nach dem Bade Ischl fährt man in 20 Minuten, Fahrgeld 17x [Kreuzer] III. Klasse. Sie können jetzt von Thüringen bis Goisern direkt hierher fahren. Sie können es sich unmöglich vorstellen, wie ich mich auf Sie freue! Alles, was nur immer in meinen Kräften steht, werde ich zu thun mich bemühen, um Ihnen den Aufenthalt bei mir erträglich zu machen. Einen der schönsten Ausflüge kann man jetzt auf der Bahn über Obertraun nach Aussee, dem Grundelsee und Alt-Aussee machen.

Diese Partien wetteifern mit den schönsten Schweizergegenden. Auf daß Sie sehen, daß ich meine Behauptung nicht übertreibe, schicke ich Ihnen diese Ansicht [Photographie mit der Aussicht von der Roßmoos-Alpe]. Diese Alpe ist von meinem Haus in 1½ Stunden leicht und bequem zu besteigen.

Sie müssen mir einfachem Landmann verzeihen, daß ich so zudringlich und rücksichtslos Sie mit meinen schlechtgeschriebenen Briefen so oft belästige. Sie wissen aber auch, daß Ihre Freundschaft den größten Theil meines Glückes ausmacht. Ich Ungläubiger, der an keinen Gott glaubt, hänge dafür in umso tieferer und innigerer Verehrung an den Menschen, in denen ich die Repräsentanten und Dolmetscher der höchsten Ideen unseres Jahrhunderts erkenne.

Leben Sie wohl, hochverehrter Freund, und denken Sie manchmal an mich, der Sie hochschätzt und verehrt! Grüßen Sie mir Ihre liebe Frau und behalten Sie mich lieb!

Ihr dankbarer Freund

Konrad DEUBLER.

HAECKEL an DEUBLER.

Jena, 10. Mai 1878.

Lieber Freund!

Meine Zeit war während des ganzen Winters durch ununterbrochene Arbeit dergestalt in Anspruch genommen, daß ich nicht dazu kommen konnte, Ihnen für Ihren lieben Brief und für das hübsche Alpen-Panorama zu danken. Letzteres ist sehr verlockend und ich möchte Sie gar zu gerne im Laufe dieses Sommers besuchen und mit Ihnen recht nach Herzenslust in Ihren schönen Bergen tüchtig umherzusteigen.

Seit ich bei Ihnen in Goisern war, bin ich nicht wieder in den Bergen gewesen; es ist aber leider sehr fraglich, ob ich auch dieses Jahr meinen Wunsch stillen und die Berge wiedersehen werde. Ich bin nämlich mit dem Abschluß einer größeren zoologischen Arbeit, über Medusen, beschäftigt, derentwegen ich in den letzten Jahren schon mehrere Male an den Meeresküsten war. Um einige noch dunkle Punkte aufzuhellen, werde ich nächsten Herbst wohl noch einmal ans Meer gehen müssen und dann keine Zeit für die Alpen übrig behalten. Sollte ich dagegen noch im August oder September auf einige Tage zu Ihnen kommen können, so würde ich Ihnen dies im Laufe des Juli melden. Im April war ich in Venedig, Triest, Pola und Fiume, um Medusen zu untersuchen. Im März habe ich in Frankfurt, Köln und Wien einige Vorträge gehalten (in Wien am 22. März in der „Konkordia" über die Seele, am 25. März im „wissenschaftlichen Klub" über die Sinnesorgane).

In letzterem Vortrage waren auch u. a. der Kronprinz von Österreich und der Erzherzog Rainer anwesend. Beide Vorträge fanden vielen Beifall; Sie haben vielleicht in den Wiener Zeitungen davon gelesen. Sobald sie gedruckt sind, werde ich sie Ihnen zusenden. Meine Frau, der es nebst den Kindern gut geht, grüßt Sie herzlich. Sie hofft, auch bald wieder einmal nach Goisern zu kommen.

Mit herzlichsten Grüßen Ihr treu ergebener alter Freund

Ernst HAECKEL.

DEUBLER an HAECKEL.

Dorf Goisern, den 26. Juli 1878.

Mein theurer, hochgeehrter Freund!

Ihre zwei werthvollen herrlichen Geschenke habe ich erhalten und sage Ihnen hiermit meinen wärmsten Dank dafür.

Gegenwärtig habe ich einfacher Gebirgsbewohner öfters Anwandlungen, wo ich SCHOPENHAUER nicht so ganz zu Unrecht gebe, wenn er diese Welt als die miserabelste, die sich denken läßt, schildert. Wenn ich jetzt Preußen, ja das ganze Volk der Denker in seinem Leben und Treiben mit ansehe, so werde ich oft für Augenblicke zum Verächter dieser zweibeinigen Wirbelthiere! In diesem Wirrwarr von wissenschaftlichen Meinungen und politischen Ansichten ist der Ruf eines Mannes, der in seiner geistigen Größe hoch über Millionen Alltagsmenschen emporragt, ein wahres Labsal – ein wahrer Trost.

Mein neugebautes Häuschen auf dem FEUERBACH-Hügel steht noch immer unbewohnt, vollkommen zum Einziehen bereit da und [wird] so lange unbewohnt bleiben, bis einmal Sie selbst kommen und wenigstens einige Tage darin wohnen werden. Was dem Gläubigen sein Christus, wenn er singt: „Meinen Jesus lass' ich nicht" – das sind Sie mir! FEUERBACH, DARWIN und HAECKEL werden noch in fernen Zeiten mit Begeisterung gelesen werden, und man wird Ihrer mit den Worten gedenken:

„Wenn der Leib in Staub zerfallen,
Lebt der große Name fort."

Mir ist unendlich leid, daß Ihnen während dieses Sommers keine Zeit übrig bleibt, um unser schönes Salzkammergut besuchen zu können.

Empfangen Sie schließlich, edler Menschenfreund, noch einmal meinen herzlichsten Dank für die mir geschickten Schriften und mit wahrer Hochachtung die Versicherung meiner Liebe und Freundschaft! Behalten auch Sie mir in Zukunft Ihre für mich so kostbare Freundschaft und Liebe!

Grüßen Sie mir Ihre liebe Frau und denken Sie manchmal an Ihren fernen Freund, der Sie so hochachtet und verehrt. Ich lebe mit meinem Weibe gesund, glücklich und zufrieden in meinem Alpenhäuschen auf dem Primesberg. Gegenwärtig wohnt bei mir ein Jude – aber was für Einer! Er ist Direktor des Blinden-Instituts auf der Hohenwarte nächst Wien. Er ist auch einer von „unsere Leut'", die Dr. STRAUß mit dem Namen „wir" bezeichnet.

Nun leben Sie wohl und bewahren Sie mir Ihre Freundschaft! Mögen auch Sie wohl und glücklich mit den lieben Angehörigen sein! Denn trotz SCHOPENHAUER ist Glückseligkeit der letzte Zweck und Sinn alles menschlichen Thuns und Denkens!

Hochachtungsvoll

Ihr dankbarer treuer Freund

Konrad DEUBLER.

DEUBLER an HAECKEL.

Dorf Goisern den 1. Jänner 1879

Lieber, hochverehrter Freund!

Ich weiß es nicht, ob es in Thüringen noch modern ist, aber in unseren Bergen Ober-Österreichs hört man aufrichtige, aus vollem Herzen kommende Wünsche noch gerne. Also – ein aufrichtiges Prosit 1879.

Und noch einmal meinen herzlichsten Dank für Ihre Schrift „Freie Wissenschaft und freie Lehre".

Möge künftigen Sommer mein größter, sehnlichster Wunsch noch in Erfüllung gehen, Sie in unseren Bergen nur noch einmal wiederzusehen und auf meinem Primesberg begrüssen zu können! Leben Sie wohl und behalten Sie mich lieb

Ihr treuer dankbarer Freund

K. DEUBLER

DEUBLER an HAECKEL.

Dorf Goisern, den 25. Febr. 1879.

Lieber guter Freund!

„Heilig sei Dir die Freundschaft!" sagte mir einst L. FEUERBACH, und mir ist schon angst und bange, so lange schon nichts von Ihnen gehört zu haben! Ich habe mich den ganzen Winter mit Ihren prachtvollen Büchern göttlich unterhalten. Ich habe bei Durchlesung derselben vor Freude und Begeisterung erfreut, eines so großen Denkers und Forschers Freund sein zu dürfen!

Da hat mir ein guter Freund aus Amerika aus einem dort zirkulierenden Almanach ein paar Blätter herausgerissen und mir zugeschickt; vielleicht interessieren sie Sie auch: ich habe sie Ihnen hier beigelegt, weil auch von Ihnen darin erwähnt wird.

Ich habe vorigen Herbst vergebens bei der Naturforscher-Versammlung in der Zeitung nach Ihrem Namen gesucht; nur von Professor O[skar] SCHMIDT habe ich eine Erwähnung gefunden weil ein Bruchstück seiner Rede darinnen enthalten war. Ich glaube, sein Vortrag war über „Darwinismus und Sozialdemokratie". Auf dieser Versammlung wurde auch der Verfasser hier beiliegende Blätter, DODEL als ein Träumer zitiert. Mich hat es sehr interessiert, wie diese Herren so aalglatt zwischen den Konsequenzen ihrer Wissenschaft durchschlüpfen. Ich bin leider auch so ein Träumer auf meinem einsamen Primesberg.

Auch habe ich mir MOLESCHOTT's „Kreislauf des Lebens" angeschafft: es ist die neue ganz umgearbeitete Auflage in Heften. Ich habe schon das 10. Heft. Von Ihnen kommt viel Schönes und Wahres darin vor! Dieser MOLESCHOTT ist noch ein alter guter Freund von L. FEUERBACH gewesen. Er hat ihm im ersten Heft, Seite 7, ein ehrendes Denkmal gesetzt.

Um Politik kümmere ich mich sehr wenig, denn es ist jetzt wahrlich keine Freude, die Reaktion auf der ganzen Front sich regen zu sehen. Bei uns in Österreich macht sich die Sache noch am besten. Daß wir von Deutschland hinausgeworfen wurden, dazu darf man uns jetzt gratulieren, weil das gottergebene Preußen nichts mehr mit uns zu schaffen hat! Es ist eine alte Geschichte: die Frommen und Gottesfürchtigen haben es immer am besten verstanden, die Thierheit und Mordlust zur Geltung zu bringen!

Nun lassen wir der Reaktion ihre kurze Freude; es kann nicht lange dauern. Die alte verrottete Ordnung ist ja vom Wurm der neuen Weltanschauung zerfressen. Sie und DARWIN, FEUERBACH, Ihr großen Denker und Menschenfreunde, Ihr habt das Täfelwerk von der wanzenerfüllten Wand herunter gerissen, und habt am meisten und am besten mitgeholfen, den Schutt und Moder beiseite zu schaffen.

Eine Hand voll Sand, ein paar Ziegelsteine habe ich doch auch zum neuen Bau zutragen geholfen, indem ich es als ehemaliger Gemeinde-Vorstand durchgesetzt habe, aus einer spezifischen lutherischen und [einer] katholischen Schule zu einer [paritätische] Staatsschule umzuwandeln. Die katholischen und die evangelischen Kinder sind jetzt in einer verschmolzen.

Ich bin auf meinem einsamen Primesberg mit meinem Weibe mit vollem Bewußtsein glücklich und zufrieden und habe nur noch den einzigen sehnlichen Wunsch, Sie hochverehrter Freund, noch einmal in unserem friedlichen Salzkammergut wiederzusehen und Sie samt Ihrer lieben Frau in meinem Alpenhäuschen begrüßen zu können.

Wir haben einen sehr milden Winter gehabt. Neben meinem Hause blühen schon Primeln und Märzveilchen; aber Schnee werden wir dennoch gewiß genug bekommen.

Seien Sie mir nicht böse, daß ich Ihre kostbare Zeit mit meinem schlecht geschriebenen Briefe in Anspruch nehme. Glauben Sie mir, daß ich ungebildeter Landmann die Ehre zu würdigen weiß, mit dem größten Denker und Forscher unseres Jahrhunderts zu verkehren und ihn Freund nennen zu dürfen.

Leben Sie wohl und behalten Sie mich lieb!

Ihr dankbarer Freund

Konrad DEUBLER.

HAECKEL an DEUBLER.

Jena, 18. März 1879.

Lieber Freund DEUBLER!

Über Ihren lieben Brief habe ich mich recht gefreut. Ich hoffe sehr, mit meiner Frau Ihnen im September einen Besuch abstatten zu können. Früher wird's kaum gehen. – Uns geht es gut.

Ich betrachte mir hier in meinem kleinen Jena das verrückte Welt-Theater von ferne, und bin froh, hier freie Luft zu athmen. Seit ich im August und September in Frankreich war (wo ich in Paris eine unverhofft freundliche und ehrenvolle Aufnahme beim Gelehrten-Kongreß fand), habe ich hier still gelebt, ganz beschäftiget mit zwei großen Spezial-Arbeiten, über Medusen und über Radiolarien. Inzwischen kommt von der Schöpfungsgeschichte die 7te Auflage.

Frau und Kindern geht es gut. Meine Frau grüßt Sie herzlichst und hofft mit mir, im

Herbst zu Ihnen kommen zu können. Hoffentlich finden wir Sie im Vollgenusse Ihrer „ewigen Jugend“!

Stets Ihr treu ergebener

Ernst HAECKEL.

HAECKEL an DEUBLER.

Jena, 12. Juli 1879.

Lieber Freund DEUBLER!

Ich hatte gehofft, im nächsten Monat Ihrer freundlichen Einladung folgen und eine oder zwei Wochen bei Ihnen zubringen zu können. Zu meiner aufrichtigen Betrübnis ist mir jetzt dieser schöne Reiseplan, auf dessen Ausführung ich mich schon lange gefreut hatte, leider wieder zu Wasser geworden. Ich bekam vor einigen Tagen einen Brief, wonach es durchaus notwendig ist, daß ich gleich im Beginn der Ferien (Anfang August) nach Edinburgh reise, um dort längere Zeit an den großen Sammlungen der Challenger-Expedition zu arbeiten. Ich mache diese Reise im Auftrage und auf Kosten der englischen Regierung, und da ich einmal die Bearbeitung eines Theiles jener Sammlungen übernommen habe, weiß ich nicht, wie lange ich dort bleiben muß, und kann mich der Reise nicht entziehen. Vielleicht ist es noch möglich, Ende September oder Anfang Oktober auf einige Tage zu Ihnen zu kommen. Aber so gerne ich es wünschte, fest versprechen kann ich es leider nicht. Jedenfalls komme ich sonst nächstes Jahr! Einstweilen sende ich Ihnen beifolgendes Bild zum Ersatz!

Es thut mir sehr leid, daß mein Wunsch wieder nicht erfüllt wird, zumal ich seit dem Besuch bei Ihnen nicht in den Alpen gewesen bin! Hoffentlich geht es Ihnen gut, lieber Freund! Abgesehen von Überhäufung mit Arbeit, geht es mir gut.

Meine Frau grüßt Sie mit mir herzlichst!

Ihr treu ergebener

Ernst HAECKEL.

P.S. Haben Sie gelesen, wie unser „edler“ Freund, Prof. Karl GRÜN (ein litterarischer Lump I. Klasse) mich jetzt in der „Allgem. Zeitung“ angreift und lächerlich macht, nachdem er mich früher verherrlichet hatte?

DEUBLER an HAECKEL.

Dorf Goisern, den 19. Juli 1879.

Verehrungswürdiger, hochgeschätzter Freund!

Soeben habe ich Ihren lieben Brief samt dem Bilde erhalten. So schmerzlich und wehmutsvoll mich Ihr Schreiben aller Hoffnung, wieder Sie diesen Sommer in meinem Schweizerhäuschen auf dem Primesberg begrüßen zu können, in weite Ferne wieder hinausgerückt sehe, und mich sehr traurig gestimmt hatte, so hat mich doch Ihr liebes, mir schon lange gewünschtes Bild (in dieser Größe) unendlich erfreut! Sie verstehen es prächtig, den Wermuthstrank mit Honig zu vermischen! Meinen herzlichsten und innigsten Dank dafür! Vielleicht machen Sie es, edler Freund, doch noch möglich, auch im Oktober noch, wo es in unseren Bergen sehr schönes Wetter ist, zu kommen!

Ich habe im „Ausland“ von HELLWALD einen Aufsatz von Stuttgart 11. Mai 1879 gelesen (ich glaube er ist von Dr. G. JÄGER) worin er schreibt: „Ich weiß, daß Sie sich für meine Entdeckung der Seele lebhaft interessieren. Ich werde auf der nächsten Naturforscher-Versammlung in Baden Baden die Seele an Händen und Füßen gebunden der Gelehrten-Arroganz demonstrieren.“ Ich dachte gleich an Sie, was Sie wohl dazu sagen werden.

Verzeihen Sie es mir, lieber, edler Freund, ich glaube, es würde überhaupt am besten sein, wenn unter den jetzigen Verhältnissen eine solche Versammlung auf ein paar Jahre vertagt würde! VIRCHOW hat an Dr. [K.] G. einen Kameraden bekommen. J. C. FISCHER, einer meiner Freunde aus Wien, hat mir vorige Woche eine Broschüre geschickt: „Der Kampf um das Dasein der Seele“ von Dr. MAYER in Mainz. Ich habe sie aber noch nicht gelesen und bin sehr neugierig darauf!

Wegen unserem früheren gemeinsamen Freund Karl GRÜN muß ich Ihnen mündlich einen Hauptspaß erzählen; er hat mir einen Brief geschrieben, den ich Ihnen als corpus delicti gut aufbewahrt habe.

Die prachtvolle [humoristische] Dichtung von Hans HERRIG, „Die Schweine“, habe ich schon so oft gelesen, daß ich sie beinahe auswendig kann. Ich habe im Brockhaus'schen Lexikon diesen HERRIG nirgends gefunden. Ich muß Ihnen nochmals für diesen seltenen Genuß danken.

Von der Zeitschrift „Kosmos“ habe ich mir das 11. Heft (das auch einzeln zu haben war) [Das 11. Heft des „Kosmos“ [Februar 1879] ist das Gratulationsheft zum 70. Geburtstage Ch. DARWIN'S.] gekauft, was mich bis auf den Aufsatz von von der Redaktion „Ein Wort zum Frieden“ sehr interessierte.

Was mich anbelangt, geht es mir noch immer, trotz meiner 65 Jahre, sehr gut! Ich lebe mit meinem Weibe gesund und wohlauf, auf meinem kleinen Besitz auf dem Primesberg so glücklich, wie es trotz SCHOPENHAUER ein Mensch es nur wünschen kann. Auf höchste Sonnenhöhe meines Glückes hebt mich das

Bewußtsein, daß der größte Forscher und größte Denker unseres Jahrhunderts mich einfachen Landmann seiner Freundschaft werth hält.

Grüßen Sie mir Ihre liebe gute Frau und behalten Sie mir auch in Zukunft Ihre für mich so beseligende Liebe und Freundschaft! Sie müssen mir meinen heimgegangenen L. FEUERBACH ersetzen, dessen Wahlspruch war „Heilig sei Dir die Freundschaft".

Leben Sie wohl und behalten Sie mich lieb.

Ihr dankbarer Freund

Konrad DEUBLER.

NB: Im Monat August will mich Arnold DODEL aus Zürich auf einige Tage besuchen. Seine Frau, die eine Wienerin ist, begleitet er nach Wien zum Besuch ihrer Eltern. Ich habe ihn bei der Naturforscher-Versammlung in München kennen gelernt; er ist auch ein großer Verehrer und Anhänger von Ihnen.

DEUBLER an HAECKEL.

Dorf Goisern, den 23. November 1879.

Mein lieber, innig hochverehrter Freund!

„Aufgeschoben ist nicht aufgehoben!" Seit Sie mir im Frühjahr Ihr Bild geschickt haben und zudem in einem freundlichen Schreiben Ihren so sehnsuchtsvoll erwarteten Besuch auf den Monat Oktober noch in Aussicht stellten, habe ich Ihnen schon öfters schreiben wollen; aber das Gefühl der Unwürdigkeit [hat mich abgehalten], in brieflichem Verkehr mit einem Mann zu stehen, der zu den Unsterblichen gehört und in der Geschichte der Naturwissenschaft allerkommenden Jahrhundert mit Hochachtung genannt werden wird, wenn die Menschheit nicht von einem bösen Dämon – zur ewigen Blindheit und Dummheit verdammt ist. (Wie es eben jetzt allen Anschein hat!) Aber da Sie mir einfachen Landmann erlaubt haben, Sie Freund nennen zu dürfen, und [da ich] schon so viele Beweise Ihrer aufrichtigen wahren Freundschaft in meinen Händen habe, so wage ich es nochmals, Sie mit meinem schlechten Geschreibsel zu belästigen.

Zum Ersten möchte ich gerne wissen, wie es Ihnen geht? und ob ich mich noch der sehnsuchtsvollen Hoffnung hingeben darf, Sie samt Ihrer lieben Frau künftigen Sommer in unserem so schönen Salzkammergut begrüßen zu können?

Ich bin jetzt in meinem Alpenhaus auf dem Primesberg ganz verschneit: vier Tage und Nächte hat es in so früher Jahreszeit fortwährend geschneit und gestürmt. FEUERBACHS Schriften und Ihre wertvollen kostbaren Bücher sind mir in diesen langen Winternächten meine beste und schönste belehrende Unterhaltung! Dann lese ich wieder alle Ihre lieben Briefe und Broschüren, die Sie mir geschenkt haben – und schaue wieder Ihr liebes Bild! Ich muß Ihnen nochmals, lieber guter Freund, herzlich für alle die kostbaren Schriften danken und für das Glück, Sie edler mutiger Forscher, Ihrer Freundschaft für Wert gehalten zu haben!

Mit noch einem Ihrer Schüler und Verehrer habe ich im Laufe vorigen Sommers fürs ganze Leben innige Freundschaft geschlossen: Arnold DODEL-PORT aus Zürich. Er verlebte einige Wochen bei mir auf dem Primesberg: das waren prächtige Tage!

Auch er preiset als sein größtes Glück, wie Sie in der Naturwissenschaft den wahren Heiland und Erlöser der Menschheit zu sehen. Auch er bedauerte, daß gegenwärtig die Gelehrten und größten Forscher sich scheuen, in ihren Reden und Schriften, die nicht einmal für die Massen bestimmt sind, die Wahrheit ihrer Forschungen [frei zu bekennen, sondern z. Th. Vorziehen, solche zu] entstellen und [zu] verfälschen. Was ihre innerste Überzeugung ist, das raunen sie wie ein sündhaftes Geheimnis höchstens unter vier Augen Einzelnen ins Ohr, die sie aber früher genau geprüft und als Geistesverwandten erkannt haben, während kindischer Unsinn (wie der „Seelenduft" G[ustav] JÄGERS) und verbrecherische Dummheit offen sich auf allen Gassen spreizen darf.

Und dann vollends die neue Wissenschaft, „die moderne Magie". Diese Spiritualisten. – Was sagen Sie dazu? FEUERBACH und Alexander v. HUMBOLDT würden sich noch im Grabe umdrehen über das jetzige Treiben des Volkes der Denker!

Ich lebe auf meinem einsamen Primesberg mit meinem Weibe noch gesund [und] glücklich und freue mich noch in meinen alten Tagen meines Lebens!

Trotz meines bescheidenen Einkommens habe ich noch diesen Herbst einen kleinen Ausflug nach Dresden zu meinen dortigen Freunden und von da noch eine Reise bis Berlin gemacht, um hier das höchst für mich interessante Aquarium zu sehen. Es hat mich das Geld, das ich auf dieser Reise ausgegeben, nicht gereut.

Lassen Sie ja bald wieder Etwas von sich hören und schenken Sie mir Ihre für mich so kostbare Freundschaft auch fernerhin und geben Sie mir, die gewisse Hoffnung, Sie edler Freund, künftigen Sommer in meinem Alpenhause persönlich begrüßen zu können!

Leben Sie wohl und behalten Sie mich lieb!

Achtungsvoll

DEUBLER.

HAECKEL an DEUBLER.

Jena, 21. Dezember 1879.

Lieber Freund DEUBLER!

Ihren lieben freundschaftlichen Brief vom November, der mich sehr erfreut hat, hätte ich längst beantwortet, wenn ich nicht seit meiner Rückkehr von Schottland (im September) mit Arbeit wahrhaft überlastet gewesen wäre. Heute giebt mir nun das soeben eingetroffene freundliche „Andenken an Goisern", der schöne Briefbeschwerer von rothem Alpenmarmor, willkommene Veranlassung, endlich wieder an Sie zu schreiben. Das schöne Marmorstück soll beständig auf meinem Arbeitstische stehen und mich an Ihre liebe Freundschaft erinnern! Herzlichen Dank dafür!

Meine Absicht, Sie im nächsten Sommer mit meiner Frau in Ihrem Alpenhäuschen zu besuchen, wird hoffentlich durch Nichts gestört werden. Wir freuen uns schon jetzt sehr auf diesen Genuß und sprechen oft davon. Ich habe wahre Sehnsucht nach der Freiheit der Alpen, die ich nun schon mehrere Jahre nicht gekostet habe. Wahrscheinlich begleitet uns ein lieber Freund und Gesinnungsgenosse, ein deutscher Kaufmann Namens ROTTENBURG, der in Schottland lebt und mich sehr freundlich beherbergt hat. Er hat die Alpen noch nie gesehen und freut sich sehr darauf.

Mir und meiner Familie geht es gut. Nur wünschte ich etwas mehr Zeit und Muße! Ich bin jetzt nur mit umfangreichen wissenschaftlichen Special-Arbeiten (über Medusen und Radiolarien) beschäftiget.

Das II. Heft meiner „gesammelten Vorträge" habe ich Ihnen doch gesendet? Sollte es nicht der Fall sein, so soll es sofort geschehen. Ferner möchte ich Ihnen BÜCHNER: „Aus dem Geistesleben der Thiere" und und dessen „Liebe und Liebesleben in der Thierwelt" schicken; Sie besitzen diese Bücher hoffentlich noch nicht? Bitte auf beide Fragen um Antwort; ferner: Kennen Sie ESPINAZ' „Thierische Gesellschaften"?

Meine Frau grüßt mit mir herzlichst Sie und die Ihrige! Hoffentlich auf frohes Wiedersehen im August!

Stets Ihr treuer

Ernst HAECKEL.

DEUBLER an HAECKEL.

Dorf Goisern, den 30. Dezember 1879.

Mein hochverehrter Freund!

Ihren lieben freundschaftlichen Brief habe ich erhalten und [er] hat mir große Freude gemacht. Besonders [hat mich gefreut], daß Sie mir Ihren, von mir so sehnsuchtsvoll erwarteten Besuch auf den künftigen August hoffen lassen und daß Sie sich noch meiner in freundschaftlicher Liebe erinnern.

Sie schreiben mir, ob ich nicht BÜCHNER „aus dem Geistesleben" oder „Liebesleben der Thiere" kenne ? und [ESPINAZ'] „Thierische Gesellschaften"? – Keines von beiden kenne ich. Ich habe nicht einmal davon etwas gehört.

Die Krone meiner kleinen Büchersammlung ist noch immer Ihre Schöpfungsgeschichte und die von D. Fr. STRAUß und FEUERBACH. Von neueren Büchern besitze ich [MOLESCHOTT's] „Kreislauf des Lebens" V. Aufl. erst 12 Hefte und „Die Bibel der Natur" von Dr. Adolf SILBERSTEIN (sehr gut).

Keine Woche vergeht, daß ich nicht an Sie dächte, wenn ich in den Zeitungen die neue Geistesrichtung der jetzigen Philosophen und Naturforscher verfolge. Da bringt einer „die Seele an Händen und Füßen [gefesselt]" in die Naturforscher-Versammlung nach Kassel, dort halten namhafte Professoren Vorträge über neue Wissenschaft. Ich glaube jetzt gewiß, daß ich altes Wirbelthier es bald noch erleben werde, daß in Deutschland noch Hexen verbrannt werden! Denn wer einmal an Gespenster glaubt, der ist rettungslos verloren! Alex. HUMBOLDT, FEUERBACH würden sich noch im Grabe umdrehen, wenn sie das Volk der Denker so tief versunken sähen! Zum Glück leben noch einige wenige muthige große Forscher und Denker, wie Sie und DARWIN! Ihr allein seid noch die Größten unserer Zeit, die uns noch den Pfad zum Tempel des reinen Lichtes freihalten von all dem traurigen Unsinn.

O, wie freue ich mich auf Sie, wenn ich Ihnen, edler Menschenfreund, persönlich für alles noch danken kann, daß Sie mir durch Ihre naturwissenschaftlichen Schriften meinen Kopf empfänglich gemacht haben, für eine wahrhaft beseligende, erhabene neue Weltanschauung. An der Schwelle eines Jahres wünsche ich Ihnen samt Ihrer lieben Frau ein „Glück auf!" zum neuen Jahr. Schenken Sie mir auch im zukünftigen Jahr wieder Ihre Liebe und Freundschaft und kommen Sie ja gewiß auf einige Wochen auf meinen einsamen Primesberg. Herzlichen Gruß von mir und meinem Weibe.

Leben Sie wohl und behalten Sie mich lieb!

Ihr treuer, dankbarer Freund

DEUBLER.

An dieser Stelle findet sich in der vorliegenden Korrespondenz eine Lücke. Es fehlt mindestens ein Brief von DEUBLER, in welchem an HAECKEL eine abermalige Einladung zum Besuch erging; beigelegt war ein hübsches Bild vom Gosau-Thal. HAECKEL beantwortete diese neue Einladung am 24. Januar 1880, hoffend, es werde ihm endlich möglich werden, im August DEUBLER persönlich zu sehen. Indessen theilt er mit, daß in der Familie ein Todesfall eingetreten und in Folge Erkrankung seiner Frau möglicherweise ein Seebad besucht werden müsse.

„Ich selbst" – schreibt E. H. – „bin zum internationalen Unterrichts-Kongreß für September nach Brüssel eingeladen, werde aber wohl auch nicht hingehen können. Jedenfalls schreibe ich Ihnen im nächsten Monat, wie sich unsere Pläne gestalten."

DEUBLER an HAECKEL.

Dorf Goisern, den 5. Oktbr. 1880.

Verehrtester Herr Professor!

Ich habe leider diesen Herbst wieder vergebens auf Sie gehofft. Sie haben doch (außer dem Tod der Schwiegermutter) sonst kein Unglück gehabt? Sei dem, wie es nur immer gewesen sein mag: ich gebe die Hoffnung nicht auf, Sie nochmals in unserem schönen Salzkammergute zu sehen und sprechen zu können. Denn wer einmal Ihre klassischen Werke durchstudiert hat, und wer nur die Vorrede zur „Schöpfungsgeschichte" gelesen hat: wie unbefriedigt legt man später die Schriften anderer Naturforscher aus den Händen! Bei vielen dieser Philosophen und Denkern findet man nur die halbe Wahrheit; die ganze Wahrheit und Geistesfreiheit empfängt man nur durch die Feder Ernst HAECKELS. Wer sich so ganz in die Ideen eines FEUERBACH und HAECKEL hineingelebt und ihre Lebens- und Weltanschauung sich zu eigen gemacht hat, wie ich, der weiß auch, welche Zufriedenheit und Seligkeit es gewährt, diesen Standpunkt erstiegen zu haben, auf welchem man so ganz in Harmonie steht mit der Natur und dem ganzen Universum. Aber wie wenige von den tausend Millionen Bewohnern des Erdballs haben ein so großes Glück wie ich, sich auf diesen Standpunkt zu erheben? Und diese zwei der größten und muthigsten Denker unseres Jahrhunderts zu Freunden haben!

Gegenwärtig hoffe ich [Ihren Besuch] wieder aufs künftige Jahr, weil ich gehört habe, daß in Salzburg die Naturforscher-Versammlung abgehalten werden solle.

Zeitungsnachrichten zufolge waren Sie, hochverehrter Freund, im September in Brüssel? Sie sollen dort dem internationalen Freidenker-Kongreß beigewohnt haben und eine Abhandlung über die Moralfrage vorgetragen haben? Wenn ich Ihnen nicht ohnehin schon so vieles schuldig wäre und Ihre für mich so kostbare Freundschaft nicht zu sehr in Anspruch nähme, so hätte ich sie ersucht, mir diese Abhandlung lesen zu lassen. Seien Sie über meinen rücksichtslosen Wunsch nicht böse!

Auch Dr. DULK aus Stuttgart und BÜCHNER sollen beim Kongreß gewesen sein. Schließlich hätte ich Sie noch gebeten, mir zu schreiben, wie es Ihrer lieben Frau mit ihrer Gesundheit steht? Und was es mit Ihrem Kollegen Gustav JÄGER, dem Entdecker der Seele und neuen Bekleidungs-Systems für eine Bewandtnis hat? Was das erstere betrifft, wird das ganze überhaupt noch nicht spruchreif sein, aber wegen der Normal-Uniform? Über letzteres hätte ich Sie besonders um Ihre Ansicht ersucht.

Ich und meine dicke Nandl leben noch immer gesund und zufrieden auf unserem einsamen Primesberg. In meinem neugebauten Schweizerhäuschen waren 3 Monate lang General Wilhelm HEINE, der bekannte Japan-Reisende, und der Schriftsteller SCHLÖGL aus Wien einquartiert. J. C. FISCHER aus Wien und Karl RENGERT aus Berlin, ein höchst liebenswürdiger Mensch, waren neben uns im alten Hause. Der Sommer war sehr schlecht – immer Regen und Schnee, mit obligater Überschwemmung!

Ich muß mein schlechtes Geschreibsel enden und Sie um Nachsicht bitten ob meiner etwas rücksichtslosen Wünsche.

Leben Sie wohl, edler, theurer Freund und denken Sie manches mal an Ihren fernen Freund, der Sie so sehr verehrt und hochachtet. Grüßen Sie mir recht herzlich Ihre Frau!

Hochachtungsvoll Ihr dankbarer, treuer Freund

Konrad DEUBLER.

HAECKEL an DEUBLER.

(Cartolina postale.)
Portofino, 9. Oktbr. 1880.

Lieber Freund!

Da mich das Schicksal statt nach Goisern an das Mittelmeer geführt hat, will ich Ihnen wenigstens von hier einen herzlichen Gruß senden. Nächstes Jahr hoffe ich ganz sicher endlich den ersehnten Besuch in Goisern abstatten zu können. Die Riviera Levante (wo ich hier östlich von Genua, in Portofino, sitze) liefert mir viele interessante Thiere.

Stets Ihr alter Freund

H.

DEUBLER *an* HAECKEL.

Dorf Goisern, den 21. Februar 1881.

Hochverehrter Freund!

Das letzte Lebenszeichen von Ihnen erhielt ich aus Italien, was mich unendlich erfreut hat. Da ich aber jetzt schon lange nichts mehr von Ihnen gehört und erfahren habe, so werden Sie einem alten, treuen Freund, der Sie so hochachtet und gleich einem Heiligen verehrt gewiß nicht für übel aufnehmen, wenn ich mich erkundige, wie es Ihnen geht. Ich halte mich an Sie, so lange ich alter 67jähriger Greis noch zu leben habe, wie der Gläubige an seinen Christus, wenn er singt: Meinem Jesus lasse ich nicht! Ich ersuche Sie daher, mich mit einem Lebenszeichen von Ihrem gegenwärtigen Leben zu erfreuen! Auch wäre ich sehr neugierig, [zu erfahren,] ob noch jemals ein literarisches Produkt aus Ihrer Feder noch erscheinen werde? [das auch für mich verständlich wäre,] was freilich in der gegenwärtigen Reaktions-Periode seine Schwierigkeiten haben würde.

Auch muß ich Sie um einen Rath ersuchen: Dr. August SPECHT aus Gotha, der Herausgeber des „Menschenthums" (das ich schon viele Jahre in unserer Gemeinde verbreite), hat mich eingeladen zum Beitritt in den Freidenker-Bund. Ob es gegenwärtig, da bei uns in Österreich, wo jetzt die klerikalen Elemente wieder ganz oben auf sind, ich es wagen dürfte? Denn ein gebranntes Kind fürchtet das Feuer!

Auch wissen Sie gewiß etwas Näheres über die fünfte Auflage von MOLESCHOTT's „Kreislauf des Lebens", ob denn die vier noch ausständigen Hefte überhaupt nicht erscheinen werden?

Lassen Sie einem alten Freund keine Fehlbitte thun und erfreuen Sie mich mit einigen Zeilen. Leben Sie wohl und behalten Sie mich lieb. Einen herzlichen Gruß an Ihre liebe Frau. Auf dem Primesberg werden Sie diesen Sommer gewiß erwartet!

Ihr treuer Freund

Konrad DEUBLER.

HAECKEL an DEUBLER.

(Postkarte)

Jena, den 1. Juli 1881.

Lieber Freund!

Heute nur in Eile freundlichen Gruß und herzlichen Dank für die übersandten schönen Geschenke! Ich schreibe Ihnen in den nächsten Tagen.

Freundlichst grüßend
Ihr

Ernst HAECKEL.

HAECKEL an DEUBLER.

Jena, 18. Juli. 1881.

Lieber Freund DEUBLER!
Sie dürfen mit Recht böse sein, daß ich Ihnen so lange nicht geschrieben habe. Wenn Sie aber wüßten, wie ich mit dringlichen Arbeiten und Geschäften seit Monaten überlastet bin, würden Sie mir verzeihen. Wie ich Ihnen schon aus Berlin schrieb [Dieser HAECKEL'sche Berliner Brief ging verloren.], rüste ich mich zu einer großen Reise. Ich werde im September über Ägypten nach Indien reisen und den Winter über in Ceylon arbeiten; hoffentlich im April 1882 mit Schätzen reich beladen zurückkehren. Da es seit 30 Jahren mein sehnlichster Wunsch war, die Wunder der Tropen-Natur zu sehen, so freue ich mich sehr auf dessen endliche Erfüllung.

Ich habe jetzt zu diesem Zwecke ölmalen, photographieren und schießen gelernt! Leider werde ich die kostspielige Reise in einfachster Form machen müssen, da ich keinerlei Unterstützungen erhalte. Meine Freunde in der Berliner Akademie der Wissenschaften hatten mir dazu das HUMBOLDT-Stipendium (15000 Mark) versprochen. Aber auf Antrag von Du BOIS-REYMOND („Ignorantimus"!), VIRCHOW und von REICHERT wurde beschlossen, daß ich als „Darwinist, Monist und Atheist" dessen unwürdig sei. Das kommt so, wenn man es wagt, die Wahrheit offen zu sagen!

In Brüssel auf dem Freidenker-Kongreß bin ich übrigens nicht gewesen; es befand sich darunter recht unlautere Gesellschaft.

Da ich bis zum Antritt meiner Reise nach Ceylon noch alle Hände voll mit Vorbereitungen zu thun habe, so kann ich leider nicht nach Salzburg kommen. Meine Frau läßt freundlichst grüßen. Sie hatte sich mit mir sehr gefreut, Sie endlich einmal in diesem Sommer wieder besuchen zu können. Nun wird leider wieder nichts daraus und wir müssen uns auf das nächste Jahr vertrösten. Um so mehr kann ich Ihnen dann von Indien erzählen.

Für die Photographie Ihres schönen Ateliers (Abb. 24) sage ich Ihnen noch besonders herzlichen Dank. Hoffentlich werde ich es noch öfters besuchen.

Mit freundlichen Grüßen stets Ihr
treu ergebener

Ernst HAECKEL.

DEUBLER an HAECKEL.

Dorf Goisern, den 28. Juli 1881.

Verehrtester Herr Professor!

Ihren lieben höchst interessanten Brief samt dem Separat-Abdruck aus dem „Kosmos" habe ich erhalten und daraus ersehen, daß ich dieses Jahr wieder vergebens mich gefreut habe, Sie nochmals in unserem schönen Salzkammergut zu sehen. Möge mein so sehnlicher Wunsch im künftigen Sommer doch einmal in Erfüllung gehen!

Abb. 24:
Deubler in seinem Atelier am Primesberg (Ernst-Haeckel-Haus).

Daß ich Ihnen als einer Ihrer treuesten Freunde und Verehrer alles mögliche Glück zu Ihrer beschwerlichen, langen und gefahrvollen Reise von ganzem, redlichem Herzen wünsche, das dürfen sie mir gewiß glauben! Ich sehe Sie schon im Geiste (Abb. 25) in dem schönen, reich an pittoresken malerischen Landschaften Ceylons herumwandern und den berühmten 2250m hohen Samanala oder Adamspik mit seiner feenhaften Aussicht besteigen und bewundern. Aber noch mehr bewundere ich Ihren Muth und Ihre Charakterstärke und Ihren Forschungsgeist, der Sie im Dienste der Wissenschaft von Ihrer lieben Frau und Kindern forttreibt in die fernsten Tropenländer! Mögen Sie gesund und mit reichen Schätzen beladen wieder zurückkommen zu Ihrer lieben Familie!

Da mein Leben immer näher seinem endlichen Abschluß rückt und die noch kurze Zeit immer kostbarer wird, so werden Sie einem Mann, der Sie so hochverehrt und hochschätzt, verzeihen, daß ich auf Ihr Versprechen, daß Sie samt Ihrer lieben Frau den künftigen Sommer kommen werden, fest vertraue und gewiß auf die Erfüllung dieses Wunsches hoffe!

Leben Sie wohl, edler Freund, und denken Sie manchmal an Ihren fernen treuen Freund und Verehrer. Schließlich noch einmal meinen Dank für die Broschüre! Grüße Sie nochmals samt Ihrer lieben Frau.

Ihr Freund

Konrad Deubler.

Deubler an Haeckel.

Dorf Goisern, den 4. Mai 1882

Lieber, hochverehrter Freund!

Mit vor Freude zitternden Händen schreibe ich diese Zeilen, denn ich habe soeben in der Zeitung die frohe Nachricht von Ihrer glücklichen Heimkehr von Ihrer großen Reise gelesen, ich kann es als einer Ihrer innigsten Verehrer unmöglich unterlassen, Ihnen aus weiter Ferne von meiner einsamen Alpenhütte vom Primesberg ein freudiges Willkommen zuzurufen. Ich muß mit diesem schlecht geschriebenen Brieflein meiner großen Freude Luft machen!

Also noch einmal reiche ich Ihnen die Hände auf ein herzliches Willkommen im deutschen Vaterlande!

Glauben Sie mir, daß außer Ihrer lieben Frau und Kindern, keiner Ihrer Freunde und tausenden Ihrer Verehrer Sie so mit Teilnahme und großem Interesse, mit banger Sorge auf Ihrer gefährlichen Reise im Geiste begleitet hat.

Sie können sich so meine große Freude vorstellen, als ich von Berlin (ich weiß nicht von [wem]) vermutlich auf Ihre Anregung von der Redaktion „der deutschen Rundschau" den ersten und zweiten Indischen Reisebrief durch die Post erhielt! Das war ein Jubel – ein Freudenfest auf dem Primesberg!

Da aber den Zeitungsnachrichten zufolge noch mehrere Briefe noch nachgefolgt sein sollten,

Abb. 25:
Ernst Haeckel als Forschungsreisender vor der Expedition nach Indien und Ceylon (Deubler-Album).

von denen ich keinen zu sehen bekommen konnte, so werden Sie die Bitte eines alten Freundes nicht so rücksichtslos zudringlich und auffallend finden, wenn ich Sie ersuche, mir nicht böse zu werden, und mir nachträglich einmal die noch gefolgten Reisebriefe mir noch zukommen zu lassen. Zudem glaube ich noch immer, Daß Sie Ihr vorjähriges Versprechen gewiß im Laufe dieses Sommers erfüllen werden und meinen so schlichten Wunsch, Sie bei uns in unserem so schönen Salzkammergut besuchen werden – einmal zur Wahrheit werden wird. Vorige Woche habe ich auch von einem Ihrer Verehrer durch CARNERI von Wildhaus in Steiermark die traurige Kunde vernommen, vom Tode des großen Forschers DARWIN (Abb. 26). Auch Sie werden an dieser Nachricht von dem Hinscheiden dieses Geistesriesen den innigsten Anteil genommen haben! Auch dieser große Lehrmeister hat der Sterblichkeit seinen Tribut bezahlt: DARWIN tot! Es lebe der Darwinismus! Dieser Verlust wird Ihnen selbstverständlich, da Sie sein Freund und Gesinnungsgenosse waren, sehr nahe gehen. DARWIN tot! – Mit 73 Jahren in die Grube gefahren, die Augen geschlossen, die Denkerstirn für Ewigkeiten geglättet: ja er hätte uns bleiben sollen, nicht um weiterzuarbeiten, denn er hat genug getan – zur solchen Arbeit sind Sie noch da, ist Arnold DODEL, Oscar SCHMIDT und mehrere andere da. Aber um das sichtbare Centrum seiner Schule zu der man in solch reaktionärer Zeit so gerne vertrauend und hoffend nebst Ihre lieber Freund hinaufgeschaut hat und weiterhin hätte hinaufschauen mögen. Jetzt fällt die ganze Riesenlast allein auf Ihre Schultern! Nur ein Trost bleibt wohl noch der vorwärtsstrebenden Menschheit – daß der „Erdgeist" GOETHES – der mit DARWIN zu verschwinden drohte – in Ihnen wieder auferstanden ist!

**Abb. 26:
Charles Darwin (1809-1882).**

DARWIN tot – Es lebe HAECKEL!

Während Ihrer Abwesenheit hat sich selbstverständlich eine Menge Arbeit für Sie aufgehäuft, und werden keine Zeit für mich zum Schreiben übrig haben, aber um ein kleines Zeichen, daß Sie noch Ihres treuen Freundes gedenken – hoffe ich mir dennoch!

Leben Sie wohl, edler großer Mann und leben Sie glücklich und schenken Sie mir auch in Zukunft Ihre für mich so kostbare Freundschaft!

Ihr treuer Freund

***Konrad* DEUBLER**

NB. Für Ihre liebe Frau habe ich hier ein kleines Andenken von unseren Alpen zum Gruße beigelegt.

HAECKEL an DEUBLER.

(Postkarte)

Jena, 28. Juli 1882.

Lieber Freund!

Vom 1. bis 4. August bin ich in Würzburg (bei Herrn Professor GERHARDT) und denke, Sie vom 7.-10. August zu besuchen. Bitte, schreiben Sie mir eine Postkarte nach W., ob ich Ihnen gelegen komme. Mit freundlichsten Grüßen

Ihr

HAECKEL.

HAECKEL an DEUBLER.

Jena, 12. Oktober 1882.

***Lieber Freund* DEUBLER!**

Ich war in den letzten unruhigen Monaten ungewöhnlich mit verschiedenen Arbeiten überhäuft und komme erst jetzt wieder etwas zur Ruhe. Oft habe ich aber an Sie und Ihren stillen Primesberg gedacht und mir oft gewünscht, ich könnte auf ein paar Stunden dort ausruhen und mit Ihnen plaudern. Die drei schönen Tage, die ich im August bei Ihnen zubrachte, sind mir in angenehmster Erinnerung geblieben. In Schloß Wildhaus bei Graz (oder vielmehr bei Marburg) verlebte ich mit Herrn v. CARNERI und mit dem Grazer Maler KÖNIGSBRUNN ebenfalls mehrere sehr angenehme Tage. Leider war nur das Wetter meistens schlecht. Nach Jena zurückgekehrt, hatte ich viel mit dem Auspacken meiner inzwischen eingetroffenen Sammlungen aus Ceylon (52 Kisten!) zu thun, und bin mit Ordnen und Bestimmen derselben noch lange nicht fertig. Auch der Neubau meines zoologischen Institutes und die innere Einrichtung desselben macht mir viel zu schaffen, so daß ich vielerlei und manche ungewöhnliche Arbeit thun muß.

Am 18. September hielt ich in Eisenach auf der 55. Naturforscher-Versammlung meinen Vortrag, den ich Ihnen inzwischen geschickt habe.

Er fand sehr viel Beifall und ich konnte mit dem Erfolge sehr zufrieden sein. Die Berichte darüber in den Zeitungen (namentlich in den Berliner, aber auch in der N. fr. Presse) sind zum Theil sehr entstellt und parteiische.

Der schwarzen Gesellschaft hat die Rede übel behagt und sie weiß kaum, wie sie ihrem Zorn Luft machen soll. Auf der anderen Seite erhalte ich sehr viel zustimmende und zum Theil enthusiastische Zuschriften. Die Temperatur war bedeutend angenehmer und das Licht heller als vor fünf Jahren in München! Das ganze großherzogliche Haus wohnte der Rede bei.

Von Eisenach ging ich noch auf einige Zeit zu meiner guten alten (nunmehr 83jährigen) Mutter nach Potsdam. Dort besuchte mich auch Ihr alter Berliner Freund S., der Ihnen wahrscheinlich inzwischen darüber geschrieben haben wird. Ich freute mich sehr, ihn kennen zu lernen.

Meine Frau läßt Sie herzlich grüßen. Wir sprechen oft von Ihnen und Ihrem idyllischen Bergschloß und wünschen nur, daß wir Sie öfters besuchen könnten!

Die versprochenen Bücher sende ich im Laufe der nächsten Wochen.

Mit herzlichsten Grüßen und wiederholtem besten Danke für Ihre liebe freundliche Aufnahme

Ihr alter Freund
HAECKEL.

PS. Auch Ihrer lieben Frau und den Wartburgleuten, sowie den anderen Freunden beste Grüße!

DEUBLER an HAECKEL.

Dorf Goisern, den 29. November 1882.

Lieber guter Freund!

Ich bin Ihnen noch meinen Dank schuldig für die „Fortsetzung" Ihrer höchst interessanten Indien-Reise und Ihrer Rede in Eisenach. Diese hat mir besonders gefallen!

Ihr tapferer Protest gegen die versuchte Einreihung DARWIN's in die Herde der hochkirchlichen Schafsköpfe Englands ist noch rechtzeitig von Stapel gelaufen. Das wirkte wie kaltes Wasser über den Rücken der plötzlich darwinistisch gewordenen Erzbischöfe, Pastoren und andern Geschmeißes. Dieser Vortrag und die Verlesung des irreligiösen Briefes von DARWIN bilden zusammen eine wahrhaft muthige, weltgeschichtliche That!

Aber für die zwei Bände von Professor SCHULTZE – [kann ich Ihnen nicht danken] – glaube ich gewiß, daß Sie nur den Titel gelesen haben! Seien Sie mir deswegen nicht böse: mir ist Ihre Freundschaft heilig und ich möchte sie nicht mit Heuchelei entweihen. Aber diese spekulativ philosophischen Schriften neueren Datums erinnern mich immer an den Teufel in GOETHE's Faust:

„Ich sage Dir: ein Kerl, der spekulirt,
„Ist wie ein Thier auf dürrer Heide,
„Von einem bösen Geist im Kreis herumgeführt –
„Und rings umher liegt schöne grüne Weide.

Ich habe mit Hilfe meines Wörterbuches mit vielem heißen Bemühen alle zwei Bände durchgelesen.

Dieser SCHULTZE weist den materialistischen Atheismus Seite 67, II. Theil vollständig zurück; er beruft sich dabei auf alle Philosophen, besonders auf KANT, der den lieben Herrgott bei der vorderen Thüre hinauswirft, bei der hinteren Thüre aber wieder hereinläßt. Von der allgemein verständlichen Philosophie L. FEUERBACHS getraut er sich kein Wort zu sagen!

Dieser KANT schrieb eine Moral nur für Professoren und Theologen. Auf wie ganz andere Principien wäre er da gerathen, wenn er eine Moral für Holzknechte, Taglöhner, Handwerker und für uns Bauern geschrieben hätte! Wie ganz anders würde da sein kategorischer Imperativ lauten!

Wer einmal Ihre „Schöpfungsgeschichte", Ihre Einleitung zur „Anthropogenie" und L. FEUERBACH gelesen hat, kann unmöglich diesen KANT und Konsorten verdauen. Denn gerade der philosophische Materialismus ist es ja, der uns vollständig befriedigt, weil wir bei unserem Denken und Betrachten mit der Annahme desselben keinen Widerspruch finden. Es ist meine alte Klage, daß der philosophische Materialismus so wenig offene Anerkennung findet. Im Geheimen, ja, aber offen, – da ist es lebensgefährlich. Und doch wurde ich nur durch das schriftstellerische Bekennen desselben zu dieser wahren Welt- und Lebensanschauung geführt. Daher: „die größte Achtung vor denjenigen Lehrern der Menschheit, die wie Sie und L. FEUERBACH, [die] ich als die größten Wohltäter unseres Jahrhunderts verehre und anerkenne!

Mein Alpenhaus und das ganze Salzkammergut sind jetzt sehr tief in Schnee eingehüllt. In diesen langen Winternächten habe ich Zeit genug, um Ihre Schriften noch einmal zu studieren. Schließlich nochmals meinen herzlichen Dank für die geschickten Schriften.

Leben Sie wohl, edler Menschenfreund, und behalten Sie mir Ihre für mich so kostbare Freundschaft auch noch in der Zukunft. Grüßen Sie mir Ihre liebe Frau!

Ihr dankbarer Freund
DEUBLER.

PS. Seien Sie ja nicht böse, lieber Freund, wegen meiner freimüthigen Kritik über die zwei Bücher [von SCHULTZE]. Aufrichtig gesagt, ich glaube gewiß, daß Sie dieses Werk nicht gelesen haben!

Nochmals meinen innigsten dank nebst der Bitte, mir ja bald einmal wieder zu schreiben.

DEUBLER an HAECKEL.

Dorf Goisern, den 18. Dezember 1882.

Lieber guter Freund!

Sie werden durch die Post ein kleines Kistchen erhalten, das ein paar Blätter aus der Entstehungsgeschichte unseres Erdensternes enthält. Ich bitte Sie, es als ein kleines Zeichen meiner Hochachtung und Verehrung gegen Sie es von mir anzunehmen. Obwohl Sie diese Steine wenig interessieren werden. Aber, Sie haben gewiß unter Ihren Freunden einen Geologen, dem [Sie] damit eine Freude machen könnten!

Verzeihen Sie mir meine bäuerliche Unbeholfenheit, daß ich meinem Drange, Ihnen einen schwachen Beweis meiner Dankbarkeit, meiner Verehrung mitteilen zu können, nicht die Mittel besitze, Ihnen eine würdigere Gegenleistung machen zu können.

Ich werde, so lange ich lebe, Ihr Schuldner bleiben! Denn nur Ihnen und FEUERBACH habe ich mein ganzes Lebensglück zu verdanken! Ich weiß es noch ganz gut, wie ich früher noch den anerzogenen Glauben an eine Hölle und Himmel und einen angeblichem „Herrgott" und den durchgebrochenen Zweifeln meiner Vernunft zerteilt war, habe ich wahre Seelenmartern empfunden. Seitdem ich aber mit Ihrer und FEUERBACH's Hilfe in allen Gebieten, aus welchen früher meine Hauptzweifel auftauchten, [mir] reine Bahn gemacht [habe], bin ich ein Ganzes, bin ein in mir selbst Festbegründeter, ein mit vollem Selbstbewußtsein zufriedener Mensch geworden.

Daß ich aber Ihre Schriften lesen und verstehen kann, das habe ich meinem längst verstorbenen Freunde ROßMÄßLER zu verdanken! Das war auch von den Göttlichen Einer!

Sie können sich es kaum vorstellen, welchen Genuß mir Ihre Bücher diese langen Winterabende hindurch gewähren! Besonders Ihre Indien-Reise und die Schöpfungsgeschichte. Ich bin stolz darauf, Ihr Freund und Zeitgenosse zu sein! Denn Sie sind der Gründer einer neuen Dynastie in der Welt der Ideen, denn schon vor mehreren Jahren Ihr alter, zu früh verstorbener Freund David STRAUß prophezeite, daß man den „deutschen DARWIN" als einen der größten Wohltäter des menschlichen Geschlechtes [verehren] werde. Der englische DARWIN hat immer als Engländer sich abmühen müssen, um seine Forschungsergebnisse der Wissenschaft mit dem Kirchendogma immer mehr in Einklang zu bringen und Kompromisse zu schließen. Er mußte sich als echter Engländer wohl hüten, den Theologen direkt den Fehdehandschuh hinzuwerfen. Sie, als deutscher DARWIN, stehen für den vorwärtsstrebenden Zeitgenossen um Vieles höher auf dem geistigen Olymp! Nur Sie hatten [den ganzen] Muth der Überzeugungstreue, als ein echter Mann, der keine Widerwärtigkeit, keinen Haß und keine Verfolgung gescheut hat! Der englische DARWIN, hätte nie den Muth gehabt, wie Sie in Ihrer Schöpfungsgeschichte, in München [auf der 50. Naturforscher-Versammlung] und das letzte Mal in Eisenach, gleich Luther auf der Wartburg!

Aber wohin gerathe ich? Verzeihen Sie dem Freund!

Leben Sie wohl und behalten Sie mir Ihre für mich kostbare Freundschaft, die in meinem so schönen Lebensabend einen großen Theil meines Glückes enthält.

Schließlich noch meinen aufrichtigen warmen Glückwunsch zum Neuen Jahr! Lassen Sie mir, edler Menschenfreund, manches Mal ein Zeichen von Ihrem Wohlergehen Ihrem fernen, Sie so hoch verehrendem Freunde zukommen.

D.

HAECKEL an DEUBLER.

Jena, 26. Dezember 1882.

Lieber Freund DEUBLER!

Durch Ihre beiden lieben Briefe haben Sie mir eine rechte Freude bereitet und ebenso durch die beiden schönen Ammoniten, Gegenstände, die für mich mehr phylogenetisches Interesse haben, als Sie denken! Ich werde, da ich sie als Briefbeschwerer benutze, bei ihrem Anblicke oft des lieben Gebers gedenken und der schönen Tage, die ich bei Ihnen auf dem grünen Primesberg verlebt habe. Schade, daß sie so rasch verflogen!

Daß Ihnen Fritz SCHULTZE's „Philosophie der Naturwissenschaften" wenig zugesagt hat, kann ich jetzt wohl begreifen, nachdem ich kürzlich mehrere mir bisher nicht bekannte Abschnitte (namentlich aus dem II. Theil) durchgesehen. Trotzdem finde ich manche Abschnitte, die ich früher allein kannte (z. B. die Geschichte der Entwicklungs-Idee bei den alten Griechen und die Naturverachtung des Christenthums), recht gut; außerdem ist auch seine vermitteln-wollende Stellung vielen Leuten sehr willkommen und auch nicht ohne Nutzen! Es giebt eben gar zu viele „Gebildete", die einen „SCHLEIERMACHER" brauchen, um die Wahrheit nur durch den Schleier zu sehen!

Meine Eisenacher Rede, an der Sie von einem solchen Schleier wohl Nichts gefunden haben werden, hat nachträglich noch stark gewirkt. Wie ich Ihnen wohl schon im letzten Briefe schrieb, sind die bigotten Engländer ganz außer sich darüber und in den großen englischen Zeitungen wurde bald behauptet, daß der Brief gefälscht sei, bald, daß DARWIN den Brief „krank" geschrieben habe!! Die Familie DARWIN's ist wüthend und will mir einen Prozeß machen wegen „unerlaubten Nachdruckes"!! Dadurch würde sie der Sache nur nützen! Anderseits habe ich viele Briefe erhalten, die mir bezeugen, daß mein offenes Aussprechen der Wahrheit in Eisenach vortrefflich gewirkt hat. Ein paar kostbare Monate habe ich kürzlich mit vergeblichen Bemühungen verloren, das schöne illustrirte Werk über Ceylon zu Stande zu bringen, wegen dessen ich auch im Herbst nach Graz reiste. Kein Verleger – weder in Deutschland noch in England – ist dafür zu finden, trotzdem ich für mich kein Honorar will. Alle scheuen die Kosten der Holzschnitte! Schade um die schönen Bilder!

Nun habe ich mich ganz auf die Vollendung der großen Arbeit über die Challenger-Radiolarien gemacht. Nach deren Vollendung denke ich an ein populär-philosophisches Werk.

Haben Sie RAU über FEUERBACH gelesen?

Herzliche Grüße von mir und meiner Frau und beste Wünsche zum neuen Jahr!

Ihr treuer alter Freund

HAECKEL.

PS. Die beiden noch zurückbehaltenen Broschüren werde ich nächstens unter Kreuzband zurückschicken. Nochmals freundliche Grüße!

E. H.

DEUBLER an HAECKEL.

Dorf Goisern den 3. Juni 1883

Theurer Freund!

Lange, recht lange schon habe ich von Ihnen nichts gehört und auch nichts gelesen. Sie müssen einem alten Freunde, der Sie so liebt und verehrt schon verzeihen, daß ich Sie mit meinen schlechtgeschriebenen Zeilen einmal wieder belästige. Sie haben mir in Ihrem letzten freundschaftlichen Briefe von einem Buche geschrieben, nämlich „Ludwig FEUERBACHS Philosophie von Albrecht RAU". Und einige Wochen später hat mir die Tochter FEUERBACH dieses nämliche Buch zugeschickt. Ich habe es diesen Winter durchgelesen und habe mich an dieser höchst interessanten Lektüre sehr erbaut!

Ich bin Ihnen sehr vielen Dank schuldig, daß Sie mich auf dieses Buch aufmerksam gemacht haben, denn es ist außer Ihren Schriften in der neueren Zeit kein Buch erschienen, was mich in einem so hohen Grade gefesselt hätte. In der Tat, dieser RAU ist ein ganzer Mann und ich meine, wenn irgendeiner der neueren Philosophen im Stande ist, FEUERBACHS Leben und Wirken, wie sichs gebührt, vor aller Welt in Licht und Farbe zu setzen, abermals das schlafende Leben zum Erwachen zu bringen. Denn der Christianismus bricht in dieser jetzigen Reaktions-Periode mit all seiner Barbarei über ganz Europa herein. Wir werden wohl noch schöne Dinge erleben.

In einer solchen Zeit sind Männer wie Sie und dieser RAU, die einzigen Säulen im Tempel der freien Forschung der Wissenschaft! Dieser RAU führt mir schneidige Logik, eine kräftige Sprache, er spricht wie ihm der Schnabel gewachsen und wie er denkt und ist durchwärmt von der Begeisterung für wahre Wahrheit und rechtes Recht, für verständigen Verstand und vernünftige Vernunft!

In RAUS Buch hat mir bloß eines nicht gefallen, dort wo er von der Social-Demokratie spricht, da ist er total auf fremden Boden. Dort strauchelt und fällt er. Es ist eine verdammte Geschichte, daß die meisten aufgeklärten Philosophen (z. B. nebstens RAU auch Daniel STRAUß) auf diesem Felde eine jämmerliche Rolle spielen. Hätte sich RAU die Mühe genommen, sich in der Schatzkammer Social-Demokratischer Werke ersten Ranges umzusehen, statt bloß nach Zeitungsberichten und geistreichen und nicht geistreichen Plaudereien zu greifen; oder wäre er so wie ich in der untersten Stufe des ganz gemeinen Lebens geboren und aufgezogen worden, er würde sich anders ausgedrückt haben.

Aber man kann eben nicht in dieser gegenwärtigen Zeit die Wahrheit schreiben! Die Hauptsache ist und bleibt, daß der FEUERBACHische Geist einen tüchtigen Verteidiger gefunden hat, der im Stande sein dürfte, dem großen, mutigen Denker und großen Gelehrten von Rechenberg gerechter zu werden in der Schaffung weiterer Anerkennung.

Unser Freund CARNERI hat mir auch eine sehr gute, prachtvoll geschriebene, belobende Kritik im Kosmos zugeschickt.

Sind Sie mit dem Aufstellen und Ordnen Ihres Museums noch nicht fertig?

Ich erlaube mir, Ihnen ein kleines Heft von einem alten Freunde Fr. MOOK beizulegen. Wenn Sie es noch nicht kennen sollten, so wird es Sie gewiß interessieren. Sie dürfen es mir nicht mehr zurückschicken. Ich habe diesen MOOK einst in Nürnberg kennengelernt, wo er Sprecher der dortigen freien Gemeinde gewesen ist. Er ist auch der Verfasser eines „Leben Jesu fürs Volk" gewesen, hat später noch Medizin studiert und ist auf einer Afrika-Reise im Sommer 1880 in seinem 36. Lebensalter ertrunken.

Als eine Neuigkeit muß ich Ihnen noch schreiben, daß die Schwefelquelle in der Nähe meines Alpenhäuschens auf dem Primesberg vom Ministerium der Gemeinde Goisern zu einem Badeorth erhoben und ihr gegen einen Pachtzins von jährlich 200f auf 40 Jahre überlassen worden ist. Die Quelle enthält nebst Schwefel Jod und Brom. Am vorherrschendsten ist Jod. Es wird eine Straße angelegt und ein Badehaus gebaut. Man hat mir schon mein Häuschen abkaufen wollen, allein ich könnte [mich] unmöglich dazu entschließen, das Haus, wo Sie und L. FEUERBACH gewohnt haben, zu verkaufen.

„Die Stätte, die ein guter Mensch betrat, ist eingeweiht"

Schließlich nochmals meinen herzlichsten Dank für die „Reise-Briefe".

Möge Ihnen in Ihren alten Tagen eben ein solches Glück zutheil werden, wie ich mich zu erfreuen habe! Behalten Sie mich lieb und bleiben Sie mir altem Wirbelthier ein treuer Freund! Leben Sie wohl edler Menschenfreund und lassen bald wieder etwas von Ihnen hören. Grüßen Sie mir Ihre liebe Frau.

In alter, treuer Freundschaft
Ihr glücklicher und zufriedener
Konrad DEUBLER

DEUBLER an HAECKEL.

Dorf Goisern den 16. August 1883

Hochverehrter Freund!
Wenn ich nicht so viele Beweise von Ihrer Freundschaft für mich schon erfahren hätte, so würde ich glauben, daß Sie den brieflichen Verkehr mit mir ganz abzubrechen wünschen. Obgleich ich das Gefühl der Unwürdigkeit selbst einsehe, so würde doch ein solcher Gedanke, von Ihnen zurückgestoßen geworden zu sein, mich wirklich unglücklich, sehr unglücklich machen! Da ich aber weiß, wie sehr Ihre Zeit immer in Anspruch genommen wird, so bleibt mir noch stets der Trost übrig, daß Sie gewiß auf Ihren alten, fernen, treuen Freund noch nicht vergessen haben, der Sie so sehr liebt und hochschätzt, und Sie gleich wie ein Christ als wie seinen Gott verehrt!

Es ist gerade wieder ein Jahr, daß ich Ihnen das letzte Lebewohl und [ich] den letzten Händedruck von Ihnen erhalten habe. Ich hoffe ganz gewiß, daß ich Sie, edler Menschenfreund, nochmals begrüßen werde!

So sehr in gegenwärtiger Zeit in ganz Europa der Rückschritt ins Mittelalter auf der Tagesordnung zu sein scheint, so gehen doch ganz im Stillen und Geheimen die Keime, die Sie mit DARWIN und FEUERBACH gesät haben, auf. Die Häutung oder Durchbrechung dieser dicken Schneedecke wird und muß erfolgen nach den nämlichen mechanischen Naturgesetzen, die die Sonne und Planeten und Infusionsthierchen regiert! Durch das Studium Ihrer Schriften habe ich in meinen alten Tagen eine solche Klarheit, eine solche, früher nie geahnte Gemütsruhe bekommen, daß ich ohne Angst und Bangen dem letzten Lebensakt entgegen sehe, der mich in die Arme unserer Allmutter Natur zurückbringen wird!

Ich und meine dicke Nandl leben noch immer gesund und zufrieden auf unserem einsamen Alpenhäuschen auf dem Primesberg. Und wünsche nur, daß Sie mir ein paar Zeilen von Ihrem jetzigen Befinden zusenden möchten.

Lassen Sie mich keine Fehlbitte tun! Grüßen Sie mir Ihre liebe Frau und behalten Sie mir Ihre mir so kostbare in meinen alten Tagen so unentbehrliche Freundschaft.

Leben Sie wohl

Ihr treuer alter Freund
Konrad DEUBLER

HAECKEL an DEUBLER.

Jena, 24. August 1883.

Lieber Freund DEUBLER!
Ihre beiden lieben Briefe von diesem Sommer habe ich in Gedanken schon längst beantwortet. Aber vom Denken bis zum Schreiben ist bei mir immer ein weiter Schritt. Besonders diesen Sommer war meine Zeit so tausendfach in Anspruch genommen, daß ich nur sehr wenig zum Schreiben kam. Die beiden wichtigen Neubauten – mein neues zoologisches Museum und gegenüber mein kleines Häuschen – haben mir sehr viel Arbeit gemacht.

Endlich sind beide nahezu fertig und in der nächsten Woche beginnt der Umzug, der mich einige Monate kosten wird. Beides scheint recht hübsch zu werden und ich hoffe sehr, daß Sie nächsten Sommer uns besuchen und sich einmal das „närrische kleine Nest", wie GOETHE Jena nennt, ansehen. Sie werden sich in unserem Logisstübchen hoffentlich recht behaglich fühlen, wenn auch die schöne Aussicht auf die Muschelkalk-Berge des Saalthales lange nicht so großartig ist, als die von Ihrem herrlichen Primesberg! Ich denke oft mit Sehnsucht an Letzteren zurück.

Da ich nun dem Ende meines fünfzigsten Lebensjahres entgegensehe, denke ich mit dem Einzug in mein Häuschen den letzten und ruhigsten Abschnitt meines Lebens zu beginnen. Des Kampfes um die Wahrheit bin ich jetzt ziemlich müde, da ich immer mehr einsehe, wie wenig den meisten Menschen dran liegt und wie unüberwindlich die erste Großmacht dieser Welt, die Dummheit, ist! Ich bezweifle fast, daß die Vernunft jemals über die Mehrheit der „gebildeten" Menschen den Sieg gewinnen wird – geschweige denn über die ungebildete Masse!

Das Tempo des naturgemäßen Fortschrittes in

der Vernunft-Entwicklung ist verteufelt „Adagio". Vom Darwinismus ist's jetzt im Publikum ziemlich still! In der Wissenschaft ist er jetzt zum völligen Siege gelangt und erweist sich ungemein fruchtbar.

Meiner Familie und mir geht es sonst gut; wir leben still in unserem Nestchen fort. Meine Frau grüßt mit mir Sie und Ihre liebe Nandl herzlichst. Bitte auch den Herrn STEINBRECHER (Färbermeister) und die Wartburgsleute nicht zu vergessen.

Also auf frohes Wiedersehen nächsten Sommer in Jena!

Mit herzlichstem Händedruck

Ihr treuer Freund

***Ernst* HAECKEL.**

DEUBLER an HAECKEL.

[15. 11. 1883]

Einen herzlichen Gruß vom Salzkammergut an den deutschen DARWIN! Von seinem treuen Freund, dem alten Wirbelthier vom Primesberg. Der oft schon, ähnlich dem Goetheischen Faust seinem Gretchen gegenüber: „Ach könnte ich nur ein Stündchen Dir am Busen hängen" gewünscht; ach könnte ich mich auch ein paar Stunden mit dem größten Denker und Forscher der Gegenwart unterhalten! Doch aus diesem Wunsche wird nichts werden, ich muß mich mit dem Bilde und Schriften, die ich in meinem Zimmer habe, begnügen und das ist ja die Quintessenz vom wirklichen, persönlichen Professor HAECKEL.

Da ich schon lange nichts von Ihnen vernommen, so werden Sie einem Mann, der Sie so hochachtet und verehrt, nicht böse sein können, wenn ich Sie freundschaftlich ersuche, auf mich nicht ganz zu vergessen. Denn seit ich das biblische Christenthum aufgegeben habe, ist mir der einzige Ersatz der Freundschafts-Cultus!

Ich bin trotzdem, daß bei uns in Österreich die Wogen der Reaction ziemlich hochgehen, doch dem Freidenker-Verein beigetreten, die Sonntagsblätter von SPECHT haben mich dazu angeregt, sein „Menschenthum" ist in meiner Gemeinde, nebst Ihrer Schöpfungsgeschichte [eine] gerne gelesene Schrift.

Ich lebe auf meinem einsamen Primesberg glücklich, gesund und zufrieden und denke noch lange auf den kleinen Hügel nicht, den die Menschen Grab nennen.

Leben Sie wohl edler Menschenfreund und vergessen Sie nicht auf Ihren alten treuen Freund im fernen Salzkammergut!

Grüßen Sie mir Ihre liebe Frau und behalten Sie mich lieb.

Ihr treuer

***Konrad* DEUBLER**

HAECKEL an DEUBLER.

Jena, 30. Dezember 1883.

***Lieber Freund* DEUBLER!**

Zum Beginne des neuen Jahres sende ich Ihnen meine herzlichsten Grüße und Glückwünsche. Erhalten Sie Ihre treffliche und urkräftige Natur als vollkommenstes aller Wirbelthiere auch in diesem Jahre unverändert und strafen Sie aufs Neue die Jahreszahl Lügen, die Sie unter die „Greise" versetzen will. Nun, ich habe deshalb keine Sorgen und bin sicher, daß Sie ewig jung bleiben!

Ich habe ein unruhiges und bewegtes Jahr hinter mir. Der gleichzeitige Neubau meines zoolog. Institutes und meines kleinen Privathauses hat mir sehr viel Noth, Ärger und Mühe gemacht. Indessen fühlen wir uns jetzt in unserem kleinen Neste recht behaglich, und die Sicherheit, nun auf diesem kleinen, stillen Erdenflecke den Rest des Lebens zuzubringen, ist mir sehr angenehm.

Hoffentlich besuchen Sie uns im nächsten Sommer, lieber Freund: Sie sollen uns der willkommenste Gast sein! Am schönsten ist es hier im Juni.

Beifolgend sende ich Ihnen meine Fahrt auf den Adamspik, das Einzige, was ich in diesem Jahre über Indien geschrieben habe. Sonst habe ich nur speciell zoologische Arbeiten gemacht, recht langweilige Beschreibungen neuer Radiolarien-Arten.

Nach mancherlei Krankheit in der Familie geht es uns jetzt wieder gut. Der Herbst war hier ausnehmend schön (besonders der November) und wir haben kaum noch Schnee gesehen.

Grüßen Sie Ihre liebe Frau und die Freunde in Goisern, besonders den Färbermeister STEINBRECHER, herzlichst von mir.

Mit besten Wünschen für 1884

Ihr treuer

***Ernst* HAECKEL.**

Der letzte Brief des Bauernphilosophen an Ernst HAECKEL

(einen Monat vor DEUBLER's Tod).

(Dieser Brief ist mit unsicherer Hand, aber mit klarem Geist geschrieben. Er entbehrt viel mehr als andere, in gesunden Tagen geschriebene der „orthographischen Ungeheuerlichkeiten und stilistischen Schrecknisse", wenngleich der Tod dem Schreibenden bereits über die Schulter blickt und ihm zuflüstert: „Mit Dir geht es zu Ende!")

Dorf Goisern, den 29. Februar 1884.

Lieber, hochverehrter Freund!

Zwei Monate sind vom Neuen Jahr wieder durchgelebt und ich habe noch nicht meine Briefschulden vom alten Jahre zurück bezahlt. Und gerade meinen treuesten, liebsten Freunden habe ich den Ausdruck der Dankbarkeit und die Glückwünsche zum Neuen Jahr zuletzt aufgespart. Ihnen wollte ich ohnehin erst am 16. [d. M.] zu Ihrem Geburtstag zugleich gratulieren und Ihnen auch für Ihren lieben freundschaftlichen Brief zu danken!

Sie können sich unmöglich vorstellen, wie groß meine Freude bei Durchlesung desselben gewesen ist! Ich habe zum zweiten Mal in meinem Leben dabei vor Freude geweint wie ein Kind. Das erste Mal war es bei meinem Freiheitstag am 26. November in Brünn 1857. Dieser Brief, der mir die Freundschaft des größten, jetzt lebenden Denkers und Naturforschers [bekundet], ist mir heilig! Ich drücke Ihnen weit über die Seen und Berge – im Geiste dankend die Hand! Möge ein gütiges Geschick [Sie] noch lange, recht lange noch zum Wohle der vorwärts strebenden Menschheit gesund und glücklich erhalten!

Auch MOLESCHOTT hat mir von Rom geschrieben und mir zwei neue Hefte von seiner neuen Auflage „Kreislauf des Lebens" zugeschickt, es ist das 13. und 14. Heft.

Die Kritik über SCHULTZE, von unserem Freund CARNERI, werden Sie wohl auch gelesen haben? Mir ist es zuwenig scharf geschrieben, er sollte ihm viel besser zu Leibe gegangen sein. Daß Sie mich auf Albert RAU's Kritik über FEUERBACH aufmerksam gemacht haben, muß ich Ihnen ebenfalls danken.

Haben Sie „Die konventionellen Lügen der Kulturmenschheit" von Max NORDAU gelesen? Bei uns in Österreich ist es jetzt streng verboten worden.

Die Zeitungsberichte haben mich alten, deutschen, patriotischen Österreicher jetzt ganz verstimmt. Ich hänge an meinem schönen Salzkammergut und an meinem guten Kaiser mit aller Liebe und Treue, und sehe, mit welchen unredlichen Mitteln die Slaven uns unterdrücken und mit Hilfe des Klerus und hohen Adels uns dem Untergang und Verderben entgegenführen!

Nun habe ich die Politik und die Kirche aus meinem Lexikon ausgestrichen und studiere um so eifriger Ihre und FEUERBACHS Werke. Nach Eurer Philosophie habe ich meine Lebensführung angepaßt und lebe auf meinem einsamen Primesberg, indem ich Ihrer Richtung folge, meinen Lebensrest glücklich und wahrhaft zufrieden bis zum letzten Athemzuge aus! Wer der Führung solcher Geistesheroen, wie Sie sind, folgt, der ist geborgen!

Ob Sie wohl noch einmal zu mir in mein Alpenhäuschen auf einige Wochen kommen können? Ich hoffe es!

Schließlich nochmals meinen herzlichen Dank und lassen Sie doch bald wieder etwas von Ihnen hören! Grüßen Sie mir Ihre liebe, gute Frau und behalten Sie mir Ihre Liebe und Freundschaft die wenigen Monate, die mir die Natur noch zu athmen erlaubt, ehe ich ihr meinen Tribut zurückzahlen muß!

Mit aufrichtiger, tiefer und dankbarer Verehrung und herzlichem Gruße

***Konrad* DEUBLER**

N.B. Viele Grüße von ELßENWENGER *und* STEINBRECHER.

5
Carl RABL aus Wels, ein Schüler und Verehrer HAECKELS

Über Carl RABL (Abb. 27), * 2.5.1835 in Wels, existieren einigermaßen umfangreiche Mitteilungen (GUGGENBERGER 1962: 299; RABL 1971: 249-292; JANTSCH 1983: 361 u. a.). Da einerseits der große Oberösterreicher nicht übergangen werden soll, andererseits KRAUßE (Biographie-Beitrag in diesem Band) ihm einige Aufmerksamkeit widmet, sollen hier in erster Linie Ergänzungen HAECKEL betreffend mitgeteilt werden.

Im Jahre 1863 trat Carl RABL in das Gymnasium des Stiftes Kremsmünster ein. „Ich war der einzige in meiner Klasse, der sich davon fernhielt [von Kneipen und Trinken], dafür wurde ich auch von den anderen immer gehänselt. Ich las lieber im DARWIN und HAECKEL, als daß ich die kostbare Zeit bei Bier und Kannibalengesängen verbrachte" und „Die Zeit hat bald gelehrt, wer im Recht war. Von meinen Kollegen ist eigentlich aus keinem so recht was Tüchtiges oder Hervorragendes geworden", schreibt er selbst. Die Naturwissenschaften wurden in Kremsmünster ziemlich stark gepflegt, doch wurden durch Papst Pius IX. neuere naturwissenschaftliche Ansichten weitgehend abgelehnt. 1870 besorgte sich RABL die 2. Aufl. der „Natürlichen Schöpfungsgeschichte". Mit dem Studium derselben entschied sich sein ganzes zukünftiges wissenschaftliches Leben. „Ich las das Buch mit wahrer Andacht Tag und Nacht und war überzeugt, daß es über die großen, wichtigen Probleme, die es behandelte, kein besseres geben könne. Von da an beherrschte der Entwicklungsgedanke mein ganzes Tun und Denken." Derartige Bücher waren in Kremsmünster verboten. Als er einmal HAECKELS Schöpfungsgeschichte in der Schulbank hat liegen lassen, wurde sie ihm allerdings von einem Pater mit den Worten zurückgegeben: „Man muß nicht alles glauben, was gedruckt wird." Am 15.7.1871 erhielt RABL das Maturazeugnis. Er war zeitlebens stolz auf seine humanistische Schulbildung. Im Herbst begann er mit dem Medizinstudium in Wien. Im Wintersemester 1873/74 ging er nach Leipzig. Schon am 21. November fuhr er zu HAECKEL nach Jena. Über den Besuch bei ihm schreibt RABL: „Ich besuchte zuerst HAECKELS Vorlesung. Offen gesagt, war ich davon etwas enttäuscht. Ich fand einen sehr kleinen Saal, der gähnende Lücken aufwies. Nachmittags machte ich Besuch in HAECKELS Wohnung. Es dürfte wohl unmittelbar nach Tisch gewesen sein. HAECKEL kam im Schlafrock aus einem Nebenzimmer und hörte mich ruhig an. Klar trug ich ihm in Ehrfurcht und klopfenden Herzens meine Absicht an, sein Schüler zu werden. Dann zeigte ich ihm die Zeugnisse über die in Wien bestandenen Prüfungen aus Zoologie, Botanik und Mineralogie, die die besten Noten auswiesen. Aber alles das machte auf ihn keinen Eindruck und er entließ mich bald mit den Worten, ich solle nur im Sommer kommen. In den nächsten Osterferien sammelte ich in meiner Heimat eine große Menge von Schneckenlaich (*Limnaea*, *Planorbis*, *Physa* und *Ancylus*), zeichnete diese Embryonen und nahm die Zeichnungen nach Jena mit. Ich fragte HAECKEL, ob ich nicht die angefangene Arbeit weiterführen solle, was dieser entschieden bejahte. So entstand meine erste Arbeit. Sie war eine Erstlingsarbeit mit manchen Vorzügen, aber auch Fehlern einer Solchen! Sie hatte charakteristischerweise das Motto „Jedes Sein wird nur durch sein Werden erkannt". „Das, was mir damals vor allem fehlte, war eine gute histologische Grundlage. Der praktische histologische Unterricht war zu jener Zeit weder in Österreich noch in Deutschland organisiert. Er lag fast ganz in den Händen mehr oder weniger geschickter und tüchtiger Assistenten der Anatomie oder Physiologie. Meine histologische Ausbildung verdanke ich allein BRÜCKE, unter dessen Leitung ich später mehrere Jahre arbeitete." Daraus wird verständlich, daß RABL über seinem Schreibtisch stets die Bilder von HAECKEL und BRÜCKE hängen hatte, die erst im II. Weltkrieg den Bomben zum Opfer gefallen sind.

Zu Ostern 1875 arbeitete RABL als erster an der eben eröffneten und noch sehr notdürftig eingerichteten zoologischen Station in Triest. Im Sommer darauf kehrte er nach Jena zurück und arbeitete über die Entwicklung der Malermuschel, die er in großer Menge in der Saale sammelte. Die direkte Hilfe und Anleitung von Seiten HAECKELS war gering. Die Publikation ist 1876 in der Jenaischen Zeitschrift für Naturwissenschaften erschienen.

Das eigentliche Medizinstudium hatte RABL nur nebenher etwas betrieben. Eine Abneigung gegen die Wiener ist ihm zeitlebens geblieben. Erst am 30. März 1882 wurde er zum Doktor der gesamten Heilkunde promoviert.

Zwei Tage nach seiner Promotion trat er als erster Prosektor bei LANGER seinen Posten an. Am 1. August 1883 erfolgte bereits seine Habilitation. Da er sehr ungern in Wien war, bewarb er sich für den anatomischen Lehrstuhl in Prag, den er am 1. Oktober 1886 erhielt. Gleichzeitig war auch der zoologische Lehrstuhl in Prag frei, sodaß zur Diskussion stand, welchen er bekommen sollte, da er mehr unter den Zoologen als unter den Anatomen bekannt war. 1885 war seine Veröffentlichung über die Zellteilung erschienen, in der er die feststehende Zahl der Chromosomen bewiesen hat.

Abb. 27:
Carl RABL (1835-1917).

Am 28. Dezember 1891 heiratete er (evangelisch) Maria VIRCHOW, die Tochter des berühmten Professors Rudolf VIRCHOW, die ihm eine Tochter (Maria, * 31.12.1892, † 7. Mai 1967) und zwei Söhne (Carl, * 16.6.1894, und Rudolf, * 24.9.1901) gebar. Als RABL bei VIRCHOW um die Hand seiner Tochter anhielt, soll dieser gesagt haben: „Ich freue mich, daß endlich eines meiner Kinder eine vernünftige Ehe schließen will!".

Die Jahre an der Universität in Prag waren durch den eskalierenden Nationalitätenkonflikt zwischen Tschechen und Deutschen stark beeinträchtigt. RABL trug sich daher mit dem Gedanken, bei nächstgünstiger Gelegenheit einen Ruf anderswohin anzunehmen. Anfang 1895 zeigten sich erste Symptome einer tuberkulösen Erkrankung, die ihm in der Folge immer mehr Probleme machte.

Mit einem Ruf nach Jena ist es 1900 nichts geworden. Darüber RABL (1971: 274 ff.): „Wegen der Frage der Besetzung des Lehrstuhls in Jena schreibt Marie RABL, daß FÜRBRINGER, der Schwiegersohn und Nachfolger GEGENBAUR's in Heidelberg beim Fortgang aus Jena die Bedingung stellte, daß Carl RABL nicht genommen würde. Hinzu kam, daß dieser während dieser Jahre eine starke Kritik an den Forschungen HAECKELS geübt hatte, der ein höchst empfindlicher Apostel des Monismus gewesen ist. Allerdings hatte er noch im Jahre 1899 von HAECKEL die Monographie über die Welträtsel gewidmet bekommen. Etwa im Jahre 1913 war Carl RABL mit seinem Sohn Rudolf noch einmal bei HAECKEL.

Über die wissenschaftlichen Hintergründe der Stellung RABLS zu GEGENBAUR und zu HAECKEL schreibt er selbst 1910 (zit. n. RABL 1971):

„Ich würde nun am liebsten darauf verzichten, auf die Geschichte des Kampfes, der durch diese Kundgebungen HAECKELS und GEGENBAUR's eingeleitet wurde, noch einmal zurückzukommen; denn ich bin dieses Kampfes müde und sehne mich nach Ruhe. Aber FÜRBRINGER hat es für notwendig gehalten, den Kampf in einer Weise fortzuführen, die mich zwingt, noch einmal das Wort zu ergreifen. Nachdem er auf meine im Jahre 1903 in Heidelberg abgegebene Erklärung in durchaus konziliarer Weise geantwortet hatte, war ich der Überzeugung, daß damit die Angelegenheit zwischen uns beiden für immer beigelegt sei. Aber seine gedruckte Erwiderung ließ jede Versöhnlichkeit vermissen. In schroffem Widerspruch mit den gesprochenen Worten wiederholte sie in der denkbar schärfsten Form alle mir in der Streitschrift gemachten Vorwürfe. Ich muß zur Erklärung einiger dieser Vorwürfe, vor allem des Vorwurfes der 'Provokation', einige persönliche Erinnerungen vorausschicken.

Ich lernte HAECKEL im November 1873 kennen und brachte im darauffolgenden Sommersemester meinen, schon auf dem Gymnasium gefaßten Entschluß, unter HAECKELS Leitung zu arbeiten, zur Ausführung. Die unmittelbare Veranlassung dazu bot die Lektüre der 'Natürlichen Schöpfungsgeschichte', eines Buches, das damals alle gebildeten Kreise in lebhafter Spannung hielt. Konnte doch einige Jahre später der berühmte Pathologe ROKITANSKY auf einem zu Ehren HAECKELS in Wien veranstalteten Bankette das Buch als ‚Andachtsbuch eines modernen Naturforschers' bezeichnen. Auch das folgende Sommersemester verbrachte ich in Jena, und ebenso kam ich in den nächsten Jahren, sobald es meine Zeit erlaubte, wenn auch von nun an immer nur auf kurze Zeit, dahin. Ich hatte zu HAECKEL eine glühende Begeisterung gefaßt, eine Begeisterung, deren nur die Jugend fähig ist. Ich verehrte ihn nicht nur als meinen Lehrer, sondern als meinen väterlichen Freund, an den ich mich vertraut und vertrauensvoll in jeder Lage wenden zu dürfen glaubte.

Viel weniger nahe waren meine Beziehungen zu GEGENBAUR. Hatten mir auch schon seit dem Jahre 1871 seine Grundzüge der vergleichenden Anatomie als Lehrbuch gedient und war ich durch den Verkehr mit HAECKEL angeregt worden, schon als Student einen Teil seiner Spezialarbeiten zu lesen, so wurde ich doch erst im Sommer 1883 mit ihm persönlich bekannt. Von da an blieb ich durch mehrere Jahre mit ihm in brieflichem Verkehr. Die Beziehungen waren durchaus freundliche und GEGENBAUR konnte mich, wenn ich auch nie seine Vorlesungen gehört und unter seiner Leitung gearbeitet hatte, in gewissem Sinne zu seinen Schülern rechnen. Ja, als ich mich der Anatomie zugewendet hatte und in Wien bei LANGER Prosektor geworden war, erschien mir GEGENBAUR als das große Vorbild, das zu erreichen mir als höchstes Ziel vorschwebte. Gern hätte ich damals meine Stelle als Prosektor des anatomischen Institutes in Wien mit der viel bescheideneren und weniger einträglichen eines Heidelberger Assistenten vertauscht. Ganz besonders freundlich wurden meine Beziehungen zu GEGENBAUR im Jahre 1888 bei Gelegenheit des Anatomenkongresses zu Würzburg. In der Sitzung vom 23. Mai, der GEGENBAUR präsidierte, hatte ich in der Überzeugung, daß der dominierende Einfluß, den damals HIS auf die jüngeren Embryologen ausübte, gebrochen werden müsse, den Kampf gegen die Parablasttheorie geführt. Der Sieg, den ich erfocht, konnte als Sieg der HAECKEL-GEGENBAUR'schen Schule betrachtet werden. Freilich sollte es noch an demselben Tag zu einer, wohl nur wenigen bemerkbaren und auch rasch vorübergehenden Verstimmung kommen. Auf der Fahrt nach Zell kam ich mit GEGENBAUR auf seine Abhandlung über 'Die Metamerie des Kopfes und die Wirbeltheorie des Kopfskeletts', die im Oktober 1887 erschienen war, zu sprechen und äußerte meine Bedenken gegen die darin vorgetragenen Ansichten. Da flog ein leichter Schatten über GEGENBAUR's Gesicht und er brach das Gespräch ab, ohne auf meine Einwände einzugehen. Zu einer tieferen Verstimmung kam es aber erst im Jahre 1892, als ich in der zweiten Abhandlung zur 'Theorie des Mesoderms' meine oben erwähnten Beobachtungen über die Entwicklung der Selachierflossen publiziert und überdies auf dem Anatomenkongreß in Wien ein zusammenfassendes kritisches Referat 'Über die Metamerie des Wirbeltierkopfes' erstattet hatte. Aber diese Verstimmung, die in gewissen unfreundlichen Bemerkungen der Heidelberger Schule zum Ausdruck kam, war, wie ich anerkennen muß, von Feindschaft oder Gehässigkeit weit entfernt. Es geht dies schon daraus hervor, daß ich, obwohl ich, wie erwähnt, kein unmittelbarer Schüler GEGENBAUR's war, von FÜRBRINGER und G. RUGE eingeladen wurde, mich an der Festschrift, die aus Anlaß des 70. Geburtstages GEGENBAUR's erscheinen sollte, zu beteiligen. Ich selbst war weit entfernt, meiner Meinungsverschiedenheit in mehreren wichtigen morphologischen Fragen eine persönliche Bedeutung beizulegen und ich sagte daher auch gern meine Beteiligung zu.

So stand die Sache, als die früher zitierten Äußerungen HAECKELS und GEGENBAUR's fielen. Es waren weniger die Äußerungen GEGENBAUR's, als diejenigen HAECKELS, die mich verletzten. Ich war mir bewußt, in meinen Arbeiten einzig und allein meiner Überzeugung Ausdruck gegeben und die beobachteten Tatsachen so objektiv als möglich beschrieben zu haben, und nun mußte ich meine Bestrebungen gerade von derjenigen Seite ungerechter und unschöner Weise verurteilt sehen, von der ich es am allerwenigsten erwartet hatte. In meiner Erregung schrieb ich an HAECKEL, er habe kein Recht, ein so abfälliges Urteil über die jüngeren Embryologen zu fällen, zumal er selbst keine Erfahrung über die Entwicklung der Extremitäten besitze und sich lediglich auf die Autorität GEGENBAUR's stütze. Dieser aber halte, aller besseren Einsicht, die uns die neueren entwicklungsgeschichtlichen Untersuchungen gebracht hätten, zum Trotz, an seiner liebgewonnenen Überzeugung fest; dies sei pure Rechthaberei. – Jetzt, nach 15 Jahren, muß ich gestehen, daß jener Brief am besten ungeschrieben geblieben wäre; er war zum mindesten eine Unvorsichtigkeit. Aber ich bin überzeugt, daß es mir gelungen wäre, HAECKEL wieder zu versöhnen, wenn es nicht FÜRBRINGER für nötig gehalten hätte, einzugreifen. Dieser schrieb mir, ich hätte in dem Brief an HAECKEL mit der erwähnten Bemerkung die Lauterkeit des Charakters GEGENBAUR's in Frage gezogen, und er legte mir nahe zu überlegen, ob ich unter diesen Umständen noch unter den Mitarbeitern der Festschrift erscheinen könne. Selbstverständlich zog ich meine Mitarbeiterschaft sofort zurück; ebenso selbstverständlich aber war es und mußte es wohl für jeden sein, daß es mir auch nicht im allerentferntesten in den Sinn gekommen war, mit jener Bemerkung den Charakter GEGENBAUR's antasten zu wollen. Ich war nun einfältig genug, HAECKEL durch GEGENBAUR versöhnen zu wollen. Ich setzte diesem die ganze Angelegenheit auseinander, versicherte ihm, daß es mir fern gelegen habe, ihm wegen einer wissenschaftlichen Differenz persönlich nahe treten zu wollen, und bat ihn, bei HAECKEL im Sinne einer Wiederherstellung des früheren freundschaftlichen Verhältnisses zu intervenieren. Mein Brief grenzte an Selbstverleugnung, und ich habe längst bereut, ihn geschrieben zu haben. Die Antwort GEGENBAUR's war im höchsten Grade verletzend; ohne auch nur mit einem Worte auf meine Ausführungen einzugehen, wies er mich mit ein paar scharfen Bemerkungen von sich.

Den Eindruck, den diese Unduldsamkeit auf mich ausübte, war ein erschütternder, und ich konnte mich jahrelang von ihm nicht erholen. Die nun folgenden Angriffe der Schüler GEGENBAUR's, die sich stetig mehrenden Versuche, alle entwicklungsgeschichtlichen Erscheinungen, die den auf vergleichend-anatomischer Basis aufgebauten Schlüssen widersprachen, als cenogenetische und bedeutungslos, alle anderen aber als wichtig und beweiskräftig hinzustellen, endlich die Tendenz, die vergleichende Anatomie als eine Wissenschaft höherer Instanz hinzustellen, der sich die Entwicklungsgeschichte zu fügen habe, eine Tendenz, die namentlich im ersten Band der vergleichenden Anatomie aus dem Jahre 1898 ganz unverhüllt zutage trat, ließen in mir den Entschluß reifen, öffentlich gegen dieses Verfahren Protest einzulegen. Es geschah dies zunächst im Schlußkapitel meiner Monographie über den Bau und die Entwicklung der Linse.

Als ich mich dann wieder der vergleichend-anatomischen und entwicklungsgeschichtlichen Untersuchung der Extremitäten zuwandte, ging ich daran, alle Arbeiten GEGENBAUR's, die sich auf den Gegenstand bezogen, systematisch der Reihe nach so genau als möglich durchzustudieren. Hatte ich früher als Student und junger Doktor diese Arbeiten mit den Augen eines gläubigen Bewunderers gelesen, so legte ich jetzt überall die kritische Sonde an. Und unter dieser analytischen Prüfung brach alsbald das stolze Lehrgebäude GEGENBAUR's völlig in sich zusammen. Ich war selbst überrascht, auf wie lockerem Grunde es errichtet war. In der Tat hatte es sich um nichts als ein Wiederaufleben der alten Naturphilosophie eines OKEN gehandelt; nur hatte sich diese Philosophie ein modernes Mäntelchen umgehängt.

So war ich aus einem begeisterten Anhänger GEGENBAUR's ein überzeugter Gegner geworden. Es hat sich an mir der alte Satz bewahrheitet, daß man keinen Irrtum so aufrichtig hassen kann, als den, in dem man selbst vorher gefangen war. Nur wer es an sich selbst erlebt hat, wie sehr man durch ein wissenschaftliches Problem in Spannung erhalten werden kann, wie dessen Verfolgung den ganzen Körper durchzittert und durchströmt, wer das Glück und die Freude kennt, die man empfindet, wenn man dann endlich das Problem gelöst zu haben glaubt; nur der vermag zu beurteilen, wie mir damals zu Mute war. Ich glaubte nicht bloß die alte, morsche Theorie stürzen, sondern eine neue jugendfrische an ihre Stelle setzen zu können. Und so schrieb ich denn die 'Gedanken und Studien über den Ursprung der Extremitäten' (1901), die ein flammender Protest gegen wissenschaftliche Tyrannei sein sollten.

Ich wußte, daß ein Sturm der Entrüstung gegen mich losbrechen würde und habe dies auch an einer Stelle meiner Arbeit ausdrücklich gesagt. Freilich, daß dieser Sturm Formen annehmen würde, wie es später tatsächlich geschehen ist, habe ich nicht geahnt und hatte es auch bis dahin nicht für möglich gehalten.

Ein Jahr nach dem Erscheinen meiner Arbeit veröffentlichte FÜRBRINGER unter dem Titel 'Morphologische Streitfragen' seine Erwiderung. In ihr wurden mir bekanntlich Entstellung des wahren Sachverhaltes, Schmähung und Herabsetzung der Gegner, Fälschung der Abbildungen anderer Autoren, Rauflust und noch vieles andere vorgeworfen. Später, in seiner gedruckten – wohlgemerkt, nicht in der gesprochenen – Erwiderung auf meine, auf der Anatomenversammlung in Heidelberg (1903) erfolgten Antwort behauptete er überdies noch, ich hätte den Kampf gegen GEGENBAUR und seine Schule vom Zaune gebrochen und provoziert (Verh. S. 193). Aus meinen Mitteilungen wird sich jedermann ein Urteil bilden können, auf wessen Seite die Provokation zu suchen war. Ich habe geschwiegen, so lange ich es mit meiner Ehre vereinbar hielt. Es ist ja richtig: GEGENBAUR selbst hat in seinen zahlreichen Angriffen gegen die neuere Richtung der 'Embryologie' – er schrieb das Wort unter Anführungszeichen – meinen Namen nicht genannt. Ich war aber, was wohl auch FÜRBRINGER nicht wird bestreiten können, ein Hauptvertreter dieser Richtung und stand gerade in der Frage nach dem Ursprung und der Entwicklung der Extremitäten in allervorderster Reihe; es wäre daher geradezu unverantwortlich von mir gewesen, wenn ich den mir aufgedrungenen Kampf nicht aufgenommen und meine Überzeugung nicht laut und offen zum Ausdrucke gebracht hätte."

Den Ruf an die Universität in Leipzig 1904 hat RABL gerne angenommen, obwohl der Zustand des Institutes nicht ganz nach seinen Vorstellungen war. Trotz der vielen beruflichen Aufgaben und den zunehmenden Krankheitsbeschwerden hat RABL während der Leipziger Jahre sehr viel wissenschaftlich gearbeitet.

Für RABL war es wirklich nicht ganz einfach. Sein Schwiegervater Rudolf VIRCHOW hatte am 22. September 1877 auf der 50. Versammlung deutscher Naturforscher und Ärzte in München den Vortrag „Die Freiheit der Wissenschaft im modernen Staate“ gehalten, in dem er HAECKEL scharf angegriffen hatte. Die Tendenz der Rede lief darauf hinaus, daß diese Freiheit beschränkt werden müsse, die Abstammungslehre sei eine unbewiesene Hypothese und dürfe deshalb in der Schule nicht gelehrt werden, denn sie sei staatsgefährlich. „Wir dürfen es nicht lehren, daß der Mensch vom Affen oder irgendeinem anderen Tiere abstamme“.

Dazu HAECKEL (1905: 50): „Seit jener entscheidenden Wendung in München ist VIRCHOW bis zu seinem Tode, 25 Jahre lang, der unermüdliche und einflußreiche Gegner der Abstammungslehre geblieben. Auf seinen alljährlichen Kongreßreisen hat er dieselbe ausdauernd bekämpft und namentlich hartnäckig seinen Satz verteidigt: „Es ist ganz gewiß, daß der Mensch nicht vom Affen oder von irgend einem anderen Tiere abstammt!“ Auf die Frage: „Woher stammt er denn sonst?“ wußte er keine Antwort und zog sich auf den resignierten Standpunkt der Agnostiker zurück, der vor DARWIN herrschend war: „Wir wissen nicht, wie das Leben entstanden ist und wie die Arten in die Welt gekommen sind! Der Schwiegersohn von VIRCHOW, Professor RABL, hat kürzlich den Versuch gemacht, seine frühere Auffassung wieder ans Licht zu ziehen, und behauptet, daß VIRCHOW auch späterhin in Privatgesprächen die Berechtigung der Deszendenztheorie voll anerkannt habe. Um so schlimmer erscheint es dann, daß er öffentlich stets das Gegenteil lehrte. Tatsache bleibt, daß seitdem alle Gegner der Abstammungslehre, vor allem Reaktionäre und Klerikale, sich auf VIRCHOWS hohe Autorität beriefen.“

In der feierlichen Eröffnungsrede des Anthropologen-Kongresses in Wien 1894 behauptete VIRCHOW allen Ernstes, daß der Mensch ebensogut vom Schaf oder vom Elefanten, als vom Affen abstammen könne.

HAECKEL (1910: 51) hat RABL als einen der kenntnisreichsten und urteilfähigsten Embryologen bezeichnet (Abb. 28), der im Kampf zwischen ihm und dem Keplerbund ein wohlbegründetes und eingehendes Urteil in der Frankfurter Zeitung vom 5. März 1909 veröffentlicht habe. Die Leipziger Deklaration (Mitte Februar 1909), in welcher die Angriffe vom Keplerbund und von Dr. BRASS aufs schärfste verurteilt werden, hat RABL als Initiator gehabt. Sie hatte folgenden Wortlaut: „Die unterzeichneten Professoren der Anatomie und Zoologie, Direktoren anatomischer und zoologischer Institute und naturhistorischer Museen usw. erklären hiermit, daß sie zwar die von HAECKEL in einigen Fällen geübte Art des Schematisierens nicht gutheißen, daß sie aber im Interesse der Wissenschaft und der Freiheit der Lehre den von BRASS und dem Keplerbund gegen HAECKEL geführten Kampf auf schärfste verurteilen. Sie erklären ferner, daß der Entwicklungsgedanke, wie er in der Deszendenztheorie zum Ausdrucke kommt, durch einige unzutreffend wiedergegebene Embyonenbilder keinen Abbruch erleiden kann“. 46 Zoologen haben diese Deklaration unterschrieben, alles was damals im deutschsprachigen Raum Rang und Namen hatte! Keplerbund und Thomasbund setzten ihre Angriffe gegen HAECKEL mit unverminderter Verbissenheit fort, wollten sie doch mit allen Mitteln den religionsgefährdenden HAECKEL ausschalten.

Im Oktober 1916 schrieb RABL an FISCHEL: „Wenn ich noch beten könnte, so würde mein Gebet kurz sein und lauten: ‚Gott, gebe mir Kraft zur Arbeit‘, denn an Lust und Freude dazu wird es mir nie fehlen.“ Wegen der fortschreitenden Lungentuberkulose ließ er sich für das Sommersemester 1917 von aller Lehrtätigkeit befreien. Am 24. Dezember 1917 ist er in Leipzig gestorben.

6 Welträtsel – Lebenswunder: HAECKEL-Gemeinde in Linz

Am Ende des 19. Jahrhunderts nahm HAECKEL Abschied von eigenen fachwissenschaftlichen Arbeiten und stellte sich nun voll und ganz in den Dienst der Popularisierung des Entwicklungsgedankens und seines Monismus. Im Jahre 1899 erschien sein berühmtes Buch „Die Welträthsel“, von dem

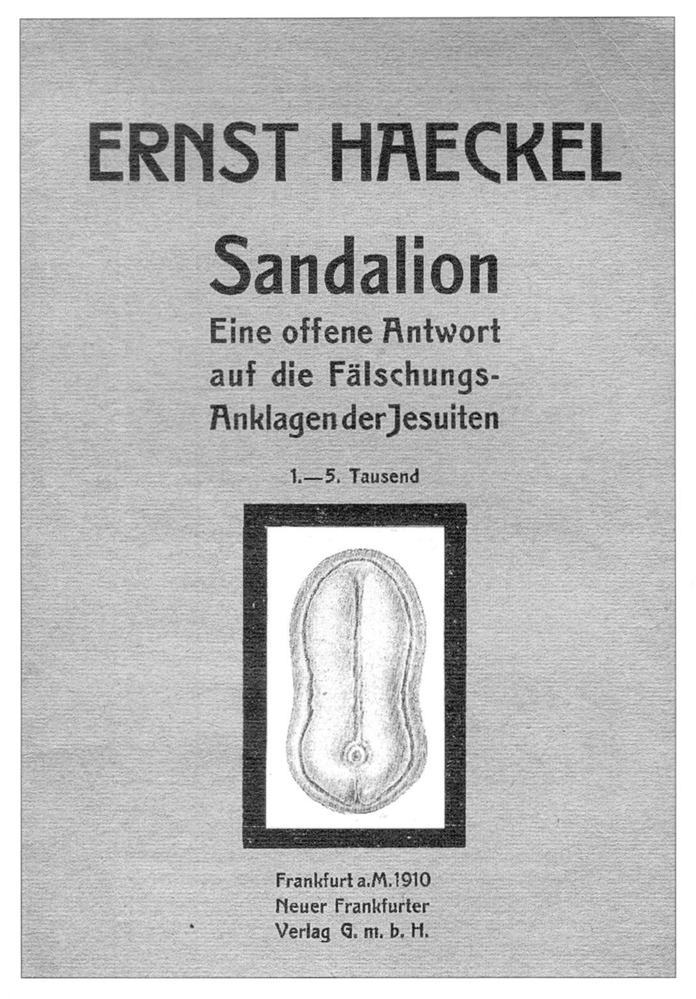

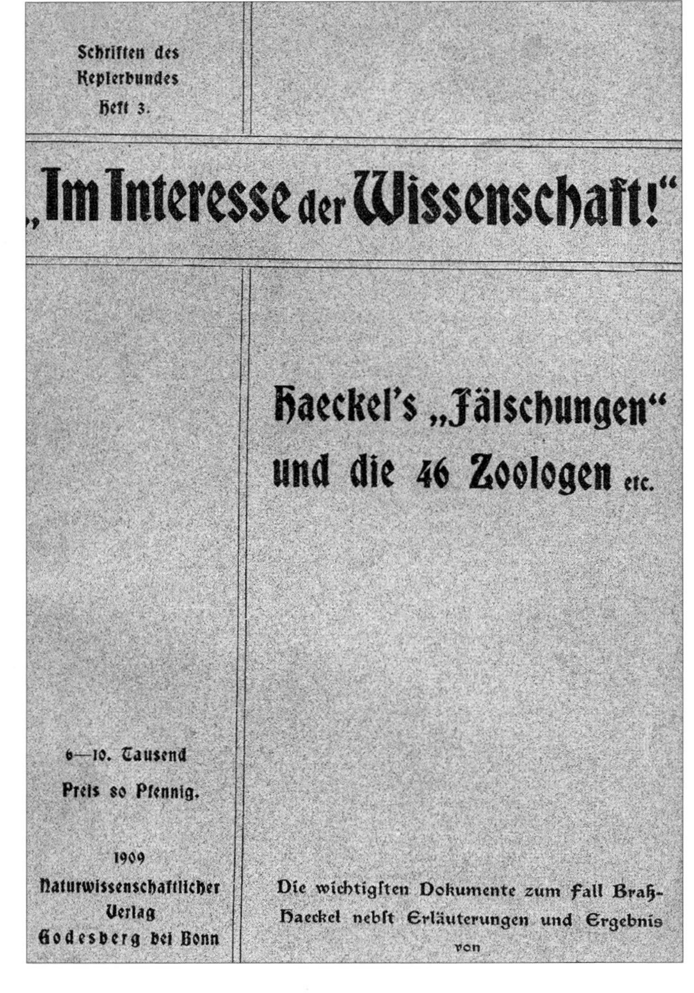

Abb 28:
Titelseite der Streitschrift „Sandalion" von E. Haeckel.

Abb. 29:
Titelseite der Streitschrift „Haeckel's ‚Fälschungen' und die 46 Zoologen etc." von W. Teudt.

über 400 000 Exemplare aufgelegt wurden und das in mehr als 30 Sprachen übersetzt wurde. Haeckel hat darin seine Ideen aktualisiert und stand damit prompt wieder im Kreuzfeuer seiner Gegner. Andererseits konnte er sich aber auch über viele neue Anhänger freuen. Es entstanden Haeckel-Gemeinden allerorten, selbst in Linz soll nach Mitteilung von Krauße eine derartige Gemeinde bestanden haben, A. Bittinger wird namentlich genannt. Weiters sollen Hans Müller, stud. paed., und Franz Schneider, k.k. Gymnasialprofessor in Linz dieser Verehrergruppe angehört haben. Soweit feststellbar, handelte es sich um keinen Verein. Franz Schneider wird vom Schuljahr 1896/97 bis 1900/01 als Naturgeschichts- und Mathematiklehrer im I.–V. Jahresbericht des Gymnasiums in Gmunden angeführt. Er wurde dann 1901 an das k.k. Staatsgymnasium nach Linz versetzt, wo er bis zum Schuljahr 1908/09 unterrichtete. Ab 1. September 1909 war er dem Staatsgymnasium in Wien XVI zugeteilt. Als Biologe ist er nie besonders in Erscheinung getreten.

1904 erschien das Buch „Die Lebenswunder", obwohl auch in verschiedene Sprachen übersetzt, erreichte es aber nicht mehr die Popularität der „Welträthsel". Von beiden Werken wurden auch Volksausgaben aufgelegt. Sie erreichten tatsächlich weite Kreise der Bevölkerung. Der Kieler Botaniker Reinke, ein erklärter Haeckel-Gegner, hatte z. B. vor dem unheilvollen Einfluß, welchen die „Welträthsel" besonders auf Primaner, Volksschullehrer und höhere Töchter ausübe, gewarnt. Er diffamierte Haeckel als Wissenschaftler und trat damit eine Lawine polemischer Streitschriften los.

Am 11. Jänner 1906 wurde im Zoologischen Institut in Jena der „Deutsche Monistenbund" gegründet. Auch die Gegner Haeckels formierten sich. Am 8. Juni 1907 wurde in Godesberg bei Bonn durch den

Oberlehrer Eberhard DENNERT der evangelische „Keplerbund" gegründet. Gemeinsam mit dem Zoologen Arnold BRASS und Wilhelm TEUDT eröffnete er einen Feldzug gegen HAECKEL (Abb. 29). Mit den Fälschungsvorwürfen, HAECKEL hätte beim Schematisieren Embryonenbilder etwas abgeändert, wollten sie HAECKELS Ansehen in der Fachwelt ruinieren. Carl RABL hat daraufhin 46 Zoologen bewogen, dieser Kampagne entgegenzutreten.

Liberalismus und Nationalismus war unter Freidenkern eine gar nicht seltene Kombination. Spätestens der Ausbruch des II. Weltkrieges hat ersteren beinahe ganz hinweggefegt. Es ist auch still geworden um Ernst HAECKEL, der sich dem Zug der Zeit ebenfalls nicht entziehen konnte. Am 9. August 1919 ist er in Jena gestorben.

Im HAECKEL-Haus in Jena befinden sich 3 Correspondenz-Karten (Abb. 30) von der Buchhandlung STEURER in Linz. Sie enthalten keine großartigen Mitteilungen, sind aber in ihrer Gestaltung ein Spiegelbild der Zeit.

HAECKELS Bekanntheitsgrad war Anfang unseres Jahrhunderts kaum noch steigerungsfähig. Es verwundert daher nicht, daß sich der Steinmetzmeister Leopold NUSSBAUMER aus Gmunden an den großen Phylogenetiker wandte, um zu erfahren, welche fossile Spuren im Flysch des Pinsdorfberges gefunden worden waren. HAECKEL hat ihm am 17. Juli 1911 zurückgeschrieben (MOSER 1972: 2):

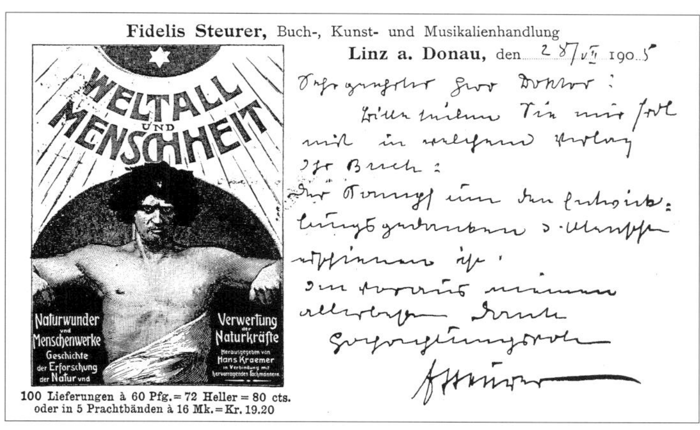

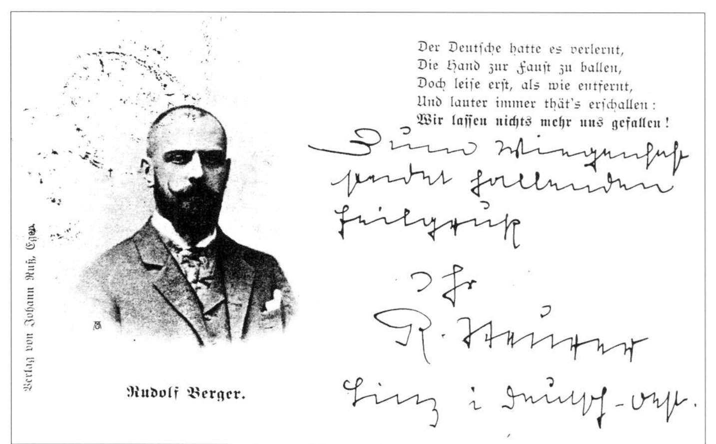

Abb. 30:
Drei Correspondenzkarten von der Buchhandlung STEURER in Linz an E. HAECKEL aus den Jahren 1900-1905 (Ernst-Haeckel-Haus).

„Hochgeehrter Herr!
Die merkwürdigen Versteinerungen, von welchen Sie mir vor zwei Monaten gute Photogramme übersandten, habe ich richtig erhalten und danke dafür bestens.

Die gewünschte Antwort sende ich Ihnen erst heute, weil es mir richtig schien, bei dem problematischen Charakter der fraglichen Petrefakten zuvor noch die Urteile verschiedener tonangebender Naturforscher einzuholen. Diese gehen, wie zu erwarten war, sehr weit auseinander. Folgende Vermutungen wurden geäußert:

I. Fossile Kriechspuren von Anneliden, oder Crustaceen, oder Mollusken (Eindrücke im weichen Schlamm des Meeresbodens nach dem Trocknen ausgefüllt).

II. Fossile Anneliden (Nereida?)

III. Fragmente von fossilen Vertebraten?
IV. Fossile Pflanzenreste (Algen? Pteridophyten?)

Die Ähnlichkeit mit Fragmenten einer Wirbelsäule oder eines großen Anneliden ist wohl ohne Bedeutung; es fehlen Kopf und differenzierte Körperregionen. Auch lassen die einzelnen Glieder keinen Wirbelcharakter deutlich erkennen. Auch die Pflanzennatur der Abdrücke ist unwahrscheinlich.

Die erste Deutung (Kriechspuren, fossile Fußabdrücke triassischer Reptilien oder Vögel oder der Chirotherinen, Amphibien-Fußabdrücke der Trias) halte ich für die richtigste.

Ähnliche Abdrücke finden sich in silurischen und kambrischen Schiefern (Phyllodonten?) und wurden von mir und von LIEBL jüngst für fossile Anneliden gehalten; später erst als Kriechspuren erkannt.

Hochachtungsvoll grüßend

Ernst HAECKEL

Die Verehrung des mitreißenden, ideenreichen Biologen, der sich vorgenommen hatte, Gott und die Welt zu erklären, der sie schließlich im Monismus auf einen Nenner brachte, hat Konrad DEUBLER und Carl RABL zu treuen Anhängern HAECKELS gemacht. Als wortgewaltiger Prediger hat er beigetragen, daß DARWIN und die Evolutionstheorie zu weltweiter Bekanntheit und Anerkennung gekommen sind. Oberösterreicher spielten im Leben HAECKELS zwar keine Hauptrolle, sind aber doch wirkungsvoll in Erscheinung getreten.

7 Zusammenfassung

Ernst HAECKEL war Mitte September 1855 zwei Tage Gast beim Kustos des Museums Francisco-Carolinum, Franz Carl EHRLICH, in Linz. Am 18. August trat er von dort aus seine bis 4. Oktober dauernde Alpenreise an, deren Verlauf er in einem Brief vom 1. Juli 1856 an EHRLICH eingehend schildert. In Linz hat er auch Kontakt mit dem Arzt Johann DUFTSCHMID bekommen, mit dem Herbartausch vereinbart wurde. Drei Briefe DUFTSCHMIDS lassen vermuten, daß der Tauschverkehr nicht lange angedauert hat.

Durch den Tod des gebürtigen Linzers Rudolf KNER 1869 wurde ein zoologischer Lehrstuhl an der Universität in Wien frei. Das Professorenkollegium sollte dem Ministerium einen Dreiervorschlag für die Nachbesetzung vorlegen. Der Vorstand des zweiten zoologischen Institutes Ludwig Karl SCHMARDA wollte die Nachbesetzung mit allen Mitteln verhindern. Diesen wenig rühmlichen Machenschaften ist zuzuschreiben, daß keine Einigung zustande kam. Das Ministerium hat offensichtlich von sich aus Berufungsverhandlungen mit HAECKEL eingeleitet. HAECKEL konnte sich aber nicht entscheiden, nach Wien zu gehen und lehnte den Ruf ab.

Der Goiserer Wirt Konrad DEUBLER begann nach dem Lesen der 3. Auflage der „Natürlichen Schöpfungsgeschichte" 1874 einen Briefwechsel mit E. HAECKEL, der bis zum Tode DEUBLER 1884 aufrecht erhalten wurde. HAECKEL hat im September 1874 mit seiner Frau Agnes und 1882 alleine DEUBLER in Goisern einen Besuch abgestattet.

Der gebürtige Welser Carl RABL hat schon 1870 im Gymnasium in Kremsmünster unerlaubterweise die 2. Auflage der „Natürlichen Schöpfungsgeschichte" gelesen. Er war davon so begeistert, daß er ein Schüler HAECKELS werden wollte. 1874 ging er dann tatsächlich nach Jena, um bei HAECKEL zu studieren. Obwohl er durchaus nicht immer mit seinem Lehrer einer Meinung war, verehrte er HAECKEL zeitlebens. RABL war es dann auch, der 1909 46 Zoologenunterschriften für den der Fälschung von Embryobildern verdächtigten HAECKEL sammelte.

Durch die beiden populären Bücher „Welträthsel" und „Lebenswunder" hat HAECKEL eine ungeheure Breitenwirkung erzielt. Überall entstanden Freidenkervereine und HAECKEL-Gemeinden. Es gibt Anzeichen, daß etwa 1904-1910 auch in Linz eine HAECKEL-Gemeinde existierte.

8 Literatur

ANONYMUS (1811): Blumenlese von Grabschriften und Denkmählern welche auf dem Gottesacker der k.k. Hauptstadt Linz befindlich sind. — Akad. Kunst- & Buchhandl., Linz.

ANONYMUS (1866b): [Dr. Johann DUFTSCHMID]. — Tagespost **2**, Nr. 283: 3.

ANONYMUS (1866B): Dr. Johann DUFTSCHMID. — Linzer Zeitung Nr. **284**, 13.12.1866: 1183.

ANONYMUS (1870): Vorwort. Zu J. DUFTSCHMID, „Die Flora von Oberösterreich". — Ber. Museum Francisco-Carolinum **29**: III-V.

ANONYMUS (1877): Verzeichnis von ehemaligen P. T. Herren Kremsmünsterer Studenten, welche vom Jahre 1800-1873 ganz oder theilweise ihre Studien hier zurückgelegt haben. — Selbstvortrag des k. k. Gymnasiums, Kremsmünster.

ANONYMUS (1886a): Karl EHRLICH †. — Beilage zur „Linzer Zeitung" Nr. **95**: 446.

ANONYMUS (1886b): Todesanzeige. Franz Carl EHRLICH †. — Verh. k. k. Geolog. Reichsanstalt **1886**, Nr. 7: 151-152.

ANONYMUS (1908): Der Bauernphilosoph von Goisern. — Unterhaltungsbeilage der Linzer Tages – Post **33**, Jg. 1908, 15. 8.: 1-2.

ANONYMUS (1938): Verzeichnis der Kremsmünsterer Studenten 1871-1938. — Verl. Welsermühl, Wels.

ASCHAUER K. (1984): Konrad DEUBLER – der Bauernphilosoph aus Bad Goisern. — Beiträge zur Geschichte des Bezirkes Gmunden (**II.**), hrsg. vom Pädagogischen Institut des Bundes für Oberösterreich, Linz: 33-58.

BAUMANN J. (1900): HÄCKELS Welträtsel nach ihren starken und ihren schwachen Seiten. — Th. Weicher, Leipzig.

COMMENDA H. (1886): Franz Carl EHRLICH †. — Tages Post, Linz **22**: 5.

DODEL-PORT A. (1886): Konrad DEUBLER. Tagebücher, Biographie und Briefwechsel des oberösterreichischen Bauernphilosophen. 2 Bde. — B. Elischer Nachf., Leipzig(2. Aufl. 1888).

DODEL-PORT A. (1896): Konrad DEUBLER der oberösterreichische Bauern-Philosoph. Ein ganzer Mensch als Vorbild für Bauern und Arbeiter. — Aus Leben und Wissenschaft. II. Theil. Internat. Bibliothek **26**: 129-168, 1 Portrait.

DODEL-PORT A. (1909): Konrad DEUBLER der monistische Philosoph im Bauernkittel. (Volksausgabe). — F. Lehman, Stuttgart.

GOEDERN P. de (1988): Müller, Wirt und Revoluzzer. — Perspektive (Graz) **16**: 32-38.

GRÜN K. (1875): Sommerfrische der freien Wissenschaft. — Gartenlaube **23**, Jg. 1875/24: 400-401.

GUGGENBERGER E. (1962): Oberösterreichische Ärztechronik. — O.Ö. Landesverl., Linz

HAECKEL E. (1868): Natürliche Schöpfungsgeschichte. Gemeinverständliche wissenschaftliche Vorträge über die Entwicklungslehre im Allgemeinen und diejenige von DARWIN, GOETHE und LAMARCK im Besonderen. Über die Anwendung derselben auf den Ursprung des Menschen und andere damit zusammenhängende Grundfragen der Naturwissenschaft. — G. Reimer, Berlin

HAECKEL E. (1899): Die Welträthsel. Gemeinverständliche Studien über Monistische Philosophie. — E. Strauß, Bonn.

HAECKEL E. (1904): Die Lebenswunder. Gemeinverständliche Studien über Biologische Philosopie. Ergänzungsband zu dem Buche über die Welträthsel. — A. Kröner Verl., Stuttgart.

HAECKEL E. (1905): Der Kampf um den Entwicklungs-Gedanken. Drei Vorträge, gehalten am 14., 16. und 19. April 1905 im Saale der Sing-Akademie zu Berlin. — G. Reimer, Berlin.

HAECKEL E. (1910): Sandalion. Eine offene Antwort auf die Fälschungs-Anklagen der Jesuiten. — Neuer Frankfurter Verl. G.m.b.H., Frankfurt a.M.

HAECKEL E. (1923): Berg – und Seefahrten. — K. F. Koehler, Leipzig.

JANTSCH M. (1983): RABL Karl. — In: OBERMAYER-MARNACH E. (Red.): Österr. Biographisches Lexikon 1815-1950, Bd. **8**: 361.

JODL M. (1922): Bartholomäus von CARNERI's Briefwechsel mit Ernst HAECKEL und Friedrich JODL. — K. F. Koehler, Leipzig.

KNORRE D. v. (1985): Ernst HAECKEL als Systematiker – seine zoologisch-systematischen Arbeiten. — Leben und Evolution (F. Schiller-Univ., Jena): 44-55.

KRAUßE E. (1984): Ernst HAECKEL. — Biographien hervorragender Naturwissenschaftler, Techniker und Mediziner **70**: 1-148.

KRAUßE E. & R. NÖTHLICH (1990): Ernst-HAECKEL-Haus der Friedrich-SCHILLER-Univ. Jena. — G. Westermann, Braunschweig (Museum **161**): 1-128.

MOSER R. (1972): Das Flyschphänomen des Pinsdorfberges (Eine Anregung zur Bewahrung seltsamer Spuren im Flysch). — Apollo, Nachrichtenbl. Naturk. Station Stadt Linz, **30**: 1-2.

RABL R. (1971): Carl RABL (1853-1917). — Jahrb. Oberösterr. Musealvereines **116/I**: 249-292.

RAUSCHER R. (1988): Konrad DEUBLER – der Bauer als Philosoph. — Manuskript Bad Goisern (GUK-Gruppe).

RIEDL-DORN C. (1989): Die grüne Welt der Habsburger. Botanik-Gartenbau-Expeditionen-Experimente. — Veröff. Naturhist. Museum Wien N.F. **23**: 1-93.

RYSLAVY K. (1990): Geschichte der Apotheken Oberösterreichs. — Österr. Apotheker-Verlagsges.m.b.H., Wien.

SCHADLER J. (1933): Geschichte der naturwissenschaftlichen Sammlungen des oberösterreichischen Landesmuseums. II: Geschichte der mineralogisch – geologischen Sammlungen. — Jahrb. Oberösterr. Musealvereines **85**: 360-389.

SCHMIDT H. (1926): Ernst HAECKEL. Leben und Werke. — Deutsche Buch-Gem., Berlin

SPETA F. (1988): Die botanische Erforschung des Mühlviertels. — Das Mühlviertel. Natur, Kultur, Leben. Beiträge (Katalog zur Landesausstellung im Schloß Weinberg): 147-158.

SPETA F. (1992): Botanische Forschungen entlang der Traun seit mehr als zwei Jahrhunderten als Beitrag zum Schutz der Natur. — Kataloge des OÖ. Landesmuseum N. F. **54**: 409-430.

SPETA F. (1994): Leben und Werk von Ferdinand SCHUR. — Stapfia **32**: 1-334.

SPETA F. (1996): Zur Friedrich SIMONY-Ausstellung. — Stapfia **43**: 7-8.

STOLZISSI P.R. (1886): Franz Carl EHRLICH in Linz †. — Pharm. Post **18** (1. 5. 1886): [Sonderdruck unpag., 1 Seite].

WURZBACH C. v. (1858): Biographisches Lexikon des Kaiserthums Oesterreich, enthaltend die Lebensskizzen der denkwürdigen Personen, welche 1750 bis 1850 im Kaiserstaate und in seinen Kronlädern gelebt haben, 4. Bd. — Wien.

Anschrift des Verfassers:
Univ.-Doz. Dr. Franz SPETA
Biologiezentrum des OÖ. Landesmuseums
Johann-Wilhelm-Klein-Str. 73
A-4040 Linz
Austria

Stilvermeidung und Naturnachahmung Ernst HAECKELS „Kunstformen der Natur" und ihr Einfluß auf die Ornamentik des Jugendstils in Österreich

R. FRANZ

Abstract

The Impact of Ernst HAECKEL´s Publication "Kunstformen der Natur" on the Field of Ornament in Austria around 1900.

HAECKEL´s edition of prints stands, on the one hand, in the tradition of the very popular patternbooks for craftsmen and artisans and artists during the style period of Historicism, starting in the second half of the nineteen century, on the other hand his "Kunstformen" help to pave the way towards a new understanding of stilish approach towards nature anymore, but the exact, naturalistic view of nature is what counts for the artists now. HAECKEL´s publikation stands for a short moment in history, during which we find a coincidence between the scientific approach and aestethics towards nature. HAECKEL´s position towards nature and art was very much up to the discussion of art in Vienna concerning the keytopic ornament (e. g. Alois RIEGL)

Exact observation of nature and abolition of style are the keywords for Ernst HAECKEL´s importance concerning the development of Art Nouveau ornament in Austria. HAECKEL´s book helped artists to find a new approach towards nature, which was to be continued by the publication of Karl BLOSSFELDTS "Urformen der Kunst" in the style of "Neue Sachlichkeit" at the end of the twenties in Germany.

Stapfia 56,
zugleich Kataloge des OÖ. Landesmuseums, Neue Folge Nr. 131 (1998), 475-480

Als das Bibliographische Institut in Leipzig und Wien 1899 die ersten Lieferungen der „Kunstformen der Natur!“ des Jenaer Zoologen Ernst HAECKEL edierte, hätte der Moment der Publikation eines solchen Vorlagenwerkes zumindest auf dem Gebiet der Kunst in Wien nicht besser gewählt sein können.

Zwei Jahre zuvor war die „Vereinigung bildender Künstler Österreichs – Secession“ gegründet worden, Plattform einer Gruppe junger Künstler, die sich aus Unzufriedenheit mit der noch ganz am Historismus der Ringstraßenzeit orientierten Ästhetik des „Künstlerhauses“ von diesem abgespalten hatte. Gleichzeitig kam es auch an den Kunsthochschulen zumindest zu einer Aufweichung der im Historismus erstarrten Strukturen, durch neue Lehrkräfte wie Otto WAGNER, seit 1894 Leiter der „Spezialschule für Architektur“ an der „Akademie der bildenden Künste“ und Felician von MYRBACH, seit 1899 Leiter der Kunstgewerbeschule am Stubenring, der im selben Jahr den Wagner-Schüler Josef HOFFMANN sowie Koloman MOSER als Professoren verpflichtet hatte.

Abb. 1: Aegyptische Ornamente (JONES 1856: Taf. 4).

Ziel dieses künstlerischen Neubeginns am Ende des Jahrhunderts war vor allem eines: einen Ausweg aus der Sackgasse der Nachahmung vergangener Stile zu finden und damit die Epoche des Historismus mit einiger Verspätung im europäischen Vergleich auch in Wien zu überwinden.

Da Stilformen der Vergangenheit als Vorlagen für die Schüler im Unterricht an den Kunstschulen durch das vor allem im späten Historismus verbreitete völlig unkreative Stilkopieren nur noch bedingt angewendet werden konnten, suchte man nach frischen Quellen für Vorlagematerial, dessen Studium den Weg zu einer freieren Gestaltung finden helfen konnte.

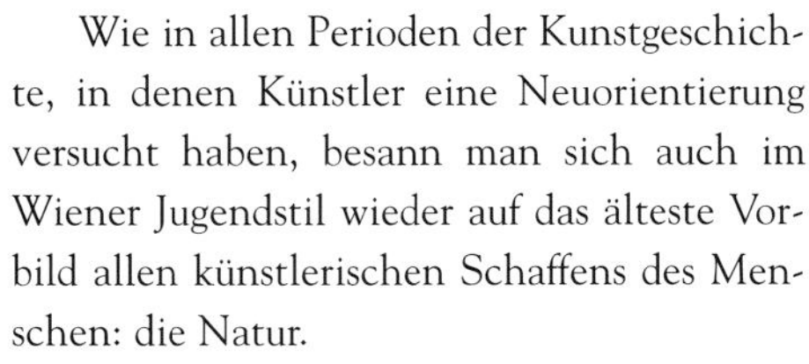

Wie in allen Perioden der Kunstgeschichte, in denen Künstler eine Neuorientierung versucht haben, besann man sich auch im Wiener Jugendstil wieder auf das älteste Vorbild allen künstlerischen Schaffens des Menschen: die Natur.

Dies führte zu einer Änderung der Nachfrage auf dem durch die Stilkopiersucht des Historismus enorm lukrativ gewordenen Markt an Druckerzeugnissen wie Vorlageblätter und Ornamenthandbücher für Künstler und Kunsthandwerker. Fortan suchte man einen neuen Zugang zur Natur zu gewinnen. Ernst HAECKELS „Kunstformen der Natur“ waren unter einer Menge neuer Mustersammlungen zweifellos der naturwissenschaftlich sorgfältigste Versuch einer Darstellung aller Organismen. „Was in der Natur an Lebewesen zwischen einfachsten Wassertieren und Kolibris oder Antilopen aufzufinden war, wurde durch HAECKEL und GILTSCH kunstvoll auf Tafeln geordnet, in das höhere System einer komplexen Symmetrie gefügt und dem Schönheitssinn unmittelbar nahegebracht“ (BÄTSCHMANN 1989).

Vergleicht man Ernst HAECKELS Mappenwerk mit historistischen Mustersammlungen, werden Übereinstimmungen und Neuerungen nachvollziehbar. In ihrer Umfassendheit und in der sehr didaktischen Anordnung ihrer Tafeln sind die „Kunstformen der Natur“ den ersten großen Enzyklopädien des Ornaments vergleichbar: CLERGET und MARTEL´s schon um 1840 erschienener „Encyclopédie universelle d´ornements antiques“ und der 1856 erstmals edierten, mit 100 Chromolithographien ausgestatteten „Grammar of Ornament“ des Engländers Owen JONES.

Das Prinzip der symmetrischen Anordnung der Objekte auf den Schautafeln, die Unterteilung derselben in Klassen oder Schulen, finden sich sowohl in der einen wie in der anderen Gruppe von Publikationen. Die hochwertige naturwissenschaftliche Buchillustration unterschied sich noch nicht von der Darstellung in vorzugsweise für den künstlerischen Gebrauch bestimmten Vorlagewerken.

Eine Neuerung stellt zweifellos das Bild von der Natur dar, das Ernst HAECKEL in seiner Publikation zeichnet: hier hat kein Künstler die Natur nachgebildet, sondern ein sehr begabter Lithograph hat die neuen Beobachtungen eines Naturwissenschafters in der Illustration zu fixieren versucht.

Den Unterschied zwischen Ernst HAECKELS Publikation und allen anderen primär künstlerischen Mustersammlungen des Historismus macht der Vergleich mit dem 1888 edierten „Illustrierten Handbuch der Ornamente“ von Franz SALES MEYER deutlich: Auch bei SALES MEYER kommt der Natur in der Entwicklung zum Ornament Bedeutung zu: in der ersten Abteilung seines Handbuches stehen als Grundlagen des Ornaments nach den geometrischen Motiven die Naturformen, unterteilt in a) pflanzliche Organismen, und b) tierische, sowie c) menschliche Organismen, bevor an vierter Stelle künstliche Formen (Trophäen, Embleme etc.) folgen. Charakteristisch ist die zweifache Art der Darstellung der Naturformen in den insgesamt 300 Tafeln des „Handbuches der Ornamente“ von Franz SALES MEYER. Er schreibt selbst: „Die dieser Unterabteilung beigegebenen Illustrationstafeln bringen zunächst den Akanthus und dann die weniger benützten oder nur bestimmten Stilen eigenen Pflanzenmotive zur Darstellung und zwar zunächst in ihrem natürlichen Vorkommen, also naturalistisch, im Anschlusse daran nach der Auffassung der verschiedenen Stile, also stilisiert“ (SALES MEYER 1888). Ganz im Sinne des Historismus wird dem Künstler oder Kunsthandwerker in SALES MEYERS Vorlagenwerk nicht nur die Naturstudie sondern auch gleich deren der jeweiligen Anwendung der Naturform entsprechende Stilisierung geboten. Es geht hier also vordringlich um Motive, die leicht kopiert werden können und verfügbar sind.

Neu und anders waren dagegen die Intentionen, die Ernst HAECKEL mit seinem Tafelwerk „Kunstformen der Natur“ verfolgte. Dies wird schon in der von HAECKEL verfaßten Einleitung klar: „Die moderne bildende Kunst und das moderne, mächtig emporgeblühte Kunstgewerbe werden in diesen wahren Kunstformen der Natur eine reiche Fülle neuer und schöner Motive finden. Bei ihrer Zusammenstellung habe ich mich auf die naturgetreue Wiedergabe der wirklich vorhandenen Naturerzeugnisse beschränkt, dagegen von einer stilistischen Modellierung und dekorativen Verwertung abgesehen; diese überlasse ich den bildenden Künstlern selbst“ (HAECKEL 1899-1904). Nicht Stilisierung sondern möglichst genaue Wiedergabe ist also der Sinn der Publikation HAECKELS. Die Stilisierung der Natur im Historismus ist der Stilkunst des Jugendstils gewichen.

Die Ansprüche, denen der Zoologe HAECKEL mit seiner Publikation zu genügen sucht, sind vielfältig: einerseits will er „...formschöne Organismen, in teuren und seltenen Werken versteckt und dem Laien schwer erreichbar,...jene verborgenen Schätze ans Licht ziehen und einem größeren Kreise von Freunden der Kunst und der Natur zugänglich machen“. Erst der Einsatz der modernen Hilfsmittel der Naturwissenschaft, „...das verbesserte Mikroskop, die verfeinerten Beobachtungsmethoden und die planmäßige Meeresforschung der Neuzeit“ haben die Einzeller dem Wissenschafter wie dem Künstler erschlossen (HAECKEL 1899-1904). Ziel der Publikation ist sowohl „die systematische Ordnung sämtlicher Formengruppen der Natur“ als auch „...eine ästhetische Erörterung ihrer künstlerischen Gestaltung“ (HAECKEL 1899-1904). Und von moralischem Anspruch getragen schreibt HAECKEL davon, daß „die Quellen ästhetischen Genusses und veredelnder Erkenntnis, die überall in der Natur verborgen sind, mehr und mehr erschlossen und Gemeingut weitester Bildungskreise werden sollen“.

Abb. 2:
Blätter und Blumen nach der Natur (JONES 1856: Taf. 98).

Ernst HAECKELS „Kunstformen der Natur“ bilden eine geglückte Synthese zwischen naturwissenschaftlichem Anspruch und ästhetischer Vorbildwirkung. Zehn Jahre vor der Publikation Ernst HAECKELS hatte der Maler und Zeichner Moritz MEURER (1839-1916) vom preußischen Handelsministerium den Auftrag erhalten, den Zeichenunterricht für

Abb. 3:
Aus GERLACH (1890).

Handwerker und Fabrikanten zu verbessern. Als Ergebnis seiner Bemühungen entstanden „MEURER´s Pflanzenbilder“, 1889 publizierte „ornamental verwertbare Naturstudien für Architekten, Kunsthandwerker und Musterzeichner“: das Vorbildwerk besteht aus Lichtdrucktafeln, deren Quellen Zeichnungen und Photografien sind. Vergrößerungen, Miniaturdarstellungen und besonders plastische Darstellungen von Pflanzen werden abgebildet. In der sachlichen, unstilisierten Art ist MEURERS Vorlagenwerk mit HAECKELS „Naturformen“ vergleichbar. Bei MEURER überwiegt aber der Vorbildanspruch, der wirtschaftliche Nutzwert gegenüber der ästhetischen Komponente der Abbildungen und die Lichtdrucktafeln MEURERS folgen keiner dezidiert naturwissenschaftlichen Systematik.

MEURERS Vorlagenwerk folgte in Wien 1890 Martin GERLACHS Publikation „Festons und decorative Gruppen nebst einem Zieralphabete aus Pflanzen und Thieren“ (GERLACH 1890). Bei GERLACH handelt es sich nun ausschließlich um photographische Naturaufnahmen lebender Pflanzen und Tiere, die anders als in Ornamentvorlagewerken aufwendig und mit Tiefenwirkung gestaltet werden. Im Vorwort formuliert GERLACH: „Gegenüber der Menge von Vorbildersammlungen für das Kunstgewerbe, deren Werth vornehmlich in der Anlehnung an gegebene Stilformen liegt, habe ich den Versuch gewagt, mit einem Werk hervorzutreten, in dem ausschließlich die **natürliche Form der Pflanze** als Decorationsmotiv zur Geltung kommt“. Und weiter unten heißt es: „...so wird im vorliegenden Werk ein neues Material vorgelegt, sei es zu treuer Verwerthung der natürlichen Form, sei es zu einer ornamentalen Stilisierung im Sinne jenes Werkes, oder zu selbständig neuer decorativer Erfindung. Indem ich selbst bei der Gruppierung des Stoffes mich von künstlerischen Gesichtspunkten leiten liess, bin ich mir bewußt gewesen, im Sinne derjenigen Richtung in unserem Kunstleben zu handeln, die im engen Anschlusse an die Natur nach Freiheit und neue Selbständigkeit vorwärts strebt“.

Abb. 4:
Aus GERLACH (1890).

Noch deutlicher wird die Stoßrichtung der Publikation von Martin GERLACH im Text des Direktors des Leipziger Kunstgewerbemuseums Dr. Richard GRAUL: „Die fortschrittlichen Strömungen in unserer gegenwärtigen Kunst stehen im Zeichen des Naturalismus. Mit eindringlichem Ernst und hingebender Liebe suchen die modernen Maler und Bildner im Studium der Natur sich zu befreien von der überwältigenden Vorbilderlast vergangener Zeiten und verbrauchter Ideale“.

Zu ornamental wirksamen Gruppen geordnet, bilden GERLACHS „Festons und dekorative Gruppen“ die kunstvolle Erweiterung des Prinzips, das Ernst HAECKEL mit den „Kunstformen“ naturwissenschaftlich fundiert und ohne Kunstanspruch entwickeln sollte. Es ist nicht ausgeschlossen, daß der ebenfalls in Leipzig arbeitende HAECKEL mit Richard GRAUL in Kontakt stand, der im Jahre 1903 in seinem Museum in Leipzig die dritte Fachausstellung zum Thema „Die Pflanze in ihrer dekorativen Verwertung“ veranstalten sollte. Die thematischen Beziehungen zum Problem der Pflanze in Kunst und Naturwissenschaft um 1900 zwischen Wien und Leipzig waren eng (BLOSSFELDT 1994).

Auch auf kunsttheoretischem Gebiet war die ästhetische Auseinandersetzung mit der Natur in Wien um 1900 ein zentrales Thema. Der Wiener Kunsthistoriker Alois RIEGL hielt 1897/98 eine Vorlesung über die Grundlagen und Leitideen der bildenden Künste, die 1966 unter dem Titel „Historische Grammatik der bildenden Künste!“ publiziert wurde. RIEGLS theoretische Äußerungen lesen sich wie ein Kommentar zu Ernst HAECKELS Werk. „Die menschliche Hand bildet ihre Werke aus toter Materie genau nach den gleichen Formgesetzen, nach denen die Natur die ihrigen formt. Alles bildende Kunstschaffen des Menschen ist daher im letzten Grunde nichts anderes als Wettschaffen mit der Natur. Das Lustgefühl, das uns die an einem Werke von Menschenhand haftende Kunst einflößt, bemißt sich nach dem Grade, in dem es dem Menschen gelungen ist, an dem betreffenden Werke die jeweilig entsprechenden Formegesetze des Naturschaffens zu klarem und überzeugendem Ausdruck zu bringen. Im Wahrnehmen der Übereinstimmung des Kunstwerkes mit dem ihm entsprechenden Naturwerk liegt die Quelle allen rein ästhetischen Gefallens. Die Kunstgeschichte aber ist die Geschichte der Erfolge des bildenden Menschen im Wettschaffen mit der Natur" (RIEGL 1966).

Wie Ernst HAECKEL spricht sich Alois RIEGL gegen die Stilisierung der Naturformen aus: „Das bildende Kunstschaffen ist ...nicht ein Ertäuschenwollen der Natur. Eine vollkommene Täuschung oder Fälschung der Natur wär dem Menschen überhaupt nicht möglich: nicht bloß von belebten Naturwesen, deren Leben der Mensch der toten Materie niemals einzuhauchen im Stande wäre, sondern auch nicht von Formen der toten Materie: denn wäre ein Kristall auch so regelrecht imitiert, so würde doch eine mikroskopische Untersuchung sofort ergeben, daß die Lagerung der kleinsten Teile daran nicht diejenige des natürlichen Kristalls ist". Kunst kann nach Ansicht RIEGLS Natur nicht nachahmen. Ästhetische Hauptabsicht der Kunst ist es „... zu zeigen, wie auch der Mensch im Stande ist, einen bestimmten Erscheinungseffekt der Natur hervorzubringen. Das Kunstwerk will dabei so wenig die wirkliche Natur ertäuschen, daß es vielmehr seinen ganzen Zweck verfehlen möchte, wenn es nicht sofort als Menschenwerk erkannt würde" (GERLACH 1890).

Alois RIEGLS Beurteilung des Verhältnisses von Natur und Kunst ist das Werk jenes Kunsthistorikers, der mit dem Buch „Stilfragen: Grundlagen zu einer Geschichte der Ornamentik" 1893 das Standardwerk zur Auseinandersetzung mit dem Thema verfaßt hatte, dessen Gedanken bis heute in der Ornamentforschung Gültigkeit haben. Die Nähe der Positionen von HAECKEL und RIEGL zeigt, wie eng zu diesem Zeitpunkt und nur für wie kurz die Verbindungen zwischen der neuen Naturwissenschaft und den Geisteswissenschaften waren.

Dabei war der Einfluß Ernst HAECKELS auf die Kunstausübung ein theoretischer wie praktischer. Künstler kannten zweifellos seine „Kunstformen der Natur", die nüchterne Strenge der Chromolithographien Adolf GILTSCHS kam jedoch eher Kunstrichtungen entgegen, die ihrem Programm nach schon zur Abstraktion neigten. So inspirierten sich noch Paul KLEE, Wassily KANDINSKY wie auch Bruno TAUT an HAECKELS Illustrationen und seiner spezifischen Naturphilosophie (vgl. die Abbildungen bei SCHMIDT 1960). Doch auch im Jugendstil knüpft man an HAECKELS in seiner 1866 veröffentlichten „Generellen Morphologie der Organismen" formuliertes Credo im Sinne Charles DARWINS an. Wenn er 1899 formuliert: „Jede Pflanze und jedes Tier erscheinen in der Zusammensetzung aus einzelnen Teilen ebenso für einen bestimmten Lebenszweck eingerichtet wie die künstlichen, vom Menschen erfundenen und konstruierten Maschinen: solange ihr Leben fortdauert ist auch die Funktion ihrer Organe ebenso auf bestimmte Zwecke gerichtet wie die Arbeit in den einzelnen Teilen der Maschine", redet er einem Funktionalismus das Wort (HAECKEL 1901), der sich bei Henry VAN DE VELDE mit seinem Wort von den Maschinen als „Blumen" der Technik und neuen „Schmetterlinge" wiederfindet. Und in der Kunst kann man von einer ganzen Richtung sprechen, die sich im Rahmen des Expressionismus malerisch und architektonisch mit dem Kristallinen als Grundform auseinandergesetzt hat, und dabei wie HAECKEL auf die „Urformen", denen schon GOETHE in seinen ästhetischen Schriften auf der Spur war, zurückgriffen – etwa in Hans POELZIGS Architekturen und Wenzel HABLIKS Landschaften.

Ihre populäre Fortsetzung sollten Ernst HAECKELS Schautafeln in den fotografischen Stroboskopaufnahmen von Karl BLOSSFELDT (1865-1932), einem Schüler und ehemaligen Mitarbeiter des schon erwähnten Erich MEURER finden. 1928 erscheinen die „Urformen

Abb. 5:
***Delphinium*. Rittersporn. Teil eines trockenen Blattes (BLOSSFELDT 1928: Taf. 43).**

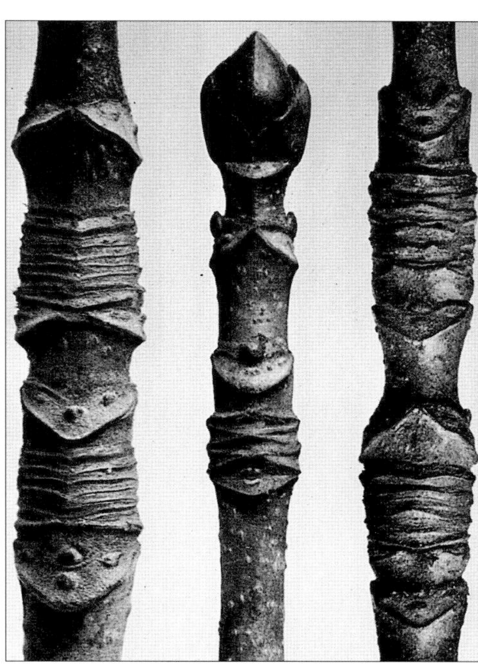

***Acer.* Stengel und Spross verschiedener Ahornarten. (BLOSSFELDT 1928: Taf. 14).**

der Kunst", in strengem Schwarz-Weiß gehaltene Kupfertiefdrucke (BOSSFELDT 1928). Viele der Aufnahmen, die BLOSSFELDT hier publizierte waren Ergebnis seiner Arbeit als Professor an der Kunstgewerblichen Lehranstalt Berlin seit 1898, stammten also schon aus einer Zeit, in der auch Ernst HAECKEL seine „Kunstformen" veröffentlicht hatte. Im Sinne der „Neuen Sachlichkeit" werden BLOSSFELDTS Aufnahmen als zeitlos rezipiert und ihre Betonung von Ordnung und Symmetrie in der Pflanze zum Topos für Architektur und bildende Kunst in der zeitgenössischen Kunstkritik der Zwischenkriegszeit.

BLOSSFELDTS Aufnahmen fanden bei einem Publikum Interesse, das von Ernst HAECKEL nichts mehr wußte und von ihm auch nichts mehr wissen wollte, weil der Zoologe für den Jugendstil mitverantwortlich gemacht wurde, für den man sich – den Moluskenstil – wie für eine Ausschweifung inzwischen schämte. Nichtsdestotrotz hatte Ernst HAECKEL mit seinen Publikationen auch ästhetischen Erfolg und half einen neuen Zugang zur Natur in der Kunst zu finden, der auf Betrachtung und Stilvermeidung setzt.

Zusammenfassung

Der Einfluß, den Ernst HAECKELS Publikation „Kunstformen der Natur" auf die Ornamentik des Jugendstils in Österreich hatte, ist ein nicht zu unterschätzender. HAECKELS Mappenwerk steh einerseits in der Tradition der schon im Historismus ab der Mitte des neunzehnten Jahrhunderts beliebten Mustersammlungen für das Kunsthandwerk und den Künstler, andererseits weist er mit seinen „Kunstformen" den Weg zu einem neuen Verhältnis der Künstler der Reformkunst um 1900 zum Naturvorbild. Nicht mehr Stilisierung der Natur, sonder die exakte Wiedergabe im Sinne des Naturalismus zählt jetzt. HAECKELS Werk steht dabei für den kurzen Moment einer Synthese zwischen naturwissenschaftlichem Anspruch auf Genauigkeit und ästhetischem Empfinden in Publikationen zum Thema. Damit war HAECKEL mit seiner Position zum Naturvorbild auf der Höhe der kunsttheoretischen Diskussion zum Schlüsselthema Ornament in seiner Zeit (Alois Riegl).

Naturbeobachtung und Stilvermeidung sind die Stichwörter, die Haeckels Bedeutung für die Ornamentik des Jugendstils in Österreich charakterisieren. Haeckels naturwissenschaftliche Publikationen halfen den Künstlern, einen neuen Zugang zur Natur zu finden, der sich dann in Karl Blossfeldts „Urformen der Kunst" im Geschmack der „Neuen Sachlichkeit" fortsetzen sollte.

Literatur

BÄTSCHMANN O. (1989): Entfernung der Natur, Landschaftsmalerei 1750-1920. — Köln.

BLOSSFELDT K. (1928): Urformen der Kunst. Photographische Pflanzenbilder von Professor Karl BLOSSFELDT. Mit einer Einleitung von Karl NIERENDORF. — Berlin, Wasmuth.

BLOSSFELDT K. (1994): Urformen der Kunst – Wundergarten der Natur: das fotografische Werk in einem Band/Karl BLOSSFELDT. Mit einem Text von Gert MATTENKLOTT. Botanische Bearbeitung von Harald KILIAS.

GERLACH M. (1890): Festons und decorative Gruppen nebst einem Zieralphabeta aus Pflanzen und Thieren. Jagd- Touristen- und anderen Geräthen. — Verl. Gerlach & Schenk, Wien.

HAECKEL E. (1899-1904): Kunstformen der Natur. — Bibliographisches Institut, Leipzig, Wien.

HAECKEL E. (1901): Die Welträtsel. Gemeinverständliche Studien über monistische Philosophie. — Bonn.

JONES O. (1856): Grammatik der Ornamente. — London. Nachdruck 1987, Nördlingen.

SALES MEYER F. (1888): Illustriertes Handbuch der Ornamente. — Leipzig.

RIEGL A. (1966): Historische Grammatik der bildenden Künste, aus dem Nachlaß herausgegeben von Karl M. SWOBODA und Otto PÄCHT. — Böhlaus Nachfahren, Graz, Köln.

SCHMIDT G. (1960): Kunst und Naturform. — Basel.

Anschrift des Verfassers:
Dr. Rainald FRANZ
Österreichisches Museum für angewandte Kunst
Sammlung Wissenschaft und Forschung
Stubenring 5
A-1010 Wien
Austria

Ernst HAECKEL und die österreichische Literatur

W. MICHLER

Abstract

Ernst HAECKEL and the Austrian Literature.

This paper deals with the reception of Darwinism and the writings of Ernst HAECKEL in the Austrian public sphere before World War I. Contemporary literary texts by Leopold v. SACHER-MASOCH, Minna KAUTSKY, Bertha v. SUTTNER, Richard BEER-HOFMANN, and Marie Eugenie DELLE GRAZIE integrating Haeckelian motifs are situated in the history of Austrian liberalism; the relationships between science and literature are read as "coalitions" and negotiations, that do not deny their components' relative autonomy.

Ernst HAECKEL kann nicht nur mit Recht als der wichtigste Agent DARWINS im deutschsprachigen Raum bezeichnet werden, seine populären Schriften spielten auch eine dominante Rolle für die Form der DARWIN-Rezeption. Eine Rezeptionsgeschichte des Darwinismus wäre nicht zu schreiben ohne die Wirkungsgeschichte der „Natürlichen Schöpfungsgeschichte" (1868) und der späteren monistischen Schriften; schließlich ist auch die Person HAECKELS selbst, die in der Öffentlichkeit den Darwinismus repräsentierte und die der Autor sehr bewußt einsetzte, von der Wirkungsgeschichte seiner Arbeiten nicht zu trennen. Die Beziehungen HAECKELS zur (deutschsprachigen) österreichischen Literatur vor dem Ersten Weltkrieg, das Thema meiner Ausführungen[1], sind als Rezeptionsphänomen im Sinn einer einseitigen Abbildungsrelation nicht zu erfassen. Die Problematik von Literatur und Naturwissenschaft beschränkt sich nicht auf den Aufweis einer Einbahnstraße (von der Wissenschaft zur Literatur), sondern hat mehrere zu berücksichtigende Dimensionen: Neben die Wissenschaftsgeschichte treten Medien der Vermittlung wie die Populärwissenschaft, auf der Seite der Literatur sind innerliterarische Aspekte mit extraliterarischen Kontexten zu vermitteln. Erst in diesem Spannungsfeld sind die wechselseitigen Beziehungen von Literatur und Naturwissenschaft als Koalitionen angemessen analysierbar.

Hier sind auch die Blindheiten geistes- und ideengeschichtlicher Literaturwissenschaft zu vermeiden, die immerhin auch einer sozialgeschichtlich orientierten nicht fremd sind: die Reduktion von Naturwissenschaft auf (positiv gewertete) Denkmotive bzw. (gerade im Falle DARWINS stets negativ bewer-

Stapfia 56, zugleich Kataloge des OÖ. Landesmuseums, Neue Folge Nr. 131 (1998), 481-506

tete) Ideologeme, was weder dem erkenntnislogischen noch dem institutionellen und sozialen Status von Naturwissenschaft angemessen ist. Gerade im Fall DARWINS dürfte diese Strategie zu einer veritablen Erkenntnisblockade geführt haben, die erst in jüngerer und jüngster Zeit etwas gelockert wird. Wenn sie es mit Naturwissenschaft zu tun hatte, zeigte sich in der Literaturwissenschaft stets die doppelte Tendenz, das Gegenüber teils über-, teils unterzubewerten; überzubewerten, indem naturwissenschaftliche Wahrheiten meist als solche akzeptiert wurden und so die soziale Konstruiertheit von Wissenschaft, wie sie die neuere Wissenschaftsforschung zeigt, tendenziell vernachlässigt wurde; unterzubewerten, indem Naturwissenschaft im Gegenzug mit großer Geste dem Bereich des Ideologischen zugeschlagen wurde. Diese merkwürdige Unsicherheit der Literaturwissenschaft mag ein Problem der sogenannten „zwei Kulturen" und in der Literatur selbst zu beobachten sein; sicher aber hat sie mit der nach wie vor unsicheren Konstitution ihres eigenen Objekts zu tun, mit dem Doppelcharakter des Kunstwerks als „autonom" und zugleich „fait social" (Th. W. ADORNO).

Im Fall Ernst HAECKELS, dessen Bedeutung für die Literatur sehr wohl gesehen wurde, bestand so bis vor nicht langer Zeit in den Kulturwissenschaften die Tendenz, ihn als wilhelminischen Ideologen und „Sozialdarwinisten" darzustellen; Literatur, die sich auf diese Kontexte einließ, tat gut daran, sich in der Analyse als davon distanziert zu erweisen. Jedoch ist die epochale Bedeutungsverschlechterung von „Darwinismus" ebenso wie die notorisch schlechte Presse HAECKELS, der ja nicht selten bloß als Vorläufer der eugenischen Phantasien des Hitlerfaschismus erinnert wird, die historische Erbin einer weitgespannten Begeisterung für beide im 19. Jahrhundert, der im Folgenden nachgegangen werden soll. Gerade diese Begeisterung für eine „weltanschaulich" durchaus ambivalente Theorie mit ihren disparaten Elementen Evolution und Selektion kann Gelegenheit sein, ein Phänomen zu beobachten, das an der Grenze von Naturwissenschaft und Kultur gelegen war und das gerade aus dieser Grenzlage seine Wirkung bezog.

Die Ausgangskonstellation des populären Darwinismus in Österreich und mithin der Beziehungen der Öffentlichkeit und der Literatur zu Ernst HAECKEL ist nicht zu verstehen ohne die zeitgeschichtliche Situation der Jahre nach 1848. Die Epoche des österreichischen Vormärz behandelt eine Erzählung Leopold von SACHER-MASOCHS, „Der Iluj" (hebr. für „der Erleuchtete", der Gelehrte) von 1877. Der junge jüdische Thoragelehrte Sabatai BENAJA nimmt heimlich Naturstudien auf, beginnt an der Wahrheit der religiösen Überlieferung zu zweifeln und zerfällt mit seinem orthodoxen Herkunftsmilieu; er läßt sich taufen, um ungehindert seinen Studien nachgehen zu können und wird an die Universität berufen, wo er jedoch schnell an eine weitere Grenze freier Forschung stößt: Diesmal sind es die Jesuiten und eine bigotte und korrupte Verwaltung, die den Freigeist zu Fall bringen. Er wird schließlich planvoll um den Verstand gebracht; 1848, im „Völkerfrühling", befreit man ihn aus dem Irrenhaus. SACHER-MASOCHS Geschichte eines jüdischen Aufklärers und Aufsteigers gehört nur scheinbar zum Stoffbereich seiner Erzählungen mit jüdischer Thematik, mit denen er sich einen Namen gemacht hatte. Denn die Entdeckung seines Helden BENAJA, der zum Opfer des österreichischen Vormärzregimes wird, ist nichts anderes als die DARWINsche Evolutionstheorie; die argumentative und sprachliche Form seiner wissenschaftlichen Erkenntnisse stammt aus Ernst HAECKELS „Natürlicher Schöpfungsgeschichte". BENAJAS Glaubenszweifel beginnen (wissenschaftshistorisch korrekt) mit den Desillusionierungen durch die Geologie: „Die Entdeckungen der Geologie, welche er sich zu eigen gemacht hatte, wiesen die jüdische Schöpfungsgeschichte, welche das Erste Buch Moses gibt, in das Reich des Märchens. Wenn aber ein Teil, ein noch so kleiner Teil, ja nur ein Satz der Lehre, auf welchem der Tempel seines Volkes aufgebaut war, Trug war, wer wollte dann noch die Wahrheit des übrigen behaupten oder gar verbürgen? ... So stürzte auch Sabatais Glaube in sich zusammen" (SACHER-MASOCH 1877/1989: 327), wobei die Konsequenzen aus HAECKELS Polemik gegen Moses als „Schöpfungstheoretiker" gezogen werden (HAECKEL 1868: 31). Fast sämtliche naturwissenschaftlichen Realien im Text stammen nahezu wörtlich aus

HAECKELS „Schöpfungsgeschichte". An diesen Befunden lassen sich bereits einige Elemente dessen ablesen, was das Phänomen des Darwinismus in der österreichischen Literatur des 19. Jahrhunderts ausmacht. Zunächst erstaunt der Anachronismus, der DARWINS Entdeckung nicht nur an die Ränder des Habsburgerreiches, sondern auch in der Zeit um einige Jahrzehnte verschiebt. Diese Transposition SACHER-MASOCHS verknüpft den Darwinismus mit jenem Ereignis der österreichischen Geschichte, das zwar noch heute als gescheiterte Revolution erinnert wird, das aber die Kraftlinien der österreichischen Politik, Gesellschafts- und Ideologiegeschichte noch auf Jahrzehnte hinaus bestimmen sollte. Mit dem zunehmenden Legitimitätsverlust des neoabsolutistischen Regimes, besonders nach dem Konkordat von 1855, setzte die anhaltende und prägende Phase des österreichischen Liberalismus ein, dessen kulturelle Hegemonie seine politische Vorherrschaft lange überlebte.

Das Jahr 1848 erscheint im Durchsetzungskonflikt des österreichischen Liberalismus in den 1860er Jahren signifikant häufig im Zusammenhang mit (Natur-)Wissenschaft, die den Zeitgenossen Signatur des Zeitalters und Agentur im Kulturkampf war. Gerade der Naturforscher erscheint in den sechziger und siebziger Jahren des 19. Jahrhunderts – so bei SACHER-MASOCH – als verläßlicher Geistesheld, der das liberale Erbe der Revolution zu übernehmen imstande sei. Deren „Scheitern" schien sich im Nachhinein subjektivistischen Voluntarismen verdankt zu haben; um diese Last war ihr Erbe nun vermindert, dafür bestärkt durch methodische, intersubjektiv verbindliche Forschung. Schließlich bestätigt SACHER-MASOCHS Erzählung, wenn sie sich in bezug auf dies semantisch überdehnte Konzept von „Wissenschaft" auf Ernst HAECKELS populäre Schriften verläßt, die Attraktivität von Naturwissenschaft in ihrer öffentlichen, „populären" Fassung.

Die Geschichte des Darwinismus in Österreich ist über weite Strecken die Geschichte des österreichischen Liberalismus. Dieser Umstand erklärt auch die Tatsache, daß – entgegen Sigmund FREUDS Diktum von den drei „Kränkungen", die der Menschheit widerfahren seien: kopernikanische Wende, Evolutionstheorie und Psychoanalyse – der Darwinismus in den meinungsbildenden und kulturell tonangebenden Milieus und Berufsgruppen gerade nicht auf Widerstand gestoßen war, sondern vielmehr auf laute Begeisterung. Darwinismus war von Anfang an mehr als die Rezeption von DARWINS Werk; der konnotationsreiche Problemkomplex „Darwinismus" entstand erst in einem dichten Wechselspiel von Wissenschaft und Öffentlichkeit. Was in wissenschaftsgeschichtlicher Perspektive als gewöhnlicher Durchsetzungskonflikt einer naturwissenschaftlichen Theorie erscheinen mag, stellt sich bei genauerem Hinsehen als Konstitutionsphase eines ideologischen Komplexes dar, dessen exoterisch-öffentliche Form nicht von seiner esoterisch-fachinternen (nach Ludwik FLECK 1935/1993) zu trennen ist.

In der Theoriestruktur des Darwinismus, wie er im 19. Jahrhundert auftrat, war bereits die Tendenz zur Expansion in andere Formationen gesellschaftlichen Wissens angelegt; seine wissenschaftstheoretisch „weiche" Konzeption ermöglichte das Entstehen einer Plausibilisierungsspirale, die durch das Auftreten „öffentlicher Wissenschaftler" wie Ernst HAECKEL nur vorangetrieben wurde. Dieses wechselseitige Beglaubigungssystem stellte sich im pervasiven Szientismus des 19. Jahrhunderts als das Versprechen einer Einheitswissenschaft dar, die gleichermaßen eine historisierende Natur- und eine naturwissenschaftlich sich ausweisende Kulturwissenschaft ermöglichte. Nicht ohne strategische Perspektive formulierte HAECKEL, die neue geschichtsphilosophische Naturwissenschaft vereinige „Naturwissenschaft und Geisteswissenschaft zu einer allumfassenden, einheitlichen **Gesammtwissenschaft**." An die Stelle „der exacten, mathematisch-physikalischen [Methode tritt] die **historische**, die geschichtlich-philosophische Methode" (HAECKEL 1877/1902: 125, 134). Als sich HAECKEL in der sogenannten „Jungfernrede des Darwinismus" von 1863 zur Plausibilisierung des Deszendenzgedankens auf die Sprachwissenschaft beruft (HAECKEL 1863/1902: 28), kann sein Freund und Jenenser Kollege, der Linguist August SCHLEICHER, anmerken, daß die Priorität des Gedankens wohl überhaupt bei der Sprachwissenschaft läge.[2] Der Wiener Germanist Wilhelm SCHERER steht SCHLEICHER wohl mit fachlicher Skepsis gegenüber, bedankt sich aber gleichwohl bei den Naturforschern, indem er sein eigenes Projekt in einen allgemeinen Trend einfügt: „Eben vollzieht sich in der vergleichenden Anatomie der Uebergang zur historischen Ansicht mit der Ausbildung des Darwinismus: die Naturgeschichte wird Natur**geschichte**" (SCHERER 1868: 361). Nach SCHERER besteht „kein Zweifel, dass die Sprachforschung wesentlichen Nutzen ziehen kann aus dem Vorbilde von DARWINS Theorie", was bislang wenig geschehen sei. „Auch zwischen den Wörtern herscht [sic] ein Kampf ums Dasein" (SCHERER 1878: 19). Der Positionswechsel zwischen Germanistik und Biologie ist perfekt, als der Wiener Germanist Richard HEINZEL wieder für die Erstellung von Handschriften- und Sprachenstammbäumen „Parallelen in den Ahnenreihen der Deszendenztheoretiker" sucht (SINGER 1912: 194). Anfang der 70er Jahre, in der Zeit, in der die liberale Unterrichtsverwaltung Ernst HAECKEL nach Wien berufen wollte, war auch SCHERER, der als Hauptvertreter der späterhin so genannten „positivistischen" Sprach- und Literaturwissenschaft gilt und ähnlich wie HAECKEL stets auf die große Öffentlichkeit setzte, in einen breiten interdisziplinären Diskussionszusammenhang eingebunden; so war SCHERER Gründungsmitglied der Wiener Anthropologischen Gesellschaft. Noch in seiner „Poetik" (posth. 1888) erwog SCHERER die Schöpfungsgeschichte nach DARWIN als geeigneten Stoff eines modernen epischen Lehrgedichtes; für eine als Sammelwerk geplante GOETHE-Biographie, die SCHERER als Herausgeber der monumentalen „Weimarer GOETHE-Ausgabe" konzipierte, war HAECKEL als Mitarbeiter vorgesehen. Die besondere Stellung der Theorie an der Grenze des naturwissenschaftlichen und des kulturwissenschaftlichen Diskurses war die Bedingung der Möglichkeit ihrer Universalisierung.

HAECKEL und seine Öffentlichkeit in Österreich

Ernst HAECKEL genoß den Ruf, nicht nur einer der ersten, sondern auch der kompetenteste Vertreter DARWINscher Wissenschaft zu sein; im Zusammenhang mit seiner späteren „monistischen" Propaganda wurde er in der interessierten Öffentlichkeit zum Darwinisten schlechthin. Immer wieder wandten sich Redakteure der österreichischen liberalen Presse an HAECKEL um Mitarbeit. 1895 versucht Hermann BAHR, der Propagandist der ästhetischen Moderne, HAECKEL für Aufsätze und Rezensionen in der von ihm geleiteten Rundschauzeitschrift „Die Zeit" zu gewinnen[3]; Theodor HERTZKA will 1871 als junger Redakteur und Gründer der „Pester Montagsblätter" HAECKELS Mitarbeiterschaft erreichen und führt als Referenz eine Zusage Karl VOGTS an.[4] Als HERTZKA, nun bereits Redakteur der volkswirtschaftlichen Abteilung der „Neuen Freien Presse", wenige Jahre später mit der Redaktion des naturwissenschaftlichen Fachblattes eine neue Machtposition in der Publizistik erreicht, erneuert er seinen Wunsch in der Sprache konspirativer Geheimgesellschaften.[5] Noch zur Jahrhundertwende gilt den Klerikalen die liberale „Neue Freie Presse" als Zentralorgan des atheistischen Darwinismus; der Besprechung von HAECKELS Welträtseln widmet das Blatt 20 Spalten Text.[6]

HAECKELS Beziehungen zur österreichischen (Wiener) Öffentlichkeit kulminieren in den Vorträgen, die er im März 1878 in der Wiener „Concordia" und im „Wissenschaftlichen Klub" hielt: „Zellseelen und Seelenzellen" (22. 3.) und „Ursprung und Entwicklung der Sinneswerkzeuge" (25. 3.). Die Wiener Vorträge sind Teil eines Vortragsprogramms, das HAECKEL – wie zuvor die „Wissenschaftsmaterialisten", besonders Karl VOGT – durch dreizehn Städte des deutschen Sprachraum führt, bis nach Triest. Der „Concordia"-Vortrag, so HAECKEL rückblickend, „war der erfolgreichste, den ich in einem größeren Kreise je gehalten habe."[7] Das mag auch damit zusammenhängen, daß HAECKEL in Wien in den Formen von Diplomatie und Staatsbesuch empfangen wird, die über die üblichen Huldigungsrituale weit hinausgehen: „Hier wurde ich von meinen Verehrern heute wahrhaft **fürstlich** empfangen und einlogiert, im Hotel Impérial, 1. Etage (die Möbel vergoldet und mit gelber Seide überzogen, alles andere von **Marmor**!). Ich wohne mit lauter Prinzen und Fürsten zusammen ...".[8] Das illustre Publikum wird durch den Kronprinzen RUDOLF verstärkt, dessen Lebensplan ja aufs engste mit dem österreichischen liberalen Projekt verbunden ist.[9] Seiner Ehefrau Agnes teilt HAECKEL am 23. 3. mit, „daß der schwierigste Teil meines Vortrags-Zyklus, der gestern abend in der 'Concordia' gehaltene Vortrag (1 Stunde lang, ganz frei), ausgezeichnet gelungen ist, und ich lebhaftesten, dreimal wiederholten Beifall erntete. Das Publikum (800 Personen) umfaßte die ganze **Crême** der Wiener 'Hohen Gesellschaft' bis zum Kronprinzen hinauf (der zum ersten Male einen öffentlichen Vortrag besuchte!). Ich bin mit Huldigungen etc. dermaßen überschüttet worden, daß ich heidenfroh sein werde, wenn ich Wien im Rücken habe. Eben war u. a. eine Studenten-Deputation hier (drei Mann in weißer Halsbinde!)".[10]

HAECKELS Wirkung und ihr Produkt, der „Darwinismus", beruhten auf einer spezifischen wechselseitigen Instrumentalisierung von Naturforscher und (Laien-)Publikum. (Als Voraussetzung dieses Prozesses muß freilich die fachliche Konsekration als Naturforscher gelten). Wenn sich dies so verhält, dann mußten Naturwissenschaftler mindestens so sehr wie Intellektuelle und Zeitungen ein Interesse an einer aggressiven Polarisierung des Feldes der „Weltanschauung" haben. „Bereits ist das ganze große Heerlager der Zoologen und Botaniker, der Paläontologen und Geologen, der Physiologen und Philosophen in zwei schroff gegenüberstehende Parteien gespalten: auf der Fahne der progressiven Darwinisten stehen die Worte: **'Entwickelung und Fortschritt!'** Aus dem Lager der conservativen Gegner DARWINS tönt der Ruf: **'Schöpfung und Species!'**"(HAECKEL 1863/1902: 4 f.). Durch diesen Kampfruf HAECKELS wird das Feld erst erzeugt, in dem sich der weitere Fortgang des Kampfes abspielen wird. Die Bedeutung HAECKELS für diese Wendung spricht ungewollt auch der nichtzuständige Hermann BAHR aus: Nach dem Erscheinen von DARWINS Werk, 1859, blieb das Buch „zunächst in der gelehrten Welt ...; man merkte nichts. Erst als es ... in Deutschland unter die jungen Leute geriet, begann seine Wirkung." „Und nun kam, drei Jahre später, jene Stettiner Versammlung und ihr erster Redner war HAECKEL [sic], jung und schön und hell, und dieser glühende, Jugend ausdampfende, wie der Morgen leuchtende Mensch sprach aus, was DARWIN war. Da wußten alle, daß es hier nicht mehr um eine Frage der Gelehrsamkeit ging, sondern um die Menschheit selbst; die bisherige Menschheit war plötzlich in Frage. Und so brach es jetzt überall los, gegen die verruchten Ketzer, die sich vermessen wollten, Gott zu leugnen" (BAHR 1909: 276). Gegen den „Darwinismus" hatte HAECKEL zunächst drei Gruppen gleichsam natürlicher Feinde ausgemacht: Fachwissenschaft, Philosophie, Theologie. „Daß natürlich die 'Schule' darüber [über seine „Generelle Morphologie", 1866] sehr entrüstet sein würde, habe ich von vornherein erwartet und mache mir aus ihren boshaften Angriffen so wenig wie aus denjenigen der 'eigentlichen' Philosophen und der biederen Theologen."[11] Im Interesse einer Frontbegradigung mußte HAECKEL daran gelegen sein, die Konflikte fortan auf die „biederen Theologen" zu begrenzen. Selbst Sympathisanten wie der Grazer Philosoph Hugo SPITZER finden HAECKELS Katholikenhaß etwas einseitig (STAURACZ 1902, pass.).

Daß in der qualifizierten Öffentlichkeit der „Darwinismus" als Natur- **und** als Überbauwissenschaft rezipiert und vertreten wurde, ist jedoch nicht nur ein Effekt der Entwicklungen im politisch-ideologischen Feld. Der unbestreitbare Statuszuwachs der Naturwissenschaften und der Technik im 19. Jahrhundert (jedoch bei anhaltendem schwachen Prestige der Techniker und einem hinhaltenden Widerstand durch die gymnasialen Lehrpläne) hätte nicht notwendigerweise dem „Darwinismus" einen Vorsprung an Glaubwürdigkeit verschaffen müssen. Denn dieser Statuszuwachs beruhte unmittelbar auf dem Veränderungspotential der Naturwissenschaften, wie sie in das Alltagsleben der einzelnen – und immer mehr einzelner – einzugreifen begannen. Wenn Kunstdünger und Eisenbahn die Agrarwirtschaft und den Transport revolutionierten, waren Erkenntnisse der Biologie von grundsätzlich anderem Format. Aufgrund der Theoriestruktur des Darwinismus, die mehr mit der Geschichtswissenschaft als mit der Physik der Epoche zu tun hatte, war „Darwinismus" Interpretationswissen, das lediglich am Ruhm naturwissenschaftlichen (und technischen) Veränderungswissens partizipierte. Diese Schräglage war von Anfang an ein Problem der darwinistischen Propaganda;

HAECKEL versuchte daher, den Darwinismus (und damit die Biologie) als den **Überbau der Industrialisierung** zu positionieren: „Wie hoch Sie aber auch diesen Einfluß der neueren Naturwissenschaft auf das praktische Leben anschlagen mögen, so muß derselbe, von einem höheren und allgemeineren Standpunkt aus gewürdigt, doch unbedingt hinter dem ungeheuren Einfluß zurückstehen, welchen die theoretischen Fortschritte der heutigen Naturwissenschaft auf die gesammte Erkenntniß des Menschen, auf seine ganze Weltanschauung und die Vervollkommnung seiner Bildung nothwendig gewinnen werden. Unter diesen theoretischen Fortschritten nimmt aber jedenfalls die von DARWIN ausgebildete Theorie bei Weitem den höchsten Rang ein" (HAECKEL 1868: 2). Am Gelingen dieser Operation war die liberale Öffentlichkeit entscheidend beteiligt, da ihr in den ideologischen Kämpfen gerade an Interpretationswissen gelegen war, das umso „stärker" wirken mußte, je näher es an die unbestreitbaren zivilisatorischen und technischen Errungenschaften der Zeit gerückt werden konnte. Je weniger augenfällig die Resultate des „Darwinismus" sein konnten, je folgenloser „Darwinismus" war, desto stärker wurde von Professionellen und Laien auch der „rein empirische" Charakter der Evolutionsbiologie und von DARWINS „Beobachtungen" betont, als hätten diese zur Konstitution der Evolutionstheorie nicht seines ihm zugleich attestierten „Genies" bedurft. Im selben Zug verdichtete sich für die Laien Naturwissenschaft im „Darwinismus", der damit von einer problematischen, wenn auch gut belegten Theorie innerhalb einer institutionell schwachen Einzelwissenschaft zur Basis einer „naturwissenschaftlichen Weltanschauung" avancierte. Die rasche Akzeptanz DARWINS ist in derselben Weise auf seine Ausweitung auf alle denkmöglichen wissenschaftlichen Themen zurückzuführen; diese Ausweitung wurde von den „Darwinisten" selbst betrieben. Dieser sich selbst beschleunigende Prozeß führte schnell zu einer „darwinistischen" Soziologie, Ethnologie, Linguistik, Kosmologie und Erkenntnistheorie. Die narrativen Potentiale des „Darwinismus" wirkten gegen die „Bouvard-und-Pécuchität" (BARTHES 1957/1970: 122) des Wissens, was wieder seinen Rang als Metatheorie befestigte.

Dem Bewußtsein dieses Wechselspiels ist es zu danken, daß HAECKELS Wiener Vorlesungen im Rahmen des „Wiener Journalisten- und Schriftstellervereins Concordia" stattfinden und am Festabend der gefeierte Naturforscher der Presse die ihm gewidmeten Ovationen zurückerstattet: „Schon deshalb, weil Wien zu denjenigen Städten zählt, in denen die Lehre der fortschreitenden Entwicklung, für die wir kämpfen, vom Anfang an eine bereitwillige Aufnahme fand und mit offenerem Sinne verstanden wurde, als es namentlich bei uns im deutschen, und speziell in unserem norddeutschen Vaterlande der Fall ist." Dies deshalb, „weil die Wiener Presse sich in höherem Grade vom Anfang an der Entwicklungslehre angenommen hat. Ich habe ganz genau vom Anfang der DARWIN'schen Bewegung, also vom Jahre 1859 an, die verschiedenen Aeußerungen der Nicht-Fachgelehrten in der Presse verfolgt und erinnere mich sehr wohl, daß verschiedene von den größten Wiener Zeitungen es waren, die zum ersten Male es wagten, die so enorm folgenreiche und für Viele so fürchterliche Lehre, die in ihren Prinzipien die ganze Wissenschaft auf neue Bahnen leitet, zu würdigen, während die deutsche Presse furchtsam hinter dem Berge hielt."[12]

Im 19. Jahrhundert wird die wechselseitige Instrumentalisierung von Wissenschaft und Öffentlichkeit gegen „Gegner" in den Kategorien von großen Individuen, Helden, a fortiori „Geisteshelden"[13] vorgetragen. Diese Mystifizierung der Forscher ist in doppelter Hinsicht ein Effekt der Strategien der „Popularisierung". Erstens liefert die Sprache der Gegner die Kategorien und Topoi zur Thematisierung des Eigenen. So verdankt HAECKELS „Natürliche Schöpfungsgeschichte" ihren Titel der Opposition gegen die biblische; so wird der Naturforscher zum „Isis**priester**" (wie das Stereotyp vom „Schleier der Isis" in der populärwissenschaftlichen Literatur, aber auch in der sympathisierenden Alltagsrede über Naturwissenschaft eine ungeheure Verbreitung erfährt). Zweitens aber ergibt sich dieser Effekt der Mystifizierung der Forscher auch aus der Struktur von Popularisierung selbst. Denn die Wissenschaftler, wenn sie nicht als toastende Helden auf Banketten erscheinen, sind Agenten des von der Öffentlichkeit mystifizierten Wissens, das von ihnen als Wortspenden in eng definierten Formen wieder zurückgegeben wird. Materiale Wissenschaft, d. h. Material, das zu lernen wäre, muß die ästhetische Form des demonstrativen Lernens haben; HAECKEL und VOGT treiben großen Aufwand mit Installationen, die ihre Vortragssäle zugleich in Foren und in naturgeschichtliche Kabinette verwandeln sollen. Der Darwinist interpretiert die Fülle der Naturformen, indem er sie zu Elementen einer Erzählung verarbeitet; auch die Skizzen und Schemata in HAECKELS Büchern werden von einem Zeitvektor beherrscht. Eine Installation zu einem seiner letzten großen Vorträge, 1907 im Jenaer Volkshaus (abgebildet z. B. in KRAUßE & NÖTHLICH 1990: 98-99), zeigt eine grotesk überladene, doch konsequente Inszenierung dieses Modells. Die Jugendstilarchitektur des Saales und die Bestuhlung korrespondiert dabei den organischen Formen der aufgebauten Präparate, Skelette, Schemata, Stammbäume und Bilder, deren Anordnung wieder die Konturen des dreifachen Tonnengewölbes wiederholt. Das Rednerpult bildet das exakte Zentrum von Bühne und Aufstellung; die Installation wird durch implizite Vektoren, Pfeile, „Entwicklungslinien" organisiert, die der Vortragende ziehen wird. Demonstratives Lernen aber wertet wieder den Lehrer auf. So heißt es im „demokratischen" „Neuen Wiener Tagblatt" anläßlich HAECKELS Wiener Vorlesungen: „Es klang wie heller Hornruf vom Munde des Redners, der allein mit seiner Erscheinung die Herzen Aller gewann: eine schlanke Gestalt, mit einem prächtigen Denkerkopfe und einem Paar Augen darin voll Klugheit und zugleich Munterkeit, denen man es ansieht, wie tief sie den Dingen, die da sind und werden, ins Innere zu blicken verstehen. HAECKEL ist ein ausgezeichneter Sprecher, seine hohe Stimme drang klar durch den ganzen Saal, und förderte die Form des Vortrages ungemein dessen Verständlichkeit. Es ging Keiner von dannen, und hätte er von all' dem vorher nichts gewußt, der sich nicht sagte: Nun habe ich Etwas gelernt."[14] Der Erfolg des „Darwinismus" hat daher wenig mit einer Durchsetzung höherer Einsichten in die Natur der Natur zu tun, sondern mit einer Reihe von Investitionen seines Publikums. In diesem Sinn hat der Wiener Theologe Vinzenz KNAUER ein analytisch zutreffendes Urteil getroffen, wenn er in seinem Pamphlet gegen VOGTS Wiener Vorlesungen resümiert: „Ein Mensch, wie Karl VOGT nämlich, wäre ohne diese Gattung Publikum geradezu unmöglich."[15]

Eine exemplarische Figur für die Wirkungsweise des populären optimistischen Darwinismus ist Konrad DEUBLER, der „Bauernphilosoph" aus Bad Goisern in Oberösterreich. Der Autodidakt DEUBLER war nach 1848 in das Repressivsystem des Neoabsolutismus geraten und wurde wegen des Besitzes unerlaubter Bücher (es handelte sich um materialistische und religionskritische Schriften) zu mehrjähriger Festungshaft am Brünner Spielberg verurteilt. Nach Goisern zurückgekehrt, trat DEUBLER in Briefwechsel mit freireligiösen, materialistischen, populärwissenschaftlichen und philosophischen Schriftstellern seiner Zeit; mit Ludwig FEUERBACH entwickelte sich aus einer engen Korrespondenz eine persönliche, wenn auch ungleiche Freundschaft. Nach FEUERBACHS Tod wandte sich DEUBLER an HAECKEL und nahm mit ihm ebenfalls einen mehrjährigen Briefwechsel auf (DEUBLER 1886). Dieses Arrangement, das sich auf viele Autoren des 19. Jahrhunderts erstreckte, erfüllte einen doppelten Zweck: Für den Autodidakten ergab sich ein hochpersönlicher Zugang zu den „Geisteshelden" seiner Zeit, deren Entgegenkommen und Bereitschaft zum Briefwechsel wieder DEUBLERS Autodidaktentum geschuldet war. Denn mit einem Mal erhielt das dem populärwissenschaftlichen Diskurs inhärente Vermittlungs- und Diffusionsprinzip einen realen Adressaten in unerwarteten sozialen Strata.

Innerhalb des Autoritätsgefälles von Fachleuten und Laien im 19. Jahrhundert konnte nicht gesehen werden, daß die „Popularisierung" wissenschaftlicher Wissensbestände kein neutraler Prozeß war, sondern auf gesellschaftlichen Prozessen beruhte, deren Ergebnis eine Transformation wissenschaftlichen Wissens und seiner Agenten war. Der Anteil des Publikums an der Konstituierung dieser Form von öffentlicher Wissenschaft verschwand aus dem kollektiven Gedächtnis, ähnlich ging die spezifische historische Interessenlage der Naturforscher in einer vorgeblich neutralen Wissenschaftsgeschichte (alten Typs) auf.

DARWIN/HAECKEL und die Literatur der Zeit: SACHER-MASOCH, KAUTSKY, SUTTNER

Die Identifikationsangebote des „Darwinismus" für die Literatur können somit als hoch veranschlagt werden. In der beschriebenen Konstellation ermöglichte er es literarischen Autoren, sich an ideologischen Projekten zu beteiligen, die sie selbst betrieben und in denen sie gerade auch literarisch einen Beitrag zu leisten imstande waren. Unter den zustimmenden Lesern HAECKELS in Österreich befanden sich so unterschiedliche Autoren wie SACHER-MASOCH und Bertha von SUTTNER, Minna KAUTSKY und Hermann BAHR, Ferdinand von SAAR, Richard BEER-HOFMANN und Franz KAFKA, Ludwig ANZENGRUBER und Hugo von HOFMANNSTHAL, Leopold von ANDRIAN und Marie Eugenie DELLE GRAZIE. Die Liste ließe sich leicht verlängern. Im Folgenden sollen einige Formen dieser Koalitionen mit HAECKEL und dem Darwinismus kurz beschrieben werden. Die Problemfelder, zu deren Bearbeitung Literatur auf Naturwissenschaft rekurriert, stehen dabei in jeweils zu bestimmender Beziehung zu den epochentypischen sozialhistorischen Problematiken. Die angeschlagenen Themen sind dabei erstaunlich konstant. Als Ende der 1860er Jahre Leopold von SACHER-MASOCH seinen als vollständige Analyse und Lösung der Zeitprobleme konzipierten Novellenzyklus „Das Vermächtniß Kains" konzipiert, plant er als Themen die „Liebe der Geschlechter", das „Eigenthum", den „Staat", den „Krieg", die „Arbeit" und den „Tod" (SACHER-MASOCH 1985: 179). Die Themen von Sexualität, Rasse, Degeneration und Krieg sind später die Problemfelder, die der „Sozialdarwinismus" (ebenso wie die linksbürgerlichen „Single-Issue-Bewegungen" der Jahrhundertwende) bearbeiten wird.

Literatur steht, wenn sie auf die politischen und weltanschaulichen Potenzen des Darwinismus rekurriert, die er in seiner öffentlichen Form erworben hat, vor einer doppelten Aufgabe. Zum einen muß Wissenschaft als Fremdtext im Ensemble der Werke sichtbar („markiert") und die Alterität der integrierten Texte bzw. Diskurse erhalten bleiben, will Literatur nicht auf das Modernitäts- und Aktualitätsangebot verzichten, das Naturwissenschaft verheißt. Hierfür werden als Prätexte seltener die Schriften DARWINS selbst als vielmehr die „populären" Texte Ernst HAECKELS und anderer herangezogen, wenn nicht überhaupt in Einschlüssen aus dem naturwissenschaftlichen Diskurs „Systemreferenz" angestrebt wird. Daneben geht der „darwinistische" Text auch strukturell (nach dem intertextuellen Kriterium der „Strukturalität"; BROICH & PFISTER 1985: 28) in literarische Texte ein, wenn sie „Evolution" als narratives Makrokonzept nützen. Eine solche Integration verläuft auf der Basis der kollektiven kulturellen Zurichtung des Darwinismus zu einer 'großen Erzählung' vom Fortschritt, vom Niedergang, vom Kampf, von der Liebe und ähnlichem mehr. Diese kollektive „literarisierende" Arbeit an einer naturwissenschaftlichen Theorie bleibt damit die Voraussetzung für ihre problemlose Verarbeitung durch Literatur. (Es ist zu beachten, daß dieselben Prozesse auch bei Naturwissenschaftlern zu finden sind. In der Naturwissenschaft konnte DARWIN als ultimativer Befestiger der Evolutionserzählung gelten, ohne daß die antiteleologische Stoßrichtung seines Konzepts damit akzeptiert hätte werden müssen.)

Die textuellen Angebote des Darwinismus sind für die Integration in Literatur von zentraler Bedeutung. Wie der theoretische Status des Darwinismus als „historical narrative" (dazu MAYR 1982: 71 ff., 521 f.) den Geschichtswissenschaften näher kam als dem zeitgenössischen Theorie-Paradigma der Physik, so sind auch kulturelle „stories" in DARWIN – gegen den strukturellen Charakter seiner Theorie – selbst enthalten: „The multiplicity of stories implicit in evolution was in itself an element in its power over the cultural imagination: what mattered was not only the specific stories it told, but the fact that it told many and diverse ones. Profusion and selection were part of the procedure of reception as well as being inherent to the theory – and the congruity of reception and theory created confirmation, at a level beneath that of analysis" (BEER 1985: 114). „Darwinismus" ist somit selbst ein Set von durchaus divergenten Erzählkernen, „Mikroerzählungen", die in sehr unterschiedliche Makroerzählungen eingesetzt werden können.

Für die Literatur ergibt sich in idealtypischer Form ein Repertoire von Narration (Evolution) und Szene (Kampf ums Dasein). Gillian BEER hat die textuellen Verfahren der „Darwinian myths" nachgezeichnet, die in „Origin of Species" (1859) ein grundlegend ambivalentes Naturbild etablieren und zugleich in Balance halten sollen. In Anschluß an die Terminologie Northrop FRYES wird zwischen „comic vision" und „tragic vision" unterschieden, „DARWIN'S theories not only undermined older orderings but contained **within them** opposing stories" (BEER 1985: 114). Wenn, wie noch zu sehen sein wird, diese Ambivalenz in der sich auf DARWIN berufenden Literatur häufig nach einer der beiden Seiten hin vereindeutigt wird (ohne daß sie vollständig zu tilgen wäre), sollten bei SACHER-MASOCH stets beide – konträren – „Naturen" DARWINS präsent sein und homogenisiert werden.

SACHER-MASOCH hat dazu ein „realistisches" Literaturprogramm entwickelt, das behauptet, der Prosadichtung gebühre heute der Platz „als der Führerin der Dichtkunst, an der Seite der Wissenschaft", „deren lichtbringende und befreiende Thätigkeit sie zu unterstützen die Aufgabe hat, indem sie, anstatt der flachen geistlosen Unterhaltung zu dienen, zu den Problemen der Forscher die farbenreichen Bilder malt und so gleichsam eine poetische **Naturgeschichte des Mensche**n liefert".[16] Es sei „die sittliche Aufgabe der Poesie wie der Wissenschaft Kenntnisse und Wahrheiten zu verbreiten, theils indem sie die von der Wissenschaft aufgespeicherten, für die Massen todten Goldbarren ausmünzt, theils indem sie selbst der Entdeckung neuer Wahrheiten nachgeht im Menschenleben und vor Allem im Menschenherzen" (SACHER-MASOCH 1873: 30). SACHER-MASOCHS Skandalnovelle „Venus im Pelz" (1869) verarbeitet beide Stränge der darwinisierenden Gedankenwelt, indem sie Szenen des Kampfes („Selektion") in einen von aufklärerischem Optimismus dominierten Rahmen („Evolution") einsetzt. An „Venus im Pelz" sollte mithin weniger die sexualpathologische Dimension interessieren als die darwinisierenden Szenarien, die durch die durchgängige Tiermetaphorik in einen naturgeschichtlichen Rahmen eingefügt werden. Severin, der sich in einem Pakt Wandas Demütigungen unterwirft und als ihr Diener Gregor auftritt, erhält so eine merkwürdige Position in einem „Kampf ums Weib", als der die sexuelle Selektion DARWINS erscheint. Die Novelle geht dabei mit Tierattributen freigiebig um. Wanda erscheint als „Katze", schließlich als „Löwin"; hierher gehört auch der titelgebende „Pelz"-Fetisch, der nachmals in der sexualpathologischen Literatur bis heute seine Rolle spielen wird. Im „Griechen", der ebenfalls mit Raubtierattributen belegt wird, findet Wanda schließlich einen Liebhaber, der das von Severin entworfene „masochistische" Szenario mitspielt. Die sexuelle Selektion nimmt nun ihren Lauf, wobei es ja gerade Severin war, der seine Rolle als die des Unterlegenen konzipiert und davon in einem mythologischen Kunst-Zitat („Apollo schindet den Marsyas") ästhetischen Mehrwert erwartet hatte. Seine artistische Phantasie gerät an eine existentielle Grenze, als er vom „Griechen" halb totgeprügelt wird. Durch dieses Ergebnis wird die freundliche Sicht des Erzählrahmens, in dem Severins Geschichte als Stufe in einem evolutionären Prozeß der Verständigung der Geschlechter relativiert werden soll, nachhaltig dementiert. Diese abgründige Novelle kann somit als intrikate Reflexion von SACHER-MASOCHS eigener optimistischer Darwinismus-Version gelesen werden. Immer wieder zeigt sich bei SACHER-MASOCH diese Spannung von Evolution und Selektion, Kunst- und Naturverhältnis, „Optimismus" und „Pessimismus", wie die Epoche das nannte, nie mehr jedoch so pointiert wie in „Venus im Pelz".

Öfter als solche signifikanten Verformungen wurde „Darwinismus" – sehr im Unterschied zu den eher düsteren Assoziationen, die das Wort heute auslöst – zu einer „optimistischen" naturwissenschaftlichen Untermauerung der Fortschrittsemphase planiert. Für die Literatur ergab sich mit dem Schema der „phylogenetisch"/„ontogenetischen" Lebensgeschichte eine Reihe von Möglichkeiten, zumal diese Dichotomie für die literarische Entfaltung individueller Lebensläufe schon aus älteren Denkmodellen bekannt war.

Sofern der sogenannte literarische Realismus auf die Darstellung „typischer" Charaktere abhob, lag die Transposition darwinistischer Motivik in Form des von HAECKEL propagierten „biogenetischen Grundgesetzes" nahe. Der individuelle Lebenstext wurde so auf den Geschichtsprozeß hin transparent gemacht, der wieder als naturwüchsig fortschreitende „Entwickelung" gedacht wurde. Diese gegenseitigen Abdichtungen literarischer Tradition, moderner Naturwissenschaft und individueller Exposition sind an Texten, die am Rande von Literaturbetrieb und Literaturgeschichte situiert sind, besonders eindrucksvoll.

Neben dem Liberalismus war es vor allem die sozialistische Bewegung, die DARWIN zur Abstützung ihrer Politik zu benützen verstand. In der österreichischen Politikgeschichte standen diese Phänomene in einem unmittelbaren genetischen Zusammenhang. So fügte es sich, daß eine der noch wenigen Autorinnen sozialdemokratischer Prosaliteratur, Minna KAUTSKY, und der prominenteste Theoretiker der II. Internationale, ihr Sohn Karl KAUTSKY, in der Blütezeit des österreichischen Liberalismus über HAECKEL und DARWIN zum Sozialismus fanden. Der Konnex von liberalem und sozialistischem Darwinismus mußte dabei in den Werken getilgt werden. Der „wissenschaftliche Sozialismus" Karl KAUTSKYS formierte sich in unmittelbarer Nähe zu den narrativen Versöhnungsversuchen einer engagierten Literatur, die weniger auf die Bewußtseins- als vielmehr auf die Gefühlsbildung des 'lesenden Arbeiters' abhob. Die narrativen Potentiale DARWINS erwiesen sich dabei als kompatibel mit einer Schreibweise, die zur Formierung einer emotionalen Basisideologie für die neue Klassenbewegung geeignet schien. Der Bildungs- und Wissenschaftsoptimismus der Sozialdemokratie, der über solche Vermittlungen tatsächlich ein Massenpublikum erreichte, ist dabei als Transposition des liberalen Enthusiasmus zu lesen, adaptiert an die Bedürfnisse einer politischen Option, die anders als der Liberalismus soziale Hierarchien thematisiert. Das Schreiben im Dienst der Partei erforderte hierbei einen veränderten Darstellungsmodus.

DARWIN hatte in der Literatur- und Bildungspolitik der Sozialdemokratie einen guten Namen. Der Österreichische Arbeiterkalender empfiehlt im Jahr 1884 Arnold DODEL-PORTS „Neuere Schöpfungsgeschichte" (1875) und Ernst HAECKELS „Natürliche Schöpfungsgeschichte" als Lektüre für Arbeiter, „wenngleich HAECKEL nicht den Mut hat, die äußersten Konsequenzen zu ziehen", dazu: „Wer es kann, der soll es nicht versäumen, die Werke DARWIN'S, die in guten Uebersetzungen vorliegen, selbst zu studiren, namentlich seine 'Entstehung der Arten' und 'Abstammung des Menschen'" (ANONYM 1884: 94). Der Hinweis auf „die äußersten Konsequenzen", die HAECKEL zu ziehen nicht den Mut habe, bezieht sich auf dessen Beteuerung gegen einen Vorhalt Rudolf VIRCHOWS, der Darwinismus sei – wenn er überhaupt eine politische Dimension habe – aristokratisch und keineswegs geeignet, die sozialistische Propaganda zu unterstützen; dies hat jedoch den „Arbeiterkalender" nicht gehindert, ihn auf seine Leseliste zu setzen. Karl KAUTSKY wählte HAECKEL 1882 zum Doktorvater seiner urgeschichtlichen Dissertationsschrift (KAUTSKY 1960: 518 ff.). Mit seiner Mutter Minna entwickelte sich für Karl KAUTSKY bald eine Lehr- und Lerngemeinschaft im Zeichen DARWINS: „Seit der Verheiratung meiner Schwester konzentrierte meine Mutter ihre geistigen Interessen auf mich, machte sie meine Entwicklung mit. Zu Weihnachten 1874 verehrte mir mein Schwager Roth HAECKELS 'Natürliche Schöpfungsgeschichte'. Wir beide, meine Mutter und ich, stürzten uns auf diese Lektüre" (KAUTSKY 1960: 173). Zu dieser Episode und dem Leseerlebnis der DARWIN-Lektüre vermerkte Minna KAUTSKY in ihrem Tagebuch unter dem 25. Dezember 1874: „Ja wir sind fortgeschritten und wir werden fortschreiten und keine Religion kann das Herz des Menschen mit freudigerer Hoffnung erfüllen, als diese erhabene Anschauung. Und keine Religion hat dem Menschen je ein solches Gefühl sittlicher Würde verlieh[en,] seine geistigen Fähigkeiten so gestärkt und erhoben, eine so edle Sympathie für die Allgemeinheit geweckt, zugleich mit der demüthigsten Ergebung unter die unvermeidlichen Naturgesetze, wie diese neue Lehre."[17] Auch Karl KAUTSKY beschreibt in seiner Autobiographie seine intellektuelle Entwicklung vom Zweifel an der Religion hin zu DARWIN, den Wissenschaftsmaterialisten und

FEUERBACH; MARX folgt erst Anfang der achtziger Jahre.

Die prominente Rolle DARWINS für die KAUTSKYS bildet sich nun auch in Minna KAUTSKYS Literatur ab. Im Roman „Die Alten und die Neuen“ (1885), jenem Roman, an dem Friedrich ENGELS seine Konzeption realistischer Literatur entwickelte, verläßt sich der Protagonist Arnold auf ein Prinzip, das als sozialistische Hoffnungsschicht den Roman grundiert: „Du weißt es wohl, daß, wie in der ganzen Natur, es auch im Völkerleben ein ewiges Gesez der fortschreitenden Entwicklung gibt, und dieser Werdeprozeß der Menschheit läßt sich nicht eindämmen und nicht zurückhalten ...“ (KAUTSKY 1885: 2, 71; ähnlich 1, 152). Dieses „Gesetz“, das sich auf ein von HAECKEL in der „Natürlichen Schöpfungsgeschichte“ (HAECKEL 1868: 224; auch schon früher) postuliertes „Gesetz des Fortschritts (**Progressus**) oder der Vervollkommnung (**Teleosis**)“ berufen könnte, verursache die „Emanzipation der unteren Stände“, diese „manifestirt sich in dem heißen Bildungsdrange derselben und in der Erkenntnis, wie wenig bisher dafür geschehen ist“; die Forderung nach Verkürzung der Arbeitszeit sei, so Arnold, im Kern die Forderung nach Zeit zum Lernen (KAUTSKY 1885: 2, 71; Konrad DEUBLERS Lebensgang ist im Roman verarbeitet). Darwinismus zeigt sich noch in einer zweiten, für die Romane grundlegenden Form, den von Karl KAUTSKY zeitlebens beschworenen „sozialen Trieben“. Die „gegenseitige Hilfe in der Tier- und Menschenwelt“ war ein Darwinismus, der gegen den „Sozialdarwinismus“ gerichtet war; Karl KAUTSKY hat gegenüber dem seinerzeit vieldiskutierten gleichnamigen Buch des russischen Anarchisten KROPOTKIN in seiner Autobiographie Prioritätsrechte angemeldet. An entscheidenden Wendepunkten des Plots setzen sich in den Romanen Minna KAUTSKYS in der Volksmasse jene „sozialen Triebe“ durch, die als humane biologische Natur des Menschen Klassen- und ideologische Schranken überspringen.

Die narrative Dimension des darwinistischen Modells, zumal in der HAECKELschen Fassung einer Synchronisation von „Ontogenese“ und „Phylogenese“ wurde also in der Literatur des 19. Jahrhunderts ausgiebig benützt. Biographie und Natur-Geschichte werden dahingehend amalgamiert, daß ein individuelles Scheitern im naturhistorischen Progreßmodell geborgen ist. So kann auch qua „Vererbung“ der alte literarische Trick des Fortlebens in den Kindern noch als naturgeschichtlich gesichert erscheinen: In „Die Alten und die Neuen“ kommt Arnold wohl ums Leben, doch sein Kind wird sein Werk vollenden; im Gründungsroman der pazifistischen Bewegung, „Die Waffen nieder!“ (1890) von Bertha von SUTTNER, stirbt der Friedensaktivist Dotzky in den Wirren der Pariser Commune, doch sein Sohn übernimmt seine Aufgabe. „Biologische“ Grundlage dieses gewendeten Motivs ist die Vererbung erworbener Eigenschaften, die die Epoche für unstrittig hielt, selbst noch als durch die Arbeiten August WEISMANNS in der Fachwissenschaft erhebliche Zweifel an der Tragfähigkeit dieses Konzepts aufkamen; hiervon weiter unten mehr.

Einem heutigen Leser, der die Bedeutungsverschlechterung von „Darwinismus“ für einen Befund über eine historische Theorie hält, müßte die euphorische Berufung auf DARWIN in einem pazifistischen Werk erhebliche Irritationen bereiten. In den in heutige pazifistische Anthologien aufgenommenen Passagen des Romans sind denn auch die DARWIN-Berufungen getilgt, um den Preis, die spezifische Homogenität des Romans zu verlieren. SUTTNER hat HAECKEL, wie andere Intellektuelle von Namen auch, strategisch eingesetzt; eine Grußadresse HAECKELS verlas sie am Internationalen Friedenskongreß in Rom, in ihrer pazifistischen Zeitschrift „Die Waffen nieder“ veröffentlichte sie einen Auszug aus der „Natürlichen Schöpfungsgeschichte“.

„Die Waffen nieder!“ vertritt eine vollständig ungebrochene Version des Evolutionismus, die den Fortschrittsoptimismus der siebziger Jahre weitertradiert: Vererbung und Atavismus, Anpassung und Kampf ums Dasein sind die bevorzugten Bildspender des Romans. Das zugrundeliegende Geschichtskonzept einer naturgemäßen und naturwüchsigen zivilisatorischen Entwicklung zu immer „höheren“ Formen ist dabei mit der individuellen Erkenntnisgeschichte der Heldin verkoppelt. Die Zeitereignisse scheinen dem zu widersprechen: Der Plot bringt Martha DOTZKY mit sämtlichen größeren europäischen Auseinandersetzungen der Zeit in Kontakt: von Solferino über den dänischen Krieg und Königgrätz bis hin zum Deutsch-französischen Krieg und die Pariser Commune wird der Roman durch die Kriegsereignisse und ihre Jahreszahlen (1859, 1864, 1866, 1871) synkopiert und gegliedert. Die Katastrophengeschichte dieser zwölf Jahre wird historisch verrechnet gegen das Erscheinen von DARWINS „Origin of Species" 1859; nach dem Frieden von Villafranca ist zwar ein Krieg verloren, aber auch die Überzeugung gewonnen, „daß die Welt einer neuen Erkenntnisphase entgegengeht" (SUTTNER 1890/1990: 276). Das Vertrauen auf die große, historische Rolle eines Buches inmitten anderer Bücher (darunter besonders Thomas Henry BUCKLE) ist ein Charakteristikum des Romans. In der Fortsetzung des Romans, „Marthas Kinder" (1902), wird Marthas Sohn Rudolf gerade über seine Bibliothek exponiert, die den gesamten linksliberalen „Bildungskanon des aufgeklärten Bürgertums (und der Autorin)" enthält (KERSCHBAUMER 1985: 373): SPENCER, CARNERI, DARWIN, HAECKEL, MARX, MILL und andere.

Es ist die Ironie des bürgerlichen Pazifismus, daß er mit denselben Ideologemen eine subversive Strategie gegen die Staatsapparate versuchte, als diese Ideologeme schon längst zur materialen Ideologie ebendieser Apparate geworden war. Denn im selben historischen Moment, als SUTTNER sich noch auf die „optimistische" Interpretation des Darwinismus verließ, hatte schon der nachmalige Generalfeldmarschall Franz Conrad von HÖTZENDORFF, der bei Ausbruch des Ersten Weltkrieges eine wichtige Rolle spielen sollte, sein eigenes Weltbild auf der „pessimistischen" DARWIN-Interpretation errichtet.

Jahrhundertwende: Lamarckismus bei Richard BEER-HOFMANN

Die unter der Signatur des Ästhetizismus stehende Literatur der Wiener Jahrhundertwende hat gleichfalls ihre Beziehungen zum Darwinismus, insbesondere zu HAECKEL gehabt; das hartnäckige Vorurteil von einer ästhetischen „Moderne", die sich gerade von Wissenschaft abgewendet habe, bedarf somit einer entschiedenen Differenzierung. Gleichwohl hat an den Verarbeitungen DARWIN-HAECKELS der Doppelcharakter des „Darwinismus" zwischen Kultur- und Naturwissenschaft, wie er sich in der DARWIN-Rezeption herausgebildet hatte, erheblichen Anteil.

Hermann BAHR war Mitglied des Deutschen Monistenbundes, noch bevor sich eine österreichische Landesgruppe konstituierte (BELKE 1978: 43). Hugo von HOFMANNSTHAL liest 1895 Ernst HAECKEL („Jetzt freu ich mich sehr auf den HÄCKEL."[18]) in einem Exemplar, das er von Richard BEER-HOFMANN borgt: „Ich les Ihren HÄCKEL, viel BROWNING, und den Triumph des Todes von D'ANNUNZIO. Und im Kopf geht das Alles fortwährend durcheinander, das macht aber gar nichts weil es lauter wahre Bücher sind", wie er BEER-HOFMANN bereits wenig später mitteilt[19], wobei ihm die Lektüre durchaus zusagt: „Den HÄCKEL find ich blos im Ton viel platter, viel weniger magistral, als ich erwartet hätte. Sonst ist er mir natürlich sehr wertvoll". Als Leopold von ANDRIAN sich einige Zeit später zur unterstützenden Behandlung seiner Hypochondrie (die er von Arthur SCHNITZLER diagnostizieren läßt) „irgend welche naturwissenschaftliche Bücher, chemische oder medicinische, oder botanische oder zoologische ..., Bücher aus denen unsere Stellung in der Natur, unser Zusammenhang mit allen Dingen klar wird, und vor allem die vielen Kräfte und vielen Möglichkeiten die in der Natur sind"[20] wünscht, antwortet HOFMANNSTHAL: „Das wissenschaftliche Buch ist sehr schwer zu finden, obwohl oder gerade da ich genau weiß was du meinst; schreibe umgehend ob Du die 'natürliche Schöpfungsgeschichte' von HAECKEL zunächst willst."[21] Wenig später liest übrigens in Prag der Gymnasiast Franz KAFKA die eben erschienenen „Welträthsel" (1899); DARWIN und HAECKEL werden in seinem Werk nicht die wenigsten Spuren hinterlassen.[22]

An Richard BEER-HOFMANN läßt sich eine besonders subtile Form der Bezugnahme auf Naturwissenschaft beobachten. Seine Erzählung „Der Tod Georgs" (1900), eines der bedeutendsten Werke der Literatur der „Wiener Moderne", beruht auf einem dichten Geflecht ästhetizistischer und „dekadenter"

Motive; sie beschreibt in einer artifiziellen Technik der Überblendung von mythischer Vision, Traum und Wirklichkeit in einem inneren Monolog die Problematik der solipsistischen Innenwelt des „Ästheten" (allgemein vgl. SCHERER 1993). Der „Ästhetizismus" wird am Tod des Arztes Georg, eines Freundes der Zentralfigur Paul, an eine Grenze geführt; am Schluß der Erzählung erfährt sich Paul als in eine historische Kontinuität eingebettet, von der der Text durch Indizien andeutet, daß es sich um das jüdische Volk in seiner Geschichte handelt. Diese Wendung weist durch eine neue Perspektive aus dem Universum der Bilder, in die das Bewußtsein Pauls eingesponnen war, hinaus. Dieser Schluß: „Aber durch alle Müdigkeit hindurch empfand Paul Ruhe und Sicherheit. Als läge eine starke Hand beruhigend und ihn leitend auf seiner Rechten; als fühle er ihren starken Pulsschlag. Aber was er fühlte, war nur das Schlagen seines eigenen Bluts" (BEER-HOFMANN 1900/1980: 117), hat der Forschung Rätsel aufgegeben, da in dieser Stelle ein Bruch in der ästhetischen Gestaltung des Textes gesehen wurde, der nicht mit der Erzählung selbst zu vermitteln war. Verdächtig erschien auch die Rede von der Stimme des „Blutes", die Paul seine neue Erkenntnis eingegeben habe: „Aber, was diese Abendstunde ihm gegeben, blieb; immer in ihm und nur in ihm; dem Blut in seinen Adern nicht bloß vergleichbar – sein Blut selbst, das zu ihm geredet hatte; und darauf zu horchen, hatte diese Stunde gelehrt" (BEER-HOFMANN 1900/1980: 114).

Schon in der früheren Novelle „Das Kind" findet der Dandy Paul (!) zu einer („monistischen") Vision vom Zusammenhang der Natur in Prokreation und Evolution, als das von ihm gezeugte Kind, von dem er sich distanziert, bei Pflegeeltern zu Tode gebracht wird; die „Stimme des Blutes" spricht auch hier, jedoch noch ohne historische und kollektive Dimension. In diesem Zusammenhang kann auch der „Tod Georgs" situiert werden, wenn die Erzählung vor dem Hintergrund des zeitgenössischen „Neolamarckismus" gelesen wird. Der Neolamarckismus, ein Sammelbegriff für verschiedene Theoretisierungen der Vererbung erworbener Eigenschaften, hatte im Wien der Jahrhundertwende eine starke Verankerung, wenn man an Namen wie Richard von WETTSTEIN, Paul KAMMERER, aber auch Sigmund FREUD denkt.

Abseits der wissenschaftsgeschichtlichen Differenzen zwischen dem „Neodarwinismus" nach WEISMANN und dem „Neolamarckismus" läßt sich eine nicht unwichtige Scheidung zwischen beiden Ansätzen vielleicht mit „weich" vs. „hart" umschreiben, in Hinblick auf Duktus, Anschließbarkeit an andere Diskurse und auch poetische Attraktivität. Der Neolamarckismus hatte – etwa in der Fassung von HAECKELS „Monismus" – einen entschiedenen Vorsprung in bezug auf Poetizität. Als WEISMANN-Anhänger unter einschlägig interessierten literarischen Autoren ist gerade nur der englische spätrealistische Romanautor Thomas HARDY bekannt, der nachgewiesener Leser WEISMANNS war; die Ansichten über den darwinistischen Gehalt seines Werkes divergieren jedoch. Hingegen sah sich Samuel BUTLER durch den „Weismannism" veranlaßt, die Grenzen des literarischen Feldes zu überschreiten und – wissenschaftsgeschichtlich aussichtslose – Pamphlets zu publizieren.[23] Dieser „poetische Vorsprung" wird sofort plausibel, vergegenwärtigt man sich die Problemfelder der biologischen Debatte. Diskutiert wurden vor allem die Vererbung erworbener Eigenschaften, die Rolle der Materialität des Gedächtnisses und – in der Embryologie – der Konnex von Ontogenie und Phylogenie. Die Embryologie war deshalb von vitaler Bedeutung, als für die Neolamarckisten die Frage zu klären war, wie die Erfahrungen des Individuums in den Bestand der Gattung übergehen könnten; in HAECKELS „biogenetischem Grundgesetz" schien eine mögliche Lösung zu liegen, da – wenn das Individuum in seiner Keimesentwicklung die Gattungsgeschichte „rekapituliert" – noch Raum für die letzte Stufe an Innovation bleibt. Diese Lösung des Problems des „organischen Gedächtnisses" hat Samuel BUTLER – nicht anders als Emile ZOLA – für seine Romane benützt, übrigens unter Berufung auf einen Wiener Vortrag des Mediziners Ewald HERING, „Über das Gedächtniss als eine allgemeine Function der organisirten Materie" (1870): „Das bewußte Gedächtniß des Menschen verlischt mit dem Tode, aber das unbewußte Gedächtniß der Natur ist treu und unaustilgbar, und wem es gelang, ihr die Spuren seines

Wirkens aufzudrücken, dessen gedenkt sie für immer" (HERING 1870: 26). Auf denselben Text HERINGS hat sich HAECKEL (1875/1902) für seine Vererbungstheorie berufen: „Wellen" sollten die Erfahrungen des Körpers in das (nachmalige) WEISMANNsche Keimplasma einschreiben, das somit nicht von den somatischen Zellen distinkt geschieden wäre (nach WEISMANNS gegen die Vererbung erworbener Eigenschaften gerichteter Theorie). Damit ist das Individuum in seine Abstammungsgemeinschaft integriert und teilt deren „Erfahrungen"; seine eigenen Errungenschaften verbessern (oder verschlechtern) das Kollektiv der Nachfolgenden. Durch eigene „Arbeit" kann so das Individuum Geschichtsmächtigkeit erreichen; zugleich sind in seinem somatischen „Gedächtnis" die gleichsam privaten und immateriellen Erfahrungen seiner Abstammungsgemeinschaft „gespeichert". Der Erbe erbt somit nicht bloß zufällige Mutationen oder (leicht zu gefährdende, aber nicht zu verbessernde) Erbanlagen, sondern auch das immaterielle Gedächtnis seiner Ahnen, während WEISMANNS Keimplasmatheorie die Gefährdungen eines ursprünglichen Bestandes fokussiert.

Nur im lamarckistischen Kontext ist also verständlich, daß ein Individuum Formen geschichtlicher Erfahrung ausagieren kann, die es nicht selbst erworben hat. An einer Stelle im „Tod Georgs" heißt es demgemäß: „Unlöslich war ein jeder mit allem Früheren verflochten. Gedanken vieler Toter, wie durch Zauber in Worte gebannt, lebten noch und waren Herrscher über ihn; Taten eines Helden bargen sich in einem Namen – einem Kind gegeben war er Verheißung und Last zugleich; schmachvolle Geschicke durften nicht in Vergessenheit sich flüchten und mußten als Gleichnis auf unseren Lippen leben; Schauer, die wir nicht begriffen, rührten an uns; **unserem Blut aus Geschicken der Vorfahren vererbt**, waren sie von längst verendeten Stürmen die letzte Welle an entfernten ruhigen Küsten; eine Frucht, die uns labte, konnte in fremde Schicksale uns verstricken ..." (BEER-HOFMANN 1900/1980: 109; Hervorh. W. M.). Wenn so die 'Geschicke' der Vorfahren „unserem Blut" „vererbt" werden, macht sich im „Blut" eine kollektive Geschichte geltend, die durch „Vergessen" zwar verstellt, doch aus dem Individuum nicht zu tilgen ist. (Daß BEER-HOFMANN mit diesen Konzepten vertraut war, geht auch aus den Zeugnissen der intensiven Beobachtungen hervor, die er an seinen Hunden anstellte. Im späten „Lied an den Hund Ardon – da er noch lebte" [1938] heißt es: „Der Sommer ward, du wuchsest, in dir wachte / Weisheit der Ahnen auf – ein Erbe, dir bestellt - / Es warnte, hemmte, trieb dich, wies dir, wie man / erschaut, erlauscht, erriecht gefahrerfüllte Welt. // Uralte Bräuche übtest du – nicht wissend, welch / verborgner Sinn in ihnen waltend sei ... Wir gleichen uns, mein Hund ..." [BEER-HOFMANN 1963: 668-671, hier 669 f.].)

Wenn also BEER-HOFMANN zur literarischen Konstruktion jüdischer Identität als Selbstkritik des Ästhetizismus in der Literatur auf naturwissenschaftliche Theoreme rekurriert, verweist das auf den Rang des Lamarckismus in der Ideologiegeschichte defensiv-oppositioneller Strömungen; für diese war er besonders attraktiv, da er nicht bloß Geschichte im Individuum sichtbar macht, sondern auch zur Zukunft hin öffnet (bei BEER-HOFMANN hat Geschichte immer einen in beide Richtungen deutenden Zeitvektor: „von Gewes'nen – zu Kommenden"[24]). Paul KAMMERER hat das in einem Broschürentitel aphoristisch unter Benützung einer Wendung von Richard GOLDSCHEID zugespitzt: „Sind wir Sklaven der Vergangenheit oder Werkmeister der Zukunft?" Seine Argumentation zeigt, welche Attraktivität das Paradigma gerade für Kollektive hatte, die als „entartet" bzw. „degeneriert" galten. Der Sozialist und Gesellschaftsbiologe KAMMERER beruft sich auf die „[u]niversellste[n] Geister unserer Zeit, HERING, HAECKEL, MACH, SEMON", die „den Vererbungsprozeß in der Tat Gedächtnisprozessen gleichgesetzt" hätten; „[w]enn erworbene Eigenschaften sich je vererbt haben, so könnten wir uns zielbewusst zweckmässige Eigenschaften und Fähigkeiten aneignen, um uns und unsere Nachkommen einerseits erblich von der Degenerationsgefahr zu entlasten, andererseits zu immer noch höheren Leistungen vorzubereiten. Wenn erworbene Eigenschaften sich nicht vererben, so sind wir dem Zufallswalten der Naturzüchtung [d. i. „natural selection", W. M.] ausgeliefert, die denn auch nirgends ermangelt hat, zu überlegener Höhe emporgekommene Lebensformen hernach um so sicherer in Dekadenz und Aussterben hinabzuschleudern" (KAMMERER 1913: 25). Diese Elemente beherrschen die Vorstellungswelt der österreichischen Sozialdemokratie, von der Antialkoholbewegung der Jahrhundertwende bis zu den Sozialprogrammen des „Roten Wien" der Zwischenkriegszeit.[25] KAMMERER (1909) nahm auch KROPOTKINS Überlegungen zur Symbiose und zur „gegenseitigen Hilfe" wieder auf. Die neolamarckistische Argumentation benützt – unter Berufung auf KAMMERERS Salamander-Experimente, HERING und SEMON, gegen CHAMBERLAIN und WEISMANN (ZOLLSCHAN 1910: 221 ff., 237 f.) – einer der bedeutendsten jüdischen Rassetheoretiker[26], der Wiener Ignaz ZOLLSCHAN, zur Abwehr des rassistischen Antisemitismus und der jüdischen „Entartung" im zionistischen Zentralorgan „Die Welt". Für den Antisemitismus macht ZOLLSCHAN den „Neodarwinismus" verantwortlich.[27] Auffällig oft findet sich zur Abwehr des Antisemitismus eine Allusion an LAMARCK, bei Theodor GOMPERZ nicht anders als bei FREUD und Emil ZUCKERKANDL. Für BEER-HOFMANNS Synthese aus biblischer Traditionsallusion und „Rasse" ist bezeichnend, daß er Theodor HERZL gegenüber als „'erste Einrichtung'" in Palästina vorschlägt: „eine große medizinische Fakultät, zu der ganz Asien strömen wird, und wo zugleich die Sanierung des Orients vorbereitet wird. Dann hat er [BEER-HOFMANN] einen monumentalen Brunnenentwurf: Moses, Wasser aus dem Felsen schlagend" (HERZL 1922f.: 1, 364; 9. 4. 1896). Lamarckismus eröffnet also einen Weg aus der „Degeneration"; BEER-HOFMANN eröffnet mit seiner Hilfe einen Weg aus der Vergangenheit, indem die jüdische Geschichte als Geschichte von Helden und Leidenden vorgestellt wird. Vor dem Hintergrund des um die Jahrhundertwende grassierenden Antisemitismus gelesen erhält so der „ästhetizistische" Text BEER-HOFMANNS politische Brisanz.[28]

Wenn es DARWINS fundamentale Innovation gewesen war, die Teleologie aus der Wissenschaft verbannt zu haben, wurde sie zur Jahrhundertwende in Literatur wie in Wissenschaft in immer neuen Wendungen neu integriert. Die Bedrohungen des intellektuellen Sozialmilieus im Wien der Jahrhundertwende ließ die einzelnen in sehr spezifischen Modellierungen auf das „lamarckistische" Modell rekurrieren; die Biologen nicht anders als die Schriftsteller.

„Monismus" und Ästhetik: Marie Eugenie DELLE GRAZIE und HAECKEL

HAECKELS „monistische" Immanenzreligion unternahm nichts weniger als den Versuch der Extrapolation einer naturwissenschaftlichen Theorie zu einem modernen „Weltbild"; dieses Weltbild sollte durch eine teils kirchen-, teils sektenähnliche Organisation gestützt werden. Gegen die christlichen Konfessionen (insbesondere die katholische) gerichtet, sollte ein selbst religiöse Momente enthaltendes „rationalistisches" Konkurrenzunternehmen eingerichtet werden. Es handelte sich hierbei jedenfalls nicht um ein Forschungsprogramm, und wäre als solches kaum brauchbar gewesen. Viel eher ist in HAECKELS Manifesten (zunächst „Der Monismus als Band zwischen Religion und Wissenschaft", 1892) ein spätes Echo der Kulturkämpfe der 1870er Jahre auszumachen; ebenso zeigt sich in der Struktur des Projekts das Bestreben, ein letztes bzw. erstes Mal eine Zusammenfassung aller jener Kräfte zu leisten, die sich einer emphatischen naturwissenschaftlichen Moderne angeschlossen hatten. Eine solche „naturwissenschaftliche Moderne" hatte nun freilich mit Naturwissenschaft nicht mehr viel zu tun, sondern zielte, wie sich deutlich in Struktur und Rhetorik von HAECKELS Manifesten zeigt, auf das Bildungsbürgertum als das soziale Substrat einer elitären liberalen Bildungsideologie, die – mit Konzessionen an den Antiliberalismus der Jahrhundertwende – den Liberalismus des 19. Jahrhunderts noch einmal politisch fungibel machen sollte. Hier zeigt sich auch noch einmal besonders deutlich die ästhetische Grundierung von HAECKELS Wissenschaft, die sie für die Literatur so attraktiv machte.

Die von der Natur erwartete Ästhetik war dabei für HAECKEL von so hoher Bedeutung, daß er sie nicht nur als monistisches Bildungsziel postulierte, sondern auch für die Schemata zur Explikation seines „biogenetischen Grundgesetzes" voraussetzte. Derentwegen mit dem Vorwurf der Fälschung konfrontiert, antwortete HAECKEL, er halte „einfache schematische Figuren für weit brauchbarer und lehrreicher ..., als möglichst naturgetreue und sorgfältigst ausgebildete" (Zit. nach KRAUßE 1984: 91). Im ganzen ist der Rekurs auf Ästhetik ein dominanter Bestandteil der „monistischen Naturreligion", als deren „drei Hauptgebiete" HAECKEL „[d]ie monistische **Naturforschung** als Erkenntniß des Wahren, die monistische **Ethik** als Erziehung zum Guten, die monistische **Aesthetik** als Pflege des Schönen" namhaft macht. „**Das Wahre, das Gute und das Schöne**, das sind die drei hehren Gottheiten, vor denen wir anbetend unser Knie beugen ... dieser naturwahren **Trinität des Monismus** wird das herannahende zwanzigste Jahrhundert seine Altäre bauen!" (HAECKEL 1892/1902: 326 f.).[29] Die „Naturreligion", als deren Hohepriester der Naturforscher kraft Amtes auftreten können soll, verlangt jedoch Retuschen am darwinistischen Naturbild.[30] So wird zwar gegen „[d]ie schöne Dichtung von 'Gottes Güte und Weisheit in der Natur'" der Kampf ums Dasein gestellt, wobei „[d]er wüthende Interessenkampf in der menschlichen Gesellschaft ... nur ein schwaches Bild des unaufhörlichen und grausamen Existenzkampfes [ist], der in der ganzen lebendigen Welt herrscht" (HAECKEL 1892/1902: 321); hinter dieser Pflichtübung wird jedoch eine irenische Natur sichtbar, die Verwandtschaft mit der der alten Physikotheologie zeigt und die eine monistische Priesterschaft lohnt: „[Ü]berall öffnet uns die Gott-Natur eine unerschöpfliche Quelle ästhetischer Genüsse. Blind und stumpf ist bisher der weitaus größte Theil der Menschheit durch diese herrliche irdische Wunderwelt gewandelt; eine kranke und unnatürliche Theologie hat ihr dieselbe als 'Jammerthal' verleidet. Jetzt gilt es, dem mächtig fortschreitenden Menschengeiste endlich die Augen zu öffnen; es gilt ihm zu zeigen, daß die wahre Naturerkenntniß nicht allein seinem grübelnden Verstande, sondern auch seinem sehnenden Gemüthe volle Befriedigung und unversiegliche Nahrung zuführt" (HAECKEL 1892/1902: 326). „Die wissenschaftlichen Glaubenssätze sind eben vernunftgemäß", formuliert der österreichische Philosoph Bartholomäus von CARNERI (1893: 4) in seiner zustimmenden Rezension von HAECKELS Manifest in einer signifikanten Formulierung.

HAECKEL hat zeitlebens an Allianzen gearbeitet: an der „historischen" Einheitswissenschaft, die den zeitgenössisch ja noch gar nicht alten Graben von Natur- und Kulturwissenschaft überbrücken sollte; an der „monistischen" Allianz der Gebildeten; darüberhinaus an jener Allianz von „Natur" und „Kultur", die nicht nur wissenschaftlich, sondern auch ästhetisch und kulturell die Distanz zwischen den „zwei Kulturen" verkürzen sollte. Ein Blick nicht nur in die populären Schriften, sondern gerade auch in die „Generelle Morphologie" genügt, um die Bedeutung der die einzelnen Abschnitte einleitenden GOETHE-Zitate zu erkennen. GOETHE als prominenter Referenzautor hat bei HAECKEL immer auch die Funktion, auf neuer Basis das Schisma von „Natur" und „Kultur" zu überwinden. GOETHE, der naturwissenschaftliche, aber gerade auch der literarische Autor, wird von HAECKEL mit DARWIN und LAMARCK zum Begründer der Evolutionstheorie kooptiert.[31]

„Ich hab' eine Lade in meinem Schreibtisch, eine große, tiefe Lade. Wenn ich diese öffne, wird mir immer ganz ehrfürchtig zu Mute. Hochaufgeschichtet liegen darin die Briefe, die mir im Laufe eines Jahrzehnts zwei der bedeutendsten Menschen dieser Zeit geschrieben: der Philosoph B. von CARNERI und Ernst HÄCKEL, der große Jubilar dieses Tages", beginnt die österreichische Autorin Marie Eugenie DELLE GRAZIE (1907: 8) ein Feuilleton zu Ernst HAECKELS 50. Doktorjubiläum. Von HAECKELS Verbindungen zu literarischen Autoren ist die zu DELLE GRAZIE sicher eine der engsten, von ihr zeugt ein mehr als 15jähriger Briefwechsel.[32] An DELLE GRAZIES Werk können die Beziehungen von Literatur und Darwinismus an einem Segment der Literatur der „anderen Jahrhundertwende" dargestellt werden; die „Heimatkunst" war nicht die einzige zeitgenössische Alternative zur „Wiener Moderne". Eine nahezu vergessene „dritte" Literatur der Jahrhundertwende verbindet „Weltanschauung" mit Handlungsorientierung, ihre Autoren entwickeln sehr spezifische Rollenprojekte und Habitusformen. Ausgangspunkt möge der Befund sein, daß die genannten Protagonisten durchaus differenter ideologischer Projekte ihre „Weltanschauung" in den Werken DELLE GRAZIE wiederzufinden vermochten, von der

Reformtheologie über den Monismus bis hin zum Sozialdarwinismus eines Alexander TILLE, der eine imperialistische Eugenik propagierte; die Reaktionen auf ihr Werk (vor ihrer Bekehrung zum Katholizismus 1912) sind damit auch ein Indikator für die Krisen der liberalen Bewegung.

HAECKELS Briefwechsel mit DELLE GRAZIE ist über weite Strecken eine Dreierkorrespondenz mit CARNERI; CARNERI (1922: 70) ist es auch, der HAECKEL auf die Autorin aufmerksam macht. „Die Verfasserin ist eine Ihrer glühendsten Verehrerinnen", teilt er am am 12. März 1894 seinem Freund HAECKEL zu einer Erzählung DELLE GRAZIES mit, „und mit Ihrer Schöpfungsgeschichte, die sie immer auf ihrem Schreibtisch hat, buchstäblich aufgewachsen. Sie haben entscheidend an ihrer Erziehung teilgenommen und sind Mitursache an der Kühnheit ihres Gedankenganges, der da ein Buch geschaffen hat, nicht eben für Mädchen, wie man noch vor wenig Jahren gesagt hätte. Allein das Allgemeinmenschliche dran wird Sie, wie mich, überwältigen ... In Kürze beendet sie ein Epos in zwanzig Gesängen, das die französische Revolution behandelt". Schon in ihrem ersten Brief an HAECKEL bekennt DELLE GRAZIE „die mächtigen und herrlichen Anregungen, die ich Ihrer 'Nat[ürlichen] Schöpfungsgesch[ichte]' verdanke".[33] Die Autorin beherrscht in der Folge die Korrespondenz. Beide Briefpartner beteuern einander ihre Ergriffenheit durch das Epos; CARNERI benützt seine Rezensionen in der „Neuen Freien Presse" für wichtige Positionsbestimmungen im politischen Feld; HAECKEL wieder trägt sich nach Aufforderung durch die Autorin[34] selbst mit dem Gedanken an eine Rezension des Epos in der ihm nahestehenden „Zukunft" von Maximilian HARDEN und weist Alexander TILLE, der zu HARDENS Hausautoren gehört, auf das Werk hin, worauf dieser gleichfalls eine kurze Korrespondenz mit der Autorin eröffnet.

In diesen interessierten Kreisen wurde das Epos „Robespierre" als ein Weltanschauungsdokument gelesen, mit dem sich die Dichterin an die Front der ideologischen Zeitfragen zu setzen schien. „Je mehr ich mich in Ihren 'Robespierre' hineinlese, desto mehr bewundere ich die Höhe Ihres historischen Standpunktes und die Weite Ihrer **anthropologischen Perspective**", lobt HAECKEL[35] und gratuliert DELLE GRAZIE zu „Ihrer ganz außerordentlichen dichterischen Schaffens-Kraft und zu Ihrer männlichen monistischen Weltanschauung".[36] Als HAECKEL 1896 Salzburg besucht, führt er ein Zusammentreffen herbei aus dem „Wunsch, die **Dichterin** kennen zu lernen, welche den Ideen unserer modernen monistischen **Weltanschauung** einen so geistvollen und formvollendeten **Ausdruck** in ihren **epischen** Dichtungen zu geben verstanden hat."[37] Achtzehn Jahre später bestätigt die Autorin, als sie zu HAECKELS 80. Geburtstag ein Erinnerungsbild für einen Sammelband der monistischen HAECKEL-Gemeinde liefert und hierfür ihre private Korrespondenz benützt, selbst diese Sicht der Dinge: „Dorthin [nach Salzburg] kam am 3. September 1896 HAECKEL ..., um mit mir über eine Dichtung zu sprechen, die eine **künstlerische Versinnbildlichung** der modernen naturwissenschaftlichen Entwicklungsideen an einer der größten Weltbewegungen der Neuzeit versucht hatte."[38]

Als CARNERI, bei aller Euphorie über die „geniale Dichterin", für HAECKEL im Dienst der Verbreitung des Werkes Grundlinien einer Rezension entwirft, legt er HAECKEL gegenüber Wert auf die Feststellung, die Tendenz des Werkes liege in seiner Tendenzlosigkeit: „Das Überwältigende an dem Gedicht liegt darin, daß der Autor nach keiner Richtung Partei ergreift: es ist rein die Weltgeschichte selbst, die sich erzählt. Noch einige Worte von Ihnen und die zweite Auflage ist gesichert."[39] In der Tat liegt der ästhetische Wert des Epos in seiner komplexen Textur, mithin seine Verwandtschaft mit der „Entwicklungslehre" auf einer gemeinsamen, „tieferen" textuellen Ebene als in ideologischen Postulaten.

Die Bitte nach einer Rezension durch HAECKEL motiviert die Autorin durch den Wunsch, den „wissenschaftlichen" Gehalt des Werkes aus erster Hand bestätigt zu erhalten, denn es sei gerade seiner Verbindung zur Naturwissenschaft wegen heftig angegriffen worden: „[D]en größten Wert aber legte ich darauf, daß von Ihnen autoritativ die Bedeutung meines 'Robespierre' für die künstlerische Gestaltung der naturwissenschaftlichen Weltanschauung bekundet würde."[40] HAECKELS Besprechung könne sich lediglich auf den achten, besonders aber auf den zwölften Gesang des Ersten Teils beziehen und etwa den Titel „[D]ie Poesie der modernen Naturwissenschaft" tragen[41], ein Vorschlag, der deutlich Wilhelm BÖLSCHES „Die naturwissenschaftlichen Grundlagen der Poesie. Prolegomena einer realistischen Ästhetik" (1887) heranzitiert, jedoch in Umkehrung.

In DELLE GRAZIES Epos übernimmt „Darwinismus" die Funktion einer kommentierenden Metaebene, die über den historischen Text gelegt wird. Die Verweisstruktur von „Fabel" und „Gesamtfabel" in DELLE GRAZIES „Robespierre" haben die Zeitgenossen schnell erkannt. Karl BIENENSTEIN (1895: 595), der das Epos für das naturalistische Zentralorgan „Die Gesellschaft" bespricht, identifiziert sie als das „biogenetische Grundgesetz": „Woran so die Menschheit krankt, daran krankt auch ... der einzelne, auch Robespierre". Der „darwinistische" Text ist vor allem in jenen Passagen zu erwarten, von denen DELLE GRAZIE annimmt, HAECKEL werde ihn dort wiedererkennen; gerade der achte und der zwölfte Gesang sind zugleich dadurch gekennzeichnet, daß in ihnen der historische Handlungszusammenhang überschritten wird.

Das tausendseitige Blankversepos verarbeitet die Ereignisse vom Vorabend der Französischen Revolution bis zur Enthauptung Robespierres; exakt die Achse des Werks, den zwölften von 24 Gesängen, bilden „Die Mysterien der Menschheit", in denen der abgefallene Mönch Claude FAUCHET[42] in den Jakobinerklub aufgenommen werden soll. Diese Aufnahmezeremonie trägt die Züge eines freimaurerischen Initiationsrituals, das den Initianden auf seine Würdigkeit prüft; wie im masonischen Geheimbund soll das Ritual den Prüfling zur Selbsterkenntnis führen. Dieses „Erkenne dich selbst" übernimmt im Epos die Funktion einer gesamthistorischen Standortbestimmung der revolutionären Gegenwart und zeigt dem Priester in einer Vision nicht nur seine eigene Individualgeschichte, sondern auch gleich die Stammesgeschichte, eingelagert in die Weltgeschichte als der Geschichte der Erde und des Lebens insgesamt. Diese Zeitreise, an deren Ende FAUCHETS Himmel leer sind und der Initiand „Erbarmen" als Lösung des Welträtsels akzeptiert hat, hat ihre Prätexte; der wichtigste unter ihnen ist zweifellos wieder HAECKELS „Schöpfungsgeschichte". Der Affenmensch, der dem Priester als Bild anthropologischer Demut vorgerückt wird („Wie schützend steht der riesige Gefährte / Vor ihr, mit finstern Blicken unverwandt / Zum Gipfel des Vulkans hinüberstarrend, / Der allgemach erlischt. Sie aber reicht / Dem Kind die milchgeschwellte Brust und schaukelt / Das Zappelnde auf weichen Knieen ein– / Ein zärtlich-wehmutsvoller Ton entflieht / Dem bleichen Mund, und plötzlich rieselt Träne / Um Trän' ihr sachte in den Schoß hinab..."; DELLE GRAZIE 1903: 1, 495), ist das „Missing link", das HAECKEL als *Pithecanthropus* vorhergesagt hatte und das als „Java-Mensch" 1891 von Eugen DUBOIS gefunden wurde. Auf einem Ölbild, das der Salzburger Maler Gabriel MAX HAECKEL zum 60. Geburtstag gewidmet hat (noch heute im Arbeitszimmer HAECKELS in Jena; siehe Beitrag KIRCHENGAST in diesem Band), wird genau die von DELLE GRAZIE ausgebreitete Szene von Mütterlichkeit und tierischer Familiarität gestaltet. Der Titel des Bildes – „*Pithecanthropus alalus*", der von HAECKEL vorgeschlagene zoologische Name des „sprachlosen Affenmenschen" – ist bei DELLE GRAZIE im „zärtlich-wehmutsvollen Ton" der Äffin präsent. Die Parallelen sind so frappant, daß an ein direktes Zitat gedacht werden könnte; selbst die Träne der Äffin ist zu sehen. Die Übereinstimmung ergibt sich aber auch schon daher, daß sowohl Bild als auch epische Genreszene die christliche Ikonographie der heiligen Familie zitieren, die als Urbild von Erbarmen und Menschlichkeit bis heute die Bilderwelt beherrscht. Wenn der sprachlose Affenmensch als Bild der säkulären Demut der Hybris der christlichen Inquisition entgegengesetzt wird, so wird ein darwinistischer Topos aus der Zeit der institutionellen Kämpfe heranzitiert: Thomas Henry HUXLEY hatte 1860 in einer Debatte dem Bischof Samuel WILBERFORCE entgegnet, er stamme lieber von einem Affen ab als von Menschen, die wider besseres Wissen eine wissenschaftliche Diskussion ins Lächerliche zögen (vgl. DESMOND & MOORE 1992: 557 ff.). (Ebenso soll Anton AUERSPERG [Anastasius GRÜN] gesagt haben: „Ich find' nicht, daß ich dem Affen eine Schand' mach'." [CARNERI 1895: 1])
„Eigenthümlich ist es mir mit der Photogra-

phie nach dem MAX'schen Bilde ergangen", erklärt DELLE GRAZIE in einem Brief an HAECKEL diese merkwürdige Übereinstimmung: „Als ich dieselbe erblickte, glaubt' ich, eine Illustration zu einer Episode aus dem 12. Gesang meines 'Robespierre' ('Die Mysterien der Menschheit') vor mir zu haben. Wär' ich gläubig, würd' ich das mystisch finden. So weiß ich, daß das einzige große Mysterium dieses Jahrhunderts, dem wir Alle dienen, der Gedanke ist, der in leuchtender Schönheit bald hier bald dort aufblitzt, wie ein elektrischer Funke. Und gewisse Gedanken haben ja die geistige Atmosphäre dieses Jahrhunderts zu neuen Schöpfungen geschwängert."[43] Das „Mysterium des Jahrhunderts" ist jedoch nichts als die Verbundenheit gegenüber der selben Bilderwelt.

Wenn in „Robespierre" der „Darwinismus" die Rolle eines Masterplots hat, ohne noch näher für die erzählten Begebenheiten verantwortlich zu sein, sind die Angebote, die die Entwicklungslehre für Geschichtsabläufe und Erzählmodelle bereitstellte, in einem Roman von 1908 (Buchfassung 1909) besonders effizient ausgenützt, in dem m. W. einzigen Roman, der HAECKEL selbst auftreten läßt: „Heilige und Menschen". Der Roman zeichnet die Bildungsgeschichte des italienischen Mädchens Alba Chietti, das in einem römischen päpstlichen Internat mit seiner Freundin Elena an ihrer beider Berufung zur Nonne zu zweifeln beginnt; während Elena, die sich in Flavio, den Bruder der Protagonistin verliebt, bei einem Fluchtversuch ums Leben kommt, gelingt es dieser, aus dem Internat zu entkommen. Bei der Flucht hilft ein Freund ihres freidenkerischen Onkels Bartolo, der sich schließlich als der deutsche Gelehrte HAECKEL zu erkennen gibt; dessen Schriften hatten den ersten Bruch in Albas katholischer Erziehung herbeigeführt. Es stellt sich heraus, daß die Mutter durch Albas Weg ins Kloster das ungeliebte Kind, das die Frucht einer außerehelichen Liebesaffäre gewesen war, zum Verschwinden zu bringen und zugleich sich von dieser Sündenlast zu befreien versucht hatte. Am Ende jedoch kann sie das Kind und ihre eigene Vergangenheit anerkennen; die Tochter ist dem Leben zurückgegeben; durch die Lehren HAECKELS steht ihr das „Leben" nicht nur als Option für ihre Zukunft offen, sondern auch als Gott-Natur zur Verehrung. Von der Bigotterie ihrer Umgebung und dem oktroyierten Kirchenglauben ihrer Kindheit ist die Protagonistin für immer befreit. So simpel dieser Plot ideologisch auch gebaut sein mag, so raffiniert benützt der Roman naturwissenschaftliche Themen und historische Abläufe, um beide zu einem kohärenten System zu verknüpfen.

Der Roman setzt mit einer mißglückten Biologiestunde ein, in der Alba, nach den Eidechsen befragt, mit Wissen nicht aus dem Lehrbuch, sondern aus einem Buch mit dem Titel „Natürliche Schöpfungsgeschichte" aufwartet. Zur Strafe für diese Provokation hat Alba fünfmal das erste Kapitel der Genesis abzuschreiben. So wird bereits auf den ersten Seiten des Romans das Thema der Legitimität zweier konkurrierender Geschichtserzählungen eingeführt, das den weiteren Romanverlauf in Gang hält.

In DELLE GRAZIES Roman verbürgt das Modell des „biogenetischen Grundgesetzes" die Einheit von Weltgeschichte, Natur und Figuren. Rom, die „ewige Stadt", als Nebeneinander verschiedener Geschichtsepochen, erhält die Funktion, ein Geschichtspanorama bereitzustellen, das die einzelnen Handlungsteile sinnvoll selektieren. In der unbedarften Draufsicht durch Albas Onkel Bartolo geht alles durcheinander, „Gegenwart und Vergangenheit in einem Bilde": „Die Schattenmassen der Ruinen stiegen wie der schweigende Chor einer Tragödie aus der Tiefe. Die grauen Türme der kriegslustigen Barone des Mittelalters standen gleich versteinerten Riesen da. In schweigender Majestät thronte die Kuppel der Peterskirche über all' den Mauern und Dächern ... In der Ferne sah man die roten Lichter eines Eisenbahnzuges vorüberfliegen, daneben wuchsen die Aquädukte der 'Marcia' empor. ... Ernst und schweigend stand am Horizont das Gebirge..." (DELLE GRAZIE 1909: 168). Erst dem drei Seiten später noch als „Signore Miller" auftretenden Deutschen, der sich dann als Professor HAECKEL zu erkennen gibt, eröffnet sich der rechte historisierende Blick, der die Steine zum Sprechen bringt, signifikanterweise wieder in Gestalt der Abfolge historischer Szenerien. Er berichtet vom Versuch, eine Aquarellaufnahme des römischen Panoramas zu machen, „[w]ie ich es in meinen freien Stunden zu tun liebe, wo **ein Stück Natur oder Geschichte** mich lockt. ... Aber glauben Sie, daß es mir möglich war? Dieses Rom ... sprach plötzlich mit tausend Zungen zu mir. Das Forum füllte sich mit leuchtenden Marmorhallen, vom Kolosseum schlug es wie das Getos einer Brandung an mein Ohr. ... Vom Palatin her drang der Lärm eines neronischen Bacchanals. ... Und während hier oben noch alles lebt und gleißt und wie trunken dahintaumelt, versammelt sich da unten schon die stille, blasse Gemeinde der ersten Christen, schlug das Leben nach einem anderen Strand seine Brücke hinüber. ... Ein geheimnisvoller Schritt weiter auf der dunklen Linie, die wir Entwicklung heißen" (DELLE GRAZIE 1909: 172 f.; Hervorh. W. M.). Wie im Epos wird auch hier die „Lösung" fast exakt an der Achse des Romans gegeben. In diese Geschichtserzählung sollen nun die Orte des Romans eingetragen werden, damit sie ihren evolutionistischen Sinn erhalten.

Der Schule hatte HAECKEL in „Der Monismus als Band zwischen Religion und Wissenschaft" (1892) einen hervorragenden Platz zugewiesen: „Die Schule des zwanzigsten Jahrhunderts, auf diesem festen Grunde neu erblühend, wird nicht allein die wundervollen **Wahrheiten** der Weltentwickelung der aufwachsenden Jugend zu entschleiern haben, sondern auch die unerschöpflichen Schätze der **Schönheiten**, die überall in derselben verborgen liegen" (HAECKEL 1892/1902: 326). Auffällig ist die Bildungszentriertheit auch von DELLE GRAZIES Fabeln. Die Naturgeschichtsstunde in der Schule des Internats setzt die Handlung in „Heilige und Menschen" in Gang, der fiktionale HAECKEL doziert die „Gott-Natur", wie DELLE GRAZIE den realen HAECKEL nicht nur scherzhaft ihren „Schulmeister" nennt, was wieder dieser gerne aufgreift. Nicht anders teilen die „Anhänger" HAECKELS und die Monisten in einer Festschrift mit, „was sie Ernst HAECKEL verdanken", so der Titel. „Ich ließ mir sofort HAECKELS Buch kommen," berichtet der von seiner religiösen Erziehung in Kremsmünster beeinträchtigte nachmalige Geheimrat und Professor Carl RABL, „und mit dem Studium desselben entschied sich mein ganzes wissenschaftliches Leben" (In SCHMIDT 1914: 1f.). Friedrich GLATZ aus Wien: „Als ich mich das erstemal durch die Welträtsel durcharbeitete, war ich von einem ganz neuen Glücksgefühl beseelt" (In SCHMIDT 1914: 2, 64). Immer sind es bei den Monisten **Bildungs**erlebnisse, die Welt**anschauungen** radikal verändern, in Biographien eingreifen, neue Ausbildungsgänge einschlagen lassen. Nicht von ungefähr entzündete sich der schärfste Kulturkampf der Darwinisten gegen Ende des 19. Jahrhunderts an der Frage, ob der Darwinismus in den Schulen gelehrt werden solle; nicht von ungefähr thematisieren die Ergriffenen ihr Erweckungserlebnis zum Monismus durch HAECKELS Buch auch als Generationenkonflikt.

Bei DELLE GRAZIE tritt HAECKEL als deus ex machina auf; HAECKEL erscheint nicht als „exakter" Wissenschaftler, sondern als Autor eines Buches; als Forscher, der Naturwissenschaft und Kunst (Malerei) zu vereinigen vermag. Der HAECKEL des Romans ist kein Experimentator und Physiologe, schon gar kein Vivisektor, sondern eher ein interpretierender, vergleichender Morphologe. Die Dichotomie von morphologisch-systematischer und physiologisch-experimenteller Richtung in der zeitgenössischen Biologie stellt sich in diesem Zusammenhang nicht als arbeitsteiliges Unternehmen dar, sondern als mögliche Alternativen von Naturforschung; für die Öffentlichkeit, auch für die literarische Verarbeitung von Darwinismus ist die morphologisch-systematische Position von höherem Wert. Schon Minna KAUTSKY stellt in „Stefan vom Grillenhof" (1881) einen interpretierend-philosophierenden Professor als Darwinisten einem Physiologen gegenüber, der den Invaliden Stefan zu pharmakologischen Experimenten mißbraucht. Im Roman DELLE GRAZIES (1909: 326) stehen alle Felder der monistischen „Lehre" auf Seite der „Natur"; das härteste Verdikt, das gegen die Klostergesellschaft gerichtet werden kann, ist demnach „Du – Unnatur, du!" Durch dieses Arrangement steht – ganz im Sinn HAECKELS – „Natur" im Zeichen der „Befreiung"; der antithetische Titel erfährt dabei eine chiastische Umkehrung: „Heilig" sind am Ende die Natur und jene „Menschen", die sich ihr anvertrauen. So geht der Roman mit der Attribuierung von „Heiligkeit" nicht sparsam um: „der heilige Strom des Lebens!"; „Wo die Natur sich in großen, urgeborenen Empfindungen ausatmete, wo sie rein und schön dastand, wie am ersten Tage, dort war auch Gott!"; „Er [HAECKEL], dessen Lehre ihr Glaube war, saß vor ihr und sie mußte ihm Rede stehen über ihre Abtrünnigkeit" (DELLE GRAZIE 1909: 208, 397, 402).

In größerem Kontext stellen sich diese Effekte als späte Produkte des Liberalismus in Deutschland und Österreich dar. Ihren Bildungsoptimismus haben die Beteiligten in einem dichten Netz weltanschaulich geprägter bürgerlicher Vereine zur Propaganda von „Single-Issue"-Bewegungen auch immer wieder praktisch werden lassen, vom „Wiener Frauenclub" über den „Monistenbund", die „Ethische Gesellschaft", den „Verein zur Abwehr des Antisemitismus", SUTTNERS Friedensgesellschaft zu den „Freidenkern". Der „Monistenbund" war dabei gleichsam als Dachorganisation dieser Bemühungen konzipiert, in ihm würden, wie HAECKEL in den dreißig „Thesen zur Organisation des Monismus" (1904) schreibt, „nicht nur alle Freidenker und alle Anhänger der monistischen Philosophie Aufnahme finden, sondern auch alle 'freien Gemeinden, ethischen Gesellschaften, freireligiösen Gemeinschaften' usw., welche als Richtschnur ihres Denkens und Handelns allein die **reine Vernunft** anerkennen, nicht aber den Glauben an traditionelle Dogmen und angebliche Offenbarungen" (Zit. nach KRAUẞE 1984: 113). (In Salzburg und Linz bestanden schon vor der Gründung des Monistenbundes „HAECKELgemeinden".[44])

Hatte der „Robespierre" in der phylogenetischen Vision des Priesters Fauchet auf eine Kreatürlichkeit abgehoben, die die bürgerliche Tugend des „Erbarmens" im Bild der Familie und der Mutterliebe als Handlungsoption bis zur Vollendung des Menschengeschlechts favorisiert, war dies noch durch ein schopenhauerisches Naturbild des Daseinskampfes gegengelagert gewesen, von dessen Wirkung Rudolf STEINER berichtet: „Szenen von hohem dichterischem Schwung, aber in pessimistischem Grundton, von farbenreichem Naturalismus; das Leben von seinen erschütterndsten Seiten gemalt" (STEINER 1925/1983: 92). In „Heilige und Menschen" wird innerhalb einer selbst didaktischen Struktur die optimistische monistische Vision des Lebens im Zusammenhang von Einzelwesen, Natur und Geschichte forciert, das nur die „Ruinen", wie es im Roman heißt, zu überwinden hat. Gerade aber die allgemeinste Option, das „Leben", wird für diejenigen, die bis zu dieser Erkenntnis geführt werden, abgesichert durch wahrere, individuelle Genealogien, als die, unter denen sie im sozialen Leben zu leiden hatten; als Nachkommen von Herrschern **und** Intellektuellen **und** Freiheitskämpfern. Wenn der teleologisch narrativierte „Darwinismus" eine Schwundstufe bzw. ein Substitut des Progreßmodells, einer selbstbewußten liberalen Geschichtsphilosophie geworden war, lassen sich an DELLE GRAZIES Geschichtsentwürfen und ihrer Verarbeitung der HAECKEL-Version DARWINS die ästhetischen Kosten dieses Verfahrens ablesen. „Geschichte" nimmt die Form einer Abfolge panoramatischer Tableaus an; die Nachtseite der Natur, die als Bildspenderin von Ideologiekritik fungibel war, wird zunehmend ausgeblendet. Das Erkenntnissubjekt von Wissenschaft tendiert zu einer mit ästhetischem Aufwand hergestellten Version vom Aufklärer als Verkündiger. Der latente Aristokratismus der monistischen Rhetorik ist eine Metapher für diese Neuorientierung. Die Mißverständnisse und aus heutiger Sicht reichlich unwahrscheinlichen ideologischen Konstellationen, in die DELLE GRAZIES Literatur geraten ist, sind dabei auch ein Beleg, ein wie ambivalentes Zeichen „DARWIN" um die und nach der Jahrhundertwende geworden war: Zustimmung äußerten der spätere Anthroposoph STEINER, der „Sozialdarwinist" TILLE, der katholische Theologe Laurenz MÜLLNER.

Die Koalitionen von Literatur und Evolutionsbiologie werden zunehmend prekärer, je stärker das liberale Projekt zerfällt. Die Integration von Darwiniana und Haeckeliana in literarische Texte ist bald kein Modernitätssignal mehr; HAECKEL selbst hat seiner Reputation in seiner Fachwelt durch seine Wendungen in die Kunst, die Philosophie und die Öffentlichkeit zunehmend Schaden zugefügt. Mit der Weiterentwicklung der Biologie von einer „historischen" zu einer „exakten" Fachwissenschaft hatten sich auch die wechselseitigen Anziehungspunkte verringert.

Zusammenfassung

Der Beitrag behandelt zunächst die Wirkung des Darwinismus und der Schriften Ernst HAECKELS in der österreichischen Öffentlichkeit vor dem Ersten Weltkrieg. Auf dieser Basis werden Hinweise auf zeitgenössische literarische Texte von Leopold v. SACHER-MASOCH, Minna KAUTSKY, Bertha v. Suttner, Richard BEER-HOFMANN und Marie Eugenie DELLE GRAZIE gegeben. Die Beziehungen von Literatur und Naturwissenschaft werden als „Koalitionen" gefaßt und vor dem Hintergrund der Geschichte des österreichischen Liberalismus gelesen. Keine der beiden Instanzen hatte ihre relative Autonomie aufzugeben.

Literatur

ANONYM (1884): Was und wie soll der Arbeiter lesen? — In: Oesterreichischer Arbeiter-Kalender für das Jahr 1884. Redigirt von E. T. DOLESCHALL. Hg. & Verl. J. Bardorf, Wien, 91-97.

BACHARACH W.Z. (1984): Ignaz ZOLLSCHANS „Rassentheorie". — In: GRAB W. (Hrsg.): Jüdische Integration und Identität in Deutschland und Österreich 1848-1918. Tel Aviv. Jb. Inst. Dt. Geschichte **6**: 179-190, 190-197.

BAHR H. (1909): Bücher der Natur. — Die Neue Rundschau **20**: 276-283.

BARTHES R. (1957/1970): Mythen des Alltags. Dt. von H. SCHEFFEL, 2. Aufl. — Suhrkamp (= es 92), Frankfurt/M.

BAYERTZ K. (1990): Biology and beauty: Science and aesthetics in Fin-de-siècle Germany. — In: TEICH M. & R. PORTER (Eds.): Fin de siècle. Cambridge Univ. Press, Cambridge etc., 278-295.

BEER G. (1985): DARWIN's plots. Evolutionary narrative in DARWIN, George ELIOT and Nineteenth Century Fiction. — ARK, London etc.

BEER-HOFMANN R. (1900/1980): Der Tod Georgs. [1900] Nachw. von H. SCHEIBLE. — Reclam (= RUB 9989), Stuttgart.

BEER-HOFMANN R. (1963): Gesammelte Werke. Geleitwort von M. BUBER. — Fischer, Frankfurt a. M.

BELKE I. (1978): Die sozialreformerischen Ideen von Josef POPPER-LYNKEUS (1838-1921) im Zusammenhang mit allgemeinen Reformbestrebungen des Wiener Bürgertums um die Jahrhundertwende. — Mohr, Tübingen.

BIENENSTEIN K. (1895): M. E. DELLE GRAZIE und ihr Epos „Robespierre". — Die Gesellschaft **1895**/2: 591-600.

BÖLSCHE W. (1887/1976): Die naturwissenschaftlichen Grundlagen der Poesie. Prolegomena einer realistischen Ästhetik. Mit zeitgenössischen Rezensionen und einer Bibliographie der Schriften W. BÖLSCHES neu hrsg. von J. J. BRAAKENBURG. — Deutscher Taschenbuch Verlag, Niemeyer (= Deutsche Texte 40), München, Tübingen.

BROICH U. & M. PFISTER (Hrsg.) (1985): Intertextualität. Formen, Funktionen, anglistische Fallstudien. Unter Mitarb. von B. SCHULTE-MIDDELICH. — Niemeyer (= Konzepte der Sprachwissenschaft 35), Tübingen.

BYER D. (1988): Rassenhygiene und Wohlfahrtspflege. Zur Entstehung eines sozialdemokratischen Machtdispositivs in Österreich bis 1934. — Campus (= Campus-Forschung 564), Frankfurt a. M. etc.

CARNERI B. (1893): Glaubensbekenntnis eines Naturforschers. [Zu HAECKEL: Der Monismus als Band zwischen Religion und Wissenschaft.] — Neue Freie Presse (Wien), 31. 3. 1893: 4.

CARNERI B. (1895): Robespierre. — Neue Freie Presse (Wien), 1. 3. 1895: 1-2.

DARWIN C. (1859/1985): The origin of species by means of natural selection or the preservation of favoured races in the struggle for life. Ed. with an introduction by J. W. BURROW. — Penguin, Harmondsworth.

DELLE GRAZIE M.E. (1903): Robespierre. Ein modernes Epos, 2., vielfach verb. Aufl. — Breitkopf & Härtel (= Sämtliche Werke 1-2), Leipzig.

DELLE GRAZIE M.E. (1907): Erinnerungen an Ernst HÄCKEL. Zu seinem goldenen Doktorjubiläum. — Neue Freie Presse (Wien), 7. 3. 1907: 8.

DELLE GRAZIE M.E. (1909): Heilige und Menschen. Roman. — Breitkopf & Härtel, Leipzig.

DELLE GRAZIE M.E. (1914): Ernst HAECKEL der Mensch. — In: SCHMIDT (Hrsg.): 2, 309-316.

DESMOND A. & J. MOORE (1992): DARWIN. Aus dem Engl. von B. STEIN. — List, München, Leipzig.

DEUBLER K. (1886): Tagebücher, Biographie und Briefwechsel des oberösterreichischen Bauernphilosophen. Hrsg. von A. DODEL-PORT. — Elischer, Leipzig.

DODEL[-PORT] A. (1875): Die Neuere Schöpfungsgeschichte nach dem gegenwärtigen Stande der Naturwissenschaften. In gemeinverständlichen Vorlesungen über die DARWIN'sche Abstammungslehre und ihre Bedeutung für die wissenschaftlichen, socialen und religiösen Bestrebungen der Gegenwart. — F. A. Brockhaus, Leipzig.

EFRON J.M. (1994): Defenders of the race. Jewish doctors and race science in fin-de-siècle Europe. — Yale Univ. Press, New Haven, London.

FLECK L. (1935/1993): Entstehung und Entwicklung einer wissenschaftlichen Tatsache. Einführung in die Lehre vom Denkstil und Denkkollektiv. Mit einer Einleitung hrsg. von L. SCHÄFER & T. SCHNELLE, 2. Aufl. — Suhrkamp (= stw 312), Frankfurt a. M.

GEBHARDT W. (1984): „Der Zusammenhang der Dinge". Weltgleichnis und Naturverklärung im Totalitätsbewußtsein des 19. Jahrhunderts. — Niemeyer (= Hermaea 47), Tübingen.

HAECKEL E. (1863/1902): Ueber die Entwickelungstheorie DARWIN's. Vortrag, gehalten am 19. September 1863 in der ersten allgemeinen Sitzung der 38. Versammlung Deutscher Naturforscher und Aerzte zu Stettin. — In: HAECKEL 1902: 1, 1-34.

HAECKEL E. (1868): Natürliche Schöpfungsgeschichte. Gemeinverständliche wissenschaftliche Vorträge über die Entwickelungslehre im Allgemeinen und diejenige von DARWIN, GOETHE und LAMARCK im Besonderen, über die Anwendung derselben auf den Ursprung des Menschen und andere damit zusammenhängende Grundfragen der Naturwissenschaft. — Reimer, Berlin.

HAECKEL E. (1875/1902): Ueber die Wellenzeugung der Lebenstheilchen oder die Perigenesis der Plastidule. Vortrag, gehalten am 19. November 1875 in der medicinisch-naturwissenschaftlichen Gesellschaft zu Jena. — In: HAECKEL 1902: 2, 31-97.

HAECKEL E. (1877/1902): Ueber die heutige Entwickelungslehre im Verhältnisse zur Gesammtwissenschaft. Vortrag, gehalten am 18. September 1877 in der ersten öffentlichen Sitzung der fünfzigsten Versammlung Deutscher Naturforscher und Aerzte in München. — In: HAECKEL 1902: 2, 119-146.

HAECKEL E. (1892/1902): Der Monismus als Band zwischen Religion und Wissenschaft. Glaubensbekenntnis eines Naturforschers, vorgetragen am 9. October 1892 in Altenburg beim 75jährigen Jubiläum der Naturforschenden Gesellschaft des Osterlandes. — In: HAECKEL 1902: 1, 281-344.

HAECKEL E. (1902): Gemeinverständliche Vorträge und Abhandlungen aus dem Gebiete der Entwickelungslehre, 2., verm. Aufl. — Strauß, Bonn.

HAMANN B. (1991): Rudolf. Kronprinz und Rebell, 3. Aufl. — Piper (= SP 800), München.

HELLER P. (1989): Franz KAFKA. Wissenschaft und Wissenschaftskritik. — Stauffenberg (= Stauffenberg-Colloquium 10), Tübingen.

HERING E. (1870): Über das Gedächtniss als eine allgemeine Function der organisirten Materie. Vortrag, gehalten in der feierlichen Sitzung der kaiserlichen Akademie der Wissenschaften am 30. Mai 1870. — K. k. Hof- & Staatsdruckerei, Wien.

HERZL Th. (1922): Tagebücher 1895-1904. 3 Bde. — Jüdischer Verl., Berlin.

HOFMANNSTHAL H. v. & L. ANDRIAN (1968): Briefwechsel. Hrsg. von W.H. PERL. — Fischer, Frankfurt a. M.

HOFMANNSTHAL H. v. & R. BEER-HOFMANN (1972): Briefwechsel. Hrsg. von E. WEBER. — Fischer, Frankfurt a. M.

HUSCHKE K. (1950): Ernst und Agnes HAECKEL. Ein Briefwechsel. — Urania Verl., Jena.

KAMMERER P. (1909): Allgemeine Symbiose und Kampf ums Dasein als gleichberechtigte Triebkräfte der Evolution. — Verh. zool.-bot. Ges. Wien **59**: (113)-(117).

KAMMERER P. (1913): Sind wir Sklaven der Vergangenheit oder Werkmeister der Zukunft? Anpassung, Vererbung, Rassenhygiene in dualistischer und monistischer Betrachtungsweise. — Anzengruber Verl. (Brüder Suschitzky), Wien, Leipzig.

KAUTSKY K. (1960): Erinnerungen und Erörterungen. Hrsg. von B. KAUTSKY. — Mouton & Co., s'Gravenhage.

KAUTSKY M. (1876): Stefan von Grillenhof. Roman. — W. Fink (= Neue Welt-Novellen 1), Leipzig.

KAUTSKY M. (1885): Die Alten und die Neuen. Roman. — Reißner, Leipzig.

KERSCHBAUMER M.-Th. (1985): Bertha von SUTTNER. — In: Österreichische Porträts. Leben und Werk bedeutender Persönlichkeiten von MARIA THERESIA bis Ingeborg BACHMANN. Hrsg. von J. JUNG. Residenz Verl., Salzburg, Wien, 362-378.

KNAUER V. (1870): Karl VOGT und sein Auditorium. Drei Vorträge gehalten in Wien vor einem den höchsten und intelligentesten Kreisen angehörigen Publikum. — Mayer, Wien.

KRAUßE E. (1984): Ernst HAECKEL. — Teubner (= Biographien hervorragender Naturwissenschaftler, Techniker und Mediziner 70), Leipzig.

KRAUßE E. (1995): HAECKEL: Promorphologie und „evolutionistische" ästhetische Theorie. Konzept und Wirkung. — In: ENGELS E.-M. (Hrsg.): Die Rezeption von Evolutionstheorien im 19. Jahrhundert. Suhrkamp (= stw 1229), Frankfurt a. M., 347-394.

KRAUßE E. & NÖTHLICH R. (1990): Ernst-Haeckel-Haus der Friedrich-Schiller-Universität Jena.— Westermann (= museum), Braunschweig.

LE RIDER J. (1990): Das Ende der Illusion. Die Wiener Moderne und die Krisen der Identität. Aus d. Frz. übers. von R. FLECK. — Österr. Bundes-Verl., Wien.

MANDELKOW K.R. (1980): GOETHE in Deutschland. Rezeptionsgeschichte eines Klassikers. Bd. I: 1773-1918. — Beck, München.

MATTL S. (1990): Politik gegen den Tod: Der Stellenwert von Kunst und Kultur in der frühen sozialdemokratischen Bewegung. Eine Skizze. — In: E. FRÖSCHL, M. MESNER & H. ZOITL (Hrsg.): Die Bewegung. Hundert Jahre Sozialdemokratie in Österreich. Passagen Verl. (= Passagen Politik), Wien, 53-75.

MAYER-FLASCHBERGER M. (1984): Marie Eugenie DELLE GRAZIE. Eine österreichische Dichterin der Jahrhundertwende. Studien zu ihrer mittleren Schaffensperiode. — Verl. Südostdeutschen Kulturwerk (= Veröffentlichungen d. Südostdeutschen Kulturwerks, Rh. B, 44), München.

MAYR E. (1982): The growth of biological thought. Diversity, evolution and inheritance. — Belknap Press of Harvard Univ. Press, Cambridge, London.

MICHLER W. (1997): Darwinismus und Literatur. Naturwissenschaftliche und literarische Intelligenz in Österreich, 1859-1914. — Diss. Univ. Wien.

MORTON P. (1984): The vital science. Biology and the literary imagination 1860-1900. — Allen & Unwin, London.

MOSSE G.L. (1990): Die Geschichte des Rassismus in Europa. Aus d. Amerikan. von E. BURAU & H.G. HOLL. — Fischer-TB (= FTB 10237), Frankfurt a. M.

OTIS L. C. (1992): The memory of the race. Organic memory in the works of Emile ZOLA, Thomas MANN, Miguel de UNAMUNO, Sigmund FREUD and Thomas HARDY. — Ann Arbor, Michigan.

SACHER-MASOCH L. von (1873): Ueber den Werth der Kritik. Erfahrungen und Bemerkungen. — Günther, Leipzig.

SACHER-MASOCH L. von (1877/1989): Der Ilau. — In: SACHER-MASOCH L. von: Der Judenraphael. Geschichten aus Galizien. Hrsg. von A. OPEL. Böhlau (= Österreichische Bibliothek 10), Wien, Köln, Graz.

SACHER-MASOCH L. von (1985): Don Juan von Kolomea. Galizische Geschichten. Hrsg. & mit einem Nachw. vers. von M. FARIN. — Bouvier-Grundmann (= Bouviers Bibliothek 5), Bonn.

SCHERER S. (1993): Richard BEER-HOFMANN und die Wiener Moderne. — Niemeyer (= Conditio Judaica 6), Tübingen.

SCHERER W. (1868): Zur Geschichte der deutschen Sprache. — Duncker, Berlin.

SCHERER W. (1878): Zur Geschichte der deutschen Sprache, 2. Ausgabe. — Weidmann, Berlin.

SCHERER W. (1888/1977) Poetik. Mit einer Einleitung und Materialien zur Rezeptionsanalyse hrsg. von G. REISS. — Deutscher Taschenbuch Verlag, Niemeyer (= Deutsche Texte 44), Tübingen.

SCHLEICHER A. (1863): Die Darwinsche Theorie und die Sprachwissenschaft. Offenes Sendschreiben an Herrn Dr. Ernst HÄCKEL, a. o. Professor der Zoologie und Director des zoologischen Museums an der Universität Jena. — Böhlau, Weimar.

SCHMIDT H. (Hrsg.) (1914): Was wir Ernst HAECKEL verdanken. Ein Buch der Verehrung und Dankbarkeit. Im Auftrag d. deutschen Monistenbundes. — Unesma, Leipzig.

SERTL F. (1995): Die Freidenkerbewegung in Österreich im zwanzigsten Jahrhundert. — Wiener Univ.-Verl. (= Dissertationen der Universität Wien N. F. 5) Wien.

SINGER S. (1912): Richard HEINZEL. — In: SINGER S.: Aufsätze und Vorträge. Mohr, Tübingen, 183-280.

STAURACZ F. (1902): Darwinistische „Haeckel"-eien – „Voraussetzungslose" Wissenschaft! — Braumüller, Wien.

STEGER G. (1987): Rote Fahne, schwarzes Kreuz. Die Haltung der Sozialdemokratischen Arbeiterpartei Österreichs zu Religion, Christentum und Kirchen. Von Hainfeld bis 1934. — Böhlau (= Böhlaus zeitgeschichtliche Bibliothek 7), Wien, Köln, Graz.

STEINER R. (1925/1983): Mein Lebensgang. Eine nicht vollendete Autobiographie, mit einem Nachw. hrsg. von M. STEINER 1925. — Steiner Verl., Dornach.

SUTTNER B. von (1890/1990): Die Waffen nieder! Eine Lebensgeschichte. Hrsg. & m. einem Nachw. von BOCK S. &. H. BOCK. — Verl. d. Nation, Berlin.

USCHMANN G. (Hrsg.) (1983): Ernst HAECKEL. Biographie in Briefen. — Urania Verl., Leipzig, Jena, Berlin.

ZOLLSCHAN I. (1910): Das Rassenproblem unter besonderer Berücksichtigung der theoretischen Grundlagen der jüdischen Rassenfrage. — Braumüller, Wien, Leipzig.

Anmerkungen

1 Der vorliegende Beitrag beruht auf Teilen meiner Wiener germanistischen Dissertation (MICHLER 1997), die die differenziertere Argumentation enthält und im Böhlau-Verlag erscheinen wird. Ich danke dem Internationaal Instituut voor Sociale Geschiedenis Amsterdam, der Wiener Stadt- und Landesbibliothek (WStLB) und dem Archiv im Ernst-HAECKEL-Haus Jena, insbesondere Frau Dr. Erika KRAUßE.

2 „Von Sprachsippen [...] stellen wir eben so Stammbäume auf, wie diess DARWIN für die Arten von Pflanzen und Thieren versucht hat" (SCHLEICHER 1863: 13).

3 BAHR an HAECKEL, 8. 4., 10. 9., 15. 10. 1895. Ernst-Haeckel-Haus Jena, Best. A-Abt. 1, Nr. 274..

4 HERTZKA an HAECKEL, 6. 11. 1871. Ernst-Haeckel-Haus Jena, Best. A-Abt. 1, Nr. 1903/2.

5 HERTZKA an HAECKEL, 14. 7. 1875. Ernst-Haeckel-Haus Jena, Best. A-Abt. 1, Nr. 1903/3.

6 Neue Freie Presse (Wien), 20. 1. & 7. 2. 1900 (Hugo SPITZER). Dazu STAURACZ (1902: 88-90).

7 HAECKEL an DELLE GRAZIE, 28. 10. 1896. WStLB HIN 90.680.

8 E. HAECKEL an A. HAECKEL, 21. 3. 1878 (In HUSCHKE 1950: 131).

9 Vgl. HAMANN (1991); zu RUDOLFS Darwinismus und seiner Freundschaft mit Alfred BREHM 86 ff.

10 E. HAECKEL an A. HAECKEL, 23. 3. 1878 (In HUSCHKE 1950: 131).

11 HAECKEL an O. SCHMIDT, 23. 5. 1867 (In USCHMANN 1983: 104).

12 Neues Wiener Tagblatt, 26. 3. 1878.

13 „Führende Geister", später „Geisteshelden" betitelt sich eine von dem Wiener Biographen Anton BETTELHEIM herausgegebene Reihe von Biographien, für die er HAECKEL zur Abfassung des DARWIN-Bandes bewegen will. Vgl. BETTELHEIM an HAECKEL, 19. 10. 1890. Ernst-HAECKEL-Haus Jena, Best. A-Abt. 1, Nr. 408. Der Band wurde schließlich von Wilhelm PREYER verfaßt.

14 Neues Wiener Tagblatt, 23. 3. 1878.

15 KNAUER (1870: 49; i. O. gesperrt). KNAUER löste mit antisemitischen Invektiven gegen ebendieses Publikum Entrüstung aus.

16 Auf der Höhe Bd. 1 (1881: IV).

17 Internationaal Instituut voor Sociale Geschiedenis Amsterdam (IISG). KAUTSKY-Familiennachlaß 2006, Tagebuch Minna KAUTSKY, 25 December [1874].

18 HOFMANNSTHAL & BEER-HOFMANN (1972: 51; 5. 6. 1895).

19 HOFMANNSTHAL & BEER-HOFMANN (1972: 54; 16. 6.1895).

20 HOFMANNSTHAL & ANDRIAN (1968: 92; 10. 10. 1897).

21 HOFMANNSTHAL & ANDRIAN (1968: 93; 15. 10. 1897).

22 Vgl. HELLER (1989). Mindestens die apodiktischen Urteile über HAECKEL bedürfen jedoch einer entschiedenen Differenzierung.

23 Zu BUTLER und HARDY vgl. MORTON (1984: 149 ff.), zu HARDY auch OTIS (1992).

24 „Gleichgiltiges, das er sonst übersah, hatten seine Gedanken umklammert, und daran emporwuchernd, schlugen sie nach rückwärts Wurzeln in Vergangenes, und rankten zu Kommendem weit in die Zukunft" (BEER-HOFMANN 1900/1980: 107).

25 Dazu BYER (1988) und MATTL (1990).

26 Zu diesem Problemkreis s. jetzt EFRON (1994), zu ZOLLSCHAN 153 ff.; ebs. BACHARACH (1984), MOSSE (1990).

27 „Damit ist die Naturnotwendigkeit der Vererbungsfähigkeit und der ewigen Konstanz der Begabungsqualität jeder Rasse gegeben **und das ist der Boden, dem die gegenwärtigen Rassentheorien entsprossen**" (ZOLLSCHAN 1910: 235).

28 Zu BEER-HOFMANNS Beziehungen zum „Kulturzionismus" vgl. LE RIDER (1990).

29 Zum Verhältnis HAECKELS zur Naturphilosophie vgl. GEBHARDT (1984: 299-329).

30 Zu den gegensätzlichen ästhetischen Verarbeitungen von Darwinismus und Naturwissenschaft bei NIETZSCHE und HAECKEL vgl. BAYERTZ (1990); zu HAECKELS Kunstauffassung KRAUßE (1995).

31 Zur Rezeption von GOETHES Naturwissenschaft im 19. Jahrhundert vgl. MANDELKOW (1980).

32 Der Briefwechsel wird in der Wiener Stadt- und Landesbibliothek (HAECKEL) und im Ernst-HAECKEL-Haus Jena (DELLE GRAZIE) aufbewahrt.

33 DELLE GRAZIE an HAECKEL, 11. 8. 1894. Ernst-Haeckel-Haus Jena, Best. A-Abt.1, Nr. 1618, 1.

34 HAECKEL an DELLE GRAZIE, 2. 3. 1895. Wiener Stadt- und Landesbibliothek, Handschriftensammlung (i. f. „WStLB" und Inventarnummer) 90.665.

35 HAECKEL an DELLE GRAZIE, 22. 3. 1895. WStLB HIN 90.666.

36 HAECKEL an DELLE GRAZIE, 17. 6. 1895. WStLB HIN 90.668.

37 HAECKEL an DELLE GRAZIE, 30. 8. 1896. WStLB HIN 90.674. Hervorh. z. T. W. M.

38 DELLE GRAZIE 1914. Vgl. zu diesem Salzburg-Aufenthalt auch HAECKEL an Agnes HAECKEL, 9. 9. 1896 (In HUSCHKE 1950: 178 f.).

39 CARNERI an HAECKEL, 18. 11. 1895 (CARNERI 1922: 77).

40 DELLE GRAZIE an HAECKEL, 10. 6. 1895. Ernst-Haeckel-Haus Jena, Best. A-Abt.1, Nr. 1618, 8.

41 DELLE GRAZIE an HAECKEL, 16. 2. 1895. Ernst-Haeckel-Haus Jena, Best. A-Abt.1, Nr. 1618, 5.

42 Der historische Abbé FAUCHET (1744-1793) war einer der Gründer des urchristlich und rousseauistisch inspirierten „Cercle social", publizierte 1791 eine eigentumskritische Schrift „De l'esprit des religions" und wurde mit den Girondisten hingerichtet.

43 DELLE GRAZIE an HAECKEL, 5. 10. 1894. Ernst-Haeckel-Haus Jena, Best. A-Abt.1, Nr. 1618, 2.

44 Der Salzburger Freidenkerverein benannte sich 1904 auf „HAECKEL-Gemeinde" um, vgl. HAECKEL-Gemeinde Salzburg an E. HAECKEL, 17. 5. 1904. Ernst-Haeckel-Haus Jena, Best. A-Abt. 1, Nr. 1729 u. andere Korrespondenzstücke unter dieser Signatur. Am 14. Juni 1904 hielt der Verein eine Konrad-DEUBLER-Feier ab, am 19. Juni wurde eine Fahrt nach Goisern unternommen. Vgl. auch Curt SPIECKER an HAECKEL, o. D. Best. A-Abt. 1, Nr. 1376, mit der Bitte um Zustimmung zur Umbenennung; SPIECKER beruft sich auf die Mitgliedschaft CARNERIS und der Feministin Irma v. TROLL-BOROSTYÁNI. Zu HAECKELS 70. Geburtstag gratuliert auch eine Linzer HAECKEL-Gemeinde.

Anschrift des Verfassers:
Dr. Werner MICHLER
Institut für Germanistik
Universität Wien
Dr. Karl Lueger-Ring 1
A-1010 Wien
Austria

Stauralastrella Stauralastromma Stauralastrum Staurancistra Staurasparium St
Staurocaryum Staurocromyum Staurocyclia Staurodictya Staurodictyon Stau
Staurolonchidium Staurolonchissa Staurolonchura Stauropelma Stauropelta
Staurosphaeromma Staurospira Staurostoma Staurostylus Staurotholissa Stauroth
Stephalia Stephalonia Stephanastrella Stephaniscus Stephanium Stephanophaena
Stichocorys Stichocyrtis Sticholagena Stichopera Stichoperina Stichophaena Stichoph
Stichopilidium Stichopilium Stichopodium Stichopterium Stichopterygium Stigmosp
Stylartus Stylatractara Stylatractium Stylatractona Stylatractus Stylatractylis St
Stylocromium Stylocromyum Stylodictula Stylodictyon Stylodiscus Stylorhiza Sty
Stylospongidium Stylostaurus Stylotrochiscus Stylotrochus Stypolarcus Stypophort
Sycettopa Sycettusa Sycidium Sycilla Sycocercus Sycocubus Sycocystis Sycoder
Sycortopa Sycortusa Sycostrobus Sycothamnus Syculmis Sycyssa Tarroma Ta
Tessarastrum Tessaropelma Tessarospyris Tessarostromma Tessera Tesserantha Tes
Tetralacorys Tetranema Tetraphormis Tetraplagia Tetraplecta Tetrapteroma Tetrap
Thalassicollarium Thalassicollidium Thalassocolia Thalassolampe Thalassophysa
Thalassoxanthomma Thamnitis Thamnospyris Thamnostoma Thamnostylu
Thecosphaeromma Theocalyptra Theocampana Theocampe Theocamptra Theoc
Theocorax Theocorbis Theocoronium Theocorusca Theocorypha Theocorys Th
Theophatna Theophormis Theopilium Theopodium Theosphaera Theosyringium
Tholodes Tholoma Tholomantha Tholomura Tholonetta Tholonilla Tholonium
Tholostaurantha Tholostauroma Tholostaurus Tholothauma Thoracaspis Tiarospyr
Triactis Triactiscus Tribonosphaera Tricanastrum Triceraspyris Trichogromia T
Tricolocapsium Tricolocapsula Tricolopera Tricolospyris Tricranastrum Trictenar
Trigonacturium Trigonastrella Trigonastromma Trigonastrum Trilampterium Tric
Tripilidium Triplagia Triplecta Tripleurium Tripocalpis Tripocoronis Tripocubus T
Tripodocorys Tripodospyris Tripospyrantha Tripospyrella Tripospyris Tripospyri
Tristephaniscus Tristylocorys Tristylospyris Tristylospyrium Tristylospyrula
Trypanosphaerium Trypanosphaerula Tuscadora Tuscarantha Tuscaretta Tusc
Tympanura Ulmaris Umbrosa Undosa Versura Willetta Xanthiosphaera Xipha
Xiphatractus Xiphatractylis Xiphodictya Xiphodictyon Xiphoptera Xiphosphaer
Xiphostaurus Xiphostylantha Xiphostyletta Xiphostylissa Xiphostylomma Xiphos